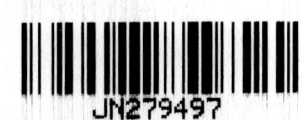

食品保蔵・流通技術ハンドブック

監修

三浦　洋・木村　進

編

日本食品保蔵科学会

編集幹事

松本信二・田島　眞・上田悦範・髙野克己

建帛社

KENPAKUSHA

Handbook of Food Preservation and Distribution Technology

Supervised by
Hiroshi Miura, Susumu Kimura

Edited by
Japan Association of Food Preservation Scientists

ISBN 4-7679-6104-1 C3058

Published by
KENPAKUSHA Co., Ltd.
4-2-15, Sengoku, Bunkyo-ku, Tokyo 112-0011, Japan

■ 監修の序 ■

日本食品保蔵科学会は，創立30周年を記念した事業として『食品保蔵・流通技術ハンドブック』の出版を企画し，このたび発刊の運びとなりました。

本学会の創立当時を顧みますと，国は食品の生産・加工・流通・消費に至る全機能を結ぶ低温流通の確立を目指して，科学技術庁（当時）資源調査会によるコールドチェーンシステムの推進を進めておりました。これに対応して，1974年（昭和49年），この問題に関連する産学官の科学技術者が集い，「日本コールドチェーン研究会」を立ち上げ，翌年１月には機関紙「コールドチェーン研究」を発刊するに至りました。

故小原哲二郎先生（当時・東京農業大学教授）は，初代会長として本学会の設立から深くかかわり，その後，学会発展のために長期間にわたって多大にご努力くださいました。本学会の今日があるのは先生のお力によるもので，深く感謝申し上げ，そのご功績に心から敬意を表す次第でございます。また，本学会の設立にあたっては，初代副会長の故緒方邦安先生（当時・大阪府立大学教授）をはじめ，関西コールドチェーン協議会の方々のご協力が大きく，現在でも関西地区は重要な活動の拠点として，本学会の活力になっておりますことは申すに及びません。

その後，1987年（昭和62年）には，組織を「日本食品低温保蔵学会」と変更し，学会としての活動を始めましたが，さらに食を取り巻く動向はますます幅広くなり，フードチェーンはより多様化・複雑化してまいりました。学会もこれに対応するため，1997年（平成９年）には研究領域を広げて「日本食品保蔵科学会」に改称し，現在に至っております。

わが国では少子・高齢化が進むなか，「食」の安全性・機能性と健康問題が，環境への配慮のもと，大きな関心事となっております。こうしたなかで，「食」への自然科学的な対応として，安全・衛生・栄養性，嗜好・加工・流通性などを踏まえた，“食品の品質の向上および品質保全の確立”は最も基本的な重要課題であり，それを支えるものが品質保持技術であると考えられます。

2006年（平成18年）６月に「食育基本法」が公布されましたが，その基本理念には，「食に関する適切な判断力を養い，健全な食生活を実現することで心身の健康の増進と豊かな人間形成に資する」とあります。日本食品保蔵科学会では，食品の保蔵科学を中心に，幅広く食品全般にわたって新しい知見・情報を取りまとめ，発信していくことが，健全な食生活の実現のためにきわめて有意義であると考え，食に携わる多くの方々のお役に立つよう，『食品保蔵・流通技術ハンドブック』を刊行するに至った次第であります。

刊行に際し，編集の労をとられた松本信二現会長をはじめ，編集幹事の方々，ご多忙のなかご執筆をいただいた各分野の方々に心より感謝申し上げます。また，出版にご尽力いただいた株式会社建帛社筑紫恒男社長，および編集部の方々に厚くお礼を申し上げます。

2006 年９月

監修者　三浦　洋
木村　進

■ 序 ■

日本の食料事情はこの半世紀で大きな変貌を遂げ，世界で最も栄養的にバランスの取れた食料の摂取がなされるようになった。その反面，飽食の時代ともいわれるようになり，それに伴って，誤った食生活などが原因となる，肥満・高血圧・高脂血症・糖尿病などの生活習慣病をはじめとする，さまざまな疾病が懸念される事態にもなっている。これらは単に過食などに起因するものではなく，食品に対する知識の不足や誤った情報の氾濫が大きな原因にもなっている。

また，日本の食料自給率は低く，輸入食品の利用は増加傾向にある。この輸入食品に関連して，ＢＳＥ問題や遺伝子組換え食品などの是非がマスコミでも大きく取りあげられ，食の安全・安心についての国民の関心もより高まってきている。わたしたちの健康に直結する食の安全は重要なことであり，十分に注意を払う必要があるが，一部には明らかに食に対する知識不足によって事を大きくし，騒ぎたてている行きすぎの側面もみられる。

消費者が抱える食に対する不安や不満を解消し，健全な食生活を支えていくためには，消費者に安全な食料を供給すると同時に，食品に関する正しい知識・情報を伝えることが供給する側の大切な使命であり，役割であると思う。

日本食品保蔵科学会は，日本コールドチェーン研究会として発足し，食品低温保蔵学会を経て「日本食品保蔵科学会」となった。その間，1987年（昭和62年）からは日本学術会議に登録された団体となっている。当初は低温での保蔵にかかわる研究者を中心とした学会であったが，その後，食品加工をも含む広い意味でのポストハーベストにかかわる多くの研究者の参加を得て，現在では一千名の会員を擁す学会へと発展している。

『食品保蔵・流通技術ハンドブック』の出版は，本学会の創立30周年を記念した事業として計画され，このたび漸く出版の運びとなった。本書は，食物の生産者から消費者に至るまで，「食」に携わるすべての方々が，より広く深く，食品についての知識を身につけ，食品を総合的に理解する助けになることを目的として刊行されたものである。

食品の生産・流通・販売・加工・開発にかかわっている方々，また食品関連の教育に携わっている教員の方々にぜひご一読いただき，消費者に対して正しい情報を伝達し，安心を与え，ひいては消費者の食育のための資料としていただくことを願っている。

刊行にあたり，ご執筆いただいた方々にお礼申し上げるとともに，建帛社筑紫恒男社長をはじめ編集に砕身くださった編集部の方々に深甚なる感謝を申し上げる。

2006 年 9 月

編集幹事　松 本 信 二
田 島 　 眞
上 田 悦 範
髙 野 克 己

監　　修

三　浦　　　洋　元食品総合研究所所長／実践女子大学名誉教授（農学博士）
木　村　　　進　元食品総合研究所所長（農学博士）

編集幹事

松　本　信　二　東京農業大学名誉教授／東京聖栄大学教授（農学博士）
田　島　　　眞　実践女子大学教授（農学博士）
上　田　悦　範　前大阪府立大学大学院教授（農学博士）
髙　野　克　己　東京農業大学教授（農学博士）

執　筆　者（50音順）

相　川　　　均　雪印乳業㈱厚木マーガリン工場品質管理室長
青　柳　康　夫　女子栄養大学教授（農学博士）
赤　井　雄　次　水産経営技術研究所所長
明　石　　　肇　㈱日清製粉グループ本社R＆D・品質管理本部QEセンター所次長
赤　羽　義　章　福井県立大学教授（農学博士）
秋　永　孝　義　琉球大学教授（農学博士）
秋　元　浩　一　名古屋学院大学教授（農学博士）
浅　田　和　夫　東京農業大学非常勤講師
東　　　雅　幸　小岩井乳業㈱開発センター部長
阿　部　一　博　大阪府立大学大学院教授（農学博士）
荒　川　　　博　静岡県農業試験場生物工学部品質流通研究・研究主幹
有　田　俊　幸　元東京都立食品技術センター研究員
池　田　清　和　神戸学院大学助教授（農学博士）
石　川　直　幸　㈱農業・食品産業技術総合研究機構近畿中国四国農業研究センター小麦研究グループ長
石　谷　孝　佑　日本食品包装研究協会会長（農学博士）
板　村　裕　之　島根大学教授（農学博士）
井　筒　　　雅　東京聖栄大学教授（工学博士）
伊　藤　三　郎　鹿児島大学名誉教授（農学博士）
茨　木　俊　行　福岡県農業総合試験場専門研究員（農学博士）
今　堀　義　洋　大阪府立大学大学院講師（博士（農学））
上　野　英　孝*　福島工業㈱東京支社営業推進部部長
内　田　迪　夫　元㈶日本パン科学会常任理事・研究所長
内　野　敏　剛　九州大学大学院教授（農学博士）
江　川　和　徳　江川技術士事務所所長
大須賀　　　弘　大須賀技術士事務所
大　竹　良　知　愛知県農業総合試験場企画普及部総括研究員（農学博士）
大　塚　義　幸　チェスコ㈱代表取締役社長
大　坪　研　一　㈱農業・食品産業技術総合研究機構食品総合研究所食品素材科学研究領域長（農学博士）
大　西　美　則　全国乳業協同組合連合会高度衛生管理及び技術指導員
大　森　正　司　大妻女子大学教授（農学博士）
岡　林　秀　典　高知県大阪事務所プロジェクトマネージャー
小野田　明　彦　農業機械学会事務局事務局長（農学博士）
片　岡　榮　子　東京農業大学名誉教授／大妻女子大学非常勤講師（農学博士）
片　岡　二　郎　東京農業大学非常勤講師／片岡二郎技術士事務所所長（農学博士）
金　子　　　博*　長野県農業総合試験場
河　野　澄　夫　㈱農業・食品産業技術総合研究機構食品総合研究所食品研究領域非破壊評価ユニット長（農学博士）
菊　池　修　平　東京農業大学短期大学部助教授
木　原　　　浩　日本油脂㈱食品事業部開発部長
熊　谷　憲　一　鳥越製粉㈱研究開発部執行役員・研究開発部長
桒　名　茂　司　前松下精工㈱技術顧問
小　泉　幸　道　東京農業大学教授（博士（農芸化学））
小　嶋　秩　夫　東京水産大学名誉教授
小清水　正　美　神奈川県農業技術センター
後　藤　昌　弘　神戸女子大学教授（農学博士）
小　中　龍一郎　東洋ナッツ食品㈱企画部品質管理室室長
小　林　和　司　山梨県果樹試験場育種部生食ブドウ育種科研究員
小　巻　克　巳　㈱農業・食品産業技術総合研究機構作物研究所大豆育種研究チーム長（農学博士）
小宮山　美　弘　テクノ・サイエンスローカル代表／前山梨県工業技術センター副所長（農学博士）
齋　尾　恭　子　愛国学園短期大学非常勤講師（農学博士）
坂　井　　　劭　東京農業大学短期大学部名誉教授
坂　口　守　彦　京都大学名誉教授（農学博士）

佐藤広顕	東京農業大学助教授（農学博士）
芝崎　勲	大阪大学名誉教授（工学博士）
清水啓介	㈱クレスコ品質管理部副部長
清水英世	岐阜市立女子短期大学名誉教授
新堀二千男*	㈳千葉市園芸協会受託管理課長
鈴木敏郎	東京農業大学教授（農学博士）
平　智	山形大学教授（博士（農学））
平　春枝	前日本女子大学教授（農学博士）
平　宏和	㈳資源協会食品成分調査研究所長（農学博士）
髙木　脩	㈱シーエステック代表取締役社長
高田明子	㈱農業・食品産業技術総合研究機構作物研究所主任研究員
高野光男	大阪大学名誉教授（工学博士）
多田耕太郎	富山県食品研究所主任研究員（博士（農芸化学））
田中幹雄	㈱クレハ包装材料研究所食品科学研究室長
谷口亜樹子	東横学園女子短期大学講師（博士（農芸化学））
玉城　武	東京文化短期大学教授（農学博士）
津久井亜紀夫	東京家政学院短期大学教授（農学博士）
辻　政雄	山梨県商工労働部工業振興課技術指導監（農学博士）
土田　茂	土田技術士事務所
土戸哲明	関西大学教授（工学博士）
筒井知己	東京聖栄大学教授（農学博士）
土岐和夫	北海道立道南農業試験場研究部管理科長
徳江千代子	東京農業大学教授（博士（農芸化学））
徳田宏晴	東京農業大学短期大学部講師
内藤茂三	愛知県産業技術研究所食品工業技術センター保蔵技術室長（農学博士）
長尾精一	㈶製粉振興会参与（農学博士）
永島俊夫	東京農業大学教授（博士（農芸化学））
中西載慶	東京農業大学教授（農学博士）
長沼慶太	㈱はくばく取締役生産本部長
中野浩平	岐阜大学講師（博士（農学））
西島基弘	実践女子大学教授（博士（薬学））
長谷川美典	㈱農業・食品産業技術総合研究機構果樹研究所カンキツ研究興津拠点研究管理監（農学博士）
八田　一	京都女子大学教授（理学博士）
早川喜郎	カゴメ㈱総合研究所技術開発研究部長（工学博士）
林　一也	東京家政学院短期大学助教授（博士（農芸化学））
原　忠彦	大阪府立食とみどりの総合技術センターみどり環境部長
日佐和夫	㈱BMLフード・サイエンス常務取締役／東京海洋大学客員教授（農学博士）
日坂弘行	千葉県農業総合研究センター主席研究員（博士（農学））
平田孝一	㈱サントク取締役相談役
平渕英利	岩手県農業研究センター保鮮流通技術研究室主任専門研究員
藤木正一	前東京農業大学非常勤講師
藤田明男	日清フーズ㈱開発センター食品研究所研究参与（農学博士）
藤田勝見	宮崎県西諸県農業改良普及センター普及企画課長
古庄　律	東京農業大学短期大学部助教授（博士（農芸化学））
古田道夫	㈳県央研究所参与（博士（農芸化学））
古屋　栄	山梨県果樹試験場主任研究員
前澤重禮	岐阜大学教授（理学博士）
牧田好髙	静岡県農業水産部みかん園芸室技術指導監
松倉　潮	㈱農業・食品産業技術総合研究機構食品総合研究所連携共同推進室長（農学博士）
松田敏生	フードスタッフ研究所代表者（工学博士）
松田弘毅	前鳥取県産業技術センター次長
真部孝明	くらしき作陽大学客員教授／広島県立大学名誉教授（農学博士）
三浦理代	女子栄養大学教授（農学博士）
宮尾茂雄	東京都立食品技術センター副参事研究員（農学博士）
宮崎丈史	千葉県農業総合研究センター企画調整部企画情報室長（農学博士）

宮澤孝幸	長野県上伊那農業改良普及センター駒ヶ根支所企画員
宮田明義	山口県田布施農林事務所調整監
村　清司	東京農業大学教授（博士（農芸化学））
村田道代*	奈良教育大学教授（農学博士）
村山秀樹	山形大学助教授（博士（農学））
森　元幸	㈱農業・食品産業技術総合研究機構北海道農業研究センターバレイショ栽培技術研究チーム長
矢野昌充	㈱農業・食品産業技術総合研究機構果樹研究所上席研究員（農学博士）
山内直樹	山口大学教授（農学博士）
山口重利*	雪印乳業㈱東京工場品質管理室
山下市二	前㈱農業・食品産業技術特定研究機構野菜茶業研究所機能解析部長（農学博士）
山本謙治	農産物流通コンサルタント
山脇和樹	静岡大学助教授（農学博士）
横山理雄	食品産業戦略研究所所長（農学博士）
吉岡博人	㈱農業・食品産業技術総合研究機構果樹研究所果樹温暖化研究チーム長（農学博士）
吉松敬祐*	山口県農業試験場生産環境部作物栄養グループ
若松利男	キユーピー㈱研究所基盤技術センター上級研究員（農学博士）
和仁皓明	西日本食文化研究会主宰（農学博士）

（＊執筆時の所属）

目　次

1　食品の品質

1.1　食品の『品質』とは……………………石谷…1
　1.1.1　はじめに……………………………………1
　1.1.2　品質とは……………………………………1
　1.1.3　品質の構造…………………………………2
　　(1)総合品質と個別品質／2　(2)客観的品質と主観的品質／3　(3)個体品質と集団品質／3　(4)設計品質と製造品質／3　(5)実用品質と情報品質／3　(6)使用品質と市場品質／3　(7)最適品質と経済品質／3
　1.1.4　食品の品質と鮮度…………………………4
　　(1)基本的特性と機能的特性／4　(2)嗜好特性の分類／5　(3)「流通特性」と「付加特性」／5　(4)鮮度とは／5
1.2　食品の取扱い……………………………芝崎…6
　1.2.1　はじめに……………………………………6
　1.2.2　食品衛生とは………………………………6
　1.2.3　日本の食品衛生行政の取組みと食中毒の発生状況……………………………7
　1.2.4　HACCPシステムの導入 ……………10
1.3　食品の特質 ……………………………松本…13
　1.3.1　食品の特性 ………………………………13
　1.3.2　食品の安全性 ……………………………13
　1.3.3　食品の品質劣化 …………………………14
　1.3.4　食品の輸送・保存特性 …………………14
1.4　食品の品質変化とその要因 ………田島…16
　1.4.1　食品素材に含まれる酵素による品質劣化 ……………………………………16
　1.4.2　微生物による品質劣化 …………………16
　　(1)食品を汚染する微生物の種類／17　(2)微生物の繁殖に影響する因子／17
　1.4.3　化学反応による品質劣化 ………………17
　1.4.4　物理的要因による品質劣化 ……………18
1.5　品質保持技術 ……………………髙野（克）…19
　1.5.1　水分の制御 ………………………………19
　　(1)水分活性／19　(2)乾　燥／19　(3)糖蔵・塩蔵／19
　1.5.2　温度の制御―低温貯蔵― ………………20
　　(1)冷　蔵／20　(2)冷　凍／21
　1.5.3　空気組成の調整―CA貯蔵・MA包装― ……………………………………21
　1.5.4　加熱殺菌 …………………………………21
　　(1)微生物の耐熱性／21　(2)微生物の耐熱性とpH／22
　1.5.5　酸素の除去 ………………………………22
　1.5.6　化学的方法 ………………………………22
　1.5.7　包　装 ……………………………………23
1.6　包装と缶詰 ……………………………石谷…24
　1.6.1　包装の機能と包装材料の機能性 ……………………………………石谷…24
　　(1)包装の機能／24　(2)包装材料の機能性と機能性包材／24　(3)機能性包材の種類と機能／26
　1.6.2　さまざまな食品用包装資材 …石谷…33
　　(1)紙容器／33　(2)プラスチック包装材料／33　(3)金属包装材料／35　(4)ガラス容器／37　(5)複合素材包装材料／37
　1.6.3　缶詰食品 ……………………石谷…38
　　(1)缶詰とは／38　(2)金属缶／39　(3)缶詰食品の生産量／39　(4)水産缶詰／40　(5)果実缶詰／41　(6)野菜類の素材缶詰／42　(7)非炭酸飲料（コーヒー，健康飲料，茶など）／43
　1.6.4　リサイクルへの対応 ………大須賀…44
　　(1)廃棄物量削減目標／44　(2)一般廃棄物と産業廃棄物／44　(3)循環型社会形成推進基本法／47　(4)資源有効利用促進法／47　(5)品目別廃棄物処理・リサイクルガイドライン／48　(6)容器包装リサイクル法／49

2　食品の保蔵・流通と安全性

2.1　冷蔵と冷凍 ……………………………桒名…51
　2.1.1　食品冷却の意味 ………………桒名…51
　　(1)温度と保蔵期間／51　(2)温度変動と保蔵期間／51　(3)風の影響／53　(4)青果物の発熱／53　(5)栄養成分の変化／54　(6)ショックと呼吸変化／55　(7)低温による障害／56　(8)青果物からのシグナル／57
　2.1.2　さまざまな冷却方式 …………桒名…58
　　(1)圧縮冷却方式／58　(2)吸収冷却方式／59　(3)電子冷却方式／61　(4)空気冷却方式／

62 (5)吸着冷却方式／62 (6)水素吸蔵冷却方式／62 (7)ボルテックスチューブ冷却方式／63 (8)その他の冷却方式／63
2.1.3 食品の事前処理 ……………………浅田…64
(1)原料の鮮度管理／64 (2)酵素，微生物の影響／64 (3)低温障害／65 (4)予 冷／65 (5)急速凍結／65 (6)冷凍時，凍結保存中の乾燥・酸化防止対策／66 (7)冷蔵・冷凍設備使用上の配慮／67
2.1.4 地球環境に配慮する …………上野…67
(1)フロンへの取組み／67 (2)産業廃棄物問題／71
2.1.5 今からでもできる省エネルギー ……………………………………上野…71
(1)省エネルギー法の歴史／71 (2)省エネルギーの工夫／72
2.2 微生物の制御 …………………高野（光）…75
2.2.1 食品の殺菌と微生物制御 …高野（光）・芝崎・横山・松田・土戸 ……………75
(1)食品と微生物／75 (2)包装済食品と固形食品の熱殺菌／77 (3)液状食品の連続殺菌と無菌充填包装／79 (4)食品に適用されるいろいろな物理的殺菌法／81 (5)食品添加物による微生物制御／83 (6)殺菌と微生物制御の評価／87
2.2.2 食品環境の殺菌と洗浄 …………芝崎・内藤・日佐・田島…89
(1)殺菌剤・洗浄剤の種類と特徴／89 (2)オゾン・過酸化水素による環境殺菌／93 (3)食品および環境の洗浄／98
2.3 輸入食品の安全性……………………西島…103
2.3.1 輸入食品の現状………………………103
2.3.2 輸入食品の安全性確保………………104
2.3.3 食品添加物……………………………105
2.3.4 残留農薬………………………………106
2.3.5 カビ毒…………………………………107
2.4 青果物の流通………………………秋元…110
2.4.1 輸送機器 ………………………秋永…110
(1)トラック／110 (2)鉄 道／111 (3)船舶／111 (4)航空輸送／112
2.4.2 包装（梱包）材料 ……………前澤…113
(1)段ボール／113 (2)プラスチックフィルム／114 (3)緩衝材／114
2.4.3 温度管理 ………………………山脇…115
(1)温度の測定／114 (2)野菜や果物は生き物／115 (3)野菜や果物は傷ついている／116
2.4.4 鮮度管理のための収穫後取扱いのヒント ………………………中野…117
(1)収穫後姿勢は生育姿勢がよく，振動や接触刺激は少ないほうがよい／117 (2)収穫後の光は月明かり程度がよい／117
2.4.5 果物の味を光で測る …………河野…117
(1)光で味が測定できるわけ／118 (2)果実糖度選別機／118 (3)内部品質時代の販売戦略／118
2.4.6 青果物の衛生 …………………清水…119
(1)微生物による汚染／119 (2)農薬による汚染／119 (3)寄生虫による汚染／120
2.4.7 リサイクルへの対応 …………秋元…120
(1)ゴミはまず分別から／120 (2)低コスト処理法／120 (3)生産者との連携／121
2.4.8 廃棄物処理 ……………………内野…121
(1)廃棄物の減量化と環境対策／121 (2)廃棄物のリサイクルと有効利用／122 (3)青果物残渣有効利用の阻害要因／123
2.4.9 有機農産物の流通 ……………秋元…123
(1)有機栽培の理論／124 (2)有機農産物の基準／124 (3)保証体制／125 (4)ファーマーズマーケットは安心取引／126
2.5 水産物の流通………………………小嶋…128
2.5.1 水産物の輸送 …………………赤井…128
(1)トラック輸送／128 (2)鉄道輸送／129 (3)船舶輸送／130 (4)航空機輸送／131
2.5.2 容器・包装 ……………………赤井…131
(1)生鮮品／131 (2)冷凍品／132 (3)活魚／133 (4)水産加工品／134
2.5.3 水産物取扱い上の留意点……赤井…135
(1)市場関係者の衛生感覚／135 (2)出荷製品の取扱い／135 (3)冷凍品，冷凍食品の取扱い／135
2.6 トレーサビリティ …………………山本…137
2.6.1 はじめに………………………………137
2.6.2 食品のトレーサビリティに関する定義………………………………………137
2.6.3 各プレーヤーをめぐる背景…………138
(1)小売業者の戦略転換／138 (2)産地・生産者の対応／139 (3)流通業者の現状／139
2.6.4 トレーサビリティシステムの現状…139
(1)トレーサビリティシステムのあるべき姿／140 (2)現在運用されているトレーサビリティシステム／140
2.6.5 今後の展望……………………………141
(1)取組み主体のメリット創出の必要性／

141 (2)低コストな基盤技術の創出／141
(3)生産者と流通業者，消費者の信頼関係の構築／142

3　生鮮食品の流通と品質保持

3.1　米……大坪…143
3.1.1　米の収穫から流通まで……大坪…143
(1)はじめに／143 (2)米の貯蔵中の損耗と品質変化／143 (3)微生物・害虫・ネズミなどによる影響／143 (4)貯蔵中の品質変化とその検出／144 (5)米の低温貯蔵／146 (6)最近の新しい貯蔵技術／146
3.1.2　精米の品質と規格……大坪…147
(1)米穀の表示／147 (2)米穀の品質表示の自主基準／147 (3)精米の品位基準／148 (4)日本精米工業業会の品位規格／148 (5)精米に関する農産物規格／148
3.1.3　業務用炊飯米の特徴と保蔵…平田…149
(1)業務用炊飯米の概要／149 (2)炊飯米の課題／149 (3)よい炊飯米の条件／150 (4)炊飯米の品質管理／151 (5)米飯商品の品質管理／151
3.1.4　加工米飯の特徴と保蔵……江川…152
(1)無菌包装米飯用原料米の選定条件／152 (2)原料米の精選条件／153 (3)原料米の洗浄条件／157 (4)無菌米飯の炊飯条件／158
3.1.5　米の特徴　……髙野（克）…158
(1)種　類／158 (2)米の構造・搗精・成分／159 (3)食　味／159 (4)利　用／159 (5)新形質米／159
3.1.6　米加工品……大坪…161
(1)無洗米／161 (2)パーボイルドライス／161 (3)アルファ米／161 (4)強化米／161 (5)米　粉／162 (6)ビーフン／162 (7)きりたんぽ／162 (8)ライスヌードル／162 (9)米　糠／162 (10)餅／162
3.1.7　家庭での保蔵方法……大坪…162
3.2　麦・雑穀……松倉…164
3.2.1　麦(大麦・ハダカ麦)…石川・長沼…164
(1)特　徴／164 (2)収穫から流通まで／165 (3)精麦の品質と規格／167 (4)精麦の品質管理／169 (5)精麦製品の品質管理／170
3.2.2　雑　穀　……有田・熊谷…170
(1)ライ麦／170 (2)その他利用の現状／172 (3)食品としての品質評価／172 (4)生産地および流通状況／173 (5)販売状況／174 (6)流通上の問題点／174 (7)加工食品への利用とその商品管理／175
3.2.3　精麦製品の家庭での保蔵方法……長沼…176
(1)調理方法／176 (2)保存性／177 (3)家庭での保蔵方法／177
3.3　豆　類　……平（春）…178
3.3.1　大　豆……178
(1)需　給／178 (2)品質に影響を及ぼす要因（品種・栽培・収穫・流通）／180 (3)品質と規格（検査・規格・等級と品位）／184 (4)集荷・輸入業者の品質管理／186 (5)貯蔵と品質／186 (6)貯蔵害虫・微生物汚染と品質／187
3.3.2　雑　豆……188
(1)需　給／188 (2)栽培・収穫・流通・輸入／188
3.4　堅果・種子類　……平（宏）…192
3.4.1　特　徴　……平（宏）…192
(1)分　類／192 (2)成分特性／192
3.4.2　品質管理……小中…192
(1)カビ汚染／192 (2)吸　湿／192 (3)虫害／192 (4)においの吸着／193 (5)脂質の劣化／193
3.4.3　堅果・種子各論　……平（宏）…193
(1)アーモンド／193 (2)アサの実／194 (3)エゴマ／194 (4)カシューナッツ／194 (5)カボチャの種／195 (6)カヤの実／195 (7)ギンナン／195 (8)ク　リ／196 (9)クルミ／196 (10)ケシの実／197 (11)ココナッツ／197 (12)ゴ　マ／198 (13)シイの実／198 (14)スイカの種／199 (15)トチの実／199 (16)ハスの実／199 (17)ヒシの実／199 (18)ピスタチオ／200 (19)ヒマワリの種／200 (20)ブラジルナッツ／200 (21)ペカン／201 (22)ヘーゼルナッツ／201 (23)マカダミアナッツ／202 (24)マツの実／202 (25)ラッカセイ／203
3.5　イ　モ……津久井…204
3.5.1　ジャガイモ　……森・佐藤・高田…204
(1)ジャガイモとは／204 (2)収穫から流通まで／204 (3)成　分／207 (4)主要品種と新品種の特徴／209 (5)消費地での受入

れ／211　(6)家庭での保管／211
3.5.2　サツマイモ …………小巻・津久井…211
(1)サツマイモとは／211　(2)収穫から流通まで／212　(3)成　分／214　(4)主要品種と新品種の特徴／215　(5)消費地での受入れ／217　(6)家庭での保蔵方法／217
3.5.3　その他のイモ ……………永島・林…217
(1)サトイモ／217　(2)ヤマノイモ／219　(3)クワイ／220　(4)キクイモ／221　(5)ヤーコン／221　(6)チョロギ／222　(7)ウコン／222　(8)ショウガ／222　(9)ハ　ス／223
3.6　野　　菜………………………………山下…225
3.6.1　特　性 …………山下・山内・日坂…225
(1)生産と流通／225　(2)生理と障害／225　(3)成分変化と品質／233
3.6.2　収穫と出荷前処理 …………小野田…237
(1)収穫作業／238　(2)出荷前処理／240
3.6.3　保蔵・流通技術
…………宮崎・茨木・山下・上田…244
(1)温度制御／244　(2)ガス制御／250　(3)鮮度保持剤／258　(4)卸売市場・量販店における取扱いおよび包装材のリサイクル／260　(5)家庭での保蔵方法／261
3.6.4　野菜各論 …………………………土岐・平渕・小清水・金子・荒川・大竹・原・松本・吉松・岡林・藤田・新堀…263
(1)タマネギ／263　(2)スイートコーン／264　(3)ハクサイ／265　(4)レタス／267　(5)ブロッコリー／268　(6)メロン／269　(7)キャベツ／270　(8)セロリー／271　(9)フ　キ／271　(10)ミツバ／272　(11)ダイコン／273　(12)シュンギク／274　(13)ホウレンソウ／275　(14)トマト／276　(15)キュウリ／277　(16)イチゴ／279　(17)ナ　ス／280　(18)ネ　ギ／281　(19)葉ネギ／282　(20)ピーマン／282　(21)ニンジン／283
3.6.5　その他の野菜…………………阿部…284
(1)葉・茎部／284　(2)花・花蕾部／286　(3)果　実／287　(4)未熟豆・種実類／287　(5)根　部／287　(6)鱗片部／288　(7)山菜類／288　(8)香辛野菜／288　(9)つま物・芽物／288　(10)ミニ野菜／288
3.7　果　　実…………………………小宮山…291
3.7.1　生産と流通…………………小宮山…291
(1)生　産／291　(2)流通技術（総論）／291
3.7.2　果実各論 ……………………長谷川・宮田・牧田・後藤・吉岡・松田・古田・古屋・辻・板村・平（智）・新堀・村山・宮澤・小宮山・小林・矢野・今堀・石谷・太田・真部・伊藤・松本…293
(1)ウンシュウミカン／293　(2)イヨカン，清美，夏ミカン，ハッサク／295　(3)ネーブルオレンジ／298　(4)ポンカン／299　(5)ヒュウガナツ／300　(6)セミノール／301　(7)デコポン／301　(8)ブンタン／302　(9)ユズ／303　(10)スダチ，カボス／304　(11)リンゴ／305　(12)日本ナシ／308　(13)西洋ナシ／310　(14)モ　モ／312　(15)スモモ／314　(16)ヤマモモ／316　(17)甘ガキ／317　(18)脱渋ガキ／319　(19)ビ　ワ／322　(20)サクランボ／324　(21)アンズ／326　(22)ウ　メ／329　(23)ブドウ／331　(24)キウイフルーツ／333　(25)イチジク／335　(26)バナナ／338　(27)パイナップル／339　(28)カリン，マルメロ／340　(29)ブルーベリー／341　(30)アセロラ／342　(31)レイシ／343　(32)グアバ／344　(33)ジャックフルーツ／345　(34)ドリアン／346　(35)スターフルーツ／347　(36)マンゴスチン／348　(37)バンレイシ／348
3.7.3　果実飲料………………………早川…349
(1)果実飲料の規格／349　(2)果実飲料の原材料／349　(3)製造工程／350　(4)表　示／351　(5)保蔵方法／351
3.8　キノコ類……………………………青柳…352
3.8.1　種類と特徴……………………………352
(1)栽培キノコと野生キノコ／352　(2)原木栽培と菌床栽培／358　(3)栄養成分と生理活性成分／358
3.8.2　流通形態別の保蔵技術………………359
(1)生／359　(2)乾燥品／359
3.8.3　店頭での取扱い………………………361
3.8.4　家庭での保蔵…………………………361
3.9　食　肉　類 …………………（田島編集）…362
3.9.1　消費量の推移…………………………362
(1)食肉全体／362　(2)牛　肉／362　(3)豚肉／364　(4)鶏　肉／364　(5)馬肉，羊肉／364
3.9.2　流通経路………………………………364
(1)牛　肉／364　(2)豚　肉／366　(3)鶏肉／366
3.9.3　取引形態………………………………366
(1)牛　肉／366　(2)豚　肉／368　(3)鶏肉／369
3.9.4　牛肉，豚肉および鶏肉各部位の品質

的特徴……………………………371
(1)牛　肉／371　(2)豚　肉／371　(3)鶏肉／372　(4)羊　肉／372
3.9.5　食肉の品質変化と消費期限…………372
(1)品質変化と熟成／372　(2)消費期限の設定／374
3.10　乳 ……………………………井筒…378
3.10.1　流通経路 ………………大塚…378
3.10.2　牛乳類の表示 ……………相川…378
3.10.3　種類と特徴 ………………相川…379
(1)生　乳／379　(2)牛　乳／380　(3)成分調整牛乳／380　(4)低脂肪牛乳／380　(5)無脂肪牛乳／380　(6)加工乳／380　(7)特別牛乳／381　(8)乳飲料／381
3.10.4　品質保持 ………………清水…382
(1)牛乳の風味／382　(2)微生物と滅・殺菌／382　(3)保蔵温度と品質／383　(4)牛乳，乳飲料などの包装容器／384　(5)移香の問題／386　(6)賞味期限の設定／386
3.10.5　家庭での保蔵 ……………清水…387
3.11　卵 ……………………………筒井…388
3.11.1　種類と特徴 ………………筒井…388
(1)鶏　卵／388　(2)特殊卵／390　(3)その他の鳥卵／391
3.11.2　流通経路 ………………若松…391
(1)鶏卵の消費動向／391　(2)鶏卵の流通機構／392　(3)鶏卵の取引規格／392　(4)鶏卵の選別と包装／393　(5)加工卵の製造と流通／393　(6)鶏卵の価格／394
3.11.3　殻つき卵の品質保持 ………八田…394
(1)品質の経時変化／394　(2)品質と鮮度の判定法／395　(3)殻つき卵の品質保持／397
3.11.4　卵加工品の特徴と品質保持…若松…398
(1)一次加工卵／398　(2)マヨネーズ，ドレッシング／401　(3)その他の卵加工品／403
3.11.5　家庭での保蔵方法 …………筒井…403
(1)保蔵の際の注意点／403　(2)鶏卵包装容器／404
3.12　水　産　品 ……………………坂口…405
3.12.1　水産物流通経路と流通形態…赤井…405
(1)流通経路／405　(2)消費目的ごとの水産物流通形態／406
3.12.2　魚介類の鮮度変化 …………坂口…407
(1)鮮度の変化／407　(2)成分の変化／407　(3)鮮度の指標／410
3.12.3　魚介の保蔵方法と品質保持…田中…415
(1)衛生管理／416　(2)低温貯蔵／417　(3)包装／423
3.12.4　店頭における取扱い ………田中…426
(1)衛生管理の実際／426　(2)温度管理の実際／427　(3)包装の実際／428
3.12.5　海　藻 ……………………村田…431
(1)流通形態別の品質保持／431　(2)乾燥品，塩蔵品／434
3.12.6　家庭での保蔵 ………………田中…436
(1)保蔵期間／436　(2)保蔵方法／436　(3)魚介の取扱い上の注意／437　(4)家庭用冷蔵庫での冷凍と解凍／437

4　加工食品の流通と品質保持

4.1　穀類加工品…………………………長尾…439
4.1.1　小麦・小麦加工品
…………長尾・藤田・内田・明石…439
(1)小麦の特徴と保蔵／439　(2)小麦粉の特徴と保蔵／441　(3)小麦加工品の特徴と保蔵／444
4.1.2　ソバ・ソバ加工品……………池田…458
(1)特　徴／458　(2)品　質／461　(3)保蔵／463
4.1.3　家庭での保蔵方法……………長尾…464
(1)小麦粉／464　(2)その他の穀類加工品／465
4.2　イモ・デンプン加工品…………津久井…467
4.2.1　デンプン…………………………林…467
(1)性質と特性／467　(2)性状・用途と製造方法／467
4.2.2　イモ類加工品……………………林…472
(1)コンニャク／472　(2)ジャガイモ・サツマイモ加工品／472　(3)デンプン加工品／473　(4)化工デンプン／473
4.3　油脂加工品…………………………木原…476
4.3.1　油　脂………………………………476
4.3.2　脂肪酸………………………………476
(1)飽和脂肪酸と不飽和脂肪酸／476　(2)n-3とn-6／477
4.3.3　動物油脂・植物油脂・魚油の特徴…477
4.3.4　脂肪酸の特徴による食用油脂の分類…477
4.3.5　天ぷら油とサラダ油…………………480
4.3.6　油脂の原料……………………………480
(1)植物油脂／478　(2)動物油脂／485

4.3.7　食用油脂の特徴……………………………487
(1)食用加工油脂／487　(2)マーガリン／488　(3)ショートニング／492
4.3.8　品質と保蔵………………………………494
(1)品　質／494　(2)品質の保証／494　(3)保蔵／494
4.4　大豆加工品…………………………斎尾…497
4.4.1　非発酵大豆食品………………斎尾…497
(1)豆　乳／497　(2)豆　腐／498　(3)揚げ物／500　(4)凍豆腐／500　(5)湯　葉／501　(6)きな粉／501　(7)その他豆腐食品／501　(8)豆腐類の保存／502
4.4.2　大豆発酵食品…………………谷口…502
(1)納　豆／502　(2)世界の納豆類／504　(3)乳腐と豆腐よう／505
4.5　野菜加工品…………………………上田…507
4.5.1　種類および加工材料…………上田…507
(1)静菌・殺菌／507　(2)内容成分の変化／507
4.5.2　トマトジュース・トマトケチャップ………………………………早川…508
(1)種類と特徴／508　(2)品質保持／511　(3)家庭での保蔵方法／512
4.5.3　漬　　物……………………………宮尾…513
(1)種　類／513　(2)主な漬物の製造方法／514　(3)漬物と微生物／514　(4)保蔵・流通対策／516
4.5.4　乾燥野菜…………………………土田…520
(1)種類と特徴／520　(2)品質保持と取扱い／524
4.5.5　カット野菜………………………阿部…526
(1)種　類／526　(2)特　徴／528　(3)保蔵(品質保持)／530　(4)家庭での保蔵方法／531
4.6　畜肉加工品…………………………鈴木…533
4.6.1　種類と特徴………………………鈴木…533
(1)ハム類／533　(2)ベーコン類／537　(3)ソーセージ類／538　(4)プレスハム／540　(5)熟成ハム類など／540
4.6.2　保蔵技術…………………………多田…542
(1)保蔵の目的／542　(2)保蔵技術および効果／543　(3)畜肉加工品取扱い上の注意／552
4.7　水産加工品…………………………赤羽…556
4.7.1　種類と特徴………………………………556
(1)乾製品／556　(2)塩蔵品／559　(3)燻製品・節類／560　(4)練り製品／561
4.7.2　加工と保蔵………………………………564
(1)乾製品／564　(2)塩蔵品／569　(3)燻製品・節類／572　(4)練り製品／574
4.8　乳加工品……………………………井筒…579
4.8.1　種類と特徴………………東・相川…579
(1)チーズ／580　(2)バター／581　(3)練乳／581　(4)粉　乳／582　(5)生クリーム／582　(6)アイスクリーム／582　(7)ヨーグルト／583　(8)乳酸菌飲料／583
4.8.2　保蔵技術…………………………清水…584
(1)流通における品質上の問題／584　(2)チーズ／586　(3)粉　乳／588　(4)アイスクリーム／589　(5)ヨーグルト／590　(6)賞味期限の設定／591
4.8.3　家庭での保蔵方法………………清水…591
4.9　冷凍食品……………………………藤木…592
4.9.1　種類と特徴………………………高木…592
(1)定義・分類／592　(2)素材冷凍食品／593　(3)調理冷凍食品／598
4.9.2　保蔵技術…………………………高木…604
(1)食品冷凍の原理／604　(2)冷凍設備の種類とその特徴／605　(3)保蔵劣化／607　(4)製造・保蔵・流通での品質保持／607　(5)賞味期限の設定／609　(6)容器包装／612
4.9.3　家庭での保蔵方法………………高木…615
(1)ホームフリージングと冷凍食品の違い／615　(2)家庭用冷凍庫での注意事項／615　(3)冷凍食品の表示／616
4.10　調理済食品…………………………和仁…618
4.10.1　惣菜の保蔵技術………………山口…618
＊惣菜メーカー側の対応／618
4.10.2　弁当（おにぎりを含む）の保蔵技術………………………………山口…624
(1)白飯・おかずが同一容器に入っている弁当／625　(2)寿司弁当／627　(3)そば・うどん弁当／627
4.10.3　調理パンの保蔵技術………山口…628
4.10.4　流通上での注意………………山口…628
(1)配送車での注意／628　(2)販売店（コンビニエンスストア・スーパーマーケットなど）での注意／628
4.10.5　家庭での保蔵…………………山口…629
＊食べるときの注意／629
4.10.6　レトルト食品…………………山口…629
＊保蔵を含めた注意点／629
4.10.7　チルド食品(冷蔵保蔵食品)…山口…629
＊保蔵を含めた注意点／629

4.10.8　半調理加工食品 ……………山口…630
4.10.9　新含気（調理）食品 ………山口…630
4.10.10　真空調理食品…………………山口…630
4.10.11　まとめ…………………………和仁…631
4.11　調　味　料 …………片岡（榮）・菊池…632
4.11.1　種類と特徴 ……………片岡（榮）…632
(1)定　義／632　(2)来　歴／632　(3)分類／633
4.11.2　天然素材型調味料
……………………片岡(二)・古庄…634
(1)食　塩／634　(2)甘味料／634
4.11.3　発酵調味料
…………谷口・小泉・村・徳江…638
(1)味　噌／638　(2)醤　油／643　(3)食酢／649　(4)魚醤油／653　(5)味醂・料理酒／657　(6)醬・豆鼓／659
4.11.4　うまみ調味料 …………片岡（二）…660
(1)来　歴／660　(2)品　種／660　(3)特性と有効な使用方法／661　(4)保蔵・陳列時の適切な取扱い／662　(5)表　示／662　(6)使用基準・賞味期限／663　(7)運搬・保蔵・陳列の適切な取扱い／663
4.11.5　配合型調味料
…………片岡（榮）・片岡（二）…663
(1)風味調味料／663　(2)たれ類／665　(3)乾燥スープ類（コンソメ・粉末スープ）／666　(4)タバスコ／667
4.11.6　保蔵技術 ………………片岡（二）…668
4.11.7　家庭での保蔵方法 ……片岡（二）…670
(1)未開封の場合／670　(2)開封の場合／670　(3)賞味期限が過ぎた未開封の調味料／671
4.12　嗜好飲料 ………………………大森…672
4.12.1　嗜好飲料の種類と特徴
………………………大森・石谷…672
4.12.2　茶 ……………………大森・石谷…672
(1)茶の種類／672　(2)中国茶／673　(3)茶のルーツと歴史／673　(4)紅　茶／674　(5)日本茶／674　(6)日本茶の製法と化学成分／675　(7)茶の流通形態と保存技術／675　(8)茶系飲料／676
4.12.3　コーヒー ……………大森・石谷…677
(1)コーヒーの種類／677　(2)焙煎コーヒーの流通と保存／677　(3)コーヒー飲料，インスタントコーヒーの保存性／678
4.12.4　ココア関連飲料 ……大森・石谷…678
(1)ココアの種類／679　(2)ココアの流通と保存／679
4.12.5　スポーツ飲料 ………大森・石谷…679
4.12.6　ミネラルウォーター　大森・石谷…679
4.13　酒　　類 …………………………中西…681
4.13.1　種類と特徴 …………………中西…681
(1)原　料／681　(2)製造法／681　(3)成分と品質評価／682　(4)酒税法による酒の分類／683
4.13.2　日本酒・その他 ……………坂井…683
(1)種　類／684　(2)異常現象／684　(3)呑切りと貯酒／685　(4)その他の酒／685
4.13.3　ビール ………………………徳田…686
(1)種　類／686　(2)品　質／686
4.13.4　ワイン …………………………辻…688
(1)規　格／688　(2)品　質／690　(3)保蔵・管理／690　(4)飲用温度／691　(5)ワインボトル／691　(6)家庭での保蔵方法／691
4.13.5　蒸留酒 ………………………玉城…691
(1)ウイスキー／691　(2)ブランデー／692　(3)スピリッツ／693　(4)焼　酎／694　(5)リキュール／695　(6)保蔵管理／695
4.14　栄養をサポートする食品 ………三浦…696
4.14.1　種類と特徴 …………………………696
(1)機能性食品／696　(2)特定保健用食品／697　(3)栄養機能食品／698　(4)健康食品／700
4.14.2　用い方 ………………………………702

▩索　　引 ……………………………………………………… 703

▩食品関連団体一覧 ………………………………………… 715

1 食品の品質

1.1 食品の『品質』とは

1.1.1 はじめに

食生活の高度化に伴い，食品は高品質化・多様化し，品質がよく，鮮度，風味などの点で優れたものが求められている。また，快適な社会，高齢化社会における食品は「健康によく，安全である」ことを前提にし，経済的・合理的であると同時に，質的な満足感や楽しみ，文化性などを感じさせるものであることが重要である。世代の移り変わりや個性化などによって，この質的な満足感や楽しみ，文化性それ自身も多様化し，食品に対するニーズが非常に複雑になっているが，基本は「安全で，品質のよいもの」である。

また現在，食品開発の重要なキーワードになっている「高品質」は，概念的には理解できるものの，食品によって品質特性が大きく異なり，「高品質」のもつ意味も多様である。

ここでは，「品質」の原点に戻って，『「品質」，「高品質」とは何か』，「高品質」の切り口にはどのようなものがあり，今後の商品開発，技術開発研究においてどのような具体的な課題があるのか，などについて考えてみる。

1.1.2 品質とは

品質とは，「品物の性質」のことであり，商品学の分野では「商品のよさの程度を表す総合的な概念」であり，「商品の質的市場価値」であると定義されており，「品質は商品の命である」といえる。いいかえれば，品質とは，ある商品が，ある時点，ある場所で全体的に評価された平均的な「使用価値」を表すものと考えられる。

もう少し細かくみると，品質の概念には，① 商品が生産され消費されていく過程（開発，設計，生産，出荷，流通，購入，使用，消費，貯蔵，廃棄）の各段階での「品質」を考える視点と，② 商品市場における「使用価値」をある方法で客観的に評価する「等級」とか「グレード」で表されるものの二通りがある。

品質は，それ自身で効果が発揮されるものではなく，商品の全体量，つけられる価格，場所（産地，メーカー，売り場など），時間（季節，ライフサイクル，時間帯など），それ自身がもっている安全性，関係する情報（広告，表示，評判など），販売サービス（品質保証，展示，説明など）など，ほかのさまざまな要因との関連性で考えられ評価されるものである。

商品が利用される「場所と時間」，「場所と量」，

「場所と価格」，「時間と価格」などの相互関係については，品質とかかわりなく変動する場合も多くみられ，それぞれの要因が相互に複雑に絡み合っている。代表的な例としては，「品質」という大きな背景のもとで，農産物では出荷量（季節）と価格の関係，家電製品では売出し時期，価格とライフサイクル，生産財では販売量と価格などについて相互関係がみられる。

商品の品質を把握する方法には，自然科学的な方法による「物」としての把握と，社会科学的な方法による「経済」的側面からの把握があり，実際にはこの両者の調和が重要である。

1.1.3　品質の構造

品質には，以下のような商品学的な視点で評価される「品質」があり，科学的に裏づけられる「品質」がある。

（1）総合品質と個別品質

品質には，商品全体として評価される総合的な品質と，それを構成する個別要素についての品質がある。「総合品質」を構成する「個別品質」の要素は非常に多様であるが，総合的な品質に特に関係の深い「個別の品質特性」として，食品では「外観」，「色調」，「香り」，「歯触り」などがあげられる。さらに，商品の品質を評価するために選定された細かい化学成分レベル，物理特性レベル，細胞構造レベルなどの「品質評価要素」がある。

品質管理の先駆者であるシューハート（1934）は，品質を3つの型に分類している。第一型品質は「色，形」などの商品固有の自然属性である「性状因子」，第二型は「使いやすい」などの特定の目的に使用するときの効果，能率などの「性能因子」，第三型は「好き・嫌い」などの個人的主観に基づく好みの選択要素である「嗜好因子」である。彼はさらに，商品規格などに照らした品質特性を考慮して，マイナスの有用性である「欠点

表1.1.1　品質評価要素の類型（水野氏作表）

	A	性状因子 (Property)	1	寸法，量目	長さ，重さ，大きさ，かさ，面積，太さ，容積重など	客観的品質要素	使用品質（総合）	市場品質（広義）
			2	原料，成分，異物	有効成分の種類，含有率（混和，増量剤，偽交物，水分，その他の夾雑物）など			
			3	形態，形式，構造	品種，密度，位置，仕上，加工法，皮部の厚薄			
			4	その他の性質	色，比重，粘度，屈折率，旋光度，凝固点，融点，引火点，発火点，粘度，産地，製法など			
	B	欠点因子 (Defects)	キズ，汚損，不均斉度，脱落，変形変質，虫害，腐敗など 欺瞞的包装（上げ底）					
	C	性能因子 (Performance)	強さ，伸び，硬さ，弾性，耐久度，寿命，発熱量，耐蝕性，効率，伝導率，吸湿度，通気性，染色堅牢度，収縮率 栄養価，耐水性，撥水性，消化率，保存性，運搬性など					
	D	感覚因子 (Functional Factor)	色沢，手触り，音色，新鮮度，直感的総合品質		外観，味 香気，（臭気）など	準客観的要素		
	E	嗜好因子 (Preference, Taste)	意匠，デザイン，スタイル，色合，柄，風合いなど美的，装飾的，流行的要素			主観的要素		
外部要素	F	市場適性因子 (Marketability)	包装（外装，内装，個装），銘柄，ラベル，広告，産地など 価格 保存性，運搬性の経済的面（費用）			客観的＋主観的	市場品質（狭義）	

因子」，性能因子のうち五感に頼らざるを得ない「官能因子」，商品の品質とは直接関係のない包装，ブランド，ラベル，広告などの「市場適性因子」の三つを加えて，六つの品質構成要素の類型表を作成している（表1.1.1）。

（2）客観的品質と主観的品質

品質特性を測定する方法の客観性によって「客観的品質」と「主観的品質」に分けられる。一般に，前者は科学機器類により計測される品質であり，いつどこで測定しても同じ評価になるものをいう。後者は，評価する集団によって異なる結果を与える官能検査などによって評価される品質を意味している。生産財では「性能」などの客観的品質が重要であり，消費財では「色，デザイン」などの主観的品質が重視される場合が多い。

（3）個体品質と集団品質

特定の個々の商品がもっている品質を「個体品質」といい，ある量の商品サンプルのロットが示す平均的な品質を「集団品質」という。前者を「サンプル品質」，後者を「ロット品質」という場合もある。個体品質は個々に計測された値で示され，集団品質は品質管理で使われる「平均，分散（ばらつき），標準偏差」で表され，一般にばらつきの少ないものがよいとされる。

（4）設計品質と製造品質

商品を生産するときに，どのような「物」をつくりたいかが「設計品質」であり，ニーズ，市場実態，経済性，技術水準，製造能力などを踏まえて判断し実際につくられる「物」の品質が「製造品質」である。製造された商品は品質検査が行われ，決められた品質に合わないものは不良品とされ，市場に出されないことになる。

製造品質は，検査によってはじめて確かめられるものなので，どの程度厳密に検査するかによって異なる。一般に全数検査を行うのは時間とコストがかかることと，食品では全数検査が不可能な場合もあり，抜取り検査が行われることが多い。最近では，衛生的な食品を製造するために製造工程全体を管理することによって製造品質を高める方向になっている。

（5）実用品質と情報品質

消費者に満足感を与える「品質」には二通りがある。一つは，食品でいえば「お腹を満たし，栄養を与える」という基本的で実質的な満足感を与える「実用品質」であり，もう一つは，「おいしく，見ためもよい」という精神的，感情的な満足感を与える「情報品質」である。前者をハードな品質，後者をソフトな品質ということもできる。

一般的に，生産財では実用品質が重視され，消費財では、貧しいときには実用的品質を重視し，豊かになると情報的品質へとシフトしていく傾向がみられる。

（6）使用品質と市場品質

ある個別の特定な使用に適した品質を「使用品質」といい，ある集団で総合的に判断されるのを「市場品質」という。例えば，不特定の消費者が利用する生食用トマトの品質は「市場品質」であり，レストランなどで調理用に特別に要求される品質特性は「使用品質」であるといえる。マクロの立場からの「市場品質」とミクロからみた「使用品質」といいかえることもできよう。

（7）最適品質と経済品質

特定の用途に対して理想的な品質は，往々にして経済的には成り立たないことが多い。すなわち，「品質と価格」はトレードオフの関係であり，実際には理想とする「最適品質」と現実の「経済品質」の間で最適なレベルの商品を選択して製造している。また，消費者は，数ある品ぞろえの中からその人にとっての最適なレベルの商品を選択して購入している。

品質のよい順にA，B，C，Dの商品があるとすると，一般的には，Aクラスの品質で価格の安い商品がお買い得品であるといえる。また，価格には，品質だけではなく，アフターサービスのよさなどの「市場適性」も評価の対象になることから，Q（品質）＋S（サービス）＝P（価格）を判断し，経済品質がよいかどうかを判断することになる。

1.1.4　食品の品質と鮮度

品質の優れた食品を得るためには，どのような品質・特性要素を考えなくてはならないかを図1.1.1に示した。

（1）基本的特性と機能的特性

食品の品質要素は、まず大きく二つに分けることができる。第一は，食品が本来備えていなければならない「栄養があり，安全である」という「基本的特性」であり，第二は，食品が人間の生理，感覚などに及ぼす作用，働きとしての「機能的特性」である。商品学でいう「実用品質」と「情報品質」の分け方に近いものである。

基本的特性とは，①タンパク質，脂質，炭水化物，繊維や，ビタミン，ミネラルなどの栄養素があり，②農薬，重金属，中毒細菌，毒素などの有害物質がなく，「安全で健康によい」という，食品としてまずもっていなければならない基本的な要素であり，食品の「第一機能」といわれる。

機能的特性には，①人間の感覚器官に与える作用，すなわち「食べておいしい，見て美しい」ということに代表される嗜好特性と，②血圧調節作用やコレステロール低下作用などの「生体調節機能をもつ」という特性がある。前者は食品の

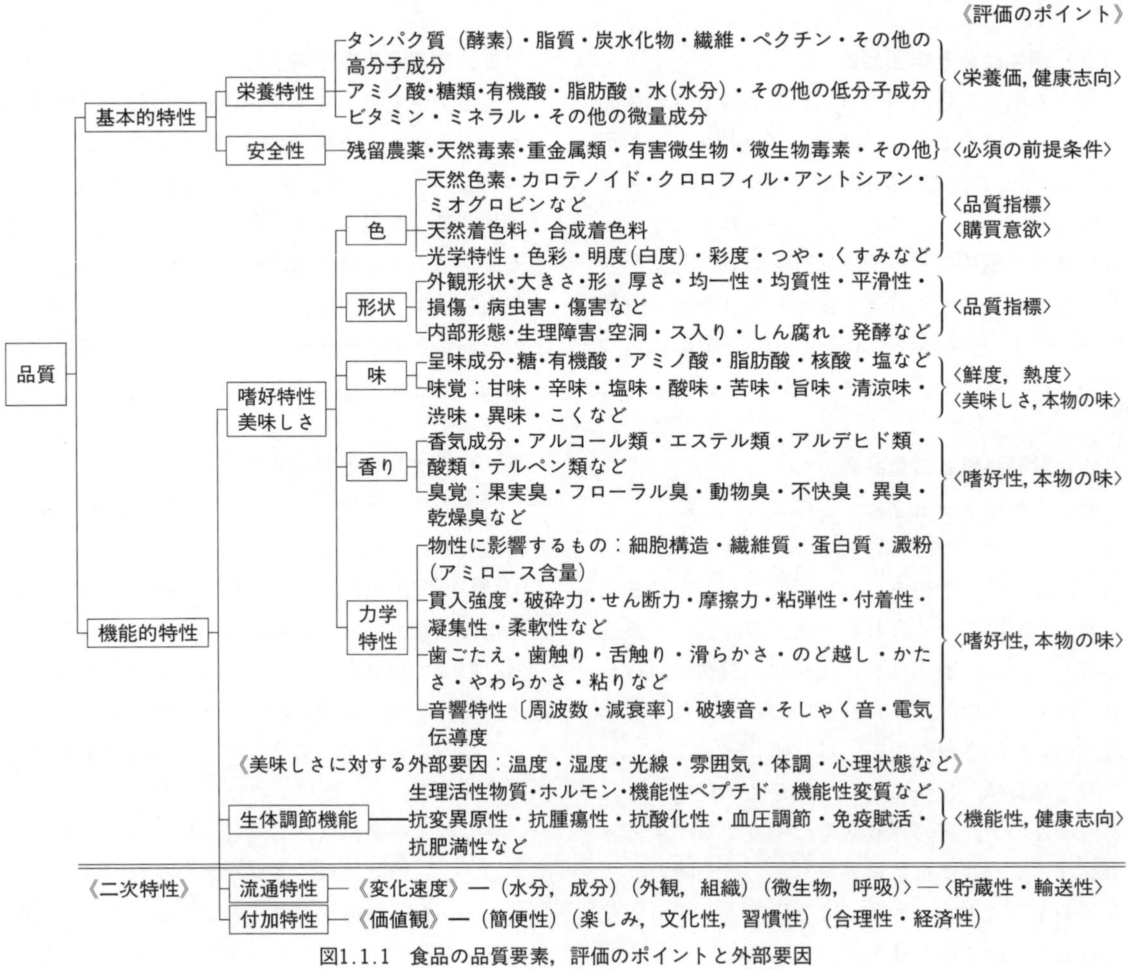

図1.1.1　食品の品質要素，評価のポイントと外部要因

「第二機能」，後者は「第三機能」といわれ，この食品のもつ第三の機能に着目した食品評価をいわゆる「機能性食品」（一部は「特定保健用食品」）と呼んでいる。

（2）嗜好特性の分類

嗜好特性には，色，形状，味，香り，力学特性（食感）などがあり，化学成分の含量・構造や官能的評価などで示されるこれらの品質要素は，いずれも食品の品質指標として大変重要である。消費者の購買意欲を刺激する重要な要素は，「見て美しい」という色と形状であり，再び購入するかどうかは，「食べておいしい」という味，香り，食感などの品質要素が大きく影響する。

食品のおいしさを表す嗜好特性にも，化学的・物理的な手法により計測される「客観的品質」と官能検査で評価される「主観的品質」がある。「色」でいえば，化学的な色素成分の含量であり，物理的な光学特性，明度，彩度，色調などの数値であり，官能的な色あい，つや，くすみなどの評価である。

官能評価には，個々人の過去の経験や主観による違いもあり，置かれた環境の温湿度，光線などの外的条件や場の雰囲気，体調といった人の心理的・生理的条件によっても違いがみられる。

シューハートによる品質評価要素は，大部分が嗜好特性に属するものであるが，品質の計測・評価が客観的に行えるかどうかという視点で，性状因子・性能因子（客観的），感覚因子（準客観的），嗜好因子（主観的）に分類している。

（3）「流通特性」と「付加特性」

食品では，それぞれの品質要素の二次特性として，①時間とともに変化する「速度」で表される「流通特性」と，②豊かな生活に寄与する簡便性，文化性，合理性，経済性などの「価値観」で評価される「付加特性」がある。

食品の「流通特性」とは，流通過程で引起こされる栄養特性，嗜好特性などの変化を「速度」の概念で示したものであり，流通過程における成分変化が少ないものについては「流通特性が優れている」ということになる。流通過程の成分変化には，乾燥・吸湿という水分の増減，栄養成分・呈味成分などの化学成分の増減，脂質の酸化などがあり，青果物などでは，代謝・生理によって引起こされる鮮度低下，品質低下があり，微生物の成育などによって引起こされる変敗，腐敗などがある。

（4）鮮度とは

青果物や魚介類などの生鮮食品では，「鮮度がよい・悪い」という表現が多く使われる。食品の「鮮度」とは，一般に品質低下の速い食品について，収穫・製造後の「新しさ」を概念的にとらえるものであり，品質とは表現法の異なるものである。採りたての野菜はみずみずしく新鮮であるが，品質的には優れたものから劣るものまで大きな幅がある。日がたって変色し萎れた葉野菜でも，水を打って光にあてると萎れがなくなり色が戻ってくる。

1.2 食品の取扱い

1.2.1 はじめに

1945（昭和20）年8月15日の敗戦以来50有余年，餓死寸前だった日本の食料事情は，その後著しく好転し，今や国産の農・畜・水産物はもちろんのこと，世界各地から食材，製品の輸入が自由となり，四季を通じてあらゆる種類の食品を豊富に入手することができるようになった。その間，生活水準の向上とともに，食品の“量よりも質”へと消費者の要求が高まり，嗜好の変遷，健康志向，自然食への願望，利便性の追求など多様な要望がますます激しくなってきた。さらに核家族化，共働き，少子化，喫食形式の変化（外食，中食，個食など），高齢化などと著しい変革の流れも起こりつつある。

食品産業の業界においても，これらに対応するため，少品種・多量生産を行う一方で，多品種・少量生産，高度な加工と加工度の低い自然食に近い商品の提供，さらには食品の流通，販売機構の転換も著しいのが現在の業界と考えられる。すなわち食材，製品の輸送手段が，鉄道，船舶からトラック，航空機と多様化し，なかでもトラック輸送の伸びは著しく，取扱う食品の品質に対応して輸送中の温度管理がなされている（常温，冷蔵，冷凍流通）。

食品の販売形式も個々の独立した小売店舗，私設ないし公設の市場から，いわゆるスーパーマーケット，コンビニエンスストア，デパートと集合化されて，消費者にとって便利になっている。また消費者自身の日々の生活においても，電気，ガスを熱源とする調理器具の多様化，冷蔵・冷凍庫の普及と相まって，日々の食材，食品の購入態度の変化も認められるようになった。さらにたびたび報じられる食中毒をはじめとする異物混入事件など，食品の安全性にかかわる報道に対しても敏感になっている。

1.2.2 食品衛生とは

消費者に対して安全な食品を提供するためには，製造，加工，保管，流通，販売のすべての過程において「食品衛生」の理念を徹底して遵守，実行しなければならない。

「食品衛生」とは，世界共通の食品産業における基本的概念であって，すでに世界保健機関（WHO）の環境衛生専門委員会では，1956（昭和31）年に次のように定義づけられている。

「食品の栽培，生産，製造から最終的に人々に摂取されるまでのあらゆる段階において，食品の安全性（Safety），健全性（Wholesomeness）及び正常性（Soundness）を確保するために行うべきあらゆる手段」

健全性とは食品を用いて健全な食生活を営むために，毒性や微生物学的な立場からの食品の安全性が確保され，栄養学的にも適格なことである。

この定義では，食材から最終的に消費者の口に入るまでの過程において，食品の安全性が保たれるとともに，栄養的にも，品質のうえからも良好な状態に保って提供するために，食品を取扱うすべての者が心得るべき手段が食品衛生ということになる。

食品の安全性確保のためには，業界すべての者が常に心掛けるべきことであるが，食品に加えられる可能性のあるすべての危害を排除しなければならない。

ここでいう危害とは，飲食に起因する健康被害またはそのおそれと定義されるが，その原因となるものは次の3つの因子に区分されている。

① 生物学的危害……食品中に含まれる微小な生物，すなわち病原細菌，腐敗性微生物，リケッチア，ウイルス，寄生虫の感染またはこれらのつくる毒素による健康被害である。

② 化学的危害……食品中に含まれる化学物質による健康被害である。これには生物由来の危害原因物質として，カビ毒，貝毒，キノコ毒，フグ毒などがあり，人為的に添加される食品添加物がある（食品衛生法で使用許可されている添加物は毒性が少なく安全である）。さらに偶発的に混入してくる化学物質としては農薬，動物用医薬品，重金属，殺虫・殺そ剤，洗剤，塗料，潤滑油などをあげることができる。

③ 物理的危害……食品には通常含まれない硬質の異物による健康被害であって，金属片，ガラス片，木片，プラスチック片，従業員由来の物品，毛髪，糸，ワイヤー，注射針などをあげることができる。

1.2.3　日本の食品衛生行政の取組みと食中毒の発生状況

食品業界での自主的な食品衛生への取組みに対して公衆衛生の立場より，国，自治体の行政側からは，消費者の保護のためと業界の発展向上のための施策が講じられている。そして法律，行政，基準，規定などの形の通達が公布されてきた。

日本の食品衛生行政は，1947（昭和22）年12月に「食品衛生法」が公布され，翌1月1日より施行され，日本における総合的な食品衛生管理行政の基礎が確立されることになる。この食品衛生法は，2003（平成15）年5月に大改正が行われたが，同時に，食品の安全性の確保に関する施策を総合的に推進するために，内閣府に食品安全委員会が設置され，食品安全基本法が制定された。

これら改正の2年前の2001年，国内においてBSE（牛海綿状脳症），さらに食品の偽装表示，輸入野菜の残留農薬，食品添加物の無許可使用，無

表 1.2.1　1950年以降の主な中毒事件

1950年10月	大阪府南部沿岸都市でのシラス中毒事件（腸炎ビブリオ）
1951年5月	北海道岩内町でのいずし中毒事件（ボツリヌス菌）
1954年4月	水俣病水銀中毒事件（化学毒）
1955年6月	森永砒素ミルク中毒事件（化学毒）
1957年11月	北海道増毛町でのいずし中毒事件（ボツリヌス菌）
1965年7月	鳥取県でのジュース缶詰錫事件（化学毒）
1968年10月	米糠油 PCB 中毒事件（化学毒）
1984年6月	芥子蓮根中毒事件（ボツリヌス菌）
1988年6月	錦糸卵中毒事件（サルモネラ）
1990年6月	浦和市幼稚園での中毒事件（腸管出血性大腸菌O157：H7）
1996年5月	岡山県邑久町小学校・幼稚園での中毒事件（O157：H7）
7月	堺市小学校での給食による中毒事件（O157：H7）
1998年8月	給食三角ケーキによる中毒事件（サルモネラ）
2000年6月	低脂肪乳による食中毒（エンテロトキシン）
2002年7月	給食パンによる食中毒（ノロウイルス(SRSV)）
2003年1月	給食パンによる食中毒（ノロウイルス）

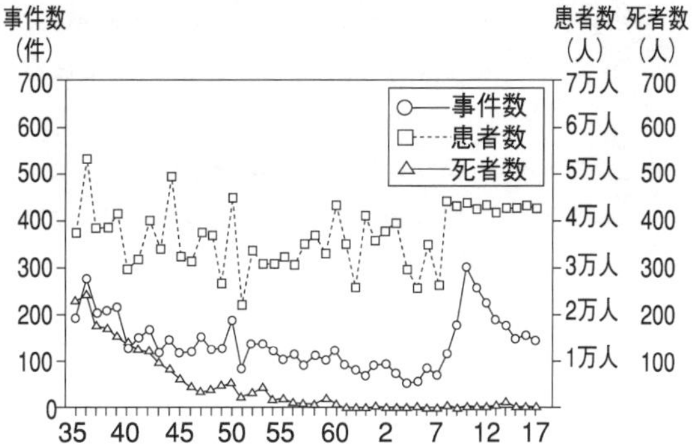

図 1.2.1　食中毒事件数・患者数・死者数の年次推移

登録農薬使用などの問題が相次いで発生し，食品の安全性に対する消費者の不安と不信が高まった。

1960（昭和35）年以降の日本における食中毒事件は，表1.2.1，図1.2.1に示したように絶えることなく起こっている。その間行政的施策として，1974年5月農林水産省食品流通局（現総合食糧局）はアメリカでのGMP(Good Manufacturing Practice：適正製造基準）に準拠したところの缶詰と食

用植物油の製造流通基準を通達した。その後，表1.2.2に示したように21品目の食品についての基準が設定された。これらの基準は食品の品目によって若干の違いはある。表1.2.3に製造，流通，管理組織に関する事項に分けて，共通的な事項をまとめた。

表 1.2.2　農林水産省が製造流通基準を設定している食品

食用植物油，缶詰，味噌，生麺，豆腐，漬物，加工海苔，醤油，即席麺類，レトルトパウチ食品類，炭酸飲料，削り節，パン，トマト加工品，米菓，ビスケット類，惣菜，マカロニ類，麦茶，水産練製品，ハンバーグ・ハンバーガーパティ類

表 1.2.3　食品製造流通基準（農林水産省食品流通局長通牒）

各品目の共通事項	
製造に関する事項	1.　工場周辺，作業場，機械器具，保管施設等についての環境衛生管理 2.　原材料及び製品について，有害な物質，異物等の混入防止方法，品質の分析方法及び製造工程上の遵守事項 3.　作業者の服装，衛生保持等
流通に関する事項	流通段階における有害物質，異物の混入，製品の変質を防ぐための製品の取扱い，輸送方法，輸送上の注意事項，保管陳列上の必要条件
管理組織に関する事項	基準を遵守するための管理組織の整備，組織の運営方法，管理記録の作成，保持等

その後厚生省（現厚生労働省）生活衛生局は表1.2.4にまとめたように5品目について衛生規範を策定し，通牒している。この場合にも品目により項目などの違いはあるが，表1.2.5に示した内容については共通であり，きわめて詳細な管理内容を示している。

次にセントラルキッチン／カミサリー・システムの衛生規範を例に取上げて，業界での食品の取扱いについて考察することにする（詳しくは『セントラルキッチン／カミサリー・システムの衛生規範』㈳日本食品衛生協会，を参照のこと）。セントラルキッチン／カミサリーとは複数の飲食施設，給食施設，販売施設へ調理加工などを施した製品などを供給する集中調理加工施設と定義され，そ

表 1.2.4　食品の衛生規範

1979年6月29日（環食第161号）	弁当及びそうざいの衛生規範
1981年9月24日（環食第214号）	漬物の衛生規範
1983年3月31日（環食第54号）	洋生菓子の衛生規範
1987年1月20日（環食第6号）	セントラルキッチン／カミサリー・システムの衛生規範
1991年4月25日（衛食第61号）	生めん類の衛生規範

表 1.2.5　衛生規範での共通の内容項目

大　項　目	小項目と主要内容
第1　目　　的	食品（製品）・システムの衛生の確保及び向上
第2　適用の範囲	食品，製造・販売などの施設，営業者・従事者
第3　用語の定義	食品，施設，作業区域，営業者，器具・器具類
第4　施設・設備	①施設の立地および周辺，②ねずみ・昆虫などの侵入の防止，③施設の構造および設備，④設備・機械装置の構造
第5　施設・設備の管理	①施設の周辺，②施設・設備（全般共通，作業場個別）
第6　食品等の取扱い	①原材料，②製造加工中の食品など，③製品，④表示など
第7　検　　査	①保存用検体，②営業者の検査，③検査後の措置，④検査記録の保存
第8　衛生管理体制	①営業者，②食品衛生責任者，③従事者
別紙・別表	落下細菌・真菌測定法，成分規格・保存基準など

の施設は調理加工施設，付帯施設および製品などの運搬・保管施設から構成されている。

スーパーマーケットなどで食品の受入れや販売担当者の心掛けるべき事項は，規範では第6の販売施設の項（表1.2.6参照）で具体的に以下のようにまとめられている。

C．食品等の取扱い

1．処理・加工場及び保管場における食品等の取扱い……原料，製品などについて15項目に分けて解説されている。

2．売場における食品等の取扱い……6項目の解説がある。

E．衛生管理システム

この項は共通的な事項としてまとめられている。衛生管理システムとして，

最高衛生責任者（営業者自身または任命者）
↓　↑
食品衛生責任者
↓　↑
各部門の責任者　原料の検収，保管
原料処理，加工，調理
器具類の洗浄，殺菌
製品の保管
生活環境，施設の衛生管理

表 1.2.6　セントラルキッチン／カミサリー・システムの衛生規範

第1　目　的		
第2　適用の範囲		
第3　用語の定義		
第4　セントラルキッチン／カミサリー	A．施設・設備	1．施設の立地 2．ねずみ，昆虫等の侵入の防止 3．施設の構造・設備 4．設備・機械装置の構造
	B．管理	1．施設の周囲 2．施設・設備
	C．食品等の取扱い	1．原材料 2．調理加工中の食品等 3．製品等 4．表示等 5．運搬・配送
	D．検査	1．保存用検体 2．営業者の自主検査 3．検査後の措置
	E．衛生管理システム	1．営業者 2．食品衛生責任者 3．従事者
第5　調理・喫食施設	A．施設・設備	1．施設の立地 2．ねずみ・昆虫等の侵入の防止 3．施設の構造・設備 4．設備・機械装置の構造
	B．管理	1．施設の周囲 2．施設・設備
	C．食品等の取扱い	1．原材料等 2．調理加工中の食品等
	D．検査	1．営業者の自主検査 2．検査後の措置
	E．衛生管理システム	1．営業者 2．食品衛生責任者 3．従事者
第6　販売施設	A．施設・設備	1．施設の立地 2．ねずみ・昆虫等の侵入の防止 3．施設の構造・設備 4．設備・機械装置の構造
	B．管理	1．施設の周囲 2．施設・設備
	C．食品等の取扱い	1．処理・加工場及び保管場における食品等の取扱い 2．売場における食品等の取扱い 3．表示
	D．検査	1．営業者の自主検査 2．検査後の措置
	E．衛生管理システム	1．営業者 2．食品衛生責任者 3．従事者
別　紙	1．落下細菌数（生菌数）の測定方法 2．落下真菌数（カビ，酵母の生菌数）の測定方法	
別　表　1	原材料，製品等の保存基準	
別　表　2	食品別の貯蔵温度と貯蔵機関の目安	

このシステムは規模の大きい企業でのシステムの例であるが，小規模の場合にも以下に示すことは充分衛生管理のために役立つものと考えられる。上記の各責任者の業務内容は以下のとおりである。

最高衛生責任者：衛生管理システムの確立（管理マニュアルの作成，チェックリスト方式による点検表作成，衛生責任者の監督），従業者の就業規則の徹底，食中毒発生時の対応

食品衛生責任者および各部門の責任者：各施設・設備などの管理，取扱いなどの点検，点検結果の記録，不良時の改善，清掃，消毒状態の点検，自身の衛生知識の向上，従事者の衛生教育，部門ごとの衛生管理の討論，衛生意識の高揚，衛生管理の徹底

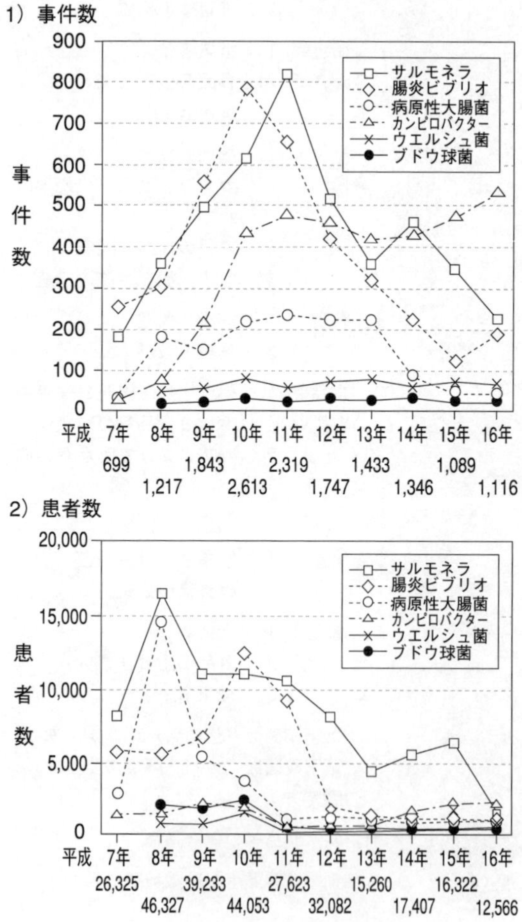

図 1.2.2　原因細菌別食中毒発生経過

従事者：健康管理（健康診断，自己健康管理），衛生慣行の実施（手指洗浄，消毒，着衣・行動の衛生的保持），行動管理

以上示したような行政的な指導によって，1952（昭和27）年以来の事件数は年間2,000件を超えていたのが，1980年以降は1,000件台に，また死者数も10人以下までに減少してきた。しかし患者数は依然として3万～4万人台にとどまっている。原因施設は飲食店，仕出し屋，学校給食施設より多発している。

図1.2.2は平成になってからの10年間の原因別食中毒発生経過を示しているが，事件数は550～2,600件の範囲にあり，患者数はあいかわらず3万～4万人台となっており，1996（平成8）年よりはいずれも増加の傾向にあり，原因細菌としては腸炎ビブリオ，サルモネラが上位を占めている。

1.2.4　HACCP システムの導入

HACCP（ハサップまたはハセップ）システムとは，hazard analysis and critical control point system の略称であって，「危害分析重要管理点システム」または「危害要因分析と必須管理点管理方式」と訳されている。そして特定の危害を確認して，その制御のための防止措置を明らかにする管理システムと定義されている。

HACCP システムは，もともとアメリカの NASA が宇宙食の製造に取入れた品質管理プログラムであったが，1982（昭和57）年，1993（平成5）年，1997（平成9）年とハンバーグによる腸管出血性大腸菌O157：H7による大きな食中毒事件が広域で発生したことを機に，HACCP システムによる徹底した品質管理が食品業界に普及，適用が義務づけられた。これらのアメリカでの経緯などを踏まえて，全世界的に食品の安全性の確保のため HACCP システムの導入がなされるようになった。

日本では1995（平成7）年5月24日に食品衛生法が改正され，食品衛生管理の手法として

HACCPシステムに基づいた「総合的衛生管理製造過程」（製造または加工の方法及びその衛生管理の方法について，食品衛生上の危害の発生を防止するための措置が総合的に講じられた製造または加工の工程）の承認制度が創設され（法律第101号改正），翌1996年5月より施行された。この制度の創設によりHACCPシステムによる食品衛生管理方法が法律で規定されたが，その内容はアメリカやEUなどのように営業者に対して実施が義務づけられるものでなく，その自主性に任されるものとなっている。

従来の衛生法では，牛乳，食肉など製造方法の基準が設けられていて，その基準に合わない方法による製造が禁止されていたが，今回の改正では，申請，承認を受けた安全性に配慮した製造方法の採用が可能となった。

HACCPシステムによる食品の衛生管理を行うにあたっては，図1.2.3に示したように一般的衛生管理プログラムが土台となっている。このプログラムの内容は新規なものでなく，先に示した製造流通基準や衛生規範の延長線上にある管理プログラムである。微生物制御についていえば，従来の衛生管理では，「付着させない，殖さない，殺す」という3原則を目標として製造，加工を行い，でき上がった最終製品を検査（細菌検査，化学分析，官能試験，異物検査など）し，品質保証がなされてきた。しかしこれらの検査結果は後追いであって，食品安全性，品質保証の目的のためには必ずしも充分とはいえない。これに対してHACCPシステムでの衛生管理では，製造，加工の各段階において特に重要な管理点を設定して，その物理的・化学的特性値を短時間に求めて品質保証するのが特徴である。HACCPシステムの構築のためには表1.2.7に示したような7原則，12手順が世界的に認められているが，その詳細についてはHACCPシステムに関する専門書を参照するよう希望する。

1995（平成7）年5月の「総合衛生管理製造過程」の承認についての法律の公布に次いで食品衛生法施行令によりHACCPシステムの対象となる食品として，乳および乳製品，食肉製品，魚肉練製品，容器包装詰加熱殺菌食品，清涼飲料が1996（平成8）年5月より指定された。そして1998（平成10）年1月よりHACCPシステムの承

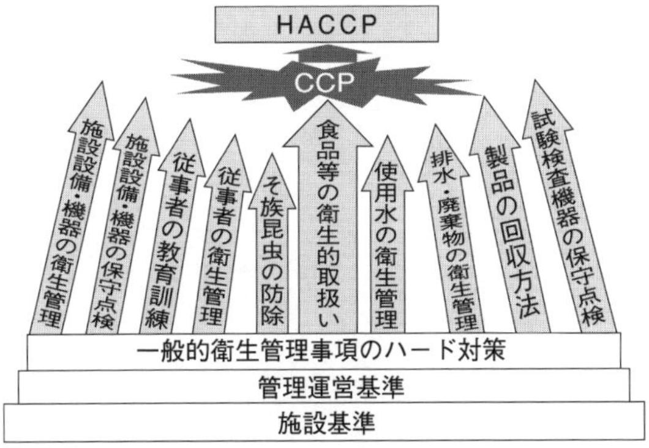

図 1.2.3　一般的衛生管理プログラム

CCP：重要管理点

出典）厚生省生活衛生局乳肉衛生課監修：HACCP：衛生管理計画の作成の実践，中央法規出版，p.15（1998）

表 1.2.7　HACCPシステム構築のための原則と手順

	原　則
1.	危害分析の実施
2.	重要管理点の決定
3.	CCPの管理基準設定
4.	CCPの監視方式の決定
5.	管理基準の逸脱措置の決定
6.	システムの検証方式の決定
7.	記録保存方式の決定
	手　順
1.	HACCPチームの編成
2.	製品の特性の説明
3.	意図する用途の確認
4.	製造工程一覧図（フローダイアグラム）作成
5.	フローダイアグラムの現場検証
6.	各段階における危害とその防除方法のリストアップ（原則1）
7.	CCPの決定－決定方式図の適用（原則2）
8.	CCPに対する管理基準の設定（原則3）
9.	CCPに対する監視／測定方法の設定（原則4）
10.	基準から逸脱時に取るべき修正措置の設定（原則5）
11.	HACCP方式の検証方法の設定（原則6）
12.	記録保存及び文書作成要領の規定（原則7）

出典）厚生省生活衛生局乳肉衛生課監修：HACCP：衛生管理計画の作成の実践，中央法規出版，p.15（1998）

表 1.2.8　総合衛生管理製造過程の承認状況（2003年4月）

乳・乳製品関係	330施設	786件
食肉製品関係	100施設	191件
魚肉練り製品関係	24施設	32件
容器包装詰加圧加熱殺菌食品	33施設	40件
清涼飲料水関係	46施設	76件
総承認数（2003年3月）	533施設	1,125件

認が開始されている。その結果として全国的にみて指定業種の衛生管理が従来にも増して向上していると信じられていた。承認状態は表1.2.8のとおりである。

ところが予期に反して，2000（平成12）年承認業種の第一にあげられる乳・乳製品のトップメーカーの一つである会社の工場で製造した乳飲料・乳製品による未曾有の食中毒事件が勃発し，中毒患者が1万5,000人にも達した。その原因物質は黄色ブドウ球菌の産生するエンテロトキシンという毒素といわれている。黄色ブドウ球菌はもともと耐熱性は弱く，牛乳中でのD値（90%の細胞の死滅時間）が1～5分とされ，62～63℃，30分という製造基準に示されている加熱条件で充分に殺菌が可能ということができる。しかし，生成する毒素は牛乳中では120℃で7分以上（A型），20分（D型）の値が示されており，通常の低温殺菌では不活性化できないことになる。検討の結果，低脂肪乳に利用された脱脂粉乳にエンテロトキシンが含まれていたことが判明した。世界的に高く評価されている食品の安全性を保認する HACCP システムが採用されて製造，加工されていると称する食品に対する信用が完全に失墜したことになる。

消費者側の立場より切望することは，食品産業全般に携わる者すべてが原点に返って，食品の安全性の確保について再考するとともに，監督官庁の監視，検査，指導のシステムの改善が必要であろう。

1.3 食品の特質

1.3.1 食品の特性

人間が生きていくうえで「衣・食・住」の備えは必要条件であるが，なかでも「食」は人間の生命を維持し，健康を維持していくうえで1日たりとも欠かすことのできない重要なものである。動物は自ら栄養をつくりだせない従属栄養の生物であり，自ら栄養をつくりだせる独立栄養生物の植物・微生物や，食物連鎖の下位にある動物を食料として摂取することにより生命を維持している。人間も動物である以上，従属栄養の生物であり，穀類，豆類，果実・野菜類などの植物や，それらをエサとして生育する家畜や家禽の肉などを食料としている。

このように人間がほかの生物を食料とすることは，その生物体を構成しているタンパク質，脂質，炭水化物などの細胞内成分を採り入れて利用しているということである。人間が食料の対象としている生物は多岐にわたっており，それぞれがさまざまな構成成分からなっているので，それらの組合せにより物理的・化学的・生物化学的に多様な特性をもつ食品となる。すなわち，その構成成分や組織構造などにより，さまざまな特性を示すことになる。

食品は，機能の面から，第一機能，第二機能，第三機能に分類されるのは既述のとおりである（p. 4）。

1.3.2 食品の安全性

食品は「栄養があって安全であること」が基本的な要件である。食品原料そのものに毒性物質や有害物質を含む例としては，フグ毒，貝毒などの動物性食品に由来するもの，毒キノコや青酸を含んだ梅・キャッサバなどの植物性のものがよく知られている。このような食品に対して人間は，外観，色，臭い，味や収穫時期，生産地域の違いなどにより，経験的に有害か否かを見極めてきた。また，有毒なものであっても毒を除いて食べる方法を会得してきたものもある。

近年，科学技術の進歩に伴って，これら有害物質の解明も進み，食品の生産技術も進歩すると同時に，食品の原料となる野生の動植物に接する機会も減っている。しかし，現在でも食品による事故はなくならず，食品の原材料の複雑さを物語っている。

食品の安全性においては，食品そのものに含まれる有害物質よりも，微生物の産生する毒素や農業生産で使われる農薬の残留，土壌や水に含まれる重金属などのような外部からの汚染によって食品の安全性が損なわれるケースが多くみられる。有害な微生物は多種があり，なかでも強い毒素を産生するボツリヌス菌や発癌性のあるマイコトキシンを産生するカビや，さまざまな食中毒菌が有害菌として知られている。また，人体に直接害のない一般的な微生物でも，食品の中で大量に繁殖すれば腐敗に至ることにもなり，菌によっては有害物質を産生する。ほとんどの食品は，微生物の生育に適した栄養分を充分含んでいるので，油断をすれば二次汚染などにより，微生物による被害が起こる危険性がある。

作物生産に使われる農薬には使用基準，使用方法，残留基準などが定められており，基準に添って使用されていれば問題はない。しかし，日本の食料自給率は約40％と非常に低く，食料の半分以上を海外に頼っており，輸入農産物には輸出国の法律の相違などもあり，複雑で難しい問題を含んでいる。農薬の使用については，栽培における収量増や省力化などのメリットを考えれば必要であるが，一方で農産物の安全性を考えて，減農薬栽培や有機栽培などの努力がなされている。

近年，有害微生物や残留農薬のみならず，流通の国際化が進むなかで，BSEや鳥インフルエンザなど，世界規模での食品の安全性についての関心が高まっている。食品の安全性に関しては，一次生産から加工・流通・消費に至るまでの商品の取扱いや，安全性を守るためのさまざまな法律や基準が制定され，トレーサビリティのシステムが開発されている。

1.3.3　食品の品質劣化

食品となる動物・植物は，屠殺後あるいは収穫後も生体としての変化を続けている。畜肉や魚肉などの動物性食品では，酵素による自己消化の変化が進む。野菜や果実などの植物性食品では蒸散作用，呼吸作用やエチレンの生成などの生理作用による成分変化が起こる。これらの変化は，鮮度の低下を伴うのが通常である。一部には「追熟」と呼ばれる段階をとるものもあるが，その場合でも，ある時期が過ぎれば品質の劣化につながる。このような，食品そのものに起因する内的要因による品質劣化は，食品が生物体である以上，避けがたい現象である。そのため，食品の鮮度保持および貯蔵には，予冷，冷蔵・冷凍などの低温の利用，食塩や砂糖の添加による水分活性の調整，酸の添加による pH の調整，燻製・乾燥などによる水分の調整などのさまざまな方法が試みられ，保存技術が発展してきた。

内的要因とともに，微生物，酸素，光線などの外的要因による品質劣化も大きい。外的要因による劣化は，食品そのものの特性ではなく，食品を構成する成分とかかわりが深いので，食品に携わる際には常に留意しておかなければならない。

食品の品質変化に最も大きく関与しているのは微生物である。人間にとって栄養素となる成分は，微生物にとっても生育に必要な栄養素として利用できるので，食品はほとんどが微生物の生育による品質変化の対象になる。食品をつくる目的で微生物を利用する場合には「発酵」と呼び，できあがった食品は発酵食品と呼ばれる。これに対して，目的としない微生物が繁殖し，好ましくない変化が起こる場合には「腐敗」と呼んで区別している。生鮮食品，加工食品にかかわらず，その貯蔵・加工の技術は，いかに微生物の汚染を防ぎ，微生物による品質低下を防ぐかを最も大きな目標としながら発展してきたといっても過言ではない。現在でも，食品による多くの事故やクレームは，大部分が微生物に起因していることからもうかがえる。したがって，食品の生産・流通・販売などに携わるには，微生物に対する知識を充分身につけることが肝要である。

また，光線や金属イオンによる油脂の酸化促進，色素・ビタミンなどの分解の促進，還元糖とアミノ酸による褐変など，さまざまな化学変化による変質が知られている。

さらに，水分の吸放湿，臭いの吸着，香りの逸散，破損，成分の結晶化など，さまざまな物理的変質が知られている。

1.3.4　食品の輸送・保存特性

食品は，ほかの日用品や商品と比べて輸送性，保存性などの面でさまざまな難しい特性をもっている。その主なものは以下のような点である。

① 食品は，種類・形状などが多様であり，包装・輸送などの取扱いが一様でない。

② 食品は，輸送・貯蔵中に品質が大きく低下し，これを防ぐには技術が問われる。

③ 食品には，目に見えない食の安全性が問われ，重大事故を起こすと「ごめんなさい」では済まない。農産物・食品の安全性は風評被害が出やすい。

④ 食品には，価格の安いもの，かさばるものが多い。

⑤ 食品には，地域性・季節性があり，気象条件や病害虫などで出荷量や価格が大きく変動

する。

⑥　食品は，原料を含め，一般に生産するのに時間がかかる。

⑦　食品は，生活習慣によって消費の種類・形態・量が大きく異なる。

このようなことから，食品を扱うには特別な経験と配慮が必要であるといえる。

1.4 食品の品質変化とその要因

農地から収穫した作物，果樹から採った果物，ハウスで栽培した野菜，屠殺・解体された肉類，鶏が産んだ卵，漁場で獲った魚介類などの多くの食品素材は，その時点からすでに品質低下が始まっている。一部の食品素材では，熟成などによっておいしさが増すが，その場合でも，その後の時間経過とともにやはり品質が低下していく。

食品素材の品質が低下しないようにするために乾燥したり，塩蔵したり，また保存性を高めるためや，おいしさを増すために加工が行われる。加工品も加工後あるいは熟成後に品質の劣化が始まる。味や香りが劣化するだけでなく，時間が経つと食用に耐えなくなる。

この品質の劣化は，どのような要因によるものであろうか。品質低下の要因をよく理解することにより，適切な品質保持技術を応用することができ，品質変化を抑えてよりよい品質の食品を消費者に供給することができるようになる。

1.4.1 食品素材に含まれる酵素による品質低下

野菜や果実は，収穫後も呼吸を続け，生き続けている。青果物は呼吸により空気中の酸素を取入れ，栄養素をエネルギーに変えている。土に植えられている野菜や枝についた状態の果実は，栄養素が供給され続けているが，収穫された後は栄養素の供給がなくなる。そのため，青果物は収穫後に呼吸を続けると，含まれる糖類や有機酸を消耗し，味などが悪くなり，品質が低下していく。

青果物を低温に置くと，含まれる酵素の活性が低下し，呼吸が抑制される。また，置かれる環境の酸素濃度を低くすると，やはり呼吸が抑制される。そこで，果実を貯蔵する際に，雰囲気のガス組成を低酸素・高二酸化炭素にすることにより呼吸を抑えて品質の低下を抑制することができる。この方法を CA 貯蔵といい，日本では青森県でリンゴの貯蔵に応用されている。

野菜や果実には呼吸酵素以外にもさまざまな酵素が含まれており，その一部は，品質の低下に関与している。果実を貯蔵すると果肉が徐々にやわらかくなるが，これはペクチナーゼという酵素の作用で組織を構成するペクチンが分解されるからである。果実のかたさのもとになっているのは細胞を構成する細胞壁であるが，細胞壁はセルロース，ヘミセルロースとペクチンの 3 種類の成分からなっている。果実の細胞の中にはペクチンを分解する酵素のペクチナーゼが含まれており，収穫後に活性が上昇し，特に温度が高いと活性が大きく上昇するので，低温に貯蔵することにより組織の軟化を抑制することができる。

野菜や果物を切断すると切断面が褐色に着色するが，これも酵素のポリフェノールオキシダーゼの作用によるものである。酵素による品質の劣化は，青果物の加工時にもみられる。大豆にはリポキシゲナーゼという脂質酸化酵素が含まれており，大豆の油脂を分解して異臭を発生する。大豆や野菜類を加工する前に，まず短時間熱を加えて酵素を失活させる必要がある。この操作をブランチング（湯通し）という。

1.4.2 微生物による品質変化

微生物は，食品の品質を低下させる最大の要因である。食品は，人間にとっての栄養源であるが，微生物にとってもよい栄養源であり，容易に繁殖する。食品の中で微生物が繁殖すると，食品成分の分解が起こり，味や香りの劣化が始まる。場合によっては，微生物毒素が産生され，人間の健康を損なうことになる。人間にとって好ましくない変化をもたらす微生物の繁殖を腐敗といい，好ましい場合を発酵という。

（1）食品を汚染する微生物の種類

微生物には好む生育環境が異なる多くの種類があり，また食品素材にも多くの種類があるが，ある種の食品を腐敗させる微生物は，その状況下における繁殖の適性がある種類に限られる。

（2）微生物の繁殖に影響する因子

微生物の繁殖は，多くの環境要因により影響を受ける。

温度は最も影響が大きく，一般に人間の体温付近の温度（30～40℃）で繁殖しやすい微生物が最も多い。そこで，食品の保存には冷蔵庫や冷凍庫が用いられるが，微生物の中には低温（0～10℃）でも繁殖するものもあるので注意する必要がある。

水分も微生物の繁殖に大きな影響を与える。水分が多くても，食品の中に食塩や砂糖のような水によく溶ける溶質が存在すると，微生物に利用される水分が減り，水分活性が低下し，微生物が生育しにくくなる。最近では，水分活性を低下させる添加剤として，ソルビトールのような味のあまりないものも利用される。

pH（水素イオン濃度：酸性・アルカリ性の指標）が中性付近の場合に多くの微生物が繁殖する。食品を酸性にすると，特に細菌の生育が顕著に抑えられる。これが，食品に酢を加えたり，レモン汁などを加えると保存性が増す理由である。

酸素の有無も重要である。食中毒の原因となる多くの細菌やカビは，酸素がないと繁殖することができない。そこで，包装内を真空にしたり，脱酸素剤を封入したりして酸素のない状態にすると，食品の保存性が良くなる。ここで問題となるのは，酸素がなくても繁殖できる微生物，酸素がないところで生育する微生物がいることである。

前者の代表的な微生物は酵母や乳酸菌であり，これらは食中毒の原因とはならないので心配はない。逆に，味噌や漬物などの発酵食品の製造に積極的に利用される有益な微生物が多い。酵母は味噌特有の香りを産生し，乳酸菌は漬物の酸味である乳酸や有機酸を産生する。乳酸菌が繁殖すると酸を生成して食品が酸性となり，乳酸菌以外の微生物の繁殖を抑えることができる。ヨーグルトや乳酸菌飲料などはこの原理を利用した加工法である。

後者の酸素がない状態で繁殖する代表的な微生物として，致死性の高い中毒を起こすボツリヌス菌がある。缶詰やレトルト食品のような酸素がない状態で長期に保存する食品では，ボツリヌス菌が死滅する条件で殺菌されている。

微生物の繁殖を防ぐためには，食品素材の衛生管理を徹底し，初発菌数を下げ，低温下で流通させるなどの対応が必要である。

微生物のほかにダニや昆虫も品質劣化の大きな原因となる。工場や流通環境で虫が混入しないような対策とともに，虫やネズミなどの発生源にならないような環境管理が重要である。

1.4.3　化学反応による品質劣化

食品は，さまざまな化学物質からできているので，さまざまな化学反応が起こる。肉や魚を焼くと香ばしい香りが出るが，これは高温での化学反応の結果であり，常温ではこのような化学反応は進行しない。

品質の劣化に結びつく化学的品質低下の要因の一つとして，油脂の酸化があげられる。油脂の多い食品では，空気中の酸素により酸化される。冷凍食品であっても，魚のように高度不飽和脂肪酸を多く含む食品では低温下でも酸化が進み，いわゆる油焼けが起こる。食品が酸化すると異臭や変色が起こるだけでなく，消化も悪くなり，毒性物質が生成することにもなる。食品成分の酸化は，油で揚げたポテトチップやスナック食品のような多孔質の乾燥食品で特に早く進行する。

油脂が酸化するときには，反応性の高いラジカ

表 1.4.1　食品の品質劣化要因と保存技術

原因	現象	品質劣化要因	保存技術	食品の例
酵素	野菜の褐変 果実の軟化	温度 呼吸，エチレン	低温流通 CA 貯蔵	青果物一般 リンゴ
微生物	腐敗・変敗	温度 水分 水分活性 pH 雰囲気ガス	低温流通 乾燥 食塩・糖の添加 酸の添加 脱酸素・炭酸ガス置換	多水分食品 乾物 中間水分食品 酢漬け 中間水分食品
化学反応	酸化・変色 褐変	酸素 酸素・温度	脱酸素・窒素置換 脱酸素・窒素置換	油性食品 中間水分食品
収着	吸湿 移り香	水分 臭い成分	乾燥剤・防湿包装 保香包装	乾燥食品 食品一般
壊れやすさ	振動・衝撃	破損	緩衝包装	壊れやすい食品

ルが生成し，このラジカルが食品に含まれる色素やビタミンなどさまざまな化学成分を分解させる。このような化学変化は，熱以外に光線や金属イオンなどによっても著しく促進される。

化学変化のもう一つの大きな要因は，食品に含まれるアミノ酸と還元糖の反応による非酵素的褐変である。味噌や醤油が褐色になるのもこの非酵素的褐変であるが，必要以上に褐変反応が進むと，色がくすんだり，においが悪くなったりする好ましくない状態に変化する。酸素のないところで起こる褐変は発酵食品の熟成のように一般に好ましいものであるが，酸素に触れる状態で起こる非酵素的褐変は酸化褐変といい，くすんだ色と好ましくないにおいのもとになる。このような酸化褐変を防ぐために，窒素置換や脱酸素剤などで酸素を除く保存法が行われている。

1.4.4　物理的要因による品質劣化

物理的な変質としては，水分やにおい成分が食品に収着・脱着されたり，糖やアミノ酸などの化学成分が結晶化したり，振動や衝撃によって組織が破壊されたりする変質があげられる。

これらの品質変化のうち，水分の移動によるものが最も大きな要因である。個々の食品には，それぞれ品質的に最も好ましい水分範囲がある。大福餅はしっとりした生地がおいしさの特徴であり，表面が乾燥するとかたくなり品質が低下する。また，煎餅やビスケットは乾燥しているパリッとした歯ざわりが好ましいものであり，吸湿するとおいしさが失われる。このような水分の移動を包装などによって防いでいる。

食品固有の香りが逸散して失われたり，環境のにおいが食品に移ったりするのは揮発性成分の移動による品質変化である。デンプン質の食品は比較的においの移りやすい食品である。

食品に含まれる成分が結晶化すると歯触り，舌触り，見た目が変化し，おいしさが失われる場合がある。羊かんの砂糖，納豆・タケノコのチロシン，チョコレートのブルーミングなどがこの例である。

外から加わる振動や衝撃によって煎餅やビスケットなどのような壊れやすい食品が物理的に割れたり，青果物に傷がついて細胞が破壊されるのも物理的な品質低下の要因である。これを防ぐために，緩衝包装が行われる。

1.5 品質保持技術

人類は長い歴史の中で食品の品質を保持し，安定に供給するためにさまざまな技術を開発した。この保持技術は，腐敗や変質させる微生物，酵素による成分分解や変化，酸素や光による酸化などの化学反応のほか，吸湿・乾燥や振動・衝撃などの作用から食品を保護し，高品質な食品を供給するために不可欠なものである。また，食品の品質劣化は多くの場合いくつかの原因が複合して進行するため，品質保持技術は組合せて用いられる。主な品質保持技術は以下のようなものである。

1.5.1 水分の制御

微生物や酵素などの作用は，食品中の水の存在状態によって影響される。

(1) 水分活性

食品中の水は，食品成分と結合している結合水と，結合していない自由水がある。水分活性値は食品中の自由水の量的な関係を示し，食品の相対湿度（RH）/100で表すことができる。図1.5.1に示した各種食品の水分含量と水分活性値から，水分活性値が小さな食品ほど保存性が高いことが理解できる。その理由は，水分活性値が小さいほど，食品の腐敗や品質変化に関与するカビ，酵母，細菌などの増殖，酵素作用が抑制されるためである。一般の細菌では0.90以下，酵母で0.88以下，カビでは0.80以下で生育できなくなり，0.60以下ではすべての微生物の生育が抑止できる。

(2) 乾　燥

乾燥は最も古くから用いられてきた保存法の一つである。乾燥によって，水分を除去し水分活性値を低下させ保存性を高めることができる。食品中の水分を天日で除去する天日（自然）乾燥，人工的に熱を加えて乾燥する加熱乾燥のほか，凍結乾燥（フリーズドライ）などの方法がある。

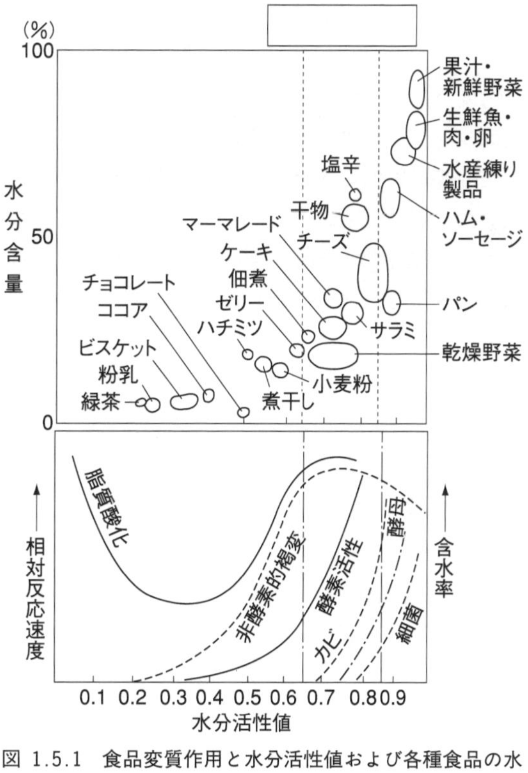

図 1.5.1　食品変質作用と水分活性値および各種食品の水分含量と水分活性の関係

(3) 糖蔵・塩蔵

水に砂糖や塩が溶けると水が結合水になることを利用して，水分を除去することなく，水分活性を低下させることができる。ジャム類や糖果，肉・魚などの塩漬け，漬物などはこの原理を利用している。水分活性値と砂糖および食塩濃度との関係を表1.5.1に示した。

表 1.5.1　水分活性値と砂糖および食塩濃度の関係

水分活性値	砂糖g/100g	食塩g/100g
0.990	15.5	1.8
0.980	26.0	3.5
0.960	39.6	6.9
0.940	48.2	10.0
0.920	54.4	13.0
0.900	58.4	15.6
0.850	67.7	21.3

1.5.2　温度の制御 ―低温貯蔵―（図1.5.2）

温度は，生物の成長や化学変化に大きな影響を及ぼす。一般に食品を低温に保持することによって腐敗や品質低下を遅らせることができる。5℃以下では食中毒原因菌の増殖が，－1～－5℃では多くの微生物の増殖が阻止され，－10℃が微生物の増殖限界温度といわれている。

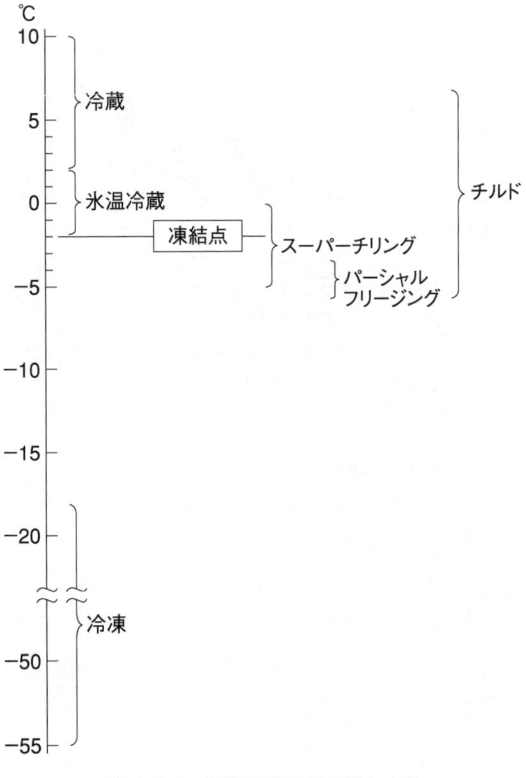

図 1.5.2　低温貯蔵の温度帯と名称

（1）冷　蔵

10℃から食品の凍結温度までの温度帯を利用した貯蔵法で，生鮮食品などの保存に適している。しかし，微生物の増殖や酵素作用などは完全に抑えることができないので，腐敗しやすい食品を長

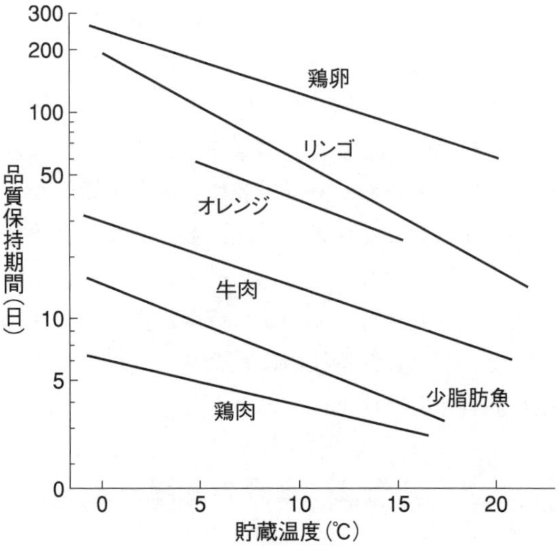

図 1.5.3　貯蔵温度と各種食品の品質保持期限

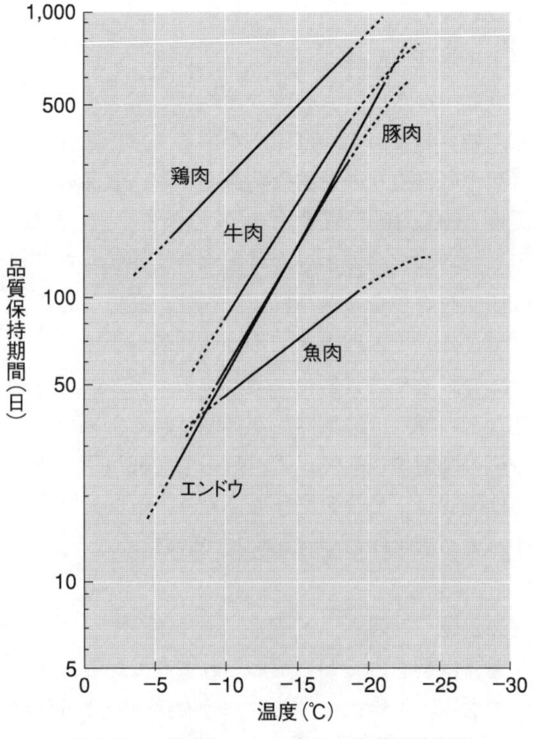

図 1.5.4　冷凍における食品の品質保持期限

期間貯蔵することはできない。なお，熱帯や亜熱帯原産の果実や野菜などには，低温で生理障害を起こし，変質しやすくなるものもある。貯蔵温度と品質保持期間の関係を図1.5.3に示した。

（2）冷　凍

食品中の水を凍結させて貯蔵するので，品質変化が少なく長期間保存が可能である。一般の冷凍食品では，図1.5.4に示したように－18℃付近で貯蔵すれば約1年間，品質の低下を抑えることができる。

1.5.3 空気組成の調整—CA 貯蔵・MA 包装—

果実や野菜では収穫後も呼吸しているため，成分を消耗し品質が低下する。呼吸は低温によっても抑えることができるが，空気中の酸素濃度を減らし，二酸化炭素濃度を増加させることによっても呼吸量を低下させられる。貯蔵庫の空気組成を変えて青果物を貯蔵する方法を CA 貯蔵（controlled atomosphere storage）という。

果実や野菜をポリエチレンのような空気透過性の低い袋に入れて封をしておくと，図1.5.5のように呼吸によって袋内の酸素濃度が減少し，二酸化炭素濃度が増加し，CA 貯蔵状態になる。このように呼吸作用と包装材を用いて CA 状態をつくりだし貯蔵する方法を MA 包装（modified atomosphere packing）という。

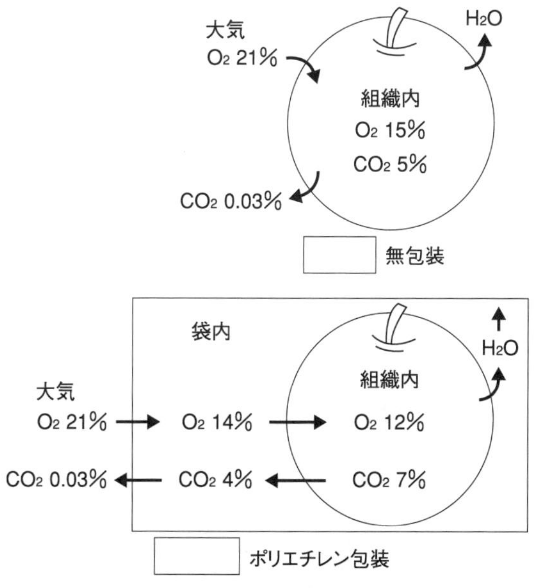

図 1.5.5 MA 包装による空気組成の変化

1.5.4 加熱殺菌

食品を長期間腐敗させずに保存するには，食品に付着している微生物を死滅させる必要がある。一般に，食品の殺菌では加熱処理が用いられる。食品の殺菌は，存在するすべての微生物を死滅させるのではなく，加熱による食品の品質低下を最小限に抑えながら，貯蔵中に増殖する可能性のある微生物が生存しない状態にするために行われる。

（1）微生物の耐熱性

病原菌では60℃，30分間の加熱処理でほとんど死滅する。この条件が食品の殺菌の基本となっている。一般に微生物は100℃近くでほとんど死滅するが，胞子を形成する細菌では100℃，30分の加熱にも耐える。

表 1.5.2 食品の pH と殺菌温度の関係

酸度	pH	食品名	殺菌条件
低酸性	中性付近	鶏卵・牛肉・鶏肉・エビ・カニ・カキ（牡蠣）・タラ・イワシ・スイートコーン・蒸したオリーブ	高温殺菌 115～120°C
	6.0	コンビーフ・ニンジン・アスパラガス・テンサイ・ジャガイモ	
	5.0	イチジク・トマトスープ	
酸性	4.0	ポテトサラダ・トマト・西洋ナシ・モモ	熱湯殺菌（100°C）
	3.7	パイナップル・リンゴ・ザウエルクラウト	
高酸性	3.0	ピクルス・レモンジュース・ライムジュース	

表 1.5.3　脱酸素剤・ガス置換包装の応用例とその目的

脱酸素剤封入　窒素置換	
削り節	赤味保持　風味保持 酸化防止　褐変防止
海苔 乾燥ワカメ	変色防止　風味保持 防虫
乾燥シイタケ	風味保持
お茶（緑茶）	ビタミンCの酸化防止 変色防止　風味保持
コーヒー　ココア 粉末ジュース	酸化防止　香気保持
凍結乾燥品	酸化防止　変色防止
油菓子　豆菓子 スナック類 ナッツ類	酸化防止　風味保持
食用油　粉乳 油揚げ　ドーナツ	酸化防止
凍豆腐	酸化防止　褐変防止

脱酸素剤封入　二酸化炭素　混合ガス置換		
洋菓子　和菓子 甘納豆　切り餅	脱酸素剤 CO_2	カビ生成防止
チーズ	CO_2+N_2	カビの抑制（密着包装）
白米	脱酸素剤 CO_2，N_2	食味保持
テリーヌ　ムニエル サンドイッチ　寿司 調理パン　弁当など	脱酸素剤 CO_2+N_2	（低温併用） 殺菌の生育抑制 風味保持（低温併用）
無菌米飯	脱酸素剤	カビなど好気性微生物防止 風味保持（常温）
ハム　ソーセージ	脱酸素剤 CO_2+N_2	変色防止　酸化防止 細菌の生成抑制（低温下）
水産練り製品	脱酸素剤 CO_2+N_2	細菌の生育抑制（低温下）
生肉（業務用）	CO_2+N_2 CO_2+O_2	細菌の生育抑制（低温下） 肉色素保持
生鮮肉の切り身	脱酸素剤 CO_2+N_2	細菌の生育抑制（低温下） 肉色素保持

（2）微生物の耐熱性と pH

耐熱性の高い胞子であっても，pH が酸性域になると耐熱性が低下する。食品の pH と殺菌温度の関係を表1.5.2にまとめた。

1.5.5　酸素の除去

酸素は，微生物の増殖，脂質の酸化，食品の褐変などにかかわっている。このため食品を空気透過性の低い包装材の袋に入れ，雰囲気中の酸素を除くことが行われる。酸素の除去には，真空包装，窒素や二酸化炭素で置換するガス置換や，脱酸素剤を用いる方法があり，表1.5.3にその利用例をまとめた。脂質含量の高い食品の脂質酸化防止に効果がある。また，生菓子などの保存にも有効であるが，酸素がない状態（嫌気的条件）で増殖する嫌気性細菌の増殖抑制には効果がないので注意が必要である。

1.5.6　化学的方法

微生物の増殖を抑え，食品の保存性向上を目的に使用される保存料や防カビ剤など，脂質や色素の酸化を抑える酸化防止剤などが使用されている。加熱殺菌すると本来の食品の品質が損なわれる調理食品，加工食品などが対象となる。このような品質保持技術では，古くからアルコール，酢，香

表 1.5.4　食品包装の目的と機能

付与機能	具体的機能の例
保護性	化学的変質防止　酸化・変色 微生物的変質防止　細菌，カビ，酵母の生育 物理的変質防止　衝撃・振動による変形等，吸湿による物性変化 衛生性確保　二次汚染
便利性	テイクアウト，小分け，食器化
商品性	差別化，高級化，商品情報提供
経済性	POS 管理，安価，軽量

辛料の使用や燻煙処理が行われ，現在ではこれらの成分を抽出したものや化学的に合成したものなどが用いられている。

1.5.7 包　装（表1.5.4）

食品を包装する目的には，内容物保護，利便性，販売促進，情報提供などがある。このうち，内容物保護については，製品の形を保つことのほか，温度，湿度，光，空気，微生物などによる変質や，虫などの侵入を防ぐ効果が期待されている（1.6参照）。

1.6 包装と缶詰

1.6.1 包装の機能と包装材料の機能性

JIS 規格では，「包装とは，物品の輸送，保管などにあたって，価値および状態を保護するために適切な材料・容器などを物品に施す技術および施した状態をいい，これを個装，内装，外装の 3 種に分ける」と定義されている。

すなわち，食品などを包装するにあたって，食品の内容物の保護機能が第一に期待されている。また包装には，食品を保存，輸送する際に小分けしたり，組合せたり，表示や識別をして混同を防止したりする機能もあり，さらに人目を引く色彩やデザインにしたり，便利に使えるようにする販売促進効果の機能もある。

（1）包装の機能

包装の機能には，図1.6.1に示すように，大きく分けて保護性，便利性，快適性があり，食品包装では，食品の製造・流通過程における保護機能がもっとも重要である。第一の機能である保護性とは，輸送，保存中に起こる微生物汚染や腐敗，温湿度，酸素，振動や衝撃などの環境条件によって促進される成分の酸化，変色，吸湿，破損などのもろもろの被害要因から内容物を守り，品質低下を防止する機能である。第二の機能は便利性であり，食品などを保存，輸送する際に運びやすくしたり，小口に分配したり組合せたり，混同を防止したり，利用する際の簡便性の向上などを目的としたものである。第三の機能の快適性は，包装に人目を引く色彩やデザインを施して販売促進の効果をもたせたり，清潔感や未使用性を感じさせたり，表示により内容成分などを明らかにするなどの機能である。

（2）包装材料の機能性と機能性包材

包装材料に要求される機能の多くは，包装の機能に対応したものである。食品包装用プラスチック包材に要求される主な機能を図1.6.2に示した。食品を包装する場合，もっとも重要な機能は保護性で，包材に求められる機能は，① 化学的・物理的安定性，② 物理的強度，③ 遮断性である。

食品を包装する場合，包材は化学的，物理的に安定なものである必要があり，これは安全性の点からも重要な特性である。また，保護性に関連して，包材の温度に対する安定性も重要であるが，特に耐熱性は食品の殺菌，再加熱と関連して非常に重要な特性となっている。食品を流通させる場合，包材の物理的強度が要求される。振動に対しては耐屈曲疲労性，耐折強度，耐磨耗性など，衝撃に対しては衝撃強度，破裂強度，引裂き強度，緩衝性など，この両者に対して引張り強度，ピンホール強度などの特性が重要である。

保護性の点では，包材のもつ各種の遮断性が非常に重要な特性となっている。食品の変質は，空気中の酸素，水蒸気，光線によって促進されることが多く，この場合，包材の気体遮断性，特に酸素遮断性および光線（紫外線）遮断性が重要な特性になる。乾燥食品では包材の水蒸気遮断性が問題となり，低温流通食品では断熱性が関係している。青果物の場合には，その鮮度を保持するために適度な酸素の補給が必要であり，したがって包材の酸素透過性が重要になり，食品の風味保持では揮発性物質の遮断性，非収着性が重要となる。

包装のもつこのような機能は，総論的にいえば特に新しいものではなく，一般的には機能性をうたっていない。機能性包材という言葉は，包装材料のなかでとりわけ優れた機能をもっているもの，あるいは鮮度保持効果，抗菌性，ガス吸着性など

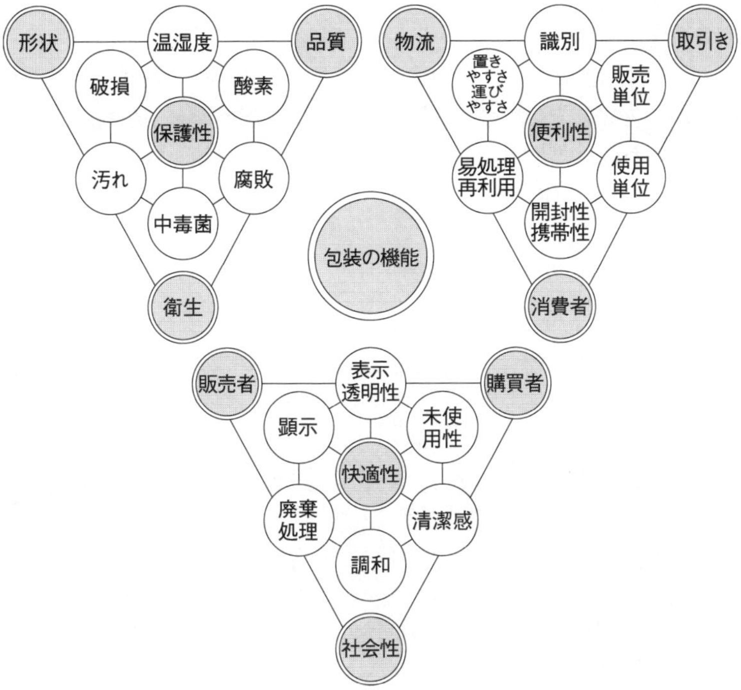

図 1.6.1　包装の機能と構成要素

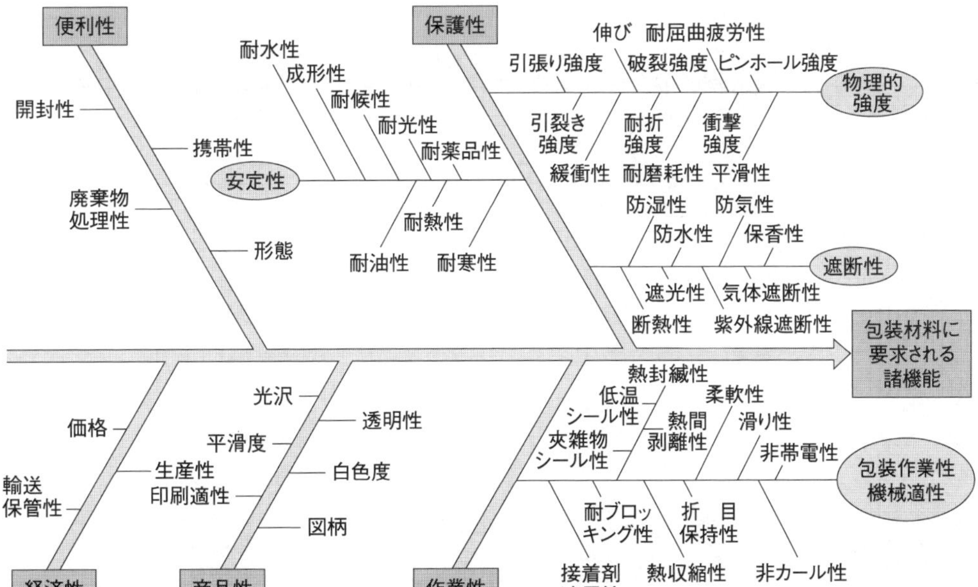

図 1.6.2　包装材料に要求される諸機能

のような新しい機能が付与された包装材料に対して，それらの機能を強調する意味で使われている。いいかえれば，キャッチフレーズとして充分使えるだけの優れた機能がある包材を“機能性包材”といっている。優れた機能をさらに強調する意味で，“高機能性包材”という言葉も使われている。

（3）機能性包材の種類と機能

多くの機能性包材，包装副資材が開発され，食品の品質保持，差別化の点で貢献している。これらの機能性および包材，副資材とその用途などを列挙し，分類すると表1.6.1のようになる。

表 1.6.1　食品用機能性包材の機能特性と分類

機能・特性	包装材料・副資材など	目的・用途
<保　護　性>		
1．遮　断　性		
1)酸素遮断性 2)二酸化炭素遮断性	高遮断性（ハイバリアー）包材：SiO_X蒸着・VM・アルミ箔積層・EVOH 系積層・PVDC 系積層・OV・BOV など	真空包装，ガス置換包装などによる酸化防止，防カビ性
3)水蒸気遮断性（防湿性）	防湿性包材：OPP・PVDC・SiO_X蒸着・アルミ蒸着積層・アルミ箔積層など	乾燥食品，スナック，医薬品などの防湿包装
4)揮発性物質遮断性（保香性）	PET，PC，PVDC 系積層，EVOH 系積層，SiO_X蒸着，BOV，VM，アルミ箔積層など	果汁，スパイス，菓子類，漬物などの保香包装
5)光線遮断性（紫外線遮断性）	紫外線防止剤練込み包材：チタン白などによる印刷，VM など	油脂食品の酸化防止，変色防止
6)断　熱　性	PS，PE などの発泡成形容器・フィルム，VM など	低温流通，内容品の保温など
2．香気非収着性	PET-G，EVOH，PAN などのシーラント	果汁，菓子類などの保香包装
3．無臭性，低臭性	PET，EVOH，PAN および低臭性 PE・CPP シーラント	乳製品，生麺，米飯レトルト食品の保香
4．ガス透過性		
1)酸素透過性 2)二酸化炭素透過性	高透過性包材：無機多孔質練込み　LDPE・PS・EVA・BDR・PMP など，微細孔フィルム，ピンホール包材	青果物鮮度保持，発酵食品の包装，酸素富化膜
3)水蒸気透過性 4)通　気　性	セロファン，PS，EVA など 化繊混抄紙，ピンホール包材	青果物鮮度保持，結露防止
5)揮発性物質透過性	スモーカブル合成ケーシング（ポリオレフィンと Ny のポリマーアロイ）	燻煙ソーセージ・ハム，燻製水産物
5．吸　水　性	吸水シート，水分調整材（高分子吸水剤利用）	食品の脱水乾燥，テイクアウト食品
6．吸　湿　性	乾燥剤練込み包材	医薬品，乾燥食品
7．水　溶　性	PVA	水溶性包材
8．防　曇　性	界面活性剤練込み OPP，ラップ材，Ny，BOV(親水性フィルム)	青果物鮮度保持包材，内容物の顕示
9．揮発性物質放出性		
1)昇華性酸化防止剤	BHT 練込み包材	酸化防止包装（米国）
2)香　　料	香気性物質練込み包材	化粧包装
3)生理活性物質	ヒノキチオールなどの練込み包材	青果物鮮度保持
10．抗　菌　性	銀ゼオライト，界面活性剤などの練込み包材	微生物生育抑制，漬物，飲料などの容器

（次ページへ続く）

（前ページより）

機能・特性	包装材料・副資材など	目的・用途
11. 揮発性物質吸着性 1)エチレン，アルデヒドなどの吸着 2)異臭成分の吸着	活性炭，ゼオライト，シリカゲル，アルミナなどの練込み H_2S，SO_2，NH_3などの吸着除去材	青果物鮮度保持 脱臭包装
12. 揮発性物質分解性 1)エチレンなどの分解 2)異臭成分の分解	分解剤練込み包材・副資材 過マンガン酸カリ，臭素化活性炭防臭性包材	青果物鮮度保持 納豆などの包装
13. 耐熱性 1)レトルト加熱適性	フィルム（SiO_X蒸着など），成形容器（共押PP/EVOH/PP，PP/PVDC/PP など）	レトルト食品，電子レンジ食品
14. 強度	高強度包材，輸送包装資材	水物食品，大袋包装
15. 緩衝性	緩衝材，緩衝性包材	青果物，菓子類など
16. 帯電防止性	静電防止フィルム	削り節，粉末食品
17. 包装副資材 1)脱酸素 2)エタノール蒸気発生 3)エチレン除去 4)水分調整 5)乾燥	脱酸素剤（無機・有機系，自力速効型，チルド・冷凍食品対応型，二酸化炭素・エタノール蒸気発生型） エタノール蒸気発生剤 エチレン吸着・分解剤 水分調整剤 乾燥剤	酸化・変色防止，防カビ，防腐，防虫，風味保持 防カビ，デンプン老化防止 青果物鮮度保持 水分保持，乾燥防止 乾燥維持，防湿
＜便利性＞		
1．耐熱性 1)電子レンジ適性 2)オーブン加熱適性	プラスチック類，SiO_X蒸着など 無機フィラー練込み PP，CPET，PC，セラミック，アルミ箔	電子レンジ食品 オーブン食品
2．可食性	プルラン，コラーゲン，アルギン酸，カラギーナン，可食性インキなど	シート食品，簡便食品，生分解性包材
3．イージーオープンピーラブル，易開封性	ガラス瓶の蓋，金属缶のタブ プラスチック容器の蓋など	瓶詰，缶詰，シルバー食品など
4．リクローザブル	ジッパー袋，粘着シール袋	台所用品
5．加熱機能，冷却機能	石炭，鉄粉などによる発熱の利用容器	酒，即席麺などの加熱
6．温度/時間表示機能	流通温度管理ラベル	チルド・冷凍食品など
7．形状記憶機能	加熱食品容器の自動開封蓋材など	電子レンジ食品
＜快適性＞		
1．易廃棄性	易分別性，低焼却カロリーなど	リサイクル対応
2．生分解性，自然崩壊性	微生物由来，天然物由来，合成高分子由来などの資材，光崩壊性資材	環境対応
3．悪戯防止 チャイルドプルーフ	シュリンク包装，キャップシール，ピルファープルーフキャップなど	容器の密封性の確保 薬品，菓子類など

フィルム類の省略記号については，表 1.6.4の表下を参照。

表 1.6.2　食品加工・保存技術と製品化

技　術	導入	実用	製　品	包装資材	技術の内容
超高温殺菌（UHT）	1950	1968	牛乳	瓶，紙容器 (無菌包材)	熱交換器を用い130〜145°C，数秒間加熱滅菌し，常温流通を可能にする。
○真空濃縮	1951	1965	トマト，果汁 だし，スープ等		液状食品を弱い加熱と減圧で品質を落とさず連続的に濃縮する。
○噴霧乾燥	1951	1957	粉乳，調味料 粉末清涼飲料等	当時(ポリセロ) 高遮断性包材	液体食品を霧状にして熱風で乾燥する。 インスタント化に貢献している。
○油熱乾燥		1957	即席ラーメン マッシュポテト	当時(ポリセロ) 高遮断性包材	油で揚げてデンプンをα化すると同時に乾燥し，麺類等をインスタント化する。
○凍結乾燥	1955	1960	乾燥野菜具材 粉末コーヒー等	ガラス瓶，缶 Al 積層小袋	食品を凍結し水の昇華で乾燥する。形，色，香りに優れ戻りがよい製品になる。
無菌充填包装		1957 1985	牛乳 ＬＬ牛乳 果汁，乳製品等	テトラ紙容器 Al 積層紙容器 (無菌包材)	熱交換器で液状食品を130〜145°C，数秒加熱滅菌し，無菌室で無菌の容器に充填し，常温長期流通を可能にする。
○レトルト殺菌	1964	1967	カレー，米飯類 調理加工品等	レトルトパウチ (Al 積層，透明) 耐熱性成形容器	加熱釜を用い，中心温度121°C，4分相当以上の加熱を行い，耐熱性菌を殺滅し，常温での長期保存を可能にする。
◎ガス置換包装		1960 1968	茶葉 菓子類，削節 珍味，畜肉魚介	Al 積層小袋 塩ビ成形容器 高遮断性包材	窒素，二酸化炭素で置換して酸化や変色，カビの生育を防止する。 低温下で好気性細菌の生育を抑制する。
◎マイクロ波加熱	1959	1965 1986	膨化食品 半生菓子(殺菌) 電子レンジ食品	 ガラス蒸着積層	短時間に加熱することによって，膨化，乾燥，殺菌等を行う。 電子レンジで調理，再加熱をする。
◎脱酸素剤	—	1969	菓子類，餅 水畜産珍味類 刺身等生鮮物	高遮断性包材 (KOP)	包装系内の酸素を除き，食品の酸化やカビの生育を抑え，保存性を向上させる。 低温化で好気性細菌の生育を抑制する。
バイオリアクター		1969	異性化糖 ワイン，食酢等		固定化した酵素や微生物を用いて食品や食品素材を生産する。
放射線（γ-線）		1972	ジャガイモの芽止め 包装資材の殺菌	紙容器，大袋等	放射線でジャガイモの発芽を抑制する。 無菌包装用の包装資材を滅菌する。
○高出力紫外線殺菌	1980	1981	カマボコ，畜産製品生菓子等	透明プラスチック包装品	包装後に紫外線によって食品表面を殺菌し，また包装容器を滅菌する。
バラ凍結（IQF）		1973	冷凍水産物 冷凍米飯類	(凍結後包装)	小分けして使いやすいようにバラバラな状態で凍結する。
○フリーズフロー		 1993	デザート類 果実		凍結しても硬くならないように不凍糖液で置換する。置換に超高圧を利用する。
精密濾過			ビール 日本酒		微生物を透過させない膜でろ過し，保存性がよく品質のよい製品をつくる。
○近赤非破壊評価	1975		穀類(タンパク・脂質・水分等)， 青果物		食品中の成分を反射あるいは透過により定量し，品質を評価する。
○遠赤外加熱	1975	1980	イモ，魚介，コーヒー	薄手の透明包材	電磁波で効率よく加熱調理や乾燥を行う。
◎逆浸透圧濃縮		1975	煮汁 果汁		低分子成分を透過させない膜で水をろ過除去し品質のよい濃縮物をつくる。
○超臨界流体抽出	1980	1985	コーヒー 香料等		食品から特定成分を品質のよい状態で抽出する，あるいは特定成分を除去する。
無菌化包装		 1987	スライスハム 米飯等	高遮断性パウチ 高遮断成形容器	汚染の少ない原料を加熱滅菌し，無菌の食品を無菌室で無菌の包材に包装する。
超高圧加工		1990	ジャム，果汁 水産加工品 畜産加工品	紙容器 フィルム包装 〃	1,000気圧以上の加圧により，加熱せず，新鮮な風味のままデンプンの糊化，タンパク質の変性等の加工を行い，3,000気圧以上で殺菌を行う。
エクストルーダー	1977	1980 1990	スナック 水産練り製品等		各種原料を連続的に混合，加圧，加熱，成形等を行い組織化された製品をつくる。
凍結濃縮	1952	1978 1983	粉末コーヒー 冷凍ミカン果汁	ガラス瓶(乾燥) 複合紙容器	液状食品を凍結し氷を分離し濃縮する。 加熱しないため風味がよく，省エネ的。
○セミレトルト ○酸性下で湯殺菌			米飯，麺類 コンニャク	耐熱フィルム 〃	食品を衛生的につくり，pH を酸性にして100°C前後で加熱殺菌し，保存性を向上。

◎○　簡便に利用できる技術

表 1.6.3　食品加工・保存技術の進歩

	日本における食品加工技術・装置・包装資材等の研究開発・実用化の推移
1949年	熱交換器による瞬間加熱殺菌・冷却技術の導入《液体食品の殺菌：HTST，UHT》 ＜効果：殺菌時間の短縮，殺菌効果の向上，品質の向上＞ UHT滅菌法――直接加熱法――インジェクション方式，インフュージョン方式 間接加熱法――チューブラー方式，プレート方式
1950年	加熱蒸煮の開始《味噌製造における大豆のバッチ式加熱蒸煮》 →1970年頃，連続加圧蒸煮 ＜効果：蒸煮時間の短縮，品質の向上＞
1951年	真空濃縮法の導入《主として果汁の低温濃縮》＜効果：品質の向上＞ →1965年頃，高温短時間型真空濃縮法に 噴霧乾燥機（スプレードライヤー）の改良と利用の拡大《新しい乾燥食品の開発》 (乾燥助剤，乳化剤，賦形剤の利用)＜効果：保存性の向上，新製品の開発＞ 【粉乳，粉末清涼飲料，粉末カラメル，インスタントコーヒー，粉末香料，粉末油脂，粉末調味料，各種インスタント食品等】
1952年	凍結濃縮装置（バッチ式）の開発＜効果：品質の向上，省エネルギー＞ →1970年頃，オランダのグレンコ社のシステムがインスタントコーヒー製造に実用 →1978年頃，日本でインスタントコーヒーの製造に採用 →1983年，日本で果汁の濃縮用に採用 放射線による食品照射の研究開始〔原子力研究所等〕＜効果：保存性の向上＞ →1972年，ジャガイモの発芽抑制に実用化
1955年	凍結真空乾燥の導入研究開始〔農水省食総研〕＜効果：品質の向上＞ →1960年頃，高品質乾燥食品の製造に実用化 真空冷却，蒸煮大豆の冷却に導入《味噌用大豆の連続冷却》＜効果：品質の向上＞ FA化工場の稼働開始。中央管理・制御方式＜効果：自動化，省力化＞ 【製粉，製パン】 自動包装機の導入＜効果：省力化，高速化＞
1956年	デンプンの酵素糖化法，ブドウ糖の異性化法の研究開始＜効果：自動化，省エネルギー＞ →1969年頃，デンプン糖工業にバイオリアクターとして採用
1957年	無菌充塡包装の導入《テトラパック牛乳製造開始》＜効果：品質，保存性の向上＞ →1973年，ＬＬ果汁許可 →1975年，ＬＬ牛乳許可 →1985年，ＬＬ牛乳常温流通許可
1958年	湯熱乾燥によるインスタントラーメンの商品化《日清のチキンラーメン》 包装材料としてポリエチレン／セロファンの積層フィルム採用 ＜効果：新製品開発，保存性の向上＞
1959年	マイクロ波加熱の利用研究開始《家庭用電子レンジ発売開始》 ＜効果：新加工・調理技術＞ →1965年頃，インスタント食品の製造に採用
1960年	超音波技術の食品加工への導入開始＜効果：新加工・調理技術＞ 《効果：乳化，破砕，分散，凝集，沈殿，抽出，洗浄等》 →1963年頃，超音波ホモジナイザー果汁の均質化に実用 →1965年頃，牛乳瓶洗浄に実用化 →1975年頃，超音波缶詰検査機（米国製）導入 タンクローリー輸送（液体，粉体），食品業界で拡大 真空包装，ガス置換包装の導入盛ん【茶，削り節】＜効果：保存性の向上＞

（次ページへ続く）

（前ページより）

1964年	レトルト食品の商業生産開始《米国では1959年頃，軍事用に実用化》 ＜効果：新製品開発，保存性の向上＞ 天然風味調味料の商品化，ガス遮断性プラスチックフィルムの活用
1965年	各種プラスチック包装材料の食品包装への利用活発化＜効果：保存性・商品性の向上＞ 青果物に段ボール普及＜効果：簡便性の向上，流通の合理化＞ コールドチェーン勧告《科学技術庁》＜効果：保存性の向上，流通の合理化＞
1967年	CA貯蔵庫，予冷施設の普及始まる＜効果：鮮度・保存性の向上＞ 光学選別機（カラーソーター）導入される＜効果：品質の向上＞
1969年	バイオリアクター（固定化酵素），デンプン糖工業で採用＜効果：生産の合理化＞
1970年	光学選別機（カラーソーター），精米関係に導入
1972年	真空予冷法が青果物に採用され始める＜効果：鮮度の向上＞
1973年	《第一次オイルショック》 外国で超臨界流体抽出の研究開発《独マックスプランク研，米国農務省北部研》 脱酸素剤の利用が始まる《ケプロン，エージレス等》＜効果：保存性の向上＞
1974年	凍結粉砕法の食品への導入研究開始 ＜効果：品質・特性の向上＞《実用化は日本が先鞭》 膜利用技術の食品への導入研究開始 ＜効果：品質の向上，省エネルギー＞《欧米で開発》 →1975年頃，廃棄物処理，濃縮等に利用が始まる
1975年	近赤外線等による非破壊評価の導入研究開始〔農水省食総研〕 ＜効果：品質管理，特性の把握＞《米国で開発》 真空フライ，野菜チップの製造に実用化《1965年頃，台湾でバナナチップに利用》
1977年	二軸エクストルーダーの食品加工への導入研究開始〔農水省食総研〕 ＜効果：新加工技術，効率化＞《ヨーロッパ（スウェーデン，仏，独）より導入》 →1980年頃，実用化され始める
1978年 79～81	《食品の高品質化顕著》 《第二次オイルショック》 省資源・省エネルギー技術，バイオマス関連技術の開発盛ん
1980年	《過酸化水素禁止》《食品の低塩低糖化顕著》 過酸化水素代替殺菌技術の開発開始＜効果：保存性の向上＞ 電子線殺菌技術の研究 紫外線殺菌技術の研究盛ん 《スイスBB社高出力紫外線ランプ発表，ヨーロッパでは1975年頃より実用化》 オゾン殺菌技術の研究盛ん 遠赤外線加熱の食品への利用研究開発〔農水省食総研〕 →1985年頃，実用化が盛んになる
1982年	電磁波利用技術が注目される
1983年	超臨界流体抽出が話題となる →1985年頃，学会発表，技術導入の動き始まる
1984年	《健康食品ブーム》
1985年	超高圧の食品への利用研究開始〔京都大学〕
1986年	銀置換ゼオライト（抗菌性資材）の開発始まる 機能性包材の開発ブーム

（次ページへ続く）

（前ページより）

1987年	抗菌性包材の研究開始〔農水省食総研〕 青果物鮮度保持資材の開発ブーム 《機能性食品，グルメ食品》 電子レンジ食品ブーム《レトルト殺菌，マイクロ波利用技術，高遮断性透明包材》 無菌化包装米飯生産開始
1988年	電気抵抗加熱殺菌システム話題になる《1986年，APV社で果汁に実用化》
1989年	「食品産業超高圧利用技術研究組合」発足
1990年	《天然添加物表示実施》 ファジー，ニューロ，AIの活用
1994年	賞味期限表示 PL 法施行 HACCP導入
1997年	容器包装リサイクル法施行 包装廃棄物リサイクルの進展
2001年	食品リサイクル法施行 家電リサイクル法施行 有機性廃棄物の減量化・リサイクルの義務化

1）ガス遮断性包材

プラスチック包材は種々のガスを透過するという欠点をもっているが，この点を改良し，酸素，二酸化炭素，水蒸気，揮発性物質などに対して優れた遮断性をもたせた一群の機能性包材がある。これらの高遮断性包材は加工食品のガス置換包装などによる酸化，変色，カビ発生などの防止や，防湿包装などを中心に広く用いられている。

優れたガス遮断性が注目されているものとしては，セラミック蒸着フィルム，アルミ蒸着フィルムおよび EVOH や PVDC の共押出し多層フィルムなどがあげられる（フィルム類の省略記号については表1.6.4の表下を参照）。SiOx 蒸着フィルムや PP/EVOH(PVDC)/PP などの共押出しフィルム・シートは，電子レンジ加熱が可能な高遮断性レトルト包材として用いられている。また，アルミ蒸着フィルムは水蒸気遮断性，光線遮断性に優れているので，スナック食品の防湿包装に多く用いられている。

2）保香性包材

食品の風味，特に好ましい香りを保持するためには，包材による香気成分の遮断性だけではなく，香気成分がシール層へ溶込むことも極力防止しなければならない。特にミカン果汁のように，主要な香気成分がリモネンなどの炭化水素系化合物である場合，ポリエチレンやポリプロピレンなどの内面シール層に香気成分が大量に溶解されてしまい，香りの減少やバランスの変化を起こす。このような場合，揮発性物質を溶解しないフィルムを容器内面のヒートシール層に用いることがもっとも望ましい解決法であり，この目的のためにヒートシール性をもったポリエステル（PET-G），EVOH，ポリアクリロニトリル（PAN）などの新しいプラスチックのシール材は，包材の無臭性を高めるのにも貢献している。ポリエチレン，ポリプロピレンなどのヒートシール材は多少の異臭をもっている。

最近食品の風味に対する要求が厳しくなったことや，電子レンジ対応食品が多くなったことなどから，包材の無臭性に対する要求も一段と厳しくなっており，においの変化を起こさないという一種の機能として，無臭性ヒートシール材の開発が盛んに行われている。

3）ガス透過性包材

プラスチック包材のガス透過性を上手に利用したものとして，青果物の鮮度保持に好ましい低酸素，高二酸化炭素の環境条件をつくりだす各種の鮮度保持フィルムがあげられる。大部分の青果物鮮度保持用包材は，ガス透過性の比較的高いポリエチレン，ポリプロピレン，ポリスチレン，エチレン・酢酸ビニル共重合体，軟質ポリ塩化ビニル，ポリブタジエンなどの薄いフィルムであるが，鮮度保持機能をさらに高めたり，防曇性，ガス吸着性，抗菌性などの新しい機能をもたせるために界面活性剤，抗菌剤やガス吸着剤などを練込んだ包材が数多く開発されている。防曇性包材は，内面に練込んだ界面活性剤の作用で水の薄い皮膜をつくり，曇りを止め，外観を美しく見せる機能がある。現在，防曇性ポリプロピレンは野菜などの開封系包装に多く用いられている。

また，納豆は包装容器内で発酵させて製造されるが，品質のよい製品をつくるためには，発酵過程で納豆容器が適度な酸素透過性と保水性を保持していることが重要である。このため，ガス透過性の点で工夫された納豆容器が開発され，用いられている。

ガス透過性の差を利用して特殊な機能をもたせたものに，高温で燻煙するときには香り成分を透過し，低温流通させるときには高遮断性の包材になるというスモーカブルケーシングがある。

4）水分・湿度調整包材

高分子吸水剤（吸水ポリマー）を利用した吸水性包材は，肉，魚などのドリップ吸水用トレー中敷，フライドチキン，ピザなどの加熱したテイクアウト食品の結露防止，青果物，切り花などのしおれ防止，部分的な水分の除去（乾燥）など，過剰な水分の除去，乾燥防止，湿度調整の目的に広く用いられている。

吸湿性包材は，乾燥食品，薬品などの防湿包装に用いられる。

5）有害ガス除去剤・包材

青果物鮮度保持に有害なエチレンなどのガスを吸着，分解して除去する包材や除去剤が開発され，鮮度保持に用いられている。また，二酸化炭素を吸収，除去する品質保持剤や包材が開発され，青果物などに用いられている。さらに，食品から発生するアンモニアや含硫化合物，アミン化合物，アルデヒドなどの異臭を吸着，分解する各種の脱臭剤なども開発されている。

6）ガス発生剤・包材

食品の品質保持などのために二酸化炭素などのガスを発生する製剤が開発され，加工食品の品質保持などに用いられている。また，プラスチック包材に酸化防止剤を練込んで酸化防止機能をもたせたものなどがある。

7）抗菌性包材

銀置換ゼオライトなどの抗菌剤をプラスチックに練込んだ抗菌性包材が開発され，使い捨て弁当容器や，青果物，海産物などの鮮度保持，多水分の加工食品の品質保持などに用いられている。

8）耐熱性包材

プラスチック包材のもつ物理的特性をさらに高めたものとして，耐熱性包材，高強度包材などがある。最近，電子レンジ，オーブンを利用した簡便食品が多数開発されているが，これに用いる耐熱性容器のために各種の新しいプラスチックおよび複合素材が開発されている。

9）その他の高機能性包材

また，プラスチックを加工し，高水蒸気透過性，緩衝性やイージーピール性をもたせたり，超薄膜にしたり，悪戯防止機能をもたせたりしたものも機能性包材の一種であり，すでに多数開発され，実用化されている。

包装副資材では，脱酸素剤，鮮度保持剤，アルコール発生剤，水分調整剤，エチレン吸収・分解剤，乾燥剤など，多様な機能をもったものが開発され，包材の特性を利用して食品の品質保持，鮮度保持などに用いられている。温度/時間インジケーターは流通時の温度管理に使われる機能性資材の一つであり，今後重要な技術になっていくと考えられる。

1.6.2　さまざまな食品用包装資材

包装材料の使用量を種類別にみると，紙・板紙製品が約半数を占め，次いで，プラスチック資材，金属容器，木製品，その他の順になっている。

(1) 紙　容　器

紙，板紙を用いた包装材料には，段ボール箱，一般紙容器，複合紙容器などがある。

段ボールは，ライナー（外側に使う板紙）と波形に成形された中芯とを接着剤で貼合せてつくられるもので，ライナーと中芯の数の組合せで，両面段ボール，複両面段ボール，片面段ボールなどがある（図1.6.3)。主に，段ボール箱としてあらゆる商品の外装用に用いられている。

一般容器には，薄紙を用いた紙袋，板紙を用いた紙器，およびこれらにポリエチレンなどのプラスチックを貼合せたり，コーティングしたりしたものがある。形態としては，箱，筒，カップなど多様なものがつくられている。

複合紙容器は，紙器をプラスチック，金属箔などと複合し，内容物の保護機能をいっそう発展させたもので，シングルボード紙容器，コンポジット缶，バッグインボックス，無菌充填用紙容器（図1.6.4）など多くの種類がある。液体食品の包装において，複合紙容器の果たす役割が非常に高まっている。

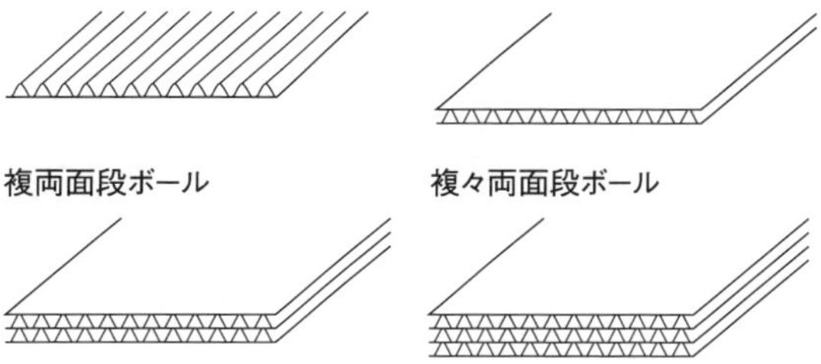

図 1.6.3　段ボールの種類と構造図

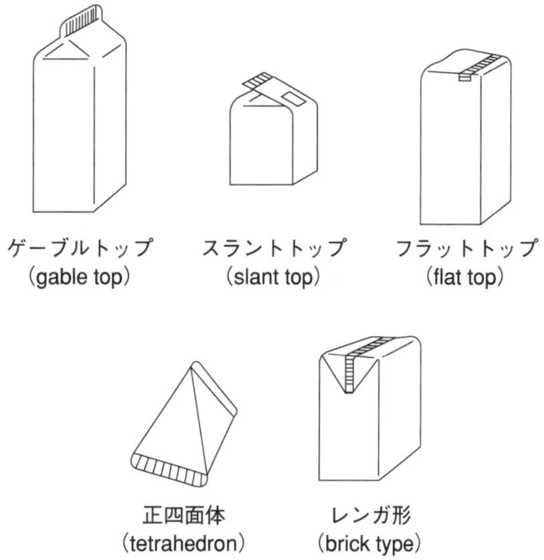

図 1.6.4　無菌充填用紙容器の例

(2) プラスチック包装材料

プラスチック包装材料は，人工的に合成された高分子化合物を主原料としている。食品包装に用いられるプラスチックを便宜的に汎用性樹脂，耐熱性樹脂，遮断性樹脂に分けることができる。汎用性樹脂にはポリエチレン，ポリプロピレン，ポリスチレン，ポリ塩化ビニル，エチレン・酢酸ビニル共重合体などがあり，耐熱性樹脂にはナイロン，ポリエステル，ポリカーボネートなどがあり，遮断性樹脂にはポリ塩化ビニリデン，エチレン・ビニルアルコール共重合体，ポリビニルアルコールなどがある。各々のプラスチックの特徴と用途について述べる。

1）ポリエチレン（PE）

ポリエチレンには，低密度（高圧法）ポリエチレン（LDPE）と高密度（低圧法）ポリエチレン（HDPE）の2種類があり，フィルムのほか，ボトル，チューブ，キャップなどにも成形されて用いられる。フィルムの成形法には空気で膨らませ，筒状の製品にするインフレーション法とシート状に押出すTダイ法がある。樹脂の密度が高くなると透明度が低下し，剛性が増して伸びが小さく，引張り強度が高くなり，手触りがかたくなる。一般に，気体透過性は高いが，水蒸気透過性は低い。ヒートシール性に優れ，価格が安いので，汎用フィルムとして用途は広い。フィルムにヒートシール性を付与する目的で他のフィルムと貼合せて用いられることが多い。

2）ポリプロピレン（PP）

ポリプロピレンは，フィルムのほか，ボトル，カップ，トレイなどの成形容器に用いられる。フィルムには延伸フィルム（OPP）と無延伸フィルム（CPP）の2種類があり，延伸によって物理的強度や気体遮断性が高まる。二軸延伸フィルムは透明性がよく，コシがあり，物理的強度に優れている。融点は約170℃と高く，耐熱性はよいが，低温下では物性が悪くなる。気体透過性は高いが，価格が安いことなどから用途が広く，水蒸気透過性が低いことを利用した乾燥食品の防湿包装などを中心に多用される。また，CPPはレトルトパウチなどの耐熱性包装材料の接着層（ヒートシール層）として用いられている。

3）ポリスチレン（PS）

ポリスチレンは非結晶性ポリマーで，透明性，成形性，ヒートシール性に優れ，安価なため，フィルムのほか，ボトル，カップ，トレイなどの成形容器に多く用いられる。ポリスチレンポリマーのみのものを一般用ポリスチレン（GPPS），本来の脆い性質を改善するために合成ゴムを配合し，耐衝撃性を高めたものを耐衝撃性ポリスチレン（HIPS）という。フィルムは気体透過性が高いので，青果物の包装などに用いられる。

4）ポリ塩化ビニル（PVC）

ポリマーは，かたくて熱安定性が悪いので，一般に可塑剤や安定剤などの添加剤を配合して用いられる。可塑剤を多く含むやわらかい軟質フィルムは気体透過性が高く，ストレッチ包装，業務用ラップ包装などに用いられる。比較的気体遮断性のよい硬質ポリ塩化ビニルは，ボトル，カップ，トレイなどの成形容器に用いられる。かつては食品用に多量に用いられたが，塩化ビニルモノマーの問題以来，食品用包装材料としての地位は低くなっている。

5）エチレン・酢酸ビニル共重合体（EVA）

エチレン・酢酸ビニル共重合体は，酢酸ビニル含量の少ないもの（数%～40%）がフィルムとして用いられている。主に他の樹脂との共押出しやポリオレフィン樹脂と混合され，積層（ラミネート）フィルムのヒートシール層として用いられている。酢酸ビニル含量が多くなるとポリエチレンより透明性がよくなり，柔軟性，ガス透過性が高くなり，特性の異なるフィルムを得ることができる。単体フィルムはコシが弱く，主にストレッチフィルムなどに用いられる。

6）ナイロン（NまたはNy）

ナイロンは，一般名ではポリアミド（PA）とも呼ばれる。食品包装に用いられるナイロンの大部分は，カプロラクタムを原料とするナイロン6である。二軸延伸ナイロン（ON）および無延伸ナイロン（CN）ともに積層フィルム，成形容器の基材として用いられる。フィルムは引張り強度，衝撃強度，ピンホール強度などの物理的強度や耐熱性に優れているので，高温加熱殺菌をする多水分食品の包装や大袋や突起のある食品の包装で，特に包装材料に優れた物理的強度が要求される場合に多く用いられる。水蒸気透過性は比較的高いが，気体遮断性は中程度である。

7）ポリエステル（PET）

ポリエステルは，テレフタール酸とエチレングリコールの重合反応によって得られる結晶性のポリマーである，ポリエチレン・テレフタレートがもっとも一般的である。透明性，耐熱性，耐衝撃性，揮発性物質遮断性などに優れており，フィルム，ボトル，トレイなどに成形されて用いられる。優れた耐熱性から，レトルトパウチ，電子レンジ食品用成形容器などに多く用いられる。また，優れた揮発性物質遮断性，透明性，強度などから，飲料用ボトルとしても多用されており，一般食品の保香包装にも用いられる。

8）ポリカーボネート（PC）

ポリカーボネートは，透明性，耐熱性，揮発性物質遮断性に優れたポリマーで，ボトル，トレー，フィルムなどに用いられるが，使用量は少ない。酸素遮断性は中程度である。

9）ポリ塩化ビニリデン（PVDC）

ポリ塩化ビニリデンは，塩化ビニリデンモノマーを少量の塩化ビニルモノマーと共重合させてつくられるポリマーで，比重は約1.6とプラスチックのなかでもっとも重い。ソーセージケーシング，家庭用ラップフィルムなどでは単体フィルムとして用いられ，複合容器，複合フィルムでは高遮断性の積層材，コーティング材として用いられる。気体遮断性，水蒸気遮断性，揮発性物質遮断性，耐熱性などに優れており，酸化防止包装，保香包装，防湿包装，ガス置換包装などに多く用いられる。

10) エチレン・ビニルアルコール共重合体（EVOH）

エチレン・ビニルアルコール共重合体は，エチレンと酢酸ビニルを共重合させ，これを部分鹸化してつくられるポリマーで，乾燥状態で非常に優れた気体遮断性をもっている。気体遮断性に対する水蒸気の影響を少なくするためにポリオレフィンなどと積層し，酸化防止包装用のフィルム，成形容器の基材として多用される。

11) ポリビニルアルコール（PVA）

ポリビニルアルコールは，ポバール，ビニロンなどとも呼ばれる親水性の強いポリマーで，乾燥状態では高い気体遮断性をもっている。延伸したり，ポリ塩化ビニリデンをコーティングしたり，ポリオレフィンと積層することによって水蒸気の影響を弱め，酸化防止包装などに用いられる。

12) プラスチックラミネートフィルム

プラスチック包装材料は，単体あるいは異なった性質の材料を積層して用いられる。

図1.6.5に4層構成のレトルトパウチの例を示した。表面のポリエステルは印刷とアルミ箔面の保護，アルミ箔は品質保持のためのガス遮断性の賦与，延伸ナイロンは強度の賦与，最内装の無延伸ポリプロピレンはヒートシール性の賦与のために用いられている。表1.6.4に食品の品質保持からみた適性軟包装材料の例を示した。

（3）金属包装材料

金属容器は古い歴史をもっているが，19世紀初頭，イギリス人 Peter Durand の缶詰の発明によって，食品の長期貯蔵技術として飛躍的な発展を遂げた。プラスチック包装容器と品質保持技術が発展した現在では，金属缶は大部分が飲料に用いられている。

金属缶は耐熱性，伝導性に優れ，光線や気体の透過性が全くなく，食品の保存容器として優れた特性をもっている。また，ガラスに比べて成形，塗装，印刷などの加工がしやすく，輸送時の破損も起こりにくいという利点がある。反面，内面腐食が生じやすく，紙やプラスチックより重いという欠点がある。

缶の材料には，銅板，ブリキ，TFS（tin free steel），アルミニウムなどがある。ブリキは錫の犠牲溶解性によって銅板の耐蝕性を改善したもので，食品用として古くから広く用いられてきたが，変色や錫の溶出が問題になる場合がある。TFSは，1960年代から使われ始めたものである。鋼板を電解クロム酸処理し，さらにその表面をエポキシ系などの塗料で塗装したもので，食品に用いても変色や腐食を起こしにくい特徴をもっている。アルミニウムには，純粋なアルミニウムのもの，およびマンガンやマグネシウムなどとの合金がある。前者はインパクト缶やチューブに，後者はDI（drawn and ironing）缶に用いられる。

アルミ箔は美しい金属光沢があり，水蒸気，気体，揮発性物質，光線の遮断がほぼ完全で，軽い

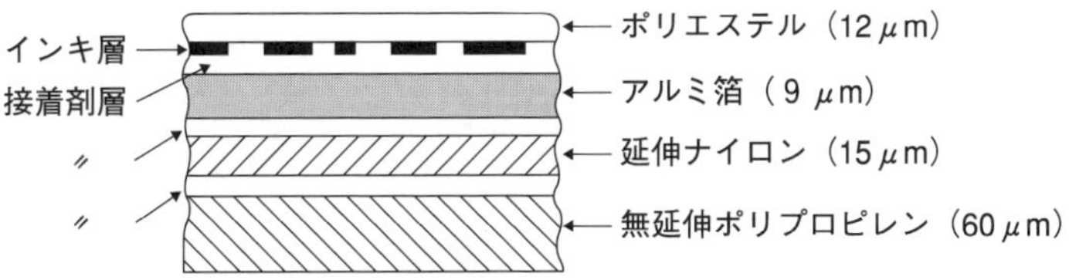

図 1.6.5　層構成のレトルトパウチの断面図例

表 1.6.4　食品群別の適性軟包装材料

レトルトパウチ食品	耐熱性 強度 酸素遮断性	基　材	PET，ON，PVDC，SiOx蒸着，Al箔，EVOH共押，PVDC共押	プラスチック包材の酸素透過性は内容物の酸化・褐変・変色等の化学的品質変化に影響がある。貯蔵温度，光線の影響もある。
		接着層	CPP	
多水分・中間水分食品で湯殺菌する食品 （変敗防止）	耐熱性 強度 酸素遮断性	基　材	OPP，PET，ON，CN，PVDC，KN，KOP，KPET	《惣菜，一部の漬物，水産加工品など》 プラスチック包材の酸素透過性は内容物の酸化・褐変・変色などの化学的品質変化に影響がある。
		接着層	LDPE，EVA，LLDPE	
多水分・中間水分食品で無加熱の食品 （酸化・褐変防止）	酸素遮断性 強度	基　材	KOP，KPET，KON，PVDC，EVOH，OV（BOV），PVA	《惣菜，漬物など》 微生物は低温，添加物などで抑えていることが多い。
		接着層	LDPE，EVA	
多水分・中間水分食品で大容量のもの，突起のある食品	高強度	基　材	ON，ONラミネート	《業務用濃縮スープ，スナック食品など》 ピンホールの防止に完璧はない。孔があけばあらゆる変質が起こりやすくなる。
		接着層	厚手LDPE	
真空包装・密着包装 （酸化防止包装）	酸素遮断性	基　材	KOP，KPET，KON，PVDC，EVOH，OV（BOV），PVA，VM，Al箔	《畜肉加工品，水産加工品など》 透過酸素の量により酸化防止限界が決まる。真空包装は湯殺菌の前処理として用いられることが多い。
		接着層	LDPE	
窒素置換包装 （酸化防止包装）	酸素遮断性	基　材	KOP，KPET，KON，VM，EVOH，OV（BOV），PVA	《日本茶，粉乳，油菓子，珍味類など》 残存酸素，透過酸素の量により酸化防止限界が決まる。褐変は防止できない場合がある。
		接着層	LDPE	
脱酸素剤封入包装 （酸化・カビ防止）	酸素遮断性	基　材	KOP，KPET，KON	酸化防止，カビ防止には抜群の効果。脱酸素能の限界が品質保持の限界になる。開封すると効果がなくなる。
		接着層	LDPE	
二酸化炭素置換包装窒素置換包装（低酸素）	ガス遮断性	基　材	EVOH，OV（BOV），PVA，Al箔	《削り節，カステラ》 酸化防止，カビ防止に用いる。二酸化炭素の抜ける速度，カビのCO_2耐性が影響する。
		接着層	LDPE	
保 香 包 装	揮発性物質遮断性・非収着性	基　材	PET，PC，KPET，PVDC，EVOH，OV(BOV)，PVA，SiOx蒸着，VM，Al箔	香気が低下する要因をつかみ，香気遮断包装，香気非収着包装，無臭包材による包装，変質防止包装などを行う。賞味期限に与える要素にはなりにくい。
		接着層	PET-G，PAN，EVOH	
防 湿 包 装	遮断性水蒸気	基　材	HDPE単体，OPP，KOP，VM，Al箔	水蒸気透過の異なる包材で個々の食品に適した防湿包装を行う。吸湿により物理・化学・微生物変化が起こる。
		接着層	CPP，LDPE	
青　果　物	ガス透過性 透過性水蒸気	単　体	LDPE，無機質練込みLDPE，OPP，PS，PMP，軟質PVC，EVA，BDR，MST	生体内の酵素と代謝活性によって鮮度，品質が低下する。呼吸・蒸散をできる限り抑え，生命は維持する。

〈フレキシブル包装材料の略号と名称〉

LDPE	：低密度ポリエチレン	MST	：防湿セロファン	PVDC	：ポリ塩化ビニリデン
MDPE	：中密度ポリエチレン	VM	：アルミ蒸着	KOP	：ポリ塩化ビニリデン塗布OPP
HDPE	：高密度ポリエチレン	Al箔	：アルミ箔	KON	：ポリ塩化ビニリデン塗布ON
OPP	：延伸ポリプロピレン	共押	：共押出し積層材料	KPET	：ポリ塩化ビニリデン塗布PET
CPP	：無延伸ポリプロピレン	LLDPE	：直鎖低密度ポリエチレン	EVA	：エチレン・酢酸ビニル共重合体
ON	：延伸ナイロン	PET	：ポリエチレンテレフタレート	EVOH	：エチレン・ビニルアルコール共重合
CN	：無延伸ナイロン	PMP	：ポリメチルペンテン	PVA	：ポリビニルアルコール，ポバール
PVC	：ポリ塩化ビニル	PC	：ポリカーボネート	OV(BOV)	：延伸PVA，延伸ビニロン
PS	：ポリスチレン	PAN	：ポリアクロニトリル	SiOx蒸着	：セラミック蒸着，ガラス蒸着
BDR	：ポリブタジエン				

表 1.6.5　品質保持からみた包装食品の分類

生鮮食品	呼吸している食品	呼吸の非常に盛んな食品：切断野菜類，葉菜類，未熟果菜類，キノコ，活魚介類 呼吸の盛んな食品：その他の果実，野菜類，鶏卵 休眠状態の食品：穀類，豆類，ナッツ類
	呼吸していない食品	精肉類，魚介類
加工食品（包装食品）	水分活性	多水分系食品：*Aw* 1.00〜0.90 中間水分食品：*Aw* 0.90〜0.65 乾燥食品：*Aw* 0.65〜0.00
	pH	酸性食品 微酸性，中性，微塩基性食品
	殺菌，静菌処理	滅菌処理：加熱滅菌，除菌 殺菌処理：加熱殺菌，紫外線殺菌 静菌処理：合成・天然保存料，ガス置換 無処理
	温　度	冷凍食品：〜−18℃ チルド食品：−5〜5℃ 冷蔵食品：5〜15℃ 常温
	包装材料の遮断性	高遮断性：缶，瓶，Al，EVOH，OV，PVDC，SiO 中間遮断性：PET，ON，PVC 低遮断性：PE，PP，EVA，PS，PVC等

表 1.6.6　食品包装の分類

分類項目	包装の種類
JIS	個装・内装・外装 JIS Z 0101『包装とは，物品の輸送，保管などにあたって，価値および状態を保護するために適切な材料・容器などを物品に施す技術および施した状態をいい，これを個装，内装，外装の3種に分ける』
包装材料	紙，プラスチック，金属，ガラス，その他（木，竹，布，陶器等）
包装材料に関連した形態	段ボール箱，紙容器，紙袋，金属缶，金属チューブ，コンポジット缶，ガラス瓶，プラスチック袋，プラスチック成形容器（ボトル，カップ，トレイ，チューブ等），バッグインボックス，バッグインドラム，ネット
包装技法	真空包装，密着包装，ガス置換包装，収縮包装，ストレッチ包装，スキン包装，ラップ包装，レトルト包装，無菌包装等
包装材料の物性面と期待する効果	柔軟包装，剛性包装，ガスバリア包装，防湿包装，防水包装，緩衝包装，保香包装，遮光包装等
食品の形状	液体食品包装，固形食品包装，固液食品包装，粉末食品包装，高粘度食品包装等

という特徴がある。アルミ箔はプラスチックフィルムと積層して高遮断性包装材料として用いられるほか，カップやトレーなどにも成形して用いられる。

（4）ガラス容器

ガラスは非常に古くから食品の容器として用いられてきたが，長期保存を目的とした瓶詰は，19世紀初頭のフランス人 Nicholas Appert（ニコラ・アペール）の発明に端を発する。

ガラスは，化学的に安定で耐熱性があり，水蒸気や気体の透過性が全くなく，食品の保存容器として優れた特性をもっている。また透明性がよく，質感があり，リサイクルも可能である。ガラスは，ケイ砂，ソーダ灰，石灰を原料につくられるが，ケイ砂，石灰ともに世界的に埋蔵量が多く，資源的にも安定している。

一方，透明なガラス容器は，光線の影響を受けやすいことや，重たく，衝撃や急激な温度変化に弱いこと，密封や殺菌がしにくいことなど，多くの不利な点があり，そのため使用範囲が，殺菌しやすい液状食品，中身を見せたい食品などに限定される。

ガラス容器は，表面に微細な傷がつくと強度が著しく低下するので，これを防ぐために，酸化チタンやプラスチックによるコーティングなどの種々の表面処理が行われる。

（5）複合素材包装材料

近年，各種の素材の特徴を生かした複合素材包装材料が開発され，新しい特徴をもった包装材料として注目されつつある。

1.6.3 缶詰食品

（1）缶 詰 と は

缶詰とは，水分の多い食品を金属缶に詰めて密封し，微生物による腐敗・変敗が起こらないように加熱殺菌したものをいう。単に未殺菌の食品や乾燥食品などを入れて密封したものは通常缶詰といわず，「缶入り」といって区別している。食品と金属缶を別々に殺菌し，無菌条件下で食品を充塡し密封したものは「無菌充塡缶詰」といい，缶詰の範疇に入れている。

19世紀初頭，フランス人のニコラ・アペールによって発明された瓶詰法は，薄い鉄板に錫メッキをしたブリキ板でつくる缶に応用された。イギリス人ピーター・デュラン（Peter Durand）により発明（1810年）されたこの缶詰法はたちまち広まり，1812年には，この特許を使用した初めての缶詰工場がイギリスで操業を開始した。1820年には，保存性のある瓶詰食品の製造がアメリカで企業化され，1839年にはこれにブリキ缶が使われるようになり，1861年に始まった南北戦争では軍需用の食料として大量の缶詰食品がつくられるようになった。

缶詰容器には，3ピース缶と2ピース缶がある。3ピース缶はほとんどが丸缶であり，胴と天と地の3つの部分からなり，胴の缶材はブリキのハンダ缶と，ティンフリースチール（TFS）の接着缶や溶接缶などである。2ピース缶は角形，楕円形，馬蹄形などに打ち抜き，絞ってつくった缶胴と天の蓋材の2つからなる。缶は浅絞り缶，深絞り缶があり，缶材としてはブリキ缶，ティンフリースチール缶，アルミニウム缶，DI（絞りとしごき，drawn & ironing）缶などがある。

内容物の原料から缶詰食品を大きく分類すると，魚介缶詰，果実缶詰，野菜缶詰，畜産缶詰，果実飲料缶詰，その他スープ，ベビーフード，ペットフードなどの缶詰に分けられる。缶詰食品の最大の長所は，長期保存ができることである。しかし，中身が外側から見えず，品質が確認できないとい

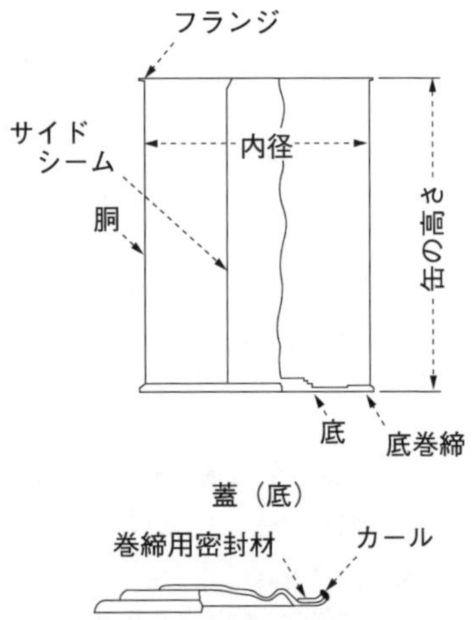

a. 缶の構造と名称

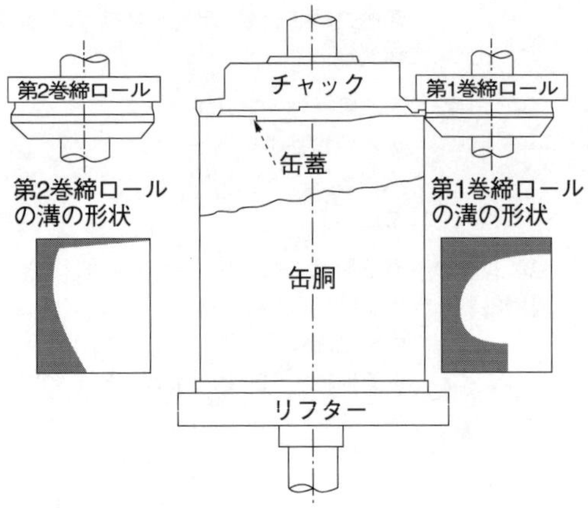

b. 2重巻締機の構造

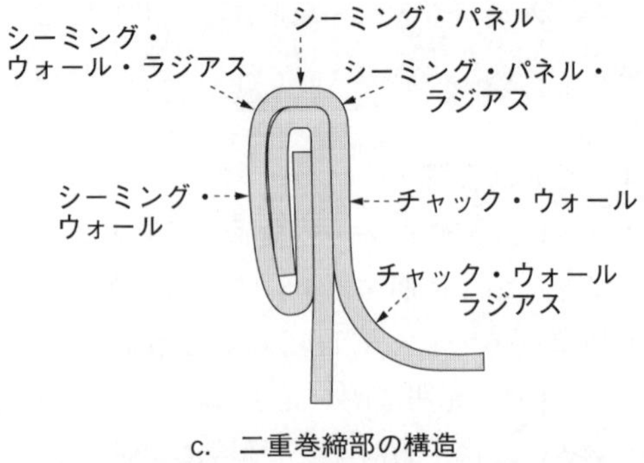

c. 二重巻締部の構造

図 1.6.6 缶詰の構造，名称，二重巻締機

う大きな欠点があり，このような缶詰食品を消費者に安心して利用してもらうために，日本農林規格（JAS）で缶詰の品質表示基準が定められている。

缶詰食品の品質を長期に保持するための製造工程における大切な要素には，脱気（真空度），密封性，殺菌条件があげられる。殺菌前に脱気を行うのは，缶詰の加熱殺菌中に空気が膨張して缶が破損するのを防ぐためと，缶の内面が腐食するのを防ぐためである。また，内容物の色や風味の劣化，ビタミンの損失などを防止するためでもある。缶の密封は，ふたを二重巻締めすることによって空気，水，微生物の缶内への浸入を防ぎ，内容物の変質を防止するためである。一般に行われるレトルト殺菌の条件は，内容物に含まれる耐熱性微生物を死滅させ，長期保存ができるようにするためである。

缶の構造と名称，二重巻締機の構造，二重巻締部の構造を図1.6.6に示した。

（2）金　属　缶

食品の長期保存用の金属缶として使われ始めたのは，約200年前に缶詰が発明されたことによる。それより100年ほど前に，すでに煙草用の容器として金属缶が使われていたという記録もあり，実際にはかなり前から食品用に金属缶が使われていたようである。

缶詰は，第二次世界大戦を経て飛躍的に伸びた食品の保存技術である。なかでも飲料缶の分野で著しい伸びを示した。この主な要因は，金属加工の技術開発により金属缶に機能性が付与されたことと，飲料の急速な需要拡大に合わせた高速製缶と高速充塡の技術開発による経済性の向上などである。日本では，炭酸飲料，果汁飲料，果汁入り飲料，コーヒー飲料などそれぞれに適した缶の開発と，冷却販売・加熱販売用の自動販売機の開発と普及が，缶飲料の拡大に大きな役割を果たした。

金属容器の特徴を他の容器と比較してみてみると，長所は以下のようなものである。

① 水および気体の遮断性が大きく，内容物の変質・変敗，退色や，化学変化による風味の変化などを起こしにくく，長期に保存できる。
② 熱の伝導性がよく，内容物の加熱・冷却，殺菌などが効率よく行える。
③ 一般に剛性，弾性に優れていて丈夫であり，搬送・輸送時の荷扱いが容易である。
④ 金属材料は伸展性に富み，精度よく多様な加工が効率的にできるので，製品を規格化しやすい。
⑤ 缶の製造工程におけるさまざまな段階で表面塗装や印刷ができる。

短所としては，以下のような点があげられる。

① 缶の内面を塗装しない場合には，保存中に内面の腐食を生じやすく，内容物によっては錫の溶出，水素膨張などが起こり，酷い場合には穴が開いたりする。これを防ぐために多くの場合には内面塗装が行われる。
② 缶切りがないと開けられなかったが，現在ではほとんどの缶にイージーオープンエンドがつき，簡単に開けられるようになっている。
③ 紙容器やプラスチック容器に比較して重たい。特に肉厚のスチール缶の場合には非常に重くなる。

その他に，金属は遮断性という機能性ではきわめて優れており，付加価値が高い。そのため，紙やプラスチックとの複合化により容器のイメージを変えたり，深絞り技術で薄い缶胴ができるようになり，大幅に軽量化が図られている。また，金属の物理的性質を有効に利用した工程検査や，インラインでの管理法などにより，信頼性の高い容器となっている。

（3）缶詰食品の生産量

缶詰食品の生産は，時代とともに大きく変化してきている。戦後その中心を占めていた水産缶詰は，1970年代以降，飲料缶詰にその座を譲った。飲料缶の占める割合は，1975（昭和50）年は約40％であったが，1980年は59％，1985年71％，1990（平成2）年84％と順調に伸び，食缶の減少とも相まって1995年には90％に達した。飲料缶は，

1996年に生産量がピークに達したが，特に茶飲料がペットボトルに変わり，その生産量は減少しつつある。缶詰全体が減少していることもあり，缶詰全体に占める割合は，2003年まで91％台を維持している。近年は，金属缶の大部分は，飲料のためにつくられているといっても過言ではない情況になっている。

（4）水産缶詰

水産缶詰は，これまで缶詰産業の中心的存在として発展してきた。かつての北洋におけるサケ・マス漁が盛んであり，サケの缶詰は日本を代表する缶詰製品であった。北洋の魚場がなくなってからは，マグロ，サバ，イワシの缶詰がその中心になった。1980（昭和55）年頃の約45万 tをピークに減少の一途をたどり，現在では約12～13万 tで推移している。最近は，国内の生産コストの上昇と輸出市場における発展途上国との激しい価格競争などにより，日本の水産缶詰の輸出はかなり厳しくなっている。国内消費は，マグロ類の缶詰（ツナ缶）が最も多く，次いでサバ，イワシ，サンマ，貝類などの順になっている。最近では，消費者の志向の変化により，缶詰食品の味付けや形状，液体（パッキングメディウム）の種類や特性などに工夫したものが多くなっている。特に，歯ごたえや風味の保持を目的に，固形物だけを詰め，液体がほとんどない，いわゆる高真空パックとかドライパックといわれる缶詰が多くなっている。

1）缶詰食品の種類と形態

水産缶詰は，中の液状部分によって９種類に分類される。最も多いものは水煮で，次いで油漬け，味付けの順になっている。この他，最近では，クリームソース，グラタンなどをパッキンメディウムに用いる場合も増えており，製品の種類は，全体として非常に多様化している。

水産缶詰の内容物の形態としては，ソリッド（マグロ），ラウンド（サバ，イワシ），フィレー（サバ，イワシ），チャンク（マグロ），フレーク（マグロ，サバ），ペーストなどに分けられる。

2）品質特性

水産缶詰は，加熱殺菌することにより商業的な無菌状態（commercial sterility）にした製品である。包装容器として，光線，空気を完全に遮断する金属容器（ブリキ缶，ティンフリースチール缶，アルミニウム缶など）が使用されており，同時に，空気，水や微生物などが浸入しない真空二重巻締め法で密封され，中心温度が121℃，４分相当以上のレトルト条件で滅菌されているので非常に衛生的であり，常温下で長期間保存でき，品質変化の少ない優れた食品である。

以下に，水産缶詰の品質・特性を具体的に述べる。

① 食品の中で発育する可能性のある耐熱性菌（ボツリヌス菌）の殺菌条件を基礎にした加熱殺菌を行っているので，安心・安全な食品である。

② 光線や空気を完全に通さない金属容器を用いているため，魚介類に含まれる酸化しやすい高度不飽和脂肪酸であっても全く酸化しない。

③ 水煮や油漬け製品では，含まれる還元糖の量が１％以下であり，缶内に酸素もないので，非酵素的褐変による品質劣化はほとんどない。

④ 魚介類は低酸性食品なので内面の腐食は起こりにくく，油漬け製品では化学反応が起こりにくいので，長期間にわたって品質が変化しない。

⑤ 原料の魚類には揮発性のアミン類や含硫化合物などの独特の臭いがあるが，加熱殺菌過程で揮発性の酸やカルボニル化合物のクッキング・フレーバーが生成し，魚特有の生臭味がマスクされる。

⑥ 多くは110～120℃のレトルト条件で加熱殺菌されているので，骨はやわらかくなり，可食状態になっているので，カルシウムの摂取に好都合である。

⑦ 製造直後のものより１年近く経過したもののほうが，魚肉と調味液部分とが馴染んでいるので，よりおいしくなっている。

⑧ そのまますぐ食べられる簡便食品である。

3）包装材として金属缶に求められる要素

水産缶詰は，一般に漁港に近いところで生産されており，常に新鮮な原料を用いて，素早く大量に生産される。商品としての特性は，通常レトルト条件で加圧・加熱殺菌が行われ，常温で長期間保存できるという特徴がある。包装材として缶に求められる要素としては，次のようなことがあげられる。

① 原料を充填しやすいこと（容器の開口部が大きく，固形物を迅速に充填できる）
② 密封速度が速いこと（二重巻締機の性能）
③ 耐圧，耐熱性があること（レトルト条件の加圧加熱・加圧冷却に耐えられる）
④ 密封性がよいこと（レトルト殺菌の冷却時に缶内が陽圧から陰圧になるので，巻締め部分からの微生物の進入がないように，二重巻締め部のすき間を埋めるシーリング・コンパウンドを使用）
⑤ 耐食性がないこと（長期間のシェルフライフを保障する内面塗装）
⑥ 食品の形態の保存性（缶の変形がないような丈夫な剛性容器）
⑦ 耐衝撃性（ふたと底の部分のエクスパンションリング，胴の部分へのビーディングの付与）
⑧ 容易な開封性（缶切りのいらないイージーオープンのふた）

このほか最近では，ファッション性，軽量化，機能性などが求められてきている。

水産缶詰用の容器は，全面印刷ができる，密封性が向上する，軽量化される，ということから，DR 缶（drawnとredrawn）といわれる絞りのツーピース缶が増えている。また，缶臭がない，錆びない，軽量である，美しいということから，全体をアルミニウムだけでつくる金属缶が増えている。さらに，輸送・陳列の際に積み重ねられるように，缶胴にテーパーをつけたり，ふた部分をネックインした缶も使用されている。ネックイン缶では，省資源だけではなく，ヘッドスペース部分に封入される空気量も少なくなるという利点がある。

（5）果実缶詰

缶詰食品に保存性が付与される原理は，変敗の最大の要因である微生物を加熱殺菌するとともに，食品中の酵素を失活させ，密封により二次汚染しないようにしたものである。果実は，一般的にpHが低く，酸化しやすい脂質も含まれていないので，安定した食品素材を提供する。その製造工程の概要は，以下のようなものである。

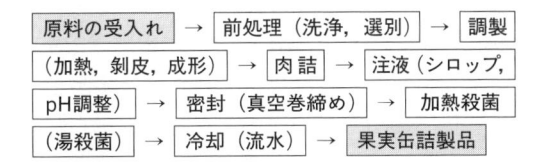

原料の受入れ → 前処理（洗浄，選別） → 調製（加熱，剝皮，成形） → 肉詰 → 注液（シロップ，pH調整） → 密封（真空巻締め） → 加熱殺菌（湯殺菌） → 冷却（流水） → 果実缶詰製品

1）原料果実

加工適性のよい原料を選ぶことがよい製品をつくる原点であるが，日本の果実生産は生食志向が強く，加工専用品種の作付面積は非常に少ない。原料は，一般に農協などから購入するものが多く，契約栽培ものや生食市場より購入するものもある。

受入れた原料は，品種・等級・サイズ・熟度などにより分け，追熟可能な未熟果は追熟する。追熟は，風通しのよい屋外で行う場合と，温度を調整した追熟庫で行う場合とがある。また，入荷量が多い場合には，冷蔵庫・冷凍庫に一時的に保管することもある。このときに，低温障害を起こさないように温度管理には充分に気をつける。冷蔵中は，熟度の進行が完全に停止する訳ではないのと，冷蔵により剝皮障害などがでるので，入庫時期や冷蔵期間についても注意を要する。

生鮮原料以外にも，パインアップルなどのように冷凍品やプルーンのように乾燥品を戻して使う場合がある。また，混合果実のようにすでに大型缶に詰められたものを原料として使う場合もある。

2）包装材料

加工果実の包材は，金属缶のみならず，ガラスビンやプラスチック容器と，それらを組合せたものなどが用いられる。果実缶詰は，ブリキの内面無塗装缶を用いる場合が多い。これは，缶の内面より微量に溶出する錫イオンの還元力で，貯蔵中の化学変化を抑え，ビタミン類の減少や褐変反応に伴うオフフレーバーなどの生成を最小限に抑え，商品価値を持続させるためである。

錫は，必須微量元素の1つに数えられるようになったが，錫を大量に摂取した場合には，消化器系統を刺激して嘔吐，下痢などを起こすので，錫の異常溶出は防止しなくてはならない。このため，錫の異常溶出の主要要因である硝酸塩を多く含む果実を缶詰にする場合は，硝酸態窒素の少ない品種や原料を選んだり，内面塗装缶を用いたりする。用水に硝酸根が多い場合には，純水装置を使い，少なくとも注入液に使用する水は，硝酸根を1 ppm以下にする必要がある。その他に，錫の溶出促進物質としては，有機酸ではフマール酸が顕著であり，柑橘類には何らかの溶出促進物質が含まれているといわれている。

錫イオンが溶出しないようにすると，還元状態が保たれないので賞味期間が短くなり，光線や酸素を透過するプラスチック包材を使用した場合には，ハイバリアーフィルムでも酸素を少なからず透過するので，さらに賞味期間が短くなる。プラスチック積層フィルムを用いる場合には，その酸素透過性に充分注意を払う必要がある。

（6）野菜類の素材缶詰

「素材缶詰」という名称は，1978（昭和53）年に西友ストアーが，ニンジン水煮，大豆水煮，マッシュルーム水煮，サワークラウトなど6品目を発売してから広く知られるようなった。その後，数社から野菜を中心とした素材缶詰が発売され，品目も20数種類に達し，生産量が急増した。しかし，「素材缶詰」といわれる前にもアスパラガス，スィートコーン，タケノコなどの水煮缶詰が大量に生産されており，「殺菌の難しい中性食品」という触れ込みではあったが，製品としては特段新しいものもなかった。

ここでは狭義の野菜類を原料とした「素材缶詰」として述べる。

1）タケノコ水煮缶詰

一般の「タケノコ水煮缶詰」は，大型の缶を用い，業務用につくられたものが大部分である。この製品の加工の流れは，まずタケノコをボイルしてから剝皮し，1日以上水晒を行い，乳酸発酵させてpHを下げ，これにクエン酸を添加して製品の最終 pHを4.5以下にして密封し，100℃で2～3時間ほど湯殺菌したものである。

素材缶詰では，pHを5.5以上にし，生の状態に近く仕上げたものである。加工工程を以下に示した。

① 原　料：モウソウチクの小型のタケノコを用いる。収穫後そのまま素早くボイルするので，タケノコの産地で製造するのが望ましい。

② 水　洗：掘り取ったタケノコは，流水で土砂を除く。

③ ボイル：原料タケノコの先端を切落してからサイズに合わせて30～60分ボイルする。

④ 水冷・水晒：ボイルした後，できるだけ早く流水で冷却し，外皮を除いてから水晒しを3～12時間行う。

⑤ 整　形：小型の弓状の道具などを使ってやわらかい皮をきれいに除き整形する。このとき，タケノコの穂先に傷を付けたり落としたりしないように注意する。

⑥ カット：缶の大きさや用途に応じて，小型のそのままのもの，ブロック状やスライス状にカットしたものを調整する。

⑦ 肉　詰：4号缶には240g，先端と下部を適当に混ぜて詰める。

⑧ 注　液：沸騰水を満注する。チロシンの結晶による白濁を防止する目的で5％程度の豆乳などを加えてもよい。

⑨ 脱気・巻締：5分間95℃以上の温度条件でホットパックする。

⑩ 殺　菌：115℃で30分程度の加圧加熱殺菌をする。

⑪ 冷　却：冷水で充分冷却する。

タケノコ水煮缶詰はチロシンの結晶により白濁することがある。そのため，その旨缶の表示に説明してある。

2）トマトホール水煮缶詰

料理材料として需要がある製品で，注液にはトマトジュースなどがよく用いられる。

① 原　料：ホールトマト用の品種としては，イタリア系の小型の洋梨型（ペアータイプ）のものが適している。

② 洗　浄：無支柱栽培の原料では枯葉などが付着していることがあるので，充分に洗浄する。

③ 剝皮・除芯：沸騰水中に30秒程度漬けるか，トンネル中で直接蒸気を当て，皮を剝けやすくしてから冷水中で手で剝皮する。へたの部分の大きいものは包丁などで芯を除いてから剝皮する。

④ 選別・整形：均一に着色した形のよいものを選ぶ。必要に応じてトリミングする。

⑤ 肉　詰：4号缶に250gのトマトを詰める。

⑥ 注液・巻締め：1～2％の塩水またはトマトジュースを注入し，真空巻締めにより密封する。

⑦ 殺　菌：100℃，45分間加熱殺菌する。

⑧ 冷　却：冷水で冷却する。

この製品の問題点は，色がよく，きれいに剝皮され，傷のないものだけを肉詰めするため，全収穫量の25～30％しか利用できない。また，日本では人権費，原料代が高いのでつくりにくい製品である。現在は，イタリア，スペインなどから輸入されている。

3）素材缶詰製造上の問題点

素材缶詰は，素材の持ち味を活かした缶詰ということで，製造するうえでさまざまな難しい問題がある。

第1は，薄味のため原料の特性がそのまま製品に表れるので，製品の品質を均一に保つことが難しい。そのため，良質で均一な大量の原料を確保することが必要であり，原料産地の近くで製造することが必要である。

第2は，製品の種類に応じた詳細な製造基準と品質基準を設定する必要があることである。特に，製品の硬さは，原料の品種，処理条件や殺菌条件，殺菌方法などにより大きく変化するので注意を要する。日本食では，ニンジン，ゴボウなどが箸でつまめるかが1つの基準になる。

第3は，安全性を確保するための殺菌条件である。野菜類の素材缶詰では，トマトホール，サワークラフトを除いてほとんどの製品がpH5.5以上である。したがって，少なくともボツリヌス菌の胞子を対象にしたレトルト殺菌の条件をクリアする必要がある。

第4は，素材缶詰は料理素材ということであり，ほとんど味をつけずに製造されている。実際に素材缶詰を使って味付け調理したときに，味が浸透しにくいものがある。

4）素材缶詰の現状

最近では，低価格の輸入素材冷凍食品が大量に業務用に使われるようになり，家庭用にも輸入物の素材冷食が浸透してきている。そのため，缶詰全体の生産量も急速に少なくなっている。

（7）非炭酸飲料（コーヒー，健康飲料，茶など）

1）液体コーヒー

コーヒー飲料は，缶詰飲料の中で群を抜いている。ブラックタイプ，カフェオレ，ミルクコーヒーなど，製品の多様化も進んでいる。容器も250gの主力標準缶から190g 缶，新型缶など種類も増えている。

液体コーヒーの特性は，pH が高く中性飲料であり，長期間保存するためには加圧加熱殺菌が必要である。通常の加圧加熱殺菌条件だけでは不充分な場合には，蔗糖脂肪酸エステルなどの天然物の保存料が効果的に利用される。また，希釈用コーヒーのように高糖度の商品ではホット充塡と100℃以下の加熱でよい。

金属容器は，コーヒー飲料の長期保存のために最も適した包装形態である。金属缶は，① 耐熱性菌を滅菌するための加圧加熱殺菌が可能であること，② 容器が破損しにくいこと，③ 品質劣化の原因になる酸素の透過性が全くないこと，④ 光線を透過しないこと，などがあげられる。品質のよい金属缶が効率よく生産されるとともに，金属缶を用いた製品に関連した周辺技術も大きな発展をとげた。コーヒー飲料缶詰の普及には，製缶技術の向上，高速充塡機の進歩，自動販売機の普及などによって実現されてきた。

内容物の保護性からみれば，ガラスビンは優れた容器といえるが，「割れる，重たい，光線を通す」などの欠点があったため，ストレートの液体コーヒーにはほとんど使用されてこなかった。特に，加圧加熱殺菌時の破損の発生，製造条件の難しさなどもあまり普及しなかった要因である。希釈用のコーヒー濃縮液については殺菌条件も100℃以下であることから，ガラスビンも使用されている。

2）健康飲料

健康飲料は，消費者の健康志向ニーズに支えられて，近年，製品が多様化し，消費が大きく拡大する傾向にある。この要因として，① 高齢化社会へ移行しつつあり，健康志向が高まっている，② 社会が複雑化してストレスが増大している，③ 生活環境が悪化し，改善指向が高まっている，④ 飽食の時代を経て栄養過多による生活習慣病が増えている，⑤おいしいものだけ食べる偏食により弊害が増大している，⑥健康に関する情報量が増え，知識の過剰とそれに伴う不安感が増大している，などがあげられる。

1.6.4 リサイクルへの対応

食品包装材料のリサイクルへの対応を考える場合，非常に多面的な配慮が必要である。例えば，3 R（Reduce, Reuse, Recycle）を考えた循環型社会の包装設計では，食品製造業者に納入される食品原材料の包装材料，流通段階での物流包装材料，一般家庭で消費された後の消費者包装材料などの廃棄物減量問題がある。また，現実的には，食品製造事業者，食品流通事業者などが，容器包装リサイクル法に基づいた包装材料の利用事業者として再商品化費用を負担する問題がある。これらの点について概要を説明する。

（1）廃棄物量削減目標

リサイクルを行う目的は，後述する「循環型社会形成推進基本法」で述べるように，資源利用量の削減，最終処分場の逼迫に対応した廃棄物量の削減などがある。廃棄物量の削減については，1999年9月のダイオキシン対策推進関係閣僚会議で，具体的・計画的な廃棄物対策を推進するため，廃棄物の減量化の目標量を設定し，2010年度の最終処分量を一般廃棄物，産業廃棄物ともに1996年度の半分にまで削減することとした。

○平成22年度（2010年）を目標年度とし，平成17年度（2005年）を中間目標年度とする。

○一般廃棄物，産業廃棄物ともに，排出抑制，再生利用の促進に努め，最終処分量を平成22年度までに平成８年度の半分に削減する。

＜一般廃棄物＞

① 排出量を５％削減（5,300万ｔ→5,000万ｔ）

② 再生利用量を10％から24％に増加（550万ｔ→1,200万ｔ）

③ 最終処分量を半分に削減（1,300万ｔ→650万ｔ）

＜産業廃棄物＞

① 排出量の増加を13％に削減（４億2,600万ｔ→４億8,000万ｔ）

② 再生利用量を42％から48％に増加（１億8,100万ｔ→２億3,200万ｔ）

③ 最終処分量を半分に削減（6,000万ｔ→3,100万ｔ）

（2）一般廃棄物と産業廃棄物

包装材料を利用する事業者のリサイクル問題を考える場合，前項の廃棄物量の削減目標にもあるが，一般廃棄物と産業廃棄物の区分を知っておくことが必要である。

「廃棄物の処理及び清掃に関する法律」（いわゆる「廃掃法」）の規定によると，「廃棄物」とは「汚物又は不要物」とされている。ただし，後述する「資源の有効利用の促進に関する法律」（旧リサイクル法）においては，「再資源化」の定義を“使用済物品等のうち有用なものを利用する”としており「不要物」であっても「有用物」は再資源化を行わなければならないことになっている。

廃掃法では「一般廃棄物」は「産業廃棄物以外の廃棄物」と定められている。「産業廃棄物」は「事業活動に伴って生じた廃棄物のうち政令で定める廃棄物」とされている。包装に用いられる種々の材料について，同法施行令で産業廃棄物は以下のように限定されている。

紙くず：パルプ，紙又は紙加工品の製造業に係るもの
新聞業（新聞巻取紙を使用して印刷発行を行うものに限る）に係るもの
出版業（印刷・出版を行うものに限る）に係るもの
製本業に係るもの
印刷加工業に係るもの
ＰＣＢが塗布されたもの

木くず：建設業に係るもの（工作物の除去に伴って生じたものに限る）
木材又は木製品の製造業（家具の製造業を含む）に係るもの
パルプ製造業に係るもの
輸入木材の卸売業に係るもの

廃プラスチック類：事業活動に伴って生じたものに限る

金属くず：特記無し

ガラスくず及び陶磁器くず：特記無し

同法によると，包装材料が一般廃棄物となった場合，その処理は地方自治体に責任があり，産業廃棄物となった場合には「事業者は，その事業活動に伴って生じた廃棄物を自らの責任において適正に処分しなければならない」と定められた通り，その処理責任は事業者にある。食品製造業，食品加工業，セントラルキッチン，さらには流通段階で事業活動に伴って排出される包装材料の廃ガラス，廃プラスチック，金属くずは産業廃棄物になるので，事業者に処分義務がある。紙くず，木くずについては，特定の業種から排出されるものだけが産業廃棄物となる。一般的にいうと，包装材料として使用される紙類，木箱などは廃棄されても産業廃棄物とはならず，一般廃棄物となる。したがって，その処理は地方自治体の責任となるが，以下に述べるように，廃掃法の改正によりこれらのものについても事業者の適正処理努力が定められている。

すなわち，近年の一般廃棄物量の増加に伴い，土地または建物の占有者に対して「その土地又は建物内の一般廃棄物のうち，生活環境の保全上支

図 1.6.7　リサイクル関連マーク

プラ	【識別表示マーク】 プラスチック製容器包装の表示 （飲料用，醤油用ペットボトルは除く）	4 LDPE	【石油製品リサイクルマーク】 低密度ポリエチレンを使用した石油製品（ラップフィルム，農業用シート，ポリ袋など）の表示
紙	【識別表示マーク】 紙製容器包装の表示 （段ボール，アルミニウムを使用していない飲料用紙パックは除く）	5 PP	【石油製品リサイクルマーク】 ポリプロピレンを使用した石油製品（食品容器・収納容器・フィルム・浴用品など）の表示
スチール	【識別表示マーク】 スチール製（鉄鋼石）容器包装の表示	6 PS	【石油製品リサイクルマーク】 ポリスチレンを使用した石油製品（トレー・漁箱・金魚鉢・おもちゃなど）の表示

（次ページへ続く）

	【識別表示マーク】 アルミニウム製(ボーキサイト)容器包装の表示		【石油製品リサイクルマーク】 その他の石油製品の表示
	【識別表示マーク】 段ボール製容器包装の表示 (義務化はされておらず,自主的に関係業界団体が採用している)		【リサイクル関連のマーク】 再生紙使用マーク (再生紙の古紙含有率100%を示す表示)
	【識別表示マーク】 紙パック製容器包装の表示 (義務化はされておらず,自主的に関係業界団体が採用している)		【リサイクル関連のマーク】 グリーンマーク (古紙再生紙であることを示す表示)
	【石油製品リサイクルマーク】 ペット樹脂を使用した石油製品(ペットボトル・カセットテープ・ビデオテープなど)の表示		【リサイクル関連のマーク】 PETボトルリサイクル推奨マーク (PETボトルリサイクル推進協議会によって認定されたPETボトルをリサイクルした再生製品であることを示す)
	【石油製品リサイクルマーク】 高密度ポリエチレンを使用した石油製品(スーパーのレジ袋・バケツ・灯油ポリ缶・弁当箱など)の表示		【リサイクル関連のマーク】 牛乳パックの再利用マーク
	【石油製品リサイクルマーク】 塩化ビニール樹脂を使用した石油製品(ラップ・農業用ビニール・パイプ・ホースなど)の表示		【リサイクル関連のマーク】 エコマーク (焼却する際に有毒ガスを発生しない,詰め替えができるためすぐにゴミにならないなど,環境への負荷がすくない製品であることを示す)
	【リサイクル関連のマーク】 統一美化マーク (飲料容器の散乱防止,リサイクルの促進を目的に制定された。法律で義務化されていないが,環境保護を象徴するマーク)		【リサイクル関連のマーク】 非木材紙マーク (非木材紙普及協会が認定したケナフや竹等非木材パルプを使用した紙,紙製品につけられる)
	【リサイクル関連のマーク】 大豆油インキ使用マーク (アメリカ大豆協会の規定をクリアしたインキを使用した印刷物につけられる)		【リサイクル関連のマーク】 ツリーフリーマーク (㈶日本環境財団が認定した紙,紙製品—非木材パルプを1割以上使用—につけられる)
	【リサイクル関連のマーク】 間伐材マーク (全国森林組合連合会が認定する間伐材製品等につけられる)		【リサイクル関連のマーク】 Rマーク (日本ガラス瓶協会が認定した統一規格瓶につけられる)

障のない方法で容易に処分できる一般廃棄物については，なるべく自ら処分するよう努める」と定めている。また，多量の一般廃棄物を出す占有者に対しては，市町村長の指示権限を認めている。オフィス紙ごみの共同処理は，このような規定の存在も関係している。食品製造業で使用されるピロー包装機用巻取りロールの紙巻，流通段階で廃棄される段ボール箱などは，廃掃法の規定では産業廃棄物ではなく一般廃棄物になるが，上記の規定により，土地または建物の占有者がなるべく自ら処分するよう努める対象となる。

（3）循環型社会形成推進基本法

2000年6月2日に公布された「循環型社会形成推進基本法」における「循環型社会」の定義は，第2条に，「① 製品等が廃棄物等となることが抑制され，② 並びに製品等が循環資源となった場合においては，これについて適正に循環的な利用が行われることが促進され，③ 及び循環的な利用が行われない循環資源については適正な処分が確保され，もって天然資源の消費を抑制し，環境への負荷が出来る限り低減される社会をいう」とされている。

本法は，循環型社会を形成する上で対象となるものを有価・無価を問わず「廃棄物等」として一体的にとらえ，その発生の抑制を図るべきことと，発生した廃棄物等についてはその有用性に着目して「循環資源」としてとらえ直し，その循環的な利用（再使用，再生利用および熱回収）を図るべきことを規定している（第2条第2項）。なお，「廃棄物等」と「循環資源」との関係については，可能性という点では全ての「廃棄物等」が有用性をもっていることを考えれば，「循環資源」と「廃棄物等」とは実態的に同じものであるといえる。

前述のように廃棄物処理法においては，「廃棄物」は「不要物」としていたが，「不要物」をもその有用性に着眼するものであるといえる。

本法は，廃棄物・リサイクル対策について，その優先順位をはじめて法制化している（第5～7条）。すなわち，第一に発生抑制，第二に再使用，第三に再生利用，第四に熱回収，最後に適正処分という順位である。この優先順位は，環境負荷をできる限り低減するという観点から定められた基本原則である。

事業者の排出責任としては，廃棄物等の排出事業者が自らの責任においてその排出したものを適正な循環的利用または処分をすべき責務を規定している（第11条第1項）。さらに，事業者に対しては「拡大生産者責任」を課している。「拡大生産者責任」とは，生産者が自ら生産する製品について，生産・使用段階だけでなく，その生産した製品が使用され廃棄された後にも，当該製品の適正なリサイクルや処分について一定の責任を負うという考え方である。

具体的には，廃棄物等の発生抑制や循環資源の循環的利用および適正処分に資するよう，① 製品の設計を工夫すること，② 製品の材質または成分を表示すること（以上第11条第2項），③ 一定の製品について，それが廃棄された後，国民，地方公共団体等との適切な役割分担の下で生産者が引取りやリサイクルを実施すること等（第11条第3項）があげられる。

（4）資源有効利用促進法（資源の有効な利用の促進に関する法律，再生資源の利用の促進に関する法律（リサイクル法）の改正）

リサイクル法は，1991年4月に制定され10月から施行されたが，「循環型社会形成推進本法」制定の流れを受けて2000年6月に改正され，法律の名称も「資源の有効な利用の促進に関する法律」となった。改正は2000年6月に公布され2001年4月から完全施行された。また，基本方針は2001年3月に公布された。

その概要は

① 事業者による分別回収・リサイクルの実施等リサイクル対策の推進

効率的で実効性のある場合は，事業者による分別回収・リサイクルを推進する。

② 製品のリデュース（廃棄物の発生抑制）対策の推進

製品についての省資源化や長寿命化を促進する。

③ リユース（再利用）対策の推進

回収した製品から抽出した部品などを再利用したり，再利用に配慮した製品設計を促進する。

④ 副産物（産業廃棄物等）のリデュース・リサイクル対策の推進

生産工程の効率化などによる副産物の発生抑制やリサイクルについて，事業者の計画的な取組みを促進する。

⑤ 分別回収のための表示を推進

紙製容器包装，プラスチック製容器包装についてリサイクルのための分別回収の表示を義務付け（「第二種指定商品」の追加））。施行は2001年４月１日である。

（５）品目別廃棄物処理・リサイクルガイドライン

経済産業省・産業構造審議会「廃棄物・リサイクル小委員会」は，主題のガイドラインをリサイクル法制定時から公表している。時々刻々と改訂されており，現時点の最新版は2005年10月13日に出されたものである。

表1.6.7　リサイクル推進の具体的目標値

	平成16年	平成22年目標値
古紙利用率	60.3%	60%（平成17年度目標値）
ガラスびん	90.7%	90%（カレット利用率）
スチール缶	87.1%	85%以上
アルミ缶等	86.1%	85%（平成18年度目標値）

また，いくつかの容器包装については具体的な方策が示されているので抜粋して下に示す（項建ては「ガイドライン」通りとしている）。

１）紙

３．紙製容器包装リサイクルの推進

⑴　飲料用紙製容器（紙パック）

①　「飲料用紙製容器のリサイクル促進のために勉強会」の取りまとめ（平成12年５月）を踏まえ，紙パックに関して回収促進のための啓発を行い，再生容易な製品の製造及び再生利用のための技術開発を進めるとともに，全国牛乳容器環境協議会において平成13年度中にその回収・リサイクル率向上のためのアクションプログラムを策定し，更なる回収・リサイクル率の向上を目指す。（平成17年度35%）

②　紙パックのリサイクル促進を図るため，モデルとなる取組み事例の収集・整理，モデルリサイクル事業の実施を行い，この結果をもとに自治体向けの分別収集手引書を作成・配布する。

⑵　その他の紙製容器包装

①　容器包装リサイクル法により，平成12年度から市町村で分別収集された飲料用紙容器・ダンボール以外の紙製容器包装が再商品化されつつあるが，紙製原料以外の用途拡大を図るため，新規用途について技術開発を行い，施設の整備を図るとともに，新規用途品の市場開発を図る。

②　紙製容器包装の回収に取り組んでいる市町村及び再商品化事業者に対する実態調査を実施し，その結果や収集・選別のモデル事業の成果等を基に，市町村による分別収集及び再商品化事業者によるリサイクル施設の整備等の促進に向けた情報提供を行う。

③　「紙製容器包装リサイクル推進協議会」を活用し，紙箱等のリサイクルを推進する。

⑶　表示

①　その他紙製容器包装が資源有効利用促進法の指定表示製品に位置づけられたことを踏まえ，その他紙製容器包装への識別マークの表示を徹底する。

②　紙パック，ダンボール製容器包装についても，自主的取組みとしての識別表示を推進するとともに，今後の実施状況を踏まえた上で，必要に応じ，法制化を検討する。

５）プラスチック

１．リサイクルの促進

原材料としての利用が可能なプラスチック廃棄物については再商品化技術の開発，広報活動等，以下のような対策を講じ，再資源化の推進を図る。

⑴　飲料用（酒類を含む）・醤油用ペットボトル

目標：自治体の分別収集が計画的に進むことを前提に，平成26年度までにリサイクル率80%以上（平成16年度62.3%）

①再商品化施設の整備を推進する。

②再生ペットの新規用途開発を推進する。

③自治体の分別回収を支援するため，技術情報を提供するなど，市町村の分別による回収率の向上を図る。

④ペットボトルについて，リサイクル容易なボトルの製造（ボトル本体の単一素材化と，着色ボトルの廃止等）を促進する。

⑤ボトル to ボトルのリサイクルに向けたモノマー化リサイクルの実用化を促進する。

⑥産業廃棄物として排出されるペットボトルも含めて，リサイクル関連統計に必要な数値データの収集が可能になる体制整備を検討する。

⑵ 発泡スチロール製魚箱及び家電製品梱包材

目標：平成17年までにリサイクル率40％（平成16年度41％）

①主要市場への溶融固化設備の導入を促進する。

②リサイクル拠点（エプシープラザ）を拡充・強化する。

③回収システムの拡充を図る。

④再生品の用途拡大を図る

⑶ 発泡スチロール製流通用トレイ

①高性能減容機を普及促進する。

②再生品の用途拡大を図るため，普及・啓発を図る。

③トレイ to トレイ等のマテリアルリサイクルを推進するため，マテリアルリサイクルに適した「白色発泡スチロール・トレイ」の円滑な供給の確保を目的として，スーパー・量販店等を通じた自主的な回収活動に対する支援策等を検討するとともに，消費者等に対して需要喚起のための啓発に努める。

④消費者や自治体に対する広報，啓発活動を行い，マテリアルリサイクルに適している「白色の発泡スチロール製食品用トレイ」の分別排出・収集の促進に努める。

（一部略）

2． ケミカルリサイクル等の推進

原料としてのリサイクルの可能性を拡大し，再商品化手法の多様化をはかるため，プラスチック原料化，油化，ガス化，高炉還元，コークス炉原料化を引き続き推進する。

3． エネルギー回収利用の推進

原材料としてリサイクルすることが困難な場合等について，エネルギーとしての回収・利用を図る。

①廃プラスチックを原料とする燃料（廃プラ固形燃料等）を用いたエネルギー回収・利用の普及を図るため，公的支援を受けつつ廃プラ固形燃料を利用する施設や設備の導入に努めるとともに，情報提供等を通じた多面的な協力を行う。

②廃プラスチック燃料化等，エネルギー回収・利用にかかわる国内外の現状調査を行い，LCA 的評価を行う

4． プラスチック廃棄物の減量化

①新たな包装材料の開発，加工技術の開発等により包装材料削減を推進する。

②容器包装リサイクル法と連携して適切に対応するようにプラスチック容器包装リサイクル推進協議会が広報・普及等の推進を図る。

③「その他プラスチック製容器包装」が資源有効利用促進法指定表示製品に指定されたことを踏まえ，その他プラスチック製容器包装への識別マークの表示を徹底するとともに，材質表示を促す。

④化粧品・洗剤等の詰め替え製品の推進など，製造事業者による容器包装の使用量の削減を引き続き推進する。

（6）容器包装リサイクル法

容器包装リサイクル法は，法律の正式名称にもあるように，分別収集と再商品化をその基本としている。住民が分別・排出した容器包装廃棄物を市町村が分別収集・区分毎の保管を行い，これを包装材料を利用ないし製造した事業者が再利用（法律では「再商品化」，社会的には「リサイクル」の概念）または「指定法人」に再利用を委託して再商品化費用を負担することにより，一般廃棄物の焼却および埋立処理量を減ずることを目的とするものである。現在再商品化義務の対象になる素材は以下の6品種となっている。

① 無色のガラス製容器，② 茶色のガラス製容器，③ その他の色のガラス製容器，④ ペットボトル（清涼飲料・酒類・醤油用のもの），⑤ ダンボール，紙パック以外の紙製容器包装，⑥ 上記ペットボトル以外のプラスチック製容器包装

輸送包装については，平成11年12月に通商産業省より出された「法施行に当たって必要な運用解釈について」によると，「商品の輸送のみを目的として付される梱包材は，通常販売店等で除去され事業系廃棄物として適正処理されるものであり，① 商品の配送役務に伴う梱包材である，② 商品パッケージとして顧客に提供されない，③ 顧客には廃棄処理責任が生じない，ことから本法の再商品化義務は生じない」とされており，容器包装リサイクル法の適用範囲外である。また同資料によると，販売業者がレジ袋を無償提供する場合，この販売業者が容器包装の利用事業者となる。

上述のように，容器包装リサイクル法においては，容器包装の利用事業者，製造等事業者が日本容器包装リサイクル協会に再商品化を委託し，その委託料を支払うことになっている。委託料はkg当たりの単価で表示されるが，事業者が排出した実重量あたりの単価は再商品化の実勢に依存する係数を乗じたものになる。

包装のリサイクルを考える場合に配慮しなければならない種々の要因やその背景を述べた。個々の事例については各項で詳述されることを考え，大枠を概説した。リサイクルという言葉は循環型社会を目指す現在では，３R，即ちリデュース，リユース，リサイクルを総括した意味と解釈されなければならない。そのためには，単に従来のリサイクルを行うだけでなく広範に包装の問題に取り組まなければならない。若干瑣末な点まで敷衍した部分もあるかもしれないが，広い視点から循環型社会における包装を考える一助になればと考える。

2 食品の保蔵・流通と安全性

2.1 冷蔵と冷凍

2.1.1 食品冷却の意味

—生きている食材の保蔵—

各地のスーパーマーケットで海外産のセロリーやブロッコリーなどをよく見かけるようになった。海外から，青果物をも輸入する是非の論議は別として，常温では一般に数日しか鮮度保持できない野菜も，低温保蔵技術の進歩により，外国産の物が輸入されるに至った。ここでは私たちと同じように酸素を吸って炭酸ガス（二酸化炭素）を吐き出す青果物について，簡単に触れてみたい。

（1）温度と保蔵期間

青果物は特殊なもの以外，凍結しない限り低温ほど鮮度を保持し長く保蔵できる（図2.1.1はこの様子を示したもので，縦軸に温度，横軸に保蔵可能な日数をとり各野菜を比較した)。ホウレンソウの例では，20℃で２～３日しか保蔵できないが，３℃では数週間保蔵期間が延長されることを意味している。また野菜の種類により，保蔵期間の差が低温度ほど拡大されている。セロリーは20℃で10日前後の保蔵期間であるが，低温保蔵により，２カ月間ほどの鮮度保持が可能となる。青果物を産地での収穫時から適切な低温で保持し，流通，一般小売店，ユーザーに至る各段階で途切れることのない低温度チェーンで結べば，鮮度劣化は低く抑制できる。

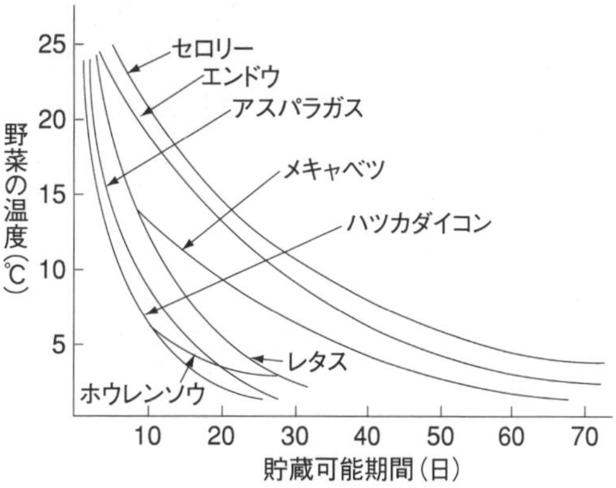

図 2.1.1　各種野菜の貯蔵温度と貯蔵可能期間の関係
出典）PLATENIUS：1939，青果保蔵汎論，p.169，建帛社（1977）

（2）温度変動と保蔵期間

食材を常に理想の温度条件で保蔵できればよいが，現実には難しい。温度が変動した場合，青果物の保蔵期間にどのような影響を与えるのだろうか。青果物のなかには，収穫時に低温保蔵するタイミングが遅れると，商品として販売できる鮮度保持期間が短縮されてしまうものもある。ホウレンソウ，ネギ，レタスなどの品温は収穫時の保蔵取扱い状況により，大差が出てくることを表2.1.

表 2.1.1　青果物における冷蔵遅延が商品性保持期間に及ぼす影響（岩田・緒方，1968～74）

品　名	1 °C	20° 1 日 → 1 °C	20° 2 日 → 1 °C	20° 3 日 → 1 °C
むきエンドウ	70日	58日	54日	43日
ホウレンソウ	37	10		5
ネ　ギ	25	11		
タイサイ	32	25		20
アスパラガス	14		12	
青ウメ	41	43	39	38

出典）緒方編著：青果保蔵汎論，建帛社，p.174（1977）

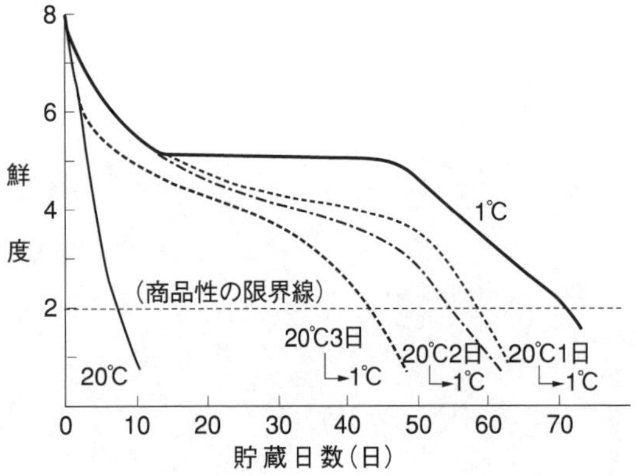

注）鮮度評価の尺度

8：非常に新鮮，6：鮮度やや低下，4：鮮度低下明らか，2：鮮度低下著しい，商品性の限界，0：商品性なし

図 2.1.2　冷蔵遅延とむきエンドウの貯蔵性（岩田ら，1971）

出典）緒方編著：青果保蔵汎論，建帛社，p.174（1977）

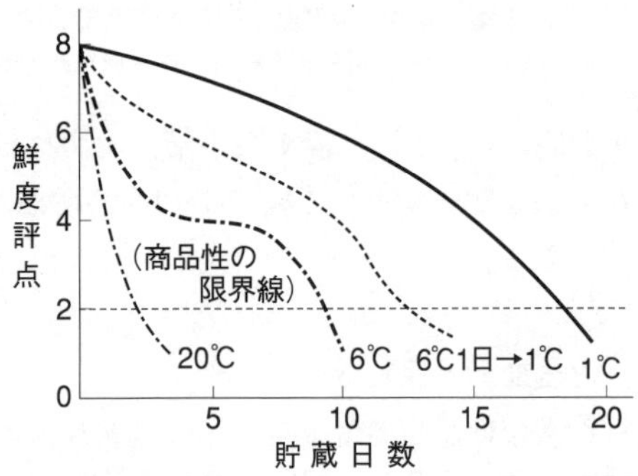

注）鮮度評価の尺度

8：非常に新鮮，6：鮮度やや低下，4：鮮度低下明らか，2：鮮度低下著しい，商品性の限界，0：商品性なし

図 2.1.3　冷却処理温度の相違とイチゴの貯蔵性（岩田ら，1971）

出典）大久保編著：野菜の鮮度保持，養賢堂，p.43（1993）

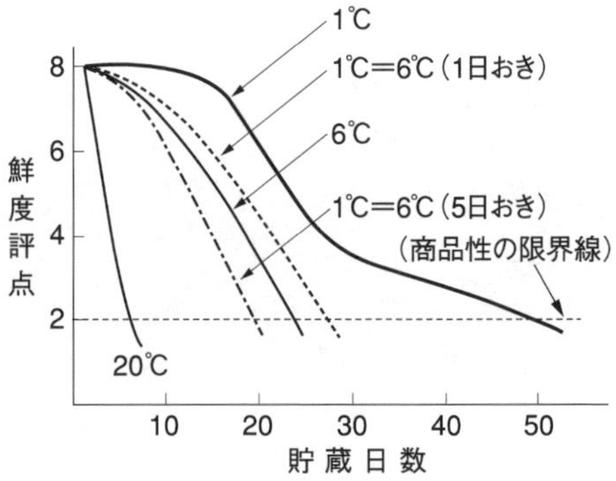

図 2.1.4　セロリーの貯蔵温度と鮮度低下

出典）大久保編著：野菜の鮮度保持，養賢堂，p.43（1993）

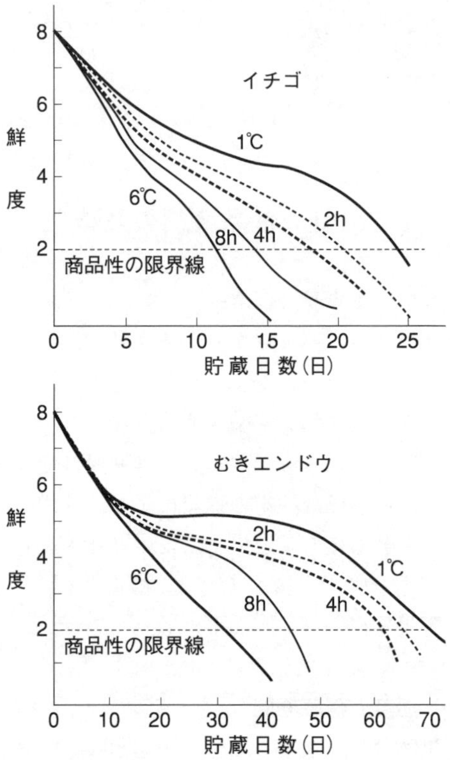

注）鮮度評価の尺度

8：非常に新鮮，6：鮮度やや低下，4：鮮度低下明らか，2：商品性の限界，0：商品性なし

図 2.1.5　低温貯蔵中の温度変動がイチゴおよびむきエンドウの貯蔵性に及ぼす影響（岩田ら，1971）

出典）緒方編著：青果保蔵汎論，建帛社，p.177（1977）

1は示している。果実類でも，洋ナシ「バートレット」の例では，収穫2日後に常温から低温保蔵したものは120日間商品性を保持可能であるが，4日後に低温保蔵した場合，60日間程度しか保持できないとの研究結果がある。

図2.1.2はむきエンドウ，図2.1.3はイチゴの保蔵温度を変動させた場合の例である。むきエンドウを20℃で1，2，3日置いた後，1℃に保蔵した場合，通常1℃で70日間保蔵できるものが，20℃で3日置いて1℃に保蔵したときには，商品保持期間は43日間と短縮している。同様にイチゴを，6℃と1℃に保蔵温度を変え調査した結果，20℃では2日間程度の商品保持期間であるものが，6℃1日置き，その後1℃で保蔵した場合は12日，1℃で収穫時より保蔵した場合は18日間と商品保持期間を延長している。

図2.1.4はセロリーの例で，同様の温度積算による効果とも考えられる。さらに毎日，温度変動が2～8時間変温したときの結果を示した例が，図2.1.5である。むきエンドウ，イチゴともに，毎日の6℃昇温時間（変温）が2～8時間と長くなるに従い，鮮度低下があり，温度変動による状況が示されている。

これらの関係は全青果物が詳細に調査されたものではないが，全般的傾向として受止め，低温保蔵を実りあるものとしたい。

（3）風の影響

青果物は一般に，減量率が5％以上に達した場合，商品性を失うとされている。青果物の種類・

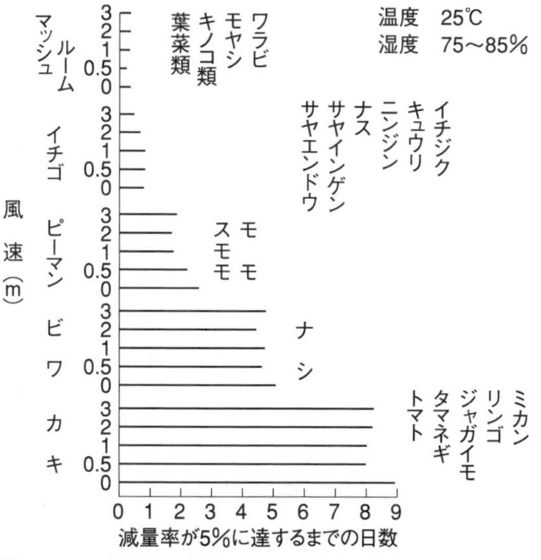

図 2.1.6　青果物の蒸散に及ぼす風速の影響（樽谷，1971）
出典）大久保編著：野菜の鮮度保持，養賢堂，p.176（1993）

表 2.1.2　ナスの減量率に及ぼす送風の影響（大久保，1974）

貯蔵日数	10℃		室温・無送風
	送 風 区	無送風区	
2	6.7%	2.2%	4.2%
4	12.1	3.5	10.7
6	17.7	4.9	17.0
8	21.7	6.0	21.2

出典）大久保編著：野菜の鮮度保持，養賢堂，p.177

状態により差はあるが，図2.1.6に，温度25℃，湿度75～85％条件での風速の影響を示しておく。この図では風速の影響は湿度条件によるためか，差が認められていないが，一般の冷蔵庫の場合，特別仕様を除き低温で乾燥条件となり，さらに変動が繰返されることから，保蔵条件としてはあまり好条件とはならないので留意する必要がある。

冷蔵庫中で10℃，送風・無送風時のナスの減量率を表2.1.2に示しておく。湿度変化は不明であるが，送風状態2日程度で減量率が5％を超えたが，無送風状態では6日間保蔵可能であった。トマトに比べ，ナスは非常にデリケートで，外部からの影響を強く受けている。

（4）青果物の発熱

青果物は生きているため呼吸を行う。一種の発熱体として考えることができる。図2.1.7は各種野菜の呼吸による炭酸ガス排出量が温度の低下に

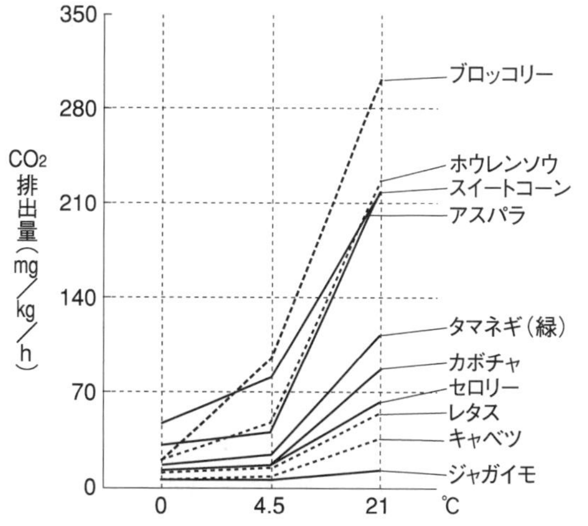

図 2.1.7　炭酸ガス排出量の温度変化
資料）ASHRAE Refrigeration HandBook，1994から作成

表 2.1.3　各種野菜の呼吸熱発生量の推測値

品　名	kcal／t／24h		
	0℃	4.5℃	15.5℃
ジャガイモ	—	330～450	380～650
キュウリ	—	—	550～1700
タマネギ	180～280	200	600
キャベツ	300	430	1,000
サツマイモ	300～600	430～860	1,100～1,600
トマト｛緑熟	150	280	1,600
トマト｛成熟	250	330	1,400
レタス（結球）	580	680	2,000
ニンジン	530	880	2,000
セロリー	400	600	2,100
ピーマン	680	1,200	2,100
カリフラワー	—	1,100	2,500
レタス（リーフ）	1,100	1,600	3,600
リママメ	580～800	1,100～1,500	5,500～6,900
アスパラガス	1,500～3,300	2,900～5,800	5,000～13,000
マッシュルーム	1,600	—	—
オクラ	—	3,000	8,000
ブロッコリー	1,900	2,800～4,400	8,500～13,000
ホウレンソウ	1,100～1,200	2,000～2,800	9,300～9,600
スイートコーン	1,800～2,800	3,300	9,700
グリンピース	2,100	3,300～4,000	9,900～11,000

出典）ASHRAE Guide and Data Book, 1962

表 2.1.4　果実，野菜の種類による蒸散特性（樽谷，1963）

蒸散特性		果　実	野　菜
A型	温度が低くなるにつれて蒸散量が極度に低下するもの	カキ，ミカン，リンゴ，ナシ，スイカ	ジャガイモ，サツマイモ，タマネギ，カボチャ，キャベツ，ニンジン
B型	温度が低くなるにつれて蒸散量も低下するもの	ビワ，クリ，モモ，ブドウ（欧州種），スモモ，イチジク，メロン	ダイコン，カリフラワー，トマト，エンドウ
C型	温度にかかわりなく蒸散がはげしく起こるもの	イチゴ，ブドウ（米国種），サクランボ	セロリー，アスパラガス，ナス，キュウリ，ホウレンソウ，マッシュルーム

出典）緒方編：青果保蔵汎論，建帛社，p.58（1977）

より，どのように変化するかを示している。ホウレンソウ，ブロッコリーに比べ，ジャガイモ，キャベツの炭酸ガス排出量，呼吸量は少ない。

表2.1.3は，温度を変えることにより，どのくらいの呼吸熱が発生するかを示してある。この表から，ブロッコリー，アスパラガス，ホウレンソウなどの発熱が多く，低温保蔵の必要性が認められる。青果物にはさまざまな性質があり，呼吸による蒸散（減量）特性から各種分類がなされている。この例を表2.1.4に示すが，A～Cの各型に分け一つの目安としている。A・B型の取扱いは一般的な対応でよいが，C型の場合は，やや工夫を加え，低温保蔵する必要がある。

（5）栄養成分の変化

青果物の鮮度と低温保蔵のかかわりは前述のとおりであるが，野菜のもっている栄養成分との関連はどうだろうか。ビタミンCは野菜の大切な成分の一つで，鮮度指標とされる場合もある。

ホウレンソウを例にとると，ビタミンCは30℃

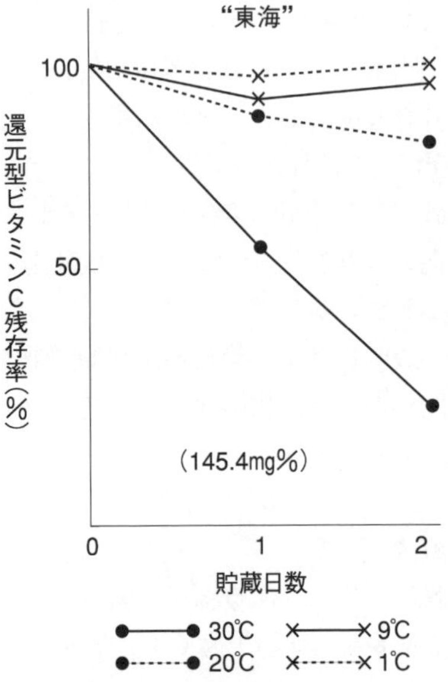

注：（　）内の数値は収穫直後の還元型ビタミンC含量
“　”内はホウレンソウの品種名

図 2.1.8　ホウレンソウの貯蔵温度別の還元型ビタミンC含量の変化（石井，1979）

出典）大久保編著：野菜の鮮度保持，養賢堂，p.31（1993）

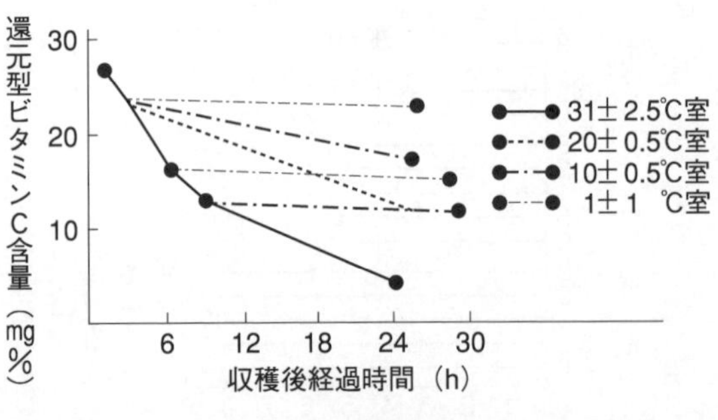

図 2.1.9　シュンギクの葉の還元型ビタミンC含量に対する貯蔵温度の影響（石井，1979）

出典）大久保編著：野菜の鮮度保持，養賢堂，p.42（1993）

の室温で放置すると，１日で50％減少するが，10℃以下で低温保蔵した状態ではあまり変化がない（図2.1.8）。

図2.1.9は，シュンギクの葉のビタミンＣの含量変化を示したものだが，室温31℃の場合，収穫後７時間程度で50％減少している。しかし，低温状態に置けばビタミンＣの減少は抑制でき，１℃の設定では良好な結果が認められる。シュンギクは収穫後，早期に１℃程度の低温に冷却し，流通・消費段階でも温度管理に留意すればビタミンＣの損失が防げる。

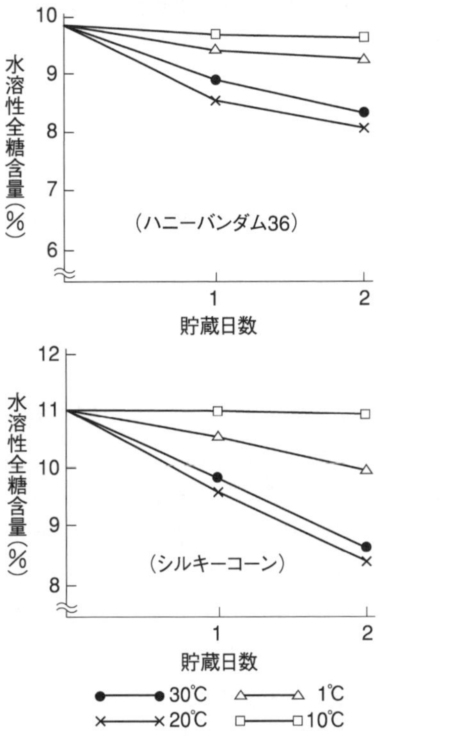

注 （ ）内は品種名

図 2.1.10 スイートコーンの貯蔵温度別，水溶性全糖含量の変化（石井，1980）

出典）大久保編著：野菜の鮮度保持，養賢堂，p.34（1993）

野菜の糖含量が，温度によって変化するのを示したものが図2.1.10である。

スイートコーンは昔からいわれていたように，保蔵温度によって糖含量の減少が大きく，30℃，20℃の場合より，１℃程度の低温保蔵に有効性がみられる。しかし，品種改良が進み，この温度との関係は品種によってやや緩和されている。

ジャガイモを10℃と０℃の低温保蔵で比較すると，２カ月間で０℃保蔵のほうに約10倍の糖含量の増加がみられる（図2.1.11）。ポテトチップなど加工食品の種類によっては，製品の仕上がりに褐変が生じたりする品質面で問題が生じ，昇温させジャガイモの糖分を減少させるなどの対応がなされている。

（６）ショックと呼吸変化

青果物を取扱うとき，外部から機械的な圧力・落下などのショックが加わった場合，どのような

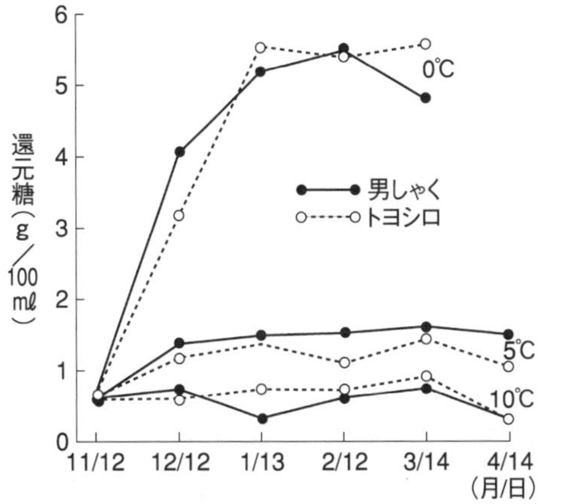

図 2.1.11 ジャガイモの貯蔵温度と糖含量の推移（小餅ら，1981）

出典）大久保編著：野菜の鮮度保持，養賢堂，p.235（1993）

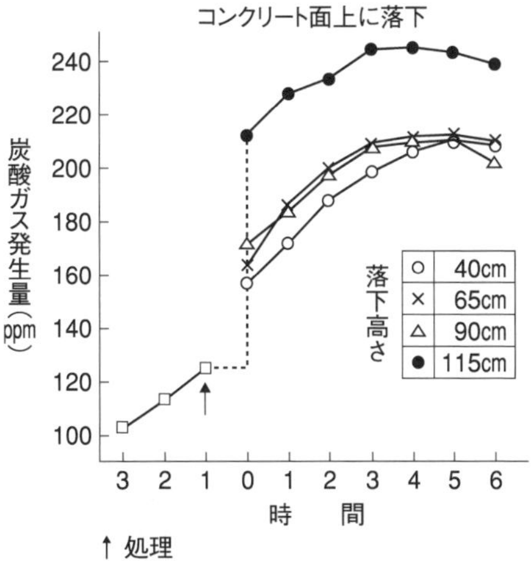

図 2.1.12 落下によるウンシュウミカンの呼吸量の増加（中馬ら，1967）

出典）緒方編著：青果保蔵汎論，建帛社，p.154（1977）

呼吸変化が生じているのだろうか。

ウンシュウミカンを40～115cmの各高さから，コンクリート床上に落下させたとき，呼吸量が急増し，4時間後に，ピークが発生している（図2.1.12）。グレープフルーツでは1m以上の高さからコンクリート床面に落下させた場合，1週間後でも静置したものと比較しても呼吸量は大きい

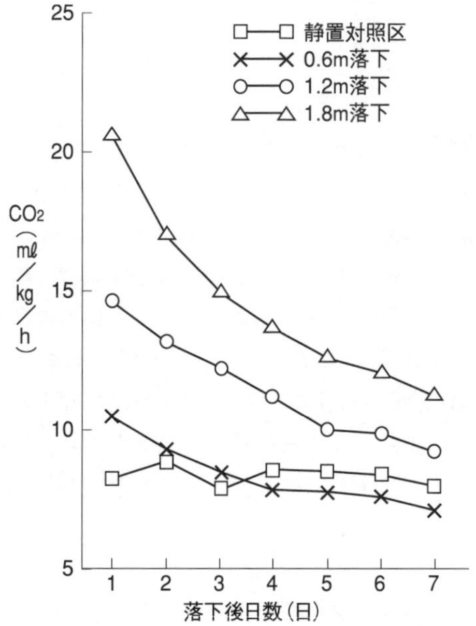

図 2.1.13　種々の高さからグレープフルーツ（Marsh）をコンクリート上に落としたときの呼吸の変化（VINES ら，1968）

出典）緒方編著：青果保蔵汎論，建帛社，p.263（1977）

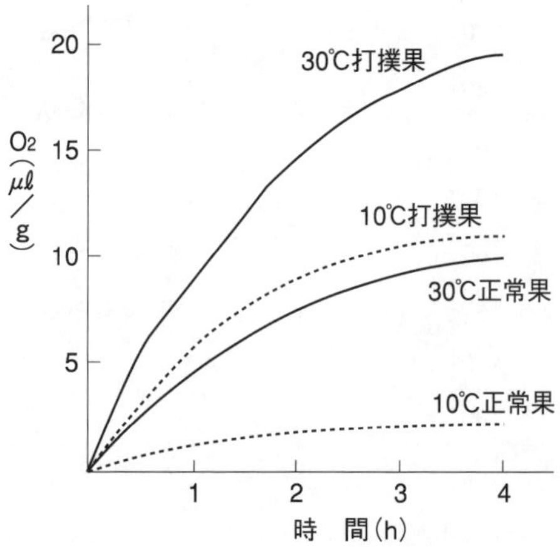

図 2.1.14　サクランボの10°C，30°C水中における正常果，打撲果の呼吸の比較（POLLACK ら，1958）

出典）緒方編著：青果保蔵汎論，建帛社，p.55（1977）

（図2.1.13）。

サクランボを10℃，30℃各条件で打撲したときの呼吸量変化を示したのが図2.1.14である。

以上の例のように，落下させたり，強く押したりすることは，敏感な青果物にとって迷惑なことであり，保蔵期間の短縮，品質低下にもつながる。

（7）低温による障害

一般に青果物は凍結しない低温状態に置けば，長期に鮮度よく保蔵できる。しかし，青果物はさまざまな産地・性質・育ち方があり，種類によっては一定温度以下に降下すると，凍結温度でもないのに障害が発生する。表2.1.5にあるのがこの障害を発生する青果物で，バナナが冬の店頭で褐変しているのを見かけるのもこの例である。また，キュウリが冷蔵庫の中で長く置き忘れられて，食べられなくなっていることもある。

このように低温による障害は一定温度以下に表2.1.5にあるような青果物を置いた場合，変質・腐敗する現象であるが，現れるまで時間がかかるため，逆に利用する方法もある。例えば，キュウリは保蔵期間が短くてよい場合，高湿度環境に置

表 2.1.5　低温障害を受ける青果物の貯蔵最低温度と病徴（郡田）

種　類	温度℃	障害の病徴
リンゴ（一部の品種）	2.2～3.3	内部褐変症状，軟性ヤケ
バナナ	11.7～14.3	果皮の褐変，追熟不良
キュウリ	7.2	ピッティング，果肉褐変，萎凋
ナス	7.2	ピッティング，ヤケ症状
グレープフルーツ	10.0	ピッティング，虎斑病，水浸状腐敗
レモン緑熟果	11～14.5	ピッティング，じょうのう
黄熟果	0～4.5	果心部の褐変
オレンジ	2.8～6.6	ピッティング，褐変
ピーマン	7.2	シートピッティング，萼と種子の褐変
パインアップル（熟果）	4.4～7.2	果心部の黒変
カボチャ	10.0	腐敗（アルタナリヤ菌二次寄生）
サツマイモ	10.0	腐敗，ピッティング，水浸状軟化腐敗
トマト（熟果）	7.2～10.0	水浸水軟化腐敗

出典）緒方編著：青果保蔵汎論，建帛社，p.264（1977）

いてから，低温障害を受ける温度以下に置いても，状態よく保蔵できることもある。

(8) 青果物からのシグナル

青果物は生き物であり，低温保蔵した場合，栄養分の変化や，呼吸量の減少などが報告されている。この項では，青果物から発生する電位を，さまざまな種類，条件で調べた結果の一部を示したい。

電気シグナルの例として，ホウレンソウ，アスパラガス，菜の花を冷蔵庫に入れ冷却したとき，これらの野菜から発生する電位を示した（図2.1.15)。常温から低温保蔵する温度変化に対し，初期15分程度の間に葉部分は，パルス的な電位を発生し，敏感な反応を示している。これらの野菜を24時間，充分に冷却し常温に取出した状態が，図2.1.16である。冷却時と比較して，電位がゆっくりと上昇し安定する傾向がある。アスパラガスは葉野菜と比べ変化は少ないようにみえるが，図2.1.17に示すように，冷蔵庫の中で品温が安定した時点で，冷蔵庫の空気温度の変動の影響を受け，微少であるが絶えず電位発生が続けられている。アスパラガスをＰＥフィルムで包装すれば，この変動を抑制することが信号として認められる。

野菜のなかで非常にデリケートなのはナスで，常温から冷却する場合の電位発生状況を示したのが，図2.1.18である。相当大きな電位が冷却開始30分以内に認められ，この現象はナスの鮮度低下とともに減少傾向となる。包装により，ナスに直接温度変化を与えない場合，発生電位は低減している。

図2.1.19は，冷蔵庫のドア開閉，除霜時に庫内

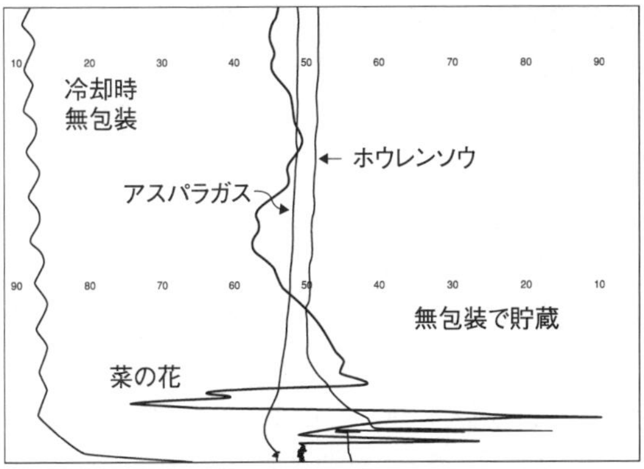

図 2.1.15　冷却時の電位変化［菜の花・アスパラガス・ホウレンソウ］

出典）桑名：第36回日本食品低温保蔵学会秋季大会，研究発表

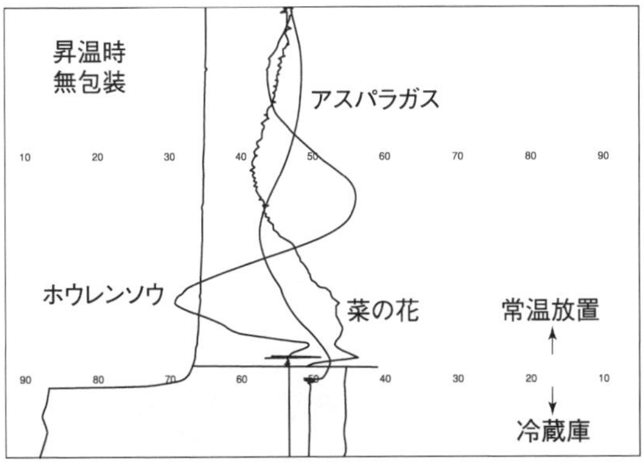

図 2.1.16　冷蔵庫より常温に取出したときの電位変化［菜の花・アスパラガス・ホウレンソウ］

出典）桑名：第36回日本食品低温保蔵学会秋季大会，研究発表

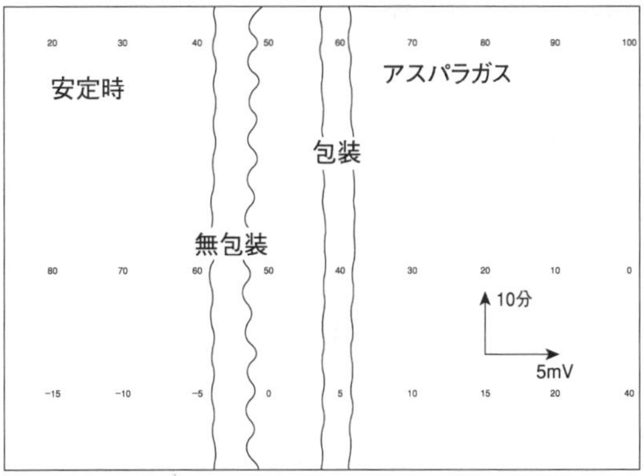

図 2.1.17　冷蔵庫内で包装，無包装時の電位変化［アスパラガス］

出典）桑名：第36回日本食品低温保蔵学会秋季大会，研究発表

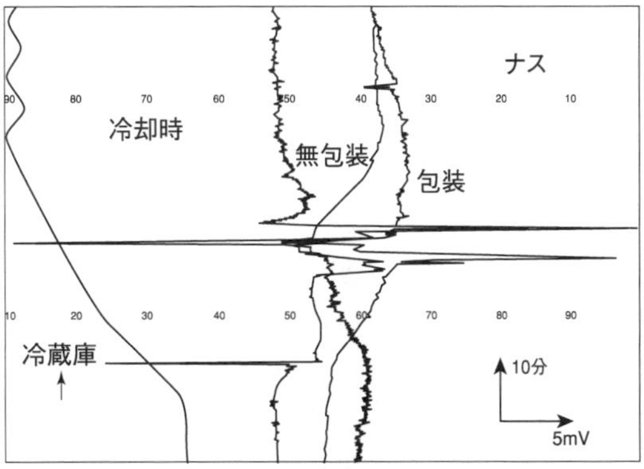

図 2.1.18　冷却時の電位変化［ナ　ス］

出典）桑名：第36回日本食品低温保蔵学会秋季大会，研究発表

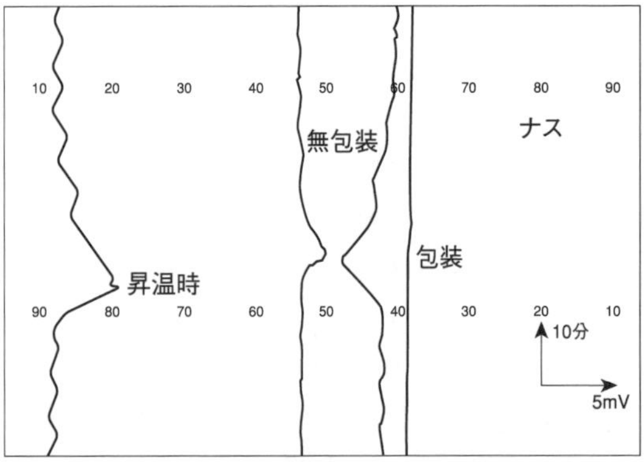

図 2.1.19　冷蔵庫内の包装，無包装時の電位変化［ナス］
出典）桑名：第36回日本食品低温保蔵学会秋季大会，研究発表

温度が一時的に昇温するときの様子を示す。包装した場合，この温度変動は軽減する。さらに，野菜を切断，打撲したり，強く押さえたり，落下させたりした場合でも，敏感に反応し，直ちにパルス状の電位を発生する。

以上のように青果物は生きているため，冷却時も取扱いに留意し，できるだけ鮮度よく保蔵するには，どのようにすべきか，これらの青果物から発するサインを見落とさぬことが肝要である。

2.1.2　さまざまな冷却方式

食材の鮮度を保つために，多くの冷却方式が工夫され，発展してきた。食材をそれぞれ適切な温度条件で，安定して保蔵するため，安全で効率的かつ経済性に優れた冷却方式が求められている。

（1）圧縮冷却方式

食材を加熱調理する場合，ガス，電熱など，比較的単純な機器で行うことができるが，食材を低温で保蔵する場合は，さまざまな工夫が必要となる。火による調理は人類の歴史とともに古いが，実用的な冷蔵設備は1859年，カレー（フランス）らにより，食品類に利用され，未だ140年にしかならない。

食材の熱を外部に運び出すために，アンモニア，フロンなどの冷媒が用いられ，この冷媒を繰返し使用することから，冷却サイクルが工夫されてきた。冷媒は，大気中ではガスまたは蒸気状態であるが，高温・高圧力を加え，放熱・凝縮させることにより液化し，これが蒸発するときに吸熱する性質を利用している。現在の冷蔵庫の大部分は，機械による圧縮冷却方式を採用している。

蒸気状態の冷媒ガスを，圧縮機で，高温・高圧状態にし，凝縮器で放熱し液体化する。図2.1.20のように，凝縮器で液化された冷媒は，矢印の方向に膨張機構（膨張弁，キャピラリーチューブ）を通り，蒸発器で膨張・気化し冷却する。蒸発器は食材のもっている熱を吸収し，圧縮機を通って凝縮器で外部に放熱される。これら一連の動作を冷却サイクルと呼んでいる。

食材の種類によって，最適条件とするため，温度制御の精度をよくしたり，圧縮機のモーターの回転数をインバータ制御したり，蒸発器，凝縮器の熱交換を高効率化するなどの努力がなされている。圧縮機には，往復動（ピストン，図2.1.21）方式，回転（ロータリー，図2.1.22）方式などがある。蒸発器は，食材と直接温度のやりとりを行うものである（図2.1.23）。圧縮機と凝縮器，膨張機構などをまとめ，コンデンシングユニットとしたもの（図2.1.24），さらに蒸発器の冷却部分を全部まとめて一体型にしたクーリングユニットを示した（図2.1.25）。図2.1.26は小型冷蔵庫の冷却器部分を，温度設定により（冷凍，冷蔵）分離し，１つの圧縮機で動作させた例である。

圧縮冷却に使用される冷媒はさまざまな変遷をたどり，1928（昭和３）年，アメリカのトーマス・ミッジリーによりフロンが発明され，人間に無害で腐食性・不燃性に富み，使いやすいきわめ

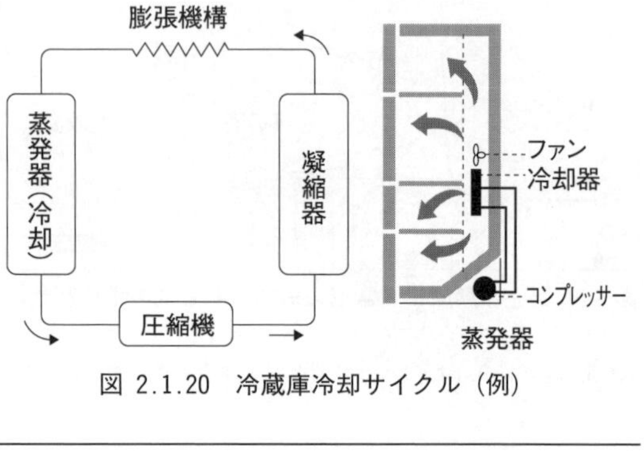

図 2.1.20　冷蔵庫冷却サイクル（例）

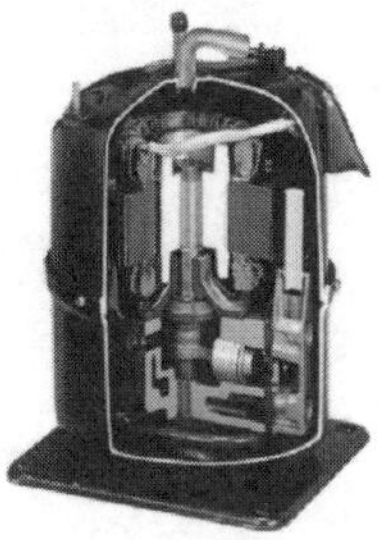

図 2.1.21　圧縮機（ピストン）

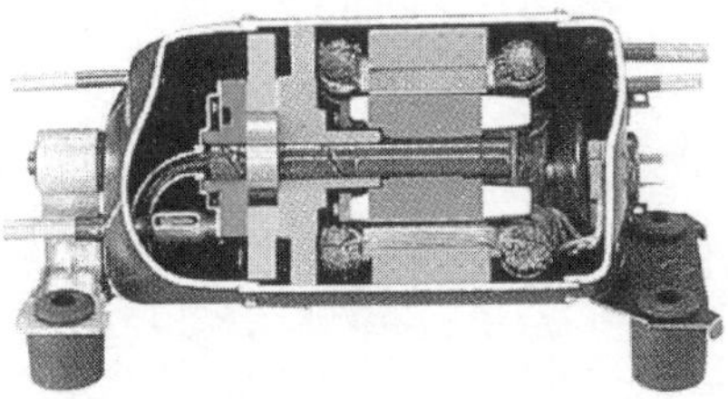

図 2.1.22　圧縮機（ロータリー）

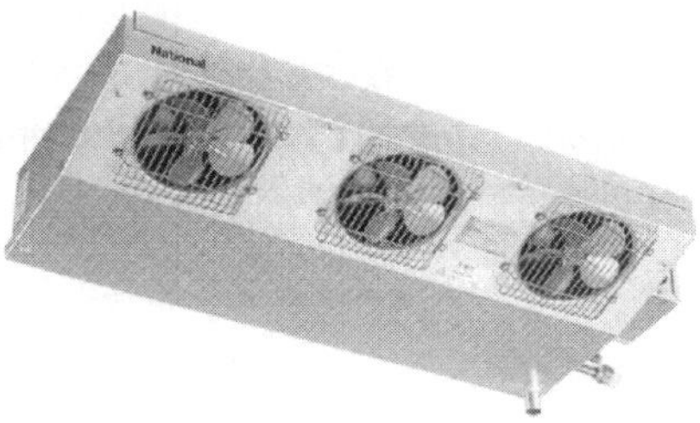

図 2.1.23　クーリングコイル

図 2.1.24　コンデンシングユニット

て安定な物質として広範に利用されてきた。

しかし，フロン冷媒の安定性ゆえにローランド（カリフォルニア大学）らによってオゾン層の破壊

図 2.1.25　クーリングユニット

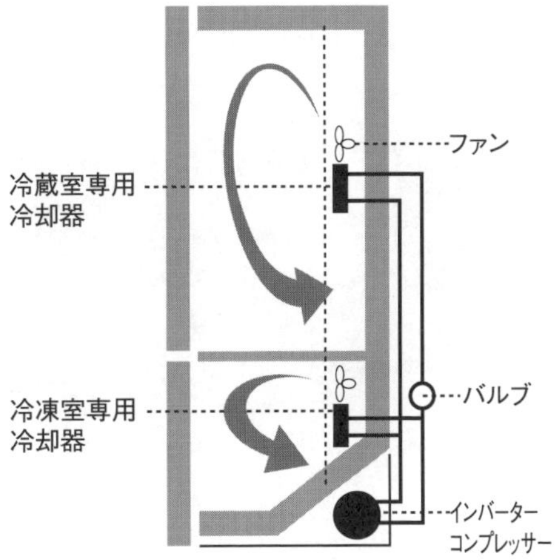

図 2.1.26　小型冷蔵庫の冷却

が1974（昭和49）年に予知され，その後，日本の南極昭和基地観測隊によるオゾン層異常減少が1983年に観測された。その後冷媒は，CFC（chlorofluorocarbon）12から，オゾン層破壊のない冷媒 HFC（hydrofluorocarbon）134 a に変更されてきた。しかし，一方で，地球温暖化防止*に対する問題もあり，現在さらに次の段階の冷媒開発が行われ，オゾン層破壊ゼロ，高効率，安全性を求めエーテル系含フッ素化合物などの地球温暖化係数（GWP：Global Warming Potential）の小さいものの研究・開発が全世界規模で行われている。

＊地球温暖化係数は炭酸ガスを基準として何倍かをガス重量で，100年積算比較するもので，CFC12が8,500倍，HFC134a は1,300倍である。

（2）吸収冷却方式

機械的な圧縮機を用いず，電気ヒータ，ガス，

各種排熱などを利用し冷却することができる。水はアンモニアを大量に吸収可能で，この吸収する量は温度により変化する。すなわち，水の温度が低いほど，さらにアンモニアの圧力が高いほど，大量にアンモニアを吸収することができる。これらのことを利用したのが，吸収冷却方式である。

水を低温・高圧にしてアンモニアを大量に吸収させ，これを加熱すれば，吸収されたアンモニアはガス状になり水と分離される。

図2.1.27は吸収冷却方式を示す概要図である。発生器中の低温でアンモニアを多く含んだ液は，ヒータなどで加熱され，アンモニアガスを生じ，凝縮器にて冷却され液化する。これが膨張弁を通り，凝縮器から蒸発器に移り，アンモニアはガス化し冷却する。蒸発器から出たアンモニアガスは，吸収器に入り，一部はポンプにより熱交換器を通り発生器に戻ってくる。なお，発生器から出るアンモニアガスを無水化するため，アナライザーなどを用いて水を発生器に送り返している。

図2.1.28は，太陽熱コレクターを加熱源として，ボイラーを補助熱源とした吸収冷凍機の概要図である。加熱源として工場排熱，エンジン排熱，ゴミ焼却排熱，風呂排熱など，安定した熱源があれば活用可能となる。冷媒として臭化リチウムなどが使用されている。

図2.1.29は小型冷蔵庫への使用例である。前述のように，発生器を電気ヒータ，都市ガス，ガスボンベなどで加熱し，発生したアンモニアガスは分離器に入り，ここで気体・液体分離を行い，凝縮器に移る。図2.1.27では，ポンプによって吸収器から熱交換器を通じ発生器に冷媒を送り込んで

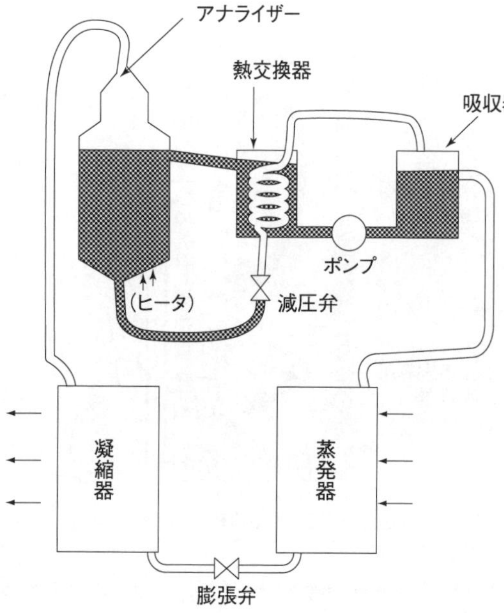

図 2.1.27　吸収冷却方式

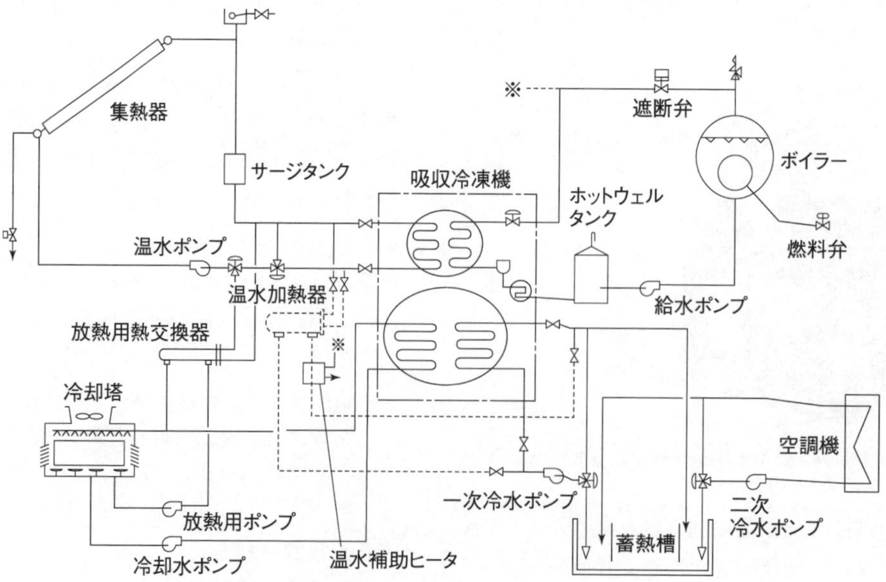

図 2.1.28　吸収冷凍機

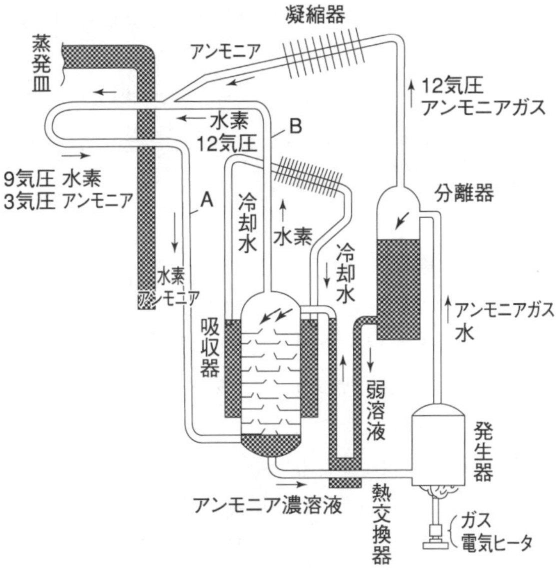

図 2.1.29　エレクトロラックス吸収冷蔵庫

いたが，ここでは水素ガスが水に溶け込まない性質を利用し，吸収器と蒸発部を結ぶ，B，A配管を通じループ状に自然循環を発生させポンプの役目を果たしている。ポータブル型の冷蔵庫，小型冷蔵庫に使用されている。

(3) 電子冷却方式

"異なる2種の金属を接合し，電流を流すと接合点でジュール熱以外の吸熱，発熱が発生する現象"がフランスのペルチェにより発見され，ペルチェ効果と名づけられた。1838年ロシアのレンツは，異なる金属の接合部に水滴を置き，金属に通電することにより，水滴を凍らせる実験に成功した。

ペルチェ効果を利用した電子冷却方式は，通常の金属との組合せではあまり期待できないため，さまざまな研究が行われた。1960年頃，ビスマス，テルル系の半導体化合物の組合せが，イギリスで発見され注目され始めた。

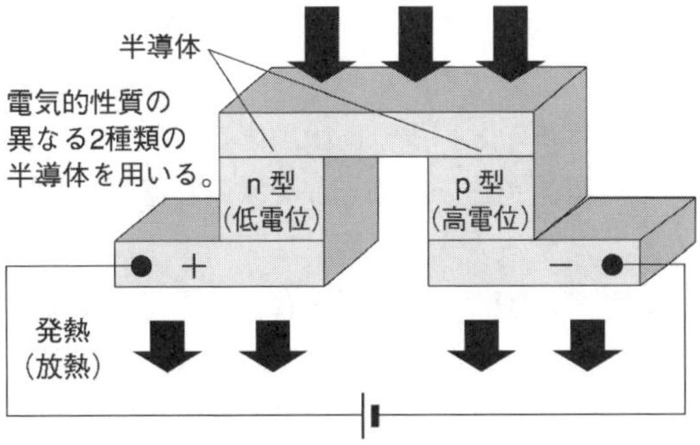

図 2.1.30　電子冷却素子

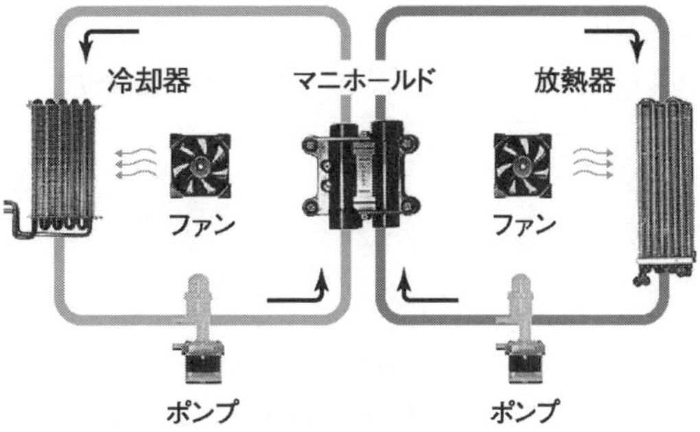

図 2.1.31　電子冷却方式

図 2.1.32　ナショナル家庭用ワインセラー
NR-EW19D48AT
出典）ナショナル冷蔵庫カタログ（1998）

実用化されている電子冷却方式の例を紹介する。基本原理はペルチェ効果の大きなｎ型半導体とｐ型半導体を図2.1.30のように接合し，直流電流を通すと，上部で吸熱（冷却），下部で発熱する。電流の方向を逆にすれば冷却から加温となる。この方式では冷媒が不要で，圧縮機のような可動部分がないため，1960年代には熱心な研究が世界各地で行われた。実用的には，このユニットを必要に応じ多数組合せ，冷却部，放熱部に効率的な熱交換器を設け，風または冷却液を循環させる。図2.1.31は冷却部および放熱部を必要に応じ，自由な位置に設置できるように電子冷却素子の吸熱，発熱側にそれぞれ液で熱交換するためのポンプを使用している。

図2.1.32は1998（平成10）年に発売された，電子冷却素子による，家庭用ワインセラーである。

（4）空気冷却方式

気密性の高い圧力鍋のふたは加熱すると開けやすいが，そのままで常温に冷えてくるとなかなか開かなくなる。これは空気の性質で，熱によって膨張，収縮する点を利用し，機械的に圧縮することにより，昇温，膨張させて冷却することができる。このように空気を冷媒に使用した冷却方式が実用化されている。図2.1.33は空気冷却方式の概要図で，圧縮機で空気を高温・高圧に圧縮し，放熱部に送り冷却し膨張機で急激に空気を膨張，冷却部で食材などの熱を吸収，熱交換器を通り圧縮機に戻るようなサイクルを構成している。

図2.1.34が航空機空気冷却方式の一例である。この方式は性能面，および各種構成部品の進展ができ，航空機のように動力源を活用するとか，排熱の安定したものを望めれば，組合せにより有効となる。昨今の地球環境保全問題対応としても，経済性が得られるようになれば実用の可能性がある。

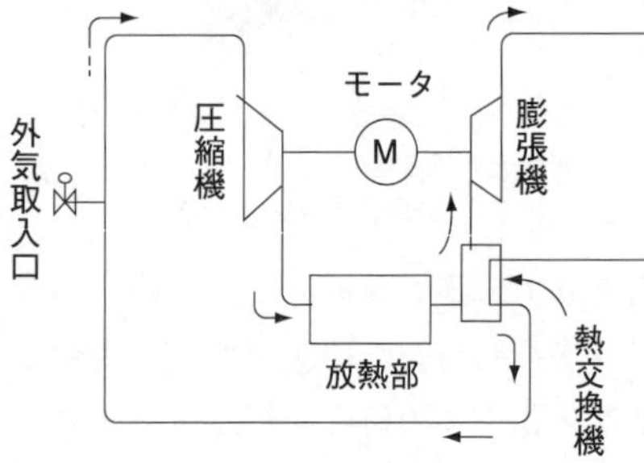

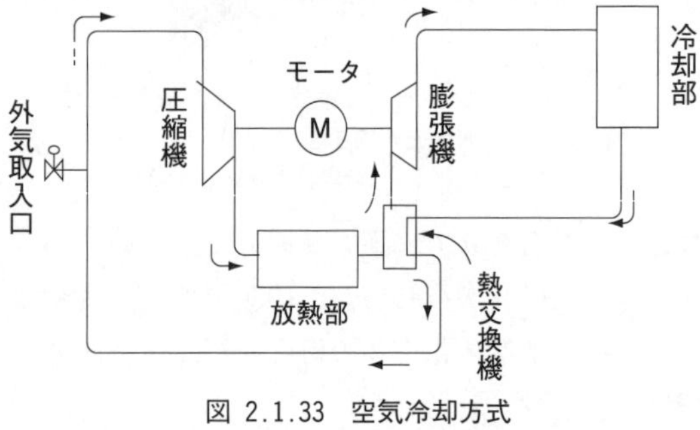

図 2.1.33　空気冷却方式

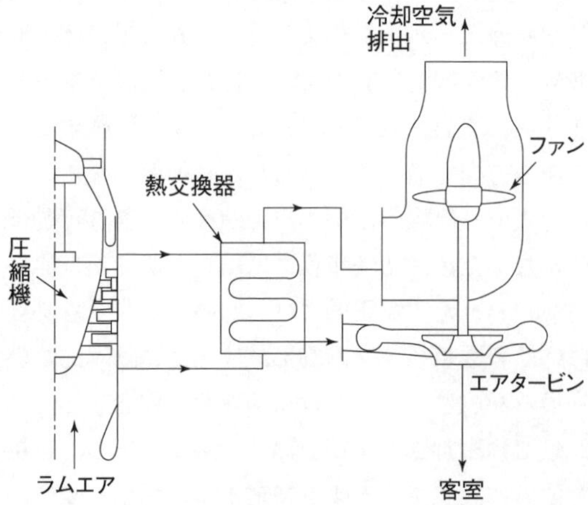

図 2.1.34　航空機空気冷却方式

（5）吸着冷却方式

乾燥剤として利用されているシリカゲルやゼオライトの水吸着を使用した冷却方式である。吸収冷却方式が吸収剤として水溶液を使用しているのに対し，吸着冷却方式はゼオライトなどの固体を吸着剤として使用している。

図2.1.35はこの方式の簡易な動作図で，吸着工程で水が蒸発し，吸着剤に吸着される。このときの蒸発による吸熱を食材などの冷却に利用する。吸着が進み飽和すれば，再生工程に切替え，吸着剤を温水などで加熱し，吸着剤に含まれた水分を飛ばし，凝縮蒸発器に戻ってくる。このように繰返しを行いながら，吸着式冷却サイクルをつくって冷却している。吸着工程の場合は蒸発器となり，再生工程のときには同じ容器が凝縮器となるため，実用的には複数ユニットを組合せ，さまざまな配管，バルブで切替えなどの適切な工夫が必要である。太陽熱コレクターを利用した，吸着冷却方式の冷蔵庫など試作発表もあったが，吸着剤の単位体積当たりの水吸着量に左右され，比較的装置が大きくなってしまうのでさらに工夫が求められている。

（6）水素吸蔵冷却方式

吸着冷却方式のように，水素吸蔵合金を用い水素ガスが接すると発熱し，約1,000倍程度の水素を合金内に吸蔵する。さらにこの逆で吸蔵した水素を放出することにより，吸熱する現象を利用している。再生工程と冷却工程を繰返し行うことにより，冷却する方式で，図2.1.36のように，再生工程として，①中の水素吸蔵合金の入った容器を加熱し，②の水素吸蔵合金を冷却する。これにより水素は②へ移動し，冷却により昇温が抑えられ再生は終わる。次に，冷却工程は①を冷却し，減

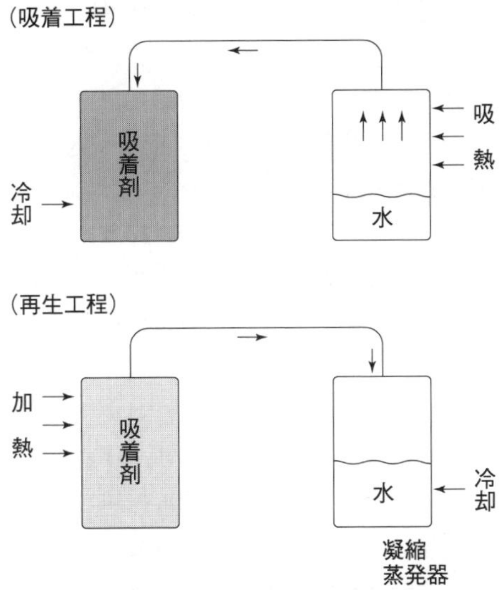

図 2.1.35　吸着冷却方式

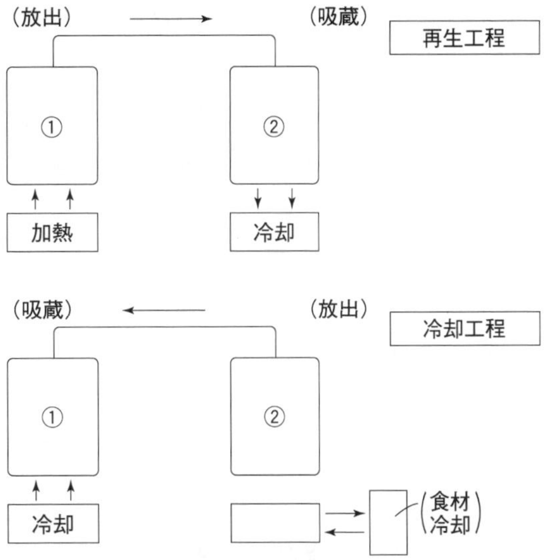

図 2.1.36　水素吸蔵冷却方式

圧状態をつくり，②から①に水素を移動させる。このとき発生する②の冷熱を食材冷却に使用する。このように①および②相互間の水素移動により，水素吸蔵冷却方式は成立っている。

（7）ボルテックスチューブ冷却方式

高圧空気を図2.1.37の管内に接線方向で，ノズルから噴出させると，高速気流となり管内を矢印の回転をする。管内の圧力分布は周辺部分が高く，中心部分が低下する。この圧力低下により発生する，低温空気をオリフィス板部分から外部に取出し，周辺部分の高温空気はこれと反対側に，バルブなどを設け調整しながら外部に放出する。この現象は，ドイツのヒルシュにより，20℃ 1 MPa の高圧空気を用いて，−40℃の低温空気を取出すことに成功した。

ボルテックスチューブ冷却方式は図2.1.37からわかるように，構造が単純で軽量，空気を使うだけなので冷房のできにくい高温環境など，作業服にセットしたり，機械工具の局部発熱部を冷却するなどに適用されている。温度制御は前述の高温空気側バルブの調整で，低温側空気温度をコントロールしている。

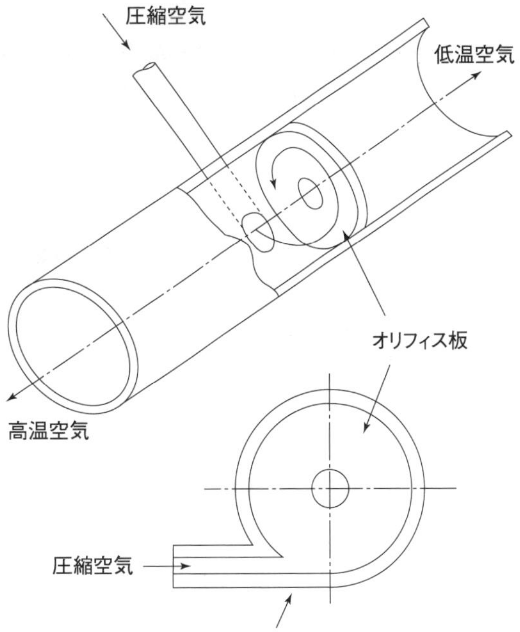

図 2.1.37　ボルテックスチューブ冷却方式

（8）その他の冷却方式

噴射冷却方式は減圧状態で水は加熱しなくても蒸発させることができるが，この原理を利用している。

図2.1.38は圧縮方式における圧縮機に相当する部分を示し，ノズルを通じ高速蒸気を吹込み真空状態をつくりだしている。この真空中で水などの

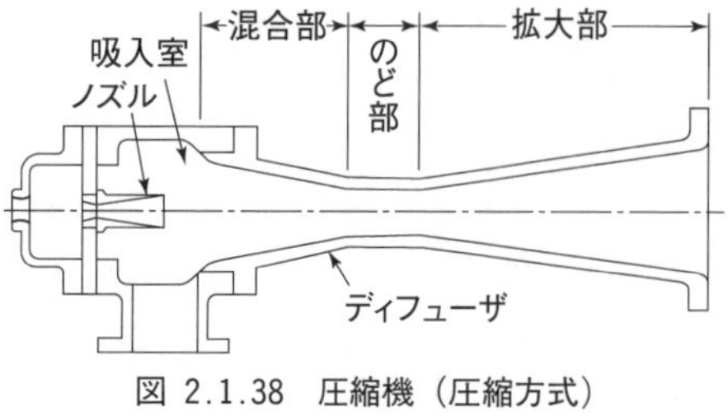

図 2.1.38　圧縮機（圧縮方式）

冷媒を蒸発させ，気化熱により冷却する方式である。さらに，極低温の世界になれば，音波を利用した冷却方式，磁気の断熱消磁を利用した，磁気冷却方式などさまざまな考え方があるが，ここでは，紹介程度にとどめたい。

2.1.3　食品の事前処理

食品を冷蔵あるいは冷凍する際に，できるだけ鮮度を保持し，品質の劣化を防ぐために考慮すべき点をいくつか取上げて以下に解説する。

（1）原料の鮮度管理

食品はいちど鮮度が落ちたものは，以前の状態にまで戻すことはできない。したがって，収穫・加工・保蔵・流通の段階で，いかに鮮度を落とさず維持するかを第一に考えることが重要である。

そのためには，収穫された段階で，できるだけ速やかに，冷却あるいは加工処理を行うことが大切である。

朝採りの野菜など，収穫後に急激に鮮度が落ちるものは，収穫後ただ放置しておいては朝採りの意味が全くなくなる。収穫直後，迅速に冷却することが望ましい。

以下に，実際例をあげて説明をしていく。

調理冷凍食品の「シュウマイ」や「グラタン」を生産した際に，具材として使用したタマネギが製品になった時点で褐色になってしまうことが起きた。ハンバーグならタマネギが褐色でも目立たないが，シュウマイやグラタンなど色の白い商品ではタマネギの褐色化は目立って商品にはならなくなる。

原因は，皮を剝いた状態のタマネギを購入し，シュウマイやグラタンの製造時まで冷蔵庫に長く保管し使用していたことにあった。ただし，皮を剝いたタマネギでも剝皮後数日以内に使用すれば，製造した際にも褐色化しないことがわかった。

そこでタマネギは剝皮したロットごとに日時を表示し，工場搬入後は，速やかに冷蔵庫に保管し，入庫順に決められた経過日数以内に使用する。つまり，先入れ先出しの管理を厳重に行うことで，タマネギの褐変防止対策を行った。

水産物の例では，水揚げされたサンマを，直ちに 0 ℃に近い冷水で冷却してから冷蔵することは，鮮度保持に大変有効で最近漁港で採用されている。この結果，交通網の整備と相まって，今までにないような新鮮な状態の魚を，消費者が手にできるようになった。

この冷水をつくる手段として，午後10時～午前 8 時の間の深夜電力に適用される「産業用蓄熱調整契約」を利用して，夜間に氷をつくり昼間これを利用する蓄冷式は，電力費節減に有効である。

（2）酵素，微生物の影響

野菜やエビなどは，内部にもつ酵素により種々の変化が起こる。冷蔵しておけばそれだけで品質の劣化が防げるわけではない。

この酵素作用を止めるためには，ブランチング処理という方法が有効である。ブランチング処理とは，100℃近い熱湯または蒸気で数分程度の短時間の加熱処理を行うことで，酵素の活性を失わせる（失活させる）ことである。

野菜・青果などは，収穫後も呼吸をしており，その代謝活動は温度が高いほど激しい。呼吸熱の発散は水分の蒸発を伴うので重量の減少，萎縮が起こる。また，水分を失うことで，植物ホルモン「エチレン」が出てくる。これは呼吸を増大させたり，果物などが熟す作用を促進させたりする。

このエチレンの影響を避けるには，品種により分けて冷蔵する，あるいはプロパンガスを燃焼させて二酸化炭素（炭酸ガス）を発生させてこれを庫内に送り込み，低酸素・高二酸化炭素雰囲気にする雰囲気ガス制御（CA：controlled atmosphere）貯蔵などが行われる。

また，豆腐など加工冷蔵食品をつくるに際しては，微生物が繁殖しやすい30～40℃の温度帯をできるだけ速く通過させて冷却することが望ましい。停電が起こり，加熱中の牛乳がこの温度帯付近の温度の状態にしばらく放置され，菌が発生したことがもとで，その毒素により中毒事件が発生した事例もある。

水による冷却では，単に水道水や流水を使うより，より低温の冷水を使うほうが確実に冷却させられる。

（3）低温障害

果実・野菜など，冷蔵することにより，ピッティング（表皮の小陥没），組織の破壊，表面や内部の変色，不快臭の発生，追熟不良，腐敗の促進などが起こるので注意が必要である。

このように低温ではあるが，凍結点より高い温度で起こる生理的変調が原因の障害を低温障害という。これを防ぐには品種別に，低温障害の起こらない温度，期間を守るように管理を厳密に行う必要がある。

（4）予　冷

冷蔵庫の冷却能力は，外気温度の変動や，その他の外部からの温度変動要因があっても，冷蔵温度までに冷却されたものならば充分に所定の庫内温度が保持できるよう，余裕をみて設計されている。

したがって，貯蔵温度より温度の高いもの，例えば常温の状態などで，そのまま冷蔵庫に入れたり，あるいは想定以上に頻繁に出入り口の開閉を行い外気が庫内に侵入するような場合は，冷蔵庫内の温度は目標の温度以上に上昇してしまう。そしてその結果，庫内の温度が変動すれば品質にも悪い影響が出ることになる。そこで冷蔵するものは，事前に冷蔵設備とは別の設備で，所定の温度付近まで予冷する必要がある。

加熱された食品を冷凍する場合に，温度の高い食品からは水蒸気が発生するが，これが冷凍室に入ると霜となり，庫内各部に付着する。凍結装置の冷却器に付着した霜は冷却効率を下げてしまう。そこで凍結操作を行う前に，できるだけ温度を下げて水蒸気の発生を抑えておくことで霜の付着量を減少させる。

また，温度の高いままいきなり冷凍しようとすると，凍結機の冷凍負荷が増え，凍結能力もそれだけ高くする必要がある。さらに凍結に要するエネルギーは，低温ほど多く必要である。したがって，冷凍する前に，空気など冷凍設備以外の手段で予冷をして，温度を下げておくことが省エネルギーにもなる。

（5）急速凍結

食品は凍結しても速度は大変遅くはなるものの，変質は続く。

1948年からアメリカ合衆国農務省（USDA）により，数多くの冷凍食品の貯蔵温度と品質保持期間についての研究がなされた。実際の品質の劣化度は，判定パネルメンバーが色とフレーバーについて，見分けがつく程度の変化かどうかで判定し，変化が認知されるまでの期間を品質保持期間とした（T. T. T.：time-temperature tolerance）。

当時アメリカの野菜の冷凍品は次のシーズンまでの供給が必要であったため，1年間の品質保証が求められた。この条件を満たすよう保存温度は－18℃（華氏0度）に設定され，現在もこれが守られている。ここでいう保存温度とは，表面ではなく，冷凍品中心部の温度である。

食品中の水分が凍結し始めて氷に変化する時点の冷凍する速度は，製品の品質を大きく左右する。氷になると水は膨張するので，細胞の内部の液も凍結することにより凍結前より膨張した状態になり，凍結によりもろく弾力がなくなった細胞膜を突き破って，ドリップ（冷凍した魚や肉を解凍したときに流れ出る液汁）として外部に出てしまう。

表2.1.6に示すように凍結時にできる氷の大きさは，その凍結速度が速ければ小さく，遅ければ大きくなる。そこで細胞膜が破られることで品質が劣化しないようにするためには，この凍結速度

表 2.1.6　凍結時間と氷結晶サイズ

最大氷結晶生成温度帯（0～－5℃）通過時間	氷結晶サイズ 径×長さ	形状
数　秒	1～5 μm×5～10μm	針状
90　秒	5～20μm×20～500μm	棹状
40　分	50～100μm×1 mm以上	柱状
90　分	50～200μm×2 mm以上	柱状

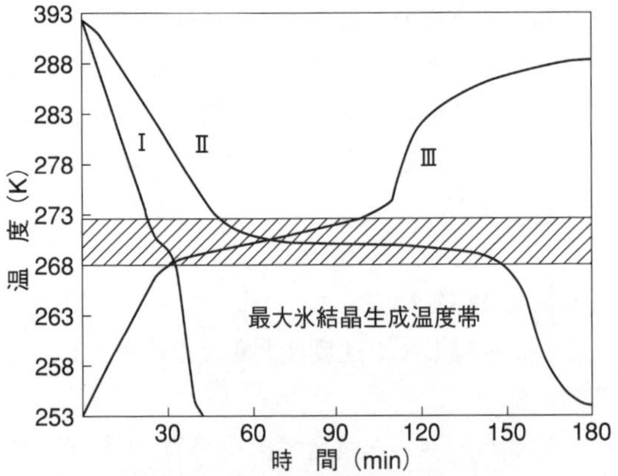

Ⅰ：急速凍結，Ⅱ：緩慢凍結，Ⅲ：解凍

図 2.1.39　急速凍結と緩慢凍結の温度─時間曲線

をできるだけ速くし，生成する氷の結晶を小さくする必要がある。

一般の食品でこの氷ができ始める温度は，概略0ないしは－2.5℃の範囲で，－5℃前後で大部分の水分が氷になるので，この温度帯を最大氷結晶生成温度帯と呼ぶ。

水が凍結して氷になる際には，水の温度を1℃下げるときに，取去るべき熱量の約80倍にも相当する熱を取去らねばならない。したがって，最大氷結晶生成温度帯では，冷却能力が一定ならば，必然的に温度降下速度は遅くなる。凍結がほぼ終了すると，また冷却速度は速くなる。この様子を図2.1.39に示す。この最大氷結晶生成温度帯を短時間で通過させる冷凍法を急速凍結という。ここでの短時間とは，温度－5℃の線が表面から中心に至る距離を動くときの速度が，1時間で5～20cm程度の凍結速度である。

実際の凍結速度は，その材料の密度および凍結潜熱，熱伝導率などその材料の特性とともに，形状，厚み，大きさも影響する。当然厚みの少ないほうが速く中心部までの凍結が進む。マグロなど大きなものを急速凍結するには，それだけ大量の熱を除去しなければならないので，低温の液体炭酸ガスを直接吹きかけるような方法をとる。

急速凍結に対して遅い凍結は緩慢凍結というが，品質保持上避けたほうがよい。生の魚，肉などを緩慢凍結すると，解凍時にドリップが出て，タンパク質が変性する。

大型の肉塊やマグロの解凍，短時間での解凍の場合などには特に注意が必要である。この場合，過度のドリップの発生を抑制するには，氷を融解するために必要な潜熱だけを加え，半解凍状態にとどめ，一部生成した水は食品組織に吸収保持させることが望ましい。

(6) 冷凍時，凍結保存中の乾燥・酸化防止対策

冷凍庫内の小刻みな温度変動は，T. T. T. 評価とは別の形の品質劣化をもたらす。

庫内温度は通常自動制御され，一定に保持される。しかし，外気温度の変化，ドアの開閉，あるいは冷凍庫に入れるものの温度の違いなどで，実際には微妙に変化する。そのために貯蔵品は温度も変動し，昇華現象（固体が液体になることなく直接に気体になること）などにより水分の蒸発が起こり乾燥する。そして表面は空気にさらされると，空気中の酸素により酸化され変質が進む。そこでエビなどでは，昇華による乾燥を防ぐためにグレーズ処理（凍結した魚介類を0～4℃の淡水に数秒間浸漬して冷凍，表面に薄い氷の層を生成させ，凍結後の水分の昇華あるいは表面の酸化を防止する）を行うこともある。

空気中の酸素による酸化，光・紫外線などによる化学的変化は，適切な包装材料の使用により防止できる。プラスチック系の包装材料は，ものによっては低温での強度が低下する。凍結により内容物が硬化して，とんがった部分が袋を突き破り，ピンホールができることもあるので，材料選択の際には物性についての深い注意が必要である。一見似ているようでも，メーカーや製法が異なると物性が異なることもある。

（7）冷蔵・冷凍設備使用上の配慮

冷凍品の温度を－18℃に保つために，生産地・消費地の配送センター・販売先の受け入れ施設にある冷凍庫は通常－25℃度程度に保たれる必要がある。当然これらを結ぶ輸送車，店頭におけるショーケースなどのすべての，いわゆるコールドチェーン全体が－18℃の品温を保持できる仕組みになっていなければならない。開発途上国などではこの仕組みがないために，冷凍品の普及が妨げられている。

自動倉庫，ラック倉庫においては物を置く場所は整然と決められているが，流通などにおける小型の倉庫では，庫内のものの置き方は，庫内の空気の流れを考えて置くこと，特に奥のほうの下積みになった部分は注意することが肝要である。

冷凍庫室の出入り口は必要最小限の大きさにする。さらに前室を設置して，外気が直接内部に入らないようにする。この2つは省エネルギー的にも重要である。

冷凍する対象物の温度は冷凍室より高いので，冷凍室内で水分が蒸発する，あるいは侵入した外気中の水分が冷却器で凝縮し，霜，さらには氷となり付着する。霜や氷に覆われた冷却器はマントを着たようなもので，冷却能力，冷却効率が低下する。そこで，一定の頻度でデフロスト操作を行う。デフロストは冷却器の内部にホットガスといわれる温度の高いガスを通す，あるいは冷凍室とドアなどで隔離遮断して温水をかけることなどで霜や氷を溶かす操作である。デフロストで生じた溶解水は，庫外に排出するときに凍結しないように排出配管の保冷に配慮する。いずれにしても，この作業は全体の稼働率低下に繋がる。

凍結装置の冷却ユニット，製品搬送コンベアなどは冷却能力維持，衛生保持，あるいは機器作動のうえで適時洗浄が必要である。通常狭くて作業の行いにくい場所であることが多く，また凍結防止の点で自動洗浄化も難しいため，設計時点で作業設計の検討が大事である。また洗浄作業中には冷凍能力が低下するので，この分を見込んだ能力が必要である。

作業者の安全確保にも留意しなければならない。

内部点検作業など冷凍庫入室に際して，当該作業者の閉じ込め防止対策が必要である。入室表示板の掲示，自動入室表示灯設置などを行う。

入室には健康管理上適切な防寒具を必ず着用する。眼鏡着用者は急激な温度変化でレンズが外れたりすることがあるので注意が必要である。

2.1.4 地球環境に配慮する

（1）フロンへの取組み

1）フロンについて

① 名前の由来　海外ではフロンは“フルオロカーボン”と呼ばれており，“フロン”の呼び方は日本独自のものである。フルオロカーボンはCFC12，HCFC22，HFC134aなどと呼ばれ，日本ではフロン12，フロン22，フロン134aと呼んでいる。ここでいう数字は世界共通にASHRAEスタンダードで決められた冷媒番号で，R12，R22，R134aとも呼ばれる。つまり，日本ではこの冷媒番号をそのままフロンと組合せて使用したものとなっている。

これまでは，正式の海外の呼び方よりも，簡単で発音のしやすい“フロン”が日本では一般に普及している。

② 名前が使えない？　しかしながら，CFCによるオゾン層破壊が問題となってから，1987（昭和62）年のモントリオール議定書で特定フロンの規制が決定し，1995（平成7）年末で使用が全廃となった。特定フロンというと一部のCFC系フロンだけであるものが，すべてのフロンが全廃対象と誤解されるのを防ぐために，“フロン”という表現を以後公式には使用しなくなった。

オゾン層保護法では，オゾン破壊物質は“特定物質”と呼び，個々の物質をそれぞれCFC，HCFC，HFCと呼んで“フロン”ということばをいっさい使用しないこととした。また，1997（平成9）年4月施行の高圧ガス法においても同様に，フロンという呼び方をしなくなった。

こうして HCFC，HCF などを“代替物質”と呼び，特定物質と区別するようになった。

2）オゾン層破壊のメカニズム

①　これまでの経緯　広い宇宙のなかで，唯一人類が生息しているこの地球は，窒素や酸素などからなる大気層で覆われている。この中ほどにあるオゾン層は私たちにとって有害な紫外線を吸収して私たちの命を守ってくれている。

一方，オゾン層を破壊する元凶のようにいわれているフロンは，今から約75年前にアメリカで発表された人工的につくりだされた物質である。それまでのアンモニアや塩化メチルなどに比べて可燃性も毒性もない画期的な物質として，空調分野や低温機器・システムなどを冷却するための冷媒としてだけではなく，洗浄用途や化粧品などのスプレー，断熱材の発泡用途などに幅広く使用されてきた。ところが，1970年代に入ってオゾンホールの存在が発表されるに及んで，フロンのなかでも塩素を含むいわゆる特定フロンと呼ばれるものが，その原因物質の一つではないか，との指摘が大きく取上げられた。

1985（昭和60）年にオゾン層保護に向けた国際会議が開かれ，ウイーン条約に次いで2年後にモントリオール議定書が採択された。このなかで，特定フロンを含めたオゾン層破壊物質の生産量および消費量の削減が決められた。これに従って，1995（平成7）年末に特定フロンは全廃され，現在は塩素を含まない代替フロンに切替えられている。

②　破壊のメカニズム　これまでに種々の学説が出されているが，ローランドの説によれば塩素とオゾンが化学反応してオゾン層の破壊を行っているという。フロンガスはきわめて安定した塩素化合物で，地上のはるか20～40km上空のオゾン層まで分解されずに上昇し，太陽からの強い紫外線（UV）を受けて光分解し塩素を発生する。この塩素が次々とオゾンと反応することによってオゾンホールが破壊されていく，とされている。

③　国際的な規制が始まる　国際条約でオゾン層保護が取上げられたのは1986（昭和61）年ウイーン会議が始まりである。翌年の1987年にはモントリオール議定書が採択され，1989年1月より実施されることが決まった。そのなかで，規制物質の特定と用途の明確化，生産規制および削減スケジュールが設定された。そのときの削減スケジュールは，CFC が1996（平成8）年1月1日より全廃で，それまでに段階的に削減目標が定められている。1990（平成2）年と1992年に削減率の拡大の改正が行われた。また，1992年のコペンハーゲンの会合では，HCFC も2030年全廃という目標が加わり，1995年のウイーン会合で2020年に前倒しとなった。

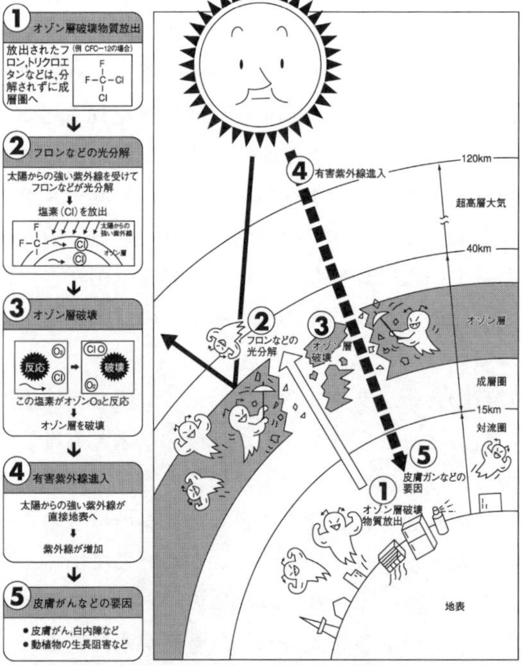

図 2.1.40　オゾン層破壊のメカニズム
出典）オゾン層破壊物質使用削減マニュアル

3）地球温暖化問題

①　メカニズム　もともと地球上を取巻く大気と，地表に照射される太陽エネルギーとがバランスよくエネルギーの授受を行っていれば問題はないのであるが，大気中に含まれる炭酸ガスなどによるエネルギー吸収作用により，地球上の生活圏での温度が異常に上昇しだすことが叫ばれ始めた。この現象は温室効果と呼ばれ，吸収しやすい

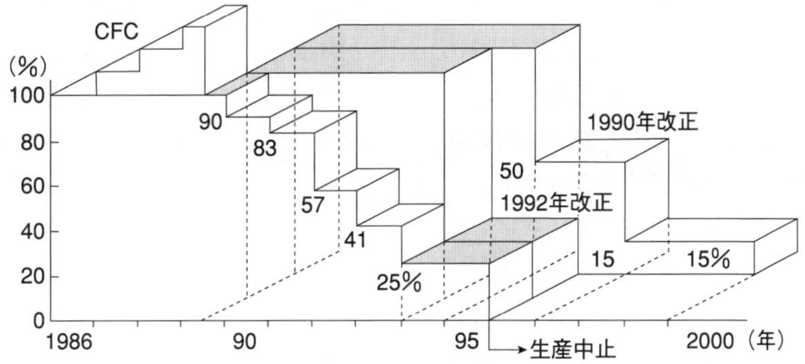

図 2.1.41　フロン規制スケジュール
※冷媒では，CFC12，502……1995年末に生産中止
出典）日本冷凍協会：冷媒フロンの放出削減と代替技術

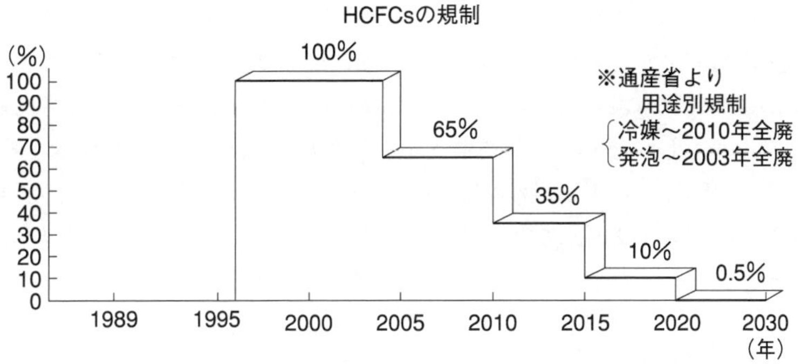

図 2.1.42　規制スケジュールと代替技術開発
※代替冷媒のうち，HCFC22……2020年で実質中止であるが，前倒しの可能性大
出典）代替冷媒国際シンポジウム資料

ガスを温室効果ガスと呼んでおり，水蒸気，炭酸ガス，メタン，オゾン，CFC などとなっている。これらのいくつかは，現在も増加し続けているが，人間が生活を営むことによる結果，出されるものである。

この温室効果ガスが増加すると，地球から放出された熱エネルギーが大気中のこれらのガスに吸収され，地球上の温度が上昇してくる。この現象を地球温暖化と呼んでいる。

②　地球温暖化対策　1992（平成4）年の地球サミットにおいて初めて地球温暖化対策が取上げられ，1994年から対策が実施された。内容は，温暖化への影響指標として GWP（地球温暖化係数）が考え出され，今後の温暖化予測（シミュレーション）に役立てられている。また，この GWP の値は CFC，HCFC，HFC 系の物質の今後の適否の評価の参考にもされている。

温暖化を抑制するためには，これらの温室効果ガスの排出を抑制することが不可欠である。

4）京都国際会議のあらまし

1997（平成9）年12月に京都で気候変動に関する国連会議が行われ，議定書が採択された。京都議定書の内容は，対象ガス（温室効果ガス）を CO_2，メタン，亜酸化窒素，HFC_S，PFC_S，SF6 の6種とし，2008～2012年までに1995年を基準年として6％削減しようというものである。

この削減数値はすんなりと決まったわけではなく，会議前から各国の駆引きが活発に行われ，開催国日本の手腕が注目された。日本も当初は5％の削減率でいこうとしていたが，欧米諸国との調整で6％と決まった。国別削減目標は，EU 8％，アメリカ7％，日本6％となっており，先進国全体で，5％目標となっている。これらの数字は法的にも拘束力のある国際約束として，目標の達成を義務づけられることになった。ただ，この議定書のなかには発展途上国への自主目標設定は折込めなかった。これまで人類は石炭・石油を中心とする化石燃料を使ってここまで経済発展を成し遂げてきたが，京都議定書で温室効果ガスの削減目標を取決めたことによって，国際経済にブレーキがかけられたことになる。このことは発展途上国側からみると，自分たちがこれから経済発展をしようとすることへの干渉であるとしかみえなかった。このため，自主目標数値の設定に猛反発した。また，この採択決議のなかには，各国の排出許容枠の売買を認める排出権取引が入れられている。

温暖化の元凶である炭酸ガスに換算すると，6種類の対象ガスのうち炭酸ガスが全体の90％以上を占め，冷媒の HFC は2％にも満たない。しかし，大きな寄与はしないかもしれないが，関連業界としては温暖化係数 GWP のできるだけ小さな冷媒を選んで使用し，むやみに大気に放出しないように留意する必要がある。

5）フロン回収

①　オゾン層保護対策効果の遅れ　モントリオール議定書以来，特定物質の規制を中心としたオゾン層保護対策を実施してきたが，世界規模での衛星などによる観測の結果，オゾンホールの大きさがさらに拡大していることが判明してきた。このために1992（平成4）年の国連環境開発会議で特定物質を中心にガスの回収問題が取上げられ，この行動計画の達成度合いを評価し，人類が抱える問題について2002年「持続可能な開発に関する世界サミット」が開催されている。

②　排出抑制・使用合理化指針　1989（平成元）年1月に，日本では特定物質の排出の規制と回収再利用などの具体的な指針が出された。

③　回収方法および回収装置　一般的な回収方法として，冷媒をガス状で回収する方法と液状で回収する方法の2種類と，両方を複合した方法がある。

ガス回収についても，やり方が何種類かあり，ガスを冷却液化して回収する方法と，ガスを加圧した後液化回収する方法が多く使われる。このうち冷却方式は，一般高圧ガス製造設備に入らないため，小容量に適している。これに対して，加圧方式は高圧にするために一般高圧ガス製造設備の対象となり，装置も耐圧強度が要求される。

一方，液状での回収の場合は回収の効率がよく，大型の機器からの回収に適しており，ガスに比べて大幅に容積を小さくできる。

回収装置には，回収機，回収容器（ボンベ），接続ホース，回収袋などがある。

回収機は回収機能のほかに法規制のうえから安全機能も盛込まれている。種類として携帯型，移動型，車両型がある。携帯型はガス回収加圧タイプが主で，再生機能はもっていない。家庭用冷蔵庫や製氷機，自動販売機，小型エアコンなどに使用されている。移動型はガス回収冷却タイプまたは加圧液化タイプがあるが，重量も100kg近くあり，キャスターがついている。再生機能もほんどについている。車両型は自動車に内蔵されるもので，ガス回収加圧タイプまたは複合タイプがある。自走式で電源の取れない場所でも回収作業が可能である。

また，回収する場合に回収機本体だけでは実施できず，回収容器が必要となる。回収専用の高圧ガス取締法適合品を使用し，一般のボンベは使用できない。ボンベには形状・容量で色々な種類がある。主として10kgと20kgのものが国内ではよく使われる。このほかに回収機の使えない場所などでは，回収袋がよく使われる。いったん製品から回収袋に移して，ある程度まとめたうえで回収機でボンベに液化回収する。

6）フロン再生

地球規模で叫ばれているオゾン層破壊に対する保護対策処置として，1995（平成7）年に特定フロンが全廃された。これらのフロンは新しく今後生産できないが，市場に出回っている製品は数多く存在していて，補充用冷媒が依然として必要である。

製品としては以後10年以上使用し続けられるものもあるのが現実で，この補充用冷媒をいかに確保していくかが問題となる。

そこで㈳日本冷凍空調工業会と㈳日本冷凍空調設備工業連合会が共同で「冷媒回収推進・技術センター」を1993（平成５）年に設立し，翌年の５月より稼動させた。

埼玉県にある「冷媒回収推進・技術センター」では回収された特定フロンの R12，R502を再生し，適正な品質基準に基づいて有料で依頼者に引渡される。こうした流れは，一定のルールに従って行われる。依頼者は登録制となっており，事前の届出が必要となる。再生目的のフロンは，一定の認定技術者が行い，所定のボンベに回収される。センターに持込まれた回収フロンは受入れ時一定の受入れ品質基準に合致しているか検査が行われ，不合格品は返却される。

（２）産業廃棄物問題

１）産業廃棄物とは

廃棄物のなかで，事業活動によって発生したもののうち19種類（燃え殻，汚泥，廃油，廃酸，廃アルカリ，廃プラスチック類，その他政令で定める廃棄物）と，輸入された廃棄物を産業廃棄物という。また，このうち爆発性や毒性，感染性その他ヒトの健康または生活環境に関係する被害を生ずるおそれがあるものを，特別管理産業廃棄物と呼んで区別している。これらから，事業活動によって発生するすべての廃棄物が産業廃棄物ではない点に注意する必要がある。

２）現状での問題点

こうした産業廃棄物も年々増加の一途で，廃棄物処理場も間に合わなくなってきている。路上に放置された車検切れの自動車や，山中に野積みされた家庭用冷蔵庫などの製品が新聞紙上でも目立つようになってきている。

（３）資源リサイクル

１）リサイクルの必要性

私たちの住んでいる地球は，生物と資源のリサイクルによって成立っている。しかし，資源は無限ではなく，オイルショック以降，資源の節約が叫ばれるようになり組織的なリサイクルの必要性が人びとに認識されてきた。

２）リサイクル法

1991（平成３）年10月に「再生資源の利用の促進に関する法律」いわゆる「リサイクル法」が施行された。これは，紙製造業，ガラス容器製造業，建設業といった，大量に紙，ガラス，建設資材を消費する業界のこれら３業種に対して，再生資源の利用を義務づけたものである。また，同時に成立した「廃棄物処理法」の改正において，製造，加工，販売の各業種に対して，再利用の可能な製品・容器の開発と適切な処理方法に関する情報提供を求めている。

また，産業廃棄物の中間処理での材料ごとの仕分け作業によって，リサイクルに回されるものも多くなってきている。しかしながら，現在は仕分けに手間がかかりすぎるために最終処理までいってしまうものもある。簡単に仕分けられ，100％のリサイクルとなる日も決して遠いことではないと思われる。

1998（平成10）年12月１日からは，マニフェスト制度が見直され，すべての産業廃棄物に対して，事業者は廃棄物処理業者との間でマニフェスト票に基づいた手続きを行い，最終処理が完了されるまで責任をもって見届けることが義務づけられた。これによって，無許可の廃棄物処理を行った場合は，罰金が科せられることになった。

2.1.5　今からでもできる省エネルギー

（１）省エネルギー法の歴史

１）エネルギーの内訳

①　エネルギー消費量よりみた内訳　現在，世界のエネルギー消費量は石炭に換算して約80億ｔといわれているが，その半分を石油がまかなっており，次いで石炭，天然ガスの順になっている。これら３者で全体の90％以上を占めている。水力は１％程度で原子力とあわせても２％以下にすぎない。日本では火力が58.7％，原子力が30.7％，水力が９％にすぎない。つまり，電力と呼ばれる約６割が火力発電となっているのが現状である。

② **天然資源の節約の必要性**　前項の石油，石炭，天然ガスの３つの天然資源のうち，他に比べて現在枯渇危機が叫ばれているのが石油である。地球上に1,000億～2,000億ｔあるとされている石油資源だが，年間石炭換算で約80億ｔ消費されていることから，数十年で枯渇してしまうおそれがある。石油をめぐっての国際紛争もあとをたたない。したがって，子孫の代まで資源を残すためにはいかに資源を節約し，有効利用していくかが重要であることがわかる。

２）海外の省エネルギー法の変遷

1970年代に中東戦争が勃発し，原油価格が約４倍に急騰した。その後イラン情勢が悪化してイラン政変が起こるが，同じ頃にアメリカでは，スリーマイル島の原発事故が発生した。1977年４月に当時のカーター政権は，「国家エネルギー計画」を発表し，同７月「国家エネルギー法案」を議会へ提出，翌年の10月に成立した。中身は，ガソリン消費車への累進的課税と，省エネルギー住宅の普及促進，家庭用機器の省エネルギー基準の設定などが折込まれており，当時としてはかなり画期的な内容となっていた。

国際的には，1990年に「地球温暖化防止行動計画」が決定し，1992年６月には「国連環境開発会議」（UNCED）が開催され，地球環境問題に対する国際的認識が高まってきた。

３）日本の省エネルギー法の変遷

中東戦争の後，1973（昭和48）年秋に第一次オイルショックが起こり経済が混乱した。２年後に「昭和50年代のエネルギー安定供給政策に関する提言」が出され，政府政策の基礎となった。1978（昭和53）年秋に第二次オイルショックが起こり，経済が大混乱になった。翌年に「エネルギーの使用の合理化に関する法律」が制定され，日本における初めての省エネルギー法となった。

実際の運用における具体的な判断基準を決めるために，まずルームエアコンと家庭用電気冷凍冷蔵庫に対する基準が公表された。1983（昭和58）年度において，現状数値よりもそれぞれ平均で約17％（最大20％）のエネルギー消費効率の改善を図る，というものである。12月には５分野についての数量的基準が示された。また，８月31日以降乗用自動車について，10モード燃費を1985（昭和60）年度に現状よりも平均約12％改善するという基準を公表した。その後何度となく法内容が改正され，1993（平成５）年３月には，「エネルギー需給構造高度化のための関係法律の整備に関する法律」が公布された。さらに何回か内容の一部が改正され，1998（平成10）年３月に，「エネルギーの使用の合理化に関する法律」の改正が行われた。

（２）省エネルギーの工夫

１）冷蔵庫・冷凍庫

① 正しい使い方

A．冷温での過信は禁物……食品は低温で貯蔵されていても鮮度・品質は次第に低下してくる。賞味期限内であっても初期の状態が悪ければ低下も早くなる。よく行われる予防策は，先入れ先出しの徹底である。新しいものばかりが消費され，古いものが長期間入れっぱなしになると，他の食品へも悪影響を及ぼす。食品の先入れ先出しの心掛けが大切である。

B．品温管理の徹底……最近では食品の芯温，いわゆる品温を検知させる温度コントロールの製品が出てきているが，冷蔵庫・冷凍庫についている温度計は空気温度のため，実際の品温とは異なる。一般に，品温は空気温度の平均値よりやや高めになっていることが多いようである。また，冷却室内部の温度ムラも冷気の吹出し口付近と吸込み口部では温度差がある。さらに，扉の開閉による品温の上昇もその頻度によって大きな影響が出てくる。いったん上昇した品温がもとに戻るまでに時間を要する。このため，表示温度のみで食品の安全性・鮮度を判断できない。

なお，通常一般にいわれていることとして，温かい食品をそのまま冷却室へ入れると品質が下がりやすいばかりでなく，冷却室への霜つきの原因にもなる。放冷あるいは水を張ったところに容器ごと浸けて予冷をしてから入れることが肝要である。また，むやみに扉を開閉すると冷却室内部および冷却器が結露し，霜つきにより性能低下となるので，できるだけ扉を開けないようにすることも大切である。

C．性能を持続させるための方策……空冷の凝縮器が多く使用されているが，時間の経過とともにフィルターがほこりで目詰まりしてくる。したがって，定期的に掃除機などでフィルターの掃除を行うとよい。

凝縮器の効率が低下すると，圧縮機に負担がかかり故障の原因となるので，使用者側でフィルター清掃を行うとよい。常に性能を維持できるようになる。しかし，特に夏場の周囲温度が高いときには，目詰まりが少ない状態でも，性能に大きく影響することがある。

② 家庭用と業務用の基本的な違い

A．一般的な認識……家庭用冷蔵庫は，普及率からいっても家庭に1台は必ず置いてあり，カラーテレビ，洗濯機と並んで，価格的にもかなり安価に手に入る。使われ方としては，家庭の食事に使う食材や味噌，牛乳，ジュース，バター，卵，菓子類などのほか，冷凍庫にはアイスクリームや冷凍食品（最近は，蓄冷材なども）を入れている。

また，個食化や食事時間の分散化などの流れから，電子レンジで再加熱して食べる惣菜関係もかなり多く使われるようになってきている。

こうした家庭用に比べて，業務用はほとんど一般の人には目立たないところで使われている。いわゆる厨房と呼ばれるところやスーパーマーケットなどのバックヤードなどで主として使われる。

B．業務用の特長……堅固で性能的にも優れ，用途により冷蔵，氷温，チルド，冷凍の温度帯に分かれているのが普通である。温度表示の義務づけも食品衛生法で定められ，マイコン制御のデジタル表示のものが多くなっている。外装もステンレス製のものが主流で，ハンドルやガスケットパッキンには抗菌効果をもたせたものも出てきている。これら保管庫のほかにも，加熱した食品を急速冷却するための製品もあり，用途に応じた使い分けが可能となっている。

C．基本的な違い……家庭用冷蔵庫は，日本工業規格（JIS）で性能などが規定されていて，業務用は㈳日本冷凍空調工業会規格（JRA）で規定されている。それによれば，業務用は家庭用と比べて冷蔵室の冷却の速さは2倍となっていて，冷蔵室・冷凍室ともに冷却性能が上回っている。このため，扉開閉時や霜取り後の温度復帰も早く，食品への影響を少なくしている。また，温度の設定についても業務用ではほとんど1℃単位で設定

表 2.1.7　家庭用冷蔵庫（JIS C 9607）

冷蔵・冷凍種別		温度範囲	到達時間
冷蔵庫		0≦t≦10°C	30→10°C到達時間　≦3h
☆	ワンスター	≦−6°C	30→10°C到達時間　≦3h
☆☆	ツースター	≦−12°C	30→−5°C到達時間　≦3h
☆☆☆	スリースター	≦−18°C	
☆☆☆☆	フォースター	≦−18°C	

表 2.1.8　業務用冷蔵庫（JRA規格）

種　別	温度範囲	到達時間
冷　蔵　庫	0≦t≦10°C	30→10°C　≦1.5h
冷　凍　庫	≦−18°C以下	30→−15°C　≦3h

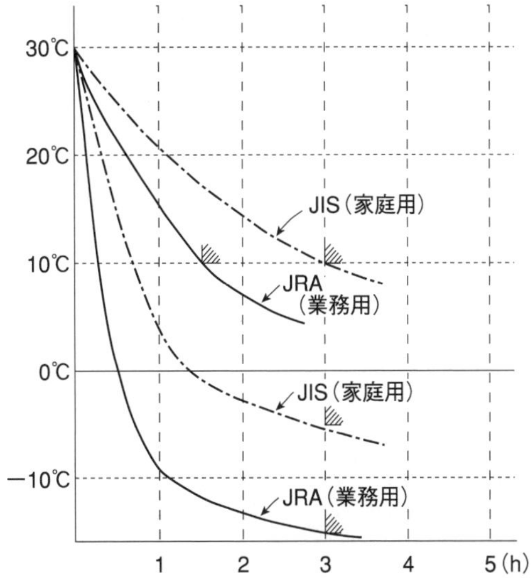

図 2.1.43　家庭用と業務用の性能比較
冷蔵については家庭用の2倍の冷却速度をもつ

ができるようになっている。霜取り時間・回数を使用状況によって変えられるようにしているものもある。

③　用途に応じた選定方法

A．用途の種類……一般には，食品の保管や食品の冷却目的として，冷蔵，冷凍，氷温，チリングなどの保管と，急速冷却・急速冷凍（ショック・フリージング）などの冷却用途に分けられる。

B．用途に応じた選定方法……食品保管用はもっとも一般的に使われている用途で，常温で流通している食品の保管を目的としている。最近流行しているワインについても，赤ワインは13～18℃，白ワインは6～15℃での保管温度で保管される。ワイン専用のワインセラーは，湿度が75％前後で振動に対する予防策が講じられている。氷温専用庫については，食品の凍結点ぎりぎりの温度まで下げることによって，食材のうまみを引出している。精度のよい温度制御によって鮮度の保持期間を延ばしているのである。

一方，最近の加熱調理品をチルド温度帯まで急速に冷却するのに，通常の冷蔵庫では緩慢冷却になり，食品の品質が劣化するため，専用の急速冷却機または急速凍結庫で対応する必要がある。

また，冷却とは全く正反対のものして，「解凍」がある。専用の解凍機を使用することにより，従来多く行われている水解凍などと比較して，解凍機で品質を良好に保つことができる。

2）HACCP とのかかわり（p.10参照）

日本で，1996（平成8）年に O157集団食中毒が全国規模で発生し，感染患者数が1万人を突破した。これ以後，国際的にも食品に対するいっそうの安全対策が求められている。特に被害が甚大であった学校給食に対しては，国から HACCP の考え方に従った現場対策が指示された。しかし，未だ設備は不充分で今後の徹底が求められている。

こうしたなかで，特定給食施設などの大量調理加工の工場における設備導入に際しては，食材受入れから製品の出荷に至るまでの注意点が，HACCP に基づいて指摘されている。例えば，食材保管温度の徹底と温度記録保管や，加熱調理時の芯温管理および記録の徹底などが決められ，汚染が交差しないようにそれぞれの加工場所のゾーニングと作業場所の温度指定，その他一般的な衛生管理の徹底が指示されている。

今後は HACCP 認定工場の取得や，認定商品の導入が増えてくるものと思われる。

2.2 微生物の制御

2.2.1 食品の殺菌と微生物制御

（1）食品と微生物

1）食品中の微生物の種類

① 細菌とカビ・酵母　微生物はその大きさが1～100μmの範囲にあり，したがって顕微鏡を用いて初めて見ることができる生物のことをいう。食品にかかわる微生物は主に細菌（バクテリア）と菌類（カビ・酵母）である。この両者は生物としての細胞構造や機能が基本的に異なる。前者は核が細胞質から隔離されていない原核生物といわれるもので，これに対し後者は核膜に囲まれた核をもつ真核生物に属し，植物や動物，ヒトと同じ仲間である。したがって，ヒトや食品の周囲から微生物を制御する場合も細菌とカビ・酵母は区別して考える必要がある。例えば，生きた植物・動物中にあるカビ・酵母を不活性化することは，細菌に比べて困難である。

② グラム陽性菌とグラム陰性菌および芽胞　細菌はグラム染色法によって，グラム陽性菌，グラム陰性菌の2つのグループに分けられる。これは細胞表層構造の違いに起因している。

細胞壁は細胞質を囲む硬い構造物で細胞の形を決定し，その内側は細胞質膜に接する。細胞壁の主成分はペプチドグリカンと呼ばれる網目状の構造物である。グラム陽性菌ではペプチドグリカン層が厚く強固な表層を形成している。グラム陰性菌では，ペプチドグリカン層の外側にさらにリポタンパク質およびリポ多糖よりなる外膜がある。

グラム陰性菌はこの外膜の存在のため，グラム陽性菌に比べ化学薬品，酵素などの化学的ストレスに強い傾向がある。これに対し，グラム陽性菌は熱，浸透圧などの物理的ストレスに強い。

グラム陽性菌のうちバシラス属やクロストリジウム属の菌は，ある条件下で細胞内に芽胞（胞子）を形成する。芽胞は発育状態の細胞に比べ著しく耐熱性で，例えば熱殺菌では100℃以上の温度が要求されることが多い。芽胞はあらゆる物理的ストレスに強いだけでなく，強固なスポアコートの存在のため化学的ストレスにも強い。

2）食品中の微生物数

生物由来物質である食品に付着して生残り，増殖してヒトの口の中に入ってくる微生物は，種類，数とも無数といってよい。ヒト一人の消化管その他身体周囲に存在する微生物の数は10^{14}のオーダーに達するといわれる。私たちは常に大多数の微生物とともにあるといってよい。これらの微生物の多くは無害であるが，なかには病原性のある種類，食品を変質させる種類なども含まれる。しかも微生物は条件によっては食品中またはヒト体内で急速に増殖する。

食品によって私たちが受ける危害（食中毒）の原因物質の90％以上が微生物であることが毎年の統計（厚生労働省：食品衛生研究）によって示されている。その微生物の主なものはサルモネラ，腸炎ビブリオ，病原性大腸菌，ブドウ球菌などとウイルスである。法定伝染病原因菌など高度の重篤性を示す微生物は10^2程度の菌数の摂取で発症することがあり厳重な排除を要する。これに対し中程度の重篤性を示す微生物による，一般の食中毒の発症は通常一時に10^6以上の原因菌を摂取することで起こる。

収穫直後の自然界の食品素材には通常1g当たり10^5以上の微生物が存在するが，これが調理加工，保存および流通の後，消費者が危険なレベルの菌数またはそれを含んでいた食品を摂取することがないように微生物制御を図らなくてはならない。食品素材中の微生物の存在状態にも注意を要する。例えば，野菜，果物では最高10^9/gの病原性菌を含むグラム陰性菌が付着している[1]。これらは菌が植物表層の気孔や毛状組織に固く吸着していて[2]，塩素剤などを用いてこれを洗浄してもしばしばほとんど除菌には効果を示さないことがある。

3）微生物の増殖

微生物は好条件に置かれると一定の期間ごとに重量または数が倍になる成長または分裂が起こって増殖する。この倍になるのに要する時間を世代時間というが，大腸菌などの細菌では35℃で0.3～0.5時間，酵母では30℃で1～5時間である。この割合で増えると細菌数は1～1.5時間ごとに10倍となる。菌数が著しく大きくなると酸素や栄養素の取合いが起こって増殖は抑えられる。増殖は温度，pH，酸素濃度，浸透圧，栄養素の濃度がある一定の範囲にあるときのみみられる。温度範囲が高温域，中温域，低温域にあるものを，それぞれ高温菌，中温菌，低温菌と呼ぶ。増殖可能温度域内では高温ほど発育速度は速い。酸素濃度が0のときのみ生育する菌を嫌気性，必ずしも0でなくてもよいものを通性嫌気性，低酸素のときのみ生育するものを微好気性，空気程度の高濃度を要求するものを好気性という。

4）食品中の危険な細菌

以下の細菌の説明は番号によって次のような内容となっている。

①分布；②最低pHと発育最低温度；③菌の特徴（芽胞は熱死滅条件）；④発症型（発症が食品中に生成した毒素による毒素型または菌が体内で増殖した結果による感染型）；⑤感染経路など。

◎高度重篤性を示す食中毒菌例とその特色

A．ボツリヌス菌（*Clostridium botulinum*）……①土壌，動物；②pH4.7，4℃；③グラム陽性，嫌気性，芽胞（120℃，4分）；④毒素型〔神経毒，毒素は熱に弱い（80℃，30分），E型は低温でも生成〕，ハチミツに存在する幼児型ボツリヌス菌は感染型；⑤自家製缶詰，いずし，真空パック食品など注意。

B．リステリア菌（*Listeria monocytogenesis*）……①動物；②pH6，4℃；③グラム陽性，通性嫌気性無芽胞，耐塩性；④感染型，髄炎，髄膜炎，敗血症を起こす；⑤畜産食品特に乳製品や野菜類から経口感染，日和見感染で乳幼児，高齢者の発症が多い。

C．腸管出血型大腸菌（*Escherichia coli* O157:H7）（ベロ毒素産生性大腸菌）……①動物（ウシの腸管），河川；②pH5，10℃；③グラム陰性，通性嫌気性，無芽胞；④感染型。

◎中程度重篤性を示す食中毒菌の例とその特色

A．サルモネラ（*Salmonella enteritidis*）ほか……①動物一般；②pH6，15℃；③グラム陰性，通性嫌気性，無芽胞，熱に弱い（65℃，30分で死滅）；④感染型，日本の食中毒でもっとも頻度の高い原因菌となっている。

B．腸炎ビブリオ（*Vibrio parahaemolyticus*）……①夏季の海産生鮮魚介類，海水；②pH6，15℃；③グラム陰性，通性嫌気性，耐塩性；④感染型。

C．カンピロバクター（*Campylobacter jejuni/coli*）……①動物の腸管，特に豚肉，鶏肉に頻度高く存在；②pH6，25℃；③グラム陰性，微好気性，熱や乾燥に弱い；④感染型。

D．黄色ブドウ球菌（*Staphylococcus aureus*）……①化膿巣，傷跡；②pH4.5，12℃；③グラム陽性，通性嫌気性，耐塩性で乾燥に強い。熱に弱く100℃，30分で死滅；④毒素型，毒素（エンテロトキシン）が耐熱性の場合は，感染食品を加熱殺菌しても有毒のままとなる；⑤メチシリン耐性株による病院内感染が問題となっている。

5）衛生指標細菌

食品が微生物的に安全であるかは一般に総細菌数によって判断されるが，特に危険な微生物の汚染の危険に対してはヒト，動物の排泄物の混入の有無によって決定される。そのため衛生指標として，大腸菌群（coliform group）が用いられている。

大腸菌群は「グラム陰性，無芽胞の桿菌で，乳糖を分解してガスを産生する好気性あるいは通性嫌気性の細菌群」と定義される。ヒトの大便中の大腸菌群の菌種はほとんどが大腸菌（*E.coli*）で占められる。

しかしヒトの生活に無関係と思われる山岳土壌や河川水にもわずかながら大腸菌群細菌が存在している。これらは低温でのみ発育するものが多い。そこでより厳密な衛生指標として，大便系大腸菌群（fecal coliforms）が「44.5℃の培養温度で乳糖を分解してガスを産生するもの」と定義されて用いられている。

（2）包装済食品と固形食品の熱殺菌

食品の熱殺菌においては，効率よく熱処理して食中毒細菌，経口伝染病菌，腐敗微生物を死滅させ，熱処理による食品品質低下を最小限に保つように工夫しなければならない。食品を加熱するためには燃料から発生する熱エネルギーによって熱水，水蒸気，熱風を生成し，これらを熱媒体として直接または間接に食品の温度を上昇させて有害微生物を死に至らしめる。特殊な方法としてマイクロ波，遠赤外線，通電による電気抵抗熱も利用されている。

液状ないし固液混合系の食品は一度に大量に加熱処理することができるが，包装済食品では容器に食品を充塡した後加熱殺菌されている。

食品の加熱殺菌においては，食品の種類，要求される保存性，殺菌指標微生物の耐熱性によって処理条件が相違する。pH 4.5以下の酸性食品では耐熱性の細菌胞子は発芽，増殖することができないので，100℃以下の温度条件が採用されている。これが低温度殺菌である。しかし微酸性ないし中性食品では耐熱性の細菌胞子を死滅させないと長期保存性食品は得られないので，100℃以上の加熱条件が採用されている。しかしこの場合，食品の品質劣化を可能な限り抑えるための工夫が必要である。

1）包装済食品の熱殺菌

包装済食品の一般的製造工程は，

原料―前処理（洗浄，精製，調理，ゆでるなど）―容器詰め（手作業，機械充塡）―脱気（真空，加熱蒸気噴射）―密封（二重巻締め，キャップつき，熱シール）―殺菌―ラベル貼付―包装済食品

となっている。食品の包装材料としては，ブリキ，アルミニウム，クロムまたはニッケルメッキスチールよりなる金属缶，ガラス瓶，アルミニウム箔，プラスチックフィルムあるいは複合容器が利用されている。

圧力（常圧，加圧），熱媒体（熱水，水蒸気，熱風），工程（静置，動揺，回分，連続）によって区分することができる。

①　低温度殺菌　低温度殺菌で用いられるもっとも単純な装置は四角い鉄製またはコンクリート製のタンクであって，これに食肉製品をかごに入れて所定時間熱水中に浸漬する。食肉は熱伝導率が小さいので大型製品で5～6時間，小型で2～3時間の浸漬が必要である。

缶詰，瓶詰，袋詰の食品では普通連続式の加熱殺菌装置が多用されている。そのため採用される方式として，次の装置がある。

A．連続式装置……果実缶詰などに利用されるもので，水槽内にコンベアを備えて缶を移動させて加熱殺菌する。

B．連続熱水噴霧殺菌装置……酸性食品の低温度殺菌にもっとも広く利用されており，缶，瓶詰がトンネルの中をコンベアにより移動してその間熱水が噴霧されて予熱，殺菌，予冷，冷却の区画を通過していく。

C．連続動揺式殺菌装置……果実，果汁などの缶詰に利用され，らせん状のトラックに沿って移動させて内容物を震動させながら熱水または蒸気で加熱する。

D．その他……熱源としてマイクロ波や遠赤外線を連続照射する装置もある。

②　高温度殺菌　100℃以上の高温度殺菌においてもっとも基本的なバッチ式装置のレトルトは，円筒形の縦型または横型のもので，前者では包装済食品をかごに入れ頂部より，後者では台車に載せてレトルト内に導入する。蒸気または熱水が熱媒体となる。この場合蒸気加熱に比べて熱水

のほうがレトルト内の容器温度が均一となるが，殺菌タンクのほかに熱水貯蔵タンクが必要である。このために熱水シャワー式のレトルトも開発されている。高温度殺菌においては静置式レトルトのほかに容器を天地に回転させて熱効率の向上が図られている。

連続式殺菌装置としては，らせん式殺菌装置があるが，レトルト内は加圧下にあるので図2.2.1のような自動密閉缶搬出入バルブによって圧力ロックしなければならない。これに対して縦型の静水圧連続殺菌装置（図2.2.2）では，蒸気室の前後に蒸気圧力と平衡するように予熱塔と冷却塔が設置されてその静水圧によって圧力ロックされている。図2.2.3のハイドロロック連続殺菌装置は

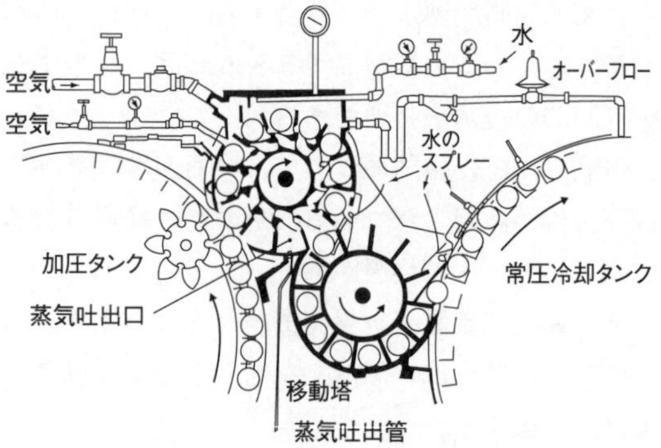

図 2.2.1　自動密閉缶搬出入バルブ

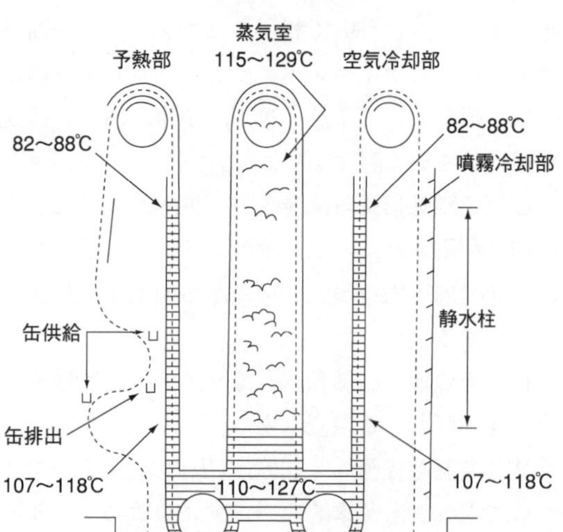

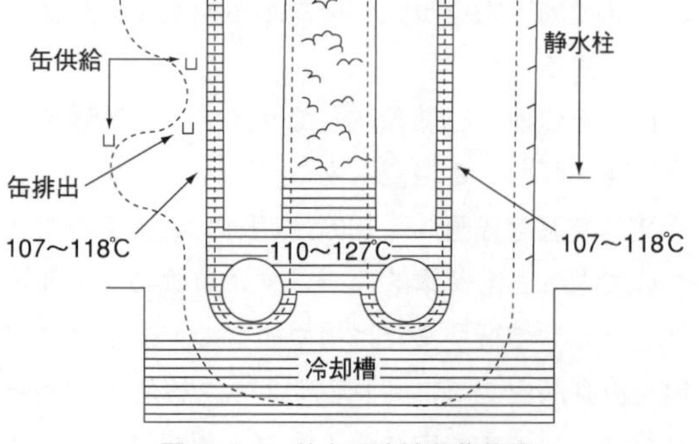

図 2.2.2　静水圧連続殺菌装置

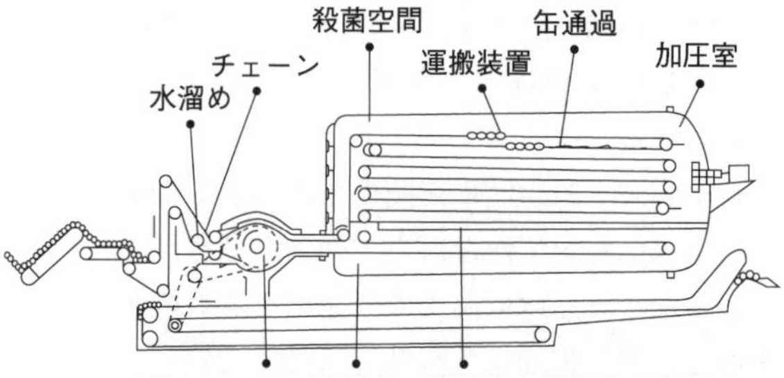

図 2.2.3　ハイドロロック連続殺菌装置

横型で水封ロータリーバルブによって圧力ロックと水漏れの防止がなされている。

包装済食品の加圧加熱殺菌においては，容器の種類によって加熱，冷却装置が相違する。通常の金属缶では急激な冷却時の缶内外の圧力差に耐えるので冷水にて直接冷却することができるが，大型缶，肉薄缶，不規則形状缶では缶の変形防止の目的で加圧冷却する必要がある。ガラス瓶では熱衝撃による破損のほか，キャップの密着性が弱いため内外の圧力差に耐えないので加圧冷却しなければならない。レトルトパウチではレトルトへの挿入，積込み方法が缶，瓶詰より注意深く取扱われているし，わずかの圧力の変動によって破袋するおそれがあるので，加熱時に余分な加圧により殺菌し，そのまま加圧冷却されるのが普通である。例えば120℃で殺菌する場合，1.5kg/cm²に圧力を上げる。加圧冷却法としては，蒸気加熱の場合は空気と水または蒸気と水との組合せが用いられ，熱水加熱の場合では水のみと空気と水の組合せによって行われている。

2）固形食品の熱殺菌

食品原料など粉粒体の殺菌では，水分含有量が低くなるに従って微生物の耐熱性が著しく増大するので（表2.2.1），湿熱条件下での熱殺菌に比べて高温度の長時間の加熱条件を適用しなければならない。この場合，飽和水蒸気の利用では粉粒体の吸湿により clogging（詰まり）を起こすおそれがある。そのため殺菌効果が劣るが過熱水蒸気（飽和水蒸気を加熱して温度上昇させる）が利用されている。

粉粒体原料の連続殺菌のためには，撹拌式，タ

表 2.2.1　粉体中に存在する *B. stearothermophilus* 胞子の耐熱性に対するAwの影響（120°C）

食品材料	水分(%)(W/W)	Aw(20°C)	10^{-4}低下時間(分)
卵粉末	40.3	0.98	15
	9.4	0.68	51
	4.3	0.33	460
	0.1	0	7
魚タンパク濃縮物	63.7	0.99	4
	10.7	0.68	32
	7.4	0.33	250
	0.1	0	36
小麦粉	45.6	0.99	9
	14.1	0.68	21
	9.3	0.33	99
	0.1	0	31

ワー式の装置が利用されている。各種香辛料，小麦粉，米粉，コーンスターチ，乾燥野菜，カツオ節などの菌数低下の目的に利用されている。次に殺菌処理条件例を示すと，以下のようになる。

攪拌式……0～2 kg/cm²，100～250℃，10～20秒の条件で10^{-2}菌数低下。

気流式……1～3 kg/cm²，150～220℃，5秒で10^{-3}～10^{-6}菌数低下。

タワー式……1 kg/cm²，180℃，1～2秒で10^{-2}菌数低下。

また特殊な例として高温室に数日間放置することにより粉粒体の菌数低下が認められている。

乾燥卵白……50～55℃，1～2週間放置で病原性細菌が10^{-4}～10^{-6}低下。

トウモロコシ粉（水分12%）……62.8℃，2日放置で初発菌数は細菌1.5×10^6，真菌6×10^5が10^{-2}～10^{-3}低下。

（3）液状食品の連続殺菌と無菌充塡包装

1）無菌充塡包装とは

ロングライフミルク（LL牛乳）やコーヒー用ミルクのように，充塡する食品を高温短時間殺菌してから，過酸化水素などで殺菌した包装容器の中へ無菌充塡包装するものを無菌充塡包装食品，すなわち aseptic packaging foods と呼んでいる。

表 2.2.2　世界各国で市販されている無菌充塡包装食品

乳製品	フルーツ製品	ソース・酒類	その他
発酵牛乳	パパイヤ飲料	ケチャップ	豆乳
ロングライフミルク	メロン飲料	醤油	豆腐
ヨーグルト飲料	マンゴー飲料	チョコレート	ミックス果汁シロップ
コーヒー用ミルク	グアバ飲料	ソース	健康飲料
プリン	オレンジ飲料	酒	水
アイスクリームミックス	果汁ネクター	ワイン	コーヒー
泡立てクリームチーズスプレッド			各種ティー

出典）横山理雄：日本包装学会誌，2（2），73（1993）

表2.2.2に，世界各国で市販されている無菌充塡包装食品を示した。この表からもわかるように，ロングライフミルク，果汁飲料，酒，ワインのほかに豆乳，各種ティー，豆腐なども無菌充塡包装されている。

2）液状食品の連続殺菌装置

①　超高温短時間（UHT）殺菌装置　液状食品のなかでも，牛乳などの低粘性食品や濃縮スープなどの高粘性食品は，UHT 殺菌されている。表2.2.3に，UHT 殺菌装置と殺菌原理について示した。低粘性食品では，インジェクション式，インフュージョン式およびプレート式熱交換器が一般に使われている。一方，高粘性食品ではチューブラー式や表面かき取り式のほかに，インジェクション式熱交換器も使用されている。また固液混合食品では，表面かき取り式が，粉末食品ではインフュージョン式が使われている。このようなUHT 殺菌装置を流れる液状食品の温度を測るのは難しいが，設楽[3)]はリアルタイム温度測定システムを開発した。このシステムはスチームインジェクターヒーターで加熱され，保持管を流れる水や CMC 溶液の温度を測定するものであるが，その方法は，保持管内の流路断面に13点のϕ0.5㎜非接地型銅－コンスタンタンのシース熱電対を設置し，リアルタイム多点計測器で行っている。

②　牛乳などの低粘性食品の UHT 殺菌装置　一般にロングライフミルクなどは，135～145℃，

表 2.2.3　超高温短時間（UHT）殺菌装置と殺菌原理

UHT殺菌装置		殺 菌 原 理	対象食品
直接式	インジェクション式	食品に直接，蒸気を吹込んで殺菌する	低粘性食品 高粘性食品
	インフュージョン式	蒸気中に食品を注入して，直接殺菌する	低粘性食品 粉末食品
間接式	プレート式	ステンレスプレート間隙に交互に水蒸気または液体食品を入れ，熱交換して殺菌する	低粘性食品
	チューブラー式	チューブの中に過熱水または蒸気を通し，食品を接触させて間接的に殺菌する	低粘性食品 高粘性食品
	表面かき取り式	二重円筒になっており，外側に蒸気を通し，内側に食品を入れて殺菌する	高粘性食品 固液混合食品

出典）横山理雄：食品と容器，33（10），555（1992）

2～6秒間の UHT 殺菌が行われている。表2.2.4に，食品に生育している耐熱性細菌芽胞の*D*値（加熱によって細菌数を1/10に減少させるのに要する時間。単位は分）を示した。この表から，*Bacillus stearothermophilus* は120℃の加熱温度では，水を培地にしたときの*D*値は16.7分であったが，牛乳培地では7.8分であり，150℃の加熱では，水培地が0.008分，牛乳培地では0.007分で細菌数が1/10に減少している。食中毒菌の *Clostridium botulinum* B型菌の*D*値は115.6℃では0.19分であった。

③　濃縮スープなどの高粘性食品の UHT 殺菌

濃縮スープ，トマトケチャップの UHT 殺菌装置には，直接スチームで加熱する方式や間接加熱による表面かき取り方式がある。

かき取り方式によるホワイトソースの UHT 殺菌[4]では，135℃・29.5秒，中華ソースは135℃・25秒の殺菌で微生物が死滅している。固形物を含んだミートソースでは，135℃・29秒，

表 2.2.4　耐熱性細菌芽胞の*D*値

細菌名（芽胞）	加熱温度（℃）	*D*値（分）	培　地
Cl. botulinum Type B	115.6	0.19	マッシュルームピューレ
B. stearothermophilus	120 120	16.7 7.8	水 牛　乳
B. stearothermophilus	150 150	0.008 0.007	水 牛　乳
B. subtilis	121 140	0.44～0.54 0.001	リン酸緩衝液 肉エキス
B. coagulans	110	6.6	リン酸緩衝液

出典）設楽英夫：食品工業，39（11下），32（1996）

クリームコーンが135℃・29秒の殺菌で微生物が死滅している。

インジェクション方式による高粘性食品連続殺菌装置による微生物殺菌試験[5]では，20万 cP のトマト製品に *Bacillus licheniformis* を1g当たり1.3×10^2混入した場合，113℃・7.5秒，118℃・3.0秒の殺菌で細菌が完全に死滅するという報告が出されている。また，同装置でクリーム類に耐熱細菌 *Bacillus stearothermophilus* を1g当たり3.5×10^4混入した場合，139℃・6.1秒間の殺菌で完全に死滅し，たれでは130℃・3.5秒で微生物が完全に死滅することも報告されている。

3）固液混合食品の通電加熱殺菌装置

海外では，調理食品，シロップを含んだフルーツ製品などの無菌充塡包装やホットフィル（熱間充塡）の殺菌に通電加熱殺菌装置が使われている。日本でも実用化されている。

通電加熱[6]は，食品に電流を流したとき，食品が自己発熱することを利用した加熱方法である。その発熱機構は，ジュール熱のほかに誘電損失による発熱もある。この通電加熱には，直流加熱と交流加熱の2種類がある。

通電加熱殺菌装置[7]は，交流加熱方式であり，食品材料の両端に交流電界を加え，発熱加熱させるものであり，電力出力75kWと300kW，製品処理能力750kg/hおよび3,000kg/h の2システムが実用化されている。この装置では，ポンプで搬送可

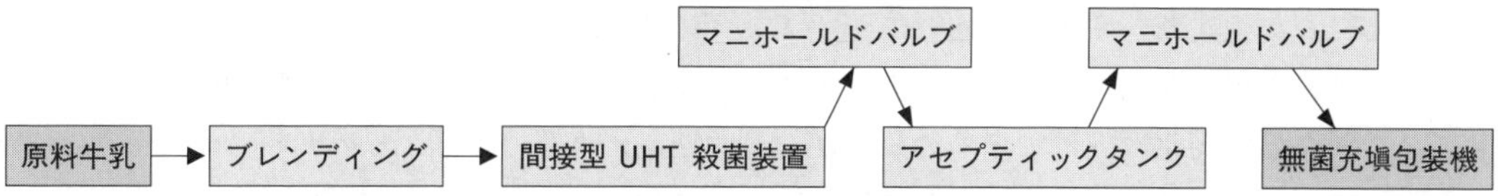

図 2.2.4 ロングライフミルクの製造プロセス

出典）高野光男・横山理雄：食品の殺菌，幸書房，pp.242～252（1998）

能な固形物を含んだ食品に，低周波交流電流（50/60Hz）を通し，加熱する。

4）食品の無菌充塡包装の実際

① **ロングライフミルク**　UHT 殺菌装置で殺菌する前の原料牛乳には，*Bacillus*，*Clostridium*，*Sporolactobacillus*，*Desulfotomaculum* などの有芽胞菌が存在している。*Bacillus* 属のなかでは，*B. licheniformis*，*B. cereus* の両者が80%を占め，耐熱性のある *B. stearothermophilus* は少ないとされている。*B. stearothermophilus* は120℃・10分の殺菌では細菌胞子が71.4%生残るが，130℃・10分の殺菌で完全に死滅するといわれている。図2.2.4に，ロングライフミルクの製造プロセスを示した。このプロセスでは，ブレンドされた原料牛乳は，間接型 UHT 殺菌装置で135～145℃・2～6秒間殺菌され，無菌充塡包装機でロングライフミルクを製造する。

② **果汁飲料**　果汁製品に生育する微生物[8]には，細菌では *Acetobacter xylinum*，*A. molanogenus* などの酢酸菌や *Lactobacillus plantarum*，*Lenconostoc*，*Bacillus*，*Microbacterium* などが，カビでは *Penicillium expansum*，*Aspergillus nidulans* などがあげられている。

この果汁飲料の無菌充塡包装方法[9]は，基本的には牛乳の場合と同じと考えてよいが，果汁のpHが4.0以下であるため，殺菌処理の対象となるのは酵母，カビや乳酸桿菌などである。そのため，殺菌装置の最高温度は100℃以下にするのが普通である。

一般に，ウンシュウミカンの果汁飲料の例では，93～100℃・5～20秒間殺菌された後，約20℃に急冷し，紙容器に無菌充塡包装される。これら無菌充塡包装機は，過酸化水素（H_2O_2）水で紙容器の微生物を殺菌する方式がとられている。

無菌充塡包装された果実ジュースは，室温貯蔵中に変敗や褐変を生ずることがある。この褐変に関する因子[10]には温度，酸素，アミノ酸，金属，pH，アスコルビン酸の分解などがあげられ，褐変にはアミノ酸の影響が強く表れ，高濃度のアスコルビン酸共存下でより顕著であった。

GRANZER の試験[11]では，無菌充塡包装された果実ジュースの保存性は，ガラス瓶では6.5～9カ月，バリア性紙容器では3～5カ月という結果であった。

③ **トマトペースト**　トマトペーストの無菌充塡包装において問題となる微生物[12]は，*Oospora*，*Aspergillus*，*Mucor*，*Penicillium* などのカビや酵母，*Bacillus coagulans*，*B. stearothermophilus* などの細菌類である。トマトペーストなどを120℃・15秒間 UHT 殺菌することによって，耐熱性のある *B. stearothermophilus* も完全に死滅させることができる。

トマトペーストの無菌充塡包装システム[13]では，高温で殺菌されたトマトペーストを30～35℃に急冷し，120℃で殺菌された金属ドラム缶（208ℓ）に1時間18ドラムのスピードで無菌充塡包装される。金属缶のほかに，γ線殺菌されたバリア性プラスチック包材に詰める無菌充塡包装システムが，Fran Rica 社[14]で開発され，世界各国で使用されている。

（4）食品に適用されるいろいろな物理的殺菌法

1）熱殺菌法と熱を用いない冷殺菌法

殺菌法として熱殺菌法は経験的に安全性が確かめられており，常に基本的に用いられてきたが，生の食品素材（畜肉，家禽，鶏卵，野菜，果物など）に適用することはできない。熱を用いない冷殺菌法としては放射線殺菌がまずあげられるが，ここではその前に放射線殺菌以外の方法もあわせ説明する。これらは実用化に向けて多くの研究が進められているが，まだ製造プラントとして稼動しているものは少ない。

2）閃光パルス法[15)]

電気的に集積したエネルギーをキセノンランプなどにより，海岸における太陽光の2万倍の強さの光としてフラッシュさせることにより殺菌する。光は波長200nm～1mmの範囲で，電離作用はもたない。1フラッシュの照射エネルギーは0.5～0.75J/cm²で，2～3フラッシュで種々の細菌芽胞，リステリア菌および大腸菌 O157:H7などの菌数を7～9桁低下させることができる。食パン，冷凍エビ，食肉の保存期間の延長に有効であるといわれる。実用的には特に飲料水の処理に適し，塩素処理の効果がないので問題となっている種類の原虫卵（*Cryptosporidium parvum* オーシスト）を1J/cm²の1フラッシュで6～7桁低下させることは注目される。実用的な装置は Pure Pulse Technologies社から Pure Bright という商品名で出されている。

3）高　　圧

高圧処理は連続処理が困難であること，形状をもった食品には適用できないことなどの制約がある。果物ではジャム，ゼリー，フルーツミックスサラダなどに用いられる。高圧で殺菌するためには，食品が低pHであることが基本的に要求される。例えば，ミカンジュースの5*D* の冷殺菌は3,500気圧（350MPa）で30分，4,000気圧（400MPa），5分で達成される[16)]。処理温度を45℃まで上げることにより殺菌効果はさらによくなる。堀江ら[17)]は35～54℃の高圧処理で10^6/gの酵母を除去できたと報告している。一般の細菌，カビ，酵母は3,000～6,000気圧の処理で殺菌可能であることが知られている。しかし，内容量が100ℓを超えるものは著しく大重量のものとなるので，殺菌装置としては技術的に問題があると思われる。現存する大容量の装置でもポンプ輸送のできるものに使用が限られている。

4）高電圧パルス放電殺菌法[18),19)]

細胞融合，遺伝子導入に500～800V/cmの高電圧パルス法（エレクトロポレーション法）が日常的に用いられている。殺菌では10kV/cm以上の高電圧パルスが用いられ細胞膜に非可逆的に損傷を与える。その装置の概略は，充放電コンデンサーを含むパルス発生器からのパルス電圧（約15kV，幅10*us*）が殺菌槽の電極（間隔10mm以下）にかけられ，この間に試料を通過させつつ放電，殺菌する。このような短時間のパルス放電はほとんど試料の温度を上昇させない。また電極および試料によって，電解生成物もない。菌体は電場で分極を受け，連鎖状となって膜に穴があく。したがって，菌体濃度が大であると効果も大となる。対数期の菌体に比べ，定常期の菌体は耐性が高く，胞子はさらに殺菌が困難である。殺菌槽は電極間距離が狭いので処理できる食品は液体に限られるであろう。Pure Pulse Technologies社では乳製品，果汁，液状卵などへの適用を検討している[20)]。

5）紫外線による殺菌

紫外線の殺菌作用は光子が菌体構成成分に直接作用した結果の直接効果と，菌体を取巻く分子，例えば酸素，光増感分子の関与する間接効果が考えられる。このうち後者は350nm以上の可視領域にもみられ，前述のように閃光殺菌などに利用されている。ここでは直接効果について述べる。

光の殺菌効果の波長依存性はチミンの吸光曲線にほとんど一致する。すなわち254nmを中心とする光は菌体ゲノムに吸収され，光生成物（チミン二量体）を修復能を上回るほどつくることによって殺菌する。芽胞は紫外線耐性である。これは芽胞での光生成物が芽胞発芽過程で修復されやすく，また，芽胞タンパク質がDNAを安定化させているためであるとされている。

紫外線は透過性に乏しいので，殺菌は露光表面に限定される。空気浮遊菌の殺菌，飲料水，養殖用淡水または海水のような比較的透明な気体，液体の殺菌によく使用される。この場合殺菌用ランプの周囲に気体，液体を強制循環させつつ殺菌できるので大規模な設備の殺菌に利用できる。

6）電離放射線による殺菌

今まで述べてきた殺菌法はいずれも対象とする食品に限界があり，特に，ϕ30mm以上の容量をもつものと乾燥物に対しては不可能である場合が多い。これに対して，γ線はその高い透過性から，包装済みの大きな固形物を対象にできる唯一の方法といえる。また粉末状またはフィルム状の乾燥物に対しては，電子線が好適である。

食品などの殺菌に実用化できる電離放射線としてはコバルト60およびセシウム137のγ線，エネルギーが10MeV 以下の電子線，エネルギーが5 MeV 以下のエックス線に限られている。このエネルギーレベルであれば照射した食品などに放射能が誘導される心配がない。

① 放射線の単位　放射線のエネルギーは電子ボルト（eV）が用いられる。1eV は電子が1Vの電圧で加速されて得られる運動エネルギーを表し，1.6×10^{-19} J に相当する。

放射線殺菌における放射線量は吸収線量で示される。すなわち，放射線と物質の相互作用で単位質量当たりに吸収されたエネルギーを示す単位でGy（グレイ）で示され，1Gy は物質1kg中に1Jのエネルギーが吸収されたときの線量である。

② 食品汚染菌への殺菌作用　牛挽肉，機械で骨をとった鶏肉中の大腸菌 O157:H7に対するコバルト60γ線のD値は0.16～0.44kGy であり，リステリア菌に対するものは0.27～1.0kGy とされているから，1.5～3.0kGy の照射で食品中の汚染菌（無芽胞細菌）を殺菌することができる。胞子形成細菌や放射性抵抗性細菌は10kGy 以上の高線量でも生残るものもある。

③ 食品への放射線殺菌の問題点[21]　1980年開催の FAO/IAEA/WHO 合同の専門家委員会は，「平均線量が10kGy 以下の放射線を照射したいかなる食品も毒性を示すことはなく，したがって，10kGy 以下照射した食品の毒性試験はこれ以上行う必要がない。さらに，10kGy 以下の平均線量を照射した食品は，特別の栄養学的な問題や微生物学的な問題もない」という結論を出した。食品に対する放射線の使用で今一番の問題は，それを消費者が受入れるかにある。日本では食品に対する放射線の照射は，ジャガイモの芽止めなどの目的のほかはまだ認められていない。

（5）食品添加物による微生物制御

1）微生物制御を目的とする食品添加物

このグループには，保存料，殺菌料，防カビ剤および一部の漂白剤が含まれる。

◎保存料　保存料には，指定添加物（化学的合成品）と既存添加物（天然物）の2種類がある。

A．指定添加物（化学的合成品）の保存料……①安息香酸および同ナトリウム，②ソルビン酸および同カリウム，③プロピオン酸および同ナトリウムならびにカルシウム，④パラオキシ安息香酸エステル類，⑤デヒドロ酢酸ナトリウムの5種の化合物とその塩類または誘導体で，それらの使用基準は，表2.2.5のとおりである。

また使用にあたっては物質名と用途名を表示することになっている。

これらの指定添加物（化学的合成品）の保存料は，使用量が年々減少しているが，そのなかでソルビン酸ならびにソルビン酸カリウムのみは，比較的多い量が使用されている。

ソルビン酸，プロピオン酸および安息香酸の3種の化合物は，有機酸の一種であるので，添加する対象の食品のpHにより効果が左右される。低いpHで作用が強くなり，中性やアルカリ性では弱くなる。

これらの保存料のなかで，安息香酸，プロピオン酸，ならびにパラオキシ安息香酸は，かなり広く自然界に天然物として分布している物質である。そのため，製造業者が添加していないにもかかわらず食品からこれらの物質が分離されて問題になったこともある。

B．既存添加物（天然物）の保存料……天然物の保存料を表2.2.6に示す。天然物と化学的合成品の保存料のもっとも大きい違いは，天然物には使用基準が設けられていないことである。

ただ，表示にあたっては物質名と用途名を併記するのは，化学的合成品の場合と同じである。

表 2.2.5　使用基準のある保存料指定添加物(化学的合成品)

物質名	対象食品	使用量	使用制限	備考
安息香酸 安息香酸ナトリウム	キャビア	2.5 g /kg以下 (安息香酸として)	マーガリンにあってはソルビン酸またはソルビン酸カリウムと併用する場合は安息香酸及びソルビン酸としての使用量の合計量が1.0 g /kgを超えないこと	キャビアとはチョウザメの卵を缶詰または瓶詰にしたもの,加熱殺菌できない
	菓子の製造に用いる果汁ペースト及び果汁(濃縮果汁を含む) マーガリン	1.0 g /kg以下		
	清涼飲料,シロップ,醤油	0.60 g /kg以下	菓子の製造に用いる果実ペースト及び果汁に対しては安息香酸ナトリウムに限る	果実ペーストとは果実をすり潰し,または裏ごししてペースト状にしたもの
ソルビン酸 ソルビン酸カリウム	チーズ	3.0 g /kg以下(ソルビン酸として)	チーズにあってはプロピオン酸,プロピオン酸カルシウムまたはプロピオン酸ナトリウムと併用する場合はソルビン酸としての使用量とプロピオン酸としての使用量の合計が3.0 g /kgを超えないこと	フラワーペースト類の定義*1
	魚肉練り製品(魚肉すり身を除く)鯨肉製品,食肉製品,ウニ	2.0 g /kg以下		
	イカ,タコの燻製品	1.5 g /kg以下		
	あん類, 菓子の製造に用いる果実ペースト及び果汁(濃縮果汁を含む),粕漬,麹漬,塩漬,醤油漬及び味噌漬の漬物,キャンディデッドチェリー,魚介乾製品(イカ,タコ燻製品を除く),ジャム,シロップ,たくあん漬,煮豆,ニョッキ*3,フラワーペースト類,マーガリン,味噌	1.0 g /kg以下	マーガリンにあっては,安息香酸または安息香酸ナトリウムと併用する場合は, ソルビン酸及び安息香酸としての使用量の合計量が1.0 g /kgを超えないこと 菓子の製造用果汁,濃縮果汁,果汁ペーストはソルビン酸カリウムに限る	たくあん漬とは,生大根を塩漬にした後,これに調味料,香辛料,色素などを加えたものをいう,以下漬物類の定義*2
	ケチャップ,酢漬の漬物,スープ(ポタージュスープを除く),たれ,つゆ,干しスモモ	0.5 g /kg以下		
	甘酒(3倍以上に希釈して飲用するものに限る),発酵乳(乳酸菌飲料の原料に供するものに限る)	0.3 g /kg以下		
	果実酒,雑酒	0.20 g /kg以下		
	乳酸菌飲料(殺菌したものを除く)	0.050 g /kg以下 (ただし, 乳酸菌飲料原料に供するときは0.3 g /kg以下)		
デヒドロ酢酸ナトリウム	チーズ,バター,マーガリン	0.50 g /kg以下 (デヒドロ酢酸として)		
パラオキシ安息香酸イソブチル パラオキシ安息香酸イソプロピル パラオキシ安息香酸エチル パラオキシ安息香酸ブチル パラオキシ安息香酸プロピル	醤油	0.25 g /ℓ以下 (パラオキシ安息香酸として)		
	果実ソース	0.20 g /kg以下		
	酢	0.20 g /kg以下		
	清涼飲料水,シロップ	0.10 g /kg以下		
	果実または果菜(いずれも表皮の部分に限る)	0.012 g /kg以下		
プロピオン酸 プロピオン酸カルシウム プロピオン酸ナトリウム	チーズ	3.0 g /kg以下 (プロピオン酸として)	チーズにあってはソルビン酸,ソルビン酸カリウムまたはこれらのいずれかを含む製剤を併用する場合には,プロピオン酸としての使用量とソルビン酸としての使用量合計量が3.0 g /kgを超えないこと	
	パン,洋菓子	2.5 g /kg以下		

＊1　フラワーペースト：フラワーペースト類とは,小麦粉,デンプン,ナッツ類,もしくはその加工品,ココア,チョコレート,コーヒー,果肉,果汁,イモ類,豆類,または野菜類を主原料とし,これに砂糖,油脂,粉乳,卵,小麦粉などを加え,加熱殺菌してペースト状とし,パンまたは菓子に充塡または塗布して食用に供するものをいう。

＊2　たくあん漬：生大根,または干大根を塩漬にした後,これを調味料,香辛料,色素などを加えた糠またはフスマで漬けたものをいう。ただし一丁漬たくあん及び早漬たくあんを除く。

＊3　ニョッキ：ゆでたジャガイモを主原料とし,これをすり潰して団子状にした後,再度ゆでたものをいう。

表 2.2.6　既存添加物（天然物）の保存料

添加物の名称	主抗菌成分
エゴノキ抽出物	安息香酸
カワラヨモギ抽出物	カピリン
白子タンパク	プロタミン類
ヒノキチオール	ヒノキチオール(β-ツヤプリシン)
ペクチン分解物	オリゴガラクチュロン酸，ガラクチュロン酸
ホオノキ抽出物	マグノロール
ポリリジン	ε-ポリリジン
レンギョウ抽出物	フィリリン

天然物の保存料のなかで，使用頻度の高いものを説明する。

a．**ポリリジン**：放線菌の一種の *Streptomyces albulus* によって生産されるリジンのε-ポリマーで，細菌類に対して非常に強い抗菌作用を示す。作用は，pHに影響され，アルカリ性で強い。培地中での発育阻止濃度は，1～10μg/mℓ程度である。

ポリリジンは，熱に対する安定性が非常に高く，加熱食品に利用され，ことに各種の加熱工程をもつ惣菜や弁当類に用いられている。

b．**白子タンパク質（プロタミン）**：実用化されているのはサケまたはニシンの白子から抽出される非常に塩基性の高いタンパク質で，構成アミノ酸の約75%がアルギニンである。抗菌作用は，やはりpHに左右され，アルカリ性で高い。

液体培地中での発育阻止濃度は，細菌類に対しては10～100μg/mℓ程度である。またグラム陽性細菌，例えば *Bacillus* や *Staphylococcus* には強く，グラム陰性細菌の *Escherichia* や *Salmonella* には弱い。

プロタミンも熱に対する安定性が高く，通常の調理に利用される加熱では分解しない。また加熱とプロタミンの間には，相乗作用のあることが明らかにされている。

プロタミンの作用は，タンパク質やリン酸の存在で影響されるので，中華麺《めん》やデンプン性食品では強いが，ソーセージなどのタンパク質性の食品では，グリシンや酢酸ナトリウムとの併用が行われている。

c．**ペクチン分解物**：ブドウやカンキツ類のペクチンを酵素分解して得られた物質で，抗菌作用の主体はオリゴガラクチュロン酸ないしガラクチュロン酸である。この物質の抗菌作用は，だいたい0.1～1.0%程度の濃度で広い種類の微生物に対して得られる。また有機酸の一種であると考えられる性質から，低いpH域で強い。

ピックル液（塩漬液），ハンバーグ，イカの塩辛，辛子明太子，カスタードクリームなどに利用されている。

◎**殺菌料**　殺菌料と分類されて食品添加物に指定されている物質は，表2.2.7のとおりである。

このなかでもっとも重要なものは，次亜塩素酸ナトリウムで，食品添加物として食品に対して用いられるだけでなく，食品製造器具，作業場，作業員の手指，作業衣などの消毒殺菌にも利用される。

卵殻，屠体，牛肉や鶏肉，生野菜には10～300ppm，食品製造機器には50～120ppm，作業場120～200ppm，作業員の手指には120～200ppmなど，

表 2.2.7　殺菌料

物質名	対象食品	使用量	使用制限	備考
亜塩素酸ナトリウム	カンキツ類果皮（菓子製造に用いるものに限る），サクランボ，生食用野菜類及び卵類（卵殻の部分に限る），フキ，ブドウ，モモ		生食用野菜類及び卵類（卵殻の部分に限る）に対する使用量は，浸漬液1kgにつき，0.50g以下とすること。最終製品の完成前に分解または除去すること。	漂白剤
過酸化水素			最終製品の完成前に分解または除去すること。	
次亜塩素酸ナトリウム			ゴマに使用してはならない。	
高度晒粉			使用基準なし。	

それぞれ使用濃度が推奨されている。

◎**漂白剤**　漂白剤として分類されているもののなかで，亜硫酸または同塩類，および二酸化塩素は，抗菌作用を示し，食品ないし食品材料の保存あるいは殺菌に利用できる。

2）微生物制御を本来の目的としない添加物

この群に属している化学的合成品の食品添加物をまとめると，表2.2.8のようである。また，天然物は，表2.2.9のようである。

2つの表では，各食品添加物の本来の分類と，日持ち向上剤として取扱われている物質を示した。

日持ち向上剤とは，保存性の低い食品を数日程度の比較的短時間の変敗ないし腐敗を抑える目的で使用される添加物ないしその製剤をいうことになっている。この名称は法律で定められたものではなく，保存料ほど食品の保存性を向上させる作用をもっていないので，保存料と区別するために食品業界がつけた名前である。

①　調味料および酸味料

A．調味料……使用されているのはグリシンである。グリシンは，ホタテ，ウニ，エビ，カニなどのエキス中に最大数％の濃度で分布する。

作用は，培地中では1～4％の発育阻止濃度であるが，食品中では0.5～1.0％で保存性を充分有効に高めることができる。この理由はまだ完全には明らかにされていない。

特に *Bacillus* に対して作用を示し，加熱過程のあるような食品類に多く用いられる。

B．酸味料……微生物の制御を目的として利用されている有機酸は，酢酸，乳酸，アジピン酸である。

有機酸の微生物に対する作用は，① pHの低下による微生物の抑制，② 非解離分子による微生物内部への侵入，③ 各有機酸のもつそれぞれ独自の抗菌作用の3つの要素によって決定される。

表 2.2.8　微生物制御を本来の目的としない化合物（化学的合成品）

化合物名	本来の用途分類	備考
グリシン	調味料	日持ち向上剤
アラニン	調味料	
酢酸及び酢酸塩	酸味料，pH 調整剤	日持ち向上剤
乳酸及び乳酸塩	酸味料，pH 調整剤	
アジピン酸	酸味料，pH 調整剤	
クエン酸及びクエン酸塩	酸味料，pH 調整剤，調味料	
グリセリン脂肪酸エステル	乳化剤	日持ち向上剤
ショ糖脂肪酸エステル	乳化剤	
亜硝酸ナトリウム	発色剤	
硝酸ナトリウム，硝酸カリウム	発色剤	
チアミンラウリル硫酸塩	栄養強化剤	日持ち向上剤
重合リン酸塩	結着剤，膨張剤，乳化剤，かんすい	

表 2.2.9　天然物で日持ち向上を目的として使用される物質

●製造用剤として用途分類される物質

イチジク葉抽出物	生大豆抽出物
オレガノ抽出物	ブドウ果皮抽出物
カンキツ種子抽出物	紅麹分解物
桑抽出物	ホコッシ抽出物
麹酸	モウソウチク抽出物
シソ抽出物	モミガラ抽出物
シナモン抽出物	ワサビ抽出物
ショウガ抽出物	ニンニク抽出物
タデ抽出物	茶抽出物

●酵素に用途分類される物質

リゾチーム

●酸化防止剤に用途分類される物質

プロポリス抽出物	ペッパー抽出物
クローブ抽出物	ローズマリー抽出物
セージ抽出物	甘草油性抽出物
ピメンタ抽出物	

●その他

焼成カルシウム類（ウニ殻，貝殻，骨，造礁サンゴなど）（製造用剤，栄養剤）
オゾン（製造用剤）
キトサン（製造用剤，増粘剤）
トウガラシ水性抽出物（製造用剤）
アルコール（食品）
燻液（製造用剤）
ユッカフォーム抽出物（乳化剤）
メラノイジン色素

これらの物質は日持ち向上を目的として利用すれば，日持ち向上剤として物質名を表示することになっている。

このほか，酢酸はグラム陰性細菌に特に作用が強い。乳酸は，中性のpH域でも誘導期延長作用がある。アジピン酸は，pH6.0以下で，非常に強い作用を示し，また細菌芽胞の耐熱性を低下させる。クエン酸ナトリウムも，細菌芽胞の耐熱性を低下させる。

② **乳化剤**　グリセリン脂肪酸エステルでは，モノカプリリン，モノカプリン，モノラウリンの3種が主用される。

ショ糖脂肪酸エステルは，主としてホットベンダーでの缶コーヒーなどの耐熱性の高温細菌の発芽ならびに発育抑制に利用される。

③ **発色剤**　亜硝酸ナトリウムは，ボツリヌス菌芽胞の発芽阻止作用があり，食塩と加熱の併用によって食肉製品に主用される。

④ **各種の天然物**　表2.2.9のように，ここに含まれる多数の物質は，厚生労働省の既存添加物名簿収載品目リストでは，製造用剤，酵素，酸化防止剤に相当する。このなかで，多く利用されているものは茶抽出物，モウソウチク抽出物，ワサビ抽出物，リゾチーム，キトサン，カキ殻カルシウムなどである。

(6) 殺菌と微生物制御の評価

腐敗や食中毒を起こす微生物に対して殺菌および滅菌処理あるいは静菌処理を行った場合，それらの効果を評価，確認する必要がある。

殺菌処理の場合，食品試料中に生き残した菌数を測定する。一般に行われる方法は平板法と呼ばれるもので，寒天培地を含むシャーレ内で培養して生成する菌の集落を計数して未処理対照試料の計数値との比を求める。これには寒天平板上に試料を広げる表面塗抹法と菌を入れた後に溶解させた寒天培地を流込む混釈法とがある。図2.2.5に前者の方法による平板法の操作手順を示した。結果として得られる生菌数は殺菌処理後の条件，特に寒天平板培地の組成に影響を受けるので留意すべきである。これは，殺菌処理直後に損傷菌が存在し，それらの回復を左右し，ひいては生菌数の値に影響する。

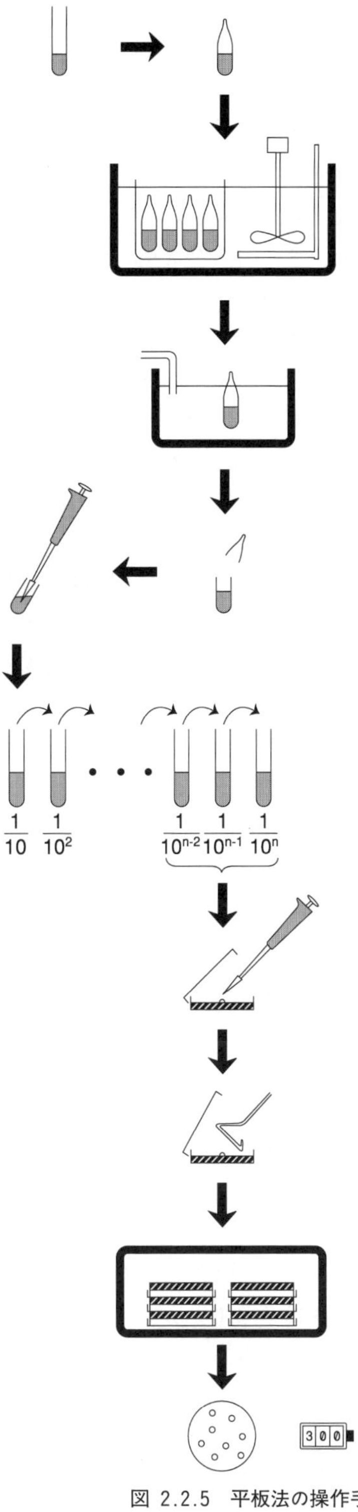

図 2.2.5　平板法の操作手順

出典）土戸哲明／近藤雅臣・渡部一仁編：スポア実験マニュアル，p.56，技報堂出版（1995）

この方法は煩雑な希釈操作を伴うが，この点を解消したスパイラルプレーティング法では，平板上に試料を中心から周辺部へらせん状に塗布することによって塗布量を少なくなるよう工夫してある。さらに簡便法としては，ペトリフィルムなど特殊なフィルムやろ紙に培地をしみこませたものに試料を置き，培養する方法があり，野外検査や製造現場では重宝される。

そのほかの生存率の測定法として，以下の方法をあげる。最確数法（most probable number 法）は，試料の希釈液を調製し，一定数の試験管中での培養により増殖のみられる本数を求めてあらかじめ用意された数表を用いて生菌数を確率的に算出する。増殖遅延解析法[22]は，処理試料を液体培地に入れて培養し，その増殖に要する時間の対照未処理試料との比較から遅延時間を算出し，それを接種菌数の低下による遅延時間に換算して求めるものである。

これらの方法は細胞の増殖能の有無を測定するものであるが，細胞の物理量を測る方法も利用される。特に ATP 測定法は，生物のもつエネルギー貯蔵化合物で死細胞では消失することから，迅速法として用いられる。また，細胞の DNA を蛍光染色する方法である DEFT（direct epifluorescent filter technique）では試料をろ過後，フィルター上の細胞をアクリジンオレンジで染色するものである。この色素は生細胞の DNA と結合してオレンジ色から黄色の蛍光を発するが，死細胞では緑色の蛍光を出すことに基づき，細胞単位で生死を識別することができる。その他の蛍光色素として，フルオレセイン 2 酢酸は無蛍光であるが，細胞のもつエステラーゼで分解されてフルオレセインに変化すると緑色の蛍光を発することから，この場合はエステラーゼの活性をもつものを生存菌として計数する方法である。

加熱による滅菌処理では無菌試験が行われ，処理試料を培養して無菌であることを確認する。しかし，食品の場合全数検査は非現実的で不可能であるので，一応の確認作業として実施される。滅菌の確認にはインジケーターが利用され，これにはバイオロジカルインジケーターとケミカルインジケーターがある。前者は紙やプラスチックに指標菌の胞子を塗抹したもので，加熱工程中に滅菌対象物とともに処理し，その後培養によって無菌性を確認する。ケミカルインジケーターは色の変化によって確認するものである。加熱加工食品の製造に導入される HACCP システムでは無菌試験に代わって温度のモニタリングが重視される。

薬剤殺菌の場合は，緩衝液中で各濃度の薬剤で一定時間処理し，その後の培養で増殖のみられない最低の濃度のものが最小殺菌濃度（MBC）として定義される。殺菌効力をフェノールと比較して求めるフェノール係数も利用される[23]。

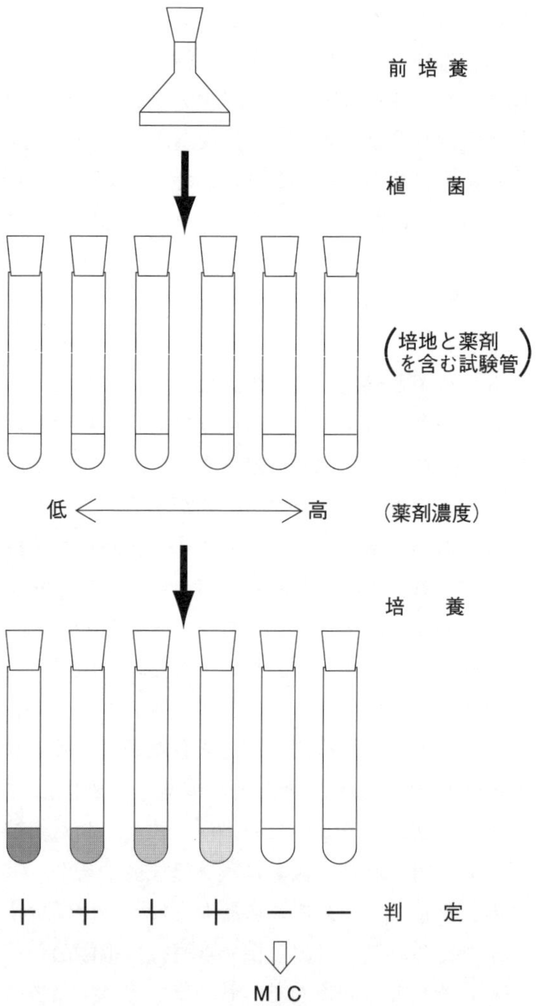

図 2.2.6　薬剤の最小増殖阻止濃度（MIC）決定法の手順

静菌効果の評価には培養試験を行い，増殖の有無を判定するかあるいは阻害の程度を測定する。特に薬剤の場合には各濃度を培地に加え，そのなかで一定時間（例えば18時間）培養して増殖のみられない最低の濃度を増殖最小阻止濃度（MIC）と決定する。この方法の例を図2.2.6に示した。

微生物の増殖は一般に液体培養の場合，その濁度の変化を追跡する方法がよく用いられるが，ATP などの細胞の化学物質量の変化やインピーダンス，呼吸活性など細胞の生理活性や代謝能の変化を利用する方法もとられる。

固定化殺菌剤では，殺菌作用か静菌作用か判断がつきにくいことも多いが，使用薬剤が水溶性の場合は寒天平板上での微生物の発育が試料担体の周囲だけ抑制されることによって判定するハロー法が利用される。非水溶性の場合は，対象微生物を適当な大きさにした抗菌性担体試料とともにフラスコ内で振とう保温処理し，発育の抑制をみるシェイクフラスコ法が有用である。またフィルム密着法は，薬剤の溶解性によらず担体が平滑表面である場合に用いられる。

2.2.2 食品環境の殺菌と洗浄

（1）殺菌剤・洗浄剤の種類と特徴

微生物は種々の環境因子によって影響を受けるが，それらのうち化学薬剤によって増殖が阻害されたり死滅することがある。この場合微生物は薬剤濃度，接触時間とともに他の因子，例えば温度，Aw，有機・無機成分，pHなどの影響を受ける。殺菌剤と称するものは比較的低濃度でしかも短時間に多数の微生物を死滅することのできるものと定義できるが，接触時間が長時間で死滅効果を表すものも殺菌剤の範疇に入れられている。

殺菌剤を直接食品に適用できるのは食品衛生法では次亜塩素酸塩（ナトリウム，カルシウム塩）と過酸化水素（使用後残存してはいけない）のみが殺菌料として使用許可されているにすぎない。したがって以下に取上げる殺菌剤は包材，容器，機械装置，その他工場環境（床，側壁，天井など），手指などに付着する有害微生物を死滅させる目的に利用されている。

1）殺　菌　剤

殺菌剤を化学構造によってグループに分けて示すこととする。

①　ハロゲン系殺菌剤

- 次亜塩素酸塩　NaOCl，$Ca(OCl)_2$
- 二酸化塩素　ClO_2
- クロラミンT

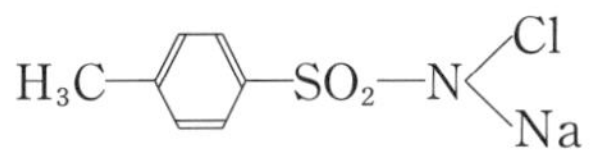

- サクシンクロルイミド

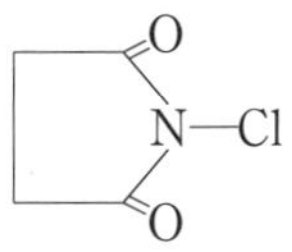

- 1,3-ジクロル-5,5′ジメチルヒダントイン

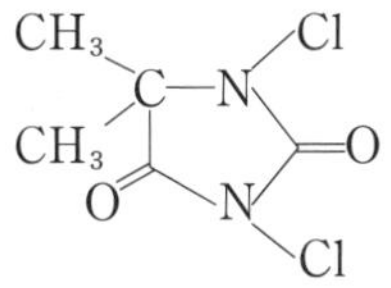

- トリクロルイソシアヌール酸

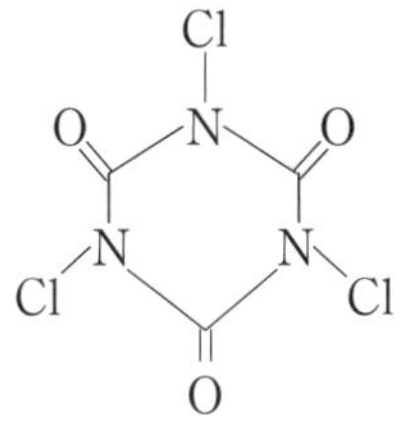

- ジクロルイソシアヌール酸

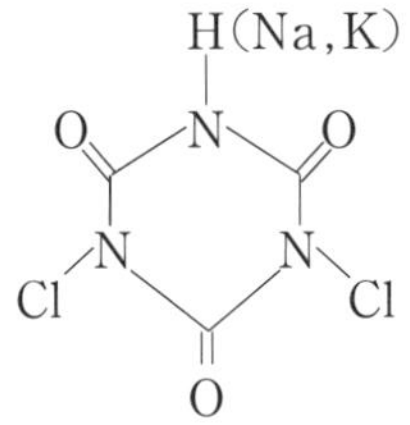

- ヨードホール（ヨードのポリビニルピロリドンまたは非イオン界面活性剤との複合体）
- 強酸性ないし弱酸性電解水（希薄な食塩溶液を電気分解して，陽極に生成する次亜塩素酸が作用本態）

② 酸素系殺菌剤

・過酸化水素　H_2O_2

・オゾン　O_3

・過酢酸　CH_3COOOH

・リン酸二ナトリウム過酸化水素付加物

$Na_2HPO_4 \cdot H_2O_2$

・ピロリン酸ナトリウム過酸化水素付加物

$Na_4P_2O_7 \cdot 2H_2O_2$

・過炭酸ナトリウム　$2Na_2CO_3 \cdot 3H_2O_2$

③ 界面活性剤

・陽イオン界面活性剤（第4級アンモニウム塩）（作用本態は陽イオン）

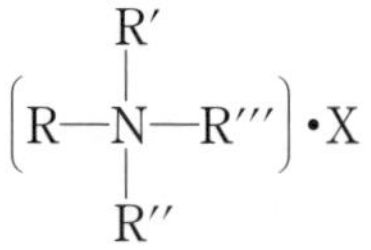

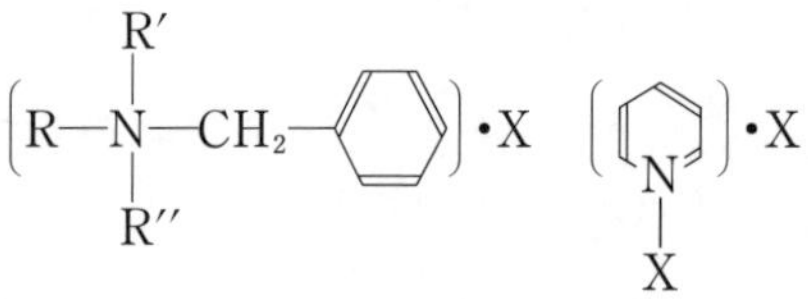

（R：C_8～C_{18}アルキルまたはアルキルアリル基，R′，R″，R‴：アルキル，アリル基，異節環，X：無機アニオン（Cl, Br））

・両性界面活性剤（アルキルまたはアリル置換アミノ酸）（作用本態はpHにより変化する）

$RNHC_2H_4NHC_2H_4NHCH_2COOH$

$RNHC_3H_6NHCH_2COOH$

（R：アルキル基）

・陰イオン界面活性剤（作用本態は陰イオン，殺菌効果向上のためにリン酸などの酸を加える）

・アルキルベンゼンスルフォン酸塩

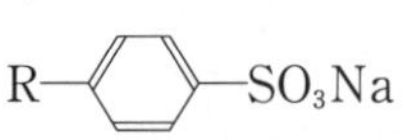

・高級アルコール硫酸エステル　$C_{12}H_{25}SO_4Na$

④ ガス殺菌剤

・エチレンオキシド

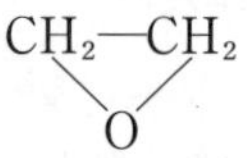

・プロピレンオキシド

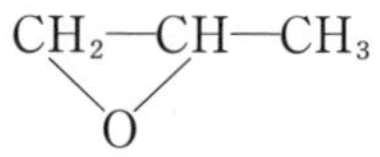

・オゾン

・過酸化水素

・ホルムアルデヒド

・加圧二酸化炭素

⑤ アルコール類

・エタノール

・イソプロパノール

⑥ アルデヒド類

・ホルムアルデヒド　H・CHO

・グリオキザル　CHOCHO

・サクシンアルデヒド

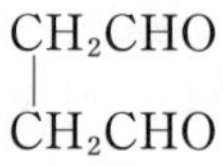

・グルタルアルデヒド

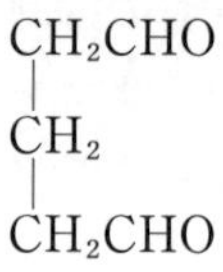

⑦ ビグアナイド系殺菌剤

・クロルヘキシジン

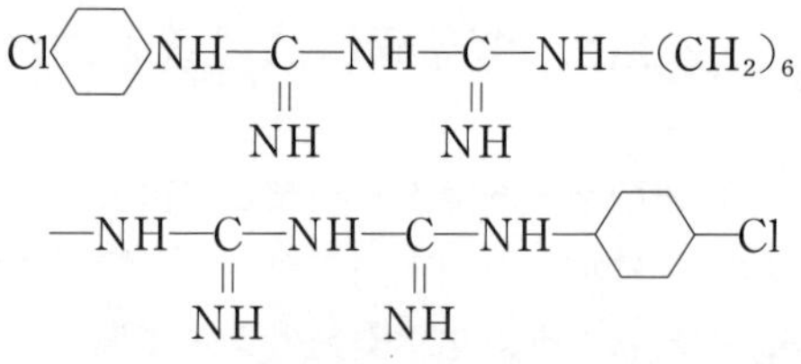

・ポリヘキサメチレンビグアニジン塩酸塩

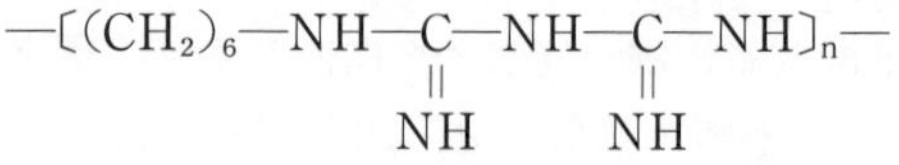

・nHCl

⑧ フェノール系殺菌剤

・アルキルフェノール

・アルキルクレゾール

・ビスフェノール

代表的殺菌剤の細菌に対する殺菌作用力を表2.2.10に，真菌に対する作用を表2.2.11にまとめた。ここで示した値はある一定の温度，pH条件下で得られた結果例である。殺菌作用は作用温度上昇と

表 2.2.10　環境殺菌剤の細菌に対する殺菌作用

殺菌剤	細菌	pH	温度(℃)	濃度(ppm)	時間(分)	死滅率
次亜塩素酸塩	大腸菌	7.1	25	1.0	0.5	90
	黄色ブドウ球菌	7.0	20	0.07	5	99.9
	セレウス菌胞子	6.5	21	50	3	99.0
	枯草菌胞子	8.0	21	100	60	99.0
	好熱性バシラス菌 フラットサワー菌	6.5	25	200	9	99.99
	ボツリヌス菌	6.5	25	4.5	2	90
ヨードホール	大腸菌	6.9	20	6.0	0.08	90
	黄色ブドウ球菌	2.5	20	10	0.5	100
	セレウス菌胞子	2.3	21	100	12	99
	枯草菌胞子	2.3	21	100	240	99
	PA3679胞子	6.5	25	500	60	99.9
過酸化水素	大腸菌	—	—	3%	0.57	90
	黄色ブドウ球菌	—	20	3.5%	5	100
	枯草菌	—	30	30%	10	100
	枯草菌胞子	—	71.1	35%	10秒	100
	フラットサワー菌	—	30	30%	5	100
	フラットサワー菌胞子	—	87.8	35%	14秒	100
	ボツリヌス菌	—	30	30%	35秒	100
	ボツリヌス菌胞子	—	88	35%	3秒	90
過酢酸	黄色ブドウ球菌	—	20	80	2.5	100
	サルモネラ菌	—	20	80	2.5	100
	セレウス菌胞子	—	20	300	60	100
	ウェルシュ菌胞子		20	200	20	100
オゾン	大腸菌	—	25	0.5	15秒	100
	黄色ブドウ球菌	—	25	0.5	15秒	100
	セレウス菌胞子	—	28	2.3	5	100
	枯草菌胞子	—	20	10	4	100
	フラットサワー菌	—	35	3.5	9	99.99
	ボツリヌス菌胞子	6.5	25	6	2	99.9
二酸化塩素	大腸菌	6.5	25	0.25	0.7	99
	黄色ブドウ球菌	7.0	20	0.12	5	99.99
	枯草菌胞子	7.0	20	1.0	10	99.9
	フラットサワー菌	6.5	25	25.0	12	99.99
	ボツリヌス菌胞子	6.7	25	135	12	99.99
QAC (第4級アンモニウム塩)	黄色ブドウ球菌	—	20	50	10	100
	大腸菌	—	20	50	10	100
Amph (両性界面活性剤)	大腸菌	—	20	500	10	100
	黄色ブドウ球菌	—	20	25	10	100
陰イオン界面活性剤＋酸	リステリア菌	—	20	100	5	100
Phex (ポリヘキサメチレンビグアニジン)	大腸菌	—	20	2,000	1.0>	100
	黄色ブドウ球菌	—	20	250	1.0>	100
	枯草菌胞子	—	20	400	2.5>	100
エタノール	大腸菌	—	20	60	30～60秒	100
	黄色ブドウ球菌	—	20	70	15秒	100
	緑膿菌	—	20	30	15秒	100

ともに増大するし，pH，Awなどの影響も顕著である。殺菌作用力の強いものほど環境に存在する有機物などと反応して有効成分が減少して作用力が低下するのが普通である。表2.2.12，13は汎用される殺菌剤の作用力と特徴をまとめている。細菌胞子を殺菌することができるのはハロゲン系，酸素系，アルデヒド系の殺菌剤にすぎない。

2）洗　浄　剤

食品材料表面加工機器，容器などに付着する異物を除去する操作が洗浄であり，その目的には水が主として利用されるが，洗浄力の強化のために洗浄剤が利用されたり，温度上昇，圧力噴射，ブラッシングなどの物理的手段も適用されている。

食品関係で利用されている洗浄剤はアルカリ性，中性，酸性，殺菌性の洗浄剤に分類することができる。アルカリ性洗浄剤では苛性ソーダ，炭酸ソーダ，セスキ炭酸ソーダ，ケイ酸ソーダ，リン酸ソーダ，重合リン酸ソーダが用いられるが，これにキレート剤や界面活性剤が併用されることがある。中性洗浄剤ではアルキルベンゼンスルホン酸塩，高級アルコール硫酸エステル塩，α-オレフィンスルホン酸塩などの陰イオン界面活性剤とポリエチレングリコール型や多価アルコール型の非イオン界面活性剤が利用される。

酸性洗浄剤ではアミノカルボン酸塩（EDTA など），ヒドロキシカルボン酸（グルコン酸，クエン

表 2.2.11　環境殺菌剤などの真菌死滅効果

殺　菌　剤	対 象 真 菌	死 滅 条 件
次亜塩素酸	*Asp. niger*分生子	20ppm，pH5.0，20°C，D=1.0分
	Sacch. cerevisiae	6 ppm，pH5.2，25°C，1分，100%死滅
ヨードホール	*Asp. niger*分生子	20ppm，pH5.0，20°C，D=1.2分
	Sacch. cerevisiae	6 ppm，pH7.0，25°C，15秒，100%死滅
ヨード・グリシン複合体	*Asp. niger*分生子	80ppm，20°C，15分，100%死滅
	Sacch. cerevisiae	2 ppm，20°C，10分，100%死滅
過酸化水素	*Asp. flavus*分生子	6%，pH3.8～6.4，20°C $D_{99.9}$=12.6～47分
エタノール	*Asp. niger*など	70%，3.5分，100%死滅
過　酢　酸	*Asp. niger, Pen. roqueforti* *Sacch. cerevisiae*	0.005%，10分，100%死滅
ポリヘキサメチレン	*Asp. niger*など	2%，60分以上，100%死滅
ビグアニジン	*Sacch. cerevisiae*	1%，3分以内，100%死滅
グルタルアルデヒド	*Asp. niger*など	0.5%，アルカリ性，$D_{99.99}$=90分
エチレンオキシド	*Asp. niger*分生子	700mg/ℓ，30°C，D_{99}=10分
	Sacch. cerevisiae	700mg/ℓ，30°C，D_{99}=5分
プロピレンオキシド	*Asp. niger*分生子	0.1ℓ/ℓ，30°C，D=3.3～5時間
	*Pen. thomii*分生子	0.1ℓ/ℓ，30°C，D=0.87分
苛性ソーダ	*Asp. niger*分生子	2%，40°C，D=0.87分

表 2.2.12　殺菌剤の作用力の比較

微　生　物	塩　素	ヨードホール	界面活性剤			過　酢　酸
			陽イオン性	両　性	陰イオン性+酸	
グラム陽性無胞子細菌	++	++	++	++	++	++
グラム陰性細菌	++	++	+	+	+	++
細 菌 胞 子	++	+	±	±	±	++
酵　母	++	++	++	++	+	+
カ　ビ	++	++	+	+	+	++
ウ イ ル ス	++	+	±	±	±	++

表 2.2.13　殺菌剤の物理化学的特性の比較

物理化学的特性	塩　素	ヨード ホール	界面活性剤			過 酢 酸
			陽イオン性	両　性	酸-陰イオン性	
腐 食 性	あ　り	少しあり	な　し	な　し	少しあり	少しあり
皮膚への害	有　害	無　害	無　害	無　害	少し有害	無　害
中性での有効性	有　効	有　効	有　効	有　効	無　効	有　効
酸性での有効性	有効，不安定	有　効	降下するものあり	低　下	有効 pH 3～3.5 以下	有　効
アルカリ性での有効性	有効，低下	有　効	有　効	有　効	無　効	低　下
有機物による影響	大	中 程 度	中 程 度	中 程 度	中 程 度	中 程 度
水硬度の影響	な　し	少しあり	あ　り	少　し	少　し	少　し
残留抗菌作用	な　し	少しあり	あ　り	あ　り	あ　り	な　し
価　格	安　価	高　い	中 程 度	中 程 度	中 程 度	中 程 度
不 適 合 性	酸溶液，フェノールアミン	アルカリ洗剤	石鹸，陰イオン性界面活性剤，酸	陽イオン性のものより影響少ない	陽イオン界面活性剤，アルカリ洗剤	還元剤，金属イオン，強アルカリ，
使用溶液の安定性	不 安 定	徐々に消失	安　定	安　定	安　定	徐々に消失
ＦＤＡ許可最高濃度	200ppm	25ppm	200ppm	—	200～430ppm	100～200ppm
水温感度性	な　し	高　い	中 程 度	中 程 度	中 程 度	な　し
発 泡 性	な　し	わ ず か	中 程 度	中 程 度	わ ず か	な　し
リン酸塩	な　し	高　い	な　し	な　し	高　い	な　し
汚れ耐性	な　し	低　い	高　い	高　い	低　い	低　い

表 2.2.14　洗浄剤の種類・用途・特徴

種　類	特　徴	用　途
強アルカリ性洗浄剤	強度の無機・有機質の汚れに適している。キレート剤配合によってスケール除去効果あり。	自動洗瓶機用，加熱処理装置用，畜水産食品加工装置用，CIP 用（乳製品，発酵食品）
弱アルカリ性洗浄剤	中程度の無機・有機質の汚れに適する。塩素系洗剤は強度の有機質の汚れに効果あり。	浸漬または自動洗瓶機用，輸送容器の自動洗浄機用，加工機器・床・壁の洗浄用，CIP 用（清涼・果汁飲料）
中性洗浄剤	一般的な軽度の汚れに適する。中～強度の汚れには加温やブラッシングが必要。	食品原料の洗浄用，容器類の手洗い洗浄用，一般機器類の洗浄用，手指洗浄用
酸性洗浄剤	無機質のスケール，鉄錆の除去に適する。	酪農機器の乳石除去用，口錆瓶の除去用，洗瓶機のスケール除去用，CIP 用（乳製品，発酵食品）
殺菌性洗浄剤	アルカリ性と酸性のものがある。中～軽度の無機・有機質の汚れの洗浄と殺菌に適する。	機器・床・壁の洗浄・殺菌用，作業衣・手指の洗浄・殺菌用，CIP 用（各種食品加工場）

酸，リンゴ酸など）が用いられる。殺菌洗浄剤では炭酸ソーダ，アルキル硫酸塩，アリルスルホン酸塩，非イオン界面活性剤に次亜塩素酸塩，有機塩素化合物，ヨード，第４級アンモニウム塩，両性界面活性剤を加えた製剤が用いられる。

洗浄剤にアミラーゼ，プロテアーゼ，リパーゼなどの酸素剤を添加して洗浄力の上昇を図ることもある。酵素作用によってデンプン質，タンパク質，脂質が分解，可溶化される。表2.2.14には５種の洗浄剤の特徴と用途をまとめて示した。

（２）オゾン・過酸化水素による環境殺菌

１）オゾン・過酸化水素殺菌の特徴

①　環境殺菌剤の殺菌機構　　食品工場で主に用いられる環境殺菌剤には，エチルアルコール，次亜塩素酸ナトリウム，オゾン（オゾンガス，オ

表 2.2.15　食品工場で使用される環境殺菌剤の特徴

		エチルアルコール	次亜塩素酸ナトリウム	オゾン		過酸化水素
				オゾンガス	オゾン水	
殺菌機構		菌体内代謝阻害 ＡＴＰの合成阻害 40～90％：構造変化，代謝阻害 20～40％：細胞膜損傷，ＲＮＡ漏出 1～20％：細胞膜損傷，酵素阻害	菌体内酵素破壊 細胞膜損傷	細胞壁等表層構造破壊 濃度により内部成分破壊 （酵素，核酸など）		細胞膜損傷 酵素阻害
				0.5～1.0 ppm ：細胞表層酸化 1.0～1,000 ppm ：酵素阻害 1,000 ppm 以上 ：内部成分破壊	0.2～0.5 ppm ：細胞表層酸化 0.5～5.0 ppm ：酵素阻害 5.0 ppm 以上 ：内部成分破壊	
殺菌に及ぼす環境因子	pH	酸性域（3～5）効果大 アルカリ性域で効果小	酸性域（4～6）効果大 アルカリ性域効果小 酸性域（1～4）不安定	酸性域（3～5）安定 アルカリ性域不安定		酸性域安定
	温度	高温で効果大 低温で効果小	高温で効果大 低温で効果小	高温で効果大 低温で効果小	低温で安定 高温で不安定 溶解度低温で大 高温で効果大	高温で効果大 低温で効果小
	有機物	殺菌力低下小 高濃度でタンパク質変性	殺菌力低下大	殺菌力低下大		殺菌力低下大
	使用濃度	45～95％（通常70％） ：殺菌 20～40％：静菌 1～20％：誘導期延長	0.3～1 ppm：水殺菌 50～100 ppm：野菜殺菌 100～150 ppm：手指消毒 100～300 ppm：工場消毒	0.3～1.0 ppm ：工場殺菌 1～5 ppm ：貯蔵庫殺菌 100～10,000 ppm ：装置殺菌	0.3～4 ppm ：手指消毒 0.5～3 ppm ：野菜消毒 5～10 ppm ：穀類消毒	30～35％：包材殺菌 3～30％：工場殺菌
					0.5～10 ppm ：工場殺菌	
殺菌効果		カビ，細菌に効果大 酵母に効果小	細菌，ウイルスに効果大	大腸菌，大腸菌群，乳酸菌，サルモネラ，ウイルスなどに効果大		乳酸菌，嫌気性細菌に効果大
当該殺菌剤で処理している食品工場より検出した微生物		酵母（*Pichia anomala*） カビ（*Moniliella*） 細菌（*Bacillus*）	乳酸菌（*Lactobacillus*） 乳酸菌（*Leuconostoc*） 乳酸菌（*Enterococcus*） 大腸菌（*E. coli*） カビ（*Aspergillus*）	細菌（*Bacillus*） カビ（*Aspergillus*）		細菌（*Bacillus*） カビ 酵母 ウイルス
その他		揮発性大 刺激臭 引火性 タンパク質の変性 異臭生成	酸性下塩素ガス生成 皮膚，粘膜刺激 次亜塩素酸残留	オゾンガス残留 有機物と反応 脂質酸化 オゾン水散布時にオゾンガス発生		残留 還元剤，アルカリ剤との配合不可 速効性なし

ゾン水），過酸化水素があるがこれらの殺菌剤の特徴を表2.2.15にまとめた。

Ａ．**エチルアルコール**……食品そのものでありながら，強い殺菌力をもっているという特性があり，従来から普及している混和利用以外に，噴霧，浸漬処理などによる食品全般，あるいはその製造加工，充塡および包装分野の殺菌目的には一般的に50％以上の高濃度エチルアルコールが使用されているが，実際の食品を適用対象とする場合，エチルアルコールの残臭やエチルアルコールによる食品自身の変質，変色などの問題から使用が制限されている場合が多い。エチルアルコール単独では30〜40％以下の中濃度になると，急激に殺菌力が低下するので，この濃度域におけるエチルアルコールの利用については他の添加物の併用などの種々の工夫がなされている。高濃度（50〜95％）では，まず細胞表層の構造変化（鞭毛脱落，細胞膜損傷など）が生じ，次いで菌体内容物の漏出とともに菌体内が一種の飢餓状態となり，菌体内の代謝阻害が生じ，さらにATPの合成阻害を生じ，菌が死滅する。エチルアルコール6〜15％の中濃度域では，菌によっては溶菌を起こし，菌数の減少がみられるものもあるが，大多数の微生物はその増殖が抑制ないし停止されている。エチルアルコール1〜4％での微生物に与える作用機構については，菌の増殖に必要な菌体内成分の合成に必要な酵素が阻害されることによる。*Enterococcus faecalis, Lactobacillus arobinosus* におけるグルタミンや核酸系物質の合成に関与する酵素がエチルアルコール3％で阻害される。しかし食品業界では長年の間エチルアルコールを環境殺菌剤と使用している工場において，エチルアルコールを資化する酵母（*Pichia anomala, Candida* sp. など）による酢酸エチル臭（シンナー臭）の発生が多発している[24]。またエチルアルコールを資化する糸状菌（*Moniliella suaverolens*）による赤色斑点の生成[25]が出現してきた。

B．次亜塩素酸ナトリウム……6％，12％液として市販されているがこれを水で希釈して使用する段階でそのなかに存在する塩素は解離して，水に作用して $Cl+H_2O \rightarrow HCl$ となり，さらに $HClO \rightarrow H^+ + ClO^-$ に解離する。すなわち水素イオン（H^+）と次亜塩素酸イオン（ClO^-）になるが，このイオン化は溶液の酸度あるいはアルカリ度つまり溶液のpHによって左右される。pHが高いとき，すなわち ClO^- が増加し，HClO が減少してくると殺菌力は減少する。つまり水素イオンが下がるにつれて，解離しない次亜塩素酸（HClO）としての塩素の割合が増加し，pHが6.5で初めて全有効塩素の100％近くが次亜塩素酸として存在する。次亜塩素酸は強力な殺菌力をもっているが，次亜塩素酸イオンには殺菌力がない。このため次亜塩素酸ナトリウム溶液の殺菌力は，有効塩素の濃度よりもむしろpHによって大きく左右され，pHが低いほど殺菌力が強力である。例えばpH10ではpH5より150倍の塩素量を使用しなければならない。pH10.4で100ppmの液よりもpH8.3で20ppmの液のほうが殺菌力が強力である。次亜塩素酸ナトリウムの殺菌機構は細胞壁を通過して，細胞内の酵素を酸化するため，非解離型の次亜塩素酸が必要である。このことより酸性域で殺菌力は高まるわけであるが，pH3〜5になると自己分解力が高まり，塩素ガス化し，危険性と充分な殺菌時間を得られないうちに消耗してしまう欠点がある。使用に際しての次亜塩素酸ナトリウムが反応に要する時間，消費する物質の量，温度により変化することは他の化学物質と同じであり，温度との関係をみると，低温より高温下のほうが殺菌力が増す。しかし，次亜塩素酸ナトリウムの保存には，性質上極力温度の上昇を避け，光の届かない冷暗所に保存する必要がある。しかし食品業界では長年の間，次亜塩素酸ナトリウムを環境殺菌剤と使用している工場において，次亜塩素酸ナトリウムに抵抗力のある大腸菌群（*Erwina, Citrobacter, Klebsiella*），大腸菌（*E.coli*），乳酸菌（*Lactobacillus, Leuconostoc, Enterococcus*）が検出され，食品の変敗の原因となっている[26),27)]。

C．オゾン（オゾンガス・オゾン水）…… そこでこれらの殺菌剤と殺菌機構が全く異なるオゾン殺菌が注目を浴びてきた。オゾン殺菌ではオゾンは微生物の細胞壁等の表層を構造的に破壊し，あるいは分解することによって酵素の活性が失われ，核酸が不活性化される。細菌細胞の構造は，中央部に遺伝情報をつかさどる染色体があり，その外側にタンパク質と脂質からなるやわらかい細胞膜があり，さらにその外側にタンパク質，多糖，脂質からなる細胞壁が取巻いている。これら膜，壁の厚さは約10nmである。細菌に対する殺菌作用機構は，オゾン水あるいはこれより空気中に放出されたオゾンガスが水分と反応して生成したヒドロキシラジカルが，直接このかたい細胞壁に酸化破壊を引起こすことから開始される。このようにオゾンによる殺菌は溶菌と呼ばれる細菌の細胞壁の破壊や分解によるものといわれ，塩素が細胞膜を通して酵素を攻撃する機構とは全く異なる。このため細菌の生存率をオゾンまたは塩素濃度でプロットしてみると，塩素は濃度が増加するごとに殺菌力を増加するカーブを描いたが，オゾンはある一定の濃度に到達して殺菌力を示すという特徴がある。

このように，細菌の表層構造の相違が原因して，オゾンに対する感受性に差異が生じるから，オゾンによる殺菌機構も一概に論じることはできない。

表 2.2.16　オゾンによる微生物の殺菌

オゾンガス濃度(ppm)	殺菌可能な微生物(湿度70％以上の場合)	オゾン水濃度(ppm)	殺菌可能な微生物
0.5～1.0	大腸菌(*E. coli*) 大腸菌群(*Erwina*) 大腸菌群(*Citrobacter*) 大腸菌群(*Klebsiella*) 乳酸菌(*Leuconostoc*) 乳酸菌(*Lactobacillus*) 乳酸菌(*Enterococcus*)	0.5～1.0	大腸菌(*E. coli*) 蛍光菌(*Pseudomonas*) 緑濃菌(*Pseudomonas*) 乳酸菌(*Leuconostoc*) 乳酸菌(*Lactobacillus*) 乳酸菌(*Enterococcus*) 酵母(*Saccharomyces*)
1.0～5.0	黄色ブドウ球菌(*Staphylococcus*) サルモネラ(*Salmonella*) *Bacillus*属細菌芽胞 *Clostridium*属細菌芽胞 青カビ(*Penicillium*) 暗緑色カビ(*Cladosporium*)	1.0～3.0	サルモネラ(*Salmonella*) 赤痢菌(*Shigella*) 緑濃菌(*Pseudomonas*) 黄色ブドウ球菌(*Staphylococcus*) 酵母(*Pichia anomala*)
5.0～10	黒カビ(*Aspergillus*) *Bacillus*属細菌芽胞 *Clostridium*属細菌芽胞	5.0以上	黒カビ(*Aspergillus*) *Bacillus*属細菌芽胞 *Clostridium*属細菌芽胞 その他のカビ

処理時間；オゾンガス：長時間(5～72時間)
オゾン水：短時間(0.5～10分)

一般的にグラム陰性細菌は容易に殺菌でき，糸状菌や細菌芽胞は抵抗力が強い（表2.2.16）。

D．過酸化水素……無色透明の液体で臭気はほとんどなく，水とよく混合し，酸化還元の両作用を示し，光，熱などの物理的手段によっても化学的あるいは酵素的にも分解する。過酸化水素は広い範囲の微生物に対して殺菌作用を示すが，短時間にその効果を期待するためには高濃度，高温条件が必要である。過酸化水素は分解時に発生する活性酸素により微生物細胞膜の変性や酵素変性により殺菌効果を示すが，鉄などの反応によるフェントン反応などによって生成するヒドロキシラジカルも殺菌効果に寄与する。また過酸化水素はヒドロキシラジカルやスーパーオキシドラジカルに比べ，寿命も長く，安定な物質である。特に細菌ではカタラーゼ分解酵素をもったものは，殺菌効果は現れにくいが，カタラーゼ分解酵素をもたない乳酸菌や嫌気性細菌は低濃度の過酸化水素でも効果が認められる（表2.2.17）。

② 環境殺菌剤としてのオゾンの利用　食品工場で食品が腐敗，変敗する原因は，その90％が

表 2.2.17　過酸化水素による微生物の殺菌

過酸化水素濃度(％)(pH2.0～4.0)	殺菌可能な微生物
1.75	黄色ブドウ球菌(*Staphylococcus*) ジフテリア菌 乳酸菌(*Lactobacillus*) 乳酸菌(*Enterococcus*)
2.5～3.5	局方オキシドール 細菌(*Micrococcus, Shigella*) 細菌(*Clostridium* 芽胞) 乳酸菌(*Lactobacillus*) 乳酸菌(*Leuconostoc*) 乳酸菌(*Enterococcus*) 大腸菌(*E. coli*) カビ(*Cladosporium, Penicillium*) 酵母(*Saccharomyces*)
10～30	細菌(*Bacillus* 芽胞) 細菌(*Clostridium* 芽胞)
35～36	食品添加物過酸化水素 (医薬用外劇物) 細菌(*Bacillus* 芽胞) 細菌(*Clostridium* 芽胞)

空中浮遊微生物による二次汚染である。このため食品工場でクリーン化できれば食品の腐敗，変敗は著しく減少できる。ほとんどの食品工場では作業中あるいは作業後の工程の洗浄に多くの水を使用するが，工場の気温が高いとこの水が水蒸気となり，これにより揮散した微生物がまた落下し，工場全体を汚染する。このため工場殺菌をする方法の一つとしてオゾンガスを用いる方法とオゾン水を用いる方法がある。オゾンガスを用いる方法は工場の上部に設置したオゾン発生器より降落ちるオゾンガス（分子量48，空気の約1.8倍の重さ）を汚染微生物に接触させることにより工場空気，機械，床，側溝などが殺菌され，朝一番に製造された食品が空中浮遊菌により二次汚染される確率が減少する。オゾンは水分があると自然に分解され全く残存せず，またオゾンは表面酸化のみであり，浸透力は全くないため，たとえ食品に接触しても食品の品質を著しく劣化させることは少ないと考えられる。現在，食品工場でオゾンガス処理を行っている事例を表2.2.18に示した。

オゾン水を工場に散布した場合においても，オゾン水濃度および散布方法によりオゾンガスが揮散する。このオゾンガスによりオゾン水の到達できない部位の洗浄，除菌ができるというメリットがある。オゾン水で工場および機械を洗浄，除菌，脱臭しようとする試みは比較的最近，急激に普及してきた（表2.2.19）。

③　環境殺菌剤としての過酸化水素の利用

過酸化水素はきわめて安定であるため，単独で有効に使用するために，濃度35%，温度80℃といったように，高濃度，高温のものを必要とする。取扱いにおいても注意が必要であり，また濃度が高いほど，残存しやすくなる。このため低濃度で殺菌が可能であれば好ましく，紫外線，オゾン，加

表 2.2.18　食品工場のオゾンガスによる処理

製造食品	オゾン濃度（ppm）	導入工程	処理時間（時／日）	効果
生麵	0.1〜0.5	全体	5〜8	保存性向上
ギョーザ	0.1〜0.5	全体	3〜5	保存性向上
煮豆	0.3〜0.8	冷却，包装	5〜7	保存性向上
生菓子	0.05〜0.3	全体	5〜8	大腸菌死滅
珍味	0.1〜0.5	包装	3〜5	カビ減少
菓子パン	0.05〜0.1	全体	2〜6	保存性向上
焼きチクワ	0.05〜0.3	冷却，包装	5〜8	保存性向上
米飯	0.05〜0.5	冷却，包装	3〜6	保存性向上
ハム	0.05〜0.2	全体	5〜9	保存性向上
サラダ	0.05〜0.5	包装	3〜7	大腸菌死滅
肉	0.03〜0.2	全体	6〜9	品質向上
水ようかん	0.05〜0.3	全体	5〜8	保存性向上
みつまめ	0.03〜0.5	全体	6〜12	保存性向上
乳飲料	0.1〜0.6	全体	5〜9	品質向上
蒸しケーキ	0.1〜0.6	冷却	6〜12	カビ減少
納豆	0.05〜0.3	全体	7〜12	乳酸菌減少
豆腐	0.07〜0.5	全体	5〜8	保存性向上
佃煮	0.1〜0.5	冷却	5〜8	保存性向上
浅漬	0.05〜0.5	全体	6〜12	品質向上
冷凍食品	0.07〜0.3	全体	6〜12	大腸菌死滅
削り節	0.05〜0.7	全体	5〜8	品質向上
乾麵	0.2〜1.0	乾燥	5〜9	品質向上
五平餅	0.1〜0.5	蒸し後冷却	3〜5	保存性向上
レストラン	0.05〜0.15	厨房	5〜8	病原菌死滅

出典）内藤茂三：HACCP，4（2），42（1998）

表 2.2.19 食品工場におけるオゾン水の利用

食品工場	使用場所	濃度(ppm)	目　的
豆腐製造工場	水　槽 床	1.0～3.0 0.5～1.0	殺菌：大腸菌，大腸菌群，乳酸菌 殺菌：大腸菌，大腸菌群，乳酸菌
納豆製造工場	床 床	0.5～1.0 0.5～1.0	殺菌：乳酸菌 脱臭：腐敗臭
生麺製造工場	床	0.5～1.0	殺菌：大腸菌，大腸菌群，乳酸菌
弁当製造工場	床	0.5～1.0	殺菌：大腸菌，大腸菌群，乳酸菌
米飯製造工場	洗浄水 床	0.3～0.5 0.5～1.0	洗浄 殺菌：大腸菌，大腸菌群
飲料水製造工場	器　具 床	0.5～1.0 0.5～1.0	殺菌：大腸菌，大腸菌群，乳酸菌 殺菌：大腸菌群，乳酸菌
鮮魚加工工場	器　具 解凍工程 床	0.5～1.0 0.5～1.0 0.5～1.0	脱臭：魚臭，腐敗臭 殺菌：ビブリオ，大腸菌群 殺菌：大腸菌群
レストラン厨房	床	0.5～1.0	殺菌：大腸菌，大腸菌群
漬物製造工場	床，側溝	1.0～5.0	殺菌：乳酸菌
農産加工工場	床，側溝	1.0～5.0	殺菌：乳酸菌，大腸菌群
菓子製造工場	床，側溝	1.0～3.0	殺菌：乳酸菌，大腸菌，大腸菌群

出典）内藤茂三：食品と開発，33（3），15（1998）

熱との併用作用により行われている例が多い。紫外線やオゾンと過酸化水素の相乗効果については，紫外線やオゾン処理によるヒドロキシラジカルが生じるためであり，これが細菌の細胞に作用し，損傷を与えるためである。

（3）食品および環境の洗浄

食品およびその環境，すなわち，食品工場における洗浄は，食品衛生上，非常に重要な位置を占めている。1995（平成7）年7月よりのPL法（製造物責任法：平成6年法律85号）の施行により，微生物制御対策および異物混入防止対策が食品工場に求められている。その具体的な内容については，PL事故（人身傷害―例えば食中毒や金属異物による歯の欠如など―と，財物・器物損害）のみでなく，微生物学的品質（自主基準オーバー，腐敗など）や異物混入（虫，毛髪など）などのいわゆる苦情であっても，小売業などとの取引現場においては，PL事故と同等として取扱われ，厳しい改善指摘，警告をされるのが実状である。このような状況のなかで，PLP（製造物責任予防対策）の具体的施策として，洗浄の果たす役割は大きいものと考える。

本稿では，PL化時代に対応した洗浄・殺菌の方法などについて具体的にわかりやすく解説し，食品工場での洗浄マニュアルが作成できるように配慮した。

なお，安全で良質な製品を生産・確保するには，食品工場に洗浄が重要なことはいうまでもない。ことに，HACCP導入の前提となる衛生管理事項としての洗浄について解説する。

1）食品製造現場における洗浄の意義

食品工場にとってサニテーションは，古くて新しい課題であり，その時代時代において求められる管理水準を満足するために取組まねばならない必須課題である。

特に近年，食品のよりよい衛生的品質と，より高い安全性の確保を目的として，さらには1995年7月1日よりPL法が施行され，食品工場の衛生管理対策に占めるサニテーションの役割は，従来にも増して大きくなり，新しい観点より関心が高まっている。

この食品工場におけるサニテーションの目的は多様であるが，その大きな目的は，次の食品の製造加工工程における異物の二次的な混入の防止と有害微生物の二次汚染の防止の2つである。この目的を達成・維持するためには，施設・設備のサニタリー化（ハードサニテーション）をベースとして，清掃・洗浄・殺菌などの一般衛生管理業務（ソフトサニテーション）と，これらを実施する作業者の健康管理・衛生慣行管理およびこれらを的確に行うための作業者の衛生教育（パーソネルサニテーション）を組織的かつ総合的に行う（トータルサニテーション）必要がある[28]。

洗浄は殺菌とともに，質的にも量的にもソフトサニテーションの主体業務となるものである。なかでも洗浄業務は，対象範囲の広さ，作業の実施頻度と労力・時間の絶対量の多さ，要求される技術水準，使用する資材の種類の多様性とその使用量，安全利用の必要性，洗浄経費など，食品工場のソフトサニテーションにおけるその重要性と必要性は，今さら説明するまでもない。

微生物制御対策としてのサニテーションにおける洗浄の対象は，① 食品原料由来微生物を原料段階あるいは加工段階において洗浄すること，② 生産機械を洗浄すること，③ 食品容器，器具などを洗浄すること，④ 手指などを洗浄することなどに大別される。

また，異物混入防止対策としてのサニテーションにおける洗浄の目的は，一つには食品の原料にすでに混入・付着している異物を洗浄除去すること（一次異物対策），および製造加工工程で二次的に混入，付着する異物を洗浄除去すること（二次異物対策）に大別される。

一方，快適環境づくりのための洗浄の目的は，食品製造環境の清潔さを保持するための清掃・洗浄であり，さらには，異臭発生防止，昆虫発生防止対策であるといえる。

したがって，食品工場における洗浄の位置付けは，食品原料，生産ライン，従業員などの洗浄をいかに実際的に，科学的にかつ技術的にシステム化していくかということが課題になる。

2）洗浄作業のシステム化―洗浄を楽しく，容易に

食品製造現場における洗浄の目的は，

① 微生物対策
② 異物混入防止対策
③ 快適な職場環境づくり（異臭・昆虫発生防止など）

の3つに要約される。しかし，この洗浄作業は，「汚い」「しんどい」「複雑」などの理由で，充分に行われていない。また「5S」のなかの清掃の延長線上で洗浄をとらえており，毎日の洗浄作業を行わずに定期的に実施する傾向にある。この場合，上記3つの要素の危害分析がなされたうえでの洗浄頻度であればよいが，その点を明確にしないで作業しているケースが多い。

表2.2.20は，食品製造における項目別洗浄不良における問題点をあげたものである。表からみて

表 2.2.20　項目別洗浄不良時の問題点（概要）

項　目	対　象　物	問題点（例）
環　境	製造室内 床，天井，壁，排水溝 プラットホーム ゴミ保管庫　など	①小バエ発生 ②ネズミ，ゴキブリ発生 ③カビ発生 ④臭い ⑤ハエ誘引　など
製造機械器具	充填機 包あん機 冷却ライン 生産機械　など	①異物混入 コゲ，毛髪，虫　など ②微生物汚染 膨張，変色，異臭，大腸菌群汚染　など
容　器	樹脂コンテナー アルミトレー 網かご　など	同　上
ヒト	手　指 服　装	①異物混入 毛髪　など ②微生物汚染 黄色ブドウ球菌，大腸菌群　など
原　料	野菜，果物，魚介類	①異物混入 虫，毛髪，小石，木片など ②原料由来汚染菌 大腸菌群，耐熱性菌など

表 2.2.21　清掃・洗浄方法一覧表

対　　象	方　　法	目　　的
製造機械	A．強力クリーナーによる吸引（＋ブラッシング） B．清拭（アルコールなど使用） C．フォーム洗浄（アルカリ洗剤など使用） D．熱湯，スチーム洗浄 E．手洗い，ブラッシング（中性，弱アルカリ洗剤など使用） F．器具自動洗浄機	・ドライラインにおける固形ゴミ（食品カス）の除去 ・ドライラインにおける食品成分の除去 ・ウェットラインにおける食品成分の除去 ・固着した油汚れなどの除去 ・分解，取外した部品の洗浄 ・同上
環　　境 （床，排水溝，腰壁など）	A．強力クリーナーによる吸引 B．洗浄モップ（中性洗剤など使用） C．フォーム洗浄（アルカリ洗剤など使用） D．熱湯，スチーム洗浄	・食品カス，落下毛髪などの除去 ・ドライラインにおける食品成分の除去 ・ウェットラインにおける食品成分の除去 ・固着した油汚れなどの除去
プラスチック容器 空調関連機器	容器自動洗浄機 専門業者に委託 （クリーナーによる吸引，弱アルカリ洗剤による洗浄，ほか）	・ホコリ，食品成分の除去 ・空調機内部に堆積したホコリやカビの除去

表 2.2.22　清掃，洗浄システム化のための文書例

文　書　名	内　　容
A．清掃・洗浄作業仕様書	・作業方法および使用ケミカルの一覧表
B．工程別，対象別作業内容一覧表	・製造機械や室内環境における品質管理上の問題点，重要度を分析し作業内容を決定する
C．製造機器管理シート	・各製造機器のメンテナンスにおける品質管理上の注意点を整理，記録する
D．作業マニュアル	・現場への作業指示書 a．分解方法 b．洗浄方法 c．メンテナンス方法　など （写真を添付する）
E．チェックシート	・各製造機器，設備，環境が目的のレベルで管理されているか，点検，記録する

も明らかなように洗浄が不充分あるいは不備の場合は，① 昆虫の発生，② 異物混入，③ 微生物汚染，④ 異臭の発生などがみられ，このような状態を長期にわたって放置すると，苦情発生の増加，商品検査不良率の増加などの原因となる。また表2.2.21は，異物混入防止を目的とした，清掃・洗浄方法の一覧表である。このように，対象あるいは，目的によって，洗浄方法の選定，さらにはそのマニュアル化，システム化が必要になる。表2.2.23は，洗浄のシステム化を行うための文書例である。いろいろな場所あるいは機械などを洗浄するにあたって，表2.2.22のような文書を作成し，この目的と手順を明確にしたうえで現場にブレイクダウンしないと，システム化にならないと同時に継続的に作業が行われないことになる。これらの文書を作成するにあたっての注意事項は「調査は綿密・詳細に」「結果（洗浄方法）は単純・簡単・明確に」をモットーに作成する必要がある。

従来の調査の考え方（調査は綿密・詳細に，洗浄方法は複雑・めんどう・不明確に）に基づいて，その結果（洗浄方法）を行うときは「きたない」「きつい」「きけん」といった３Ｋとなり，そのシステムが製造現場では定着しなくなる。

洗浄システム化にあたって，重要なことは，

① 従業員が洗浄に興味をもつ（効果が目で見える）

② 洗浄が楽しくなる作業（洗浄の目的と意味の理解）

③ 洗浄が容易にできるシステム（自動化，機械化，システム化）

である。基本的にこのことを従業員が理解できれば，洗浄作業が継続され，洗浄レベルも維持され

て，洗浄効果は顕著に現れるものと考える。

3）微生物制御対策からみた洗浄の重要性

食品工場の微生物制御対策としての洗浄を考える場合，微生物制御上，対象洗浄物のリストアップが重要となる。生産機械などについては，分解が可能であれば，部品名までリストアップする必要がある。材質については，洗剤によって腐食するおそれがあるので，充分に留意する必要がある。

構造については，洗浄作業を実施するにあたっての構造的な難易度を分析することによって，次の段階の洗剤の選定，洗浄方法の決定が可能となる。

補助方法とは，洗浄で不充分な場合，補助的に殺菌・消毒の具体的な方法を記入すればよい。これらが決まれば，最後にこの方法が適切がどうかを検証する。したがってここでは，具体的な検証方法と，その評価基準が設定される。

4）異物対策からみた洗浄の重要性

本来，異物とは一般的に可食成分でない「目に見えるもの」を対象として考えられており，それ以外に表示の食品または食品成分あるいは食品を構成する物質であっても，外観・構造上，食品として変質・変形し（例えばコゲ，パン生地の乾燥品など）可食成分であるが，外観上あるいは心理上，食品として価値がないものも異物とされている。また，これに加えて食品成分である「偽和物」（例えばハチミツ中の異性化糖など）も異物として，議論されているが，異物対策からみた洗浄という観点からみると，食品あるいは食品成分そのものも異物として除去しなければならないし，「目に見えないもの」（例えば機械に付着した食品の希薄膜や微生物など）も異物としての概念でとらえ，これを洗浄という対策のなかで取除くことを考えなければならない。このように考えると，洗浄対

表2.2.23　洗浄対策からみた異物の種類と発生場所

異物の種類	発生場所
食品（破損物）および食品成分とその付着物	製造ライン
食品溶解物の付着	製造ライン
食品および製造ライン付着微生物	原料由来 製造ライン

表 2.2.24　製造機械における洗浄の問題点

製造機械	目的および目標	現状問題点	対　策
混　合 ①ミキサー ②搬送ポンプ ③成型機	＜見た目の清潔さ＞ ＜目に見えない清潔さ＞	・パイプ内部等への食品カスの残留（洗剤の使用） ・本体表面汚れの放置（マニュアル化） ・食品成分の残留（微生物増殖）	機械別洗浄 マニュアルの作成 ①洗剤の選定 ②洗浄方法の標準化 ③フォーム洗浄の導入
フ ラ イ ④フライヤー ⑤コンベア	＜見た目の清潔さ＞	・本体表面への油カス固着 異物付着の危険性大 （マニュアル化）	原則は上記同様 フォーム洗浄による問題の可能性 （油が除去されすぎる）
包　装 ⑥計数機 ⑦包装機 ⑧たれ用ポンプ	＜目に見えない清潔さ＞ ＜微生物的清潔さ＞ ＜本体表面の見た目の清潔さ＞	・油分等食品成分の残留 ・たれ関連機器の洗浄不良 （ホース内部，ノズルなど） （洗浄方法の改善，使用洗剤の再検討）	機械別洗浄 マニュアルの作成 ①洗剤の選定 ②洗浄方法の標準化 ③フォーム洗浄の導入
たれ製造 ⑨たれプラント	＜目に見えない清潔さ＞ ＜微生物的清潔さ＞	・ポンプ，パイプ内部食品成分の残留 （洗浄方法の改善，洗剤の使用）	

策からみた異物の種類は表2.2.23のとおりである。基本的には，これらの異物（汚れ）を洗剤などを使用して，物理的，化学的に取除くのが洗浄で，単に道具的なものを用いて，物理的，移動的に取除くのが清掃という概念で分けることができる。

このように異物対策からみた洗浄の重要性は，本来の異物である「目に見えるもの」と従来見すごされてきた「目に見えないもの」とがあり，この両者を製造環境ラインから取除き，食品に混入あるいは残留させないことが必要である。特に，後者については，その洗浄方法，洗浄対策物，食品成分などによって，洗浄内容が異なるため，各種条件によって洗浄方法をパターン化することが必要である。

表2.2.24は，製造機械における洗浄の問題点の例である。この表からも明らかなように製造機械に残留した食品および食品成分は異物の対象に充分になりうることと微生物・生物（昆虫・動物）の栄養源になり，品質劣化・生物異物の混入として問題となることを認識することにより，異物対策における洗浄の重要性が理解できると同時に，洗浄は食品製造における基本的かつ重要な作業であることが理解できるであろう。

〔引用文献〕

1）NGUYEN-THE,C., CARLIN,F.: *Crit.Rev.Food Sci.Nutri.*, 34, 371（1994）
2）BREIDT,F., FLEMING,H.P.: *Food Technol.*, 51(9), 44（1997）
3）設楽英夫：食品工業，39（11下），32（1996）
4）藤原　忠：食品の無菌充塡包装技術公開発表会要旨集，p.34，日本缶詰協会（1989）
5）児玉健二：包装技術，25(12)，30（1987）
6）植村邦彦：殺菌・除菌実用便覧，サイエンスフォーラム，p.145（1996）
7）松山良平：熱殺菌のテクノロジー，サイエンスフォーラム，p.225（1997）
8）横山理雄：化学と生物，22，780（1984）
9）横山理雄：食品衛生研究，29(11)，79（1979）
10）KACEM, B., *et al.*：*J. Food Sci.*, 52，1665（1987）
11）GRANZER, R.：Verpackungs. *Rundschau*，33 (6)，35（1982）
12）鵜飼暢雄：無菌化包装食品の製造管理マニュアル，サイエンスフォーラム，p.396（1981）
13）Technical Report. *Food Engineering*, Dec, 28（1981）
14）高野光男・横山理雄：食品の殺菌，幸書房，pp.242～252（1998）
15）DUNN,J.,*et al.*：*Food Technol.*, 49(9)，95（1995）
16）小川・他：日農化誌，63，1109（1989）
17）堀江・他：日農化誌，66，713（1992）
18）SITZMANN,W.：High-voltage pulse techniques for food preservation（GOULD,G.A.,ed.：New methods of food preservation）（Chapman & Hill),pp.236～252（1995）
19）QIN,B.,*et al.*：*Food Technol.*,49(12)，55（1995）
20）DUNN,J.,OTT,T.， CLARK,W.：*Food Technol.*,49(9)，95（1995）
21）LOAHARANU,P.：New Methods of Food Preservation（GOULD,G.W.,ed.）（Chapman & Hill).pp.90～111（1995）
22）高野光男・横山理雄：食品の殺菌，p.65，幸書房（1998）
23）都築正和監修：殺菌・消毒マニュアル，p.171，医歯薬出版（1991）
24）内藤茂三：フードケミカル，13(9)，55（1997）
25）内藤茂三：愛食工技年報，34，68（1993）
26）内藤茂三：愛食工技年報，36，63（1995）
27）内藤茂三：愛食工技年報，37，39（1996）
28）上田　修：食品のトータルサニテーション，防菌防黴，22(6)，373～382（1994）

〔参考文献〕

・柴崎　勲：改訂新版 新・食品殺菌工学，光琳（1998）
・高野光男・横山理雄監修：新殺菌工学実用ハンドブック，サイエンスフォーラム（1991）
・高野光男・横山理雄：食品の殺菌，幸書房（1998）
・柴崎　勲：滅菌法・消毒法第1集（綿貫，実川，榊原編），文光堂，p.139（1981）
・日佐和夫・江藤　諮：PL 対応　食品異物混入対策辞典，サイエンスフォーラム，pp.405～408（1995）

2.3 輸入食品の安全性

2.3.1 輸入食品の現状

日本の農業に従事する人口の減少や，耕地面積が少ないこと，各国の労働賃金の格差や輸入品が安価であることから，輸入食品の安全性を危惧する消費者が多いにもかかわらず，輸入量は年々増加する傾向にある。

検疫所へ輸入のために届けられた届出件数と重量は図2.3.1に示したとおりである。1989（平成元）年から比較すると届出件数も輸入量も増加しているが，重量の増加に比較して届出件数が多くなってきたということは，１回の輸入量が小口化して多種類のものが輸入される傾向にあるといえる。

これら輸入品の重量は2001（平成13）年ですでに3,200万ｔを上回っている。輸入食品の内容は図2.3.2に示すように2001年には総重量で3,250万ｔであり，農産食品がもっとも多く全体の73%，次いで畜産食品や水産食品はいずれも９%程度となっている。これら輸入食品は日本人のカロリーベースの60%程度といわれているので，食品を輸入しない限り日本人の食生活は維持できない。

しかし，食品の安全性に関する種々のアンケート調査をみると，輸入食品の安全性に対して不安や不信感をもっている人は多いようだ。東京都生活文化局が行った食品の安全性に関するアンケート結果を図2.3.3に示した。食品の安全性に関す

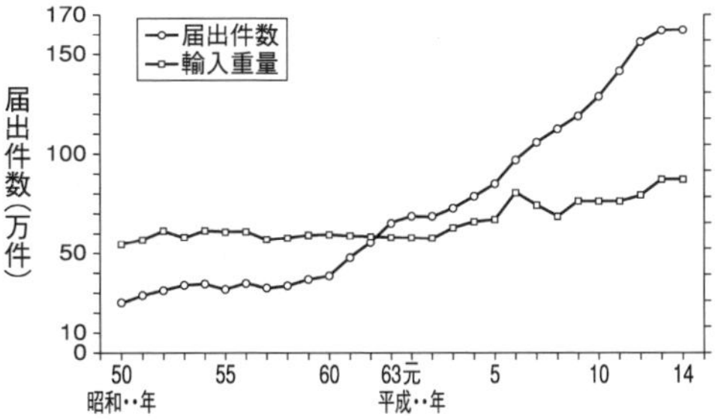

図 2.3.1　輸入のために検疫所に届けられた届出件数と重量

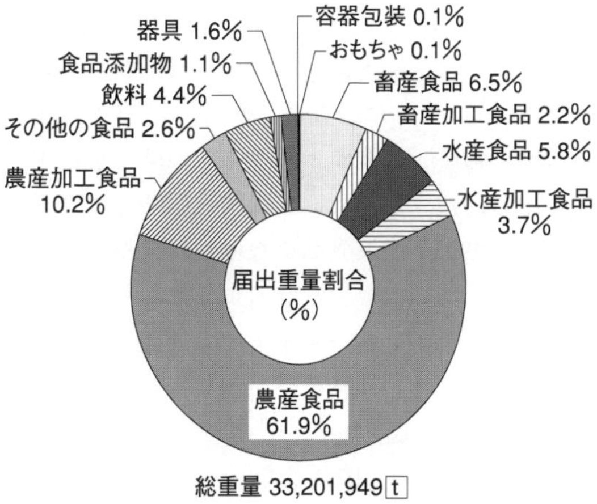

図 2.3.2　食品の品目別輸入重量（2002年）

注　器具，容器包装，おもちゃは食品に含まれる。

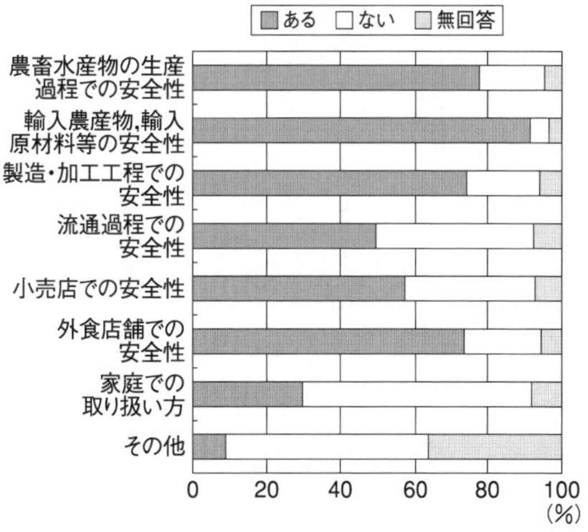

図 2.3.3　食品の安全性に対する不安内容

出典　農林水産省：平成15年度食料品消費モニター第１回定期調査結果

る多くの事項に不安を感じ，輸入食品に対しても多くの人が不安を抱いている。

2.3.2 輸入食品の安全性確保

輸入食品の安全性確保は厚生労働省が行っている。特に検疫所が日本の食品衛生法に合致しているかを中心に輸入時に検査している。

検疫所は図2.3.4に示すように全国に33カ所あり，神戸と横浜検疫所では検査設備を充実して常時検査をしている。

2003（平成15）年５月に食品衛生法が大改正され，これにより輸入食品の輸入手続の流れは図2.3.5のようになった。また，検疫所は輸入食品に対し検査命令を出すことができ，検査命令が出された場合，輸入事業者は登録検査機関で検査を受け，その結果が違反食品でなければ検疫所が検査を行ったと同じ扱いを受けるようになった。

違反内容はインターネットでも公開されているが，食品添加物，残留農薬，カビ毒などの違反が多くみられる（図2.3.6）。

検疫所は検査を担当し，また命令検査の結果や書類審査を行い輸入の適否を判断している。

しかし，輸入品の品目が多いことからすべてのものを完全にチェックすることはできない。

国内に流通するようになった食品は各県や政令市が衛生研究所や検査施設をもつ特定の保健所などで検査している。

その検査結果をみると輸入食品の場合，食品添

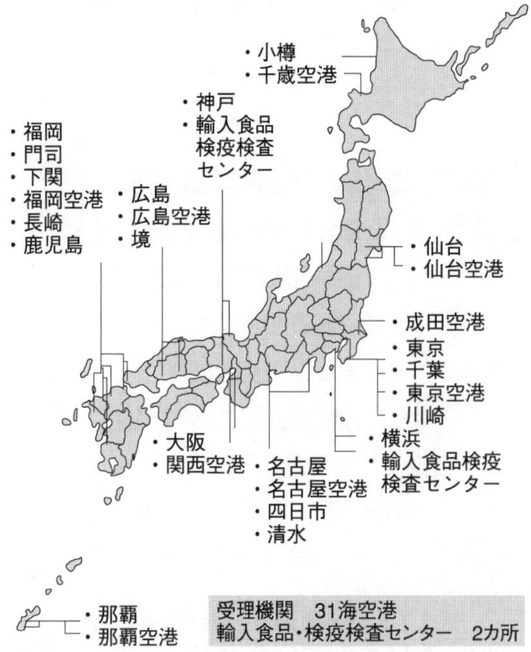

図 2.3.4　食品等輸入届け出受理機関（検疫所）

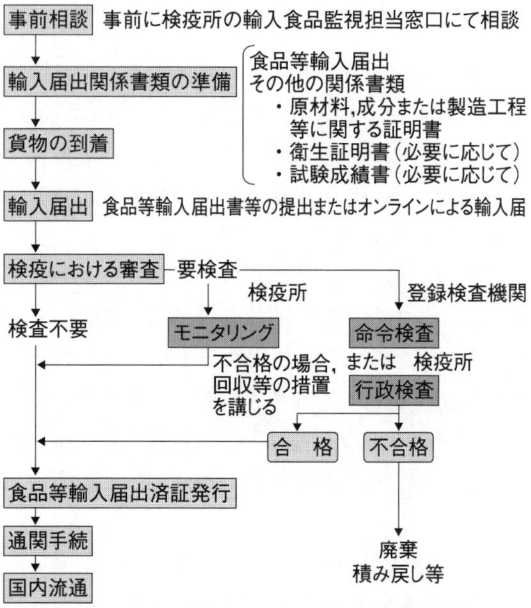

図 2.3.5　食品等の輸入届出の手続の流れ

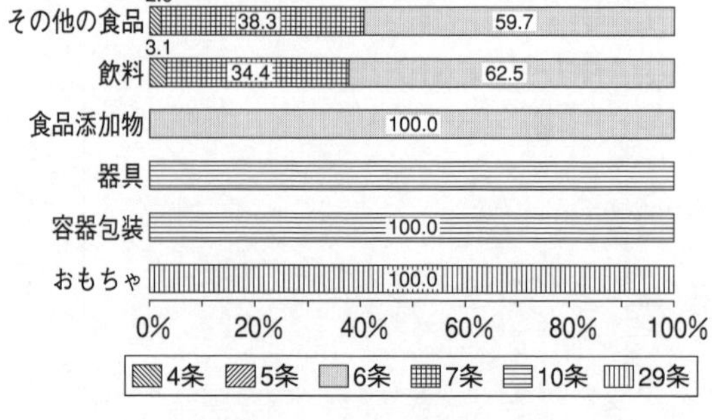

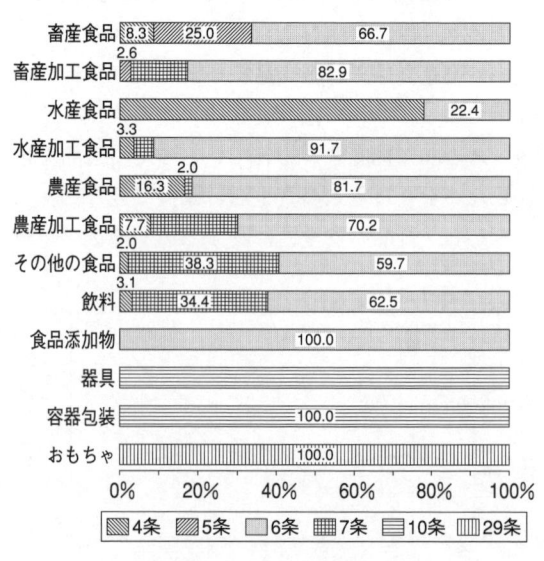

図 2.3.6　検疫所における食品分類別・条分別
食品衛生法違反内容（2002年）

注　器具，容器包装，おもちゃは食品に含まれる。

加物や指定外の食品添加物の使用違反が比較的多くみられる。

輸入食品の安全性確保は，国レベルでは検疫所を中心に輸入時の検査を，各県においては流通している食品を分担して検査を行っている。

そこで食品添加物，残留農薬を中心にカビ毒などについて考えてみる。

2.3.3 食品添加物

現在，日本では食品に物を加える（添加する）ことは全面的に禁止されている。ただし，内閣府にある食品安全委員会が安全性を評価し，評価が終わったものについて厚生労働大臣が食品医薬品衛生調査会で審議し，基準値や規格基準を設定し許可したものは食品添加物として使用してもよいことになっている。これをポジティブリスト制という。

食品添加物として，指定添加物（従来は化学的合成品といわれていたものが中心：約340品目），既存添加物（天然添加物といわれていたもの：約490品目），天然香料（約610品目），一般飲食物添加物（約100品目）が許可されている。

このように日本で許可されている食品添加物は1,000品目以上あるが，世界的にはさらに多くのものが使用されている。

香料原料に許可されていないものが使用されていたため，食品が大量に回収され，お詫びの新聞広告が出されることもある。微量であっても，許可されていないものが使用されていた場合には回収措置がとられるなど，食品衛生法は厳密に運用されている。

食品添加物として安全性が評価され，許可されている物質は各国で異なり，必ずしも一致していない。

このような理由で輸入食品の違反の多くは，諸外国で許可されていても国内法に不適というものである。厚生労働省が発表した輸入食品等の食品衛生法不適格事例を表2.3.1に示した。キノリンイエローやアゾルビンなどの酸性タール色素やパラオキシ安息香酸メチル（保存料作用）などは日本では許可していないが，諸外国では許可しているため，物質が輸入される事前に検出されることになる。日本が以前は許可していたチクロ（サイクラミン酸ナトリウム：甘味料）なども同様である。諸外国で許可しているものでも日本の食品衛生法で許可されていないものが輸入された場合には，当然違反食品となる。これらが流通食品から検出された場合はいずれも違反品となり，直ちに回収されて輸出国に返却されるか廃棄処分となる。

食品添加物は，各国で安全性を評価して許可しているため，そのような物質を使用したものは違反食品となるが，毒性はほとんど問題なく，通常添加されている量では人体への影響は考えられない。

現在，世界的に食品が流通するようになったため，共通したものを許可するために各国で努力している。日本でも諸外国で食品添加物として許可している物質を許可するか，食品安全委員会で逐次安全性を評価している，各国とも従来使用しているものと効果がほとんど変わらないものの場合は必ずしも許可する必要があるかなどの論議もあり，充分な審議が待たれる。

今後食品添加物の数が増える可能性があるが，逆に使用実績がなくなる物質も出た場合，それらが不許可になる可能性もある。

違反食品添加物のうちで許可外添加物については，諸外国で許可されているが国内では不許可となっているものについて，厚生労働省がその毒性や評価を開始した。すでに諸外国で許可され，使用されているものについては，毒性の点ですでに評価が出ているため，それらの結果を勘案すると今後食品添加物の数が増えることが予想される。現在輸入品の違反の多くは，諸外国では許可されているものであるため，添加物のハーモナイゼーションが進むことにより許可外添加物の違反は少なくなるのではないか。

表 2.3.1　輸入食品等の食品添加物食品衛生法不適格事例（平成15年 9 月分）

不適格内容・項目	品　　名	生産国
指定外添加物		
キノリンイエロー(色)	マシュマロ	ベルギー
アゾルビン(色)	ミックスフルーツジュース	スリランカ
	アップルパイ	中国
パラオキシ安息香酸メチル(保)	健康食品(0.585g/kg)	マレーシア
ポリソルベート	ハム(包装後加熱)	アメリカ
	ベーコン(包装前加熱)(0.02,0.03g/kg)	カナダ
ステアリン酸カルシウム	アセロラ(健康食品)	イギリス
サイクラミン酸	干し梅(11μg/g)	中国
	マーボーソース(6μg/g)	中国
	乾燥うめ(7μg/g)	中国
亜硝酸根	焼きたらこ(0.015g/kg)	韓国
使用基準不適合		
二酸化硫黄	乾燥アガリスク(0.063g/kg)	中国
	ミックスフルーツジュース(0.063g/kg)	中国
	マンゴーコーディアル(0.18g/kg)	スリランカ
	シチューの素(0.231g/kg)	ペルー
	塩蔵たけのこ(0.634, 0.498g/kg)	中国
	乾燥みつほうずき(1.495g/kg)	中国
ソルビン酸	ココナッツゼリー(0.70g/kg)	台湾
	コーヒーゼリー(1.2g/kg)	台湾
	サルサソース(0.625, 0.36g/kg)	カナダ
	清涼飲料水(レモン, 0.062g/kg)	ブラジル
	乾燥スモモ(0.88g/kg)	アメリカ
	海老ペースト(0.016g/kg)	ポルトガル
	いわしペースト(0.017g/kg)	ポルトガル
安息香酸	スモークサーモンジャーキー(0.22g/kg)	アメリカ

指定外添加物：日本では許可されていないが諸外国では食品添加物として許可されている。
使用基準不適合：物質は食品添加物として許可されているが許容量を上回っているもの，あるいはその品目に許可されていない。
(色)：諸外国では着色料として許可している。
(保)：諸外国では保存料として許可している。

2.3.4　残留農薬

輸入品の残留農薬で問題になるものとして，ポストハーベスト農薬がある。ポストハーベスト農薬とは，日本人が従来から考えていたものと異なり，収穫後の農作物に使用する農薬のことである。日本では昔から農薬は収穫前に使用するもので，収穫後に使用するものは食品添加物であると解釈されてきた。しかし，欧米では収穫後の農産物に使用するものも農薬と考えられていた。この歴史的な違いが輸入食品の安全性に疑義をもつ人にとっては不安材料の一つになっている。これは収穫後の農産物に貯蔵や輸送中に発生する病害虫防止や防カビ剤等の目的で使用される。アメリカではポストハーベスト農薬として60種類を上回る農薬が許可されている。

このポストハーベスト農薬の例としてはグレー

プフルーツ，オレンジ，レモンなどに使用されているオルトフェニルフェノール（OPP），ジフェニル（DP），チアベンダゾール（TBZ），イマザリルなどがある。これら物質は防カビ剤としてアメリカではポストハーベスト農薬として使用されているが，日本ではいずれも食品添加物として認められており，それぞれ残留基準値が設定されている。

各国で基準値が異なっても，それぞれの国で使用が許可されている場合はその範囲で使用されているときには問題は起こらないが，一方の国だけで許可されている場合は許可されていない国に輸入されると違反品となる。

日本では農薬が農作物別に，また農薬別に決められた基準に基づいて残留基準値が設定されている。

厚生労働省が発表した輸入食品等の食品衛生法不適格事例の2003（平成15）年９月分の結果をみると，ジクロルボスとクロルピリホスの不適格事例（成分規格不適合）が目につく。食品衛生法によるジクロルボスの残留基準値は穀類0.2ppm，野菜・豆類・イモ類0.1～0.2ppm，果実0.1～0.3ppmとなっている。コーヒー豆（0.44，0.96ppm），生鮮パプリカ（0.26ppm）の残留基準オーバーがあった。このジクロルボスは有機リン系の殺虫剤で揮発しやすいためにくん煙，くん蒸剤として使用され，残留しにくいとされている。１日摂取許容用は0.004mg/kgとなっている。

クロルピリホスの残留基準値は穀類・果実・野菜・豆類0.01～3.0ppmとなっている。未成熟ササゲ（0.03），冷凍赤トウガラシ（1.2ppm），塩茹でエダマメ（0.2ppm）等の不適格事例がみられる。クロルピリホスは果樹害虫用の有機りん剤で特にハマキムシ類に効果がある。１日摂取許容量は0.01mg/kgとなっている。

残留農薬の違反状況をみると，輸入にあたりあらかじめサンプルを取り寄せて国内法に適合するかを検査し，確認した後に輸入する商社等が多くなってきたため違反はきわめて少なくなってきた。

現在日本では農薬は農林水産大臣に申請して登録を受けなければ販売や使用ができないことになっている。登録申請にあたっては農薬取締法に定められている有効成分，適用病害，使用方法や毒性，残留性などに関する試験成績を提出し，問題のないものについて安全使用基準などが定められ，農作物に使用されている。食品衛生法は現在約280の農薬について残留基準が定められており，その基準値を上回ったものについては食品衛生法違反ということになる。

残留農薬については2006（平成18）年春には使用してよい農薬とその残存量が定められることになっている。これら農薬をリスト化したものをポジティブリストというが，各国により病害虫が異なることも考えられることから国により必要とする農薬や使用量が異なることも考えられる。

そのようなことから残留農薬に関する違反は，農産物のますますの輸入増が考えられることからも増加する可能性がある。

2.3.5 カビ毒

カビは食品の可食性を失わせることから，食品の健全性の観点からは重要であるが，健康障害という点からはほとんどないとされている。しかし，穀類，種実類に着生したカビのうちいくつかの種類はカビ毒を産生することが知られている。

特に，輸入食品で問題となるのはアフラトキシンである。アフラトキシンはアスペルギルス・フラバスやアスペルギルス・パラサイティカスが産生する強力なカビ毒で，なかでも発がん物質であるアフラトキシンB_1がもっとも注目されている。アスペルギルス・フラバスはアフラトキシンB_1とアフラトキシンB_2を産生する。アスペルギルス・パラサイティカスはアフラトキシンB_1，アフラトキシンB_2，アフラトキシンG_1，アフラトキシンG_2を産生することが知られている。食品衛生法で基準があり，肝臓毒や発がん性がもっとも強いアフラトキシンB_1が10ppb以上検出されたものについては回収し，廃棄処分となる。

世界各国でアフラトキシンの規制を行っている

が表2.3.2に示したようにアフラトキシンB_1で規制している国とアフラトキシンB_1，B_2，G_1およびG_2総量で規制している国があるが，アフラトキシンB_1とB_2，アフラトキシンG_1とG_2の汚染量にある程度の規則性があることから，一概にどちらの決め方がよいのか，あるいは厳しいのかは判断できない。

アフラトキシンB_1はピーナッツ，ピスタチオナッツやアーモンド等の種実類のほかに，トウモロコシ等から検出されることがある。その他に香辛料等からも検出され，問題となることがある。

これらアフラトキシンは国内のピーナッツ，トウモロコシからは検出例がなく，検出したものはいずれも輸入品であることから，検疫所，各県の衛生研究所，いくつかの財団法人などにより輸入品の種実類，ピーナッツ，トウモロコシを中心に厳重に検査が行われている。

ピーナッツについてみると表2.3.3に示したように，カビの付着した粒や虫食い粒にはアフラトキシンの汚染率は高く，正常粒には汚染がほとんどないことがわかっている。

また，アフラトキシンは熱に対する抵抗性は強

表 2.3.2　世界のアフラトキシンの規制

国　名	規制の内容	
アメリカ	乳	0.5ppb(M_1)
	その他の食品	20ppb(B_1，B_2，G_1，G_2の総量)
イギリス	ナッツ類	5ppb(B_1)
イタリア	ピーナッツ	50ppb(B_1，B_2，G_1，G_2の総量)
オーストラリア	全食品	5ppb(B_1，B_2，G_1，G_2の総量)
カナダ	ナッツ類	15ppb(B_1，B_2，G_1，G_2の総量)
スウェーデン	ナッツ類	20ppb(B_1，B_2，G_1，G_2の総量)
	その他の食品	5ppb(B_1，B_2，G_1，G_2の総量)
スペイン	全食品	50ppb(B_1，B_2，G_1，G_2の総量)
ソ連	全食品	5ppb(B_1，B_2，G_1，G_2の総量)
タイ	食用油	20ppb(B_1，B_2，G_1，G_2の総量)
中国	穀類，ピーナッツ	50ppb(B)
西ドイツ	穀類，ナッツ類	5ppb(B_1) または10ppb(B_1，B_2，G_1，G_2の総量)
ニュージーランド	輸入食品	15ppb(B_1，B_2，G_1，G_2の総量)
	輸出豆類	5ppb(B_1，B_2，G_1，G_2の総量)
フィリピン	ピーナッツ	20ppb(B_1，B_2，G_1，G_2の総量)
	ココナッツ	20ppb(B_1，B_2，G_1，G_2の総量)
フランス	ベビーフード等	5ppb(B_1，B_2，G_1，G_2の総量)
	その他の食品	10ppb(B_1，B_2，G_1，G_2の総量)

表 2.3.3　ピーナッツ粒の選別効果

	カビ付着粒	虫食い粒	変色粒	正常粒
選別粒数	100	100	80	500
カビ毒汚染粒数	22	12	2	0
汚染粒混在率（%）	22	12	2.5	0

表 2.3.4　調理によるカビ毒の残存　　　（　）内は残存率%

食　品	調理方法	カ　ビ　毒	カビ毒量（ppb）	
			調理前	調理後（%）
そ　ば	茹でる	アフラトキシンB_1	8.1	6.8（84.0）
ポップコーン	炒める	デオキシニバレノール	233	184（79.0）
はと麦	炊　飯	ゼアラレノン	840	740（88.1）
押　麦	炊　飯	デオキシニバレノール	264	235（89.0）

く通常の食品の調理・加工の熱では減少しないと考えてよい（表2.3.4）。

この表にあるアフラトキシンM_1は乳牛の飼料がアフラトキシンB_1に汚染されていた場合，肝臓中でアフラトキシンM_1に変換することが知られている。このアフラトキシンM_1の発がん性はアフラトキシンB_1に比較して1/10以下といわれている。

その他に日本では2003（平成15）年にデオキシニバレノールが小麦に1.1ppm（フザリウムトキシン），パツリンがリンゴ加工品に50ppb（リンゴにペニシリウム・エキスパンサムが着生して産生するトキシン）などに規制値が設定された。

カビ毒やその他の汚染物による違反は輸入件数が増加するに伴い増える可能性もあるが，違反を少なくするには各国の安全性に対する認識の共有も重要になるのではないか。

2.4 青果物の流通

青果物は同じ生鮮食品でありながら魚介類や肉類と特性を全く異にする。その大きな違いは青果物が収穫後でも生物機能を有していることである。この生物機能は温度に大きく支配されるが，それだけではない。多くの果実はそれ自身からエチレンガスを発生して老化が加速するし，外から接触するエチレンガスはその果実の老化の引き金となる。バナナ，メロン，キウイフルーツ，洋ナシ，トマト，イチゴなどが収穫後に成熟する過程を追熟というが，これも老化の一過程である。老化といっても，これらの果実は追熟が進んでおいしくなるから好まれるが，鮮度が命の緑色野菜類は瞬く間に鮮度が落ちる。よい香りのする果実はエチレンガスが出ていると考えて花き類や緑の野菜と一緒にしてはいけない。

生物の反応は酵素が触媒作用を担って進むという特徴があり，温度が低くても高くてもその活性は落ちるが種類や状態によってその程度は異なる。呼吸も生物機能の一つであるが，温度以外に周りの空気組成や湿度，風速，振動，衝撃，光，収穫後姿勢などによって大きく影響される。このような生物機能を巧みに制御する流通技術の進歩は流通の範囲を世界に広げ，食料の安定供給に重要な役割を果たしてきた。

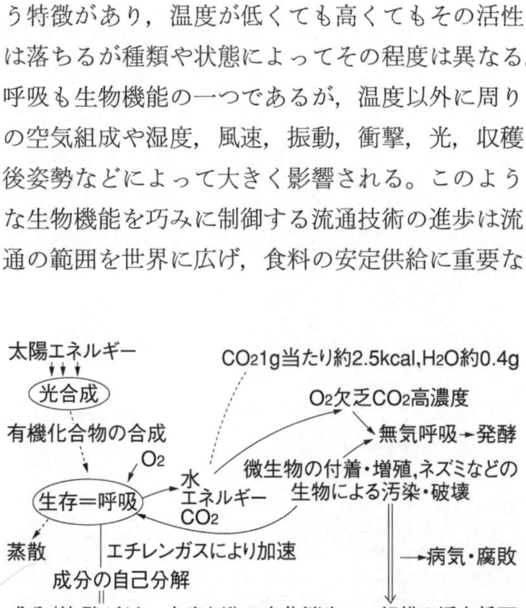

図 2.4.1　青果物の鮮度についての関連図

輸送機器，包装技術，温度や環境制御など従来から重視され高度に革新されてきた技術のほかに，最近では，食品衛生や廃棄物を出さない工夫が求められ，さらに，青果物をはじめ食品への品質識別が厳しくなってきて，品質計測技術の進歩，とりわけ非破壊品質評価技術により味の規格化も可能となった。一方，自然野菜への指向の高まりとともに市場外流通の増加も顕著になっている。とりわけ有機農業とその生産物へのニーズは世界的な動きであり，また，安全で安心な食への要求が強まり，生産から流通に至るトレーサビリティの確保など，その品質保証体制のあり方が問われている。

2.4.1 輸送機器

青果物は店舗内に設置した水耕栽培装置などで栽培されたもの以外は，産地から種々の輸送機関を経て供給されている。輸送手段は輸送距離や輸送品目の特性を参考に，経済的な理由から選定されることが多い。鉄道，船舶，航空機に対する青果物の積卸しは，それぞれ特定の施設で，特殊な専用の機器を用いて行われることが多い。

(1) トラック

トラックへの積卸しは荷役条件によってさまざまな作業形態がある。作業形態を支配する要因は，トラックの荷台と作業をする場所の高さの違いである。大型の店舗で専用の荷さばき場所がある場合は，大型トラックの荷台の高さに応じた作業場（高床ホーム）や一時保管場所を準備できる。このため店舗側は手押し車，車輪つきボックスパレット，動力コンベアなどで荷役が可能である。また，ホームの接車部分に電動で上下にスイングする「ドックレベラー装置」を取付けてトラックの荷台の高さとホームの高さの調節を行う施設も増加してきている。専用の作業場が確保できない街中の店舗ではテールゲートリフタを装着したトラックあるいは，フォークリフトで荷役をすることが多い。さらにトラックの駐車スペースが道路沿いにしか確保できない店舗では，側面開閉ボディー車（ウィング車）とフォークリフトによる荷役が一般的である。

青果物の輸送は，商品センターなどで店頭に陳列できるように小分け包装した青果物を冷蔵庫で保管のうえ，冷凍車または保冷車で配送することが一般的になってきている。なお，保冷車については，青果物を冷やす能力はないため，渋滞等が予想される路線での運用については充分な注意が必要である。冷凍車はそれぞれの食品に適した温度に設定できる。冷凍食品のために－18℃，チルド食品のために０℃，一般の青果物のために15℃のように荷室を区切って品温の違う食品を輸送可能にした特殊な車両もある。

（2）鉄　　道

鉄道による輸送はほとんどが日本貨物鉄道㈱（略称 JR 貨物）によって行われている。JR 貨物が引受ける輸送単位はコンテナ１個または貨車１両で，受渡しは貨物駅に限られている。そのため貨物の持込みと引取りは，JR 貨物と契約をしている運送業者に委託するのが一般的である。輸送区間，輸送時間，貨車の種類等が限定されるので，利用にあたっては運送業者，JR 貨物との充分な事前調整が必要である。

JR 貨物では保冷コンテナ，冷凍コンテナも保有しており，常温では品質劣化が心配される青果物や水産物の輸送に用いられている。冷凍コンテナは電気モータで冷凍ユニットを動かす電気モータ式とディーゼルエンジンと電気モータ兼用のエンジンモータ駆動式の２種類ある。電気モータ式は電源用の発電機を搭載した電源コンテナから電力を供給する。青函トンネルを利用する場合は電気モータ式，他の路線ではエンジンモータ駆動式の冷凍ユニットが利用されている。冷凍コンテナの大きさは20フィート10ｔ型が一般的である。JR 冷凍コンテナを利用する場合は最終目的地へは最寄りの JR 貨物駅でトラックに積替えての輸送になる。このため電気モータ式ではトラック輸送中の電源の確保，エンジンモータ駆動式では燃料の確保の問題がある。

（3）船　　舶

国内では輸送単位が大きい場合や離島への輸送には船舶が用いられる。物流コストの低減化のために一般貨物を取扱う貨物船からコンテナ船による輸送が一般的になってきている。

1）国 内 航 路

国内航路のコンテナは８フィート×８フィート×12フィート型（積載量５ｔ）が一般的であり，JR コンテナとほぼ同一規格である。陸揚げ後の輸送については JR コンテナと同様にトラック輸送になる。冷凍コンテナは国際海上コンテナ規格の８フィート×８フィート×20フィート型が多いが，道路運送車両法の規定により積載重量が13.5ｔ程度に制限される。冷凍ユニットが電動モータ専用の場合は，陸送に発電機を装備したシャーシを確保しなければならない。冷凍コンテナの冷凍能力は外気から侵入熱を防ぐには充分な能力を有しているが，一般の冷蔵庫のように物品の温度を下げる能力はないので，青果物をいったん輸送温度まで冷却した後にコンテナに搭載すべきである。輸送中の冷凍コンテナ内の温度は記録計に記録されているので，荷受けの際に必ず確認する。

2）国際海上コンテナ

国外から輸入される青果物には国際海上コンテナが利用されるが，先に述べた20フィート型と40フィート型が一般的である。８フィート×８フィート×40フィート型のコンテナの場合も道路運送車両法の規定が適用されるため重量制限や走行路線の制限がある。冷凍コンテナの場合は保税中，陸送中の電源の確保，最終目的地での一時保管中の電源確保は必須である。一般商用電源との接続はコンテナ側の接続端子が特殊な形状をしているので直接には接続できないので，あらかじめ接続端子箱を設備しておくほうが望ましい。また近年，海外ではかさ高の９フィートを超えるコンテナも利用されているため，陸揚げ後積替えをしないと一般道路を走行できない場合もある。このため国際海上コンテナを利用する場合は運送業者，通関業者との充分な打合せが必要である。

（４）航空輸送

航空機は消費地から遠い産地や離島，あるいは迅速性を要求される青果物にとっては最適の輸送手段である。輸入生鮮野菜，果実，切り花，食肉，魚介類などあらゆる食材をはじめとして衣料品まで世界各地から輸入されている。一般に国際航空貨物の輸送に用いられている大型貨物機（B747F, MD11F等）では旅客機の客室にあたる部分に上部貨物室，客室の床下にあたる下部貨物室が設備してある。旅客機では貨物が搭載できるのは下部貨物室に限られている。国内貨物では旅客機の下部貨物室が一般的であるが，沖縄県産の春の彼岸需要の切り花，鹿児島県産の新茶のように一部には貨物機を利用している。

１）航空貨物の荷役

航空機への搭載方法はばら積み方式とULD方式に分類される。ばら積み方式は個々の貨物を人力で直接貨物室に積込む方式である。B737, MD81, MD87, A320, YS11などの貨物室が狭い旅客機への貨物の積込みはこの方法で行われ，搭載順序，重量バランス，貨物の積重ねなどは積込み作業者の経験と勘に頼っている。B747, B777, B767, DC10, MD11, A300などのいわゆる広胴機はULD方式が採用されている。

２）ULD（unit load device）

貨物を積付けるパレット，コンテナなどのことを呼ぶ。貨物上屋や旅客ターミナルで貨物や手荷物を利用航空機ごとに仕分けてULDに積付けて，ULDをカーゴローダで貨物室に搭載する。この方式は，貨物の破損，荷崩れを防止し，省力化を可能にしている。貨物室内では床面に設けられたローラや，電動の移動車輪で移送してレストレインと呼ばれる固定装置で固定される。ULDは航空機の種類や搭載位置で寸法が異なるが，下部貨物室用のULDは床面が58インチ×57インチのLD３コンテナ，B767用の42インチ×57インチのLD２コンテナが一般的である（図2.4.2）。フォークリフトで荷役が可能なコンテナとローラーコンベア専用のコンテナがあり，フォークリフト用は空港外への持出しが可能で，いわゆるドアツウドアサービスが可能である。

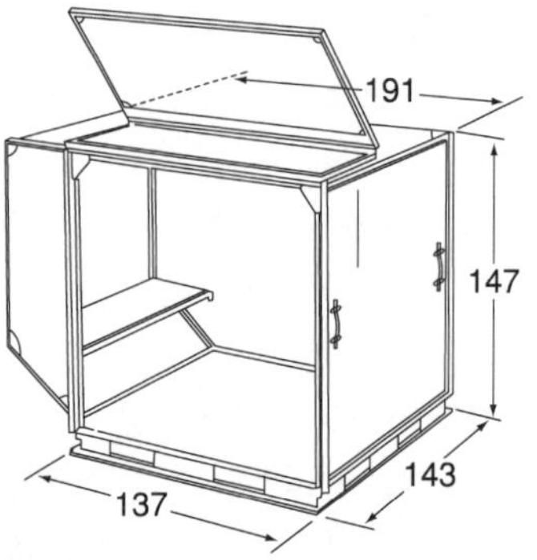

●LD3簡易保冷コンテナ

自重（kg）	容積（㎥）	最大積載量（kg）
145～154	3.8	747SR/1,451 DC10/1,587

●生鮮物の鮮度を保持。また，寒冷期には生鮮物の凍結防止としても使用可能

●LD2コンテナ

自重（kg）	容積（㎥）	最大積載量（kg）
91～98	3.2～3.7	767/1,224

図 2.4.2　航空用コンテナの例

３）ULDの温度管理

搭載重量と電源の関係から機械式の冷凍機を設備した航空機用のコンテナはないため，陸上輸送

や船舶輸送のように精密な温度管理はできない。航空会社では断熱コンテナやドライアイスを冷却剤に用いた冷凍コンテナで温度管理に対処している。近年，ドライアイスの昇華熱を電子回路と電動ファンで制御する冷凍コンテナが開発され，精密な温度管理が必要な薬品などの輸送に用いられている。このコンテナは日本で初めて運送会社が所有している航空コンテナで，各航空会社の承認を受けているので，複数の航空会社を乗継ぐ場合もドアツウドアで温度管理が可能である。すでに，冷凍食品や温度管理が必要な青果物の航空宅急便に用いられている。

2.4.2 包装（梱包）材料

（1）段ボール

段ボールは青果物に限らず輸送包装材料の主流を形成し，その役割は計り知れない。段ボールの特徴は軽量で折りたため，容易に製・封函やカラー印刷ができ，使用後の廃棄も簡単であることである。また均一な製品を大量に工業生産できるメリットもあり，積載面での規格統一が容易である。

段ボールはその名称どおりボール紙で「段」をつくっていることが特徴で，高度な耐圧強度，緩衝性，断熱性がある。ただ，段ボール包装では青果物の呼吸熱が箱内にこもるため箱内温度が上昇し鮮度低下を引起こしかねない。予冷や輸送中の冷却効果をあげるため密封を避ける構造にしたり側面に孔を開けるなどの工夫がなされている。

1）段ボール紙の基本構造

段ボール紙は図2.4.3に示したようにライナーと中芯とから構成され，中芯の波形の段はフルートと呼ばれ，両者は接着剤で貼合せられている。段ボール箱のふたはフラップと呼ばれて，内フラップと外フラップがある。

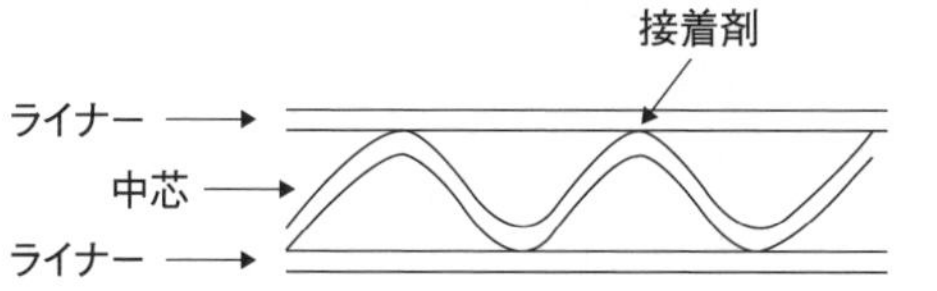

図 2.4.3 段ボールの基本構造

2）構造上の種類

段ボールの種類には4種類ある（1.6「包装」図1.6.3参照）。それぞれライナーの枚数と段の層数で区分される（表2.4.1）。片面段ボールは箱として使用されることはなく緩衝材として活用されることが多い。両面段ボールがもっとも多用されている。

3）構成するライナーの種類

JIS 規格で4種類（AA，A，B，C級）に分類され，全級種において種々の坪量（g/m²）が設定され，それぞれ圧縮強度（N・m²/g，横方向）や破裂強度（kPa・m²/g）の最低値が定められている。

4）フルートの種類

フルートは，段を形成している波の数（30cm当たりのピッチ数）や段の高さ（厚さ，mm）によって4種類あり，A，B，C，E段（フルート）に分類される（表2.5.2）。

5）強　度

① 材質・形　青果物をていねいに段ボール箱に梱包しても積上げた状態で下段部の箱がつぶれるようでは実用性に欠けるため，流通現場では箱としての強度が重要視される。段ボール箱の強度は箱の形状，大きさ，そして段ボール紙の構造に依存し，その強度は周辺長の3/1乗に比例する。

② 強度低下要因

A．水　分……梱包した青果物の蒸散によって水分が段ボールにしみこむと圧縮強度が著しく低

表 2.4.1 段の種類と数

種　類	ライナーの枚数	段の層数
片面段ボール	1枚	1段
両面段ボール	2枚	1段
複両面段ボール	3枚	2段
複々両面段ボール	4枚	3段

表 2.4.2 フルートの種類

種類	段の数(30cm幅)	段の高さ(mm)	特　徴
A	34±2	約 4.6	もっとも多用
B	50±2	約 2.5	
C	40±2	約 3.5	使用頻度低
E	94±6	約 1.0	強度大

下する。夏季には低温庫から搬出した際の結露も強度低下の要因となる。

B．荷　重……連続的に荷重がかかると疲労現象で強度は低下する。ウンシュウミカンを梱包した段ボール箱を10段積重ねると，下から3段目の圧縮強度は約半分に低下する。

C．把手孔と通気孔……把手孔と通気孔は作業性や冷却効果を考えると便利だが，強度を低下させる。円形よりの楕円形のほうがよく，箱辺に偏らず，孔同士を近接させないことが重要で，数や大きさを吟味する必要がある。

6）特殊段ボール箱

①　耐水性段ボール　ワックスを塗布して水をはじかせたり，加熱溶融したワックスを段ボール紙にしみこませて通水性を遮断する。

②　機能性段ボール　産地間競争に勝抜くための差別化対策として，品質保持機能を付加した機能性段ボールが重要となる。付加機能には，保冷，簡易 CA，蒸散防止，エチレン除去，防カビ，断熱，調湿などがある。簡便な箱内フィルム包装を採用する場合もある。

7）青果物の梱包姿勢を考慮した段ボール

青果物が栽培状態と異なる姿勢で段ボール詰された場合，生理的ストレスがかかりエチレン生成や呼吸反応が促進されて，鮮度や品質の低下を引起こすことがある。ホウレンソウでは縦詰段ボールが実用化されている。

8）ISO 化

現在の段ボールの諸特性は日本工業規格 JIS で規格化されている。しかし，自由貿易体制としての国際貿易で支障のないよう国際レベルの共通規格（ISO 規格，ISO とは国際標準化機構）への移行が検討されている。段ボールの特性試験条件の標準化や SI 単位の導入などが審議されている。

（2）プラスチックフィルム

1）材　質

ポリエチレン，ポリプロピレン，ポリスチレン，ポリ塩化ビニルが代表的な材質である。それぞれ価格，加工の容易度，ガスおよび水蒸気透過性，透明性，物理的強度，ヒートシール性，印刷適性に特徴がある。

2）密　度

プラスチックフィルムは成分材料をコモノマーと共重合させて合成されるので，ベースポリマー（例えばエチレン）の密度の違いでフィルムとしての性質が異なる。一般的に高密度フィルムは結晶度が高く，ガス透過性は低い。

3）延　伸

延伸とはプラスチックフィルムを二次転移点以上，融点以下の温度で引延ばして材質成分の高分子を再配向させることである。一般的に延伸すると透明性が向上する傾向にある。

4）通気孔の有無

青果物の呼吸速度および蒸散量がフィルムのガス透過性や透湿性と適合しなければ，過湿のために微生物が発生したり呼吸障害が生じ，かえって品質劣化を引起こすことがある。これらの悪影響を回避する手段としてフィルムの開孔がある。

5）機能付加

一般フィルムに水分保持能力，曇り防止能，結露防止能を付加させたり，フィルムにセラミック，ゼオライト，無機多孔質，大谷石などを練込んで，エチレン吸着能を付与する工夫がなされている。

（3）緩　衝　材

青果物の輸送過程で振動や衝撃を避けることはできないので，内装材としての緩衝材が必要となる。緩衝材の種類としては，次の4種類がある。

1）プラスチックフォーム

プラスチック内に空気を入れて成形したもので，ポリエチレンフォーム，ポリスチレンフォーム，ウレタンフォームが代表的である。リンゴ，モモなどのネット状キャップや段ボール箱の底に敷くマットなどがあり，製品の形で利用方法が異なる。断熱性や耐水性に優れた製品である。

2）ポリ塩化ビニルトレイ

軽量で強度や透明性も高く，イチゴや鶏卵のパックとして多用されている。使用後の焼却処分で塩素が発生することが欠点である。

3）モールド容器

青果物の形状に合わせて古紙パルプを成形した後乾燥させる。通気性，吸水性に優れ，傷つきやすい果物（メロン，ナシ，モモなど）に多用されている。リサイクル可能である。

4）エアーキャップ

2枚のプラスチックフィルム間に空気を入れて円形状の山を作成したもので，軽量で断熱性と防カビ性に優れ緩衝能の高い製品である。

包装資材も使用後は廃棄物となる。ゴミ回収の有料化が広がると，消費者は包装資材を家庭内に持込むことを避けるであろう。消費者意識の変化に伴い包装形態も改変していく必要がある。

2.4.3 温度管理

青果物などの食品を扱う場面で，第一に気を配らなければならないのが温度である。温度が高いと，鮮度低下や腐敗，品質劣化が急速に進んでしまう。傷みやすい生の魚や肉が冷蔵ショーケースに入れられたり，ワインが低めの温度に維持されたセラーに置かれたりしていることを思い浮かべると，いかに温度に対する管理が重要であるかわかる。乾燥品や缶詰などのように長期間保存が可能な品目でさえ，照明や機械の熱で温度が高くなるような場所に置かれると，品質はより速く低下してしまう。

（1）温度の測定

温度を正確に測定することは難しい。厳密な温度管理が要求される場合は，温度計の特徴を充分に理解したうえで注意深い測定が必要である。温度計には，ⓐガラス製棒状温度計，ⓑバイメタル式温度計，ⓒサーミスタ温度計，ⓓラベル型液晶温度計，ⓔ赤外線放射温度計，ⓕ熱電対温度計などがある。

温度計は必ず少しは狂っていると思ったほうがよい。使用にあたっては，標準温度計との表示温度のズレのチェック，あるいは温度計のメーカーにおける調整やチェックが必要である。赤外線放射温度計は，測定する物体から発せられる赤外線を検出して温度を知るもので，その物体に触れずに瞬時に測定できる。ただ，赤外線の放射率が物により異なり，正確な測定ではその補正が必要である。果物や野菜の場合は，補正しなくても実際と大きなズレはないので，簡単に品物の温度をチェックする道具として有効である。

赤外線放射温度計以外は，いくら精度が高い温度計でも温度を検知する部分が測定する物と同じ温度になるまで気長に待つ必要がある。実際の果物や野菜の温度は，蒸散で少し熱が奪われているので，回りの空気の温度より低いのが普通である。室内の温度変化を自動的にチェックをするものとして，バイメタル式温度計を利用した自記温度計がある。また最近ではサーミスタのセンサーをつけた小型のデータロガー（一定間隔で温度データを記録し，後でパソコンで読出せる）が安価に供給されていて利用価値が高い。

（2）野菜や果物は生き物

生鮮野菜や果物は，畑や果樹園から収穫された後でも，それなりに生きている。ジャガイモでも古くなったら芽が出てくることや，しおれた葉物野菜に水を打ってやると少し回復してくることなどをみると，生きていることがよくわかる。人間と同じように空気中の酸素を吸収し，二酸化炭素を出して，呼吸している。ほかに生きている食材としては，乾燥した状態で売られている穀類や豆類があるが，吸水しない限り，休眠状態であり，わずかな呼吸しかしていない。果物，野菜は軟弱で傷つきやすく腐りやすいうえに，それなりに“生きている”ことが他の食品と決定的に異なる。そのため，温度管理に関してはさらに特別な配慮が必要となる。

それでは，“生きている”ので，生育によい温度条件にしてやるのがよいかというと，そうではない。生きてはいるが，収穫することによって水分や養分の供給が断たれた状態になっていて，蓄えていた栄養成分などは，呼吸などの生命活動で一方的に消耗するのが普通である。したがって，消耗を少なくするためには，生きた状態を正常に保ちつつ，できるだけ呼吸を低く抑えてやる必要がある。基本的に温度が低いほど呼吸が小さくなるので，低温に弱い熱帯性の野菜や果物を除いては，0℃に近い温度が最適となる。ただし，凍結してしまうと細胞は死んで商品価値は全くなくなってしまうので，厳に注意しなくてはならない。

ジャガイモやタマネギ，カボチャなどでは，呼吸量が小さく成分の消耗もあまりないので，しばらく常温で店頭に置かれていても問題ない。また果物では，バナナなどのように可食期間の短いものもあるが，一般に糖分などを多く含み，常温でも比較的長もちするように思われがちである。しかし，常温では糖分だけでなく酸の減少や果肉の軟化などが進み，味がぼけたり食味が変わるので，見ため以上に品質が落ちていくことが多い。メロンのように追熟後に食べ頃となる果物では，追熟中は常温，食べ頃になってからは低めの温度，とうまく使い分けるのがよいケースもある。

低温に強い，弱いとか，高温を好む，好まないというような温度に対する性質，あるいは追熟性の果物など，果物や野菜によって実にさまざまであり，一通り把握しておくのがよい。産地や栽培時期，栽培方法などもあわせて知れば，それぞれの青果物の温度に対する性質や扱い方の理解が深まる。例えば，ホウレンソウやエンドウは，気温が高いとうまくつくれず，涼しい所や時期につくられる。これらは低温に強く，暑さに弱いという性質をもっている。また，熱帯の果物はほとんどが低温に弱いとみなしてよい。低温に弱いものが低温にさらされると，例えばバナナのように果皮が黒くなってしまう低温障害と呼ばれる症状が現れる。食用に問題はないが，商品価値はなくなる。

表2.4.3に，主な青果物を鮮度や品質をよく保てる目安として3通りの温度を設け，分類した。低温に強い品目は0℃付近，低温に弱いものでは低温障害が出ない温度の5～10℃，および12～15℃と大ざっぱに分けた。実際の温度の適用にあたっては，冷えムラによる凍結の心配を考慮すると，2～3℃高めの設定にしたほうが安全かもしれない。特に0℃付近では凍結の危険性が高い。

表 2.4.3　青果物の最適保持温度による分類

0℃付近	アスパラガス，カブ，キャベツ，ゴボウ，エンドウ，スイートコーン，セルリー，ソラマメ，ダイコン，タケノコ，タマネギ，ニラ，ニンジン，ニンニク，ネギ，ハクサイ，パセリ，フキ，ブロッコリー，レタス，ほとんどの葉菜類（ヨウサイ，モロヘイヤなどを除く），ワサビ，レンコン，キノコ類，イチゴ，アンズ，イチジク，カキ，サクランボ，スモモ，ナシ，ブドウ，モモ，キウイフルーツ
5～10℃	カボチャ，キュウリ，サヤインゲン，シソ，ジャガイモ，トマト，ナス，シシトウ，ピーマン，サトイモ，ヤマイモ，スイカ，メロン，アボカド，カンキツ類，パインアップル，バジル
12～15℃	オクラ，ショウガ，サツマイモ，バナナ

低温に弱いものでも，一定期間以上低温にさらされない限りは，障害は出ない。バナナの果皮のように特に低温に感受性が高く，すぐに黒変するものもあるが，低温に弱いものが限界温度以下に数日置かれても問題ない場合が多い。例えば，低温に弱いキュウリやピーマンなどは，かなり低めの温度である2℃の低温室に入れても，包装がきちんとしてあれば，4～5日置いても問題ない。特に夏季，温度の高い所に置いて鮮度を落とすより，低温障害をおそれず，冷蔵庫に置いたほうが格段に鮮度がよく保たれる。このように，野菜や果物の性質を知ったうえで，柔軟に対処していくことも必要と思われる。

(3) 野菜や果物は傷ついている

栽培，収穫，選別，出荷，輸送とさまざまな段階で野菜や果物は傷つき，菌の感染の危険にさらされている。かなり注意深く扱っていても，大なり小なり傷つき，菌の感染があると考えたほうがよい。栽培中あるいは収穫後でも軽い傷なら青果物自身の防御反応や治癒力で問題なく直してしまうことも多い。ジャガイモやタマネギは掘上げた後，しばらくは常温で乾かしたり，サツマイモでは35℃の高温に置く処理を施す。こうすることで，傷がつきにくくなったり，傷口が効果的に治る。

しかし，軟弱な野菜では収穫やその後の段階でどうしても修復不可能な傷がついてしまう場合が多い。このような場合は，時間とともに微生物が増殖し，腐敗がどんどん進行していく。またあらかじめ使いやすい大きさに切ったカット野菜についても，切り口は菌の感染に対して無防備な状態になっている。充分な殺菌処理や包装が施されていても菌は必ず生残っていて，これが増殖し，腐敗が進行する。このようなものを常温に置いておくと，野菜の組織がとけたように腐り，急速に商品価値を失う。できるだけ5℃以下，できれば0℃近くまで温度を下げ，菌の繁殖を抑え，少しでも腐敗の進行を抑えてやる必要がある。カットした場合は，低温に弱いものであっても腐敗防止を最優先し低温障害をおそれて高めの温度に置くのではなく，0℃に近い低温に置くべきである。

2.4.4 鮮度管理のための収穫後取扱いのヒント

温度管理やガス環境管理は別稿で詳細に述べられているから，ここでは青果物の鮮度や品質に与えるその他の要因について述べる。

（1）収穫後姿勢は生育姿勢がよく，振動や接触刺激は少ないほうがよい

落としたり衝撃を与えると青果物は割れたり傷を受けるが，これは単に目に見える傷害が問題となるばかりでなく，その刺激によって生理代謝が異常をきたし，その後，味も急速に低下してしまう。目に見える傷害に至らなくても野菜や果実は生きて呼吸をしているものであることに留意しておかなくてはいけない。

森仁志（名古屋大）らによるとトマトに手で接触することや静置姿勢がエチレン生成に影響するという。無傷のトマトを手で20回擦ると切断した場合と同じようにエチレン生成が増加する。接触刺激だけでなく果実を生育姿勢と倒置した場合とで比べると，倒置は1.5倍のエチレンが発生する。

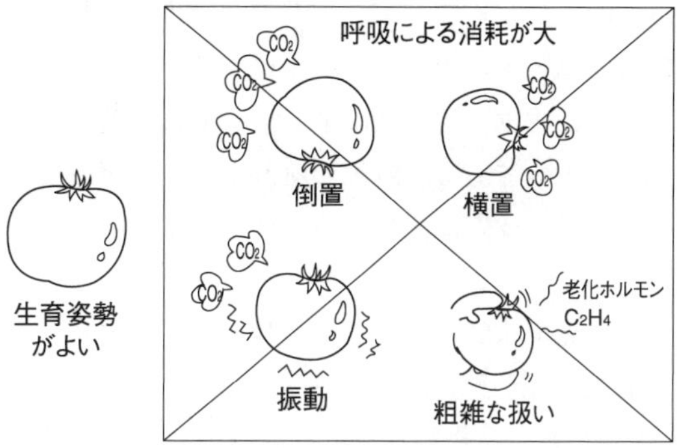

図 2.4.4　よりよい鮮度保持のためには

エチレンは青果物の老化を進めるため熟度は進むが，鮮度を失わせる働きがある。

秋元浩一（九州大）らは，収穫後姿勢を生育姿勢，横置そして倒置の3種類に置いて，置き方による呼吸の違いを検討して，生育姿勢が倒置や横置より20～50%呼吸が低いことを明らかにしている。呼吸が激しいと鮮度低下が速い。スイートコーン，シュンギク，トマトなど畑に植わっている時の生育姿勢が鮮度保持上良好である。また，中村怜之輔（岡山大）はトマトを振動させると30分後には呼吸が急上昇することを明らかにした。

（2）収穫後の光は月明かり程度がよい

山脇和樹（静岡大）らは収穫後ホウレンソウとコマツナの鮮度管理に光照射が有効であることを示した。呼吸量，表面色，ビタミンCについて，23.5℃では，ホウレンソウの光補償点は2,000～3,000 lx，コマツナでは少し高いところにあること，光照射が強いほど，ビタミンCの保持に効果があること，緑色保持はコマツナでプラス効果，ホウレンソウでマイナス効果であった。しかし光合成は水を使い萎凋を引き起こすため，照度が大きいと萎凋による鮮度低下が生じることに留意しなければならない。

2.4.5 果物の味を光で測る

1989（平成元）年，モモ果実の糖度選別機が農協で使われ始め話題になった。1990年代の後期には，ウンシュウミカンなどのカンキツ類の糖酸度

選別機や，メロン，スイカなどの糖度選別機が共選場に導入され始めた。いよいよ農業においても本格的に内部品質（特に味）を重視した時代が到来したようである。時代の流れに乗り遅れないように，最新技術に注目する必要がある。

（1）光で味が測定できるわけ

糖度などの味成分の測定には光の一種である「近赤外光」が使われる。近赤外光は可視光と赤外光の間にあって，上限，下限ともに波長の限界は明瞭ではないが，一般に800～2,500nm（ナノメータ，10^{-9}m）の電磁波をいう。可視光は色として，赤外光は熱として知覚されるが，近赤外光は人間には感じることのできない電磁波である。この点において近赤外光はテレビなどで用いられている電波に似ている。

このような近赤外光を果実のような対象物に照射すると，ある特定な波長の光が対象物の成分によって吸収される。吸収される光の波長から成分を識別することが可能となる。また，成分含量が多いほど，吸収される光の量は多くなる。光の吸収される程度（吸光度）から対象成分の含量（濃度）が推定できる。したがって，近赤外光の吸収波長および吸光度から特定な成分の濃度を測定することができる。

（2）果実糖度選別機

糖度（酸度）選別機は，図2.4.5のようにその構造から反射方式と透過方式に大別される。反射方式では，ランプで果実赤道部の一部が照射され，果実の表皮および表皮近傍の果肉で拡散反射された光が果実に対してランプと同じ側に配置されたセンサーによって検出される。表皮から数mmの深さの検出が可能といわれており，モモ，ナシ，リンゴなど果皮の比較的薄い果実の選別に適している。

1989（平成元）年，この方式のモモ果実糖度選別機が三井金属鉱業㈱によって開発され，その1号機が山梨県西野農協に導入された。この装置で選別されたモモは「糖度保証付き果実」として差

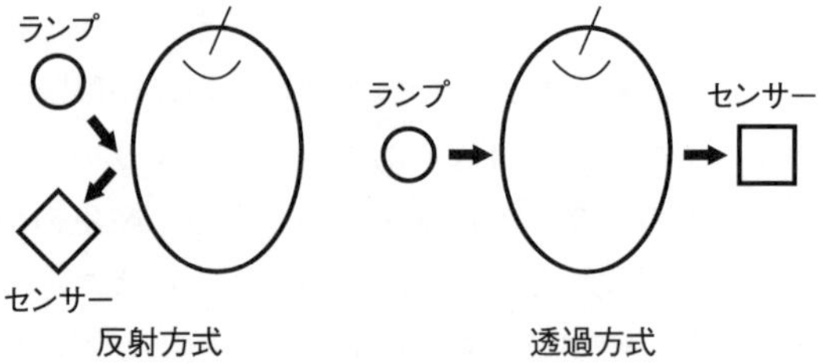

図 2.4.5　糖度（酸度）選別機の基本構造

別化されて販売されている。

一方，透過方式はランプ（光源）およびセンサー（検出器）の配置から2方式に分類される。その一つが，果実赤道部の近くに配置された1個のランプで果実赤道部の一部を照射し，果実を透過した光を果実に対してランプと反対側に配置されたセンサーによって非接触で検出する方法（以後，部分照射・非接触検出方式という）である。もう一つは，果実赤道部の回り全体に配置された複数のランプで果実赤道部のほぼ全体を照射し，果実を透過した光を果実の果頂部（果底部）において暗室状態（外光を遮断した状態）で検出する方法（以後，全照射・外光遮断検出方式という）である。

前者の部分照射・非接触検出方式は既存の選別ラインへの組込みが容易という長所がある反面，外光の影響を受けやすく応用範囲が制限される短所がある。後者の全照射・外光遮断検出方式は果実全体の内部品質検査が可能であること，外光の影響を受けにくく応用の拡張性に富むことなどの長所がある反面，機械の構造が複雑になり既存の選別ラインへの組込みが容易でないという短所がある。

部分照射・非接触検出方式の装置が三井金属鉱業㈱および㈶雑賀技術研究所で，全照射・外光遮断検出方式の装置が㈱果実非破壊品質研究所で開発され実用化された。

（3）内部品質時代の販売戦略

果物の糖度および酸度など内部品質が非破壊的に測定できる選別機が導入されつつある今日，産地側ではこのような装置をどのように使いこなすか，また小売店側では選別された青果物をどう取

扱うかが重要な課題である。

産地では糖度（酸度）選別機が導入されると各農家ごとに品質に関する成績表がつくられ，各農家の手取代金はこの成績表によって決定される。生産者にとっては，自分が栽培した産物の品質に見合った収入を得ることができ，生産意欲が向上する。また，内部品質に関するデータは栽培技術の底上げにも利用することができる。各農家の果樹園ごとに内部品質データを集積することにより，品質のよい果樹園と品質のよくない果樹園が明らかになる。その両者を比較検討することにより栽培条件の違いが明確となり，品質向上のための的確な改善を行うことが可能になる。

このように，糖度（酸度）選別機の導入は，産地にあっては販売戦略，農家の手取金の精算の合理化，栽培技術の底上げなど，多岐にわたって影響を及ぼす。

一方，小売店側にあっては味の評価が徹底されるため，仕入時に味が的確に価格に反映されやすくなる。それだけに小売店では品質保証体制を取りやすいという側面が出てくる。これからは内部品質に関する適切な選別を施された果実のうち上位ランクのものは高価格となり，低位ランクのものと無選別果実は特別な付加価値を付与しない限り低価格となるであろう。

利用の仕方を工夫し，内部品質の時代をビジネス・チャンスととらえ，前向きに対応することが重要である。

2.4.6　青果物の衛生

青果物は生鮮食品であり，日本ではサラダなどとして生のまま食べることも多い。そのために，害虫や微生物に侵されていない見ためもきれいな野菜や果実を選ぶ消費者は少なくない。したがって，このような観点から考えられる青果物に関する衛生上の主な問題点は，微生物による汚染，農薬による汚染および寄生虫卵の付着である。これらに関連する事項を下記に述べる。

（1）微生物による汚染

土壌中に存在する微生物の種類とその数は一定していないが，細菌類やカビが非常に多く，さらに原虫も存在している。このような環境で栽培される野菜類や果実は，土壌が直接付着したり，風によって舞い上がった土ぼこりによって土壌中の微生物による汚染を直接受けることになる。

また，生鮮野菜や果実類の変質・腐敗は市場病といわれることもあり，生産されてから消費者の手に渡るまでの間に実施する選別，包装，箱詰，輸送，貯蔵などの段階で受けた損傷部から，ヒトの手指によって人為的に汚染されたり，環境由来の微生物によって腐ってしまうことも非常に多い。生野菜の細菌に関する法規制はないが，野菜類に付着している一般細菌数は１g当たり少ないもので10^4，多いものは10^6のオーダーである。モヤシには一般細菌が多く付着しているものが多く，水洗してもあまり除菌効果がないのに対して，キャベツでは一番外側の一葉目からはカビや一般細菌が多数検出されるものの，五葉目になると微生物はほとんど検出されないという調査結果もある。野菜や果実の種類，形状，生産方法によって汚染程度が異なるので，それぞれに適した方法で取扱う必要がある。

最近は，外食産業，特定給食，家庭向けなどにカット野菜の需要が増加しているが，今後もますます多くなるであろう。カット野菜の食品衛生面でもっとも問題になることは一般細菌数が多いということである。野菜を切ったときに切断面から出てくる液汁が細菌の栄養分となるため，特に細菌が増殖しやすい状態である。業界では独自の基準値を設けて微生物制御を行っているが，次亜塩素酸ナトリウムや亜塩素酸ナトリウム溶液に浸漬する殺菌処理で対応している場合が多い。ただし，それらの食品添加物は最終製品の完成前に分解または除去しなければならない。

（2）農薬による汚染

農薬を使用する目的は，限られた面積から農作物の収穫量をできるだけ多くすることや，見ためのきれいな野菜を収穫するためである。すなわち，病害虫などの被害を防ぐことや土壌中の栄養分を横取りする雑草の除去などのために，殺虫剤，殺ダニ剤，殺菌剤，殺鼠剤，除草剤などを使用することが多い。使用した農薬は直接野菜や果実に付着することもあるが，土壌中に散布されたものが一部は根から吸収される。日本では農薬残留基準が定められており，この基準に違反した場合は販売停止処分となり，生産者も出荷できなくなる。

一方，輸入野菜や果実が増加しているなかでポストハーベスト農薬が問題視されている。これは，収穫後にカビなどによる被害を防ぐ目的で混入したり塗布する農薬のことである。特にレモンやグレープフルーツなどカンキツ系の果実に使用されているチアベンダゾールやオルトフェニルフェノール，イマザリルなどはよく知られている。

（3）寄生虫による汚染

日本の寄生虫感染者数は著しく減少したが，根絶したわけではなく，最近では増加する傾向がみられる。その原因の一つとして，無農薬野菜や堆肥などの有機質肥料で栽培した有機農産物を求める消費者が増加してきたことや，東南アジアなどからの輸入生鮮野菜を消費するようになったことがあげられる。寄生虫は，体内で大きな被害を与えることもありうるので，青果物を充分洗浄したり，生食する場合は湯通しすることも予防法の一つである。

2.4.7 リサイクルへの対応

青果物の流通は広域流通と地場流通や地域流通といわれる狭い流通に分けられる。そのなかでのリサイクルとは青果物の生産，流通，消費の間の各段階で生産や排出されるものを互いが連携して再資源化するものである。青果物を摂取して排泄される糞尿も残渣とともに圃場に返すのが望ましいが，都市下水は重金属混入の問題もあるため，ここでは都市側で出る青果物流通に関連する生ゴミのリサイクルを中心に述べておきたい。

（1）ゴミはまず分別から

ゴミ処理はまず分別が鉄則である。段ボール，発泡スチロール，青果物は分ける。紙は再生紙，発泡スチロールは融解しペレット化して玩具材料にするか分解反応させて重油にして燃料にする。青果物は乾燥して飼料にするか発酵させて肥料にする。いずれも専門業者に引取りを依頼する方法があるが，これからの時代は当然有料である。自前で処理するには施設化が必要であるが，分別された残渣の場合についてはコストの点から次の点に留意するとよい。

（2）低コスト処理法

圃場に入れて肥料にするには完熟堆肥にする。完熟堆肥となるには長期間かかるし，臭気も漂うため，微生物発酵の条件を整えるか，乾燥によって減容する。

飼料化は徹底した分別とともに，鮮度が高いうちに乾燥や低温処理によって品質保持を図る必要がある。青果物残渣は含水率が80％以上と高含水率であり，堆肥化するには発酵に適した60～70％程度の水分に調整しなければならない。そのために，わら，オガコ，乾燥気味の畜糞，完熟堆肥など水分を調整できる適当なものと混同する。発酵を促進するには水分調整と空気の供給が必須条件であり，条件が整えば，発酵熱は65～90℃にも達して病害微生物や虫卵も死滅する。また，乾燥して飼料や堆肥原料として水分を減少させる場合でも，単純な熱風乾燥ではコスト高になる。

乾燥する場合の低コスト法としては，自然エネルギー利用の乾燥や発酵熱を利用した乾燥のほか，細かく破砕したり浸透圧を利用して搾汁するなどによって固液分離する方法がある。この搾汁液からは有用成分が抽出できるし，タピオカデンプンなど適当なものを用いるなどしてコンニャクのように固形化して飼料や土壌改良材として利用できる。

また，堆肥化は通気と水分状態が適正であれば，高温の発酵熱によって徐々に乾燥し次第に発酵反応は低下するが，そこに廃液や尿など液体を供給して発酵に適した水分状態に戻せば，あらためて発酵が活発になって堆肥の完熟化が促進される。堆肥化施設のなかでも畜糞だけでなく家庭生ゴミやオカラなど一般廃棄物と産業廃棄物混合物をも有料で引受けて堆肥原料にできる処理施設として運用しているハザカプラントはおもしろい。100 mの長さのレーンを移動する25日の間に完熟堆肥にしてしまう。これは撹拌，エアレーション，戻し堆肥の効果であり，施設は臭いも少なく，しかも屎尿や廃液処理も可能である。

（3）生産者との連携

堆肥であれば農業者と提携することによってリサイクルが成立するし，飼料であれば畜産農家や養殖漁業者と提携する。有機農業者との交流からリサイクルの輪が形成されやすいが，何よりも信頼できるパートナーシップが必要であり，そのためには互いに顔のみえる関係であることが必要条件である。

ただし，肥料や飼料で利潤追求するのではなく，あくまでリサイクル促進の視点や農産物取引の補助的役割としてとらえることが必要である。産業廃棄物として出せば有料であることに留意して採算割れしないトントンの価格設定にすることが肝要であろう。都市近郊のある畜産農家は土地の一部を大手スーパーマーケットに納入する豆腐業者に300坪を提供して豆腐製造工場を誘致し，連日4 tものおからを礼金つきでもらって濃厚飼料としている。これは飼料コストを限りなく低くした模範的経営とされる例である。

農山村の生産者グループの農産物を買取り，都市側で排出される青果物残渣を肥料や飼料にして農山村の生産者グループに渡すという循環の輪をつくることが長続きする取組みである。いかにして生産側の人びとを味方につけるか，その人材の発掘と育成が重要なポイントである。

2.4.8　廃棄物処理

産廃となる流通・外食等の食品産業より排出される食品廃棄物は，従来，事業系一般ゴミとして焼却処分されてきたが，農林水産省の調査では，2003（平成15）年度の青果を含む食品卸売業の廃棄物の発生量は74万 tに上るとされる。近年のリサイクル意識の高まりや有機農業振興，加えて食品産業の廃棄物処理コスト低減のため，青果物残渣等の廃棄物を副産物としてとらえ，有効利用しようとする気運から，1997年5月には食品流通審議会に「食品環境専門委員会」，1998年1月には農水省大臣官房企画室に「生物系廃棄物リサイクル研究会」，同年9月には東京都に「野菜くず堆肥化等検討会」などが発足した。さらに農水省では「果実加工場有機性廃棄物対策促進調査委託事業」を1999年度から2年間の予定で実施し，2001年5月1日には「食品循環資源の再生利用等の促進に関する法律」，いわゆる「食品リサイクル法」が施行された。本法は食品関連事業者，すなわち食品の製造・加工業者，食品の卸売・小売業者，飲食店および食事の提供を伴う事業を行う者が2006年度までに食品廃棄物の再生利用等の実施率を20%以上に向上させることを目標としている。

このように，今後食品産業の各事業所においては廃棄物の減量化と有効利用を図ることが非常に重要となってくる。以下にこのための対策・方法を概説する。

（1）廃棄物の減量化と環境対策

廃棄物の減量化と環境対策は官民に共通の切実な問題であるが，この問題を軽減するには基本的には廃棄物となるものをできるだけ持込まない，また，できるだけ出さないことである。そのためには，青果物の仕入れ時と加工時および残渣の廃棄時に次のような注意が必要である。

1）仕 入 れ 時

① 検品を怠らない。不良品を仕入れると商品価値がないため必然的に廃棄物となる。

② 過剰仕入れしない。ストックする間に商品価値がなくなったり，加工の原材料では加工前に品質が劣化することがある。

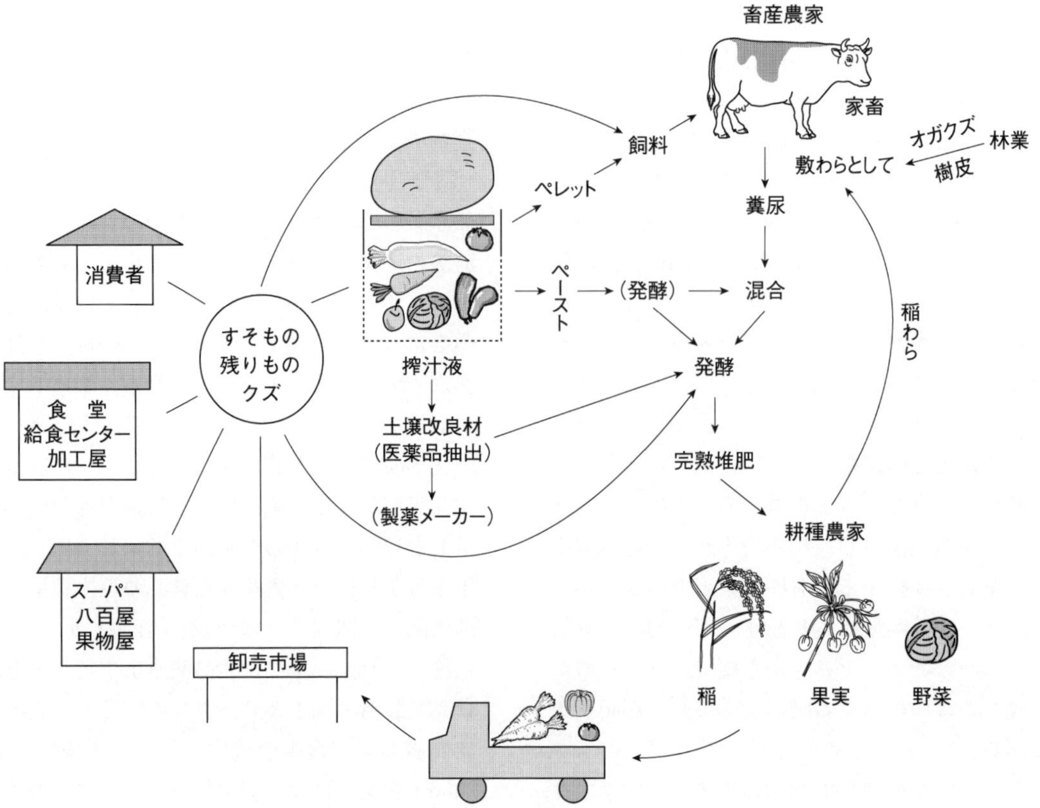

図 2.4.6 資源再利用によるリサイクル模式図

2）加 工 時

加工工程で廃棄物をできるだけ出さない。カット，仕分け，包装などの工夫により，製品化率を上げ，廃棄物を減量する。

3）廃 棄 時

① 廃棄物の別の活用法を考案する。製品化できなかった食品をさらに二次加工して製品化する。あるいは他業者の原料とならないかを調査し，その規格に合うよう品質を向上させる。

② 悪臭を抑制する。環境問題として当然であるが，二次利用する際の商品価値を高めることになる。

③ 排水中に廃棄物を混入しない。これは環境負荷を軽減するばかりでなく，青果物残渣を回収すれば堆肥などの原料となりうる。

（2）廃棄物のリサイクルと有効利用

青果物残渣のリサイクルと有効利用の方法としては，① 堆肥化，② 飼料化，③ メタン発酵などがある。このほかに廃棄物を副産物と考えれば，非常に付加価値の高い医薬品，化粧品，工業用原料としての利用法も潜在しているであろう。

1）堆 肥 化

一般的には，青果物残渣に石灰分と窒素分を加えてよく混合し（実際のプラントでは水分調整材，微生物資材を添加），適当な水分下で1.5～2.5mの高さに堆積して腐熟させる。1カ月に1回ほど切返して2カ月ほどで完成する。野菜くずの場合，含水率の高さが問題になり，乾燥するか稲わらなどの低水分の水分調整材を添加し，堆肥化に適した60％程度の含水率にできれば，良質の堆肥が生産できる。乾燥の際は熱源や燃料のコストが問題となり，水分調整材を加えるときは窒素が不足することが多いので注意を要する。実際には事業所に業務用の堆肥化型生ゴミ処理装置を設置することになるが，後述の「（3）阻害要因」にも記すように，特に小規模の施設や事業所では人件費を含む経費や設置場所などを考慮すると，生ゴミ処理業者（一般廃棄物・産業廃棄物処理業者）に委託するほうが有利である。

処理業者に委託した場合は，業者が有機物圧縮分別機（生ゴミ分離器）を搭載した車で巡回，分別・回収し，堆肥化施設に持込み堆肥化することが多い。割箸，ビニル，大きな骨・繊維質は分離除去され，ゴミは圧搾されてペースト化されるので，堆肥化施設内の生ゴミ処理機で１日程度一次発酵処理すればコンポスト化する。これを肥料の原料として肥料会社に売却するのが通例である。なお，小規模の事業所でも農林水産省の食品商業基盤施設整備事業などにより，国や地方自治体の補助を受けて堆肥化施設を設置する事例もある。

2）飼　料　化

青果物残渣はそのまま飼料として使用可能と考えがちであるが，その含水率の高さが事業化の壁になる。事業化するには長期安定的に飼料を農家に供給しなければならないので，そのままでは腐敗しやすい青果物の含水率を低減する必要がある。そのため堆肥化の場合にも述べたように乾燥コストが問題となり，低コスト乾燥機器と乾燥に用いる効率的な熱源の開発が必要である。また，製品が効率よくかつ継続的に利用されるためには特に畜産農家との連携が非常に重要となってくる。

3）メタン発酵

ここでいうメタン発酵は無機的なものではなく，メタン菌群といわれる微生物により有機物が分解されメタンガスを発生する反応をいう。すなわち青果物残渣のような有機物が酢酸，アルコールなどの中間生成物から最終的に炭酸ガス，アンモニアに分解する反応をいう。製造したメタンは燃料として有効利用できるが，ガスの貯蔵・供給施設などにコストがかかり，事業所内でガスを利用するには大型の事業所でないと採算が取れない可能性が高い。装置化は各事業所でできないことはないが，実際には専門業者に施設化を依頼することになる。実働している大規模施設の例としては固定式高温メタン発酵装置と呼ばれるものがあり，生ゴミを最大1.5 t/日処理し，90万kcal の熱量を回収することができる。

（3）青果物残渣有効利用の阻害要因

青果物の残渣は前述のとおり，水分が多く，そのままでは堆肥や飼料の原料として利用しにくいばかりでなく，輸送コストも増大し，採算が取れないことも多い。また，家庭ゴミと比較すると分別に要する手間は格段に少ないが，それでも外食産業などでは紙，プラスチック，割箸などが混入することが多い。

イタリアの研究では，分別していない都市ゴミを原料とした堆肥には重金属の含量が非常に高く，堆肥施用後の６年間の調査の結果，土中の亜鉛，銅，ニッケル，鉛，カドミウム，クロムの含量が増加し，鉛とカドミウムは栽培した青果物中にも含まれることが指摘されており，分別は厳密に行われなければならない。ドイツでは州廃棄物共同委員会と連邦コンポスト品質協会の任意基準中に重金属含有量の許容値が定められている。

堆肥化・飼料化を行う際は，事業者自身が堆肥・飼料の製造から販売まで行う場合と廃棄物処理業者に依頼する場合がある。現状では後者が圧倒的に多いが，この際には事業者は処理業者へ処理費を支払うことになる。前者の場合，処理施設の減価償却費，運転経費，人件費の合計が処理業者へ委託する経費よりも少なければよいが，堆肥・飼料の製品の高品質の維持や納入先農家の確保が大きな問題として残る。実際に堆肥を製造したものの引取り先がなく，頓挫する例もみられ，成功事例の多くは納入先となる農家ときちんと契約し，納入した堆肥を使用して生産された農産物を仕入れて販売あるいは加工していることが多く，まさにリサイクルがなされている。

2.4.9　有機農産物の流通

なくなった心を取戻したい衝動が“懐かしさ探し”へ駆立てるのかもしれない。昔の農業は自然との対話，作物への語りかけ，隣近所との共同作業があたりまえだった。機械化，化学肥料そして農薬の３本柱がマニュアル農業をつくりだし，その結果，農業生産性は飛躍的に伸びたが，それとともに，慈しみながら作物を育てた昔の農業は影を潜め，表舞台から消え去った。世界の主力産業も，効率化とマニュアル化のなかで機械に追われ，都会人は効率的仕事に追われる毎日のなかで健康不安と自然への懐かしさが心のなかに澱となっている。都会人のなかには，自然に生きたい欲求や子どもたちの健康を願い，効率化を追求した大量生産・大量流通の農産物から，手づくりで生産者の顔が見える安心感のある農産物を摂取しようとする人びとが増えてきた。これに応えようとして生産され始め，現在では日本農林規格に定められているのが有機農産物である。

有機農産物とは，化学合成農薬は全く使用しない，化学肥料も使用せず，有機肥料で土づくりした圃場で生産される農作物を指している。ここでは有機栽培される野菜と果実に焦点をあてて，その現状と今後について述べたい。

（１）有機栽培の理論

同一作物を連作すると土壌伝染性病害や線虫害が多発し生産が不安定になる。これに対し農薬を多用して微生物殺菌や殺虫を行うと作物にとっての悪玉菌だけでなく善玉菌も殺し，いくらかの抵抗性のある菌が跋扈《ばっこ》し，しかも土壌の機能が低下する。これに化学肥料の多用が重なると浸透圧の著しい上昇を引起こしたり塩類集積があって作物の環境は劣悪になる。こういう環境では作物の養分吸収能力に影響し，作物の各種調節機能や病害に対する抵抗力も落ちてしまい，化学農薬や化学肥料の多用と悪循環を繰返すことになる。したがって，作物の根の周囲の土壌を，微生物が住みバランスのとれたものにするために，腐熟堆肥を入れて豊かな地力をつくり土壌病害を抑制して健全な作物を育てるというのが有機栽培の神髄である。

作物の種類と土壌中の微生物には相性があって同一作物をつくり続けると特定の微生物だけが増えすぎ，その作物の生育が妨げられるという問題が生じる。そのようなことが起きにくいような作物を組合せて同じ圃場に同じ作物を植えず，順番に作物を変えて植えるという輪作を行う。例えば，ダイコン，サトイモに害を加える線虫を抑制するには大豆を収穫した後にサトイモ，その後にダイコンという順に栽培する。このように輪作することによって線虫の害を抑えることができる。これは㈱農業・生物系特定産業技術研究機構の野菜生産研の研究によるが，春ダイコン（秋はハクサイ）―サトイモ―大豆と３年サイクルで輪作により線虫抑制効果を確かめ，もっとも効果のある順番は大豆―サトイモ―ダイコンの順であることが明らかにされた。

多種類の作物をつくり，収穫物を消費した後の糞尿や残渣などは発酵させて肥料として圃場に戻すというリサイクルをつくりあげる。寄生して食害するアブラムシなどには天敵のテントウムシを放虫して駆除するという生物学的防除を生かす。すなわち自然の物質循環，生命循環を生かした生物生産が有機農業の極意ということである。

（２）有機農産物の基準

世界基準としてFAO/WHO合同食品規格委員会がコーデックス（CODEX）規格をつくり合意した。日本でもこれを批准するとともに，日本農林規格として国際的にも通用する有機農産物の基準・認証・表示の制度が法制化され，罰則規定を含む強制法となった。これは，流通過程で一般栽培農産物を有機農産物などと偽って販売する問題が発生し，消費者保護の観点からも看過できないためである。法制化の意味は消費者保護である。生産者ですら流通業者の言うままに本物の有機栽培法ではない，あるいは無農薬栽培ではないことを知りつつ取引に応じている例が報告されているため，生産から消費に至る過程で正常に取扱うための方式が必要である。有機農産物等の定義は次のように定められている。

「有機農産物とは，当該農産物の生産に用いた種苗の播種又は植付けの二年前（多年生の植物から収穫されるものにあつては，その収穫の三年前）から当該農産物の収穫に至るまでの間，化学的に合成された農薬，肥料及び土壌改良資材（使用することがやむを得ないものとして農林水産大臣が定めるものを除く。以下この号において「化学農薬等」という。）を使用しないほ場（当該農産物の収穫の一年前から収穫に至るまでの間，化学農薬等を使用しないほ場であつて，当該農産物の収穫後も引き続き化学農薬等を使用しないことが確実であると見込まれるものを含む。）において収穫された農産物（農林水産大臣が定める基準に適合するものに限る。）をいう。また，有機農産物加工食品とは，専ら有機農産物を原料又は材料として製造し，又は加工した飲食料品（農林水産大臣が定める基準に適合するものに限る。）をいう。」

また，有機農産物には該当しないが，農薬や化学肥料を節減して特別に栽培した農産物について「特別栽培農産物に係るガイドライン」が制定されており，次のようになっている。

生産の3原則の堅持：① 化学合成の農薬および肥料の低減，② 農業の自然循環機能を維持増進するため土作りによる生産力の発揮，③ 環境への負荷を低減した栽培法

特別栽培農産物としての条件：生産の3条件のもとで，① 化学合成農薬の使用回数が，慣行的な使用回数の5割以下，② 化学肥料の窒素成分量が慣行的な化学肥料の5割以下であること。従来の「減農薬」，「減化学肥料」，「無農薬」，「無化学肥料」は，新ガイドラインで表示できない。

使用資材：使用資材のうち，性フェロモン剤など誘引剤は節減の対象としない。ただし，使用した場合は使用したことを表示する。また，特定農薬（原材料が農作物，人畜，水産動植物に害を及ぼすおそれが明らかなもの）は，天敵（天敵昆虫，微生物農薬，BT 剤など）と同様の扱いとし，天敵および特定農薬のみを使用している場合は使用したことを表示し，「農薬は栽培期間中不使用」と表示できる。

慣行レベルの設定：化学合成農薬と化学肥料の節減割合の基準となる慣行レベルは，客観性の向上のため地方自治体が策定または確認したものとする。

情報提供の多様化：容器や包装，別途ビラ添付のほかインターネットなどで情報提供ができることとする。なお，消費者が「誰がどのような生産を行ったか」を追跡して確認できるよう，栽培責任者の名称，住所，連絡先，農薬など資材の使用状況や，消費者からの問い合わせに対して栽培責任者が説明する「情報の提供」などは引き続き実施する。また，輸入品も新ガイドラインに基づく表示ができるが，この場合は輸入者の名称，住所および連絡先を表示する。

（3）保 証 体 制

化学合成農薬や化学肥料を使用しなかったのかどうかは，現在の検査法では証明困難であるばかりでなく，本来，豊かな土で環境と調和して栽培されることが重視されている。

そこで一定の基準を満たす圃場と生産者を認定し，そこから生産される農産物を有機農産物として認定する以外に保証の方法はない。生産の場と人を認定する考え方は，日本工業規格（JIS）でも同じである。

1）有機農産物および有機農産物加工食品の検査認証制度

有機農産物等の名称を表示するには，第三者機関によって認定を受けることになっている。認定を受けたものだけが，有機 JAS マークを使用でき，「有機」の呼称を用いることができる仕組みである。その制度の仕組みは次のとおりである。

① **登録認定機関**　農林水産大臣の定める基準を満たして登録を受けた登録認定機関は，生産行程管理者または製造業者からの申請に基づいて，その生産と管理の方法等について調査を行い，圃場または工場ごとに認定する。また，定期的に認定後も生産行程管理者や製造業者に対し実地調査の実施と監査を行う。

② **認定生産行程管理者および製造業者**　生産行程管理者とは，実際にその農産物の生産行程

認定機関名

図 2.4.7　有機 JAS マーク

を管理し，または把握している者をいう。有機農産物の場合は，生産農家や生産者組合などが該当する。認定生産行程管理者や認定製造業者は登録認定機関から認定を受けて，その生産または製造する有機農産物等について格付を行い，有機 JAS マークを付けることができる。

③　**認定小分け業者**　有機農産物の流通において，有機 JAS マーク付きの大口包装形態から小売用に小分け包装する場合がある。この場合，小分け業者は，事業所および農林物資の種類ごとに登録認定機関による認定を受けることにより有機 JAS マークの再貼付を行って表示することができる。

④　**認定輸入業者**　登録認定機関から認定を受けた輸入業者は，輸入される有機農産物に JAS マークを貼付することができる。その場合，その有機農産物について，JAS 制度と同等の格付制度を有する外国において，その国の制度の下で認証を受けた有機農産物であって，そのことについて，当該政府機関等が発行する証明書が添付されているものに限られる。

宮崎県綾町は町条例で認証制度を定めて国に先がけて1989（平成元）年から有機栽培に取組み，地元販売のほかに宅配により全国に発送するなど人気度・注目度ともに高い。ここは畜産の盛んな地域であり，土づくりから始め，集落ごとの代表者による検査と農協による検査があって認証の信頼性を維持している。県単位での取組みも目覚ましい。岡山県の取組みが早く，熊本，兵庫，岐阜，東京と続く。しかし，有機農産物は一般農産物と異なり，卸売市場では必ずしも付加価値がつくわけではないため，生産者からすれば余分にかかる生産コストを吸収できる価格がつかないという問題点がある。したがってこれまでのところ，量販店など特定の小売店と直結したり，宅配や生協など消費者団体との直接取引による場合が多い。また最近では，有機農産物ではなく量販店などが独自の栽培や流通基準を設けて，それを厳守する産地と契約する形態の PB（プライベート・ブランド）も多くなってきた。これには有機農産物の基準よりもさらに厳しい内容で運用しているところがある。

品質保証体制の基本は売り手と買い手が信頼の絆で結ばれることがもっとも望ましい。量販店が生産地の農業者たちと契約して取引する場合でも信頼関係が樹立，維持するのは大変である。スポット的に安いものだけを買取る集荷方法では信頼関係はつくれない。一般的な流通形態によれば生産者と消費者が顔の見えない遠隔地流通であり，生産者から消費者の間には，生産者―出荷団体―卸売市場―仲卸―小売店―消費者という取引段階があって，第三者機関が保証せざるをえない。生産者の顔写真を貼って顔の見える販売に近づける工夫もあるが，要は安心できる取引，安心できる農産物が求められているわけである。

（4）ファーマーズマーケットは安心取引

生産者が消費者に直接販売する場には，農家の庭先や，沿道の無人販売などがある。無人販売は，周囲の都市化とともに買い手が多くなるがロス率も高くなる。買い手が正確に代金を入れないため歩留まりが60％まで落込むこともあるからである。このような地区では集合直販店をつくり，当番で店番をするようになる。ことの起こりはこのようであったが，これが発展して現在では JA などが農家に棚貸しをして農家が直接販売できるような感覚のファーマーズマーケットが各地にできて，大はやりである。時間帯によっては棚に置く生産者と直接対話できるだけに安心感もひとしおであるし，「おばあちゃんたちの温もりが感じられる野菜たち」という受止め方がされるのも，この販売方式の特徴である。ここには形の不細工なもの，完熟のもの，虫食いのものなどさまざまである。

宮崎県南宮崎にある特別栽培農産物を特徴にする直販店のようなところもある。愛媛県の内子町のように「からりネット」と呼ばれるPOSと情報ネットの仕組みによって，出品した農産物の売れ行き状況が出荷者一人ひとりの携帯電話で入手できるところもある。このシステムの場合，畑にいながらにして売れ行きをみてさらに収穫出荷するため鮮度も高い。いずれにしても，消費者と生産者が直接対話できる取引であり，その距離が近くて安心感が強いためあらためて保証体制も不要であるし規格もいらない。このような取引においては生産者がわけあり栽培を実行すれば特別な第三者機関に保証を求める必要もない。生産者や生産者グループが環境調和型のわけあり農業を実施し，これを直接取引する消費者や消費者グループは目で見て確かめて信頼の絆で取引しているのであれば全く問題は生じない。名古屋勤労市民生協と取引している岐阜県海津市の養鶏農家の例も同じである。安心できる餌，飼い方すべてを常時公開して安心取引を実施しているから，買い手は肌で感じる安心を買っているのである。生協も会員数が多くなると，こだわりにも限界があり，より一層のこだわりが求められる場合には，種々の工夫が必要となる。工夫の一例は，名古屋市勤労市民生協の中にできた「めいきん生協モーニンググループ事業部」という小規模で機動力のある取組みである。生協本体の22万人会員の中で，モーニングコープのこだわりを求める会員は1万人弱である。モーニングコープでは，この数に見合ったこだわりを実現し維持できる生産者や製造業者を発掘し支援し，また，産地開発も手がけるとともに互いのパートナーシップ強化を図っている。このように法律による保証体制が不可欠な取引と必ずしも必要でない取引があることを認識しておかなくてはならない。

〔参考文献〕

- 石谷孝佑：包装資材の利用，野菜園芸大百科15巻，農山漁村文化協会，pp.243～247（1994）
- 大森直孝：段ボール，農産物流通技術研究会編：農産物流通技術年報，流通システム研究センター，pp.99～109（1998）
- 椎名武夫：段ボール箱，野菜園芸大百科15巻，農山漁村文化協会，pp.248～255（1994）
- 石谷孝佑編：食品用語辞典，サイエンスフォーラム（1993）
- 鮮度保持流通技術の実用知識：流通システム研究センター（1993）
- プラスチックフィルム研究会編：プラスチックフィルム—加工と応用—，技報堂（1987）
- 食品流通審議会環境専門委員会：食品産業の有機性廃棄物のリサイクル推進方向（1998）
- 中曽利雄：ドイツ・バイオ廃棄物政令の制定状況と内容，月刊廃棄物，5月号，pp.71～80（1998）
- 福渡和子：大量リサイクルという罠に落ちないために—分離器搭載トラックで生ごみをペースト化するシステムを実践する豊島区—，月刊廃棄物，2月号，pp.84～89（1998）
- 前川孝昭：メタン発酵，山澤新吾編：バイオマスエネルギー，朝倉書店，pp.115～158（1982）
- 向井征二：欧州の「廃棄物とリサイクル」—スコットランドにおける食品廃棄物減量化への取り組み—，月間廃棄物，7月号，pp.76～79（1998）
- Pinamonti F., G. Stringari, F. Gasperi, G. Zorti：The use of compost-its effects on heavy metal levels in soil and plants, *Resources Conservation & Recycling*, 21（2）129～143（1997）
- 松口龍彦：野菜畑土壌の根圏環境，農業と科学，pp.9～12（1992）
- 松口龍彦：畑作物の根圏生態系の微生物的評価と改善に関する研究，日本土壌肥料学会，61（3）223～226（1990）
- 中島紀一：有機農産物流通の拡大と表示・認証制度，日本農業市場学会1998年度秋季研究例会・シンポジウム資料（1998）
- 秋元浩一：タイ国における食料政策と生産・流通の実態，名古屋学院大学論集，41（2），75～90（2004）
- 秋元浩一：果実・野菜の商品化過程と流通の方向，名古屋学院大学研究年報，17，85～116（2004）

2.5 水産物の流通

水産物の生産には，天然資源を対象とする「漁業生産」と農畜産物と同様に育成し収穫する「養殖生産」があるが，いずれも変質，腐敗の早い生産物が多い。

このため，漁業生産物は，漁獲から漁業基地へ持帰り，販売するまでの生産段階における品質の鮮度保持に多くの努力を払うことが必要となっている。

漁業生産は，多様な操業方式で行われているが，長期にわたって洋上で操業する漁船漁業では，漁船に急速凍結装置を備え，凍結品として生産物を船内冷蔵室で保管する。

また，数日あるいは日帰りの操業においても，大量に漁獲する漁船では，魚艙に海水を張り，大量の氷を入れた低温海水で鮮度保持を行い，あるいは，船内で魚種別・サイズ別に選別のうえ魚箱に氷を入れて冷却保存のうえ持帰る。

さらに，沿岸の１～２日の短期操業の漁船では，漁獲物の付加価値向上を図るため，できる限り活きたまま（以下「活魚」という）持帰る。

このように，水産物は生産から販売に至る過程で，生鮮もの，冷凍物，活魚という３つの形態をとる。

一方，養殖生産物は，生きたまま収穫され，魚類の場合は，その多くが活魚として販売され，貝類の多くは，生産者により殻を外して販売される。

また，ノリ，ワカメ等の海藻類は，生産者により乾燥品に加工され，販売される。

2.5.1 水産物の輸送

漁獲による生産物の販売は，多くが漁船の基地となっている産地市場で行われ，養殖による生産物は，一部は産地市場で販売されるが，漁協，漁連により専門問屋に販売されるか，あるいは，共同出荷により消費地の市場，量販店へ直接販売されるものが多い。

産地市場での水産物の販売は，市場の買受人となっている鮮魚出荷業者，活魚出荷業者，加工・冷凍業者，地元小売業者等にそれぞれ用途別に買取られる。数量的には，加工・冷凍業者によるものが多く，これらの業者は，自社の各種水産加工製品として販売し，一部は非食用向けの養殖餌料として販売する。

このため，産地から消費地へ出荷される水産物は，前記，生鮮，冷凍，活魚に加工品が加わり，それぞれの方式で輸送されることとなる。

輸送手段は，産地の立地条件によって異なるが，多くがトラックによる。ただし，北海道から本州へ輸送する場合，および離島から目的地まで輸送する場合は，船舶，トラックを併用する。

また，価格の高い水産物で，活魚，鮮魚等を輸送する場合には，航空機を利用する。

（1）トラック輸送

かつては，通常のトラックに覆いをかけて，生鮮品，冷凍品，加工品を輸送した時代もあったが，1980年代以降は，すべて断熱保冷車によるところとなり，さらに近年は，冷凍保冷車を使用し，車倉内のセクション別に自動温度管理を行うトラック輸送が普及してきている。

トラック輸送では，産地から大都市の市場および大型集配センターに向けられる場合，多くが大型の10ｔ，20ｔ車を使用するが，都市市場および集配センターから最終の小売販売店や外食産業等への輸送には，ほかの商品と混載され，小型のトラックを使用することが多い。

水産物冷凍品あるいは加工品は，比較的輸送中の温度管理等を行いやすいが，生鮮品や活魚といった生食需要に向けられる水産物の輸送には，多くの配慮が必要となっている。

生鮮品は，品質，鮮度の低下を防ぐため，水産物の種類ごとにトラック輸送中に必要な温度管理を行わなければならない。

最近，一部地域で行われている産地から中継基地または消費地までの鮮魚輸送の方法として，魚箱を使用せず，強化プラスチックボックスに魚介類と滅菌冷海水を入れ，0～3℃の温度の状態を保つようにし，トラックで輸送するというのがある。図2.5.1はその一例であるが，50ℓ程度のボックスに25kgの魚介類を入れ，15ℓ程度の冷海水と低水温を保つように氷を入れ，ふたをする。

この輸送方法によると，魚介類の死後硬直が30時間程度持続され，漁獲後2日目でも高い鮮度が保持されることとなる。

また，活魚については，輸送中の活魚槽内の水温および酸素供給，ならびに水質汚濁防止が必要である。

このため，図2.5.2のような活魚輸送用専門のトラックが使用されている。

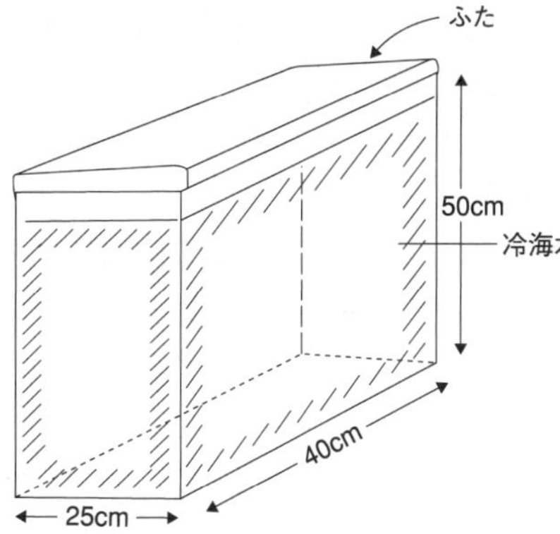

図 2.5.1　滅菌冷海水輸送ボックス

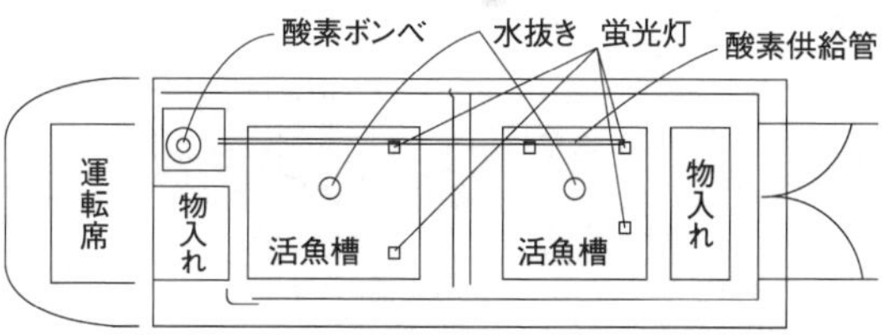

図 2.5.2　活魚輸送用専門トラック

このモデルは，4t車であり，活魚槽は1.6t×2基で，約1t前後の活魚を輸送する。

活魚は出荷前2～3日は餌止めし，排泄物が少ないようにし，輸送中の酸素供給に留意する。また，活魚槽は断熱してあり，輸送中に水温が上昇するときは，氷を入れて調節する。

他方，活魚専用トラックを使用しない場合は，1t前後の移動用有蓋魚槽に入れて，トラックに積み，酸素供給用のボンベも備えつけて輸送する。

活魚輸送では，こうした注意を払ってもなお輸送中に死亡する魚が生じ，加えて，魚体重量の2～2.5倍の水を運ぶこととなるので，輸送コストが鮮魚に比べ3倍近くなる。

活魚輸送のコストを削減するために氷眠方式等も研究されているが，一般的にはまだ普及していない。

現在，実用化されているのは，大都市に近い海面に蓄養施設を設け，産地から活魚（主として養殖魚）を船で大量に輸送し，大都市の市場等の需要に合わせ出荷直前に活けしめにして輸送する方式がとられている。首都圏の実例では，神奈川県三浦市に蓄養施設があり，東京，横浜の市場等への供給を行っている。

（2）鉄道輸送

水産物の鉄道（主としてJR）輸送は，1970年頃までは20～30%の高い割合で行われており，主要な水産物水揚市場には専用の引込線が敷設され，大都市中央卸売市場と直結していた。しかし，道路網の拡充とトラック貨物輸送の発展に伴って，1980年以降はほとんどが廃止されるところとなった。ただし，水産物の最大の産地である北海道では，青函トンネルによる鉄道網を利用し，少量ではあるが，夜間の貨物輸送を行っている。

利用方法は，JRと契約している輸送業者に委託して行う場合が多い。

鉄道を利用する水産物は，生鮮品，冷凍品，加工品で，活魚にはほとんど利用されていない。

JRの水産物輸送には，すべて保冷コンテナ，および冷凍コンテナが使用されており，目的地に近いJR 貨物駅でトラックに積替えることとなる。

(3) 船舶輸送

1) 輸 入 品

輸入水産物の多くは船舶輸送であり，遠隔地からの輸送は冷凍品が多いことから冷凍コンテナによっている。しかし，日本の近隣国である韓国，ロシア，北朝鮮，中国からの水産物は，漁業用運搬船，漁船等で西日本，北海道等の水産関係貿易港に陸揚げされるものが多く，現在，総輸入水産物約350万tの1/4と推定される。これらの水産物には，生鮮品が多く，一部では活魚のものもある。

水産関係貿易港に入った生鮮水産物等は，検疫，税関等の手続の後，入港地の産地市場に上場され，国内水産物と同様にセリ，入札等で買受人に買付けられるか，輸入商社を通して消費地へ出荷されるか，または加工業者に買取られる。

こうした近隣諸国からの生鮮水産物の船舶輸送には，冷凍品が少なく，氷蔵された鮮魚が多い。一部，塩蔵，ボイル，活魚等の形態のものもある。

なお，輸入水産物の漁船による日本国内港への直接水揚げは禁止されており，いったんそれぞれの本国に戻り，輸出手続のうえ，日本の貿易港に入港することとなっているが，時折，本国に戻らず，直接日本の港に陸揚げする漁船もあり，問題となっている。

2) 国内生産品

前述のように，水産物の主生産地は，北海道，九州，四国等の，本州とは海を隔てた地域が多い。九州，四国は現在本州と橋で連結しており，トラック輸送に便利になっているようであるが，コストと物量，労力の面では船舶を利用することが有効な場合がある。

その一例として，瀬戸内海にはフェリー航路が多くあり，四国，九州から阪神または中京，首都圏にトラック輸送する場合，産地に近いフェリーに運転者とトラックが乗り，阪神に近い港に着けば，道路の渋滞，運転者の疲労を避けることができ，所要時間も大きくは変わらず，場合によっては早いこともある。また，有料橋の運賃，燃費を考えれば，フェリー利用のほうがコストも安いことがある。

こうしたことから，トラック→フェリー→トラックというコースが選択される。

特に北海道の場合は，青函トンネルによる鉄道輸送，航空輸送以外はすべて船舶を使うこととなり，上記トラック，フェリー併用方式が多くなっているが，輸送業者によっては，冷蔵・冷凍コンテナだけを輸送船舶に乗せ，目的地に近い港でトラックに積替えて輸送することもある。

また，水産会社，漁業協同組合系統組織では，専用の運搬船による輸送を行っている。

北海道だけでなく，前記，活魚蓄養施設を利用する場合にも同様に専用の運搬船が使用されている。

活魚輸送も，活魚用につくられた有蓋の魚槽を使うことが多いが，ブリ類，タイ等の大型魚の場合は，船内にエアレーションつき活魚槽を備えている専用の運搬船を使用する。

トラックあるいは船舶に搭載するコンテナは，メーカーによって異なるが，事例を図示する（図2.5.3)。

外型は（W）290cm×（D）145cm×（H）160cmの箱形で，外板，タンク系資材はFRP 製であり，内部に楕円型2,000ℓの水槽，ドライろ過装置，酸素ボンベ1,500ℓ，海水クーラー装置を配置しており，回転流水を行う。

積載時の総重量は，約2.8tで，四隅に吊り上げフックがつき，フォーク刺し，吊り上げ方式で

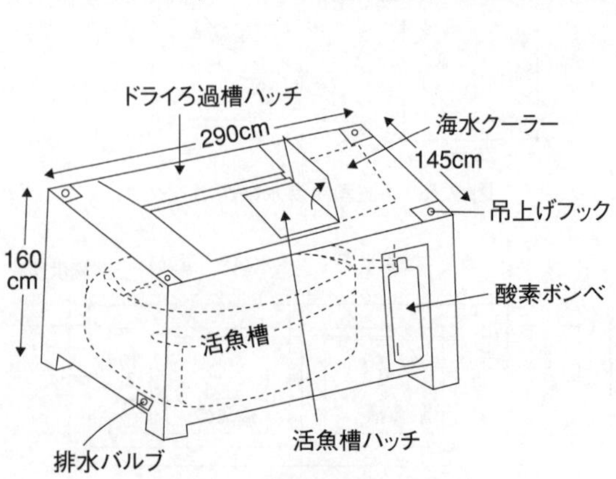

図 2.5.3 酸素供給型コンテナ

移動させる。収容活魚量は，約800kgである。

（4）航空機輸送

1）輸　入　品

従来まで輸入水産物は冷凍品が多かったが，近年では鮮魚，活魚が多くなった。前述したように，近隣国からの鮮魚，活魚は船舶輸送によっているが，南北アメリカ大陸，オーストラリア，アフリカ，ヨーロッパなど遠隔地からの鮮魚，活魚は，短時間で輸送する必要があるため，航空機を利用する水産物の数量が増加してきている。

航空機を利用する水産物は，マグロ，ヒラメ，タイなどの魚類（主として生鮮品），ロブスター，カニ，アワビなどの甲殻類，貝類（主として活魚）で，いずれも日本国内で高価格の水産物である。

航空機利用の輸入水産物は約30万ｔと推定され，多くが成田空港に向けられ，一部関西国際空港，福岡空港に向けられている。

なお，航空機輸送用の保冷コンテナを使用するが，活魚や大型のマグロ等では特別の容器を使用する場合がある。

2）国　産　品

国産水産物でも航空機を利用する数量が増加しており，価格の高いフグ，エビ類，カニ類，アワビ，ウニ，カキ，ホタテなどの生鮮，活魚水産物のほか，刺身，寿司などの生食用のマグロ類，ブリ，ヒラメなどの調整品，および生食用のサンマまで航空機輸送されるようになった。

輸入品と違って，おおむね産地から消費地までの陸路輸送で24時間以内に到着できるところは航空機を利用しないが，北海道，および長崎県，鹿児島県，沖縄県などにある離島での生食用水産物は，航空機輸送に依存する割合が高い。

一例として，対馬の生鮮ケンサキイカ，鹿児島県のキビナゴなどがあげられる。

なお，近年は，産地からの宅配便利用の水産物も多くなり，そのほとんどは航空機輸送によっている。

2.5.2　容器・包装

水産物の産地市場の取引までは，生鮮，冷凍，活魚という形態で行われ，産地から消費地市場までは，加工品を加えた４形態で流通する。以下，それぞれの形態別に容器，包装について述べる。

（1）生　鮮　品

産地市場などで生産者と買受人の間で取引される生鮮水産物の容器は，対象魚介類によって異なっている。

これまで，中小型魚（アジ，サバ，イワシ，カレイなど）では，15kg入りの木箱を使用してきたが，近年は発泡スチロール箱を使用するところが多くなり，箱の大きさも10kg入り，８kg入り，４kg入りなど多様になっている。価格の高いエビ類は２～４kg入りを使用し，大中型サンマは８kg入り，小型サンマは10kg入りなどの使い分けを行っている。

また，ブリ類，カツオ，マグロなどの大型魚では，取引時には容器を使わず，取引後，買受人が魚体に合わせ出荷用の長方形の大型箱に入れる。

産地市場，および消費地市場では，水を多く使うため，容器の材質に木，発泡スチロールが使われ，段ボールなどの紙製の箱は生鮮品ではほとんど使われていない。

近年，スーパーや小売店において魚体のサイズ，鮮度，形状などの選別が厳しくなったため，産地市場においても，生産者側，買受人側ともに川下のニーズに合うよう，魚体の選別を行うようになった。

魚体選別の事例をあげると，サンマは８kg（取引上は7.5kg）箱で40尾以下，41～45尾，46～50尾と５尾刻みの入数によって取引され，スルメイカも同様に８kg箱入り15杯以下，16～20杯，21～25杯，26～30杯，という分け方によって取引されている。これは，アジ，サバ，イワシなどで15kg箱を使用する場合も同様である。

しかし，このような細かい選別を行うことは，海上で操業中の漁船の上では困難であり，帰港後，市場内で生産者により選別する場合もあるが，多くは，大，中，小という大まかな分類となる。

また，まき網漁業，サンマ漁業では，一時に大量の漁獲を行うことが多く，この場合には，漁獲物をトラック・スケールといわれるトラック１台分（おむね10 t）をそっくり買受人に売渡す方式が行われている。

産地市場の買受人は，トラック・スケールは当然のこと，15kg入りで買った魚についても自家の工場に持帰って，消費地市場，あるいは川下ユーザーの需要に合わせた選別を行うことが多い。

したがって，産地市場で取引される魚箱は，その後の流通に使用されることは少なく，ほかの箱に詰替えられることが多くなった。

以前は，20kg入り，15kg入りの大型の箱によって消費地の市場へ輸送し，消費地の仲卸業者，問屋が小売店，スーパー，外食業者のニーズにあった箱に詰替える方式が多かったが，詰替えにより魚介類の鮮度が落ちること，また，輸送されてきた魚箱の処分が大変なこと，および消費地側の労力節減のため，産地出荷側で小売店などのニーズに沿った箱詰を行うようになった。

さらに，鮮度保持，衛生管理，産地表示という生鮮食品に対する新しい出荷者の責務上においても，消費地での魚箱の詰替えを極力避ける方向になってきている。

通常，産地から消費地へ輸送される生鮮水産物は，保冷のため，魚箱に氷を振りかけていたが，最近は，氷による魚体の損傷や，解氷水による鮮度低下を防ぐため，箱詰された魚介類に防水シート（紙製品）を敷き，その上にスライス氷を乗せる等の方法が普及している。

また，マグロ，ブリなどの刺身用魚類の輸送では，氷の代わりにドライアイスを使っている。しかし，気化した一酸化炭素による魚体への影響も考慮し，ほかの保冷剤を使用するところもみられるようになった。

さらに，産地生産者，漁協，および加工業者から消費地ユーザー（外食店が多い）に魚介類を直送する場合，真空包装または脱水シートを使用する方式が普及するようになった。真空包装は，多くが大型魚のフィレ，切り身に使われ，脱水シートは，中小型魚に使用されている。

脱水シートは家庭でも使用され，魚を包むと脱水効果と酸素を通しにくいので酸化防止にも役立つ。しかし，通常１時間に重量の３～４％を脱水するため，加熱用水産物には有効であるが，生食用水産物には不向きである。

（2）冷　凍　品

水産物の冷凍品には，原料の段階では船内で冷凍されるもの，産地市場の買受人である冷凍・冷蔵業者によって冷凍されるもの，さらに，海外で冷凍される輸入品がある。

船内で冷凍される水産物は，主に長期の操業を行う漁船によるもので，マグロ類，カツオ，イカ類，タラ類，カレイが多く，産地冷凍・冷蔵業者によるものは，近海で漁獲されるアジ，サバ，サンマ，イカ類，タコ，エビ類，カツオ，養殖によるブリ類，マダイなどが多い。

船内，産地，輸入を問わず，マグロ類，ブリ，カツオなど大型魚の凍結は，－40～－60℃の超低温で，マグロ類は，エラ，内臓を除去し，その他はラウンドのまま１本ごとに凍結する。

一方，アジ，サバ，サンマ，イカ，エビなどの小型魚介類は，サイズ別に分けて凍結する。サイズ別分類は，通常冷凍用に入れる容器（冷凍パン）の大きさによって決めるが，基準は８～10kgの冷凍パンが多いため，エビ類を除き，生鮮魚と同様，入れ尾数５尾（杯）刻みの方法によっている。

なお，エビは２～４kg単位で細分した尾数別に凍結される。

一本凍結もの，冷凍パン入り凍結ものともに冷蔵保管温度は－30℃以下であり，特にマグロ類は，－40℃と超低温冷蔵庫が利用される。魚介類の冷蔵保管温度が低いのは，－30℃以下では，微生物，細菌類が発育せず，酵素，酵母などの作用もなくなるので，長期に鮮度を保持できるためである。

冷凍水産物は，産地で生鮮食用に向けられるもの，加工原料に向けられるものに分けられ，生鮮食用向けの水産物が順次消費地に向け輸送されることになる。

産地からの発送時の包装容器は，大型魚は特性の箱，あるいはかごなどに入れるが，８～10kg単位で凍結された中小型魚介類は，内部防水の段ボール箱，またはビニールに包んで段ボール箱に入れる。

冷凍品は，夏季の高温時を除き，外気に直接さらされない限り，マイナスの温度が保てるが，輸送のための積荷や荷下ろし，取引時に包装が破れ，商品が露出した場合は，品質低下の恐れがあるため，包装は厳重に行い，荷扱いに充分注意する必要がある。

なお，輸送中の車倉温度が10℃程度であれば，特に品質の低下はなく，生鮮品の輸送に比べ扱いやすい。ただし，消費地市場などでセリ，入札または買取りのために包装を開いてみることが多く，この場合は，直ちに再包装する必要があり，できれば，サンプルによる見本取引が望ましい。これは，マグロなど大型魚も同様である。

次に，冷凍品には解凍の問題がある。マグロなど大型冷凍魚は，従来から消費地の市場で仲卸業者，問屋などで冷凍のまま解体され，ブロック，あるいはサク取りしたうえで，小売店，スーパーマーケット，外食店に販売されていた。

一方，包装された冷凍魚介類は，従前はそのまま小売店，スーパーマーケット，外食店が買取っていたが，近年は，これら小売店から８～10kgで凍結されている中小型魚についても解凍されたものを望む声が多くなり，仲卸，問屋などで解凍するようになった。

いったん解凍された水産物は，外気にさらされると，細菌類の繁殖が通常よりも早くなることがあり，特段の注意が必要である。

また解凍方法では，低温で短時間に行った場合には，同種の生鮮品とそん色がないとされていたが，近年は，低周波，高周波の電流解凍法，誘電解凍法などの方式をとる機器類も発達してきた。

しかしながら，仲卸業者，問屋では，短時間で大量の仕入れ冷凍品を処理しなければならないことが多く，適切な解凍ができない場合もあり，なるべく，効果がある解凍機器類を使い小売サイドで解凍することが，品質の維持，衛生面からも望まれるところである。

さらに，産地サイドでも，イカ類で行われている IQF（１本凍結）方式をアジ，サバ等の魚介類に広げることも必要であり，消費者にも正しい解凍知識を啓蒙することにより，安全で品質の保持されている冷凍水産物の消費を広げることが必要であると思われる。

（３）活　魚

活魚の産地から消費地までの輸送は，生鮮，冷凍の水産物に比べると，包装の必要はなく，また，大型コンテナを使う場合は，特に容器も必要としない。

一方，これは一定数量以上の活魚の場合であり，数kg程度の出荷量では，コンテナだけの輸送には適さない。

養殖による魚類，あるいは大量買付の業者の場合は，前述の活魚専用トラック，または活魚輸送専用コンテナを使用する。

しかし，小口の活魚出荷業者の場合は，複数の出荷者で数量をまとめ，簡易コンテナの中にかご

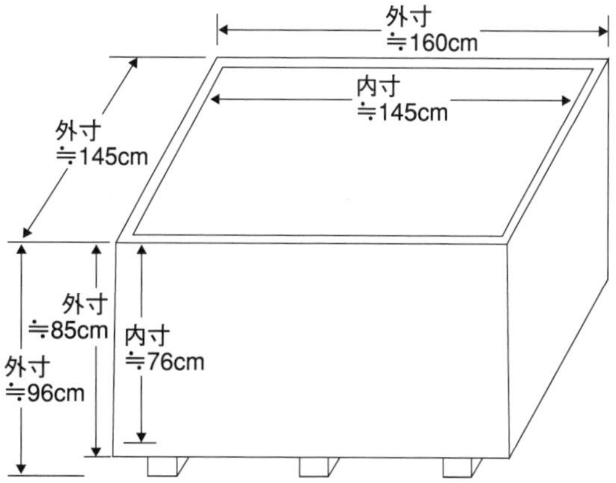

図 2.5.4　輸送用活魚コンテナ

を積み，出荷者ごとにそれぞれのかごに活魚を入れて，共同で輸送する方法をとっている。

図2.5.4は，鳥取県漁協が使用している輸送活魚コンテナである。

コンテナの材質は FRP で，内部に（L）70cm，(M) 46.5cm，(D) 11cmのかごを4個，6段，計24個入れる。1個のかごに約10kgの魚介類が入り，コンテナは自重，積み荷（海水，魚介類）合わせて15 t である。

エアレーションやろ過装置はないが，近県市場，関西市場などへの輸送が行える。

活魚運搬コンテナには，水槽に魚をそのまま入れる場合，なるべく，円形，楕円形であることが望まれる。これは，魚が水槽内を泳ぐ場合，外板に魚体を当て，傷をつけることを防止するためである。しかし，上記，鳥取方式のように四角のコンテナでもかごに活魚を入れれば，移動を抑制できるため，特にコンテナの外板と魚体の接触は起こらない。ただし，かごの中でのスレは起こる。

いずれにしても，活魚の活動による魚体の損傷を防止するためのものであるが，積載前から水温を5℃以下にし，輸送中の水温も同程度とすれば，魚の活動は鈍くなり，抑制することができる。さらに，酸素供給も少なくてすむこととなる。

活魚は，消費地市場などに輸送され，市場仲卸，問屋などに渡ると，そのほとんどが活けしめにされ，ブリなどの大型魚は，さらに解体され，フィレなどの形態になって小売店，スーパーマーケットなどに送られる。最近は，スーパーなどでの魚の調理能力が低下したことから，タイ，ヒラメなどでも問屋あるいは集配センターで切り身にされるものが増えている。

活魚は，刺身，寿司などの生食用にほとんどが消費されるため，価格は高いが，流通過程のコストも多くなり，さらに，市場などでの取扱いが煩雑となることから，死後硬直が保てる時間を計算し，消費地に近い産地，中継地で活けしめされることが多くなってきている。

経済性と手間を考え，鮮魚で行っている事例のように，活けしめ後，滅菌海水輸送ボックス等の方式を導入すれば，より広範囲で活けしめ輸送が行われることになるだろう。

（4）水産加工品

水産加工品は，生鮮品，冷凍品，活魚と違って，流通段階での容器，包装は異なっても，製品の形態はそのまま変わらず消費者まで届くものが多い。

ただし，サケ・マスの塩蔵品，くん製品などは，小売段階で切り身にされるものもあるが，品質の大きな変化はしない。

水産加工品は，2.7「水産加工品」の項で述べられるように，乾製品として素干し品，塩干し品，煮干し品があり，塩蔵品として魚類塩蔵品，魚卵塩蔵品，塩辛類などがあり，この他に，燻製品，節類，練り製品（多種），および各種冷凍食品がある。

これら水産加工品の中でもっとも多いのが，乾製品，塩蔵品，練り製品，冷凍食品である。

現在，水産加工製品の多くは，産地水産物市場周辺で生産されているが，近年，国内の漁業生産量が低下傾向にあり，輸入水産物への原料依存が大きく伸びているため，必ずしも各産地の市場に水揚げされる水産物とは合致しなくなっている。

また，従前は，首都圏や阪神地域にも多くの水産加工場があったが，激減し，その名残として練り製品，塩蔵品などの工場が大都市周辺に一部だけみられる。

水産加工品の流通は，生鮮品，冷凍品に比べ，市場流通の割合が低い。

産地市場を経由するのは，サケ・マス塩蔵品の一部，煮干し，イカ類の素干し品の一部くらいである。

また，消費地市場を経由せず，消費地問屋，スーパーマーケットなどに直接販売されるものが大半を占めている。

これは，それぞれの産地加工品の生産が定型，定量化したことにより，消費地個別の業者とつながりをもつことによるものである。

近年，生鮮品などは，小売段階で産地表示が行われるようになったが，水産加工品は，従前から各地域の加工業者の商標により，小売りされているものが多い。

このため，水産加工品でメーカーから消費地に出荷される容器は，小売店まで同一容器で流通し，あるいは，コンシューマー・サイズで包装された製品は，そのまま消費者が購入することとなっている。これらの製品は，大型の段ボール箱に入れられ，消費地市場，問屋またはスーパーマーケットに送られる。

しかし，乾製品の中で，干しスルメ，煮干しなど，乾燥度の高い製品は，小分けにせず，大型の段ボール箱で10～20kg単位で送られ，市場仲卸業者，問屋，スーパーマーケットなどで小分けにされ，ビニール袋などに詰替えられる場合もある。

また，塩蔵品についても，10～15kg入り発泡スチロール箱，木箱などに入れて，産地から消費地へ輸送されるものもある。これも乾製品と同様，サケなどの大型魚は切り身にされ，小売店で販売される。

コンシューマー・サイズ製品以外の小売店，スーパーマーケット用の製品として，開き塩干品，ラウンド塩干品，魚卵などがあるが，これらの製品輸送には，薄型の段ボール内をスチロール製とした箱が使われる。薄型の箱を使う理由は，製品が付着しないようにするためで，2段並べ以上の場合は，各段の間に防水紙を敷くようにする。こうした薄箱を大型段ボール箱に詰めて産地より輸送する。

輸送は，生鮮品ほどの低温を必要としないが，車倉内の温度は10℃以下と定められており，保冷装置のあるトラックを使う。近年は，塩干品であっても，薄塩，一夜干しが多く，鮮度保持には留意する必要がある。

冷凍食品は，その多くがコンシューマー・サイズで包装された製品であるが，フライ用のカキや魚類，カニの冷凍棒肉などが多く，輸送中の車倉温度の管理や，個々の包装製品を入れる大型段ボール箱には断熱性の高いものが望まれる。

また，冷凍食品の中には，消費者が加熱する製品と生食用とするものがあるが，特に後者の場合は，家庭での冷蔵庫内の温度，衛生管理に留意する必要がある。これは，練り製品についても同様である。

2.5.3 水産物取扱い上の留意点

近年，生鮮食品の安全管理については，消費者からの強い要請もあり，農林水産省，厚生労働省の指導が強化されている。

特に，水産物には“サルモネラ属菌”，“ボツリヌス菌”などの中毒発生があり，水産食品取扱い関係者は，産地から消費地までの流通加工業者，小売販売店，および消費者に至るまで，鮮度・衛生管理に留意すべきことが多い。以下，いくつかの点について述べることとする。

（1）市場関係者の衛生感覚

産地・消費地を問わず，水産物は変質が早いため，市場関係者は迅速に取引を行うことが優先されている。しかし，これには水産物製品の乱雑な取扱いや，市場内の衛生管理，清掃などの問題を第二義的にみる傾向も強い。

最近市場では手鈎による製品の移動などを慎むようになったが，取引場へのトラックなどの乗入れ，長靴のまま魚を足蹴にするなどの行為は依然としてみられるところである。

特に，大市場では，活発に人と車が往来するため，一人ひとりの衛生感覚の向上を図ることが必要である。

（2）出荷製品の取扱い

市場などでの値決め段階で，せっかく産地出荷者が衛生管理，温度管理を行って出荷した包装済み製品を無造作に開き，製品を手にして品定めする光景もみられる。また，鮮魚についても，手に取ったり，指で押したりする。

通常，衛生管理を行って，細菌などの繁殖が抑制されている食品ほど大気にさらした場合，急速に成長，増殖するといわれている。

見本としてみることはやむをえないとしても，

その数を極力減らし，手や指で触れることは避けるべきである。

（3）冷凍品，冷凍食品の取扱い

冷凍品や冷凍食品は，マイナスの低温で保管され，無菌状態であり，小売店，外食産業，および家庭の冷蔵庫で保管すれば安全と思い込みがちである。

しかし，産地や営業用の大型冷蔵庫では－30℃程度の低温で保管されているため，細菌の繁殖が完全に抑止されているが，小売店，外食産業の冷蔵庫は，大型の保管冷蔵庫に比べて温度が高く，家庭用冷蔵庫に至っては，マイナス数度程度しかない。－10℃より高い温度では，細菌は徐々に繁殖する条件となる。

家庭用冷蔵庫のように出し入れの多い冷蔵庫では，より高い温度となって，さらに細菌繁殖条件がみたされることとなり，保蔵冷凍品，冷凍食品でも細菌に冒されることとなる。

また，一度解凍，あるいは半解凍品を再凍結することは，肉質，品質の低下をもたらすところであり，営業用にしても家庭用にしても避けるべきである。

以上のほかいくつかの留意点はあるが，特に強調する点を述べた。

2.6 トレーサビリティ

2.6.1 はじめに

BSE 問題に端を発した安心・安全を巡る騒動の中で大きくクローズアップされた概念が「トレーサビリティ」である。食品の生産から流通に至る各段階で情報を蓄積し，また必要に応じて開示するための基本的枠組みがトレーサビリティである。

2.6.2 食品のトレーサビリティに関する定義

トレーサビリティとは，trace＝追跡と，ability＝可能性 を合わせた言葉である。ISO9000/14000シリーズや，HACCP，農産物でいえばCodex（食品の国際規格）の中でも記述されており，それぞれの規格の中では言葉を異にしているが，根本的な意味づけはほぼ同一である。

農林水産省は2003（平成15）年4月，農産物のトレーサビリティ導入についてのガイドラインを発表した（http://www.maff.go.jp/syohi/guide.htm）。ここで重要なのは「ガイドライン」という位置づけである。ガイドラインには法的な拘束力がない。あくまで，取組みを行う主体に対して「こういうやり方をしてはどうか」という指針を提示するものである。つまり，このガイドラインに従わなかったとしても，罰則は発生しない。トレーサビリティを巡る問題が噴出してからそれほど時間がたっていない中で，いきなり法制化してしまうと，農産物生産・流通業界に対して非常に大きなインパクトを与えてしまうだろう。まずはガイドラインとして柔軟な運用をしていくというのが，農林水産省のスタンスであると考えられる。

＊定義の解説とポイント

「生産，処理・加工，流通・販売等のフードチェーンの段階で食品とともに食品に関する情報を追跡し，遡及できること」

この一文がガイドラインに記載される定義である。この一文に，実は多くのポイントが埋め込まれている。

1）フードチェーンとは一栽培履歴だけでは不完全

まず重要なキーワードは「フードチェーン」という部分だ。これまでよくみられたものに，生産者がどのような栽培を行っているか，どのような資材や農薬を使っているかといった情報を公開するものがある。実はこれは「生産に関する履歴」ではあるが「トレーサビリティ」とはいえない。トレーサビリティというためには，生産履歴に加え，その商品がどのように流通したかという履歴が取られていなければならないのである。したがって，トレーサビリティというためには「生産履歴＋流通履歴」の2つの要素が必要になる。

2）追跡と遡及一双方向のトレース

「追跡し，遡及できる」というのは具体的にどのような意味か。これは，何か商品に問題があった際に，それがどのようにつくられ，どのような経路を通ったかを追跡できるというものだ。またここでは流通の上流・下流のどちらからもさかのぼることができるということが重要である。小売現場で問題が発見されたときには「誰が生産し，誰が流通したか」がわからなければならない。逆に，生産現場で出荷済みの商品に問題があったことがわかった場合，追跡することで当該商品がどこに出回ってしまっているかを把握・特定できる。これにより被害を最小限にとどめることができるかもしれない。このように，「追跡と遡及」は，相互の方向性をもっていることが必要である。

3）食品そのものまたはロットへの識別子

追跡と遡及に必要不可欠の要素がある。それは，食品（商品）を識別管理できるための ID である。これは加工食品に刻印されているシリアルナンバーを想像していただければよい。商品自体に識別子がついていなければ，それを追跡することなど不可能である。ただし，農産物，例えばミカンの個体ごとに識別子をつけることは，技術的には可能でも，現実的ではないかもしれない。そうした際には，個体ごとではなく，適切なロットごとに識別子をふるのでもよい。ただし，ロットの単位設定を整理する必要がある。

4）トレーサビリティ情報の記録―蓄積と提供

それぞれの単位に対応した情報提供の仕組み（表示など）を行わねばならない。追跡と遡及が可能になるためには，各段階での商品情報を蓄積し，その情報が常に検索可能になっている必要がある。これは紙ベースでもよいとされている。とにかく各段階で商品に対し「いつだれがどこで何をどうしたか」ということが記録されている必要がある。そして，それら情報群が開示されなければならないわけであるが，それは取引先などのみならず消費者などに対しても，情報開示ができる仕組みが構築されることが望ましい。ここで必要になるのが，いわゆるトレーサビリティシステムである。

5）信頼性の担保―内部監査体制の構築

これに加えて，取扱主体の内・外部監査の体制が構築されていることが望ましい。例えば生産組織であれば，「栽培責任者」や「確認責任者」などの体制が構築されており，業務の手順が明確に記述されたものがあることが望ましい。これは「信頼性の担保」の問題である。トレーサビリティの仕組みにおいては，その各段階での記録・履歴が「信頼するに足る」という前提がなければ意味がないからである。

ただし，それらの監査体制を認証する仕組みは，まだ整備されていない。牛肉以外のトレーサビリティが，現時点ではガイドラインにとどまっているため，法的に信頼性を担保する仕組みは整備されていない。ただし，現状に対応するためにすでに民間でトレーサビリティ認証を行う機関も出てきつつある。JAS 協会においても検討が始まろうとしており，今後の重要な課題になっていくことは間違いないだろう。

2.6.3 各プレーヤーをめぐる背景

前項までに示したトレーサビリティという概念に対して，農産物の生産から流通に至る各プレーヤーはどのような現状だろうか。ここでは，小売・中間流通業者・産地という段階の分け方をし，俯瞰する。

（1）小売業者の戦略転換

消費者の意識の変容を受けて最初に行動を起こしたのが小売事業者である。実際，生産・流通組織がもっともその動向をうかがうのは，消費者の直前にいる小売事業者であるといってよい。その小売レベルで始まっているのが，① 誓約書による製造責任の明確化と，② 基準を明確化したプライベートブランド商品の投入である。

① については，2002（平成14）年度によくみられた光景である。「この商品の製造責任は私，生産者にある」という内容の誓約書を提出することを，生産・流通団体に対し義務づけたのである。これは産地に対し責任を明確化しようというものであり，各所で議論を巻き起こした。しかし，これまであいまいだった「農産物の製造責任」を問う姿勢は，農業生産においても工業などの他産業並みの責任意識が必要とされる時代になったということにほかならない。

② については，これまでは安い商品を世に送り出すための位置づけだったプライベートブランド商品（CPB 商品）の位置づけが変化しているということである。今後の PB 商品の位置づけは小売チェーンの顔を代表するもので，そこでは取扱いの基準（農薬使用基準など）や規格が明確になっている。例えばイトーヨーカドーの店頭では現

在「顔が見える野菜」というPB商品を投入している。このPB商品は，生産者一人ひとりの栽培履歴の管理を行っている。商品パッケージに添付されているシールに記載されたIDをイトーヨーカドーのWeb上に入力することにより，その栽培履歴の一部を参照することができるようになっている。

このような事例はほかのチェーンでもすでに展開されている。小売事業者の意識はすでに安全・安心を提供するという付加価値を認めており，そのための行動に移っているといえるのである。

（2）産地・生産者の対応

このように小売事業者は積極的だが，消費者と小売の意向を真っ向から受け止める主体である産地・生産者の意識は，メリットがみえない限りは，積極的にトレーサビリティを導入するという方向性をとらないだろう。産地がトレーサビリティを行う際に必要となるのは，生産に関する履歴を取得することであるが，この段階で各産地がつまづく。日本では，有機農産物の生産農家など一部を除き，生産者が生産履歴を記帳していく習慣がなかったといえる。生産者にとっては全く新たな付加作業になってしまうということである。しかし，農協としては，小売業者などから「履歴がなければ買わない」といわれてしまうため，記帳を義務化せざるをえない。そこで，農協系統出荷組織では，2003（平成15）年初頭より記帳運動と称した生産履歴の記録運動を展開している。

ただし，生産者がきちんと記帳やその他のトレーサビリティ対応業務を行うためには，これを行うことによるメリットを提示しなければならない。例えば記帳をすることによって，生産者の技術情報などが明らかになる。これを情報処理することで，優秀な農家の生産技術を分析し，レベルの低い生産者に対してそれを提供するというようなスキームが構築されるべきだろう。これは今後の課題である。

（3）流通業者の現状

流通段階でのトレーサビリティ導入は，卸売市場での取組みがやや遅れており，市場外流通での事例がいくつかみられる程度という状況である。

卸売市場では，販売単価の下落，繁忙を極める現場作業と情報インフラの欠如，そして資金不足に見舞われている。そのようななか，トレーサビリティに対応するための経営体としての体力と意義がない，というのが現状である。無論，一部の意欲的な卸売業者が取組みを進めているが，業界あげての動きになるには相当な時間がかかるだろう。

一方，それを尻目に市場外流通業者や産直対応をしている産地で，積極的にトレーサビリティへの対応事例が散見される。これには理由がある。市場外の流通業者や産直団体が行う取引は，価格や数量があらかじめ定まった契約取引のような形式が多い。この場合，畑に農産物がある段階で買手が決まることが多いため，生産の履歴を準備したり，買手の要求する基準を守っての生産を行うことができるからである。

とはいえ，日本における農産物流通の6割以上は，未だに卸売市場が担っている。流通履歴もきちんと整備された，いわば「完全なるトレーサビリティ」の実現は，卸売市場業者の対応がなされない限り難しいだろう。農林水産省においても，卸売市場におけるトレーサビリティシステムの導入実験を行っている。この実験段階がどれくらい続くのかは未明だが，もっともブレイクスルーが待たれる分野である。

2.6.4 トレーサビリティシステムの現状

トレーサビリティへの取組みを行う際のもっとも大きなテーマが，トレーサビリティを実現するための情報システム，いわゆるトレーサビリティシステムである。トレーサビリティに取組む際に，必ず情報システムを利用しなければならないということではない。ただ，現実的には何らかの情報システムが介在しなければ，膨大な書類を管理しなければならず，検索などの効率は下がるだろう。

トレーサビリティシステムのもっとも基本的な形をイメージするのは簡単である。民間の宅配業者が設置している荷物の追跡システムを想像すればよい。伝票番号を入力すると，荷物が現在どこにあるかがわかる。しかし，これをトレーサビリティにおいて実現させることは簡単ではない。例えば，ある宅配業者の荷物をほかの業者のシステム上で検索することができるだろうか？　少なくとも現時点では，それは実現していない。農産物流通の世界をみると，系列は無数に存在する。JA やそれ以外の出荷団体，卸売市場の卸，仲卸，そして無数の小売チェーン……それらの業者がすべて違う情報システムを利用しているといってよい。

こうした他系列のフードチェーンを，1つの情報システムで連結することは，一般に非常に困難を伴う。これが，農産物のトレーサビリティ実現の壁となる，構造的な問題である。

（1）トレーサビリティシステムのあるべき姿

ガイドラインの内容を前提として，トレーサビリティシステムの基本的な枠組みを考えるとどうなるだろうか。これを図式化したのが図2.6.1である。

出荷地にて商品に ID タグを貼付し，各段階で作業を経るごとにその ID に基づき情報を蓄積することとしている。それら情報は，各段階で保有するだけではなく，ネットワークを経由して管理システム上に蓄積する。これによって，フードチェーン全体のトレーサビリティ情報が，一元的に管理できるということと，各段階で過大なシステムを保有する必要がなくなる。

ここで示したものはあくまで概念ととらえていただきたいが，基本的なトレーサビリティシステムを表す図といえるのではないだろうか。

（2）現在運用されているトレーサビリティシステム

前項で提示した「あるべき姿」をもう少し業務に落としてみると，必要となるのは，① 各事業者内部で，作業記録を取る仕組み，② 出荷時に記録に対応した ID を商品に貼付する仕組み，③ 出荷後に各段階の情報をトレースできる仕組み，④ 消費者や事業者に対し情報開示する仕組み，である。

では現実に稼働しているトレーサビリティシステムはどのようになっているだろうか。

① については，生産農家や流通業者などのエ

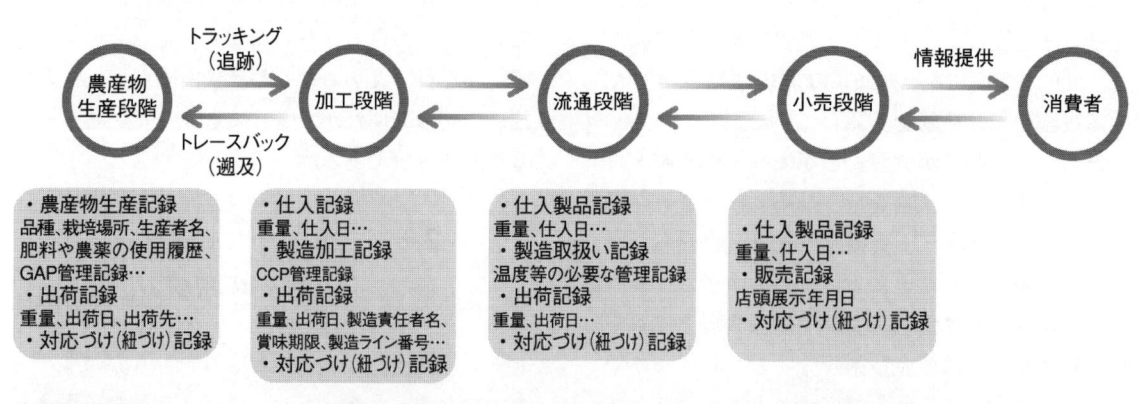

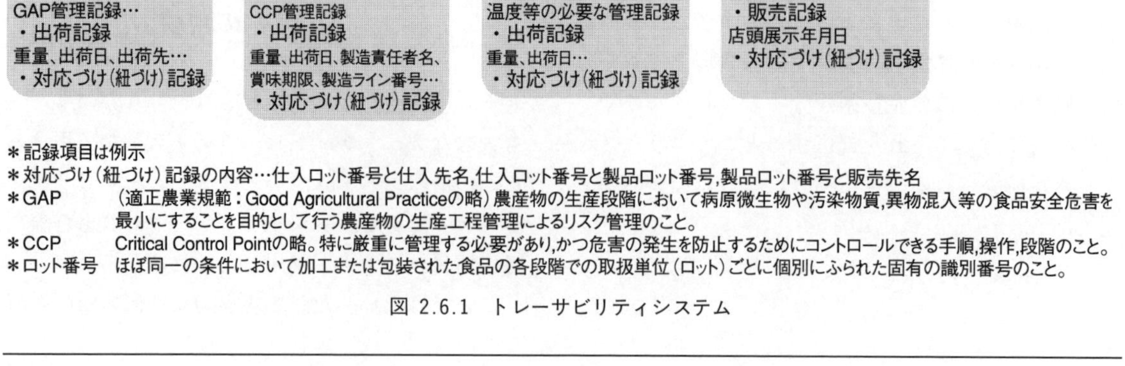

＊記録項目は例示
＊対応づけ（紐づけ）記録の内容…仕入ロット番号と仕入先名，仕入ロット番号と製品ロット番号，製品ロット番号と販売先名
＊GAP　（適正農業規範：Good Agricultural Practiceの略）農産物の生産段階において病原微生物や汚染物質，異物混入等の食品安全危害を最小にすることを目的として行う農産物の生産工程管理によるリスク管理のこと。
＊CCP　Critical Control Pointの略。特に厳重に管理する必要があり，かつ危害の発生を防止するためにコントロールできる手順，操作，段階のこと。
＊ロット番号　ほぼ同一の条件において加工または包装された食品の各段階での取扱単位（ロット）ごとに個別にふられた固有の識別番号のこと。

図 2.6.1　トレーサビリティシステム

ンドユーザーが簡易に情報を入力できるためのシステムが必要となる。生産農家の高齢化は進んでおり，PCなどの利用が困難である場合が多いからである。しかし，一次情報の電子化は必須であり，入力を簡易に行うことができる仕組みが求められている。これに鑑み，さまざまな入力システムが考案されている。例えば，日本農業IT化協会が提供するAFAMAサービスにおいては，携帯電話上でアプリケーションを実行することにより，栽培履歴を入力する仕組みを提供している。

②と③については，現在IDをシールなどに記載し流通する手法が一般的であるが，今後はRFIDタグのようにICチップ化された媒体を利用し，紙媒体を超える情報授受が実現するものと思われる。これを応用することで，例えば流通過程の温度変化を記録し，店舗に情報提供するなどの実験がすでに行われている。例えば農林水産省の実証実験事業で構築された，青果物EDI協議会において開発された「トレースナビ」では，IDタグと各種情報システムを連携することにより，流通各段階の事業者間での情報授受を可能にする仕組みを実現している。

④については，各段階で集積された情報を消費者や事業者に如何に効果的に提供するかが問われる。(財)食品流通構造改善促進機構の事業により，(独)食品総合研究所が構築したSEICAネットカタログでは，生産者や販売業者が商品のカタログをネットに登録し，閲覧してもらうための機能を提供している。

このように，トレーサビリティシステムの要素技術は，すでに実証試験段階に進んでいる。しかし，農産物流通に携わる主体は非常に多く，系列も多数存在しているため，統一的なシステムの確立は大変困難である。実際にビジネスとして成り立つトレーサビリティが実現するためには，技術論ではなく，各事業者のビジネスの面からの調整が必要であると思われる。

2.6.5 今後の展望

このように現在までに行われてきた議論や取組みは，まだ実験的段階にあると言わざるをえない。トレーサビリティという概念自体が農産物生産・流通の場にいきなり出現したものであり，仕方がないことといえる。

しかし，消費者意識や，安心に関する社会的要請はそう簡単に収まりそうにない。今後もこの分野の取組が拡がっていくことは明らかだろう。ならば各主体はトレーサビリティに対して，どのような取組をしていくべきなのだろうか。また，どのようにすればトレーサビリティが広まっていくのだろうか。

(1) 取組み主体のメリット創出の必要性

トレーサビリティに積極的に取組む事業者は誰か。それは，トレーサビリティ対応が直接メリットとなる事業者である。例えば小売事業者では，安心・安全を重視する消費者に対するブランドロイヤリティを訴求することができるかもしれない。同じことが生産者や出荷業者，流通業者にもいえる。ただし，トレーサビリティが珍しい段階では先行メリットはあるかもしれないが，いずれ一般化されてしまったらどうだろうか。後に残るのはコスト負担ということになりかねない。こうしたことから，トレーサビリティに取組むことにより副次的に得られるメリットを創出していく必要がある。

例えば生産段階の履歴を分析することにより，収穫量を増加したり品質を向上したりといった営農指導への活用，流通段階では物流効率化が実現できる可能性もある。こうした副次的メリットを産み出す努力が，今後必要であろう。

(2) 低コストな基盤技術の創出

メリット創出と同時に，トレーサビリティを支える要素技術が平準化し，低コストで導入・運用できることが重要である。現時点では望むべくもないが，数年後にはある程度のシステム標準化が進む可能性が高い。また，2次元バーコードやIC チップ等，トレーサビリティに役立つと思われる技術も安価になっているだろう。現時点でトレーサビリティの導入をためらう理由は，どう考えてもコスト問題である。これを克服できるだけの低コストな基盤技術が求められる。

（3）生産者と流通業者，消費者の信頼関係の構築

最後に，トレーサビリティの定義の項で述べた信頼性の問題がある。トレーサビリティ問題が勃興したのは，単純にいってしまえば生産・流通に対する，なんとなく存在していた「信頼感」が壊れてしまったからである。逆にいえば，これを取戻せば，過度なトレーサビリティシステムは必要ないはずである。ただし，逆説的ではあるが，一度壊れてしまった信頼を取戻すには，相当の努力が必要である。これから数年間のトレーサビリティへの取組みは，そうした信頼回復のために業界全体が負わなければならない十字架だといえよう。

そのためにまず重要なのは，生産者・流通業者どうしがきちんと情報公開をし合う構造である。そのうえで，消費者に対し必要な情報を開示する。いずれ消費者の関心は，安全・安心だけではなく，その商品がおいしいか？　どのような機能をもっているか？　などの属性情報に向いてくるはずである。そこからが，農産物の生産・流通の新しいステージである。

③ 生鮮食品の流通と品質保持

3.1 米

3.1.1 米の収穫から流通まで

(1) はじめに

米は小麦，トウモロコシと並ぶ世界の三大穀物であり，年間約6億t（籾ベース）生産されている。穀類は人類の主要なカロリー源であるとともに，生鮮食品とは異なり，水分含量が少なく貯蔵性に優れているので，保存食料としても重要である。日本では食糧安定供給の観点から約100万tを基準に，米の備蓄が行われている。

貯蔵中の有害要因としては，微生物の繁殖，害虫による食害，ネズミや鳥による害などがある。

(2) 米の貯蔵中の損耗と品質変化

米は稲の種子であり，籾や玄米は収穫後の貯蔵中でも生きている。養分を使って呼吸を行い，酸素を消耗し，二酸化炭素と水蒸気と熱を発生する。

米の呼吸量は，温度および水分含量の影響を強く受け，温度が高いほど，また，環境湿度が高いほど呼吸が盛んになり，穀温の上昇と水分含量の増加が起こり成分が消耗される。

米の貯蔵中の品質変化としては，① 生物的変化，② 化学的変化，③ 物理的変化が挙げられる。

生物的変化の例としては，発芽率の減少，パーオキシダーゼやリンゴ酸脱水素酵素などの酸化還元酵素，アミラーゼやリパーゼなどの加水分解酵素などの内在性酵素活性の低下などがある。

化学的変化の例としては，内在性酵素の作用による，デンプン，タンパク質，脂質などの成分の分解があり，このうち，最も速く分解が進行するのは脂質で，リパーゼによって，中性脂質がグリセリンと遊離脂肪酸とに分解される。安松らによると，遊離脂肪酸は酸化分解を経てペンタナールやヘキサナールとなり，古米臭の原因となる。

デンプンは各種のアミラーゼによってデキストリン，マルトース，ダルコースに分解され，還元糖が増加する。タンパク質はプロテアーゼやペプチダーゼの作用によってペプチドやアミノ酸に分解される。

物理的変化の例としては，外観光沢や白度の減少，精米特性の低下，吸水性の低下，精米粉の糊化特性の変化，米飯物性の変化などがある。

(3) 微生物・害虫・ネズミなどによる影響

貯蔵中の米の変化では，カビなどの微生物やコクゾウムシなどの害虫，ネズミなどの影響によるものも大きい。米の呼吸が盛んな場合に，穀温や水分含量が上昇して微生物や害虫の生育を促進し，それらの呼吸や酵素作用が米の変化をさらに進行させる場合もある。

虫害の例を挙げると，玄米貯蔵における主要な害虫は，ココクゾウ，コクゾウ，ノシメマダラメイガ，ナガシンクイなどで，精米貯蔵における主要な害虫としてはコナマダラメイガ，コクヌストモドキ，コメノケシキスイ，ノコギリヒラタムシなどが，また，籾貯蔵における主要な害虫としてはコクゾウ，ココクゾウ，バクガなどがある。

これらの貯穀害虫の防除には，くん蒸剤（臭化メチル，ホスフィンなど，気体状態で殺虫作用のあるもの）や接触殺虫剤（有機リン剤やピレスロイドなど）による化学的防除，二酸化炭素や温度制御を利用した物理的防除，天敵や忌避植物などの利用による生物的防除が行われている。

また，カビや細菌等の微生物による被害も無視できない。水分含量14～15％でも繁殖する*Aspelgillus glaucus*群，15～15.5％で繁殖し，モス米の原因となる*Aspergillus versicolor*，同じくフケ米の原因となる*Aspergillus candidus*，15.5～16％で繁殖し，オクラトキシン—Aを生産する*Aspergillus ochraceus*や黄変米の原因となった*Penicillium citrteoviride*，16％以上で生育する*Aspergillus oryzae*，17％以上で繁殖し，フザリウム汚染菌として知られる*Fusarium nivale*などが例としてあげられる。

微生物汚染の場合には，米の外観や香りを損なうばかりでなく，汚染菌の種類によっては熱帯アジアを中心にアフラトキシン（*Aspergillus flavus*の産生する毒性物質で，動物や鳥などに肝臓癌を発生させることで有名）の問題があり，温帯においても癌や造血機能障害を引起こすフザリウム毒（トリコテセン，ニバレノールなど）の問題がある。

これらの微生物による汚染を防ぐには，収穫後および貯蔵中の穀物を充分に乾燥することが必要であり，低温倉庫の活用，密封貯蔵（飼料向け），植物揮発成分の利用なども推奨されている。

（4）貯蔵中の品質変化とその検出

貯蔵中の米の品質変化の程度は，品種の休眠性，米の初期水分含量，貯蔵条件（温度，環境湿度，環境気体），貯蔵形態（籾，玄米，精米，米粉），包装形態（紙袋，有孔袋，樹脂袋，積層フィルム）その他の条件によって異なっており，貯蔵期間のみで推定することは困難である。そこで，貯蔵中の品質変化を示す明確な指標が必要とされており，従来から広く用いられている指標や最近新しく開発された指標として，下記の例が挙げられる。

1）発　芽　率

試料の籾や玄米の表面を次亜塩素酸ソーダなどで殺菌し，充分に吸水させた後，ペトリ皿に含水濾紙を敷いた上に一定数の試料を置床し，20℃で静置して7日までに発芽した粒数を数え，全置床粒数に対する割合（％）を発芽率とする。発芽率の高い米は，乾燥や貯蔵によって種子としての生命力が損なわれていないことを示し，品質や食味が良好に維持されていると推定される。この方法の問題点としては，精米や粉末試料に適用できないこと，試験に時間を要することである。

2）酵素活性

米は稲の種子であるので，各種の内在性酵素を含んでいる。これらの酵素活性が，貯蔵中の米の生命力の低下にともなって低下することを利用して品質劣化指標とすることができる。グアヤコール試験は古くからの方法を旧食糧庁検査課が改良したものである。試料の精米あるいは玄米5gを試験管に採り，1％グアヤコール水溶液10mℓを加え，20回ほどよく振とうした後，試験管立てに静置し，1％過酸化水素水を3滴加え，液の着色の程度を観察する。グアヤコールが酸化還元酵素（パーオキシダーゼ）の作用によってテトラグアヤコールになり，赤褐色になることを利用した試験方法であり，酵素活性が低下すると米粒および浸漬液の呈色が弱くなり，古米化すると全く呈色しなくなる。この方法は，玄米および精米の試料で試験が可能であり，精米の場合は浸漬液の呈色度で判定する。

TTCテストは，2，3，5—トリフェニル・テトラゾリウム・クロライド（略称TTC）が，玄米の胚芽に存在するコハク酸脱水素酵素の作用によってフォルマザンに変化して鮮紅色になる性質を利用した試験方法である。玄米を0.25％水溶液に25℃で24時間浸漬し，胚芽が鮮紅色になった粒数の割合で判定する。発芽試験に比べて短時間で判定できることが特徴であるが，精米には適用できない。

3）抽出液pHの低下検出技術とその自動化

米の貯蔵期間が長くなるにつれて水抽出酸度が増加することを利用した玄米の新古鑑定方法である。日本穀物検定協会の実験によると，玄米10ｇを水で２回ゆすいだ後，純水20mℓを添加した場合，新米ではpHが6.8となり，古米では5.8となった。こうしたpHの変化をpH指示薬（メチルレッド・ブロムチモールブルー混合指示薬）で呈色反応として検出するのであるが，新米や低温貯蔵の古米では青緑色，古米は黄緑色，古々米は黄色に呈色する。この方法は簡便で迅速であり，玄米１粒などの少量の試料でも判定が可能であるという特徴がある。㈱サタケでは，この方法をシステム化して半自動化し，呈色反応を定量することによって品質劣化を数値化した装置を開発している。

4）脂肪酸度

米の貯蔵においては，脂肪の分解が速やかに進行し，リパーゼの作用によってリノール酸やオレイン酸のような脂肪酸が遊離してくる。試料穀粉100ｇからトルエンのような有機溶媒で上記の遊離脂肪酸を抽出し，フェノールフタレインを指示薬としてアルコール共存下のアルカリ添加による中和滴定に要した水酸化カリウム量（mg）を脂肪酸度とよび，古米化の程度を示す指標としている。

適定法の場合は終点が肉眼判定のために個人誤差が生じやすく，測定感度も低いという問題点を解決するため，食総研において，トルエンで抽出した遊離脂肪酸を銅塩として比色定量する高感度測定法が開発された。

5）整粒歩合と糊化特性

熱帯アジアや米国では，日本や韓国とは異なり，硬くて粘りの少ない米飯の食味が好まれる。また，長粒のインディカ米の栽培が多いため，精米工程での割れ粒発生が問題となる。たとえばタイにおける米の検査規格では，割れ粒の割合の少ない米の格付けが高くなっている。貯蔵の過程で米の硬度は増し，精米後の整粒割合（HRY，head rice yield）が向上する。こうした観点からは，貯蔵中の品質変化は必ずしも負の方向に向いているわけではなく，HRYが向上する範囲内では好ましい変化と捉えられている。同時に，古米化によって，米飯の硬さが増して粘りが減少し，炊飯時の膨張度も増すことから，古米化を好ましい変化ととらえる国々もあるということも理解しておく必要がある。

6）化学発光イメージング法

生物ラジカル研究所では，米の内在性酵素の一つであるパーオキシダーゼ活性が貯蔵中に低下することを利用して，汎用化学発光試薬であるルミノールと過酸化水素を用い，パーオキシダーゼ出来の発光画像を計測することによる新しい鮮度評価技術を開発した。この方法によると，新米や低温貯蔵米など，鮮度の高い米ほど発光強度が高く，古米や室温貯蔵米など，鮮度の低い米ほど発光強度が低くなる。また，画像の発光強度分布から，新米と古米の混合米を判別することも可能である。この方法は，電子スピン共鳴法（ESR法）に比べれば安価であるが，蛍光イメージング法に比べると若干割高になることから，新米・古米混合米の判別や多試料同時計測への応用が期待される。

7）食味計測装置

1996年から97年にかけて，旧食糧庁を中心に，農林水産省で米の食味に関する研究会が開催され，各種の食味計測装置の特徴と用途などについても調査・検討が行われた。そのなかで，分光測定に基づく各種の食味計測装置は，簡易迅速な非破壊計測であり，測定の個人誤差も少ないことから，ユーザーの多くは満足度が高いという調査結果となった。ただ，貯蔵中の品質変化の計測という点では，８機種中の２機種のみが対応可能であり，主成分含量に基づく生米の分析では古米化の検出が困難とされていた。その後，各分析機器メーカーによる装具の改良も進み，炊飯後の試料を用いて分光測定する食味計測装置や，生米試料でも全波長スペクトルを変数とする解析方法を導入した装置の場合には，貯蔵中の変化をある程度とらえることが可能になってきている。

8）においセンサーと味センサー

最近，金属酸化物や有機ポリマーをセンサーとして香気や呈味性を電気的に計測する「においセンサー」や「味覚認識装置」が開発され，飲料や食品分野で利用されるようになってきた。旧食糧庁検査課の岩本らは，においセンサーによる持ち越し米の古米臭分析への応用を検討している。農水省の「次世代稲作」研究プロジェクトのなかでも，においセンサーの関連企業が水やアルコールによる影響の低減化や，適正センサーの選定，貯蔵試験による適用性の検定などの研究を行った。九州大学で開発された味覚認識装置も飲料を中心に適用が広がっている。においセンサー，味覚認識装置の両方とも新しく開発された分析装置なので，ハードおよびソフトの両面から，今後の改良・普及が期待される。

（5）米の低温貯蔵

1）食糧研究所による低温貯蔵技術の開発

1930年代末に，米の害虫発生や微生物繁殖，品質低下などが低温貯蔵によって抑制されることが東京農大の研究によって報告され，食糧研究所では，貯蔵中の加害生物の抑制の視点および米品質保持の視点から低温貯蔵の研究が行われ，その効果の科学的根拠が示された。食糧研の研究により，米の低温貯蔵は，常温貯蔵中に進行する各種酵素活性の低下（パーオキシダーゼ，カタラーゼ，アミラーゼ），デンプンの分解（還元糖の増加），タンパク質の変化（水溶性窒素の減少），脂質の分解（脂肪酸度の上昇）などを抑制することが明らかになった。これらの結果に基づいて，夏季でも温度が15℃以下，湿度も70～75％に調節され，品質の保持される低温倉庫が全国に建設された。

2）北海道立中央農業試験場での貯蔵試験結果

北海道立中央農業試験場では，米の貯蔵について大規模な試験を行った。これにより，低温貯蔵の有効性が改めて明らかにされ，低温籾貯蔵，低温玄米貯蔵，常温籾貯蔵，常温玄米貯蔵の順に貯蔵中の変化（米飯物性など）が少ないことが示された。また，窒素置換包装などの環境気体の調節も，低温貯蔵と組み合わせることで，その効果がいっそう有効に発揮されるということも示された。

3）食総研での貯蔵試験結果

食総研では，最近流通の多い良食味米（コシヒカリ，ササニシキ，ひとめぼれ，あきたこまちなど）や新しく育成されたインディカ米などを試料として貯蔵試験を行い，各種の物理化学的評価を行った。その結果，貯蔵中の変化には品種間差異のあること，近赤外NEBARI指標，米飯物性測定値，糊化最高粘度，TTC試験，脂肪酸度，炊飯特性加熱吸水率などの物理化学的測定値が，食味官能検査による食味変化と，有意の相関を示すことが明らかになった。

4）日本精米工業会の短期間貯蔵試験

最近，「米も生き物なので，精白（とう精）直後，すなわち，搗きたての米の方がおいしい」という量販店での販売傾向が一部にみられる。そこで，日本製米工業会では，1週間前，2週間前，3週間前に搗精《とうせい》した精米と，4℃で玄米貯蔵して前日搗精した精米（基準米）との食味試験を行った結果，食味評価（総合）では有意差が認められず，必ずしも搗きたての精米が美味しいという結果にはならないということが示された。

（6）最近の新しい貯蔵技術

1）氷温貯蔵

氷温貯蔵は，氷点下以下で，しかも対象食品素材が凍結しない程度の温度で貯蔵することによって品質を保持あるいは改善しようとする試みであり，特に，野菜・果実あるいは水産物などの多水分素材の場合にその有効性の報告が多かった。長野県農村工業研究所では，試料玄米の水分含量を変えて－1℃，－5℃での60日間の氷温貯蔵を行い，中水分氷温貯蔵の場合，呈味性の糖やアミノ酸が増加し，対照米に比べて，食味試験結果が良好になることを報告している。

2）新型「食味維持システム」貯蔵

東洋精米機製作所では，玄米を新型「食味維持システム」で長期保管し，低温保管米と食味などの比較を行った結果，このシステムの食味保持効果が高いことが報告された。これらの試料米は，テンシプレッサーによる米飯物性測定値においても，同様の傾向を示した。このシステムの技術内容の公開が期待される。

3）雪室貯蔵

山形県農業試験場では，雪室を利用した低温高温度貯蔵試験を行った。米の鮮度評価に関する研究会を開き，雪室貯蔵の玄米が，鮮度がよく維持されており，新米に近い食味を幽しているとの研究成果を発表した。県産米「はえぬき」を使用し，室温（21℃），低温（10℃），雪室（5℃）の条件下で4月から9月まで貯蔵し，1ヵ月ごとに，①パーオキシダーゼ活性の測定，②玄米の脂肪酸度の測定，③米飯の粘り特性の変化，④紫外線照射による感光反応の変化，の4種類の測定によって鮮度の評価を行った。また，この試料米を炊飯し，食味官能検査を行った。その結果，①では室温玄米の酵素活性が低下，低温と雪室玄米は活性を保持，②の脂肪酸度は室温，低温，雪室の順に増加が著しく，③の粘り特性では，室温貯蔵玄米が速く低下し，低温貯蔵玄米と雪室貯蔵玄米はほぼ同等であり，④では，室温玄米の貯蔵が長くなるほど酸化が進み，低温と雪室では，酸化の速度が小さかった。

4）北海道大学の寒冷気導入超低温貯蔵技術

北海道大学では，北海道の冬季の寒冷気候を利用した米の長期高品質貯蔵技術を開発した。1996年～1998年にかけて，上川ライスターミナルにおいて，超低温貯蔵技術（氷点下での籾貯蔵技術）の実用化試験が行われた。さらに，1999年から，雨竜町カントリーエレベーターを利用して，冬季通風冷却による籾の貯蔵試験が行われた。その結果，北海道では，冬季の寒冷外気を利用することによって，冷却に電気エネルギーをせずに米を氷点下に冷却保管することが可能であり，米の呼吸や生理活性を抑制することによって，高品質保持が可能であり，同時に貯蔵中の殺虫剤等も不要であることが明らかになった。

3.1.2 精米の品質と規格

（1）米穀の表示

米穀の表示では，以下の5項目の表示が義務づけられている。

① **名　称**　「玄米」，「もち精米」，「胚芽精米」，「うるち精米（うるちは省略可）」の中からその内容を表すもの。

② **原料玄米**　「産 地」，「品 種」，「産 年」，「使用割合」

③ **内容量**　グラムまたはキログラムの単位を明記して表示。

④ **精米年月日**　玄米の場合は「調製年月日」と表示。

⑤ **販売者**　氏名または名称，住所，電話番号。

（2）米穀の品質表示の自主基準

品質表示の目的は消費者の商品選択に役立つことであり，消費者にとってわかりやすく，正確で誤認を生じさせない表示が基本原則となっている。米穀公正取引推進協議会では，表示基準のほか，以下の自主基準に沿って表示するよう努めている。

① 消費者が店頭で用意に確認できるよう，一括表示欄を米袋の最も大きな文字で表示されている表示事項のある面と同一面に表示する。

② 産年または精米年月日の表示に用いる文字については，背景の色と対照的な色とするとともに，消費者が見やすい大きさとする。

③ 「特上」，「最高級」などの優良と誤認させる表示や表示事項の内容と矛盾する用語の表示などを行わない。

④ 「直射日光があたらず涼しい所に保存し，1ケ月以内を目安にお召し上がり下さい」といった賞味期間や保存方法を表示するように努める。

⑤ 食味値を表示する場合には，数値のみを記載するのではなく，計測方法など，消費者が食味値の意味を判断する上で必要な情報を併

記する。

⑥ 消費者が自分の目で中身を確認できるよう，相当部分が透明な袋を用いる。

（3）精米の品位基準

精米の自主的品位基準としては以下のものが挙げられる。

① 土砂，石，ガラス片，金属片およびプラスチック片が混入されていない。
② 105℃乾燥法による水分は16.0％以下とする。
③ 粉状質粒は15％以下とする。
④ 被害粒は2％以下とする。
⑤ 着色粒は0.2％以下とする。
⑥ 砕粒は8％以下とする。
⑦ 異種穀粒および異物は0.1％以下とする。

表 3.1.1　精米の品位基準

（％）

最高限度					
水　分	粉状質粒	被害粒	着色粒	砕　粒	異種穀粒および異物
16.0	15.0	2.0	0.2	8.0	0.1

（4）日本精米工業会の品位規格

（社）日本精米工業会では，精米の品位規格として，品位基準に加えて，白炭，水分，胚芽残存，正常粒，粉状質粒，砕粒の割合を定めている。

（5）精米に関する農産物規格

① 完全精米の等級には1等，2等および等外があり，それに適合しない精米であって，異種穀粒および異物が50％以上混入していないものは規格外とする。
② 形質には最低限度があり，1等，2等，3等の標準品と比較して決められる。
③ 水分の最高限度は15.0％であるが，当分の間16.0％とする。
④ 粉状質および被害粒の最高限度は，合計で10％（1等），20％（2等），25％（等外）とし，被害粒は1％，2％，4％，着色粒は0％，0.2％，0.2％とする。
⑤ 砕粒の最高限度は。5％（1等），10％（2等），15％（等外）とする。
⑥ 異種穀粒および異物の最高限度は，籾が0％，籾を除いたもので0％（1等），0.1％（2等），0.2％（等外）とする。
⑦ 精米には土砂が混入していてはならない。

表 3.1.2　（社）日本精米工業会の精米品位規格

（％）

区　分	白　度	水　分	胚芽残存	正常粒	粉状質粒	砕　粒
雪	39.0以上	16.0以上	15.0以下	93.0以下	6.0以下	3.0以下
花	38.0以上	16.0以下	20.0以下	90.0以下	8.0以下	5.0以下

表 3.1.3　農産物規格規定

項目／等級	最低限度	最高限度						
			粉状質粒および被害粒				異種穀粒および異物	
				被害粒				
	形　質	水　分（％）	計（％）	計（％）	着色粒（％）	砕　粒（％）	も　み	もみを除いたもの（％）
1　等	1等標準品	15.0	10.0	1.0	0.0	5.0	0.0	0.0
2　等	2等標準品	15.0	20.0	2.0	0.2	10.0	0.0	0.1
等　外	3等標準品	15.0	25.0	4.0	0.2	15.0	0.0	0.2

3.1.3　業務用炊飯米の特徴と保蔵

（1）業務用炊飯米の概要

業務用炊飯米が家庭用炊飯米と異なる点は，米の品質基準と精米方法である。さらに業務用の炊飯は一時に多量に行うことから大規模な炊飯関連機器が使用されている。また，米飯商品は調理加工後，販売されるまでに時間の経過があるため，米飯がかたくならない炊飯方法と調理加工方法が工夫されている。さらに，業務用炊飯に使用される原料米は，受入れから米飯商品として販売するまでの間の品質管理が大切である。

消費者も，銘柄米・食味良好米を生産者から直接購入したり，無農薬米・有機栽培米などが出回ることによって，米の味を知るようになった。米飯商品は，おいしくない，まずいと悪評がでればたちまち売行きに影響がでてくる商品である。コンビニエンスストアのパックおにぎりや弁当類のお米がおいしいのは，徹底したシステム化炊飯と販売管理を行っているからであり，回転寿司やファミリーレストランの米飯に人気があるのも，大量炊飯を行っているからである。

しかし，一方ではスーパーマーケットなどの一部では，米飯惣菜づくりにおける炊飯設備の不備と，炊飯担当者に対する教育不足，マニュアルづくりが遅れていることも指摘されている。

（2）炊飯米の課題

業務用炊飯を行う現場では，炊飯設備の不備や炊飯担当者の経験不足，マニュアルの不備や指導の不徹底によって多くの失敗が生じている。その状況と，原因と思えるものを示しておく。

① 炊飯量が多く釜底の米飯が糊になった→米粒がやわらかいため米粒が立たなかった。

② 米飯すべてが糊になり団子状になった→ひ

表 3.1.4　炊飯設備と炊飯作業工程の長所と短所

作業工程	家庭での炊飯作業	スーパーマーケットでの炊飯作業	コンビニエンスストアでの炊飯作業
貯　米	米びつ，計量米びつ	米袋を業務用ライススタンドに置く	計量機付納米庫
↓ 出　米	計量カップ	ライスタンクで計量マス計量	重量計量
↓ 洗　米	手洗い	水圧洗米機（水流で洗う）	連続水圧洗米機
↓ 浸　漬	ボール・炊飯釜など	業務用炊飯器	浸漬・充填機（タンク→釜）
↓ 水切り	—	—	水切り
計　水	カップ・目測	カップ・目測	計水タンク（水加減）
↓ 加　熱	家庭用炊飯器	業務用炊飯器	連続炊飯器（火加減）
↓ 蒸らし	家庭用炊飯器（10〜15分）	業務用炊飯器（20分）	コンベア（25〜30分）
↓ ほぐし	手作業	手作業	ほぐし装置
長　所	簡単に炊ける	炊飯時にほかの作業ができる	自動化したシステム化炊飯でムラなく炊ける（温度・時間）
短　所	計量の手違い，蒸らしのタイミングなどでムラが生じる	同時炊飯などで炊きムラを発生したり，計量ミスで硬くなったり軟らかくなったりする	炊飯装置のシステム化でスペースが必要，多くの設備投資が必要

表 3.1.5　炊飯米の炊上がり米飯品質チェック条件

① 艶があること	→	カサカサしない
② 粒揃いであること	→	くだけ米がない
③ 粘りがあること	→	コシが少ない
④ 付着性が高いこと	→	硬くならない
⑤ ご飯粒が大きいこと	→	膨張と水分が多い

び割米と知らずに洗米機を使用し，くず米を増やしてしまった。

③ 炊きムラがあり，かたい米飯がある→米の浸漬時間が短い。炊飯後すぐにほぐした。

④ 米飯全体がやわらかい，またはかたい→水分量を間違えた。生米の含水率が不安定。

⑤ 米飯粒が水っぽく，冷めたらかたくなった→炊飯時の火力不足で炊飯器内のガス圧が下がり沸騰が弱い。

⑥ おにぎり成型した米飯が，口の中でほぐれない→炊飯後のほぐしが悪く，冷却温度が低い。

⑦ 無洗米の利用では３％の計量誤差でご飯がコゲたりパサついたりする可能性がある。大量炊飯利用にはすすぐ必要がある。

これらは，原料米や作業操作のミス，設備の不備などが原因となって発生するが，一番の原因は炊飯に用いた米そのものにある。解決する方法は原料米の品質を常に安定させることである。また炊飯設備の充実や，マニュアルづくりも必要不可欠な要件である。

コンビニエンスフーズのおにぎりや，お弁当のご飯が常に安定しておいしいのは，よい原料米を使用し，整った設備で原料米に合った炊飯を行い，最適な販売方法（20℃）で消費者に届けるからである。米飯を扱う者は参考にすべきことであろう。

（3）よい炊飯米の条件

よい炊飯米の条件は，以下のようになる。

① 米粒の形状は丸みを帯びた短粒型のものがよい。「ササニシキ」か「コシヒカリ」およびコシヒカリ系のものがよい→沸騰中に米粒が立ちやすく，くずれにくい。

② 砕米になりにくく型くずれしないこと→洗米，浸漬中に米粒表面がふやけず，炊飯中もご飯表面がくずれない。

③ 炊き増え歩留りが大きいこと→冷めたご飯ほど水分蒸発が多いため，炊き増え率が2.35～2.45くらいに炊けることが望ましい。このような米は24～36時間を経過してもご飯が硬くなりにくい，米粒表面が硬いものがよい。

④ 炊飯機器内で糊にならない品質であること→粘りと付着性の高い米質，精米方法を検討する。

⑤ 蒸らしの段階で充分にご飯粒の真ん中まで水分がいきわたること→米の特性を確認する。

⑥ ほぐしてもご飯粒がつぶれないこと→米の特性を確認する。

⑦ 調味料がしみこみやすいこと→炊込みご飯，混込みご飯がうまくでき，合せ酢がなじみやすいと，種々の寿司類をつくることができる。

表 3.1.6　精米品質の規格化

	白 飯 用	寿司飯用
水　　分(%)	14.5±0.3	14.5±0.3
白　　度(%)	39.5±1.0	39.0±1.0
着 色 粒(%)	0	0
砕　　粒(%)	2.0以下	2.0以下
粉状質粒(%)	4.0以下	4.0以下
異物混入(%)	無	無
砕米比率(%)	—	—

1）米の納品時に，精米品質規格値を納入業者に提出させる。
2）米の水分量はご飯をおいしく炊上げる大きな要因である。
3）白度が低いと，ご飯は黒く感じ，高いと炊上げたご飯の表面がくずれる。着色粒があってはならない。
4）砕粒は2.0以下であること。砕粒は水に浸漬すると増大することがあるので，以下のような測定を行うこと。→米２kgを黒色の容器に入れ注水し，20分後にひび割れの測定を行う。全体の15%以上になった場合は不良品である。

（4）炊飯米の品質管理

1）炊飯米の管理

米穀の流通段階では，一貫して低温度帯（15℃以下）での精米・保管・輸送が望ましい。品質管理がよい米ほど，おいしいご飯が炊けるものである。

炊飯米は1回の炊飯量（使用量）を1袋として，真空パックしたものがよい。さらに，スーパーマーケットなどでは，バックヤードでの保管場所には充分な配慮が必要である。室内温度が高い場所に置いておくことは厳禁である。特に冷蔵庫などの冷却機の風にあたったりすると酸化の原因となる。炊飯米は4℃での保管を行えば酸化は進まない。

2）炊飯の注意点

① 洗米水→粗洗米後に，オゾン水か酸性水を仕上げ洗米に使用するとよい。

② 浸漬水→水切りが可能であれば，オゾン水，酸性水がよいが，アルカリ水でもよい。

③ 加水→中性アルカリ水，脱気水，アルカリ水，還元水がよい。この炊飯水（pH6.5くらい）に調味酢を混ぜて炊くと，熱に強い菌（枯草菌）が抑制される。

④ ほぐし→蒸らし20～30分以内に，ご飯の天地替えを行い，よくほぐして冷気を当てる。このときには手洗い消毒して，使捨て手袋を使用すること。また，室内冷却にはクリーンフィルターを通したスポット冷気をあてるとよい。不潔なバックヤードで扇風機などを使用すると，巻上げたほこりをご飯に混入させるおそれがある。

（5）米飯商品の品質管理

炊上がったご飯は，清潔な手に使捨て手袋を使用して容器に詰める。この後，冷蔵ショーケースに陳列することになるが，ご飯は4～5℃の冷気

表 3.1.7　炊飯米向き銘柄米の炊飯特性

		かたい米	軟らかい米	古い米
適応		大量炊飯向き おにぎり・寿司	コンビニエンスストア向き 幕の内弁当・白飯・無菌パック	ピラフ向き
主な銘柄		日本晴，コシヒカリ，越路早生，トドロキワセ，外国産米，ハツシモ，アケボノ，ユキノ精，朝日，きらら397	しなのこがね，コシヒカリ，ササニシキ，初星，あきたこまち，はえぬき，どまんなか，ひとめぼれ，ゆめさんさ	銘柄米の古米
特性		大粒である 飯質がしっかりしている 経時変化が少ない	光沢がある 見栄えがよい 表面がしっかりしている	胴割れ，くず米に注意 大粒（中粒） 古米臭あり 白ロウ化に注意（白っぽい）
加熱	火力	強火	中火	強火
	加熱時間	25分間	20分間	30分間
火加減	初期沸騰	10分目	10分目	13分目
	全沸騰	5分間	1.5分間	5分間
	蒸す	10分間	8.5分間	12分間
	蒸らす	30分間（100°C維持）	25分間（100°C維持）	40～45分間（100°C維持）
水加減	加水	生米の1.55倍	生米の1.45倍	生米の1.6～1.8倍
	水温	25°C	5～15°C	27～35°C
	水分蒸発	1,000～1,200cc	800cc	1,200～1,500cc
歩留り	炊き重量	2.4倍	2.35倍	2.50倍

注）米飯商品は，白米，寿司，炊込み，混込みと幅広い。原料米を選択する場合は，複数の銘柄米を試し炊きし，商品に合った原料米を決めるようにする。

にあたるとかたくなるので，必ず完全包装して陳列する必要がある。

完全包装された米飯は良質米（「コシヒカリ」など）を使用したものであれば，消費者が購入後，家庭で冷凍することも可能である。電子レンジで解凍・加熱すれば，炊きたてのおいしさで食べることができる。

〔家庭での保管〕

米飯類は購入後，すぐに食べるのが原則であるが，寿司類などは冷蔵庫に入れるとかたくなるばかりである。短時間ならむしろ家庭内の涼しい場所に置いて，できるだけ早く食べる。また，長時間置く場合は，空気を入れないようにビニールなどで包み，冷蔵庫の野菜室に保管する。しかし，なるべく早く食べることが，ご飯をおいしく食べることにつながる。

3.1.4 加工米飯の特徴と保蔵

加工米飯は5種類に分類され，2001（平成13）年の加工米飯の生産量は，冷凍米飯，無菌包装米飯，レトルト米飯の順で，生産増加率では無菌包装米飯がもっとも高くなっている（表3.1.8）。無菌包装米飯は米をそのまま炊いた製品で，調理を加えていないため米の品質がもっともよく現れ，米の特徴を示すのに適している。以下に，無菌包装米飯を中心に炊飯米としての必要な条件を記す。

表 3.1.8 加工米飯の種類

種　類	種類の説明
レトルト米飯	調理加工した米飯類を気密性のある包装容器または成形袋に入れて密封した後，加圧し，100℃以上で殺菌したもの
無菌包装米飯	調理加工した米飯類を気密性のある包装容器または成形袋に入れて密封したもの
冷凍米飯	調理加工した米飯類を－40℃以下で急速に冷凍したもの
チルド米飯	調理加工した米飯類を包装後冷蔵状態に保存するもの
缶詰米飯	調理加工した米飯類を缶に詰め，密封した後100℃以上で殺菌したもの
乾燥米飯	調理加工した米飯類を急速熱風乾燥，凍結乾燥あるいは蒸した後膨化したもの

出典）米麦加工食品等の現況（2000）より

（1）無菌包装米飯用原料米の選定条件

無菌包装米飯は無殺菌のため加熱履歴が少なく，米の特徴を生かした食味のよい米飯を提供できる。

表 3.1.9 包装貯蔵条件と官能検査による食味値（コシヒカリ25℃－6カ月）

収穫地	総合評価*2	食味項目 外　観	香　り	う　ま　み	粘　り	か　た　さ
対　照*1	0.0	0.0	0.0	0.0	0.0	0.0
A	－0.188	－0.188	－0.313	－0.219	－0.125	0.250
B	－0.375	－0.438	－0.313	－0.531	－0.875	－0.938
C	－0.382	－0.382	－0.353	－0.353	－0.824	－0.529
D	－0.382	－0.353	－0.235	－0.235	－0.529	－0.118
E	－0.765	－0.412	－0.500	－0.529	－1.059	－0.529
F	－1.313	－0.625	－1.063	－1.0	－0.688	－0.313

＊1　対照はコシヒカリ玄米を5℃に貯蔵し食味直前に精白した。
　r＝0.999
＊2　総合評価＝$-3.609X_1$ folin
　$+0.147X_2$ 粘性低下率
　$-1.028X_3$ 酸化酸
　-6.640
A～Dは通気性良好な包装条件で包装材の材質を変えたもの。
E　は通気性のない材質を使用。
F　は通気性，透湿性ともに良好な材質を使用。

食味のよい米飯の安定的な製造は，良質の米が安定使用できることが必要で，それは原料米が新米時から良好に保管されて初めて可能となる。

表1.1.9に米の保管条件と食味の変化の一例を示す。同一の原料米であっても条件により食味に大きな差が生じ，それが米中の油脂成分の酸化による酸化脂肪酸に起因していることがわかる。このことから，食味には米が酸化を受けていない，いわゆる鮮度の高さが重要な特性と判断できる。さらに，無菌包装米飯は殺菌を施していないため，菌学的安定性にかかる原料米の特性も重要となる。米飯の安定性に直結する原料由来の汚染菌は，耐熱性菌である *Bacillus* 属（バシラス，枯草菌）であり，特に *Bacillus subtilis*（バシラス・サチリス），および *Bacillus cereus*（バシラス・セレウス，セレウス菌）の汚染のない原料米選定が必須となる。

表3.1.10に原料米の貯蔵期間と菌数・菌相（菌の種類）の推移の一例を示す。貯蔵とともに菌数は低下の傾向を示し，9カ月目には *Bacillus* 属が認められる。このことから *Bacillus* 属も原料

表 3.1.10　米の貯蔵による玄米の菌数・菌の種類変化例

貯蔵期間	総菌数（個/g）	菌の種類	
収穫直後	1.6×10^6	*Pseudomonas*（シュードモナス）	60%
		Erwinia（エルウィニア）	35%
		不　明	5%
3カ月	4.8×10^5	*Pseudomonas*	40%
		Erwinia	40%
		Micrococcus（ミクロコッカス）	10%
		不　明	10%
6カ月	6.2×10^5	*Pseudomonas*	35%
		Erwinia	30%
		Micrococcus	30%
		不　明	5%
9カ月	1.8×10^5	*Pseudomonas*	35%
		Erwinia	10%
		Micrococcus	35%
		Bacillus（バシラス）	10%
		不　明	10%

注）6カ月，9カ月は低温保管。

米の鮮度と関係しており，鮮度の低下とともに原料米中から検出されるようになることがわかる。また，菌数も貯蔵とともに減少する。10^4/g台になっている米は古く米飯用には不適と判断してよい。したがって，食味および菌的安定性を求めるには鮮度が重要で，鮮度レベルの判定は菌数・菌の種類で行える。菌数的には1g当たりの菌数が10^5/g台であることが必要である。理想は1g当たりの菌数が10^6台で，菌の種類も *Pseudomonas*（シュードモナス）属および *Erwinia*（エルウィニア）属で占められている原料米を選定して利用することである。原料米を荷受けしたときには菌の種類および菌数の判定が必要であるが，菌の培養に2日間を要して実質的に不可能であるため，代用法として食糧庁の標準計測法による BTB-MR 指示薬を使用する方法が便利である。この指示薬で緑色に染色される玄米は鮮度が高く，*Bacillus* 属の検出確立も小さいので，簡便な指標として利用できる。また，無菌包装米飯として使用する場合には玄米の水分も重要で，水分値が14～16%のものが精白しやすい。玄米の品質管理には水分測定も重要な事項である。

（2）原料米の精選条件

無菌包装米飯は精白の管理が重要で，一般には玄米を入荷して自社の管理のもとで精白を行う。図3.1.1に米の食味の良否を判別する要因の一例を示す。この図から米の食味の善し悪しはアミロース，およびタンパク質などの栽培によって影響される要因と，粒の形など米の精選技術によって影響される要因で区別されていることがわかる。精選技術は，米の収穫以降，食味を左右する米飯加工上重要な処理工程である。

表3.1.11に，単一の粒厚区分にそろえて精白した場合と，全粒厚区分の混じった玄米を精白した場合の粒径の変化をジンク指数で示した。この表から，粒厚をそろえると精白米の形状指数が負の方向にシフトし，粒形が回転し楕円体の方向に傾くことがわかる。無菌包装米飯の場合には，米の形状が羽状から扁平体を示す0から正の方向に向

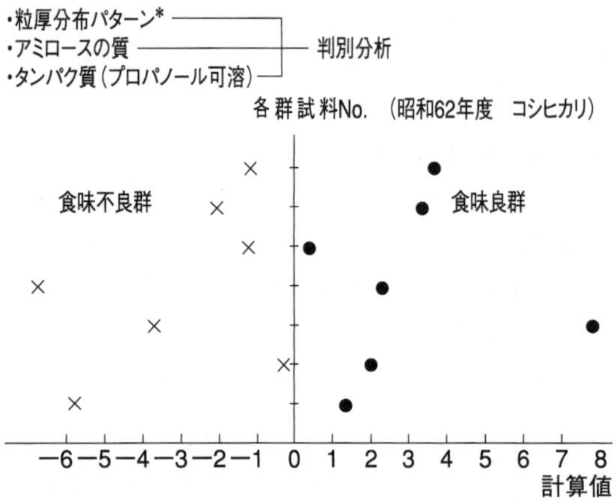

食味良区——食味不良区 マハラビノス距離＝5.892

図 3.1.1 米の食味判定

＊粒厚分布パターンは2.2mm～1.8mm以下までの分布％のノルムの平方根

表 3.1.11 米の精選技術と粒形（精白米Z値）

品　種	全粒精白	特定粒厚
コシヒカリ	0.087	−0.153
アキヒカリ	−0.142	−0.177
越路早生	−0.147	−0.184
トドロキワセ	−0.103	−0.111

くのが適しており，特定の粒厚に偏らない分布が食味のよい形状の精白米を調製するのに適している。したがって，2.0もしくは2.1mm粒厚の区分が，50％以上を占める分布をとる玄米が原料である場合には，その区分が50％以下になるような配合調製が望ましい。

次に精白レベルと食味の関係を知るため，図3.1.2に，同一の玄米を精白したA社とB社の粒厚分布パターンを示す。擦り込みすぎのB社の精白米の食味が劣る。この図から，食味的には玄米の粒厚分布のパターンをそれほど大きく変えずに精白することが重要で，精白が強すぎると食味がかえって低下する場合のあることがうかがえる。

次に，精白と耐熱菌である *Bcillus*（バシラス）属との関係をみていく。表3.1.12に糯米《もちまい》について調査した精白の程度と耐熱性菌の動行の様子を示してある。表からは，重量歩留りで84％区の耐熱性菌の割合の高いことがわかる。表3.1.13に精白歩留りと実際の精白性を示した。この表からは，84％区の TN 値（全窒素量）が高く，実際には精白が進んでおらず，米粒径の比較から幅方向の精白が悪く，いわゆる偏搗《かたづ》れの生じていることがわかる。したがって，重量歩留りを指標にした精白米は，無菌包装米飯用の原料としては不適当な場合があり，品質や耐熱性菌除去に直結する指標に基づく精白管理法による精白米調製が必要となる。

そこで，米の精白管理に適する成分指標を検索するため，米成分含量に与える精白処理や，品種差の寄与度を分散分析法で調査していくと，表3.1.14のように水溶性のタンパク質および色素の2成分が，F値からみると品種間差よりも精白率により大きな影響を受け，精白管理指標になることがわかる。F値の大きさからは色素が適すると推察されるが，米飯の食味との関連性を調べると，表3.1.15にみられるようにわずかではあるが，水溶性タンパク質含量と米飯食味の負の相関係数が高く，食味との関係の大きい水溶性タンパク質が管理指標に適すると判断される。また水溶性タンパク質の *Bacillus cereus*（バシラス・セレウス，セレウス菌）の増殖性に与える影響をみると，表3.1.16にみられるように大きな関係が確認され，細菌学的にも水溶性タンパク質が指標として適していることがわかる。

管理数値は表3.1.17の餅の流通上安定性から100ppm以下と推察され，品種別に100ppmラインを調べると図3.1.3にみられるように「コシヒカリ」で約89％，「トドロキワセ」87％，「アキヒカリ」86％と食味類別に従った結果となっている。米飯品質からも100ppmを精白管理数値目標と設定して問題のないことがうかがわれる。次に，上記の例で示した幅方向の精白ムラ，すなわち偏搗れの有無を知る指標を設定するため米の部位による偏りの少ない成分を検索した結果，アルコール可溶のタンパク質であるプロラミンの分布ムラが少ないことが知られ，水可溶性のタンパク質とプロラミンの比率（A/Pと定義する）を偏搗れ有無の指標とし，A/P値と耐熱性菌の検出性の関連を調査

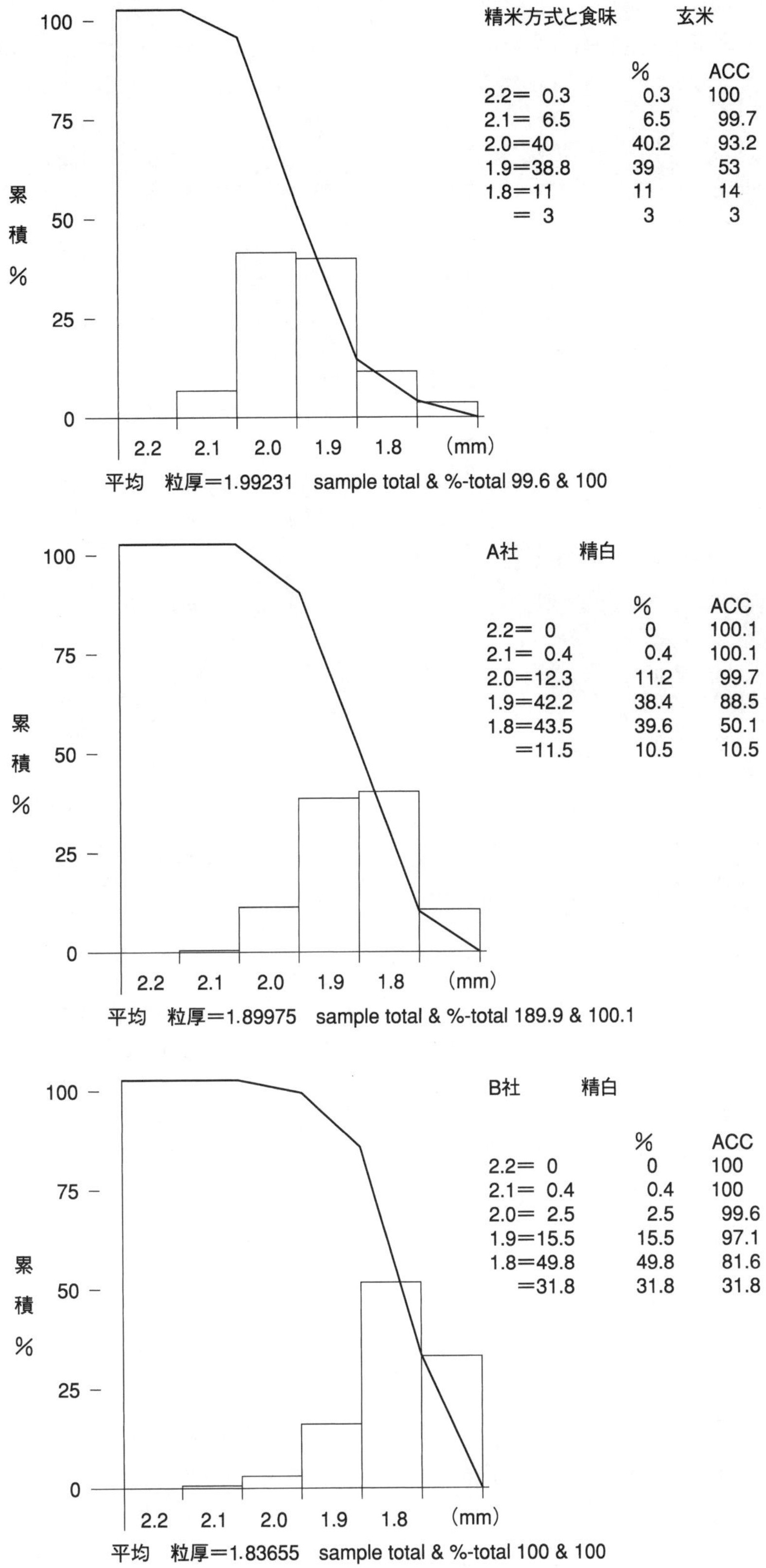
精米方式と食味　　玄米
%　ACC
2.2＝ 0.3　0.3　100
2.1＝ 6.5　6.5　99.7
2.0＝40　40.2　93.2
1.9＝38.8　39　53
1.8＝11　11　14
＝ 3　3　3
100
75
50
25
0
累積%
2.2　2.1　2.0　1.9　1.8　(mm)
平均　粒厚＝1.99231　sample total & %-total 99.6 & 100
A社　精白
%　ACC
2.2＝ 0　0　100.1
2.1＝ 0.4　0.4　100.1
2.0＝12.3　11.2　99.7
1.9＝42.2　38.4　88.5
1.8＝43.5　39.6　50.1
＝11.5　10.5　10.5
100
75
50
25
0
累積%
2.2　2.1　2.0　1.9　1.8　(mm)
平均　粒厚＝1.89975　sample total & %-total 189.9 & 100.1
B社　精白
%　ACC
2.2＝ 0　0　100
2.1＝ 0.4　0.4　100
2.0＝ 2.5　2.5　99.6
1.9＝15.5　15.5　97.1
1.8＝49.8　49.8　81.6
＝31.8　31.8　31.8
100
75
50
25
0
累積%
2.2　2.1　2.0　1.9　1.8　(mm)
平均　粒厚＝1.83655　sample total & %-total 100 & 100

図 3.1.2　米穀小売り店の精白米の粒厚分布例

表 3.1.12　米の精白回数と耐熱性菌の変化

精白回数	精白度（%）	白米粒厚（mm）	総菌数（個/g）	耐熱性菌数（個/g）	耐熱性菌の割合（%）
1回	81.2	2.0以上	400	2	0.5
		1.9以下	350	1	0.5
	84.5	2.0	440	420	95.6
		1.9	210	190	90.5
	90.2	2.0	2,060	60	2.9
		1.9	2,380	80	3.4
5回	89.0	2.0	4,910	30	0.6
		1.9	5,960	30	0.5

表 3.1.13　米の精白回数と米の精白性

精白回数	精白度（%）	長軸径（mm）	短軸径（mm）	全窒素量（%）
1回	81.2	4.614（92.7）	2.874（97.5）	1.36
	84.5	4.709（94.6）	2.936（99.6）	1.50
	90.2	4.625（93.0）	2.929（99.4）	1.44
5回	89.0	4.641（93.3）	2.889（98.0）	1.40
0回	100.0	4.976	2.947	2.2

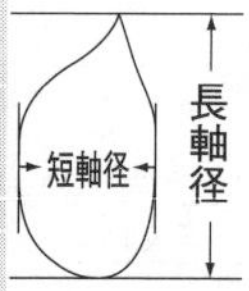

（　）は精白度100（玄米）の値を100としたときの比。

表 3.1.14　各種米成分と搗精度および品種との関連

性状項目	F値	
	搗精度(A)	品　種(B)
水可溶性タンパク質	117.4	5.30
リン	6.6	12.0
フィチン酸	18.7	1.1
色素量	271.9	7.5
還元糖	12.8	3.8
マグネシウム	61.0	5.4
吸水率	9.0	30.7
比重	40.2	18.8
繊維	86.4	42.0

搗精度　5％有意　F≧2.7
品　種　5％有意　F≧3.2

表 3.1.15　米の性状と各種米飯類官能検査の食味との相関

性状項目	米　飯	おかゆ	寿　司
水可溶性タンパク質	−0.740	−0.924	−0.744
リン	−0.422	−0.477	−0.894
フィチン酸	−0.734	−0.840	−0.923
メラニン色素	−0.702	−0.819	−0.928
還元糖	−0.213	−0.545	−0.137
マグネシウム	−0.475	−0.781	−0.665
吸水率	−0.150	−0.069	−0.646
比重	0.390	0.414	−0.863
繊維	−0.244	−0.564	0.430

r≧0.811，危険率5％有意。

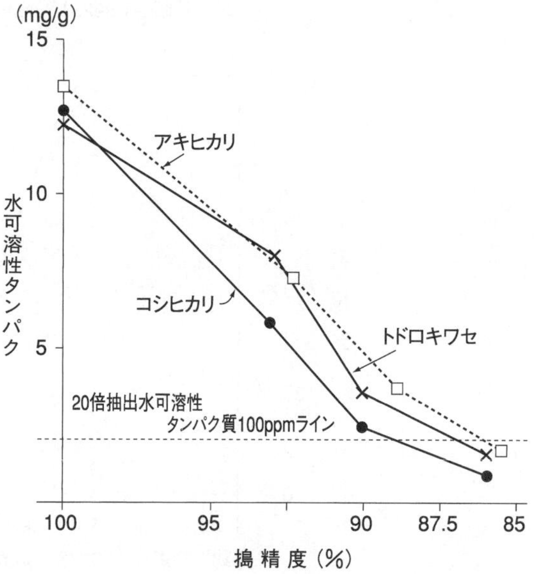

図 3.1.3　米の搗精による水可溶性タンパク質の変化

した。結果は表3.1.18のようにA/P値が0.7以下であれば耐熱性菌が認められず，0.7以下を偏搗れ有無の精白指標値とした。

精白した米は直ちに加工するのが理想である。精白後，米表面の脂肪酸度は上昇していくが，この脂肪酸は洗米時に水とともに流されるため，家庭における毎日の炊飯では米の保管に伴う表面酸化で米飯の食味が1日ごとに低下していくかどうかはわからないが，賞味期限が6カ月ある無菌包装米飯では食味の低下，特に香りの劣化が予想される。精白後の冷却が遅い場合には脂肪酸度も高くなり食味が低下した例もあり，精白後日数が経過し脂肪酸度が上昇した精白米を使用した場合，

表 3.1.16 水可溶性タンパク質とアミノ酸の*Bacillus cereus*増殖効果*

タンパク質 ppm / アミノ酸	25	50	75	100
5	1.733	2.554	2.875	3.243
10	1.636	2.706	2.875	3.097
20	1.677	2.766	2.699	3.125

＊値は上記1)と同じ。

	S.S	d.f	M.S	F値
タンパク質	3.6031	3	1.2010	122.6*
アミノ酸	0.0024	2	0.0012	0.127
誤　差	0.0587	6	0.0097	
計	3.6644	11		

＊５％危険率で有意。

表 3.1.17 可溶性タンパク質含量と耐熱性菌安定性

可溶性タンパク質 ppm	初発菌数	30℃中安定性 3日	5日	10日	15日	30日	60日
150	1.1×10^3	−	＋				
111	1.3×10^3	−	−	−	＋		
83	1.3×10^3	−	−	−	−	−	−

表 3.1.18 精白米のタンパク質比率と*Bacillus*属検出数

No	アルブミン/プロラミン (A/P)	*Bacillus*属数　個/g
1	0.53	0
2	0.10	0
3	0.29	0
4	0.13	0
5	0.13	0
6	0.41	0
7	0.37	0
8	0.66	0
9	0.91	30
10	0.97	50
11	0.85	1
12	0.72	1

米飯の風味の低下は免れない。精白後は直ちに米飯加工を行うことが必要である。また，精白後の温かい精白米を徐冷した場合には，精白米中に耐熱性菌が増殖することがあるので，菌的安定性の面からも放冷して極力速やかに精白時の米の熱を抜くことが必要である。

表 3.1.19 EDTA-Na_2濃度と耐熱性菌の生育性

EDTA-Na_2濃度	生菌数(個/mℓ)
0.1%	1.2×10^5
0.3	9.0×10^4
0.5	1
0.7	0
EDTA-$Na_2$0.5%＋1%$MgCl_2$	1.8×10^4
EDTA-$Na_2$0.5%＋1%$CaCl_2$	30

注）*Bacillus*を液体培養後，遠心収菌し一白金耳をEDTA-Na_2の各濃度溶液100mℓに懸濁しその１mℓを標準寒天培地にて混釈培養し測定した。

表 3.1.20 塩化マグネシウム・有機酸洗米法による米の菌数低減効果

使用水	水洗前 一般生菌数 (個/g)	水洗前 *Bacillus*属菌数 (個/g)	水洗後 一般生菌数 (個/g)	水洗後 *Bacillus*属菌数 (個/g)
水道水	1.2×10^3	15	7.8×10^3	5
$MgCl_2$・クエン酸洗米	1.2×10^3	15	3	0

（３）原料米の洗浄条件

無菌包装米飯を製造する場合には，精白米に付着する懸念のある耐熱性菌を除去することが必須であり，そのための原料玄米の選定や精白条件を記した。さらに，洗米工程においても耐熱性菌を除去するための条件を設定しておく必要がある。次に洗米方法の一例を示しておく。

米に付着する耐熱性菌はMg^{++}の吸着力が強く，表3.1.19にETA（EDTA-Na_2）の濃度を変えて培養増殖した*Bacillus*属菌体を洗浄した後，再度標準寒天培地で混釈培養した場合の生育性を示した。この表をみると，ETA0.5%濃度までは生育を示し，それ以上では生育が認められないことから，ETA0.5%濃度に匹敵するMg^{++}吸着力をもつことがうかがえる。この性質を利用し洗米時に$MgCl_2$の0.1%水溶液で洗米し，*Bacillus*属にMg^{++}を吸着させ，次いで0.2%クエン酸水溶液で洗米してMg^{++}を溶解する。このときにMg^{++}

を吸着する耐熱性菌は Mg^{++}のクエン酸溶液中への溶解力により米から剝離され流される。最後に水で洗浄して米に付着するクエン酸を流す。この洗米法で表3.1.20のように耐熱性菌を米より低減できる。

（4）無菌米飯の炊飯条件

炊飯方法は図3.1.4のように，個食釜炊き，大釜炊き，容器炊飯法の3方法があり，簡便なのは容器炊飯法である。容器炊飯は容器が釜を兼ねるため，炊飯後そのままトップシールをかければ製品となる。そのため炊飯釜の管理が不要で，衛生管理がしやすいなどの利点がある。しかし，米飯をほぐす工程がないため，米飯がやや重い感じになりやすく，そのため電子レンジで復元した後，米飯をほぐす手間がいる場合がある。この点は家庭で炊飯したときと同じで，炊飯直後のように復元するともいえる。

炊飯方法は，通常の市販容器の200ｇ容タイプでは，浸漬水切りした米の110ｇをトレイにとり，これを炊き水90mℓを加えて軽くゆすり山盛りの米

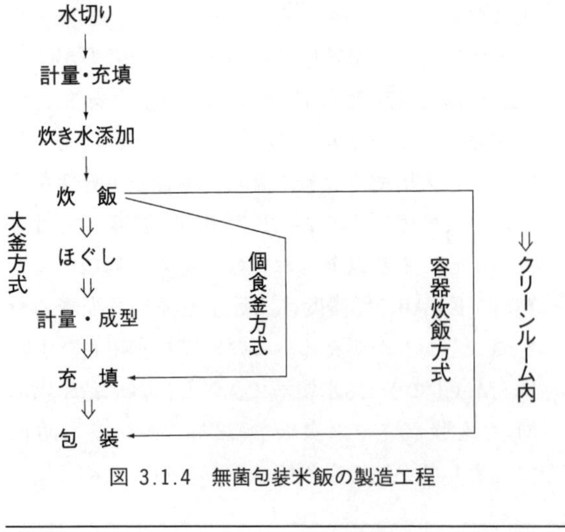

図 3.1.4 無菌包装米飯の製造工程

を平らにする。これを蒸煮缶内に入れて20分間加熱する。加熱条件は米の温度が10分間で100℃に達するように蒸気を入れて炊飯する。その後10分間100～103℃を維持する。次いで10分間蒸気を止めて蒸らす。その後，釜より取出して品温85℃以上でトップシールをする。その後，徐冷して製品とする。トレイへ入れる米の量は115ｇに炊き水を85mℓとするなど，炊飯時の蒸気ドレン量に合わせて調節する必要があり，一律的なものではないので釜の特性や夏・冬等のドレン量の差違に合わせて決定する。

容器の大きさは200ｇの場合330mℓ程度が目安となり，あまり大きいとトップシール後，中が減圧になり容器がゆがみやすい。また，トップシール後，急冷すると容器と米飯の接する部位で水が遊離して容器に接する米飯が水っぽくなる。蒸煮缶は部位によって加熱時の蒸気の流れムラがあるため，缶内が設定温度となっていても蒸気の流れの良否により炊飯に必要な熱量が不足したり，もしくは過剰になる部位のでることは避けられない。そのため，F値コンピュータなどを利用してF値のそろう缶内部位を調査してトレイをセットすることが望ましい。もしくは，缶内容積の1/3程度のトレイ数を目安にする。1,000ℓの缶容積であれば，3/1,000の300～350のトレイ数がムラなく炊ける目安となる。

米飯の保管は，室温で6カ月が一般的で，この範囲であれば電子レンジでおいしく復元するので特別な保管上の注意はない。

3.1.5 米の特徴

米はアフリカや地中海地域の一部を除き，東アジア，東南アジアなどを中心に温暖で多雨な地域で年間約6億tが生産され，同地域で生産量の90%が消費されている。

（1）種　類

インディカ種，インディカ亜種，ジャポニカ種あり，インディカ種は南アジア，東南アジア，中国南部，インディカ亜種はフィリピン，インドネ

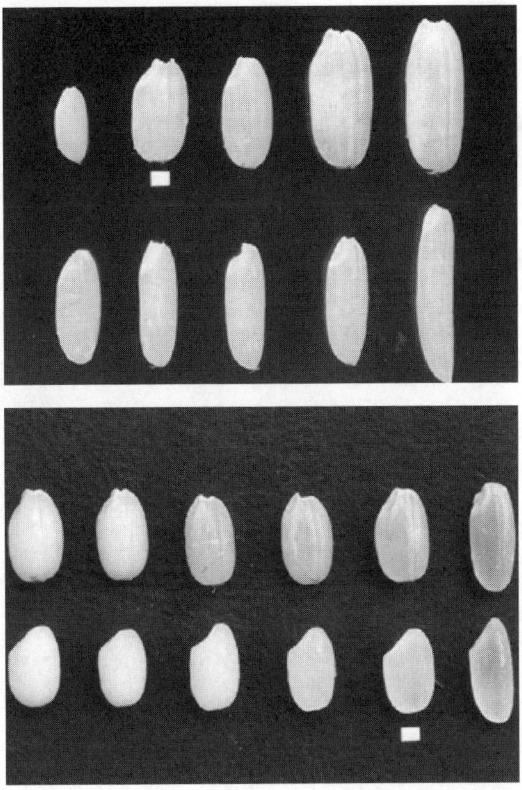

図 3.1.5　米の形状・大きさの比較

シアなど，ジャポニカ種は日本をはじめ東アジアの地域で栽培されている。

種の違いによって米の形状は大きく異なり，インディカ種は長粒で，インディカを亜種は短粒，ジャポニカ種は短粒で丸みがある（図3.1.5)。

（2）米の構造・搗精・成分

米の構造の概要を図3.1.6に示した。籾と玄米の容積比は約１：１で，玄米と精白米の重量比は約９：１である。一般に籾の状態で貯蔵されるが，日本においては玄米で貯蔵されている。

玄米の糠を除去することを精白，精米あるいは搗精といい，通常の精白米（白米，精米）は玄米重量の約92％で約８％が糠として除去されている。このほか，胚芽が残存した胚芽米，精米度を変え７分搗米《しちぶづきまい》，５分搗米などがある。

米の主要な成分はデンプンで約75％を占め，タンパク質は６～８％，ミネラル，脂質などが少量存在する。図3.1.7や図3.1.8のように米のタンパク質はデンプン粒を囲むように存在し，内層になるほど少なくなり，デンプンの比率が高くなる。

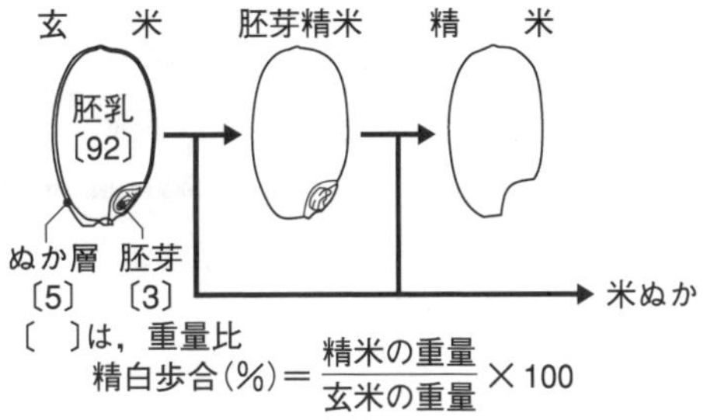

図 3.1.6　米の構造と精米

（3）食　味

米は水を加え，炊飯し米飯として食されるが，その米飯の食味は粘りとかたさで評価され，物理的な味が重要である。日本人は粘りが強く，適度なかたさの米飯を好むが，このような米飯となる米はタンパク質含量が少ない。

また，デンプン成分のうち，アミロースの割合が少ないと米飯の粘りが大きくなる。日本で主に食されている米のアミロース含量は16～18％であり，インディカ種では20～30％である。

（4）利　用

米は大半が米飯として利用されるが，日本では年間約120万ｔが加工用に用いられている。伝統的な加工品として，米菓，もち，ビーフン，米粉のほか，味噌，米酢，味醂などの調味料，清酒，焼酎などがある。また，図3.1.9のように米デンプンはジャガイモ，トウモロコシ，小麦などのデンプンに比べ小さく，形状が角張っているため，印刷，化粧品，製薬，乾電池など食品以外にも利用されている。

（5）新形質米

新しい米の用途開発を目的に開発された品種である。アミロース含量が数～10％の低アミロース米，アミロース含量が30％に達し粘りが少ない高アミロース米，腎臓病患者の食事治療用米として期待される低タンパク質米，発展途上国の栄養改

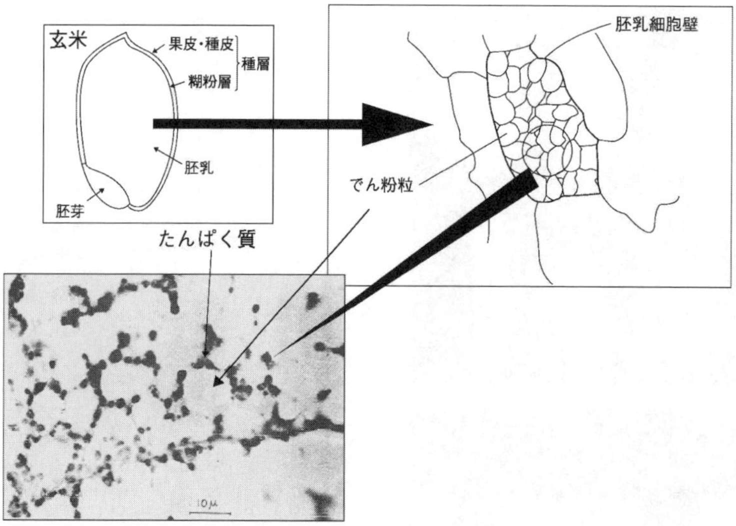

図 3.1.7 米の組織

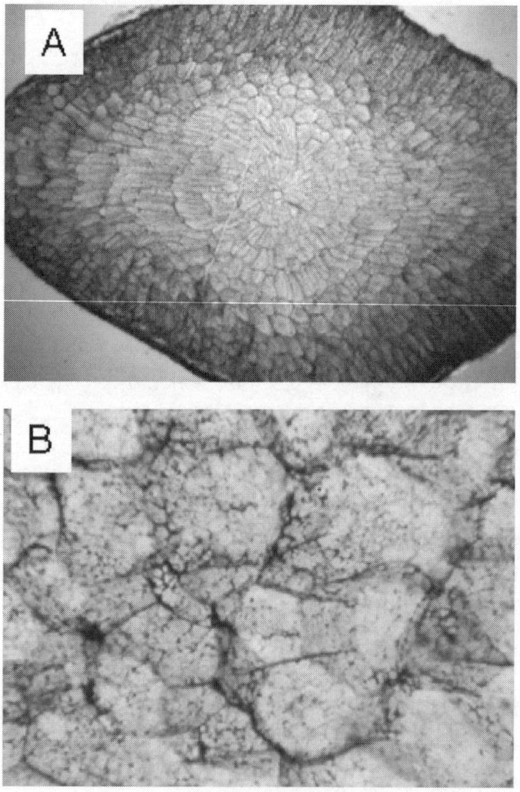

図 3.1.8 精米断面の顕微鏡写真
（タンパク質を染色後観察）
A：全体 B：拡大

表 3.1.21 米および米飯の栄養成分値

	玄 米	精白米	胚芽米
エネルギー(Kcal)	350.0	356.0	354.0
水 分(g)	15.5	15.5	15.5
タンパク質(g)	6.8	6.1	6.5
脂 質(g)	2.7	0.9	2.0
炭水化物(g)	73.8	77.1	75.3
灰 分(g)	1.2	0.4	0.7
ミネラル(mg)			
Na	1.0	1.0	1.0
K	230.0	88.0	150.0
Ca	9.0	5.0	7.0
Fe	2.1	1.4	0.9
ビタミン(mg)			
B_1	0.41	0.08	0.23
B_2	0.04	0.02	0.03
ナイアシン	6.3	1.7	3.1
食物繊維総量(g)	3.0	0.9	1.3

五訂日本食品標準成分表より抜粋

善の点から注目される高タンパク質米，米アレルギーに対応した低アレルゲン米，多様な生理活性物資が含まれる胚芽の重さが通常品種の２～３倍ある巨大胚乳米，千粒重が25ｇ以上（通常品種19～22ｇ）の大粒米などが知られている。

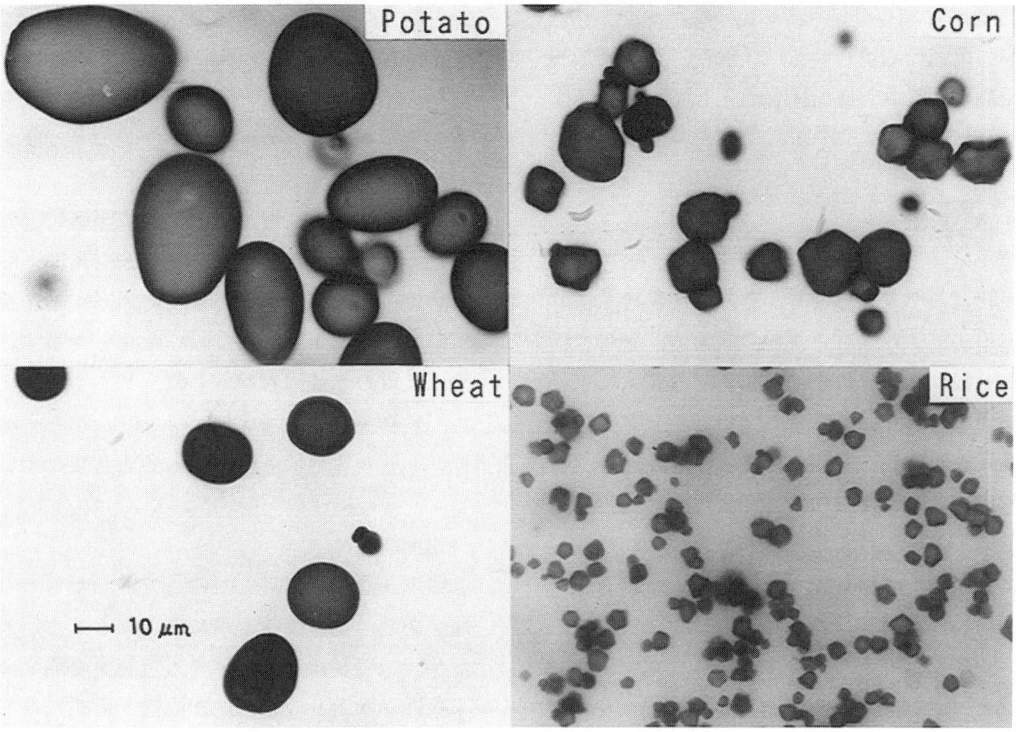

図 3.1.9　米デンプンと他のデンプンとの比較

3.1.6　米加工品

(1) 無 洗 米

洗米が不要な精白米。精米工程で生じる糠を用いて精米後に表層に残存する糠を除去する方法，タピオカなどのデンプンを加熱糊化させて表層の残存糠を除去する方法，水洗いした後に遠心脱水する方法，ブラシなどで表層の糠を除去する方法などがある。業務用炊飯における洗米廃水処理の低減や主婦の洗米手間の軽減などにより，需要が増加している。

(2) パーボイルドライス

籾状態で加熱処理して玄米表層部を半糊化させてから籾摺り，精米を行った米のこと。インド，パキスタン，スリランカ等で広く行われ，西アジア，アフリカ，アメリカの一部でも行われている。元来は長粒インディカ亜種の精米時の割れ米発生を抑える目的で行われてきたが，病虫害の防除やビタミンなどの栄養成分の精米への移行などの効果も明らかにされている。精白米が黄色に着色し，特有の匂いを生じるため，日本ではあまり普及していない。

(3) アルファ米

炊飯あるいは蒸気処理後に急速脱水乾燥し，デンプンが糊化した状態で低水分化した米のこと。給食などの大量炊飯の原料となるほか，酒造原料としても一部で用いられている。熱水を加えて15分から40分程度で食べられ，水浸漬でも60分ほどで食べられる。保存性に優れ，軽量であるため，各地の災害向け保存食やレジャー・旅行向けの用途もある。

(4) 強 化 米

デンプン含量が多く，カロリー源としての精白米に，ビタミンやミネラルなどの栄養機能成分を添加した米のこと。目的成分を含む液に精白米を浸漬する方法と，精白米表層部に被覆する方法がある。ビタミンB_1やビタミンE，鉄，カルシウムなどが強化される場合が多い。最近，無洗米加工工程を利用した栄養機能性食品としての強化米も開発されている。

(5) 米　粉

米粒を粉砕して得られる粉末で穀粉とも呼ぶ。米は粉状質の小麦と異なり，結晶質で粉砕しにくい。製粉法により，ロール粉，衝撃粉，胴つき粉などに分類される。糯米粉として，糯精米を水挽きした白玉粉がなり，うるち米粉の例として，うるち精米を製粉した上新粉がある。またデンプンを加熱糊化させてから粉砕した米粉として，寒梅粉，道明寺粉，みじん粉などがある。米粉は和菓子や料理用に用いられてきたが，最近では米粉パンや米粉麺なども開発されている。

(6) ビーフン

米粉を加熱押し出しした米麺のこと。中国南部やタイ，フィリピンなどでは，高アミロースのインディカ米を原料として米麺がつくられ，消費量も多い。日本の低アミロースのジャポニカ米では麺線の強度が出にくく，粘着性が強いために作業性も悪い。調製に困難を伴うので，馬鈴薯デンプンなどを混合して製造されることもある。

(7) きりたんぽ

秋田県の伝統的な米の食材。由来は，猟師の携帯食とされ，米飯をスリコギなどでつぶして杉の棒に巻きつけ，いろりに立てて焼き上げた後に棒から外し，適当な大きさに切ったもの。そのまま味噌を付けて食べたり，切った「たんぽ」を鶏肉や野菜といっしょに鍋料理として食したりする。

(8) ライスヌードル

米粉100％で調製した米麺のこと。日本型米では小麦と異なり，グルテン形成能がないうえにアミロース含量も低いので麺線強度が不足して米麺の調製が困難であった。新潟県の食品研究所では，麺線形成過程で生米粉や粗粒米粉を添加することで生地強度を高め，冷蔵硬化の後に切り刃で切断する米100％の米麺を開発した。狭義にはこの米麺をライスヌードルと呼ぶ。

(9) 米　糠

玄米を精白して精米とする際に副産物として得られる玄米表層部と胚芽の混合物を米糠と呼び，玄米重量の８％から10％程度に相当する。狭義には精米副産物から胚芽を除いた画分を指す。米糠には良質の米油，タンパク質，ビタミン，ミネラル，食物繊維が含まれる。γ-オリザノールやイノシトール等の機能性成分も多く含まれている。

(10) 餅

精米を蒸して搗いたもの。乾燥したものは保存性があり，正月や祝い事に供されることが多かったが，包装後に加熱殺菌する包装餅の開発により，保存性が向上し，全国的な流通が可能になるとともに，季節と無関係に入手することが可能になった。最近では，良食味性と保存性とを兼ね備えた無殺菌の生切り餅が開発されている。餅を焼き上げた菓子が，あられやかきもちである。

3.1.7　家庭での保蔵方法

米を家庭で保蔵するには，温度と湿度が低く，直射日光の当たらないところが望ましい。

前述したように，米の品質変化には温度が強く影響する。その意味からは冷蔵庫での保蔵が勧められる。ただし，冷蔵庫内は湿度が低いので，開封した精米をそのまま保蔵すると，米が割れてしまう場合がある。割れた米を炊飯すると，外観が悪いだけでなく，弾力のない飯になるので要注意である。これを防ぐには，ペットボトルや厚手のタッパーなど，密封性の高い容器に入れての冷蔵庫保管がよい。あるいは野菜室のような，比較的湿度の高い部分に入れることも一案である。ただし，湿度が80％以上というように高くなりすぎて米の水分含量が16％を超えるとかびが生えてくるので，この点も注意する必要がある。

冷蔵庫に入れなくても，温度が低く，風通しの良いところで保蔵すれば，他の生鮮食品に比べて米の品質変化は比較的緩やかである。これは，米の水分含量が13～16％と低く，もともと貯蔵性に優れているからといえる。条件によって異なるが，一般に，夏季で約３週間，冬季で約２カ月は食味劣化が検知されないといわれている。家庭でよく米が保蔵される台所は，調理や冷蔵庫によって温度が高くなること，調理や洗浄に水を使うので湿度も高くなることから，米の保蔵には不適当である。台所でも，床下収納庫のように，温度や湿度が低く保たれる所は適当である。

米を保蔵する容器についても，清潔に保つような工夫が必要である。ときどき容器自体を清掃したり，日光に当てることでカビや害虫の繁殖を防ぐことができる。佐野らによると，容器のすみの部分や蓋の裏側などに糠などがたまりやすいので，特に念入りに清掃するとよいとのことである。

農家では，籾のまま土蔵で保蔵することがある。籾貯蔵と玄米貯蔵では化学的変化の相違は大きくないが，僅かに籾貯蔵の方が優れているといわれている。籾貯蔵の場合，保蔵中に起こる，コクゾウムシのような害虫やカビのような微生物による品質低下を防ぐという効果も大きい。籾貯蔵とまで行かなくても，家庭で玄米のまま保蔵し，炊飯する直前に精米するという方法もある。精米貯蔵に比べて玄米貯蔵の方が品質劣化が緩やかであることが報告されている。ただし，大型精米工場で行われる異物除去や精米後の研米工程がないので精米後には，すぐに炊飯使用することが勧められる。

〔引用文献〕

大坪研一：食料と安全，10(7)，28～35，2005．

食糧保管研究会：米麦保管管理の手引き，2005．

谷　達雄ら：米の品質と貯蔵，利用，食糧研究所，p.68，1969．

瀬尾康久：貯蔵と損耗，米のポストハーベスト技術，日本穀物検定協会，p.237，1995．

大坪研一：貯蔵・流通条件と品質，米の科学，朝倉書店，p.103，1995．

稲津　脩ら：北海道産米の貯蔵法に関する試験成績書，北海道立中央農業試験場，1990．

豊島英親ほか：日本食品科学工学会誌，45(11)，683，1998．

深井洋一ほか：日本食品科学工学会誌，50(5)，243，2003．

川村周三：氷点下の温度を用いた米の長期高品質貯蔵技術の開発，科学研究費補助金研究成果報告書，2004．

浅野目謙之：世界イネ研究会議講演要旨集，p.261，2004．

佐野俊太郎・佐野博太郎：米屋さんが書いた米の本，三水社，pp.188～195，1987

3.2 麦・雑穀

3.2.1 麦（大麦・ハダカ麦）

（1）特　　徴

1）種類別の特徴

日本で生産されている麦には大きく分けると小麦と大麦の2種類がある。大麦には二条大麦，六条大麦，ハダカ麦の3種類があり（図3.2.1），それぞれの特徴は以下のとおりである。

① **二条大麦**　1本の穂軸の両側に1列ずつ，あわせて2列に実がつくところから“二条”と呼ばれる。後述する六条大麦と比べると粒が大きく，1粒（搗精前）の重さは40～45mg，米の約2倍の大きさがある。二条大麦は穀皮（米の籾殻に相当）に包まれているが，粒と穀皮は強固に癒着しているため，籾摺機にかけても穀皮を取ることはできない。穀皮を取るには，搗精機で削り取る必要がある。

二条大麦は用途と規格によりビール大麦と大粒大麦に分かれる。ビール大麦は全量ビール会社との契約栽培であり，指定されたビール大麦（醸造用）品種で，ビール大麦の規格（発芽勢95％以上，その他）に合格したものでなければならない。

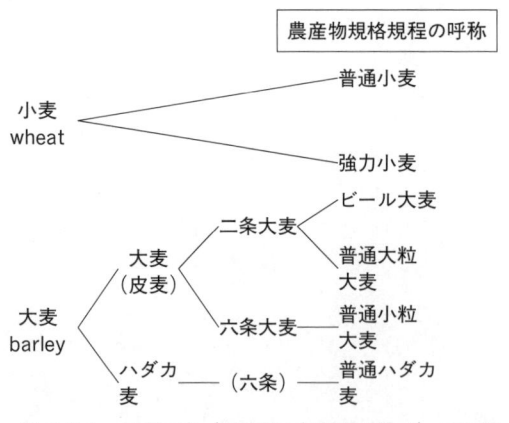

図 3.2.1　日本の麦（種子用・飼料用は除く）の分類

大粒大麦は，焼酎，麦茶，麦飯，味噌などに利用される。大粒大麦（非醸造用）品種，ビール大麦品種のいずれも用いられている。ビール大麦としての検査に合格しなかった麦が用いられることもある。

日本で栽培されている主な品種は，ビール大麦：「あまぎ二条」（関東・九州），「ミカモゴールデン」（関東），「アサカゴールド」（九州・中国），「りょうふう」（北海道）。大粒大麦：「ニシノチカラ」（九州）。

② **六条大麦**　1本の穂軸の回りに実が6列つくところから“六条”と呼ばれる。農林水産省の検査規格のうえからは“小粒大麦”と呼ばれる。二条大麦より小さいが米よりは大きく，1粒（搗精前）の重さは30～35mgである。二条大麦と同様穀皮が張りついており，搗精しないと取ることができない。用途は主として麦飯，麦茶である。日本で栽培されている主な品種は「シュンライ」（関東・東北），「ミノリムギ」（北陸），「ファイバースノウ」（北陸），「カシマムギ」（関東）などである。

③ **ハダカ麦**　六条大麦と同様実が6列つくが，二条大麦や六条大麦とは異なって穀皮が張りついておらず，脱穀すると同時に穀皮が取れてしまうため，はだか麦と呼ばれる。言い換えれば，脱穀直後の状態が籾摺り後の玄米と同様になっている。この点は小麦も同様である。玄米と同じように種皮はあるので搗精は必要である。1粒（搗精前）の重さは六条大麦よりやや小さく，25～30mgである。用途は大粒大麦や六条大麦とほぼ同じであるが，味噌用の比率が高い。日本で栽培されている主な品種は「イチバンボシ」（四国・九州），「マンネンボシ」（四国）などである。

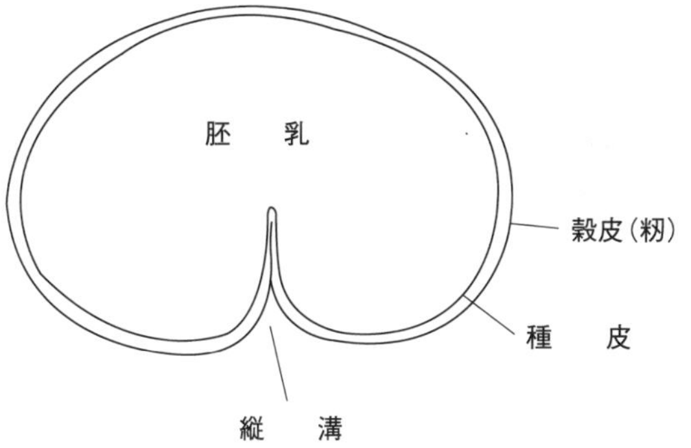

図 3.2.2　大麦の構造（横断面図）

2）穀粒構造の特徴

大麦・ハダカ麦の穀粒の構造上の特徴は，①縦に深い溝（縦溝）がある（図3.2.2）。この溝は粒の中心部近くにまで達しているので，搗精しても残る（俗に“ふんどし”と呼ばれる）。②粒の内部は小麦のような粉状質ではなく，米のようにかたい。したがって，通常は米と同様粒のまま利用され，搗精・製粉は米と同様に行う。③米より糠（皮と胚）が多く，用途により異なるものの，搗精するともとの粒（原麦）の60％程度になる。

3）成分の特徴

麦の成分は二条大麦，六条大麦，ハダカ麦，いずれもほぼ同じであり，次のような特徴がある。水分は12～13％であり，米よりやや少ない。もっとも多量に含まれる成分はデンプンであり，全重量（水分は除く。以下同様）の55～60％を占める。デンプン中のアミロース含有率は約27％であり，米よりかなり多い。そのため米と比べて粘りが少ない。ただし，糯米《もちまい》と同じようにアミロースをわずかしか含まず粘りの強い糯性品種（糯麦）もわずかではあるが存在する。

タンパク質は9～11％であり，米より多い。タンパク質のアミノ酸組成は米と比べると劣るが小麦やトウモロコシより優れる。

β-グルカンなどの食物繊維を4～5％，ポリフェノールを0.05％程度含み，米や小麦，トウモロコシなどと比べてきわめて多い。またトコトリエノール（ビタミンE効力を有するビタミンE類似物質）も多量に含んでいる。これらは機能性成分といわれ，コレステロール低下作用などの健康増進機能がある。ただしトコトリエノールは糠に多く含まれるため，精麦にはあまり含まれない。またポリフェノールなどが多いために加熱すると褐変を生じるとともに特有のにおいも発生し，食味や色は米や小麦に劣る。

（2）収穫から流通まで

1）収穫・乾燥・調整

収穫は通常コンバインで行われ，刈取りと同時に脱穀される。収穫時の穀粒水分が高いと作業性が悪くなるだけでなく，脱穀時の衝撃により穀粒が損傷を受け，品質が劣化する。したがって，収穫時期は穀粒水分によって決まる。発芽勢が95％以上なければならないビール大麦は穀粒水分が25％以下（80％以上の穂が曲がって下を向く時期），それ以外の麦は30％以下（穂全体が黄色になる時期）になってから収穫する。

収穫後は蒸れないよう速やかに乾燥機に入れて，乾燥させる。乾燥温度が高いと品質が劣化するので，2時間の常温通風の後通風温度40℃で穀粒水分18％まで下げ，仕上げは通風温度45℃で穀粒水分12％まで下げる。

乾燥が終わったらグレーダー（米選機）などで選別を行う。グレーダーの目はビール大麦2.5㎜，大粒大麦2.2㎜，小粒大麦2.0㎜，ハダカ麦2.0㎜とする。ここまでの作業は生産者（農家，農協）で行う。

2）検査規格

生産者が収穫（北海道では8月，北海道以外では5月末～6月）した麦は農産物検査法に基づいた国または民営検査員による検査を受け，合格したものが農協などの売渡し受託者を通じて契約実需者に売渡される。検査基準は「農産物規格規程」によって定められている。食用の大麦（普通大粒大麦，普通小粒大麦）・ハダカ麦の主な規格は表3.2.1のとおりである。醸造用，飼料用，種子用の規格は異なる。なお，醸造用とはビール・ウイスキー醸造のために製麦（麦芽製造）される麦のことである。焼酎用は麦飯用や味噌用と同じく精麦

表 3.2.1　大麦・ハダカ麦の検査規格

種類			普通大粒大麦		普通小粒大麦		ハダカ麦	
等級			一等	二等	一等	二等	一等	二等
1袋(紙袋)の量目(kg)			25				30	
整粒のふるい目(mm)			2.2		2.0			
最低限度	容積重(g/ℓ)		620	560	600	540	760	710
	整粒(%)		75	60	75	60	70	55
最高限度	水分(%)		13.0					
	被害粒などの計(%)		5.0	15.0	5.0	15.0	5.0	15.0
		熱損粒(%)	0.5	0.5	0.5	0.5	0.5	0.5
		異種穀粒(%)	0.5	1.0	0.5	1.0	0.5	1.0
		異物(%)	0.4	0.6	0.4	0.6	0.4	0.6
		赤かび粒(%)	0.0	0.0	0.0	0.0	0.0	0.0

規格外：異臭のあるものまたは一等および二等に適合しないもので，異種穀粒および異物を50%以上混入していないもの。

（搗精）されてから用いられるので，それらと同じ扱い・規格となる。

3）流　　通

国内産麦（ビール大麦を除く）は1999（平成11）年産まではほぼ全量を政府が買い入れていたが，2000年産から民間流通に移行し（初年度は約87%，2年目以降はほぼ全量），播種前契約に基づいて生産者から実需者（精麦業者，麦茶業者等）に直接販売されている。ビール大麦は以前より政府を通さずに契約ビール会社に販売されている。外国産麦は政府が買入れて実需者に販売しており，政府売渡価格はコスト方式を基本とし，輸入小麦の売買差益を国内麦生産者の経営安定資金等に用いているため，実需者の購入価格は外国産と国内産が同程度となっている。

4）燻　　蒸

バクガやコクゾウムシの防除のため，倉庫またはサイロ内で燻蒸を行う。燻蒸には従来は臭化メチルがもっともよく使われてきたが，臭化メチルはオゾン層を破壊するため2005（平成17）年に全廃された。現在は主としてリン化アルミニウム（商品名：ホストキシンなど）が使われており，二酸化炭素ガスも使われている。リン化アルミニウム（特定毒物）は錠剤で，缶から出すと空気中の水分と反応して徐々にリン化水素ガスを発生する。10m³当たり30g使用し，3～5日間燻蒸する。水により急激に反応が進み危険であるので，水がかからないようにする。

5）貯蔵条件

できるだけ低温低湿（15℃30%以下）が望ましいが，常温常湿（30℃70%以下）でも1年程度は品質を劣化させずに保存可能である。常温常湿で保存するためには，①燻蒸済み，②麦の水分は13%以下，③直射日光にあてない，④ネズミや虫が入らないようにする必要がある。麦の水分は一度13%以下に乾燥させれば，その後常温常湿の室内に放置してもあまり変動せず12～13%で推移する。

（3）精麦の品質と規格

現在の大麦は，精白して米と混合炊飯したり，味噌や焼酎の材料はもとより，大麦粉として他の二次加工製品に利用されるなど，大麦のもつ特筆すべき成分（食物繊維，特にヘミセルロースを多く含む）が再認識され始めてきている。

戦後，米不足の時代，代替食として急速に需要が伸びたが，昭和30年代に入り日本の著しい経済成長により，食生活の様式も欧米化傾向を示した。

よって，主食である米の消費量が年々減少し，それに伴い米との混合炊飯を主とした大麦も減少を余儀なくされてきた。

しかし一方では，最近，大麦のもっている成分，特に食物繊維（ダイエタリーファイバー）が栄養学において，消化器や循環器の病気を防ぐための重要な役割を果たすことが認められ，注目を浴びるようになってきた。

精麦製品は，精白米の約10倍程度の食物繊維を含んでおり，その中でも生理作用が大きいとされる水溶性の繊維を多く含んでいる。また，水溶性と不溶性の繊維をバランスよく含んでいるのも特徴である。加えて，他の穀物が粒の表面部分（外皮）に集中しているのに対し，大麦は，胚乳内部まで食物繊維を含有している。

食物繊維は，あまり消化されない成分であるが，胃腸の働きを活発にし，有益な腸内細菌の繁殖を促し，乳酸菌飲料を飲むのと同じような効果をもたらす。また，ビタミンB_6，パントテン酸など健康に大切なビタミンB群を体内で合成したり，有害物質やコレステロールを吸着して体外に排泄するなど，色々な健康障害の予防に役立つ。さらに，消化吸収率が低いため，実質的な減食（カロリー摂取の軽減）が自然に行える，などのことがいわれている。そして，これらの効果に関する研究報告が次々に発表されている。

表 3.2.2　食物繊維量の比較

（100g当たり）

		食物繊維含量(g)		
		水溶性	不溶性	総量
精麦	押麦	6.0	3.6	9.6
	米粒麦	6.0	2.7	8.7
精白米		Tr	0.5	0.5

出典）五訂増補日本食品標準成分表2005年より抜粋

このようにして，今日では，精麦製品のほか，粉体として麵《めん》などの二次加工製品に配合されるなど利用範囲が広まり，健康食品として，多く販売されるようになった。

1）原　料

原料の規格は食糧庁での値で供給されている。その中でも精麦適性の高い原料の条件は以下のとおりである。

① 粒張りがよいこと（未熟粒が少ないこと）。
② 硝子率が低いこと（麦粒の切断面が透明感をもっているものを硝子と呼ぶ）。
③ 空洞麦（切断面に空洞がある麦粒）がないこと。
④ 穂柄，草の実，他の穀粒など夾雑物を含まないこと。
⑤ 55％まで精白したときの，
  - 白度が高いこと（もっとも重要な要素であり，白いことはもちろん，黒ずんでいたり，黄色味が強かったりすると製品見栄えが悪くなる）。
  - 折れが少ないこと。
  - 着色粒がないこと。
  - 黒条線（中央部にある黒い筋）が細いこと。

これらの項目を中心として原料の選定を行う。品種からすると二条種より六条種のほうが精麦適性は高い。

2000（平成12）年食糧管理制度の大幅な変更があり，流通において，民間へ移行し，入札による播種契約制度になった。

2）製品の種類と加工法

精麦製品としては，精白した麦粒を圧扁（加湿加熱後押しつぶしたもの）したものと圧扁せずに蒸煮乾燥したものがある。また，黒条線に沿って切断したものもある。このほかには，精白のみを行った精白麦があり，主に焼酎や味噌の原料とし

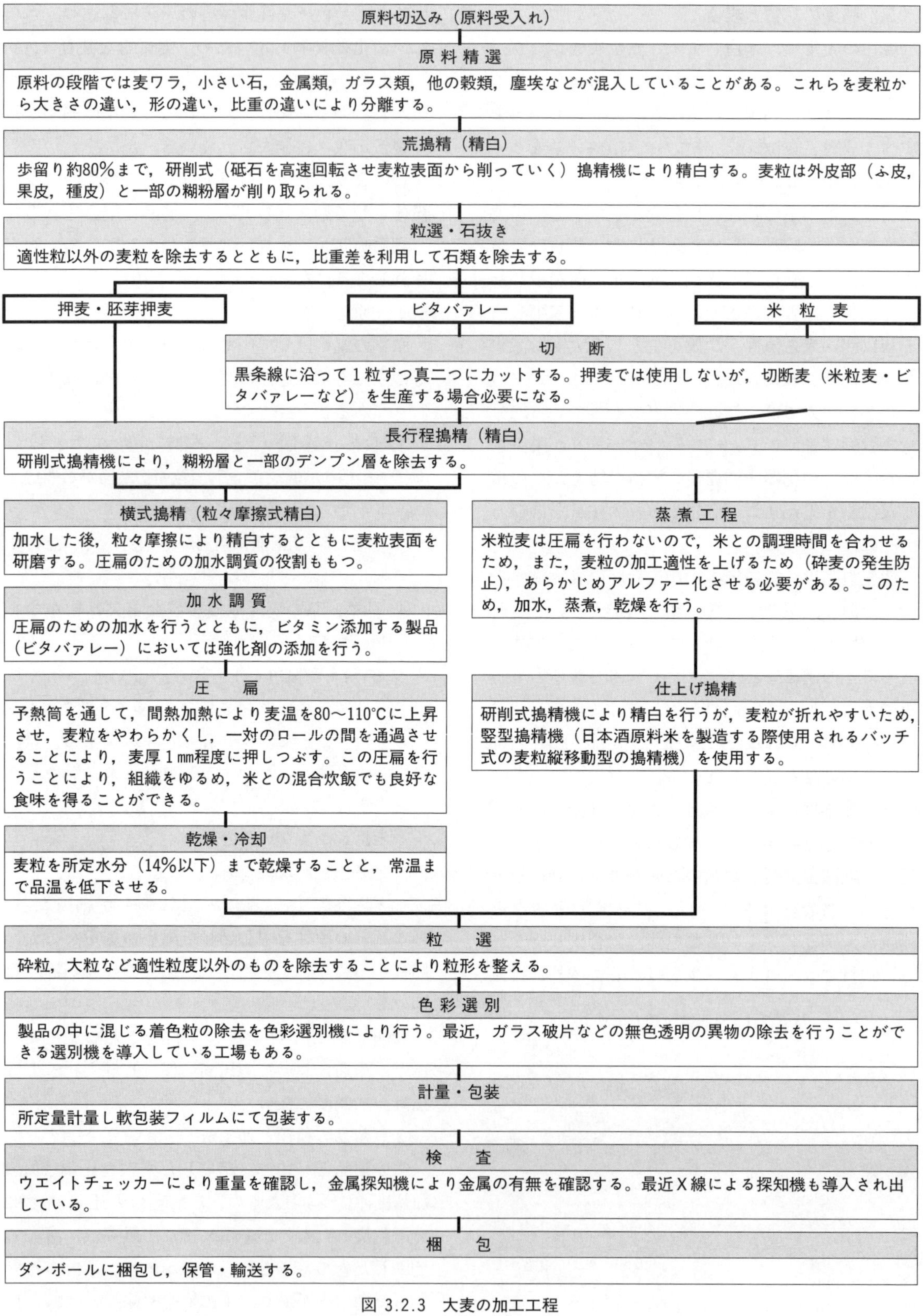
原料切込み（原料受入れ）
原料精選
原料の段階では麦ワラ，小さい石，金属類，ガラス類，他の穀類，塵埃などが混入していることがある。これらを麦粒から大きさの違い，形の違い，比重の違いにより分離する。
荒搗精（精白）
歩留り約80％まで，研削式（砥石を高速回転させ麦粒表面から削っていく）搗精機により精白する。麦粒は外皮部（ふ皮，果皮，種皮）と一部の糊粉層が削り取られる。
粒選・石抜き
適性粒以外の麦粒を除去するとともに，比重差を利用して石類を除去する。
押麦・胚芽押麦
ビタバァレー
米粒麦
切断
黒条線に沿って1粒ずつ真二つにカットする。押麦では使用しないが，切断麦（米粒麦・ビタバァレーなど）を生産する場合必要になる。
長行程搗精（精白）
研削式搗精機により，糊粉層と一部のデンプン層を除去する。
横式搗精（粒々摩擦式精白）
加水した後，粒々摩擦により精白するとともに麦粒表面を研磨する。圧扁のための加水調質の役割ももつ。
加水調質
圧扁のための加水を行うとともに，ビタミン添加する製品（ビタバァレー）においては強化剤の添加を行う。
圧扁
予熱筒を通して，間熱加熱により麦温を80～110℃に上昇させ，麦粒をやわらかくし，一対のロールの間を通過させることにより，麦厚1mm程度に押しつぶす。この圧扁を行うことにより，組織をゆるめ，米との混合炊飯でも良好な食味を得ることができる。
乾燥・冷却
麦粒を所定水分（14％以下）まで乾燥することと，常温まで品温を低下させる。
蒸煮工程
米粒麦は圧扁を行わないので，米との調理時間を合わせるため，また，麦粒の加工適性を上げるため（砕麦の発生防止），あらかじめアルファー化させる必要がある。このため，加水，蒸煮，乾燥を行う。
仕上げ搗精
研削式搗精機により精白を行うが，麦粒が折れやすいため，竪型搗精機（日本酒原料米を製造する際使用されるバッチ式の麦粒縦移動型の搗精機）を使用する。
粒選
砕粒，大粒など適性粒度以外のものを除去することにより粒形を整える。
色彩選別
製品の中に混じる着色粒の除去を色彩選別機により行う。最近，ガラス破片などの無色透明の異物の除去を行うことができる選別機を導入している工場もある。
計量・包装
所定量計量し軟包装フィルムにて包装する。
検査
ウエイトチェッカーにより重量を確認し，金属探知機により金属の有無を確認する。最近X線による探知機も導入され出している。
梱包
ダンボールに梱包し，保管・輸送する。

図 3.2.3　大麦の加工工程

て使用される。

① **製品の種類**

A．押　麦……もっともスタンダードな精麦製品。精白した麦を加熱後押しつぶしたもの。中央部に黒い筋があるのが特徴であり，麦とろなどによく利用されている素朴な麦である。

B．胚芽押麦……押麦加工する際に栄養が豊富な胚芽を残すように精白したものである。胚芽精米の精麦版といえる。

C．ビタバァレー……黒条線に沿って麦粒を2つに切断し，黒い筋を一部除き圧扁したもの。さらに，ビタミンB_1を強化してあるためこの商品名がついた。押麦よりも粒型が小さいため，炊飯後の食味はやわらかい。なお，ビタミンB_2により着色している。

D．米粒麦……黒条線に沿って麦粒を2つに切断し，精白後圧扁せずに，蒸煮することにより食べやすくしたもの。形状が精白米に近いことより命名された。圧扁品よりも炊飯後目立たない。比重が精白米に近いため炊飯後浮くことがない。このため，大量炊飯（学校給食など）でもっとも使用されている。通常の米粒麦より精白度合を高めた「特選米粒麦」（ファイバァレー）という製品もある。

② **加工工程**　押麦・胚芽押麦，ビタバァレー，米粒麦の加工工程を示した。米粒麦の工程は，工場により異なるため，ここでは一つの例を図3.2.3に掲げる。

（4）精麦の品質管理

1）圧扁製品製造工程中の品質管理

① **原料検査**　精麦の場合，原料の善し悪しが製品の品質に与える影響が非常に大きい。現在使用している原料は，国内産の大粒・小粒・ハダカ麦および一部輸入麦である。原料は農産物であるため，同一品種においても産地・収穫年度により原料の状態に差が大きい。各産地における収穫数量が少ないため，年間通して同一原料を使用することは困難であり，産地・品種を合計すると，30種類を超える量となる。基本的には，加工程度があまり高くないため，色調，かたさ（折れにくさ），歩留りなどのよい原料を選定することが第一条件となる。

しかし，自由によい原料のみを入手することは不可能であり，原料段階での検査を行い，その後の加工指示をしっかりと行うことがもっとも重要になる。

外観検査を行い，グレインパーラーという精白試験機により，55%歩留りでの白度，黒条線の太さ，硝子率，精白時間を測定し加工指示を行う。

② **荒搗精（精白）**　白度基準により精白度合を調整する。

③ **切　断**　未切断粒および砕粒の状況確認により調整する。

④ **長行程搗精**　白度基準により精白度合を調整する。

⑤ **横式搗精**　白度基準により精白度合を調整するとともに，水分基準により所定水分に調整する。

⑥ **加水調質（強化）**　水分基準により所定水分に調整する。また，ビタミンB_1強化においては強化量の確認を行う。

⑦ **圧　扁**　厚み，砕粒，表面の亀裂，しわ，艶などが管理項目となる。

⑧ **乾燥・冷却**　水分管理がもっとも重要な管理項目となる。

⑨ **粒　選**　砕粒は製品の見ためを落とすため，砕粒の除去程度を確認する。

⑩ **色彩選別**　大麦の胚乳部は通常乳白色であるが，少量原料由来（収穫後乾燥時熱損粒など）や工程中より着色粒が発生する。これを取除くことが必要である。目視により除去程度を確認する。

2）米粒麦製造工程中の品質管理

① **蒸煮工程**　所定量の加水を行い蒸気で加熱する工程であり，装置内温度と蒸煮状態を目視により管理する。

② **冷却・乾燥**　乾燥後の水分を所定に納めることであり，加熱空気温度で管理している。

③ **仕上げ搗精**　精白度合を麦粒白度により管理している。この工程では砕粒の発生が多くな

表 3.2.3 強化精麦の品質

項目	規定又は基準	
	圧ぺん	無圧ぺん
圧ぺん度	標準品以上とする。	―
とう精度	標準品以上とする。	
粒ぞろい	標準品以上とする。	
容積重g/ℓ	―	770以上
ビタミンB_1mg(3)	(4)	
ビタミンB_2mg(3)	(4)	
水分%	(4)	
未切断粒%	5以下	
砕粒%		
異物%	0.0以下	
におい	異臭のないもの	

注(3) ビタミンB_1及びビタミンB_2の含有量は，強化精度100g当たりの量（mg）をいう。

(4) 特に調達要領指定書に指定する場合を除き，ビタミン$B_1$1.5mg以上，ビタミン$B_2$0.7mg以上及び水分13.5%以下とする。

備考 1. 標準品とは，全国精麦工業協同組合連合会が調製し，財団法人“日本穀物検定協会”が査定したものをいう。

2. 百分率で示した数値は，次のけた（桁）を四捨五入で丸めたものである。

出典）防衛庁強化精麦の規格より抜粋

るため，白度と砕麦発生は密接な関係があり，管理が重要となる。

④ 粒選・色彩選別 これについては前項と同様である。

（5）精麦製品の品質管理

1）製品の規格

精麦製品については，各社が自主的に規格を定めて対応している。

防衛庁や矯正施設の給食で使用される強化精麦については，仕様書が規定されており，この仕様が各社の規格の基本的考え方になっている（表3.2.3）。

2）製品の品質管理

① 水 分 デンプン主体の乾燥食品であり，水分が管理されていれば長期的に安定な食品である。水分値は常圧乾燥法にて測定するが，工程管理では，簡便で迅速な赤外線水分計が使用される場合もある。水分値としては，通常14%以下に設定されている。

② 搗精度（精白度），色調（白度） 精麦製品において，搗精度は色の白さと密接な関係にあり重要な要素となっている。搗精度はNMG試薬による呈色（皮部は緑色，糊粉層は青色，胚乳部は桃色に染まる）により検査する。また，色調（白度）は白度計や，色差計のL値などにより検査される。

③ 粒ぞろい 砕粒の含有割合や，切断麦における未切断粒の含有割合については試験篩を使用し検査する。

④ 官能，外観検査 外観上，品質価値を損なっていないか確認するとともに，異臭の有無の確認を行い，炊飯試験により異味異臭・食感を確認する。

⑤ ビタミン強化（ビタバァレー） 強化量としては，ビタミンB_1が1.2mg%であり，通常ビタミンB_2も添加している。現在この制度はないが，かつては特殊栄養食品としての許可を取っていた。ビタミンB_1の測定は高速液体クロマトグラフ法によりサイアミン塩酸塩として定量される。

3.2.2 雑 穀

（1）ライ麦

ライ麦は耐寒性の強いイネ科の穀類で，他の穀類では栽培に向かない寒冷の土地などにも生育する強靭な麦である。主要な生産国は，EU（主にドイツ，ポーランド），カナダ，ロシア，ベラルーシ，ウクライナなどである。

ライ麦の栽培は，通常9～10月に種をまき，翌年の7～8月に収穫する。また，4～5月に種をまき，8～9月に収穫するものも一部にはある。世界の生産量は約1,500万tあるが，日本の生産量はごくわずかであり，年間約20万tが輸入されている。

表 3.2.4　ライ麦粉の分類

分　類　名	特　　徴
ホワイトフラワー	ライ麦の胚乳部だけを製粉したもの。色が白い。 デンプンが多くタンパク含有量は低い。
ミディアムフラワー	色はホワイトフラワーよりやや黒い。 ライ麦の香りがする。
ダークフラワー	色はミディアムフラワーよりさらに黒い。 繊維が多い。ライ麦の香りが強い。
全粒ライフラワー	ライ麦を全粒丸挽きしたもの。 あらびき粉とも呼ぶ。きめが粗く色は黒い。

1）ライ麦の利用

ライ麦は飼料，パン，ビスケットや，焼酎などの醸造に使用されている。飼料用としては古くからヨーロッパでは利用されてきているが，日本でも配合飼料などとして利用されている。パン，ビスケット類には，製粉したものや，挽割りのライ麦が利用されている。

2）種類・品質

ライ麦は，小麦と同様に製粉するとライ麦粉（ライフラワー）になる。ライ麦粉は大別すると4種類に分類される（表3.2.4）。

ライ麦粉と小麦粉の化学成分を比較したものを表3.2.5に示す。パン使用される強力小麦粉に比較すると繊維の多いのに注目することができる。また，小麦粉のタンパク質はグルテンも形成するが，ライ麦粉はグルテンを形成しないことが特徴である。

ライ麦粉の食品への利用として，ライブレッド（ライ麦パン，ライ麦小麦混合使用パン），ビスケットなどがあるが，近年は特にライブレッドが拡大しつつある。ライ麦粉はグルテンも形成せず，水と結びやすい炭水化物のペントザンを多く含んでいるので，しっとりとしたパン生地となる。また，ライブレッドをつくる場合には，必ずサワー種（天然の発酵種）を使用しているのも大きな特徴である。

表 3.2.5　ライ麦粉と小麦粉の化学成分

（100g中）

	ライ麦粉	小　麦　粉（強力1等級）
エネルギー(kcal)	351.0	366.0
水　　分	13.5	14.5
タンパク質	8.5	11.7
脂　　質	1.6	1.8
炭水化物		
糖質	75.0	71.4
繊維	0.8	0.2
灰　　分	0.6	0.4
無　機　質		
ナトリウム	1.0	2.0
カリウム	140.0	80.0
カルシウム	25.0	20.0
マグネシウム	30.0	23.0
リン	140.0	75.0
鉄	1.5	1.0
亜鉛	0.7	0.8
銅	0.11	0.15

五訂日本食品標準成分表

表 3.2.6　ライブレッドの分類

分　類　名	特　　徴
ロッゲンブロート	ライ麦粉だけを使用したパン。
ロッゲンミッシュブロート	ライ麦粉と小麦粉を使用し，ライ麦粉の割合が高いパン。
ミッシュブロート	ライ麦粉と小麦粉を同量ずつ使用したパン。
バイチェンミッシュブロート	ライ麦粉と小麦粉を使用し，小麦粉の割合が高いパン。
特殊ブロート（プンパニッケルなど）	ライ麦あらびき全粒粉を使用する。

ライブレッドを大別したものを表3.2.6に示しておく。ライブレッドは，ライ麦粉または，ライ麦粉に小麦粉，水と食塩，天然サワー種およびイーストなどを加えてつくる。ライブレッドは心地よい酸味と確かな歯ごたえがあり，噛みしめるほどにライブレッド本来の味がでてくる。また，ハムやソーセージ，チーズ，バターと相性がよく，健康志向もあって食事用パンとして近年利用が拡大している。

（2）その他利用の現状

米や小麦，大麦のような主要穀物以外の穀類を一般に雑穀と総称し，アワ，キビ，モロコシ，ヒエなどの作物が古くからその代表的なものとして知られてきた。

雑穀にはこのほかハトムギ，エンバク，シコクビエがあり，近年ではこれらに加え，アマランサス（アマランス），キノア（キヌア），ワイルドライスのような，最近になって一般に知られるようになった穀類が海外から輸入され始め，雑穀もこの頃では多様化の傾向がうかがえる状況である(図3.2.4～6)。

雑穀はかつて山間地を中心にかなりの作付があり，作物上重要な地位を占めていた時代があった。雑穀は穀粒での貯蔵性が比較的よく，特にヒエには長期保蔵がきくという大きな特長がある。雑穀の栄養的な価値も割合に高く，貴重な食料として扱われていた地域が多かったのである。

しかし雑穀には，米や麦などの主穀類に比べると食味や加工適性が劣るという短所があり，そのため雑穀が食生活で主役の座につくことはめったになくなり，次第に忘れられたようになっていた。

ところが近年，アトピー性皮膚炎のようなアレルギー疾患で，米や麦が摂取できないというような食物アレルギー用の代替食としてヒエやアワ，アマランサスなどが有用であることが明らかとなり，再び雑穀が見直され始めてきている。

米や麦のような主食に対するアレルギーは最近増えているといわれている。その対策として，米や麦の中のアレルギーのもとになる成分を除去した食品，例えば低アレルゲン米の開発，実用化などが進んでいる。

しかし一方，雑穀を含めた各種の穀類を交互に主食とする，いわゆる回転食という形態が症状の緩和には効果があり，また栄養的にも雑穀が優れていることもあって，アレルギー対策などには雑穀がまだまだ欠かせないのが現状のようである。

図 3.2.4　アワ，キビ

図 3.2.5　雑　穀　粒

図 3.2.6　雑穀の袋入り商品

（3）食品としての品質評価

穀類にはたいてい粳《うるち》と糯《もち》という2つの性質があ

表 3.2.7 雑穀粉の食品成分分析結果

（100ｇ当たり）

品名	エネルギー (kcal)	水分 (g)	タンパク質 (g)	脂質 (g)	炭水化物(g) 糖質	炭水化物(g) 繊維	灰分 (g)	カルシウム (mg)	鉄 (mg)	ビタミンB_1 (mg)
ヒエ粉(岩手)	362	12.8	9.7	3.3	73.3	0.2	0.7	13	1.1	0.24
ヒエ粉(山形)	365	12.5	9.8	3.7	72.6	0.4	1.0	10	1.5	0.19
ヒエ粉(中国)	376	11.5	11.1	5.9	67.5	2.0	2.0	16	26.2	0.38
アワ粉(粳 岩手)	382	11.0	10.9	6.4	69.3	0.8	1.6	30	8.0	0.47
アワ粉(粳 長野)	371	12.5	10.9	5.1	70.0	0.4	1.1	14	3.3	0.40
アワ粉(糯 北海道)	359	13.4	11.1	3.1	71.4	0.2	0.8	9	2.3	0.23
アワ粉(糯 岡山)	378	11.6	10.2	6.0	70.3	0.5	1.4	19	4.5	0.48
キビ粉(粳 岩手)	366	10.9	10.9	3.0	73.7	0.2	1.3	16	5.6	1.69
キビ粉(粳 岡山)	364	12.7	13.9	3.7	68.1	0.6	1.0	14	2.7	0.49
キビ粉(糯 北海道)	367	13.2	8.6	4.6	72.4	0.3	0.9	16	2.8	0.92
キビ粉(中国)	371	11.6	11.6	4.6	69.5	1.2	1.5	16	4.8	0.44
キノア粉	374	11.9	12.3	5.9	66.1	1.7	2.1	49	5.0	0.35
アマランサス粉	372	12.8	14.4	6.7	61.5	2.1	2.5	150	10.4	0.02
米粉(粳)	364	14.0	6.5	1.3	77.6	0.3	0.3	4	0.2	0.07
小麦粉(中力)	368	14.0	9.0	1.8	74.6	0.2	0.4	20	0.6	0.12

り，代表的雑穀であるアワ，キビ，アマランサス，モロコシにも粳と糯が存在する。糯アワ，糯キビを加工すれば，糯米でつくる餅に近いものができあがる。

ところが，雑穀の中でもヒエだけは今のところ糯種がない。地域により糯ヒエといって栽培しているものもあるが，これは正式には糯ではない。ただし，調理をすると粘り気が強いようにも感じられ，ヒエの中にも糯的なものとそうでないものとがあるようである。

雑穀の栄養価については，一般的には米麦のような主要穀類と比べ，栄養価的に遜色がなく，むしろ優れた点が多いとよくいわれている。

市販の雑穀粉のタンパク質や炭水化物などの食品成分について，米や麦と比較した結果があるので，表3.2.7にそれを掲載する。

この表からは，例えばタンパク質は米などと比べてアワ，ヒエ，キビは確かに多く，灰分，ビタミンB_1，無機質なども米や麦を上回っていることがわかる。特にアマランサスは各種栄養価で他の穀物に比べて優れていると認められるが，ビタミンB_1だけは少ないという結果である。

概して，雑穀は米や麦に比べれば栄養価に富んでいるといえそうで，雑穀を毎日の食事に取入れられれば，栄養摂取量（吸収量）は良好となるであろう。私たちの食事に雑穀をもう少し食べやすい形で取入れることができれば，栄養価的にも望ましいものとなり，健康食雑穀の復権にもつながるだろう。

（4）生産地および流通状況

1）アワ・キビ・ヒエ

代表的な雑穀であるアワ，キビ，ヒエ市販品の生産地については，国内の場合では，以前から生産が盛んであった東北地方（岩手県，青森県，福島県など），上信越（群馬県，新潟県，長野県）などの産地のものが多く見受けられている。このほか，中国地方（岡山県など）や九州（鹿児島県，熊本県など）産の品も流通する。

外国産では中国からのものが多いようで，店頭の品には輸入品（中国産）とうたっていない場合でも，品不足などの影響により実際には中国産のものが多数混入する事例があり，これらの雑穀の全流通量に対する輸入品の割合についてはなかなか計れないものがある。国産品と輸入品の区分の適正化が強く望まれるところである。

価格的には，輸入品は相当割安であるが，国産品は割高でも品質的には優れているという声が多い。国産品は国内の特定の産地と販売店が提携している場合がほとんどである。

3種類の中では，キビ（糯キビ）の扱い量が比較的多いとみられている。キビは食味としては3種の中でもっともよいため，アレルギー食材としての需要だけではないのであろう。

しかし，アレルギー用としてはヒエ，アワ（特に粳アワ）の評価のほうが高く，そのため品薄状態に陥ることがある。特に粳アワについては現在のところ供給量がかなり少ない模様で，品不足の傾向が続いている。

2）ハトムギ・モロコシ・エンバク

産地としては，上記3種とほぼ同様の地域が知られているが，生産および需要はそれほど大きくはない。ただ，ハトムギについてはアレルギーや健康食材としての需要のほかにも，飲料（茶）原料への用途がある。モロコシは中国産（コウリャン）がかなりの割合を占めている。

エンバクはかつて北海道で多く生産されていたが，現在は輸入品が多い。挽割りにしたオートミールが主として流通する。

3）アマランサス

アマランサスは以上のようなイネ科の作物とは違い，ヒユ科という穀類としては珍しい科に属する。南アメリカ原産であるが，国内で流通しているのはアメリカからの輸入が大部分である。その他メキシコ産も入荷する。

穀粒は1㎜程度の黄褐色をした小粒で，調理により特有の風味が出る。糯と粳があるが，輸入品はいずれも糯種に限られるという特殊な状況である。

国産は岩手県などのものがあるが量的には少なく，輸入品に比べてどうしても割高になる。ただし，国産アマランサスは品質的には優れており，本来ならばもっと生産が増えてもよいところであろう。

4）キノア・ワイルドライスなど

キノアも南アメリカ原産であるが，これはアカザ科の穀物でやはり珍しい科の穀類ということができる（ヒユ科のアマランサスとともに疑似穀類と呼ばれることがある）。産地は南アメリカのペルー，ボリビアなどである。アマランサスより粒が大きく白みを帯びるが，アマランサスほど輸入量は多くない。しかし，雑穀の中でも食味の点では比較的好評であり，アマランサスなどと同様にアレルギー用食材として扱われることが多い。

ワイルドライスはアメリカマコモともいわれ，長粒で黒褐色をした独特の食感をもつ穀物であるが，これも輸入品がわずかに流通しているという現状である。アレルギー用食材としても用いられるが，最近では飲食店などで調理の具に使用されることがあり，新素材として今後着目されていく可能性がある。

（5）販売状況

一般の消費者がこれらの雑穀を入手しようとする場合には，現在では自然食品販売店やアレルギー食材を専門に扱う店に行けば，さまざまな種類を容易に購入することができる。また百貨店の食料品売場などで雑穀商品を取扱うところもみられている。

店頭では，穀粒および製粉した品目のほかにも，雑穀を原料とした加工品が各種並び，雑穀関連品の多様性，今後の開拓の可能性などがうかがわれるところとなっている。

（6）流通上の問題点

1）雑穀商品の食品安全性

雑穀は，現在ではアレルギー用あるいは健康食材としての流通が多いので，普通の食品素材以上に品質や安全性に対する評価は入念に行われるべきである。

国産品の場合は，生産者や流通販売業者と消費者が比較的提携しやすいため，安全性に対する信用度は高いとみられているが，輸入品については依然不安感が強く残っている。

特に農薬残留ではポストハーベスト問題への心配があり，検査体制の強化が望まれている。雑穀

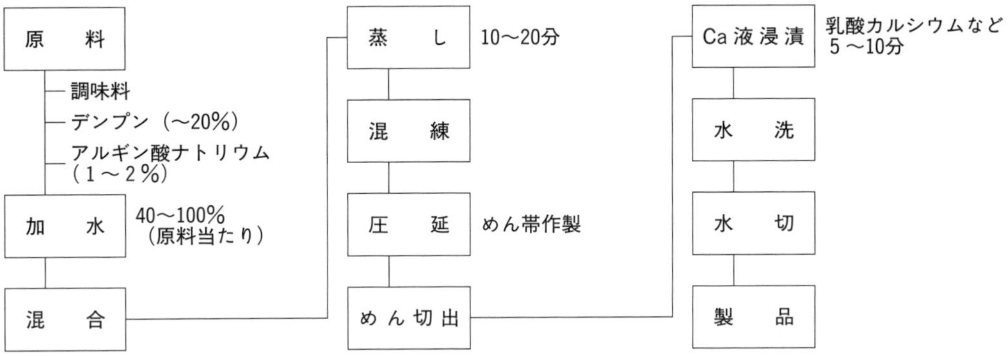

図 3.2.7　雑穀めんの製造方法

については，扱われる数量がほかの品目に比べて少ないこともあって，都道府県の食品衛生検査の対象品目に上らないことが多く，これらの品質検査は雑穀関連業界で自主的に実施している場合がほとんどである。

定評のある国産品がいつでも入手できれば問題はないが，絶対数量がどうしても不足しがちであり，そのため輸入品が国産品に擬製されて流通する事例も認められる。国産，輸入品を問わず，品質評価のための公的な検定機能を強化する必要があろう。

2）保　存　性

雑穀は米や麦に比べると保存性という点では良好であるが，穀粒の表面は一般に雑菌で汚染されているため，湿度の高い状態に置かれるとカビの発生がみられることがある。また穀類を食害する害虫が包装内部に発生するといった事例もまれに認められている。

したがって，商品の包装形態としては，できればガスバリア性の高い包装資材で密封して，脱酸素剤を封入することが望ましい。また，包装前の商品については保管中に過湿を避け，カビの発生に充分に注意を払うとともに，湿気のない状態で包装することが大切である。市販の雑穀粒商品は，500g～1kg程度の袋詰のものが多いが，おおむね上記のような良好な包装状態が保たれているため，保管中のトラブルは比較的少ないようである。

3）賞 味 期 限

賞味期限については，雑穀が保存性に優れているとはいっても，やはり短期間での消費を念頭に置くべきである。袋詰の雑穀ではいずれの種類も1年程度の期限設定が多い。しかし，この設定は綿密な保存試験の結果によって算定されたものではなく，保管の条件によってはさらに長期の保存も可能とみられている。今後はこうした雑穀商品の保存中における成分の変動などの計測による，詳細な保存期限の数値設定が必要となるだろう。

（7）加工食品への利用とその商品管理

雑穀は，炊飯による食形態以外では，加工食品への利用としては，食味，加工性が劣るために限られており，醤油や味噌，菓子などの製造例がみられるにすぎない。アレルギー対策用食品の開発の立場からは，雑穀加工品の多様化が望まれている状況である。

以下，雑穀を原料とした加工品の製造，流通の現状，商品管理の留意点を紹介する。

1）め　　ん

小麦粉に雑穀粉を2～3割添加して製造しためんが市販されている。雑穀粉のみでは結着性がないので，つなぎに小麦粉を使っているケースが多いが，アレルギー対策として小麦粉を使用しないめんの製造も可能である。その製造例を図3.2.7に示す。

めん製品の管理としては，乾めんの場合，一般に賞味期限は1年で，雑穀粉使用のものも同程度の日もちとみられている。しかし，生めんもしくは半生めんの場合には，原料粉に菌が比較的多く存在するので，日もちには特に注意が必要である。市販の雑穀生めんは冷凍品が多く，半年程度の日もち期間を設定しているものもある。

2）醤油・味噌

雑穀醤油は，大豆などからつくる通常の醤油醸造方法に準ずれば，製造はそれほど難しいものではない。ヒエでもアワでも雑穀であれば醸造することは一応可能である。

ただし，品質的に優れた雑穀醤油をつくるのであれば，やはりタンパク質含有量の多い原料のほうがよく，特にアマランサスはタンパク質が比較的多いので，雑穀醤油用としては優れた原料といえるだろう。

現在市販されている雑穀醤油としては，アワ，キビ，ヒエ醤油があり，これらは大豆を使用しない100％の雑穀醤油である。賞味期限についてはいずれも１年前後とみられ，１年間の期限設定が多い。

味噌の場合には，麹《こうじ》に雑穀を使用したものの市販品がある。100％雑穀味噌では良品ができないので大豆は使用するが，風味，色合いは通常の米味噌などに近いものである。醤油に比べると賞味期限は短く，半年ないし８カ月程度の設定となっている。

3）甘味料・酢など

雑穀にはデンプンが多く含まれているのでデンプン糖化により飴ができる。さらに，酵母の力を借りて酒をつくり，もう一歩進めて酢を醸造することも行われる。アマランサスを原料とした飴や酢はすでに市販されている。飴はアマランサスの色調が残った素朴な味わいが特徴であり，酢も濃厚な風味と色合いが身上の健康食品的な仕上りの製品となっている。いずれも栄養価が高く日もちのよい食品であるが，製品上の価値とコストのつり合いなどが今後の検討課題となるだろう。

4）菓子類，その他

雑穀を用いた伝統食品の菓子としては，アワおこし，キビ団子，キビ餅などがある。いずれも地域特産品的な加工食品であり，生産量もそれほど多くはないが，土産物などとして根強い人気をもっている。

これらの菓子類は一般に糖度が高く，油脂分も少ないので，微生物による腐敗，油の酸化は比較的起こりにくい。しかし，吸湿やデンプンの老化の問題があり，カビ発生などの事例もみられるので，販売店での取扱いでは包装時の防湿強化に努め，物性の変わりやすいもの，また糖分の少ないものは早めの消費を図るなどの商品管理が必要である。製品の種類によっては，乾燥剤，脱酸素剤，あるいはアルコール製剤の使用が効果がある。

雑穀加工品のその他のものとして，比較的需要の多いものにハトムギ茶，オートミール（エンバクの挽割り品）がある。

ハトムギ茶は最近では缶飲料にも使われ，雑穀加工品としてはもっとも一般化しているものの一つである。煮出す前の袋入り茶の場合には麦茶などと同様，防湿や酸化防止などに配慮する。玄穀よりは日もちが若干劣るとみられるので，長期間の保管は避けるべきであろう。賞味期限はだいたい１年未満（10カ月など）である。

オートミールは雑穀粒の商品と同様，袋入り品が主流で，その他缶入り品などがある。通常は賞味期限が１年程度と，雑穀粒の袋入り商品と同じような扱いとなっている。しかし，穀粒よりも表面積が大きい分，防湿，酸化防止にはより配慮する必要があるだろう。

3.2.3　精麦製品の家庭での保蔵方法

（1）調 理 方 法

通常，白米との混合炊飯により調理する。混合割合は，１～３割程度が一般的である。麦とろのメニューで使用される麦ご飯では３～５割程度混合されている。また，米粒麦をゆでたものを挽肉の代わりに使用したり，サラダに使用したりとさまざまな料理への利用が提案されている。

調理方法は，通常の炊飯と基本的には同じでよいが加水量と浸漬時間がポイントとなる。

図3.2.8に米と麦の吸水量を示す。

麦は米と比較して高い吸水性を示す。また，米

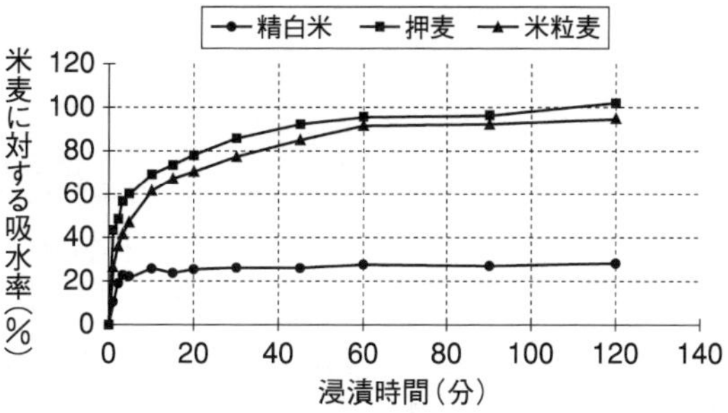

図 3.2.8 米麦の吸水曲線（水温20°C浸漬の場合）

は20分程度で平衡になるのに対し，麦では60分程度かかる。

まず，加水量であるが洗米後，水を切り，釜に移した後，米は通常加水量の目安として重量%で約140%程度であるが，精麦においては200%程度の加水量が必要となる。つまり，米に対して麦を加えた場合，米だけの加水量に，加えた麦の2倍量の水を加えればおいしく炊ける。

次に浸漬時間を1時間程度とることにより，麦が充分に吸水するため，やわらかくおいしいご飯となる。

(2) 保 存 性

デンプンが中心の組成であり，脂肪分は少なく，水分も低い。加えて，加工中，90℃で30分以上は加熱する工程があるため，ほとんどの酵素は失活していると思われる。このため，保存性に関しては常温で，直射日光と湿気を避けた状態であれば，1年間以上は目立った変化はみられない食品である。

成分的な変化としては，麦製品中には微量の色素（カロテノイド系が主であり黄色みを呈している）が含まれており，これらが退色し白くなることがある。

精麦の場合もっとも重要な要素は，水分であり，水分が15%を超えるとカビの発生が生じる可能性が高くなる。

(3) 家庭での保蔵方法

基本的には，乾燥した穀物であり保存性のよい食品である。通常，賞味期限は1年間で表示している。

注意することは，以下のとおりである。

① 直射日光を避ける。強い紫外線により，ビタミンなどの分解が起こること（特にビタミンB_1を強化しているビタバァレーは注意）と，防湿性をもたせた軟包装フィルムに包装されているため，冷えたとき結露し，部分的に高水分となり，カビの発生の原因となることがあるためである。

② 高温の場所も避ける。理由は上記とほぼ同様である。夏場の輸送（配送）時は高温になりやすいため注意が必要である。

③ 開封状態での保管は避ける。精麦製品は穀物であるため，害虫の発生が予期される。害虫の主な種類としては，コクヌストモドキ，コクゾウムシ，メイガなどである。開封状態で保管するとこれらの害虫が混入する可能性がある。害虫以外にも，異物混入する可能性はあるので，注意が必要である。

④ 湿気の高い場所では，麦粒が吸湿し，微生物による劣化が起こる原因となる可能性が高いので保管は避ける。

⑤ 調理後においては，炊飯器などで保温しておくと，黄色から褐色に着色することがある。これは主に大麦中に含まれる，ポリフェノール類の酸化によるものである。加熱（50℃以上）により促進するため，常温以下に保つことで防止できる。保存は，冷凍保存がもっとも適している。保温により，食味も後退することは明らかであり，早めに食することが肝要である。

〔文　献〕

1）精麦記念誌，全国精麦工業共同組合連合会(1958)
2）木村　進：乾燥食品辞典(1984)
3）40年のあゆみ，白麦米㈱(1981)

3.3 豆　類

豆類には大豆，ラッカセイ，雑豆（アズキ，ササゲ，インゲンマメ，エンドウ，ソラマメ，その他の豆）がある。豆類は成分上の特徴から，脂質が多く炭水化物の少ない大豆，ラッカセイなどと，脂質が少なく炭水化物（主としてデンプン）の多いアズキ，ササゲ，インゲンマメ，エンドウ，ソラマメなどに大別され，前者を製油原料に，後者を煮豆，製あん，製菓原料とする。なかでも大豆はタンパク質，脂質ともに多く，この特徴を利用して丸大豆からは豆腐とその加工品，味噌，納豆，醤油などが，脱脂大豆からは醤油，大豆タンパクとその加工品がつくられる。また，脱脂大豆は飼料としても重要である。

しかしながら，現在，大豆および雑豆の国内生産量は需要量に対して不充分であり，輸入による対応が行われている。このことは，国産豆類では品種や生産状況の明確な把握が可能であり，その品質は推察できるが，輸入の豆類では品質がつかみにくく，加工品の品質や成分組成のみならず，貯蔵・流通にも常時配慮することの必要性を示唆している。

3.3.1 大　豆

(1) 需　給

日本の大豆生産量は少なく，近年の自給率は総需要量の約5％，食品用の約26％と著しく低い。そのため，需要量の大部分を輸入大豆に頼っている。

1) 国産大豆の種類と品質の特徴

国産大豆生産の地域的な特徴をみると，水田再編対策前（1981年頃）までは北海道産の占める割合が高かったが，対策以降は都府県産の生産量が急激に増加している。大豆の品種は地域適応性が低い。そのため，地域や生産量がまとまった場合には，品種または銘柄として品質のそろった大豆を市場に出すことができるが，都府県産大豆が主流の現状では，全国の各地域でその地域に適した品種がつくられているため，品質（成分組成や加工適性）の全く異なった大豆が少量ずつ流通している。主産地は九州，東北，北海道，関東・東山であり，高品質の黄大豆（農林登録品種）が栽培・生産されている。

主要作付品種は，黄大豆：「フクユタカ」（中～中の大粒，淡褐色目，主産地，以下省略，九州）・「エンレイ」（やや大粒，黄白目，北陸）・「タチナガハ」（中の大粒，白目，関東）・「リュウホウ」（中の大粒，白目，東北）・「スズユタカ」（中粒，白目，東北）で，これら上位5品種で全国作付シェアの約55％を占め，流通量も多い。その他の特徴的な品種としては，極大粒大豆：「つるの子」（北海道）・「ミヤギシロメ」（宮城県）・「オオツル」（京都府），小粒および極小粒大豆：「納豆小粒」（茨城県）・「スズヒメ・スズマル」（ともに北海道）・「コスズ」（岩手県・宮城県・秋田県），黒大豆：「中生光黒・トカチクロ」（ともに北海道）・「丹波黒」（兵庫県・京都府）・「雁喰」（岩手県），その他：「青豆」，「ひたし豆」，「鞍掛け」などがある。また，各地において在来品種がわずかながら栽培・利用されている。

このように国産大豆は外観的に特徴のある品種が多く，また，成分組成においてもタンパク質・糖質含量ともに高い傾向をもつ品種「フクユタカ」，高タンパク質含量品種「エンレイ」や高糖質含量品種「タマホマレ」が存在し，それらの特徴を生かして食品加工用大豆として使われている。

2) 輸入大豆の種類と品質の特徴

前述のように日本の大豆の自給率は著しく低く，

需要の大部分を輸入に頼っている。輸入国別ではアメリカ産が大部分を占め，次いでブラジル産，カナダ産，中国産，パラグアイ産などとなっている。

① アメリカ産大豆　アメリカ産輸入大豆には「一般大豆」（搾油用）と「non-GMO 大豆（非遺伝子組換え）」（食品用）がある。「一般大豆」市場では，遺伝子組換え大豆および遺伝子組換えの有無を選別していない「大豆」を取引している。2004（平成16）年現在，アメリカ産大豆の86％は遺伝子組換え大豆であり，「一般大豆」（搾油用）としてもっとも多く輸出されている。生産地はアメリカ中西部のコーンベルト地帯が中心で，イリノイ・アイオワ・ミネソタ・インディアナ・ミズリー・オハイオの各州に集中し，同地帯のその他の州でも広く生産されている。また，デルタ地帯・南東部でも栽培されているが，生産量は少ない。

「一般大豆」の品質については，各生産地域の当該生産年の品質［脂質・タンパク質含量，FM率（foreign matter 率：夾雑物），損傷粒率など］の総合情報が，アメリカ大豆の関連協会等より製油業界などに流されている。「non-GMO 大豆」（食品用）は，従来からの食品用として評価の高い品種を栽培したものである。銘柄として IOM，ビーソン・ビントン系などがあり，例えばビントン系は，成分・種皮色，特にへその色，加工適性などに着目してロット化した「白目大豆」で，白目，高タンパク質含量で，主用途は豆腐とその加工品，煮豆，味噌用となる。また，極小粒大豆は納豆用となる。「non-GMO 大豆」は，「一般大豆」とは分別流通管理（IP ハンドリング）の下で生産・流通・輸出される。この場合には必要コストが割高となり，これがプレミアムとして支払われるために，大豆の価格は高くなる。契約栽培が多い。

② 南アメリカ（ブラジル，パラグアイ，アルゼンチン）産大豆　南アメリカ産は搾油用として輸入されており，主なものはブラジル，パラグアイ産である。外観は大部分が黒目の小の中粒～小の大粒であり，脂質含量が高く，タンパク質含量が低い。夾雑物・汚れなどの多い点，特にラテライトと呼ばれる赤色土壌の付着により，食品用には向かない。遺伝子組換え大豆が多い。

③ 中国産大豆　中国では東北三省地方，黄河流域地方，長江流域地方，珠江流域地方，雲貴高原地方で，生育特性の異なる大豆が栽培されている。それらのうち，東北三省地方の春作大豆の生産量が多く，豆のタイプ（種皮色，形）およびへそ（目）の色により分類できる。すなわち，黄色種（黄豆）は東北三省地方のもっとも普通にみられる大豆であり，日本へは主に黄大豆として輸出されている。

代表品種には「奉天白眉」（白目），「黒殼黄」（淡茶褐色目），「白花ざ」（中または大粒，淡茶褐色目），「四粒黄」（大粒，茶褐色目）などがある。それらの脂質含量は約18～22％前後で，「奉天白眉」が低く，「四粒黄」が高い。緑色種（青豆）には，品種として「大粒青」（大粒で子葉が緑色，茶褐色目）があり，脂質含量は約17％前後を示す。黒色種（黒豆）は大粒で子葉は黄または緑色，黒目，脂質含量は20％前後で品種として「猪眼豆」がある。その他，褐色種，帯緑黄色種（青豆の一種），斑色種などが栽培されている。

輸出大豆の種類には，東北産大豆，東北小粒大豆，華中産大豆などがある。日本では東北産の輸入量が多く，白目で味噌・納豆原料として重要であり，きな粉，豆腐などにも使われる。東北小粒大豆は白目で直径 6 mm以下であり，納豆用である。しかしながら，現在では，アメリカ産極小粒大豆，カナダ・アメリカ産小中粒大豆の納豆用としての使用量のほうがはるかに多くなっている。また，華中産は茶目の大粒大豆であり，現在は中国側の事情で輸出が中断されている。このように，中国産大豆は味噌・納豆用原料としての評価が高い。しかしながら，中国の国内事情により，大豆の輸出は量・質ともに不安定な状況にあり，これがアメリカ・カナダ産大豆に傾く要因となっている。

④ カナダ産大豆　カナダ産としては，中粒種の白目大豆が中国産の代替品として味噌・納

豆・豆腐に使われている。特に，5.5㎜以下の極小粒大豆の輸入が増加し契約栽培も行われている。なお，カナダでは日本の加工原料を目標とした育種が盛んに行われている。

3）大豆の種類と用途

大豆需要量の約80％は製油用に，約20％は食品・醸造用に回される。使用される大豆の種類では，製油用はアメリカ産「一般大豆」，南アメリカ産などである。アメリカ産「non-GMO 大豆」には，ビーソン・ビントン系，バラエティ大豆があり豆腐への使用割合が高く，味噌・納豆にも使われる。中国産は味噌・納豆用に，カナダ産は納豆・味噌用に使われる。前述のように，国産大豆は生産量が少ないために供給量・品質ともにそろわず，さらに価格が高いこともあり，豆腐・味噌・納豆用としての使用割合は低く，高品質を生かした煮豆・惣菜用に多く使われている。大豆の用途別使用量と食品用原料大豆の種類を示した。原料大豆の供給や品質の詳細については，「（1）大豆の需給」の項を参照されたい。大豆の品質・加工適性と製品の品質の関係は，小規模な基礎試験項目（表3.3.1）により判断することができる。

（2）品質に影響を及ぼす要因（品種・栽培・収穫・流通）

大豆の品質（外観，成分，加工適性など）は品種の特徴に加えて，栽培，収穫，乾燥，選別，調製，貯蔵などの影響をも受ける。これらについては，品種をはじめ栽培などの諸環境条件の明確な国産大豆を用いた試験結果から，解析することができる。

1）品種と品質

大豆の品種としては，外観的品質〔種皮色，へそ（目）の色，子葉の色，粒大，皮切れ〕，成分組成および加工上の品質〔蒸煮大豆のかたさ，皮うき，煮くずれ，色調〕に，著しい影響がみられる。成分組成には品種的特徴が大きいが，一般的な傾向としては，早生品種はタンパク質・灰分含量が高く，炭水化物含量（差引値）が低く，中生品種は中間的な，晩生品種は早生品種と逆の成分組成を示す傾向がある。脂質含量や脂肪酸組成については，登熟期間の温度の影響を受け，早生・中生品種は脂質含量やオレイン酸が高く，リノレン酸は低い傾向にある。

さらに品種が成分組成に及ぼす影響としては篩別大豆の粒大別差異があり，これは品種の草型に基づく開花時期と登熟気温が影響し，無限伸育型の品種が多く栽培されているアメリカ，中国，その他の輸入大豆において顕著にみられる。すなわち，小粒の子葉部位は大粒のそれに比較してタンパク質，脂質，オレイン酸，ショ糖含量が低く，炭水化物，ラフィノース，スタキオース，リノレン酸含量に高い傾向がある。これら品種の示す成分の特徴は，製油関係では油の収量と品質・保存性，一般加工では納豆の発酵と糖組成，各種大豆加工品のうまみ・着色などに影響を及ぼす。

2）栽培地・栽培年と品質

栽培地・栽培年に伴う日長や気温の差異は大豆の生育や作柄に影響し，子実成分も変化する。例えば，温暖な栽培地や栽培年では冷涼な場合に比べてタンパク質，脂質，オレイン酸，灰分，リン，マグネシウム，カルシウム含量が高く，リノレン酸，炭水化物，全糖，遊離型全糖，ショ糖，スタキオースに低含量が認められる。さらに，栽培地の影響としては土壌からの諸条件が加わる。これらの影響の程度を品種からのそれと寄与率で比較すると，灰分，リン，カルシウム，全糖，遊離型全糖，ショ糖などは品種よりも栽培地の，脂質，オレイン酸，リノレン酸，カルシウム，全糖，遊離型全糖，ショ糖は品種よりも栽培年の影響の大きいことが認められた。

3）栽培方法と品質

① 普通畑と転換畑栽培　かつての日本での大豆栽培は北海道など畑作中心の普通畑栽培が多かったが，水田再編対策により都府県産の水田転換畑栽培が増え，収穫量も畑作を上回っている。これら両栽培大豆の品質の違いを，同一品種を用いて，同一栽培条件（圃場のみを変えて栽培）で検討すると，外観的品質では，転換畑栽培大豆に大粒化がみられ，品質が向上する。しかしながら，

表 3.3.1　大豆の品質・加工適性の基礎試験項目と製品の品質との関係

基礎試験項目	製品の品質との関係
原料大豆の性状（加工全般）	
粒状　正常粒	煮豆・納豆の外観的品質
障害粒（裂皮・割れ・汚損・硬実）	浸漬液中への原料の損失，蒸煮中の障害
粒重（百粒重）	煮豆・納豆の外観的品質，豆腐の収量
成分組成　水分	製品の収量，原料大豆の貯蔵性
タンパク質	豆腐の収量・物性・うまみ
脂質	味噌のうまみ，色調
糖質	納豆・煮豆の物性・うまみ・色調
付着菌数（一般・耐熱）	豆腐・煮豆の保存性
浸漬大豆重量増加比（吸水率）	製品の収量と物性
発芽率	原料大豆の新古と乾燥条件の判定
浸漬液中溶出固形物量	障害粒の程度，原料の損失
豆乳の性状（豆腐関係）	
固形物抽出率	豆腐の収量
pH	原料大豆の新古判定
★　色調（Y(%)・x・y）	豆腐の色調
生菌数	豆腐の保存性
蒸煮大豆の性状（味噌・納豆・煮豆関係）	
重量増加比 水分 かたさ	製品の収量，納豆・煮豆のかたさ，納豆のアンモニア生成の抑制，味噌のざらつき
健全粒	蒸煮障害，納豆・煮豆の外観的品質
皮うき・くずれ	納豆菌による分解の障害
色調（Y(%)・x・y）	製品の色調

極小粒原料大豆への要望の強い納豆では，製品の品質低下の原因となる。成分含量では，転換畑栽培大豆に水分，ショ糖，マンガンに増加がみられる。これら栽培条件からの影響の程度を品種からのそれと寄与率で比較すると，水分，マンガン含量への転換畑栽培の影響は，品種からのそれよりも大きい。

② **晩期播種栽培**　転換畑栽培に伴う大豆の播種期の遅れ（晩播栽培）が子実の成分組成に及ぼす影響については，タンパク質，脂質，オレイン酸，リノール酸に低含量，炭水化物，灰分，パルミチン酸，ステアリン酸，リノレン酸，カロテノイドに高含量が認められた。播種期からの影響の程度を品種からのそれと寄与率で比較すると，タンパク質，脂質，カロテノイドへの播種期の影響は品種からのそれよりも大きい。

③ **施肥・その他**　施肥量，追肥，中耕培土，深耕など，栽培に伴う成分組成への顕著な影響はみられない。

表3.3.2は大豆の品質（成分・加工適性）への影響の程度を，品種と栽培条件についてそれぞれの寄与率から比較したものである。すなわち，大部分の成分・加工適性は品種からの寄与が大きく，栽培条件からの影響は気象条件が関連する糖質，脂質と，土壌条件に伴う水分，無機質などである。

4）収穫・乾燥・調製・集荷・流通（輸入）と品質

① **国産大豆**　国産大豆の収穫では，刈取りと脱穀を別々に行う2工程方式と，コンバインによる1工程方式の2種類がある。2工程方式では，手刈り・ビーンカッターまたはビーンハーベスタ（図3.3.1）により一度刈倒した後，にお積みや乾

表 3.3.2　大豆の成分・加工適性に影響を及ぼす品種・栽培条件の要因

品種				栽培条件		
原料大豆関係（成分）	（加工全般）	豆乳関係（豆腐関係）	蒸煮大豆関係（味噌・納豆・煮豆関係）	原料大豆関係（成分）		
タンパク質	百粒重	固形物抽出率	重量増加比	栽培地	栽培年次	転換畑
11S		pH	水分	炭水化物	脂質	水分
7S	浸漬大豆重量増加比	色調 Y（%）	かたさ	全糖	オレイン酸	ガラクトピニトールA
アミノ酸		x	健全粒	遊離型全糖	リノレン酸	マンガン
脂質		y	皮うき	ピニトール	カルシウム	
リノール酸	発芽率		色調 Y（%）	ショ糖	全糖	播種期
ラフィノース			x	灰分	遊離型全糖	タンパク質
スタキオース	浸漬液中溶出固形物		y	リン	ショ糖	脂質
カロテノイド				カルシウム		カロテノイド
食物繊維						

注）施肥量・栽植密度・中耕培土・追肥・深耕などの成分への影響は小さい。

燥施設により予備乾燥し，子実水分を15%程度まで落としてから，ビーンスレッシャー（図3.3.2）など脱穀機により脱穀する方法である。この方法で収穫された子実は汚粒も少なく，品質がよい。しかしながら，2工程方式は非常に重労働であることなどから，最近ではコンバイン（図3.3.3）による直接収穫が目覚しく増加している。コンバイン収穫の問題点は，刈取り時の子実の損失と汚粒やしわ粒の発生による品質低下である。この場合，汚粒の発生と子実の損失割合は逆の関係にあり，その兼合いにより収穫時期，時間，天候などを選定する。なお，最下着莢位置の高い品種の選定や，畑が平坦で大豆が倒伏していないことは重要な条件である。そのうえで収穫前の草刈りや未熟株の抜取り，収穫時の茎水分を40～50%以下，子実水分を15～18%程度とすることなどにより，汚粒の発生は防止できる。脱粒した子実が高水分の場合には加温通風乾燥（図3.3.4）を行うが，子実の水分が20%以上，また，乾燥温度が高いときにはしわ粒や皮切れ粒が急激に増加するので注意が必要である。これら収穫後の調製により生じたしわ粒や皮切れ粒などの被害粒も，同様に等級格付け低下の原因となる。脱穀機による脱穀作業やコンバイン収穫で発生した汚粒は，規格外等級格付けの主な原因の一つとなる。このような場合には，大豆クリーナ（図3.3.5）による汚れの除去を行う。大豆クリーナには，スポンジベルトなどによる拭取り方式，研磨方式などがある。水分を補給して汚れを除去した大豆ではしわ粒の発生に注意が必要であり，また，クリーナ後の点汚れまでを完全に除去するのは困難である。選別は色彩選別機（図3.3.6）などを用いて行い，規格に適合したふるいで調製後，粒大をそろえて出荷する。なお，汚粒は加工における洗浄でも強固にこびりついており，また，加工中の加熱条件の弱い製品，例えば木綿豆腐などでは残存菌数に多い傾向がある。煮豆製品では湧きの原因となるなど，製品の劣化を早める。

②　**アメリカ産大豆**　アメリカでは，完熟を待ってコンバインによる収穫が行われる。収穫した大豆はばらの状態で各農場の普通サイロに集められる。次に，農場外の商業的なカントリーエレベーターなどに貯蔵を寄託する。これら貯蔵施設は，大豆の品質を保護・維持する設備をもっている。「非遺伝子組換え大豆」の分別は集荷の段階から行われ，貯蔵や輸送も一般の大豆（遺伝子組換え・非遺伝子組換え混在のもの）とは区別される（IP ハンドリング）。そのため，「非遺伝子組換え大豆」のコストは割高となる傾向がある。大豆は到着時に選別を行い，雑草の種子やゴミを除去する。次に品質チェックのためのサンプリングが行われる。品質では，まず水分が測定され，高水分

図 3.3.1　ビーンハーベスタ(一条歩行)
(ヤンマー農機㈱　YBR450C)

図 3.3.2　大豆スレッシャー
(片倉機器工業㈱　BTH-8)

図 3.3.3　汎用型コンバイン
(㈱クボタ　コスモロード ARH-900)

図 3.3.4　遠赤外線穀類汎用乾燥機
(金子農機㈱　レボリューションエイト RVM400-XL)

の大豆は通風乾燥（場合によっては強制火力乾燥）後，貯蔵される。水分は12～13%以下を目安とするが，9～11%以下となることもある。水分が8～9%となると，貯蔵上の作業により，割れ・機械損傷を生ずる。その他の品質としては，FM率(foreign matter 率：夾雑物など汚れの状態を示す)，脂質・タンパク質含量などがデータとしてプリントされる。このような検査や等級付けは次の取引の資料となる。すなわち，ここでの貯蔵の目的は，生産者の大豆搬入後の価格コントロールのための貯蔵スペースの貸与と，生産者から大豆を買い，後の出荷や販売のための貯蔵などでもある。例えば，貯蔵ビン中ではさまざまな位置で温度が測定され，遠隔計測装置によりモニターされており，高温が発生した場合には強制的に通風したり，ビンを入換えたりして品質を守っている。

その後，農業者は大豆の相場をみながら，そのほとんどをカントリーエレベーターに売っていく。カントリーエレベーターは，その大豆をターミナル市場の取扱業者または輸出業者に販売する。船積港は，大豆輸出量の80%がメキシコ湾諸港に集中している。輸出業者は，輸送費の関係から大豆集荷のほとんどを水上輸送で調達する傾向がある。

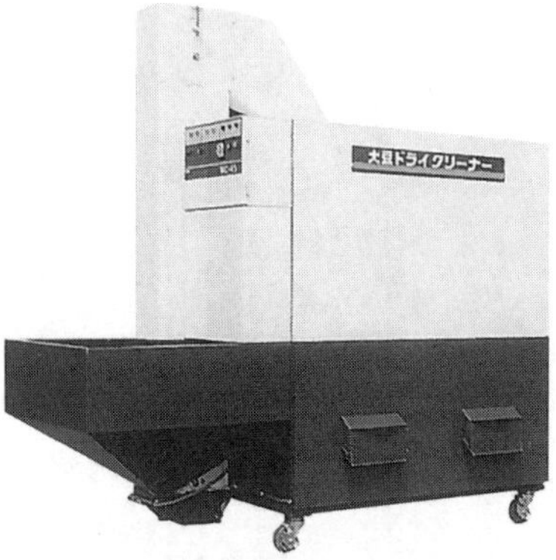

図 3.3.5　大豆ドライクリーナー
(株)齋藤農機製作所　MC-45A)

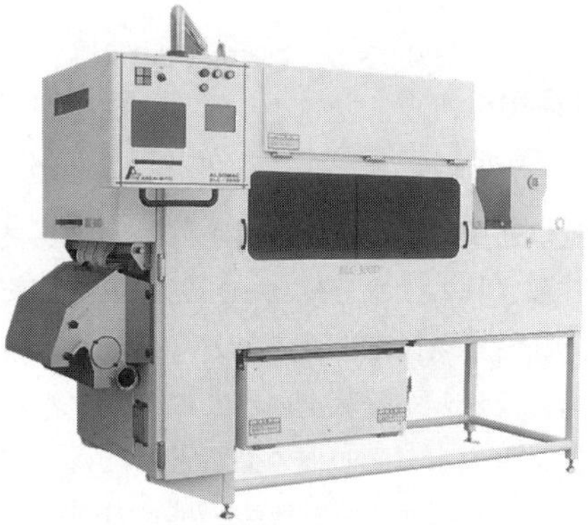

図 3.3.6　ベルト式特殊 RGB フルカラー色彩選別機
(株)安西製作所　BLC-300D)

この場合，季節ごとに輸出用大豆の産地が変わることから，1年の異なった時期に船積みされた輸出船では，大豆の品質，特にFM 率や水分など，また，年によっては脂質・タンパク質含量などに地域差がみられる。その他の船積みは五大湖地域，アメリカ大西洋岸の港からも行われている。この場合の集荷はトラック・貨車が使われ，周辺で生産される大豆が集められる。しかしながら，現在では輸出船舶が大型化し，五大湖地域からの輸出は少なくなり，IOM 大豆もミシガン産が多くを占めるようになった。日本への輸出は，「一般大豆」,「非遺伝子組換え大豆」ともにコンテナ輸送である。また，業者指定など小規模の場合には袋詰で行われる。

③　**中国産大豆**　　中国産大豆の収穫は完熟以前に株を抜取り，野積みにより後熟させ，乾燥後，脱穀する方法が多くとられている。脱穀後の大豆は日陰でよく乾かして集荷後，ばら倉庫に貯蔵される。粗選別後，輸出港へ運ばれる。一方，国営農場ではコンバインにより収穫する。この季節，中国東北部では降雨がなく，収穫期を迎えた大豆の穀粒水分は14～15％以下となっている。サイロに貯留後，袋詰をし，トラックまたは鉄道で輸出港まで運ばれる。埠頭の貯蔵庫ではばら貯蔵が行われ，その後，コンテナで輸出される。調製は輸出港で行い，FM率の条件が満たされる。輸入後の大豆は，輸入業者が味噌・納豆用原料としての条件に沿って，選別・調製を行う。

（3）品質と規格（検査・規格・等級と品位）

1）国 産 大 豆

国産大豆の検査は集荷時に行われ，検査規格は農産物規格規定に基づく。種類には普通大豆および特定加工用大豆（豆腐・油揚げ，醤油，きな粉など製品の段階において，大豆の原形をとどめない用途に使用される大豆に適用する大豆）があり，大粒，中粒，小粒，極小粒の各大豆が含まれる。普通大豆および特定加工用大豆には産地品種銘柄が指定されている。また，都道府県の奨励品種，準奨励品種もある。普通大豆および特定加工用大豆検査規格を表3.3.3に示した。普通大豆および特定加工用大豆の荷造り，包装は，麻袋，樹脂袋，紙袋を使用し，量目は麻袋，樹脂袋詰の場合には60 kgまたは30kg，紙袋詰の場合には30kgまたは20 kgである。なお，大豆の価格については，一定の要件をみたした大豆について大豆交付金制度が適用されている。

2）アメリカ産大豆

アメリカ産大豆の品質検査は，穀物規格法，およびその施行規則により行われ，検査の細部事項は連邦穀物検査局（FGIS）発行の穀物検査ハンドブックに定められている。また，検査は農務省の所管に属し，実務はFGIS によって行われる。品質検査は輸出検査と国内検査に分けられ，輸出検査は原則として強制検査であり，輸出港でFGIS，あるいはFGISに認可された州政府の検査機関により行われる。検査規格では大豆の定義，大豆の種類（黄色大豆，混合大豆），等級（No.1～No.4）とそれに伴う品質が示されている（表3.3.4）。また，規格外等級もある。アメリカ内での現物取引基準等級は，No.1である。なお，日本における搾油メーカーの買付規格はNo.2が一般的であり，脂質・タンパク質含量が契約条件に入れられることは少ない。

3）中国産大豆

中国産大豆の輸出窓口は中国糧油食品進出総公司（糧油公司）で，中国政府が発給する輸出許可証に基づいて行われる。現在の状況は輸出大豆量の確保が中心となっており，品質検査についての情報は少ない。中国東北部の輸出港である大連には輸出大豆の検査所があり，日本の商社との契約基準：黄大豆，水分，FM率，不完全粒の割合などが検査されている。等級はない。上海には，上海商品検験局が国の法律に基づいて行う検査（検験）の業務資料がある。これは上海港より輸出される華東地区の作物が主となるが，豆類では大豆のみが本局での検験の後輸出されている。大豆（等級：特・一・二）の品質規格は，それぞれ，産

表 3.3.3　日本産大豆の検査規格

品位

(イ)　普通大豆

項目＼等級	最低限度		最高限度				
	粒度（%）	形質	水分（%）	被害粒，未熟粒，異種穀粒および異物			
				計（%）	著しい被害粒等（%）	異種穀粒（%）	異物（%）
一等	70	一等標準品	15	15	1	0	0
二等	70	二等標準品	15	20	2	1	0
三等	70	三等標準品	15	30	4	2	0

規格外—一等から三等までのそれぞれの品位に適合しない大豆であって，異種穀粒および異物が50%以上混入していないもの。

(ロ)　特定加工用大豆

項目＼等級	最低限度		最高限度				
	粒度（%）	形質	水分（%）	被害粒，未熟粒，異種穀粒および異物			
				計（%）	著しい被害粒等（%）	異種穀粒（%）	異物（%）
合格	70	標準品	15	35	5	2	0

規格外—合格の品位に適合しない大豆であって，異種穀粒および異物が50%以上混入していないもの。

附　1．北海道において生産された大豆のうち，普通大豆の三等級のものおよび特定加工用大豆の合格のものに限り，その水分の最高限度は，本表の数値に1%を加算したものとする。

2．普通大豆および特定加工用大豆の小粒大豆の産地品種銘柄にあっては直径6.1mm（北海道で生産されたものにあっては直径6.7mm）の丸目ふるいをもって分け，極小粒大豆の産地品種銘柄にあっては直径5.5mmの丸目ふるいをもって分け，ふるいの上に残る粒の全量に対する重量比が10%未満でなければならない。

3．普通大豆の色の区分は，黄色，黒色，茶色および青色とし，それぞれの色の大豆にはその色以外の色のものの粒が一等級のものにあっては0%，二等級のものにあっては5%，三等級のものにあっては10%を超えて混入していてはならない。

4．特定加工用大豆の規格は，豆腐，油揚げ，醤油，きな粉等製品の段階において，大豆の原型をとどめない用途に使用される大豆に適用する。

5．包装には，総合食料局長が別に定めるところにより，あらかじめ農産物検査員が包装の規格に適合するものとして確認を行った麻袋，樹脂袋，または紙袋を使用していなければならない。

年，水分：15%，乾物中油分：18%，不純物（FM率）：0.5・1.0・1.5%，不完全粒の割合（不完全粒の粒数計算で）：3.0・6.0・9.0%，整粒歩合：98・96・94%などである。

（4）集荷・輸入業者の品質管理

1）国産大豆

国産大豆では，集荷された大豆は農協の低温倉庫に保管される。このときの大豆の水分含量は14%程度であるが，11～12%の場合も多い。貯蔵は4月下旬～10月下旬までは低温で，その他の月は常温で行う。低温倉庫は米用の倉庫を使用し，貯蔵温度：10～15℃，相対湿度：70～80%で行う。輸送は常温で行う。

2）アメリカ産大豆

アメリカ産大豆輸入後の国内での貯蔵は，12月～翌年5月上旬までは常温で，以後は低温倉庫（貯蔵温度：14～15℃，相対湿度：70～80%）で行う。10月下旬に低温貯蔵を中止し，貯蔵された大豆は，新穀の入る12月上旬までには使い切るようにする。なお，低温倉庫は米用の倉庫（貯蔵温度：10～15℃，相対湿度：70～80%）を契約する場合も多い。輸送は常温で行う。

3）中国産大豆

中国産大豆は輸入量の少ないこともあり，また，食品用として使用されるために，米用の低温倉庫（貯蔵温度：10～15℃，相対湿度：70～80%）など良好な条件で貯蔵される場合が多い。

表 3.3.4　アメリカ産大豆の検査規格

等級要因		等級 No.1	No.2	No.3	No.4
		最低限度			
テストウエイト（ポンド/ブッシェル）		56.0	54.0	52.0	49.0
		最高限度			
損傷粒	ヒートダメジ(%)	0.2	0.5	1.0	3.0
損傷粒	総計(%)	2.0	3.0	5.0	8.0
夾雑物(%)		1.0	2.0	3.0	5.0
割れ豆(%)		10.0	20.0	30.0	40.0
異色大豆(%)*1		1.0	2.0	5.0	10.0
その他の物		最高限度数			
動物の汚物		9	9	9	9
ヒマの実		1	1	1	1
タヌキ豆(ヤハズ豆含む)		2	2	2	2
ガラス		0	0	0	0
石*2		3	3	3	3
未知の異物		3	3	3	3
合計*3		10	10	10	10

規格外等級
(a) №1，2，3，4の等級に条件を満たさないもの。
(b) カビ，酸味臭，取引上の有害臭（ガーリック臭を除く）のあるもの。
(c) 熱をもっているか，その他著しく低品質のもの。
＊1　混合大豆については問われない。
＊2　サンプル重量の0.1%を超える重量となる石の最高限度数。
＊3　動物の汚物，ヒマの実，タヌキ豆（ヤハズ豆を含む），ガラス，石，未知の異物の混合物を含む。石の重量は，ほかの物の総重量には適用しない。

（5）貯蔵と品質

1）大　豆

大豆の貯蔵では，大豆の水分含量，貯蔵の温度と湿度を適切に保つことが重要である。これらの条件がそろうことにより，害虫や病菌の活動や増殖が抑えられて被害が防止される。また，大豆の呼吸作用が抑制されて，成分の消耗と劣化が防げるので品質変化が少ない。

実験室規模での貯蔵方法が大豆の品質（一般成分，発芽率，豆腐・味噌・納豆・煮豆などへの加工適性評価項目，表3.3.1）に及ぼす影響が，大粒品種の「ユウヅル」を用いて検討されている。貯蔵条件は期間：1年間（2月～翌年1月まで），貯蔵温度と相対湿度：15℃で65%と75%・30℃で65%と75%・常温（東京）で，その間の品質変化を継時的にみている。その結果，貯蔵大豆の水分含量（貯蔵開始時：13.0～14.9%）は相対湿度65%で約10%，相対湿度75%で約14%で経過した。しかしながら，同じ相対湿度の条件下においても15℃は30℃貯蔵に比べて，粒水分にわずかに高い傾向が認められた。また，酸価などを除き成分組成への影響は少ないが，加工適性への影響では吸水率・発芽率の低下，蒸煮大豆のかたさの増加，蒸煮大豆の色調の劣化が著しく，豆腐加工適性への影響よりも，味噌・納豆・煮豆等の加工適性への影響の顕著なことが明らかにされた。この影響は貯蔵温度：15℃，相対湿度：65％でもっとも小さく，貯蔵温度：30℃，相対湿度：75％でもっとも大きく，常温では夏季を境にして急速に劣化が進むことが認められた。

① **大規模保管**　国産大豆の常温および低温倉庫の保管試験（1年間）では，後者の品質保持がよかった。アメリカ産大豆を常温下で倉庫保管（麻袋使用）すると，梅雨期を過ぎ夏季高温期に入る頃から急激に品質劣化が進み，商品価値が低下する。サイロにおけるバラ保管（未選別）では，入庫時の穀温（18℃），水分（12～13％），外気温（13℃）が好条件であれば梅雨期，夏季高温期を経過しても品質の劣化は上記倉庫の場合よりもかなり遅く現れ，その変化は概して緩慢であることが報告されている。このように，低温倉庫保管の優位性が明らかであるが，この場合，経済的庫内温度15℃を上限とし，相対湿度70～80％を4月から6カ月の間低温管理期間として維持することが望ましいと報告されている。

② **販売店・家庭での貯蔵**　販売店では日光のあたらない，なるべく低温の場所に置くことが望ましい。家庭の貯蔵では，夏季には冷蔵庫を使用する。なるべく少量を買求め，早く使い切ることが望ましい。家庭用大豆は300～500ｇ程度に小分けされ，ポリエチレン袋に詰めて市販されている。大豆は夏場を過ぎるなど高温の状態に長期間置かれると，色調が赤褐色に劣化し，煮てもやわらかくならない。大量に求めた場合には紙袋に1回で使い切る程度の分量を小分けし，さらにポリエチレン袋などに詰めて冷蔵する。冷蔵庫内では乾燥するのでポリエチレン袋の口をしっかりと閉める。もしも，冷蔵された大量の大豆を小分けしようとする場合には，一度全体を常温に戻してから行わないと豆に水滴が付着し，カビが発生する原因となるので注意が必要である。

2）大豆加工品

きな粉は，JAS 規格を制定することが困難なものの一つであるが，消費者の強い要望により適正な品質表示をするためのガイドラインが設けられた。すなわち，品名，原材料名，内容量，賞味期限，保存方法，使用上の注意，製造者または販売者の記載が望まれている。例えば，賞味期限：常法，保存方法：直射日光，高温多湿を避けて保存，などの表示がみられる。煮豆については，名称，原材料名，内容量，賞味期限，保存方法，使用上の注意，製造者などが記載されている。賞味期限：枠外上部に表示（未開封の場合），保存方法：冷所または冷蔵庫で保管，使用上の注意：開封後は冷蔵庫で保存し，早めの消費などの表示がある。

（6）貯蔵害虫・微生物汚染と品質

大豆は保管中の温度や湿度の条件が悪いと，昆虫やカビの被害を受ける。大豆全体がムレを起こさず，低温がよくいきわたるように貯蔵形態を考えて通風を行い，効果をあげる必要がある。大豆の主な害虫は，幼虫が穀粒を外部から食害する蛾類である。豆粒を空洞化するマメゾウムシ類の被害は例外的に発生する。マメゾウムシは野外感染後，貯蔵中に成虫として豆粒より出て発見されるものであり，このような生活環からも貯蔵害虫とはいえない。害虫の発育可能な限界温度は15℃である。

害虫の処理については，国産大豆では前述のように大豆の水分含量を14％以下とし，一般的には夏季を中心に低温倉庫を使用する。そのため，害虫・微生物汚染の被害は少ない。アメリカ産大豆の害虫処理は，害虫発生の恐れのある場合には，貯蔵ビンにベルトコンベアで流れている大豆の上に，燻蒸剤を混ぜたり，ほかの方法としては，貯蔵ビンの天井のハッチを通して液体殺虫剤を散布したりする。これら両方法は，航海船に積込まれた後も行われることもある。日本に陸揚げ後に，植物検疫により虫が発見された場合には燻蒸処理が行われる。燻蒸には臭化メチルを使用するが，残留はない。また，加工時に残留農薬がチェックされている。

3.3.2 雑　豆

(1) 需　給

1) 国産・輸入雑豆の供給

アズキは国産である程度まかない，残りを期末在庫や輸入で補っているが，国産が不足の場合には輸入が多くなる。インゲンマメでは需要量に対して国産の割合が低く，ほぼ一定の量が輸入によりまかなわれている。一方，エンドウとソラマメの国内生産量は著しく少なく，毎年の需要のほとんどを輸入に頼っている。

雑豆は，日本では畑作地帯の輪作体系を構成するうえでの基幹作物として重要である。そのため，雑豆の輸入自由化（1961年）以降，関税割当制度（後述）が適用されている。ウルグアイ・ラウンド合意の現行アクセス数量の確保も，基本的には関税割当制度により行うこととされている。

2) 国産雑豆の生産・種類・商品化率

アズキ，インゲンマメの生産が主であるが，雑豆の生産量は年次の影響が著しく，また，近年，各雑豆の作付面積は減少している。北海道で生産される雑豆の種類は，アズキ，インゲンマメ，エンドウであり，アズキでは普通アズキ（主な品種，以下省略：「エリモショウズ」），大納言（「アカネダイナゴン」），白アズキなどがある。インゲンマメとしては金時類（「福勝」，「大正金時」），手亡類（「姫手亡」，「雪手亡」），ウズラ類（「福粒中長」），高級インゲン（「大福」，「虎豆」，「白花豆」，「紫花豆」）などがある。エンドウでは，青・赤・白（現在，生産なし）の3種類があり，青エンドウにより代表される。

3) 外国産雑豆の輸入

雑豆の輸入については，農林水産物の貿易規制，すなわち，乾燥した豆〔ヒヨコマメ，リョクトウおよびヒラマメ，薬品処理の播種用豆，野菜栽培種子用（アズキを除く）を除く〕の輸入規制（関税割当制度）に基づいて行われている。この制度は，一定の輸入数量の枠内に限り無税または低税率（一次税率）を適用して需要者に安価な輸入品の供給を確保する一方，この枠を超える輸入分については高税率（二次税率）を適用することにより，国内生産者の保護を図る仕組みとなっている。関税割当量には一般枠と沖縄枠がある。

雑豆は製あん原料としての輸入量が非常に多い。乾物豆のほかに，冷凍豆（エダマメを除く）としてエンドウ，ササゲ，インゲンマメ属の豆，その他の豆，豆の粉，調製した豆（加糖・無糖）などが輸入されている。

4) 雑豆の種類と用途

アズキ，インゲンマメ，エンドウ，ソラマメ，ササゲなどは用途上の関連性が深く，代替性があり，あん原料として使われる。その他，アズキは甘納豆など菓子類・煮豆に，インゲンマメ，エンドウは煮豆・甘納豆など菓子類に，ソラマメは煮豆に使用される。また，エンドウ，ソラマメ，ヒヨコマメなどは煎豆としても多く使用される。なお，国産雑豆は価格が高く上質なため高級和菓子原料として，輸入雑豆は国産の不足分を補って一般用として使用されている。しかしながら，白あんの色調調整のためにライマビーンを混合するなど，品質の特徴を生かした利用も行われている。その他，リョクトウ，ブラックマッペなどはモヤシとして，リョクトウは春雨（日本では，リョクトウ以外のサツマイモ・ジャガイモデンプンの使用が多い）として使用されている。

(2) 栽培・収穫・流通・輸入

1) 国 産 雑 豆

国産雑豆として生産量の多いアズキ，インゲンマメにつき，主栽培地である北海道の状況を述べる。なお，生産される品種すなわち栽培されている品種については前述のとおりである。すなわち，アズキ，インゲンマメには早生・中生・晩生があり，気象条件に伴う地域の栽培条件に沿って品種が選定されている。栽培は施肥，播種，排水，病虫害に留意し，生育をそろえることにより収穫適期をそろえ，高品質の子実を生産している。なお，アズキは収穫期が遅れると過熟粒を発生し，種皮の色調が劣化する。金時はアズキ・手亡などと異なり，収穫期における雨により“色流れ粒”を起こし，品質が著しく劣化するので注意が必要である。アズキの収穫・乾燥を述べると，収穫は北海道ではビーンハーベスタ（図3.3.1参照）およびコンバイン（図3.3.3参照）で行われる。なお，都府県の集団栽培ではビーンハーベスタも使われるが，手刈り作業が多い。圃場乾燥では，地干し後，島立てまたはにお積みにより子実水分を16％前後まで風乾する。脱粒はビーンスレッシャー（図3.3.2参照）により行うが，このときの子実水分は子実乾燥施設のある場合には16～18％，乾燥施設のない場合には15％まで低下させる必要がある。次いで，静置式乾燥機・循環式乾燥機（図3.3.4参照）または農協などの乾燥調製施設を利用して仕上げ乾燥を行う。さらに選別機（図3.3.6参照）などにより異種穀粒・異物を除き，みがきの調製を行い，品質，等級格差を考慮して，定められた目標等級に調製する。等級低下の原因は，主として被害粒，未熟粒，異種穀粒，異物の混入などである。

2）輸 入 雑 豆

輸入雑豆の輸入時の包装は，加工目的と国別により形態が異なる。すなわち，あん，煮豆，スープ，甘納豆，煎豆などの加工用の場合には，中国，台湾，タイでは麻袋，イギリスでは紙袋，アメリカ，カナダ，アルゼンチン，その他の国では PP（ポロプロピレン，以下省略）を使用している。一方，加工目的があんおよびその増量材の場合にはばら輸送が多く行われるが，中国，ミャンマー，タイでは麻袋が使用されている。麻袋・PP 輸送の重量は一般的には45～60kgであるが，イギリス（エンドウ）の紙袋では30kgで輸入されている。海上輸送日数は，中国，台湾，タイからは3～7日程度，アメリカ，カナダ，オーストラリアからは12～20日程度，イギリス，南アメリカ，南アフリカからは30～45日程度を要する。この間の輸送温度は，常温で行われる。

3）雑豆の品質と規格（検査規格・等級と品位）

① **国産雑豆**　国産雑豆の検査は集荷時に行われる。検査規格は農産物規格規定に基づき，アズキ，インゲンマメなどについて検査され，等級格付けされる。アズキでは，一般アズキ（大納言アズキ，普通アズキ，その他のアズキ）に適用される。荷造り，包装は麻袋，樹脂袋，紙袋を使用し，量目は麻袋，樹脂袋詰の場合には60kgまたは30kg，紙袋詰の場合には30kgまたは25kgである。アズキの規格を表3.3.5に示した。インゲンマメには，普通インゲンマメとして（「中長ウズラ」，「大手亡」，「大正金時」，「北海金時」「丹頂金時」，「大正白金時」，「白金時」，「福白金時」，「その他の金時」，「とら豆」，「白花豆」，「大福」，「その他のインゲンマメ」）がある。荷造り，包装は麻袋，樹脂袋，紙袋を使用し，量目は麻袋，樹脂袋詰の場合には60kgまたは30kg，紙袋詰の場合には30kgである。普通インゲンマメの規格を，表3.3.6に示した。

② **輸入雑豆**　輸入雑豆のうち，その他の豆（インゲンマメ属）には，シアン化合物を含むものがある。シアン化合物が検出された豆の流通名としては，「バターマメ」，「ホワイトマメ」，「サルタニマメ」，「サルタニピアマメ」，「ハリコットマメ」，「マダガスカルバターマメ」，「アルゼンチンバターマメ」，ケニア産「ワンダーマメ」，ミャンマー産「レッドバターマメ」などの記載がある。輸入雑豆にシアン化合物が検出された場合には通関手続きが進まず，港頭倉庫で滞貨となる。この対策として，豆類の成分規格（食品衛生法）が定められている。すなわち，「豆類はシアン化合物の検出されるものであってはならない。ただし，バターマメ，ホワイトマメ，サルタニマメ，サルタニピアマメ，ペギアマメ及びライママメにあっては，その100gにつき，シアン化合物をシアン化水素（HCN）として50mgまで含んでいてもよい」。また，シアン化合物の検出される豆類は生あんの原料以外に使用してはならず，さらに，生あんの成分規格には，生あんはシアン化合物の検出されるものであってはならないと定められている。現状の対策としては，豆類100g中に HCN

が50mg以下のものに限り，シアン化合物含有雑豆であることを荷札に印刷，添付して輸送し，シアン化合物を煮熟，水洗などによって除去できる承認製あん業者のもとで，さらしあんの原料としてのみ使用させることになっている。また，使用した原料の素性を明らかにしておく必要上から，製造年月日の明示も必要とされている。

4）貯蔵方法と品質

① **雑　豆**　雑豆の保管では適切な温度と湿度を保つことは，カビと昆虫の発生を防ぐうえで重要である。また，雑豆の加工では，煮豆のやわらかさ，あん収率，製品の色調，香りなどがもっとも重要であり，これらは貯蔵の影響が大きい。豆は外気に対して，水分を放出もするし，吸収もする。このことにつき，最高限界気温については38℃，安全保管湿度の最高限界については，インゲンマメ，ササゲでは15％，レンズマメ，エンドウでは14％であることが報告されている。豆をある水分含量で保管しなければならないときには湿度に充分に注意し，相対湿度40％以下が必要であると報告されている。収穫調製後のアズキ，インゲンマメ（金時）などを用い，湿度は調節せずに５℃（冷蔵庫）・15℃（低温倉庫）・常温において

表 3.3.5　一般アズキの規格

品位

項目／等級	最低限度		最高限度			
	整粒(％)	形　質	水分(％)	被害粒，未熟粒，異種穀粒および異物		
				計(％)	異種穀粒(％)	異　物(％)
一　等	90	一等標準品	15	10	0	0
二　等	85	二等標準品	15	15	0	0
三　等	65	三等標準品	15	35	1	0

規格外——一等から三等までのそれぞれの品位に適合しないアズキであって，異種穀粒および異物が50％以上混入していないもの。

附

1. 一般アズキの規格は，機械より，およびみがきを行っている一般アズキに適用する。
2. 北海道において生産された一般アズキに限り，その水分の最高限度は，本表の数値に，二等級のものにあっては１％，三等級のものにあっては２％を加算したものとする。
3. 一般アズキの大納言アズキ，普通アズキまたはその他のアズキにあっては，その種類以外の種類のアズキが一等級のものにあっては０％，二等級のものにあっては５％，三等級のものにあっては10％を超えて混入していてはならない。
4. 包装には，総合食料局長が別に定めるところにより，あらかじめ農産物検査員が包装の規格に適合するものとして確認を行った麻袋，樹脂袋または紙袋を使用していなければならない。

表 3.3.6　普通インゲンマメの規格

品位

項目／等級	最低限度		最高限度			
	整粒(％)	形　質	水分(％)	被害粒，未熟粒，異種穀粒および異物		
				計(％)	異種穀粒(％)	異　物(％)
一　等	90	一等標準品	16	10	0	0
二　等	80	二等標準品	16	20	0	0
三　等	65	三等標準品	16	35	1	0

規格外——一等から三等までのそれぞれの品位に適合しないインゲンマメであって，異種穀粒および異物が50％以上混入していないもの。

附

1. 普通インゲンマメの規格は，機械より，手より等の調製を行っているインゲンマメに適用する。
2. 北海道において生産された普通インゲンマメの白花豆および大福に限り，その水分の最高限度は，本表の数値に，二等級のものにあっては１％，三等級のものにあっては２％を加算したものとする。
3. 普通インゲンマメの中長うずら，大手亡，とら豆，白花豆および大福にあっては，その種類以外の種類のインゲンマメが混入していてはならない。
4. 普通インゲンマメの種類のうち，「大正金時，北海金時，丹頂金時」および「大正白金時，白金時，福白金時」をそれぞれ区分し，その区分した種類以外のインゲンマメが混入していてはならず，かつ，それぞれ区分した種類間において一等級のものにあっては０％，二等級のものにあっては５％，三等級のものにあっては10％を超えて混入していてはならない。
5. 普通インゲンマメのその他の金時およびその他のインゲンマメにあっては，これらの種類以外の種類のインゲンマメが一等級のものにあっては０％，二等級のものにあっては５％，三等級にあっては10％を超えて混入していてはならない。
6. 包装には，総合食料局長が別に定めるところにより，あらかじめ農産物検査員が包装の規格に適合するものとして確認を行った麻袋，樹脂袋または紙袋を使用していなければならない。

18カ月間貯蔵したところ，５℃貯蔵以外では，前述の煮豆のやわらかさ，あん収率，製品の色調，香りなど，いずれの品質においても劣化が認められた。このことと関連して，４℃で長期間貯蔵した場合，インゲンマメやササゲの調理時間に変化のないこと，13％以下の水分含量のインゲンマメは，貯蔵温度を選べば少なくとも４カ月は調理時間に変化のないことなどが報告されている。豆臭は貯蔵に伴い発生するが，10％以下の水分で貯蔵されたインゲンマメでは豆臭の発生はみられない。油の酸化と重合が豆臭を発生させるとともに，組織への水の進入を妨げて，組織の硬化に影響を及ぼしていると考えられている。

雑豆業者および製あん・製菓業者では，原料雑豆の保存を５℃以下で貯蔵しているところが多い。また，買入後の貯蔵が長期間にわたらないため，湿度の調節を行わないところが多い。家庭用に販売されている小袋の雑豆の貯蔵には，冷蔵庫が好ましい。この場合，子実を紙袋に入れ，さらにポリ袋に入れて口をよく閉じて，乾燥しないように貯蔵するのがよい。貯蔵した子実の一部を取出すときには，常温にもどして行わないと子実が結露してカビが発生する原因となる。なるべく少量購入して，使い切るようにするのがよい。

②　雑豆加工品　煮豆では，包装形態がパウチ，トレイ，ばらなど，色々である。トレイ，ばらなどでは，消費期限内で消費されるが，パウチでは，未開封の場合には冷所または冷蔵庫保管で賞味期限が２カ月，開封後は冷蔵庫で保管し，早めの消費が表示されている。春雨は元来は中国でリョクトウの粉またはリョクトウより分離した粗デンプンを原料としてつくられたものであるが，現在，日本で生産される春雨の大部分は，サツマイモデンプンまたはジャガイモデンプンよりつくられる。デンプン春雨の成分は，デンプン含量が約85％で，残りの約15％は水分である。その他の成分は非常に微量であるから，常温に置いても，多湿を避ければ日もちはよい。

5）貯 蔵 害 虫

マメゾウムシ類（アズキゾウムシ，ソラマメゾウムシ，エンドウゾウムシなど）は，開花後まもなく豆粒の成長中に産卵し，収穫貯蔵中に羽化するものが多く，豆粒は被害粒となる。さらに，アズキゾウムシなどは屋内で乾燥豆に再感染するため，貯穀害虫となる。これらマメゾウムシ類の好適な雑豆は，アズキゾウムシではアズキ・ササゲ・リョクトウ・エンドウ，ヨツモンマメゾウムシではアズキ・ササゲ・リョクトウ・ケツルアズキ，インゲンマメゾウムシではインゲンマメ，ブラジルマメゾウムシではインゲンマメ，エンドウゾウムシではエンドウ，ソラマメゾウムシではソラマメ，ヒラマメゾウムシではヒラマメなどである。なお，アズキゾウムシの発育限界最低温度は，14℃である。そのほか，貯蔵豆類を外部より食害する蛾類（ノシメマダラメイガ，スジマダラメイガ，スジコナマダラメイガ）がいるが，被害の程度は豆の種類により大きく異なる。

3.4 堅果・種子類

3.4.1 特　徴

（1）分　類

堅果は植物学上では，乾果（成熟すると水分を失って乾燥する果実）の一種で，果皮（殻）は木質でかたく，中にある種子と密接せず，熟しても裂けない果実をいう（例，クリ）。食品としての堅果類は，このほか核果（例，アーモンド），核果様の偽果（例，クルミ）などを含む木本植物の種子（木の実）をいう。種子類は穀類，豆類，香辛料などの種子を除く草本植物の種子をいう。また，ナッツ類という場合には，堅果類と草本植物のラッカセイを含むことが多い。なお，「日本食品標準成分表」では堅果類と種子類を一括し，種実類として収載している。

（2）成分特性

堅果・種子類には，デンプンが主成分であるギンナン，クリ，ハス，ヒシなどを除いて，水分含量が低く，脂質含量が高いものが多くみられる。これらはタンパク質および無機質成分も比較的多く含まれる。脂肪酸組成は，オレイン酸とリノール酸が主要な脂肪酸である。アミノ酸組成では，リジンが第１制限アミノ酸となるものが多い。

3.4.2 品質管理

堅果・種子類のほとんどは海外から輸入されている。その種類と産地での加工方法により，未加熱品，加熱処理品と加熱加工品に分けられる。堅果・種子類は農産物であり，カビ汚染・虫害の問題がつきまとっている。さらに，堅果・種子類の品質特徴により，吸湿，においの吸着，脂質の劣化が大きな問題となる。

（1）カビ汚染

堅果・種子類は農場でカビが付着する。特にカビ毒の一つであるアフラトキシンを産生するカビ（*Aspergillus flavus, A. parasiticus* など）が増殖した場合は大きな問題となるが，産地での農場および加工工程の管理により改善が可能である。

原料保管段階で注意が必要なことは，結露などの事故により堅果・種子類の水分が増加し，カビの増殖が始まることで，原料保管の温度・湿度の管理が重要である。一般的には温度５～10℃，湿度50～65％が最適といわれている。

市場で通常に流通している堅果・種子類は，一般的には原料の選別工程で汚染粒が除去され，また，加工工程で原料が殺菌されたり，殺菌されていない場合も水分含量が低いので，カビの増殖はほとんどみられない。

（2）吸　湿

市場で流通する商品の堅果・種子類は，水分も低く，独特の食感を保っている。しかし，湿度の高い場所，日本では特に湿度の高い梅雨時期に長時間放置すると，独特の食感がなくなる。この対策として，市場で流通する商品については，透湿度の低い包装材料を使用し，保管場所の湿度管理が必要である。一般家庭では，開封後の保管は密封容器に移すか，湿度の低い場所に保管する必要がある。

（3）虫　害

農産物である堅果・種子類は，産地によりさまざまな害虫に汚染される可能性がある。特にスジマダラメイガ，スジコナマダラメイガ，ノシメマダラメイガなどの蛾類，ノコギリヒラタムシ，コクヌストモドキなどの甲虫類による食害や汚染がみられる。産地で汚染された場合，産地や日本の倉庫において燻蒸殺虫が行われるが，食害を受けた粒は選別工程で除去する必要がある。そのため，保管倉庫や工場内は清掃により害虫のエサとなるものを残さないことと，定期的な防虫により害虫の発生をなくす必要がある。

市場においても害虫が存在するため，流通段階や一般家庭での保管管理も重要である。害虫のなかには強力なあごをもつものがおり，未開封でもフィルムを食破り侵入する。そのため，包装材料として耐虫性のあるもの（ポリプロピレン，ポリエステル，ポリカーボネートなど）の選択が必要である。一般家庭では，開封後の保管場所は清潔にしておき，密封容器に保管することが望ましい。

（4）においの吸着

堅果・種子類はにおいを吸着しやすく，特にカンキツ系のにおいはその傾向があるため，倉庫での保管に注意が必要である。カンキツ系果実と同じ倉庫での保管はもちろん，カンキツ系果実を保管していた直後の倉庫に保管した場合，カンキツ系の香りが残っておりにおいの吸着が発生する。このカンキツ系のにおいは，加熱後に堅果・種子類の香りと混合し，特異的な異臭となる。

一般家庭でも開封後はカンキツ系果実と混在させるとにおいを吸着するので，保管場所に注意が必要である。

（5）脂質の劣化

堅果・種子類は脂質含量の高いものが多く，また，その脂質の脂肪酸組成ではリノール酸含量の高いものが多いので，加工工程の加熱直後より脂質の劣化が始まる。この劣化のもっとも大きい要因は酸素の存在であり，そのため，通常，包装時に酸素吸収剤（脱酸素剤）の封入や窒素充塡包装を行っている。このとき使用する包装材質（フィルムなど）は，酸素透過性の低い材質を使用する必要がある。

一般家庭における加熱処理された製品についての開封後の保管は，直射日光を避け，低温・低湿度に保ち，開封後は特有の風味も減少するので，早めに食することが望ましい。

3.4.3 堅果・種子各論

（1）アーモンド

① **特　徴**　地中海沿岸地方原産といわれるバラ科・サクラ属に属する落葉高木の種子で，甘味種（スイートアーモンド）と苦味種（ビターアーモンド）があり，甘味種が食用とされる。果実（核果）の果肉（中果皮）は薄く，殻（木質化した内果皮）の中の種子を食用とする。

② **成　分**　脂質が50％以上を占め，脂肪酸組成はオレイン酸が約65％，リノール酸が約25％である。タンパク質も20％前後と多く，アミノ酸組成では，リジンが第1制限アミノ酸である。ビタミンE効力の高いα-トコフェロールが多い。

③ **流　通**　輸入に依存しており，そのうちほとんどがアメリカ・カリフォルニア産で占められている。日本では薄皮つき未加熱製品と薄皮むき未加熱製品が輸入されている。薄皮むき未加熱製品については，ホール（全粒），スライス，フレーク，ブロークンなどがある。夏期は低温倉庫（5℃前後）に保蔵する必要がある。

④ **利　用**　オイルローストして食塩で味付けし，スナック用にする。洋菓子，チョコレート，中国菓子用にはホール（全粒），薄皮をむきスライス，ダイス，細切り，粗きざみ，粗挽き粉，粉

図 3.4.1　アーモンド（オイルロースト・味付け）

末に加工したものが利用される。また，マジパン（薄皮を除いた生のアーモンドと砂糖あるいは糖液とをロールで挽きつぶし，ペースト状にしたもの）が菓子材料に用いられる。脂質が多く酸化されやすいので，温度・湿度に注意し，低温の場所に保存する。

（2）アサ（麻）の実

① 特　徴　苧《お》の実ともいう。アサ科・アサ属の大麻《たいま》ともいわれる雌雄異株の1年生草本の灰褐色でかたい殻の卵円形の種子である。日本では大麻取締法により栽培が禁止され，種子は煎ってあり発芽しない。

② 成　分　脂質とタンパク質が主成分で各30％前後含まれる。炭水化物も約30％含まれるが，その約2/3は殻の食物繊維である。

③ 利　用　七味唐辛子，ガンモドキ（飛龍頭）に配合される。

図 3.4.2　アサの実

（3）エゴマ（荏胡麻）

① 特　徴　シソ科・シソ属に属する1年生草本で，シソ（紫蘇）はエゴマの変種である。草丈1m，葉は対生で短卵円形，葉縁は鋸葉状で緑色，まれに裏面が淡紫色になる。特有のにおいがある。葉も野菜として食用にする。種子はシソより大きく，種皮は黒褐，茶褐，灰白色で，粗い網状紋がある。

② 成　分　主成分は脂質で約45％を含み，脂肪酸組成はα-リノレン酸が約60％，次いでオレインが酸約15％，リノール酸約10％である。タンパク質，カルシウムも多く，抗酸化性の高いγ-トコフェロールが多く含まれる。

図 3.4.3　エ ゴ マ

③ 利　用　ゴマと同様に煎って，エゴマあえ，御幣《ごへい》餅のたれなどに利用される。

（4）カシューナッツ

① 特　徴　ブラジル原産のウルシ科・アナカルディウム属に属する熱帯性常緑高木（高さ6～19m）の種子である。洋梨形の食用果実（カシューアップル）の先に，腎臓形で灰色または褐色，長さ3～4cmのかたい殻（果皮）がつき，中に勾《まが》玉《たま》形で白色の種子が入っている。

② 成　分　脂質を約50％含み，脂肪酸組成はオレイン酸が約60％，リノール酸が約20％を示す。タンパク質は約20％で，アミノ酸組成ではリジンが第1制限アミノ酸である。炭水化物を約25％含む。トコフェロール（ビタミンE）はほとんど含まれていない。

③ 流　通　すべてが輸入であり，その多くがインドから入っている。しかし，インドでは生

図 3.4.4　カシューナッツ（オイルロースト・味付け）

産が減少したため，東アフリカなどから殻つきを輸入し，脱殻加工したものを日本などへ輸出している。輸入に際しては，アフラトキシン（カビ毒）の検査が行われている。脂質が多く酸化されやすいので，低温倉庫（10～12℃）に保蔵する。

流通ルートとして，テーブルナッツ用と製菓材料用がある。テーブルナッツ用は輸入商社，加工業者，食品問屋を経て一般小売に，製菓材料用は輸入商社，オイルロースト，カットなどの半加工業者を経て菓子製造業者に販売される。

④ 利 用　ウルシ科のナッツなので，生食すると口中を傷めるので加熱が必要である。オイルローストして食塩で味付けしたものをスナック用とするほか，煎ったものが菓子材料，中華料理に利用される。

（5）カボチャ（南瓜）の種

① 特 徴　ウリ科・カボチャ属の1年生草本の種子で，中国から輸入されている。中国では南瓜子（ナヌ・グア・ヅ），また，種子が白色なので，黒いスイカ（西瓜）の種子を黒瓜子（ヘイ・グア・ヅ）と呼ぶのに対し，白瓜子（バイ・グア・ヅ）とも呼び，駆虫や催乳に効果があるとされている。

② 利 用　煎って食塩で味付けしたものを酒のつまみ，菓子代わりに用いる。

図 3.4.5 カボチャの種　仁・種子

（6）カヤ（榧）の実

① 特 徴　イチイ科・カヤ属の常緑高木（10～20m）の種子で，果肉に覆われた1個の種子は，長さ2～3cm，幅1～2cmの楕円形である。

② 成 分　脂質が65％前後と多いが，タンパク質は9％程度で少ない。脂肪酸組成はリノール酸が約50％，オレイン酸が約35％である。ビタミンEでは，β-トコフェロールが非常に多い。

③ 利 用　煎って食用とするが，駆虫効果があるといわれてきた。特有の樹脂臭がある。食用油の原料としても利用され，油は芳香があり，軽淡で天ぷら油に適する。

図 3.4.6 カヤの実（殻つき・煎り）

（7）ギンナン（銀杏）

① 特 徴　イチョウ科・イチョウ属に属する落葉高木のイチョウの種子である。イチョウは雌雄異株で，園芸品種は接ぎ木をする。独特の臭気のある果肉様の外層は種皮で，ビロボール，イチョウ酸を含み，皮膚に触れるとかぶれを起こす。種皮の中に球形から短楕円形，かたい白色の殻（中種皮）のギンナンがある。食用となる胚乳は殻の中の薄皮（内種皮）に包まれ，収穫後は緑色だが，次第に黄色になる。庭木・街路樹のギンナンに比べ，園芸品種は大粒で肉質がよく，苦みが

図 3.4.7 ギンナン（殻つき）

少ない。

② 成 分　主成分はデンプンで，ビタミンでは100g中β-カロテンが約300μg，ビタミンCが約20mgと堅果類のなかでは比較的多く含まれている。なお，ビタミンB_6の作用を阻害する成分（4′-o-methylpyridoxine）が含まれるので，食べすぎると中毒（痙攣・嘔吐）を起こすことがある。

③ 利 用　煎って酒のつまみ，生で殻を取り茶碗蒸しなどに用いる。加工品に薄皮を除いた水煮缶詰・ビン詰などがある。なお，缶詰の原料は，主として中国からの輸入品が使われている。

（8）クリ（栗）

① 特 徴　ブナ科・クリ属の落葉高木の種子で，日本種，中国種，西洋種，アメリカ種がある。日本では日本種と中国種が利用されている。

A．日本種……日本グリといわれ，日本と朝鮮半島に分布し全国で栽培されているが，茨城県，愛媛県，熊本県の生産が多く，また，兵庫県，京都府の丹波グリは古くより有名である。実は大きいが渋皮が離れにくい。いがの中には，通常は3粒の種子が入っており，外側の2粒は片面は丸く，片面は平らで，中央の粒は両面とも平らである。1～2粒入っているものは，全体に丸みを帯びた形をしている。なお，日本グリの原種といわれている小粒のシバグリが，北海道中部より九州に広く自生している。

B．中国種……中国グリといわれ，華北産は小粒のものが多く，華中産は中粒で，渋皮が離れやすいので焼きグリに適している。日本に輸入され，天津甘栗として市販されている。

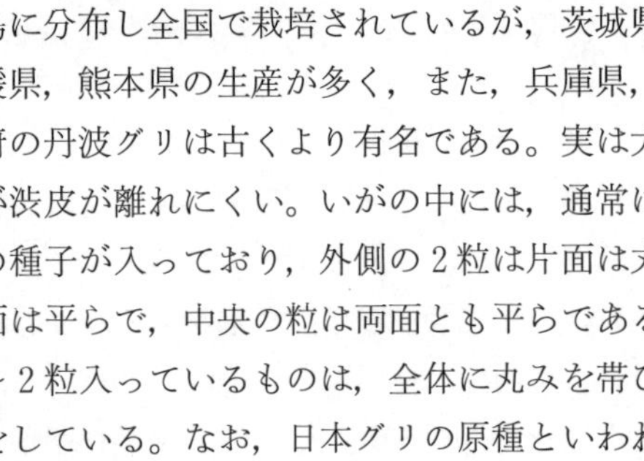

図 3.4.8　クリ　中国種・日本種（殻つき）

C．西洋種……やや大きく，マロングラッセの材料に用いられる。

② 成 分　水分約60%，デンプン約35%，タンパク質約3%，ビタミンCも30mg/100g程度含まれる。渋皮には，カテキン，プロアントシアニジン，その他のポリフェノールが含まれる。

③ 流 通　国内での生産が多い。輸入グリでは中国産がもっとも多く，流通業者から甘グリの専門店に納入される。その他の多くは一般用であり，国産グリと同様に市販されている。クリの品質で問題となるのは，クリシギゾウムシの幼虫に侵された虫害果である。製菓用のクリとしては，殻・渋皮をむき，ブランチングし一時的保存に適する冷凍品が輸入されている。品質として問題となるのは，割れと変色である。

④ 利 用　ゆで栗，栗飯，栗おこわ，甘露煮，栗きんとん，茶巾，栗ようかん，栗まんじゅう，栗もなかなどの材料に用いられる。また，古くより保存食として勝栗（乾燥グリを臼でつき鬼皮と渋皮を除いたもの）があり，干し栗おこわ，新年の福茶，福飾り，その他，祝儀の縁起物に用いられている。

（9）クルミ（胡桃）

① 特 徴　クルミ科・クルミ属に属する落葉高木の種子で，原産地はアジア西部，自生種は中国，朝鮮より渡来した。日本の栽培種にはペルシアグルミ，テウチグルミ，シナノグルミの3種がある。

A．ペルシアグルミ……種子は殻が薄く，身が厚い。西洋グルミともいわれ，ヨーロッパ，アメリカでも栽培され，日本に輸入されている。

B．テウチグルミ……ペルシアグルミの変種で，チョウセングルミ，カシグルミともいう。種子は円形で小さく，殻がやや厚くかたい。中国・朝鮮半島に多く，長野県・新潟県，東北地方で栽培されている。

C．シナノグルミ……テウチグルミと明治時代に主にアメリカから導入されたペルシアグルミと

図 3.4.9　クルミ　殻つき・殻なし

の自然交雑種で，長野県で多く栽培されている。

D．その他……自生種に，種子が円形で表面にしわのあるオニグルミ，心臓形で表面にしわのないヒメグルミがある。殻がかたく身が少ないが，風味がよい。

②　**成　分**　脂質が主成分で60～70％と多く，脂肪酸組成はリノール酸が60％前後を占める。タンパク質は約15％で，アミノ酸組成ではリジンが第1制限アミノ酸である。ビタミンEでは，抗酸化性の高いγ-トコフェロールが多い。

③　**流　通**　世界の主要生産国はアメリカ，フランス，イタリア，トルコ，インド，イラン，シリア，中国などである。日本へはペルシアグルミがアメリカ，中国より輸入されているが，アメリカからの輸入がもっとも多く，アメリカでは農務省の基準でサイズ分けされ，梱包までの段階で抜取り検査を受ける。殻なしと殻つきがあり，多くは殻なしで輸入される。

流通ルートとして，テーブルナッツ用と製菓材料用がある。テーブルナッツ用は輸入商社，加工業者，食品問屋を経て一般小売に，製菓材料用は輸入商社，ロースト，カットなどの半加工業者を経て菓子製造業者に販売される。

④　**利　用**　加熱せずに生食されるが，殻なしの大半はローストされ，種々の食品分野で使用されている。和菓子（クルミ餅，ようかん，せんべい），洋菓子，料理（飴炊き，クルミあえ，クルミ豆腐）などに利用される。

(10) ケシ（芥子）の実

①　**特　徴**　罌粟子《おうぞくし》ともいう。ケシ科・ケシ属の1～2年生草本の種子である。原産地は東部地中海から小アジアで，草丈1～1.7m，5月頃，純白，紅，紫色などの直径約10cmの花をつける。熟すと球形の果実（芥子坊主）が裂け種子を散布する。なお，傷つけた未熟の果実より分泌される乳液よりアヘンがつくられるので，日本での一般栽培は禁止されている。市販品は煎ってあり発芽しない。種子は小さく千粒重約0.5g，腎臓形で網状紋がある。

②　**成　分**　脂質約50％，タンパク質約20％で，カルシウム，鉄も多い。脂肪酸組成はリノール酸が約70％と多く，次いでオレイン酸約15％となっている。

③　**利　用**　白花品種からとれた種子は白色で，菓子パン，卵焼き，照り焼きなどの飾りつけ，香りづけに利用される。

図 3.4.10　ケシの実

(11) ココナッツ

①　**特　徴**　ヤシ科・ココヤシ属の高さ10～30mになるココヤシの卵形の果実（直径：25～30cm）で，生食用とコプラ（かたい内果の中の胚乳を乾燥したもの）用に分けられる。生食用として，幼果内の果水は飲料になり，固まりかけた胚乳（ココナッツミルク）は料理用として利用される。

②　**成　分**　コプラの主な成分は脂質で60％前後含まれ，脂肪酸組成はラウリン酸が約50％，ミリスチン酸が約20％など飽和脂肪酸が多い。

③　**流　通**　コプラは機械にかけ，細切り，

図 3.4.11　ココナッツ

厚切り，粉末にしたもの（デシケーテッドココナッツ）が，洋菓子の飾りつけ，製菓原料として用いられる。また，コプラは，ヤシ油（ココナツオイル）の原料として重要である。

製菓原料の品質としては，白色，新鮮な味・香りがあり，異味・異臭のないことが求められる。保蔵に対しては脂質の酸化・発酵に対する保管場所に考慮が必要である。

④ **利　用**　デシケーテッドココナッツの主な用途として，粉末はサイズにより，クッキー，ケーキ，パンの練込み，キャンデーバー，ドーナッツのトッピング，パイ，菓子，パンのセンターと利用が分かれ，細切りは菓子，パンのトッピングなどに利用される。

(12) ゴマ（胡麻）

① **特　徴**　ゴマ科・ゴマ属に属する1年生草本の種子で，原産地はアフリカのサバンナ地帯といわれ，中国，インドでの栽培が多い。果実は短い円筒状（長さ3～4 cm）で，熟すと裂ける。普通4室からなり，中の種子は長さ約3 mm，幅約1.2mmの扁平な卵形で光沢があり，色は黒，白，黄，褐色があり，千粒重2～3.5 g である。

② **成　分**　脂質を50～55％含み，脂肪酸組成はオレイン酸が約40％，リノール酸が約45％となっている。タンパク質は22～25％で，アミノ酸組成ではリジンが第1制限アミノ酸である。無機質はカルシウム，鉄が多い。カルシウムは種皮に多く含まれるので，100 g 中洗いゴマは約1,200mg と高含量であるが，むきゴマは約60mgと低含量を示す。ビタミンEでは，抗酸化性の高いγ-トコフェロールが多い。セサミン，セサモリン（焙煎工程で分解され抗酸化作用のあるセサモールとなる）などのリグナン類が多く含まれる。煎りゴマ特有の香気はピラジン系化合物が重要な役割をしている。

③ **利　用**　搾油用の利用が多く，食用としては製菓，料理に用いられるが，煎りゴマ，練りゴマ，むきゴマなどの加工品がある。

(13) シイ（椎）の実

① **特　徴**　ブナ科・クリカシ属の常緑高木で，日本ではイタジイ（スダジイ），コジイ（ツブラジイ）とその交雑種がみられる。種子（堅果）は，イタジイは先端が尖った卵状長楕円形，コジイは球形ないし卵形で，果皮は赤褐色で薄い。

② **成　分**　主成分はデンプンであるが，ビタミンCが約100mg/100gと多い。

③ **利　用**　淡黄白色の子葉は渋みがなく，生でも食べられるが，煎って食用とする。

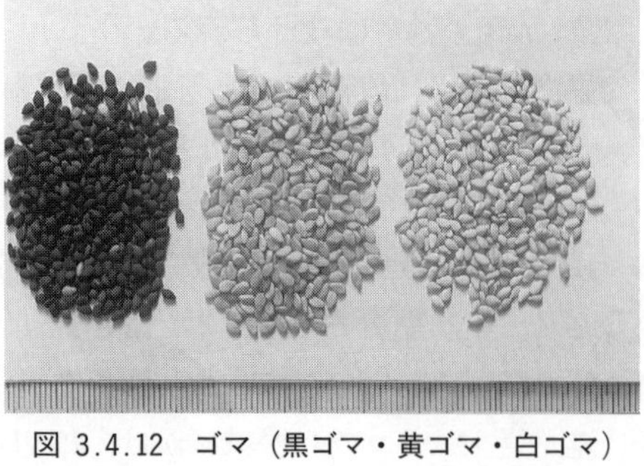

図 3.4.12　ゴマ（黒ゴマ・黄ゴマ・白ゴマ）

図 3.4.13　シイの実

(14) スイカ（西瓜）の種

① 特 徴　ウリ科・スイカ属1年生草本の種子で，中国から輸入されるが，採種用の種の多い西瓜が栽培され，黒瓜子（ヘイ・グア・ヅ）という。

② 成 分　殻が約60％を占め，中の仁は脂質が約45％，タンパク質が約30％含まれる。脂肪酸組成はリノール酸が約70％，オレイン酸が約10％である。

③ 利 用　煎って食塩で味付けしたものを酒のつまみ，菓子代わりに用いる。

図 3.4.14 スイカの種　仁・種子

(15) トチ（栃）の実

① 特 徴　トチノキ科・トチノキ属に属する落葉高木の種子で，直径3～4 cmの果実の中に皮が光沢のある赤褐色と底部が黄褐色のクリに似た2～3個の種子がある。乾燥すると保存に耐えるので，古くは救荒食物，備荒食物として利用されていた。

② 利 用　実はあく抜きをして食用とする。乾燥保存された実はゆでて皮をむき，2～3日流水でさらし，木灰を加えてあく抜きをする。これを糯米と蒸した後，搗きトチ餅とし，きな粉をつけて食する。なお，あく抜きした冷凍品がトチ餅用に市販されている。

図 3.4.15 トチの実（殻つき）

(16) ハス（蓮）の実

① 特 徴　スイレン科・ハス属に属する多年生草本（水草）の種子である。

② 成 分　完熟種子の主成分はデンプンで約60％，タンパク質も約20％と多い。

③ 利 用　円錐形の海綿状の花托の中の緑色の未熟種子は，甘味があり皮を除いて生食する。完熟種子は，暗黒色のかたい殻と薄皮を除いたものを中国料理，砂糖漬などに利用する。

図 3.4.16 ハスの実（むき実）

(17) ヒ シ（菱）

① 特 徴　ヒシ科・ヒシ属に属し，池，沼に自生する多年生草本の種子で，ヒシ，ヒメビシ，オニビシなどがあり，昭和初期に中国より導入されたトウビシが佐賀県にみられる。花の4枚の萼《がく》

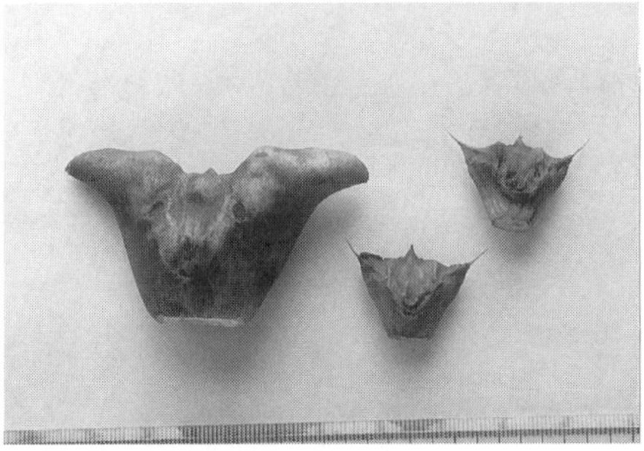

図 3.4.17 ヒ シ（トウビシ・ヒメビシ）

片で残ったものが果実のトゲとなる。

② 成　分　食用部は果実の内層である殻の中の子葉で，水分は約50%，炭水化物（主としてデンプン）は約40%，タンパク質は約6%を示す。

③ 利　用　ゆでて食するが，乾燥したものを水に浸漬してから蒸し・ゆでなどして利用する。

(18) ピスタチオ

① 特　徴　シリア，トルコ，イスラエル原産のウルシ科・ピスタキア属に属する雌雄異株の落葉小高木の種子で，長卵形の果実は果肉がほとんどなく，中のかたい殻に帯赤色の薄い種皮に包まれた緑色ないし黄色の1個の子葉があり，これを食用とする。

② 成　分　脂質を約55%含み，脂肪酸組成はオレイン酸が約55%，リノール酸が約30%を示す。タンパク質は約20%で，アミノ酸組成ではリジンが第1制限アミノ酸である。種実類のなかではβ-カロテンも約120μg/100gと比較的多く含まれている。ビタミンEでは，抗酸化性の高いγ-トコフェロールが多い。

③ 流　通　消費量のほとんどが輸入である。アメリカ産はカリフォルニアで生産され，殻つきではサイズによる規格（特大，大粒，中粒，小粒）があり，むき実ではファンシーホール（最良品），ホールとブロークン，ピースに分かれる。ほとんどが殻つき未加熱品として輸入される。輸入時にはアフラトキシン（カビ毒）の検査が行われる。

流通ルートとして，テーブルナッツ用と製菓材料用がある。テーブルナッツ用は輸入商社，加工業者，食品問屋を経て一般小売に，製菓材料用は輸入商社，ロースト，カットなどの半加工業者を経て菓子製造業者に販売される。

④ 利　用　淡い甘味があり，食塩で味付けした殻つきのままローストしたものをつまみ用とする。風味と色合いのよいことから，殻を除いたものをアイスクリーム，洋菓子の材料に利用する。

図 3.4.18　ピスタチオ（殻つき・ロースト・味付け）

(19) ヒマワリの種

① 特　徴　アメリカ西部原産のキク科・ヒマワリ属に属する1年生草本の種子である。草丈2～3m，花は直径10～20cm，種子は長さ約1cmの2稜ある倒卵形で，黒色の搾油用種と白色のスナック菓子用種がある。スナック菓子用種は種子が大きく，脱殻が容易である。

② 成　分　食用とする子葉部は脂質が約55%含まれ，脂肪酸組成はリノール酸が約60%と多く，次いでオレイン酸が約25%である。なお，最近，高オレイン酸品種（オレイン酸：約85%，リノール酸：約4%）が開発され，健康志向から食用油の原料として利用されている。タンパク質が約20%と多く，アミノ酸組成はリジンが第1制限アミノ酸である。ビタミンEでは，効力の高いα-トコフェロールが多い。

③ 利　用　食用では，スナック用としての利用が多い。

図 3.4.19　ヒマワリの種
（むき実・オイルロースト・味付け）

(20) ブラジルナッツ

① 特　徴　ブラジル北部原産のサガリバナ科・ブラジルナットノキ属に属する30mになる常

図 3.4.20　ブラジルナッツ
（むき実・オイルロースト・味付け）

緑高木の種子で，直径10～15㎝，木質で厚さ6㎜程度のかたい殻の果実に，しわのある褐色のかたい殻の種子（三面・半月形，長さ4㎝，幅2.5㎝）が12～20個入っている。

② 成　分　　脂質は約65％と多く，脂肪酸組成はリノール酸が約45％，オレイン酸が約30％を示す。タンパク質は約17％含まれる。

③ 流　通　　日本へはペルー産とブラジル産の殻なしのものが輸入されている。両国とも天然木から採取している。

④ 利　用　　生食あるいは煎って食べるほか，日本ではオイルローストし食塩で味付けされ，ミックスナッツのなかに増量を目的として使用されている。ダイス状にカットしたものが製菓材料に利用される。

(21) ペ　カ　ン

① 特　徴　　アメリカ南部からメキシコ原産のクルミ科・ペカン属に属する落葉高木の種子で，クルミと似ているが，殻は楕円形で表面はなめらかで光沢があり，薄く割りやすい。食用となる子葉はクルミと同様に複雑に折りたたまれている。

② 成　分　　脂質が約70％と多く，脂肪酸組成はオレイン酸約60％，リノール酸約20％である。ビタミンEでは，抗酸化性の高いγ-トコフェロールが多い。

③ 流　通　　日本の消費量のほとんどが輸入品である。アメリカ産とオーストラリア産で，殻つきと殻なしとして入ってくる。ペカンは収穫後の品質劣化が早く，冷温倉庫（5℃・湿度65％）に保蔵する必要があるが，加工品は劣化が特に早い。

④ 利　用　　生食，煎ってスナック用，殻なしが菓子（ビスケット・クッキー）の材料に利用される。一部，佃煮にも使われる。

図 3.4.21　ペカン　殻つき・殻なし

(22) ヘーゼルナッツ

① 特　徴　　カバノキ科・ハシバミ属に属する落葉低木のハシバミ類の堅果の総称である。北半球の温帯地方に約15種がある。日本では自生のハシバミとツノハシバミがある。主な西洋種は，*Corylus avellana* と *C. maxima* で，前者の栽培種をコブナッツ（cob nuts），後者の栽培種をフィルバーツ（filberts）とも呼ぶことがある。アメリカでは両者をフィルバーツ，自生種をヘーゼルナッツと呼ぶ場合がある。スペインとトルコのハシバミは，自生の *C. colurna* からの栽培種である。クリに似た種子は長さ1.5～2㎝，先端が尖った褐色または茶褐色で，底部が白い。

② 成　分　　殻（果皮）の中の子葉は脂質約

図 3.4.22　ヘーゼルナッツ
（むき実・オイルロースト・味付け）

60％で，脂肪酸組成はオレイン酸が約80％を占める。タンパク質は約15％で，アミノ酸組成はリジンが第１制限アミノ酸である。ビタミンＥでは，効力の高いα-トコフェロールと抗酸化性の高いγ-トコフェロールが含まれる。

③ **流　通**　ほとんどは輸入であり，トルコ産，アメリカ産である。殻つきのものが輸入され国内で加工される。

流通ルートとして，テーブルナッツ用と製菓材料用がある。テーブルナッツ用は輸入商社，加工業者，食品問屋を経て一般小売に，製菓材料用は輸入商社，ロースト，カットなどの半加工業者を経て菓子製造業者に販売される。

④ **利　用**　殻つきを煎ってから皮を除きチョコレート，クッキーなどの製菓材料に，オイルローストし食塩で味付けしたものがスナック用に利用される。

(23) マカダミアナッツ

① **特　徴**　オーストラリア原産のヤマモガシ科・マカダミア属に属する常緑高木の種子で，栽培種には *Macadamia integrifolia* と *M. tetraphylla* の２種があり，主として前者はアメリカ（ほとんどがハワイ）とオーストラリアで，後者はケニア，南アフリカ，コスタリカなどで栽培されている。皮質の果皮の丸い果実の中にかたい殻の種子が１～２個入っており，１個の場合は球形，２個の場合は半球形となる。

② **成　分**　脂質が約75％と多く，脂肪酸組成はオレイン酸が約60％と多いが，次いでパルミトレイン酸が約20％含まれるのが特徴的である。タンパク質は約15％で，アミノ酸組成はリジンが第１制限アミノ酸である。トコフェロール（ビタミンＥ）はほとんど含まれない。

③ **流　通**　ほとんどを輸入に依存している。日本へはアメリカ産，オーストラリア産，ケニア産が輸入されている。輸入の多くは殻なしで，国内業者によりローストまたはオイルローストして味付け加工される。

④ **利　用**　ローストし食塩で味付けしたもが市販されているが，ローストのみのものは，高級菓子，チョコレートのセンター材料に，スライス，ダイス状のものはケーキなどに利用される。

(24) マツ（松）の実

① **特　徴**　マツ科・マツ属に属する常緑高木の種子で，日本ではチョウセンゴヨウマツ（朝鮮五葉松）の実が輸入されている。球果（マツかさ）は長さ10～15㎝，直径７㎝で，種子は長さ15㎜，幅10㎜，厚さ７㎜程度で，殻（かたい種皮）の中に胚芽を包んだ内胚乳がある。

② **成　分**　脂質は約60％で，脂肪酸組成はリノール酸約45％，オレイン酸約25％であるが，オクタデカトリエン酸が約15％含まれるのが特徴的である。ビタミンＥでは，効力の高いα-トコフェロールと抗酸化性の高いγ-トコフェロールが含まれる。特有の樹脂臭がある。

③ **利　用**　煎って酒のつまみに，また，製菓，料理の材料として利用される。なお，ヨーロッパ，アメリカなどではほかのマツ属の実が食用

図 3.4.23　マカダミアナッツ
（むき実・ロースト・味付け）

図 3.4.24　マツの実（むき実）

にされている。

(25) ラッカセイ（落花生）

① **特　徴**　南米ボリビア・アルゼンチン東北部が原産といわれるマメ科・ラッカセイ属の1年生草本の種子で，ピーナッツ，南京豆ともいう。開花後，花の基部（子房柄）が伸び，地中に入ってさや（莢）が肥大し，結実する。植物学的に大粒種のバージニアタイプと小粒種のスパニッシュタイプおよびバレンシアタイプに分類される。近年，中間タイプと呼ばれるバージニアとスパニッシュタイプとのタイプ間交雑種が育成され，国産大粒種とアメリカ産小粒種にこれらの品種がみられる。さやの中の種子は通常2個であるが，バレンシアタイプは3～4個のものがある。種皮（渋皮）は赤褐色，淡橙黄色などで，子実（子葉）は乳白または黄白色で光沢がある。子葉の間には第3本葉まで分化した胚がある。百粒重は大粒種：80～90g，小粒種：50g以下である。

図 3.4.25　ラッカセイ・大粒種（バージニアタイプ）（むき実）

図 3.4.26　ラッカセイ　小粒種（スパニッシュタイプ）（むき実）

② **成　分**　脂質を約50％含み，脂肪酸組成はオレイン酸40～50％，リノール酸20～35％であるが，バージニアタイプとスパニッシュタイプの間にパルミチン酸，オレイン酸，リノール酸の含量に違いがある。中間タイプは両タイプいずれかの組成を示す。タンパク質は約25％で，そのうちグロブリンが約65％を占め，アミノ酸組成はリジンが第1制限アミノ酸である。炭水化物は約20％が含まれ，そのうちデンプンが4％，ショ糖が3％，スタキオースが0.3％である。ビタミンB_1，ナイアシンが多く，ビタミンEでは，効力の高いα-トコフェロールと抗酸化性の高いγ-トコフェロールが含まれる。

③ **流　通**　主生産地として，世界ではインド，中国，アメリカ，日本では千葉県，茨城県を中心とした関東である。日本の栽培は大粒種（バージニアタイプと中間タイプ）が多く，バレンシアタイプはほとんどみられない。日本の消費量の約80％を中国，アメリカ，南アフリカからの輸入に依存しているが，中国からの輸入がもっとも多い。輸入量の約60％がバージニアタイプと推定される。なお，アメリカ産小粒種のフローランナーは中間タイプで，脂肪酸組成は貯蔵性に優れているバージニアタイプ（スパニッシュタイプに比べ，オレイン酸含量が高く，リノール酸含量が低い）を示す。

輸入形態としては，むき実，煎りざや，バターピーナッツおよび煎りに分けられる。輸入時には，アフラトキシン（カビ毒）の検査が行われている。

④ **利　用**　世界生産量の50～60％が製油原料として使用されている。大粒種は食味がよく，煎り豆（さやつきおよびむき身），バターピーナッツに，小粒種はピーナッツバター，ピーナッツクリームおよび製菓原料に利用される。最近，野菜としてのもやしの原料，未熟豆が枝豆と同様にゆで豆としても用いられている。

3.5 イ　モ

3.5.1 ジャガイモ

（1）ジャガイモとは

1）呼び名と用途

畑で馬鈴薯《ばれいしょ》，青果店でジャガイモ，英語ではポテト（potato），原産地アンデス高地ではパパスと呼ばれる。塊茎を食用とするナス科の作物で，学名は *Solanum tuberosum* ssp. *tuberosum* L. である。馬鈴薯は漢語のため権威の響きで役所が好んで用い，ジャガイモは大和ことばで庶民の呼び名，ポテトは何かしら上品な香りを漂わせる。明治政府が畑作農業を推進した北海道で馬鈴薯と呼ばれることが多く，伝来地の長崎で江戸時代もつくり続け「じゃが」と愛呼される。また馬鈴薯は畑作物として，ポテトチップスやデンプンなどさまざまなものに加工する原料を連想させ，安定した数量・品質・価格が求められる。これに対し，ジャガイモは旬がある野菜であり，価格は相場により産地により変動する。

2）来歴と生産

ジャガイモの原産地は，南アメリカの海抜3,000～4,000m級のアンデス高地とされている。ここにはインカ文明につながるいくつかの文明が存在したが，その食生活を支えたのがジャガイモであり，同じく南アメリカ原産のトウモロコシであった。16世紀末にスペイン人がインカ帝国を征服し，その際にヨーロッパへジャガイモを持ち帰った。当初は食料としてでなく観賞用として栽培されていたが，冷涼な気候でも丈夫に育つことから全域に広がり，オランダなどの海外進出とともに世界各地に伝播した。日本へは，17世紀初めにインドネシアのジャワ島（ジャガタラ）からオランダ人が長崎にもたらしたといわれている。その後，ジャガイモが実際に広く栽培されるようになったのは，本州の冷涼な山岳地帯を除き，19世紀末であった。明治政府が北海道でヨーロッパ型農業を推進させたため，20世紀の初めには北海道でのデンプン原料用作付が急増し，北海道は現在も主産地を保っている。他方，暖地では一般に生鮮野菜として栽培され，北海道の端境期となる4～7月を中心に生産されている。

（2）収穫から流通まで

1）用途と需要変化

国内消費仕向量の約30%がデンプンに加工されている。ジャガイモデンプンは，清涼飲料用の異性化糖（ブドウ糖・果糖液糖）の製造原料として使われるほか，粒子が大きく，糊化温度が低く，粘度が高いなどの特徴があるためカマボコやチクワなどの水産練り製品やうどんなどの食品原料として使用されている。

ジャガイモの消費量は1970年代前半，一度急速に下がったが，その後増加に転じている。この増加は，生イモを購入して家庭で消費する形態から，加工品を消費する形態への変化を伴っている。

1975年以降の加工食品用の増加は著しく，まずポテトチップスが増加し，引き続いて冷凍フライドポテトさらにコロッケやサラダの消費が増加している。ポテトチップスは1975～1985年の10年間に生産量が10倍になり，その後ほぼ横ばいとなっている。冷凍フライドポテトはハンバーガーショップのチェーン展開とともに消費は増加したが，増加量の多くの割合は価格が安く供給と品質が安定し，主としてアメリカからの輸入物で充当している。近年になって，冷凍コロッケやパック詰サラダの消費が増加し，皮むきやプレカットなどの一次加工品とともに業務用と呼ばれる新しい需要が増加している。これらは主としてファストフード店などの外食産業，スーパーマーケットやコンビニエンスストアのテイクアウト惣菜産業で消費されている。

2）作型と主要産地

ジャガイモは16～20℃に最適生育温度のある作物なので，南北に長い日本列島では涼しい季節を追って，1年中どこかで栽培されている。ちょうど桜前線と同じように南から北へ収穫時期が移動し，早春の沖縄で収穫が始まり，次第に北上して春に九州，初秋には北海道に達し，冬に再び秋作の収穫に戻り，周年供給がなされている（表3.5.1）。

北海道の栽培期間は春から秋まで4～6カ月間と長いため，1株当たりのイモ数が多く，全部のイモを確実に肥大させて多収となり，デンプン価も高い品種が多い。市場販売（調理）用ばかりでなく，価格と歩留りが重要な食品加工用など，多様な品種がさまざまな用途向けに生産されている。

一方，静岡以南から沖縄までの暖地では，秋から春にかけての冷涼な時期を選んでジャガイモ栽培が行われ，地域によって植付けと収穫の時期は大きく異なる。これは気温の推移から栽培可能な期間を算出し，春の晩霜害や秋の初霜日を考慮して作型が設定されるためである。また，栽培が可能な冷涼期間は2～3カ月と短いため，1株当たりのイモ数を少なくし，充実よりも大きさを優先する早期肥大性の品種が必要である。このため暖地の品種は，北海道の品種に比べデンプン価が低く，調理時に煮くずれが少ない傾向がある。暖地産の大部分は，北海道産の端境期に相当する冬から夏にかけて出荷され，家庭や惣菜加工業などで市場販売（調理）用として消費されている。

3）品質と規格

ジャガイモの品質は，イモを外から見てわかる外部品質，切断や皮むきしてわかる内部品質，調理や加工してわかる成分品質に大別される。いずれも，適切な栽培管理，衝撃を与えないていねいな収穫と選別，適切な温度と換気の管理された貯蔵を怠ることにより，品質が損なわれる（表3.5.2）。

ジャガイモの規格は，季節，産地および用途などにより異なり，一般的に市場出荷向けでは，小

表 3.5.1　ジャガイモの作型

作　型	植付時期	収穫時期	地　域
春　作	1～3月	5～7月	九州，南関東
夏　作（春植え）	4～5月	8～10月	東北，北海道
秋　作	8～9月	11～1月	瀬戸内沿岸，九州
冬　作	10～12月	2～4月	沖縄，南九州（無霜地帯）

表 3.5.2　ジャガイモの品質を阻害する要因

外部品質	腐　　敗：疫病，軟腐病，乾腐病など 病 虫 害：そうか病，黒痣病，粉状そうか病，ハリガネムシ，ジャガイモガなど 発　　芽：芽の伸び 機械受傷：切り傷，打撲傷，亀裂，貯蔵中の圧扁傷 変形・緑化：二次生長によるこぶイモや割れイモ，曝光による緑変
内部品質	内部黒斑：機械受傷のうち外部からはわからず周皮直下にできる黒変（打ち身） 中心空洞：比較的大粒イモに発生が多く，品種間差が大きく男爵薯に多い 褐色心腐れ：壊死細胞を中心にコルク化した細胞塊がイモの内部に散在する 黒色心腐れ：中心部の酸素欠乏により細胞が壊死して黒褐色の変色部をつくる 維管束褐変（濃褐色）：半身萎凋病などによる病害，ストロン基部が激しい 維管束褐変（淡褐色）：生育旺盛時の強霜や茎葉枯凋処理による導管の枯死 病　虫　害：外観上わからない疫病，軟腐病，青枯病などによる内部の腐敗 低温障害：－1～－2℃で徐々に凍結すると灰色の壊死部位が散在する
成分品質	デンプン価：品種により異なるが，未熟イモほど低い傾向がある 糖　含　量：10℃以下の低温で還元糖が増加し，油加工時に製品が褐色となる えぐみ成分：ソラニンやチャコニンなどグリコアルカロイドにより感じる味

表 3.5.3　ジャガイモの規格　(g)

規　格	くず(2S)	小(S)	中(M)	大(L)	特大(2L)	特特大(3L)
ＪＡ(北海道)	～30	30～70	70～120	120～190	190～260	260～
登録関係(農業試験場)	～20	20～60	60～120	120～180	180～240	240～
ＪＡ(長崎)丸物	～40	40～70	70～120	120～180	180～260	260～400
ＪＡ(長崎)早出し*	15～30	30～50	50～ 90	90～140	140～220	220～400
ＪＡ(長崎)メークイン	20～40	40～60	60～100	100～150	150～230	230～400
大手チップスメーカー	40～60（小玉），60～340（規格品）					

＊：普通規格への切換時期は，丸物６月１日から。

(S)，中 (M)，大 (L)，特大 (２L) に規格分けされる。加工用では階級が少なく，大手加工メーカーの例では，小玉 (40～60g)，規格品 (60～340g) に規格分けされている (表3.5.3)。

４）収穫から選別

ジャガイモが病気にかからないよう健全に栽培管理した後，収穫作業から消費者の手に渡るまでの間に生じる障害が問題となる。アメリカでは「赤ちゃんを抱っこするように」，ヨーロッパでは「卵を扱うように」とたとえて，イモに衝撃や打撲を与えない収穫と輸送を行っている。

収穫機が大型になるほどイモの移動が激しく傷つきやすいため，コンベアの揺れを適度にしてかたいところにはゴムのあて物などをし，20cm以上の落下をしないように調節する。さらに打撲傷は10℃以下で発生しやすいため，収穫作業は地温が10℃以上で行い，低温貯蔵中の選別はイモの温度を10℃以上に上げて行えば，打撲傷の発生を軽減できる。また，降雨後すぐに収穫すると，イモの内部の膨圧が高くなっているので，少しの衝撃でも亀裂ができやすい。

５）貯　蔵

大型施設貯蔵の場合，選別やキュアリングが不充分だと入庫後２カ月頃から腐敗が問題となる。このため，腐敗原因となる疫病や軟腐病に侵されない栽培，収穫から選別の際に打撲傷をつけない取扱い，腐敗イモの除去とキュアリング（傷の治癒）が必要である。

第１段階は，キュアリング処理を行う。つまり収穫時に生じた傷を温度が10～18℃で相対湿度が90～95％の条件で５～10日程度かけてコルク層（治癒組織）をつくらせる。

第２段階として，用途に応じた温度に設定し，相対湿度は90～95％で本格貯蔵する。種イモ用や一般食用は２～４℃で貯蔵して，イモの呼吸を抑え消耗を少なくする。油で揚げる加工食品用は低温による糖化を避けるため８～10℃で貯蔵する。

第３段階は出庫である。イモの温度を急激に上げると内部で酸素欠乏が生じて細胞が壊死して黒色心腐れを生じるので，10℃程度までのゆるやか

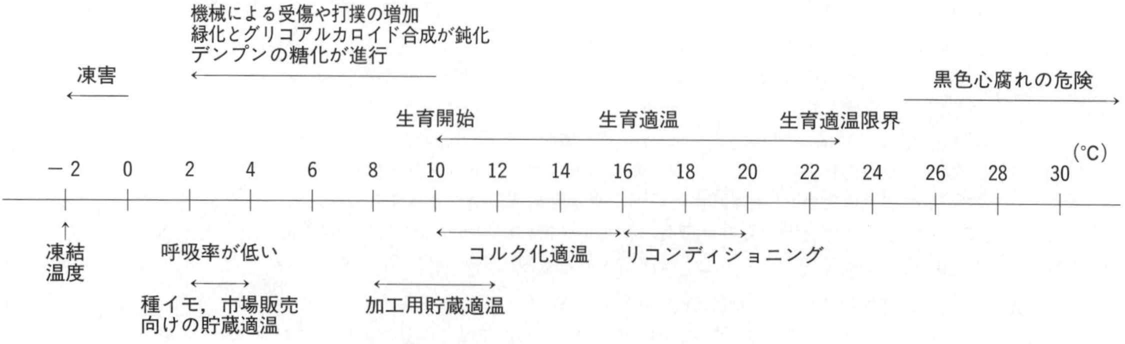

図 3.5.1　ジャガイモと温度の関係

な昇温と酸素供給のための換気が必要である。加工食品用では，貯蔵中に増加した還元糖を低下させるために，15～20℃に加温してリコンディショニングを行う（図3.5.1）。

6）品質保持

① 緑化とえぐみ　ジャガイモは光にさらされるとクロロフィルを生成して緑色となり，同時にえぐみのもととなるグリコアルカロイド（ソラニン，チャコニンなど）を生じるが，この緑化とえぐみの生成は独立した生理反応である。いずれも土を洗い流したイモや未熟なイモで増加が激しく，貯蔵したイモよりも収穫直後のほうが生成しやすい。

緑化について，140～3,300 lx の光の強さでクロロフィルを生成するが，25 lx でも生成することがある。温度との関係では，16日間1,000～1,100 lx の条件で，15℃のとき最大となり，5℃ではほとんど生成しない。光の質では，緑の500～600nmは生成が少なく，青の400～500nmと赤の600～700nmは生成が多い。デイライトタイプの蛍光灯の350～750nmの波長は，クロロフィルの生成を促す。また，毎日少しずつの曝光は，連続照明よりも緑化が多い。空気との関係では，CO_2が15％以上で緑化は阻害される。

えぐみの生成について，光にさらされる時間が長いほどグリコアルカロイドは増加し，光の強さでは25 lx 以下でほとんど生成しない。光の質では，緑の500～600nmの波長で増加が少なく，青終端の400nm前後の波長が生成をもっとも促す。またグリコアルカロイドが，生イモ100g中20mg以上含有するとほとんどの人が嫌なえぐみを感じる。

店舗の商品棚に並んでいるジャガイモは，蛍光灯の照明下で10～20℃に保たれているので一番緑化しやすい条件にある。また同じ産地の同じ品種であっても，完熟させないで収穫したジャガイモは，緑化とえぐみの両方の点で品質が劣ることになる。

② 萌芽の抑制　ジャガイモは，収穫後しばらくの間は発芽に適する18℃前後で多湿の条件にしても容易に萌芽しない内生休眠期間がある。品種間差が大きく，暖地向け品種の「デジマ」や「ニシユタカ」は短く，夏作品種の「男爵薯」や「トヨシロ」などは長い。キュアリング期間を経た後，2～4℃の低温で貯蔵すると呼吸が少なく芽の伸長が抑えられ，内生休眠明け後も強制的に休眠状態を維持して6カ月近く貯蔵可能である。

低温貯蔵以外の萌芽抑制方法として，生育中の萌芽抑制剤茎葉処理と放射線照射がある。薬剤による萌芽抑制処理は，茎葉黄変期の2～3週間前にマレイン酸ヒドラジド液剤の茎葉散布により行われる。還元糖含量が増加しないように8℃以上で貯蔵し，油加工原料用としてのみ使用されている。処理イモは貯蔵中に萌芽するが，モヤシ状の芽が多数伸びて1cm程度で止まるので，剝皮処理をすれば加工時の問題はない。しかしながら，薬剤の保存中に遊離ヒドラジンが増加することがわかり，安全性の観点から製品が回収され，2002（平成14）年から使用が中止されている。放射線処理による萌芽抑制は，1974（昭和49）年から稼働を始めた士幌アイソトープ照射センター（北海道）1カ所のみである。食品加工向けの一部に使用されており，萌芽はほぼ完全に抑制されるが，還元糖含量が増加するため油加工原料用としては不適である。

（3）成　分

ジャガイモの成分は，品種，栽培地の気候，土壌，栽培方法，収穫期によるイモの成熟度および貯蔵条件などによって異なる。しかし，一般的な成分組成は，表3.5.4に示したように最も多いのはデンプンを主成分とした炭水化物で，ついでタンパク質，灰分，脂肪，無機質およびビタミンなどを少量含有している。ジャガイモは，水分が多いので可食部100g当たりのエネルギーはほかのイモ類や穀物に比べて低い。

ジャガイモのデンプンは，単粒，卵形であり，粒径は5～100μm（平均粒径50μm），X線回折像は地下茎デンプン特有のB型図形を示し，アミロースとアミロペクチンの比は約1：4である。加熱時の性状は，糊化温度が低く膨潤しやすく，透

表 3.5.4 ジャガイモの成分
（可食部100g中）

水　分	(g)	79.5
タンパク質	(g)	2.0
脂　質	(g)	0.2
糖　質	(g)	16.8
繊　維	(g)	0.4
灰　分	(g)	1.1
無機質		
カルシウム	(mg)	5.0
リン	(mg)	55.0
鉄	(mg)	0.5
ナトリウム	(mg)	2.0
カリウム	(mg)	450.0
ビタミン		
B_1	(mg)	0.11
B_2	(mg)	0.03
ナイアシン	(mg)	1.80
C	(mg)	23.00

（4訂食品成分表より）

明で粘性の大きな糊液となるが，長時間の加熱や撹拌では粒子が崩壊し，粘度の低下も大きく，無機イオンの影響を受けやすい特性をもつ。工業的には水産練り製品，畜肉製品，各種調理食品や製菓用に，家庭では片栗粉として使用されている。また塊茎の比重とデンプン含量の間には高い正の相関が認められるため，デンプン製造や加工用の品質推定に比重測定が用いられている。

ジャガイモを低温で貯蔵すると次第にデンプンが分解され還元糖が増加して甘味が増す。これを低温スウィートニングというが，このようなジャガイモを加熱処理すると，還元糖と遊離アミノ酸とのアミノカルボニル反応により褐変する（図3.5.2）。この褐変防止には，還元糖の増加したイモを20℃前後に数週間貯蔵し，還元糖をデンプンに再合成させるリコンディショニングを行う。

ジャガイモは約2％のタンパク質を含むが，これを乾物に換算すると約8％となり米よりも高い値となる。またジャガイモのタンパク質は，含硫アミノ酸は少ないもののリジンを多く含み必須アミノ酸の豊富なバランスに優れた良質なタンパク源である。

イモ類は総じて脂肪含量が少なく，ジャガイモでも約0.2％にすぎない。しかし，ほかの植物性食品に比べ不ケン化物の比率が高く，ステロール類，特にβ-シトステロールを多く含有する。

ジャガイモの肉色は，白色系のものが多いが，最近はカロテノイド色素含んだ黄色系やアントシアニン色素を含んだ赤紫色系のカラフルなジャガイモも市場に流通し始め，ジャガイモの用途拡大に一役買っている。なお，ジャガイモを剝皮すると表面が次第に黒褐色に変色し始めるが，これはジャガイモ中に含まれるチロシンが組織の損傷によりチロシナーゼの作用を受けメラニンを生成するためである。一方，サラダなどで問題となる加熱調理後の変色は，非酵素的な反応でクロロゲン酸と酸化鉄による場合が多い。

ジャガイモ中には多くのビタミンが含まれているが，なかでも糖質などの代謝に欠かせないビタミンB_1やナイアシン，さらに免疫力強化や坑酸化作用などを有するビタミンCの含量が多い。ま

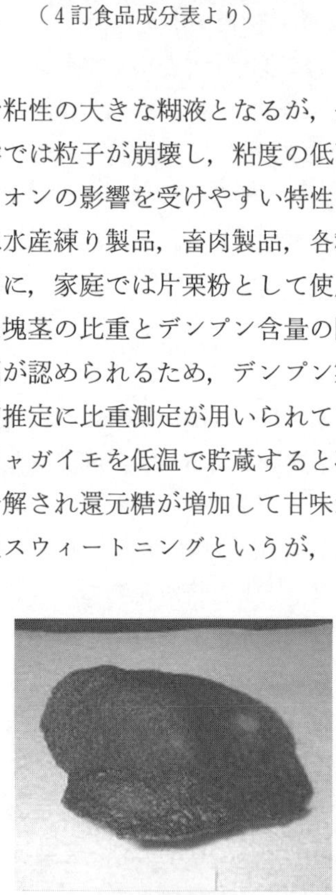

2℃貯蔵
（貯蔵60日）

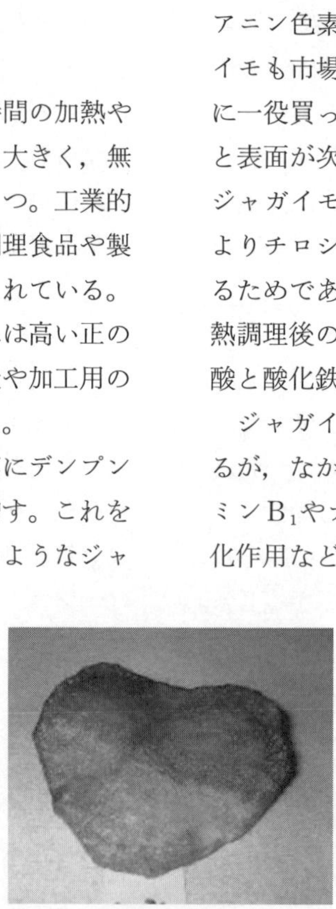

10℃貯蔵
（貯蔵60日）

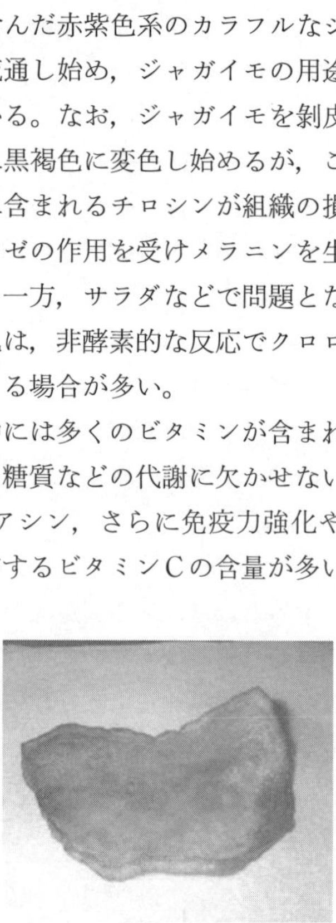

30℃貯蔵
（貯蔵60日）

図 3.5.2 ジャガイモにおける貯蔵温度の相異によるフライ後の褐変度の差異

た，ジャガイモのビタミンCは野菜などに比べ加熱調理中の損失が少ない。

無機塩類では，カリウムが多いのが特徴であり，次いでリン酸，マグネシウムであり，カルシウムの含有量は多くない。

（4）主要品種と新品種の特徴

1）品種の導入と品種改良

19世紀終わりから20世紀初めにかけて，欧米から数多くの品種が導入評価された。現在の主要品種である「男爵薯」（Irish Cobbler）と「メークイン」（May Queen）は初期の導入のものである。1902（明治35）年から国による育種事業が始まり，1938（昭和13）年に交雑育種による最初の育成品種の「紅丸」，そして1943年には「農林1号」が育成され，現在も栽培されている。第二次世界大戦後の1947年，暖地での二期作栽培向け品種の育種事業が開始された。1971（昭和46）年には「デジマ」，1978年には「ニシユタカ」が育成され，暖地ではこの2品種が主要品種となっている。

早生品種の「ワセシロ」は1974年に育成され北日本で栽培，デンプン原料用の「コナフブキ」は1981年に育成され，デンプン価が高くデンプン収量が多いため，「紅丸」に代わり，デンプン原料用の主要品種となっている。また，食品加工用では，ポテトチップス原料はグルコースなどの還元糖が少なく乾物率が高いことが望ましく，1976年に育成された「トヨシロ」が原料の約80%を占め

表 3.5.5　ジャガイモ主要品種の特徴 (1)

品種名	用途				イモの特徴								
	青果	業務	加工	デンプン	形	大きさ	目の深さ	皮色	肉色	内部異常 褐心	内部異常 中空	デンプン価(%)	休眠期間
（調理用）													
男爵薯	◎	○			球	中	深	白黄	白	微	少	15	やや長
メークイン	◎				長卵	中	やや浅	淡黄	黄白	無	無	13	中
キタアカリ	◎	○			偏球	中	中	白黄	黄	微	無	16	中
マチルダ	○	◎			卵	小	浅	黄	黄白	微	無	15	短
とうや	◎	○			球	大	浅	黄褐	黄	微	無	14	やや長
ベニアカリ	○	◎		○	楕円	やや大	やや浅	淡赤	白	微	微	19	長
さやか	○	◎			卵	極大	浅	白	白	無	無	14	やや長
花標津	◎				偏球	より小	深	淡赤	淡黄	無	無	15	やや短
（暖地向け）													
デジマ	◎				楕円	大	浅	淡黄	黄白	無	無	12	短
ニシユタカ	◎				偏球	中	浅	淡黄	淡黄	無	無	11	短
セトユタカ	◎				偏球	大	浅	黄褐	淡黄	無	無	12	短
アイノアカ	◎				楕円	やや小	浅	赤	淡黄	無	無	13	短
普賢丸	◎				球	中	浅	黄	淡黄	無	無	13	短
（加工用）													
ワセシロ	○		◎		偏球	大	やや深	白	白	微	無	16	やや長
農林1号	○	○	◎	○	偏球	大	やや深	白黄	白	少	微	16	やや短
トヨシロ		○	◎		偏卵	大	浅	黄褐	白	無	微	17	長
ホッカイコガネ	○	○	◎		長楕円	大	浅	淡褐	淡黄	無	無	17	中
ムサマル		○	◎	○	卵	大	浅	黄褐	淡黄	微	微	18	やや長
（デンプン原料用）													
紅丸				◎	卵	大	浅	淡赤	白	中	無	16	やや短
コナフブキ		○		◎	偏球	中	やや浅	黄褐	白	無	無	21	やや長
アスタルテ				◎	卵	やや小	やや浅	白黄	黄白	微	微	19	やや長
サクラフブキ				◎	偏球	大	中	黄褐	白	微	微	22	やや長
アーリースターチ				◎	偏球	大	中	白黄	白	中	微	19	やや長

表 3.5.6 ジャガイモ主要品種の特徴 (2)

品種名	調理・加工特性				適性					備考
	変色		肉質	煮くずれ	煮物	蒸し	サラダ	油加工	一次加工	
	生	調理後								
(調理用)										
男爵薯	多	中	粉	中	○	○	○	△	△	調理用の標準
メークイン	少	少	粘	微	◎	△	△	×	○	西日本で多く消費
キタアカリ	少	微	粉	中	○	◎	○	×	△	黄肉で粉質
マチルダ	微	微	中	少	○	△	△	△	◎	減農薬栽培可能
とうや	微	微	中	少	◎	△	○	×	○	粒子細かくなめらか
ベニアカリ	少	少	粉	多	△	○	○	×	◎	マッシュポテト，コロッケに適
さやか	微	微	中	少	○	○	◎	×	◎	サラダ，プレピールに適
花標津	少	少	中	少	○	△	○	×	△	減農薬栽培可能
(暖地向け)										
デジマ	少	微	中	少	◎	○	○	△	△	煮物に適
ニシユタカ	少	少	中	微	○	△	△	×	△	肉質ややかたい
セトユタカ	少	微	中	少	○	△	○	△	△	裏ごしに適
アイノアカ	微	無	中	微	◎	○	△	○	△	あっさり味
普賢丸	微	無	中	少	○	△	◎	×	△	
(加工用)										
トヨシロ	少	少	粉	中	△	△	○	◎	○	チップスに適
農林1号	中	中	粉	少	△	△	○	○	△	貯蔵チップスに適
ワセシロ	少	少	粉	中	○	△	○	○	△	早掘チップスに適
ホッカイコガネ	微	無	粘	微	◎	○	△	◎	○	フライと煮物に適
ムサマル	微	少	中	中	△	○	△	○	○	フライに適
(デンプン原料用)										
紅丸	—	—	—	—	—	—	—	—	—	褐色心腐れあり
コナフブキ	中	中	粉	多	×	△	△	×	○	マッシュポテト，コロッケに適
アスタルテ	—	—	—	—	—	—	—	—	—	えぐみが出やすい
サクラフブキ	—	—	—	—	—	—	—	—	—	
アーリースターチ	—	—	—	—	—	—	—	—	—	

ている。1981年に育成された「ホッカイコガネ」は，国産冷凍フライドポテトの原料として使用され，また粘質で煮くずれせず長楕円形という特徴があることから，調理用としても評価されている。

2）調理品質に優れる新品種

イモの肉質や煮くずれ程度，還元糖含量に左右される油加工適性などにより，それぞれの調理加工に適した品種がある。同じタイプの品種でも，近年育成された品種は「男爵薯」や「メークイン」に比べて，総合的により優れた特徴を有している。新しい食用の育成品種は，皮をむいて空気中に放置しても変色（剝皮褐変）せず，水煮後に放冷しても黒変（調理後黒変）せず調理品の外観に優れるなど，業務向けの用途適性が高い（表3.5.5～6）。

① **「キタアカリ」**　黄肉で香りがよく粉質である。加熱時の火の通りが早く，煮くずれしやすい。春先まで貯蔵すると糖化が激しく，粘質の肉に変化する。

② **「とうや」**　粒子の細かいなめらかな肉質である。剝皮後や調理後の変色が少ない。目が浅く剝皮歩留りが高い。

③ **「ベニアカリ」**　紅皮で外観に特徴があり，粒子の粗い極粉質である。デンプン価が高いため，コロッケやマッシュなどの加工歩留りが高い。

④ **「さやか」**　皮の緑化やえぐみの原因となるグリコアルカロイドの生成が少ない。剝皮後や調理後の変色が少ない。ピーラーによる剝皮歩留

りが高い。

⑤ 「アイノアカ」　紅皮黄肉で愛らしい外観をしている暖地産の調理用品種である。煮くずれが少なくしっかりした肉質をしているが，味のなじみがよい。

(5) 消費地での受入れ

青果用の流通は，通常，卸売市場から仲卸を経てスーパーマーケットなどの量販店や八百屋で購入され，各家庭で消費される。最近は，食の安全に対する意識の高まりから，以前にも増して卸売市場や仲卸などの市場を経由せず，産地から直接生協など小売店や消費者に届ける産地直送や，インターネットや通信販売を利用しての生産者が消費者へ直接販売する形態などが増えつつある。

通常，生産地では10kg（一部の地域では5kg）詰めの段ボール箱で出荷された後，スーパーマーケットではビニール袋に詰替えられて，一方八百屋ではザルなどに盛られそれぞれ約700～1kg前後で販売される。通常店頭に並べられているのは代表的な品種である男爵薯やメークインである。しかし，最近一部の店ではあるが，味質や色調の異なるさまざまな品種のものが取扱われるようになりつつある。

なお店頭では，ショーケースの照明がジャガイモのえぐみの増加要因になるため注意が必要である。

(6) 家庭での保管

家庭の保管で重要なのは光と温度である。前述にもあるようにジャガイモは，収穫後でも光を浴びると緑化し，えぐみの原因であるソラニンやチャコニンなどのグリコアルカロイドを表皮周辺に蓄積し，摂取量が多ければ腹痛や下痢などを引起こす。したがって，購入後はなるべく光をあてないように暗所での保存が重要となる。またジャガイモは収穫後1～2カ月位は，内生休眠期間があり，発芽に適した20℃前後でも萌芽しない。しかし，内生休眠が終わると萌芽が始まる。

長期間保管する場合は，蒸散による乾燥を防ぐために，新聞紙などで包装し，5～10℃位に保存すると強制休眠に移行し，比較的長期間の貯蔵が可能となる。低温で貯蔵したジャガイモは，還元糖が増えるため甘味が増す。なお，ジャガイモの萌芽抑制作用をもつものにエチレンがある。エチレンの放出量の多い果物であるリンゴを一緒に保存する方法があるが，エチレンの濃度の維持などを考えると難しい。

3.5.2 サツマイモ

(1) サツマイモとは

サツマイモは植物学的にはヒルガオ科のサツマイモ属に分類され，近縁野生種の分布や変異の多様性からメキシコからコロンビアにかけての熱帯アメリカ地域で生まれたと考えられている。この地域からコロンブスの新大陸発見以前に太平洋地域へ広まり，発見後はフィリピンを経由して瞬く間にアジア全体に広がった。冷涼な気候に適するジャガイモがヨーロッパの食料生産に大きく貢献したのに対して，サツマイモは熱帯・亜熱帯地域での栽培が盛んとなり，食料供給の不安定な温帯地域へも徐々に広がっていった。

現在世界でもっともサツマイモの栽培が盛んな国は中国である。全世界の栽培面積の約70%を中国が占め，ベトナムとインドネシアがこれに次いでいる。日本では栽培面積が著しく減少している。国民の食生活の向上や廉価な輸入農産物の増加がその原因となっている。

ジャガイモは茎が肥大してイモになるのに対してサツマイモは根が肥大する。植付けて3週間もするとイモになる根とならない根との違いが出てきて，イモになる根はどんどんデンプンを蓄積して肥大する。早いもので約3カ月，一般には5カ月ぐらいして収穫される。元来熱帯作物であるため寒さには弱く，霜が降りると蔓が枯れてしまうため，ハウス栽培などの特殊な栽培や九州南部・沖縄を除いて，11月上旬までには収穫を終える。イモは15℃を超えると萌芽を始め，10℃を下回ると腐りやすくなるため，萌芽もせず腐りもしない，

表 3.5.7 青果用サツマイモの栽培方法

栽培方法	地域	主要品種
ハウス極早掘栽培	高知・南九州	高系14号
トンネル極早掘栽培	高知・南九州	高系14号
マルチ早掘栽培	関東・東海 四国・南九州	ベニアズマ・高系14号 高系14号
マルチ普通掘栽培	関東・東海 四国・南九州	ベニアズマ・高系14号 高系14号
無マルチ普通掘栽培	四国・南九州	高系14号・ベニアズマ コガネセンガン

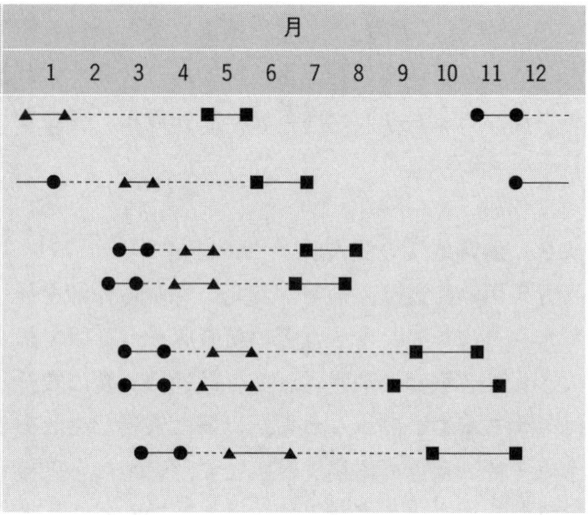

注） ●―●伏込時期，▲―▲植付け時期，■―■収穫時期

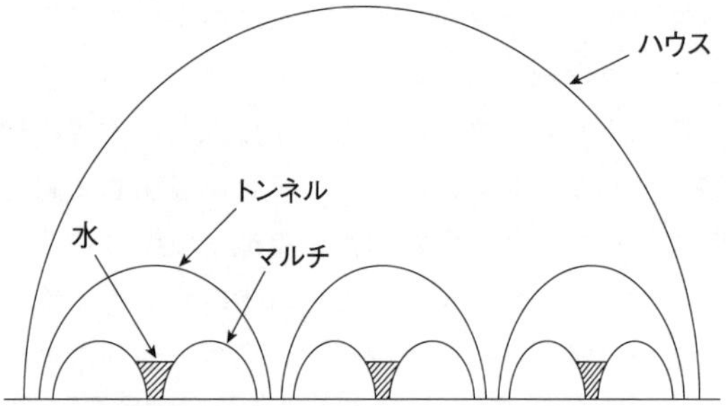

図 3.5.3 サツマイモの栽培方法

ハウス栽培ではすべての資材を用いる。
トンネル栽培ではハウス以外の資材を用いる。
マルチ栽培ではマルチのみ使用。
無マルチ栽培ではいずれも使用しない。

13℃が貯蔵適温である。湿度も重要でイモが水分を失うと品質は著しく劣化するので相対湿度が95％以上必要である。

（2）収穫から流通まで

1）主な生産地域と栽培方法

サツマイモの生産量が多いのは，鹿児島県，茨城県，千葉県，宮崎県，熊本県などである。しかし，それぞれの県の用途別の仕向量は大きく異なり，鹿児島県ではほとんどがデンプン原料用で，青果用とアルコール原料用（焼酎用も含む）が一部を占めている。宮崎県は青果用が主で，焼酎用，加工食品用，デンプン原料用がこれに続く。長崎県は青果用，生切干し用，加工食品用がほぼ同率である。千葉県，熊本県はほとんどが青果用で，茨城県ではこれに蒸切干し用が加わる。

デンプンやアルコール原料用には高デンプンで多収の「コガネセンガン」，「シロユタカ」，「シロサツマ」が用いられる。青果用には関東・東海地域ではほとんどが「ベニアズマ」で，西日本では「高系14号」が栽培されている。蒸切干し用には茨城県では「タマユタカ」，静岡県では「泉13号」が，イモかりんとう用には「コガネセンガン」が主に用いられている。

地域・用途によって栽培法はさまざまである。デンプン原料用や加工原料用では買上げ価格が低く，生産費を下げることが重要であるため，資材を使わない簡単な栽培方法が用いられている。一方，青果用ではいつ出荷するかで販売価格が大きく異なるため，その地域の気象特性を最大限に活用した栽培方法（ハウス極早掘栽培，トンネル極早掘栽培，マルチ早掘栽培，マルチ普通掘栽培，無マルチ普通掘栽培）がとられている。表3.5.7に栽培方法別の植付け・収穫時期を，図3.5.3に具体的な栽培方法を示す。

2）品質鑑別法

青果用サツマイモの品質はイモの大きさと形状と色で評価される。大きさはイモ１個重量によって主に２Ｓ～２Ｌの５階級に分けられる。場合によっては２Ｓ～３Ｌの６階級に分けられる。関東・東海地域では8月末までの早出しの場合，Sが70～150g，Mが150～250g，Lが250～350gであるが，9月以降はそれぞれ100～200g，200～300g，300～450gとなる。形状は基本が紡錘形で丸イモは1ランク劣る規格となる。紡錘形のイモのうち傷，曲がり，変色，退色，害虫による食害などがなく，外観が優れるものがA品とされ，外観がやや劣るものがB品とされる。丸イモで外観がやや劣るものあるいはB品よりさらに外観が劣るものがC品とされる。市場評価はA-Lがもっとも高く，A-M，A-2Lと続き，丸イモやA-S，B品などはかなり評価が低い。さらに外観が劣るC品はほとんどくずイモ扱いである。

蒸しイモの品質は市場ではあまり重視されないため，統一された基準はないが，その向上は購買意欲を高めるためには不可欠であるため，研究機関などでは色（白，黄白，黄，橙など），肉質（粘質，粉質），繊維の多少（少～多まで5階級），甘さ（遊離糖含量を屈折糖度計で測定），食味（極下～極上まで7階級に官能評価）が評価されている。

3）生産地での貯蔵方法と品質管理

収穫したサツマイモをすぐにあるいは年内に出荷する場合は特別な処理を必要としない。しかし，春先まで貯蔵して出荷する場合は貯蔵中の腐敗を防ぐために周到な対策が必要である。イモが腐敗しやすく，また腐敗に至らなくても貯蔵中に肉質の粘質化が著しい「ベニアズマ」では特に注意が必要である。

サツマイモの表皮は薄く傷つきやすいため，収穫時や収穫後の取扱い時に損傷を受ける。受傷部は各種の病原菌が侵入しやすくなるため，できるだけ早く治癒する必要がある。このために行われるのがキュアリング処理である。キュアリングとは高温・高湿処理によって速やかに受傷部にコルク細胞などの治癒組織を形成させて，その後の病原菌の侵入などを阻害しようとするものである。

キュアリング処理は高温・高湿度でサツマイモを著しく消耗させ，場合によっては品質を低下させる危険性がある。このため，治癒組織形成促進が可能でかつ消耗の少ない条件が設定されている。温度についてはかつては黒斑病を防除するという観点から35～37℃にされていたが，黒斑病があまり問題とならなくなった現在では，生理障害を伴うような高温は必要がなくなり，30～32℃で処理されるのが一般的である。また，湿度は高湿度ほど治癒組織の形成が早いため，95％以上の相対湿度が用いられている。こうした条件で1週間程度の処理をすると品質を低下させずに傷を治癒することができる。

このようにして処理したイモを先に述べた条件で貯蔵すると品質の劣化が少ない。

4）青果用品種と加工用品種の流通システム

青果用サツマイモの流通はさまざまで，キュアリング施設をもっている生産者は農協，集出荷業者あるいは自ら開拓した経路を経て出荷する。この場合は生産者自身が先に述べた規格に分けて5kg箱に詰めて市場価格が有利なときをねらって出荷する。キュアリング施設をもたない零細な生産者は箱詰して出荷する場合もあるが，茨城県などではキュアリング組合に属する業者（集出荷業者）に収穫と同時に販売するのが通例である。収穫時にL,M,Sにおおまかに分け，コンテナに詰め庭先に置いておくと業者が回収していく。生産者自身が出荷するのと比べると販売価格はかなり低いが，畑の利用効率性や貯蔵の経費を考慮するとそれでもある程度の収入は得られる。業者は回収したイモをキュアリング貯蔵し，市場の価格を眺めながら有利な時期に出荷していく。このように，青果用サツマイモの流通は他の土もの野菜と同様にさまざまな経路で行われている。図3.5.4はその流れのあらましを示したものである。

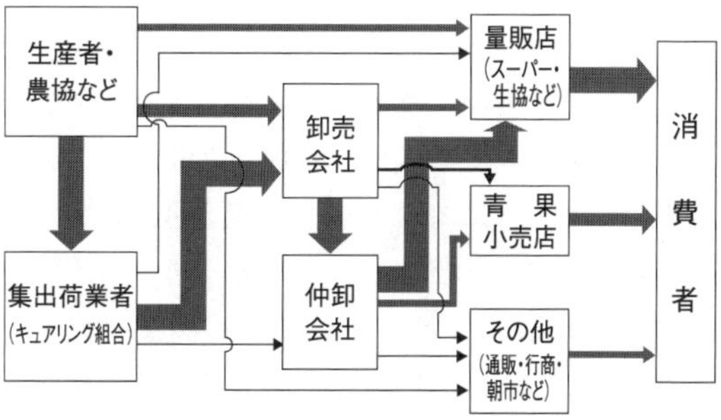

図 3.5.4　青果用サツマイモの流通経路

加工用サツマイモは農協や集出荷業者を通じて流通するが，まれには契約栽培をしている例もある。ただし，蒸切干し用についてはほとんどが農家自身の手で加工されるため，原料の流通はほとんどない。加工された蒸切干しイモは10kg箱に詰めて，干しイモ（蒸切干し：茨城県では一般的に干しイモと呼んでいる）卸業者に一定の値段で卸される。一部は農協にも流れるが，その量はあまり多くない。このほか，農家の庭先販売，宅配，スーパーマーケットへの直接出荷などもある。干しイモ業者あるいは農協は品質によって選別し，必要に応じて300～1,000gの袋に包装して販売する。

（3）成　分

サツマイモの成分は品種，栽培環境（気候），収穫時期や貯蔵条件などにより異なる。市場に出回っているサツマイモの成分は，品種により異なるが水分は約60～80％，デンプン含量は約15～30％である。タンパク質，脂質，食物繊維，灰分，ビタミン，無機質などは少量含有している。

サツマイモデンプンは主に単粒構造をしており，粒径は2～40μm（平均18μm）で，ジャガイモ粒径（平均40μm）に比べ小さい。粒の形態はジャガイモが大部分卵形単粒であるのに対し，サツマイモは複粒，多面釣鐘形をしている。X線回折図形はジャガイモがB形を示し，サツマイモは穀粒デンプンのA形に近いC_A形を示している[1)]。デンプン糊は同一濃度においてジャガイモは最高粘度が高く，糊化温度が低い。しかし加熱温度を上げていくとデンプン粒が崩壊して，粘度が低下する。加熱温度が低くなるとデンプンの構成分子が会合して，糊の粘度が高まる性質を有するが，それに比べてサツマイモは加熱や冷却に対し粘度が安定している。サツマイモデンプンのアミロースとアミロペクチンの比率は17.2～19.0：82.8～81.0である。このようにアミロース含量が低く[2)]，またアミロペクチンの青値が0.16～0.176で，ジャガイモの青値0.235より小さいことが糯種《もちしゅ》デンプンに似た特性を示している。サツマイモ塊根の肥大は気候に左右される。気温が高く，日射量も多く，ある程度の降雨量に恵まれた年のサツマイモ塊根は肥大し，多収年次で豊作となる[3)]。肥大量とデンプン含量の間には正の高い相関関係が認められ，塊根重量（肥大量）が大きくなるとサツマイモのデンプン含量が多くなる[4)]。またデンプン量と食物繊維量および遊離糖との間には負の高い相関関係が認められる[4),5)]。

サツマイモの食物繊維はイモ類の中ではもっとも多く，1回に摂取する絶対量は多い。また“煮る”，“蒸す”ことにより，デンプンの一部分が消化酵素に抵抗する非デンプン性多糖類（レジスタントスターチ）を生成（生イモに対し35～40％の増加量）することから食物繊維の摂取量が多くなる[6)]。

分解酵素β-アミラーゼの存在は大きい。ほかにα-アミラーゼやホスホリラーゼの存在，また合成酵素 UDPG トランスフェラーゼなどが認められる。β-アミラーゼの作用はデンプンの糊化が始まる75℃から急激にマルトースが生成して11.2％に達する。マルトースの生成は85℃に達するまでの短時間に糊化デンプンに作用するためであろうと考えられている[1)]。育成品種の「サツマヒカリ」はβ-アミラーゼ活性が認められず，加熱によるマルトースの生成がみられない。

サツマイモの切断面に白い乳液が分泌される。この乳液は放置すると黒い樹脂状になることから，ヤラッパ樹脂（ヤラピン）といわれている[7)]。ヤラピンは糖脂質の仲間で3種類の配糖体が確認されている。グリセリンとオキシ脂肪酸とのトリグリセリドである。オキシ脂肪酸の一つであるヤラピノール酸（d-11-hydroxypalmitic acid）にはラムノース，グルコース，ガラクトースが結合している[8),9)]。乳化作用，缶石防止[7)]，緩下剤[7)]，発酵阻害[8)]の報告がある。

サツマイモはビタミンC（30mg/100g）が多く，総ビタミンC量は蒸煮しても約60％残存している[10)]。ビタミンE（4mg/100g）量も多い。さらにビタミンA効果のあるβ-カロテンの高い品種（「ベニハヤト」）も知られている。無機質はカリウム（460mg/100g）が多く，次いでリン，カルシウムである。

焼イモ（ジュエル）の香気成分は2，3-ペンタジエン，2-フルフリルメチルケトン，5-メチル-2-フルアルデヒド，リナロールが同定されている[11),12)]。クロロゲン酸類が100〜300mg/100gと多く，褐変に関係するが，アミラーゼやリパーゼ，トリプシンの活性を阻害することが知られている[13)]。紫イモはアントシアニン色素を含有し，シアニジン系とペオニジン系に分かれる[13)]。いずれも熱や紫外線に安定である[13)]。1995（平成7）年に品種登録された「アヤムラサキ」はペオニジン系アントシアニンで抗酸化作用，肝機能障害軽減作用，血圧を上昇させる作用を抑えたりすることが示唆されている[14)]。

（4）主要品種と新品種の特徴

昭和50年代まではサツマイモの主な用途が青果用とデンプン原料用に限られていたため，どちらかの用途の品種が食品加工用などに用いられてきた。しかし，サツマイモの用途の多様化とともに，特殊な用途あるいはこれまでなかったような特性をもつ品種群が育成されてきた。

1）青果用品種

① **「紅　赤」**　在来品種である「八房」を栽培していた埼玉県川越市の山田イチが，1898（明治31）年にイモが鮮やかな紅色である突然変異体を見つけだした。これが「紅赤」として普及した。一般には金時と呼ばれることが多い。うまくつくると大変形状も味もよいイモが収穫できるが，肥料が多いと蔓ぼけしイモがほとんど収穫できなかったり，形状が著しく乱れたりして栽培しにくいため，現在では栽培面積は減少している。

② **「高系14号」**　「ナンシーホール」と「シャム」という品種の交配から選抜された品種である。高知県で1945（昭和20）年に育成された。早期肥大性に優れ，形状がよく皮の色も赤で，食味もよいところから全国的に広く栽培された。しかし，ウイルス病による退色や形状の乱れが目立つようになり，現在では西日本を中心にウイルスフリー苗を用いた栽培が一般的になっている。また，各産地では商品を差別化するため皮色や肉色が優れた微小な変異体を選抜し，異なった銘柄で販売している。「鳴門金時」（徳島県），「坂出金時」（香川県），「土佐紅」（高知県），「千葉紅」（千葉県），「紅高系」（埼玉県），「ことぶき」（宮崎県），「ベニサツマ」（鹿児島県）などがそうである。

③ **「ベニアズマ」**　1984（昭和59）年に農林水産省農業研究センターで「関東85号」と「コガネセンガン」の交配から選抜・育成された。イモの皮色が濃赤紫で肉色は黄で甘みが強く食味がよくて，栽培しやすいため急速に栽培面積が広がった。もっともよく栽培されている品種である。貯蔵性は劣る。

④ **「ベニコマチ」**　1975（昭和50）年に農林省農事試験場で「コガネセンガン」と「高系14号」の交配から選抜・育成された品種である。非常に味がよく，一時期千葉県を中心に広く栽培されたが，病気に弱く，栽培が難しいため現在では一部の地域を除いてほとんど栽培されていない。

⑤ **「春こがね」**　1998（平成10）年に農林水

図 3.5.5　ベニアズマ

図 3.5.6　春こがね

産省農業研究センターで「関東103号」と「ベニアズマ」の交配から「ベニアズマ」の形状の乱れの改善を目的として選抜・育成された。形状がよく，皮の色は濃赤紫，肉の色は黄で食味も優れる。沖縄県で栽培されている。

2）加工用品種

①**「コガネセンガン」**　1966（昭和41）年に農林省九州農業試験場で「鹿系7-120」と外国品種「L-4-5」（後にペリカン・プロセッサーと名づけられる）の交配から選抜・育成された。イモ収量が非常に高く，デンプン歩留りがこれまででは考えられないほど高かった（26%）ため，デンプン原料用として広く栽培され，またイモ焼酎の原料としても重宝された。食味も青果用に匹敵するほどよかったため，イモかりんとうの原料としても広く用いられている。貯蔵性はやや劣る。

②**「タマユタカ」**　1960（昭和35）年に農林省関東東山農業試験場で「関東33号」と「クロシラズ」の交配からデンプン原料用品種として育成された。イモ収量は高いがややデンプン歩留りは低い。近年は蒸切干しに適することが明らかとなり，茨城県でその原料として栽培されている。

③**「ベニハヤト」**　1985（昭和60）年に農林水産省九州農業試験場で「Centennial」と「九州66号」の交配からカロテン含量の高さに着目して選抜・育成した品種である。イモの収量はやや低いが形状がよく，カロテン含量がニンジンなみ（約12mg%）である。調理用・加工用に適する。

④**「サツマヒカリ」**　1987（昭和62）年に農林水産省九州農業試験場で「九州84号」と「九州88号」の交配から選抜された品種である。この品種はデンプンをマルトースに変えるβ-アミラーゼを欠損しているために加熱した後もイモが甘くならない。このため，グラニュールの製造やスナック食品の加工に適する。

⑤**「ヘルシーレッド（ヒタチレッド）」**　1993（平成5）年に農林水産省農業研究センターで「Caromex」に「L-4-5」,「Tinian」,「ナンシーホール」と「高系14号」の混合花粉を授粉して得られた交配種子から選抜・育成された。イモの収量が高く，イモの中にカロテンを含むのが特徴である。カロテンを含むサツマイモの中では食味がよいため，青果用としての利用は可能であるが，蒸切干し適性が高いため，色変わり蒸切干しの原料として用いるのがよいであろう。

⑥**「ジョイホワイト」**　1994（平成6）年に農林水産省九州農業試験場で「九州76号」と「九州89号」の交配から選抜・育成された。イモの収量はやや低いがデンプン歩留りが高く，β-アミラーゼを欠損しているため加熱後も甘くならない。イモ焼酎の原料として用いると淡麗な焼酎ができるため，高品質サツマイモ焼酎製造のための素材として利用されている。サツマイモパウダーの原料としても利用されている。

⑦**「山川紫」**　鹿児島県指宿市山川町で栽培されていた在来品種で，イモに多量のアントシアニンを含み，肉色が濃紫である。イモあんや紫イモアイスクリームの原料などに用いられている。蔓ぼけしやすく，イモの収量はきわめて低い。

⑧**「アヤムラサキ」**　1995（平成7）年に農林水産省九州農業試験場で「九州109号」と「サツマヒカリ」の交配から選抜された品種である。「山川紫」の約2倍のアントシアニンを含み，収量も2倍以上であるため，アントシアニンの生産量はきわめて高い。色素抽出用あるいは菓子，イモ粉やジュースの原料用として利用されている。

⑨**「農林ジェイレッド」**　1997（平成9）年に農林水産省九州農業試験場で「シロユタカ」と「86J-6」（アメリカから導入した系統）の交配から選抜された。イモ収量は高いが，イモの乾物率が低く，水分含量が高い。また，イモの中にカロテンを多く含む。このため，ジュース製造に適している。

⑩**「サニーレッド」**　1998（平成10）年に農林水産省九州農業試験場で「九系79」と「ベニコマチ」の交配から選抜された。イモの中にカロテンを含むが，比較的乾物率が高いため，橙色のサツマイモパウダーの製造に適する。白の「ジョイホワイト」，紫の「アヤムラサキ」とともに原料として利用されている。

エレガント　ツルセン　ベニアズ　高系14号
サマー　　　ガン　　　マ

図 3.5.7　その他の品種

3）デンプン原料用品種

先述の「コガネセンガン」に加えて，「シロユタカ」および「シロサツマ」が主要品種である。いずれもイモの皮色・肉色ともに白で，収量だけでなくデンプン歩留りが高い。

4）その他の品種

「エレガントサマー」　サツマイモの葉柄を食用に利用する目的で育成された。1996（平成８）年に農林水産省農業研究センターで「関東99号」と「九州92号」の交配から選抜された。これまで主に葉柄が利用されていた「高系14号」に比べて，葉柄が長くて太く，葉柄収量が著しく高い。また，生で食べても苦みをほとんど感じないため食味が優れる。おひたしやあえ物，珍味の原料としての利用が可能である。

（5）消費地での受入れ

スーパーマーケットなどの量販店はＬサイズであれば２本，Ｍサイズであれば３本を基本に袋詰して販売する。この場合の規格はＭが200～400g，Ｌが400～600gというように，先に述べた農家から農協，集出荷業者を経て卸売会社で用いられるものよりはやや大きめである。袋詰はスーパーマーケット自体が行うことは少なく，約20％は集出荷業者，約80％は仲卸会社で行っている。最近では２Ｌ１本でばら売りされたり，５または２kgの箱入りで販売されることも多くなっている。量販店に対抗して，小売店や中小スーパーマーケットでは店先に箱積みして売るという方法で安売りしている例も見受けられる。

品質管理についても，葉物や果菜に比べてサツマイモは売場のスペースが小さくまた鮮度の差も大きくないため，集出荷業者や仲卸会社にゆだねる傾向が強い。

（6）家庭での保蔵方法

家庭での保蔵で留意すべき点は温度と湿度である。他の野菜のように温度が低ければ長もちするというものではなく，10℃以下になると腐りやすくなるので，冷蔵庫に入れることは禁物である。秋口のまだ気温が高い間は床下収納庫などの比較的温度の低い場所で保管する。また，冬場は室温も低くなるので，比較的温度の高い冷蔵庫の上などに，乾燥しないように新聞紙などに包んで置くと比較的長もちする。しかし，この場合は乾燥しやすく，温度較差が大きいので数週間のうちに利用することが望ましい。もっともよい方法は新聞紙などに包んで発泡スチロールなどの保温性の高い容器に入れ床下収納庫に置くことである。この保存法では比較的温度が一定で湿度も高いため，条件にもよるが１～２カ月は保存が可能である。

3.5.3　その他のイモ

（1）サトイモ

サトイモはヤマノイモに対して，里でとれるイモということからその名称がある。収穫期は夏から秋にかけてであるが，品種によりやや時期が異なる。イモは楕円形をしており，茎が肥大した塊茎である。サトイモは親イモ，子イモ，孫イモと増えていくため，子孫繁栄の縁起ものとして取上げられ，古くより神事や年中行事などに使われることが多い。

1）来　歴

原産地はインド東部からマレー半島にかけての地域とされている。日本への来歴はきわめて古く，縄文時代後期といわれているが，その時期は明確ではない。経路は，子イモ用，親子兼用種がインドを経て中国から，親イモ用品種は台湾，沖縄を経て伝えられたと考えられている。

2）生　産

サトイモの作付面積，収穫量は年々減少傾向にあるが，前述した神事や縁起物としての役割もあり，減少率は小さい。主な産地は千葉県，宮崎県，埼玉県，鹿児島県などで，地域別にみると温暖な九州地方で多くつくられており，北海道では気候が寒くてつくることができない。

3）成　分

サトイモの成分組成は表3.5.8に示したように，ほかのイモ類と同様，主成分は糖質（デンプン）であるが，食物繊維も多く，水溶性多糖類，特に粘質成分（ぬめり）が多いのが特徴である。タンパク質はほかより多く含まれており，その栄養価も高い。さらに灰分が多いのも特徴で，無機質としてはカリウムが多い。また，ビタミンはC含量がほかのイモと比べて低いが，ビタミンB_1，ビタミンB_2，ナイアシンなどはサツマイモとほぼ同様の量が含まれている。

サトイモには微量のホモゲンチジン酸とシュウ酸が含まれ，えぐみの原因となるが，乾燥した場所で生育したものはそれが多くなる傾向がみられ，栽培条件によりその含量は異なる。皮をむくと黒変しやすいが，これはサトイモに含まれるタンニンが酵素（ポリフェノールオキシダーゼ）により酸化されるためである。また，サトイモに触れるとかゆく感じるのはシュウ酸カルシウムの針状結晶が原因とされている。

表 3.5.8　サトイモの成分

水　分		84.1
タンパク質		1.5
脂　質		0.1
炭水化物		13.1
灰　分		1.2
無機質	カルシウム	10
	リ　ン	55
	鉄	0.5
	ナトリウム	Tr
	カ リ ウ ム	640
ビタミン	B_1	0.07
	B_2	0.02
	ナイアシン	1
	C	6

出典）五訂増補日本食品標準成分表

4）品　種

通常，サトイモと称しているのは，学名 *Colocasia esculenta* の種類であり，用途別に分類すると，親イモの周囲にできる子イモのみを利用する子イモ用，子イモがあまりできず，親イモが肥大する親イモ用，親イモと子イモ両方を食用とする親子兼用，さらに，イモではなく，葉柄を食用とする種類に分けられる。子イモ用としては，「石川早生」，「土垂」などがあり，これらは関東地方に多く，一般にサトイモというとこの種類をいう。いずれも早生種で，夏から初秋にかけて収穫される。肉質は粘りがあり，やわらかく風味もよい。親イモ用としては，「たけのこいも」，「田いも」などがあるが，「たけのこいも」は関西に多く，京イモと呼ばれている。親子兼用は，一般に粘りの少ない粉質系のもので，「八つ頭」，「赤芽」，「唐いも」，「えびいも」，「セレベス」などがある（図3.5.8）。さらに葉柄を「ズイキ」と呼び，緑色から赤紫色まで種々あるが，緑色のものはシュウ酸が多く，えぐ味が強いため食用にならない。赤紫色したズイキは食用に供される。

5）流通・保蔵

収穫時期から秋が旬であるが，貯蔵により一年中市場には出回っている。乾燥，低温に弱いため，土中に埋めて保蔵するのがよい。濡れたおがくず

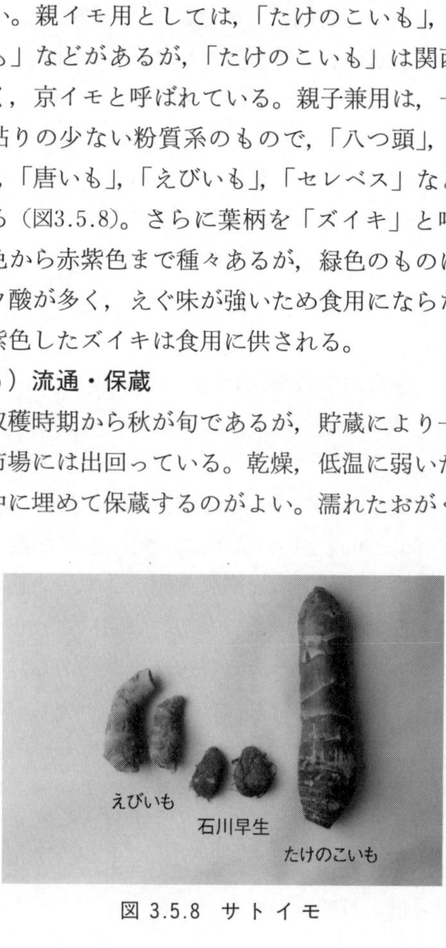

図 3.5.8　サトイモ

や籾殻，新聞紙などで覆っておくのもよい。また，冷蔵庫には入れず，常温で保蔵する。

（2）ヤマノイモ

ヤマノイモは，ヤマノイモ属 *Dioscorea* の栽培種および野生種で，栽培種は秋に収穫される。種類により色々な形状があり，その嗜好は地域性が強い。日本で栽培されている種類のうち，長形種の「ナガイモ」は比較的広く全国で消費されているが，扁平種の「イチョウイモ（大和イモ）」は関東地方，塊形種の「ツクネイモ」は関西方面で，また白皮の塊形種は名古屋を中心とした東海地方などで好まれている。いずれも特有の粘性をもっているのが特徴で，その強さは塊形種，扁平種，長形種の順となっている（図3.5.9)。

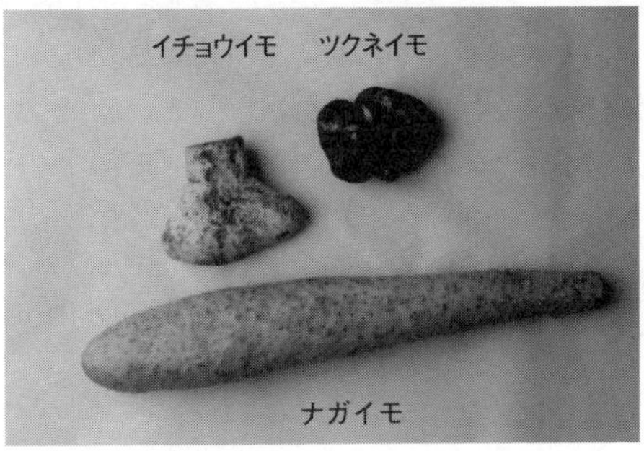

図 3.5.9　ヤマノイモ

1）来　　歴

ヤマノイモはほとんどが熱帯あるいは亜熱帯に生育し，その分布はきわめて広い。日本において栽培されているヤマノイモ類は温帯適応種であり，これらは南シナから極東にかけての地域が原産とされている。ヤマノイモの栽培の歴史は古く，縄文時代後期のサトイモなどとほぼ同じ時期と考えられている。また，ジネンジョ（自然薯）といわれる野生種は日本の山野に自生している。

2）生　　産

ヤマノイモの作付面積および生産量は，全体的に増加傾向にある。「ナガイモ」の主な産地としては青森県や北海道，「イチョウイモ（大和イモ)」は関東地方を中心として，群馬，長野，茨城，千葉などの各県，「ツクネイモ」は兵庫県や京都府などが主な産地となっている。

3）成　　分

ヤマノイモもほかのイモ類と同様，主成分は炭水化物で，そのほとんどはデンプンが占めている。また，その割合は種類によってもやや異なり，糖質は粘りが強い種類ほど多く含まれている。一般にイモ類にはカリウムが多く含まれているが，なかでもヤマノイモは，その含量が590mg/100gと高いのが特徴である。

ヤマノイモ特有の粘性は，糖とタンパク質が結合した糖タンパク質とマンナンに由来し，約８：２の組成比を有している。糖はマンノースを主体としたマンナンで，これは消化吸収されにくい食物繊維として知られている。ヤマノイモはすりおろして生で食べられる唯一のイモであることから，デンプンを消化する酵素，アミラーゼの活性が強いといわれているが，実際はほかのイモと比べても決して強いわけではない。むしろ特有の食感が生食を可能にしていると考えるべきであろう。

また，ヤマノイモにはサトイモと同様，シュウ酸カルシウムの針状結晶があり，かゆみの原因と

表 3.5.9　ヤマノイモの成分

（可食部100g中）

		イチョウイモ	ジネンジョ	ナガイモ
水　分		71.1	68.8	82.6
タンパク質		4.5	2.8	2.2
脂　質		0.5	0.7	0.3
炭水化物		22.6	26.7	13.9
灰　分		1.3	1	1
無機質	カルシウム	12	10	17
	リ　ン	65	31	27
	鉄	0.6	0.8	0.4
	ナトリウム	5	6	3
	カリウム	590	550	430
ビタミン	B_1	0.15	0.11	0.1
	B_2	0.05	0.04	0.02
	ナイアシン	0.4	0.6	0.4
	C	7	15	0.61

出典）五訂増補日本食品標準成分表

なる。褐変酵素なども個体によっては強いものもあり，すりおろした際に黒変することがある。これはイモに含まれるポリフェノールオキシダーゼが強力な褐変酵素（ポリフェノールオキシダーゼ）によって酸化されるためである。一般に早掘りしたものに多い傾向がみられる。

4）品　種

世界には約600種ほどが知られており，熱帯，亜熱帯地方を中心に栽培または自生している。

日本に生育するヤマノイモは，植物学上，野生種であるジネンジョ（自然薯）をヤマノイモ（*Dioscorea japonica* THUNB），栽培種をナガイモ（*Dioscorea opposita* THUNB）と呼び，大きく２種類に分けられている。しかし，一般にこれらは混同して使われており，どちらも“ヤマノイモ”，あるいは“ヤマイモ”と呼ばれている。栽培種はいずれも「ナガイモ」ということになるが，その形状の違いから，ナガイモ群，イチョウイモ群，ツクネイモ群などに分けられ，これらが品種の違いのように扱われていることがある。

5）利　用

ヤマノイモは，すりおろしてとろろとしたり，千切りにしたりして生で食べることが多い。また，このような生食とするだけでなく，各種加工食品の原料としても使われている。すりおろしたときの粘性や起泡性などを利用して，和菓子（かるかんなど）や水産練り製品（ハンペン，カマボコなど），麵類《めんるい》（ソバ）などに使われており，その用途は広い。

また，中国では山薬といって，漢方薬としても用いられており，食欲不振，身体疲労などに効果があり，滋養，強壮，止瀉薬などとしての利用がされている。

6）流通・保蔵

収穫は地上部が完全に枯れるまで生育させるため，一般に晩秋となる。北海道などでは，一部をそのまま掘らずに冬越しして，春雪解けとともに掘り出す，春掘りということも行われている。掘り出したイモは，乾燥しないよう，おがくずなどとともに３～５℃の低温に貯蔵する。「ナガイモ」は色が白く，太くて長いものが良品とされている。

傷や切り口などから腐敗しやすいため，そのような部分は，よく乾燥させてから貯蔵する必要がある。

（3）クワイ

1）概　要

クワイ（*Sagittalia trifolia* L.var. *Sinensis* MAKINO）はオモダカ科の水生多年草である。原産地は中国。温暖な気候を好み，水田などの湿地で栽培される[15]。長い地下茎の先端に，塊茎をつける。塊茎の外皮が鮮やかな青藍色をして，芽をもつ。現在，市場には中国産の「白クワイ」（別名シナグワイ）が輸入されているが塊茎が白く，大粒で苦みが強い淡泊な味がする。また，大阪の吹田付近では小粒の「吹田クワイ」〔慈仙〕（別名：姫クワイ）（*Sagittalia trifolia* L.）が栽培されている。似たものに，「オオクログワイ」（*Elecharis duricis* TRIN.）があり，台湾や中国南部の水田で栽培されている。中国では，中華料理に使われたり，酒や春雨の材料にする。

クワイは『和名類聚抄』（930～935年・源順）に初見されるが，これは「クログワイ」〔烏芋〕（*Eleocharis Kuroguwai* Ohwi）を指し，現在一般にみられる「青クワイ」〔慈姑，茨菰〕（別名：新田クワイ・京クワイ）は江戸時代の元禄ころから普及した[16]。クワイは芽がついていることから，「芽が出る」という縁起から正月料理などに使われている。

2）主要産地・収穫時期・掘取り法

①　**主要産地**　埼玉県（浦和，越谷，草加など），広島県（福山など），愛知県。

②　**収穫時期**　11月下旬～２月下旬（普通栽培・関東），８～12月（早掘り栽培）。

③　**掘取り法**　泥田に入り，水圧を利用したポンプ式で掘取る。

3）成　分

シュウ酸を含み特有の苦みがある。ほとんどがデンプンで，ビタミンB_1が含まれる。

4）品質の見分け方

芽部が完全についていて，傷みがないものがよい。芽のないものは商品価値がない。塊根部の青藍色の部分に光沢と張りがあるものがよい。品質が劣化すると光沢と張りが失われる[17]。

5）保　蔵　法

新聞紙などに包み，乾燥を防いだ状態で冷蔵庫で保存する。貯蔵性はよいが，早く用いるほうがあくが少ない。

（4）キクイモ

1）概　　要

キクイモ（*Helianthus tuber* L.）（別名：エルサレム・アーティチョーク，朝鮮芋）は大型のキク科の多年草である。秋にヒマワリを小型にしたような黄色い花をつける。寒さに強く放っておいても育つきわめて丈夫な植物で，各地に野生化して自生する。カナダ東部，アメリカの北西部が原産地である。アメリカ先住民により栽培されていたが，日本には幕末の文久３（1863）年頃に伝わった。明治時代に北海道開拓使が導入し，第二次世界大戦中や戦後に栽培が奨励されていたが，現在はあまり食用に栽培されていない[18]。イヌリンを多量に含むことから戦争中はアルコール原料用として栽培され，戦後は果糖の製造用や飼料用とされた。品種として「白色種」，「紫色種」，「喜久芋」，「サットンス種」などがあるが，市場では区別されない[19]。

食用としては酢漬けなどの漬物が一般的である。イヌリンのみで，デンプンを含まないことから，最近では血糖値を下げる野菜として注目されている。

2）主要産地・収穫時期・掘取り法

①　**主要産地**　　北海道などの冷涼な気候の地域。

②　**収穫時期**　　11〜12月中旬。

③　**掘取り法**　　塊茎が根茎の先端に分散形成されるので，収穫に労力を有する。そのため無理に茎を引抜くと根茎が折れる。主に手掘りで行われる。

3）成　　分

水分80％内外，炭水化物は15％でその大半（約60％）がイヌリンであり，デンプンを含まない。キクイモの成分脂肪0.2％，食物繊維2.0％，タンパク質1.9％，無機質1.6％である。その他，ビタミンB_1，ビタミンB_2，ナイアシンなどのビタミン類を含む[20]。

4）品質の見分け方

サトイモなどと同様に，色とかたさで判断する。塊茎はコルク層を欠き，室温でも容易に乾燥萎縮する。

5）保　蔵　法

貯蔵困難で腐敗しやすい。５℃以下に冷蔵し，湿度95％以上での保存が望ましいが，長期保蔵はできない。長期に保蔵する場合は，全塊のままや切干しなどにして乾燥させて保蔵する。乾燥品も吸湿しやすいので注意を要する[19]。

（5）ヤーコン

1）概　　要

ヤーコン（*Polymnia sonchifolia*）はアンデス高地に自生するキク科の植物で，サツマイモに似た塊根をつける。塊根はプレインカ時代から，食用に供されていた。塊根中には水分が多く，ほのかな甘みがある。生食，調理，漬物などに用いる。フラクトオリゴ糖を多く含み，その含有量はキク科作物のなかでもっとも多いとされる。日本には1985（昭和60）年に有用植物として導入された新しい根菜類である[21]。

2）主要産地・収穫時期

①　**主要産地**　　国内では主に沖縄県，南西諸島。

②　**収穫時期**　　沖縄県，南西諸島では10月下旬〜12月に掘取られる。

3）成　　分

他のイモ類に比較して水分が多く約80％を占める。水分以外では糖分が多く，その約90％がフラクトオリゴ糖（乾物中の60〜70％）である。このため，低カロリーのダイエット食品として用いられる[22]。

4）品質の見分け方

サツマイモに準ずる。

5）保　蔵　法

サツマイモに準ずる。

（6）チョロギ

1）概　　要

チョロギ（*Stachys sieboldii* MIQ.）（漢名：草石蚕，別名：ネジリイモ，チョロキチ）はシソ科の多年草で，地下茎が分岐し，その先端が肥大して塊茎となる。塊茎は長さ3㎝ぐらいの巻貝状を呈する。中国が原産で，日本には江戸時代の元禄の頃に渡来したとされ，延宝3（1675）年の『遠碧軒記』（黒川玄逸著）に初見される[23),24)]。塊茎は白色でユリ根のような味がする。デンプンを含まず，4糖類のスタキオースを主成分とする。漢名は塊茎が蚕に似ていることに由来している。東京ではおせち料理の黒豆の中に赤シソの酢漬で漬けたチョロギを入れる。これは，俵を意味し五穀豊穣を願うものとされる。最近では脳を活性化させる成分があるとされ，注目されている。

2）主要産地・収穫時期・掘取り法

① 主要産地　埼玉県，福島県。

② 収穫時期　9～12月中旬。

③ 掘取り法　収穫は曇天の日に行い，掘取り後すぐに水洗いして，変色を防ぐ[25)]。

3）成　　分

水分80％内外，タンパク質2.5％，炭水化物15％（主成分スタキオース）。

4）品質の見分け方

色とかたさで判断する。

5）保　蔵　法

乾燥に弱いため，5℃以下に冷蔵する。

（7）ウ　コ　ン

1）概　　要

ウコン（*Curcuma longa* L.）は熱帯アジア，九州南部，沖縄県などの亜熱帯に分布するショウガ科の多年草植物で，ショウガ状の根茎を有し，この根茎をウコンという。根茎はペッパーとジンジャーのような香りを放つ。ターメリックはウコン根茎を粉砕し黄色粉末にしたものである。黄色色素クルクミンを含むため，カレーやたくあん漬などのさまざまな食品の着色に用いられる。

春ウコン（漢名：薑黄《きょうおう》）は，根茎外皮がやや白っぽく，根茎断面が鮮やかな黄色を示す。苦みや薬効が強く薬用として用いられる。秋ウコンは，根茎外皮はやや褐色で根茎断面は黄色を示す。苦みが少なく薬効は弱いので，主に食用や染料として用いられる。東南アジア諸国から粉末で多く輸入される。紫ウコンは，根茎断面が薄い紫色で，大変苦みが強く，殺菌作用がある[26)]。春ウコンは琉球王朝で薬用とされ，最近では健康食品として用いられている。

2）主要産地・収穫時期

① 主要産地　沖縄県，南西諸島。東南アジアからの輸入もある。

② 収穫時期　沖縄県，南西諸島では10月下旬～12月に掘取られる。

3）成　　分

リン，鉄，カルシウム，カリウム，マグネシウム，タンパク質，食物繊維のほかに黄色の色素成分であるクルクミン，他の色素成分のフラボノイド，タンニン，精油成分であるターメロン，シネオール，アルファークルクメン，カンファー，アズレンなどの成分が含まれる[27)]。

4）品質の見分け方

ショウガに準ずる。薬効を期待する場合は春ウコンと秋ウコンでは異なるので注意を要する。

5）保　蔵　法

室温で保蔵する。

（8）ショウガ

1）概　　要

ショウガ（*Zingiber offcinale* ROSCOE）（漢名：生薑，生姜）はショウガ科の多年草で，熱帯アジアが原産地である[28)]。好温性の作物で寒さに弱く，乾燥を嫌う。日本へは古くに渡来し，天平年間（729～749年）の古文書にすでに記載がみられている。江戸時代には芝大神宮の“だらだら祭り”で新鮮なショウガが売られて生姜市と呼ばれた。アジアの特産で香辛料としてヨーロッパに輸出されている[29)~31)]。

ショウガは塊茎の性質で3群に分けられている。小ショウガ群（筆ショウガ）は早生種で茎が細く塊茎が肥大しない。現在の台東区谷中付近でつくられていた「谷中ショウガ」や東海地方の「金時」が有名である。辛みが強く，主に葉ショウガとして使われる。中ショウガ群はやや茎が太く肉質が柔軟で，広く生産されている。葉ショウガ，根ショウガ（黄ショウガ）として使われる。大ショウガ群は塊茎が発達して，水分が多く柔軟で辛みが弱い。主に漬物や菓子に利用される[29)]。

ショウガはさまざまな料理に利用される。国内では約90％が紅生姜などの漬物とされる。そのほか菓子，ショウガ湯，飲料（ジンジャーエール）に使われる。また，ショウガには殺菌作用，発汗作用，体を温める作用，血行を促進する作用があるため，風邪や消化不良，腹痛，肩こりや手足の冷えなどの治療に民間薬として用いられている[32)]。

2）主要産地・収穫時期

① **主要産地**　茨城県，千葉県，埼玉県，愛知県，熊本県など。

② **収穫時期**　葉ショウガはハウス栽培で周年的に生産されている。根ショウガは10～11月に掘取られる[28)]。

3）成　分

芳香成分はテルペン系のジンギベレンなどで，芳香成分はショウガオール，ジンジャーオール，ジンギベロンである[33)]。

4）品質の見分け方

塊茎のかたさと張り，ショウガ特有のにおいで判断する。皮にしわがなく，みずみずしいのが品質のよいものである。また，葉ショウガは葉の新鮮さでも判断する。

5）保 蔵 法

低温障害を受けやすいので，室温で保蔵する。長期に保蔵する場合は，14℃に保つ[34)]。乾燥を防ぐために湿度を保持する。葉ショウガや，筆ショウガは葉から水分を失いやすいので，時々霧吹きを行う。使用した残りは，洗って水気を切り，ラップ等に包んで冷蔵庫の野菜室で保存する[35)]。

（9）ハス（レンコン）

1）概　要

ハス（*Nelumbo nucifera* GAERTN）（漢名：蓮）はスイレン科の水生多年草で，インド，中国が原産地である。レンコンはハスの地下茎が水中を水平に伸び，分岐して先端の3～4節が肥大したものである。日本では仏教伝来後まもない奈良時代には，すでに古文書への記載がみられる。1953（昭和28）年に千葉県検見川の泥炭層より約2000年前のハスの種子が見つかり，その種子が発芽して開花したものが「大賀ハス」として有名である[36)]。

ハス（レンコン）の品種は数多くあるが，現在栽培されているのは「備中種」，「上総種」，「中間種」，「中国種」などの10種ほどである[36)]。

ハスは仏教の極楽世界で咲く花とされ，仏教とかかわりが深い。また，レンコンは穴があいていることから“先を見通せる”という縁起物として扱われる[37)]。

2）主要産地・収穫時期・掘取り法[28),36)]

① **主要産地**　茨城県，千葉県，愛知県，佐賀県，徳島県など。

② **収穫時期**　田ハスは10月～翌年5月頃までが収穫期である。ハウスでの促成栽培もされている。

③ **掘取り法**　手作業，機械での掘取りもある。

3）成　分

デンプンが主成分である。タンニンなどの渋みを含むため，皮をむくと酸化して変色しやすい。

4）品質の見分け方

根茎のかたさと張りで判断する。褐変，紫変などの表皮変色やぬめりのないものが品質に優れる。

5）保 蔵 法

湿度を保ち，皮つきのまま冷蔵庫で保蔵する。切ったものは，切口をラップなどで覆って変色を防ぐ。皮をむいたものは，密封容器に水を入れ，レンコンがつかるようにして冷蔵庫で保存する。変色は防げるがビタミンCが減少するので翌日までには，消費することが望ましい。貯蔵適温は氷結しない0℃である[38]。

〔引用文献〕

1）永濱伴紀：でん粉と食品，14，35（1989）
2）Takeda,Y.，Shirasaki,K.，Hizukuri,S.：*Carbohydr. Res.*，132，83（1984）
3）Hizukuri,S.：*Carbohydr. Res.*，147，342（1986）
4）津久井亜紀夫：日本家政学会誌，39，89（1988）
5）津久井亜紀夫・酒巻千波・桑野和民・三田村敏男：東京家政学院大学紀要，24，35（1984）
6）津久井亜紀夫：日本家政学会誌，45，1029（1994）
7）Ose,K.：*Research Bull. of the Gifu Imperial Coll. of Agr.*，46，1（1983）
8）Lee,S.R.，Chung,K.H.，Kim,H.S.：*Daeham Hwahak Hwoejee（Korea）*，13，96（1969）
9）津久井亜紀夫：New Food Industry，45，47（2003）
10）鈴木敦子・永山スミ・津久井亜紀夫：日本食生活学会誌，7，53（1996）
11）Purcell,A.E.，Later,D.W.，Lee,M.L.：*J.Agr.Food Chem.*，28，939（1980）
12）Tin,C.S.，Purcell,A.E.，Collins,W.W.：*ibid.*，33，223（1985）
13）津久井亜紀夫・鈴木敦子・小巻克巳・寺原典彦・山川理・林　一也：日本食品科学工学会誌，46，148（1999）
14）山川　理・須田郁夫・吉元　誠：FFI JOURNAL，178，69（1996）
15）草川　俊：野菜・山菜博物事典，東京堂出版，pp.85～88（1992）
16）川上行蔵：つれづれの日本食物史（第1巻），東京美術，pp.20～29（1992）
17）関根雄二：おいしい野菜えらび12ヶ月，草思社，p.54（1988）
18）星川清親編：いも　見直そう土からの恵み，女子栄養大学出版部，pp.55～57（1985）
19）食の科学，53，55～60（1980）
20）薬用植物大辞典，廣川書店，pp.104～105（1993）
21）日本いも類研究会編：さつまいも Mini 白書，㈶日本いも類振興会，p.35（1997）
22）フードケミカル，1，72～75（1999）
23）草川　俊：野菜・山菜博物辞典，東京堂出版，pp.181～184（1992）
24）食の科学，53，62～63（1980）
25）板木利隆・岩瀬　徹・川名　興：校庭の作物，全国農村教育協会，p.100（1994）
26）木島正夫・他編：薬用植物大辞典，廣川書店，p.43（1993）
27）日本香料協会編：香りの百科，朝倉書店，pp.47～48（1991）
28）板木利隆・岩瀬　徹・川名　興：校庭の作物，全国農村教育協会，p.99（1994）
29）草川　俊：野菜・山菜博物事典，東京堂出版，pp.129～132（1992）
30）西山松之助・他：たべもの日本史総覧，新人物往来社，pp.155，180，276，435（1994）
31）川上行蔵：つれづれの日本食物史（第3巻），東京美術，pp.175～177（1992）
32）苅米達夫・木村康一監修：薬用植物大辞典，廣川書店，pp.174～175（1993）
33）日本香料協会編：香りの百科，朝倉書店，pp.221～222（1991）
34）流通システム研究センター編：野菜の鮮度保持マニュアル，流通システム研究センター，pp.110～111（1998）
35）野菜供給安定基金編：四季の野菜 Vol.2，野菜供給安定基金，pp.35～36
36）草川　俊：野菜・山菜博物事典，東京堂出版，pp.239～242（1992）
37）西山松之助・他：たべもの日本史総覧，新人物往来社，p.156（1994）
38）流通システム研究センター編：野菜の鮮度保持マニュアル，流通システム研究センター，pp.167～169（1998）

〔参考文献〕

・中世古公男・西部幸男：北海道の畑作技術，農業技術普及協会（1980）
・吉田　稔：加工ジャガイモの作り方，農山漁村文化協会（1989）
・藤巻正生・吉田　稔監修：ポテトの栽培と加工―ポテトプロセシング―，㈱スナックフーズ（1978）
・日本いも類研究会編：じゃがいも Mini 白書，㈶いも類振興会（1997）
・Burton，W.G.：The POTATO 3rd ed.，Longman Scientific & Technical（1989）

3.6 野　菜

3.6.1 特　性

（1）生産と流通

野菜の国内生産量は，昭和50年代半ばに大きく増加したが，顕著な減少傾向を示し，生産量の回復は望めない状態となっている。一方，輸入量は大きく増大し，自給率は低下した。近年，生鮮野菜の輸入増が顕著で，国内生産を圧迫する状況もみられる。もちろん円高が主要因であるが，ブロッコリーのような軟弱野菜を船舶で長距離輸送することを可能にした鮮度保持技術の発展や国内における野菜生産基盤の脆弱化が背景にある。国内生産の変遷を品目別にみると，ダイコンやハクサイ，サトイモなどの伝統的な野菜の作付が大幅に減少し，レタス，ブロッコリーといった洋野菜の作付面積が増加している。これは，食生活の洋風化の進展によるものである。スイカ作付面積の減少は，生産者の老齢化が進み，重量野菜の生産が嫌われるためである。また，タマネギは北海道で作付面積が増加し，都府県では顕著に減少している。主産地の形成がうかがえる。産地形成は，産地と消費地との距離を大きくした。東京で消費される野菜の産地が，近県から北海道や九州などの遠隔地に移っている。産地形成による遠距離輸送の必要性は，産地予冷をはじめとしたコールドチェーンの整備と深くかかわっている。

最近の野菜には旬の味がなくなったといわれるが，野菜生産において特筆すべきこととして，周年供給体制が確立したことをあげることができる。トマトとホウレンソウを例にとると，かつては，トマトの生産は夏季に集中しており，逆にホウレンソウは夏季には収穫がほとんどなかった。現在では，かなり平準化してきている。このように各種野菜の周年供給が可能になったのは，品種改良のほか，ハウス栽培や雨よけ栽培など野菜栽培技術の進歩と普及に負うところが大きい。

消費の面からみると，野菜の1人年間消費量は，1989（平成元）年まで110kg程度で安定していたが，ここ数年は105kg程度にとどまっている。また，近年では，八百屋よりも量販店での購入が主流となっており，野菜購入時の意識調査によると，「鮮度に注意する」が「価格に注意する」を上回っている（図3.6.1）。野菜流通技術改善の必要性は，こんなところにもあると考えられる。

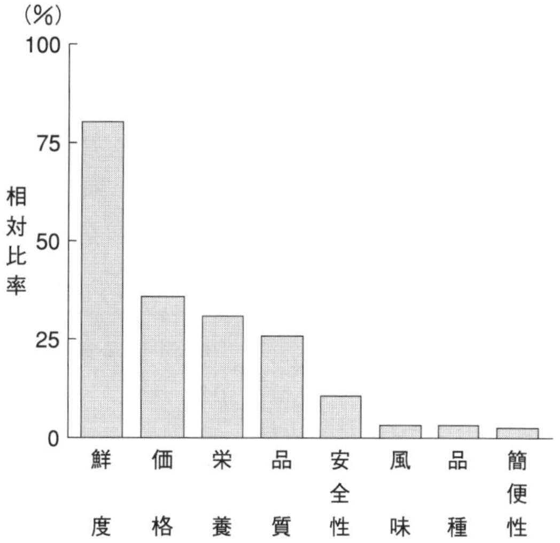

図 3.6.1　野菜購入にあたっての消費者の注意点（複数回答）

（2）生理と障害

青果物は収穫された後も生命を維持しており，呼吸および蒸散などの生命維持活動を行っている。青果物の品質保持を考慮する場合，いかに呼吸・蒸散作用を抑制できるかによっている。一般に低温下で貯蔵された青果物は，呼吸・蒸散作用が抑制され品質が保持される。しかしながら，個々の青果物には貯蔵適温があり，不適切な温度に置かれたものは品質が低下し，高温および低温障害と呼ばれる生理障害が発生する場合もある。

この項では，青果物のなかで特に野菜を取上げ，生理現象として呼吸，蒸散，追熟，生長，休眠，また生理障害として高温および低温障害について説明する。

1）呼　　吸

青果物が収穫された後暗所下に貯蔵されると，栄養成分の供給は絶たれ，光合成による炭水化物の生成も行われなくなる。しかしながら，青果物は生命維持のために呼吸作用を持続しており，この作用が活発に行われることは，青果物自体の内容成分の消耗につながる。ここでは，呼吸作用について説明し，さらに呼吸に影響を及ぼす環境要因について述べる。

① 呼吸の意義　呼吸作用とはグルコースなどが酸化分解し，生成したエネルギーを ATP（アデノシン三リン酸）の形で蓄積することである。反応式は以下のようになり，1分子のグルコースから植物体では約36分子の ATP が産生され，発生するエネルギーの約38%が ATP に変化する（エネルギー効率からみると非常に高い）。残りは熱エネルギーとして放散され，呼吸熱となる。

$$C_6H_{12}O_6 + 6O_2 \rightarrow 6CO_2 + 6H_2O + \text{エネルギー}$$

このように呼吸作用により生成した ATP は種々の物質代謝に利用され，青果物の収穫後の生命維持が可能となる。また，呼吸作用の役割としては，ATP の生成のみならず，反応途中での NADH および NADPH などの補酵素と中間代謝物質の生成が考えられる。

グルコースからの ATP 生成は，解糖系，クエン酸回路（TCA サイクル），電子伝達系を経て行われている（図3.6.2）。解糖系は細胞質に存在し，グルコースからピルビン酸までの反応に関与しており，その後ピルビン酸はミトコンドリアのクエン酸回路に入り NADH などを生成すると同時に，電子伝達系を経て酸化的リン酸化により ATP の生成が行われる。また，グルコース-6-リン酸からペントースリン酸経路を経由することにより，NADPH，核酸，フェノール物質などの生成が行われる（図3.6.2）。

② 呼吸量，呼吸商および温度係数　呼吸量（呼吸速度ともいう）とは青果物からの CO_2排出または O_2吸収をいい，普通，一定容積，一定温度において単位時間当たりで測定される（一般的に CO_2排出量で表されることが多い）。表3.6.1は野菜

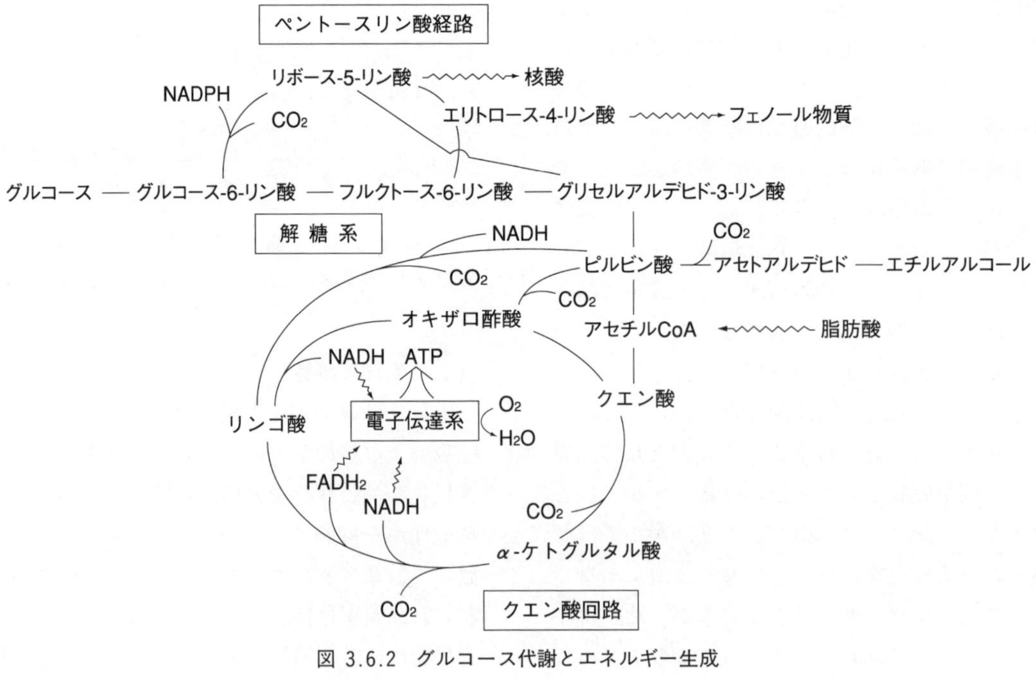

図 3.6.2　グルコース代謝とエネルギー生成

表 3.6.1 野菜の呼吸量による分類

分類	呼吸量（5℃）(mgCO_2/kg・h)	種類
低い	5～10	テーブルビート，セロリー，ニンニク，メロン（ハニデュー），タマネギ，ジャガイモ，サツマイモ，スイカ
中程度	10～20	キャベツ，メロン（カンタロープ），ニンジン（根部），セルリアク，キュウリ，玉レタス，ハツカダイコン（根部），カボチャ，トマト
高い	20～40	ニンジン（葉部を含む），カリフラワー，リーキ，葉レタス，ライマメ，ハツカダイコン（葉部を含む）
非常に高い	40～60	アーティチョーク，豆モヤシ，ブロッコリー，芽キャベツ，エンダイブ，エシャロット，ケール，オクラ，サヤインゲン，クレソン
極端に高い	60以上	アスパラガス，マッシュルーム，パセリ，エンドウ，ホウレンソウ，スイートコーン

出典）KADER, A. A.: Postharvest Biology and Technology: An Overview, Kader, A. A. (ed.): Postharvest Technology of Horticultural Crops, p.39(2002)

表 3.6.2 野菜における呼吸の温度係数

種類	0.5～10℃	10～24℃
アスパラガス	3.7	2.5
エンドウ	3.9	2.0
サヤインゲン	5.1	2.5
ホウレンソウ	3.2	2.6
トウガラシ	2.8	2.3
ニンジン	3.3	1.9
チシャ	1.6	2.0
トマト	2.0	2.3
キュウリ	4.2	1.9
ジャガイモ	2.1	2.2

出典）PLANTENIUS, H.: *Plant Physiol.*, 17, 179 (1942)

類の呼吸量を比較したものであり，収穫後の鮮度低下が顕著に生じる葉菜類，アスパラガス，およびブロッコリーなどでは呼吸量が高く，一方，貯蔵性のあるタマネギ，ジャガイモなどでは非常に低い。

呼吸は上述したように生体中のグルコースが基質となり酸化されるが，青果物ではグルコースなどの糖以外に有機酸や脂肪酸も呼吸基質として利用される。青果物の貯蔵中に消費されている呼吸基質を調べるために，呼吸商（RQ；呼吸率または呼吸係数ともいう）が測定される。RQ は，一定時間に吸収した O_2と排出した CO_2の量比またはモル比で表される（CO_2/O_2）。グルコースなどの糖が基質の場合，RQ は1となり，有機酸では1以上および脂肪酸では1以下を示す。また，青果物が無気呼吸を行う場合，RQ が非常に高くなる。

呼吸は各反応に酵素が関与しており，温度が10℃上昇すると反応速度は約2倍となることが知られている。このように温度が10℃昇降したときの反応速度の変化は温度係数（Q_{10}）と呼ばれている。表3.6.2は野菜類の温度係数を示しており，10℃以上での温度係数は約2倍となるが，0～10℃の温度帯では3～4倍と高くなっている。このことは貯蔵温度の低下による呼吸抑制が，10℃以下ではより効果的になることを示している。

③ 呼吸に影響を及ぼす環境要因

A．環境温度……環境温度は呼吸に影響を与え，前述したように貯蔵温度が低下すると呼吸量も低下する。貯蔵中の品質保持のために低温が要求されるが，熱帯・亜熱帯原産の野菜類では10～15℃以下の低温で貯蔵すると低温障害を生じ，かえって品質の低下を招く（低温障害の項参照）。また，野菜を約35℃以上の高温下に置くと高温障害が発生する（高温障害の項参照）。

B．環境大気組成……大気中の O_2，CO_2濃度は，それぞれ約21％，約0.03％程度である。呼吸は O_2吸収と CO_2排出が同時に行われているため，環境大気の O_2，CO_2濃度を調節することにより呼吸作用の制御が可能となる。CA（controlled atmosphere）および MA（modified atmosphere）貯蔵は O_2濃度を低下させ，CO_2濃度を増大させることにより呼吸作用の抑制を図り，品質の保持を行う貯蔵法である。しかしながら，貯蔵に最適な O_2，CO_2濃度は個々の野菜で異なっており，過度の O_2，CO_2濃度条件での貯蔵は無気呼吸を促すこととなり，エタノール，アセトアルデヒドの蓄積による生理障害の発生につながる。

C．物理的損傷……収穫後から消費者の手に渡るまでの間，流通・貯蔵中での取扱い方法によっては，野菜類は打ち傷，すり傷などの物理的損傷を受ける場合もある。損傷を受けた組織では，呼吸の増加が生じる。また，近年一次加工野菜，いわゆるカット野菜の生産が増大しているが，これらは製造過程で切断による呼吸増加および傷害エチレンの発生がみられ，品質保持のためには製造後の温度管理が大切となる[1),2)]。

2）蒸　散

蒸散とは青果物内の水分が水蒸気となり，放散される現象をいう。青果物は多くの水分を含み，野菜では重量の約90％以上が水分である。収穫後の野菜は根からの水分供給が絶たれており，特に葉菜類では蒸散による急激な葉の萎凋（しおれ）が生じる。蒸散により水分が約５％減少すると，青果物は商品性の限界に達する。品質保持のためには，流通・貯蔵中の蒸散の制御が不可欠である。ここでは，蒸散の機構および蒸散に影響を及ぼす環境要因について説明する。

①　蒸散の機構　　蒸散には気孔からの蒸散とクチクラからの蒸散があり，青果物の蒸散は主として気孔蒸散である。

果実および葉の表面にはクチクラ（主成分はクチンと呼ばれ高級脂肪酸とそのエステルからなる）が存在し，表皮細胞を覆っている（図3.6.3）。クチクラ以外にワックス（高級脂肪酸と高級アルコールのエステルおよび高級炭化水素からなる）ならびにコルク層（主成分はスベリンからなる）がみられることがある。これらの物質が表層に存在すると蒸散が抑制されるが，微小なひび割れがあると，その部分から蒸散がみられる。野菜では一般に未熟な段階で収穫されることが多いため，クチクラの発達が不充分であり，蒸散が激しく生じる要因となっている。このため，果実に比べ野菜では，収穫後の品質保持のために蒸散抑制を行うことがより必要となる。

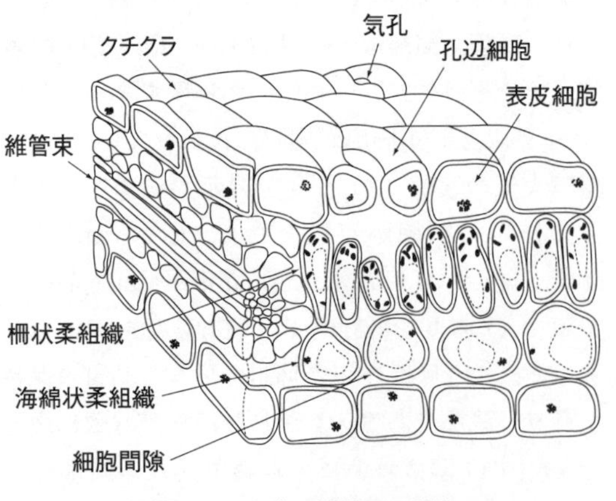

図 3.6.3　葉の横断面の構造

出典）Wills, R., *et al.*: Postharvest: An Introduction to the Physiology & Handling of Fruit, Vegetables & Ornamentals, CAB International, p.87(1998)

②　蒸散に影響を及ぼす環境要因

A．環境温度……環境温度は青果物の蒸散に大きく影響を及ぼす。一定体積当たりの蒸気飽和量をみると，20℃では約17.3 g/m³あったものが，0℃では約4.9 g/m³となり，低温になるにつれ低下する。このように，低温下では青果物周囲の蒸気飽和量が高くなり，蒸散が効果的に抑制される。また，温度が上昇すると，水の分子運動が活発になり，細胞液の粘性も低下することから，水分の放散が顕著に生じることとなる。これらの理由から，低温下での貯蔵は蒸散の抑制に効果的である。ところが，蒸散量に及ぼす温度の影響をみると非常に複雑であり，すべての野菜が低温により蒸散が効果的に抑制されるわけではない（表3.6.3）。温度変動により蒸散があまり影響されない野菜もある。しかしながら，そのような野菜でも各温度での蒸散量を調べると，やはり低温で蒸散の抑制が認められる[3)]。

表 3.6.3　野菜の蒸散特性

特　　性	種　　類
温度が低くなるにつれて蒸散量が極度に低下するもの	ジャガイモ，サツマイモ，タマネギ，カボチャ，キャベツ，ニンジン
温度が低くなるにつれて蒸散量も低下するもの	ダイコン，カリフラワー，トマト，エンドウ
温度にかかわりなく蒸散が激しく起こるもの	セロリー，アスパラガス，ナス，キュウリ，ホウレンソウ，マッシュルーム

出典）樽谷隆之：蒸発生理，緒方邦安編：青果保蔵汎論，建帛社，p.57(1997)

B．環境湿度……環境湿度は直接青果物の蒸散に影響を及ぼしており，青果物中の蒸気圧が環境大気中の蒸気圧（環境大気中の蒸気圧/純水の飽和蒸気圧×100が相対湿度を示す）より大きくて，環境大気の蒸気圧が飽和蒸気圧に比べ低い状態，すなわち低湿であるほど蒸散が生じやすい。

C．風速と光条件……貯蔵庫内では，常に庫内空気が循環しているため風が生じている。青果物は構造が複雑であり風速による蒸散量の影響はあまりみられないが，長期間貯蔵する場合，風による蒸散量の増加に考慮する必要がある[3]。

光が植物体に照射されると，光合成を行うために気孔が開き，蒸散が促進される。また，植物体自体の温度も上昇することになり，蒸散のみならず呼吸も増大する。このような理由から，貯蔵は通常暗所下で行われる。

しかしながら，光条件と野菜の品質保持を検討すると，コマツナのように明所下での貯蔵が葉の黄化抑制に効果的であるとの報告もあるが[4]，一方では，ホウレンソウのように明所・低温下で黄化が促進されるとの報告もみられ[5]，品質に及ぼす光の影響を明らかにするため，個々の野菜における光照射の影響についての詳細な検討が必要である。

3）追　熟

トマトなどの果菜類は，未熟な段階で収穫されても，着色，軟化および内容成分の変化などの成熟過程が進行し可食状態に達する。このように，収穫後に成熟することを追熟という。ここでは，

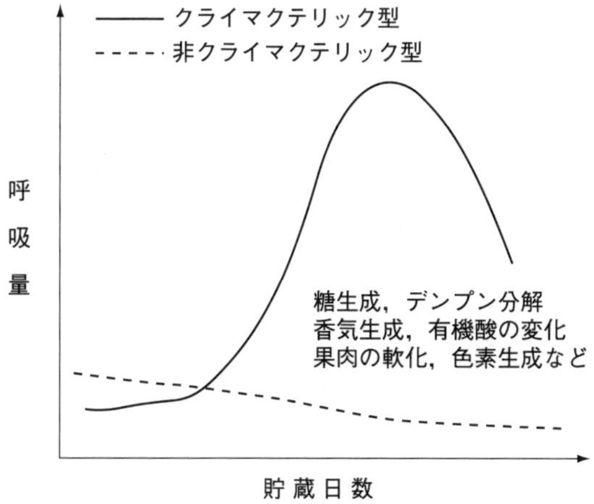

図 3.6.4　果実のクライマクテリックライズと成分変化

追熟と呼吸の特徴ならびに追熟に伴う成分変化について説明する。

①　呼吸型　　果実は成熟に伴い，植物ホルモンであるエチレンの生成と呼吸の一時的な増大が生じる（図3.6.4）。このような果実の成熟ならびに追熟に伴う呼吸の一時的増大を呼吸のクライマクテリックライズと呼んでいる。クライマクテリックライズを示す果実をクライマクテリック型果実といい，示さない果実を非クライマクテリック（ノンクライマクテリック）型果実という。果菜ではトマト，メロンなどがクライマクテリック型であり，キュウリ，イチゴ（イチゴは末期上昇型として分類される場合もある[6]）などが非クライマクテリック型果実に分類されている[7]。クライマクテリック型果実では内生エチレンの生成がみられ，エチレンが呼吸増大と成熟過程の開始の引き金になっている。一方，非クライマクテリック型の果実ではエチレン生成は微量である。

②　成分変化　　クライマクテリック型果実では，呼吸の上昇に伴い色素と香気生成，軟化，糖の増大および有機酸の変化など，外観，肉質ならびに内容成分の急激な変化が生じる。mature green 段階（緑熟果：果実サイズは成熟段階であり，果色が緑白色のもの）のトマトを追熟させると樹上での成熟同様，カロテノイド生成が認められ，20℃貯蔵ではリコピン生成が，30℃ではβ-カロテン生成が顕著にみられる[8]。また，トマトをさまざまな熟度で収穫し，追熟を行い，樹上成熟と内容成分を完熟時で比較すると，グルコース，フルクトース含量は mature green からの追熟では樹上成熟より低くなる[9]。さらに，クエン酸含量は mature green から pink（果実表面の約1/3がピンク色）の段階で追熟したものでは，樹上成熟に比べ低含量である。これらの結果は追熟果実でも，高品質な果実を得るためにはなるべく樹上で成熟した後収穫することが必要であることを示している。

4）生長と休眠

青果物によっては収穫後に生長が生じたり，また，休眠と呼ばれる生長の一時的停止が生じる場

合がある。ここでは，収穫後にみられる生長と休眠を取上げ説明する。

① **生 長**　多くの野菜は収穫されると養分供給が絶たれているため生長がみられないのが一般的である。しかしながら，若い茎菜の伸長，開花，抽だいおよび種子の後熟など，収穫後の生長により品質の低下がみられることがある[10)]。

アスパラガスは茎菜類に分類され，非常に若い茎部が収穫される。収穫された後も茎の伸長がみられる。茎の生長が生じると繊維化が進み肉質が悪くなる。品質保持のためには，収穫後低温下での貯蔵が望ましい。

花を含む花茎部を食用とするコウサイタイ，サイシン，カイランなどでは，収穫後の開花により品質低下が生じる。開花抑制のためには，0℃付近の低温が要求される[11)]。ブロッコリーも収穫後花蕾の黄化が顕著にみられ品質低下がみられるが，これは花蕾が開花する以前に萼《がく》部の黄化が生じることによっている[12)]。

ダイコンなどの根菜類では葉茎部をつけて収穫すると，葉茎部の抽だいにより根部のす入りが発生しやすい。す入り抑制のためには，低温貯蔵が効果的である。

未熟な段階で収穫されるキュウリなどの果菜は，収穫後種子の後熟が生じる。20℃付近で貯蔵されると，キュウリでは種子の後熟による果実の肥大生長が生じる。

アスパラガス[13)]，コウサイタイ[11)]のような茎頂部を利用する野菜では生長が盛んであるため，貯蔵形態として水平位置で貯蔵するとオーキシンによる重力屈性がみられ，急激な呼吸増大がみられる。このような野菜に対しては，垂直姿勢，低温下で貯蔵することにより品質低下が抑制される。

② **休 眠**　休眠とは生長過程に生じる一時的な生長停止のことであり，周囲の環境にかかわりなく，内的な生理状態のために休眠することを自発的（自然または生理的）休眠と呼び，外的環境に影響され休眠することを他発的（強制）休眠と呼んでいる。

タマネギでは品種により休眠期間が異なるが，約2カ月程度の自発的休眠がみられ，他の野菜に比較し貯蔵性が高い[10)]。

5）低 温 障 害

多くの青果物では呼吸および蒸散を抑制し，品質保持のため，0℃付近の低温下で貯蔵することが望ましい。しかしながら，ある種の青果物，すなわち熱帯・亜熱帯原産のものでは，一定の温度（10～15℃）以下で貯蔵すると褐変などの生理障害を発生する。これは低温障害と呼ばれ，障害発生に伴い品質が低下し，最後には腐敗が生じる。

ここでは，野菜での障害発生状況，発生に伴う呼吸および成分変化，障害発生機構について説明する。

① **障害発生状況**　野菜での障害発生はウリ

表 3.6.4　野菜の種類と低温障害発生

種　類	科　名	発生温度(℃)	病　徴
インゲンマメ	マ　メ	8～10	水浸状ピッティング
オ ク ラ	アオイ	7.2	水浸状斑点，腐敗
カボチャ	ウ　リ	7～10	内部褐変，腐敗
キュウリ	ウ　リ	7.2	ピッティング，水浸状軟化
ス イ カ	ウ　リ	4.4	内部褐変，オフフレーバー
メロン(カンタロープ)	ウ　リ	2.5～4.5	ピッティング，果実表面の腐敗
(ハニデュー)	ウ　リ	7.2～10	ピッティング，追熟不良
サツマイモ	ヒルガオ	10	内部褐変
トマト(成熟果)	ナ　ス	7.2～10	水浸状軟化，腐敗
(未熟果)	ナ　ス	12～13.5	追熟不良，腐敗
ナ　ス	ナ　ス	7.2	ピッティング，ヤケ
ピーマン	ナ　ス	7.2	ピッティング，萼と種子褐変

出典）邨田卓夫：コールドチェーン研究，6，42(1980)

表 3.6.5　野菜の低温障害発生期間と病徴

種　類	温度(°C)	期　間	病　徴
キュウリ	0 5	3～6日 5～8日	ピッティング，萎凋（しおれ）
カボチャ	0 5	3～4週 5～6週	ピッティング，果肉褐変
ハヤトウリ	0 5	9～12日 15～18日	ピッティング，果皮褐変
インゲンマメ	0 5	4～5日 7～8日	ピッティング，水浸状斑点
ピーマン	0 5	4～5日 7～8日	ピッティング，萼と種子褐変
トマト	2	4～6日	ピッティング，オフフレーバー
ナス	5	6～8日	ピッティング，ヤケ
サツマイモ	5	2～3週	内部褐変

出典）邨田卓夫：コールドチェーン研究，6，42(1980)

表 3.6.6　1°C貯蔵に伴う野菜の低温障害発生とアスコルビン酸酸化

種　類	貯蔵日数	AsA	DHA	DKG	病　徴
オクラ	0 7	27.1* 0.1	3.8 5.0	0 20.0	褐変，ピッティング
サツマイモ	0 18	27.0 14.8	7.5 5.8	0.9 9.1	褐変
ナス	0 6	3.6 5.3	2.0 2.8	0 2.0	褐変，ピッティング
ピーマン	0 7	52.5 45.8	5.7 5.4	0 tr.	ピッティング

*mg/100g新鮮重

AsA：還元型アスコルビン酸，DHA：酸化型アスコルビン酸，DKG：2,3-ジケトグロン酸

出典）山内直樹・他：園学雑，44，303(1975)

科，ナス科に属するものに多くみられ，褐変，ピッティング（陥没）および追熟不良などの障害が生じる（表3.6.4）。障害発生温度は野菜の種類によって異なり，トマトでは熟度も障害発生に影響を及ぼし，未熟なものではより高温で発生が認められる。低温下での障害発生までに至る貯蔵期間についても各野菜で異なり，キュウリ，ナスでは比較的短期間で発生する（表3.6.5）。さらに，温度だけでなく湿度も障害発生に関与し，ピッティングは果皮の部分的な脱水により生じるため，環境湿度の低下は発生を助長することとなる[14)]。このように，障害抑制のためには，温度同様，湿度の制御も重要である。

② **呼吸および成分変化**　低温障害発生に伴い呼吸の変調が生じることが認められている。特に低温から昇温することにより異常呼吸，すなわち急激な呼吸量の増大がみられる[15)]。

低温障害時での成分変化は，アスコルビン酸，フェノール物質，ケト酸ならびにアルコール・アルデヒドなどでみられる。低温障害で特に褐変発生がみられるものでは，還元型アスコルビン酸の減少とケト酸の一種である2，3-ジケトグロン酸の蓄積が生じる（表3.6.6）。一方，褐変基質であるフェノール物質は褐変発生以前に増加し，発生に伴い減少することが，オクラ[16)]，ピーマン（種子部）[17)]，ナス[18)]などで認められている。このような，褐変発生時での還元型アスコルビン酸の減少は，フェノール物質の酸化抑制作用に基づいているものと考えられる（図3.6.5）。また，低温障害発生に伴い代謝異常が生じ，オキザロ酢酸など

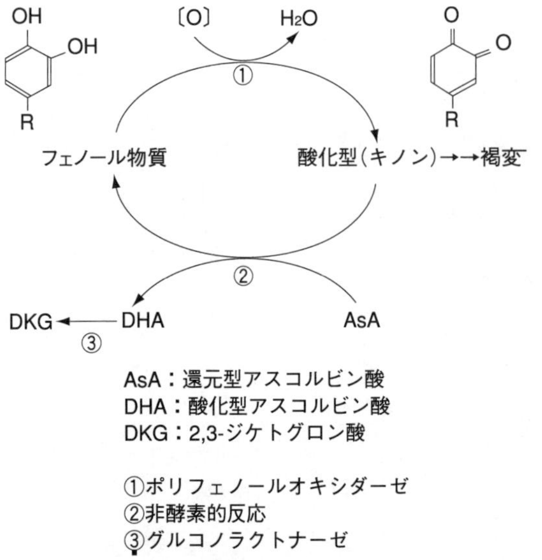

図 3.6.5　フェノール物質による褐変とアスコルビン酸の抑制作用

のケト酸ならびにアルコール・アルデヒドが蓄積する[14]。

③　**障害発生機構**　低温障害の発生機構については多くの考え方が報告されているが，その中で生体膜の変性による膜透過性の変化が低温障害を引起すという相転移説または相分離説が有力視されている[19),20)]。生体膜は脂質の二重層からなり，タンパク質が膜表面および膜中に存在している。生体膜にはリン脂質，糖脂質などが含まれており，含有脂肪酸としてリノレン酸，リノール酸などの不飽和脂肪酸が多く含まれているため不飽和度が高い。低温感受性と耐性の植物の脂肪酸組成を比較すると，耐性のものは不飽和脂肪酸の割合が高いことが認められている[14]。また，キュウリ，カボチャなどのウリ科果実において，低温障害発生に伴い生体膜からの電解質（イオン）漏出が増大することも調査されている[21]。これらの結果は生体膜の流動性が低下すると膜透過性が変化し，ひいては障害発生に導くことを示唆するものと思われる（図3.6.6）。

低温障害を制御するためには，表3.6.4に示した障害発生がみられる温度以上で貯蔵することが望ましい。ただ，短期貯蔵を考えるなら，障害発生温度以下での貯蔵も可能である（表3.6.5）。ま

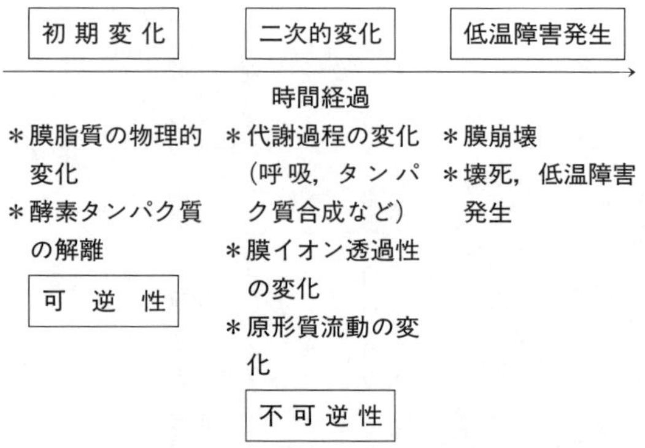

図 3.6.6　低温障害発生機構

出典）WILLS, R.,*et al.*: Postharvest: An Introduction to the Physiology & Handling of Fruit, Vegetables & Ornamentals, CAB International, p.134 (1998)

た，貯蔵前後の一時的な加温処理も抑制効果がある。さらに，環境大気組成を変えることにより障害発生を緩和できる可能性も認められており，個々の野菜についてこれらの抑制法を組合せた貯蔵方法の確立が必要である。

6）高温障害

一般的に環境温度が高くなると，青果物は呼吸および蒸散が盛んになり品質低下が生じる。特に，30℃以上の高温では品質低下が急速に生じるため，貯蔵温度としては不適当である[22]。トマト（緑熟果）を35℃で3日，40℃で1日を超えて貯蔵すると，その後の正常な追熟がみられない[23]。しかしながら，一方では高温を利用して貯蔵性を高めることも可能であり，トマト（緑熟果）では33℃で約10日間の処理が，その後の常温での長期貯蔵を可能にするとの報告がみられる[24]。また，高温短時間処理も貯蔵性を高める方法として注目されている（処理方法として，温水および温風処理がある）[24)～26)]。温水処理において，ブロッコリーでは43～55℃，10分間以内処理で花蕾の黄化抑制，コマツナでは50℃，1分間処理で黄化抑制，トマトでは45℃，5～10分間処理で追熟抑制および46℃と48℃，2～3分間処理で低温障害発生の抑制がみられる。実際に処理を行う場合，このような高温短時間処理は温度管理が微妙であり，処理時での細心の注意が必要である。しかしながら，安全性・経済性を考慮すると，今後さらに有効利用を検討すべき収穫後処理技術である。

（3）成分変化と品質

1）分析対象成分

収穫後の野菜の成分変化を論じる場合，内容成分の何に注目するかはよく問題となる点である。野菜の内容成分には一般に，栄養成分，味覚・嗜好成分，機能性成分などがある。栄養成分として食品標準成分表に示されるものは，タンパク質，脂質，炭水化物，灰分，カルシウム，リンなどの無機質，そしてビタミン類がある。また，甘味，辛み，酸味，苦みなどの味に関係する成分としては，糖，アミノ酸，有機酸，グルコシノレートや無機質などがあげられる。さらに，味以外の嗜好特性として香り，色・外観，かたさがあり，エステル類，アルコール類，スルフィド類などが香りに，クロロフィルやカロテン，フラボノイド，アントシアンなどが色に，セルロースやヘミセルロース，ペクチン，リグニンなどがかたさに関係する成分としてあげられる。機能性成分ではビタミンやミネラル類，食物繊維に加え，カロテノイドやフラボノイド，テルペノイド，サポニンなどの2次代謝成分，脂肪酸やペプチド，オリゴ糖などの分解や生成過程の成分があり，抗酸化性や抗変異原性，抗腫瘍性，血圧調整などの機能性[27]が認められている。

これら野菜の内容成分中の何に注目するかは，それぞれの分野で異なっている。栄養学では栄養素としての成分変化に注目しており，特に野菜ではビタミン類の変化について，調理中の変化を含めてよく研究されている。また，野菜の栽培関係の研究者は，品種間の味の差や栽培方法と品質の関係を明確にするため，糖や有機酸，アミノ酸などの含有量に注目している。一方，ポストハーベストの研究者では，外観品質に関連する色素成分や食味品質に関係する成分に注目した研究が多い。野菜の機能性成分には，最近多くの研究者が注目しているが，機能性成分を高める栽培法や収穫後の変化を研究している例はまだ少ない。

2）品質と成分変化

野菜に求められる品質は，一般的に鮮度，栄養価，安全性といわれている。鮮度は取りも直さず新鮮さを意味している。収穫後に味や栄養価を急速に減少させる野菜において，穫りたての味や栄養を摂取するためには，鮮度は重要な目安ともいえる。消費者は野菜を手に取り，みずみずしさや艶や張り，変色，しおれの有無などでその鮮度を見極めている。

安全性に関しては，有機農産物への関心の広がりにみられるように，残留農薬や過剰な塩類の集積などへの不安感から，安心して食べられる野菜を求める消費者の願望は根強い。野菜を食べる消費者の健康を考えたとき，野菜が本来もっている毒性の有無も含めて，提供する野菜の安全性を維持することは，食品を扱う者にとってもっとも重要なことである。しかし，野菜ではジャガイモの芽にできる毒（ソラニン）などを除けば，その安全性が収穫後の取扱いで変化することはない。

栄養価は，野菜に求められるもっとも重要な品質要因である。野菜を摂取する目的の多くはその栄養をとることであり，野菜嫌いの子どもに料理を工夫して食べさせるのもそのためである。しかし，野菜はその収穫後の取扱いを間違えると，大きく内容成分を減少させ，期待される栄養価が損なわれることも多い。栄養価の変化は一般的には目に見えないだけに，期待される栄養価が消費者に届けられるように，収穫後の取扱いには充分な注意を払うべきである。

3）野菜によって異なる成分変化

ピーマンとホウレンソウをそれぞれ20℃に貯蔵すると，ピーマンは21日後でも開始時の97％ものビタミンCを含有しているが，ホウレンソウでは7日後で，すでに開始時の40％まで低下してしまう（図3.6.7）。このように，野菜の中には収穫後も内容成分を維持するものと，急速に減少させるものがある。浅野はビタミンCを例にして，減少の速いものと遅いものを，表3.6.7のようにグループ分けしている[28]。この表にみられるように，一般的に生育途中の茎頂部や光合成を盛んに行っている成長部位を利用する葉茎菜類では，ビタミンCをはじめとする内容成分の収穫後の変化は大きいが，同じ葉菜類でもキャベツやハクサイのよ

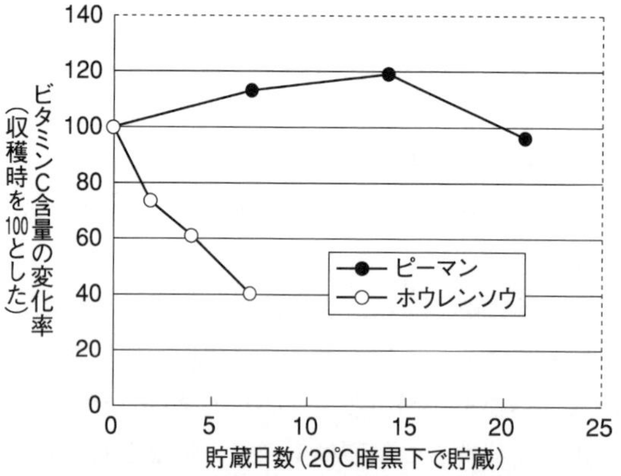

ピーマン：品種（新さきがけ）収穫（2月8日）収穫時ビタミンC含量（88mg/100g F.W.）
ホウレンソウ：品種（リード）収穫（1月26日）収穫時ビタミンC含量（97mg/100g F.W.）

図 3.6.7　異なる野菜の収穫後のビタミンC含量変化

表 3.6.7　収穫後のビタミンC含量変化による
タイプ別の野菜分類

変化のタイプ	野菜の種類
急激に変化	ホウレンソウ，シュンギク，コマツナ，ブロッコリー，カリフラワー，アスパラガス，コカブ（葉部），エダマメ
中程度に減少	キャベツ，ハクサイ，レタス，ナス，サツマイモ，ニンジン
わずかに，あるいはほとんど減少しない	トマト，ピーマン，キュウリ，ダイコン，コカブ（根部）
初期に中程度減少し，その後一定	ジャガイモ，タマネギ

うな結球葉では，冬の間成長点を保護する役割をもち貯蔵器官的要素があることから，その変化は小さい。さらに，種子や果実，塊茎のように貯蔵性の高い部位や器官では，内容成分の変化はさらに遅くなる傾向がある。ただし，エダマメのような未成熟な状態で収穫された種子では，収穫後の変化は大きく25℃ 3日で糖含量は3割，アミノ酸含量は6割も減少する[29]。

4）個体内で異なる成分変化

収穫後の成分変化が速い葉菜類でも，部位別にその変化を観察すると興味深い現象がみられる。図3.6.8は冬の露地作ホウレンソウを20℃暗黒化で貯蔵したときの糖含量の変化を示したものである。図中の外葉身と外葉柄は，それぞれ出荷形態に調製されたホウレンソウの外側2枚の葉身部と

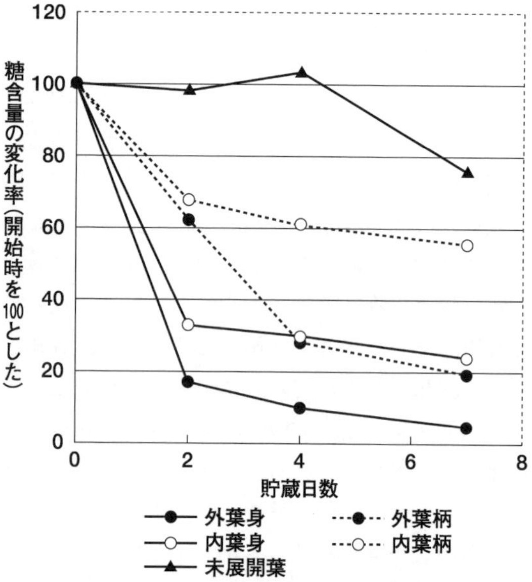

図 3.6.8　ホウレンソウ貯蔵中の部位別糖含量変化
（20℃）

外葉柄である。残りの展開葉の葉身部を内葉身，葉柄を内葉柄とし，未展開葉と芯は未展開葉と示した。糖の減少は，葉身部が葉柄部より，外葉と内葉では外葉が速い。芯を含む未展開葉では，その減少は極端に遅い。このように，急激に減少すると思われる葉菜類の内容成分でも，部位によってはその速度は異なる。このような現象は，コマツナやシュンギクなど，葉菜類に広くみられる。これらは，外葉ほど早く展開し老化が進んでいるのに対して未展開葉では伸張中の若々しい部位であるという，個体内における生育ステージの影響が考えられる。また，収穫後は新芽部分に栄養分を蓄えて再生に備えているという役割分担が影響していると思われる。

5）内容成分によって異なる減少速度

内容成分の中でも，比較的減少の速いものと遅いものがある。図3.6.9に，冬の露地作ホウレンソウを30℃暗黒化で貯蔵したときの外葉身の糖とビタミンCとクロロフィル含量の変化を示した。図からわかるように，開始時を100としたときの減少量でみると，3つの成分が同様に減少するのではなく，まず初めに，糖が減少し，それからビタミンC，最後にクロロフィルが減少している。

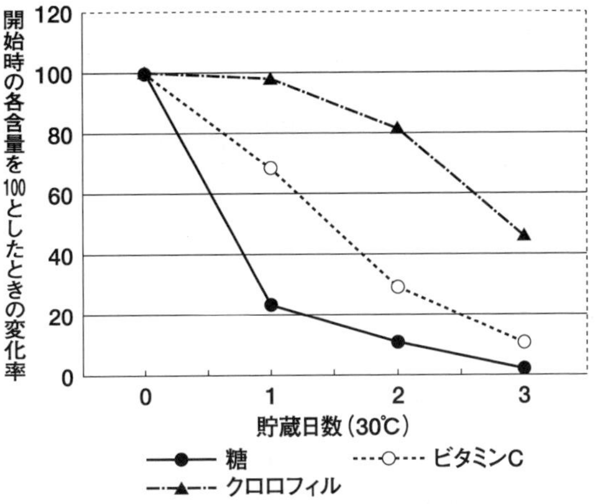

図 3.6.9　冬露地作ホウレンソウ外葉身の内容成分変化

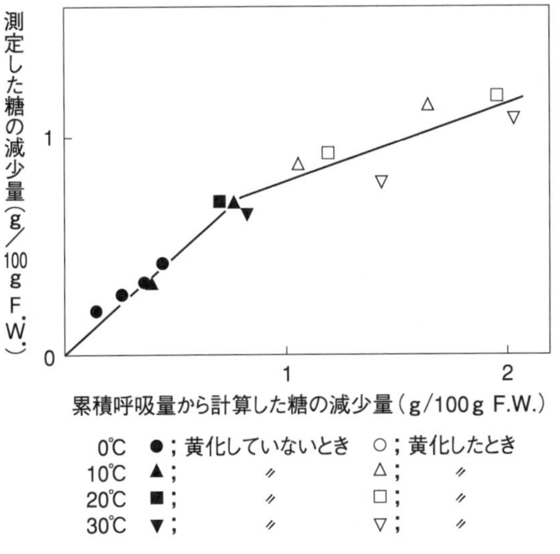

図 3.6.10　ホウレンソウの累積呼吸量と糖の減少量の関係

図3.6.10は同じホウレンソウの呼吸量と糖の減少の調査結果である。呼吸量は，呼吸によって排出された二酸化炭素を構成する炭素が，すべて糖を消費して生成したと仮定し，糖の量に換算して示した[30]。各貯蔵温度とも，葉に黄化が発生する前までは，分析で求めた糖の減少量と呼吸量から計算される糖の消費量とはよく一致し，呼吸が糖を主な基質として行われて呼吸をしていたことが推察できる。つまり，貯蔵されたホウレンソウは，収穫後も続く盛んな呼吸で，まず糖を消費し，その代謝によって維持されていたビタミンCが減少してくるものと思われる[31]。このビタミンCを維持するシステムが機能しなくなると，蓄積した体内の過酸化物質によってクロロフィルが崩壊し，黄化へと進行する[32]と考えられる。これらは，ブロッコリーの花らいの黄化過程でもみられる。

6）収穫後の内容成分の変化と外観品質

ホウレンソウの収穫後の変化は，株内で古い外側の葉から始まる[33]。図3.6.11は，外側の葉2枚（出荷用に調製済みなので本葉3，4葉に相当する）の内容成分変化と結束済みホウレンソウの外観品質の関係を示している。図中の糖含量は，外葉の葉柄を取り除いた葉身部のみの内容成分なので，0.6g（100g新鮮重当たり）と非常に少ない。貯蔵温度別にこれらの変化をみると，30℃貯蔵では1日後で0.1g程度まで急減し，20℃貯蔵では2日後に同レベルまで減少した。これに対して，10℃貯蔵では3日後にも約0.3gの糖が残り，0℃貯蔵では4日後でも0.5gと多かった。これらは，前節でも述べたように，それぞれの貯蔵温度での呼吸量の違いが影響していると思われる。呼吸量は30℃でのそれを1とすると，20℃では1/2，10℃ではさらに1/4，0℃では1/8以下に低下する。

ビタミンC含量は，糖含量と異なり各貯蔵温度とも直線的に減少した。30℃貯蔵では，開始時の135mg（100g新鮮重当たり）が1日後に92mg，2日後には39mg，3日後14mgと1日当たり平均で43mgずつ減少した。20℃貯蔵では7日後に27mgとなり，1日で約16mgずつ，また，10℃貯蔵では1日で約6mgずつ直線的に減少した。一方，0℃貯蔵では21日後でも105mgと非常に多く残存していた[34]。原は，各貯蔵温度でのビタミンC含量の1日当たりの減少量を，指数関数的な変化として計算することにより，ホウレンソウの貯蔵温度履歴と内容成分の関係の数式化を試みている[35]。

ホウレンソウの緑色のもとであるクロロフィル含量は，糖やビタミンCが減少している30℃1日後でもほとんど変わらず，色調にも変化がみられなかった。この現象は20℃や10℃貯蔵時でもみられ，その崩壊が他の内容成分より遅れてくること

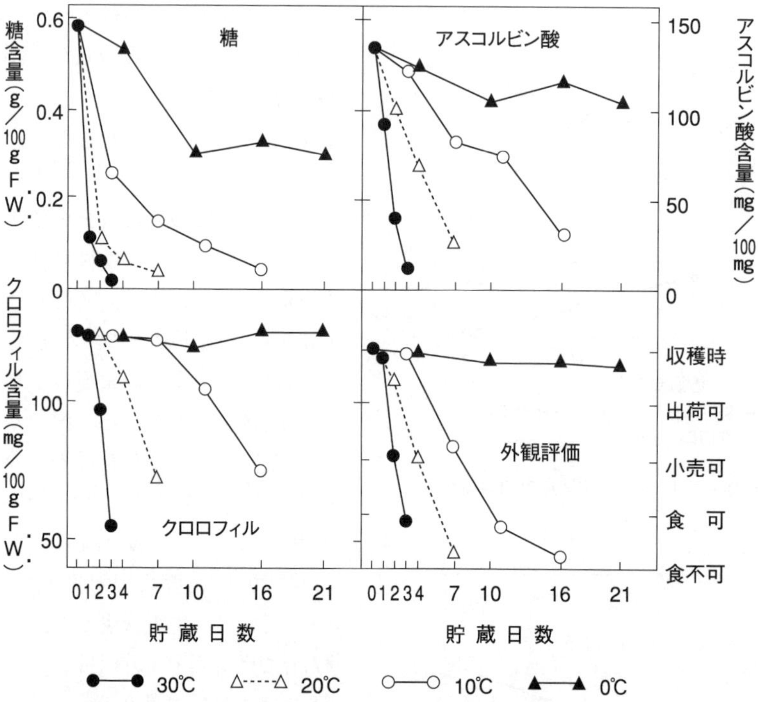

図 3.6.11　貯蔵中のホウレンソウ外葉の成分変化と外観変化

がわかる。0℃貯蔵では糖やビタミンCの減少が抑制され，クロロフィルもよく保持されている。

ホウレンソウの外観評価は，主に葉の黄化や腐敗，しおれの発生により評価を低下させる。ホウレンソウの黄化は外葉から進むことから，外葉の黄化の進行は，腐敗が発生する前には外観評価とよく一致する。このため，ホウレンソウの調製段階で外葉を多く取り除いたほうが，出荷後の品質保持期間が延長される（図3.6.12）。ホウレンソウの調製段階で外側の葉をより多く取ることは，それだけ調製歩留りを低下させ，調製時間も増加するが，出荷後の日もちが増加することから，1株の葉数が多いときや商品性保持期間が短いときなどには応用できる。

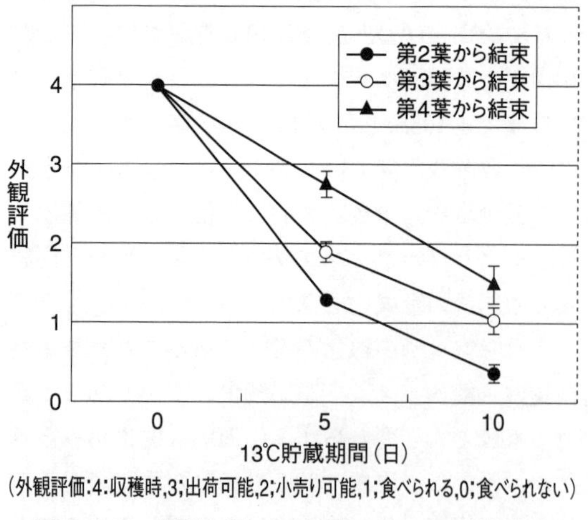

(外観評価:4:収穫時,3;出荷可能,2;小売り可能,1;食べられる,0;食べられない)

図 3.6.12　調製を異にしたホウレンソウの外観変化

7）収穫後の内容成分の変化と野菜の品質

①　軟化野菜の緑化　ウドやチコリなどの軟化野菜は，通常，軟化ムロと呼ばれる暗黒の部屋や地下の穴の中で栽培される。収穫後，これらが強い光のもとに置かれると，白い組織にクロロフィルが生成して緑色に変化する。これらは，もともと光合成を行う茎葉部分に光をあてないでクロロフィルを生成させないように成長したもので，種子の芽生えの例から考えると，クロロフィルの前駆物質であるプロトクロロフィルをそれらの部位にすでにもっていて，それらが光の刺激で急速にクロロフィルに変化する。これらの内容成分の変化は，野菜の生育にとっては自然の変化なのだが，軟化野菜としての品質は著しく低下する。よって，これらの野菜の取扱いは，収穫後も速やか

に調製・箱詰し，輸送や貯蔵，陳列も光の強いところを避けて置くことが望ましい。

② **アスパラガスの硬化・繊維化**　地面から勢いよく伸びるアスパラガスの若茎は，その性格上代謝活性も呼吸量も高く，30℃に半日も置くとビタミンCや糖含量は半分に減少し，また横にして置くとすぐに曲がってしまう[36]。アスパラガスは貯蔵中でも，時間の経過とともに糖含量が減少し，不溶性繊維含量は増加して硬度が上昇する[37),38]。茎葉を支える器官である若茎は，成長が激しく茎葉を支持するための繊維の発達もほかの野菜類より特別に速いと考えられる。畑にあって根株から栄養補給があるうちは，体内の栄養素に大きな減少はみられないが，収穫後は若茎内に残る栄養素のみを使ってこれらの代謝をしなくてはならず，糖の減少も激しいものとなる。ゆであげたときの茎のやわらかさと，ほのかな甘みはアスパラガス特有の食感であるが，糖の減少と硬度の上昇はこれらの食味品質を低下させる。この変化を抑制するためには，代謝活性を抑える低温とCA 貯蔵などのガス環境制御が効果的である。アスパラガスの貯蔵中の硬度変化は，温度が高いほど，また穂先より根元が速い[39),40]。

③ **イチゴ・トマトの軟化**　収穫後急速に果実硬度を低下させるものとしてイチゴがある。このときイチゴ果実内では，植物体の骨格を構成する多糖類のペクチンが減少し組織が軟弱になり，果実硬度が低下する[41]。収穫したイチゴは，高濃度の二酸化炭素処理で果実内のペクチン含量の減少が抑制される。トマトも追熟とともにペクチン含量を減少させ果肉硬度が低下する，このペクチンを可溶化させる酵素，ポリガラクチュロナーゼの発現を抑制すると，果実の軟化が抑制される。これらのように，収穫後の果菜類の軟化過程にはペクチンの減少を伴うことが多く，それらの減少を抑制すると果実硬度の低下も抑制できることがわかっている。このように，収穫後の野菜の硬化には不溶性繊維の増加がみられるものが多く，軟化にはペクチンの減少を伴うことが多い。

④ **レタス茎の切り口の褐変**　レタスやキャベツの切り口は，時間の経過とともに褐色に変化する。これらは切り口にあるポリフェノール類が，酸化されて褐変物質へと変化したためである。単に切り口の変色にすぎないので，もとより本体の結球部の品質には影響がないのだが，現状ではこれが鮮度指標の一つとなっている。褐変を起こす反応は10℃以下で抑制されることから，レタスやキャベツを低温下に管理することで褐変を少なくすることができる。同じような変化に，ナスやキュウリの低温貯蔵中の種子周辺の変色がある。これらは低温障害の一つとされているが，種子周辺に色素が生成するということでは同様な品質変化ともいえる。

⑤ **ジャガイモのデンプン糖化と品質**　ジャガイモの最適貯蔵条件は温度2～3℃，湿度95%である。しかし，このような低い温度下にジャガイモを置くと，デンプンの糖化が始まり，ふかして食べるには甘いジャガイモとなるのだが，デンプンの減少でホクホク感がなくなってしまう。また，これらのジャガイモでポテトチップスをつくると加熱時に還元糖と遊離アミノ酸とのメイラード反応により褐変が生じてしまうので，加工用としては不適格となる。このような還元糖の蓄積を起こさない低温貯蔵の限界は7℃以上とされており，加工用では7～13℃の貯蔵が推奨されている。しかし，この貯蔵温度では休眠期間が過ぎる約3カ月後から発芽が進行し，品質が著しく低下する。よって，加工用の貯蔵ジャガイモは5℃貯蔵中に増加した糖分を，加工前に20℃に数週間置いて糖含量を0.5%以下に低下させる（リコンディショニング）処理をして，加工に適する品質に戻す方法が取られている。ジャガイモの内容成分であるデンプンが糖へと変化することは，外観品質には影響しないが，加工品質を低下させている。

3.6.2　収穫と出荷前処理

野菜は，ビタミン，無機質などの供給源として食生活に欠かすことのできない食品である。生食用としての用途が主流を占める日本では，収穫から市場出荷に至る流通過程でのハンドリングが重要な課題となっている。一般に，収穫前の取扱いをプレハーベストハンドリング，収穫後の取扱い（出荷前処理，輸送や消費地での取扱いなど）をポストハーベストハンドリングという。収穫はその両者の橋渡しに相当する作業である。

（1）収穫作業

野菜は種類が多いうえに，葉菜，果菜，根菜と形態も多岐にわたっている。そのため，野菜栽培のなかで収穫作業は多くの労力と時間を要し，省力化の要望が強い部分となっている。図3.6.13はアメリカにおける葉菜類の収穫から出荷に至る作業体系を示したものである。収穫作業は多くの場合手作業である。農場や施設で不要な部分を除去したり，洗浄，選別，包装，箱詰の作業を行った後に予冷，一時貯蔵が行われ，保冷車で低温に保たれて輸送される。野菜の収穫作業の多くが手作業で行われるのは，日本においても同様である。機械化による省力化を困難にしている要因としては，ほかにも商取引で外観が重視されるため，品物を損傷することなく，ていねいな取扱いが必要となること，生育の程度がそろわず1個1個人が目で熟期や大きさを確認しながら選択収穫しなければならない品目が多いこと，などがある。

このような状況でもこれまでに以下に示す各種の実用性のある野菜収穫機や，収穫作業に関連した機械が開発されている[42)〜44)]。

1）キャベツ収穫機

2本のスクリューでキャベツの茎を挟んで引抜いた後，搬送の途中で根と外葉を切取り，結球部だけをコンテナ（200kg入り）に積込む一斉収穫方式の乗用型収穫機（走行部：ゴムクローラ型，エンジン：8.9 PS）である。切断位置や搬送ベルトの幅などが容易に調整できるため，キャベツの大きさや形が異なっても収穫できる。0.3m/s以下の作業速度で，損傷キャベツの割合は5％以下である。作業能率は2名の組作業で約3 a/hと，従来の人力作業の3倍程度である。

2）ゴボウ収穫機

振動式の掘取り刃で土中深さ1〜1.2mにあるゴボウを浮かせ，挟持ベルトで引抜いて機体上に収容する1条用の乗用型収穫機（走行部：ゴムクローラ型，エンジン：39 PS）である。人が乗車したまま，掘取り，収容，トラックなどへの積替え作業を行うことができる。収容部は最大250kgの積載が可能で，連続して100〜150mの掘取り作業ができる。作業能率は2名の組作業で約2.6a/hと，ディガーなどを利用したこれまでの作業の約2倍である。

3）汎用イモ類収穫機

ジャガイモ（生食用，加工用），サツマイモ（原料用，加工用），サトイモの掘取り，土砂分離，茎葉処理，選別，収納，荷下ろしなどの作業を5 a/h以上の作業能率で行うことのできる乗用型の収穫機（走行部：ゴムクローラ，エンジン：46 PS）である。クローラの間隔を調節することにより，対象作物の畝幅に合わせて収穫することができる。作業能率はジャガイモは4名の組作業で約7 a/h，サツマイモは3名で10〜12a/h，サトイモは子イモの分離が容易な品種では4名で約10a/hとなっている。また，本機は短根ニンジンの収穫にも利用が可能で，5名の組作業で6 a/h以上の能率である。

4）イチゴ収穫作業車

座席に腰かけた状態で収穫や定植，摘葉・摘果作業ができる電動式の作業車（バッテリー使用，電動機DC12V，120W，1回の充電で4時間連続作業可能）で，1輪駆動3輪車と2輪駆動4輪車の2型式がある。自動的に畝にそって走行し，作業時の走行速度を最高0.05m/sまで無段変速できる（移動時は0.5m/s程度）。収穫物の収容量は60kgで，作業能率は手作業と同程度である。

5）非結球性葉菜収穫機

ホウレンソウなどの非結球性葉菜類の収穫・収容作業を行う目的で開発された1条用の歩行型・自走式の収穫機（バッテリー使用，電動機 DC 24V，300W，1回の充電で3時間連続作業可能）である。畝幅90〜120cm，条間15cm以上，株間15cm以下に

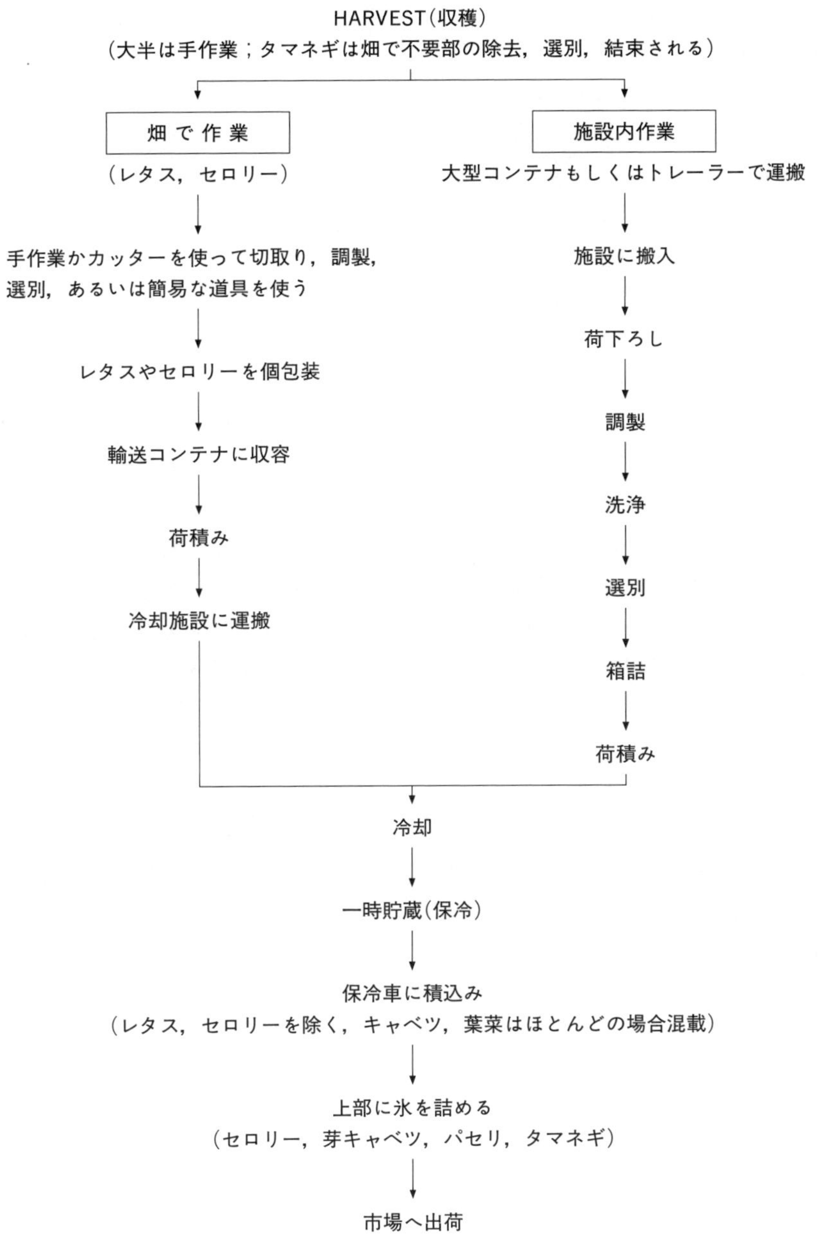

図 3.6.13　野菜の収穫から出荷に至る作業体系(アメリカ)

出典)　KADER. A. A., *et al.*: *Postharvest Technology of Horticultural Crops.*, Univ. of Calif.(1985)

対応する。1畝に複数条栽培されていても刈取搬送部を横方向に移動させることで，1条ずつ収穫できる。ホウレンソウの場合，損傷割合は手作業と同程度で，作業能率は0.5～1.0a/hで，人力収穫の約2倍である。

6）ネギ収穫機

1条畝立て栽培の白ネギ（根深ネギ）を対象とした乗用型収穫機（走行部：ゴムクローラ，エンジン：5.8 PS，車体左右水平制御装置つき）である。条間75cm以上，畝高さ25～50cmに対応する。作業速度は0.03～0.10m/sで，収穫されたネギにはほとんど損傷がみられない。作業能率（収穫・結束・搬出）は，作業者1～2名で0.7～2 a/hと，慣行人力作業の約3倍である。オプションで根と葉の荒切り装置を装着することができる。

7）ハクサイ収穫機

1畝1条栽培のハクサイを対象とした乗用型一斉収穫機（走行部：ゴムクローラ，エンジン：8 PS）である。地ぎわの切断刃でハクサイの根元を切り，側部を両側からベルトで挟んで機体上に搬送し，コンテナに収容する。畝幅55cm以上，株間30cm以上に対応する。作業速度0.2m/s以下では結球部の損傷割合は5％以下である。作業能率は，コンテナ収容の場合，3名の組作業で2.7a/hである。マルチ栽培にも適応できる。

8）ダイコン収穫機

「青首ダイコン」を対象とした1条用の乗用型一斉収穫機（走行部：ゴムクローラ，エンジン：25 PS，車体左右水平制御装置つき）である。振動刃で土をやわらかくした後，ベルトで葉を挟んでダイコンを引抜き，機体上に搬送する。葉を一定の長さに切断した後，荷台まで自動的に搬送し，人力で容器に収容する（300～400kg）。畝高さ25cm以下，条間30cm以上，株間25cm以上に対応する。マルチカッターを備えているため，マルチ栽培にも適応可能である。作業能率は2～3名の組作業で2.1～3.7a/h程度と，人力収穫の2～3倍である。

9）重量野菜運搬作業車

フォーク部分が前後に伸縮し，さらに水平に回転する機能を有する特殊なフォークリフトを備えた乗用型運搬車（走行部：ゴムクローラ，エンジン：11 PS）である。最大500kg（250kg×2個）の荷物を搭載することができる。重量野菜（キャベツ，ハクサイ，スイカ，ダイコンなど）の農場での運搬や搬出作業を容易にする。箱詰レタスやスイカの収集・積込み作業では，これまでの作業に比べて作業者の心拍数増加割合が少なく，軽作業化が可能である。

10）野菜残渣収集機

連作障害の主要因である根こぶ病などの土壌伝染性病害を予防するために，キャベツ，ハクサイ，ブロッコリーなどの根部などの収穫残渣を掘取り，土をふるい落として残渣のみをバケットに収容し，運搬するトラクター牽引式作業機（50 PS級以上のトラクターに適応）である。作業幅は120cmで，バケットには約400kgの残渣が収容できる（2 t/10 aの残渣量で100mの連続作業が可能）。バケットはダンプ式のため，収容した残渣を運搬車などへ移替えることも容易である。作業能率は6～13a/h程度で，残渣の90～95％を収集できる。

（2）出荷前処理

出荷前の処理には，洗浄，清浄，調製，選別，包装，予冷，保冷，貯蔵の処理が含まれる。野菜などの青果物はこれらの処理を経て，生産地から消費地へ運ばれ，消費者の手元へ届けられる。これらの処理を行うことにより，青果物は商品としての体裁が整えられるばかりでなく，品質の保持や付加価値が高められる。ここでは，ポストハーベストハンドリングの骨組みとなるこれら出荷前処理について述べる。なお，包装，予冷，保冷，貯蔵などについては別項で詳細が述べられるが，これらの処理は出荷前処理の重要な部分を占めているため，ここでも簡単に触れてある。

1）洗　浄

根菜類などに付着している土や泥を洗い落とすもの。機械洗浄は，共同施設用の大型機と個別農家用の小型機がある。大型機は主にダイコン，ニンジンが対象となっている。小型機はそのほかにサツマイモ，サトイモ，ナガイモ，カブ，ゴボウ，根ショウガ，プリンスメロンなど多岐にわたり，ホウレンソウやコマツナなどの根洗いにも利用されている。洗浄の方式には，連続式と非連続式がある。連続式洗浄機には，ロールブラシや軟質ウレタン（スポンジ）ロールを用いたロール式，ドラムの内縁に板ブラシ，軸にロールブラシを配した回転ドラム式，ネットコンベアと噴霧ノズルを組合せた噴射式などがある。洗浄処理能力は小型機で1～2 t/h，大型機で4～5 t/h程度である。非連続式の洗浄機としては，1回ごとにある量をまとめて洗浄するバッチタイプが代表的で，角型あるいは丸型の洗浄槽の内側に板ブラシもしくはスポンジ，中央の回転軸にロールブラシを配した構造となっている。一度に数十kgの処理能力があり，１回当たりの洗浄時間は数分～十数分程度である。洗浄作業では一般に大量の水が汚水として排出されるため，大型の施設では汚水処理装置を設けるなどの対策が施されている。

2）清　　浄

水を使わずに乾式ブラシなどで野菜の表面に付着しているゴミやホコリを取除くものである。トマト，タマネギ，ピーマンなどで使われており，施設では清浄機と除塵機を組合せて使用するケースが一般的である。

3）調　　製

葉や根などの不要部分を取除いたり，外皮の一部を除去して商品としての姿を整える作業である。

①　タマネギ剝皮作業　平行に配列され，同一方向に回転する複数のロールブラシからなる剝皮機がある。この機械は高速回転するブラシと低速回転するブラシが交互に組合されており，この回転作用でタマネギは薄皮をむかれ，磨きがかけられる。１ t/h 程度の処理能力である。

②　長ネギ皮むき作業　水圧や圧縮空気を利用して外皮を除去する機械がある。圧縮空気を利用する機械は，コンプレッサーで圧縮した空気を皮むき機本体に組込んだ数本のノズルに導き，ノズルより空気をネギの表皮に吹きつけ，その風圧で剝皮する。光電センサーを利用して，ネギが供給されると自動的にノズルから圧縮空気が吹出すタイプや，フットペダルで空気の吹出しを操作するタイプなど，いくつかの方式がある。いずれのタイプも剝皮の間は，ネギを手で保持しておく必要がある。当初，コンプレッサーで圧縮した空気に含まれるオイルが問題とされたが，現在ではノズルの手前に２～３個オイル除去フィルターを取付けて改善を図っている。作業能率は50～60kg/h で，人力作業の２倍程度である。

③　ユウガオ皮むき機　高速回転部の針状突起にユウガオを突き刺して回転させ，カンナ状の皮むき刃をユウガオの表面に押当てて剝皮する。押当てる力によって剝皮される皮の厚みが変わる。作業能率は２名組作業で１分/個程度である。

④　根毛除去機　サトイモ，ニンニク，ゴボウ，ニンジンなどの根毛除去機がある。サトイモ根毛除去機は，２段階で根毛を除去する仕組みになっており，まず，互いに内側へ回転する平行ロールの上を転がる過程で，長い根が除去される。次に前後に揺動するレシプロ刃の部分へ送られ，この上を通過する過程で短い根が除去されるようになっている。作業能率は0.1 t/h 程度の小型の機械から，２～３ t/h の大型機械まである。ニンニクの根毛除去機は，人が手に持ったニンニクの根部を回転カッターあるいはリーマに押当てて削取るものである。作業能率は0.2 t/h 程度である。ゴボウやニンジンの側根を除去する機械は，回転ドラムの周囲に取付けられたビニル製のバンドがドラムの回転で遠心力を受け，その力で側根が削取られるものである。作業能率は70～80kg/h 程度である。ミツバやホウレンソウなど軟弱野菜では，２枚の平行に配置された円盤の間に多数のゴムをかけ渡し，円盤が回転した際のゴムの遠心力で根や下葉を除去する機械が使われている[45]。

4）選果・選別技術

選果や選別は，個々の野菜に格付けを行うための作業で，品位とサイズの両面からの仕分けがある。品位面の仕分けを等級選別，サイズの仕分けを階級選別と称している。等級選別は，色，形状，傷の有無，内部品質など外的・内的な面から品位を仕分けするもので“秀，優，良”や“A，B”などで表示される。階級選別は，大きさ，重さ，長さなど形状の違いに応じて仕分けするもので，“L，M，S”などと表示される。階級選別の選別方法としては重さを基準にした重量選別，太さ，長さ，厚みなどを基準にした形状選別のほかに，大きさ，形，色などを光学的に把握して仕分けする光学的選別がある。

①　重量選別　青果物の重さを，おもりの重量やバネの張力などと比較して選別する方法で，機械秤式と電子秤式がある。重さで仕分けるため選別精度が高く，不整形なものも選別でき，野菜に傷がつきにくいなどの利点がある反面，形状選別に比べて処理能力が劣ることや玉揃え（重さはそろっても，大きくて軽いものや小さくて重いもの

が混ざるため，大きさがそろわない）に難点がある。

② **形状選別**　青果物の形状の相違，主に大小を外形的に選別する方法で，指標としては果径，長さ，肉厚などが利用される。ふるい式は大きさの異なる丸穴や網目などのふるいを選別段数に応じて設け，果径の大小によってふるい分けする。条間間隔式は青果物の進行方向にベルトやロールの間隔を広げ，果径や長さによって選別する。スパイラルロール式も青果物の進行方向につれてスパイラルの溝幅を広くし，大きさによる選別を行う[46]。

③ **光学的選別**　光を利用した一種の形状選別で，光線式と画像処理式がある。光線式は投光器と受光器が一対となったものをセンサーとし，センサー部を通過する青果物によって光線が遮断された時間や，光束が何本遮光されたかなどを算出して果径や果高を求め，仕分けする方式である。画像処理式はカメラとコンピュータを組合せて，カメラの画像をコンピュータで処理し，幾何形状，大きさなどを求めて仕分けする。

近年は，エレクトロニクスや光センシング技術などの飛躍的な進展に伴い，選別では画像処理方式が主流を占めるようになってきている[47]。また，青果物を１個ずつトレイに載せて搬送する過程で等・階級選別を行うフリートレイ方式の選果機もトマト，リンゴ，スイカなどで普及している。さらに，非破壊で内部の品質を評価する技術研究も果実を対象に進んでおり，近赤外線を利用した糖度センサー（モモ，リンゴ，ナシ）や，糖・酸度センサー（ウンシュウミカン），スイカの打音による空洞果判別装置などが実用化され，選果施設に導入されている[48]。以上に述べた選果・選別技術と対象青果物を表3.6.8に整理して示した[49]。

5）包　装

包装資材や包装方法は，青果物の鮮度保持にきわめて重要なかかわりをもっている。包装の範疇にはビン詰・缶詰なども含まれるが，野菜などの青果物の包装資材には一般に水蒸気を通さず，ガス体（気体）を通すタイプのポリエチレンやポリプロピレンなどのフィルムがよく使われている。

表 3.6.8　青果物の選果・選別方式と対象品目

種　別	方　式			対象品目
形状選果機	ふるい式	回転ふるい式	ドラム式	カンキツ，ウメ
			ベルト式	カンキツ，タマネギ，ウメ
		プレイト式		カンキツ
		振動ふるい式		クリ，ウメ，球根
	条間間隔式	２条間隔式	ベルトローラ式	カンキツ
			スパイラルロール式	カンキツ
			ダイバーレングベルト式	リンゴ，カンキツ，赤ナシ
		多条間隔式（エクスパンション）		カンキツ，タマネギ，ジャガイモ，ニンジン，サトイモ
	スパイラルロール式			カンキツ
	光学的方式	光線式	カーテンビーム式	カンキツ，モモ，ナシ，リンゴ
			パルスカウント式	モモ，ナシ，リンゴ
		画像処理式		カンキツ，モモ，リンゴ，ナス，タマネギ，キュウリ，シイタケ，ジャガイモ，トマト
重量選果機	機械式（バネ秤式）			落葉果樹全般，カボチャ，トマト，メロン
	電子式	フォースコイル式		リンゴ，ナシ，モモ，カキ
		ロードセル式		トマト，ニンジン，シイタケ

出典）伊庭慶昭：選果と選別施設，'93年版農産物流通技術年報，pp.69～75（1994）

さらに最近は，フィルムにセラミック，ゼオライト，さんご粉末などの無機物を混ぜ，フィルム内ガス組成の制御，エチレンの吸着・分解・放出，抗菌などの機能をもたせた機能性フィルムが多数市販されている。

6）予　冷

予冷はプレクーリングともいい，「収穫後できるだけ速やかに青果物の品温を所定の温度にまで下げる操作のこと」である。青果物の品温を下げることで呼吸作用や蒸散作用が抑制されるため，鮮度保持の有効な手段として行われている。予冷には，以下の種類がある。

①　**空気冷却**　冷凍機などで冷やされた空気（冷風）を冷却媒体とし，青果物との間の熱伝達によって冷却を行うものである。冷風の流れ方あるいは通風方法によって，日本では強制通風冷却と差圧通風冷却の2つに分けられる。

強制通風冷却は，間隔をあけて堆積した容器の周囲に冷風を強制的に対流させて冷却を行う方法で，すべての青果物に適用できることから広く普及している。しかし冷却が主に容器壁を介して行われるため，他の予冷法に比べて冷却に時間を要したり，予冷庫内の冷風の流れ方が均一でない場合があって，堆積位置による冷却ムラが生じやすい欠点がある。しかし，ハンドリングの容易さや，複数品目の混載冷却が可能な点など長所も有している。

差圧通風冷却は，強制通風冷却よりも短時間に冷却できるよう考えられた冷却法である。冷風を強制的に容器内に通して青果物と直接熱交換を行い，冷却効率を高めようとしたものである。容器内に強制的に冷風を通す対策として，差圧ファンと称する送風機を備え，容器には通気用の開孔部を設けて，しかも隣接する容器の通気孔が連通するような並べ方が必要となる。通風方法として，中央吸込方式，壁面吸込方式，トンネル方式などがある。トンネル方式は床下に差圧発生ユニットを配したボックス型の予冷庫で，差圧通風冷却の作業上のネックとされている庫内で容器を並べる作業を合理化するため，トンネル内にコンベアを配してパレットの搬出入を自動化している。

②　**真空冷却**　気圧と水の沸騰温度との関係を利用した冷却法である。水は大気圧の下では100℃で沸騰するが，気圧が下がるにつれて沸騰温度も低下し，4.6mmHgでは0℃で沸騰する。したがって，真空冷却では気密チャンバに青果物を収容し，チャンバ内の気圧を下げて青果物から水分を沸騰（蒸発）させ，その際に必要な蒸発の潜熱を青果物自身から持去ることによって冷却する。真空冷却では初期品温と冷却目標品温との差が大きいほど青果物から蒸発する水分量が多くなる。そして，真空冷却は水分の蒸発が冷却に直接関与するので，体積に比して表面積の大きい葉菜類の冷却に特に効果があり，冷却速度も他の冷却法に比べて格段に速い特徴を有している。

③　**冷水冷却**　冷水を媒体として冷却を行うもので，冷水中に青果物を浸漬する方法と，冷水を上からかける散水方式とがある。アメリカではポピュラーな冷却法となっているが，日本では現時点ではほとんど普及していない。これは，青果物が水に濡れることが現状の流通形態になじまないことに一因がある。冷却後の水切りを充分行えば，空気冷却に比して冷却速度が速いため，根菜類などでは有効な冷却法である。

予冷して出荷される青果物は，多くの場合出荷容器の段ボール箱に“予冷処理”や“真空予冷”と印字されているので，予冷されたかどうかの判別がつく。予冷された青果物は普通，産地から出荷先の市場まで保冷車で輸送されるので低温が保たれる。市場ではセリにかかるまでの間，冷蔵庫に保管して温度が上昇するのを防いでいる。この一連の流れをコールドチェーン（低温の鎖）といい，産地から消費地まで低温で結ばれる。もし，この流れの途中で低温が途切れたら，青果物の温度（品温）が上昇し，品質が損なわれるので注意が必要である。特に夏場は外気温が高いので，品質保持の観点から，コールドチェーンの重要性を充分認識した取扱いを行ってほしい。

7）貯　蔵

貯蔵は，予冷と並んで収穫後の品質保持にかかわる技術である。予冷が主として収穫直後の品質保持を対象としているのに対し，貯蔵は目的あるいは品目によって数日～数カ月さらには数年に及ぶ幅広い期間を対象とした品質保持技術である。貯蔵方法は，常温貯蔵と低温貯蔵に大別される。

① **常温貯蔵**　機械的な冷凍装置などを用いずに，立地条件や自然の気象条件などをうまく工夫・利用して，低コストで青果物によい貯蔵環境を与えようとするものである。これに属する貯蔵としては天然貯蔵や保温貯蔵がある。天然貯蔵として，雪のもつ低温・高湿度の性質を利用した雪中貯蔵は，雪の中に貯蔵ムロを設けたり，青果物を収容した容器を埋設して貯蔵する方法である。キャベツ，ホウレンソウ，ハクサイ，タマネギ，籾，球根などのほか，ヤマノイモ，ウド，ダイコンなどについても試験されている[50)]。また，山腹の洞穴や岩石を切出した後の坑道などを利用して貯蔵する方法も行われている。これらの場所は年間を通して気温の変化が小さく，また，適度に湿度が保たれ，青果物の貯蔵に適した環境が自然に得られる。

② **低温貯蔵**　冷凍装置を設備して人為的に低温の環境をつくりだし，温・湿度を制御しながら貯蔵を行う方法である。貯蔵環境の設定や，青果物自身に施す処理によって多くの種類に分類される。一般の低温貯蔵のほかに，低温とガス制御を組合せた MA 貯蔵や CA 貯蔵，減圧貯蔵などがある。

3.6.3　保蔵・流通技術

(1) 温 度 制 御

収穫された野菜が消費者の手に渡るまでの間，切れ目なく低温で管理されることをコールドチェーンと呼んでいる。これには，産地での予冷，市場などへの低温輸送，低温管理による販売などが含まれており，低温環境の連鎖によって野菜の品温を管理することの大切さがアピールされている。このことばに象徴されるように，温度制御は野菜の保蔵・流通中における品質保持のキーテクニックといえる。

1) 温度制御と野菜の品質

野菜は収穫後も生命活動を営んでおり，酸素を消費して二酸化炭素と水と熱とを出し続けている。呼吸などの代謝が活発になることは，すでに収穫されて養分などの供給がない野菜にとっては蓄えた成分が消費されることになるので，呼吸量が多ければ多いほど味や栄養価は低下することになる。このため，呼吸量の制御は野菜の品質保持にとって重要な課題である。

野菜の適切な保蔵・流通にとって，その野菜が植物的にどのような部分のものか，またどのような熟度，生育段階にあるものかを知っておくことは大切である。なぜなら，このことが呼吸量の高低や水分蒸散の多少に大きくかかわってくるからである。例えば，アスパラガスは若い芽の部分であり，ブロッコリーは花蕾の部分である。また，スイートコーンやエダマメは未熟な種子の部分であり，ホウレンソウは伸び盛りの葉の部分である。こうした野菜は一般的に呼吸量が多い。これに対し，根菜やサツマイモ，サトイモのように，地中で生育する根や塊茎の部分を利用する野菜は呼吸量が低い。また，果菜類の呼吸量はこれらの中間に属する（表3.6.9）。

野菜の呼吸量は温度依存性であり，温度が低下すれば呼吸量も低下する。多くの野菜では温度が10℃低下するごとに呼吸量は1/2～1/4となる。したがって，品温を20℃から0℃に低下させることで，呼吸量は1/10にも低下する。このため，品温を低下させることは，野菜の品質保持にきわめて効果的である。これらを端的に示したものが，ホウレンソウとブロッコリーの温度別の品質保持日数である（図3.6.14）。これらの品質保持期間は，20℃では1～3日間程度にすぎないが，最適品温である0℃では20日間にもなる。表3.6.10には野菜の品質保持に適した温度を示した。一般に果菜類ではやや高めの温度が，また葉菜類などでは0℃に近い低温が適している。

2) 産地での温度制御

高品質な野菜をできる限りそのままに近い状態

表 3.6.9 主な野菜の20℃における呼吸量

呼吸量(CO_2, mg/kg/h)	品目
200以上	アスパラガス スイートコーン ブロッコリー シュンギク ホウレンソウ
100〜200	エダマメ オクラ サヤエンドウ
50〜100	イチゴ カボチャ キュウリ ナス ゴボウ
50以下	キャベツ ハクサイ トマト ピーマン ニンジン タマネギ ジャガイモ サツマイモ サトイモ

表 3.6.10 野菜類の品質保持に適した温度環境

温度(℃)	品目
13〜14	サツマイモ ショウガ
8〜10	トマト ナス ピーマン オクラ インゲン カボチャ サトイモ
0	アスパラガス ブロッコリー カリフラワー ニラ シュンギク コマツナ ホウレンソウ キャベツ ハクサイ レタス エダマメ スイートコーン ダイコン タマネギ ニンジン ヤマノイモ

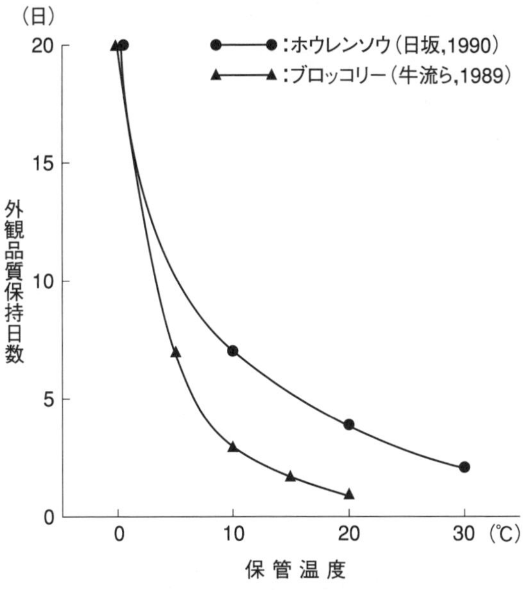

図 3.6.14 野菜の保管温度と品質保持日数

で消費者に届けるためには，産地，輸送，市場・集配センター，販売の各段階でしっかりした温度制御をする必要がある。ここでは産地で行われている予冷および貯蔵の実際と留意点について述べる。

① 予　冷　予冷は，収穫した野菜をその品質保持に適した品温にまで低下させる産地での処理のことをいう。予冷による野菜の到達目標品温は，表3.6.10に示した温度とは異なり，5℃程度とすることが多い。10℃前後が品質保持の適温であるトマトなども，予冷目標品温は同様に5℃程度としてよい。この温度設定には，品質保持効果と効率性が考慮されている。

青果物のための本格的な予冷施設が1967（昭和42）年に国内で初めて建設されて以来，農林水産省の統計では全国の共同利用予冷施設数は3,000を超えるに至っている。もちろん，このなかには生産者個々が導入した多数の1坪（3.3㎡）程度の予冷庫は含まれていない。これにより，日本ではすでに予冷出荷量が全出荷量の20％を超えるようになり，気温の高い春夏季にはさらに多くの野菜が予冷出荷されている。

予冷に用いる冷却方法は，冷風，真空，冷水・氷がある。現在までに全国で導入された施設は，建設コストの比較的安い冷風冷却方式が約90％（強制通風：60％，差圧通風：30％）を占めるが，真空冷却方式も10％強の400を超える施設で導入されている。処理能力的にみた施設の規模も広範囲にわたり，冷風冷却では2,000㎡以上もの規模をもつ予冷庫まで出現してきている。

A．予冷方式……予冷に用いられる冷却方法は以下のように大別される。

a．冷風冷却：これは冷風を対象物にあてて熱交換する冷却方法である。施設的には，冷熱をつくりだすための冷凍機，熱交換部，冷風を送出するためのファンやダクト，冷却庫とで構成される。冷風での効果的な冷却のためには，冷凍機の冷凍能力の設計，冷却庫内での荷の積付け方，冷風の温度および湿度，冷風の送出量などが重要となる。冷凍能力の設計には冷却対象物の熱量，冷却庫壁面の断熱能力，外気温などが重要であるが，一般的に予冷庫では冷蔵庫の約2倍程度の冷凍能力は必要である。

予冷庫の温度設定には注意を要する。予冷庫では冷気の吹出し口の温度が設定庫内温より低くなるため，庫内温の設定を0℃にすると冷風温度はマイナスとなり，耐凍性の小さい葉菜類などでは直接冷気のあたる部分が凍結することがある。したがって，予冷庫内温は2～5℃程度の設定にしておくことが安全である。

冷風冷却は強制通風と差圧通風とに大別される。強制通風冷却は，環流式や天井ダクト吹出し式などの方法により，冷風を循環させて冷却する方式である。建設コストは比較的安価なものの，予冷には12～24時間と長時間を要する。このため，一般的な出荷容器である段ボール箱の積付けには，冷却を速めることや冷却ムラを少なくするための工夫が必要である。

差圧通風冷却は対象物を2～6時間で冷却し，集荷当日の予冷出荷をも可能にする効率的な冷却方式である。その装置構成では，冷風を効率よく冷却対象物に接触させるための送風装置（有圧ファン）部分のあることが特徴的である。差圧通風冷却では，熱交換を短時間で行うために冷凍機の冷凍能力を大きくすることや，段ボール箱内へ冷風を効率よく通すための通気孔の位置と面積，通気孔がつながるような積付け方（図3.6.15）に留意する必要がある。

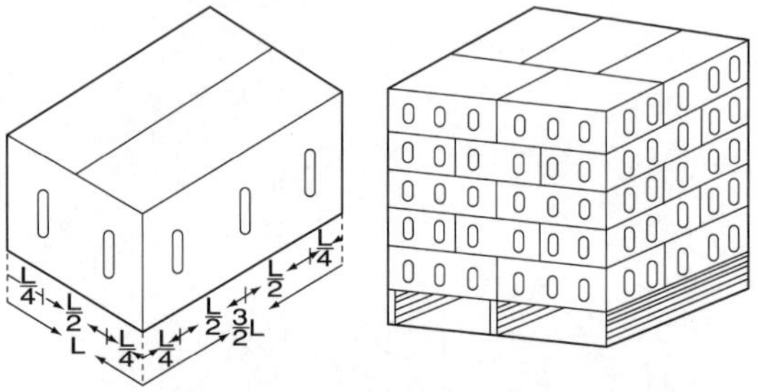

図 3.6.15　差圧通風冷却に適した段ボール箱（左）とパレットへの積付け方（右）（石井原図）

b．真空冷却：減圧環境下では常温でも水分が蒸発するため，蒸発可能な水分をもつ対象物は蒸発潜熱が奪われることによって冷却される。真空冷却はこの原理を応用したものである。野菜からの水分蒸発は，野菜の品温と水の沸点とが等しくなる減圧状態下になったとき（フラッシュポイント）から始まる。水分の蒸発量と品温低下とは比例関係にあり，1％の水分蒸発で5.5℃の品温低下となる。フラッシュポイントから予冷終了までの時間は約10分であり，開始から終了までの1サイクルも20～30分と短い。

真空冷却装置は，冷却対象物を入れる真空槽，真空槽内を減圧にするためのポンプ，野菜より蒸発する水蒸気を捕捉するコールドトラップおよびこの冷却源である冷凍機で構成される（図3.6.16）。この装置は1基数千万円と高価であり，2チャンバーの施設では付帯する設備を含めると億単位の設備費がかかる。しかし，1回の処理時間が短く均一な冷却が行えることから，大量の野菜類を冷却する必要のある産地には数多く導入されている。

c．冷水・氷冷却：水は熱伝達が空気に比べて速やかなために，冷水を使った冷却は短時間での

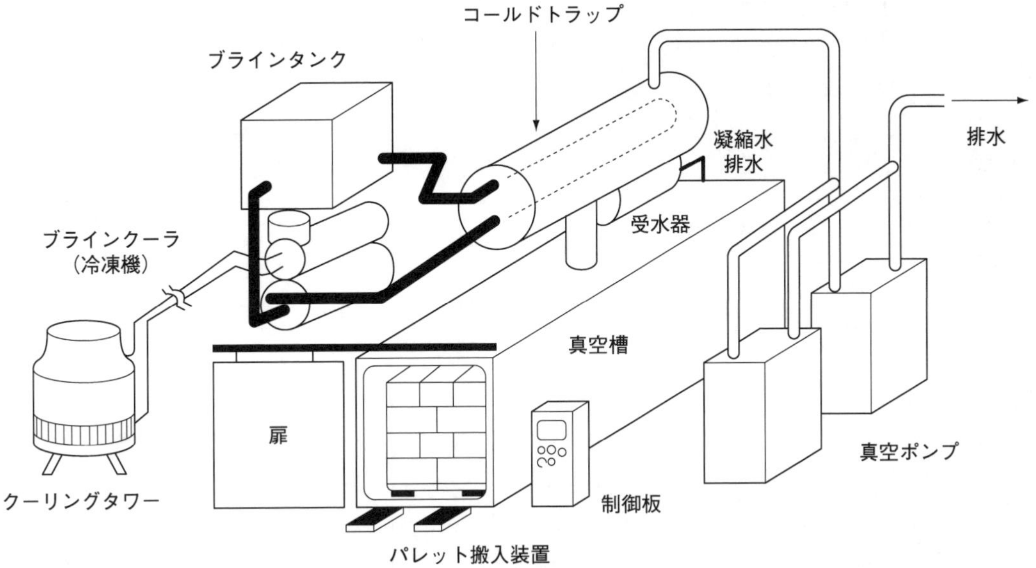

図 3.6.16　**真空冷却装置**（日坂原図）

予冷に有効である。このため，冷水冷却はアメリカではポピュラーな予冷方式となっている。しかし，日本では耐水性段ボールの処理体制が不備なことなどから，実際に稼動している施設はほとんどない。ただし，冷たい地下水を利用したダイコンやニンジンの洗浄，あるいは集選果場におけるナスやトマトの水流選果などが，水を使用した冷却に相当する場合もある。

冷水冷却に代わって少しずつ事例が増加しているのが氷冷却である。これは，フレーク状の氷や細かい砕氷を段ボール箱ないし発泡スチロール箱に詰めた野菜の上に載せて（トップアイシング）出荷するものである。市場到着時には氷は融けて水になってはいるものの，野菜には腐敗やしおれがないため，市場評価はよい。融けた水の処分などは手間のかかる問題として残っているが，氷冷却は長野県や香川県の農協でブロッコリーに採用されている。

B．予冷方式と適用品目……冷風冷却は果菜類や根菜類をはじめとして適用品目が多いが，真空冷却はその冷却特性からして表面積の大きな葉菜類への使用が適している。しかし，全国の予冷施設ではこれとは異なる利用法も増えている。その一つが，洗浄後に付着する水の乾燥である。ニンジン，ダイコン，コカブなどは，冷却効率が悪いだけでなく，吸収根の付け根から割れが入ることもあって，これまでは真空冷却に適した品目とはされなかったが，今ではこうした野菜にも冷却と付着水の乾燥を兼ねて使用されている。一方，真空冷却をナスやピーマンなどへ使う例も散見されるが，これは適切な使用方法とはいえない。主要な野菜について，品目ごとに推奨できる冷却方式を表3.6.11に取りまとめた。

②　貯　蔵　タマネギやジャガイモ，サツマイモ，ニンニク，ショウガなど，収穫が年１回に限られる野菜類は，その多くが貯蔵される。良好な貯蔵結果を得るためには，貯蔵される野菜自体が健全かつ適正な熟度のものであることや，収穫後貯蔵されるまでの間のていねいな取扱いなどが必要である。

貯蔵に用いる冷蔵庫は，予冷のように大きな冷凍能力をもつ必要はない。なお，一般の冷蔵庫では，庫内温度に±３℃程度の振れのあることが留意点としてあげられる。これは，冷凍機のオン・オフで温度調節が行われているためである。しかし，最近の温度調節には冷媒の流量を連続的に変化させる方法もあり，このような設備をもつ施設では温度変動をより小さくすることが可能である。

表 3.6.11　品目別の推奨冷却方式

品　目	冷却方式の種類		
	冷　風	真　空	冷水・氷
アスパラガス	◎	○	○
イ　チ　ゴ	◎		
エダマメ	◎	○	○
カ　ブ	◎	○	
カリフラワー	◎	○	
キュウリ	◎		
キャベツ	○	◎	
サトイモ	◎		
サヤインゲン	◎	○	
サヤエンドウ	○	◎	
シュンギク	○	◎	
スイートコーン	○	◎	
セロリー	○	◎	
ダイコン	◎		
チンゲンサイ	○	◎	
ト　マ　ト	◎		
ナ　ス	◎		
ニ　ラ	◎	○	
ニンジン	◎	○	
ネ　ギ	◎	○	
ハクサイ	○	◎	
ピーマン	◎		
ブロッコリー	◎	○	○
ホウレンソウ	○	◎	
レ　タ　ス	○	◎	

◎：最適，○：適

また通常，冷蔵庫内では冷気の吹出しがあたる部分と隅の部分とでは温度が異なる。このため，庫内温度をできるだけ均一にするような工夫とともに，精確な温度計を複数箇所に設置して定期的にチェックする体制をつくることも大切である。

A．貯蔵温度……貯蔵温度は，青果物自体の呼吸量や病虫害の発生に大きく影響し，貯蔵の成否を決定づける場合が多い。このため貯蔵温度は，貯蔵が長期になればなるほど，それぞれの野菜の最適温度にコントロールする必要がある。サツマイモでの例を図3.6.17に示した。

一般に，ある青果物の貯蔵適温とは障害を起こさない範囲内のもっとも低い温度と考えられる。したがって，表3.6.10に示した温度は各野菜の貯蔵適温としてよい。以下には，温度帯別に野菜の貯蔵温度と貯蔵性を整理した。

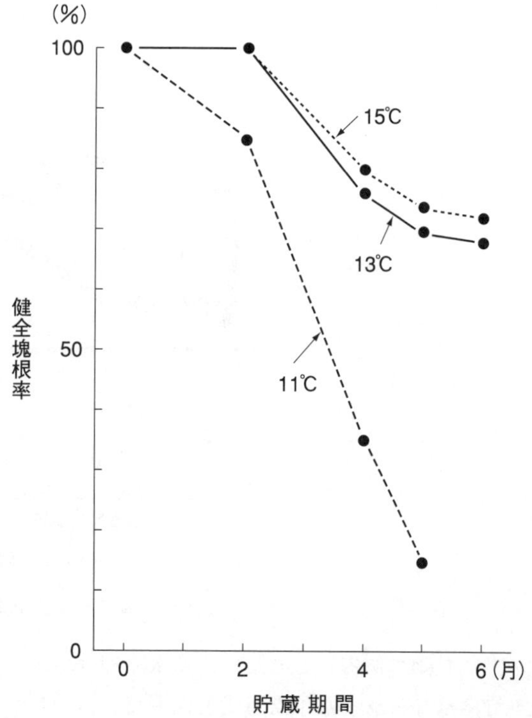

図 3.6.17　サツマイモ「紅赤」の腐敗発生と貯蔵温度
出典）宮崎丈史・新掘二千男：千葉農試研報，32，73（1991）

a．8 ～ 15℃：暖地性あるいは熱帯性の野菜で，低温では障害を生じ15℃以上の温度では品質低下の早いもの，すなわち果菜類のほとんどがこの温度帯に属する。果菜類のなかでは，キュウリ，トマト，ナス，オクラ，ピーマンなどは貯蔵期間が短い（2週間程度）が，カボチャは2～3カ月貯蔵できる。また，ショウガ（13℃），サツマイモ（13℃），サトイモ（8℃前後）などもこの温度帯が適し，数カ月の貯蔵が可能である。

b．0 ～ 5 ℃：ほとんどの葉菜類や根菜類およびヤマノイモやナガイモなどのイモ類などがこの温度帯での貯蔵に適する。葉菜類のほとんどは周年供給されているために貯蔵されないが，ハクサイやキャベツは0℃では2～3カ月の貯蔵が可能である。

c．－2～0℃：0℃以下凍結までの温度帯は，一般的にはチルド帯の範疇であるが，氷温などともいわれる。青果物も氷結点を降下させる糖などの物質を含むため，0℃では凍結しない。しかし，－0.5℃で凍結するか，－1℃で凍結するかは氷結点を降下させる物質の含量いかんである。この温度帯での品質保持は，0～5℃の低温域よりも優れるとされているが，温度コントロールは±0.5℃以内の厳密さが要求されるために，特殊な冷蔵庫を用いる必要がある。

B．積付け方法……冷蔵庫内では荷の積付け方も大切である。農協などの貯蔵施設では，段ボール箱が天井や壁にぶつかるほど庫内にびっしりと積んでしまう例もみられる。これでは冷風の通り道が塞がれてしまい，品温は低下せずに不均一さも拡大する。適切な荷の積付け方は，天井と壁からは離して荷を置き，荷の間には通路を確保することである。こうすることで，風を通し，熱交換をよくすることができる。貯蔵庫の利用効率は多少低下するものの，このような積付け方は失敗しない貯蔵のための大切なポイントである。

3）輸送中の温度制御

野菜は段ボール箱などの出荷容器に，例えばキャベツは10kg，トマトは4kgずつに詰めて出荷される。箱詰された野菜は，その後産地の集荷施設に持ち寄られ，トラックなどに積まれて卸売市場や集配センターに輸送される。産地と出荷先との距離にもよるが，多くは夕方に出荷されて早朝までには目的地に到着する。この間の時間は数時間～半日程度であるが，出荷容器に詰込まれた野菜の品温は外部からの侵入熱とそれ自身の呼吸熱によって上昇する。予冷しない野菜を夜間常温で輸送した場合には，外気温は低下するにもかかわらず，品温は輸送前より10℃以上上昇することもまれではない。一方，予冷された野菜では蓄えられた冷熱で品温は品質に打撃を与えるほどには上昇しないが，市場に到着したときには13～20℃になる。このように，産地で5℃程度に予冷しても，低温車（冷凍設備を備えた運搬車両であり，冷凍車とも呼ばれる）で運搬しない限りは，輸送中の温度上昇は避けられない（図3.6.18）。

野菜の主な輸送手段は，トラック，貨車，航空機，船舶である。それぞれの輸送手段によって呼称や仕様などの違いはあるが，温度制御に関しては，温度コントロールをしない輸送と低温にコントロールする輸送とに分けられる。貨車や船舶ではコンテナが使われており，温度や湿度などをコントロールしないコンテナをドライコンテナ，冷凍設備を搭載したコンテナをリーファーコンテナと呼んでいる。陸送の主役であるトラックでは冷凍設備のないものが多いが，最近では低温トラックの使用も増加してきた。リーファーコンテナや低温トラックは冷凍設備を備えているとはいえ，その冷凍能力は産地で予冷されたものの温度を維持する程度である。このため，こうした設備で輸送中に冷却することを期待してはならない。

予冷野菜の運搬には断熱性のあるボディをもった保冷車や低温車の利用が望ましいが，低温を維持するコンテナなどを利用すると輸送コストも高くなる。高品質を保つための輸送は今後も要望が増えるものと思われる。

4）市場・小売店での温度制御

卸売市場では，輸送された野菜は到着後それほど時間をおかずに引取られることが多くなっている。この場合には品温の上昇は小さいが，気温の高い時期のものや転送するために市場内に待機さ

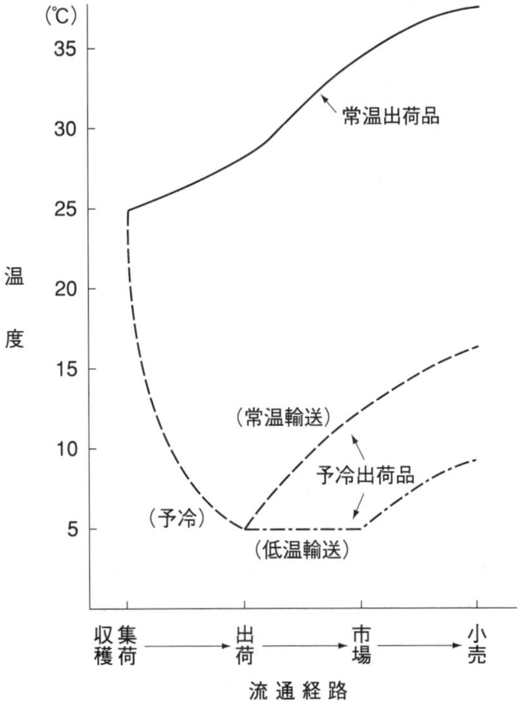

図 3.6.18 収穫した野菜の流通中における品温変化

せられるものは品温の上昇が大きくなるので，冷蔵庫での保管が望ましい。最近の主要市場は大型の冷蔵庫を設置しているが，取扱い量に比べればスペース的に充分ではないこと，またコストの点などから温度を高めに設定していることなど，野菜を低温管理するうえでは改善すべき点がある。

卸売市場の機能変化などに伴って荷の流れも少しずつ変わってきており，伝票は市場を通すものの荷は市場には下ろさない取引方法もある。このような商物分離取引は，主には量販店を対象にして行われているが，野菜の品温変化を小さくする点では好ましい。

小売の60％以上を占めるようになった量販店では，野菜売場を店の顔として位置づけることが多いため，野菜の温度管理には力を入れている。そうした量販店では，軟弱野菜は10℃前後に管理して販売されることが多い。また，定期的に冷水を噴霧するショーケースでの陳列販売なども行われている。

収穫後刻々と変化する野菜を，収穫時になるべく近い品質を維持したまま消費者に届けるためには，流通時間を短くすることと，適切な品温にコントロールすることがポイントとなる。流通時間の短縮のためには当日収穫・当日出荷が望まれるが，最近では都市近郊の一部で，朝穫り野菜を夕方販売する，当日収穫・当日販売の取組みもされている。

収穫後の野菜には，調製，選別，箱詰（このほかにも一部の野菜には洗浄，風乾）といったさまざまなプロセスがあるが，その品質保持は収穫後いかに速く品温を低下させられるかにかかっている。このため，生産現場では収穫した野菜をプラスチックコンテナのまま小型予冷庫に直ちに入れ，冷却後に調製などの一連の作業を行う方法も推奨される。また，集荷場から予冷施設までの横持ち時間を少なくすることや，予冷・貯蔵施設での速やかな荷積みなども大切である。

このように，野菜の品質保持のためには，生産と流通に携わる人びとがそれぞれの場でより完全に温度をコントロールする努力が必要である。

（2）ガス制御

1）M　A

青果物の鮮度を保つためには，呼吸や蒸散を抑制することがもっとも重要である。呼吸の抑制方法は大きく分けて2つある。1つは貯蔵温度（品温）を下げることであり，もう1つは青果物の周り（雰囲気）の酸素濃度を低く，二酸化炭素濃度を高く保つことである。

前者を利用した技術にはコールドチェーンや低温貯蔵がある。後者を利用した技術には CA貯蔵（controlled atmosphere storage）や MA 包装（MAP：modified atmosphere packaging）がある。MAP は蒸散を抑制できる技術でもある。さらに MAP は0℃付近の温度帯で長期間貯蔵する MAP 貯蔵と，通常に流通される MAP 流通に分けることができる。

①　酸素濃度，二酸化炭素濃度と青果物の鮮度保持　大気中には酸素が約21％存在する。青果物を取巻く空気（雰囲気）の酸素濃度がこれより低くなると鮮度保持効果が徐々に高くなり，ある一定の濃度にまで低下するとその効果は最高に達する。この鮮度保持に適する酸素濃度は青果物の種類によって異なるが，一般に4％前後であると考えられ，また一定の許容範囲をもつ。雰囲気の酸素濃度がこの範囲内にあれば，青果物は呼吸をはじめとするさまざまな代謝が抑制される。

また，ビタミンCやビタミンA，糖，有機酸などの内容成分の減少も抑制でき，色やテクスチャーを保持することが可能となる。さらに，エチレン生成も抑制できる。一方，この適する酸素濃度より高くても低くても鮮度保持効果は劣る。高い範囲では呼吸活性を抑制できず，青果物は貯蔵期間が長くなるにつれ黄化や果肉の軟化，カビの発生，腐敗などが認められる。低い範囲では呼吸は有気呼吸から無気呼吸に変わる。この条件では，青果物の緑色を保つことができるものの，不快な異臭が発生し，味が悪くなる。また，腐敗することもある。

大気中には二酸化炭素が0.04％存在する。青果物を取巻く雰囲気の二酸化炭素濃度がこれより高くなると呼吸が抑制される。これはTCAサイクル中の脱炭酸反応が阻害されるためにサイクルがスローダウンすることによる[3]。そのため，低酸素と似たような鮮度保持効果が期待できる。しかし，二酸化炭素濃度が20％を超えると青果物は無気呼吸をし，アセトアルデヒドやエタノールが生成される。MAP貯蔵するときは高二酸化炭素にさらされる時間が長くなるので注意が必要である。リンゴでは二酸化炭素濃度が10％を超えると果心部が褐変し，「富有柿」では20％を超えると果頂部が鉢巻き状に褐変し果肉が軟化する。晩生ナシでは，わずか数％の二酸化炭素濃度で果皮に黒あざ症が発生する品種もある。

② **MAP貯蔵とMAP流通**　MAPは青果物をプラスチックフィルム袋で密封包装する方法であり，青果物の呼吸作用と，フィルムのガス透過性を利用してフィルム内の酸素濃度を低く，二酸化炭素濃度を高く保つ方法である。MAP貯蔵は青果物を予冷・包装後に0℃付近の温度帯で貯蔵するもので，CA貯蔵ほどではないが青果物の種類によっては3～4カ月程度の貯蔵が期待できる。「富有柿」や日本ナシなどで実用化されている。MAP流通はフィルム包装後出荷する方法で，短期間の鮮度保持を期待するものである。「博多万能ねぎ」やスダチなどで実用化されている。

図3.6.19はCA貯蔵とMAPしたときの青果物の鮮度保持効果の関係を示したイメージ図である。CA貯蔵とMAPとを比較すると，一般に鮮度保持効果はCA貯蔵のほうが高い。これは，CA貯蔵が雰囲気のガス濃度組成を厳密に制御でき，かつ低温で貯蔵するためである。一方，MAPのうち，MAP貯蔵は雰囲気はある程度成行き任せになるが，貯蔵温度が低いことから，鮮度保持効果はCA貯蔵に比べてあまりそん色がない。MAP流通は雰囲気が成行き任せになるうえに，流通時の温度が比較的高く，また一定しないことなどからCA貯蔵やMAP貯蔵に比べると鮮度保持効果はやや劣る。しかしながら，呼吸はある程度抑制できるため，無包装に比べると鮮度保持効果は高い。流通時の温度を低く制御できれば鮮度保持効果はいっそう高くなる。

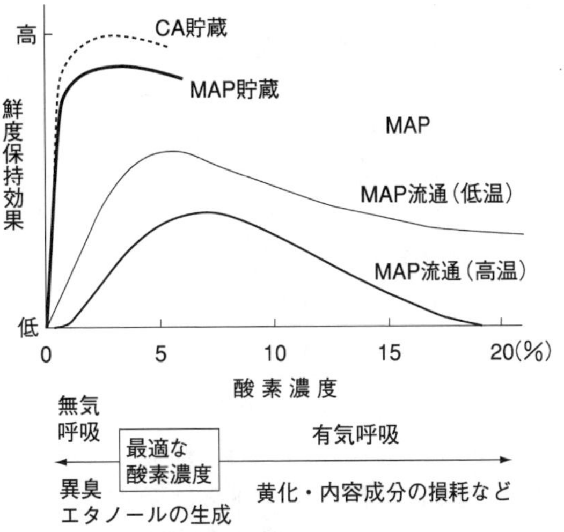

図 3.6.19　CA貯蔵とMAPの鮮度保持効果

③ **フィルム袋内のガス組成**　MAPのうち，CA貯蔵と目的を同一にするMAP貯蔵では，目標とする雰囲気ガス組成はCA貯蔵の場合と同じと考えて差支えない。ところが，MAP流通の目標とする酸素濃度は，その青果物をCA貯蔵するときの酸素濃度よりやや高めに設定するほうが無難である。これはCA貯蔵とMAP流通とでは目的と方法が異なるためである。すなわち，呼吸や品質の劣化を極限まで抑制することで長期間の貯蔵を図るCA貯蔵に対して，MAP流通は収穫から消費者の口に入るまでの短期間の鮮度保持を目的とする。また，目標とする雰囲気ガス組成を機械的かつ迅速につくりうるCA貯蔵に対して，MAP流通は呼吸やフィルムのガス透過性などの不安定要素によって徐々につくられる。そのため，後者では無気呼吸する危険を冒してまで酸素濃度を低下させる必要性はあまり認められない。また，MAP流通では，青果物が無気呼吸すると外観的には緑色が保たれて鮮度がいいようにみえるが，フィルム袋を開封すると，不快な異臭が発生する。そのため，小売店などでは商品の見切りを見誤る可能性がある。

④ **MAPによる低酸素・高二酸化炭素のメカニズムとその要因**

A．メカニズム……図3.6.20は，青果物をフィ

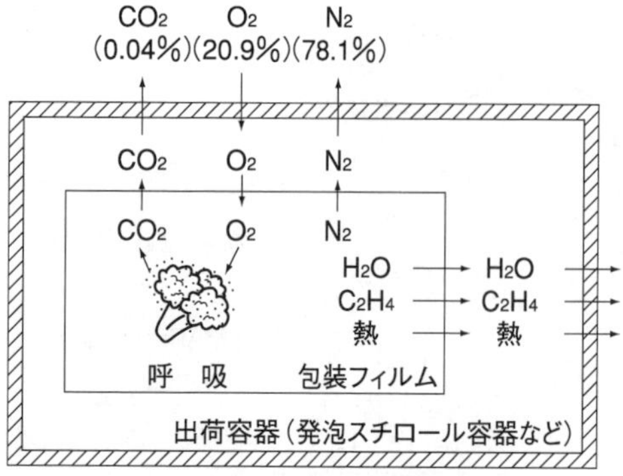

図 3.6.20　MAP とガス移動のモデル

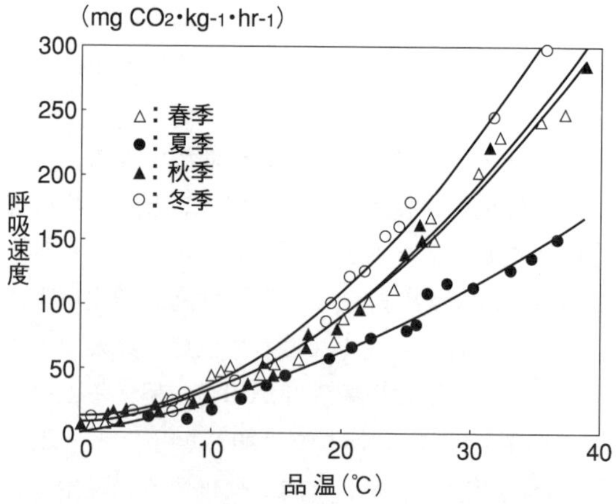

図 3.6.21　収穫時期および品温と葉ネギの呼吸速度

ルム袋中に密封包装したときの酸素，二酸化炭素および窒素の流れを示している。青果物の呼吸によりフィルム袋内の雰囲気は酸素濃度が低下し，二酸化炭素濃度が上昇する。そのため，酸素はフィルム袋の外のほうが内より高く，二酸化炭素はフィルム袋の内のほうが外より高くなる。それぞれのガスはフィルムを透過して濃度が高いほうから低いほうに移動しようとするため（ガス透過性），酸素は外より内へ，二酸化炭素は内より外へ移動する。そして，適切なフィルム袋で青果物を包装すると，呼吸速度による酸素の消費量とフィルム袋外からの酸素透過量とが等量に近くなり，フィルム袋内のガス濃度組成は安定する。この安定したガス濃度組成がその青果物にとって適する MA 条件になるように包装資材や貯蔵温度を選定するとよい[1),5)]。

B．フィルム内のガス濃度組成を左右する２つの要因

a．青果物の呼吸：雰囲気に酸素が充分に存在するときには，青果物の呼吸は好気的に行われる。この際，糖や有機酸などが基質として利用され，二酸化炭素と水が生成される。

呼吸速度は青果物の種類により異なる。また，同じ野菜でも，収穫時期や貯蔵温度（品温），雰囲気の酸素濃度などによっても異なる。アスパラガスやブロッコリーなどは激しく呼吸をするが，根物野菜のジャガイモやタマネギは呼吸はあまり行わない。呼吸活性が高いアスパラガスやブロッコリーなどでは MAP の効果が認められやすい。図3.6.21は収穫時期別の葉ネギの品温と呼吸速度の関係を示している[2)]。いずれの時期に収穫した葉ネギにおいても品温が低いほど呼吸速度も抑制される。また，収穫時期により呼吸速度は異なり，例えば収穫後の品温が20℃の場合では，呼吸速度がもっとも高いものは冬季に収穫したものである。図3.6.22は雰囲気の酸素濃度と葉ネギの呼吸速度の関係を示した。雰囲気の酸素濃度が低いほど呼吸速度も抑制されていることが理解できる。

雰囲気の酸素濃度が極端に少ない場合は，呼吸は無気的に行われ，エタノールと二酸化炭素が生成される。

$$C_6H_{12}O_6 \rightarrow 2C_2H_5OH + 2CO_2 + \text{エネルギー}$$

この状態では，青果物は異臭を生じたり，腐敗したりする。図3.6.22において，雰囲気の酸素濃度が５％以下になると，呼吸速度が高いものが見受けられる。これは無気呼吸により呼吸速度が高くなった葉ネギである。

b．ガス透過性：フィルムを透過する気体の透過量は次式で示される。

$$Q = \frac{P\ (p1 - p2) \cdot A \cdot t}{\ell}$$

Q：気体の透過量，P：気体の透過係数，p1, p2：フィルム内外の気体の分圧，A：フィルムの面積，ℓ：フィルムの厚さ，t：時間

すなわち，ある気体の透過量はフィルムの内側と外側の分圧の差と，フィルムの面積に比例し，フィルムの厚さに反比例する。また，ガス透過係数（P）はフィルムの種類や透過するガスの種類，

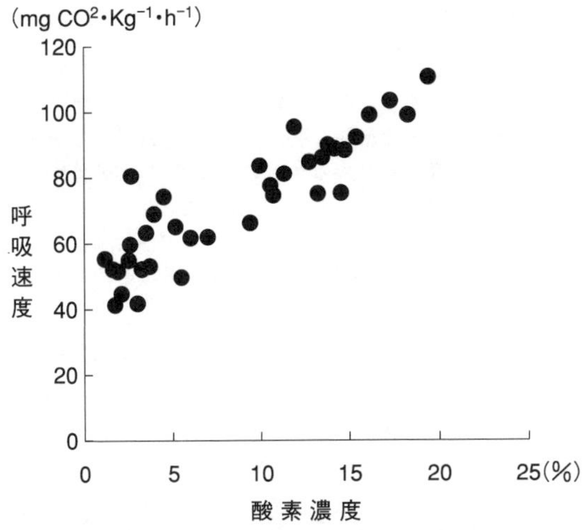

図 3.6.22　酸素濃度と葉ネギの呼吸速度

温度などにより異なる[4]。

⑤　**ガス透過性資材と包装形態**

A．プラスチックフィルム……図3.6.23にプラスチックフィルムのガス透過性と水蒸気透過性を示した。図中のIIのグループに属するフィルムは青果物の包装用として広く用いられている。前述のように，さまざまな要因によりガス透過量が異なるので，実際に青果物を MAP するときはこれらの特性を充分理解しなければならない。

最近では，プラスチックフィルム袋密封包装による過度の低酸素状態を避けるため，微細な孔をあけたフィルムが用いられるようになった。これは，レーザー光線や機械パンチングなどにより50〜150μm程度の穿孔を施したものである。ポリプロピレン（OPP）フィルムは透明性や機械適性，強度ともに優れるが青果物にとってはややガス透過性が低い。そこで，この OPP フィルムに微細孔をあけることにより MAP 流通に適したフィルムをつくることが可能である。なお，直径が0.5〜7 mm程度の孔をもつ開孔フィルムでは蒸散抑制効果は期待できても，MA効果は期待できない。

フィルムの主な包装形態を表3.6.12に示したが，MA 効果を最大限に発揮させるには密封包装が必要である。

B．出荷容器……ガス気密性を高めた機能性段ボール容器や発泡スチロール容器もガス気密性をもつ。機能性段ボール容器は，段ボール容器の内外面にプラスチックフィルムを被覆したものや，中芯に積層したものなどが開発されている。このガス気密機能を有する段ボール容器は，その効果を発揮させるためには外フラップ部分をガムテープなどでH字に貼合わせる必要があり，作業効率が劣るという欠点がある。最近では，フラップ部分の切込み幅を小さくして気密性を高め，I字に

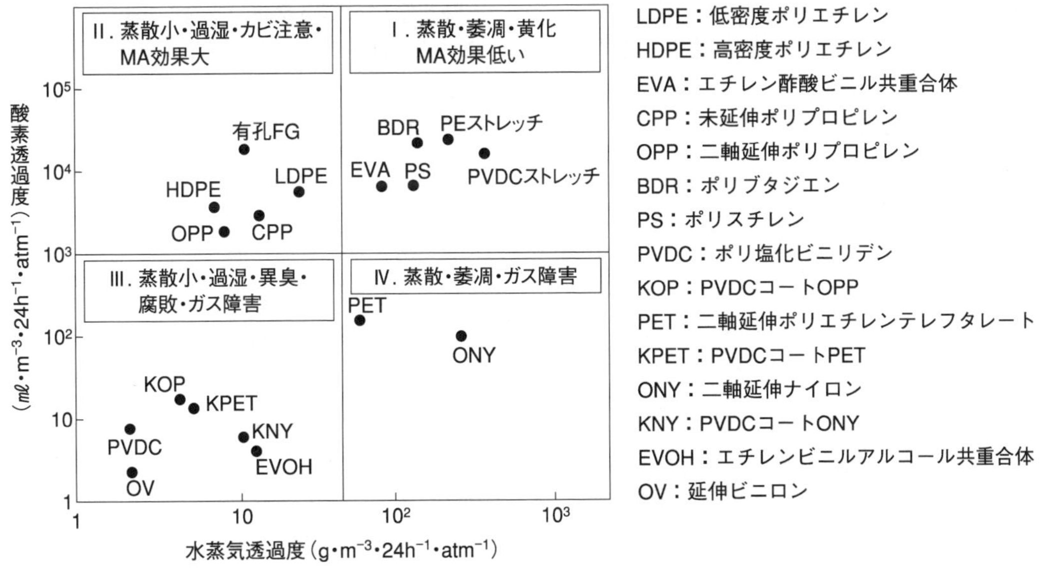

図 3.6.23　フィルムのバリア性と鮮度保持の関係

出典）井坂

表 3.6.12　プラスチックフィルムの主な包装形態

包装形態	使用フィルム	包装方法・使用例
密封包装	ポリエチレンフィルム ポリプロピレンフィルム 微細孔フィルム	フィルムの開口部分を熱で溶着する。包装機械の溶着部品には密封できないものもあるので，溶着部分を注意深く観察する必要がある。熱シール部分が連続した直線的に溶着されていないものは MA 効果が認められないこともある。葉ネギやアスパラガスなどで実用化されている。 包装内の空気を窒素ガスなどで置換する方法もある。この場合，包装直後より MA 効果が期待できるが，置換量を誤るとガス障害を起こすこともある。
ハンカチ包装	ポリエチレンフィルム ポリスチレンフィルム	青果物を包むように折りたたんだり，捻ってテープなどで口を閉じる。MA 効果が発揮されないこともある。レタスなどで実用化されている。
ストレッチ包装	硬質ポリ塩化ビニル ポリブタジエン ポリエチレン・酢酸ビニル共重合体	青果物をトレイごと伸縮性があるフィルムで包装する方法。ガス透過性が高いので，MA 効果はあまり期待できない。店頭で多くこの方法が採用されている。

貼ることができるものが開発されている。農産物の出荷に使われる発泡スチロールはポリスチレンを50倍程度に膨らませたもので，保冷性とともに，ガス気密性を有する。ブロッコリーやアスパラガスなどで実用化されている。しかし，発泡スチロール容器は廃棄処理の際にかかるコストや環境負荷などの問題が残されている。段ボール容器の内側にポリエチレンフィルムを内装し，上部を折りたたんで包装する方法も MA 効果が期待できる。

出荷容器による MA 効果は，容器を開封するまでに進む鮮度低下の抑制に限られる。そのため，消費者が購入した後も効果が持続するプラスチックフィルム袋個包装に比べて MA 効果は劣ると考えてよい。

⑥　MA 包装の実例

A．MAP 貯蔵……多くの野菜は作型や品種を組合せることにより周年供給が可能であるが，果実は収穫時期が限られている。そのため，販売期間を延長するためには MAP 貯蔵が効果的である。貯蔵温度を低く保つこと，雰囲気の酸素濃度が低くできるようなフィルムの選択が重要になる。

a．富有柿：12～3，4月販売を目標とする。目にみえる傷がある果実はもちろん，落下果や打撲果など目にみえない傷がある果実も貯蔵性がきわめて低いので，これらの果実は貯蔵用としない。厚さ0.06mmのポリエチレンフィルム袋で個包装する。貯蔵温度は果実が凍らない温度を設定する（－1～0℃）。貯蔵後の急激な温度変化は好ましくないので低温流通，低温販売を心掛ける。

b．早生ナシ：11～12月販売を目標とする。貯蔵後に高価格が期待できる高品質で大玉果を貯蔵する。ナシ果実を厚さ0.04mmのポリエチレンフィルム袋で個包装する。密封後は直ちに低温庫に入れる。貯蔵温度は目的とする貯蔵期間で異なるが，一般には0℃とする。

B．MAP 流通……すべての青果物が MAP 流通に適するかというとそうとも限らない。イチゴなどでは流通時の温度をできるだけ低く保つことで鮮度保持を図ったほうがよいし，ナスでは蒸散抑制を主目的に穴あきのフィルムで包装したほうがよい。MAP 流通に適する青果物では，雰囲気の酸素濃度が低くなりすぎないようなフィルムの選択が重要になる。また，流通時の温度が高くならないように心掛けることも必要である。

a．葉ネギ：葉ネギの目標とする酸素濃度は4～6％と考えられる。1夜予冷後ポリプロピレンフィルムで包装し，発泡スチロール容器に入れて出荷されている。微細孔フィルムで包装後，段ボール容器に詰めて出荷している産地もある。

b．ブロッコリー：ブロッコリーの目標とする酸素濃度は3～7％と考えられる。現在のところ，一部ではあるが発泡スチロール容器や，ポリエチレンフィルム袋を内装した段ボール容器での出荷が行われている。これらの出荷容器を用いると雰囲気の酸素濃度は2日目以降5～7％程度にまで低下する（図3.6.24)。

その他，アスパラガスやカンキツのスダチなどが MAP 流通されている。これは低酸素・高二酸化炭素条件下でクロロフィルの分解が抑制される性質を利用したもので，黄化による商品価値の低下を防いでいる。

C．フィルムの果実への密着現象……MAP 貯蔵した「富有柿」などでは，ポリ袋（ポリエチレン袋）が果実に密着した状態になる。これは次のようにして発生する。すなわち，ポリ袋内の青果物の呼吸によりポリ袋内の酸素が減少し，二酸化炭素が増加する。ポリ袋内外に濃度差が生じるため，二酸化炭素はポリ袋の内から外へ，酸素は外から内へ移動する。ポリエチレンフィルムのガス透過量は二酸化炭素のほうが酸素より大きいため二酸化炭素の外への移動量が酸素の内への移動量を上回り，ポリ袋内の空気の量が次第に減少する。さらに，窒素の相対的な割合が高くなるために窒素もポリ袋外へ移動する。この状況が長く続くことにより減圧状態になりポリ袋の果実への密着現象が起こる。逆にいえば，長期間ポリ袋包装した果実の空気量が減少していない場合は密封が不完全であったと考えてよい。

⑦ ガスシミュレーションを用いた包装設計

これまで述べてきたように，MAP は雰囲気のガス濃度を厳密には管理できず，成行き任せになる。そのため，MAP 技術に求められることは，青果物や包装資材に関する情報を少しでも多く集め，この「成行き」の幅を狭めることである。この情報とは，青果物の呼吸速度や適するガス組成，フィルムのガス透過性などである。これらの情報を定量的に解析して MAP 時のガス濃度や鮮度変化を予測し，その青果物に適した包装を行う技術が検討されている。

以下に葉ネギの例を紹介する。葉ネギはポリプロピレンフィルム袋で包装後発泡スチロール容器に詰めて出荷されている。すなわち，ガス気密性を有する資材で二重に包装されていることになる。まず，さまざまな雰囲気ガス組成下における葉ネギの呼吸速度とフィルムおよび発泡スチロール容器のガス透過性を測定した。その結果，葉ネギの呼吸速度は，

$$R(CO_2)=30.4007-2.0588\times[CO_2]+0.5697\times[O_2]\ (r=0.9172)$$

で近似できた。椎名らの式[5]を参考にして作成した，二重包装下でのシミュレーションモデル式に，呼吸速度式やフィルムおよび発泡スチロール容器

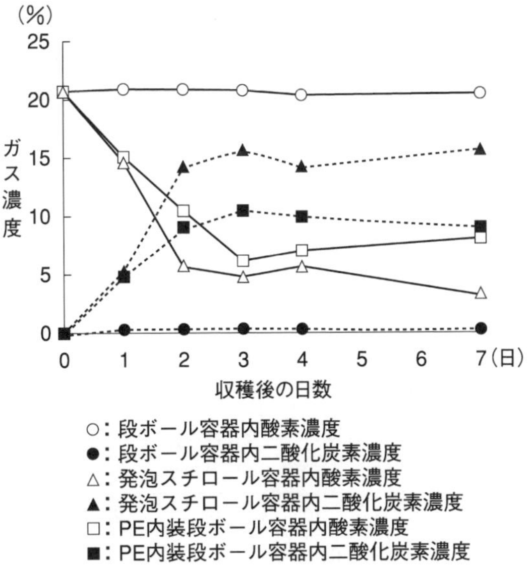

図 3.6.24 出荷容器とブロッコリーの雰囲気ガス濃度

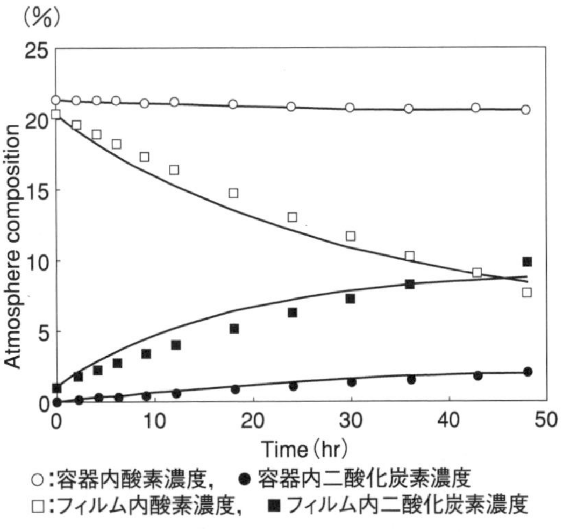

図 3.6.25 フィルム内および出荷容器内ガス濃度実測値と予測値

のガス透過性などの情報を代入した[1]。その結果，フィルム袋内および出荷容器内の予測値は実測値とおおむね一致した（図3.6.25）。

また，フィルムの酸素濃度を，葉ネギの鮮度保持に適する4～5％に保つには，フィルムの酸素透過係数は約1,600（mℓ/m²/day/atm）と算出された。

青果物のフィルム包装は，古くは1960（昭和35）年に樽谷が「富有柿」のポリエチレンフィルム包装について研究を行い，すでに実用化している。それ以降も多くの青果物で MAP 貯蔵や MAP 流通の試験が行われてきた。しかし，市場などでみる限りにおいては MAP をしている青果物はまだ少ないようである。特にブロッコリーでは，多くの研究が行われているにもかかわらず，未だに段ボール出荷が主流になっている。卸売価格の上昇が見込めない厳しい状況下ではあるが，栽培技術が平準化している今日では，産地間競争を勝残るためには MAP は必要な技術であると考えられる。研究面においては，環境問題も考慮に入れた実用的な研究が望まれる。

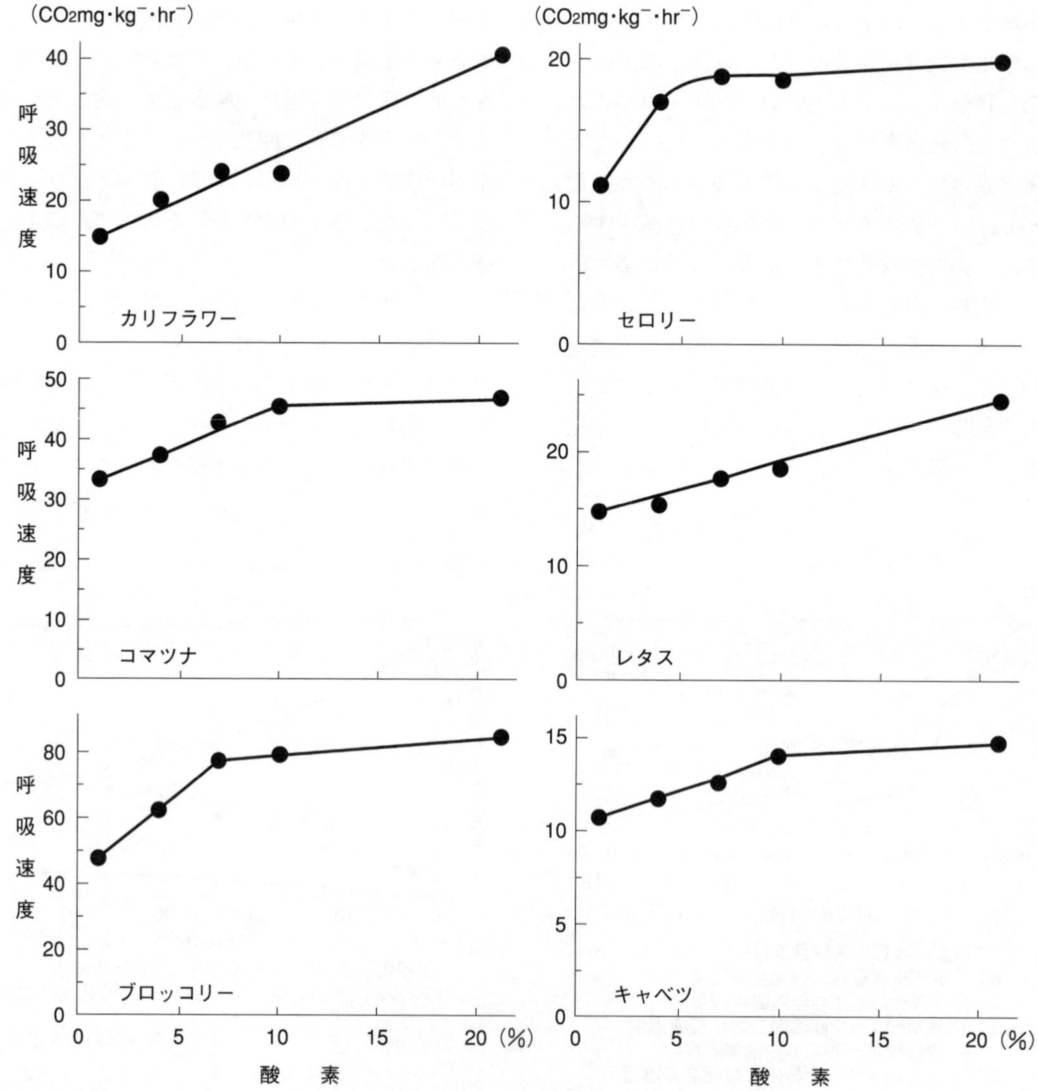

図 3.6.26 野菜の呼吸量に及ぼす低酸素の影響（10℃）

2）C　　A

① **CA 貯蔵とは**　おおむね酸素は空気の1/10，二酸化炭素は100倍（酸素2％，二酸化炭素3％）といった雰囲気下では，収穫した野菜の生理活性にさまざまな変化が生じる。もっとも顕著な変化は，呼吸量の低下である。図3.6.26に数種野菜の呼吸量に及ぼす低酸素の影響を示したが，酸素濃度が低くなるにつれて呼吸量は減少し，2％程度では空気条件下の1/2～1/3に低下する[51]。これに二酸化炭素が加わるといっそう呼吸量は低くなる。

呼吸作用は，糖や酸などを消費してエネルギーを産出する反応であるから，呼吸が活発であれば糖や酸などの風味成分の消耗が激しく，逆に，呼吸量が小さければこれらの成分の消耗は少しですむ。低酸素・高二酸化炭素条件は，呼吸抑制効果以外にも，葉緑素の分解抑制，褐変防止，エチレン（野菜の老化ホルモン）の生成抑制，軟化防止，ビタミンCなど栄養成分の保持，腐敗防止などの効果がある。

このような鮮度および品質保持効果を得ることを目的に，機械的に低酸素・高二酸化炭素雰囲気に維持して貯蔵する方法をCA（controlled atmosphere）貯蔵という。

② **野菜の CA 貯蔵**　表3.6.13に示したように，代表的な野菜については，貯蔵に適した酸素と二酸化炭素の濃度が明らかにされている[52]。しかし，日本でCA貯蔵が商業規模で行われている野菜はニンニクだけといってよく，その量もきわめて限られている。野菜のCA貯蔵が普及しない理由として，施設栽培などによって野菜の周年生産体制が整ってきたこと，野菜は果実に比べ価格が安く商業的に成立ちにくいことなどがあげられる。しかし，野菜の価格は，天候や季節によって大きく変動するため，冷凍野菜の製造や漬物加工業者にとって，原料野菜の安定的な確保は重要で，長期貯蔵技術として，野菜に適用可能なCA貯蔵技術の確立が望まれている。

空気中には酸素が21％存在するが，CA貯蔵では酸素濃度を2％程度まで下げる必要がある。リンゴのCA貯蔵では，プロパンガスを燃焼させて酸素を二酸化炭素に変えることで酸素濃度を下げている。この際，空気は高温になり，多量の二酸化炭素を生成するので，冷却装置と二酸化炭素除去装置が必要である。このため設備（図3.6.27）が複雑で高価になる。

空気中には窒素が80％も存在するので，空気から窒素を分離し，その窒素を貯蔵庫に供給して酸素濃度を下げる方式が低コストCA貯蔵装置として考案されている。酸素を吸着するモレキュラーシーブを用いたPSA（pressure swing adsorption：変圧脱着）あるいは酸素と窒素の透過率の差で両者を分離するガス分離膜を主体とする装置で，MASCA（図3.6.28）[53)~55)]と呼称されている。MASCAは，貯蔵開始時の酸素の低減，野菜の呼吸作用によって消費される酸素の補給および呼吸作用で生成する余剰二酸化炭素の除去など，雰囲気の制御に必要なすべての操作を修整空気発生装置が行う。したがって，プロパンガスおよび燃

表 3.6.13　野菜の CA 条件

品　目	温度（℃）	酸素（%）	二酸化炭素（%）	貯蔵期間（日）
アスパラガス	2	空気	10～14	7
イチゴ	0	0	5～10	28
オクラ	10	空気	4～10	
カリフラワー	0	2～3	3～4	28～35
キャベツ	0	2～3	3～6	120～150
キュウリ	12	1～4	0	
サヤエンドウ	0	10	3	28
スイートコーン	0	2～4	5～10	
セロリー	0～0.6	0.5～1	0	16
タマネギ	0	0～1	0	
トマト	6～8	3～10	5～9	35
ナガイモ	3～5	4～7	2～4	240～300
ニンニク	0	2～4	5～8	300～360
ハクサイ	0	1～2	0	
ジャガイモ	3	3～5	3～5	210～240
パセリ	0	8～10	8～10	
ブロッコリー	0	1～2	5～10	
ホウレンソウ	0	7～10	5～10	21
マッシュルーム	0	空気	10～15	
芽キャベツ	0	1～2	5～7	
メロン	4.4	1	0～5	30
リーフレタス	0	1～3	0	
レタス	0	1	0	28～42

焼装置，燃焼空気冷却装置，二酸化炭素吸着除去装置などを必要としない単純で安価な完全自動装置となっている。キャベツの貯蔵例では，MASCA の運転経費（冷蔵庫の運転経費および装置の原価償却を含まない）は，キャベツ 1 kg当たり 1 カ月につき 1 ～ 2 円と試算されている[55]。

野菜の鮮度保持の基本は，あくまで低温管理であり，CA 貯蔵は温度管理だけでは満足できない場合に一つの選択肢として考慮する技術である。低酸素雰囲気はヒトにとっては危険な条件であるから，導入にあたっては，充分な知識と管理態勢を整える必要がある。

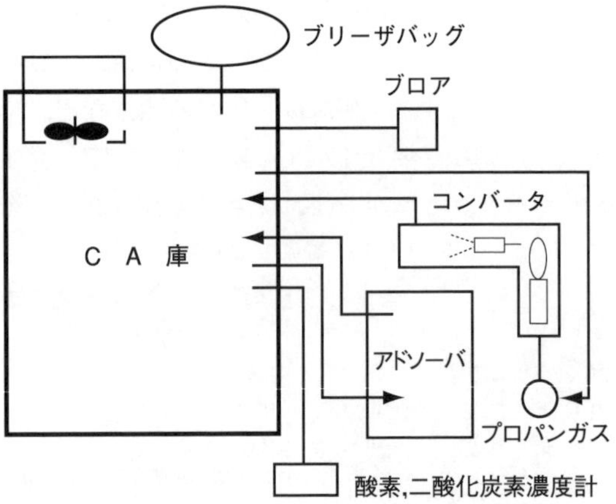

図 3.6.27　再循環方式 CA 貯蔵装置

（3）鮮度保持剤

1）鮮度保持剤とは

経済連・農協などが野菜を出荷する際の鮮度保持資材の利用状況を調査した農林水産省の報告によると，鮮度保持資材利用出荷量のもっとも高い野菜はキュウリで，次いでレタス，ナス，ブロッコリー，ホウレンソウなどである。利用率では，パセリ，ブロッコリー，ニラ，キュウリなどが高い。一方，鮮度保持資材の利用率が低い品目は，スイートコーン，ハクサイ，キャベツなどである。

この調査対象となっている鮮度保持資材は，機能性フィルム，機能性シート，蓄冷材（剤），機能性段ボール，断熱容器および鮮度保持剤（エチレン除去剤）である。鮮度保持剤には，ほかに脱酸素剤，ガス吸着剤，二酸化炭素発生剤，アルコール発生剤などの小袋詰製品がある。しかし，野菜の鮮度保持の目的でエチレン除去剤以外の鮮度保持剤が利用されるのはきわめてまれである。

2）エチレンの作用

エチレン（C_2H_4）は野菜（特に果菜類）が成熟する時期に発生する気体状のホルモンで，野菜にエチレンが作用すると，葉緑素の分解，褐変や黄化の促進，組織の軟化など，成熟・老化が促進されて急速に日持ちが悪くなる。また，野菜が切断やスレ傷のような傷害を受けてもエチレンが生成する。エチレンは ppm 単位の微量で作用し，しか

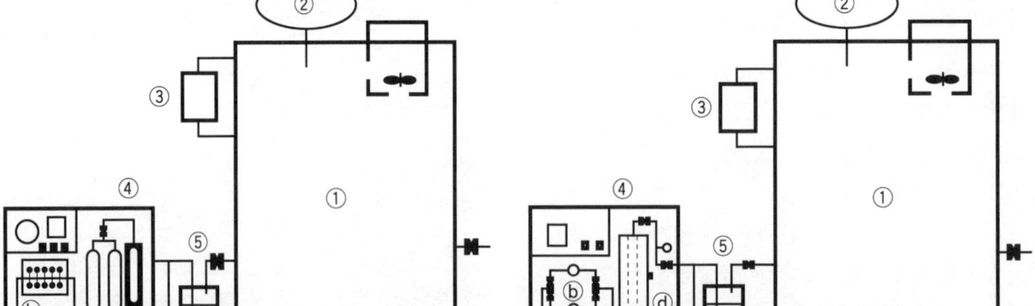

①気密性プレハブ冷蔵庫，②ブリーザバッグ，③酸素，二酸化炭素濃度計，
④修整空気発生装置：ⓐ空気圧縮機，ⓑ調圧器，ⓒPSA，ⓓガス分離膜，
⑤加湿器

図 3.6.28　MASCA 貯蔵装置の構成（左：PSA 型，右：ガス分離膜型）

も気体であるから，ほかの野菜に移行して鮮度を低下させることもある。これを他感作用というが，輸送中や貯蔵中に各種の青果物が混載される場合に生じやすい。エチレンを大量に発生するリンゴと一緒に輸送したカーネーションが開花しなくなる現象はよく知られている。

3）エチレン除去剤

エチレンは野菜の鮮度に劇的な変化をもたらすので，鮮度保持のためにはエチレンをできうる限り除去しておきたい。

種々の小袋詰エチレン除去剤が各社から市販されている。活性炭やゼオライトなど多孔質材で吸着除去するものや過マンガン酸カリウムなどの薬剤の化学反応で分解するもの，パラジウム触媒でアセトアルデヒドに変化させるものなどが一般的で，それぞれエチレンの除去速度，容量，効果の持続性，高湿度条件での性能変化など，特性が異なっている。

表3.6.14に数種市販剤の除去特性を示した。活性炭系除去剤には，高湿度下で除去率が低下したり，吸水するとエチレンを放出するものがある。ゼオライト系除去剤は，乾燥状態でも除去性能が活性炭より劣り，吸湿すると除去機能を失う。また，吸水すると吸着したエチレンを放出する。したがって，これらのエチレン除去剤を保管する場合には吸湿させないよう注意する必要がある。塩化パラジウムを活性炭に担持させた除去剤は，湿度のいかんにかかわらず，除去率が高く，除去速度もきわめて速い。吸水によるエチレンの放出もなく，優れた除去特性を示すが，活性炭などよりも価格は高い。臭素処理モレキュラーシーブも，除去速度，除去率ともにきわめて高く，吸水によるエチレンの放出も認められない。

4）エチレン除去剤の利用と効果

野菜を段ボール箱に入れて出荷する際に，内装材としてポリエチレンやポリプロピレンなどのプラスチックフィルムを用い，上部を折りたたむハンカチ包装が広く行われている。また，小袋を用いた消費者包装やトレイとシュリンクフィルムによる包装も一般化している。このような流通形態でエチレンが発生すると，エチレンは逃げ場がないため，容器内に蓄積して鮮度を急速に低下させてしまう。エチレン除去剤は，包装内のエチレン除去用に開発されている。

内装ポリエチレンフィルムでハンカチ包装されたブロッコリーの鮮度に及ぼすエチレン除去剤の

表 3.6.14　各種資材のエチレン除去特性

除去剤	除去速度			除去率			吸水による放出	資材の種類
	無処理	乾燥	高湿	無処理	乾燥	高湿		
A	◎	◎	◎	◎	◎	◎	なし	活性炭＋？
B	◎	◎	◎	△	◎	△	あり	活性炭＋除湿剤
C	◎	◎	◎	○	◎	△	あり	活性炭＋除湿剤
D	◎	◎	○	△	△	×	あり	合成ゼオライト
E	◎	◎	○	△	△	×	あり	合成ゼオライト
F	×	×	×	×	×	×	—	天然ゼオライト
G	◎	◎	◎	◎	◎	◎	なし	$PdCL_2$活性炭
H	◎	◎	◎	◎	◎	◎	なし	$PdCL_2$活性炭
I	◎	◎	◎	△	◎	△	あり	$PdCL_2$？活性炭
J	×	—	×	×	—	×	—	除去フィルム
K	×	—	×	×	—	×	—	除去フィルム
L	×	×	×	×	×	×	—	除去シート
M	◎	◎	◎	◎	◎	◎	なし	臭素処理剤

初期エチレン濃度：50ppm（300㎖）A～M：市販除去資材
除去速度：◎きわめて速い，○速い，△遅い，×除去効果なし
除去率（残存エチレン濃度）：◎きわめて高い（1ppm以下），○高い（1～5ppm），△低い（5～25ppm），×除去効果なし（25ppm以上）

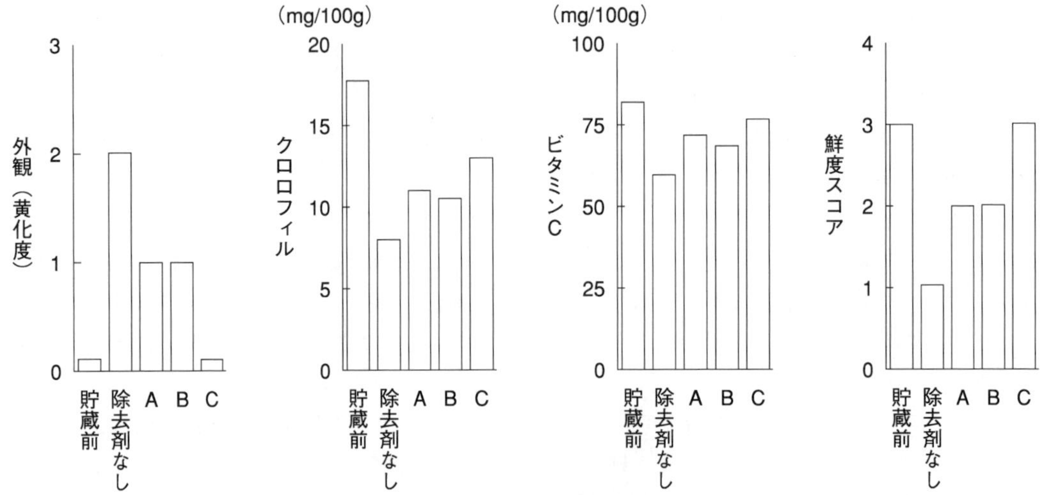

A：活性炭，B：合成ゼオライト，C：パラジウム活性炭（A，B，C：エチレン除去剤使用）

図 3.6.29　ブロッコリーの品質に及ぼすエチレン除去剤の影響

影響に関する調査によると，エチレン除去剤の使用は，外観だけでなく，クロロフィルやビタミンCの損失防止にも有効で，日もち性が向上している（図3.6.29）。

各種のエチレン除去剤が市販されているが，それぞれ除去特性が異なること，内装材を使用しない流通形態では除去剤を使用しても意味がないこと，鮮度保持は低温管理が基本であり，鮮度保持剤は付加的な効果を有するにすぎないことなどに留意して，適正利用を心掛ける必要がある。

（4）卸売市場・量販店における取扱いおよび包装材のリサイクル

1）卸売市場・量販店における取扱い

野菜の低温流通，いわゆるコールドチェーンが卸売市場で中断するといわれる。1989（平成元）年に開設した東京都の大田市場では，青果棟卸売場４万５千m²のうち１万m²（約22%）が低温売場になっており，別に5,800m²の青果用冷蔵庫棟（バナナ発酵室含む）が設置されている。しかし，全国72の中央卸売市場全体でみると，総卸売場面積の4.2%が低温化されているにすぎない。コールドチェーンが市場で途切れるといわれるゆえんである。

実際に低温売場に入庫するのは，小口に割振る野菜，引取りの遅い野菜，販売先が未確定な野菜などであり，必ずしも軟弱野菜や予冷品が優先的に低温管理されているとはいえない。

仲卸業者は，卸売業者が全国から集荷した野菜のセリに参加し，野菜を買受けて卸売市場内店舗で速やかに小売商に販売する機能を分担している。仲卸業者は店舗内にプレハブ冷蔵庫をもっており，野菜の一時保管と消費者向けの小口包装を行うことが多い。

量販店は，仲卸業者から買付けた野菜（最近では，産地からの直接仕入れやセリ販売前の予約相対による買付けが増加している）を店舗内の冷蔵ショーケースあるいは常温で消費者に販売する。また，外葉の除去などのトリミング，価格高騰時の切売り，消費者包装などを行う。このような処理をする場所をバックヤードという。

このように，市場や量販店の鮮度保持は，迅速な物流と低温管理である。

2）包装材のリサイクル

野菜の包装には，ポリエチレンやポリプロピレンなどのプラスチックフィルム，トレイ，段ボール箱，発泡スチロール容器などが用いられている。

発泡スチロールは，断熱性が高く，軽量でかなりの強度があり清潔で安価であるなどの利点があり，水産物出荷容器として広く利用され，野菜用にも普及してきた。一方，かさばる，廃棄処理が困難などの欠点があり，環境汚染の元凶のように考えられている。そこで，1991（平成3）年に，発泡スチロール製造業者が中心となって発泡スチロール再資源化協会（JEPSRA）が結成された。協会は，卸売市場に処理施設建設の補助金を提供し，運営費の一部を負担している。

市場外の処理体制が立後れているため，卸売市場内で回収された発泡スチロールだけでなく，小売店へ持出された容器も卸売市場が引取っている。卸売市場では，衛生協会が有料で発泡スチロールを，主として加熱溶融法でインゴットに加工して，中国に輸出している。中国では，バージン原料や副原料を混合して，ビデオカセットケースや玩具，自動車のバンパーなどに加工して再輸出する。一部はペレット状で日本に輸出され，合成木材に再生されている。

段ボール箱は，状態のよいものはそのまま再利用され，状態の悪いものはパルプ化される。このパルプにアメリカから輸入した廃段ボール箱のパルプを混合して，段ボールに再生する。アメリカの廃段ボール箱パルプは日本のものより繊維が長く良質であることによる。

木製のリンゴ箱は焼却処分されている。

（5）家庭での保蔵方法

消費者が家庭に持込む野菜は収穫の季節が異なったり，流通中に出荷調整のため貯蔵されたものが入ってくるので前歴がまちまちである。したがって購入後何日保蔵できるとは言いがたい。保蔵するうえでの注意事項を記述する。

青果物は収穫後も生きていて呼吸や水分の蒸散を行っており，成分の減耗やしなびの原因になっているが，反面防御システムが働いているので調理食品のように直ちに微生物に侵されることはない。野菜の呼吸と消耗を抑制するには低温に保つ必要がある。低温はまた老化ホルモンであるエチレンに対して不感性にする働きがある。蒸散によるしなびは冷蔵庫に入れても激しい。これは通常の冷蔵庫が冷却板と貯蔵棚との間を空気を循環させることにより冷却していることによる。野菜室はその循環を抑えている部分である。しなびを抑えるには新聞紙で包装するだけでも有効であるが，プラスチック包装がより効果がある。

1）葉　菜　類

ホウレンソウのような葉物野菜はしなびによる外観上の劣化が激しいので，購入後直ちに利用するのがよいが，保管する場合は包装して家庭冷蔵庫（約5℃）に入れ，蒸散を防ぐ。冷蔵庫内は冷気循環により乾燥が激しいので，循環を抑えた野菜庫のある冷蔵庫を利用し，ラップフィルムで包装するのがよい。

最近は野菜の旬の季節でなくても栽培技術の発達によって一年中栽培供給されているが，季節外のものは外観の品質が保たれていてもビタミンCのような有効成分の低下の激しいことがある（図3.6.30）。

結球野菜であるキャベツ，ハクサイはラップして冷蔵庫に入れておけば長期の貯蔵が可能である。半切での購入が多いが，長く貯蔵すると中心の新芽のところが持ち上がってくるので基部を傷つけておくとよい。

2）根　菜　類

イモ類や根物は冷蔵庫に入れなくても家庭の冷涼な場所に保蔵するとかなり長期間品質を保つ。ダイコン，ニンジン，ゴボウは湿った新聞紙にくるんで置いておくだけでよい。しかしジャガイモは一般に保蔵期間が長くなりがちで，発芽するの

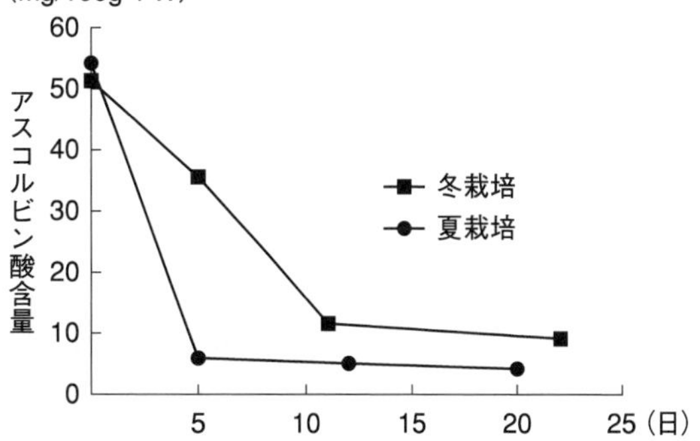

図 3.6.30　栽培時期の異なる養液栽培ホウレンソウの貯蔵中のアスコルビン酸含量（8～10品種の平均）
出典）上田・他（1998）

が悩みの種である。少量購入するとともに冷蔵庫に保管するのがよい。タマネギも夏季の休眠中を除いて，長期に置く場合は冷蔵庫に入れる（発芽が遅れるが完全ではない)。サツマイモは逆に冬季には室内の暖かい場所に保管する必要がある。

3）果　菜　類

果菜類は熱帯亜熱帯起源のものが多く，冷蔵庫に保蔵する場合は低温障害に注意しなければならない。しかし，短期間に障害が起こることは少ないので1週間以内ならば冷蔵庫に入れて差支えない。しかし，えてして長く貯蔵して捨ててしまうことが多いので低温障害を起こす果菜類の表を参照のこと（表3.6.4，5参照)。

4）茎・花菜類・モヤシ類

マメモヤシは速やかに生長し組織がかたくなるので通常はガスの透過性のないフィルムで密封し，生長を抑えている。したがって2，3日でも冷蔵庫に置いておくとアルコールが生成し，風味を損ねる。直ちに調理すべきである。同様にアスパラガスは新芽の茎を利用するもので生長と組織の堅化が激しい。家庭用の冷蔵庫ではこの品質保持には低温が不足なので長く置くことができない。寝かせておくと頭部が持ち上がっていびつになる。ブロッコリーは蕾の集合体であり，購入後冷蔵庫

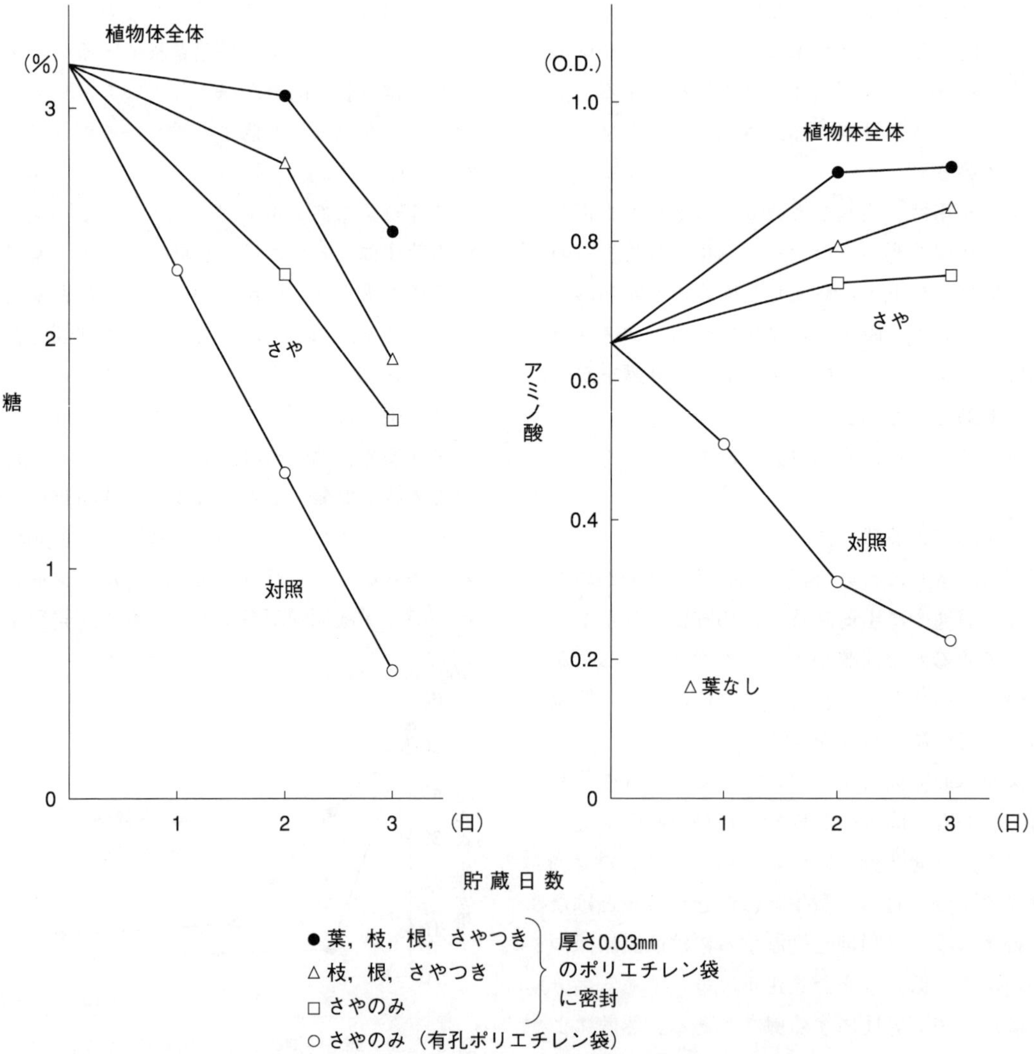

図 3.6.31　エダマメの糖およびアミノ酸含量の変化に及ぼす包装の影響

出典）岩田・他（1979）

に入れても4，5日で黄化が始まる。これを保存しなければならないときは，ポリエチレンの袋（薄い場合は二重に）に入れて輪ゴムで密封して冷蔵しておくと適当に低酸素になり緑色が保持できる。少し異臭がしてくるが，調理中に揮散する。

5）未熟豆類

エダマメやむきエンドウはスイートコーンと同様に登熟途中の種実を利用するので，収穫後でも糖がデンプンに変化していく。図3.6.31にエダマメの例を示す。枝つきではよく糖分を保持するが，さやのみでもポリエチレン袋で密封するのがよい。購入時には新鮮なものを選び，直ちに調理するのがよいが，長く置いておく場合には，加熱・半調理して冷蔵・冷凍しておくのが風味保持には大切である。

6）カット野菜

最近は業務用だけでなく，家庭向けのカット野菜が販売され，簡便性と無駄のなさで好評である。次亜塩素酸ナトリウムや電解水で滅菌し，よく洗浄して製造され密封されるが，生野菜は付着菌をなくすことはできないので，カットされた面を通じて菌の増殖が進む。流通販売は2日以内，購入後も冷蔵2日以内で利用することを守ったほうがよい。

3.6.4 野菜各論

（1）タマネギ

1）国内供給体制

タマネギの収穫時期は，北海道産で，9月上旬～10月中旬，貯蔵は，4月まで行っている。品種的には，貯蔵性がよい「スーパー北もみじ」が作付面積の50%程度を占め，一方，早期出荷を目的にした早生の「北早生3号」，「北はやて」，やや早生の「オホーツク」の導入も進んでいる。本州産は早出し栽培，普通栽培，貯蔵栽培などがあり，収穫時期は4月上旬～6月上旬で，貯蔵期間は，8～10月が一般的である。したがって，基本的に国内産だけで一年中食べられる野菜である。

2）貯蔵技術

貯蔵性は比較的優れた野菜であるが，貯蔵の際には，いくつかの注意が必要である。以下，貯蔵タマネギの比率が高い北海道産の例を中心に記述する。

貯蔵中において好ましくない変化としては，腐敗，萌芽，発根があり，前二者が特に重要である。腐敗の原因としては，収穫時点の傷から収穫圃場で生息している乾腐病，軟腐病などの病原菌が侵入し生じることが大きい。萌芽は，収穫後に休眠期，覚醒期，萌芽期と進み呼吸量の増大とともに発生する。貯蔵する前に行う作業として，キュアリングがある。キュアリングは，病原菌に対し，傷を治癒して抵抗性を増すために行う。この方法として，北海道では一般的に，大型スチールコンテナに収納して戸外で風乾を行っている。風乾期間は20～30日程度である。この作業は，貯蔵前の充分な乾燥作業も兼ねている。

貯蔵中に，特に留意する点として湿度を高めないことである。貯蔵中に過湿になると腐敗や萌芽を促進しやすいためである。貯蔵庫内の湿度は，65～75%程度がよいとされている。貯蔵適温は，凍結さえしなければ低温ほどよいと考えられている。なお，家庭内での保存の留意点は，以上のとおり，温度が安定的に低く，かつ，湿度が高くならない場所に置き，ジャガイモほどではないが，直射日光はもちろん，できるだけ光があたらないようにすることである。条件がよければ家庭でも4月程度までは保存が可能と考えられる。

3）貯蔵性の指標

腐敗や萌芽のない健全球確保のためには，従来から，収穫時の糖分を高めることが重要であると考えられていた。しかし，図3.6.32にみられるように，最近では，それよりむしろ，テンシプレッサーにより測定した鱗葉切片硬度が高いほど，貯蔵性がよくなるという調査結果がある。実際に，この硬度を測定すると，図3.6.33のように品種および年次による差が大きい。そのため，あらかじめ硬度を測定することで，品種による貯蔵性の差はもちろん年次による貯蔵性を推測することの可能性について提案されている。

4）内部成分変化

貯蔵中の糖分は，デンプンの含量が少ないためジャガイモのように貯蔵中に糖がきわめて高くなることはない。糖組成の変化をみると，ショ糖が減少し，ブドウ糖は変化が小さく，果糖は増加する。全糖含量は，やや増加傾向となる。

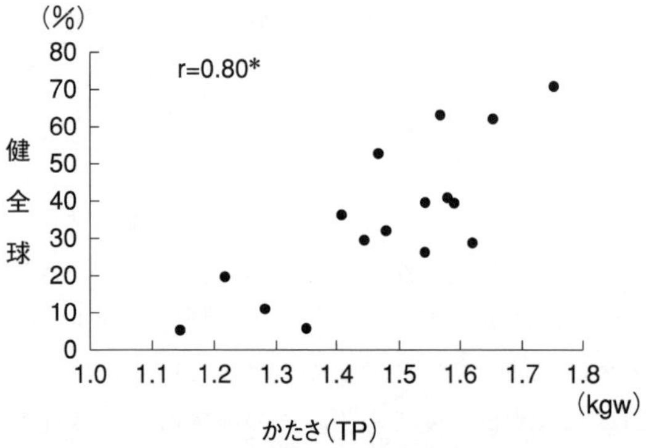

図 3.6.32　かたさ（TP）と健全球の関係
（16品種，各３カ年平均値）

出典）目黒ら：道立農試集報（1997）
注）＊：１％水準で有意な正の相関関係あり。

5）栽培条件と貯蔵性

春収穫の品種は，秋収穫の品種に比べ一般的に貯蔵性は悪い。春収穫の早生品種は特に悪い傾向にある。貯蔵性がよい秋収穫の品種のなかでも，Ｆ１と呼ばれる一代雑種は貯蔵性が高い品種が多い。土壌養分の関係では，栽培中に窒素成分を放出しやすい土壌や窒素施用量の多い圃場のタマネギは，貯蔵性が悪いといわれている。このように一年中良質なタマネギを維持するためには，貯蔵技術だけでなく品種を含めた栽培面でも注意が必要である。

（2）スイートコーン

1）来歴・品種

1950（昭和25）年に，「ゴールデンクロスバンタム」（糖度約４～５％）が輸入されて本格的に栽培が始まった。昭和50年代になり，「ハニーバンタム」などのスーパースイート種（同約９％）が出現すると，消費および栽培面積は飛躍的に増加した。昭和60年代以降は「ピーターコーン」など

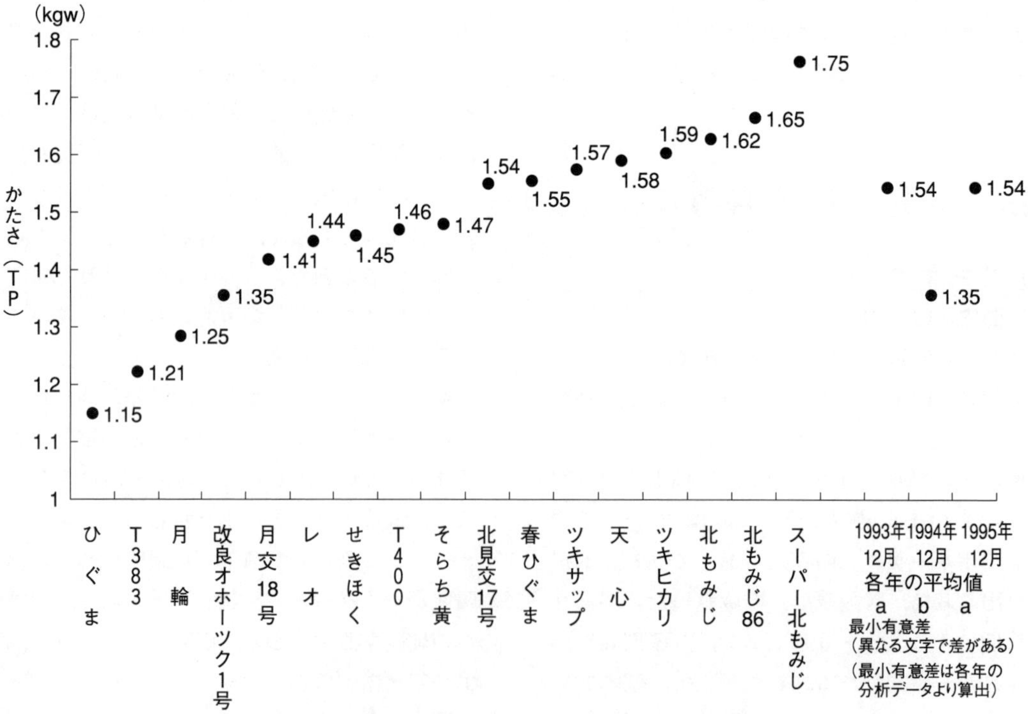

図 3.6.33　テンシプレッサーによるかたさ評価の品種別平均値
出典）目黒ら：道立農試集報（1997）

のバイカラー種が主流となっている。バイカラー種は黄色の粒と白色の粒が3対1の割合で混じる特徴があり，収穫時の糖分も10%程度ある。また最近，「ハニーバンタム」などの欠点であった粒皮のかたさを改良したモノカラー系の黄色品種に再び脚光が集まってきている。

2）収穫・貯蔵

収穫は品温の低い早朝に行い，速やかに選別し，5℃以下に冷却する。輸送中および市場到着後も品温上昇防止に努める。貯蔵は0℃，湿度95～98%の条件で5～7日程度可能であるが，貯蔵期間が長くなるほど食味が低下する。

3）鮮度・品質の指標

常温下では，呼吸熱による品温上昇が激しく，外観品質や食味の低下がきわめて速い。このため，スイートコーンの品質および食味を保持するためには，低温にすることがもっとも効果的である。

包皮の緑色が濃くてみずみずしく，粒に張りのあるものが新鮮である。粒にへこみやしなびがあるものは，収穫後日数のたったものや，熟成が進みすぎたものである。

食味の低下は，糖分の減少によるところが大きい。収穫後なるべく早く品温を下げ，5℃以下に保持することが大切である（図3.6.34）。

4）陳列・販売

前述したように品温が上がるほど鮮度低下が激しくなることから，少なくとも10℃以下に品温を保持することが大切である。

販売はできるだけ当日販売として，包皮の黄化や粒のしなびなど，鮮度の低下がみられ始めたら早めに処分するようにする。

また，穂の先端部などに不稔粒が多いものや，虫害を受けたものは，消費者のイメージを極端に悪くするので特に注意を要する。

（3）ハクサイ

1）概　　要

ハクサイは日本では漬物や鍋物，韓国ではキムチの材料として欠かせない。中国では古くから栽培，改良され利用されていた。ハクサイは結球す

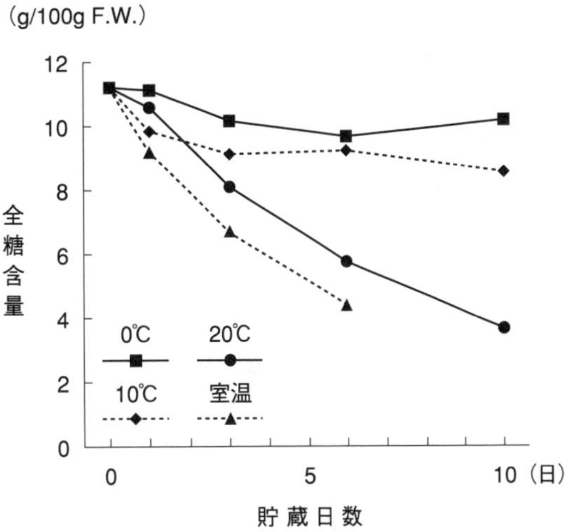

品種：ピーターコーン，室温：25～31℃

図 3.6.34　貯蔵温度別糖含量の変化（1990年）

るものから結球しないものまで多様な品種がある。不結球には山東菜や漬菜に利用される「大阪シロナ」，「広島菜」などがある。半結球には「半結球山東菜」，「花心」があり，日本での栽培は少ないが朝鮮漬に利用される「開城ハクサイ」，「京城ハクサイ」がある。結球ハクサイは通常ハクサイとして生産，流通されているハクサイで，軽く結球するものから丸く葉を巻込むように結球するものがある。

ハクサイの主産県は長野県，茨城県，北海道，愛知県，群馬県である。東京市場へは茨城県（11～5月），長野県（6～10月）からの出荷が多く，大阪市場へは長野県（6～10月），愛知県（12～3月），茨城県（11～5月）からの出荷が多い。

2）品質と規格

ハクサイの出荷段階における品位基準は品種固有の形状，色沢を有し，腐敗，変質，病害がないものとなっている。結球の状態，抽だいや萎凋，虫害の有無，外葉の除去，茎の切り口の状況により品位，価格が左右される。

3）収穫・流通（輸送方法）の概要・取扱い方法

収穫は収穫適期になった畑全体を一斉に収穫する方法と収穫適期のハクサイを選抜しながら収穫する方法がある。降雨直後に収穫したハクサイは輸送中や貯蔵中に障害が発生しやすいので，降雨

直後の収穫は避ける。高冷地では夏季に収穫を行うが，温度の高い昼間を避け，朝夕の比較的温度の低いときに収穫する。収穫用包丁を用いて収穫し，その場で外葉の除去，茎の切り口の調整を行い，規格別に容器に詰めていく場合と圃場の１カ所あるいは調整所へまとめてから調整を行い，規格に応じて選別し，容器に詰める場合がある。ハクサイの茎の調整はハクサイで一番目立つ中肋尻部を傷つけないよう，茎を尻部より低く穫らねばならない。また，収穫と同時に調整し，容器に詰めると外葉が傷つき，変質の原因となるので外葉がしおれるくらいおいてから容器に詰める。従来は結束も行われたが，現在は段ボール箱10kg詰が主流となっている。

地域によっては冬季，出荷調整のため冷蔵庫に入れたり，こも囲いなどの簡易貯蔵を行うこともある。

夏季出荷のハクサイは容器包装後は品質保持のため，短時間で生理活性を低下させる必要があり，真空予冷や強制通風冷却などによる予冷と保冷が不可欠である。

また，重量があるため，衝撃による損傷も発生しやすく，収穫，調整から流通，販売の各段階での乱暴な荷扱いは厳禁である。特に落下による衝撃で容易に損傷を受け，品質・商品性低下の原因となる。

4）集荷・流通業者の品質管理方法

重量野菜であるため，集荷・流通時における振動・衝撃による損傷や呼吸熱の蓄積によるムレなどにより品質が低下する。振動・衝撃を和らげるために包装資材や輸配送条件を適正に管理するとともに，環境温湿度も適正に管理しなければならない。

結束やフィルム包装で積上げると下部のハクサイには荷重による損傷が発生し，品質低下の原因となる。段ボール箱包装では段ボール箱の強度が充分あるなら問題はないが，吸湿・吸水により強度が低下すると下部のハクサイに荷重がかかり損傷が発生する。また，段ボール箱が彎曲したり折曲がるとハクサイに荷重がかかるだけでなく，積上げた段ボール箱が倒壊し，内部のハクサイに激しい衝撃が加わり，著しい損傷を受けるので，内部のハクサイの品質ばかりでなく包装容器の管理にも配慮しなければならない。フォークリフトで移動する場合には荷崩れ防止のため，パレット上の段ボール箱ブロック全体をテープやフィルムを巻付けて固定することも必要である。

冬季には温度上昇による品質低下は少ないが，春夏秋季には温度上昇による品質低下が問題となるので，低温管理と空気の循環を配慮した段ボール箱の積付け方法を取らねばならない。

5）スーパーマーケットなどの食品受入れ側の，受入れ時点（業者からの納入時）での注意，バックヤードなどでの品質管理と保管方法

卸売市場以降の流通は包装容器単位となるため，搬送機器から人力による搬送となる。人力による荷扱いで問題となるのは投出し，投下ろしのような乱暴な扱いである。乱暴な取扱いは損傷という商品性の低下ばかりでなく，呼吸量を増大させ，品質変化を早めるため，店もち性の低下ともなる。

ハクサイは１株単位で販売されるよりも，バックヤードで1/2や1/4にカットされフィルム包装されて販売されることが多い。カットするとき，包丁の入れ方と切った後の扱いに注意し，切りくずや半端を出さないようにする。

カットしたハクサイはフィルム包装するが，一般的にはカットした全体を軟質フィルムで包むことが多い。ハクサイの品質がよく，短時間に販売できるようならハクサイの上下を露出させるようにフィルムで胴巻き状に包装することもある。

6）販売時点（店頭）の取扱い方法，注意点，品質保持方法など

結束，１株で販売する場合は葉部をテープで巻いて葉の損傷と脱落を防ぐ。株が小さい場合は軟質フィルムで全体を包む。陳列台には株元を手前に切り口が見えるように並べるか，株を立てて並べる。

カットしたハクサイはオープンショーケースの中下段に，カット面が見えるように，先端を立てて並べる。

7）家庭での保存方法

冬季，1株丸ごと保存するときは乾燥しないよう新聞紙やポリエチレンで包装し，凍結しない程度の低温のところに置く。切ってある場合は切った部分を汚したり，乾燥させないようにポリエチレン袋で包装し，冷蔵庫に入れて保存する。

（4）レ　タ　ス

1）品 目 特 性

結球性野菜のなかではもっとも日持ちが悪い。呼吸量は比較的低く，品種間差もあまりない。

過熟収穫のものは予冷時の品温低下が遅く，その後の鮮度低下が速い。鮮度低下の症状は結球外葉先端部の鮮明度の低下から始まるが，この見極めはかなり難しい。したがって，鮮度の判定は外葉のしおれ，切り口の褐変程度を主な目安とする。

切り口の褐変は，茎から出る乳液が酸化されることによって起こる。腐敗の原因となるため収穫直後に水洗いなどして出荷される。低温管理でかなり抑制されるが，完全に防止することは困難である。可食部分ではないので軽微な褐変はあまり気にする必要はない。

2）予 冷 方 法

高温期には産地予冷が必須条件の品目である。真空冷却方式が最適で，20～30分で目標とする3～5℃まで下がる。差圧通風冷却方式ではおおむね300分で目標品温まで下がる。

3）流通中の鮮度保持対策

高温期は冷凍車輸送が望ましいが，輸送時間が10時間以内であれば保冷車でも対応できる。

市場到着後は場内にとどまる時間の長短にかかわらず低温に保管し，品温の戻りを防ぐことが重要である。

小売店では加湿機能の伴った低温陳列棚による販売形態が望ましい。常温状態では極端に商品性保持期間を短くする。繁雑ではあるが，冷蔵庫に保管して小出し販売をしたり，夜間や休日は冷蔵庫に保管すれば商品性保持期間が延長できる。

4）包 装 形 態

包装することで萎凋葉や黄化葉などの発生を抑制できる。また，衛生的で商品性を向上させる効果も期待できる。

包装方法としては，ポリスチレンフィルムなどによるハンカチ包装やストレッチ包装の半密閉形態が多い。

レタスの呼吸量に合ったガス（酸素，二酸化炭素）透過度のフィルムで密封包装すると呼吸や蒸散が抑制され高い鮮度保持効果が得られる。

包装形態は高温に遭遇すると，無包装より腐敗や異臭の発生など悪影響が出やすいので，15℃以下の温度管理が必要である。

5）貯 蔵 条 件

貯蔵可能な期間は0℃で2～3週間とされている。貯蔵期間の長いものほど出庫後の鮮度低下が早いので，長期貯蔵は出庫後速やかに消費される場合に限定したほうがよい。

0℃で7日間位の貯蔵であれば，出庫時の調整葉（除去葉）を最小限に抑えられる。

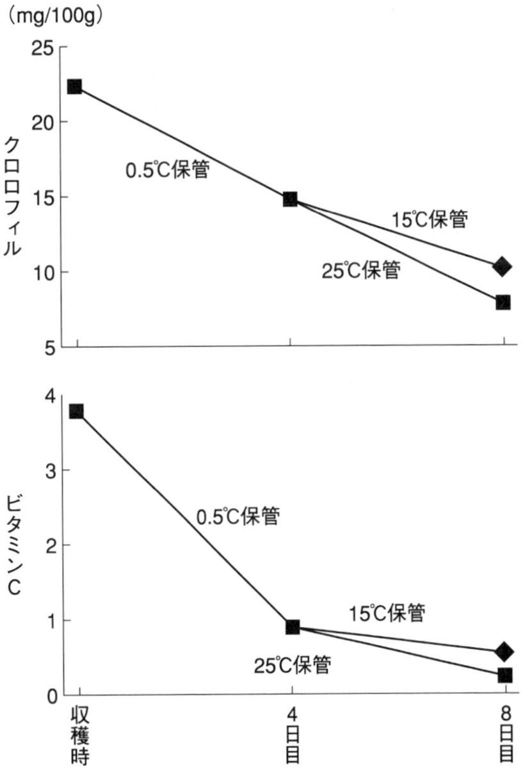

図 3.6.35　レタスの内容成分変化

６）家庭での保蔵方法

冷蔵庫の野菜専用室であっても，食品包装用ラップなどでハンカチ包装したほうがよい。

冷蔵庫で保管しても，徐々にみずみずしさが失われ，内容成分も確実に劣化してくるのでできるだけ早く消費することが望ましい（図3.6.35）。

（５）ブロッコリー

１）品目特性

花蕾の黄化や萎凋が早く，鮮度保持が難しい品目である。呼吸量は高く，収穫時期によりかなり異なり，10～12月収穫品は５～６月収穫品より低く，クロロフィルの含有量も多いため，緑色保持性が優れる。

鮮度低下でもっとも重視されるのは花蕾の黄化で，異臭や花蕾，切り口の腐敗も目安となる（図3.6.36）。

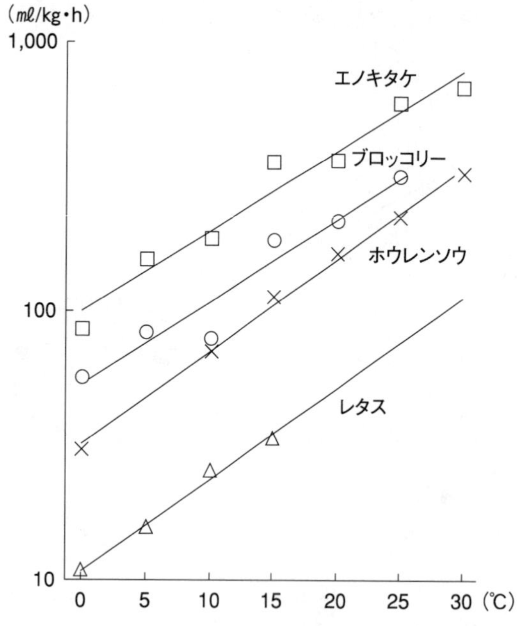

図 3.6.36　ブロッコリーの温度別呼吸量（対数表示）

２）予冷方法と条件

真空冷却方式では目標品温の３～５℃まで下げることはかなり困難である。この方式で予冷を行う場合には10～15分程度処理をして，その後は予冷庫で品温を下げたほうがよい。

差圧通風冷却では，初期品温が22℃前後であれば３時間くらいで５℃前後まで冷却できる。

３）流通中の鮮度保持対策

収穫後の保管温度が高いと花蕾の黄化は急速に進むため，低温流通が基本である。

発泡スチロール箱に包装氷をブロッコリー重量の10～20％量封入すると，20～30℃の環境下でも６～10時間は品温を10℃以下に維持でき，高温期の遠距離輸送に対応できる。

砕氷を直接封入する形態は低温保持効果がさらに高い。ブロッコリー重量とほぼ同量を封入すれば予冷処理が省略でき，保冷車輸送でも24時間程度は５℃以下に品温維持できる。

砕氷処理形態のものは比較的低温状態で市場へ入荷するが，ほかの形態のものは品温がかなり上昇していると考えたほうがよい。市場内にとどまる時間の長短にかかわらずできるだけ低温に保管することが重要である。

小売店では加湿機能の伴った低温陳列棚での販売が望ましい。産地での砕氷処理と同じように，陳列したブロッコリーの上に砕氷を置くのも効果的である。

４）包装形態

フィルム包装は花蕾の黄化，萎凋の抑制に効果があり，花蕾だけを包装しても鮮度保持効果が得られる。ポリスチレンフィルムによる密封包装形態で出荷する産地も出てきている。

密封包装形態では包装内ガス組成が酸素濃度５～８％，二酸化炭素濃度８～12％になるようなフィルムが適する。酸素濃度が３～４％以下では異臭が発生しやすい。微細孔加工したポリプロピレンフィルムは適応温度帯が広く実用性が高い。密封包装形態での流通温度は，20℃以下が望ましい。

５）貯蔵条件

貯蔵限界は，収穫時期，温度によってかなり異なる。夏季収穫品は10℃で３日，20℃では２日が限界である。秋・初冬季の収穫品は10℃で６～７日，20℃では２～３日が限界である。

６）家庭での保蔵方法

比較的日持ちのよい秋冬季収穫品であっても，食品包装用ラップなどでハンカチ包装して冷蔵庫の野菜専用室で保管したほうがよい。

低温保管しても，内容成分も確実に劣化してくるので，できるだけ早く消費することが望ましい。

(6) メ ロ ン

1）種類と品質の指標

日本にヨーロッパやアメリカで育成されたメロンが導入されたのは1900年代であり，それ以降，国内で盛んに品種育成が進められた。導入された品種のなかに現在も高級メロンとして栽培されている「アールスフェボリット」(1925年導入）があるが，メロンを一般家庭消費に定着させたのは1962（昭和37）年に育成された「プリンスメロン」からである。

以降，F 1品種の育成が盛んになり，ホームメロンとしてノーネットタイプのメロンや「アンデス」，「アムス」を代表とする緑肉系ネットメロンの育成，また，「アールスフェボリット」を育種目標にしたアールス系ネットメロン（いわゆるアールス系ハウスメロン），さらに，赤肉系メロンと，ほかの野菜，果実類には例がないほど多くの品種が育成され，生産・消費されている（図3.6.37）。

メロンの品質指標は，外観品質として，① 果実の大きさ，② 形状（肩こけ，果面の凹凸の有無など)，③ 果皮色（汚れがないこと)，④ ネットメロンでは，ネットの形状（太さ，密度，盛り，そろい)，⑤ 温室メロンやアールス系ハウスメロンのように果実に結果枝（竜頭）をつけて出荷する場合，その形状と調整などであるが，まず個々の

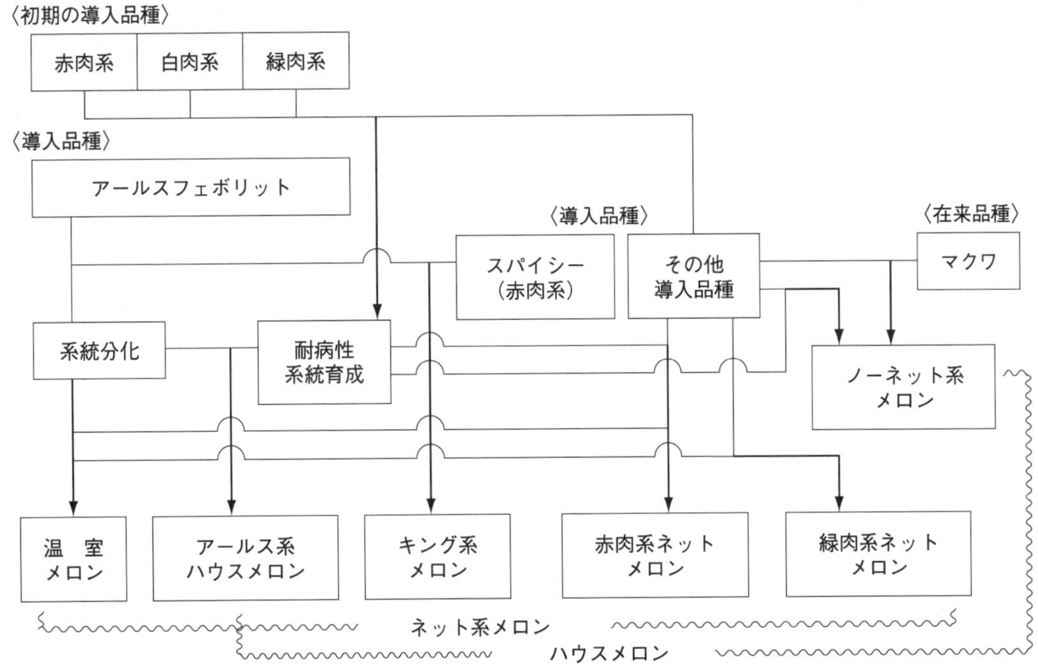

図 3.6.37　主なメロンの系統模式図

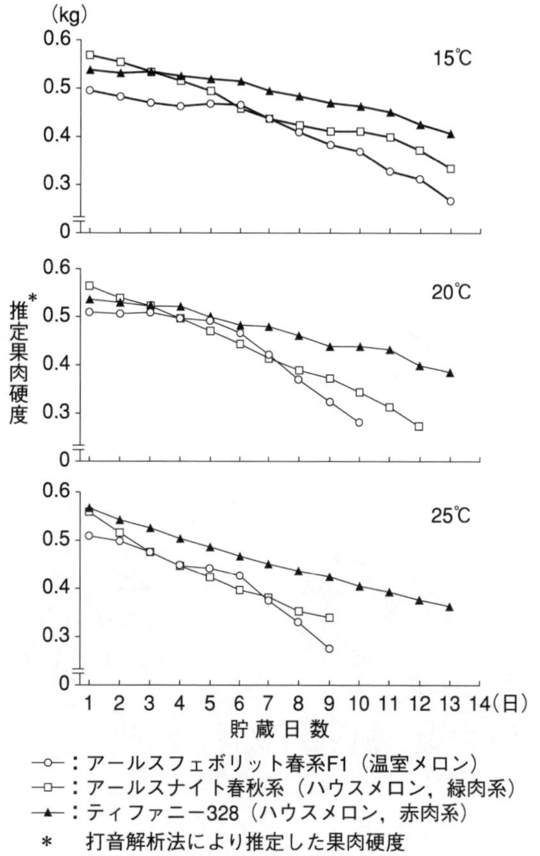

＊　打音解析法により推定した果肉硬度

図 3.6.38　春作メロンの異なる貯蔵温度における推定果肉硬度の推移

品種特性を知ることが判断の基準となる。

また，内容品質は，① 糖度，② 熟度，③ 肉質，④ 果肉色，⑤ 香り，⑥ 食味があげられる。内容品質は品種特性とともに産地の栽培方法（隔離床栽培か地床栽培か，仕立て法など）に関する情報を入手することが参考になる。

2）取扱い上の注意

メロンの品質（階級）は，生産段階で各産地の基準に従い決定され，出荷される。そして，流通段階での取扱いが追熟の進行とともに，食べ頃や食味に大きく影響する。このため，流通段階で熟度を制御し，消費者にメロンの熟度，あるいは食べ頃の時期に関する情報提供を行うことが重要である。

追熟の進行は品種，貯蔵温度によって大きく変わるため，個々の品種特性を知ることが大切である。低温貯蔵（5～15℃）は追熟抑制に効果的であるが，品種により長く貯蔵したものは香りの発生が乏しくなる。

また，エチレンは熟度を進める作用があるため，エチレン発生の多い品目と並んだり，出荷用段ボール箱を開封せずにおくことは注意が必要である。さらに果実に衝撃を与えたり，熟度を判定するために花痕部を強く押したりすることは禁物である。

温室メロンやアールス系ハウスメロンでは果肉硬度で0.3kg付近，「アールスフェボリット」では果肉が透きとおる一歩手前が食べ頃となるが，こうした熟度の判定方法として，果実を切らずに，軽く叩いた音を分析することにより判定する機器も開発されている。ほかに，竜頭のついた品種では，そのしおれを防ぐために湿度の維持あるいは包装を行うことも大切である。

（7）キャベツ

1）来歴と種類

甘藍《かんらん》とか玉菜《たまな》とも呼ばれるキャベツは，日本では明治時代に栽培が始まり，その後食生活の洋風化とともに急激に増加した。

キャベツには，春に出回るやわらかい春系キャベツ，冷涼地で栽培され夏に出荷される夏秋キャベツ，冬に出荷される葉がしっかり巻いた寒玉系キャベツがある。

また，キャベツの仲間には，葉の付け根の腋芽が結球する芽キャベツや紫色の葉をした紫キャベツ，茎がカブのように肥大したコールラビなどがある。

2）栄養と品質

ギリシャ時代には薬用にされたほど，栄養的に優れている。ビタミンCやビタミンKが多く含まれる。また，消化器系の病気に効果のあるビタミンUもキャベツには含まれている。

キャベツは，外葉がみずみずしく重量感のあるものが，また切り口の変色やしおれのないものがよい品質といえる。

玉の頂部が割れたものは過熟ぎみである。また，「とうが立つ」といわれるように春キャベツの茎が伸び花蕾が形成されると，栄養分が花にとられるため，食味が劣る。

3）鮮度保持と貯蔵

寒玉系は呼吸量が少なく，貯蔵性も優れる。しかし，春系キャベツは，呼吸量が多く，気温が高くなる時期に出荷されるため，鮮度が低下しやすいので，予冷が必要となる。

予冷は，目標品温を5℃とし，中心部まで低温とすることが重要である。収穫時に，しおれ防止のために外葉を2～3枚つけて出荷すると鮮度を保持することができる。

貯蔵条件は温度0℃，湿度95%が適している。高湿度で保存するためにはフィルム包装が必要となる。よくしまった糖分の高い寒玉系ならば3カ月程度は貯蔵できる。

夏秋キャベツでは，0℃で貯蔵すると葉脈が黒変することがあるため，5℃で貯蔵する。この場合の貯蔵限界は2週間程度である。

4）販売時の取扱い

一般には，裸のまま積重ねて1個ずつ売られる。1個ずつ売る場合には，特別な鮮度保持対策をとる必要はないが，1/2にカットし販売する場合には，ラップなどで切り面を保護する必要がある。

この場合，時間の経過とともに，カットした面が盛上がってくる。

（8）セロリー

1）来歴と種類

江戸時代にオランダから伝わり，昭和30年頃から消費が伸びてきた。欧米では香りの強い緑色種が主体だが，日本ではやわらかい肉質の黄色種が主流である。また，ミツバのように刈取って利用するスープセロリーや根部を利用するセロリアックがある。

特有の芳香と風味があり，肉食を中心とした洋食には欠かせない野菜である。

2）品　　質

独特な歯ざわりと香りがセロリーの特徴であり，歯ざわりや香りを生かすには鮮度を高く保つ必要がある。

鮮度の目安となる葉の黄化は，流通温度が高いほど激しく，外葉から内葉へ，先端から基部へと進む。また，食味を著しく低下させる“す入り”も同様な進行をする。“す入り”は外観から判断することは困難だが，“す入り”の入りやすい第3節間を切断し，乳白色の変色部位を観察することで第1節間の程度を推定することができる。

黄化は予冷により防止することができるが，“す入り”は，収穫時に発生していると，低温にしてもその進行を抑制することはできない。

3）鮮度保持と貯蔵

鮮度を保持し流通させるためには，予冷処理が必要である。真空冷却予冷などで品温を5℃程度にして出荷する。しかし，葉の品温は速やかに低下するが，可食部である葉柄は冷えにくく，特に肥大のよい第1節間は品温の低下が遅い傾向にある。

予冷後は，1～5℃程度の低温保管を心掛ける。しかしながら，低温に比較的弱く，−1℃程度で低温障害が生じる。

しおれ防止とMA 効果による鮮度保持のため，1株ずつ，あるいは数株ずつ鮮度保持用フィルムによって包装され出荷される。

貯蔵は比較的容易で，低温・高湿度で1カ月程度の貯蔵が可能である。CA 貯蔵することによって，さらに3～4カ月ほどの長期貯蔵が可能である。しかし，貯蔵中に“す入り”が進行するため，貯蔵前に厳しい選別を必要とする。

4）販売時の取扱い

一般には，普通1～2本の葉柄をテープにより結束，あるいはフィルム包装し，販売する。陳列は，斜め上方に立てかけ，場合によっては，切断部を水に浸漬させ，鮮度を保たせる。葉の先のしおれやすい部分はあらかじめ取除かれ，陳列される。切断面は，褐変しやすいので，注意が必要となる。

（9）フキ（蕗）

1）来歴と種類

自生種のなかから，葉柄の長いものや萌芽の早いものなどが選抜されて栽培に移されてきた。それらが三倍体で雌雄異株であったことから種子繁殖できず，もっぱら株分けによって増殖されており，品種分化はあまりない。現在もっとも多く栽培されている品種は「愛知早生フキ」で，主産地は愛知県および群馬県である。

2）品　質

一般に食用とする葉柄部は，水分が96％と野菜類中もっとも多い。葉身部もつけて出荷するため，萎凋しやすい。主に10月～翌年５月まで出回るが，外気温の高い10月および３月中旬以降に，葉身部および葉柄切り口を中心に腐敗が発生しやすくなる。

葉柄切り口の腐敗は，圃場で鎌を用いて収穫時に雑菌が切断面に付着し，調製せずに包装した後繁殖することによって起こる。特に高温期に多く，出荷翌日から腐敗が急速に進み，いわゆるトロケ症状を示すこともある。また，葉柄を布などですると褐変の原因となるので注意する。

3）品質保持と貯蔵

切り口からの腐敗を防ぐためには，包装直前に葉柄基部を数cm切り戻し，その後切り口を乾燥させれば，腐敗を大幅に抑えることができる。また，切り口の圧迫を避けることも必要である。

葉身部の黒変・腐敗は１本でも発生すれば，束にした葉部全体に広がる。また葉身部の腐敗は予冷しても抑制効果が少ないので，黄変したり傷のある古い葉は混ぜないようにする。

フキの蒸散量は非常に多く，また荷造り・箱詰時のオセやすり傷は，流通中の腐敗の原因になるのでストレッチフィルムなどで包装する。高温期には，包装後葉柄切り口を切戻すとともに，切り口部を露出させておく。

最適貯蔵条件は，０℃で湿度90～95％とされている。現状で，長期貯蔵の必要性はないが，出荷調整の範囲で考えた場合，出庫後の日もち性に悪影響を及ぼさない貯蔵日数は，０℃下で４～８日，５℃下で２～３日との報告がある。

4）販売方法

高温期は冷蔵ショーケースでの陳列が好ましいが，低温期には室温下での陳列でもよい。ストレッチ包装された束のまま，奥から２，３列に並べて斜めに立てかけるか，葉身部を捨て，葉柄部を20cm程度にカットして，小袋またはスチレッチ包装により陳列する。

(10) ミツバ（三つ葉）

1）来歴と種類

ミツバの品種といっても，野生のミツバから多少の選抜と淘汰がされてきた程度で，ほかの野菜のように野生種と栽培種が画然と区別されるものではない。関東と関西では，嗜好が異なっており，関西では切りミツバ，根ミツバより糸ミツバが好まれる。糸ミツバは，現在水耕で栽培されることが多い。

2）出荷調製

調製の仕方は，切りミツバ，糸ミツバによって異なる。

切りミツバは，ムロから上げて下洗いした後，水洗いをしながら葉柄の長さ・太さをそろえ，出荷単位に調製する。

糸ミツバ（水耕ミツバ）は，栽培床から上げた後黄化した葉を取除き，水洗して，箱詰あるいはポリ袋詰で出荷する。水耕ミツバの場合この下葉取りの作業に要する時間，労力がかなり大きい。現在，一部業務用には栽培床から収穫したままの姿で出荷されている。通常の一般消費者向けにもこの調製作業を省くことができれば，経費面からも，鮮度保持の面からも利点は大きい。

ただし，下葉つきで出荷した場合，低温期なら特に低温流通させなくても小売店の店頭まで大きな品質低下もなく届けることができるが，高温期には予冷，保冷輸送をしなければ品質を保つことは不可能である。

3）品質保持と貯蔵

高温期には，下葉の黄化や腐敗の発生が速いので，効率的な予冷・保冷態勢をとりたい。

日本では，青果物に水が付着することを嫌う傾向があったため，これまで冷水予冷はほとんど普及してこなかった。しかしミツバの場合，調製時に水で洗う作業が入っているため，出荷工程で水が付着するのはむしろ当然のことである。名古屋市に，5℃前後の冷水予冷で短時間に効率よく冷やし，一時保管は5℃の強制通風の冷蔵庫で行う形で成功している事例がある。ミツバこそ冷水予冷で鮮度保持を図るものであろう。

ミツバは周年供給体制が整っているので，長期貯蔵は必要ないが，水耕ミツバの場合5℃以下であれば約2週間貯蔵可能である。

4）販売方法

店頭で並べるときには，縦置きにしたほうが変形，養分の消耗が少なく，望ましい。また，これまでのような価格水準を維持することは今後難しいと考えられるので，思い切って無調製の品をいくらか価格を下げつつ，こだわり商品として販売するのも一考であろう。

下葉の黄化はわかりやすい鮮度指標であるが，むしろ致命的なのは，傷害部あるいは古葉からの腐敗の進行である。包装形態，展示方法を工夫して腐敗を見落とさないようにする必要がある。

(11) ダイコン

1）概　要

ダイコンの原産地は中央アジア，中国など諸説がある。ダイコンは世界各地で栽培されている。日本でも各地で栽培され，独特の品種が発達している。発達した根部を，おろし・つま・サラダなどの生食，おでんや炊合せなどの煮物，浅漬けやたくあんのような漬物，切干し・割干しのような乾物などに利用している。

ダイコンは日本各地で栽培されているが，中央市場に出荷されるダイコンは青首系が大半を占め，多様な形態をもつ品種は地域特産として生産・販売される場合が多い。

ダイコンの主産地は北海道，千葉県，青森県，宮崎県，神奈川県，鹿児島県である。東京市場へは神奈川県（12～3月），千葉県（11～6月），北海道（7～10月），青森県（8～10月）からの出荷が多く，大阪市場へは北海道（6～10月），徳島県（11～3月），福岡県（4～5月）からの出荷が多い。

2）品質と規格

ダイコンの出荷段階における品位基準は品種固有の形状，色沢を有し，腐敗，変質，病害および凍害がなく，土砂の付着が軽微なものとなっている。岐根や裂根，抽だい，す，虫害の有無，葉柄の除去，水洗いの水切り状況により品位，価格が左右される。

3）収穫・流通(輸送方法)の概要・取扱い方法

収穫は収穫適期になった畑全体を一斉に収穫する方法と収穫適期のダイコンを選抜しながら収穫する方法がある。収穫したダイコンは軽トラックあるいは運搬車などで作業場へ運び，洗浄，水切り・ひげ根取り，箱詰あるいは結束作業を行う。ダイコンの収穫は手作業で行うが，大規模産地では収穫機が導入され，選別・調整・出荷の集選果ができる大型施設の整備も進んでいる。冬季に収穫・出荷する場合は凍結に注意する。

夏季に収穫を行う場合，温度の高い昼間を避け，早朝の気温が低いときに収穫する。収穫したダイコンは黄化した葉を取除き，茎葉を10㎝に切そろえ，根の先端を切落とし，洗浄・選別される。結束も行われるが，中央市場出荷は段ボール箱10kg詰が主流となっている。

夏季に出荷されるダイコンは品質保持のため，短時間で生理活性を低下させる必要があり，差圧通風冷却や強制通風冷却による予冷と保冷が不可欠である。

また，重量があるため，衝撃による損傷も発生しやすく，収穫，調整から流通，販売の各段階での乱暴な荷扱いは厳禁である。特にダイコンは表面の白さと光沢を重視するので衝撃による損傷，割れ，変色は，品質・商品性低下となる。

4）集荷・流通業者の品質管理方法

重量野菜であるため，集荷・流通時における振動・衝撃により損傷を受け，品質が低下する。振動・衝撃を和らげるために包装資材や輸・配送条件を適正に管理するとともに，環境温湿度も適正に管理しなければならない。

段ボール箱包装では段ボール箱の強度が充分あ

るなら問題はないが，吸湿・吸水により強度が低下すると下部のダイコンに荷重がかかり品質低下の原因となる。また，段ボール箱の彎曲や座屈により，積上げた段ボール箱が倒壊し，ダイコンが損傷を受けるので，包装容器の管理にも配慮しなければならない。フォークリフトで移動する場合には荷崩れ防止のため，パレット上の段ボール箱ブロック全体をテープやフィルムを巻付けて固定することも必要である。

冬季には温度上昇による品質低下は少ないが，春夏秋季には温度上昇による品質低下が問題となるので，低温管理と空気の循環に配慮した段ボール箱の積付け方法としなければならない。

5）スーパーマーケットなどの食品受入れ側の，受入れ時点（業者からの納入時）での注意，バックヤードなどでの品質管理と保管方法

卸売市場以降の流通は包装容器単位となるため，搬送機器から人力による搬送となる。人力による荷扱いで問題となるのは投出し，投下ろしのような乱暴な扱いである。乱暴な取扱いは損傷や表面の汚損など，外観や色調の変化による商品性の低下に直結する。

ダイコンは１本単位や上下半分にカット後フィルム包装されて販売される。カットするとき，包丁の汚れに注意する。カットしたダイコンはフィルム包装するが，一般的には全体を軟質フィルムで包むことが多いが，長い袋で包装することもある。

6）販売時点（店頭）の取扱い方法，注意点，品質保持方法など

無包装の場合，葉部を上に向けて立てて陳列する。重量があるので陳列台にぎっしり置くと消費者が取出すときにダイコンの葉部や根部の表面を傷つけるので，ゆとりをもって陳列する。

カットしたダイコンは低温のオープンショーケースに陳列する。カット面のフィルム包装が破損していると，乾燥によりへこみ，商品性を著しく低下させる。

7）家庭での保存方法

家庭ではすぐに葉部と根部を切離す。冬季，丸ごと保存するときは乾燥しないよう新聞紙やポリエチレンで包装し，凍結しない程度の低温のところに置く。カットしてある場合は切った部分を汚したり，乾燥させないようにポリエチレン袋で包装し，冷蔵庫に入れて保存する。

温度の高い，春・夏・秋はポリエチレン袋で包装し冷蔵庫で保存する。

(12) シュンギク（春菊）

キク科の１年草で原産地は地中海沿岸とされ，中国・インドでは野菜としての利用は古く，日本には足利時代以前の渡来と考えられている。西日本では広範囲で「キクナ」と呼び，「新菊」，「ロウマ」，「ルスン」，「不断菊」などと呼んでいるところもある。また，栄養価の高い緑黄色野菜として周年生産され，カロテン含量はゆでたものでも多く，特有の香りが鍋物や天ぷら，おひたしなどに適し，利便性のある野菜として，12月を中心とした冬季の消費が多く，単価も比較的安く大衆的な野菜として人気が高い。

日本では普通種（在来種）が多く栽培され，葉の切込み程度により大葉種，中葉種，小葉種に大別されるが，近年中葉種が主流である。葉の大きさとは別に株の立性のものと，分枝しやすい株張性のものがある。関東では草丈が25㎝程度に伸びたら何節か残しての摘取り栽培が多く，関西では株ごと抜取る根付き栽培が多い。

収穫後，高温条件や時間の経過により，カロテンやビタミンCが消失する。特にビタミンCの減少が速いので，予冷や低温貯蔵に努め，流通時間を短くするように心掛ける必要がある（図3.6.39）。また，下位葉から黄化，腐敗が進むので，出荷時の病葉や黄化・老化している下位葉の清掃が商品性の向上にもつながる。シュンギクは寝かせた状態（水平に放置）にすると葉先を上にもたげ株全体が彎曲することがあるので，流通容器では縦詰することが望ましい。さらに，蒸散を防止するうえでも低温条件下でフィルム包装をすることが望ましいが，包装形態・荷姿には地域性がみられ，包装の形状（袋詰，帯封）また束帯の有無

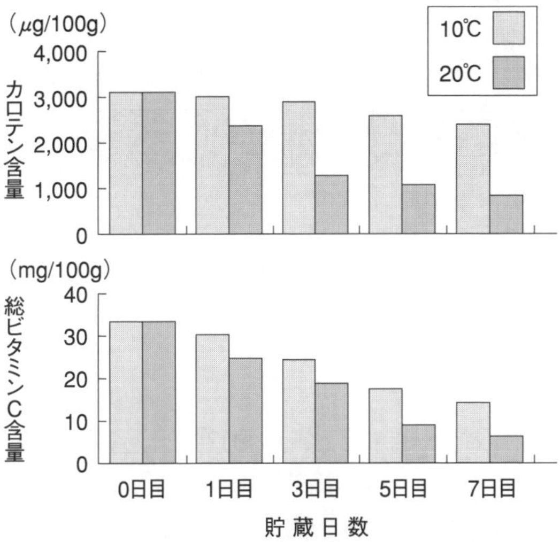

図 3.6.39 ジョギングの貯蔵温度と内容成分の変化

図 3.6.40 シュンギクの荷姿

など統一性はほかの野菜に比べて少ない（図3.6.40）。フィルム包装による流通過程での損傷の軽減効果が顕著である。周年栽培されている野菜であるため，夏季高温時には低温流通を心掛け，冷蔵庫内での冷風によるしおれや葉の損傷の発生に気をつけることが大切である。

(13) ホウレンソウ（菠薐草）

アカザ科に属し，雌雄異株の１～２年生植物である。原産地はアフガニスタン周辺の中央アジア地域とされており，イランからアジアとヨーロッパに伝わり，それぞれの地域で品種が発達していったといわれている。日本には古くは中国から伝わり現在の東洋種（在来種）に，西洋種は文久年間（1860年代）以降にフランスから，その後アメリカやヨーロッパの国々の品種が導入された。

東洋種は葉先がとがり葉肉は薄く，株元が赤く種子にトゲがあり，あくが少ないのに対し，西洋種は葉が長卵形で鋸葉が少なく，株元の着色も淡く種子は丸くトゲがなく，あくが強い。また，ホウレンソウは長日あるいは低温により花芽分化し，分化後は長日，高温により抽だい（とう立ち）が促進され，茎がかたくなるなど商品性が落ちる。そのため，東洋種は主に秋まき栽培に，西洋種は春～夏まきに用いて抽だいを回避している。本来は冷涼な気候に適した品目であったが，品種改良や栽培技術の向上で周年栽培が可能となり，品種的には西洋種と東洋種間の１代雑種が主流となり，全国各地に大規模産地ができている。

栄養的にはビタミン，鉄，カルシウムなどに富み，昭和初期から食味も良好な品種ができ，大都市近郊の野菜として需要が伸びてきた。しかし，硝酸塩，シュウ酸などヒトに好ましくない成分も多く含まれるのが特徴であり，ゆでると水に溶出しやすくなるが，ビタミンCも半減する。

ホウレンソウは，鮮度が落ちやすい軟弱野菜でもあり，盛夏時には予冷処理なしでは出荷・流通が不可能で，鮮度保持のため減圧予冷をして品温を下げ，低温輸送による鮮度保持に努めている産地が増加している。

周年栽培されているので，貯蔵期間は短くてもよいが，市場の休日対策や定量出荷のための出荷調整を必要とする。そのため，庫内湿度が95%以上の低温貯蔵（５℃以下）が必要である。また，葉のしおれ，乾燥防止や商品性の向上の面からフィルム包装が一般的で，バーコードによる商品管理や取扱いの面からも包装出荷が主流となってきた。一方，冷水をかけたり，浸漬させて蘇生させる装置の利用もみられるが，フィルムによる個包装したものでは低温ショーケース（５℃以下）で立てて並べていれば，このような処理を必要としない。

表 3.6.15　市販生鮮野菜中のシュウ酸，硝酸塩含量

硝酸塩 / シュウ酸	低 0～0.15%	中 0.15～0.3%	高 0.3%～
無 0%	レタス，キャベツ，グリーンボール，レッドキャベツ，カイワレ，ワケギ	中国ハクサイ，チンゲンサイ，ネギ，ハクサイ，バンセイナ	シロナ，ミズナ，コマツナ，ハクサイ(間引)，ダイコンナ(間引)
微 0～0.1%	ミツバ，ニラ	サニーレタス，サラダナ，セロリー，シュンギク	―
高 0.3%～	―	―	ホウレンソウ

出典）吉川，表改変

(14) ト　マ　ト

1）概　　要

ペルー，エクアドルなど南アメリカのアンデス山脈の高原地帯が原産といわれ，メキシコには有史前にすでに伝わったものとされている。ヨーロッパには新大陸発見後，16世紀初頭にイタリアに渡り，そこからフランス，イギリスに伝わった。当初はもっぱら観賞用とされていたが，イタリアでピューレ，ケチャップなどの料理用として使われるようになり，栽培が盛んになった。アメリカへはヨーロッパから伝えられ，19世紀に入って交配による多くの品種が育成されるようになり，生産が盛んになった。

日本へは18世紀の初頭にもたらされたが，ヨーロッパと同様に観賞用とされていた。明治に入って新たな品種が改めてもたらされ，生食用として栽培が始められた。しかし，味やトマト臭が日本人になじまず，生産量もわずかであった。一般に普及したのは昭和に入ってからで，その頃から育種も行われるようになった。栽培が急増したのは第２次世界大戦の後，食生活の西欧化に伴い消費者の食嗜好も変化し，受け入れられるようになってからである。現在では年齢を問わず，好ましい野菜の第１位を占めるまでになっている。収穫期も本来は夏期であるが，露地栽培に加えて施設栽培が盛んに行われるようになり，一年を通して供給されている。

世界の主な生産地は，アメリカと中国である。日本の主な生産県は熊本県，千葉県，茨城県，愛知県などである。

2）品　　種

日本と外国とのトマトの消費の様子は異なるところがある。一般に諸外国では生食用として用いるだけでなく，むしろ料理に使用されることが多い。品種もレッド系が主流である。これに対して日本ではレッド系の料理用トマトは少なく，大部分は生食用のピンク系が占めている。

日本で食用として栽培され始めた明治から昭和初期までは，もっぱら海外から導入された品種が用いられていた。アーリー・フリーダム，デリシャス，フルーツ・グローブ，サンマルチーノ，ポンテローザなどがよく知られている。しかし，これらの導入品種はレッド系が多く，酸味が強く，トマト臭が強かったため，あまり好まれなかった。このなかでポンテローザはピンク系で甘味があって，トマト臭も強くなかったため一般に受け入れられるようになり，日本におけるその後の品種改良に大きな影響を及ぼすことになった。

昭和に入ってから育種が盛んに行われるようになり，熊本10号アーリーピンク，貴王などが育成された。やがてF－1品種の開発が行われるようになり，終戦後は固定品種の採用が徐々に減少し，昭和40年代にはF－1品種が主流になった。その後F－1品種の改良が進み，単に収量が多く，病虫害に強く，栽培しやすいだけでなく，食味の優れた品質のものが開発されるようになった。

通常，果実は収穫後も熟成を続けるため，成熟してから収穫すると流通の段階で熟成が進み，果肉の軟化が進んだり，実割れを起こすなど過熟の状態になりやすい。そのため緑熟の状態で収穫し，輸送中や店頭に並べる前に成熟の状態にするなど

の難しい取扱いがなされてきた。しかし，近年トマトの場合には完熟状態で収穫してもその後の熟度の進行が遅く，日もちのよい品種が開発され，完熟トマトとして消費者に糖と酸のバランスがとれた食味の優れたものが昭和50年の後半から市場に供給されている。「桃太郎」はこれらの条件を備えたピンク系の優れた品種であり広く普及している。

ミニトマトは機内食に供するため，国際空港周辺で栽培されたのが始まりである。糖，酸，ビタミンC，ミネラルの含有量も高く，食味に優れたものが多い。また，果形は丸形のチェリートマト，洋なし形のペアトマト，スモモ形のプラムトマトなど，果色は赤色，橙色，桃色，黄色などがあり，大きさもさまざまでバラエティーに富んでいる。このようなことから一般に好評であり，昭和50年代から生産が順調に伸びて，すでにトマト生産量の10％を占めるに至っている。

ピューレ，ジュースなどの原料となる加工用のトマトには，生食用とは異なり，赤色が濃く，ペクチンが多くて果肉がかたくしまった小型の品種が用いられる。イタリア産のサンマルチーノやその改良品種などがあるが，日本ではカゴメ系の品種など，加工会社で独自に開発した品種が多く利用されている。

3）成　分

昔から「トマトが赤くなると医者が青くなる」といわれるほど有用な栄養成分を多く含んでいる。100mg中，ビタミンC 15mg，ビタミンE 0.9mg，その他ミネラル類もK 230mg，Ca 12mgなどが含まれている。特にビタミンA関連ではカロテンとして540μg，レチノール当量として90μgと多量に含まれている。ビタミンA効力のあるのはカロテノイドのうち橙色を呈するβ-カロテンであるが，トマトでは橙色の濃いものに多く含まれている。赤色を呈するカロテノイドにはリコピンがあるが，これは赤色の濃い品種に多く含まれている。リコピンは活性酸素の除去に効果のあることが知られている。

4）選び方

果肉がかたくてどっしりと重く，果皮に光沢があり，へたがシャッキとしているものがよい。果肉に弾力のあるものがよいが，やわらかすぎるもの，色むらがあるもの，実割れや傷みのあるものなどは避けたほうがよい。

5）保蔵方法

果実は収穫後，20℃以上の高温に置かれると追熟が進んで過熟の状態になり，実割れしたり，果肉が軟化し，カビが発生する場合もある。トマトの貯蔵適温は約10℃である。したがって，収穫後はなるべく低温に置く必要がある。現在では特に夏期には収穫後予冷をして10℃くらいまで品温を下げて出荷されることが多く，輸送や店頭での温度も低温で管理されている。トマトは冷蔵した後，常温に戻すと腐敗が急に進行するが，これは低温障害の一つの現象である。

家庭では冷蔵庫で貯蔵し，冷蔵庫から出したらなるべく早く食べるのがよい。

(15) キュウリ

1）概　要

インドのヒマラヤ地方が原産地と推定され，およそ3,000年以前にはすでに栽培されていたと考えられている。紀元前1世紀初頭にはギリシア，ローマをはじめ，北アフリカでも栽培され，ヨーロッパ諸国へは9～14世紀にかけて伝わり，さらにコロンブスにより西インド諸島にもたらされ，南北アメリカ大陸へと広まった。

中国へは紀元前100年頃シルクロードを通って伝えられた。すなわち，中国の西域地方（胡）からもたらされたことから，胡瓜と称された。その後，中国国内に広く伝わり，6世紀初頭には一般にも普及している。インドから東南アジアを経て中国南部へ伝わったものもある。

日本へは10世紀頃に伝わったとされているが，野菜のうちでは重要な位置にはなかった。江戸時代末期から明治・大正へと徐々に栽培が伸び，昭和に入って品種の育成が進み，急激に栽培が盛んになった。

キュウリという呼称は，完熟した実が黄色を帯びているところから白ウリ（越ウリ）に対して黄ウリと呼んだことに由来している。

かつては代表的な夏野菜であったが，品種改良が進み，温室栽培も盛んに行われ，通年栽培が可能になった。群馬・宮崎・埼玉・千葉・福島・茨城県などが主な産地である。

2）品　種

栽培がヨーロッパやアジア諸国に広がるにしたがって分化が進み，世界中には数百種に及ぶ品種が存在している。ヨーロッパには，大型の英国温室型やサラダに用いられるスライス型がある。これらは熟した果実を剝皮し，種子を除いてスライスし，サラダやスープなどの料理に使用されており，日本のように未熟で緑色の濃い果実を剝皮せず生や漬物として使用するのとは様子を異にしている。その他，アメリカやロシアで分化が進んだ短円筒型のピクルス型，中国の華北型，華南型などがある。

日本へは華北型，華南型，ピクルス型が導入され，これらをもとにして品種の改良が行われ，多くの品種がつくられた。さらに，華北型，華南型の交雑種として，春型雑種と夏型雑種がつくられている。夏型雑種は，夏型キュウリとして関東一円で広く栽培され，なかでも品質の優れたものとしてナツフシナリ（夏節成）がある。

このように交雑が盛んに行われることにより，果実の形態，果実の色調，果実の歯触り，風味などの異なった品種や各産地独特の品種がつくられた。華北型では「三尺キュウリ」，「四葉」，華南型では果実の上部が緑で下部が白い「半白」，春型雑種では大阪の「毛馬」，石川の「加賀太」，新潟の「刈羽」，北海道の「小磯」，京都の「聖護院」，夏型雑種では「夏節成」，ピックル型では秋田の「節成」，宮城の「森相」などの品種があった。

しかし，病害虫に強くて栽培しやすく，日持ちがよく，外観が美しく，果形のそろった（100g前後）品種へと画一化が進み，1950年代以降はこれらの特性を引継いだＦ１（一代雑種）の栽培が行われるようになり，従来の品種の栽培が減少し，現在では市場向け品種はほとんどＦ１で占められている。

夏型雑種の「夏節成」は白イボで歯切れがよく，味も良質であることから，Ｆ１の育種親として広く利用され，通年栽培が可能で，ブルームレスに改良された品種がつくられている。

最近，イボなしキュウリのフリーダム種が開発され，店頭でも見られるようになった。この品種は病気に強く，収量が多く，香り，味がよく，イボなしのため日持ちがよいなどの特徴があり，また水洗が容易で扱いやすく，浅漬（あさづけ）用に向いているなど，加工用としても期待されている。

3）成　分

栄養学的には，無機質では K，Ca，Mg，Fe などが含まれているが，他の野菜と比べて特に優れているとはいえない。ビタミンＣは100g中に13mg含まれているが，同時にビタミンＣを分解する酵素であるアスコルビナーゼをも含んでおり，他のビタミンＣを含む野菜といっしょにすりおろして用いることは，ビタミンＣが分解されてしまうので避けるべきである。

果皮の表面を覆う白い果粉はブルームと呼ばれ，水分の蒸散を防ぐためにつくといわれる。食しても害はない。苦み成分はククルビタシンという配糖体の一種である。

4）品　質

新鮮で肌が張り切り，品種固有の色沢をもったものがよい。色沢がにぶったり，熟度が進んで黄色を帯びたものはよくない。鮮度は果実の先端にある花の萎《しな》びの程度やイボの新鮮さを見ることでも判定できる。

果実に傷をつけるとその部分からの腐敗の進行が速いので，取扱いには注意を要する。

5）保蔵方法

キュウリは呼吸作用，蒸散作用による品質低下が起こりやすい。呼吸作用により果実に含まれる成分が分解され，栄養成分の低下や果肉の軟化を引起こす。蒸散作用は野菜のなかでも激しい部類に入り，表面にしわを生じたり，光沢が失われるなど，品質の劣化が起こる。これらの作用は温度の高いほうがより促進されるため，収穫後はできるだけ低温に保つ必要がある。しかし，同時にキュウリは低温障害を起こす野菜でもあり，7℃以下の保存で1週間程度貯蔵すると，表面にピッティングを生じたり，白い汁が出たりして，その部分にカビが発生する場合もある。キュウリの最適貯蔵温度は7～10℃，湿度90～95％で10～14日である。ただし，2～3日間であれば冷蔵庫中でもほとんど影響はない。

家庭で貯蔵する場合には，以上のことを踏まえて，プラスチックフィルムや新聞紙に包み，低温に置いて蒸散作用や呼吸作用を防止し，できるだけ速やかに消費することが望ましい。

(16) イ チ ゴ

1）栽　　培

イチゴの栽培方法には露地栽培，半促成栽培，促成栽培および抑制栽培がある。生食用の生産の主体は促成栽培である。このほかに業務用の夏採り栽培と加工用の露地栽培がある。栽培方法ごとに品種は異なっており，品質特性も異なっている。

鮮度の評価は外観による。果実の光沢がもっとも重視される。果実全体がまんべんなく着色して色調が明るく，果実の形が円錐ないしは紡錘形のものが好まれる。蛍光灯の光で黒ずんでみえるものや，果実の表面に種子が浮出ているのは好まれない。

2）収　　穫

栽培温度が高いと，開花から熟すまでの期間が短くなり果実はやわらかで日もちがしない（表3.6.16）。イチゴの追熟は20℃で進む。熟度が進むと輸送性は低下する。イチゴはエチレン発生が少ない。未熟果はエチレンで追熟できない。ビタミンCの濃度は鮮度の指標にならない。栽培時に灰色カビの発生が多いと，貯蔵中の病害のもととなる。

収穫にあたっては，収穫箱に入れる果実は2段が限度で3段になると傷みが増す。収穫箱時に品質の悪い果実は箱の一隅にまとめ，大きさで2ないし3区分して入れておくと後のパック詰時に能率がよく，果実に触れる回数が減って鮮度が維持できる。

表 3.6.16　ハウスの温度管理と果実硬度
（品種　宝交早生）

温度管理(℃)				果実硬度(kg/㎠)	
昼間		夜間		硬度1	硬度2
前期	後期	前期	後期		
23	23	6	6	2.70	1.24
23	28	6	6	2.28	1.06
23	28	10	6	2.28	1.22
23	28	6	10	2.24	1.02

注）果実に直径3㎜の金属棒を押しつけたとき，硬度1は果実に穴があくときの硬度。硬度2は果肉の硬度。

3）予　　冷

収穫後は減量が大きい。気温が高いほど減量が大きく，低温による呼吸抑制効果は大きい。減量すると表面の張りを失い種子が浮出て光沢がなくなり，色も暗色化する。日もちは品種によって異なる。イチゴは温度を下げることによる呼吸抑制効果が大きい。収穫したイチゴは収穫箱のまま栽培農家の冷蔵庫に入れる「収穫直後の予冷」が行われている。庫内の温度が3℃未満になると，ユニットクーラーへ結氷し除湿が進むため3～5℃で数時間予冷される。品温を低下させると果実はかたくなり，その後の選果パック詰での傷みが少なくなって鮮度がよく保たれる。パックを防湿セロハンで覆うのは見栄えをよくするだけでなく輸

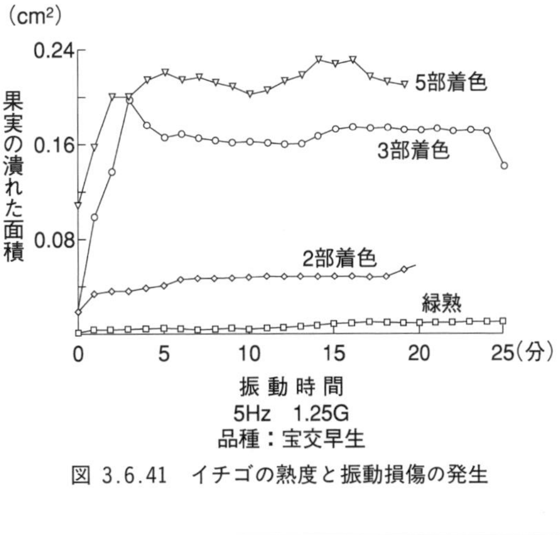

図 3.6.41　イチゴの熟度と振動損傷の発生

送時の振動による傷みを防止するためでもある（図3.6.41）。

4）貯　　蔵

イチゴの凍結温度はおよそ－1.6℃である。貯蔵適温は凍結しない範囲の低温がよい。－1℃で0.02㎜の厚さのポリエチレンフィルムで密封すると3週間の貯蔵が可能である。イチゴを冷蔵庫から取出すと結露するが，少々の結露は鮮度の保持上障害にならない。品温が上昇すると結露は消失する。高濃度の炭酸ガス中で冷蔵すると果実がかたくなり鮮度保持効果がある。炭酸ガスの濃度が60％で5時間処理すると常温流通での日もちが1日延びる。炭酸ガスで処理した直後の果実は炭酸の味がするが2時間を経過すると消失する。

5）家庭での保蔵方法

家庭でイチゴを短期間置くにはラップをして冷蔵庫に入れておく。手に入れたイチゴの鮮度がよければ，数日の貯蔵に耐える。一度に多量のイチゴが手に入ったときには，イチゴの重量で半量の砂糖を加えて冷凍しておき，レモンなどの絞り汁を加えて後ほどジャムをつくるのもよい。

(17) ナ　　ス

1）来　　歴

ナスの原産地はインドである。生育の適温は23～30℃であり，寒さに弱い。日本では，1,200年以上前から食用にされており，もっとも栽培の歴史が長い野菜である。

2）種　　類

大きく分けて，中ナス，卵形ナス，長ナス，丸ナス，小ナス，米ナスである。

品種改良がしやすく，古くから全国各地に多彩な地方品種がある。一般的に，九州と東北では長ナス，甲信から関西では丸ナス，関東では卵形ナスが好まれる。

3）特　　徴

94％以上が水分で，ビタミン類は少なく，ミネラルもほかの野菜に比べて多くはない。しかし，栽培のしやすさ，調理・加工のしやすさから人気は高い。油との相性がよいことから，炒め物や天ぷらなどに向く。また，漬物，煮物，焼きナスなど色々な食べ方が楽しめる。

4）品質の指標

黒紫色で艶のある果皮が特徴である。光沢があり，指で押してみてかたく，傷がないものを選ぶ。鋭いトゲが残っていることやヘタの巻上がりがなく，切り口が新しいことが新鮮さの指標である。また，ヘタの大きい果実を選ぶとおいしい。

5）収穫・流通時の適切な取扱い法

収穫，選別，荷造り時においては，果面にすり傷などをつけないだけでなく，トゲが果皮に突刺さらないように注意して取扱う。果皮にトゲが刺さると，その部分が傷になるだけでなく，しおれも早まり品質を低下させる。

ナスは蒸散などによって水分が消失すると，光沢を低下させる。減量は温度より湿度に影響を受けやすい。したがって，収穫後の果実はできるだけ減量させないよう，フィルムなどで包装し出荷する。ポリエチレン袋を使用したり，ポリエチレンをラミネートした機能性段ボールを使用すると，油紙を使用する場合に比べて蒸散が抑制されて，鮮度が高く保持される。なお，ポリエチレンなどの包装では密封にしないとともに，灰色カビに罹病した果実が混入すると病気が蔓延しやすいので注意する。

ナスは低温障害が発生しやすい野菜である。5℃以下の温度では果皮にピッティングを生じたり，果肉や種子が褐変する。厳寒期においては特に取扱いに注意する。

6）店頭での取扱い法，注意点

店頭に並べる際には，個包装が必要である。蒸散を抑え，しかも包装内の果実を美しくみせることのできる包装として，ポリプロピレン有孔包装やストレッチ包装がある。ばら積みは果皮を痛め，購買意欲を低下させる。また，保管する温度は10～15℃が適温である。ショーケースの冷気の吹出し口には果実を置かないようにする。

7）家庭での保蔵方法

できるだけ早く調理する。やむなく残った場合は，乾燥させないようにして保管する。数が多い場合，漬物にするのも一法である。

(18) ネ　ギ

1）概　要

中国西部の原産といわれ，紀元前からすでに栽培されていた。もともと温帯地域の野菜であるが，寒さ暑さにも強く，現在では中国の東北部から熱帯アジアまで広く栽培されている。日本へは中国から朝鮮半島を経由して有史以前に伝わったとされ，日本書記にもすでにネギの記述がみられる。アジア諸国の中でも日本の栽培は盛んで，古くは薬用としても用いられていたが，明治時代以降は主要野菜の一角を占めるようになった。

ネギに類似し，ヨーロッパで主に栽培されているリーキは同じネギ属であるが，種が異なる別の野菜である。アサツキやワケギも別種である。

ネギの生産地は千葉，埼玉，茨城などの首都圏と，北海道，群馬，新潟，鳥取などである。

輸入はもっぱら中国からであり，年々増加の傾向にある。

2）品　種

ネギは緑色の葉身部と白色の葉鞘部とに分けられ，栽培時に葉鞘部を土で覆って軟白して葉鞘部のみを食べる根深ネギと，葉鞘が短く緑色で，葉身部までやわらかく，葉の先端まで食べる葉ネギがある。

根深型は中国の東北・華北地方，葉ネギ型は華中・華南地方から伝わったとされている。

日本では気候に対する特性から寒冷地型の加賀ネギ群，暖地型の九条ネギ群，その中間の千住ネギ群の3群に分けられている。

加賀ネギ群は現在の金沢市で生れた根深ネギで，夏に成長する夏ネギである。北海道，東北，北陸など比較的気温の低い地方で栽培され，下仁田，坊主不知，松本一本太などがある。

また，岩槻ネギは現在のさいたま市（旧岩槻市）で生れた品種で加賀ネギ群に属しているが，関東には珍しい分けつ性の葉ネギで白根が短い。

九条ネギは京都市下京区地域が発祥とされ，分けつ性で白根の部分が短い葉ネギで，青ネギとも呼ばれる。冬も成長する冬ネギで，主に関西地方で栽培されている，九条太，九条細，越津，三州などがある。

千住ネギは上記2群の中間型で，白根の長い根深ネギで，品種も多く関東を中心にした東日本で多く栽培されている。江東区の砂町が発祥地といわれ，葛飾区の金町が栽培の中心であったが，千住市場を通って市場に供されたのでこの名称が付けられた。深谷ネギ，千住黒ネギ，千住合柄などがある。

水戸地方特産で葉鞘部の赤い赤ネギは品質のよいことで知られている。

近年は他の多くの野菜と同様に一代雑種の時代になり，上記の多種のネギの因子を組込み，栽培しやすく，形のそろった見た目のよい品種が栽培されるようになった。

3）成　分

栄養成分は無機質やビタミンA，Cなどが含まれているが，他の野菜とほぼ同じ程度であり，特に優れているわけではない。ビタミンA，Cについてはその含まれる部位に特徴がある。

ビタミンAは，葉色部（葉身部）に約1,500 IU/100g含まれるのに対し，白色部（葉鞘部）にはほとんど含まれていない。ビタミンCも，緑色部では約50mg/100g含まれるのに対し，白色部では約20mg/100gと極端に少なくなる。

ネギに含まれているアリインという硫化化合物はそのままでは強い刺激臭はないが，組織の切断などにより破壊されるとアリイナーゼが働き，刺激臭の強いアリシンを生成する。

アリシンはビタミンB_1を活性化することが知られているが，そのほかにもある種の病原菌に対する殺菌効果や健胃，利尿，駆虫などの薬効があるといわれている。

4）家庭での保管

根深ネギは葉鞘部が長く，締まって張りがあり，葉身部の緑が濃いものがよい。新聞紙で包んで冷暗所に立てて置くか，泥つきの場合は土に埋めて置くと長持ちする。

(19) 葉　ネ　ギ

葉ネギの品種は季節で異なり，冬季は九条系のネギが，夏秋季は「雷山」などの品種が用いられている。

1）品質保持とその指標

葉ネギは葉の色艶がよく，張りがあるものがよい。また，MAP に適した野菜である。図3.6.42は酸素濃度と葉ネギの葉先枯れの関係を示したもので，酸素濃度が低くなるにつれ葉先枯れは抑制される。葉ネギの MAP 流通に適する酸素濃度は4～6％程度と考えられる。鮮度が低下すると，雰囲気の酸素濃度が高い場合では葉の先端から枯れ始め（葉の萎凋），根元付近で曲がりが認められる。また，酸素濃度が低すぎると葉色はよいものの，フィルム開封時に不快なにおいを発する。

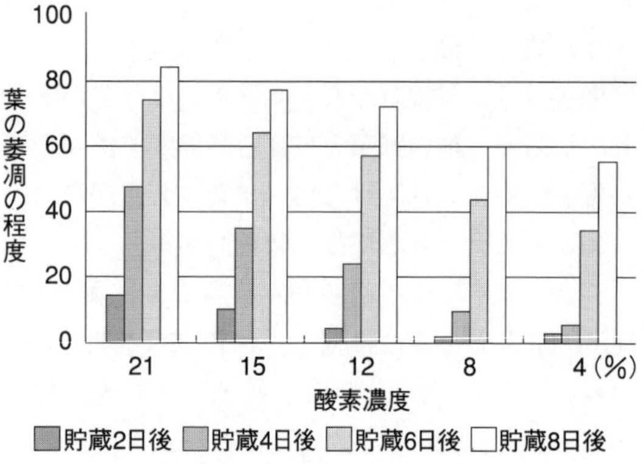

図 3.6.42　酸素濃度が葉ネギの葉の萎凋に及ぼす影響

2）包装形態と取扱い法

葉ネギの包装形態はさまざまで，葉ネギをポリプロピレン（OPP）フィルムで筒状に巻いたものや，OPP フィルムや微細孔フィルムで密封包装したものなどが販売されている。さらに，OPP フィルムは粗にシールしたものや，完全にシールしたものがある。筒状に巻いたものや粗にシールしたものでは，MA 効果は期待できないので，発泡スチロール容器開封後は早めに売切るようにしたい。完全にシールされたものはフィルム内の酸素濃度が低くなりやすいため，低温販売を心がける。

出荷容器としては発泡スチロール容器が用いられている。容器の表面積に対して内容量が軽い葉ネギでは発泡スチロール容器の保冷効果はあまり期待できない。しかし，ガス遮断性を有していたり，外圧や風雨に対する強度が高いなど，段ボール容器にはない機能を備えている。近年，発泡スチロールは環境に与える負荷が高いとして出荷容器の変更が求められている。微細孔フィルムで包装されていれば段ボール容器で出荷しても品質劣化は抑制できる。

OPP フィルムや発泡スチロール容器は放置すると分解されずにゴミとして自然界に長くとどまる。発泡スチロール容器は溶融後再利用することが望ましいが，回収システムが完成されていない場合が多い。これらの資材は焼却時に大量の酸素を必要とするため，大型の焼却施設で処分することが望ましい。

(20) ピ ー マ ン

1）来歴・特徴

熱帯アメリカ原産で，ナス科野菜のなかでももっとも高温要求性の高い作物である。生育適温は25℃と考えられており，15℃以下ではほとんど生育しない。温度が確保できればいつでも栽培が始められるため，露地栽培，ハウス栽培により周年栽培・出荷されている。独特の青臭さがあるが，カロテン，ビタミンA，ビタミンCを多く含んでおり，栄養価が高い野菜で西洋料理，中国料理の代表的素材の一つである。

2）収穫・集出荷

1果重が30～40gに生長したものを収穫，選果して出荷する。主産地の集荷場には，4～6個で150gになるような自動秤量・包装システムの機械が導入されている。また，近年はばら出荷の要望も多くなってきている。段ボール箱詰したものは8～10℃で1日程度予冷後，低温輸送により出荷される。

3）品質の指標

品質を判断する際には以下のことに注意して実施する（図3.6.43）。

① 緑が濃い。

② 光沢がある。
③ しなびていない。
④ ヘタ部の褐変がなく，切り口が変色していない。
⑤ 果肉を指で押すと弾力がある。

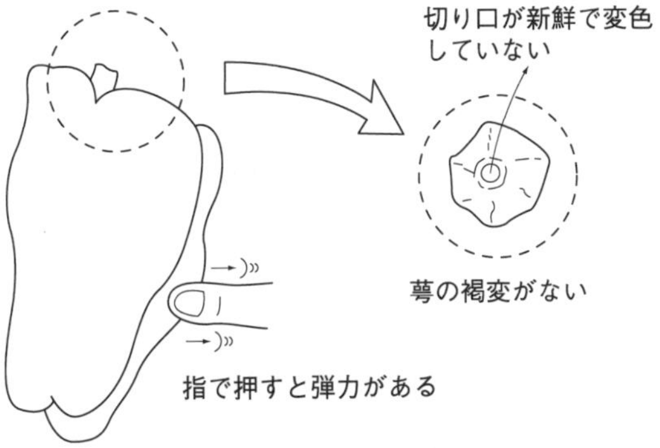

図 3.6.43 品質の判定方法

4）品質低下の症状と発生時期

気温の高い初春から秋にかけては，腐敗果，赤色果，しなび果が発生しやすいので注意が必要である。

① **腐敗果** 初期症状は，ヘタの部分が軟化し始め，症状が進むと果実が腐敗する。

② **赤色果** 果実の一部が濃い紫色になり，次第に果実全体が赤色化する。

③ **しなび果** 果皮の表面にしわが発生して，果肉に弾力がなくなる。

いずれも，発生を確認したら速やかに廃棄する。

5）保管・陳列での適切な取扱い方法

保管適温は10℃である。0～6℃で保管すると果皮の陥没（ピッティング），種子の褐変などの低温障害が発生する（図3.6.44）。また，温度管理が不充分なときや暖かい時期には腐敗果，赤色果，しなび果が発生しやすいので注意が必要である（図3.6.45）[41]。

フィルム包装によりしなびを防止して鮮度を保つ効果が高いので，ポリプロピレン，ポリエチレンフィルムで小袋包装する。

果肉が薄いため品温の低下が速いが，逆に戻りも速く結露しやすい。フィルム包装しているため結露すると露が蒸散しにくく袋内が加湿になり腐敗果を誘発しやすい。小袋包装したものは低温ショーケースに陳列する。

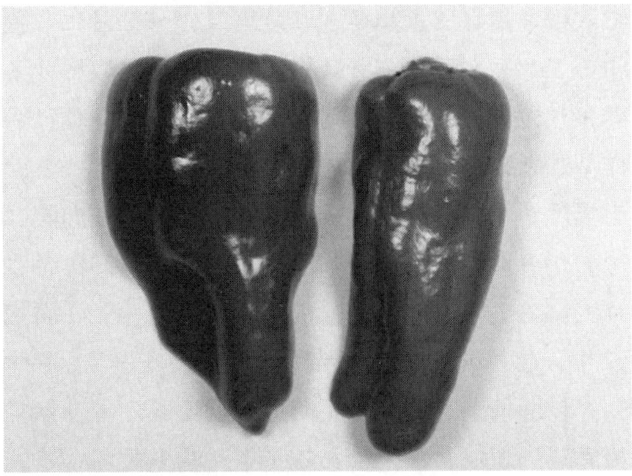

低温障害によるピッティングの発生

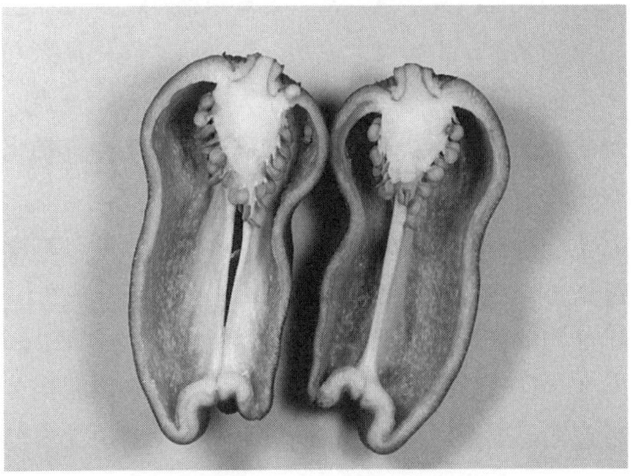

低温障害による種子の褐変
図 3.6.44 低温障害の発生状況

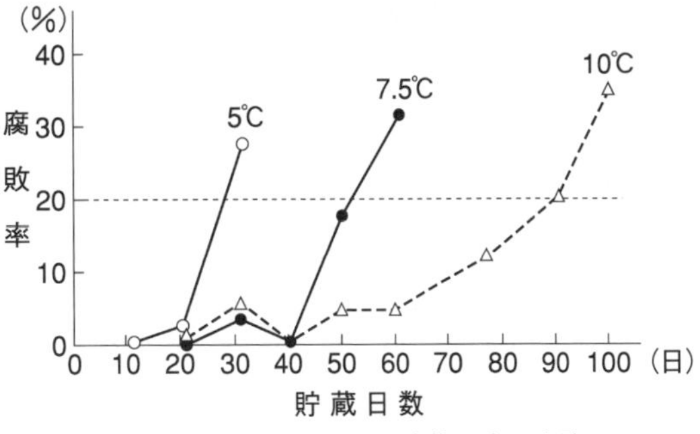

図 3.6.45 ピーマンの貯蔵温度と腐敗
出典）万豆・他（1996）

(21) ニンジン

1）生産・輸入の現状

ニンジンの肥大，着色期の適温は20℃前後で，自然条件に適した作型が分化し，日本各地で栽培されている。作型としては，11月～翌年の3月まで収穫する夏まき越冬どり栽培，４～７月に収穫するトンネル春夏どり栽培，８～10月に収穫する春まき夏秋採り栽培などに大別できる。品種は各作型ごとにそれに適するものが利用されているが，市場性がきわめて高く，晩抽性を備えた「向陽二号」が各作型に導入され，全国の約70％が作付されている。その他の品種では「陽州五寸」，「勝陽五寸」などが多く栽培されている。

作付面積が多いのは北海道，千葉県，青森県，徳島県，茨城県などであるが年々減少している。しかし近年，機械化一貫体系の確立により１戸当たりの規模拡大が進んだことや道路網，鮮度保持技術の発達によって北海道，青森県，鹿児島県などの遠隔地の生産出荷量が増大している。一方，埼玉県，愛知県などでは都市化や生産者の高齢化などで著しく減少している。ニンジンの輸入は，日本の価格が比較的高い冬どりと春夏どりの端境期にあたる３～８月頃が多くなっている。

２）鮮度保持技術

４～10月頃に出荷するニンジンでは軟腐病による腐敗が問題になる。水洗後水切りして出荷容器に詰めて予冷することが多いが，強制通風冷却では冷えにくいので，差圧通風冷却するのがよい。差圧通風冷却では出荷容器（段ボール箱）の通気側面にその面積の４～５％に相当する通気孔を３～４個つける。真空冷却では手かけ穴程度で充分である。差圧通風冷却，真空冷却とも予冷処理中にかなり水切りができるので，水切りは従来よりやや軽くすませ，なるべく早く予冷を開始する。真空冷却では表面に小さな割れが入ったり，やや白っぽくなることがあるので注意する必要がある。予冷時間は真空冷却法で30分程度，差圧通風冷却法では５時間程度である。予冷の効果は短時間の流通ならば予冷後常温流通という条件もかなり期待できるが，できるだけ10℃以下で保冷輸送することが望ましい。

ニンジンの貯蔵適温は０℃，適湿度は90～95％で，４～５カ月貯蔵が可能である。作型や産地の移動によって生産が周年化されているので貯蔵の必要性は少ないと思われるが，出荷調節のための貯蔵が主なねらいとなる。貯蔵温度は，凍らない範囲で低ければ低いほどよい。凍結温度は－1.4℃なので，温度制御精度が±２℃程度のプレハブ冷蔵庫でも設定温度は０～１℃とし，加湿器などで湿度を90～95％に保持する。

販売段階では蒸散抑制によるしおれ防止および呼吸抑制による品質保持効果を期待して小袋包装の形態で店頭に並べられることが多くなっているが，包装資材のガス透過性，量目や保管温度に注意する必要がある。酸素濃度が４％以下になると異味，異臭がするようになるのでガスバリア性の高いプラスチックフィルムなどで小袋包装するときは針穴などをあけて環境ガス組成を調節することが重要である。

3.6.5　その他の野菜

野菜の可食部は，葉，茎，花，根などさまざまであるが，利用部位が同じであると品質特性や貯蔵性に類似性があるので利用部位別に分けて述べる。

また，植物学的に野菜を分類すると，類似した品質特性や貯蔵性を有する野菜がグループに入ることが多いので可能な限り植物学的分類を記した。

（１）葉・茎部

葉や茎を食用とする野菜は種類が多いので，さらにグループ分けして述べる。

１）ユリ科

ネギやタマネギと同様に，アサツキ，ワケギ，ニラ，リーキ（別名ポロネギ）もユリ科に含まれる。また，鱗茎とともに若葉を葉ニンニクとして利用し，花茎をニンニクの芽として利用するニンニクもユリ科に属する。いずれも硫化物に由来する特有の香気がある。

ニラを軟化栽培した黄ニラと白い葉鞘が可食部であるリーキ以外は，葉部の鮮やかな緑色が品質上重要な要因である。アサツキ，ワケギ，ニラなどの鮮やかな緑色，リーキの白色，黄ニラの白～黄色を保持するためにはこれらを低温で保持することがもっとも重要なことである。

黄ニラ，アサツキ，ワケギ，ニラなどは水分損失による萎凋を防ぐために包装する必要があるが，密封状態では包装内に異臭が溜まるのでガス透過性のあるフィルムか有孔フィルムを利用する。

2）アブラナ科

タイサイ群〔タイサイ（体菜，別名杓子菜），パクチョイ（白菜），チンゲンサイ（青梗菜）など〕，カブナ群〔ノザワナ（野沢菜），コマツナ（小松菜）など〕，ナタネ群〔センポウサイ（千宝菜，キャベツとコマツナの交雑）など〕，ミズナ（水菜）群〔ミズナ（水菜），ミブナ（壬生菜）など〕，不結球ハクサイ（白菜）群〔オオサカシロナ（大阪シロナ），サントウサイ（山東菜），ヒロシマナ（広島菜）など〕やキサラギナ（如月菜）は漬菜類と呼ばれ，葉部を食用とする。

カラシナ（芥子菜），タカナ（高菜），ノラボウナ（ノラボウ菜），ミズカケナ（水掛菜），ハクラン（白藍，ハクサイとキャベツを交雑），ビタミンナ（如月菜と大阪シロナを交配），ユウコウサイ（友好菜，青梗菜と小松菜を交配）もアブラナ科に属し，クレソン（別名ミズガラシ，オランダガラシ），赤キャベツ（別名紫キャベツ），ケール，葉ワサビ，カイラン（介藍）もアブラナ科の野菜で，いずれも葉部を利用する。

辛みダイコン，クレソン，葉ワサビで代表されるようにアブラナ科の植物には，アリルイソチオシアネートが辛み成分として含まれている。赤キャベツ以外は葉部の鮮やかな緑色と葉柄部の白色が重要な品質要因である。

また，赤キャベツ以外は不結球性なので，葉部の萎凋を防ぐためにガス透過性のあるフィルムか有孔フィルムなどでの包装が必要である。また，アブラナ科の野菜の保持には低温が有効である。

抽だいした茎葉とともに花蕾を食用とするオータムポエム（別名アスパラ菜），茎の基部が肥大したコールラビ（別名かぶカンラン），カラシナの1種類で肥大した茎と葉柄基部を利用するザーサイはいずれもアブラナ科の植物である。これらは茎葉部もしくはその肥大部が可食部で，品質特性としては特有のテクスチャーである。可食部の品質変化は少ないが，ついている葉が萎凋すると外観が悪くなるのでガス透過性のあるフィルムか透明のフィルムで非密封する必要がある。

3）キ ク 科

チシャ（別名リーフレタス），チコリ，トレビス，成長に伴い葉を順次下からかき取って利用するカキチシャ，植物体上部の葉と長い茎の芯部を食用とするセルタスなどはレタスやサラダナと同様にキク科の植物である。葉柄や葉部を食用とするワカゴボウ（若ゴボウ）とフキもキク科に属する。

キク科の植物にはフェノール物質が多く含まれているので，適度な苦みがある。フェノール物質は酵素的褐変の基質なので，これらの野菜を切断したときの切り口や物理的損傷を受けた傷の部分が褐変する。フキとワカゴボウには特有の香りがあり，重要な品質特性である。

葉部が萎凋しやすいのでガス透過性のあるフィルムか有孔フィルムなどでの包装が必要である。またキク科の野菜には低温での保持が有効である。

図 3.6.46 断熱性のある発泡スチロール箱に詰められたレタス

葉の先端が乾燥しないように内部に入れてある。

4）セ リ 科

セリ，パセリ，葉ニンジン，キンサイ（芹菜）はセロリーと同じセリ科の植物である。

セリ科の植物は葉部や葉柄を利用することが多いので，鮮やかな緑色が重要な品質特性である。また，特有の香りが重要な品質特性であり，フェノール物質を含むので適度な苦みがある。

葉部が萎凋しやすいのでガス透過性のあるフィ

ルムか有孔フィルムなどでの包装が必要である。また，セリ科の野菜には低温での保持が有効的である。

5）その他

フダンソウ（アカザ科）は葉部を利用し，オカヒジキ（アカザ科）とバイアム（ヒユ科，別名：アマランサス）は，葉部とやわらかい茎を利用する。

ツルナ（ツルナ科），トウミョウ（マメ科，豆苗），ツルムラサキ（ツルムラサキ科）は蔓性の茎と葉部を食用とする。ツルムラサキ以外はいずれも鮮やかな緑色が重要な品質特性である。葉部が萎凋しやすいのでガス透過性のあるフィルムか有孔フィルムなどでの包装が必要で，低温での保持が有効である。

エンサイ〔ヒルガオ科，別名：クウシンサイ（空心菜），ヨウサイ〕とモロヘイヤ（シナノキ科）も葉部とやわらかい茎を食用とする。いずれも鮮やかな緑色が重要な品質特性である。これらは葉部が萎凋しやすいのでガス透過性のあるフィルムか有孔フィルムなどでの包装が必要であるが，エンサイは低い温度での貯蔵中には低温障害が発生するので長期間の低温貯蔵は避けるべきである。

アスパラガス（ユリ科）は軟化栽培すると茎部は白色になり，露地栽培のアスパラガスは緑色である。軟化栽培されたウド（ウコギ科）も茎部は白色で，特有の香り，テクスチャー，適度な苦みなどが重要な品質特性である。軟化栽培したアスパラガスもウドも流通過程で光があたると変色するので光を避けた包装が必要である。また，流通過程において緑色のアスパラガスを長時間横位置で放置すると先端部が上向きに曲がるので，縦位置の荷姿で包装しなければならない。

ズイキ（サトイモ科）は葉柄を食用とする野菜であるが，葉柄が長いために一定の長さで切断後に流通することが多い。切断面からの水分損失を防ぐためのプラスチックフィルムによる包装が必要である。

若い茎を利用するタケノコ（イネ科）は収穫後短時間であく（ホモゲンチジン酸）が生成されるので，なるべく早く調理・加工すべき野菜である。

図 3.6.47　断熱性のある発泡スチロール箱に詰められたアスパラガス

蓄冷剤を周辺部に入れて内部の温度を低く保っている。流通過程で茎部が曲がらないように縦位置で入れてある。

（2）花・花蕾部

アーティチョーク（別名：朝鮮アザミ），食用キク，フキノトウ（以上いずれもキク科），ブロッコリー，カリフラワー，ナバナ（菜花），サイシン（菜心），コウサイタイ（紅菜苔），オータムポエム（別名：アスパラ菜），トウナ（とう菜，雪を被った長岡菜の株から伸びてきた黄白色の花茎を食用とする），花ワサビ（以上いずれもアブラナ科），テンダーポール（ニラ花）と茎ニンニク（別名：ニンニクの芽，ニンニクの花茎）（いずれもユリ科），穂ジソ（シソ科，別名：花穂），ミョウガ（ショウガ科），シュンラン（ラン科），花ザンショ（ミカン科）などは花，蕾，花茎，もしくは成長過程での抽だい部などが可食部である。

これらは，特有のテクスチャーや芳香を楽しむ，季節感のある野菜でもあり外観も重要な品質特性である。花弁がしおれると外観が悪くなるので，ガス透過性のあるフィルムか有孔フィルムなどでの包装が必要で，低温での保持が有効である。

古くから利用されている食用キク，穂ジソ，ミョウガなどのほかにエディブルフラワー（edible＝食べられる，flower＝花）が流通している。日本では，デンドロビウム，パンジー，バラ，キンギョソウ，ナスタチウム，キンセンカ，ベゴニア，スイートピーなど70品目以上のエディブルフラワーが流通しているが，本来は鑑賞用の花であ

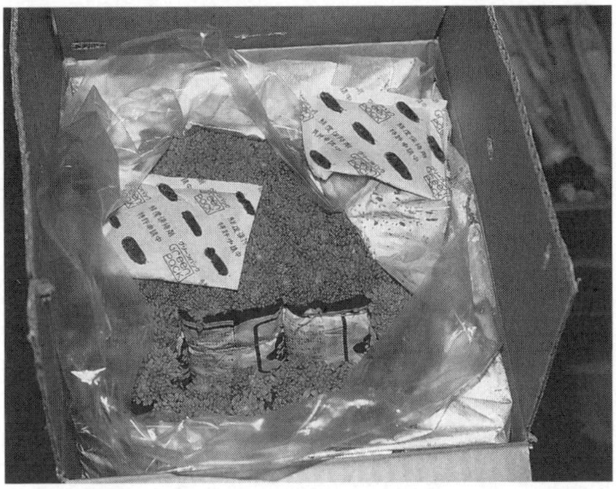

図 3.6.48　ポリエチレンフィルム包装と鮮度保持材の併用により品質保持が図られているナバナ

る。サラダ，スープ，ジャムやゼリー，菓子類や料理の盛付けなどに利用される。これらは，色や形が美しい，苦みや癖のある香りが弱い，有毒物質を含まない，などが重要な品質特性である。鑑賞用の花を取扱う店で購入した花には，エディブルフラワーとして不適当な農薬や薬品を含むことがあるので，食用として栽培した花のみを食べるようにしなければならない。もっとも重要な品質特性は，美しい色や形である。これらの形が潰れないように透明の硬質プラスチック容器に空間をもたせて詰めて，低温で保持する。

(3) 果　　実

カボチャ，ズッキーニ，ユウガオ（夕顔，果肉を細く切り乾燥させたものがカンピョウ），キンシウリ（錦糸瓜），トウガン（冬瓜），シロウリ（白瓜），ニガウリ（別名：ツルレイシ，ゴーヤ），ハヤトウリ（隼人瓜），ヘチマ，キワノ（以上いずれもウリ科），オクラ（アオイ科），トウガラシ（ナス科，甘味種：ピーマン，シシトウガラシ，辛味種：鷹の爪）などは果実が可食部である。ウリ科の果実は，水分損失が少ないのでプラスチックフィルムなどを使っての包装はあまり必要でない。また，短期間なら常温での保持が可能である。

一方，オクラやトウガラシは低温障害が発生するので低温での長期貯蔵は避けなければならない。

(4) 未熟豆・種実類

インゲンマメ（別名：サンドマメ），エダマメ，エンドウ，ササゲ，ソラマメ，ベニバナインゲンは，いずれも若い莢と未熟種子が可食部であるマメ科の植物である。トウモロコシの甘味種を若い熟度で収穫したスイートコーンはイネ科の植物である。これらはいずれも収穫後に時間単位で成分が変化するので，収穫後はなるべく早く低温で保持しなければならない。

クコの実（ナス科）とマタタビ（マタタビ科）は常温での保持が可能である。しかしトンブリ（アカザ科，ホウキギの実）は，加熱された加工品であるので低温での管理が必要である。

(5) 根　　部

カブ，ヒノナ（日野菜），スグキナ（酸茎菜），ハツカダイコン（二十日ダイコン，別名：ラディッシュ），辛味ダイコン，ワサビ（以上いずれもアブラナ科），ゴボウとヤマゴボウ（キク科），ビート（アカザ科），チョロギ（シソ科），レンコン（スイレン科），ジャガイモ（ナス科），サツマイモ（ヒルガオ科），サトイモ（サトイモ科），ヤマイモ（ヤマイモ科），クワイ（オモダカ科），ショウガ（ショウガ科）は，いずれも根部が可食部である。可食部のみを箱詰した場合は常温での保持が可能である。しかし，ハツカダイコン，辛味ダイコン，ワサビなどを葉部とともに保持する場合は萎凋を防ぐための包装と低温管理が必要である。

図 3.6.49　葉部の萎凋を防ぐために蓄冷材を利用したハツカダイコンの包装

なお，サツマイモ，サトイモ，ショウガを低温で長期貯蔵した場合は低温障害が発生する。

（6）鱗　片　部

ニンニク，ラッキョウ，エシャロット，レッドオニオン（別名：赤タマネギ），ユリ根（百合根）はいずれもユリ科の植物で，いずれも地中にできる鱗片部が可食部である。

水分損失が生じにくいので，短期間なら常温での保持が可能である。しかし，ニンニクやレッドオニオンを長期間常温貯蔵すると発芽・発根するので長期の貯蔵では低温管理が必要である。ニンニクの発芽・発根を抑制するためには CA 貯蔵が効果的である。

（7）山　菜　類

アシタバ（セリ科），オオバギボウシ（ユリ科，別名：ウルイ），ノビル（ユリ科），ヨメナ（キク科），タラの芽（ウコギ科），ギョウジャニンニク（ユリ科），カタクリ（ユリ科）は，いずれも葉部ややわらかい茎を利用する。しおれると外観が悪くなるので，ガス透過性のあるフィルムか有孔フィルムなどでの包装が必要で，低温での保持が有効的である。

クサソテツ（オシダ科，別名：コゴミ），ワラビ（ワラビ科），ゼンマイ（ゼンマイ科）の可食部は若葉で，あくを取るための加熱の後に流通する場合は低温で管理しなければならない。ジュンサイ（スイレン科）は加熱後ビン詰にする。

花序を食用とするフキノトウ（キク科），胞子茎を利用するツクシ（トクサ科），ネマガリダケ（イネ科）も低温での保持が有効である。

（8）香 辛 野 菜

オオバ（青シソの葉），キンサイ（芹菜），コウサイ（セリ科，別名：コリアンダー，香菜），その他のミントやバジルなどのハーブ類は，しおれると外観が悪くなるので，ガス透過性のあるフィルムか有孔フィルムなどでの包装が必要で，低温での保持が有効である。

葉部を食用とするリーキ，葉柄を利用するルバーブ（タデ科）やフェンネル（セリ科）は，短期間であれば常温での保持が可能である。

（9）つま物・芽物

芽ジソ（ムラメ，アカメ），芽タデ，芽ネギ，モヤシ類，カイワレダイコンなどは，それぞれ非常に幼い植物体である。葉ニンジン，コーンサラダ（オミナエシ科，別名：マーシュ），クレソン，ハマボウフウ（セリ科），木の芽（別名：葉ザンショウ）もやわらかい葉や茎が可食部である。ミョウガタケとハジカミ（別名：筆ショウガ）は，茎部が可食部である。

これらのなかで芳香を有する野菜は，特有の香りが重要な品質特性である。また，これらは美しい色や形も重要な品質特性である。それぞれの形が潰れないように透明の硬質プラスチック容器に空間をもたせて詰めて，高い湿度の低温で保持する。

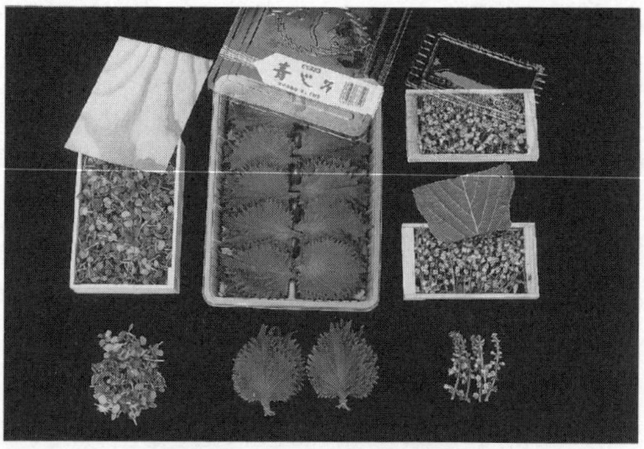

図 3.6.50　シソの利用形態
芽物として利用する芽ジソ（左），香辛野菜として利用するオオバ（中），花序をつま物として利用する穂ジソ（右）

（10）ミ ニ 野 菜

ミニトマト，ペコロス，ミニキャロット，芽キャベツ，おもちゃカボチャは透明の硬質プラスチック容器などで包装した場合は，短期間なら常温での保持が可能である。

しかし，ヤングコーン，一口ナス，花キュウリは植物体の未熟な器官であるので，透明の硬質プラスチック容器に空間をもたせて詰めて，低温で保持する。

〔引 用 文 献〕

1）BRECHT, J.K.：*Hort Science*, **30**, 18（1995）
2）WATADA, A.E.：*Food Biotechnol.*, **6**, 229（1997）
3）樽谷隆之：蒸散生理（緒方邦安編：青果保蔵汎論），建帛社，p.57（1977）
4）細田　浩・他：日食保蔵誌，**26**，81（2000）
5）TOLEDO, M.E.A. *et al.*：*J. Hort. Sci. Biotech.*, **78**, 375（2003）
6）岩田　隆・他：園学雑，**33**，73（1969）
7）WILLS, R. *et al.*：Postharvest：An Introduction to the physiology & Handling of Fruit, Vegetables & Ornamentals, CAB International, p.33（1998）
8）濱渦康範・他：園学雑，**63**，675（1994）
9）稲葉昭次・他：園学雑，**49**，132（1980）
10）上田悦範・緒方邦安：生長と休眠の生理（緒方邦安編：青果保蔵汎論），建帛社，p.69（1977）
11）山内直樹：食品と低温，**12**，49（1986）
12）永田雅靖：ブロッコリー（岩元睦夫・他編：青果物・花き鮮度管理ハンドブック），サイエンスフォーラム，p.278（1991）
13）武田吉弘・太田保夫：農業及園芸，**58**，809（1983）
14）邨田卓夫：コールドチェーン研究，**6**，42（1980）
15）EAKS, L.L. and MORRIS, L.L.：*Plant Physiol.*, **31**, 308（1956）
16）山内直樹・他：園学雑，**44**，303（1975）
17）山内直樹・他：園学雑，**47**，273（1978）
18）阿部一博・他：園学雑，**45**，307（1976）
19）LYONS, J.M.：*Annu. Rev. Plant Physiol.*, **23**, 445（1973）
20）PLATT-ALOIA, K.A. and THOMSON, W.W.：*Protoplasma*, **136**, 71（1987）
21）辰已保夫・他：園学雑，**50**，114（1981）
22）小宮山美弘・辻　政雄：日食工誌，**32**，597（1985）
23）INABA, M. and CHACHIN, K.: *Hort Science*, **23**, 190（1988）
24）小倉長雄：青果物の収穫後の生理と貯蔵（藤巻正生編：ポスト・ハーベストの科学と技術），光琳，p.83（1984）
25）LURIE, S.：*Postharvest Biol. Technol.*, **14**, 257（1998）
26）FALIK, E.：*Postharvest Biol. Technol.*, **32**, 125（2004）
27）津志田籐二郎：地域農産物の品質機能性成分総覧，サイエンスフォーラム，2000
28）浅野次郎：園芸農産物の鮮度保持（青果物予冷貯蔵施設協議会編），農林統計協会，pp.90～91，1991
29）千葉県農業試験場流通利用研究室平成5年度試験成績書
30）日坂弘行：ホウレンソウ貯蔵中における呼吸量，糖含量の変化と外観劣化の関係，日食工誌，**36**，956～963，1989
31）MARRE, E. and ARRIGONI, O.: Ascorbic acid and Photosynthesis; 1. "Monodehydroascorbic Acid" Reductase of Chloroplasts, *Biochemica. et Biophysica. Acta.*, **30**, 453～457, 1958
32）KATO, M. and SHIMIZU, S.: Chlorohyll Metabolismin Higher plants VI. Involvement of Peroxidase in Chlorohyll Degradation, *Plant Cell Physiol.*, **26**(7), 1291～1301, 1985
33）日坂弘行：葉菜類の貯蔵温度と品質に関する研究，千葉県農業試験場特別報告，**20**，27～29，1992
34）日坂弘行・小倉長雄：貯蔵中のホウレンソウ部位別のアスコルビン酸含量の変化，日食工誌，**38**，41～43，1991
35）原　明弘：食品鮮度のロジスティクス・コントロールの提唱，フレッシュフードシステム，**24**(12)，27～33，1995
36）武田吉弘・太田保夫：生鮮農産物の鮮度保持　青果物の保存姿勢が品質および鮮度におよぼす影響，昭和57年秋園芸学会要旨，p.463，1982
37）GU, Z., IIMOTO, M., TAGAWA, A., YANO, A. and TANIHIRA, E.: Effects of low light intensity and mineral nutrients on fiber content and chromaticity of different segments in green asparagus spear (*Asparagus offinalis* L.) during cold storage, *Tech. Bull. Fac. Hort.* Chiba Univ.
38）CLORE, W. J., CARTER, G. H. and DARKE, S. R.: Pre- and Postharvest Factors Affecting Textural Quality of Fresh Asparagus, *J. Amer. Soc. Hort. Sci.*, **101**(5), 576～578, 1976
39）前田万里・太田英明・與座宏一・田島　眞：アスパラガス貯蔵中の硬度変化と食物繊維含量変化との関連，近畿中国農研，**80**，46～49，1990
40）荒木裕子・他：アスパラガスにおけるリグニン含量，組織内分布および組織化学的性状の貯蔵中の変化，家政誌，**49**，363～372，1998
41）GOTO, T., GOTO, M., CHACHIN, K. and IWATA, T.: The Mechanism of tha Increase of Firmness in Strawberry Fruit Treated With 100% CO_2, *Nippon Shoku-*

hin Kagaku Kogaku Kaishi, 43, 1158～1162, 1996
42) 生研機構編：農業機械等緊急開発事業の成果について, pp. 9～18 (1998)
43) 生研機構編：緊プロ農機で日本の農業を変えよう (1998)
44) 生研機構編：事業報告（平成6年度～9年度）, (1994～1997)
45) 古谷　正：野菜の調製用機械, 野菜機械化栽培の手引, pp.57～59 (1983)
46) 小野田明彦：青果物の流通出荷施設, 農業施設学会シンポジウム資料, pp.12～14 (1983)
47) 相良泰行：選果と選別施設, '95年版農産物流通技術年報, pp.65～68 (1995)
48) 海老澤勲：選果と選別施設, '93年版農産物流通技術年報, pp.65～68 (1993)
49) 伊庭慶昭：選果と選別施設, '94年版農産物流通技術年報, pp.69～75 (1994)
50) 松山龍男：研究ジャーナル, 4（下）, 13～18 (1981)
51) 壇　和弘・永田雅靖・山下市二：日食低温誌, 21, 3 (1995)
52) 山下市二：CA 貯蔵（青果物予冷貯蔵施設協議会編：園芸農産物の鮮度保持）, 農林統計協会, p. 196 (1991)
53) Yamashita, I.：Development of CA Storage Facilities for Vegetables, *JARQ*, 28, 185 (1994)
54) 山下市二：特許第1771745号, 第2061267号, 第2077672号, 第103336号, 第2519833号
55) 山下市二・永田雅靖・壇　和弘・河合正毅・妹尾良夫・渡辺和幸・田村敏行・下瀬　裕・水野浩治：日食低温誌, 20, 137 (1994)
56) 農山漁村文化協会編：野菜園芸大百科第2版, ピーマン, 生食用トウモロコシ, オクラ, 農山漁村文化協会, pp.80～82 (2004)

〔参考文献〕
・流通システム研究センター：野菜の鮮度保持マニュアル, 流通システム研究センター (1998)
・岩元睦夫・他：青果物・花き鮮度管理ハンドブック, サイエンスフォーラム (1991)
・大久保増太郎：野菜の鮮度保持, 養賢堂 (1982)
・山下市二・川嶋浩樹・近藤康人・壇　和弘・永田雅靖：日食低温誌, 191 (1996)
・山下市二・壇　和弘・永田雅靖：日食低温誌, 119 (1997)
・伊藤裕朗・他：低温流通によるフキの品質保持, 愛知県農業総合試験場研究報告, 20 (1988)
・農山漁村文化協会編：ハクサイ・ホウレンソウ・シュンギク・つけ菜, 野菜園芸大百科9, 農山漁村文化協会, pp.153～187, 281～322 (1989)
・青葉　高：日本の野菜, 八坂書房, pp. 204～210 (1993)
・原　忠彦・他：大阪農技セ研報, 33, 8～12 (1997)
・吉川年彦：ひょうごの農業技術27, 8 (1986)
・農山漁村文化協会編：共通技術・先端技術, 野菜園芸大百科15, pp.139～144 (1989)

3.7 果　実

3.7.1 生産と流通

(1) 生　産

日本における果実の生産状況は，栽培面積の減少に伴い，減少傾向にあるが，一方で国内消費仕向量はほぼ横ばいの安定消費で推移している。この差は当然のことながら輸入量の増大にあり，果実の国内自給率は40％を割っている。

果実の輸入は，これまで貯蔵性の高いものを中心に行われていたが，最近は東南アジアや中国などの果実も輸入されるようになってきており，輸入量は年々増加の一途をたどっている。バナナは増加の傾向もみられており，安定した輸入果実である。グレープフルーツも量的に多い果実であり，食生活の西欧化と対応して増加した典型的な果実である。オレンジやキウイフルーツはやや減少傾向を示している。熱帯産果実のマンゴー，アボカドあるいはマンゴスチンなども増加の傾向にある。その他，日本ではあまりみられない珍しい果実の輸入も量的には少ないが，その種類は多くなってきている。

国内の果実別の結果樹面積と生産量の推移をみると以下のようになっている。

栽培面積の推移は，そのまま果樹園の増減の程度を示す。増えている種類もあるが，ほとんどが減少傾向にあり，廃園も増えている。その大きな要因は，ウンシュウミカン園の減少であり，中晩かん類も供給過剰から同様の傾向にある。一方リンゴは品種改良による品質の向上や消費者の嗜好のおかげで減少率はこれまで比較的少なかったが，やはり減少の途をたどっている。ブドウは大粒系の高級品種の需要拡大はあるものの，これまでの中小粒系が減少し，栽培面積も減少している。日本ナシは，消費者嗜好に合った糖度の高い品種の育種開発により，栽培面積の減少はゆるやかではあるものの，食生活の多様化により減少している。モモは季節感のある果実で一定の人気はあるものの，消費者嗜好の多様化のなかで，日もちが悪いことなども影響して確実に減少しているが，ここ数年は横ばいの状況である。

ウメは，そのほとんどが加工用として用いられる果実であり，加工食品の需要拡大で栽培面積は総じて横ばいから増加の傾向にある。クリも同様に加工原料としての用途が多いが，輸入品などとの競合で減少している。カキは，日本独特の果実であり，甘ガキ，渋ガキ（通常脱渋処理により流通している），干しガキなどの根強い人気で微減である。サクランボ，西洋ナシは増加の傾向があるが，キウイフルーツは一時的な増加の後，急激な減少傾向を示している。スモモも多酸系果実として一時増加したが，最近やや減少傾向にある。

生産量は栽培面積の増減に大きく影響を受けるが，気候的要因や栽培特性により単位面積当たりの生産量は年によって相当変動がみられる。

(2) 流通技術（総論）

果樹は樹上から収穫した後も，生命体であるので呼吸作用を持続し，エネルギーを確保しなければならない。エネルギー源は果実内の成分を利用するので，大小はあるものの必ず品質の低下が起きる。この低下を小さく抑え，長期間収穫時の品質を保持することが流通技術の基本となるため，呼吸量をどのようにして抑えるかが重要になってくる。また，熟度促進ホルモンであるエチレンの生成抑制および除去技術，水分蒸散による外皮の萎縮防止なども品質保持には重要である。これらのことを理解していないと適切な果実の取扱いができないので，ここでは果実の生理特性と適切な流通をさせるための基本事項について述べる。

1）呼吸量の変化

果実には大きく分けて2つの呼吸型があり，収穫後呼吸量が徐々に減少していくものと，いったん減少過程を経てから，急激な増加を示し最大値に達した後，急減するものがある。前者を非クライマクテリック型，後者をクライマクテリック型と呼び，収穫後到達する最低値を最低クライマクテリック，呼吸の上昇過程をクライマクテリックライズ，最大値を最大クライマクテリックと呼ぶ。一般的には，前者にはカンキツ類やブドウなどの果実が入り，後者はバナナ，マンゴーなどの熱帯産果実や洋ナシなどが相当する。クライマクテリック型果実には呼吸の上昇とともに，追熟といって香味の改善を伴う香りの生成，外観色の変化，糖分の増加あるいは果肉の軟化などを経て，急激な品質低下を生ずる過程を有する。非クライマクテリック型には，このような現象はなく，徐々に品質低下を起こす。また，カキやモモなどのように貯蔵末期に一時的に呼吸が上昇する型をもつ果実もある。クライマクテリック型果実は呼吸の上昇後の日もちは一般的にはきわめて短いといえる。

2）呼吸抑制による品質保持

① 温　度　果実の品質低下は呼吸の抑制がもっとも効果が大きく，そのためには温度を低くすることが重要である。呼吸量の低下は，温度が低くなれば顕著に抑制される。ただ10℃以下では低温障害と称される生理障害による品質低下が起きる果実があるので注意を要する。

② 環境ガス　酸素濃度を低くし，炭酸ガス（二酸化炭素）濃度を高めると顕著な呼吸の抑制が起こる。リンゴに実用化されている CA 貯蔵（controlled atmosphere storage）がそれである。また，果実の呼吸による酸素の消費と炭酸ガスの生成を自然に利用したフィルム包装（MAP）があり，簡易であるのでもっとも頻繁に行われている。いずれも酸素濃度が低くなると，アルコール生成を伴う嫌気呼吸により品質低下を起こし，炭酸ガスの場合も多くなると障害が発生する。MAP のもっとも難しい問題は，果実の呼吸活性の把握と使用フィルムの選択であり，各種のガス透過性フィルムや機能性フィルムが出回っているので，果実の呼吸活性に応じて選択することが肝要である。

③ エチレン　エチレンは，特にクライマクテリック型果実の呼吸増大に大きな影響を与える

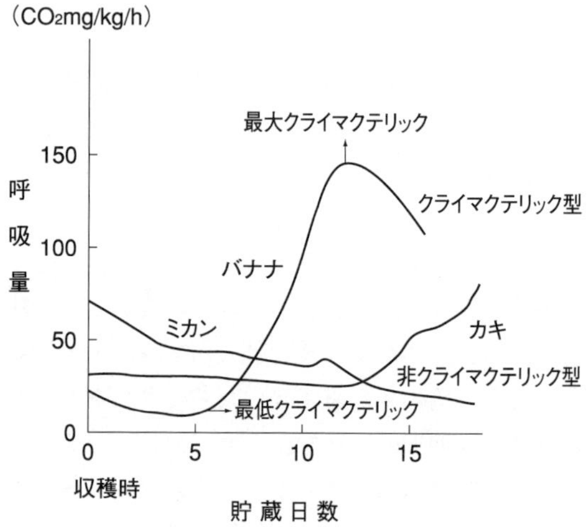

図 3.7.1　収穫後の果実の呼吸型

出典）緒方邦安：青果保蔵汎論，建帛社，1980

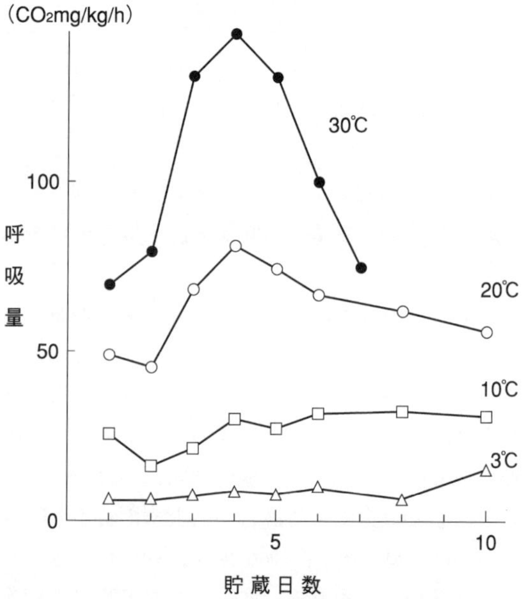

図 3.7.2　「大石早生」スモモの呼吸量に及ぼす貯蔵温度の影響

出典）小宮山ら：日食工誌，1979

一種の追熟促進ホルモンである。バナナはそのままでは可食に至らないので，出荷に先立ちエチレン処理される。非クライマクテリック型果実では生成エチレンを吸収，分解などにより除去すると，呼吸量は顕著に低下する。果物の陳列や包装などでは，果実のエチレン生成量の大小を知ることは，品質保持技術を駆使するのに重要になってくる。

④　**物理的損傷**　果実の表面に打撲や傷を受けると，果実内の呼吸活性が高まるので，果実の取扱いは重要である。

⑤　**蒸散作用**　呼吸活性の高い果実ほど蒸散作用は大きく，水分の蒸発による減量は，鮮度指標である張りや光沢などの消失，しわの出現などにより品質低下を起こす。包装による蒸散防止がもっとも簡易で実用的である。

3.7.2 果実各論

（1）ウンシュウミカン

①　**概　要**　ウンシュウミカンは，国内の果実生産量の約1/4を占めている。そのため，国民一般にもっともなじみの深い果物となっている。昭和40年代では，ほとんどが11～3月に出回り，冬を代表する果物であった。しかし，現在では，5～9月にハウスミカン，9～11月に極早生系，11～12月に早生系，12～4月に普通系統と周年供給され，年中店頭で見受けられる商品となっている。

ウンシュウミカンの成分としては，ブドウ糖，果糖，ショ糖が全体で8～13%，クエン酸が1%程度含まれている。果皮の香り成分は *d*-リモネンがほとんどで，この香りは情緒安定効果があるといわれており，整髪料，香料，入浴剤などに利用されている。また，*d*-リモネンは発泡スチロールを容易に溶かすことで，天然資材を利用した廃棄物処理剤として注目を浴びている。

主要なフラボノイドであるヘスペリジンは水溶性ビタミンPとして利用され，毛細血管の浸透性を調節する有効成分である。昔から皮を乾燥させ風呂に入れて，風邪の予防などに使われてきた。

また，近年，ウンシュウミカンに特有に含まれるカロテノイドの主要成分であるβ-クリプトキサンチンには発がん抑制効果があることが明らかとなり，再び注目されるようになってきた。

②　**品質と規格**　従来から，カンキツ類の品質・規格は外観が重視され，大きさで3L～Sの5段階，外観品質で秀，優，良の3段階の15等階級に分けられている。品質，特に糖・酸含量は出荷時にサンプリング調査され，極端な低糖，高酸のグループは選果から除かれる。高品質のものについては，特別商品として販売されている。

近年，光センサーと呼ばれる，近赤外線を利用した非破壊品質評価システムが導入され，糖・酸を区分して選果，販売できるようになってきた。この光センサーが有効に利用されれば，規格の簡素化につながり，糖度で3段階，酸で2段階の6区分程度に分けられ，品質重視の選果が可能となるであろう。

大きさと品質との関係では，小果ほど糖・酸が高い濃厚な果実となる。ただし，「青島温州」や「大津四号」といった晩生の高糖系の品種では，大果でも小果でも糖度の差はあまりない。

③　**収穫・流通（輸送方法）の概要**　収穫された果実は農家の収納庫（倉庫）に搬入され，出荷予措《よそ》と予備選別がされる。出荷予措は，ウンシュウミカンに特有な収穫後処理技術で，乾燥空気下に数日間果実を置き，果皮の水分を少し蒸散させ，ややしおれた感じに仕上げる。この処理によって，出荷後の種々の工程における付傷を減らし，品質保持が容易にできる。

選果場へ搬入された果実は，ベルトコンベア上へ移され，その後，洗浄，等級（外観品質）選別，階級（大きさ）選別，箱詰，封かんの各工程処理が行われる。最新の選果場では，このすべての工程を自動化し，農家の高齢化から問題になってきている選果作業補助人員の確保の困難さを克服しようとしている。

選果場では，果実が転がったり，落下したりするので，付傷し，カビが生じやすくなったり，呼吸が増大し，品質低下，異味・異臭の発生につながる。農家の収納庫で食べるウンシュウミカンに比べ，市販されているミカンでは明らかに酸の抜けが大きく，時にはぼけた味となっているのは，選果の悪影響と考えてよい。

ウンシュウミカンの流通のほとんどは，段ボール箱詰で行われる。以前は15kg詰段ボール箱が主体であったが，現在は10kg詰や5kg詰が主流となっている。

④　集荷・流通業者の品質管理方法　段ボール箱内はほぼ密封状態となっているので，果実の呼吸による二酸化炭素の上昇と，酸素欠乏が生じやすく，果実は嫌気呼吸を行い，異味・異臭の発生につながる。したがって，集荷・流通の際は，できるだけ温度を上昇させないよう配慮することが重要である。また，低温貯蔵庫においても，庫内の空気の循環や換気に注意を払う必要がある。

また，段ボール箱の積替え時の扱いはていねいにし，果実の呼吸上昇を抑え，品質保持を図る必要がある。

⑤　スーパーマーケットなどの食品受入れ側の注意・バックヤードでの品質管理と保蔵方法
ウンシュウミカンは，ほかの果物に比べ，外観上の押し傷や変色が目立たないので，比較的粗雑に扱われる場合が多い。しかし，乱雑に扱った場合は，傷が多くなり，明らかに腐敗が増加する。また，呼吸量の増加による品質低下も激しくなる。したがって，ほかの果物と同じ程度にていねいに取扱う必要がある。

バックヤードでは，段ボール箱からプラスチックの個包装容器・袋に移す作業が行われる。この作業では，手袋をして，爪による付傷を防ぐ必要がある。また，カビの胞子のついた果実を取除いた手袋は，健全な果実を取扱うときには使わないように，手袋を使い分ける注意が必要である。

⑥　店頭での取扱い方法・注意点・品質保持方法　ウンシュウミカンは販売単価が安く，大衆品ということもあり，店頭では日があたる，温度が高いなど，果実にとっては悪い環境下で販売される場合が多い。したがって，温度の低い風通しのよい場所で販売したい。

果実の果皮がパンパンに張り，生き生きしているものは，いかにも新鮮そうにみえるが，表面に傷がつきやすく，また保管期間が長くなり，温・湿度が高い場合に，生理障害としてす上がり（ぱさぱさみかん／果肉が白っぽくなり，果汁が失われ味がなくなる）や浮皮（ぶくぶくみかん／皮のむきやすいカンキツで発生し，果皮と果肉の間に空隙を生じる）と呼ばれる現象が出てくる。これが発生すると，糖・酸の減少も伴うため，著しい品質劣化につながる。

⑦　家庭での保蔵方法　家庭では，涼しくて，

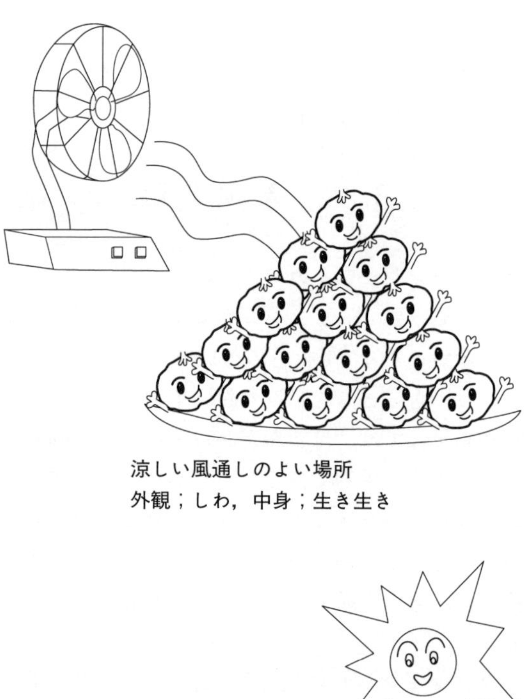

涼しい風通しのよい場所
外観；しわ，中身；生き生き

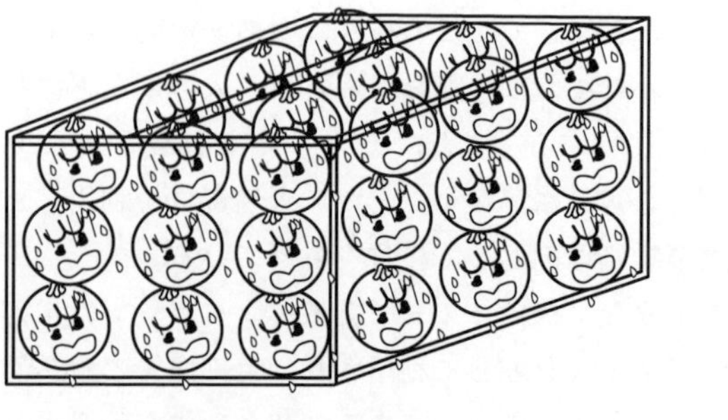

閉め切った暑い場所
外観；生き生き，中身；ぐったり

風通しのよいところに保管することが重要である。冬なら2カ月間程度の品質保持は充分に可能である。

段ボール箱で購入したものは，箱から出すか，半分程度に減らし，すべての果実に風が回るようにする。

厚さ10μmの高密度ポリエチレン袋（ポリ袋。スーパーマーケットなどのレジ後に使われている半透明の薄い袋）に4～5個ずつ入れて，冷蔵庫で保管するのもよい。

品質劣化の多くは，カビによる腐敗である。よくみられる腐敗は青・緑カビ病，軸腐病《じくぐされ》，黒腐病《くろぐされ》，黒斑病《こくはん》である。それぞれの病気は原因が異なり，病気の種類がわかれば，保管環境の良・不良，果実の状態も理解でき，適切な対処が可能となる。

青・緑カビ病，軸腐病，黒腐病，黒斑病は隣の果実に伝染することはほとんどないため，腐敗を発見したら速やかに取除けばよい。

頻度は小さいが，灰色カビ病，褐色腐敗病，白カビ病などが発生する。これらは回りの果実に容易に侵入・伝染するので，注意が必要である。

生理障害として，す上がり，浮皮があり，これが発生すると，品質低下が著しくなる。一般に，流通は段ボール箱や密封のプラスチック袋で行われることが多く，湿度が高い状態が続くので，速やかに涼しい風通しのよい所に移す必要がある。

(2) イヨカン，清見，夏ミカン，ハッサク

① 概　要

A．イヨカン……イヨカンの生産量は昭和50年代の前半から急激に増加し，現在カンキツ類のなかでは1985（昭和60）年以降ウンシュウミカンに次ぐ位置を占める品種となっている。果皮およびじょうのう膜がウンシュウミカンに比べてややかたいという欠点もあるが，剝皮時の独特な芳香と爽快な食味は他の品種からは得がたい特性である。

もともとのイヨカンの可食期は3月以降であったが，早生系の「宮内伊予柑」がイヨカンの主力品種として位置づけられて以来，1月からの出荷も可能となった。全体的な消費量は減少しつつあるが，根強い人気を保っている。

B．清　見……早生ウンシュウとオレンジを交配して育成されたこの品種は，オレンジの香りをもったジューシーな，今までになかったタイプのカンキツとして，昭和50年代後半から商品として出回るようになった。ただし，清見には流通段階でこはん症（果皮の一部が不定形に褐色変化して陥没する症状。低温や乾燥などが原因とされている生理現象）という果皮障害が多発すること，また，本来の熟期より早く収穫したがために発生する品質のばらつきなどから，一時生産，消費ともに停滞した。しかし近年，栽培方法が確立されたことによって品種本来の果実特性が発揮され始めたことと，消費の多様化や本物嗜好とが合致して再び脚光を浴びている。

本来の熟期は3月と考えられるが，商品としては一般に1～5月まで店頭に並んでおり，「不知火」（デコポン）とともに輸入カンキツに対抗しうる晩生カンキツとしての地位を確保しつつある。また，貯蔵方法によっては7月まで食味が維持できるため，夏季の商材としても期待できる。なお，清見の果皮はウンシュウミカンに比べてむきにくいので，食べ方としてはナイフでスイカのように放射状に切った後，果汁を吸いとるのがよいと思われる。

C．夏ミカン……夏ミカンのなかには酸味が強いもともとの夏ミカン，夏ミカンから生まれて減酸の早いいわゆる甘夏と呼ばれる「川野ナツダイダイ」，果皮の赤みが増した「紅甘夏」，あるいは果皮が平滑になった品種など色々な特性をもった品種が含まれている。昭和60年代初めまではウンシュウミカンに次ぐ生産量を占めていたが，消費嗜好の急激な変化によって減少している。しかし，3～4月まで樹上で完熟させた果実は，早採りにはない甘さと，かすかに苦みの効いた爽快な風味をもっているため，晩春から初夏にかけてなくてはならないカンキツの一つであろう。

D．ハッサク……ハッサクが生まれて140年，古くから親しまれた果実であるが甘夏同様嗜好の変化にやや取残された品種という感もある。しか

し，砂じょうがややかたいことに起因する独特な歯触りとブンタンに似た風味を好む人も少なくない。レトルト的品種が主流となるなかで，ゆっくり味わえる品種である。

② 品質と規格

A．品　質……ウンシュウミカンでは一般的に，果実が小さくなるほど果汁の糖度は増加する傾向にある。したがって，食味を重視する現在の状況のなかでは，２Ｌ級以上の大果は好まれない。イヨカンや清見，甘夏についても果実の大きさと糖度との関係では，ウンシュウミカンと同じことがいえる。ただし，これら中晩柑はウンシュウミカンの生産過剰対策として増加してきた経緯のあることから，希少価値，贈答品，見栄えという意識が未だに働いており，２Ｌあるいは３Ｌ級の大果において商品価値は高いとされている。したがって，消費の段階では果実の外観品質と果汁内容との間には，多少の較差のあることは否めない。

B．規　格……カンキツの場合の階級は果実横径の規格であり，全国いずれの産地から出荷された果実でも，階級は統一されている。ただし品種ごとに大きさと階級は決められており，ウンシュウミカンの３Ｌ（80㎜以上88㎜未満）は清見の２Ｌ，イヨカンのＬ，ハッサクのＭであり，さらに甘夏のＳとなっている。

一方，等級は形状，色沢，傷の程度などを基準にして評価されているが，絶対的な基準がないため，産地間のばらつきや年次による差が生じている。また，食味の規格についても，現時点では統一されたものはない。しかし，非破壊選果システムが徐々に導入されつつあり，カラーセンサーによる等級の客観評価も含めて，将来的には外観・内容の統一規格ができるものと思われる。

③ 収穫・輸送方法の概要，取扱い方法

A．収穫方法……イヨカン，清見，夏ミカン，ハッサクはいずれも中晩柑と呼ばれており，果汁内容からみた本来の熟期は３～４月と考えられている。しかし，樹上で越冬している果実に対して，冬季の低温は時に落果や凍害など致命的な打撃を与えることもある。これらを回避する措置としては，ハウスなどの施設栽培を除けば，低温に遭遇する前に収穫する方法で対応するのが一般的である。したがって，収穫時点の果実は若干未熟な状態にあるため，貯蔵を行って熟度を高めた後に出荷する。ただし，樹上で完熟状態にした場合，果汁内容がピークに達する頃には果皮色の低下など外観的には下降しているので，やや早い時期に収穫するのが商品的には有利な場合が多い。

B．貯蔵までの取扱い方法……収穫した果実は，貯蔵あるいは流通中の品質保持を目的として，カンキツ特有の予措という管理を行う。これによって，果皮の耐性は高まる。ただし，品種によって予措の程度を変える必要がある。例えば，貯蔵あるいは流通の段階で果皮にこはん症の発生しやすい清見やハッサクでは，１週間以上の予措は好ましくない。これに対して，果皮の厚いイヨカンや甘夏ではす上がりなど果汁内容の劣化を防ぐために，３週間程度の予措を必要としている。

予措を行うときの適温についても，品種によって異なる。イヨカンでは果皮色を良好にするために，12～15℃の条件下で予措を行うことが多い。これに対して清見や甘夏あるいはハッサクの果皮色は，８～10℃で良好になる。このことと同時に10℃以上の条件下で予措を行うと果皮障害の発生を助長するため，これらの品種は10℃以下の場所で予措を行わなければならない。

予措を終えた果実は本格的な貯蔵に入るが，その条件はやはり品種によって変える必要がある。貯蔵期間によっても貯蔵条件は異なるが，一般にこはん症の発生しやすい清見やハッサクでは低温高湿状態がよく，５～６℃，湿度90～95％の条件下において品質保持効果は高い。ただし，この条件を設備なしでつくりだすのは容易なことではなく，条件の緩和対策として，ポリ個装（厚さ0.02㎜の低密度ポリ袋に１果ずつ包装して貯蔵する方法）がとられることも多い。袋の中が低酸素・高炭酸ガス，高湿度状態になることから，２カ月以上の貯蔵にはポリ個装がきわめて有効である。こはん症の発生は少ないものの，貯蔵期間が３カ月以上にも及ぶ甘夏についても，ポリ個装と低温貯蔵は不可欠である。

一方，イヨカンは，比較的短期間の貯蔵であること，前者よりやや低湿条件あるいは6～10℃の比較的高い貯蔵温度で対応できることから，ポリ個装はほとんど行われない。

C．選果・輸送の方法……貯蔵の終わった果実は選果場に運ばれ，ベルトコンベアに載って選果ラインを移動する。ラインに載った果実は洗浄・ワックス処理，外観で3段階に区分する等級選別ならびに大きさで5段階に区分する階級選別の工程を経て，最後に段ボール箱への箱詰・封かんに至る。これらの工程は等級選別を除いてほとんどが自動化され，1つのラインで1時間当たり10～15tの果実を処理することができる。

しかし，現在多くの選果場では階級選別に落下衝撃の大きいドラム回転式の形状選果機が導入されており，工程移動中の傷や衝撃による呼吸の増大につながっている。これらは，段ボール箱に入ってからの腐敗や品質低下の重要な原因の一つとなる。最近，導入が図られている光センサーを利用した選果システムでは，等階級の同時選別が可能であり，しかも果実への衝撃も少ない。このことから，効率的・確実に均質な果実の供給が可能となりつつある。

④ 集荷・流通業者の品質管理方法　カンキツ類を含めた青果物の輸送は，高速道路網の整備によって鉄道輸送から輸送効率の高いトラック輸送へと急激に移行してきた。しかし，両者の振動を比較するとトラックのほうがはるかに大きく，呼吸の増大や傷など果実への影響も大きいことが予想される。青果物のなかでは，カンキツ類の損傷に対する抵抗性はもっとも高い部類に入る。しかし，段ボール箱の中は高湿，高炭酸ガス状態にあるため，長時間の振動や高温に遭遇すれば，短期間のうちに内容・外観の低下につながる。積載量の制限や換気の改善，あるいは低温輸送，振動の緩和対策などが必要である。光センサー選果システムが導入されれば，輸送方法を含めて輸送中における管理の改善が不可欠となってこよう。

⑤ 食品受入れ側の注意　ほとんどのイヨカンのように，常温で貯蔵された果実が輸送されてきた場合には，店に受入れた後の品質低下はあまり大きくない。しかし，5月以降に出荷される清見や甘夏は，ほとんどが低温・高湿度条件下で貯蔵されているため，出庫，輸送，荷受け時における急激な環境の変化は，著しい品質の低下を招く。特に，果皮障害の発生しやすい清見やハッサクでは，気温の較差が10℃以上になるとこの傾向が特に強くなる。また，粗雑な取扱いによる果実の衝撃も，果皮障害を助長する。

輸送トラックから店内に搬入する際，さらには段ボール箱から出してプラスチックフィルムで個装する際には可能な限り低温で，できれば15℃以下で取扱うことが必要である。また，取扱いはて

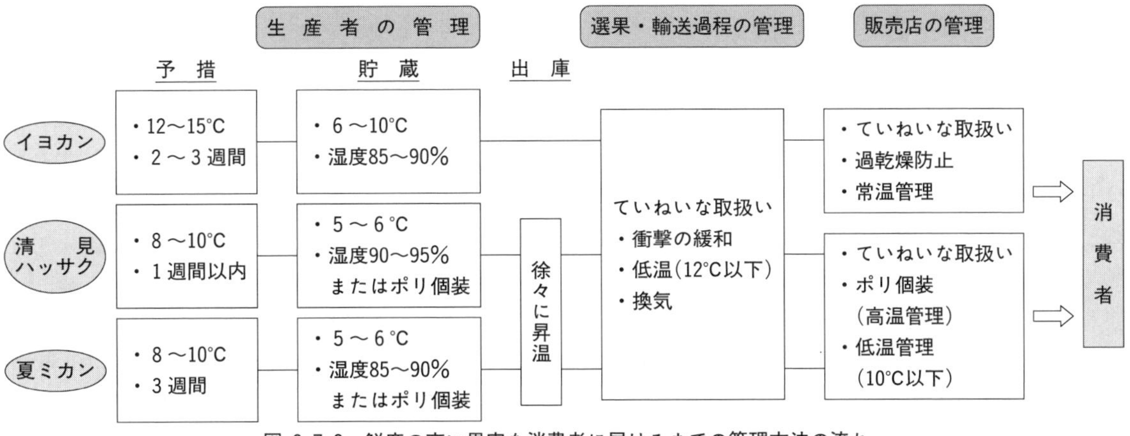

図 3.7.3　鮮度の高い果実を消費者に届けるまでの管理方法の流れ

いねいに行うとともに，腐敗果の処理も慎重に行うことが大切である。

⑥　**店頭での取扱い方法**　中晩柑類の果汁内容については，ウンシュウミカンと違って劣化は少ない。しかし，その代わり果皮障害の発生が深刻である。ちなみに，5℃で貯蔵した果実を出庫後直ちに20℃の条件下に置いた場合，2～3日後から果皮障害の発生が始まる。そして，10日後には半数近くの果実が商品価値を失うであろう。

果皮障害を防止する流通上の最大の条件は，低温と高湿条件である。プラスチックフィルムで個装されている果実については湿度条件はクリアしているわけであり，ショーケース中の温度を8～10℃に保つだけでよい。ただし，それ以外の場合には，90%程度の高湿管理が必要となる。

⑦　**家庭での保蔵方法**　家庭での購入が4月上旬頃までならば，家の中の涼しい場所で段ボール箱や発泡スチロール製の箱に入れて保管しても，2～3週間の保存は可能である。しかし，これ以降の購入については2～3日以内に食べるのであれば問題ないが，それ以上長く保存する場合には，冷蔵庫内での保管が基本となる。

冷蔵保存の場合，プラスチックフィルムで個装されている果実については，袋に入れたまま入庫するだけでよい。しかし，裸果の状態で購入した果実をそのまま冷蔵庫内に数日以上放置しておくと，乾燥によって果皮がしなびる。ポリ個装で保管すれば，2～3週間程度は鮮度が保たれる。と同時に，もし腐敗しても周囲の果実を巻添えにせず，あるいは汚さずにすむ利点もある。

(3) ネーブルオレンジ

①　**特　性**　日本で栽培されているネーブルオレンジのほとんどは，「ワシントンネーブル」の枝変わり（枝の突然変異）として発見された品種である。主な品種に，「吉田ネーブル」，「白柳ネーブル」，「清家ネーブル」，「森田ネーブル」などがある。しかし，果実の外観から品種を判別するのはきわめて難しい。

ネーブルオレンジの貯蔵性は，品種による差が大きい。一般に早生品種は長期間の貯蔵に適さない。「清家ネーブル」や「白柳ネーブル」などの早生品種は，11月下旬～12月上旬に収穫して，2月頃まで貯蔵できる。「吉田ネーブル」は着色が早いため11月下旬～12月上旬に収穫できるが，酸味がやや強いため2～3月まで貯蔵する。もっとも貯蔵性がある品種は，在来系の「ワシントンネーブル」と「森田ネーブル」である。両品種とも，12月中下旬に収穫し，4～5月まで貯蔵できる。しかし最近では，1～3月まで収穫を遅らせ，糖度や品質の向上を図る産地が多くなってきている。このような果実は「樹上完熟」と称して，輸入オレンジと差別化を図っているが，早期収穫した果実に比べて，一般的に貯蔵性はやや低い。

②　**こはん症対策**　ネーブルオレンジの貯蔵では，こはん症が問題となる。こはん症は，乾燥すると発生しやすい。収穫直後のエチレン処理がこはん症軽減に効果があるため，貯蔵前にエチレン処理を行っている農家が多い。エチレン処理では，密閉できるムロに果実を入れ，加温器を用いて果実を15～20℃に温める。果実が充分に温まった後，濃度が10～20ppmになるようエチレンガスを入れ，24時間維持する。24時間経過後は開放して自然放冷させる。エチレン処理では，濃度が高すぎたり，処理期間が長すぎたりすると，ヘタ枯れやヘタ落ちを生じる場合がある。

③　**産地での貯蔵方法**　木箱やプラスチックコンテナなどの貯蔵容器に新聞紙を数枚重ねて敷き，その上に果実を入れ，全体を新聞紙で包込む。このように包装した容器を常温貯蔵庫に積上げて貯蔵する。貯蔵適温は7～8℃，5℃以下の貯蔵温度では，低温による障害が発生する場合がある。逆に，貯蔵温度が高すぎると，腐敗や，す上がりの発生が多くなる。乾燥しやすい貯蔵庫や，長期間貯蔵する場合は，ポリ個装して貯蔵する。

④　**流通過程での保蔵方法**　果皮がべとついているものは，果皮の紅も濃く，老化が進んでいるため長く保存できない。長期間保管したい場合は，果皮の色が明るいオレンジ色をしており，果皮表面にべとつきがないものを選ぶ。

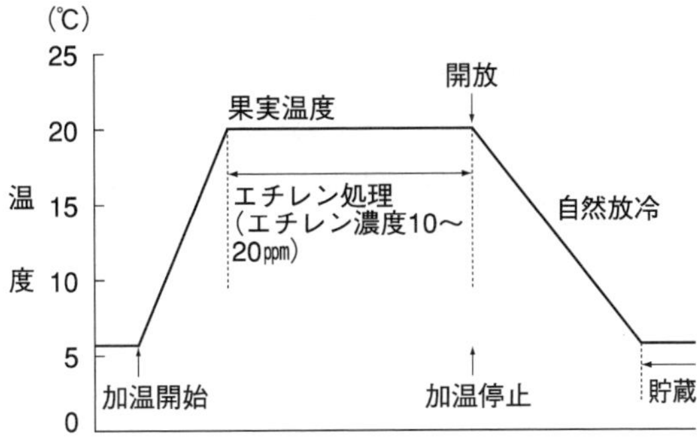

図 3.7.4　ネーブルオレンジのエチレン処理方法
出典）農業技術大系果樹編：第１－Ⅰ巻追録第17号（2002年）p.369（農文協）

図 3.7.5　ネーブルオレンジの貯蔵方法

産地での貯蔵方法を参考に，流通過程や店頭においても，できるだけ低温で，乾燥しない場所に保管する。ネーブルオレンジの果皮は弱く，傷つきやすいので，出荷箱の取扱いや移動は，衝撃を与えないようていねいに行う。段ボール箱の容量が10kg以上のものでは，箱に入れたまま長期間置くと，重量で果実が変形しやすい。長期間保管する場合は，腐敗の点検を兼ねて，箱の詰替えを行う。

⑤　家庭での保蔵方法　温度が低く，乾燥しない場所に保管する。長期間保存したいときは，新聞紙で１個ずつ包んだり，薄めのポリ袋に入れて保存するとよい。冷蔵庫に入れると長期間保存できるが，卵やバター，チーズなどのそばに置くと，オレンジの香りがこれらに移るので注意する必要がある。

（4）ポンカン

①　特　性　ポンカンは静岡以南の年平均気温が16℃以上の地域で栽培されている。「太田ポンカン」，「吉田ポンカン」，「F2428」などが主な品種である。

収穫時期は，南西諸島や九州南部などの年平均気温が18℃以上の地域では，11月下旬～12月中旬，年平均気温が18℃未満の地域では，12月中旬～下旬である。「F2428」のように熟期の遅い品種では，年明けに収穫するものもある。

早生品種の「太田ポンカン」と「吉田ポンカン」は長期間の貯蔵はできない。常温での貯蔵は１カ月間前後が限界である。熟期の遅い「F2428」は比較的貯蔵性があり，３月まで貯蔵できる。しかし，最近では１カ月間程度の短期間の貯蔵が多い。

②　産地での貯蔵方法　ポンカンでは，貯蔵前の乾燥予措（果実を軽く乾燥させる処理）が不可欠である。乾燥予措では，冷涼で風通しのよい場所に果実を置き，１～２週間かけて重量で４～５％程度減少するまで乾燥させる。乾燥予措が不充分であったり，乾燥予措を行わないで貯蔵すると，過湿により浮皮《うきかわ》が発生しやすくなる。

果皮に緑色が残っており，着色を進めたいときは高温予措（温度を高めて乾燥予措を行うこと）を行う。果実を15～20℃に温め，90％程度の湿度条件に５～７日間置くと，乾燥予措をしながら着色を進めることができる。温度を高めて乾燥予措をしても，貯蔵性は変わらない。ポンカンでは，ネーブルオレンジで用いられるエチレン処理は行わない。エチレン処理をすると，果実に異臭が発生し，風味が損なわれて食味が悪くなる。

ポンカンの貯蔵法は，基本的にはウンシュウミカンに準じて行う。ポンカンやウンシュウミカンなど，皮がむきやすいカンキツ類の貯蔵には，ポリ袋を用いない。ポリ袋に入れて貯蔵すると，袋の中が過湿状態になり，果実は浮皮になる。浮皮になった果実は，異臭が発生して食味が悪く，腐敗の発生も多い。ポンカンの貯蔵に適した温湿度の条件は，５℃・85％である。

③　**流通過程での保蔵方法**　保管方法，扱い方は基本的にウンシュウミカンと同じである。異なる点は，ポンカンの果皮はウンシュウミカンよりも弱く，傷つきやすい点にある。特に浮皮になったものは傷つきやすく，もし傷がつくと，腐る原因になるのでていねいに扱うことが大切である。

④　**家庭での保蔵方法**　家庭での保蔵方法はウンシュウミカンと同じである。浮皮になった果実は保存がきかないので，家庭で保存する場合は，浮皮になっていないものを選ぶことが大切である。

（5）ヒュウガナツ

①　**特　性**　ヒュウガナツは3～6月に出荷されるユズ近縁のカンキツで，日本では数少ない晩熟のカンキツの一つである。果実が木になった状態で越冬するので，栽培は冬季温暖な地域に限られる。主な産地は，宮崎県，高知県，静岡県の伊豆，愛媛県などである。

ヒュウガナツの貯蔵は，以前はほとんど行われていなかった。しかし，ユズに似た独特の風味と爽快な食味は，夏季の果物としての評価が高く，現在では，一部の産地で貯蔵が行われている。

②　**す上がりの発生**　ヒュウガナツで問題となるのは，す上がりの発生である。これは，ホロに接する果肉から始まり，果肉全体に広がる。したがって，す上がりが始まっているかどうか見極めるには，ホロに接する果肉部分をよく観察すると判別できる。す上がりは4月上旬頃から始まり，収穫時期が遅くなるほど顕著になる。

③　**収穫時期と貯蔵方法**　貯蔵には，す上がりが発生していない果実を用いる。す上がりが始まっている果実を貯蔵すると，貯蔵中にす上がりが進み，貯蔵が失敗する。収穫時期が早いと，す上がり発生の心配は少ない。しかしその代わり，酸味が強くなりすぎ，貯蔵中に酸味を減らすことが難しい。総合的に判断すると，貯蔵のための収穫適期は3月である。貯蔵中のす上がり発生は，貯蔵温度との関係が大きく，温度が低いほど，す上がりの発生が少ない。長期間貯蔵したい場合は，5℃以下の低温で貯蔵する。ヒュウガナツの果実は低温に強く，果実が凍結しない範囲であれば，5℃以下の低温条件で長期間貯蔵しても，低温による障害は発生しない。

ヒュウガナツは，貯蔵中に果実が乾燥して鮮度が低下しやすい。鮮度をよく保つためには，ポリ個装して貯蔵する。ポリ個装した果実は，プラスチックコンテナや木箱などに入れ，冷蔵貯蔵する。3月に収穫した果実を，ポリ個装して5℃で貯蔵すると，7月までは品質と鮮度を充分保持できる。

④　**流通過程での保蔵方法**　短期間の保管で

図 3.7.6　ヒュウガナツのす上がり

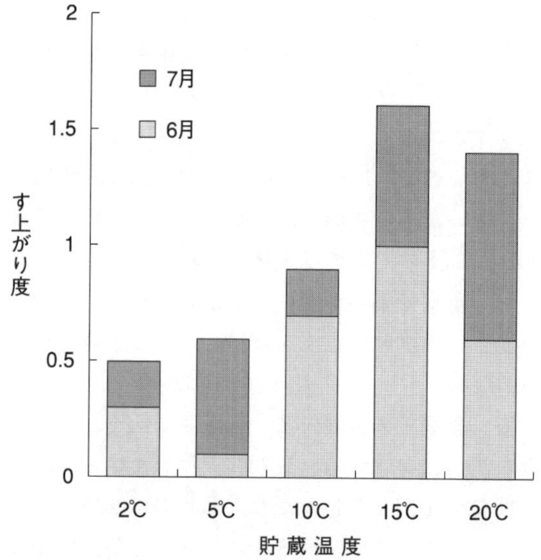

図 3.7.7　ヒュウガナツの貯蔵温度と貯蔵中のす上がり発生

出典）牧田・他：昭和57年度果樹に関する試験成績書，静岡柑試，pp.63～64

あっても，保管する前に果実のす上がり程度を確認しておくことが大切である。す上がりしていない果実では，長期間保管できる。しかし，す上がりが発生している果実では長期間の保存は難しい。

気温の高い時期に出荷されるため，できるだけ低温条件で保管する。4～5月に収穫した果実を短期間保管する場合も，冷蔵庫に入れるのが理想的である。この時期に収穫した果実は，特に傷みやすいので，保管中に腐敗の点検を行うとよい。

⑤　**家庭での保蔵方法**　基本的に冷蔵庫で保管する。果実がしおれやすいので，1週間以上保管したい場合は，ポリ袋に数個ずつ入れた後，冷蔵庫で保存する。

（6）セミノール

①　**特　性**　セミノールは，グレープフルーツにミカンの一種オオベニミカンをかけ合わせてつくられた品種である。熟期が遅く，果実が木の上で越冬するため，冬季温暖なところでないと栽培が難しい。

セミノールは収穫時期により果実品質や貯蔵期間が大きく異なる。1～2月に収穫すると，果皮が滑らかで紅が濃く，外観はよいが，糖度はやや低く，酸味が強すぎる。5月以降に収穫したものは，果皮が色あせて見ためはやや悪くなるが，酸味は比較的少なく，食味がよい。また，早く収穫したものは皮がむきにくいが，収穫が遅いものはむきやすくなる。現在では，3月下旬～4月上旬に収穫し，1カ月間程度の貯蔵が一般的になっている。

②　**産地での貯蔵方法**　貯蔵容器には，プラスチックコンテナや木箱を用いる。収穫後，新聞紙を敷いた貯蔵容器に果実を入れ，ネーブルオレンジの場合と同じように包装する。

セミノールの最適貯蔵条件は，温度が8～9℃，湿度が87%前後である。春季から初夏にかけて，気温が上昇する時期に貯蔵するため，長期間の貯蔵には冷蔵施設が必要である。3～4月に収穫して，1カ月間程度貯蔵する場合は，腐敗の発生に注意を払えば，常温貯蔵庫で充分貯蔵できる。

③　**流通過程での保蔵方法**　セミノールは特に果皮が弱く，傷つきやすいので取扱いは慎重に行う。また，貯蔵容器に入れる量は，積重ねた果実の厚さでおおむね20cm以下とする。あまり厚く果実を積重ねると，底に近い果実が押し潰され，変形や腐敗の原因になる。

気温が高い時期に流通するので，果実の温度が高くならないよう配慮する。短期間の保管は，風通しのよい涼しい場所で充分できるが，数週間以上の保管では冷蔵庫に入れ，10℃以下で保存する。

④　**家庭での保蔵方法**　温度が高いと腐りやすく，乾燥にも弱いので，0.01～0.03mmの薄めのポリ袋に入れて，冷蔵庫の野菜室で保管する。

（7）デコポン（不知火）

①　**特　性**　デコポン（不知火）は，清見を母親に，ポンカンの品種「中野3号」を父親にして育成された新品種である。果実がダルマ型になりやすいため，デコポン（登録商標）と呼ばれている。不知火とデコポンは同じものであり，露地栽培ものと施設栽培ものがある。いずれの場合も，収穫時には酸味がやや強く，食味をよくするためには貯蔵が不可欠である。

②　**収穫時期と水腐れの発生**　デコポンの貯蔵では，水腐れ（成熟した果皮が水に濡れると，吸水して，果皮表面に微細な亀裂を生じる。この亀裂

図 3.7.8　デコポンの水腐れ

から腐敗菌が二次的に感染して腐る病気）の発生が問題となる。水腐れの原因は収穫前にあり，収穫時期が遅くなるほど多く発生する。

一般的に1月中旬～2月上旬に収穫する。年内に収穫したものは，糖度がやや低く，酸味が強くなりやすい。3月以降に収穫したものは，糖度は高く，酸含量も低く，食味はきわめてよいが，水腐れによる腐敗が多くなる。適期に収穫した果実でも，酸含量が高いため，収穫直後の食味はあまりよくない。そのため，貯蔵により酸味を減らし，食味がよくなったときに出荷している。

③ 産地での貯蔵方法　貯蔵容器にはプラスチックコンテナや木箱などを用いる。収穫後，果実を大きさ別に分けて貯蔵容器に入れ，寒さや雨が直接あたらない風通しのよい場所に積上げ，乾燥予措を行う。乾燥予措では2～3週間かけて，重量で3～5％減少させる。デコポンでは予措温度が10℃以上になると，こはん症の発生が多くなるので，高温予措は基本的には行わない。

乾燥予措が終了した後，ネーブルオレンジと同様にして貯蔵する。短期間の貯蔵では，新聞紙の包装で充分であるが，果実が乾燥しやすい場合はポリ個装して貯蔵する。一般的に，ポリ個装貯蔵では，酸の減少が早く進むが，腐敗やこはん症の発生が多くなる。長期間常温貯蔵する場合は，最初からポリ個装せず，当初は新聞紙で包装して貯蔵し，途中からポリ個装に切替えるのがよい。

低温貯蔵する場合は，乾燥予措を重量で5％減程度とやや強めに行う。乾燥予措後はポリ個装して5℃で貯蔵する。

④ 流通過程での保蔵方法　産地での貯蔵方法を参考に，流通過程においても，できるだけ温度は低く乾燥しない条件に保管する。

果実を1個ずつ緩衝材で包んで出荷されているものが多いが，果皮が著しく弱く，傷つきやすいので，扱いには特に注意する必要がある。容器の入替えなどで果実に触れるときは必ず手袋をする。また果実を転がしたり，落としたりしてはいけない。衝撃を与えると，デコの付け根の部分が傷みやすく，その部分から腐ってくる。

⑤ 家庭での保蔵方法　腐りやすいのであまり長期間の保管をしない。もしどうしても保管したい場合は，ポリ袋に入れて冷蔵庫で保管する。冷蔵庫に入れても，保管中に腐りやすいので注意する必要がある。

（8）ブンタン

① 来歴・種類・特徴　ブンタンは，ザボンともいわれ，カンキツ類のなかでは果実がもっとも大きくなり，2kg以上になる品種もある。原産地は，マレー半島，インドネシア付近といわれて

表 3.7.1　ブンタンの主な品種とその来歴，特徴

品種名	来歴と特徴
土佐文旦	高知県の特産。果実は偏球形か倒卵形で皮はややむきにくい。果肉は少しかたいが肉離れがよく，食べやすい。500g前後のやや小型のものが多い。
水晶文旦	土佐文旦からつくられ，交配育成された品種。寒さに弱いのでハウス栽培が中心である。文旦類のなかでも形，品質とも非常に優れた品種である。皮が薄く小さくても食べられる部分が多い。年末の贈答用として県外への出荷も多い。
晩白柚	ばんぺいゆと読む。大正年間にベトナムの植物園から台湾に導入され，昭和になってさらに鹿児島県の試験場に導入され各地に広まった。現在の主産地は熊本県八代市周辺である。形は球形で，大きく2kgになるものもある。皮が2～2.5cmと厚い。苦みは少なく味はよい。
本田文旦（阿久根文旦）	果実は1kg前後で果肉は紅色。果肉はやや荒く果汁はやや少ない。生食のほかブンタン漬にも用いられる。鹿児島県阿久根市の特産。
大橘	おおたちばなと読む。鹿児島県の在来種だが，来歴はわかっていない。鹿児島県いちき串木野市，出水市，薩摩川内市，熊本県宇成市，上天草市が主産地。重さは500～600gが中心。軟らかく果汁が多い。食味はよい。
安政柑	安政年間に広島県尾道市因島でできた品種。尾道市周辺で栽培される。果実は600g前後が一般的。「ドン・ポメロ」という愛称をつけて県外市場へ出荷しているものもある。
平戸文旦	長崎県平戸市で江戸時代にできたといわれる。重さは1,000g前後。果肉は淡黄色で軟らかく多汁。甘みは多いがやや淡泊である。平戸市田平町でわずかに栽培されている。
江上文旦	佐世保市江上で栽培されている。江戸時代に外国産のブンタンの実生からできたといわれる。果肉は淡紅色で軟らかいが食味はやや淡泊である。

いる。タイを中心とした東南アジア，中国南部，台湾でも栽培されている。日本には南方から種子で持込まれ，実生から独自の品種が生じたと考えられている。主な品種は表3.7.1に示した。皮には芳香成分のほか，ナリンギンという苦み成分が含まれる。高知県が全国生産量の約90％を占める。次いで，鹿児島県，愛媛県，宮崎県などである。

② **品質の指標**　ブンタンの形は，品種により異なるが，洋梨形や倒卵形がよいといわれる。ウンシュウミカンなどのカンキツ類と同様に皮に傷のない，張りがあるものを選ぶ。

③ **収穫・流通の概要**　収穫直後の果実は，酸味成分であるクエン酸が多く，果肉もかたくて風味も少ない。このため，一定期間貯蔵した後に出荷する。貯蔵には，野がこい（屋外貯蔵），常温貯蔵，長期貯蔵目的の冷蔵貯蔵（5～8℃）の3形態がある。貯蔵することによりクエン酸量が減って甘みが強く感じられるようになる。しかし，4～5月頃になると糖も急激に低下し，果汁の割合も減って品質は低下する。冷蔵貯蔵でも6月頃が貯蔵限界である。貯蔵されたものを順次出荷していくが，「土佐文旦」の出荷基準では，全等階級とも包装紙（セロハン）で個装し，化粧箱または段ボール箱で出荷している。

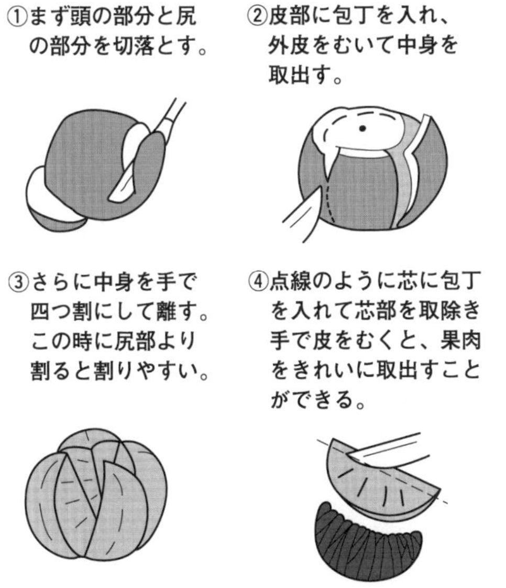
①まず頭の部分と尻の部分を切落とす。
②皮部に包丁を入れ、外皮をむいて中身を取出す。
③さらに中身を手で四つ割にして離す。この時に尻部より割ると割りやすい。
④点線のように芯に包丁を入れて芯部を取除き手で皮をむくと、果肉をきれいに取出すことができる。
図 3.7.9　ブンタンの食べ方

④ **食べ方**　ブンタンは，皮が厚く手でむくのは難しい。図3.7.9に食べ方を示す。また，皮はよく洗って砂糖漬やマーマレードに加工することも可能である。

（9）ユ　ズ

① **来歴・種類・特徴**　ユズは，中国原産で日本へは朝鮮半島を経由して導入された。奈良時代から薬用，料理用のほか，果汁は酢として用いられてきた。栽培は，宮城県から鹿児島県まで広く行われているが，主産県は，高知，徳島，愛媛，宮崎である。果実は，ユズ肌と呼ばれるように表面の凹凸が激しい。皮には香気成分を多く含まれ，香りがよい。果汁は，クエン酸が多く含まれ酸味が非常に強い。

② **品質の指標**　ユズは，香りを利用する場合と果汁の酸味を利用する場合があり，それぞれで選ぶ基準が異なる。つまり，皮を利用する場合は皮に傷のない光沢のあるきれいなものを選び，また果汁を利用する場合には重みのある，皮の浮いていないものを選ぶほうがよい。

③ **収穫・流通の概要**　ユズは，皮が緑色のものも青玉果として販売されるので，収穫は摘果も兼ねて7，8月頃から行われる。成熟果は，10月下旬頃より7，8割程度着色したものを収穫し，外観のよいものを生果として販売する。大きくて外観の悪いものは一時貯蔵後，冬至の風呂用などとして販売する。年明け以降は貯蔵ユズ，5～7月にはハウスユズが収穫出荷され，周年供給体制がとられている。不良果や小玉果は果汁を絞りユズ酢や加工用に用いられる。また，一部は冷凍して保存される。ユズ酢用のものはやや早めの収穫のほうが品質がよい。なお，ユズの木にはトゲがあるので収穫時には果実，収穫者の手ともに傷つけないように注意しなければならない。

④ **品質管理法**　皮の香りを利用することが基本であるので，皮の鮮度を保つようにする。このため，皮を乾かさないよう温度，湿度管理に注意する。家庭では，冷蔵庫に保管し，乾かないようにポリ袋に入れて密封するか，ラップをかける。

(10) スダチ，カボス

① 概　要　スダチ，カボスはユズと同様，香酸カンキツと呼ばれ，外国におけるレモンやライムのように，独特の香りと酸味を味わうカンキツ類である。

スダチはユズの類縁種で，古くから徳島県内で広く栽培されてきた。果実の大きさは30～40gで8月から出荷される。

カボスは起源は不明であるが，ほとんど全量が大分県で生産され，100～150gのやや大型の香酸カンキツである。出荷時期は8～12月である。

スダチ，カボスは独特の香りを有するが，他のカンキツ類と同様，リモネンが大部分を占めており，ミルセンやγ-テルピネンが多いことは知られているが，品種を特徴づけている香りを特定する化合物は知られていない。

これらのカンキツ特有の香りは，果実が緑色に保持されている期間のみ発揮され，果皮色が黄色く変色すると香りも変化し，利用価値は低下する。

生果としては半切り（輪切り）にして，刺身，焼魚，フライ，寿司などに添えられ，茶碗蒸し，鍋料理，冷や奴，大根おろし，漬物などにも搾って使われる。

加工用としての利用が多く，食用酢として用いられるほか，マーマレード，ゆべし，砂糖煮などにも利用されている。

② 品質と規格　出荷規格に関しては，外観と大きさによる選別基準を用いている。

外観品質については，緑色の濃いこと，色ムラのないこと，病害虫被害のないこと，外傷のないこと，形のよい（球形）こと，などが判断基準とされ，基本的には秀・優・良の3段階に区分されている。

大きさ（階級）については，スダチではM～4Lの5段階，カボスではM～3Lの4段階の選別を行っている。

品質，特に糖・酸含量についての選果基準は行っていない。

③ 収穫・流通（輸送方法）の概要　収穫された果実は農家の収納庫（倉庫）に搬入され，出荷予措と予備選別が行われる。

スダチ，カボスでは2～4日間で，果実の重量が3～5％減少するまで予措処理が行われる。この処理によって，出荷後に遭遇する種々の付傷を減らしたり，プラスチック袋詰で販売される際の，高湿度障害の回避が可能となる。

スダチ，カボスは，ほとんど家庭選果が行われ，各家庭で前述の出荷規格に沿って選別，箱詰や袋詰が行われる。

家庭選果する際には，果実が転がったり，落下したりしないよう，取扱いには細心の注意が必要である。落下や転がりでは，果実が付傷し，カビが生じやすくなったり，呼吸が増大し，品質低下，異味・異臭の発生につながる。

スダチ，カボスの流通は，化粧段ボール箱詰で行われる場合が多い。低密度ポリ袋内装の1kgまたは2kg詰である。ポリ袋は厚さ25μm程度のものを使用し，上部はハンカチ包みで，密封しないものが主流となっている。最近では，ガス透過性の高い微細孔フィルムを用いた密封包装の形態も出てきた。

④ 集荷・流通業者の品質管理方法　段ボール箱内はほぼ密封状態となっているので，果実の呼吸による炭酸ガス（二酸化炭素）の上昇と，酸素欠乏が生じやすく，嫌気呼吸による異味・異臭の発生につながる。したがって，集荷・流通時は，できるだけ温度を上昇させないこと，落下・振動衝撃を与えないことに配慮することが必要である。また，低温貯蔵庫においても，庫内の空気の循環や換気に注意を払う必要がある。

⑤ スーパーマーケットなどの食品受入れ側の注意・バックヤードでの品質管理と保蔵方法
バックヤードでは，段ボール箱から果実を取出し，2～4個ずつ発泡スチロールのトレイ上に載せ，ポリオレフィンまたはポリ塩化ビニルでストレッチ包装される。

この際，注意すべき点は，緑色が薄くなっている果実は追熟が開始されている可能性が高いので，他の緑色の濃い果実と一緒に包装しない。ましてや，黄色く変色した果実は商品価値がない。また，黄色い果実の回りの果実も緑色ではあっても，ほかのものと一緒にはしない注意が必要である。なぜなら，これらの果実は，黄色くなった果実から発散された，老化促進ホルモンであるエチレンの影響を受けている可能性が高いからである。

また，トレイへの移替え作業は，手袋をして，爪による付傷を防ぐ必要がある。さらに，カビの胞子のついた果実を取除いた手袋は，健全な果実を取扱うときには使わないように，手袋を使い分ける注意も必要である。

比較的長期間にわたって保管する場合は，高湿度にならないよう換気に注意するとともに，エチレン除去剤の利用も有効な手段となる。

⑥　店頭での取扱い方法・注意点・品質保持方法　スダチ・カボスは比較的単価が高いため，低温管理のできるショーケースやショーウインドーの中で販売されることが多い。低温保持は必須の条件であるが，数個ずつ包装してあるなかの1個でも着色が変化（緑色の低下）したら，他の果実も老化が進み始めているので，早く販売するよう心掛ける。

⑦　家庭での保蔵方法　家庭での保管は，冷蔵庫の中で行うのが望ましい。

数個単位で購入した場合は，ストレッチ包装されているため，フィルムに適度なガス透過性があり，そのままで，比較的長期（数週間）の貯蔵が可能である。

1kgなどの段ボール箱で購入した場合は，厚さ10μmの高密度ポリ袋に4～5個ずつ入れて，冷蔵庫で保管する。

茶碗蒸しなどに果皮をきざんで用いるためには，あらかじめ，果皮をきざんで，冷凍庫で凍結保存をするのもよい。その際に，凍結・融解を繰返さないように，使う量ごとに別々にアルミホイルなどで包装し，それをガス透過性のないナイロン/ポリの袋に入れて，保存するのがよい。

(11) リ　ン　ゴ

①　生産と品種および貯蔵性　日本のリンゴ生産は近年漸減傾向にある。早生から晩生まで多様な品種があり貯蔵性が高いので，周年供給が可能になっている。8月の中旬には「つがる」を中心とした早生品種が収穫され，10月には「ジョナゴールド」,「千秋」などの中生品種，11月には「王林」,「ふじ」などの晩生品種が収穫される。一般に早生品種は貯蔵性が低く，室温で1週間～10日前後のものが多いが，晩生品種は貯蔵性が高く，特に「ふじ」は味，貯蔵性ともに優れており，長期貯蔵が可能である。中生品種はその中間である。したがって貯蔵果実は主に晩生品種の「ふじ」や「王林」などであり，1月頃までは普通貯蔵，3月いっぱい頃までは冷蔵，それ以降はCA 貯蔵したものが出荷される。

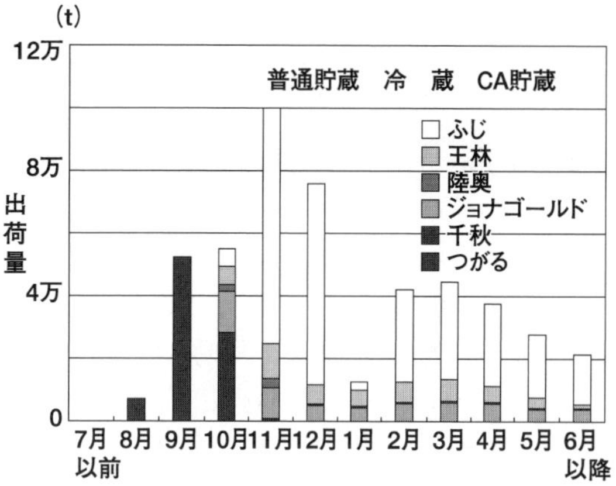

図 3.7.10　主産県におけるリンゴ主要品種の時期別出荷量（平成12年産果樹生産出荷統計）

②　貯蔵中の品質変化要因

A．成熟・老化の進行に伴う品質変化

a．果肉の軟化：貯蔵中の成熟・老化の進行に伴い果肉の軟化や酸含量の減少が進行し，味がぼけて品質が低下する。早生品種ほどこれらの変化は早い。果肉の軟化は細胞壁の可溶化による組織の機械的強度の低下が原因で，「デリシャス」や「紅玉」などでは組織の崩壊が激しく粉質化する。また，大きな果実や収穫熟度の進んだものほど軟化の進行は速い。

b．酸含量の低下：貯蔵中の糖含量の変化は少ないが酸含量の低下は激しい。リンゴに含まれる有機酸は，ほとんどがリンゴ酸であるが，貯蔵中に分解して酸味が減少する。酸含量の少ない「ふじ」では冷蔵でも4月頃になると酸抜けによる味の淡泊化が目立つようになる。CA貯蔵は酸含量の保持効果が高い。

c．油上がり：一方，貯蔵中に果皮の表面がべとべとした手触りになるものがあり，「油上がり」と呼ばれている。品種によって程度に差があり，「つがる」や「ジョナゴールド」，「紅玉」などで顕著である。果皮表面のクチクラ層にはパラフィン類や高級アルコール類，高級脂肪酸類を主成分とする天然のワックス質が存在するが，油上がりのみられる品種では貯蔵後期になるとオレイン酸やリノール酸などの油性の脂肪酸を産出するようになる。べとべとするのはこのせいである。熟度が進んだ証拠なので早めに食べたほうがよい。

B．生理障害の発生による品質の劣化……貯蔵中に発生する生理障害として果皮のヤケと果肉の内部褐変，斑点性生理障害などがある。

a．ヤ　ケ：ヤケは貯蔵後期に果皮が褐色に変色するもので果肉には影響しない。果実から発生する揮発性成分が果皮組織に障害を与えるためといわれている。地色の緑が残っている未熟な果実や着色不良部に発生しやすい。CA貯蔵はヤケの発生を効果的に抑制できる。

b．内部褐変：果肉の内部褐変は貯蔵中に果肉部が褐色に変色するもので，「紅玉」，「ふじ」，「つがる」，「ジョナゴールド」などでみられるゴム病，「デリシャス」，「紅玉」，「ふじ」など，“みつ”の入る品種でみられるみつ褐変，「ふじ」に特異的にみられる果心線褐変，果肉全体が褐変するゴム類似症などが知られている。みつ褐変は“みつ”の多い果実で，ゴム病やゴム類似症，果心線褐変は収穫時期の遅れた果実や大玉果，着色良好果で発生しやすい。ゴム病は外観やさわった感じがゴムまりのような弾力があるので健全果と区別できるが，その他の内部褐変は果実を切断しないと発生に気づかない。

c．み　つ：「デリシャス」，「紅玉」，「ふじ」などでは成熟期になるといわゆる“みつ”が果肉に入る。葉から転流してきたソルビトールが細胞間隙にとどまるためといわれている。果実が完熟

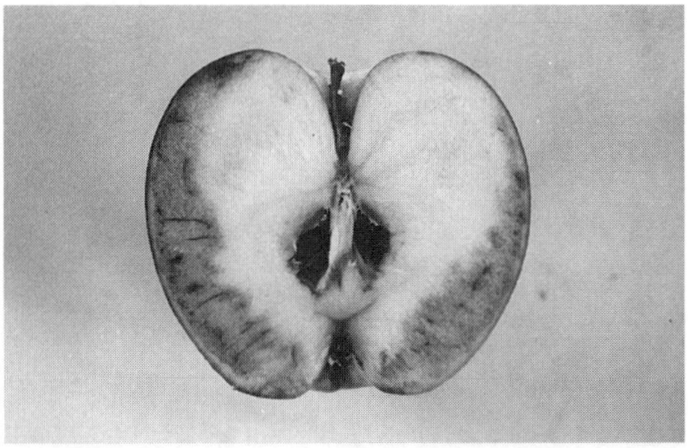

ゴ　ム　病

みつ褐変

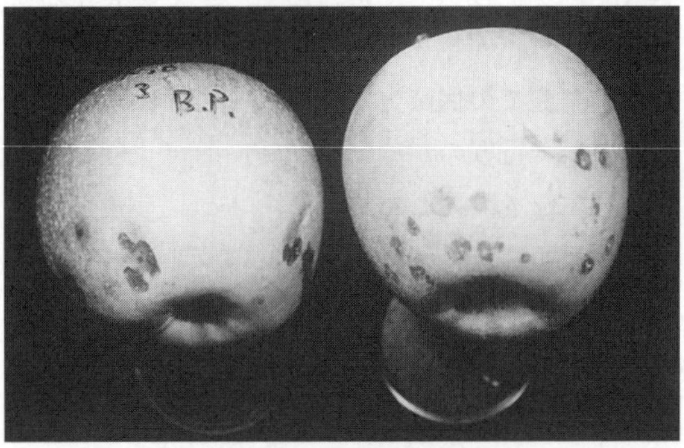

ビターピット

ジョナサンフレックル

図 3.7.11　リンゴの貯蔵障害

した証拠ではあるが，みつ褐変の原因となるので，日本以外では生理障害として扱われている。ただし，「ふじ」は比較的みつ褐変が起きにくい品種である。

d．斑点性生理障害：果皮や果肉に斑点状の褐変や組織の崩壊がみられるもので，収穫前に発生するものと貯蔵中に発生するものがある。ビターピットは収穫直前または貯蔵中に発生し，主として果肉部に斑点が発生する。果皮直下に発生した場合には果皮も侵す。果実の下半分に出やすいのが特徴である。「つがる」，「王林」，「ジョナゴールド」などに多い。ジョナサンスポットは果皮と直下数層に発生し，収穫直後または貯蔵中に発生する。ジョナサンフレックルも「紅玉」に発生する果皮の障害で貯蔵中の12月頃に発生するが，果皮はジョナサンスポットのようにはへこまない。これらの障害は生育時の栄養不良と関連するといわれており，カルシウム不足を生じるような条件，すなわち窒素やカリ肥料の多用で発生しやすいが，果実を早採りした場合や果実が大きい場合にも発生しやすい。

C．収穫熟度と貯蔵性……リンゴの貯蔵性は上述のようにぼけの進行と貯蔵障害の発生が主要な要因となる。早生品種のように貯蔵性が劣るものと，「ふじ」のように特に優れたものなど，品種の特性はもっとも考慮すべき要因であるが，同一品種では収穫時の熟度の影響が大きい。収穫が早すぎた場合，食味が劣るばかりではなく，ビターピット，ヤケなどの貯蔵障害が多く発生し，肉質は粉質化しやすく貯蔵性が劣る。反対に収穫が遅すぎた場合，老化の進行によるぼけやゴム病，内部褐変などの貯蔵障害が発生しやすく貯蔵性が劣る。また，果実の大きいものは軟化しやすくゴム病，内部褐変の発生が多い。したがって，熟度の進んだ果実や大玉果は早めに消費し，やや未熟な果実はビターピットやヤケの発生を注意しながら貯蔵すること，また長期貯蔵には CA 貯蔵を利用することが必要である。袋掛けしたリンゴは貯蔵性が高く，貯蔵用果実として袋掛けを行う場合もある。

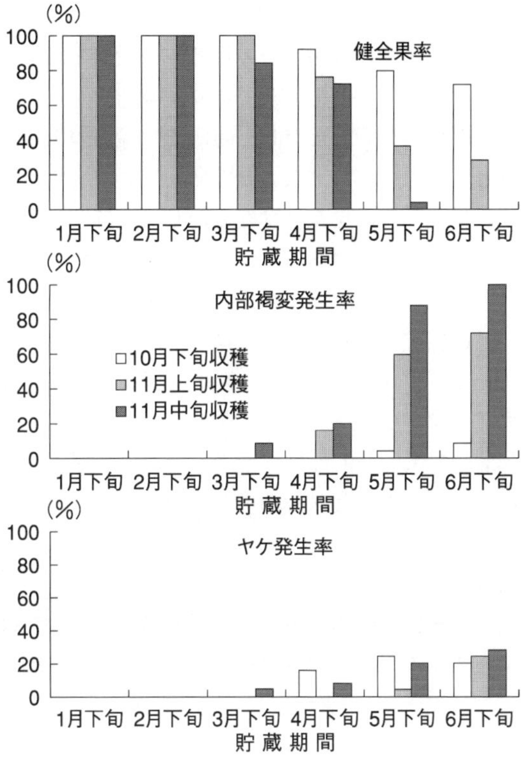

図 3.7.12　リンゴ（ふじ）の収穫時期と貯蔵中の生理障害発生

③　貯蔵技術

A．冷　蔵……貯蔵温度は低温ほど鮮度保持効果は高い。凍結温度は-1.8～2℃であるが，庫内の温度ムラに注意し凍結させないようにする。湿度は85～95%以上が望ましいが，カビの発生にも注意する必要がある。貯蔵期間は品種により異なるが，果肉の軟化や酸の減少，油上がり，ヤケ，斑点性生理障害の発生などによって貯蔵限界がある。「ふじ」を冷蔵した場合に4月以降でヤケや内部褐変が目立ってくる。

B．CA 貯蔵……CA 貯蔵は果肉の軟化や酸の減少，油上がり，ヤケ，斑点性生理障害の発生などを防止し，鮮度を保持する効果は大きい。酸素，炭酸ガス濃度ともに2～2.5%程度にする場合が多いが，「ふじ」などでは炭酸ガス耐性が弱く果肉褐変の生じる場合があるので，2%以下に設定されている。出庫後に温度が上がるとヤケや内部褐変が急速に出ることがあるので注意が必要である。

C．店頭での取扱い上の注意……最適の貯蔵条件としては上述のとおりであり，凍結しない限り低温が望ましい。ただし，店頭では温度の上昇が避けられないので，上述の貯蔵期間よりも短くなる。早生品種は見かけは変化なくても鮮度の低下が早いので注意する。また，３～４月まで冷蔵したリンゴは，冷蔵期間が長い分，棚もち期間が短い。CA 貯蔵果実も貯蔵中は鮮度が高く保持されているが，出庫後は CA 条件が解除され，品質低下が早いので気をつける必要がある。フィルム包装には0.03～0.05㎜程度のものがよいが，品種によって若干鮮度保持効果が異なる。

(12) 日 本 ナ シ

① 来歴・種類・特徴・品質の指標　以前は関東では赤ナシ，関西では青ナシといわれ，赤ナシは「長十郎」，青ナシは「二十世紀」の時代が長く続いていたが，赤ナシの「幸水」，「豊水」が「長十郎」に取って代わってからすでに久しい。

現在生産量のもっとも多い「幸水」は，農林水産省果樹試験場（当時，農林省園芸試験場）で1941（昭和16）年「菊水」×「早生幸蔵」の交配実生から育成され，1959年に「幸水」と命名された。「豊水」も同試験場で1954年に「リ -14」（「菊水」×「八雲」）×「八雲」を交配した実生から選抜され，1972年に登録命名された。その他の赤ナシには，収穫時期の早い「新水」，晩生種の「新高」，「新興」，「晩三吉」などがあり，晩生種には貯蔵ナシとして独特の位置を占めるものがある。

一方，青ナシの代表の「二十世紀」は，千葉県松戸市で実生として発見され，1898（明治31）年に新しい世紀への期待も込めてその名がつけられた。黒斑病に弱いという欠点があり，これにγ線の緩やかな照射を行って育成された「ゴールド二十世紀」が，1990（平成２）年に命名登録され，新植が進められている。そのほか，青ナシとしては「八雲」，「新世紀」，「早生二十世紀」などの栽培も行われたが，主力品種にはならなかった。

日本ナシの主要産地には千葉県・茨城県・鳥取県・福島県・栃木県などがある。品種別に生産量のもっとも多い「幸水」の主産地としては，千葉県・茨城県・福島県・栃木県など，関東・東北が中心であるが，四国・九州地方でもかなり生産されている。次いで「豊水」の生産のもっとも多いのは茨城県，以下千葉県・栃木県・福島県と，「幸水」と同様の生産地の分布を示し，中国・四国，九州地方でも生産されている。「二十世紀」は半分近くを鳥取県で生産，以下，福島県などが主産地である。以上の３品種に比較すると生産量は少ないものの，「新高」は千葉県・茨城県などで生産されている。

「幸水」は８～９月にかけて出荷され，「豊水」，「二十世紀」は９月が出荷の主体であるが，近年ハウス栽培が普及してきており，出荷時期の早いものも出回っている。

この主要３品種のうち，「幸水」は果実がへん円で，わずかに条溝の出ることもあるが，果肉はやわらかく，糖度は12度以上あって嗜好性は高い。ただし収穫期が高温期であるために，日もちは短いので注意を要する。「豊水」は大果になりやすく，果肉は白色でやや粗，多汁でやわらかく，糖度も13度前後で甘く，酸味も適度にあり味はよい。日もちは短く，過熟果はみつ症状（水浸状）を呈し，商品性が失われやすい。「二十世紀」の果形，玉ぞろいはよく，肉質も舌ざわりがよく，外観は美しいが，糖度は11度程度でやや低めである。日もちは前の２品種に比較すると良好である。

成分的には，全糖分は「幸水」が高く，「二十世紀」が低い傾向で，還元糖は品種間の差は小さく，糖組成はブドウ糖および果糖よりもショ糖およびソルビトールの含量に差がみられる。

近年「二十世紀」の糖度を確保するために，近赤外線方式の光センサーで糖度判定を行う機器を装備した選果装置が導入されており，未導入の産地では携帯型の機器による出荷前チェックが実施されている。

② 運搬・保蔵・陳列における適切な取扱い法

「幸水」の収穫適期は満開後125日頃からで，カラーチャートで判断する。カラーチャートは日園連（日本園芸農業協同組合連合会）作成のもののほかに，各々の産地に適したものが作成されており，例えば鳥取県のカラーチャートでは3の色で品質がよいとされる。変質しやすいため，果実温の上がらない早朝から午前に収穫し，選果場での取扱いも果実温を上げないことが肝要である。「豊水」の収穫適期は満開後135～140日頃からで，赤褐色の果色がよいとされ，果皮色をカラーチャートで判断して収穫されるが，栽培条件などによってはやや黄色味の多い果皮色となる場合もある。果皮色のカラーチャートが適合しない場合は，地色のカラーチャートで判断する。「二十世紀」も同様にカラーチャートにより，果皮色にわずかに黄色味を帯びた2.5が収穫始め，3が収穫適期となり，満開後の日数は「豊水」とほぼ同期間となる。

日本ナシの通常の流通期間では，味に関係する糖含量や酸含量にはあまり大きな変化はない。ただし，熟度別にみると，未熟果は完熟果に比較して糖含量が少なく，酸含量はやや多いため食味も劣る傾向にある。逆に，完熟果は一般に食味はよくなるが，軟化しやすくなる。特に「幸水」，「豊水」，「新水」などの赤ナシでは肉質の変化が大きく，軟化が進みやすい。果肉の軟化とともに，日本ナシは果皮色の変化を招きやすい。青ナシの「二十世紀」では収穫後の日数経過とともに，わずかに黄色がかった緑色から黄色となる。一方，赤ナシでは果点の黒変が発生する。さらに，「豊水」ではみつ症状が発生するとともに，果肉の褐変から崩壊に至る変化を来す。また，長期間保存の場合にはカビの発生などもみられ，低温での保存が望ましい。

品質変化を抑制するために，近年は予冷が行われている。特に，品質の優れた熟度の進んだものではその効果が大きい。例えば，「幸水」について地色の果色別に，糖度と酸の比および商品性の有無を判断すると図3.7.13のようになる。予冷温度は0～5℃，約40時間の処理が適当であり，熟度は果色（地色）で3～4が適当である。予冷によって約1週間の品質保持が可能であるが，果色

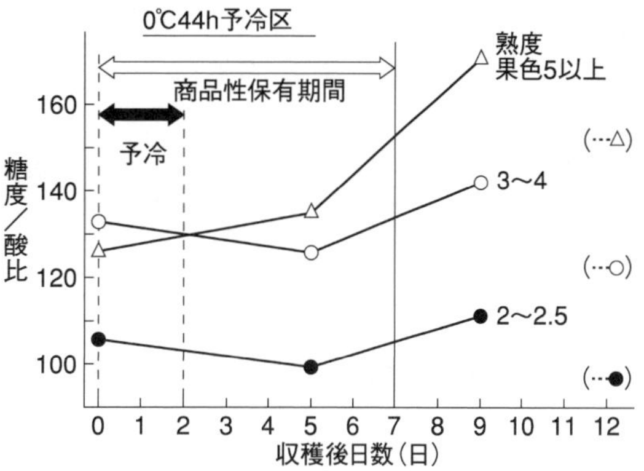

図 3.7.13　予冷処理果実の糖度／酸比の変化（幸水，1984）

注）（　）内は予冷後20℃の環境に保持

出典）中川勝也・株本暉久・澤　正樹・ルイス田中：都市近郊におけるニホンナシ（三水）の完熟果生産と流通技術改善による商品性向上 第2報 完熟果の消費者食味意向と予冷による鮮度保持，兵庫県農業総合センター研究報告第35号（昭和62年2月），兵庫県農業総合センター，p.93

5以上では日もちが低下する。また，出荷後の流通温度はできるだけ低くすることが望ましい。

「二十世紀」は安定的な出荷供給および海外輸出のため貯蔵が行われている。通常2℃前後の普通冷蔵であるが，雰囲気ガスを調節したCA貯蔵も，昭和40年代鳥取県で実用化された。6～7カ月間の品質保持が可能であるが，現在は実施されていない。近年は氷結点以下で貯蔵を行う氷温貯蔵も開発され，厳密な温度管理が必要であるが，その実用化が進展しつつあり，氷温貯蔵「二十世紀」の台湾への輸出が実現している。貯蔵中の品質変化について「二十世紀」を例にとると，以下のような障害の発生があげられる。

外部…果皮の黒変，表層陥没，果皮の褐変

内部…果芯部の褐変，果肉の水浸，果肉のす入り，果肉みつ入り，果肉みつ入り褐変

さらに産地から消費地への物流の段階において，振動が与えられるときの温度が5℃と低いものは，15℃・20℃に比べ果実の損傷が大きい傾向があった。また，収穫時期の早い未熟な果実，収穫直後の果実は貯蔵果実に比較して耐震動性が低く，輸送中に損傷を起こしやすい傾向がみられた。

貯蔵「二十世紀」の冷蔵（＋1℃）オープンショーケース中での品質変化は，重量減少や果皮の

色調の変化にみられ，適熟果を5カ月間氷温貯蔵，ＣＡ貯蔵したものの品質保持限界は，それぞれ約3週間と1週間以下程度であった。

一方，「新水」の品質保持期間は，－1℃で60日以上，5℃で45～60日，20℃で10日，30℃で5日程度であった。果皮の黒変現象は30℃でもっとも顕著であり，20℃では芯や果肉の褐変が先行した。

③　容器包装の特徴と，廃棄を含んだ適切な取扱い方法　日本ナシの出荷用の包装としては，以前の木箱・木毛詰から，段ボール箱・発泡スチロールトレイ詰へと変わったが，さらに道路事情の改善とともに，品質保持を前提とした包装容器のコスト低減などが検討されつつある。

④　表示・法的規制　鳥取県においては，「なしについての表示基準」(1983. 8 .25）により，容器入りの日本ナシ生鮮果実については，品種名・価格・規格・内容重量・販売年月日・販売事業者の住所および氏名または名称ならびに電話番号を，店頭陳列販売の日本ナシ生鮮果実については，品種名・価格を表示することとしている。

(13) 西洋ナシ

①　品質特性

A．主な品種と特徴……西洋ナシは比較的冷涼な気候を好み，主な産地は長野県以北で生産量の6割が山形県産である。主要な品種は「ラ・フランス」で，次いで「バートレット」と「ル レクチェ」などがある。主な品種の収穫期や果実重量および追熟日数，果実糖度を表3.7.2に示す。

西洋ナシの商品価値はおおむね，①外観（姿形，色)，②肉質（やわらかさと滑らかさ)，③風味（香りと味）および，④追熟後の流通安定性，に集約される。だが，ラ・フランスは①にやや難点があり，形はいびつで表皮に褐色のサビが出やすく，加えて追熟果実の色の変化がきわめて少なく，食べ頃がわかりにくい。他方，バートレットやル レクチェは④が弱点で，追熟すると手で触るだけで表皮が褐変し，商品価値を著しく損なう。他の品種は②か③，または②，③同時に欠点をもつことが多い。

しかし，④に関して，ル レクチェでは近年，表皮褐変防止法が開発され実用化されている。その方法は，数個の小穴つきポリ袋で果実を1個ずつ個包装するもので，包装作業は果実の病・障害検査が終わればいつ行ってもよい。

B．追熟と食べ頃……すべての果実，野菜が採りたてであるほどおいしいとは限らない。西洋ナシは，樹上で完熟させてもおいしくならず，頃合いを見計らって収穫しても，その直後はまずくて食べられない。しかし，しばらく果実を放置して熟成，すなわち追熟すると味は絶品となる。この追熟により果皮色は緑から黄色に変わり（例外：ラ・フランス)，かたい果実は徐々にやわらかくなって芳香を放つようになる（品種により強弱あり)。だが，果実の追熟に要する日数は，品種により数日～数十日と差が大きく，さらに果実の栽培・保存条件によっても変動する。

そこで通常，果実の出荷時期や食べ頃の判定には，色や香りの変化とともに果実を指で押したときの感触も併用する。すなわち，果実の肩部周辺が指で軽くへこむくらいになればおおむね「可食期」である。しかし，食用適期はきわめて短く，

表 3.7.2　主な西洋ナシの収穫適期と果実性状

品　種	収穫期（月・旬～月・旬）	追熟日数（日）	平均果実重（g）	糖　度（度）
バートレット	8月下～9月上	5～10	220	11～13
ラ・フランス	10月上～10月中	10～20	250	13～15
ル レクチェ	10月中～10月下	40～50	350	14～16
マリゲットマリーラ	9月中～9月下	10～20	500	12～14
ゼネラルレクラーク	9月下～10月上	30～40	450	13～15

出典）浅妻　力：バラエティー西洋なし私家本（1995）

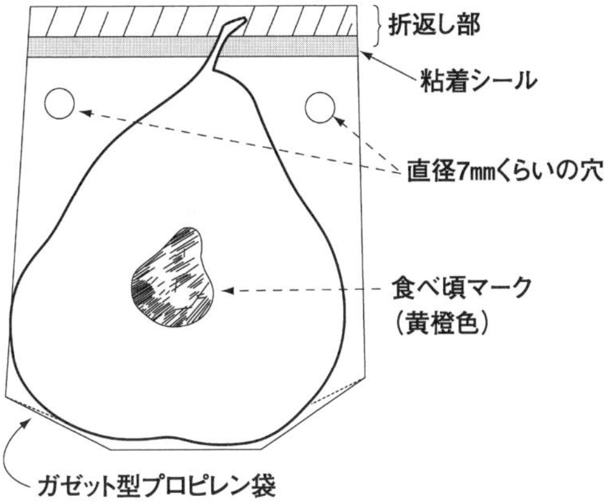

図 3.7.14 西洋ナシ「ル レクチェ」の表皮変色防止包装模式図

4～5日で過熟気味になる。

C．追熟方法と品質

a．予冷効果：西洋ナシの予冷は，収穫果実を速やかに0～5℃で1～2週間冷却する処置で，野菜類の予冷とは目的，効果が大きく異なる。予冷後の西洋ナシは，常温に戻すと無処理果実に比べ若干早く追熟し，また追熟のばらつきが縮小して均一化するので，実用場面では出荷作業に大変好都合となる。

b．エチレン処理：西洋ナシはバナナと同様，エチレンを作用させることで追熟期間を20～50%短縮できる。実用的なガス濃度は1,000～5,000ppmで，処理時間は1～2日間である。ただし，処理果実は，市場流通過程においても急速に熟度進行するので，果実を出荷する際の熟度，流通温度および流通期間に充分配慮し，過熟果の流通を避ける。

c．追熟温度：実用的な適温は10～20℃で，この範囲内では低温ほど多少時間はかかるが追熟後の品質，日もちが良好である。なお，長期間冷蔵貯蔵した果実は，出庫後の外気温が低すぎて，自然追熟では完全な追熟品質（特に肉質）にならないことがある。この場合は10～15℃で適宜，加温処理をする。

d．貯蔵期間：おおむね2カ月以上冷蔵（0℃）貯蔵した西洋ナシは，適温に戻して追熟したときに正常な肉質・風味になる品種と，ならない品種とがある。果実の性質は，収穫年次によって多少変わるが，現在の主要3品種は後者に属するので注意が必要である。

D．主な病・障害果実の特徴……輪紋病は，褐色斑点状が徐々に拡大し果実を腐らせる病気で，品種間差はなく，圃場での徹底防除と充分な選別により除去する。石なしは，生理障害の一種で，品種により発生頻度が異なる。いつまで待っても，あるいは加温処理をしても果実軟化が進まないようなときは石なしを疑ってみる。現在，石なしの完全な判別法はなく，生産者などは経験的に形状から選別，除去している。ほかに，種子が1～3個しかない不完全受粉果も石なしと似ていつまでたっても軟化しない。

② 流通・販売における取扱いと留意

A．冷蔵貯蔵による出荷調整とその限界……西洋ナシの価値は，追熟後の品質で決まる。この点で，現在の主要品種の貯蔵限界は前述のように普通冷蔵で2カ月前後，CA貯蔵で3カ月くらいである。この場合，貯蔵後に追熟のための煩わしい加温処理を伴うが，スイッチの切替えだけで冷蔵，加温の両方ができる西洋ナシ専用の冷・温蔵庫（三菱電機㈱）が販売されている。

一方，出荷調整手段としては，追熟途中の果実を冷蔵する方法も考えられるが，この方法では果実の追熟を完全に止めることができない。その貯蔵限界は，入庫時の果実熟度によって規制され，実用的には2～3週間以内の短期間貯蔵に限定される（表3.7.3）。

表 3.7.3 果実の追熟程度および保存温度と内部褐変果発生率の関係

果実の追熟程度* (%)	保存温度 (℃)	保存後の内部褐変果発生率(%)	
		11日保存	20日保存
50	10	0	10
70～80	10	0	20
90～100	10	20	60
90～100	5	0	40
90～100	0	0	20

注）果実：ル レクチェ
*外観の色具合による判定

追熟果実の貯蔵制限因子は，外観からは判別できない内部褐変（果肉，芯の褐変）である点が大変やっかいである。

B．荷受け時の品質，果実熟度の点検……産地または市場から届いた西洋ナシは，まず全量につき輪紋病などの有無をていねいに調べる。次いで，予冷や追熟処理法，貯蔵など，果実経歴を勘案しながら外観品質，熟度をみた後，いくつかの果実を指で押してかたさを調べ，同時にナイフで果実を切って内部褐変の有無を確認する。

この際，特にエチレン処理果実は過熟化しやすいので，速やかな販売策を講ずる。他方，比較的低い温度で追熟，輸送されたと推察される果実は，着荷後に輪紋病の顕在化が懸念されるので，充分な観察を怠らないようにする。

一方，バックヤードで消費者販売単位に包装する場合は，必ず容器に通気孔または隙間をもうける。これは，追熟果実を密封包装にすると容器内に果実の呼吸に伴う二酸化炭素が溜まり，前述した果実の内部褐変を助長するので，ガスの蓄積を回避するための処置である。

C．店頭での品質管理……追熟して食べ頃に近づいた西洋ナシは，きわめて品質低下が早い。ゆえに，果実の陳列・販売は冷蔵ショーケースが望ましい。しかし，冷蔵ケース内に置いても無包装果実は消費者に触られて表皮褐変しやすく，売れ残った果実は外観は正常でも内部褐変している危険がある。したがって，常に果実の外観や内部品質の確認を怠ってはならない。

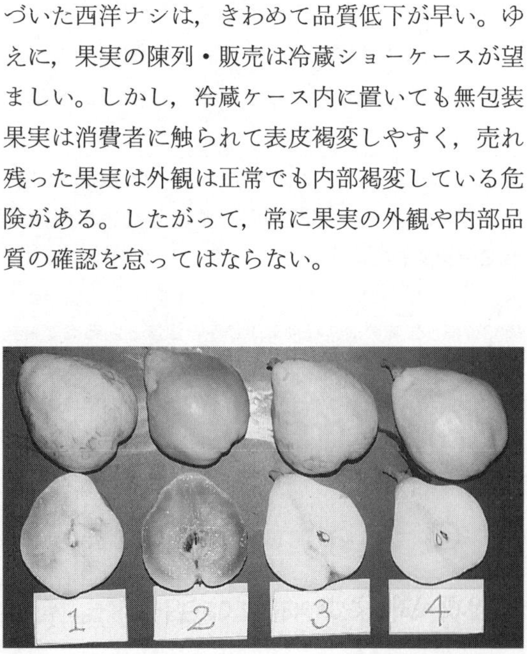

図 3.7.15　西洋ナシ「ル レクチェ」の内部褐変
1：果肉褐変，2：果肉・芯褐変，3，4：正常果

なお，「バートレット」や「ル　レクチェ」などは過熟化すると果梗基部が水浸状，あるいは黒色化する。また，まれに極度に追熟の遅れた果実は底部から徐々に表皮褐変が拡大することがある。

D．消費者啓蒙と家庭での保管……多くの消費者は西洋ナシの本当のおいしさ，食べ頃を知らず，病・障害果を見分けることができない。ゆえに販売者は充分な知識をもち，最良の果実を提供する必要があり，また試食などによるPRや啓蒙も大切である。一方，消費者は，西洋ナシを家庭に持帰り冷蔵庫に入れても長もちしない（内部褐変を生ずる）ので，外観にとらわれずに早めに賞味することが大事である。

(14) モ　モ

①　品種と特徴　　モモは初夏～盛夏に収穫され，日もちの悪い代表的な果実である。主産地は山梨県，福島県，長野県である。

生食用品種は6月中旬～7月中旬に出荷される早生品種（「日川白鳳」，「八幡白鳳」など）と7月下旬～8月下旬に出荷される中晩生品種（「白鳳」，「あかつき」，「川中島白桃」など）に大別される。中晩生品種は早生品種より果実が大きいだけでなく，糖度が高く，日もち性がよい。品種別の栽培面積は「白鳳」，「あかつき」，「川中島白桃」が大きい。

②　出荷規格　　果実は品種や大きさ，等級，糖度などの品質により細かく規格化されている。

大きさは5kg段ボール箱詰の場合，13～32個入りの9段階程度に区分されている。商品価値が高いのは20個入り以上である。

等級は果面の傷，着色の程度，形，硬度から判断して，高い級から秀，優，良に分けられる。

果実は着色が良好であれば必ずしも糖度が高いとは限らない。そこで農協によっては，さらに光センサーにより糖度を測定し，糖度も出荷規格に加え食味を保証している。

③　品質・成分　　果実の糖含量（糖度）は食味を決定するもっとも重要な要素である。通常は10～14％で，ショ糖が大部分を占める。糖含量が

表 3.7.4　果実硬度の目安

果実硬度計値 (kg/cm²)	2.5以上	2.5～2.0	2.0～1.5	1.5～1.0	1.0未満
状　　態	未熟果。指先で押してもへこまない。	適熟果。指先で少しへこむ。出荷に適する。	完熟果。食用に適するかたさ。外観良。	過熟果。指で皮がむける。傷みやすい。	過熟果。多量の果汁がしたたり落ちる。
食　味　等	糖度低い。食味落ちる。	かた好み向けだが甘味低い。	もっとも甘味高い。	甘味高い。やわらか好み向け。	傷み多く，異臭や苦みあり。

KM型果実硬度計で円錐型針頭を用いた測定値

高いほど食味は良好とされる。酸含量は0.6～0.9%で，リンゴ酸とクエン酸が主体である。一方，アミノ酸はアスパラギンが主体で，全体の80～90%を占めている。

果実硬度は流通過程において果実の鮮度に影響する重要な要素である。表3.7.4に硬度と果実状態および食味との関係を示した。生産者は，輸送中に果実が傷つくのを防止するために2.5～2.0kgの果実硬度で出荷している。果実硬度は2.0～1.5kgのときにもっともおいしく感じられる。最終的に消費者には2.0から1.5kg前後の硬度で渡るのが果実の傷み防止，食味重視の面から望ましい。

④　**収穫・流通の概要**　現在の流通形態は大きく3つに分けられる（図3.7.16）。小規模出荷体制の個人出荷や宅配販売では貯蔵施設の装備は容易ではなく，収穫から消費者の手に届くまでの時間の短縮化が重要である。

低温貯蔵は大量の果実を取扱う共選出荷施設で装備，運用が可能である。

A．短期貯蔵……市場休業，出荷調整などの理由で収穫後の果実を最長2日間共選施設内の貯蔵施設で貯蔵する。

設定温度は低いほど有効であるが，実用場面では経費が問題となるので，通常の短期貯蔵施設では5～10℃程度に設定する。湿度は乾燥を防ぐために90～95%が適する。

B．予　冷……予冷は，出荷前日の夕方に収穫した果実を翌日の共選作業開始まで冷蔵する前予冷と，箱詰された果実を出荷直前に急速冷却する後予冷に分けられる。いずれの予冷も0～2℃の冷気を吹きかけ品温を15℃程度に冷却し，鮮度を保持する。

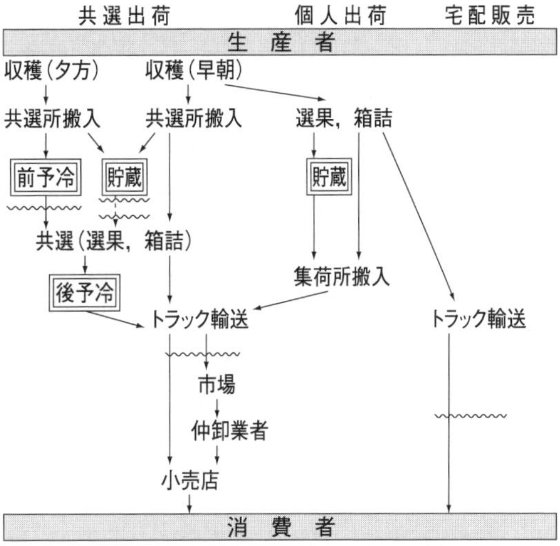

図 3.7.16　モモ流通の諸形態

〰〰は日が変わることを示す

C．輸　送……生産者から市場，市場から小売店などの果実移動はほとんどの場合，トラックによる常温輸送によっている。予冷により冷却された果実は5～6時間で常温に戻ってしまうので，遠距離輸送する場合には保冷輸送が望ましい。

輸送中に荷の置かれる状態による影響も大きい。振動は果実の呼吸量を増加させる。荷の位置により，内部の荷は保温されやすく振動も受けにくく，外側の荷は昇温しやすく振動を受けやすい。同時に積載している荷の内容の検討のほかに荷積方法，道路，車体などについても総合的に検討する必要がある。

D．病害対策……収穫後の果実に発生する病害はホモプシス腐敗病，灰星病，黒カビ病，灰色カビ病である。いずれも1果でも発病すると他果実への進行は速く，同一箱内の果実に感染する。

収穫後の果実への農薬処理は法令で禁止されて

いるので，収穫前の農薬散布，衛生管理を徹底し果実に菌が付着しないように心掛ける。一方，流通段階では，健全な果実を確保し，果実表面に傷をつけないことが病原菌から果実を守る最良の手段である。あわせて果実をできるだけ低い温度で貯蔵することが病害防除の有効な対策となる。

⑤ 販売上の注意点

A．収穫後のモモ果実の生理……青果物全般にいえることであるが，収穫後の果実の品質を保持するためには，果実の呼吸およびエチレン生成を抑制することが重要である。貯蔵温度を変えたときのモモ果実の呼吸量（炭酸ガス発生量）は，20℃で32～55mℓ/kg/h，10℃で8～12mℓ/kg/h，0℃で2～3mℓ/kg/hである。なお，−0.5℃付近までは貯蔵温度が低いほど呼吸は抑えられる。また，エチレン発生量は20℃で0.1～160μℓ/kg/h，10℃で0.05～50μℓ/kg/h，0℃で0.01～2μℓ/kg/hである。このように呼吸量およびエチレン生成量はともに低温ほど低い。

B．収穫後の果実の品質変化……果実は収穫後急激に熟度が進み，品質が変化する。しかし，果実中の主な化学成分の糖と酸の含量は熟度が進んでも大きな変化はない。熟すると甘みが強くなると感じる場合が多いが，これは果肉細胞の崩壊による食感の向上やアラニンなどの各種アミノ酸含量の増加等による影響と考えられる。

収穫後の果実は急激に硬度が低下し，鮮度が著しく低下する。果実の軟化は貯蔵温度に大きく影響を受ける。図3.7.17に異なる貯蔵温度による貯蔵中の果実硬度変化の違いを示した。25℃では貯蔵開始わずか1日後に果実硬度が1.3kgと大きく低下した。15℃でも同様に貯蔵効果は低かった。しかし，5℃では5日後でも硬度は1.9kg程度と高く維持された。収穫後のモモ果実を低温条件下に置くことにより果実の硬度や鮮度の保持が可能となる。

C．フィルム包装……店頭販売時には果実の乾燥，萎縮を防ぐためにフィルム包装するとよい。しかし，フィルムの厚さが問題である。「日川白鳳」，「白鳳」などの各品種を用いて，10～50μmのポリエチレンフィルムが果実品質に及ぼす影響を検討した。いずれの品種でも10および20μm包装の果実は，外観品質の保持に有効であった。しかし，30および50μmでは果実がエステルやアルコール臭を呈し，短期間で品質が劣化した。このようにフィルム包装では，薄いフィルムほど良好である。

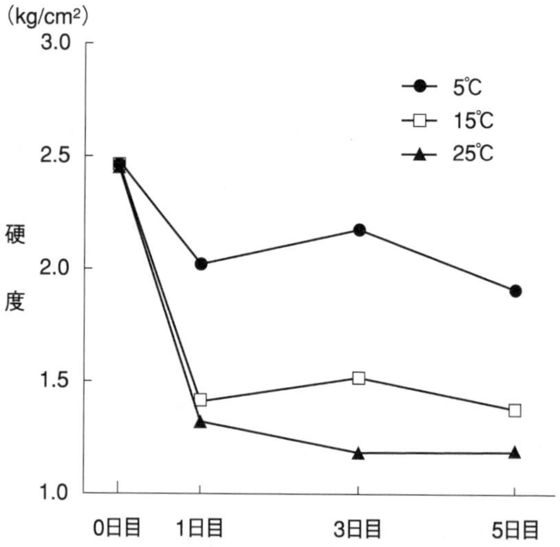

図 3.7.17　貯蔵中のモモ「白鳳」の果実硬度変化

D．店頭での陳列上の注意……短時間のうちに果実は軟化が進みやすいので早期販売に心掛ける。商品価値を保ちながら陳列するためには果実に冷気をあてるなどの方法により品温が5～10℃に保たれるように設備を整備する。

保冷しても，時間の経過とともに果実硬度は低下する。軟化した果実は接触・打撲などにより容易に変色や腐敗を起こしやすいので，来店者が頻繁に果実に手を触れないよう注意を呼びかける。

モモは果実からのエチレン発生量が多いのでエチレン感受性の強い野菜類（葉茎菜類，根菜類，地下茎，スイートコーン，トマトなど）は果実の近くに置かないようにする。

(15) ス　モ　モ

① 概　要　スモモは，園芸学上，モモ，ウメ，サクランボなどと同じ仲間に入る。日本では栽培沿革上，もっとも古い果樹の一つで，『古事記』や『日本書紀』にもその名がみられる。現在

の主要生産地は山梨県，和歌山県，長野県，山形県，福島県などである。主要品種には，「大石早生」，「ソルダム」，「サンタローザ」，「太陽」，「メスレー」，「ビューティー」，「ホワイトプラム」がある。また，プルーンと称する西洋スモモが長野県を中心に栽培され，「スタンレー」，「シュガー」，「サンプルーン」などの品種がある。収穫時期は，品種・地域・年度によって異なるが，ほぼ6月中旬～8月下旬の夏季高温期にあたる。

② 規　格　消費者に適熟品を提供するため，スモモの出荷規格が決められている。スモモは品種により収穫後に熟する度合いが異なるので，品種ごとに熟度，着色度，形状などの収穫基準が決められ，これらをもとに秀，優，良の等級がつけられる。特に熟度については消費者の不評を招くことから，未熟果や過熟果の出荷は厳に戒められている。また，果実の大きさにより3L（最低果幅；60mm）からSS（同；35mm）まで6階級に分けられる。

③ 品質・化学成分　スモモは，その名のとおり酸の多い果実である。その酸度は，品種や熟度によって異なるが，1.2～1.9%の範囲にある。一方，糖度は7～14%の範囲である。果実のうまさ（嗜好度）は，糖と酸のバランスによって決まるが，スモモの場合は，糖度が高く，しかも酸度が1.5%以下のものがおいしく感じられるといわれている。

スモモの糖は，ショ糖（砂糖）がもっとも多く，次にブドウ糖と果糖がほぼ同量含まれ，また少量だがソルビトールが存在する。スモモの酸は，リンゴ酸がほとんどで，そのほかに尿路感染症や尿臭の予防効果があるといわれるキナ酸が含まれている。主要なアミノ酸は，アスパラギン，プロリン，アスパラギン酸，セリンだが，収穫年度によってその含量は大きく異なる。スモモの赤い色素は，アントシアニン色素で，シアニジン-3-モノグルコシドおよびシアニジン-3-ラムノグルコシドを主体としている。また無機成分としては，カリウムがもっとも多く，マグネシウム，カルシウムと続く。スモモのビタミンCは非常に少ないので，この果実からの摂取は期待できない。

④ 収穫・流通の概要，取扱い方法　スモモは一般に早朝に収穫する。スモモは果実表面の白い果粉（ブルーム）のつき具合の良否が商品性に影響を及ぼすので，これを落とさないようにていねいに収穫する。その後，各農家ではサイズの選別を行い，700gパックに詰める。このパック8個を1箱に入れ，共選場に運び品質審査が行われる。その後，トラック輸送により市場やスーパーマーケットへと配送される。トラック輸送では，モモ果実との共載であれば低温輸送となるが，一般には常温下で輸送される。

⑤ スーパーマーケットなどの食品受入れ側の，受入れ時点での注意・バックヤードでの品質管理と保蔵方法　スモモは保存性が悪いので，受入れ後はなるべく早く冷蔵庫に入れること。スモモの販売は，一般にバックヤードでの詰替えはなく，受入れたパックをそのままで販売する形態となる。しかしラップ掛けを行うような場合，白い果粉を落とすと商品性が低下するので，これを落とさないように，ていねいに取扱うことが大切である。

⑥ 販売時点の取扱い方法・注意点・品質保持方法　図3.7.16にスモモの主要品種である「大石早生」と「ソルダム」の貯蔵中における品質変化を示した。スモモは収穫後に熟度が進む果実であるが，低温下で保存することで，果肉の軟化や着色が抑えられ，20日以上は品質が保持される。しかし，20℃の温度下では，軟化や着色が進行し，短期間に品質が悪くなる。スーパーマーケットやデパートでの果実売場は，5～8℃に保持されている土産用陳列ケースを除けば，一般には店内と同じ20～25℃の環境下にある。そのため，スモモは熟し，品質が劣化する。ただし，品種によって温度による熟度の進行度合が異なるので，注意しておかねばならない。すなわち，「ソルダム」や「メスレー」では，20℃付近がもっとも熟しやすく，20℃より高い25℃や30℃では，かえって軟化や着色が抑えられる傾向にある。しかし，「大石早生」，「サンタローザ」，「ビューティー」では温

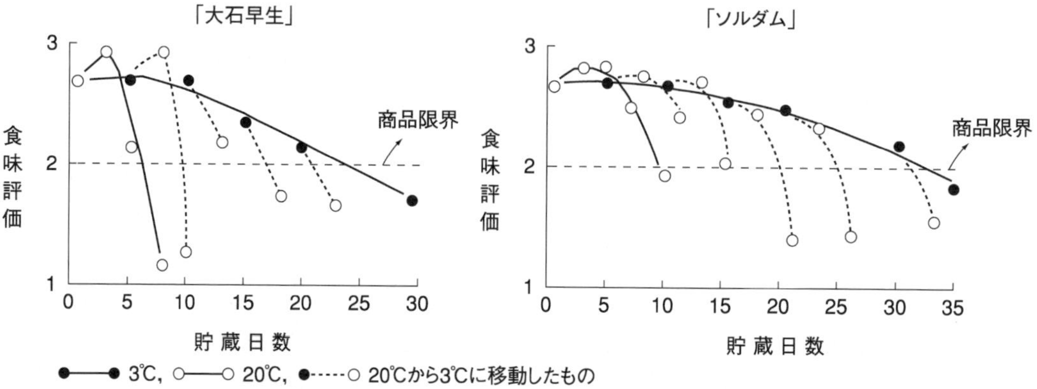

図 3.7.18 スモモ果実の貯蔵中における品質の変化
食味評価　1：食用不可，2：普通（商品価値あり），3：非常においしい

度が高いほど軟化や着色の進行が早い品種である。また晩生種の「太陽」では20℃より10℃で品質低下が大きいなど，品種による温度感受性が異なるのでその取扱いに充分注意する必要がある。

また図3.7.18にもあるように，スモモは低温から常温に移すと，品質劣化が早くなる果実である。すなわち，スーパーマーケットやデパートでのバックヤードで冷蔵庫に保管後，20～25℃の店頭にスモモを陳列した場合には品質が大きく変化するということである。そのため，店頭には売行き状況をみて，そのつど冷蔵庫から出すようにすることが大切である。

スモモは，20℃貯蔵では品質が劣化していくが，この間に果実内では，呼吸量の増大やエチレンの発生がみられ，ショ糖および酸の減少が起こっている。また遊離アミノ酸のなかのアラニンが急激に増加する現象がみられる。

ちなみに「大石早生」と「ソルダム」の品質保持期間を示すと，3℃ではそれぞれ20日および30日，20℃ではそれぞれ3～5日および7～10日である。

⑦　家庭での保蔵方法　　購入後はなるべく早く冷蔵庫に入れること。これは当然のことながら品質を保持させるためである。さらに，スモモをおいしく味わうことからも重要である。すなわち，スモモの主要な酸は，リンゴ酸であるが，この酸は本来鋭い刺激味をもっている。しかし，この酸は低温になるほどこの刺激味が軽減されるので，スモモをおいしく味わうことができる。

(16) ヤマモモ

①　来歴・種類・特徴　　ヤマモモ科に属する常緑果樹の果実。形は，球形か卵形で表面にやわらかな突起が密生している。通常は直径1，2㎝，改良品種では3㎝程度になるものもある。熟すと濃い赤紫色になる。原産地は本州南西部と中国大陸南部。公園樹，街路樹としても利用されている。しかし，果樹としての栽培は少なく，産地も限られている。生産量は少なく，隔年結果が激しいため年度による変動も大きい。主産地は高知，徳島の2県である。出荷は県内向けが中心で，高知県の場合90％以上が県内出荷である。また，生食用よりも加工用途での出荷が多い。これは，果実が非常にやわらかく，流通・貯蔵に適さないことが一因である。

主な品種とその特徴を表3.7.5に示す。

②　品質の指標　　果実は，濃い赤紫色をしており，すれたり押されたり，傷のついていないものを選ぶ。購入時に容器の底に汁が溜まっているものは，傷がついて果汁が流れ出しているので避ける。

③　収穫・流通の概要，取扱い　　ヤマモモ果実は，果皮がやわらかく，収穫期が6～7月の高温多雨期であるため完熟したものは非常に傷みや

表 3.7.5　ヤマモモの主な品種と特徴

品種名	特　　徴
中　山	早生種。やや淡泊な味である。果形がやや不ぞろいで果実がやわらかい。
亀　蔵	中生種。糖度は高く，酸が少ない。食味はヤマモモの中で一番よいといわれる。果実が軟らかい。
広　東	明治中期に中国から導入されたものといわれる。中生種よりも熟期がやや遅い。果実は大きく熟すと暗紫色となるが，中山，亀蔵よりもやや明るい赤味がある。糖度は高いが酸も多く，酸味の強い品種である。
瑞　光	広東の一系統であると考えられている。果実は広東よりやや小さい。完熟果以降になると濃い赤紫色となり甘みがでる。肉質が硬く日もちが比較的よい。徳島県では一番多く栽培されている。
森　口	広東の一系統。果実が大きく，色も鮮やか。果肉が軟らかく核が小さいので食べやすい。

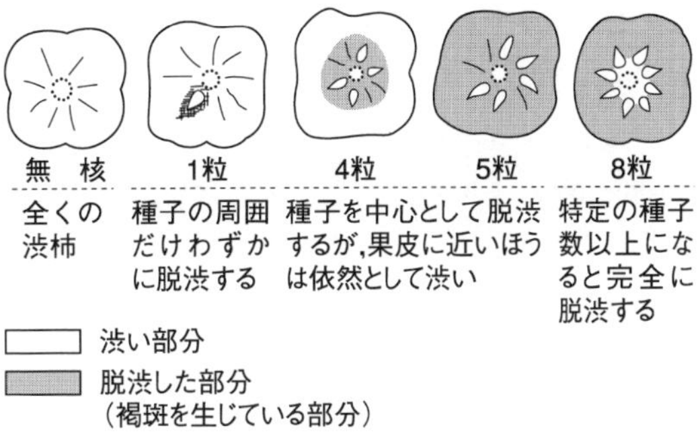

図 3.7.19　不完全甘ガキの脱渋の仕方（品種：「帯仕」）
出典）遠藤融郎：果樹のルーツを訪ねて カキ(1)〜(4)，果実日本，43(1988)

すい。このため，県外出荷するものは，比較的果皮がかたく，扱いやすい中国系の品種が中心である。高知県の場合，早朝に収穫して航空便で東京市場に出荷しており，店頭に出るのは翌日以降になる。高知県園芸連の出荷規格では，250gを1パックとしてスチロール容器または段ボール箱に詰めて出荷している。また，果実の傷みを防ぐために各パックの底に緩衝材を敷いている。

④　販売店・家庭での取扱い　　果実がやわらかく，傷つきやすいので取扱いをていねいにし，強い衝撃を与えないように注意する必要がある。常温では急速に品質が劣化し，カビの発生も考えられるので，できるだけ早く2～5℃程度の低温に置くことが重要である。また，前述のような特殊な果実であるので量販店の店頭に出回ることは少なく，高級果実店，デパートなどで販売されることが多い。家庭ではできるだけ早く食べることにつきる。

(17) 甘　ガ　キ

①　種類と品質　　カキは渋ガキも甘ガキも樹上で幼果の時代は，渋みがあり食べられない。甘ガキは，樹上で成熟するに従って自然に渋の原因であるタンニンが凝固して渋くなくなり（脱渋）甘くなる。甘ガキは，種子が果実にあってもなくても，樹上で自然脱渋し成熟期には甘くなる完全甘ガキと，種子が果実の中にある程度の数になると脱渋して甘くなるが，種子が入らなかったり少ないと，全く脱渋しないか，部分的に渋いところが残る不完全甘ガキに分類される（図3.7.19）。「富有」，「次郎」，「伊豆」などの経済品種はほとんど完全甘ガキであるが，経済品種のなかで「西村早生」は不完全甘ガキである。

A．品　種……甘ガキでは，「富有」，「次郎」，それぞれの枝変わり（突然変異）品種である「松本早生富有」，「前川次郎」と，「伊豆」，「西村早生」で，甘ガキ品種の全栽培面積のほとんどを占めている。その他，「富有」の枝変わりの「上西早生」や，地方品種の「筆柿」（愛知県），「蓮台寺」（三重県），「すなみ」（東海），「禅寺丸」（神奈川県），「いさはや」（長崎県），「甘百目」（茨城県），「妙丹」（青森県），「水島」（富山県），「花御所」（鳥取県）などが有名である。農林水産省育成の「太秋」，「新秋」，「陽豊」や「早秋」，「甘秋」，「貴秋」などもこれから注目の品種である。

B．品　質

a．甘みの成分：カキの果実の構成糖は，ブドウ糖，果糖，ショ糖であり，「次郎」，「伊豆」は80％以上，「富有」は75％以上がショ糖で占められており，渋ガキの「平核無」がショ糖45％で低い割合であるのと対照的である。甘ガキの甘みは主にショ糖の味であるといってよい。

b．生理機能：カキは果物のなかでは，比較的ビタミンが多く含まれる。ビタミンAはA効力で果実100g当たりウンシュウミカンと同程度の65 IU含まれる。ビタミンCはイチゴとほぼ同程度の70mg含まれている。ペクチン含量は0.52～1.07％であり，繊維質に富んでいる。甘ガキの場合，渋み物質のタンニンは凝固しているが，このタンニンの構成成分の４種類のカテキン類は，いずれもがんの予防に効果が認められている。

②　生産地での選果と流通システム

A．選果基準……産地で収穫された果実は，農家ごとにコンテナに詰めて，選果場に集め，選果される。外観，病虫害や傷害の有無，ヘタスキの程度など日園連で決められた基準によって，秀，優，良に選別するとともに，大小に分別される。大きさは，３段詰10kg段ボール箱のトレイパック詰の玉数（36個から６個区分で66個まで）で表示される。

B．甘果と渋果の選別……「西村早生」の産地の岐阜県などでは，「西村早生」の選果時に渋果《しぶか》判定機（図3.7.20）で，甘果《あまか》と渋果を選別している。渋果については，20℃下で約100％のCO_2を24時間処理して脱渋（CTSD法；24時間処理後にはまだ渋が残っているが，脱渋庫から出して数日で渋が抜ける）させた後に出荷している。甘果は日もち良好であるが，脱渋果は脱渋のストレスによって，日もちが悪くなる。出荷箱に脱渋果は脱渋果であることがわかるように記載されているので，日もちが悪いということを念頭に入れて流通，販売する必要がある。

C．冷蔵貯蔵……「富有」の産地の岐阜や福岡などでは，ＪＡや卸売市場から委託を受けた冷蔵業者が，冷蔵貯蔵を行っている（図3.7.21）。コンテナにポリエチレンを覆ったり，１個の果実をポリ袋（0.06mm厚）で真空パック個装し，０～１℃，湿度95％程度で１～３カ月冷蔵したものを，出荷している。出庫後常温に戻すと軟化しやすいため，出庫後の流通・販売はできるだけ低温で行い，入荷後は１～２日で売りきってしまうのが望ましい。

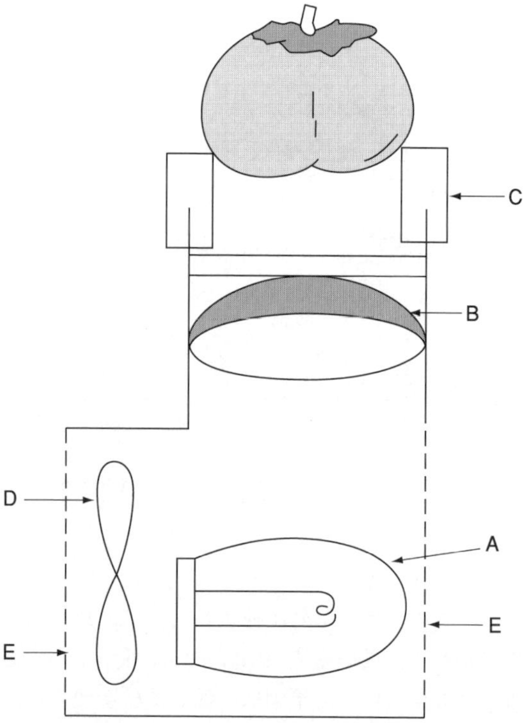

A：光源　　　　　D：冷却ファン
B：集光レンズ系　E：通風孔
C：遮光スポンジ

図 3.7.20　渋果選別法の原理

出典）秋元浩一：果実・野菜の品質評価技術の展開方向—非破壊技術をめぐって—農業および園芸，60(1)，９～17 (1985)

図 3.7.21　「富有」の冷蔵貯蔵

③　貯蔵性と店頭における取扱い

A．熟期と貯蔵性……カキは，主としてエチレンの発生によって，果実の細胞壁が分解を受け軟熟する。幼果や未熟果ほど呼吸量やエチレン生成量が多いため，採取後の日もちが悪いという一般的な特性をもっている。したがって，適熟期に収穫したものは，一般的に日もちがよい。例えば，「富有」では，早期収穫果は採取時の肉質はかたいが貯蔵性が悪く，後期収穫果では採取時すでに肉質がやわらかく貯蔵中の腐敗も多いので，貯蔵用としては収穫中期のやや完熟前の健全果実のうちかたいものを選ぶ必要があるとされている。入手した果実がどの程度の熟度であるかを見極めて，熟度に合った販売法を工夫する必要がある。

B．貯蔵性の品種間差異……図3.7.22に示した日もちの目安にしている日数は，適熟果について，20℃下無包装で半数の果実が手で握りつぶせる程度まで軟化した日数で表してある。「富有」，「次郎」，「太秋」などの品種は日もちがよいとされている。一方，「伊豆」は日もちが悪いため，常温では入荷後2日以内に販売してしまうよう注意する必要がある。

C．店頭における取扱い……店頭で商品価値を保つ日数は，水分損失による“しなび”などの要因が入るので，常温，無包装だと，どの品種でもみずみずしさを保つのは1～2日が限界であるので，ラッピングがどうしても必要である。ただ，ラッピングしても，常温だと日もちのよい品種で陳列後3日，日もちの悪い品種では2日で売りきってしまわないと，いわゆる甘ガキ特有のパリッとした歯ざわりや，果実の張りが失われる。陳列ケースを8～10℃にすると，この2倍程度は鮮度保持可能と思われる。

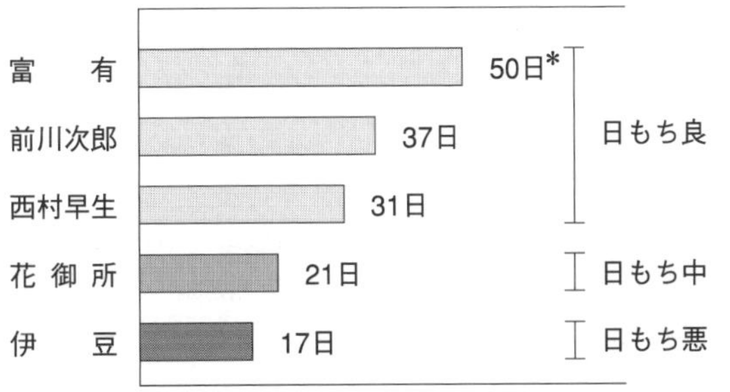

図 3.7.22　甘ガキの品種による日もちの差(20°C無包装)
＊半数の果実が軟化する日数

また，「伊豆」や「富有」のヘタスキ果や「次郎」の果頂裂果した果実では，裂開部位から軟化するため，傷害のないものに比べて貯蔵性が劣る。

「伊豆」や「次郎」は外からエチレンを与えると，自分でエチレンを生成する性質が強い。そのために軟化が促進されるので，リンゴやバナナなど多量にエチレンを生成する果実とともに貯蔵したり，陳列しないようにする必要がある。

(18) 脱渋ガキ

① **渋ガキと脱渋処理**　渋ガキは渋みの原因物質である可溶性（水に溶ける）タンニンを多量に含むため，そのままでは渋くて食べることができない。したがって，収穫後あるいは樹上で渋を抜くための処理（脱渋処理）が必要である。脱渋処理は果肉中の可溶性タンニンを水に溶けない形（不溶性）に変えることで渋みを感じなくさせる処理である。

A．主な品種……日本には甘ガキ，渋ガキを含めて 300近くの地方在来品種が現存すると考えられる（図3.7.23）。しかし，それらのほとんどは散在樹で，一部の果実が自家消費されているにすぎない。経済栽培されているか，果実が市場流通している品種のうち主なものを以下にあげる。

a．「平核無《ひらたねなし》」：栽培されている渋ガキのほとんどがこの品種で，山形県産のものは「庄内柿」，新潟県産は「おけさ柿」，和歌山県産で樹上で脱

図 3.7.23　カキの品種の色々
京都大学のコレクションより。一部に栽培ガキ以外のカキ仲間の果実を含む

渋処理を施したものを「紀ノ川柿」というブランド名で呼んでいる。「刀根早生《とねわせ》」は「平核無」から生まれた早生の枝変わり品種でともに種子がない。

b．「蜂屋」：岐阜県に多い「堂上蜂屋」も，宮城県，福島県に多い「甲州百目」もこう呼ばれることが多い。後者は「百目柿」と呼ばれることがある。

c．「西条」：中国・四国地方に多数の系統が存在する。古くからある品種で古樹が多い。

d．「愛宕《あたご》」：愛媛県に多い。12月に入ってから収穫する晩生《おくて》品種で果実の日もちがよい。

B．脱渋処理の色々……渋ガキを脱渋する方法は古くから色々知られている。実用性の有無は別にして図3.7.24に主な脱渋方法をまとめた。

従来，もっとも一般的だったのはアルコール（エタノール）脱渋で，木製の樽に果実を詰めて焼酎を振掛けて封をする方法がとられていた。その後は段ボール箱に果実を入れ，一定量のアルコールを散布して密封し，輸送中あるいは倉庫に保管中に渋を抜く方法が主流になった。山形県産の「庄内柿」はこの方法で主に北海道各地に出荷されていた。

最近は二酸化炭素（炭酸ガス）を脱渋剤として10～20 t の果実を一度に処理可能な大型施設を用いたいわゆる“ガス脱渋”が主流になってきている。“ガス脱渋”を行った果実は通常果肉がかためで風味がやや劣ることもあるので，アルコールをガス処理の前あるいは後に添加したり，同時に処理する“併用脱渋”を行っている産地もある。

やや特殊なケースとして，固形アルコールを入れた小さなポリ袋を着色が始まった頃の果実に数日間かぶせて樹上で渋を抜く方法（和歌山県産の「紀ノ川柿」など）や果実をドライアイスとともに少し厚手のポリ袋に密封して脱渋する方法（「西条」など）がある。

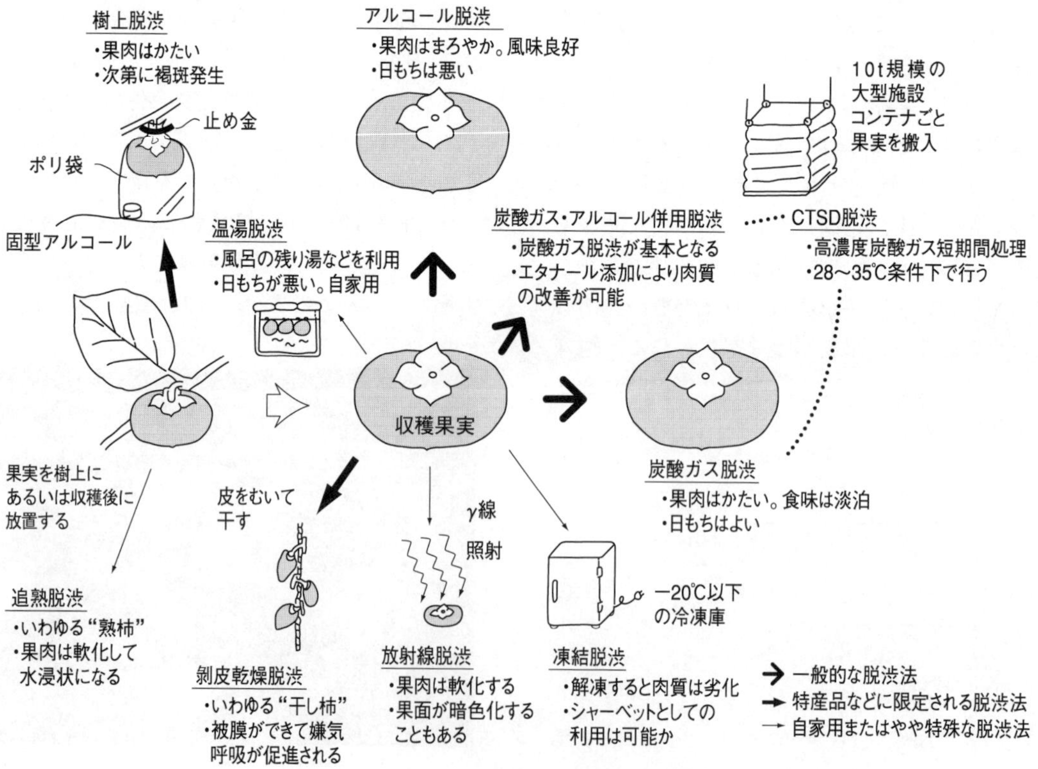

図 3.7.24　渋ガキの脱渋処理の方法
実用化されていない方法も含む

そのほかに剝皮乾燥脱渋と追熟脱渋があげられる。前者はいわゆる干しガキであるが，半乾燥のものを“アンポガキ”，完全に乾燥させたものを“枯露《ころ》ガキ”などと呼ぶ。後者はいわゆる“熟柿”で「甲州百目」などは品質がよいとされている。

アルコール脱渋や炭酸ガス脱渋ではいずれも処理によって果実内に生じたアセトアルデヒドの作用でタンニン物質が不溶化する（水に溶けなくなる）ために渋みを感じなくなる。

C．脱渋後の果実品質に影響する要因……渋ガキは品種によって脱渋のしやすさをはじめとする脱渋特性が異なる。したがって，当該品種の特性に応じた脱渋処理を施すことが大切である。また，脱渋後の果実の日もちも品種によって大きく異なる。常温下で脱渋後２～３日で軟化する品種から１カ月以上もかたさを維持する品種まである。

同一品種であっても収穫時の果実の熟度によって脱渋果の品質は相当異なってくる。一般に早採りの果実は脱渋後の軟化が速い。「平核無」を用いた研究では，脱渋後の日もちがもっとも優れていたのは収穫時点で全面着色に達していた果実であった。

脱渋処理の方法や条件，貯蔵日数の長短も脱渋果の品質や食味に影響する。「平核無」の場合，糖含量が同じでも果肉がややややわらかい果実のほうがかたい果実よりも甘味やカキ独特の風味が強く感じられる傾向がある。果肉がかための“ガス脱渋”果の食味が一般にやや淡泊に感じられるのはこのためと考えられる。なお，樹上で脱渋した果実は果肉に褐斑（ゴマ点）を生じ，通常の果実より日もちがよくなる。

② 脱渋後の果実の取扱い　脱渋ガキの取扱い上問題になるのは果実の軟化と果皮の変色（黒変）などである。以下，脱渋処理を終えた通常の（無包装の）果実，フィルム包装された果実および干しガキに分けて取扱いの際の留意点をあげる。

A．通常の果実……脱渋ガキの取扱いでもっとも問題になるのは軟化による商品性の低下である。「平核無」果実の脱渋後の標準的な日もち期間は20℃下で１週間～10日ほどである。早生品種の代表である「刀根早生」の日もち期間はこれより短い。軟化が進むといわゆる“熟柿”になるが，行過ぎると果皮が容易に裂開してしまう。

脱渋後の果実を冷蔵すると日もちは若干延長されるが，２℃程度の低温条件下に置くと２週間ほどで果肉がゴム質化する障害が出始める（低温障害）。また，いったん冷蔵した果実を常温に戻した場合，果肉の軟化が急速に進む。

最近は出荷時期の拡大をねらって，果実を収穫後５℃程度の低温条件下で通常より少なめの脱渋剤を用いてゆっくり脱渋し，年末に向けて出荷することも行われる。このような果実の軟化は脱渋処理中も徐々に進行しているのに加えて，出荷後品温が上がると急速に進む傾向がある。このとき果皮の黒変や果肉の変色を伴うこともある。常温条件下での日もちはせいぜい２～３日と考えたほうがよい。

脱渋ガキの日もち期間は甘ガキに比べるとかなり短い。また，もともと果実自体が甘ガキに比べてやわらかいものが多いので，取扱いは特にていねいに行うべきである。ただし，樹上脱渋果の日もちは甘ガキ並で，肉質も甘ガキのそれに近い。

B．フィルム包装された果実……最近は果実を数個トレイに載せてフィルムをかけている場合も多い。脱渋ガキは湿度が低いと果皮が萎縮しやすいので適当な湿度の保持には有効であるが，フィルム内のエチレン（成熟ホルモン）の蓄積には注意が必要である。カキ果実にはエチレンにほとんど感受性のない品種もあるが，主力品種のほとんどは感受性があると考えてよい。わずかのエチレンに接しただけでも軟化する。つまり，同じフィルム内のいずれかの果実が何らかの原因（傷や病虫害など）で軟化して自らエチレンを発生すると，そのエチレンでほかの果実の軟化が引起こされる可能性が高い。

そのため，少し長い期間の貯蔵を目的とするときは，脱酸素剤やエチレン吸収剤とともに果実をフィルム包装することも行われる。この場合，フィルム包装中の果実の軟化は有効に抑えられるが，保持温度が高すぎたり，フィルムの材質や厚さが適当でないと果肉にエタノールやアセトアルデヒドが生成・蓄積して異味・異臭の原因となることもある。また，フィルムをはずすとその後の軟化や果皮の変色などの進行はきわめて速い。

C．干しガキ……干しガキの果肉には通常，ブドウ糖と果糖が約1：1の割合で35〜40%程度含まれる。また，干しガキの表面にみられる白粉は果肉中の糖分が外に浸出して結晶化したもので，ブドウ糖と果糖が約4：1の割合で含まれている。

干しガキの取扱い上もっとも問題となるのは表面あるいは果肉内部のカビの発生である。通常，干しガキは30個程度の果実を束ねてフィルム包装されているので，温度変化に伴うフィルム内面への結露が問題となる。また，高温や直射日光によって果実表面の白粉が溶解するとカビ発生の誘因となる。開封後は束をほどいて風通しのよいところに吊すなどの工夫が必要である。

最近は，果実を充分に乾燥させない，いわゆる半乾燥の“アンポ柿”を1個ずつフィルム包装する製品もある。脱酸素剤を入れるなどの工夫がなされているが，開封後は速やかな消費が望ましい。

(19) ビ　ワ

① 生産の現状　中国産のビワ，いわゆる「唐ビワ」の実生からできた品種が現在の主流で，早生品種としては「天草早生」,「長崎早生」，中生品種としては「茂木」,「大房」，晩生品種としては「瑞穂」,「田中」などが栽培されている。そのなかでも「茂木」,「田中」が二大品種で，「茂木」は九州四国地域，「田中」は千葉県など関東・東海地域を中心に栽培されている。主産地は長崎県，次いで鹿児島県，千葉県などで，5月上旬〜6月中・下旬にかけて出荷されている。

近年施設栽培の普及が目覚ましい。施設栽培は，生産される果実の果肉がかたいことやすっぱいことなど問題点もあるが，寒害回避による適地の拡大，労力配分による栽培規模の拡大，早期出荷による有利販売などで大きな効果が期待できる。施設栽培が成功するか否かは品種によるところが大きく，千葉県では「房光」,「瑞穂」,「富房」の3品種がハウス栽培の適応性が高い品種として選ばれ，4月下旬頃から収穫出荷されている。長崎県など九州を中心とするビワ産地では「長崎早生」,「茂木」などが栽培され，2月上旬から出荷されている。

② 果実の着色程度と品質および日もち性
ビワの果実は収穫直前まで肥大が続き，内容成分の変化も激しい。糖および有機酸含有量は果皮の着色が始まる頃から急激に変化する。「田中」の糖組成としてはブドウ糖，果糖，ショ糖およびソルビトールと未同定の糖が若干量認められる。日本ナシなどのバラ科の果樹では，ソルビトールとして転流した同化産物が熟度の進行に伴ってショ糖に変換され，蓄積することが知られているが，ビワ「田中」においても成熟果に存在する糖の約90%がソルビトールの転流によって蓄積し，完全着色後も糖含量は増加するが，ショ糖が主要な構成糖である。しかし，「茂木」では着色の進んだ果実ほど果糖の蓄積量が多く，ショ糖含量は少なく，品種によって糖組成が異なることが示唆される。ビワ果実の有機酸はリンゴ酸が主体であり，そのほかに少量のクエン酸，微量のコハク酸などが存在するが，有機酸含量は完全着色後も減少し続ける。果肉硬度も着色の進んだ果実ほど減少する。「茂木」では過熟期でも果肉が軟化しないとされているが，「田中」などの品種では果肉硬度は着色が進んだ果実ほど減少する。このため，収穫日のわずかなズレが食味に大きな影響を及ぼすことになる。

外観からの収穫期の判定は，普通果皮の着色程度によって行っている。果実は緑色が抜けると全面黄色になり，その後に橙黄色になる。この橙黄色になった時点が完全着色期で，通常収穫適期としている。「田中」の果皮の緑色時主要なカロテノイドであったルチンは着色につれて徐々に減少し，クリプトキサンチンもやや減少して完全着色期にはβ-カロテンが主要なカロテノイドである。完全着色後も樹上に置くと2〜3日で赤みがさしてくるが，この時期までは糖の増加がみられ，食味としてはもっとも よい時期である。それ以後は

表 3.7.6　ビワ果実の収穫熟度が品質に及ぼす影響（品種：「田中」）

	果皮色（a値）	果　重（g）	硬　度（g）	糖含量（全糖%）	酸　含　量（リンゴ酸%）	食　味（6点法）
適　熟　果（完全着色果）	22.3	57.2	548	12.3	0.35	5.1
や や 未 熟 果（七～八分着色果）	20.4	52.3	570	11.9	0.41	4.3
未　熟　果（五～六分着色果）	16.6	46.8	573	9.4	0.73	1.8

有機酸の減少は続くが，糖は増加せず肉質も軟化して食味は落ちていく。外観がもっともきれいなのは九分着色から完全着色した時点で，それ以後は“そばかす”，“裂果”などが発生して日に日に外観は不良になる。したがって，果実の成熟の過程から収穫適期を判定すると，食味本位に考えれば完全着色後3日，外観の美しさと荷傷み，日もち性などを考慮すれば九分着色から完全着色期となる。

ビワの日もちは短く，食味本位で収穫すれば3～4日，外観本位で収穫した果実は5～7日ぐらいである。そのため現状のビワ果実の出荷は，流通過程での腐敗や荷傷み防止，早期出荷の経済的有利性のために早採りの傾向にあるが，完全着色果を収穫し，その後品質保持を図れば高品質なビワ果実の出荷が可能になる。

③　鮮度保持法　ビワ果実の商品性を向上させるためには熟度を進めて完全着色果（適熟果）を収穫する必要がある。そこで完全着色果の収穫後の日もち性を調べてみると，外観品質は25℃保管では7日後になると蒸散に伴う重量減少がみられ，商品化率も82%まで低下したが，10℃保管では7日後でもほとんど変化が認められない。収穫時の全糖含量は12.8%であったのに対し，25℃保管7日後になると11.7%に減少し，有機酸含有量および食味も低下した。これに対し10℃保管では内容成分や食味の変化はほとんど認められないが，果肉硬度がイチゴと同じようにやや収穫時に比べて高くなった。このようにビワ果実の鮮度保持には果肉の軟化や腐敗，目減り抑制，食味の保持などの点から低温にすることが効果的である。

ビワは，4～6月の高温期に収穫するため果実品温が高いので，収穫後はできるだけ速く低温にする必要がある。収穫後できるだけ速く凍らない範囲で低温にすることを予冷というが，ビワ果実の予冷で問題になるのは，果実の品温をいかに速く冷却するかということである。

現在日本で実施されている予冷方法としては，真空冷却と冷風冷却がある。真空冷却は，青果物を耐圧容器の中に入れて5 Torr程度まで減圧にし，そのときの蒸発潜熱で青果物を冷却する方式なので短時間に冷却できるが，ビワ果実への適用には原理的に無理がある。冷風を青果物にあてて冷却する冷風冷却方式がビワ果実の予冷には適している。特に冷風冷却方式のうち差圧通風冷却では，段ボール箱の2側面に5%程度の通気孔をあけ，段ボール箱内に強制的に冷風を導入するので，200 ℓ/min・箱程度の通風量があれば，ビワ果実でも実用的には4～5時間で品温を5℃まで冷却することができる。しかし，強制通風冷却では冷気を段ボール箱にあてて自然対流で冷却するので，ビワ果実を5℃まで冷却するには20時間程度を要することになる。だが，現在の作業体系のなかでは翌日出荷が多いということを考えると，強制通風冷却でもよいと思われる。そこで強制通風冷却後保冷したものと慣行どおり常温で保管したものを比較してみると，予冷したものは4日後，6日後でも糖含量，有機酸含量とも予冷開始当初とほとんど差がなく，食味も良好であった。これに対し慣行どおり予冷しないビワ果実は，糖含量，有機酸含量が減少するとともに糖組成も変化し，ショ糖が減少しブドウ糖，果糖が増加して食味は明

表 3.7.7　ビワ果実の低温処理による品質保持効果（品種：「田中」）

	保管日数（日）	腐敗（%）	硬度（g）	ショ糖（%）	全糖（%）	酸含量（リンゴ酸%）	食味
開始時	0	0	552	4.56	9.58	0.28	＋
無予冷-25°C	4	3.8	497	3.51	8.69	0.12	－
予冷-25°C	4	0	522	3.97	9.04	0.26	＋
予冷-10°C	4	0	568	4.52	9.57	0.29	＋
無予冷-25°C	6	6.2	436	2.30	8.23	0.10	－
予冷-25°C	6	1.2	531	3.67	8.91	0.17	＋
予冷-10°C	6	0	572	4.12	9.43	0.25	＋

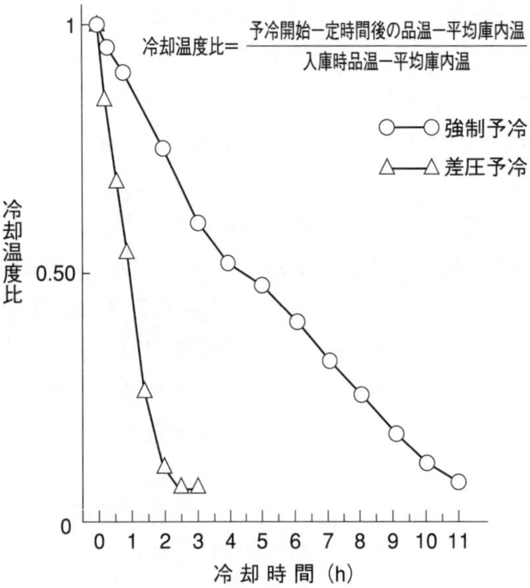

図 3.7.25　ビワ果実の冷却速度（品種：「田中」）

らかに劣っていた。このように，高温期に出荷するビワ果実では予冷出荷することが品質保持に有効であることがわかる。

予冷によって5℃程度まで下がった果実品温も，常温下では比較的速く温度戻りをして十数時間後には外気温とほぼ同じになる。したがって，充分な予冷効果を得るためには，予冷後直ちに保冷車または冷凍車で保冷輸送する必要がある。予冷－保冷輸送したビワ果実を常温下に置くと果実表面に水滴が付着し，“毛じ”がなくなることが懸念される。しかし，これまでの試験結果では，結露によって“毛じ”がなくなるなど外観品質が問題になることはなく，日もち性も常温流通品に比べてかなりよい。ビワ果実は，気温の高い5～6月に熟期を迎え，熟度の進行が速いうえ，収穫適期の幅が狭い。また，箱詰作業に多大の労力を要することなどから出荷調整技術の確立が望まれているが，2～3日程度の0℃保管はその後の日もち性に悪影響を及ぼすことはない。したがって，予冷施設の計画的かつ効率的な運用により高品質なビワ果実の安定供給が可能と思われる。

(20) サクランボ

① 品種と特徴　サクランボは，収穫期が比較的気温の高い時期であること，果実表面や果梗からの水分の蒸散量が多いことなどから，鮮度保持がきわめて困難な果実の一つである。したがって，収穫作業はもちろんのこと，選果・流通過程においても特に配慮が必要である。

サクランボの収穫期は，6月上中旬の「紅さやか」，「高砂」から始まり，中下旬には「佐藤錦」，7月上旬には「紅秀峰」，「ナポレオン」と，約1カ月間にわたる。収穫適期は，果実の着色程度と果肉硬度などを指標として判断する。収穫時期が遅れると“うるみ果”の発生が多くなる傾向があり，なかでも過熟ぎみの果実にこの症状が多くみられる。したがって，果実を適期に収穫することが重要である。うるみ果というのは，果皮の光沢がなくなり，果肉が部分的に軟化し，その部分が水浸状になるものである。この症状は樹上でも発生するため，生理障害の一種と考えられている。

果実の収穫は，通常，気温が低い早朝～午前10時頃までに行われる。気温の高い昼の収穫は避けるほうが望ましい。

② **収穫および選果**　収穫した果実は，裂果などの障害果，着色不良果，腐敗果などを取除きながら，大きさと着色程度によって，階級と等級を決める。大きさの選別は選果板を用いるが，選果量の多いところでは，サクランボ専用の選果機（図3.7.26）を利用している。

外装資材としては，主に段ボール箱が用いられている。容量は1kgと2kgの箱があるが，最近では少量・多品目化のニーズに応えるために，500〜700gの箱も利用されている。段ボール箱は取扱いやすいという利点があるが，低温流通した場合，特に保冷剤を入れた場合には，結露により箱の強度が低下するという欠点もある。そこで，低温宅配便輸送などでは，外装資材として一部，発泡スチロールが保冷剤との併用で用いられている。保冷剤が直接パックに触れると，果実が凍結する場合があるので，保冷剤と果実との間に仕切り板を入れることが望ましい。また，発泡スチロールは，広い資材置き場を必要とすること，使用後の廃棄物処理に問題があることから，最近では，結露しても箱の強度が落ちない機能性段ボール箱が開発され，実用化されている。

箱詰は，ばら詰（図3.7.27）とパック詰（図3.7.28）がある。パック詰はばら詰と比較して，輸送中の揺れによる傷みが少ないが，詰める作業に多大な労力を要する。パックの容量は500gのものが主流であるが，最近，“フードパック”と呼ばれる250g容のパックの需要が増えている。

③ **品質の低下要因と鮮度保持**　果実の鮮度保持には，収穫後速やかに品温を下げ，呼吸作用を抑制することが重要である。25℃におけるサクランボ果実の呼吸量は，2℃における呼吸量の約4倍であることが報告されている（椎名ら，1982）。品質低下の特徴として，果梗の萎凋，褐変あるいは離脱が果肉の肉質の変化に先立って起こり，このことが果実の商品性を著しく低下させる。鮮度を保持するには，低温貯蔵が有効である。小宮山ら（1989）は，「ナポレオン」と「ビング」を20℃と5℃で貯蔵し，貯蔵中の果実の化学成分の変化を調べている。その結果，貯蔵中に酸とビタミンCは減少するものの，貯蔵温度による差はみられないこと，官能検査では，5℃で貯蔵した果実品質のほうが明らかに良好であることを示している。また，「佐藤錦」の低温貯蔵の効果を調べた北村ら（1988）の成績によると，品質良好保持

図 3.7.26　サクランボ専用の大型選果機

図 3.7.27　ばら詰したサクランボ「佐藤錦」

図 3.7.28　パック詰したサクランボ「佐藤錦」

期間は，25℃と15℃ではそれぞれ２～３日と３～４日であるのに対して，１℃では７日以上であることが示されている。また，予冷の効果について，収穫後24時間15℃あるいは５℃で予冷を行ってから25℃で貯蔵した果実と収穫後直ちに25℃で貯蔵した果実を比較すると，予冷を行ったほうが，品質良好保持期間が長くなることが示されている。

果実を低温貯蔵する場合，貯蔵中の果梗の萎凋・褐変が顕著なため，湿度を高くすることが望ましい。また，低温で貯蔵した果実を常温に移すと，品質低下が急速に生じる。このことは，貯蔵期間が長くなるほど顕著であり，貯蔵後はできるだけ早く消費者のもとに届けることが重要である。

④ 出　荷　収穫した果実は，通常，収穫当日の午後３時頃までに選果・梱包され，翌朝市場に出荷され，その日のうちに店頭に並ぶ。午後３時以降に集荷センターに持込まれたものは，一晩５℃の冷蔵庫で品温を下げた後に，翌日輸送され，店頭に並ぶのは収穫した日の翌々日になる。果実は一般に常温輸送されるが，消費者の手元に届くまでに時間がかかる場合には，低温輸送される。

山形県園芸試験場（1995年）では，輸送中の保冷剤の効果を外装資材として発泡スチロール容器を用いて検討している。その結果，保冷剤を果実の横に置いた場合は，容器内温度が外気温より低く維持されるのは最初の３時間だけで，その後は外気温より高い温度で推移するのに対して，保冷剤を果実の上に置いた場合は，容器内温度は外気温と比較して最大７℃低くなった。また，保冷剤を果実の横に置いた場合は，上に置いた場合と比較して，果梗の萎凋，果皮の光沢の低下がみられ，保冷剤による保冷効果を得るためには，保冷剤を商品の上に置くことが重要であることが示された。

以上のように，サクランボの鮮度保持には低温貯蔵が有効であるものの，貯蔵期間はほかの果実に比べてきわめて短い。最近，山形県園芸試験場で育成された「紅秀峰」の出荷も始まったが，この品種は成熟を迎えても樹上ではほとんど軟化しない特徴を有する。今後，サクランボの鮮度保持には，果実の貯蔵方法などのソフト面からの研究に加えて，貯蔵性のよい新しい品種の育成という，ハード面の研究も重要であると考えられる。

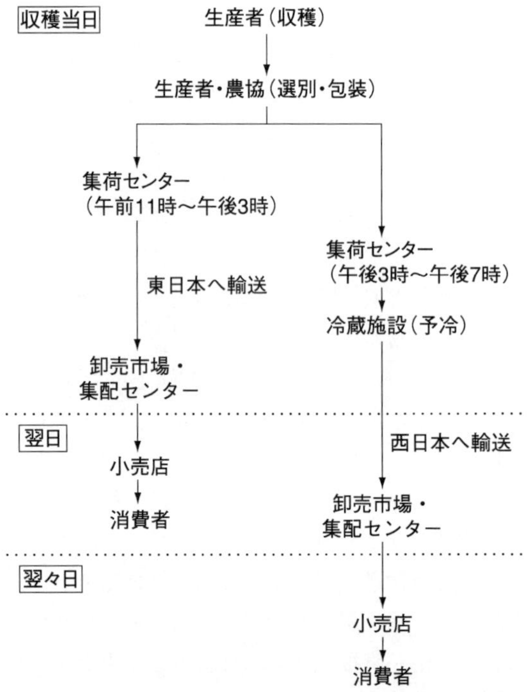

図 3.7.29　サクランボ果実の収穫から流通までの経路（山形県の例）

(21) ア　ン　ズ

① 栽培品種と成熟特性　アンズの収穫期は，主産地である長野県では６月下旬～７月下旬である。主な栽培品種は早生種の「平和」から始まり，「新潟大実」，「山形３号」，晩生種の「信州大実」など多くの品種があるが，収穫期間は約１カ月間と短い。アンズはリンゴ，モモなどとは異なり，シロップ漬およびジャムなどの加工用原料としての需要が多い。最近では生食用品種が選抜・育成されているが，生産量はまだ少ない。

アンズは梅雨期に収穫され，しかも果実の日もち性は短い。このため，流通期間を考慮してやや未熟の果実が収穫されている。

② 収穫後の環境要因と貯蔵性　アンズの呼吸型は，クライマクテリック型を示す。収穫時期は高温多湿時にあたるため，果実温が上昇し，収穫直後の呼吸量は高くなり，成熟が急速に進む。

表 3.7.8　アンズの主な品種の収穫期と品種特性

品種名	6月 中	6月 下	7月 上	7月 中	7月 下	果重(g)	糖度(%)	酸度(pH)	果肉色	品質	日もち性
平和		□	□			40〜50	9.5	3.0	橙黄	中下	やや良
信陽			□			50〜60	12.0	3.1	橙	上	やや不良
山形3号			□	□		50〜60	10.0	3.1	橙	中	中
新潟大実			□	□		50〜60	10.0	3.2	橙黄	中	やや良
信州大実				□		80〜90	10.0	3.2	橙	中上	やや良
信月				□	□	80〜90	10.5	3.4	橙黄	中上	やや良

出典）長野県果樹試験場：果樹試験成績（育種部），pp.123〜124（1996）

その結果，収穫された果実は，常温下では容易に軟化する。さらに，灰星病などによって腐敗変質し，果実品質を低下させる原因となる。一般に，適熟果の日もちは常温で2〜3日程度と短い。

A．果実の熟度……果実の日もち性は熟度によって大きく異なる。未熟果は貯蔵力の点では優れているが，追熟作用が順調に進まず，果重の減量も大きく食味も劣る。一方，完熟果は貯蔵期間が短く，品質も低下しやすい欠点がある。収穫された果実は，品質をそろえるために，できるだけ熟度をそろえることが前提である。

B．腐敗防止……貯蔵中の腐敗の原因は，灰星病菌（*Monilinia fructicola*）によるものである。病原菌の発育や分生胞子の発芽は，20〜25℃が適温で，30℃になると阻害される。また，分生胞子の発芽は多湿条件で良好となり，収穫期に降雨が多いと多発しやすくなる。収穫後も貯蔵中や店頭でも発病する。発病した果実は軟腐状となり，表面は灰褐色の分生胞子堆で覆われる。

C．温・湿度の調整……果実の鮮度は，高温・乾燥により著しく低下する。このような条件下では，水分蒸散量が大きく，果重の減量によって果面の光沢，張りなどだけでなく，果実の品質低下や日もち性にも大きな影響を与える。したがって，鮮度を保持するためには，低温下で高湿度を維持することが重要である。収穫後は直ちに予冷を行い，果実温を下げることが重要である。予冷後はいったん常温に戻すと生理活性が乱れ品質が著しく低下するので，必ず冷蔵と直結して貯蔵を行う。

D．傷害防止……果実の成熟過程で生じる生化学的反応は，主に収穫中あるいは輸送中にすり傷，押し傷，落果などの物理的作用によって促進される。果実が損傷を受けると，エチレン合成酵素の活性が増大し，エチレン生成が急激に増大する。この結果，呼吸活性の増大，軟化酵素活性の増加によって果肉硬度の低下が進行する。

③　鮮度保持技術

A．貯蔵条件……アンズは他の樹種に比べると果実の貯蔵能力は低い。したがって，貯蔵前の管理や貯蔵中の取扱いいかんによって貯蔵能力に大きな差を生じる結果となる。

通常の冷蔵貯蔵では，温度が0〜2℃，湿度が90%で，約10日間貯蔵可能である。それ以上になると，果実の腐敗や果重減量が5%を超え果実品質も急激に低下する。

長期間貯蔵させるには，CA 貯蔵やポリエチレ

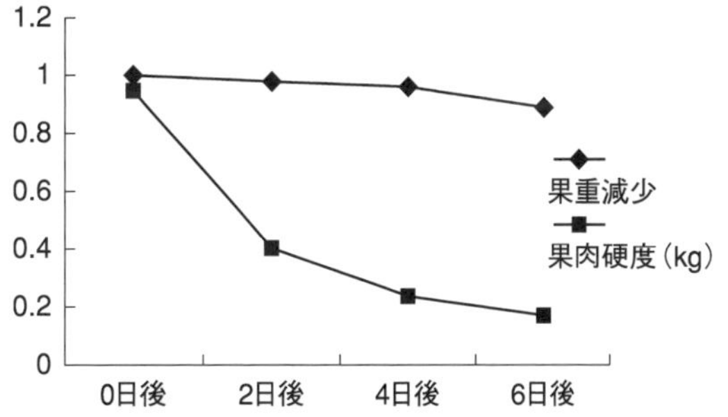

図 3.7.30　常温貯蔵中における果重減少および果肉硬度の変化

品種：山形3号

果重減少：0日後を1とした場合の果重変化を示す

出典）中島富衛・吉田　勤・安川仁次郎：アンズの利用に関する研究（第2報）—アンズの貯蔵について—，日本食品工業学会誌，10（7），別冊（1963）

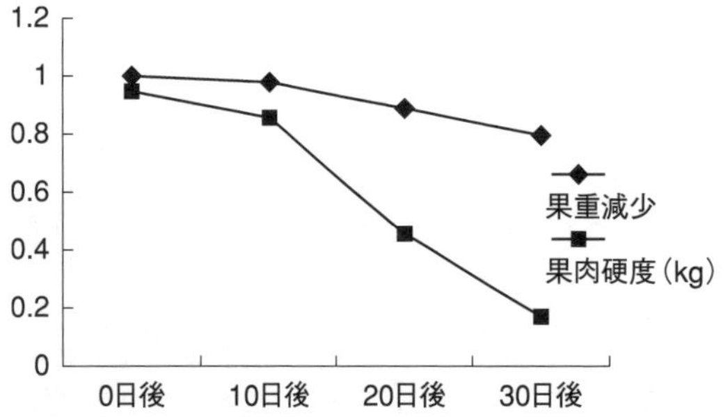

図 3.7.31 低温貯蔵中における果重減少および果肉硬度の変化

品種：山形３号，貯蔵条件：温度０～２℃，湿度90％
果重減少：０日後を１とした場合の果重変化を示す
出典）中島富衛・吉田 勤・安川仁次郎：アンズの利用に関する研究（第２報）─アンズの貯蔵について─，日本食品工業学会誌，10（７），別冊（1963）

ン包装貯蔵を併用する必要がある。ポリエチレン包装貯蔵では，0.06㎜の厚さのものが有効である。これらの方法によって約１カ月間貯蔵可能であるが，貯蔵期間が長期に及ぶと核周囲から褐変が進み，果肉も劣化する。

B．加工原料用の貯蔵……シロップ漬用に用いた場合の試験結果を表3.7.9に示した。供試果実はいずれも適熟果を用いた。常温区（室温20～30℃）で２日貯蔵した果実は，加工中に約50％の肉崩れを生じ，４日以降は軟化が激しく剝皮困難で肉崩れが多かった。常温の場合は，適熟果で２日までが貯蔵限界であると考えられた。一方，冷蔵区（貯蔵温度０～２℃，湿度90％）では，品種によって差が認められたが，10～20日が限界であると考えられた。アンズの剝皮は，アルカリ熱処理によって行われるので，貯蔵中の果実の軟化と萎縮は，剝皮を困難とし，それが肉崩れの原因となっている。

④ 店頭による品質保持

A．点 検……腐敗果や傷果の発生は避けられないので，店頭に出す前にこれらの障害果を取除いておく必要がある。特に腐敗の原因である灰星病は，収穫間際の果実に感染することが多いため，輸送中や店頭で発病することがある。病斑が大きくなり分生子塊が形成されるようになると，感染能力も大きくなるので，初期病斑（果実表面に淡褐色の円形の点が現れる）を確認したら周辺の果実も含めて取除く。また，打撲，擦り傷および生傷のある果実は軟化が早いため，これらの果実も事前に点検しておく。

B．保存環境……アンズは日もち性が悪い果物であるため，保存には充分な配慮が必要である。短期間貯蔵する場合は，温度0～2℃，湿度90％とし，店頭で販売する場合には，品質保持の面から10～15℃で保存することが望ましい。直射日光があたる場所や気温が高い場所では，果実温が上昇

表 3.7.9 アンズの貯蔵条件・期間の違いが加工品質に及ぼす影響

常温区	果肉の状態			透明度			果肉のかたさ		
	０日後	２日後	４日後	０日後	２日後	４日後	０日後	２日後	４日後
山形３号	1	2	2	1	2	3	1	2	3

冷蔵区	果肉の状態			透明度			果肉のかたさ		
	０日後	10日後	20日後	０日後	10日後	20日後	０日後	10日後	20日後
山形３号	1	2	2	1	2	3	1	1	2
新潟大実	1	2	2	1	2	2	1	1	1

注）貯蔵温度：常温（20～30℃），冷蔵（温度０～２℃，湿度90％）
加工工程：原料→除核→アルカリ剝皮→水洗い→湯通し→水冷→肉詰→真空巻締→殺菌→水冷→製品貯蔵
果肉の状態：１（橙黄色）　２（濃橙黄色）
透　明　度：１（無色透明）　２（淡黄色透明）　３（黄色濁る）
果肉のかたさ：１（硬・肉崩れなし）　２（やや軟・肉崩れあり）　３（軟・肉崩れあり）
出典）中島富衛・吉田 勤・安川仁次郎：アンズの利用に関する研究（第２報）─アンズの貯蔵について─，日本食品工業学会誌，10（７），別冊（1963）

して軟化が進むため，店頭で販売する際にも充分な注意が必要である。

(22) ウ　メ

① 種類と特徴　ウメの原産地はアジア東部の温暖地と推定されているが，日本でも『古事記』や『万葉集』にも登場しているように古くから栽培されていた。しかし，果実は花木とみられて食用としての評価はあまりなく，また利用形態が日本食にしか適していないため，ヨーロッパでの栽培はほとんどみられない。ウメが果樹として栽培され始めたのは，明治末期から大正初期にかけてのことである。収穫時期は5月下旬～6月下旬の短期間に集中する。大きさは3～35gと幅が広い。栽培面積はほぼ横ばいの状況である。品種別では早生種で小梅の「甲州最小」,「竜峡小梅」,中生種の「鶯宿」,「南高」および晩生種の「白加賀」が主要品種となっているが，それ以外にも,「古城」,「豊後」,「玉英」,「紅サシ」など多数の品種があり，品種により栽培地域が限定されている。大きさの差の割合には際立った生理的差はないが，いずれも呼吸量は高く，収穫後の品質は短期間に劇的に変化するので，流通・販売を想定する場合は果実の特性，取扱い，貯蔵技術を充分把握する必要がある。

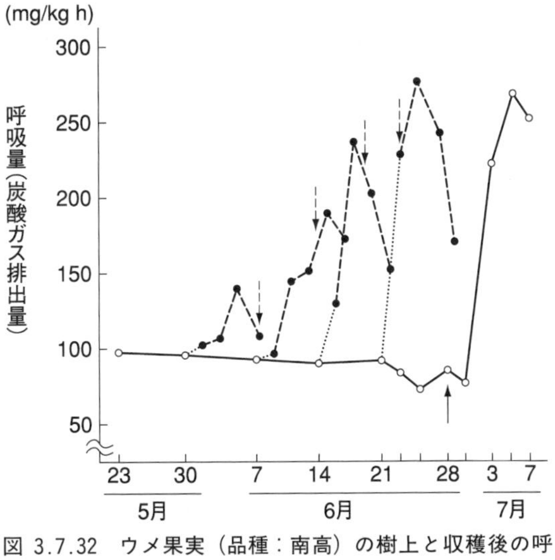

図 3.7.32　ウメ果実（品種：南高）の樹上と収穫後の呼吸量の変化と果皮の黄化時期

実線：――一樹上，------収穫後，→黄化時期

果実は20℃貯蔵

出典）稲葉・中村：園雑誌（1981）

② 利用と生理的変化の特徴　ウメはウメ干しやウメ漬に利用される場合を除き，青果として出荷されるものはウメ酒やシロップ漬などに利用される場合が多く，生ウメとして食べることはないので，未熟な青ウメとして出荷される場合が多い。ウメは典型的なクライマクテリック型の果実であるため，いったん呼吸の増加が起こると一晩で果皮部分の黄化，芳香の生成，果肉の軟化が起こり，商品価値は消失してしまう。そのため，低温貯蔵が品質保持を達成するためにはもっとも簡単で有効な手段であるが，後述するようにウメの場合は低温障害という果実品質を低下させる現象が起きるので注意を要する。低温による呼吸量の低下は，例えば「甲州最小」で行った実験によると，3℃は15℃の約1/2，30℃の1/6～1/7となる。また，果実内水分の蒸散による重量減少は，生理的な障害が発生し，品質低下の要因となるのでポリエチレンなどを用いたフィルム包装も有効な手段となる。いずれにしても20℃の常温では3～5日で顕著な品質低下が起きることは明らかなことである。

③ 品　質

A．主要成分……ウメは酸含量が4～5％と，果実のなかでは多酸系果実に入る。収穫可能な成熟期になっても酸の減少はみられず，やや増加していく傾向を示す。ウメに含まれる酸はリンゴ酸とクエン酸であるが，成熟過程でリンゴ酸は減少し，クエン酸が急増する。クエン酸はソフトな酸味であり，酸味の質的変化が起こる。アミノ酸はアスパラギンがほとんどで，全体の80～90％を占める典型的なアスパラギン型果実である。糖はきわめて少なく，0.5％程度である。

B．収穫後の品質変化の様相

a．収穫時の状況と品質：果実は樹上では呼吸が少なくても，収穫すると急激に呼吸量が上昇するので，収穫期の気温が高いとその後の貯蔵性が低下する。できるだけ早朝の収穫が必要である。

b．**収穫時期と品質**：収穫期が遅くなると収穫後の吸収量が著しく高くなり，未熟時期の増加率の2倍以上になる。しかも収穫期が遅くなると，その後の品質変化も大きくなる。

c．**外観や成分組成の変化**：果実は収穫後常温に置くと，そのときから品質の低下が起こる。外観でもっとも明確な変化は果皮が黄色に変化してくることである。貯蔵温度を低下させることで果実の呼吸量は減少し，軟化や黄化を防止することができる。10℃，15℃では8日間でも黄化はなく，軟化は前者で6日間，後者では3日間まではないが，その後は急激に軟化する。25～30℃では3日で収穫時の硬度の50%くらいまで低下する。この軟化は果肉組織を保持しているペクチン物質が水溶化することから起きる減少で，呼吸量の増加による果実の生理活性の増大によるものである。また，エステルなどの芳香成分の生成も起こる。果肉成分では酸の急激な減少が起こるが，アミノ酸は増加する。

d．**低温障害**：ウメ果実の生理活性を抑制するため，低温貯蔵を行うと低温障害が起こる場合が多い。一般的には低温ほど発生しやすいが，しばしば中間低温領域（実験では6℃）で起こることがあり，10℃以上では少なくなり，15℃以上が安全帯といえる。しかし，これも品種により大きな差があるばかりでなく，樹体や栽培地の違い，収穫年度によっても異なる。ただ，ウメの熟度の影響は大きく，未熟である青ウメの段階での障害が大きく，黄色を帯びると急激に減少する。また，乾燥によって非常に起きやすいことも判明している。障害は果実表面がクレーター状に陥没して起こるピッティングから，さらに内部褐変が起こる状態に変化していくことが多い（図 3.7.33）。

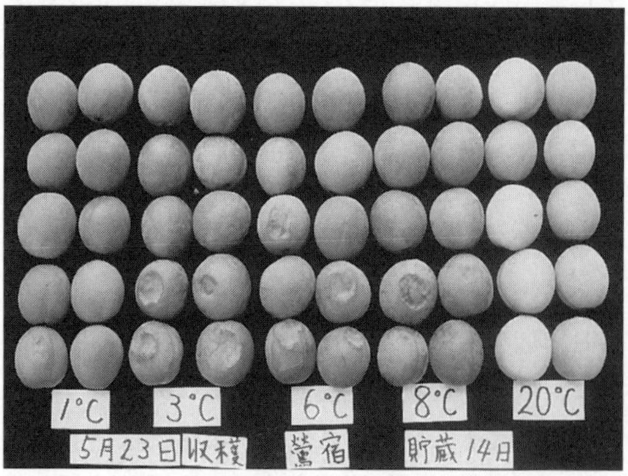

図 3.7.33　ウメ果実（品種：「鶯宿」）の低温障害
（後藤提供）

④ **果実の品質保持**　このように品質低下しやすい果実に対する品質保持技術には，次のような方法がある。

A．**フィルム包装**……果実を常温（20～22℃）で貯蔵すると，3～5日で急激な黄化が起こり品質低下を来す。一方20～30μmの厚さのポリエチレンフィルムで包装すると緑色やかたさは保持できる。酸素濃度が1%を下回るような条件では果実に障害が発生するが，安全性を考慮すると2%程度が下限値といえる。また同時に発生するエチレンや炭酸ガスにより黄化や障害が起こるが，老化促進ホルモンであるエチレンを除去することで品質保持期間の延長が可能で，6～8日間くらいは可能である。低温障害が起きない範囲では，1℃で1カ月間の品質保持も可能である。

B．**CA貯蔵**……フィルム包装による貯蔵効果を数値的に管理して行う方法で，低O_2，高CO_2の雰囲気で品質保持を行う。リンゴの場合はCA貯蔵を生産地で行っているが，流通の現場では難しい。ただ，確実に貯蔵期間を延長できる方法ではあり，各種の装置や方法がある。

C．**氷蔵庫による品質保持**……ウメの品質保持に効果があるとされて，新しく開発された氷蔵庫がある。これは，冷熱輻射方式で，冷却器で冷却された冷却水を貯蔵庫の壁面に循環させるもので，庫内全体が冷却され，湿度も95%以上になる。この氷蔵庫では低温貯蔵を行ってもピッティングなどの障害果も発生させないで，品質保持が可能である。理由としては高湿度下であるため，水分蒸散を防止できるためと考えられている。

⑤ **店頭販売での要点**　まず第一に果実の収穫からの履歴の把握である。収穫地から市場を通して直接入荷したものか，それとも一定の期間の貯蔵を経た果実かである。

前者ではその期間の品質変化を想定する。後者では，品質変化が予想外に早いので注意を要する。

① 障害や傷の発生した果実は除く必要がある。（正常果実の品質変化を促進してしまうため）

② 温度は極端な低温を避け，10～15℃くらいの環境に陳列する。

③ 包装は20～30μmの厚さのポリエチレンフィルムを用いて包装するのがよい。できればエチレン除去剤を同時に封入すると品質保持期間は延長できる。

④ 包装袋の多重陳列は極力避ける。

⑥ 購入後の家庭での保管方法　常温保存は収穫地から販売店での流通期間を考慮すると，できるだけ早く使用する。１～２日であれば冷蔵庫保管もよいが，冷蔵から取出した後は，黄化と軟化が急速に進行するので注意を要する。冷蔵庫と室温での出し入れはできるだけ避ける。

(23) ブ　ド　ウ

① 来歴と品種

A．来　歴……栽培の歴史は古く，紀元前6000年頃にコーカサス地方やカスピ海沿岸で栽培が始まったとされる。広く栽培されるようになったのは16世紀以降で，19世紀には世界中に拡大していった。現在，生産量がもっとも多いのはヨーロッパで，世界の生産量の約半数を占める。次いで北アメリカ，南アメリカ，中東などである。これらの地域では醸造用品種の栽培がほとんどである。日本では鎌倉時代の初期の「甲州」の発見から，発見地である山梨県での栽培が始まりとされる。明治以降，外国品種の導入と栽培技術の進歩などでブドウ産地は各地に形成されるようになった。現在の主産地は山梨県，長野県，山形県，岡山県などで生育期に比較的降雨の少ない地域が適地である。欧米諸国とは異なり，約９割が生食用として栽培されている。

B．品　種……ブドウの品種は台木や野生種，過去のものまで含めると２万5,000種以上あるとされている。このなかで栽培上重要なものはヨーロッパ原産のヨーロッパ種と北アメリカ原産のアメリカ種，これらの交配種である欧米雑種である。日本で栽培されている主な品種は，ヨーロッパ種では「ネオマスカット」，「甲斐路」，「ロザリオビアンコ」，「甲州」など，欧米雑種では「デラウェア」，「巨峰」，「ピオーネ」，「キャンベルアーリー」，「マスカットベーリーA」などである。欧米諸国に比べ生育期間に降雨の多い気象条件から，ヨーロッパ種は雨よけ施設やハウスで主に栽培され，露地では裂果や病害に比較的強い欧米雑種が広く栽培されている。

② 品質と規格

A．品　質……ブドウに限らず，品質のよい果物とは，新鮮で食べておいしく外観も美しいことが条件である。食味は甘さの目安である糖含量（糖度）と酸含量，香りによって決定される。ブドウ果実中に含まれる糖はほとんどが果糖とブドウ糖であり，成熟期になると急激に果粒に蓄積されるようになる。糖含量が多くなるほど甘く濃厚な味となる。成熟期には糖度計示度でおおむね15～23度に達する。酸含量は果実中に含まれる有機酸の量で酒石酸とリンゴ酸が主体である。これらの酸は成熟とともに減少していく。香りにはマスカット系品種にはマスカット香，アメリカ種にはラブラスカ香などがあり，成熟期になると品種固有の芳香を放つようになる。主要品種の食べ頃については表3.7.10に示すとおりである。

外観の善し悪しに影響する要素は果実の着色程度，房の形や大きさ，果粒のそろいや大きさ，果粉の状態などである。これらの良否は果実の価格に直接的に影響するが，生育期の天候や栽培者の技術などに左右されるところが大きい。

B．規　格……消費流通の多様化に伴い出荷の規格や容器なども多岐にわたっている。産地では品種ごとに収穫時期や選果上の注意点，箱詰方法，等級や階級区分など厳しく定めている。出荷容器についてはパック詰，１kg化粧箱，２kg箱，４kg箱，コンテナなどがある。品質について定めた等級には秀，優，良があり，秀が房型や粒ぞろい，熟度，着色などもっとも秀でている。重量について定めた階級は品種により異なり，一例を示すと

表 3.7.10　“食べ頃”の糖度・酸含量・甘味比

品　種	食べ頃始め			食べ頃最良期		
	糖度 度	酸含量 g/100mℓ	甘味比	糖度 度	酸含量 g/100mℓ	甘味比
巨峰（有核）	17.5以上	0.80以下	25以上	18.5以上	0.70以下	30以上
ピオーネ（無核）	17.5以上	0.75以下	25以上	18.5以上	0.65以下	30以上
デラウェア	19.0以上	0.80以下	25以上	20.0以上	0.70以下	30以上
甲　州	18.0以上	0.65以下	25以上	19.0以上	0.55以下	30以上
甲斐路・赤嶺	19.5以上	0.70以下	30以上	20.5以上	0.60以下	35以上

甘味比は糖度を酸含量で除した値

出典）平成4年度山梨県果樹試験場　試験研究成績書から抜粋

表 3.7.11　ブドウの品種別階級の一例

階級 品種	3 L	2 L	L	M	S
デラウェア		150g	110g	75g	50g
キングデラ	280g以上	240〜279g	200〜239g	140〜199g	
巨峰・（有核） ピオーネ（無核）	550g以上	350g以上 450〜549g	300〜349g 350〜449g	200〜299g	
ネオマスカット		400〜500g	300〜399g	200〜299g	
マスカットベーリーA		400〜500g	300〜399g	200〜299g	
ロザリオビアンコ	550g以上	450〜549g	350〜449g		
甲　州		300g以上	240〜299g	180〜239g	
甲斐路・赤嶺	550g以上	450〜549g	300〜449g		

出典）平成10年　山梨県青果物出荷指導規格から抜粋して編集

表3.7.11のようである。

③　**収穫・選果**

A．収穫時期……収穫時期は品種や産地，気象条件などによって異なるのはもちろんだが，同じ品種でも樹勢や着果数，園ごとの諸管理によっても異なってくる。品種固有の食味，着色，香りなど総合的な判断で収穫期を決定する。ブドウはバナナやキウイフルーツのように収穫後に追熟しないので収穫時の品質から向上することはない。したがって，未熟果の収穫は避け，糖度が一定以上になったものから収穫することが望ましい。主な品種の収穫適期は次のとおりである。

「巨峰」，「ピオーネ」では糖度計示度17度以上，pH3.2以上。着色はカラーチャートで9以上を目標に収穫する。なお，種なし栽培では食味より着色が先行するため，酸味の強い未熟果を早出しする傾向にあるので，収穫前には糖度などをチェックし食味重視の収穫に心掛ける。「ネオマスカット」などの黄緑色品種では熟期に入るとやや黄みを帯び，芳香を放つようになる。袋掛けをした房ではこれらの特徴を見逃さないよう随時確認し，未熟果や過熟果を収穫しないようにする。収穫目標は糖度計示度15度以上，pH3.4以上である。「マスカットベーリーA」は着色期が早く成熟までの期間が長い。低い糖度であってもよく着色しているため未熟果を収穫しないように注意する。果梗の付け根まで紫黒に着色しており，糖度計示度17度以上，pH3.4以上のものを収穫する。「デラウェア」では糖度計示度18度以上，pHは3.2以上。表裏ともよく着色しているものを目標に収穫する。

その他「ルビーオクヤマ」,「ロザリオビアンコ」,「甲斐路」,「赤嶺」では糖度計示度17度以上で食味，着色とも良好なものを目標とする。

B．収穫・選果の方法……収穫作業は朝の果実温度が低い時間帯に行うのがよい。日中の高温時の収穫は日持ち性を悪くするので避けるようにする。また，雨の日や果房が濡れているときの収穫についても裂果や輸送・貯蔵中の病害の発生を助長させるので避ける。果皮表面の果粉は商品性を左右するので，収穫や選果にあたってはできるだけ果粉を落とさないように，果房に直接手を触れず，穂軸をしっかり持って扱うようにする。また，収穫時には平コンテナを用い，房を積重ねないように注意する。

収穫した果実は病害果や裂果，小粒果などがないか確認し，あれば摘粒ハサミなどでほかの果粒に傷をつけないようにていねいに取除く。そして果房の重量，大きさ，着色程度などを一定の出荷規格に基づいて選別，箱詰する。このときもなるべく房には直接手を触れないように注意する。

④ 鮮度保持

A．鮮度の変化……収穫後の呼吸や蒸散作用は果梗や穂軸で主に行われている。収穫したての新鮮なブドウは穂軸がみずみずしい緑色であるが，時間が経つと水分が蒸散して褐色に変化し，やがて果粒もしなびてくる。室温で放置した場合，2～3日後には果梗が褐変し始め，4～5日後には穂軸まで褐変するようになる。果粒成分の変化については，長期に貯蔵した場合に酸含量が若干減少するが，糖度の増減はほとんどない。ブドウの鮮度の判断は穂軸褐変の程度が目安となる。

B．品種と貯蔵性……一般にヨーロッパ種は欧米雑種に比べると貯蔵性はよい。好条件では「甲州」や「甲斐路」などでは2カ月以上の長期貯蔵が可能である。欧米雑種のうち,「巨峰」などの大粒種，特に種なしのものは脱粒や軸の褐変を生じやすいので，貯蔵可能期間はヨーロッパ種より短い。なお，貯蔵性の良否は露地栽培か雨よけ栽培かなどの栽培法の違いや生育期の天候によっても大きく左右される。

C．鮮度保持の方法……貯蔵中に品質を低下させる要因は軸の褐変，脱粒，貯蔵病害や裂果の発生などである。これらの変化を抑えるためには，果粒が凍結しない範囲でできるだけ低温で湿度が高い状態に保つ必要がある。具体的には温度0℃，湿度95％で貯蔵しておくことがもっとも望ましい。湿度が充分に確保できない場合には，コンテナをポリ袋などで密封し水分の蒸散を抑えるようにする。この場合温度が高くなると貯蔵病害が発生しやすくなるのでできるだけ低温に保つようにする。果粒が果梗から離脱することを脱粒というが，ヨーロッパ種に比べ巨峰群品種，特に種なしのものは脱粒しやすい。脱粒は果房の形状などにも左右され，果粒が密着しているように整えられた果房では脱粒は軽減されるが，粗着な房は脱粒しやすくなるので注意が必要である。搬入や取扱いの際にはなるべく振動を与えないようにし，ていねいに取扱うことが大切である。また，ブドウの果皮表面には白色の果粉がついているがこれが厚く乗っているものは商品性も高い。果粒に直接手で触れないよう薄手の手袋をして扱うか，穂軸を持って果粒には直接触れずに扱いたい。果房の大きいものでは500gを超えるものもある。大きい房の場合，自重により接地面果粒が圧迫され裂果するおそれもあるので，吸湿マットなどのクッションを下に敷くとよい。

(24) キウイフルーツ

① **特　徴**　キウイフルーツが熟すメカニズムはきわめて複雑であるため，理解と制御が容易ではなく，食べ頃まで熟したおいしい果実を消費者に届けることが難しい。この点が，キウイフルーツの消費が意外に伸びない原因と考えられる。この果実はエメラルドグリーンというほかの果実にはみられない特徴的な色と適度な糖・酸の含量，豊富な栄養分をもち，新しい品種の開発にも成功しており，輸入ものも含めて国内での消費量はもっと伸びてもよい。ここではキウイフルーツが熟すメカニズムと流通技術の現状を紹介し，流通，貯蔵，販売技術の改善に，そして消費拡大に役立

てたい。

② 生 理　果実を成熟メカニズムの面から大別すると，成熟期にエチレン（気体）を生成して熟すタイプのリンゴ・トマトなどのグループ（クライマクテリック型果実）とエチレンは関与せず，自然に熟すタイプのカキ・イチゴなどの果実に分けられる。キウイフルーツは前者のタイプではあるが，かなり異なった側面ももつ。

リンゴ，トマトなどは受粉・着果後一定の日数が経過するとエチレンを生成するようになる。このエチレンの働きにより果実の軟化（果肉がやわらかく，多汁質になる），デンプンの分解（デンプンが糖分に変換し，甘みが増す），有機酸の減少（酸味が減る），ポリフェノール成分の減少（渋みが減る），色素の生成（例：トマトはリコピンで赤くなる）が一斉に起こり，熟して食べ頃となる。一方，カキやイチゴなどのグループは受粉・着果後一定の期日が経過するとエチレンは生成しないものの，果実の軟化，デンプンの分解，有機酸の減少，ポリフェノール成分の減少，色素の生成が起こり熟す。

③ 熟させ方　キウイフルーツはエチレンが果実を熟させるグループの果実である。しかし，エチレンを生成する潜在的能力をもつにもかかわらず，リンゴ，トマト同様に樹上や収穫後に自然にエチレンを生成し始めることはきわめて少ない。しかし，収穫後，時間が経過すると果実の軟化，デンプンの分解，有機酸の減少，ポリフェノール成分（渋み）の減少は徐々に起こる。しかし，それはきわめてゆっくりしており，食べ頃になるまでには低温貯蔵で数カ月を要し，常温ではその前にしなびてしまうことが多い（主力品種「ヘイワード」は特にこの傾向が強い）。

しかし貯蔵庫や保管容器内に，エチレンが存在するとその作用によって果肉の軟化が促進される。また，潜在的にエチレン生成能力をもつため，果実軟腐病が発生したり傷がきっかけとなりエチレン（傷害エチレン）を生成し始める。このエチレンでほかの個体も連鎖反応的にエチレン生成が始まり，果肉が軟化する。3カ月以上の長期間貯蔵を前提とする場合，貯蔵庫・容器内に出現する傷害エチレンの影響を防ぐためにエチレン吸収剤を入れて，軟化を抑制するのが定法となっている。

④ 流通と販売　キウイフルーツは一般に収穫後一定期間貯蔵し，果肉が徐々に軟化するのを待って出荷・販売されていた。貯蔵期間が短い場合には消費者はかたい，酸っぱい，渋い熟していないキウイフルーツを食べさせられることになる。このような熟し方が不充分でおいしさを堪能できないキウイフルーツに消費者は強い拒否反応を示し，以後キウイフルーツを買わなくなったと思われる。また，一部の消費者は市販されているキウイフルーツを購入後にリンゴと一緒に保管する方法でエチレン処理し，食べ頃にまで熟させているケースもある。

近年，おいしいキウイフルーツを販売しようという機運が高まり，産地または消費地で，収穫後1～3カ月間はバナナ同様にエチレンで熟させる

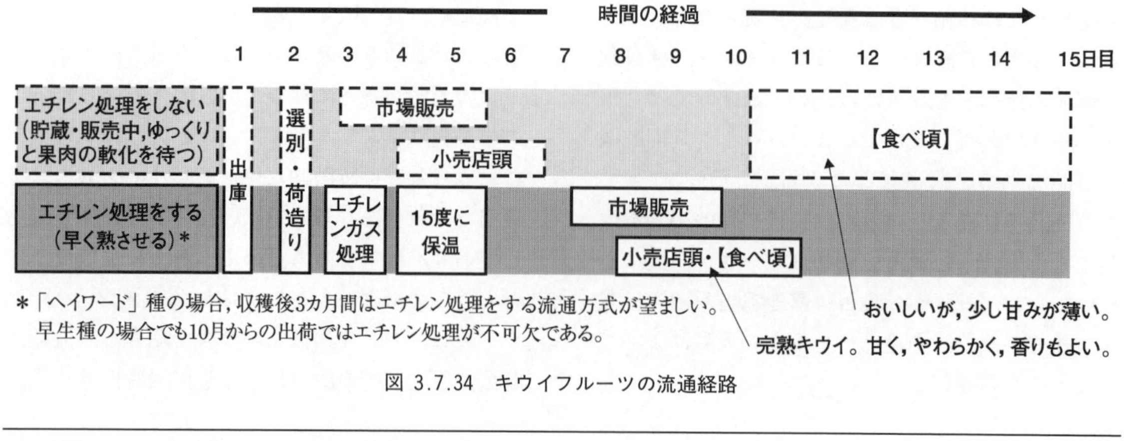

図 3.7.34　キウイフルーツの流通経路

方法が取入れられている。これにより食べ頃のおいしいキウイフルーツの販売が可能となった。

エチレン処理によって食べ頃のキウイフルーツが販売できるようになった反面，日もちは従来の熟していないキウイフルーツに比べると当然劣ることになる。とはいえ，カキ，モモ，リンゴなどに比べて著しく劣るわけではないし，消費者が購入後すぐにおいしいキウイフルーツを食べられるという大きなメリットと，購買意欲への期待とを考慮すれば，流通・販売のデメリットは低温の陳列棚で販売するなどの工夫で克服できるであろう。

このようにエチレン処理した果実も，エチレン処理していない果実も外観的には全く見分けがつかない。エチレン処理の場合には出荷や販売にあたっては，エチレン処理済みであることを明記する必要がある。

キウイフルーツの販売で問題になるもう1点は，果実軟腐病の発生である。この病害は雨の多い日本で栽培される国産キウイフルーツで発生が多くみられる難防除病害で，貯蔵，出荷，流通段階で発生しやすく日もちが著しく悪くなる。低温で発病が抑えられることから，低温の陳列棚で販売することが望ましい。

⑤ 熟しやすい早生系品種の登場　数年前までは，キウイフルーツといえば晩生の「ヘイワード」であった。この品種は貯蔵性を重視して選抜された背景からもうなずけるように，長期保存にはきわめて優れている。しかし，前述のようにエチレン処理なしでは収穫後2，3カ月を経過しても，果肉の軟化，酸の減少は起こらず食べ頃には至らない。国産晩生キウイフルーツの収穫時期は11～12月であるが，近年ではそれよりもひと月も早い10月頃に収穫期を迎える早生種が出回っている。早生種の場合にはエチレン処理なしでも果肉の軟化，デンプンの糖化が早いなどの晩生種にはない特徴があるが，エチレンの生成，呼吸の上昇，酸・渋みの減少は起こらない。しかし，酸・渋みが少ない品種であれば，エチレン処理なしでも収穫後比較的早い時期においしいキウイフルーツを消費者に提供できる。近年，「Zespri gold」，「香粋」，「レインボーレッド」などの早生種が店頭をにぎわすようになった。これらの早生種の3品種はいずれも可食になる時期が早く利便性は高いが，晩生種の「ヘイワード」に比較して貯蔵性は著しく劣るので注意が必要である。

(25) イチジク

① 来　歴　イチジクの原産地については小アジアとする説とアラビア南部が原生で，シリアや小アジアへ渡来したとする説がある。しかし，人との歴史は古く，旧約聖書の創世記にすでに登場している。ギリシア時代の農業書にその栽培法が記載されており，ローマ時代には広く栽培されていた。また，トルコやシリアではアラビア人が栽培法の改良や品種改良を盛んに行っていた。アメリカ大陸には16世紀にスペイン人の移住とともにもたらされた。一方，中国へは8世紀頃ペルシャ人によってもたらされた。日本には中国を経てもたらされたと考えられているが，江戸時代初期にヨーロッパから長崎へもたらされたとする説もある。

② 種　類　イチジクは花や結実の仕方により普通種，サンペドロ種，カプリ種およびスミナ種の4種類に分けられる。一般に普通種が多く栽培されている。日本では「桝井ドーフィン」，「蓬莱柿」，「ホワイトゼノア」および「ブラウンターキー」の夏秋果兼用種と秋果専用種がある。サンペドロ種は夏果専用種で，日本には「サンペドロホワイト」と「ビオレードーフィン」がある。カプリ種とスミナ種は，日本で栽培されていないが，代表的品種に前者は「パルマタ」，「スタンフォード」および「サムソン」，後者は「カルミルナ」がある。

③ 特　徴　イチジクはクワ科イチジク属で，亜熱帯性の半喬木性落葉果樹である。日本の栽培品種は，果実成熟に受粉を必要としない単為結果で果実肥大する。果実は多肉質の花托とその内側に密生する多数の小花からなり，植物学的には偽果である。欧米でのイチジクの利用は乾果やジャムとしてが多いが，日本はそのほとんどが生食用

表 3.7.12　日本の主要なイチジクの品種特性

	品　種		果実の大きさ	果形	果皮の色	果肉の色	収量	収穫時期
普　通　種	夏秋果兼用種	桝井ドーフィン	大	長卵	緑を帯びた紫褐色	淡紅色	多い	夏果７月上旬～８月上旬 秋果８月中旬～10月下旬
		ブラウンターキー	中	卵円	紫褐色	暗桃色	多い	夏果６月下旬～７月下旬 秋果８月下旬～10月下旬
		ホワイトゼノア	大	長卵	淡褐色	淡紅色	多い	夏果７月中旬 秋果８月中旬～10月中旬
	秋果専用種	蓬莱柿	中	短卵円	赤紫色	鮮紅色	多い	９月上旬～11月上旬
サンペドロ種	夏果専用種	ビオレードーフィン	大	短卵円	暗紫褐色	コハク色	多い	６月下旬～７月上旬
		サンペドロホワイト	中	円	黄緑色	コハク色	少ない	６月下旬～７月中旬

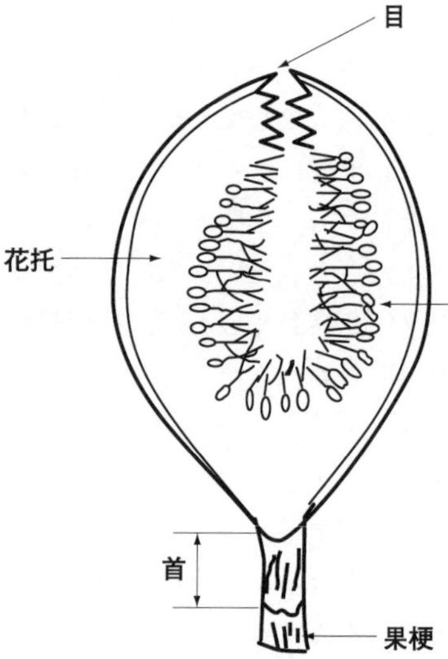

図 3.7.35　イチジク果実の断面模式図

である。イチジクは果頂部の目にオリーブ油などの植物油をつけて，果実肥大や成熟を促進させる。

果実は肥大し始めてから２～４日後に果皮が着色し，それから３～４日後には軟化する。その頃果実の糖度は増加し，果実が下垂し始める。着色開始４～６日で果実は完熟に達し，その後１～２日で過熟となる。

④　**品質の指標**　　イチジクは成熟後期に熟度の進展が早い果実の一つであり，品質の見極めが重要である。品質指標は次のようになる。果頂部が適度に割れ，開口していること。果皮色はシアニジン特有の赤色が濃く，果肉糖度は13～14%と高いこと。果実に傷がなく，果実を指で軽く押してやわらかく，しかも果実を二つ割りにできるほど果肉がやわらかいこと。当然かたすぎたり，熟度が進み過ぎたり，開口部にハエなどがついたりしたものはよくない。

特に，果皮の着色程度は品質判定のよい指標となる。その程度は温度，樹勢，栄養条件などの栽培条件に影響される。栽培温度が高いと成熟の進展が着色の進行より早くなり，貯蔵性が劣る。逆に温度が低いと成熟の進展が遅くなり，貯蔵性がよくなる。「桝井ドーフィン」では収穫時期が８月中下旬の気温が高い頃，受光条件が悪い下位節の果実が主体となるので着色程度が60～70%以上の果実を収穫するとよい。気温が低下する９月中下旬以降では上位節の果実が主体となり，着色程度が80～90%を判断に収穫すればよい。農林水産省果樹試験場作成の果実カラーチャートを用いた場合，Ｒ３～Ｒ４の範囲が収穫適期である。

⑤　**収穫の概要・取扱い方法**　　イチジクの収穫時期は，８～10月までの長期にわたる。しかし，成熟後期の熟度進行は非常に早く，収穫適期は１～２日と短い。しかも，天候などの気象要因に影響されやすく，出荷量の日変動や品質変動が大きい。また，収穫後の品質低下は著しく，取扱い方によっては，果実の軟化や腐敗が流通途上で進行して，商品性を損ねることがある。

未熟果は糖含量が著しく低く，酸含量がやや高いため食味が劣るので，完熟してから収穫するのが望ましい。しかし，完熟果は果皮が薄く，果肉が傷みやすい。また，完熟果は果実重が未熟果に比べて１～２割増加する。それに伴う裂果，内在腐敗菌による腐敗の増大などが問題となり，貯蔵性に影響する。そのため，市場との距離を考慮して通常完熟の１～２日前には収穫する。

収穫は果実の首付近に軽く指をかけ，持上げるように果梗部から取る。果実の引きもぎは果皮が剝がれたり，傷がついたりするので注意する。収穫した果実は布を敷いた収穫箱に並べ，運搬も果実に振動を与えないように，果実に傷がつかないようにていねいに行う。

イチジクの品温は，外気温と比べて１～２時間遅れた上昇カーブを描き，収穫後の品質保持や予冷時間に大きく影響する。よって，収穫は品温の比較的低い朝か夕方に行う。直射日光下の果実品温は40℃以上になることがあるので，収穫後直射日光があたらないようにする。選別，箱詰は敏速，ていねいに行う。

なお，果実をもいだときに果梗部の切り口から出る白色の乳液は，タンパク質分解酵素を含んでいるので皮膚を侵す。収穫時は薄手のゴム手袋を用いる。

⑥　流通（輸送方法）の概要・取扱い方法　イチジクは品質保持の目的から輸送に先立って予冷を行う。品質低下の主要要因である果頂部の腐敗が10℃以下で非常に抑制されること，輸送中および市場到着後の品温上昇などを考えれば，予冷温度は５℃前後が適当である。予冷方法は差圧通風冷却予冷がもっとも適しており，冷却時間は３～５時間程度で，処理後の重量減少は１～２％である。一方，強制通風冷却予冷は冷却時間が非常に長く，８～12時間もかかり，収穫当日の出荷は不可能となる。また，冷水冷却予冷は冷却時間が短時間ですみ，処理後の重量減少も少ないが，処理後の水切りは難しく，果頂部に水滴が付着して，腐敗の原因となる。真空予冷は冷却効率がよく，冷却ムラも少ないとされているが，イチジクでは果頂部の裂果程度や熟度に左右され，冷却ムラも大きい。重量減少も４％と大きく，その後の萎凋の原因となる。

予冷終了後は充分な予冷効果を得るために直ちに保冷車または冷凍車で低温輸送する。

⑦　集荷・流通業者の品質管理方法　イチジクの果皮は薄く，果肉はやわらかいので，選果は機械化が難しく，現在すべて人手によって行われている。不良果を除き，形状，大きさ，外観などの出荷規格に基づいて等級および階級に選別し，箱詰する。箱詰では果実の大きさ，熟度，着色程度をそろえる。

雨後に収穫した果実は，流通途上で腐敗などが発生しやすく，商品性を低下させる。また，過熟

表 3.7.13　イチジク「桝井ドーフィン」の階級別基準

階　級	果実重量(g)	１箱当たり果実数	１パック当たり果実数
３Ｌ	150～	24	4
３Ｌ	120～150	30	5
L	80～120	36	6
M	60～80	42	7
S	50～60	48，54	8，9

表 3.7.14　イチジクの等級別品位

項　目	等　級　別　品　位		
	秀	優	良
形状・着色	品種の特性を備え，着色がよいもの	品種の特性を備えたもの	品種の特性を備えたもの
裂　果	認められないもの	軽微なもの	はなはだしくないもの
傷　害	認められないもの，すり傷にあっては目立たないもの	認められないもの，すり傷にあっては軽微なもの	軽微なもの
熟　度	未熟でないもの	未熟でないもの	やや未熟なもの

果や果頂部の裂開果実が混入しないよう注意する。

荷姿は通常2～4kgの段ボール箱である。従来は平箱であったが，プラスチックパックでは箱詰作業は軽減でき，流通過程の取扱いも容易となる。

集荷作業はていねいに行い，出荷や輸送において積降ろしの際充分に注意を払う。

⑧ 小売店および家庭での保蔵方法　貯蔵は低温で行う。鮮度保持期間は20℃では3日以内だが，15℃で3日，10℃で5日，0℃では10～20日に延長できる。さらに，ポリエチレン包装すると10℃で7日，0℃で30日に延長できる。

(26) バ　ナ　ナ

① 原産地・来歴　原産地はマレー半島とされ，紀元前5000年ごろにはすでに栽培されていたといわれている。その後この栽培品種が，東方へはインドネシア，ニューギニアから太平洋諸島を経てハワイへ，西方へはインド，アフリカ，カナリア諸島を経由して西インド諸島や中南米各地にまで伝わり，世界中の熱帯・亜熱帯地方で栽培されるようになった。日本では大正の初めごろ台湾から沖縄県に導入されて栽培されている。

② 生産量および日本の消費量　世界の生産量は約7,000万tであり，果物のなかではオレンジに次ぐ第2位を占めている。インド，中国，フィリピンなどのアジア地域や，エクアドル，ブラジルなどの南米地域の熱帯・亜熱帯地方が主産地である。日本では，沖縄県で年間約1,000tほど生産されている。日本の消費はほとんど輸入で賄われており，年々増加の傾向が続き，消費量は100万tを上回り，消費量第1位のウンシュウミカンに迫る勢いである。輸入先国はフィリピンが全体の約85％を占め，エクアドル約12％，台湾約2％となっている。

③ 品　種　バナナは果実として知られているが樹木になるものではなく，多年生草本に属しており，その種類は300種にも及んでいる。植物学的には，ミバショウ（実芭蕉），テイキャクミバショウ（低脚実芭蕉），リョウリバショウ（料理芭蕉）の3品種に分けられている。熱帯地方では各種さまざまな品種が栽培，消費されている。

生食用は歴史的にみると，大量栽培にはミバショウに属するグロスミッチェルが主要品種であったが，近年，主に輸出用に大規模栽培されるのはテイキャクミバショウに属するカベンディッシュとその改良種である。この品種は，味は最良とはいえないが，病虫害に強く，特に最も恐れられるパナマ病に抵抗性があることから大規模栽培に採り入れられるようになった。また，収量が高く，日持ちもよく，皮が厚いため，取扱いやすい。テイキャクミバショウは中国南部が発祥とされ，三尺バナナとも称されている。通常ミバショウは草丈が5～8メートルに達するが，この品種は草丈が低いことから，この名称がある。一般には果皮が薄いため，取扱いに注意を要する。

台湾の北蕉はミバショウのグロスミッチェルに類する品種で，風味がよく日本人の好みに合った品種である。リョウリバショウは料理用バナナのことでプランテインと称し，生食用のバナナと区別している国もある。料理用バナナはそのままでは味がなく，デンプンは追熟しても糖化せず，ポリフェノールによる渋味があるので生食用にはならない。煮たり焼いたりして加熱することにより，タンニンが不溶化して渋味が抜ける。

④ 輸入と追熟　日本へはフィリピン，エクアドルからはカベンディッシュ種，台湾からは北蕉種が主に輸入されている。そのほか，果皮が赤褐色のモラードや果指が7～8cmと小さいが風味のよいモンキーバナナも少量ではあるが輸入されている。いずれも熟成されていない緑熟バナナと呼ばれる状態で輸入される。熟成したバナナにはミバエ類がつきやすいため，植物防疫法で輸入が禁止されている。採取された後，日本には1房12に揃えて，15℃で輸入される。

緑熟バナナは密封された室内で，温度20℃，湿度90～95％，エチレン1,000ppm濃度の条件で1～2日間追熟して市場に出荷される。追熟によりデンプンは糖化されスクロース，グルコース，フラクトースに変換され，甘味を呈するようになる。また，ポリフェノールは不溶性となり，渋味が抜ける。なお，熱帯地方でも茂ったまま熟成させると果用の軟化が進み風味を損ねるため，緑熟のうちに収穫し，陰に放置して自然に追熟して食することが多い。

⑤ **品質の見分け方**　軸の部分の傷んだものや果皮に傷のあるものはその部分からの腐敗が進むため避けたほうがよい。したがって，店頭で取扱う際にも果皮に傷つけないように取扱う必要がある。大きさが揃い，果実が丸みをもったものがよい。四角ばった果実は熟度の進んでないまま収穫されたものが多く，追熟させてもおいしくない。果皮の表面にスポットが出始めたころが風味がよく，食べごろである。

果肉についているスジは渋味があり風味を損なうので，食べる際には除いたほうがよい。

⑥ **栄養価**　バナナは甘味があり，香りがよく，食べやすいことから万人に好まれる果物である。また，消化がよいことから高齢者食や乳幼児の離乳食などにも利用されている。未熟のバナナにはデンプンが25％前後含まれており，それが追熟によって糖分に変化する。そのため，エネルギー量は１本（可食部100gとして）86kcalと果実のなかでは高い。ビタミン類は多くは含まれないが，無機質は多く，特にカリウム，マグネシウムは他の果物に比べても含有量が多い。食物繊維が多く，フラクトオリゴ糖を多く含んでいることも特徴的である。フラクトオリゴ糖はビフィズス菌の増殖を促し，腸内細菌叢の改善に役立つとされている。フラクトオリゴ糖の１日の必要量は１gとされているが，バナナ１本（可食部100gとして）には約0.3g含まれており，３本でそれを満たすことができる。

⑦ **保蔵条件**　バナナは低温障害を起こしやすいため，貯蔵温度は13.5～15.5℃が適温とされ，10日間の貯蔵が可能である。冷蔵庫中では果皮や果肉が褐変を起こすので，注意を要する。冬季に新聞紙に包んで保存するのも，低温をできるだけ避けるための一方法である。ただし，おいしく食べるために数時間冷蔵庫に入れることはなんら差し支えない。なお，褐変はポリフェノールによるものであり，有害なものではない。

(27) パイナップル

① **原産地・来歴**　多年生草木の実であり，原産は南米の熱帯・亜熱帯地域と考えられている。15世紀末のコロンブスの第２次探検隊によって発見され，以降世界中の熱帯，亜熱帯地方に広く伝播された。発見当時はすでに栽培品種が存在していた。

コロンブスによってヨーロッパにもたらされたが温室での栽培に限られたため，非常に高価なものとなり，もっぱら貴族や資産階級のための果実とされていた。20世紀に入りハワイでパイナップル缶詰の製造が盛んに行われるようになり，栽培も大規模化されるようになった。

日本へは江戸時代にオランダ人により石垣島へもたらされ，栽培目的としては1889（明治22）年沖縄県に導入された歴史がある。しかし，本格的に栽培が始められたのは1925年ごろ，缶詰産業が盛んになり，その原料供給のためであった。近年は，缶詰産業の衰退に伴い，生食用の産業に転換している。

② **生産量および日本の消費量**　世界の熱帯・亜熱帯地域で広く栽培されており，生産量は約1,500万ｔで，タイ，フィリピン，ブラジルなどが主要生産国である。

国内では沖縄県で栽培されており，本島では収穫期が７～９月の夏実と12～３月の冬実があり，年間２回収穫されている。夏実と冬実を比較すると，前者は高糖・低酸，後者は低糖・高酸の傾向にある。

国内消費量は約15万ｔで，沖縄県の生産量約１万ｔ以外はすべて輸入により賄われている。輸入量は約14万ｔ，輸入先国はフィリピンが約98％を占め，他は台湾約１％，アメリカ約１％である。

③ **品　種**　パイナップルは100種以上の品種があるが，草形，葉縁のトゲの有無，果実の形などにより，カイエン，クイーン，レッドスパニッシュ，プエルトリコの４系統に大別される。

このうち最も栽培されているのは，カイエン系のスムースカイエン種である。この品種は南米仏領ギアナの首都カイエンで発見されたもので，果実は大型で葉縁にトゲがなく，品質もよいことから世界中で栽培されるようになり，生産量の大半を占めるようになった。日本へ輸入されているもののほとんどが，スムースカイエン種である。珍しいものとして，手でちぎって食べられるスナックパインがあるが，これはクイーン系に属するもので，台湾から輸入されている。

④　**品質の見分け方**　大果で軸が太く，葉は緑が濃く，傷や斑点がなく，ツヤのあるものがよい。葉が長すぎたり枯れたものはよくない。果実表面は溝に緑色が残っていれば新鮮で，溝が深く，全体的に赤みを帯び，ツヤのあるのが品質がよい。果実の下部のほうが甘味が強いので，下部が大きくドッシリと重いものがよい。果実の表面を指で押して，わずかにへこむぐらいがよく，やわらかすぎるものは避けるべきである。手で果実の表面を軽くたたき，果肉の内部に汁気が充分あるか否かを確かめる。汁気の少なくなったものは軽い音がする。芳香の優れた果実ほどよいが，香りの強すぎるものは，熟度の進みすぎや腐敗が始まった場合もあるので注意を要する。

⑤　**成分および栄養価**　ビタミンC，葉酸などのビタミンや，カリウム，マグネシウムなどの無機質，さらに食物繊維も多く含まれている。

パイナップルには，ブロメラインと呼ばれるタンパク質分解酵素が含まれるのが特徴である。果肉は，肉をやわらかくするために料理用にも使用される。ただし，タンパク質系のゲル化剤であるゼラチンといっしょに使用すると，ブロメラインによりゼラチンが分解され，ゲル化が起こらなくなるので注意を要する。

生のパイナップルを食べると舌がヒリヒリすることがあるが，これはブロメラインが舌の粘膜を刺激するためであるといわれている。しかし，加熱処理された缶詰のパイナップルではそのような現象は起こらない。

⑥　**保蔵条件**　通常店頭には充分に成熟した食べごろの果実が供されるので，成るべく早く食するのがよい。室温では熟度が進んで品質の低下を起こすので1～2日が限度である。また，低温障害を起こす果実であり，7℃以下に長く置くと味の劣化や果肉の褐変が起こる。冷蔵庫内では通気性のあるプラスチック袋に入れ，3～4日以内を目安にするとよい。

パイナップルは傷つきやすいので，取扱いには充分注意を要する。

(28) カリン，マルメロ

①　**概要と特徴**　いずれもバラ科に属し，果実を利用する。カリンは原産地が中国で弘法大師が日本に伝え，マルメロは中央アジアが原産地で江戸時代の初期に伝来したといわれる。

東北や長野地方では古くからマルメロを栽培してきたが，カリンは果樹としての栽培の歴史はほとんどなく，自家用や観賞用として庭先あるいは裏庭や畑の岸などに数本植えられていたにすぎなかった。カリンがブームになったのは，1979（昭和54）年頃で，風邪や喉の炎症に対する薬効が報道されてからである。カリンのほうが語呂がよかったのか，長野県地方では古くからマルメロをカリンと呼ぶ場合が多く，両者が混同されている。

両者とも品種としては確立されておらず，特有の名称をつけているようである。すなわち，丸型の「大実カリン」，果実が小さく丸型の「七福丸実カリン」，果皮が紅色～黄色の「紅陽カリン」やピンポン玉大の「姫カリン」などの名称がみられるが，大きさや形で分類している場合が多い。

カリンは一般に大果で，果実の表面は平滑でワックス様の被膜で覆われているが，マルメロは果面が多数の短い毛で覆われていてカリンに比べると果実は小さい。

マルメロは10月中旬，カリンは10月下旬～11月上中旬に，果実の表面が黄色に色づき，芳香を放つようになったら収穫する。カリンは霜が降り，数回の寒波に遭遇した果実のほうが貯蔵性は劣るが芳香が強いといわれる。

いずれも果実は，渋みと酸みが強く果肉がかたくその上石細胞（カリン）を含んでいるので，そのまま生食したり，絞って果汁にするとか果肉をシロップ漬やジャムなどにして利用することはできない。そのために，果実酒としての利用か芳香剤としての利用など用途が限られている。

果実は，外観上形が整い，果皮が黄色で芳香を放っているものがよく，切断したときの果肉が締まっていて淡黄色であるものがよい。落果や収穫後長期間（3週間以上）放置した果実は，果肉の一部が褐変している場合があり，このような果実は避けなくてはいけない。

② **取扱いと貯蔵**　果実はかたく，傷がつきにくいが，乱暴な取扱いをすると，外観上変化がほとんどなくても，果肉は褐変している場合があり，そのような果実は腐敗しやすい。流通・貯蔵中の温度はほかの果実のように5℃前後である必要はなく，貯蔵中における品質保持に対する温度依存性は低いとみられる。果皮にワックスがあるので水分が蒸散しにくく開放状態でも比較的減量は少ない。嫌気状態の雰囲気に置くと，香りが損なわれるので，ポリ袋などによる密封は避けるべきである。やや未熟な果実のほうが貯蔵性はよいが，芳香生成の面で劣る。リンゴやバナナのような収穫後のクライマクテリックライズはほとんどみられないが，着色や芳香生成などの追熟現象はみられる。貯蔵が長くなると，果肉が褐変するとともに中央に存在する種子が変質する。昆虫が侵入している場合には，種子の周囲に排泄物がたまり，種子周辺にある粘物質の粘性が低下する。

5℃前後の貯蔵では，完熟果はせいぜい1カ月程度しか品質保持ができない。還元型のビタミンCが著しく減少し，果肉を切断すると褐変しやすくなる。したがって，長期保存が必要なときには，冷凍（凍結）保存が望ましい。冷凍する場合には，布切れやティッシュペーパーなどで果皮の表面をよく拭いて汚れを除いた後，厚み1cm程度の輪切りにして，果肉と種子を分ける。種子はピンセットか割り箸などで分離し，種子周辺の果房壁を除いておく。果房壁が存在していると，速やかに褐変しやすい。輪切り果肉はできるだけ重ならないようにラミネートフィルムに入れて真空包装した後，冷凍庫（−21℃）で凍結保存する。冷凍保存した果肉はカリン酒や砂糖漬などの加工向けに使用しても，生果実とそん色ない製品が得られる。

(29) ブルーベリー

① **原産地および概要**　北米の原住民に野生種が利用されていたが，20世紀初頭から品種の改良が始まり，栽培用のハイブッシュブルーベリーが開発されて北米に拡がり，さらにヨーロッパに伝わって栽培が盛んになった。日本へは昭和20年代のなかばに導入されたが，本格的な栽培の始まったのは昭和50年頃からである。全国的に広く栽培されているが，長野県が最も多く，次いで群馬県，埼玉県などが主な生産地となっている。年間の栽培量は約1200tである。

ベリー類は種類が多く，ブルーベリーの他にラズベリー，ブラックベリー，ボイセンベリーなどのキイチゴ類，グーズベリー，カラントなどのスグリ類やコケモモ，マルベリー（桑の実）などがあり，ケーキのトッピングなどに見られるが，これらはいずれも海外から低温で輸入されたものであり，国内で商業的に生産されているものはない。ただ，クロミノウグイスカズラ（ハスカップ）は少量ではあるが北海道の千歳地方で栽培され出荷されている。

② **品　種**　ブルーベリーにはハイブッシュ系，ラビットアイ系，ローブッシュ系の三つの系統があり，それぞれに多くの品種がある。

ハイブッシュ系はその名の通り樹高が高く，1.5～2.0mになる。20世紀初頭から栽培が始まり，品種改良が最も進んでいる。耐寒性があり，北海道，東北，関東，長野県などで広く栽培されている。大粒で品質が優れているためもっぱら生食用として消費されている。

ラビットアイ系は品質がハイブッシュ系に比べて劣るため，国内ではあまり栽培されていないが，土地の適応範囲が広く，耐暑性に優れていることから暖地向けにハイブッシュ系の台木として利用されることが多い。

ローブッシュ系は樹高20cm前後と低く，多少栽培もされているがほとんどがカナダ，アメリカ東北部一帯の野生種が採取されている。小粒で果皮が軟らかいためジャムなどの加工原料として利用されている。日本のブルーベリージャムの原料はカナダや米国から冷凍品として輸入された野生種が使用されている。

③ **成　分**　ブルーベリーはヨーロッパでは古くから民間薬として使われてきた歴史がある。ブルーベリーには視力の改善に効果があると一般に知られている。これは網膜中に含まれ，光の刺激を網膜から脳に伝える役割をするロドプシンという色素の再合成にブルーベリーに含まれているアントシアニンが有効であるためとされている。ビタミンEは1.7mg/100g，食物繊維は3.3g/100g含まれているが，これはいずれも果物のうちでは特に多い含有量である。アントシアニンとビタミンEは抗酸化性を有し，活性酸素の働きの抑制効果があり，老化防止に役立つともいわれている。このように抗酸化性成分や食物繊維を含んでいることは栄養学的に優れた食品といえるが，さらにこれらの機能性を生かした加工品の開発も期待される。

④ **果実の選び方**　果実が大きく粒揃いがよく，色の濃いものが良い。果皮には張りがありしわのあるものは鮮度が良くないので避ける。

⑤ **保蔵方法**　ブルーベリーの収穫期は7～8月で気温が高く，呼吸，蒸散作用や微生物による品質の低下が起きやすい。これらの影響を避けるため収穫後はできるだけ速やかに予冷を行い品温を下げることが望ましい。その後の輸送や店頭での陳列も低温で行う必要があるが，いちど低温にした果実をそのまま外気に曝すと表面に結露を生じ，腐敗の原因になるので注意を要する。

家庭では冷蔵庫中に保蔵する必要があるが，湿度の調節などが難しいため，なるべく2～3日で消費した方がよい。−20℃で凍結すれば2カ月くらいは品質が保てる。

(30) アセロラ

アセロラ果実には，ビタミンCがもっとも多く含まれており，レモンの約38倍も含まれる。医学的にも注目され，天然ビタミンCの豊庫であり，健康志向フルーツとして期待される。

日本では，もっぱら輸入に頼っており，その果汁は“アセロラ飲料”として，消費量は増加の傾向にある。

① **原産地・分布**　原産地は熱帯アメリカとされ，カリブ海域諸国，プエルトリコ，フロリダ，ブラジル，ハワイ，フィリピン，台湾などで栽培されている。日本では沖縄県で特産果樹として栽培されている。

② **形態・性状**　常緑の低灌木で，4～5mになることもある。果実は子房が発達した核果で，光沢のある深紅色，一見サクランボと似ている(図3.7.36)。果径1～3cm，果重5～10gである。

③ **種・品種**　甘味系と酸味系に大別され，主要品種に次のようなものがある。

① 甘味系/「フロリダスイート」，「台湾甘味種」，「マノアスイート」，「ルビトロピカル」，「ハワイアンクイーン」

② 酸味系/「ビュモント」，「レーンボーグ」，「ジャンボ」，「ベルメルホ」

④ **果実成分と品質**　果実の品質に関係する主成分は，糖，酸および色素であるが，アセロラではビタミンCが大きく影響する。

糖含量は果実の成熟につれて高まり，酸は減少する。糖はブドウ糖，果糖，ショ糖を含み，主要

図 3.7.36　アセロラの果実（甘味系，指宿産）
（石畑原図）

表 3.7.15　アセロラの果実組成（適熟果）

産　地	1果重 (g)	可食部歩合 (%)	果汁歩合 (%)	糖　度 Bx	リンゴ酸 (%)
指　宿	9.3	95.5	79.8	8.8	0.86
名　瀬	5.7	95.9	74.1	9.0	1.05
名　護	5.6	94.4	77.6	8.8	1.13

出典）伊藤・他：日食工試，37（9），726～729（1990）

な酸はリンゴ酸で，全酸の25～50％を占める。アセロラ果実の主要赤色色素はアントシアニン色素malvin（マルビジン-3,5-ジグルコシド）である。

アセロラの果実組成は表3.7.15のとおりである。

ビタミンC：プエルトリコ産のアセロラ果実のビタミンC含量が，2,247mg/100gであると発表（1946年）されて以来，ハワイ産が2,330mg/100gと報じられ，また系統や地域によってもその含有量に変化がみられるが，ビタミンC含量が抜群に高い果実である。

国内では3産地，指宿（鹿児島県），名瀬（鹿児島県）および名護（沖縄県）のアセロラ果実について，未熟，中熟，適熟の3熟度別の果実のビタミンC含量をそれぞれ比較した。

その結果，ビタミンC含量は未熟果ほど高く，熟度が進むにつれて減少した。ビタミンC含量の最高値は，未熟果で3,200mg/100gと高い値を示した。産地別では，名護＞名瀬＞指宿の順で，南にいくほど太陽の照射量も多く，ビタミンC含量が高いことがわかった。

一方，アセロラ果汁の加熱処理に対する安定度は優れており，また果汁を冷凍し8カ月貯蔵した場合，ビタミンCの残存率は82～87％と高く，加工処理によるビタミンCの損失は少ない。

⑤　**輸送・貯蔵・利用**　中央アメリカ・南アメリカでは，1樹から年5～6回の収穫を繰返し，平均的な年間収量は1樹当たり20kg前後である。樹上で完熟させると傷みやすいので，果色が淡い紅色のうちに収穫し，生食用に供する。

完熟果は盛夏期，常温下で2～3日で腐敗，発酵する。貯蔵適温は，3～8℃である。

出荷形態は次の2通りある。

① Aタイプ/収穫→洗果→選別→袋詰→冷凍→出荷

② Bタイプ/収穫→洗果→選別→ピューレ・パック詰→冷凍

いずれも冷凍状態で，低温輸送を行っている。近年はブラジル国内のベレン，サンパウロなどの大消費地では，健康によい果実として，アセロラを生果で販売している光景もみられるが，これは生産地に近い消費地での販売方法であり，主流は冷凍流通である。

成熟果は鮮度保持，貯蔵性に難点があるので，主として加工される。ジュース飲料，キャンディー，ゼリーなどに用いられ，欧米において市販されている天然ビタミンC錠剤の主原料は，大部分がアセロラであり，その歴史は古い。日本でも天然ビタミンCの粉末，錠剤として利用され，機能性食品として需要が増えている。

(31) レ　イ　シ

中国人のもっとも好む果実の一つであり，楊貴妃が好んで食べたといわれており，熱帯，亜熱帯の五大名果に入り，鮮度保持の困難な古代では，特に珍重された果実である。

①　**原産地・分布**　原産地は中国南部，栽培は唐時代より行われ，2,000年を超える。現在，中国，台湾のほか，カンボジア，マレーシア，タイ，インド，南アフリカ，マダガスカル，オーストラリア，ハワイ，カリフォルニアなどで経済栽培されている。日本では，沖縄県で少量の生産がある。

②　**形態・性状**　常緑の小高木で，樹高10mにも達する。花は大きな円錐花序で，果実は数百個の小果のうち50～100粒が結実し，数個ずつ房状に着生する。果皮は成熟すると紅色から朱紅となり，芳香がある。種子は1個，まれに2個ある。

③　**種・品種**　中国では，地方特有の優れた品種は，その地域環境のなかで特性が発揮されるといわれており，地域ごとに優良品種が選抜されている。主要なものとしては，「Wai Chee」（広東省），「Souey　Toung」と「Haak　Yip」（福建

表 3.7.16　タイ北部で栽培されているレイシの果実特性

品　種	果　重 (g)	果　径 (cm)	果　長 (cm)	果肉重 (g)	種子重 (g)	可溶性固形物 (%)
Hong Huay	26.4	3.5	3.8	18.3	4.2	18.0
O-Hia	19.7	3.3	3.3	12.9	2.4	17.9
Kim Cheng	12.8	2.9	2.8	8.6	1.8	18.0
Kim Chi	22.8	3.5	3.6	15.4	3.6	20.0

出典）Chaitrakulsap Bangkok. Kasetart Univ., p.22(1979)

省）などである。

タイ北部の栽培品種特性を表3.7.16に示す。

④　**果実の成分と利用**　レイシは糖・酸のバランスとみずみずしさ，ほのかな香りが特徴である。インド産12品種の酸含量は0.20～0.64%程度，成熟に伴って減少，また貯蔵中にも減少する。リンゴ酸が約80%であり，残りがクエン酸，コハク酸などである。

水分含量は77～83%，糖組成はハワイ産（Brewster 種）で，全糖（16.8%），うちショ糖は51.1%，ブドウ糖30.1%，果糖18.8%の構成割合である。ペクチン0.42%，ビタミンCは豊富であり，品種や産地により変動があるが，40～81mg/100g含まれる。しかし，温度や貯蔵期間の増加に伴い，ビタミンC含量は減少する。レイシ果実の香気成分としては，β-フェニールエタノールほか42種類の成分が検出されている。

果実は生食が主体であるが，乾果，シロップ漬，缶詰，冷凍などに加工される。

⑤　**成熟・収穫・収量**　レイシは，追熟型の果実ではないので，樹上で充分成熟させてから収穫する。早採りすると，糖度が低く品質は極端に悪い。熟期は果面のつぶつぶが平滑になり，品種特有の果色に変化したときである。過熟になると，落果するのみならず輸送中に損傷して，果梗から脱落する。

収穫は，果房の基部に数葉の葉をつけて切取る。収量は1樹当たり100～500kgとされている。

⑥　**鮮度保持**　収穫果実の品質は，常温では数日間で劣化するので，低温で貯蔵する。一般には2～3℃，湿度80～85%で貯蔵すると，1カ月は鮮度が保持される。5℃以上では果皮が褐色しやすく，0℃近くでは低温障害が発生する。

図 3.7.37　レイシの果実（鹿児島県南大隅町産）

レイシ果実の果皮褐変は，果皮からの水分消失が直接的に関与していることが，沖縄県農業試験場の研究で明らかとなった。したがって，荷姿は葉をつけた果房切り口にキャップをつけ，水分補給してさらにポリエチレンフィルムで包装することによって，新鮮なレイシ果実を出荷することで可能になった。

(32) グ　ア　バ

バンジロウとも呼ばれ，栽培面積，生産量ともにマンゴー，バナナ，カンキツ類に次ぐ熱帯果実の中で第4番目に重要な果樹である。果実は，ビタミンC含有量がきわめて高いので，野菜の不足する地域住民の健康維持にも役立っている。

①　**原産地・分布**　熱帯アメリカ原産で，フロリダ，ハワイ，コロンビア，西インド諸島，ブラジル，インドネシア，インド，フィリピン，タイ，台湾などで経済栽培されている。日本でも南西諸島，沖縄県などで若干の栽培がみられる。

表 3.7.17　グアバ果実の成分

品　種		産　地	1 果 重 (g)	糖　度 (Bx)	酸 (%)	ビタミンC* (mg)
台湾黄	(黄)	奄美大島	99	9.8	0.90	574
台湾白	(白)	奄美大島	52	10.0	0.39	135
佐多一5	(赤)	佐 多 町	91	8.1	0.52	180
佐多一6	(赤)	佐 多 町	132	8.2	0.56	336
酸果系	(橙)	佐 多 町	49	9.5	2.45	171
9果平均値		鹿児島県	85	9.8	0.79	269

*全ビタミンC含量で示した。そのうち，還元型ビタミンCが80%を占め高かった。
出典）伊藤・他：鹿大農学部報告，30，47～54(1980)

② 形態・性状　樹高は3～7m，果実は球形，だ円形，洋ナシ形で，果径5～7cm，果実は30～450gであり，品種間の差が大きい。果肉は赤色，桃色，白色，黄色などがあり，種子は多くてかたい。グアバ果実は成熟すると，独特の香気，じゃ香臭を生ずる。

③ 種・品種　*Psidium* 属には約150種あるが，グアバは品種が多く，赤ではハワイの「ビュモント」，白では台湾の「白抜《はくばつ》」，インドの「Lucknow-49」，「Allahabad Safeda」などの優良品種が栽培されている。

④ 果実成分と利用　グアバの特徴成分としては，ビタミンC含量がきわめて高く，ハワイ産のもので70～350mg/100g，普通200mg/100g前後のものが多い。表3.7.17に鹿児島県産数種グアバ果実の成分を示した。果肉中，全ビタミンCは平均269mg/100gの高い値を示し，しかも還元型ビタミンCは80%を占めており，ウンシュウミカンの8倍以上の高いビタミンCを含む。

未熟果から完熟果へと樹上で生育中，グアバのビタミンC含量は次第に増加する。その後20℃で10日間貯蔵したところ，果肉中のビタミンCは著しく増加（200mg→330mg：150%にアップ）する現象がある。

そのほか，グアバには多量のペクチン質，タンニン，食物繊維などが含まれており，健康果実として優れている。

生果だけでなく，ジュース，ネクター，ゼリーなどにも加工される。なお，グアバの葉および幼果をスライス乾燥したグアバ茶は，健康食品としてカキ茶と同様な需要がある。

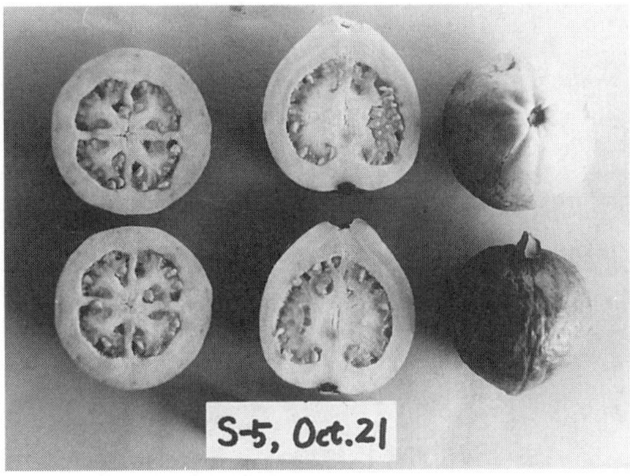

図 3.7.38　グアバの果実（鹿児島県佐多町産）

⑤ 収穫・収量・輸送・貯蔵　接ぎ木樹では，2～3年で結実するが，果実が成熟しかけると鳥に狙われるので早めに収穫する。果実は傷みやすいので，ていねいに取扱う。インドでは，雨季の収量は乾季より多い。

収穫果実は，2～3日は常温で貯蔵できるが，室温8～10℃，湿度85～90%で低温貯蔵すれば，1カ月程度の鮮度保持が可能である。

(33) ジャックフルーツ

① 特　徴　ジャックフルーツ（*Artcarpus heterophyllus* L.）は熱帯性果実で，タイ，インドネシア，ミャンマー，インドなどの東南アジアで広く栽培されている。大きいものでは50kgになるものもあり，かなり大きな果実に分類される。成熟したものはデザート果実としてそのまま食べられるが，未熟果は野菜として料理などに利用され

図 3.7.39　インドネシアのボゴール市場でのジャックフルーツの販売状況（茶珍提供）
手前が内部が食べられる程度に肥大した状況。後方はナイフで果実を切断した状況。

ている。果実全体としては果肉部分29%，種12%，皮が59%に分けられる。種にはデンプンが多く含まれている。果実は収穫後追熟によって軟化するとともに芳香成分や糖分の生成によって甘みが増加し，可食状態になる。

② 生理的特性と貯蔵性　クライマクテリック型果実で，収穫時はかたいが，呼吸量の増大とともに軟化し，デンプンの減少とともに甘みが増加する。果実は果皮がやや褐色がかった黄色に変化したとき収穫するのが普通で，これを25±2℃（相対湿度70±5%）で貯蔵すると，おおよそ8日間で可食期に達する。このときかたさは12kgから6.5kg（/cm²）まで減少し，糖分は5%から20.2%まで増加する。酸含量は0.6〜0.7%（クエン酸とリンゴ酸がほぼ同割合で可食期には前者が多い）の範囲であまり変化しないとの報告があり，甘さの強い果実である。芳香成分は2日目以降から急激に生成し，4日目ではかなり高い芳香となる。呼吸のクライマクテリックライズは3日後であるが，この時点での食用はまだ不充分である。

③ 店頭販売の要点　輸入果実であり，詳細は不明の部分もあるが，いわゆる追熟型の果実であるので，糖分の生成増加以後は品質低下は早くなると考えられる。芳香の生成が強くなった以後は，できるだけ短期間で販売に心掛けることが肝要であろう。

(34) ドリアン

① 特　徴　ドリアンはマレーシア，インドネシア，タイおよびフィリピンで7〜8月の夏季に収穫される熱帯果実である。果実は20×25cm，まれには40cm（20kg）の大きさになるものもある。かたくて厚い皮にはかたく鋭い円錐状の大きなトゲがある。内部は4〜5室に分かれ，各室に淡黄色の種子を1〜7個を含む。種子は白，黄または橙色のクリーム状の果肉に覆われている。果肉はそのまま食べるが強い特異なにおいがあり，好き嫌いがあるが，栄養豊富な果実である。国内では栽培されていないのですべて輸入品である。

② 果実成分の特徴　果肉の一般成分組成は，脂質が4%台，炭水化物のうち糖質は20%台とかなり甘みを含む果実といえる。ビタミンCは10mg台でそれほど多くない。ドリアンの特徴である香りの主成分は強烈なオニオン臭とフルーティなにおいである。前者はチオエーテル類やチオール類，後者はエチルα-メチルブチルエステルといわれている。

③ 品質低下の要因　果実の商品価値を低下させる主要因は裂開と称する縫合線に沿って起こる亀裂であるといわれている。まず果実は環境湿度によって大きく異なり，27℃で湿度65%の環境で，未熟果では収穫後3日で明確に起こるが，湿度95%では5日後に明確になる。完熟果では同一条件では変化は少し遅れる。当然果実の重量減少は湿度の高いほうが少ないので，このことが大きな要因となっている。また，エチレンの発生は裂開を促進するが，この場合は完熟果のほうが著しく早い。収穫後の品質変化では夏季室温で果実によるが数日間で急速な軟化とデンプンの分解により糖分が生成してくる。果実に脂肪酸エステルのような被覆剤を塗ると裂開や果肉の軟化が遅れるという実験例もある。理由は果実内の炭酸ガス濃度を上げ，エチレンの生成を抑制するためである。

④ 店頭販売での要点　東南アジアではタイのように香りの弱い未熟果実を好む国とシンガポールのように香りのある完熟果実を好む国があるので，果実の履歴をしっかり把握する必要がある。

未熟果か完熟果かを判断して，まず重量減少を防ぐ必要がある。果実を全体が覆われないような形で包装紙などで覆うか，ポリエチレンのようなフィルムで包んで店頭に置く必要があろう。また，

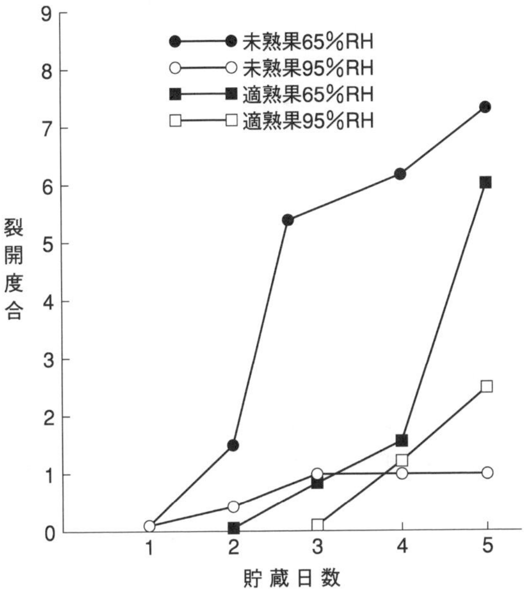

図 3.7.40　異なった熟度と環境湿度下が貯蔵中のドリアン果実の裂開に及ぼす影響
貯蔵温度：27℃
出典）SRIYOOK *et al.*（1994）

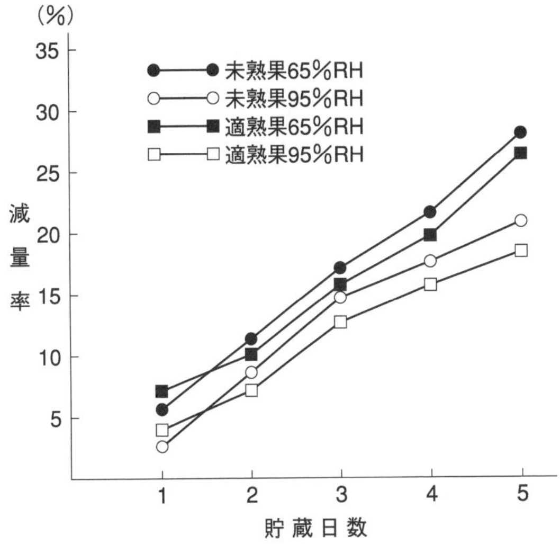

図 3.7.41　異なった熟度と環境湿度下が貯蔵中のドリアン果実の重量減少率に及ぼす影響
貯蔵温度：27℃
出典）SRIYOOK *et al.*（1994）

周辺にエチレンを多く生成する追熟型果実を置かないようにする。亀裂が入ると微生物の侵入による腐敗が起きやすくなるので注意を要する。

(35) スターフルーツ

① 特　徴　学名（*Averrhoa carambola* L.）由来のカランボラという呼び名で知られる熱帯性果実で，原産地はインドネシア東部，モルッカ群島といわれるが定かではない。現在は熱帯アジア以外にもカリフォルニア，フロリダ，ブラジルなどでも栽培されている。果実の大きさには非常に大きな幅があり（10～90g），横断面が五角形の星状形をしているのでスターフルーツと呼ばれる。日本では五稜をなす不思議な果実として，ゴレンシと呼ばれることが多かった。果肉は充分に熟し，新鮮でぱりぱりしている状態では果肉は黄色で，多量の果汁を含む。味には多様性があり，大きくは甘味種と酸味種に分かれる。糖分は4～7％程度で，酸はクエン酸で0.2～0.7％程度である。

② 品質評価　果実は生食が中心であるが，シュウ酸味が強く，慣れないと食べにくい。果実の特殊な香気は，低級脂肪酸のエチルエステル類と，芳香族エステル類にアントラニル酸および*N*-メチルアントラニル酸のエステルが合わさった骨格から構成されているといわれている。

③ 店頭販売の要点　輸入果実では詳細なマニュアルはないが，品質変化が起きやすいので注意を要する。追熟果では，果実の先端や基部に水浸状態の褐変陥没斑が現れ，後に全体が黒変して

図 3.7.42　スターフルーツの果実

灰黒色のカビに覆われてくるなどの微生物的変化が生ずる。台湾などでは包製紙に包まれて販売されていることから，いわゆるCA貯蔵効果による品質保持と考えられ，包装による品質保持効果が期待できそうである。家庭でも同様な扱いが必要と考えられる。

(36) マンゴスチン

① 特 徴　すばらしい味と香りをもつ果実で，東南アジアでは非常に好まれている。日本への輸入は植物検疫の問題で多くはない。マンゴスチンは湿度の高い熱帯地域で栽培されており，雨量は年間2,500㎜を超える湿地帯で育つ。商業規模での栽培はあまり増えていない。果実の大きさはテニスボール大ではあるが，60～150gくらいまでの幅がある。未熟時は果皮は緑色であるが，成熟してくると桃色から赤色に変化し，可食期には赤紫色から暗紫色に変化する。6㎜ほどの果皮の内側に白い果肉が房状に並んでいる。果肉は甘く，少し酸味もある。果肉のジュースを分析すると，酸濃度はクエン酸として0.3～0.4%，可溶性固形物は屈折計糖度で19%程度である。

② 品質評価　果実の商品価値を低下させる主要因の一つに果肉の半透明化による触感の変化がある。果肉が白色から半透明になり，かたくぱりぱり状態になるものである。この現象は外皮の膨張による割れ目が生ずるとほとんど発生する。また正常な果実では外観からは判断できないが，果実の比重によって見分ける方法がある。すなわち果実を水溶液に投入すると，浮くものと沈むものがあるが，浮くものは90%を超える比率で正常な果肉であり，沈むものは70%台の比率で半透明化が発生する。この原因は果実の水分の過剰な吸収によるものとの説や外皮への物理的障害，果肉成分のアンバランスあるいは病気などの指摘もあり解明には至っていない。

③ 品質保持　熱帯産果実は低温貯蔵により障害が発生する場合が多いが，温度によっては最小限に回避することもできる。マンゴスチンは6℃12日間の貯蔵後10あるいは12℃に置くと通算で約1カ月間品質保持は可能であるが，その後果皮に低温障害が発生して品質低下を起こす。特に12℃に移してからの品質変化は早い。当初から10℃の貯蔵では1カ月以上品質保持が可能である。実際の温度領域としては8～12℃での範囲にあれば1カ月は問題ないと考えられる。

④ 店頭販売および家庭での要点　輸入果実であり，詳細なマニュアルはないが，既述のようにあまり低い温度に置くことは好ましくないので10℃を基準としてそれ以上ではできるだけ低い温度で販売と考えてよい。半透明果肉障害については，実用的には完全に採用できる方法ではないので，一つの判断方法として用いるのがよい。家庭でも同様である。

(37) バンレイシ

① 特 徴　バンレイシ（*Annoma squamosa* L.）は英名はsugar appleあるいはsweet sopという。追熟した果実は甘みが強く，酸味が少なく，特有な芳香がある。果実の鱗状突起が釈迦仏像の頭部に似ているため釈迦頭，仏頭果などとも呼ばれている。果実は直径10～15㎝の心臓型で，重量は250g程度はあるが，大きさにはかなりばらつきがある。チェリモヤはバンレイシと同属で，バンレイシ類中の逸品といわれている。果実は収穫後2～3日後に軟化し，追熟後の日もちは特に悪く，速やかに褐変，腐敗するため貯蔵性が低い。

② 生理的特性と貯蔵性　典型的なクライマクテリック型果実で，収穫時はかたいが，呼吸量の増大とともに軟化し，甘みが増加する。果実は低温障害が発生しやすいとされており，低温貯蔵はできない。外観的にも軟化が始まると果皮も茶褐色に変化し始め，果肉も変色してくる。同時に風味も低下する。

16℃，20℃および室温（28±2℃）での貯蔵実験では，16℃では14日間やや軟化した程度で糖度は7°から10°に上昇した。20℃では6日後に軟化，裂果し，室温では4日後に軟化，裂果した。しかし糖度は20℃では24°，室温では22°まで上昇した。したがって，味の改善を考慮すると，16℃でも追熟には不充分で，いったん20℃で追熟を行った後16℃で貯蔵するといった方法が現実的と考えられる。14℃での貯蔵では異常エチレンの発生がみられ，明白な低温障害が起きた。一方，チェリモヤでは13℃を低温障害の分岐点温度であると指摘している結果もあり，品種により若干の温度の差異があるので注意を要する。また，外観を考慮しない場合，5℃で5週間の貯蔵も可能とする結果もあり，あらかじめ予備試験をする必要もある。

③ **店頭販売の要点**　果実は呼吸量が20℃では100mg/kg/h以上となり，通常のポリエチレン密封包装では炭酸ガス障害が発生する。したがって，ガス透過性の高いフィルムでは品質保持は難しく，有孔フィルムを用いることが必要と考えられる。もちろん陳列環境温度も記述の条件を考慮する必要がある。この果実は軟化が始まると，カビが発生しやすい状況になるので，殺菌などの微生物対策を考慮することも必要と考えられる。

3.7.3 果実飲料

果実飲料は，最も身近な飲料で，オレンジ，リンゴ，ブドウなどポピュラーなものから，ブルーベリー，マンゴーのように新しいものも定着しつつある。また，近年の消費者の意識のなかには，生の果実の代わりに摂るものの第一候補として果実飲料が挙げられており，手軽に果実を摂取する手段の一つとして期待されている。

（1）果実飲料の規格

果実飲料は，日本農林規格（JAS）の品質表示基準では，表3.7.18に示した5つのカテゴリーに分類，定義されている。

表 3.7.18　果実飲料の JAS 品質表示基準

	定　義
果実飲料	果実ジュース 果実ミックスジュース 顆粒入り果実ジュース 果実・野菜ミックスジュース 果汁入り飲料

① **果実ジュース**　果実飲料の代表的なもので，いわゆる100％フルーツジュースである。オレンジ，リンゴなど，さまざまな由来する果実ごとに規定されている。規格上は糖類の使用が認められているが，現在100％ジュースにおいて糖類が使用されていることは極めてまれである。

② **果実ミックスジュース**　複数の果実を混合した100％ジュースで，近年は徐々に増加している傾向にある。

③ **顆粒入り果実ジュース**　果汁だけではなく，オレンジやミカンのような柑橘類のさのうや，リンゴなどの果肉を加えたジュースである。果汁にはない食感を味わうことができる。

④ **果実・野菜ミックスジュース**　果実の搾汁液と野菜の搾汁液を加えたもので，果実の搾汁液の割合が50％以上を占めるジュースである。

⑤ **果汁入り飲料**　果汁の使用量が10％以上100％未満のもので，これには果汁のほかに糖類などの味を補完するための原料が使用されている。

（2）果実飲料の原材料

果実飲料は，果汁を基本としてつくられるが，その他にもさまざまな原材料を使用されている。以下，主な原材料について述べていく。

1）果　汁

果汁とは，果実を搾った汁であり，果実飲料をつくるうえで主体となる原料で，オレンジなどの柑橘類やリンゴ，ブドウなどさまざまであるが，原料果実の特性に応じた搾汁方法を用いて製造される。果汁の製造は，原料である果実が収穫される場所で行われており，世界各地でつくられた果汁を用いて果実飲料が製造されている。

果汁は，その製造方法から，ストレート果汁，濃縮果汁に分類される。ストレート果汁は，その名のとおり果実を搾った果汁そのものである。したがって，原料がもつ風味などの特性をそのまま保持している。一方，濃縮果汁は，搾った果汁の水分を除去し，濃縮したものである。例えば，オレンジ濃縮果汁の場合，果実を洗浄・搾汁した後，およそ5倍から6倍に濃縮し，ドラム缶に充塡され，−18℃以下で冷凍保管される。現在，広く用いられているのは，この濃縮果汁である。濃縮工程は，通常，加熱により水分を蒸発させるが，近年は熱をかけない膜濃縮技術や凍結濃縮技術を用いた，より高品質な果汁の製造が行われている。

2）糖類，甘味料

主として使用されるのは，砂糖，果糖，液糖，非糖質甘味料である。これらの原材料は甘味の付与による味の調整を目的として使用されるが，それぞれに一長一短があり，製品の特性を熟慮して使用する糖質を選定している。

砂糖は甘味度が高いため，製品の後口にボディー感を付与することができ，ずっしりとした甘味を与えることができる。果糖は後切れのよい甘味であるため，すっきりとした甘味を表現するには適切な糖である。広く使用されている液糖は，果糖とぶどう糖の混合物であり，果糖の量が多いほどすっきりとした甘味となる。果糖とぶどう糖の割合により，すなわち果糖がぶどう糖より少ないものは，ぶどう糖果糖液糖，果糖の方が多いものは，果糖ぶどう糖液糖と呼ばれる。

非糖質系の甘味料の代表的なものは，ステビアやアスパルテームである。これらは甘味を感じるもののカロリーにはならないので，いわゆる低カロリー飲料に用いられている。

3）香　料

果汁の搾汁工程や濃縮工程で失われた本来の香りを補うために使用される。香りは果汁飲料の特性のなかでも重要な指標であり，したがって香料は果汁とともに，果汁飲料をつくりあげるうえで極めて重要な原材料である。

香料は，天然香料と合成香料とがあり，また多くの種類がある。使用する場合は，果実の複雑な香りを表現するため，これらの香料を複数組合わせる場合が多い。

4）その他の原材料

果汁飲料の色は，時間とともに徐々にではあるが変化していくことは避けられない。例えば，リンゴは搾汁後，徐々に褐色に変わっていく。これは酸化反応によるものであり，この変化を防ぐには酸化防止剤を使用する。果汁飲料の酸化防止剤としては，一般的にはビタミンCが用いられる。リンゴでは，搾汁時にビタミンCを噴霧することにより褐変を防止している。

また，果実の味に寄与する要因として，甘味とともに酸味がある。酸味の再現を目的として酸味料が用いられる。一般的にはクエン酸やリンゴ酸が使用されている。

（3）製造工程

果汁飲料の無菌充塡製造工程を，以下に概略示しておく。

①　開け出し　果汁の原料を準備をする場である。原料果汁は通常ドラム缶で冷凍保管されているため，事前に解凍して使用される。果汁の解凍の状態，色，味などの品質を確認し，検査に合格した原料のみ次の調合工程に送られる。また，さのうや果肉を使用する場合も，この工程で検査が行われる。

②　調　合　味を整える工程である。開け出し工程から送液された果汁を，水を加えて所定量に希釈するとともに，均一になるよう充分に撹拌する。香料，甘味料，酸味料などを必要に応じて使用する。糖度，酸度，pHなどの理化学的な項目と，官能検査など品質規格の確認をこの段階で行う。

③　殺　菌　調合された果汁は必要に応じて濾過や均質化の工程を経て，高温短時間殺菌が行われる。通常，食品衛生法に定められた規定以上の条件で実施され，90℃以上で数秒から数十秒行われる。

④　充　塡　殺菌された果汁は充塡工程で容器に詰められる。無菌充塡方式の場合は，事前に殺菌された容器に無菌的に充塡し密封される。ロングライフの紙容器飲料や，一部のペットボトル飲料がこれにあたる。

⑤　検　査　充塡された果実飲料は，賞味期限などを印字し，箱詰にして倉庫に保管される。この段階で，製品の理化学的検査，官能評価，外観，内容量，賞味期限など多岐にわたる最終検査

を行う。

(4) 表　示

すべての食品の表示については，日本農林規格(JAS)をはじめ，法律によって記載すべき内容が定められている。以下，果実飲料の一括表示について述べる。一括表示とは，商品の背面あるいは側面に，枠囲いされ，必ず記載されている表示である。

1) 品　名

内容物に応じて，日本農林規格で定められた名称を表示しなければならない。例えば，果実ジュースのうち100%オレンジジュースであり，濃縮還元果汁を用いた場合は，「オレンジジュース(濃縮還元)」と記載する。3種類の濃縮還元果汁を混合した100%ジュースの場合は，「果実ミックスジュース(濃縮還元果汁)」となる。

果汁入り飲料は，果汁の混合割合，使用する果実を記載する。例えば，50%のリンゴ果汁入り飲料の場合は，「50%リンゴ果汁入り飲料」と表示され，30%の複数の混合果汁入り飲料の場合は，「30%混合果汁入り飲料」と表示される。

なお，果汁割合が10%未満のものは，日本農林規格の果実飲料の規格には含まれないため，清涼飲料水と記載される。

2) 原材料名

使用している原材料を，食品，食品添加物の順で，かつ原材料に占める重量の割合の多いものから順に記載する。複数の果実を使用したミックスジュースや混合果汁入り飲料の場合は，「果実」と記載したうしろに，括弧書きで使用した果実が記載される。食品添加物を使用している場合は最後に記載する。

(5) 保蔵方法

一般的に食品は製造後，徐々に品質が変化していくことは避けられない。果実飲料の場合，その変化は香味と色に顕著にあらわれ，フレッシュな香味は減少し，鮮やかな色合いは褐色のくすんだ色に徐々に変わっていく。果汁飲料の品質を変化させる原因はいくつかあるが，酸素，温度，光が代表的なものである。したがって，流通過程でもこれらの要因をできるだけ排除することが大切である。

保管温度は，常温保存可能品でも，できる限り低い温度で保管することが望ましい。特に夏場の倉庫は予想以上に温度が上がることがあるので，気をつけなければならない。なお，牛乳パックに代表される「要冷蔵」表示のあるチルドのショートライフ商品の場合は，10℃以下の冷蔵条件下で保管を前提として製造されている。したがって，流通過程・保管過程においてはこの温度を超えてはならない。

光の影響については，缶飲料や紙パックでは光を通さないため問題とはならないが，ペットボトルあるいはビンの場合は，光を通すため注意が必要である。特に直射日光が当たるようなところは，光の影響はもちろんのこと，高温になりやすいので保管場所としては避けなければならない。

一般的な保管の方法は，賞味期限と密接な関係があり，表示に従う必要がある。常温保存可能品の場合も，直射日光を避け，常温を超えない温度で保存することが必要である。

3.8 キノコ類

3.8.1 種類と特徴

キノコは真菌類の担子菌や子嚢菌の一部がつくる大型の子実体のことをいい，植物でいえば花の部分にあたるものである。キノコ類は日本だけでも約5,000種が自生しているといわれるが，未だに分類が完全でなく名前がついていないものも多い。食用とされるキノコは図鑑などには200～300種が取上げられているが，一般的には100種程度である。

（1）栽培キノコと野生キノコ

キノコ類には落ち葉や倒木などを分解して養分を得る腐生性の菌と，生きた木の根に寄生して菌根を形成しそこから養分を得るいわゆる菌根菌がある。腐生性の菌にはシイタケ，ヒラタケ，マイタケ，エノキタケ，ブナシメジ，ツクリタケ（マッシュルーム）などがあり，菌根菌にはマツタケ，ホンシメジ，トリュフなどがある。現在，栽培されているキノコ類はすべて腐生性の菌であり，植物の根と半共生の関係にあるとみられる菌根菌は人工培養に成功していない。

1）栽培キノコ

各種キノコの成分値を表3.8.1に示す。

①　シイタケ　ナラやクヌギの倒木に発生するヒラタケ科のキノコで，天然では春と秋に生える。江戸時代よりなため式という半栽培的な方法があったが，純粋培養の種菌を用いて栽培化がなされたのは，昭和に入ってからである。シイタケ栽培はナラやクヌギの榾木《ほだぎ》に種菌を培養した種ゴマを打込み，山地の樹下に置いて発生させる，いわゆる原木栽培が一般的であり，特に日本の干しシイタケは全部原木栽培である。しかし，生シイタケではおがくずを利用した菌床栽培が多くなってきている。一方，中国産のものは干しシイタケも生シイタケも大部分が菌床栽培のようである。

日本産原木栽培と菌床栽培の生シイタケを大規模に収集して成分組成を調査した報告によると，菌床栽培品の水分が90.3％であったのに対し，原木では88.8％であった。また，総窒素量は生鮮品でほぼ同じであり，乾物基準換算すると菌床シイタケが1.13倍含量が高い。逆に炭水化物は原木シイタケが乾物当たりで1.23倍高い含量である。言換えれば，原木シイタケは水分が少なく繊維分が多いのに対し，菌床のものは水分が多く，繊維分が少ないことになる。焼いたときなどに，菌床シイタケが水分が多く出て小さく縮まり，やわらかくて歯ごたえがない原因である。菌床栽培では培地に添加する栄養剤の量を増加させると，子実体の窒素量が増加することが明らかになっており，栽培法の改良により食味の改善が今後の課題となろう。

栽培用シイタケには多くの品種があり，1997年版の全国食用種菌協会の一覧には各社あわせて115種が登録されている。これらは主に栽培適性や収量を目安に開発されたものであるが，品種による成分組成や嗜好性の違いもあるとみられる。

A．干しシイタケ……シイタケを乾燥したものである。自家消費用として天日乾燥されたものがわずかにあるが，市場に出るものは機械乾燥されたものである。良質の干しシイタケを生産するためにはよい原木栽培シイタケを用いることが第一の条件であるが，原料に合わせた細かい乾燥の技術が必要であり，日本産の干しシイタケが高品質である理由でもある。

干しシイタケの取引は全国にある干しシイタケ入札場で行われる。入札に参加する商社，問屋は

表 3.8.1　キノコの一般成分（可食部100 g 当たり）

			廃棄率 (%)	エネルギー (kcal)	水　分 (g)	タンパク質 (g)	脂　質 (g)	炭水化物 (g)	灰　分 (g)	ビタミンD (μg)
エノキタケ		生	15	22	88.6	2.7	0.2	7.6	0.9	0.9
		ゆで	0	22	88.6	2.8	0.1	7.8	0.7	0.9
		味付けビン詰	0	42	74.1	3.6	0.3	16.9	5.1	1.4
キクラゲ類	アラゲキクラゲ	乾	0	715	13.1	4.6	0.7	79.4	2.2	69.6
		ゆで	0	35	82.1	0.8	0.1	16.7	0.3	14.7
	キクラゲ	乾	0	167	14.9	7.9	2.1	71.1	4	435.0
		ゆで	0	13	93.8	0.6	0.2	5.2	0.2	39.4
	シロキクラゲ	乾	0	678	14.6	4.9	0.7	74.5	5.3	970.0
		ゆで	0	14	92.6	0.4	Tr	6.7	0.3	93.4
クロアワビタケ		生	10	19	90.2	3.7	0.4	4.9	0.8	1.0
シイタケ	生シイタケ	生	25	18	91.0	3	0.4	4.9	0.7	2.1
		ゆで	0	20	89.6	2.4	0.3	7.1	0.6	2.4
	乾シイタケ	乾	20	182	9.7	19.3	3.7	63.4	3.9	16.8
		ゆで	0	42	79.1	3.2	0.5	16.7	0.5	1.9
シメジ	ハタケシメジ	生	15	18	90.3	3.1	0.2	5.6	0.8	1.3
	ブナシメジ	生	10	18	90.8	2.7	0.6	5	0.9	2.2
		ゆで	0	21	89.1	3.3	0.3	6.5	0.8	3.3
	ホンシメジ	生	15	14	92.5	2.1	0.3	4.4	0.7	4.0
タモギタケ		生	15	16	91.7	3.6	0.3	3.7	0.7	1.7
ナメコ		生	0	15	92.4	1.7	0.2	5.2	0.5	0.4
		ゆで	0	14	92.7	1.6	0.1	5.1	0.5	1.0
		水煮缶詰	0	9	95.5	1	0.1	3.2	0.2	1.2
ヌメリスギタケ		生	8	15	92.6	2.3	0.4	4.1	0.6	1.0
ヒラタケ	ウスヒラタケ	生	8	23	88.0	6.1	0.2	4.8	0.9	6.1
	エリンギ	生	8	24	87.5	3.6	0.5	7.4	1	1.8
	ヒラタケ	生	8	20	89.4	3.3	0.3	6.2	0.8	1.1
		ゆで	0	21	89.1	3.4	0.2	6.6	0.7	1.7
マイタケ		生	10	16	92.3	3.7	0.7	2.7	0.6	3.4
		ゆで	0	17	92.1	3.1	0.8	3.6	0.4	4.2
		乾	0	181	9.3	21.9	3.9	59.9	5	14.4
マッシュルーム		生	5	11	93.9	2.9	0.3	2.1	0.8	0.6
		ゆで	0	16	91.5	3.8	0.2	3.7	0.8	0.6
		水煮缶詰	0	14	92.0	3.4	0.2	3.3	1.1	2.2
マツタケ		生	3	23	88.3	2	0.6	8.2	0.9	3.6
		水煮缶詰	0	15	92.4	1.2	0.2	5.6	0.6	6.0
ヤナギマツタケ		生	10	13	92.8	2.4	0.1	4	0.7	0.9

（五訂増補日本食品標準成分表）

落札した干しシイタケを贈答用や小売用などに包装し直すのでパッカーと呼ばれ，ここから小売店に卸される。

干しシイタケの規格は各入札場により異なるので，多くの銘柄が存在する。傘が六分開き以下で厚肉のものを冬菇《どんこ》，八から九分に開いて薄肉のものを香信《こうしん》という。この2銘柄が基準となり，中間のものが香菇《こうこ》である。

冬菇は冬から早春にかけてが製造適期であり，傘の表面が白く深く亀裂したものを天白，多数の茶色の亀裂があるものを茶花，亀裂の色を区別しなければ花冬菇という。大きさや品位により上，並，小粒などの銘柄にも分けられる。香信は大きさにより大葉，中葉，小葉や上，並などに分類されるほか，茶の取引に関係した名称で「茶撰」，「中茶撰」，「小茶撰」や重量により取引したなごりである「信貫」などの銘柄がある。また，このほかにも欠陥品についてのばれ葉やかけ葉，黒子などがある。このように，全国的に統一されたものはないといえるが，輸出規格，内地取引規格，日本農林規格などいくつかの品質規格が示されている。日本農林規格の干しシイタケの品質表示基準は傘が七分開き未満のものを冬菇，七分開き以上のものを香信と規定している（表3.8.2）。

干しシイタケの国内生産量は激減し，代わりに輸入量が消費量の60%以上となっている。国内での生産量は多い順に大分県，宮崎県，岩手県である。輸入先は大部分が中国であり，価格の安い中国産により国内生産が圧迫されていることが明瞭である。中国産の干しシイタケは柄が切除されているので国内産と区別できる。

日本産の銘柄による成分値の違いはみられていないが，中国産のものは日本産のものに比べ総窒素量が多いことが報告されている。これは菌床栽培において培地窒素が多いほど子実体の窒素も多いことから，菌床栽培の中国産干しシイタケと原木栽培の日本産の違いによるとみられる。

表 3.8.2　干しシイタケの品質表示基準（日本農林規格）

用　語	定　義
乾シイタケ	シイタケ菌の子実体を乾燥したもので全形のもの，柄を除去したものまたは柄を除去し，もしくは除去しないで傘を薄切りしたものをいう。
冬　菇	乾シイタケのうち，傘が七分開きにならないうちに採取したシイタケ菌の子実体を使用したものをいう。
香　信	乾シイタケのうち，傘が七分開きになってから採取したシイタケ菌の子実体を使用したものをいう。

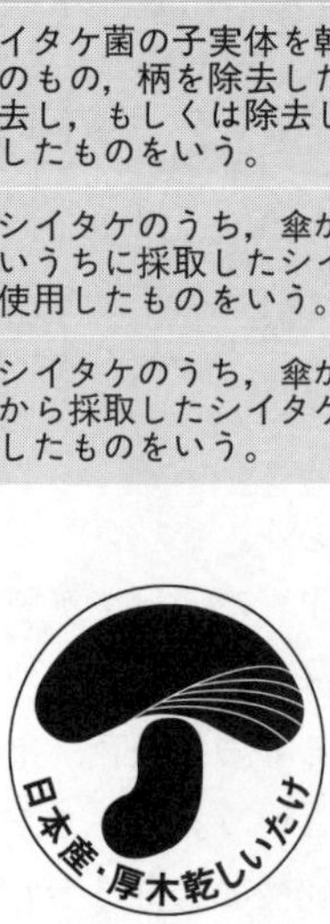

図 3.8.1　日本産・厚木乾しいたけのシンボルマーク

「日本産・原木乾しいたけをすすめる会」では図3.8.1のようなシンボルマークを制定し，消費者へのキャンペーンを進めている。

B．生シイタケ……国産生シイタケのうち，菌床栽培物が約60%を占めている。原木生シイタケ生産量が多いのは，群馬県，茨城県，栃木県，福島県である。また，菌床栽培が多いのは徳島県，北海道，岩手県である。輸入は中国産が多い。

C．シイタケの香りと味……生シイタケの香りはキノコ類に一般的な1-オクテン-3-オールを主体としたいわゆる菌臭である。しかし，生シイタケを傷つけたり，干しシイタケを水戻しすると独特なイオウ臭がする。この香りはシイタケ中に比較的大量に存在するイオウを含むγ-グルタミルペプチドのレンチニン酸より，γ-グルタミルトランスフェラーゼおよびシステインスルフォキサイドリアーゼの作用により，酵素的に誘導されるレンチオニンを主体とした含硫揮発成分による。このため，干しシイタケを水戻しする過程ではイオウ臭が強いが，加熱調理後では揮発してしまいほとんどなくなる。また，生シイタケを包丁の峰でたたいて傷つけたり，一度冷凍してから焼いたりすると酵素反応が活発になり，レンチオニン臭が強くなる。

シイタケなどのキノコ類のうま味は遊離アミノ酸類とRNAより酵素的に生成する5′-グアニル酸が主体となっている。5′-グアニル酸の蓄積はキノコを煮たり焼いたりするときの加熱過程で起こるが，これはRNA分解酵素系のリボヌクレアーゼとホスホモノエステラーゼの熱安定性の違いにより説明されている。すなわち，低温ではこれら両酵素が働き，RNAは味のないヌクレオシドにまで分解されるが，約70℃以上になるとホスホモノエステラーゼは活性を失い熱安定性の高いリボヌクレアーゼのみが働いて5′-グアニル酸をはじめとするヌクレオチド類が蓄積するのである。この反応は組織細胞膜の損壊により起こるので，生シイタケでも加熱調理中に5′-グアニル酸は増加するが，その程度は少ない。組織を物理的に損傷したり，冷凍した生シイタケを調理すると5′-

グアニル酸の増加は大きくなる。また，熱付加のプロセスによっても蓄積量は変化し，沸騰水中に投入したり，高出力の電子レンジで急速に加熱したときには蓄積量が少なく，水より加熱したり，低出力の電子レンジで調理した場合に大きくなる。

干しシイタケの遊離アミノ酸含量や5′-グアニル酸含量は，生シイタケに比べ乾物当たりの比較では多いものではない。これはシイタケを乾燥するときできるだけ酵素反応などを抑えることで良質の干しシイタケを製造できるからで，干しシイタケが生シイタケと異なるのは乾燥により細胞膜が損傷されることと，調理するときに水戻しをしなければならないことである。

干しシイタケを水戻しして加熱調理する場合の遊離アミノ酸の挙動は，以下のようである。

① 水戻しの進行に伴いプロテアーゼが作用し遊離アミノ酸が増加する。
② 遊離アミノ酸の増加は低温の水戻しよりも水温が上がるほど大きくなり，水戻し時間が長いほど大きくなる。
③ 増加する遊離アミノ酸の種類は疎水性のものが比較的多く，戻しすぎると苦みを呈し嗜好性を低下させる。
④ 水戻し後の加熱調理では遊離アミノ酸の増加はわずかである。

また，うま味成分5′-グアニル酸の挙動は，以下のようである。

① 通常行われる水戻し温度（40℃以下）では5′-グアニル酸量は水戻しに伴って低下する。これは先に述べたように，干しシイタケ中のRNAを分解するリボヌクレアーゼとホスホモノエステラーゼがともに働き，ホスホモノエステラーゼの作用量が大きいためにヌクレオチドは蓄積せずヌクレオシドになってしまうからである。
② 水戻し過程においてRNA量は減少するが，水温が高いほど，時間が長いほど減少量は大きくなり，残存量が少なくなる。
③ 水戻し後の加熱により5′-グアニル酸量は大きく増加するが，増加量はRNA残存量の大きい低温・短時間の水戻しで大きくなり，高温で長時間水戻ししたものでは少なくなる。

以上のように，遊離アミノ酸を増加させるには高温・長時間，5′-グアニル酸を増加させるには低温・短時間が適した水戻しである。では，どのように水戻しをするのが最適なのであろうか。これについては，うまみの強さに対する影響は5′-グアニル酸のほうが大きく，過度の水戻しにより増加した疎水性アミノ酸は苦味を呈し嗜好性を低下させるので，低温で充分やわらかくなる最短時間がよいと考えられ，実際上は冷蔵庫内で5時間程度が目安となる。

② **エノキタケ**　天然では秋遅くか春先のまだ寒い季節にエノキやクワ，ムクなどの切り株に数～数十本が株状になって発生する。傘は表面が茶褐色で径1～7，8 cmの丸山型をしており，柄は細長くごく若いうちは白色であるが成熟すると黒褐色でかたくなる。通常このような天然エノキタケは傘だけか傘近くのやわらかい柄の部分までを食用としている。天然エノキタケはほとんど市場に出ることはなく，商品として流通しているものはビン栽培されたものである。栽培は暗室で，柄の部分を長く伸ばすために成長期に紙巻きをしている。このため白色で，傘は大きく開かず，柄もかたくならない。いわば，モヤシのようなもので，天然物と異なり，柄の部分が主要な食用部位になっている。また，品種も以前のやや黄色みを帯びたものから，最近では純白種のものに変わっている。

エノキタケの生産量は，ここ数年ほとんど変化がなく推移している。生産は長野県がもっとも多く，全生産量の約50%を占めており，次いで新潟県や福岡県などである。生の袋詰で出荷されるのがほとんどであるが，加工品には味付きの「なめたけ」ビン詰などがある。

加熱調理によるグアニル酸の生成量はシイタケの半分以下と概算されるが，遊離アミノ酸は多く，だしの出るキノコと位置づけられる。

③ **ブナシメジ**　ブナシメジはキシメジ科シロタモギタケ属のキノコで，類白色や茶褐色の地

肌にひび割れ状の大理石模様のある傘が特徴である。1972（昭和47）年に宝酒造㈱が栽培に成功し，特許の成立とともに長野県経済連と独占契約を結び“ホンシメジ”の名称で生産，販売してきたため，標準和名との混乱が生じた。ホンシメジは別名大黒シメジとも呼ばれる，“においマツタケ味シメジ”のシメジであり，ブナシメジとは異なるものである。また，ブナシメジ栽培以前より“シメジ”の名称で販売されることの多かったヒラタケとももちろん異なる。

ブナシメジは形のよいことなどから順調に生産量を伸ばしており，生シイタケとほとんど同じくらいになっている。生産は特許期間の終了した1990年まではほとんど長野県であったが，現在では他県の生産量も多くなっている。

④　**マイタケ**　　天然では秋にミズナラやクリの大木の根元近くに発生し，大きいものでは傘の径が30cm以上にもなる多孔菌科のキノコである。マイタケ型といわれる根元の太い柄より何回も枝分かれした柄に扇形やへら状の傘が重なり合うようについた形をしている。香りや歯切れ，味のよい食菌で，マイタケご飯，天ぷらなどで賞味される。

昭和50年代以降になって栽培法が開発され，瓶栽培，袋栽培，大量培地栽培，原木栽培などが行われるが，大きな子実体のできる大量培地栽培や原木栽培のものが高品質である。当初は天然物に比べ品質が劣り生産量も伸びなかったが，徐々に品質もよくなり，生産量も飛躍的に伸びてきている。生のパック詰販売が多いが，一部乾燥品も販売されている。

⑤　**ナメコ**　　茶褐色の傘をし，著しいぬめりがあるのが特徴のキノコで，秋にブナやイタヤカエデの倒木や切り株に群生する。昭和30年代後半まではほとんど原木栽培であったが，昭和40年代頃から菌床栽培が行われるようになり，現在では機械化や通年栽培が可能な菌床のビン栽培が全体の98%を占めている。しかし，風味のうえでは原木栽培のほうが優れており，最近では増える傾向にある。

料理法が味噌汁の具やおろしあえなどに限られており，生産量は伸び悩んでいる。通常柄切りし，水洗いしたものが袋詰で販売されるが，柄切り，水洗いをしないで袋詰やパック詰したものも流通する。

加熱調理によるグアニル酸の生成量は少なく，遊離アミノ酸も多くないのでぬめりのある食感を賞味するキノコと位置づけられる。

⑥　**ヒラタケ**　　晩秋にムクなどの広葉樹の倒木や切り株に群がって生えるキノコで，傘の表面は灰色～灰黒色をしている。天然では傘の径が5～20cm以上にもなるが，日本での栽培は通常菌床のビン栽培であり，2，3cmの傘が寄り集まった株状になっている。比較的栽培しやすいこともあり，1980年代まではシイタケ，エノキタケに次ぐ生産量で，“シメジ”の名称で販売されることが多かったキノコである。しかし，現在では生産量は減少している。鮮度が低下すると色が薄くなりやすい欠点があるためと，夏場に日もちがよく，形もいいブナシメジに押された格好である。

加熱調理によるグアニル酸の生成量は凍結乾燥粉末での実験ではシイタケよりも多いデータがあり，遊離アミノ酸も多いことからよいだしの出るキノコと位置づけられる。

⑦　**エリンギ（カオリヒラタケ）**　　日本には自生せず，1993（平成5）年に愛知県が初めて台湾より導入したキノコである。アフリカ北部，スペイン，イタリア，フランスなどの乾燥地に分布し，大型のセリ科植物に寄生するヒラタケの近縁種である。菌床のビン栽培が行われており，傘は初め丸く次いで平らとなりさらには真ん中がへこむ。柄は白く，太く，長さは3～10cmほどである。エリンギは大きく，歯切れがよく和洋中の料理に合うことから，生産量が急激に増えている。

⑧　**マッシュルーム（ツクリタケ）**　　マッシュルームはハラタケ科のキノコで，ハラタケ科に共通のひだの部分が若いうちは肉色をしており，成熟すると黒褐色になる。通常傘の開かない幼菌を食用としている。栽培は堆肥（コンポスト）を用いた菌床栽培である。世界でもっとも多く生産

されているキノコであるが，日本では年々減少している。しかし，水煮の缶詰，ビン詰を輸入している。

加熱によるグアニル酸の生成量はシイタケよりも少ないが，遊離アミノ酸は非常に多いキノコである。

⑨　**その他**　キクラゲとして販売されているものには実際はキクラゲとアラゲキクラゲがある。日本の年間消費量の大部分は中国からの輸入である。

タモギタケは以前から栽培されていたキノコであるが，生産量は減少している。北海道で主に生産・消費されているキノコである。

中国料理に使われるフクロタケは中国南部，東南アジア，インドなどで大量に生産・消費されているキノコであるが，日本では水煮缶詰が輸入されている。

最近栽培化され市場に出てきたものに，ヤナギマツタケ，ウスヒラタケ，ハタケシメジ，ニオウシメジ，ヌメリスギタケ，ヤマブシタケなどがあり，このほかにも多くのキノコが栽培可能となっており，今後市場に出てくるものと思われる。

2）野生キノコ

①　**マツタケ**　マツタケはキシメジ科シメジ属の菌根菌である。日本のマツタケは通常アカマツの林に生育するが，北海道のハイマツ，アカエゾマツ，エゾマツや富士山や八ヶ岳ではコメツガやツガ，モミの林にも生えることが知られている。これらはアカマツ林のものと若干形態が違い，種が違うともいわれるが明らかではない。香り，味とも日本人に特に好まれ，非常に人気の高いキノコであるので，栽培化の努力が続けられているが，今のところ見通しさえ立っていない状態である。

国内のマツタケの生産量は激減しており，それに伴い価格も上昇し，庶民の手に入らないものとなってしまっている。この原因は燃料の薪炭需要が激減したことと，農業の近代化により堆肥や燃料への落ち葉の利用がなくなり，林内の手入れがなくなったことに由来している。マツタケは貧栄養下のアカマツ林で菌根を形成するが，そこに落ち葉が堆積し腐生性の菌が増殖したため菌根を形成できなくなったのである。また，マツガレムシによるアカマツ林の減少も追打ちをかけている。

このような状況から1976（昭和51）年頃より韓国からのマツタケの輸入が始まり，現在では中国，カナダ，北朝鮮，アメリカ，韓国などから輸入されている。中国，北朝鮮，韓国のマツタケは香りが弱く，低価格で取引されている。現地で採取直後のものは日本産と同じくらい香りが強く，種も同じものであるが，輸送などによる鮮度の低下のためであるという意見と，現地で鮮度のよいものでも香りが弱く，種が違うのではないかとの意見があり，はっきりしていない。カナダやアメリカ産のマツタケは「アメリカマツタケ」という種で，色が白く大型であるが香りが弱いものである。また，このほかに北アフリカ産のものが少量であるが輸入されており，これは「オウシュウマツタケ」という種で小型で，多少土臭い香りがするといわれる。最近では中国の雲南やブータンあるいはメキシコ産のものが輸入されてきているが，これらも種が異なるといわれている。

A．マツタケの香りと味……マツタケの香り成分はほとんどのキノコ類に存在する1-オクテン-3-オール（マツタケアルコール）と桂皮酸メチルが主成分となり，多数の他の揮発成分により成り立っている。一般にマツタケはつぼみといわれる傘の開いていないものが高品質なものとして取引されているが，1-オクテン-3-オールが成長段階により含量が変化しないのに対し，桂皮酸メチルは傘が開いたもののほうが多いという報告がある。傘が開いたもののほうが香りが強いのである。

うまみ成分のグアニル酸の調理による生成量はシイタケとほとんど同じくらいである。また，遊離アミノ酸も多く，この点でも優秀な食菌と評価できる。

②　**トリュフ**　日本ではセイヨウショウロ（西洋松露）とも名づけられている，フランスやイタリアなどヨーロッパ諸国で非常に人気のある菌根菌である。黒トリュフと白トリュフがある。黒トリュフが本当のトリュフとされ白トリュフと

価格のうえでも大きな違いがある。なかでもフランスのペリゴール産の黒トリュフが有名である。黒トリュフは石灰岩地帯のナラ類やハシバミ類と菌根をつくり，地下30～50cmに黒いジャガイモ状のキノコをつくる。独特の刺激臭があり，日本人がマツタケを珍重するのと同じくらい，あるいはそれ以上に人気がある。トリュフのにおいに集まるキノコバエを目安にしたり，訓練した豚や犬に探させることでも知られている。香り成分についての報告は見当らない。日本にも少量輸入されているが，非常に高価である。

白トリュフは川沿いのナラやヤナギの混じった林などで採集され，黒トリュフとは種が異なる。香りは強いが，ニンニク様の香りも混ざるといわれる。

③ **その他**　ホンシメジ，コウタケ，ショウロ，ハナイグチ，チチタケなど多くの野生キノコが食用とされている。しかし，ほとんどは地方市場や観光地のみやげ品として取引されることが多く，まれに，あるいは少量中央市場に出ることはあるが，高級料亭などで使われ，一般消費に出ることはほとんどない。

(2) 原木栽培と菌床栽培

木材腐朽性キノコの栽培は榾木と呼ばれる材に種菌を接種して栽培する原木栽培とおがくずに米糠などを混ぜた菌床で栽培する菌床栽培がある。シイタケ，ナメコ，クリタケなどで原木栽培は行われるが，他のキノコでは菌床栽培が主流である。原木栽培は天然物に近い歯切れ，風味が得られるが，菌床栽培では糠臭がするなど一般に風味が劣るとされている。しかし，原木の高騰化や山村の高齢化により重労働となる原木の取扱いが敬遠され，シイタケでも菌床栽培が増加している。また，栽培技術の発展で菌床栽培ものでも質が向上している。

(3) 栄養成分と生理活性成分

1) 栄 養 成 分

生シイタケの水分は90％前後であり，残りの固形物のうち60％近くが炭水化物，タンパク質が約23％，脂質２％，灰分は５～６％である。炭水化物の大部分はいわゆる食物繊維でありエネルギー量の非常に少ない食品である。また，タンパク質の栄養価を表すアミノ酸スコアも54程度であり，良質タンパク質とは言いがたいものである。ビタミン類ではビタミンDが豊富に存在するのが特徴である。しかし，それ以外のビタミンは取立てて多いものはない。無機質についても特筆すべきものはないといえる。このように，シイタケの栄養的な特徴は，食物繊維とビタミンDが多く他の栄養素は少ない，エネルギーの低い食品であると規定できる。シイタケに限らずキノコ類一般にこのことはあてはまる。

ほとんどすべてのキノコにプロビタミンD_2であるエルゴステロールが存在している。エルゴステロールは紫外線によりビタミンD_2に変化するため，キノコにはビタミンD_2そのものも存在している。ビタミンD_2の量はキノコの発生場所の環境に左右され，日あたりのよい発生場所，紫外線照射などにより大幅に増加する。例えば干しシイタケでは，無水物100ｇ当たり数百IUのものが１時間30分日光にさらすと数千～数万IUに増加する。

『五訂増補日本食品標準成分表』によれば，キクラゲにもっとも多くのビタミンD_2が含有されている。キクラゲのエルゴステロール量は他のキノコ類に比べ少ないが，天日干しされていること

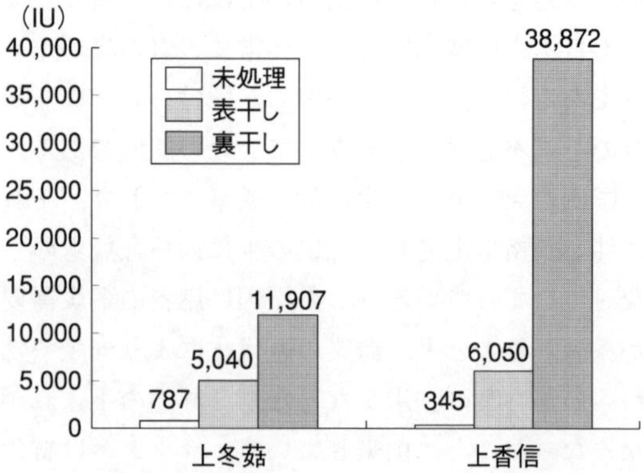

図 3.8.2　天日によるビタミンDの増加

が反映されていると思われる。

2）機能性成分

多くのキノコ類に抗腫瘍活性があることが報告されている。シイタケでは活性成分として多糖類のレンチナンが分離された。レンチナンはブドウ糖が多数結合したβ-1，3-グルカンであるが，がん細胞に対する免疫機能を増強する効果があるといわれる。また，マイタケの活性成分もβ-グルカンと明らかにされている。これらの例のように，キノコの抗腫瘍性は大部分がβ-グルカンによる免疫能の亢進による。

シイタケにはまた，血清コレステロール低下作用をもつエリタデニンが知られている。しかしエリタデニンは，肝臓の脂質をむしろ上げるため薬にはなっていない。

3.8.2 流通形態別の保蔵技術

（1）生

キノコは収穫後も生きており活発な呼吸作用を行っている。このため流通や保蔵段階において種々の生理的変化が起きる。キノコの品質保持は野菜と同じように，鮮度を保つことがもっとも重要であり，生理的変化をいかに防止するかに主眼が置かれる。収穫後のキノコの主要な生理変化は以下のようである。

① **成長と開傘**：キノコは収穫後も成長を続けており，特に石づきの部分を菌糸体と一緒に収穫してあるものでは菌柄の伸長や開傘の程度が著しい。成長は環境温度が高いほど早いとは限らない。エノキタケやナメコ，ヒラタケのような低温菌では20℃よりもむしろ6～10℃のほうが著しい（図3.8.3）。

② **褐変と退色**：シイタケでは鮮度低下とともに菌褶の部分が褐変する。また，マッシュルームでは柄の内部より褐変が始まり外部の褐変が起こったときにはすでに鮮度が低下している状態である。ヒラタケやマイタケでは鮮度低下とともに白っぽく退色する。

③ **しなび**：ほとんどのキノコは水分含量が高く，表面からの水分の蒸発が活発である。また，収穫した後では菌糸体よりの呼吸基質や水分の供給が止まり，呼吸作用により消費された成分は二酸化炭素として放出されるのでその分，重量が減少する。収穫時より5～10%重量が減少したものは外観上しなびたようになり，鮮度低下したものとなる。

1）低温保蔵

キノコの鮮度を保つには呼吸作用を抑制することが重要であり，収穫後できるだけ速やかに低温にすることが効果的である。このため出荷前の予冷処理が望まれる。ナメコのように収穫後洗浄作業が行われるものでは冷水による予冷処理とならざるをえないが，キノコは濡れると傷みやすいので冷風による通風式予冷が適している。このとき，できるだけ速く冷却するためにはキノコは詰込まず，冷気が行渡りやすい荷姿にする必要がある。長期貯蔵する場合の貯蔵温度はキノコの凍結点ぎりぎりの温度が最適であるが，0±1℃で庫内温度の変動をできるだけ少なくするとよい。

2）包　　装

乾燥によるしなびや鮮度低下さらに輸送，販売時の物理的損傷による商品性の低下などを防止するために包装は重要である。包装にはトレイやフィルムなどが用いられる。包装の鮮度保持に影響する要因はガス透過性と通気・透湿性である。包装フィルムにはポリエチレン（低密度）を用いることが多いが，これにより内部の二酸化炭素濃度の増加と酸素濃度の低下がみられ，MA効果により鮮度の保持が行われる。低温貯蔵と併用すると鮮度保持効果が増大することはいうまでもない。

（2）乾 燥 品

干しシイタケ，キクラゲが主要なものであるが，マイタケなども少量であるが製造販売されている。他の乾物類と同様吸湿によるカビの発生，虫害および酸化による変色などが品質低下の原因となる。密閉袋詰し，乾燥剤，脱酸素剤の利用と低温での保蔵が品質保持に効果がある。

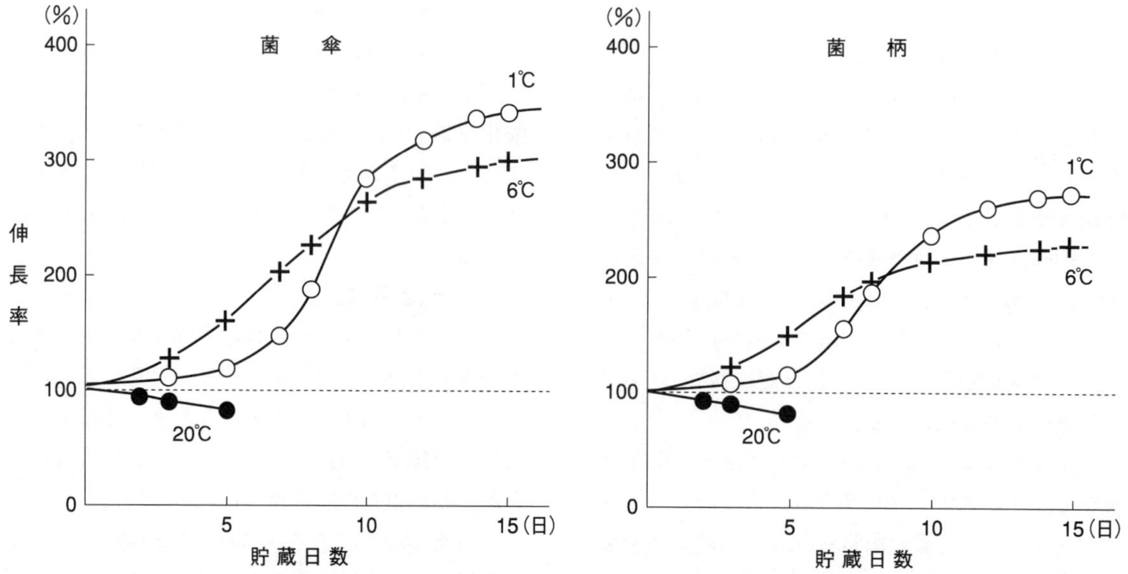

図 3.8.3　エノキタケの貯蔵に伴う菌傘・菌柄の伸長

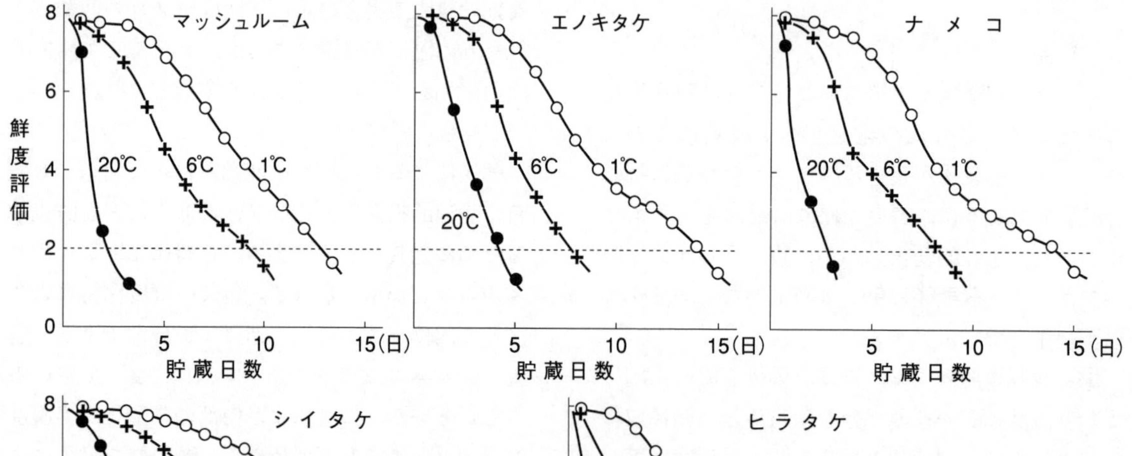

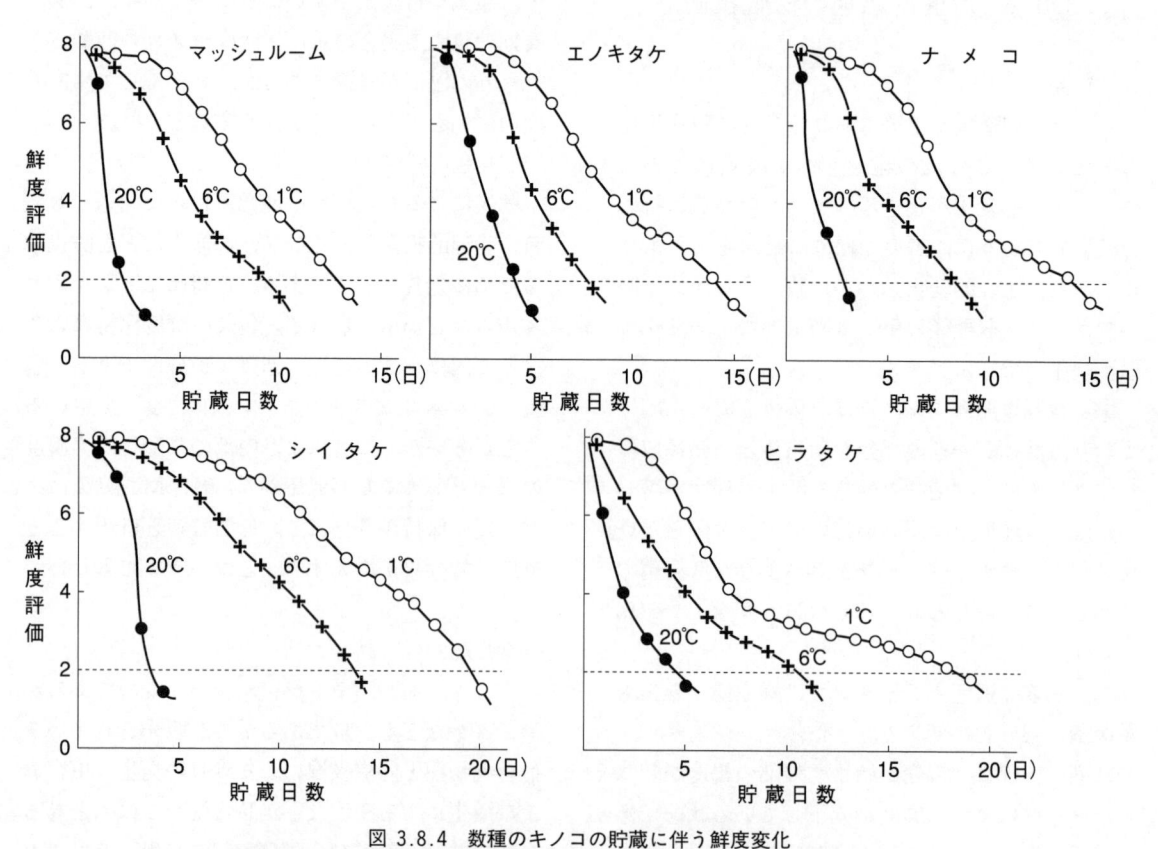

図 3.8.4　数種のキノコの貯蔵に伴う鮮度変化
鮮度評価：8；非常に新鮮（収穫時），2；鮮度低下著しい（商品性限界）

3.8.3　店頭での取扱い

流通段階と同じことがいえるが，低温下，品温の変化を少なくするよう取扱う。

3.8.4　家庭での保蔵

パックされたものではそのまま冷蔵庫に保蔵する。また，開封後はラップなどで密封して乾燥を防止する。野菜と比べほとんどのキノコは冷凍による品質低下が少ないので，販売目的のように厳密な品質保持を必要としない場合は冷凍しても充分利用可能である。生シイタケの場合，うまみの生成や香りも強くなるので，大量に入手した場合などで1週間以上保蔵を必要とする場合は冷凍するとよい。乾燥品の場合は吸湿するので密閉してできれば冷蔵庫で保蔵する。もししけた場合は天日にあてて乾燥するとビタミンDも増加する。

3.9 食肉類

3.9.1 消費量の推移

(1) 食肉全体

日本における食肉消費量の推移は農林水産省が発表した資料（表3.9.1）によって知ることができる。国産食肉の消費量は国内生産量から輸出量を差引いて示した。食肉全体の輸出量は1991（平成３）年の8,600 t が最高であって国内生産量に占める割合はわずかであるので，国産食肉の消費量は国内生産量にほぼ匹敵する。

1985（昭和60）年には合計425万8,000 t が消費されており，1990（平成２）年には497万 t 弱に増加し，1995（平成７）年には560万6,000 t に増加した。その後やや減少しているものの2003（平成15）年には約560万 t が消費されている。

国産食肉と輸入食肉の消費割合を比較すると，1985年には圧倒的に国産食肉の消費量が多かったが，国内生産量が1988年の359万9,000 t を最高として1990年以降減少したこともあって輸入食肉の消費割合が増加し，1995年以降40％を超えている。輸入食肉の割合が増加した主要な原因は，国内生産農家の後継者不足，ウルグアイラウンド交渉合意を得て牛肉，豚肉の輸入関税が1995年以降徐々に引下げられ，輸入されやすくなっていること，安い輸入牛肉，輸入豚肉がさらに生産農家の生産後退を促していることなどとされている。食肉別の消費割合を比較すると1985年には牛肉が18.2％，豚肉が42.3％，鶏肉が34.2％，馬肉および羊肉が5.3％であったが，1997年には牛肉が27.4％，豚肉が38.0％，鶏肉が32.8％，馬肉および羊肉が1.7％となり，食肉別の消費では食肉のなかでも美味な牛肉の消費が著しく増加する一方で，他の食肉類の消費が減少する傾向があり，特に1985年以前にはかなり消費されていた馬肉および羊肉が依然として減少傾向を示している。

(2) 牛　　肉

食肉別での消費比較で牛肉は増加傾向を示しているが，消費量は1985年の77万6,000 t 弱が，1990年には100万 t を超え，さらに増え続けて1995年には152万8,000 t に達している。しかし，その後減少して2003年はほぼ129万 t で推移している。国産牛肉の消費量は，1994年の60万2,000 t を最高としてやや減少する傾向がある。一方，輸入牛肉の消費量は1994年には84万1,000 t，1995年以降は90万 t 前後である。国産牛肉の消費量が減少した主要な原因は，国内生産農家の後継者不足による生産量の減少がその一つであるが，ウルグアイラウンド交渉合意により50％の輸入関税が2000（平成12）年には38.5％に暫時引下げられたことも原因にあげられている。特に，中程度の品質をもつ輸入牛肉が比較的低廉な価格で流通し始めたことである。この輸入牛肉が，手間暇かかる高級な霜降り肉でないと対抗しにくくしたことが国内生産を後退させた原因にもあげられている。今後関税は引下げられるので，輸入牛肉の占める割合が増加し続けると想定され，2001年以降も国内生産量の不足分を補うように，安定して輸入牛肉が消費されると思われる。

牛肉のBSE検査

BSE（牛海綿状脳症）は，牛の神経部位に存在するプリオン蛋白質がなんらかの原因で構造変化を起こすことによって発症する。この異常プリオンを人間が摂取した場合に，若年性クロイツフェルトヤコブ病を発症することから，次の処置がとられている。① BSE発生国からの輸入禁止。2006年現在，欧州各国および米国・カナダからの

表 3.9.1　食肉消費量の推移

（単位：t）

年		牛　肉	豚　肉	鶏　肉	馬，羊肉	合　計
1985	国　産	555,194	1,531,905	1,350,152	5,677	3,443,028
	輸　入	220,372	270,173	105,292	219,001	814,838
	計	775,566	1,802,078	1,455,444	224,678	4,257,866
1990	国　産	549,422	1,555,083	1,383,890	5,122	3,493,517
	輸　入	529,171	489,670	301,356	156,123	1,476,320
	計	1,078,593	2,044,753	1,685,246	161,245	4,969,837
1991	国　産	575,108	1,482,674	1,348,354	5,303	3,411,439
	輸　入	508,003	589,681	357,949	155,448	1,611,081
	計	1,083,111	2,072,355	1,706,303	160,751	5,022,520
1992	国　産	591,619	1,434,036	1,358,727	5,790	3,390,172
	輸　入	590,509	684,423	405,583	156,433	1,836,948
	計	1,182,128	2,118,459	1,764,310	162,223	5,227,120
1993	国　産	594,304	1,439,429	1,331,684	6,803	3,372,214
	輸　入	732,495	652,361	401,279	137,579	1,923,714
	計	1,326,799	2,091,790	1,732,963	144,382	5,295,928
1994	国　産	602,275	1,390,118	1,256,200	8,077	3,256,670
	輸　入	841,577	704,450	454,727	109,891	2,110,645
	計	1,443,852	2,094,568	1,710,927	117,968	5,367,315
1995	国　産	600,836	1,321,980	1,253,636	8,794	3,185,246
	輸　入	927,647	828,776	549,252	115,352	2,421,027
	計	1,528,483	2,150,756	1,802,888	124,146	5,606,273
1996	国　産	554,413	1,266,376	1,236,424	7,721	3,064,934
	輸　入	898,897	932,676	559,208	97,996	2,488,777
	計	1,453,310	2,199,052	1,795,632	105,717	5,553,711
1997	国　産	530,183	1,283,291	1,231,073	8,255	3,052,800
	輸　入	923,683	730,695	508,249	84,112	2,246,739
	計	1,453,866	2,013,986	1,739,322	92,367	5,299,539
2003	国　産	505,000	1,274,000	1,239,000	7,000	3,205,000
	輸　入	743,000	1,145,000	585,000	52,000	2,525,000
	計	1,248,000	2,419,000	1,824,000	59,000	5,550,000

注）枝肉換算量である。
　　鶏肉は，家禽肉を意味する。
　　馬，羊肉には若干量のヤギ肉が含まれる。
　　国産量は国内生産量から輸出量を差し引いたものである。

出典）農林水産省食肉流通統計

輸入が禁止されている。②国内生産については，月齢21カ月以上の牛については，全頭について異常プリオンの検査を実施している。③国内生産の全頭について，危険部位（脳，脊髄など）の除去と交差汚染の防止に努めている。

（3）豚　肉

1985年の消費量は180万2,000 tであり，2003年の240万 tまで増加した。国産豚肉および輸入豚肉の消費量の変化をみると，国産豚肉は1989年の159万4,000 tを最高として徐々に減少する傾向があり，2003年には127万 tに達している。国産豚肉の輸出量は数百 tにすぎないので明らかに国内生産量が減少している。その主な原因は牛肉の場合と同様に生産農家の後継者不足と輸入関税の引下げにある。輸入関税は1995年の5.5％から2000年の4.3％に向けて毎年徐々に下がるが，急激な輸入増加から国内生産を保護するために四半期ごとの集計結果が過去3年間の同時期の輸入量の1.19倍を超えるとセーフガードが発動されて翌月から同年度末まで関税が高くなる制度が設けられている。牛肉の場合と異なって，食品製造業者が各種加工食品の原材料として利用していることが多いので，輸入豚肉の適正量は概ね78万 tと推定され，増加する可能性があるとすれば国内生産量の減少相当量であろうといわれていた。しかしながら，1995年には輸入量が急増して82万9,000 t，1996年には93万3,000 tと増加した。1995年度は上半期の輸入数量から下半期にはセーフガードが発動される水準を超えるという不安などがあって輸入量が増加した。1996年も同様の理由から年度前半に集中的に輸入され，結果的に高い輸入量となった。2001年以降も国内生産量が減少し，必要量を補うために輸入が増加している。

（4）鶏　肉

1985年の145万5,000 tから1995年の180万3,000 tと消費量が増加したが，1996年以降やや減少して2003年には184万8,000 tとなった。この間，国内生産量は，年によって2,000～8,000 tが輸出されているが，表3.9.1に示していない1988年の144万5,000 tを最高に減少傾向があり，2003年の国内生産量は123万9,000 tになっている。一方，輸入量は1996年に50万 tを超え2003年の輸入量は58万5,000 tとなっている。輸入される鶏肉は焼鳥，ローストチキン，その他の加工食品用原材料という用途が主である。

（5）馬肉，羊肉

近年の主な消費形態として一般に知られているのは，馬肉は馬刺し，羊肉はジンギスカン料理であるが，現在でも消費の多くは加工食品用原材料である。1950～1970年代ではプレスハム，ウインナーソーセージ，缶詰食肉製品などの食肉製品の原料肉として大いに利用されたが，より高級な食肉である牛肉，豚肉に代わられ，1985年には両方の合計で22万5,000 t，1997年には9万2,000 tに減少した。馬肉の消費量は，1985年が6万5,000 t，1990年が5万6,000 t，1997年が2万9,000 tと徐々に減少し，羊肉は1985年が15万9,000 t，1990年が10万5,000 t，1997年が6万4,000 tであり，減少が著しかったが2004年以降輸入が急増し2004年に8万 tを輸入している。

3.9.2 流通経路

家畜（牛，豚，馬，羊およびヤギ）は屠《と》畜場法によって，屠畜場で屠殺することが義務づけられており，屠殺後，放血，開腹，内臓摘出，背割して半丸枝肉の状態で冷蔵保管される。家禽《きん》（鶏，七面鳥およびアヒル）は「食鳥処理の事業の規制及び食鳥検査に関する法律」で食鳥処理場で処理することとなっており，屠殺後，放血，脱羽，内臓摘出し，冷却後冷蔵保管される。法に基づいて処理することが求められている家畜，家禽は適正に屠殺，解体処理されて初めて食肉として取扱うことができる。

（1）牛　肉

国産牛肉は主として，和牛（黒毛和種，褐毛和

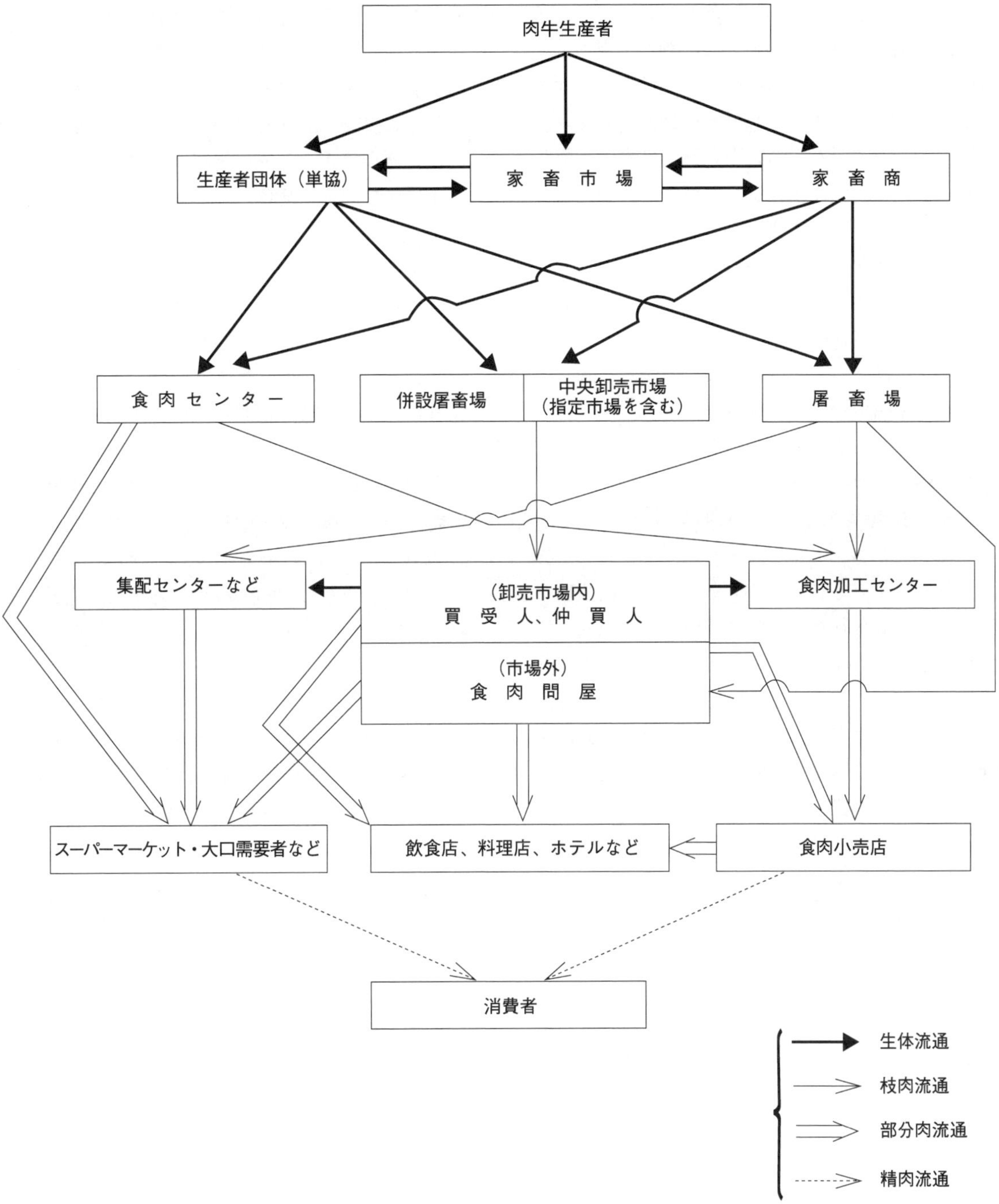

図 3.9.1　牛肉の流通経路模式図

出典）農林水産省畜産局食品鶏卵課監修，㈳日本食肉協議会編：食肉関係資料（1998）

種，日本短角種および無角和種），去勢，肥育した乳用種ホルスタインおよび短期肥育した経産牛である。

生産者から消費者へのおおよその流通経路を図3.9.1に示すが，生産者から生体が生産者団体，家畜商あるいは家畜市場に販売された後，屠殺され，卸売市場（取引規格に基づいて格付けし，セリによって仲卸業者に販売する。この市場を通過するものは全体の約3割である)，食肉センター(産地で屠殺，解体し，枝肉や部分肉に処理して産地近くの消費地に流通コストの負荷が低い食肉を販売することを目的として設置されている)を経て買受人，仲買人，食肉問屋などに販売され，小売店に購入されて消費者へ販売されることが多い。小売店で販売されるまでの間に枝肉から部分肉に解体され，さらに消費者向けの販売形態に加工される。

輸入牛肉は，輸入商社，食肉加工業者，量販店などによって諸外国から部分肉として輸入され，中間業者をほとんど経ることなく小売店に卸され，消費者へ販売されることが多い。

(2) 豚　肉

日本で飼育されている品種は，「ランドレース」，「バークシャー」，「大ヨークシャー」，「ハンプシャー」，「デュロック」であり，この純粋種を親として交配された一代雑種が105～110kg程度まで肥育され，出荷される。牛肉に比べると流通経路はやや単純である。生体は生産者から生産者団体か家畜商へ販売され，屠殺された後，卸売市場，食肉センターで買受人，仲買人などに販売され，小売店を経て消費者に販売されることが多い。輸入豚肉は，牛肉と同様の経路を通って消費者に販売されるが，牛肉と比較して加工食品メーカーへ販売される割合が高い。

(3) 鶏　肉

鶏肉の流通経路は牛肉や豚肉に比べるとさらに単純であり，生産者から荷受け会社(問屋，商社など)に販売され，屠殺された後，荷受け会社(問屋，商社など)を経て小売店へ販売され，さらに消費者に販売されることが多い。また，輸入鶏肉は，商社や鶏肉取扱業者によって輸入され，小売店，加工食品メーカー，飲食店へ販売される。

3.9.3 取引形態

(1) 牛　肉

国産牛肉は，枝肉または部分肉の状態で流通されるが，生産者には自己の生産目標を立てるための拠り所，流通業者には取引基準としての活用，消費者にはその用途を知る目安として有効に活用されることを目的として枝肉と部分肉に㈳日本食肉格付協会によって取引規格が設けられている。

1) 牛枝肉取引規格

牛枝肉取引規格[1]は，1961(昭和36)年10月に制定され，数回の改正を経て1988(昭和63)年3月に最終改正がなされた。この改正では，新たに歩留り等級が導入され，脂肪交雑評価適用基準が緩和され，新たに肉質等級が設けられた。また，肉質を評価する際の切開部位が全国的に統一された。

歩留り等級は，胸最長筋面積，第6，7肋骨間切断面のばら肉や皮下脂肪の厚みなどを測定して計算式により計数化し，72以上のものをA，69～72のものをB，69未満をCとする。肉質等級は表3.9.2に示すが，脂肪交雑，肉の色沢，肉の締まりおよびきめ，脂肪の色沢と質の4項目で評価する。評価箇所は歩留り等級の測定箇所と同じである。肉質等級のうちの脂肪交雑(いわゆる霜降り状態)は脂肪交雑状態を12段階に分けて作製されているシリコン樹脂性の牛脂肪交雑基準ビーフ・マーブリング・スタンダード(BMS)を用いて，脂肪交雑程度がもっとも低いNo.1からもっとも高いNo.12に区分する。肉質等級が5であるためには同スタンダードでNo.8(脂肪交雑程度2^{+})以上，肉質等級が4であるためにはNo.5(脂肪交雑程度1^{+})以上，肉質等級が1のものはNo.1(脂肪交雑程度0)などと同スタンダードに基づいて表現する。肉の色沢は，肉の赤色状態を淡い側のものを1，色の濃い側のものを7として7段階に分けて作製されているシリコン樹脂性のビーフ・カラー・スタンダード(BCS)を用いて，肉質等級が5であるためには同スタンダード中間のNo.3～5，肉質等級が4であるためには同スタンダードのNo.2～6のように等級の低いものほど同スタンダードの適用範囲が広がっている。また，肉質等級が1のものはいずれのスタンダードからもはずれているものである。脂肪の

表 3.9.2 牛枝肉取引規格（肉質等級）

等級＼項目	脂肪交雑	肉の色沢	肉の締まりおよびきめ	脂肪の色沢と質
5	胸最長筋ならびに背半棘筋および頭半棘筋における脂肪交雑がかなり多いもの	肉色ならびに光沢がかなりよいもの	締まりはかなりよく，きめがかなり細かいもの	脂肪の色，光沢および質がかなりよいもの
4	胸最長筋ならびに背半棘筋および頭半棘筋における脂肪交雑がやや多いもの	肉色および光沢がややよいもの	締まりはややよく，きめがやや細かいもの	脂肪の色，光沢および質がややよいもの
3	胸最長筋ならびに背半棘筋および頭半棘筋における脂肪交雑が標準のもの	肉色および光沢が標準のもの	締まりおよびきめが標準のもの	脂肪の色，光沢および質が標準のもの
2	胸最長筋ならびに背半棘筋および頭半棘筋における脂肪交雑がやや少ないもの	肉色および光沢が標準に準ずるもの	締まりおよびきめが標準に準ずるもの	脂肪の色，光沢および質が標準に準ずるもの
1	胸最長筋ならびに背半棘筋および頭半棘筋における脂肪交雑がほとんどないもの	肉色および光沢が劣るもの	締まりが劣りまたきめが粗いもの	脂肪の色，光沢および質が劣るもの

出典）㈳日本食肉格付協会：牛枝肉取引規格（1988年3月改正）

色沢と質は，脂肪の色を7段階に分けて，白いものを1，黄色の強いものを7として作製されているシリコン樹脂性のビーフ・ファット・スタンダード（BFS）を用いて区分する。肉質等級が5であるためには同スタンダードのNo.1～4でなければならない。肉質等級が4であるためにはNo.1～5のように適用範囲が広くなり，肉質等級が2のものはNo.1～7の範囲，肉質等級が1のものはいずれのスタンダードにも該当しないものである。4項目の評価結果をもとに，肉質等級はもっとも評価結果の低い評点を採用する。

最終的に，枝肉には歩留り等級の結果および肉質等級の結果の両方が表示される。さらに，商品としての欠点である外傷（いわゆるアタリ），多発性筋出血（いわゆるシミ），筋炎（いわゆるシコリ）などがあった場合には，それも記号で併記される。

2）牛部分肉取引規格

枝肉は，背割されて半丸枝肉となっており，この半丸枝肉はさらに小さく分割される。これを部分肉と称するが，この部分肉の取引規格は1988（昭和63）年の大幅改正によって分割方法が全国的に統一されるとともに，整形方法（表面脂肪の厚さ）が統一されたほか，部位の名称についても全国的に統一された。牛部分肉取引規格[2)]では，半丸枝肉は規定の部位で“まえ”“ともばら”“ヒレ付きロインおよびもも”に大分割され，さらにそれぞれの部位は除骨され，表3.9.3に示す14部分肉に分割される。この部分肉には整形方法が定められており，靱帯，スジ，汚染部などを取除くほか，余剰の脂肪を除いて表面脂肪の厚みを10㎜以内とすることとなっている。さらに部分肉

表 3.9.3 国産牛枝肉の分割

か　た
① ネック ② かた ③ かたロース
ば　ら
① かたばら ② ともばら
ロ ー ス
① ヒレ ② リブロース ③ サーロイン
も　も
① うちもも ② しんたま ③ らんいち ④ そともも ⑤ すね（まえずね，ともずね）

出典）㈳日本食肉格付協会：牛枝肉取引規格（1988年3月改正）

には重量区分，肉質等級が定められている。

① **重量区分**　14部分肉のうちネック，ともばらおよびすねを除いた10部分肉について重量の軽いものをS，中程度のものをM，重いものをLとする重量区分がある。

② **肉質等級**　牛枝肉取引規格で評価された肉質等級の最高5～最低1の結果がそのまま採用されて部分肉に表示される。

（2）豚　　肉

枝肉および部分肉に，牛肉の場合と同様に，生産者，流通業者および消費者に有効に活用されることを目的として㈳日本食肉格付協会によって取引規格が設けられている。1996（平成8）年10月に最終改正がなされ，品種や年齢別，性別の規格を作成しないこと，等級を極上，上，中，並および等外の5段階に区分すること，規格決定を半丸枝肉で行うことのほか解体，整形方法が全国的に統一された。

1）豚枝肉取引規格

豚枝肉取引規格[3]では，枝肉の重量と官能的な評価で最終的に等級が判定される。

① **枝肉の重量**　枝肉の重量は，皮を取除いた枝肉（いわゆる皮はぎのもの）と体表の毛を取除いた枝肉（いわゆる湯はぎのもの）では，皮はぎのものが湯はぎのものに比べて重量が約9.9%軽いのでその差異を考慮して適用重量の範囲および背脂肪の厚みを定め，もっとも適正なものを極上と評価する。その極上の枝肉重量および背脂肪の厚みからはずれるほど評価が低くなる。等級と枝肉重量および背脂肪の厚さの関係を表3.9.4に示す。

表 3.9.4　豚半丸重量と背脂肪の厚さの範囲

	等　級	重　　量(kg)	背　脂　肪(cm)
皮はぎ用	極　上	35.0以上39.0以下	1.5以上2.1以下
	上	32.5以上40.0以下	1.3以上2.4以下
	中	30.0以上39.0未満 39.0以上42.5未満	0.9以上2.7以下 1.0以上3.0以下
	並	30.0未満 30.0以上39.0未満 39.0以上42.5以下 42.5超過	 0.9未満2.7超過 1.0未満3.0超過
湯はぎ用	極　上	38.0以上42.0以下	1.5以上2.1以下
	上	35.5以上43.0以下	1.3以上2.4以下
	中	33.0以上42.0未満 42.0以上45.5以下	0.9以上2.7以下 1.0以上3.0以下
	並	33.0未満 33.0以上42.0未満 42.0以上45.5以下 45.5超過	 0.9未満2.7超過 1.0未満3.0超過

出典）㈳日本食肉格付協会編：牛枝肉取引規格（1996年10月改正）

② **官能評価**　官能評価は，外観と肉質で判定し，外観はその形状の長さ，広さおよび各部分の張りに着目した均称，肉の厚み，滑らかさおよび赤肉の割合から判断する肉づき，脂肪付着程度から判断する脂肪付着，損傷，汚染および放血程度から判断する仕上げの4項目から構成されている。肉質の評価項目は，肉の締まりおよびきめの細かさから判断する肉の締まりおよびきめ，肉色が淡灰紅色を最良とし光沢の程度から判断する肉の色沢，脂肪の色，光沢，締まりおよび粘りから判断する脂肪の色沢と質，筋肉内への脂肪の沈着程度から判断する脂肪の沈着の4項目から構成されている。最終的な枝肉の等級は，まず半丸重量と背脂肪の厚さによる等級判定表によって該当する等級を判定し，次いで外観と肉質の各項の条件によって等級を決定する。いずれの等級にも該当しないもの，外観または肉質が特に悪いもの，黄豚または脂肪の質が特に悪いもの，牡臭その他異臭があるものなどが等外とされる。

2）豚部分肉取引規格

豚部分肉取引規格[4]は，1989（平成元）年に改正された。従来の規格等級では上，中，並の3区分であったのをIとIIの2区分としたこと，かたとロース・ばらの分割位置を第4，5肋骨間，ももとロース・ばらの分割位置を最後腰椎の前とすることに全国的に統一したことのほか，脂肪の付着程度を8㎜以内，重量区分を新設したことなどが改正の要点である。

分割は，半丸枝肉から“かた”“ロース”“ば

表 3.9.5　豚部分肉に定める肉質区分および形状の基準

等級 / 部位の名称（肉質および形状）	I	II
肉質および形状	肉は締まりがあり，きめ細かく，肉および脂肪の色沢，質がいずれもよいもの	肉の締まりおよびきめ，肉および脂肪の色沢，質に難のあるもの
か　た	厚く，肉づきがよく，ロースしんの大きさおよび筋間脂肪の厚さの適度のもの	厚く，肉づきがよく，ロースしんの大きさおよび筋間脂肪の厚さに難のあるもの
かたロース	厚く，肉づきがよく，ロースしんの大きさおよび筋間脂肪の厚さの適度のもの	厚く，肉づきがよく，ロースしんの大きさおよび筋間脂肪の厚さに難のあるもの
う　で	肉づきのよいもの	肉づきに難のあるもの
ヒ　レ	太く，形状のよいもの	太く，形状に難のあるもの
ロ ー ス	厚く，ロースしんの大きさおよび筋間脂肪の厚さの適度のもの	厚く，ロースしんの大きさおよび筋間脂肪の厚さに難のあるもの
ば　ら	厚く，広く，肉づき一様で赤肉と脂肪の割合の適度のもの	厚く，広く，肉づき一様で赤肉と脂肪の割合に難のあるもの
も　も	厚く，充実し，肉づきのよいもの	厚く，充実し，肉づきに難のあるもの

出典）㈳日本食肉格付協会編：豚部分肉取引規格（1996年10月改正）

ら”“もも”および“ヒレ”の5部位に大分割される。牛の場合ほど多種類に小分割されることはなく，需要に応じて“かた”が“かたロース”と“うで”に小分割される。したがって，6区分の場合もありうる。分割された5ないしは6区分の部分肉のうちヒレを除いた部分肉には，表面脂肪の厚みを8㎜以内という整形の基準が定められている。さらに部分肉には肉質区分および形状，重量区分による区分がある。

① **肉質区分および形状**　かた，かたロース，うで，ヒレ，ロース，ばらおよびももについて，肉の締まり，きめの細かさ，肉と脂肪の色沢，質のいずれもよいものはI，やや難があるものはIIと評価される（表3.9.5）。

② **重量区分**　分割された部位ごとに重量区分があり，軽量のものをS，中程度のものをM，重いものをLと区分する。

（3）鶏　肉

鶏肉の消費が拡大するに伴ってより高品質なものが消費される傾向が強まり，一部の鶏肉では日本在来の鶏種を強調した地鶏肉，鶏種や飼養形態などを工夫した銘柄鶏肉が店頭で販売されるようになっている。このような時代背景から地鶏肉，銘柄鶏肉に㈳日本食鳥協会が自主的に定義を定めている[5]。地鶏肉は，在来鶏（例えば，シャモ，名古屋コーチン，ロードアイランドレッド，その他の比内鶏，チャボなどの日本鶏）の純系を両親に使用したものか片親に使用したものであって出荷日齢や交配様式などの生産の方法に通常生産方法と差があるもの，銘柄鶏肉は鶏種（赤どりの場合：シェーバーレッドブロ，レッドコーニッシュ，レッドプリマスロック，プレノアールなど，ブロイラーの場合：ホワイトコーニッシュ，ホワイトロックなど）を親鶏として使用し，出荷日齢，飼料内容などの生産の方法が通常生産方法と差があるものである。なお，地鶏肉については，農林水産省で地鶏の生産方法に特徴をもたせた日本農林規格（JAS）が制定されている（在来種の純系によるもの，または在来種を両親か片親に使ったもので在来種由来の血液百分率が50％以上のもの。飼育期間は80日以上で28令以降は平飼いや1㎡当り10羽以上で飼育されたもの）。

地鶏肉，銘柄鶏肉にかかわる自主規格のほかに食鶏肉の取引および小売にかかわる規格が㈳日本食鳥協会によって設けられている。いずれの規格も1961（昭和36）年に制定された後，数回の改正を経て1993（平成5）年3月に最終改正がなされている。

1）食鶏取引規格

食鶏取引規格[6]では食鶏の定義，解体した部位の名称と定義，重量区分および品質標準が定められている。規格制定当初，食鶏は月齢によりひな，若めす，若おす，親めす，親おすと分けられていたが，成長の早いブロイラーの急増などから改正が重ねられて主な流通品である3カ月齢未満のものを若どり，3カ月齢以上5カ月齢未満のものを肥育鶏，5カ月以上の雌鶏を親めす，5カ月以上の雄鶏を親おすと称することとなった。

一部の生体には重量区分や品質標準が定められている。また，屠殺後の若どり屠体には重量区分と品質標準が定められ，内臓を除去した中ぬきには，整形方法の違いによる名称とそれぞれの重量区分，品質標準が定められている。さらに屠体を解体した骨つき肉には重量区分が定められている。

2）食鶏小売規格

食鶏小売規格[7]は1973（昭和48）年に定められ，1992（平成4）年度に改正がなされた。それによると，放血・脱羽した“屠体”，“屠体”から内臓，気管など，あし関節またはけづめの直上であしを除いた“丸どり”，“屠体”を分割，解体して得られた骨つきの“手羽類”“むね類”および“もも

表 3.9.6 国産鶏（解体品）の分類

主品目	丸どり (あしをけづめの直上またはあし関節で切る)
	骨つき肉
	手羽類 ①手羽もと ②手羽さき ③手羽なか むね類 ①骨つきむね ②骨つきむね肉 もも類 ①骨つきもも ②骨つきうわもも ③骨つきしたもも
	正肉類
	①むね肉 ②特製むね肉 ③もも肉 ④特製もも肉 ⑤正肉 ⑥特製正肉
副品目	①ささみ ②ささみ（すじなし） ③こにく ④かわ ⑤あぶら ⑥きも ⑦きも（血ぬき） ⑧すなぎも ⑨すなぎも（すじなし） ⑩がら
二次品目	①ぶつ切り（丸どりや骨つきむね，骨つきももをぶつ切りしたもの） ②切り身（正肉，むね肉，もも肉を細かく切ったもの） ③挽き肉（正肉，むね肉，もも肉，こにくを挽いたもの）

出典）㈳日本食鳥協会編：食鶏小売規格（1993年3月改正）

表 3.9.7 食鶏小売規格の主品目の品質標準

項目＼等級	特選品	標準品
形態	正常	正常
肉づき	特によい	よい
脂肪のつき方	適度についているもの	適度についているもの
鮮度	皮膚の色および光沢が特によく，毛穴が盛上がり，肉の締まりが特によいもの	皮膚の色がよく，光沢があり，肉の締まりがよいもの
筆羽・毛羽	ないもの	ないもの
皮膚および肉の損傷	ないもの	ないもの
皮膚および肉の変色	ないもの	ないもの
骨折・脱臼	ないもの	ないもの
異臭	ないもの	ないもの
異物の付着	ないもの	ないもの

注）毛穴：羽毛嚢胞，損傷：切傷，打傷，擦傷，裂傷など
出典）㈳日本食鳥協会編：食鶏小売規格（1993年3月改正）

類”，骨抜きのむね肉，もも肉，ささみ，かわ，きもなどに分類され，それぞれに定義が定められている。小売規格となっている品目を表3.9.6に示す。また，主品目に定められている品質標準を表3.9.7に示す。

3.9.4 牛肉，豚肉および鶏肉各部位の品質的特徴

（1）牛　肉

肉色の濃さは年齢，品種，筋肉部位などによって異なっており，年齢では若齢のものは色が薄い赤色であって老齢のものは黒味を帯びた濃い赤色であるが，筋肉部位によっても肉色の差異が大きい。また，肉質のきめの細かさは年齢，品種による差異があるが，筋肉部位によっても異なる。運動している肢の筋肉部位はきめが粗く，運動していないロース，ヒレはきめが細かい。脂肪交雑は，国産牛肉で多くみられ，輸入牛肉では低いものが多く，筋肉部位では国産牛肉でも運動していないロース，わきばら肉に多くみられる。

a．ネック：運動している部位であるので，肉色は濃い赤色である。肉質は粗く，かたい。

b．か　た：数種の筋肉の集合体である。運動している部位であるので，肉色は濃い赤色である。肉質は粗く，かたい。

c．かたロース：ロース肉の先端部分であるので，肉質のきめは細かく，やわらかい。肉色はやや薄い赤色である。比較的脂肪交雑が起こりやすい。

d．かたばら：わきばら肉の先端部分であるので，肉質はややかたい。

e．ともばら：筋膜，スジが多いので，肉質はかたく，きめは粗い。肉色は濃い赤色である。比較的脂肪交雑が起こりやすい。

f．ヒ　レ：腹腔内にあって背骨に付着していて，ほとんど運動しないので，非常にやわらかい。肉色は濃い赤色である。また，脂肪は筋肉周囲を含めてほとんどない。

g．リブロース：通称ロース肉と称されている部位であり，肉質はきめが細かく非常にやわらかい。肉色はやや薄い赤色であり，霜降り状態になるとさらに薄い赤色となる。

h．サーロイン：リブロースに続く腰の部分のロース肉であり，肉質はきめが細かく，非常にやわらかい。他の部位に比べて脂肪交雑が起こりやすい。脂肪交雑の状態になると肉色はさらに薄い赤色となる。

i．うちもも：運動している部位であるので，ロースの部位に比較するとかたいが，肉質のきめは中程度である。

j．しんたま：外側の肉質はやや粗いが，内側はきめが細かい。

k．らんいち：あまり運動しない部位であるからきめが細かく，やわらかい。

l．そともも：運動している部位であるので，肉質のきめは粗く，かたい。肉色は濃い赤色である。

m．す　ね：激しく運動している部位であるので，肉質はスジ，筋膜に富み，かたい。肉色もきわめて濃い赤色である。

（2）豚　肉

一般消費者に提供される豚肉は，生後4，5カ月の若齢ものであるので，肉色は全体的に薄いが，肉色の濃さは運動などの影響があって肢から得られる部位は濃く，運動の少ないロース，うちももが薄い赤色である。

a．か　た：運動する筋肉の集合体であるから肉質はややきめが粗く，肉色も牛肉に近い赤色である。

b．かたロース：ロース肉の先端部分であるので，肉質のきめは細かくやわらかい。肉色はかたに比べると薄い赤色である。

c．ば　ら：わきばら肉であり，3種の筋肉が重なっている。外側の筋肉は運動が少ないのでやわらかく，肉色は薄い赤色である。内側の肋間筋は，肉質のきめが粗く，肉色も濃い赤色である。

d．ロース：肉質はきめが細かく，やわらかい部位である。肉色は薄い赤色である。

e．ヒ　レ：もっともやわらかい部位である。肉色は濃い赤色である。

f．も　も：うちももとしんたまから構成されている。うちももはややわらかく肉色も薄い赤色である。しんたまはきめが細かく，肉色はやや濃い赤色である。

g．そともも：らんいちとそとももから構成されている。らんいちは，肉質のきめは細かく，やわらかい。肉色は濃い赤色である。そとももは運動している部位であるので，肉質はきめが粗く，肉色もやや濃い赤色である。

（3）鶏　肉

もも肉は運動している部位であるので，肉色はかなり濃い赤色であるが，その他のむね肉，ささみなどはかなり薄い黄赤色である。全体的に牛，豚肉よりはるかに薄い赤色である。

a．む　ね：骨つきのものと骨なしのものがある。肉色は薄い赤色であり，いわゆる白身といわれる赤色色素が乏しい部位である。肉質はきわめてやわらかい。

b．も　も：骨つきのものと骨なしのものがある。肉色は濃い赤色であり，運動している部位であるので，肉質は他の部位と比較してかたい。

c．手　羽：手羽もとは比較的運動しているので，肉色が濃い部位である。手羽なかおよび手羽さきは肉色が薄く，肉質もやわらかい。

d．ささみ：肉色は他の部位に比較して薄い赤色である。また，肉質はきめが細かくやわらかい。

（4）羊　肉

永久歯が生え揃わないおおむね生後6カ月未満の羊肉であるラムと，永久歯が生え揃ったおおむね生後1年以上の羊肉であるマトンが主に出回っている。

羊肉には体内の脂肪燃焼効果があるL-カルニチンが豊富なことがマスコミで取り上げられたため，2004年以降消費が急増している。

3.9.5　食肉の品質変化と消費期限

（1）品質変化と熟成

動物の死直後は，筋肉は弛緩状態にあり，伸長性に富んでいるが，やがて硬直してかたくなる。これを死後硬直という。これは食肉中で生化学的変化が進行することを意味する。すなわち，生きている動物では筋肉の運動エネルギー源であるアデノシン三リン酸（ATP）が消費され，一方でATPの合成に必要なグリコーゲンも補充されず徐々に減少し続けるので，ATPは分解され続けてその分解物であるアデノシン二リン酸（ADP）が蓄積される。このADPもさらに分解されてアデノシン一リン酸（AMP），イノシン一リン酸（IMP），イノシンの分解経路を経てヒポキサンチンへ分解されていく。グリコーゲンはブドウ糖，ピルビン酸の分解経路を経て乳酸となり食肉中に蓄積される。

死後硬直の発生は，主としてATPの消失と乳酸の蓄積とされており，発生時期は37℃保管の場合牛で約3時間，馬で約4時間，豚・子羊で1時間弱という報告[8]があるので，屠畜場で枝肉に処理されている段階か冷蔵保管が始まって間もない時期に硬直が始まると想定される。

死後硬直の機序は，沖谷によって説明されているので，その要点を以下に示す[9]。発生の引き金は主としてATPの消失とグリコーゲンの分解産物である乳酸の蓄積が大いにかかわっている。硬直の発生時期には温度がかかわっており，14〜19℃付近で保管されたときがもっともかたくなりにくくこの温度域からはずれるとかたさの程度が増し，硬直の発生時期も早くなる。高温で置かれた場合にはATPの消費と収縮反応の速度が大きくなるためである。また，低温で置かれた場合にはATPが充分に残っている場合であっても硬直が発生するが，食肉中にミトコンドリアから漏出したカルシウムイオンが多く存在するようになることが関与する。低温で発生する死後硬直を低温短縮というが，この現象が認められる動物は牛，羊，鶏であって，豚，兎では認められない。死後硬直の継続期間は，保管温度によって異なっているが，概ね牛では死後12時間～3日間，豚では12時間～2日間，鶏では12～24時間である。やがて硬直は解除されるが，筋肉線維の一部が断片化することによってさらに軟化する。

食肉がやわらかく，おいしく食べられる時期はこの死後硬直が解除された以降の腐敗するまでの間にある。一般にこの間を熟成期間と称する。ATPの分解途中にあるIMPはうま味の成分であるので，多く蓄積されている時期がもっともおいしく食べられる時期と思われやすいが，鶏肉を用いた実験では死後8～24時間が多く蓄積されている。豚肉を用いた実験ではIMPの分解はゆるやかであるので，硬直解除後も最高の水準ではないが，残っていて味に寄与している可能性がある。いずれにしてもIMPが最高に蓄積されている時期は死後硬直中であるので，食肉はかたくておいしさが期待できない。また，食肉のpHが低くて結果として保水性も低いので，調理しても肉汁とともにうま味成分も失われやすい。食肉はある程度の期間放置して熟成させたほうがおいしいといわれているが，実際のおいしさは多くの呈味成分の蓄積，食肉組織の軟化などが複雑に関係しているといわれている。食肉はタンパク質，脂肪，微量の糖質などによって構成されており，どのような成分およびその分解物がおいしさに関係しているのかまだ充分解明されていないが，タンパク質の分解物であるペプチドやアミノ酸，脂肪やその分解物，糖類やその分解物，ミネラルなどが関与していると想定される。硬直解除後にはpHの回復によって保水性も上昇していて肉汁が保持されているので，おいしさも失われにくい。

食肉の軟化は硬直が解除した時期であるので，その硬直時期を経るまで牛肉，豚肉などの大動物は冷蔵庫内に枝肉の状態で置かれる。保管温度によって死後硬直の継続期間が異なって高い温度ほど早く死後硬直が発生して早く終了するが，商業的には牛肉では概ね5日経過後，豚肉では3，4日経過後食肉として流通，販売される。鶏肉は死後硬直したといってもそれほど食肉組織はかたくならずまたその後の変化も早いので長く置かれることなく1，2日経過後にはすでに流通，販売されていることが多い。脂肪組織が厚く，かたい牛肉の場合は，腐敗は表面の脂肪組織で起こるため比較的長い熟成期間を設けることが可能であるが，豚肉は牛肉に比べると食肉組織，脂肪組織がやわらかいので長い熟成期間は避けたほうがよい。鶏肉は死後硬直中のかたさと硬直解除後のかたさに大きな差異がないため熟成期間を考慮することなく流通されているが，おいしさを追求するのであれば熟成期間を設けるのがよいと思われる。

熟成期間中に食肉は軟化してやわらかくなるが，長いほど風味の向上が必ずしも高まるというわけではない。その原因は，微生物によってタンパク質が分解されて不快臭を発するアミン類が生成されたり，脂肪が分解されて不快臭を発する低級脂肪酸が生成されることや，脂肪のうちの不飽和脂肪酸が酸素によって酸化されて不快臭を発するなどの変化が起こるためである。微生物による汚染は主として屠畜場で内臓を取出す段階で消化管内容物によって起こったり，食肉処理工場において枝肉から部分肉にカットされる際，部分肉からスライス肉，挽き肉などが調製される際に起こるが，衛生的に処理することによって細菌汚染の水準を意図的に低く抑えることができるし，不飽和脂肪酸の酸化は非通気性合成フィルムで真空包装することによって防ぐことができるので，工夫によって風味の劣化を遅らせて食肉の可食期間を長く保たせることができる。

消費者へ販売される食肉は，部分肉からスライス，細切れ，肉挽きなどの処理がなされ，包装されることが多いが，品質変化はまず肉色に現れる。食肉の切断直後の断面色はミオグロビンという肉色素の暗赤色を示しているが，20～30分間放置するとブルーミング（ミオグロビンが酸素化すること）という現象を起こして鮮紅色となり，艶がある。この状態は紫外線の遮断，乾燥防止，低温保持によって長く保たせることができる。しかし，いずれ時間の経過とともにミオグロビンは酸化さ

表 3.9.8　食肉〔食肉加工品（半製品を含む)〕に関する期限表示フレーム

1．原料肉（部分肉）

原料肉種	保存温度	包装形態	可食期間*1
A牛　肉	0℃	真空包装	45日
		真空包装（輸入肉：アメリカ産*2）	62日
		真空包装（輸入肉：オーストラリア産*2）	77日
	−15℃以下	真空包装	24カ月
B豚　肉	0℃	簡易包装（ポリエチレンフィルム）	7日
		真空包装	14日
		真空包装（輸入肉：アメリカ産*2）	40日
		真空包装（輸入肉：カナダ産*2）	40日
		真空包装（輸入肉：台湾産*2）	42日
	−15℃以下	包装形態を問わず	24カ月
C鶏　肉	0℃	減圧包装（ポリ袋入り*3）	8日
		包装形態を問わず	10日
	−15℃以下	包装形態を問わず	24カ月

*1包装日を基点として得られた可食期間に係数0.8を乗じたものである

*2㈳日本食肉輸出入協会公表のもの

*3㈳日本食鳥協会公表のもの

2．上記（1．の原料肉）を加工した食肉

原料肉種	利用原料肉	販売時の形態	保存温度	可食期間
a牛　肉	冷蔵部分肉を原料肉とした場合	肉　塊	10℃	3日
			4℃	6日
			0℃	7日
		スライス	10℃	3日
			4℃	6日
			0℃	7日
		挽き肉	10℃	2日
			4℃	3日
			0℃	5日
	冷凍部分肉を原料肉とした場合	肉　塊	10℃	3日
			4℃	6日
			0℃	7日
		スライス	10℃	2日
			4℃	6日
			0℃	7日
		挽き肉	10℃	2日
			4℃	3日
			0℃	5日

b豚　　肉	冷蔵部分肉を原料肉とした場合	肉　　塊	10°C	3日
			4°C	6日
			0°C	7日
		スライス	10°C	3日
			4°C	5日
			0°C	6日
		挽き肉	10°C	1日
			4°C	3日
			0°C	5日
	冷凍部分肉を原料肉とした場合	肉　　塊	10°C	3日
			4°C	5日
			0°C	6日
		スライス	10°C	2日
			4°C	5日
			0°C	6日
		挽き肉	10°C	1日
			4°C	3日
			0°C	5日
c鶏　　肉	冷蔵部分肉を原料肉とした場合	肉　　塊	10°C	1日
			4°C	4日
			0°C	6日
		挽き肉	10°C	1日
			4°C	2日
			0°C	4日
	減圧包装（ポリ袋入り）の冷蔵部分肉を原料肉とした場合*3	切り身	10°C	2日
			4°C	4日
			0°C	6日
	冷凍部肉を原料肉とした場合	肉　　塊	10°C	1日
			4°C	3日
			0°C	5日
		挽き肉	10°C	1日
			4°C	2日
			0°C	4日

注）示された可食期間は，加工日を含まない期間である。

*3㈳日本食鳥協会公表のもの

出典）厚生省生活衛生局乳肉衛生課監修，㈳日本食肉加工協会・他編：期限表示のための試験方法ガイドライン〔食肉加工品（半製品を含む）〕

れて褐色がかった赤色となり，乾燥を伴うと艶を失った黒みを帯びた赤色となる。一方で，細菌が増殖するので，やがては緑変などの変色を呈して食用不可となる。なお，スライスした食肉同士の接触面が緑色がかった暗赤色を呈していることがあるが，放置してブルーミングを起こすようであればもとの色はミオグロビンの色であったことを意味する。また，その他の変化として包装された食肉で分離した肉汁が濁ってきた場合は相当に細菌が増殖しているので，食用不可となっている可能性がきわめて高い。牛肉はミオグロビン含量が高いので，この色の変化が顕著であり，豚肉，鶏肉はミオグロビン含量が少ないのでやや不明瞭である。

鶏肉の場合，皮つきのもので毛穴が盛上がって見えるものは鮮度がよい。また，皮が肉に密着しているものがよく，皮の盛上がりに欠け薄く感じられ，肉からずれやすいものは鮮度が落ちている。肉色は鈍い光沢があり，やや透明感があるが，時間の経過とともに油を塗ったように光った光沢を帯びてきて，さらに時間を経過すると，赤みが薄れて白色がかってくる。

家庭内での保管も品質変化をできるだけ抑える紫外線の遮断，乾燥防止，低温保持の工夫が重要であるので，包装のまま冷暗所に保持する。また，食肉には消費期限（または品質保持期限*）が表示されているので，その期限内に消費することが大切である。

＊期限表示の用語「品質保持期限」について：「品質保持期限」と「賞味期限」は，1995（平成7）年4月より，同じ意味の用語としてどちらの表示も認められていたが，2003（平成15）年7月の食品衛生法施行規則とJAS法に基づく品質表示基準の改正に伴い，「品質保持期限」という用語は「賞味期限」に統一された。

（2）消費期限の設定

1997（平成9）年4月から従来の製造年月日表示に代えて，定められた保存条件（温度，包装形態など）で保管した場合に安全に食べられる期間を意味する可食期間（消費期限または品質保持期限）を表示することとなった。消費期限は，その可食期間が製造日（または加工日）より概ね5日以内のもの，品質保持期限はその可食期間以上のものとされている。可食期間を定めるためには保存試験を行うなど科学的根拠が必要であるが，多くの企業（小売店を含む）では技術的困難や著しい経済的負担増を伴うので，参考となる表3.9.8が示されている。表3.9.8は食肉関連団体が，衛生管理の行届いた条件下で理化学的試験を行ってまとめた結果である。自ら販売用食肉を加工（小割り，スライス，肉挽きなど）する際に，表3.9.8に示された期間より短い可食期間を表示する場合には，官能試験だけで保存性を確認すればよいこととなっている。この官能試験には表3.9.9に示す官能評価基準を使用する。保存試験の際の試料加工日を1日目として可食期間を調べ，期限を表示する際には加工した年月日を1日目として得られた可食期間から1日分を差引いて表示する。品質保持期限を表示する場合は，得られた可食期間に係数0.8を乗じて同様に1日分を差引いて期限を表示する。

表3.9.8を活用せず自ら保存試験を行い，可食期間を求めることもできる。その場合は，官能評価基準を用いた官能試験のほか，初期腐敗を疑わせる水準の細菌数を判定するTTCテストおよび増加した揮発塩基性窒素量の測定もあわせて行う。

表 3.9.9　官能評価項目および評価基準

評価項目		評価基準
色　沢	○	脂肪，赤肉とも各食肉に応じた良好な色沢である
	×	緑変，褐変があるもの，色沢の劣化が進行しているもの
外　観	○	良好な肉質である
	×	肉質が劣るもの，ネトや発泡が生じているもの，カビが発生しているもの。肉の表面が乾燥しているもの
ドリップ	○	液汁に濁りがないもの
	×	液汁に濁りの発生しているもの
におい	○	良好なにおいである
	×	腐敗臭がする

いずれかの検査項目で異常値が得られた日以前の正常であった日までの期間が可食期間となる。具体的な消費期限（または品質保持期限）の表示方法は，表3.9.8を活用する場合と同様である。

なお，食肉の保存は，「食品衛生法」によって冷蔵する場合は10℃以下，冷凍する場合は－15℃以下と定められているが，加工から家庭での保存を通して守られうる，法律で定める温度以下の任意の温度を表示して流通，販売させることもできる。

〔引用文献〕

1）㈳日本食肉格付協会編：牛枝肉取引規格（1988年３月改正）
2）㈳日本食肉格付協会編：牛部分肉取引規格（1988年３月改正）
3）㈳日本食肉格付協会編：豚枝肉取引規格（1996年10月改正）
4）㈳日本食肉格付協会編：豚部分肉取引規格（1996年10月改正）
5）㈳日本食鳥協会編：国産銘柄鶏仕入ガイドブック（1997年度版）
6）㈳日本食鳥協会編：食鶏取引規格（1993年３月改正）
7）㈳日本食鳥協会編：食鶏小売規格（1993年３月改正）
8）斉藤義蔵・小島正秋・金井恒夫・加香芳孝：食肉加工法，恒星社厚生閣，p.76（1967）
9）佐藤　信監修，沖谷明紘著：食品の熟成，光琳，pp.551～578（1983）

3.10 乳

3.10.1 流通経路

私たちが利用する乳の大部分は牛乳である。牛乳が消費者に届けられるまでの流通経路は，ほかの多くの食品とは大きく異なる。その特徴は，温度管理や日付管理など，品質管理を行える体制で流通チャネルが構成されていることにある。酪農家で搾乳された生乳は，品温が10℃以上にならないようにバルククーラーに入れて冷却保管し，各地域の集乳所（クーラーステーション）を通じて，タンクローリーで乳業工場に輸送される。

乳業工場に搬入された生乳は，1台ごとに微生物検査，風味検査，品質検査を行い，正常な生乳のみが製造プロセスに送られる。搾乳から乳業メーカーに搬入するまでの時間は2日以内になるようなネットワークが完成しており，新鮮な乳が供給されている。なお，近隣からばかりでなく北海道から関東・関西へ，九州から関西など，広域流通も行われている。この場合は，輸送に4日間ほどかかることもあり，生乳を2℃程度まで冷却できる装置を搭載したタンクローリーで輸送している。

工場で殺菌処理され，容器に充填された牛乳は，検査後すぐに流通センター，牛乳販売店，販売会社を経由して，量販店，CVS（コンビニエンスストア）などの店頭に並べられる。一方，牛乳販売店から直接各家庭へ配達する宅配ルートもある。牛乳を取扱うチャネルメンバーは，それぞれが冷蔵設備をもち，一貫した低温流通システムで品質を保持している。

なお，従来は各メーカー別の流通システムが利用されてきたが，最近は大型店舗を基点としたカテゴリー一括納入が求められている。すなわち，流通センターを経由する共同配送により，流通の効率化が図られている。

3.10.2 牛乳類の表示

飲用牛乳類のパッケージを見ると，必ず“種類別○○○”という表示がある。これは，食品衛生法に基づく「乳及び乳製品の成分規格等に関する省令」と「飲用乳の表示に関する公正競争規約」により，定められている表示である（表3.10.1）。なお「乳及び乳製品の成分規格等に関する省令」は，通常「乳等省令《にゅうとうしょうれい》」と略称することが多い。

表示から，“種類別：牛乳”は，生乳《せいにゅう》のみを使用していること，また，“種類別：加工乳”は，生乳および乳製品のみからつくられていることがわかる。

商品名に“牛乳”の表現が入っている商品は乳脂肪分3％以上，無脂乳固形分8％以上を満たしていることを意味し，種類別“牛乳”および“特別牛乳”（生乳100％使用のもの）に限って使用できる。また加工乳や乳飲料に“牛乳”という表示はできないが，“ミルク”，“乳”は使用できる。

さらに，“牛乳”は，処理工程において，脂肪分の調整（一部の脂肪分を除いたものは成分調整牛乳という）をいっさいしていないことを示している。また，原産地を表示している場合は，その地域で搾乳した生乳を100％使用していることを意味し，乳牛の種類（ジャージー種など）を表示している場合には，その乳牛の生乳を100％使用していることを表している。

このように，パッケージを見ることにより，その商品の基本的な品質情報がわかるようになっている。

表 3.10.1 飲用乳の表示規定

区分	法律名など	種類別名称	無脂乳固形分（%）	乳脂肪分（%）	主要原料名	主要混合物名称	殺菌温度および時間	常温保存可能である旨*4	賞味期限	保存の方法	製造者などの住所氏名	内容量	食品添加物を含む旨	無果汁である旨
牛乳	乳等省令	○	○	○			○	○	○	○	○			
	公正競争規約	○	○	○			○	○	○	○	○	○		
特別牛乳	乳等省令	○	○	○			○*2		○	○	○			
	公正競争規約	○	○	○			○*2		○	○	○	○		
成分調整牛乳	乳等省令	○		○			○	○	○	○	○			
	公正競争規約	○	○	○			○	○	○	○	○	○		
無脂肪牛乳	乳等省令	○					○	○	○	○	○			
	公正競争規約	○	○				○	○	○	○	○	○		
加工乳	乳等省令	○	○	○	○		○	○	○	○	○			
	公正競争規約	○	○	○	○		○	○	○	○	○	○		
乳飲料	乳等省令	○	○	○*1		○		○	○	○*5	○		○	
	公正競争規約	○	○	○*1		○*7	○*3	○	○	○*5	○	○	○	○*6

＊1　乳脂肪分以外の脂肪分を含む場合はその脂肪分も表示する。
＊2　未殺菌の場合は，その旨を表示する。
＊3　省略することができる。
＊4　連続流動式の加熱殺菌機で殺菌後，あらかじめ殺菌した容器包装に無菌的に充塡したものであって，10℃以下で保存することを要しないと厚生労働大臣が認めたものに限る。
＊5　保存性のある容器に入れ，120℃，4分間または同等以上加熱殺菌したものは，省略することができる。
＊6　果汁または果肉含量が5％未満でありながら，商品名などに果実の名称を用いている場合。
＊7　主要混合物以外のものにあっては，使用した主要原料名（生乳，乳，乳製品など）を表示する。この場合の表題は「主要原料および主要混合物」とする。

3.10.3　種類と特徴

牛乳類には牛乳，加工乳，乳飲料などがある。「乳等省令」の成分規格では，その他に成分調整牛乳，無脂肪牛乳，特別牛乳などが定められている。なお，牛乳以外にもヤギ乳，緬羊乳に関しても定められているがここでは省略する。

以下に乳の種類と特徴を「乳等省令」に基づいて簡単に述べる。

（1）生　乳

搾乳したままの牛の乳をいう。比重，酸度，総菌数は次のように規格化されている。

- 比重（15℃における）：
  1.028～1.034（ジャージー種の牛以外の牛から搾乳したもの）
  1.028～1.036（ジャージー種の牛から搾乳したもの）
- 酸度（乳酸として）：
  0.18％以下（ジャージー種の牛以外の牛から搾乳したもの）
  0.20％以下（ジャージー種の牛から搾乳したもの）
- 総菌数（ブリード法）：
  400万（mℓ当たり）以下

(2) 牛　乳

直接飲用に供する目的で販売する牛の乳をいう。

- 比重（15℃における）：
  1.028～1.034（ジャージー種の牛以外の牛から搾乳したもの）
  1.028～1.036（ジャージー種の牛から搾乳したもの）
- 酸度（乳酸として）：
  0.18％以下（ジャージー種の牛以外の牛から搾乳したもの）
  0.20％以下（ジャージー種の牛から搾乳したもの）
- 乳脂肪分：3.0％以上
- 無脂乳固形分：8.0％以上（乳脂肪分以外の固形分で，タンパク質，糖質，ミネラルを含む）
- 細菌数（培養法）：50,000（cfu/ｇまたはmℓ）以下
- 大腸菌群：陰性（検出されないこと）
- 製造の方法の基準：63℃で30分間加熱殺菌するか，またはこれと同等以上の殺菌効果を有する方法で加熱殺菌する。通常は，120～130℃で２～３秒間加熱する殺菌法が用いられている。常温保存可能品は，130～150℃で１～４秒間加熱殺菌し，あらかじめ滅菌した特殊加工の紙容器に無菌的に充填密封する。この基準は，牛乳のほかに，次に記載する成分調整牛乳と無脂肪牛乳にも適用される。
- 保存方法の基準：殺菌後直ちに10℃以下に冷却して保存すること。ただし，常温保存可能品にあっては，常温を超えない温度で保存すること。この基準は，牛乳のほかに成分調整牛乳，無脂肪牛乳，加工乳，特別牛乳にも適用される。

なお，cfu/ｇは，１ｇの生乳中に混入している総菌数を表す単位である（cfu：colony forming unit）。

(3) 成分調整牛乳

生乳，乳脂肪分その他の成分の一部を除去したものであって，無脂肪牛乳以外のものをいう。

- 酸度（乳酸として）：0.18％以下
- 無脂乳固形分：8.0％以上
- 細菌数（培養法）：50,000（cfu/ｇまたはmℓ）以下
- 大腸菌群：陰性

(4) 低脂肪牛乳

成分調整牛乳であって，乳脂肪分を除去したもののうち，無脂肪牛乳以外のものをいう。

- 比重（15℃における）：1.030～1.036
- 酸度（乳酸として）：0.18％以下
- 乳脂肪分：0.5％以上1.5％以下
- 無脂乳固形分：８％以上
- 細菌数（培養法）：50,000（cfu/ｇまたはmℓ）以下
- 大腸菌群：陰性

(5) 無脂肪牛乳

生乳，牛乳または特別牛乳からほとんどすべての乳脂肪分を除去したものをいう。

- 比重（15℃における）：1.032～1.038
- 酸度（乳酸として）：0.18％以下
- 乳脂肪分：0.5％未満
- 無脂乳固形分：8.0％以上
- 細菌数（培養法）：50,000（cfu/ｇまたはmℓ）以下
- 大腸菌群：陰性

(6) 加　工　乳

生乳，牛乳または特別牛乳またはこれらを原料として製造した食品を加工したものであって，直接飲用に供する目的またはこれを原料とした食品の製造もしくは加工の用に供する目的で販売するものをいう。使用できる原料には，水，生乳，牛乳，特別牛乳，成分調整牛乳，無脂肪牛乳，全脂粉乳，脱脂粉乳，濃縮乳，脱脂濃縮乳，無糖練乳，無糖脱脂練乳，クリーム，添加物のないバターおよびバターオイル，ホエー濃縮物などがある。なお，原料は加熱殺菌したものを使用することにな

っている。

- 酸度（乳酸として）：0.18%以下
- 無脂乳固形分：8.0%以上
- 細菌数（培養法）：50,000（cfu/g またはmℓ）以下
- 大腸菌群：陰性

（7）特別牛乳

特別の許可を受けた施設で搾乳から処理まで一貫して行われた牛乳で，殺菌をしなくてもよいが，殺菌する場合には，63℃で30分間の殺菌処理だけが認められている。

- 比重（15℃における）：
  1.028～1.034（ジャージー種の牛以外の牛から搾乳したもの）
  1.028～1.036（ジャージー種の牛から搾乳したもの）
- 酸度（乳酸として）：
  0.17%以下（ジャージー種の牛以外の牛から搾乳したもの）
  0.19%以下（ジャージー種の牛から搾乳したもの）
- 乳脂肪分：3.3%以上
- 無脂乳固形分：8.5%以上
- 細菌数（培養法）：30,000（cfu/g またはmℓ）以下
- 大腸菌群：陰性

（8）乳　飲　料

牛乳や乳製品を原料としてつくられる飲み物，あるいはこれらを主原料として，コーヒー，砂糖，果汁など牛乳成分以外のものを加えてつくられた飲み物である。原料は殺菌の過程において破壊されるものを除き，63℃，30分またはこれと同等の殺菌効果を有する方法で殺菌する。なお「乳等省令」では，“乳飲料”は，乳の分類には含まれず，

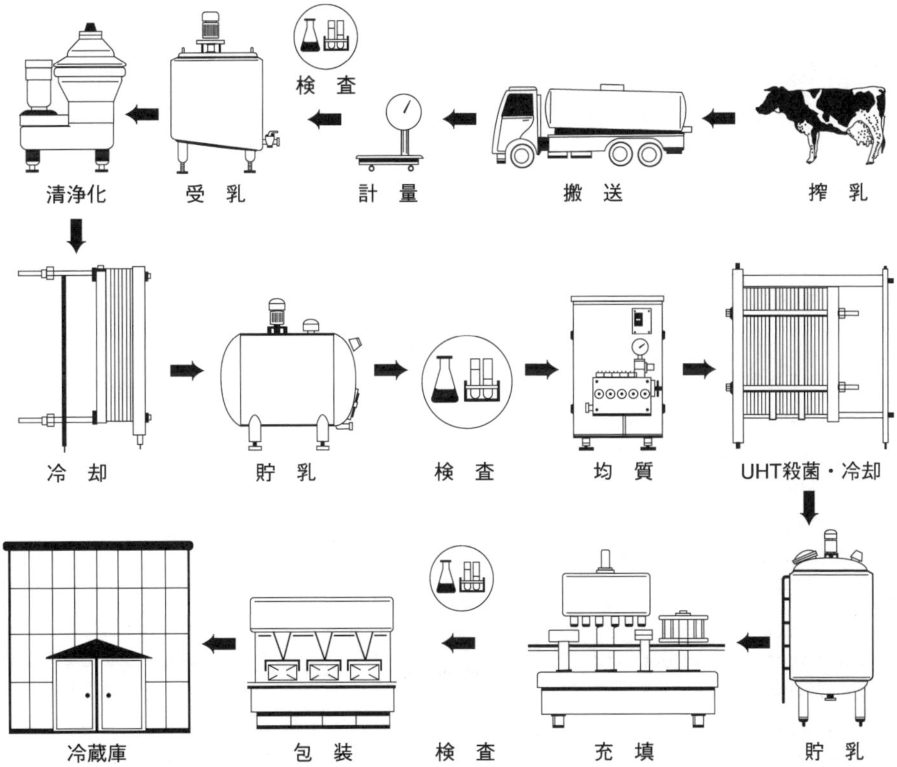

図 3.10.1　飲用牛乳の製造工程

乳製品の分類のなかに入る。本書では便宜上“乳”の章に記載した。

- 乳固形分：3.0%以上
- 細菌数（培養法）：30,000（cfu/g またはmℓ）以下
- 大腸菌群：陰性
- 製造，保存の方法の基準：保存性のある容器に入れたうえで，120℃で4分間加熱殺菌する方法，または，これと同等以上の殺菌効果を有する方法により加熱殺菌したもののほかは，牛乳と同じである。

一般的な飲用牛乳の製造工程を図3.10.1に示した。

3.10.4 品質保持

（1）牛乳の風味

牛乳は水分が85～88%，タンパク質，脂肪，乳糖などの固形分が11～14%，pHが6.5～6.6の食品である。また，乳児の発育を促す多くの微量成分も含まれる。

正常な牛乳は多数の微量な揮発成分を含んでおり，それらが組合されて独特の新鮮な香りをつくっている。また，成分中の乳糖がわずかな甘味を，塩化物がかすかな塩味を与えている。さらに，タンパク質や脂肪は微細な粒となって牛乳中に浮いており，まろやかな口当たりを生み出している。

牛乳が劣化するとタンパク質や脂肪が変質し，異常な風味が発生したり，滑らかさが損なわれる。また，微量成分であるビタミンなどが減少する。

（2）微生物と滅・殺菌

牛乳や乳飲料などは，微生物にとって好ましい栄養成分が豊富に含まれ，微生物がもっとも増殖しやすい食品である。また，搾ったままの牛乳には，さまざまな微生物が混入しており，温度が高いと短時間で増殖し，牛乳を腐らせる。混入している微生物のなかには，まれに，食中毒や感染症を引起こす病原性微生物がいる危険性が高いので，人体に危害を及ぼす微生物を死滅させるために，殺菌処理が行われる。

殺菌は，乳酸菌など無害な微生物まで死滅させることを目的にはしていない。殺菌に対して，すべての微生物を死滅させ無菌状態にすることを滅菌という。

表3.10.2に，殺菌および滅菌方法を示した。低温長時間殺菌（LTLT 法），高温短時間殺菌（HTST 法），超高温殺菌（UHT 法）の順に微生物の残存する確率が少なくなり，常温保存可能品で用いられている瞬間滅菌（UHT 滅菌法）は，事実上無菌といえる。このほかに，レトルト処理がある。これは，缶，瓶，袋などに食品を充填密封した後に，容器ごとに120℃，4分間または同等以上の加熱処理をする方法である。

表 3.10.2 生乳の殺菌方法と作用効果

牛乳の殺菌方法		加熱処理条件	加熱処理の作用効果	
保持式殺菌	LTLT 殺菌法 (low temperature long time) 低温長時間殺菌法	63°C 30分間保持	殺菌 (pasteurization)	病原性微生物を殺滅し食品衛生法上の安全を確保する。
瞬間殺菌	HTST 殺菌法 (high temperature short time) 高温短時間殺菌法	75～85°C 15秒間保持		
	UHT 殺菌法 (ultra high temperature) 超高温殺菌法	120～135°C 2～3秒間保持		殺菌効果は高いが，無害な細菌まですべて殺滅するものではない。
瞬間滅菌	UHT 滅菌法 (ultra high temperature) 超高温滅菌法	135～150°C 2～4秒間保持	滅菌 (sterilization)	微生物を殺滅し無菌の状態にする。 酵素も失活する。

以上，各種の殺菌方法および条件があるが，一般的には，LTLT 法や UHT 法が用いられている。常温保存可能品では UHT 滅菌法，缶牛乳ではレトルト処理法が用いられている。しかし，HTST 法は日本では比較的少ない。

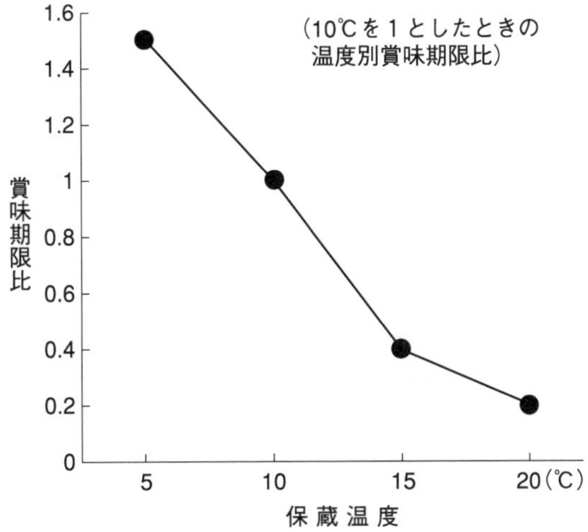

図 3.10.2　牛乳の保存温度と賞味期限
例えば10℃で10日間の賞味期限の牛乳製品は，5℃では15日間の保存性がある。一方，15℃では4日間と短くなる。

(3) 保蔵温度と品質

製品の保蔵温度が上昇すると品質の劣化が起こり，保蔵期間が短くなる。図3.10.2は牛乳の保蔵温度と品質の保持期間の関係を示している。10℃を基準とすると，15℃では1/3に20℃では1/10以下に保蔵期間が短くなることがわかる。

また，保蔵温度が上がると微生物の増殖も速くなり，製品品質に悪影響を及ぼす。図3.10.3は牛乳の保蔵温度と細菌数の変化を示している。このように，保蔵温度が15℃になると少なかった微生物が短期間で増殖することがわかる。牛乳の品質は微生物がゼロであっても徐々に劣化が進行する。しかし，化学的な品質劣化現象に比べ，微生物の増殖は温度上昇の影響を鋭敏に受け，それに伴う品質劣化現象はきわめて大きい。前述したように，常温保存可能品以外では，包装された牛乳中に少数の微生物が存在する。したがって，温度管理はきわめて重要である。

図3.10.4は，5℃で保蔵していた牛乳を2時間だけ外気温30℃のなかに置き，再び5℃の冷蔵庫に戻したときの牛乳品温の変化を測定したものである。品温は外気温に従って上昇し，5℃に戻すと降下するが，一度上昇した温度は外気温が下が

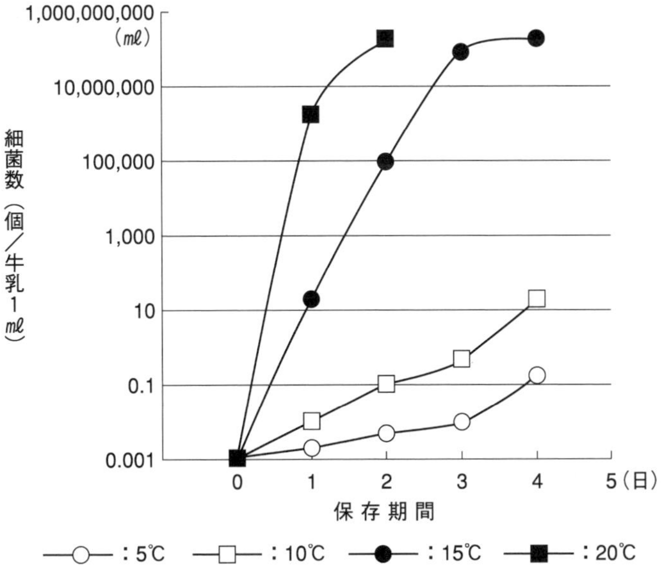

図 3.10.3　牛乳の保存温度と菌の増殖

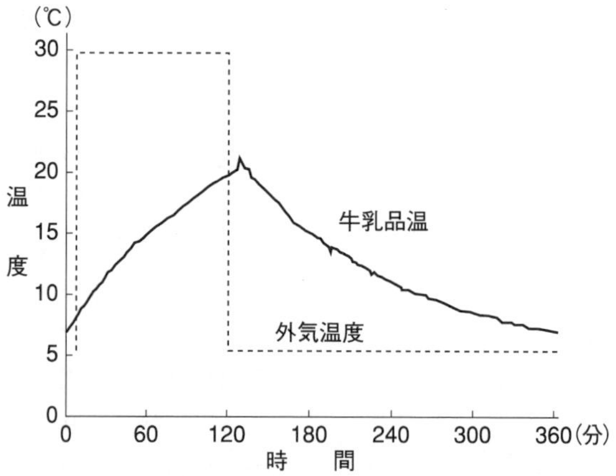

図 3.10.4　30°C，２時間昇温による牛乳の品温変化

ってもなかなか5℃までは冷却されないことがわかる。このことから，流通や保管時においてちょっとした温度管理の油断が大きな問題を引起こすことがある。牛乳の賞味期限の設定は，10℃保存を基準としており，温度管理は品温が10℃を超えないように行う必要がある。

(４) 牛乳，乳飲料などの包装容器

「乳等省令」では製品の品質確保と衛生性を確保するために，通常の食品衛生法よりも厳密な包装容器の基準を定めている。表3.10.3に「乳等省令」で認められている包装容器の種類を示した。

牛乳・加工乳などはガラス瓶，合成樹脂製容器，合成樹脂加工紙製容器，およびそれらの組合せ容器しか認められていない。乳飲料などではガラス瓶，合成樹脂製容器包装，金属缶などの使用が認められている。

なお「乳等省令」では，牛乳など用の合成樹脂製容器包装や合成樹脂加工紙製容器包装と乳飲料など用のものとは規格が異なる（表3.10.3参照）。

1）牛　乳　瓶

牛乳瓶の長所は，飲みやすいこと，外部からのにおいの移行が少ないこと，繰返し使用できるリターナブル容器であること，などがあげられる。牛乳瓶は徐々に減少する傾向にあったが，最近はこれらの長所が見直されており，大型瓶や軽量瓶などが流通している。

牛乳瓶は，繰返し使用されると，瓶表面に小さな傷を受け，“スレ瓶”といわれる白化現象が目立ち始める。白化現象が進むと，瓶の破壊につながる。これは主に牛乳処理工場において，瓶の洗浄工程などで発生するが，流通時の荷扱いなどでも瓶どうしの接触により引起こされる。欠陥のある瓶は努めて取除かねばならない。

2）合成樹脂加工紙製容器包装（牛乳など用）

牛乳・加工乳では合成樹脂加工紙製容器包装が認められているが，実際の製品としてはポリエチレン加工紙製容器が用いられている。

ポリエチレン加工紙製容器は，牛乳パックとも呼ばれ親しまれている。軽く，荷扱いしやすく，冷蔵庫収納性や印刷によるディスプレイ性などもよいことから，1965（昭和40）年から使われ始め，量販店の増加に呼応して需要が伸びている。ガラス瓶と異なり，ワンウェイ容器であることも特徴である。

ポリエチレン加工紙製容器は牛乳以外の飲料にも用いられている。しかし，牛乳に用いられるものは「乳等省令」できわめて厳密に定められている。すなわち，材質として使用できるものはポリエチレンと紙だけである。このポリエチレンは，原則として添加物を含まないいわゆる無添加ポリエチレンであり，紙は古紙を含まないバージンパ

表 3.10.3　乳等省令で認められる乳の容器

対象食品	認められる容器	備　考
牛乳・加工乳，クリームなど	ガラス瓶	透明なもの
	合成樹脂製容器包装	ポリエチレン，エチレン・1-アルケン共重合樹脂，ポリプロピレン，ナイロンでできた容器*1
	合成樹脂加工紙製容器包装	ポリエチレン，エチレン・1-アルケン共重合樹脂と紙でできた容器*1
	金属缶	クリームのみ
	組合せ容器包装	上記容器の組合せ
乳飲料	ガラス瓶	透明なもの
	合成樹脂製容器包装	内面はポリエチレン，エチレン・1-アルケン共重合樹脂，ポリスチレン，ポリプロピレン，ポリエチレンテレフタレート
	合成樹脂加工紙製容器包装	
	合成樹脂加工アルミ箔製容器包装	
	金属缶	
	組合せ容器包装	上記容器の組合せ*2

＊1　内面の樹脂は無添加のポリエチレンかエチレン・1-アルケン共重合樹脂
＊2　アルミふたには内面樹脂としてポリエチレン，エチレン・1-アルケン共重合樹脂，ポリプロピレン，ポリエチレンテレフタレート以外の使用も認められている

ルプしか使えない。実際には，水分の侵入を防止するために紙の外側と内側にポリエチレンを貼合せた3層以上の構成のものが多い。

図3.10.5に主なポリエチレン加工紙製容器の形態を示すが，ゲーブルトップ（屋根形），ブリックタイプ（レンガ形），テトラタイプ（正四面体形）などさまざまな形態がある。

牛乳は通常，プラスチッククレートに入れて流通される。クレートに所定数量入れられている限り流通における破損は少ない。しかし，何らかの理由で入り本数が少ない場合，振動や荷扱いにより衝撃を受けやすい。特にポリエチレン加工紙製容器は衝撃に弱く，このような場合は適切なスペーサーなどを入れ，衝撃を緩和する必要がある。

3）合成樹脂製容器包装（牛乳など用）

「乳等省令」では，牛乳などに用いる容器として，ポリエチレン（PE），エチレン・1-アルケン共重合樹脂（LLDPE），ポリプロピレン（PP），ナイロン（Ny）だけでできた容器が認められている。これが合成樹脂製容器包装である。衛生的な配慮から，内面の合成樹脂は，添加物を含まないPEまたはLLDPEしか認められていない。合

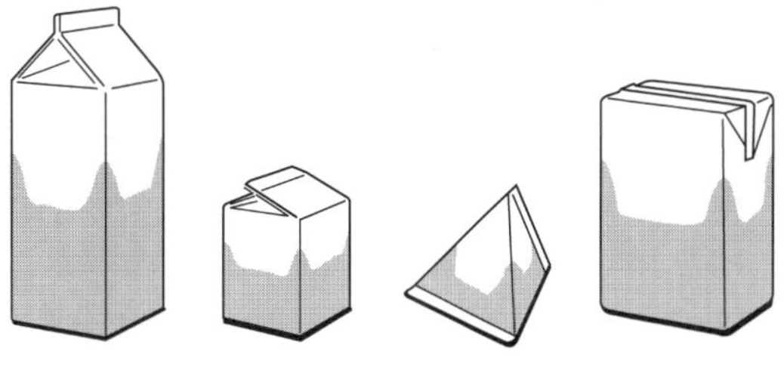

図 3.10.5　主な牛乳紙容器の形態

成樹脂製容器包装にもボトルタイプや袋タイプなどがあり，今後さらにさまざまな形態の容器が市場に出る可能性がある。

以上の3タイプの容器を組合せてつくった容器包装も牛乳などの容器として認められている。なお，申請をして承認を受ければ，これ以外の容器包装も認められる。

4）乳飲料の容器

「乳等省令」では，乳飲料，発酵乳，乳酸菌飲料の容器としてガラス瓶，合成樹脂製容器包装，合成樹脂加工紙製容器包装，合成樹脂加工アルミ箔容器包装，金属缶，および組合せ容器包装が認

められている。組合せ容器包装として，密栓用にアルミ箔製のふた材で密封することも認められている。したがって，牛乳などよりはゆるやかな規制になっている。

使用できる合成樹脂としては，一定の試験条件を満たせば特に材質的な制限はない。しかし，食品に接する部分の材質は，ポリエチレン（PE），エチレン・1-アルケン共重合樹脂（LLDPE）ポリスチレン（PS），ポリプロピレン（PP），ポリエチレンテレフタレート（PET）しか認められていない。

5）常温保存可能品

牛乳，加工乳，乳飲料は，通常チルド流通しか認められていないが，一定の基準を満たすものは常温保存可能品として，常温流通が認められている。いわゆるLL製品などがそれに含まれる。その場合，包材としては遮光性があり，気体透過性のないものにする必要がある。

具体的にはポリエチレン加工紙製容器の中間層にアルミ箔を貼合せた容器が用いられている。また，金属缶入りの乳飲料もレトルト処理を施し，常温保存可能品にすることができる。

（5）移香の問題

牛乳はほのかな独特な風味をもっているが，ほかのにおいを吸収しやすく，その場合，異常な風味を感ずることがある。

牛乳パックなどは，におい成分のバリア性（遮断性）が低い材質でできているものが多い。したがって，流通時において，ほかの生鮮食料品などと一緒に置かれた場合，それらのにおいが牛乳に移行することが懸念される。におい成分を遮断できる包材で包装された常温保存可能品においても，包材を構成している紙ににおいが吸着し，問題になることがある。特に魚介類やカンキツ系の果物からの移香は強烈であり，厳重な注意を要する。

（6）賞味期限の設定

牛乳の賞味期限の設定に関しては，㈶全国牛乳協会で，「牛乳等の期限表示設定のためのガイドライン」を策定している。表3.10.4にその概要を示す。市場の商品はほぼそのガイドラインに沿って，賞味期限を設定している。ある程度安全率を考慮したものではあるが，基準となる保存温度は10℃であり，それより高温での保管は避けるべきである。

表 3.10.4 牛乳等の日付表示（期限表示）設定のためのガイドライン

		細菌数 (cfu/mℓ)以下	大腸菌群	低温細菌 (cfu/mℓ)以下	性状 (官能試験)
飲用乳	牛乳	5.0×10^4	陰性	5.0×10^4	正常
	特別牛乳	3.0×10^4	陰性	5.0×10^4	正常
	部分脱脂乳	5.0×10^4	陰性	5.0×10^4	正常
	脱脂乳	5.0×10^4	陰性	5.0×10^4	正常
	加工乳	5.0×10^4	陰性	5.0×10^4	正常
乳飲料		3.0×10^4	陰性	5.0×10^4	正常
常温保存可能品	牛乳	0	陰性		正常
	部分脱脂乳	0	陰性		正常
	脱脂乳	0	陰性		正常
	加工乳	0	陰性		正常
	乳飲料	0	陰性		正常

（社団法人 全国牛乳協会）

3.10.5　家庭での保蔵

常温保存可能品（ロングライフミルク）も含め，いずれの製品も包装を開封した後は空気中に浮遊している雑菌が入るため，冷蔵庫に保管し，2日以内に飲用することが望ましい。

牛乳は大量に消費されるため，牛乳瓶に関しては，資源の有効利用のために繰返し使用している。牛乳瓶の大部分が，20～30回ほど繰返し使用されている。繰返し使用をさらに促進するために，飲んだ後の牛乳瓶を，軽く水洗いして返却することが望ましい。

一方，もっとも多く用いられている牛乳パックについても，リサイクルが推進されている。牛乳パックに用いられている紙のほとんどは，植林によって森林資源が保全されている北ヨーロッパや北アメリカなどから輸入しており，建築や家具などに用いることのできない，いわゆる端材を使用している。したがって，牛乳パックは森林資源をむだなく使った包装といえる。しかし，この紙は古紙を含まないバージンパルプであり，より環境に優しくするためには，紙のリサイクルを進める必要がある。牛乳容器のリサイクルの仕方を図3.10.6に示す。1 ℓの牛乳紙パック30枚で60m巻きのトイレットペーパーを5個つくることができる。

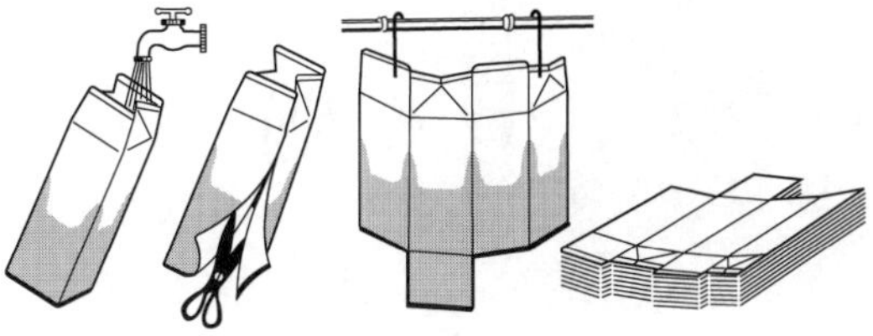

図 3.10.6　牛乳容器のリサイクルの仕方

3.11 卵

3.11.1 種類と特徴

（1）鶏　卵

鶏卵は日本でもっとも利用されている鳥卵である。鶏卵の栄養成分としては，タンパク質〔全卵（生）の12.3%〕，脂質〔全卵（生）の10.3%〕が多く，ビタミン（ビタミンCを除く），無機質もバランスよく含まれている（表3.11.1）。なかでもタンパク質はアミノ酸組成がよく良質で，タンパク質1g当たりの価格も動物タンパク質食品のなかでもっとも安価である。鶏卵は，家庭ではそのまま生食したり，ゆでたり，料理の素材として使われている。また食品加工原料として卵白が主に，製菓，製パン，水産練り製品に，卵黄がマヨネーズの製造に用いられている。

1）重　量

鶏卵の重量は，鶏の品種，年齢（一般に若い鶏は小さい卵を産む），産卵の季節，飼料などによって変動する。卵重は40〜80g台まであるが，普通50〜63gの重量のものが多い。市販されている鶏卵は，鶏卵の取引規格により卵重によって6種類に分類されている。

2）構　造

鶏卵は外側から卵殻，卵白，卵黄からなり（図3.11.1），それぞれの割合は卵重量の約10，60，30%である。

① **卵　殻**　主に炭酸カルシウムでできている。厚さは平均0.3㎜で，冬は厚く夏は薄い。卵殻の表面はクチクラ（タンパク性の皮膜）で覆われている。卵殻には約1万もの気孔がある。気孔の数は卵の鈍端部には多く鋭端部には少ない。胚の呼吸の際には，気孔を通じて酸素を取入れ炭酸ガスを排出する。また水蒸気も出ていく。しかし，気孔からの微生物の侵入は，クチクラにより防がれている。

A．色……日本の鶏卵は殻の色が白色の卵（白玉）が多い。これは主に「白色レグホン種」の鶏やその雑種により産卵されたものである。一方有色卵には殻の色が褐色をした赤玉（「ロードアイラ

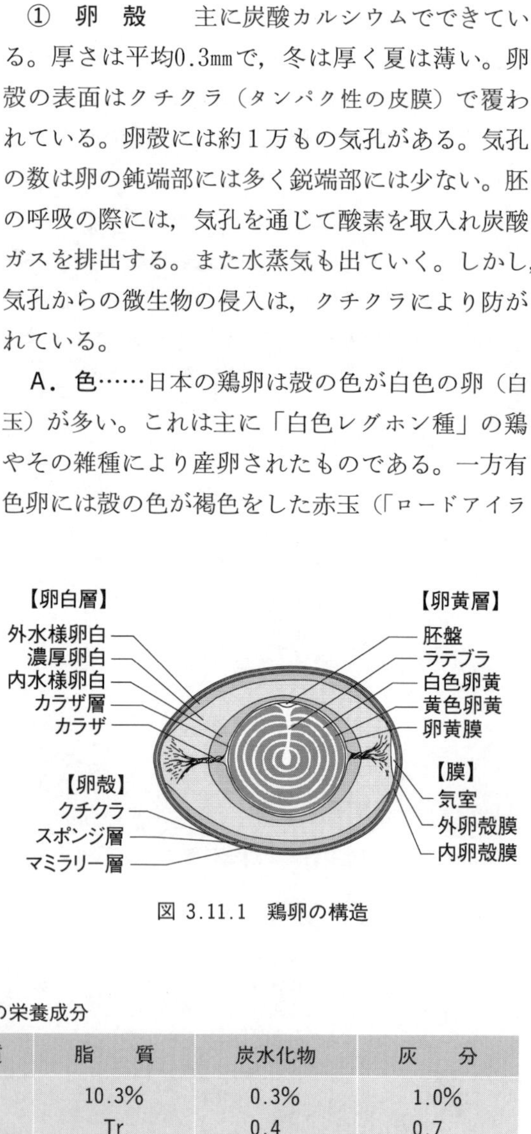

図 3.11.1　鶏卵の構造

表 3.11.1　鶏卵の栄養成分

		水　分	タンパク質	脂　質	炭水化物	灰　分
全　卵	100%	76.1%	12.3%	10.3%	0.3%	1.0%
卵　白	58	88.4	10.5	Tr	0.4	0.7
卵　黄	31	48.2	16.5	33.5	0.1	1.7
		炭酸カルシウム	炭酸マグネシウム	リン酸カルシウム	有　機　物	
卵　殻	11%	94.0%	1.0%	1.0%	4.0%	

ンドレッド種」，「コーチン種」，「ブラーマ種」，「ランシャン種」などの鶏卵），殻の色が青色をした鶏卵（「アローカナ種」の鶏卵）などがある。褐色卵には，オーロダイン，プロトポルフィリンという色素が多く含まれている。一方，青い卵にはビリベルジンという色素が含まれている。

B．卵殻膜……卵殻の内側には2層からなる卵殻膜がある。この膜もやはり卵内部への微生物の侵入を防いでいる。卵殻膜は卵の鈍端部では殻から離れて空間になっている。この空間を気室という。卵が古くなると，卵内部の水分が蒸発して気室の容積が拡大してくる。

② 卵　白　卵白には，粘度の高い濃厚卵白（全卵白の約60％）と粘度の低い水様卵白（全卵白の約40％）がある。両者は栄養成分的にはほとんど差はない。卵が古くなると濃厚卵白の割合が減少し，逆に水様卵白の割合が増加する。

卵白の約90％は水分であり，残りは固形物である。固形物の大部分がタンパク質（約55％がオボアルブミンというタンパク質）である。卵白タンパク質はアミノ酸のバランスがよい。卵白中には脂質はほとんど含まれず，ほかに少量の糖質（グルコース），ビタミン，無機質が含まれている。そのため卵白（生）100g当たりのエネルギーも47 kcalと低めである。

また卵白中には，微生物の増殖を抑制する成分（オボトランスフェリン，オボムシン，リゾチーム，アビジン）や消化酵素トリプシンの働きを阻害する成分（オボムコイド）が含まれている。そのため生卵白の消化率は加熱卵白の消化率よりやや低めである。

そして卵白タンパク質はアレルギーの原因物質となっていて，卵白を加熱してもアレルギーを完全に抑制することはできない。

③ カラザ　カラザは卵黄の両端に付着するひも状のタンパク質で，卵黄は卵の中央に固定された状態になっている。

④ 卵　黄　外側を卵黄膜で覆われていて，その上部に胚盤がある。卵黄の内部は，中心に白いラテブラ（卵をゆでても完全には凝固しない部分）があり，これを包むように黄色の濃い卵黄と黄色の淡い卵黄が交互に同心円状に層になっている。卵黄の約50％は水分である。固形物中には主に脂質〔卵黄（生）の33.5％〕とタンパク質〔卵黄（生）の16.5％〕が含まれている。そのため卵黄（生）100g当たりのエネルギーも387kcalとかなり高い。卵黄にはビタミンA，ビタミンD，ビタミンB_1，ビタミンB_2なども多く含まれている。また無機質としてはリン，カルシウム，鉄などの含量が多い。

A．タンパク質……卵黄のタンパク質は必須アミノ酸のバランスがよく，米，小麦などに不足しがちなリシン，スレオニンを充分に含んでいる。そのため米食やパン食に卵をそえると穀類タンパク質の欠乏アミノ酸を補うことができ，タンパク質の栄養価を高めることができる。また卵黄のタンパク質の消化率は約95％と高い。

B．脂　質……卵黄の脂質は，タンパク質と結合しリポタンパク質という複合体になっている。これは卵黄の乳化作用に役立っている。卵黄の脂質の約62％が中性脂肪（トリグリセリド）である。中性脂肪の脂肪酸組成は鶏に与える飼料により変動する。卵黄中の脂肪酸としては不飽和脂肪酸のオレイン酸（$C_{18:1}$）が43.6％，飽和脂肪酸のパルミチン酸（$C_{16:0}$）が25.1％と多めに含まれている。一方リノール酸（$C_{18:2}$，必須脂肪酸の一種）は13.4％であり，ドコサヘキサエン酸（$C_{22:6}$，学習能力の向上，老化防止，抗がん，抗アレルギー作用がある）は1.8％である。卵黄の脂質は乳化状態がよいので消化率も約95％と高い。

卵黄脂質の約33％がリン脂質に属するレシチンである。レシチンは高い乳化力を示す。そこで卵黄をマヨネーズの製造に用いる際にはレシチンやリポタンパク質がサラダ油の乳化に役立っている。卵黄脂質の約5％はコレステロールである。卵黄のコレステロール含量〔卵黄（生）100g当たり1,400mg〕は，同重量のほかの動物性食品のコレステロール含量〔鶏肉，若鶏もも皮つき100g当たり98mg，若鶏ささみ100g当たり67mg，ウズラ全卵（生）100g当たり470mg〕と比べてもかなり多いが，卵黄中にはコレステロール低減作用のあるリノール酸やレシチンなどが含まれているので，1人1日当たり1～2個程度の鶏卵の摂取では問題はない。しかし高脂血症の人は注意が必要である。

C．色　調……卵黄の色調は鶏に与える飼料の状況によりかなり変化する。飼料中に緑葉やトウモロコシを加えると卵黄の色は濃い黄色になる。これは緑葉やトウモロコシに含まれるカロテノイド系の色素が卵黄に移行したためである。色素の主成分は，キサントフィル類のルテインとゼアキサンチンである。これらにはビタミンA効力はない。

（2）特　殊　卵

特殊卵には，栄養成分強化卵，栄養成分調整卵などと，有精卵など鶏の飼育方法に特徴がある卵，QC 卵（クオリティーコントロール卵）など卵の衛生面に配慮した卵などがある。

1）栄養成分強化卵

鶏の飼料に，ビタミン，無機質，脂質などを強化すると，これらの成分が鶏卵中に移行するので，鶏卵の栄養成分を強化することができる。飼料にビタミン，無機質，脂質などを多く含む飼料原料を加えても同様の効果がある。

2）ビタミン強化卵

脂溶性のビタミンA（抗夜盲症因子），ビタミンD（抗くる病因子），ビタミンE（過酸化脂質の生成を抑制する因子），ビタミンK（血液凝固に関与する因子）などを強化した卵である。各卵のビタミン含有量は，飼料の配合によりかなり幅がある。

3）ミネラル強化卵

ヨウ素（甲状腺ホルモンの成分）や鉄（血液中のヘモグロビンの成分）を強化した卵である。ヨウ素は海藻中に多く含まれるので，飼料に海藻粉末を加えて鶏に与えると，鶏卵のヨウ素含有量は，普通卵の約20倍程度まで増加する。ヨウ素強化卵はコレステロール代謝の改善やアレルギー疾患の治療に効果があるといわれている。一方，有機鉄とビタミンC（アスコルビン酸）を飼料に加えて鶏に与えると，鉄の吸収を高めることができ，普通卵の約1.4倍程度鉄含有量の高い卵をつくることができる。

4）脂肪酸強化卵

α-リノレン酸（$C_{18:3}$，必須脂肪酸の一種で，動脈硬化の防止やアレルギー疾患の治療に役立つ），イコサペンタエン酸（EPA，$C_{20:5}$，血小板の凝集を抑制し中性脂肪値やコレステロール値を低下させる），ドコサヘキサエン酸（DHA，$C_{22:6}$）などを強化した卵である。飼料にアマニ種子や魚粉を加えて鶏に与えると，1個当たり200mg程度のα-リノレン酸を含む卵をつくることができる。また飼料にイワシやサバなどの魚粉や魚油を加えて鶏に与えると，1個当たり10～30mg の EPA や200～300mgの DHA を含む卵をつくることができる。

5）栄養成分調整卵

飼料に緑茶カテキンを加えて鶏に与えると脂質やコレステロールの含有量が普通卵より約30%少ない卵をつくることができる。この卵は血清コレステロールの上昇防止に役立つといわれている。また飼料にエビやカニの甲羅に含まれるキチン，キトサンを添加して鶏に与えるとやはり低コレステロールの鶏卵ができる。

6）有　精　卵

市販の鶏卵の大部分は，ケージ内で飼育されているめん鶏が産卵した無精卵であるが，めん鶏とおん鶏を一緒に放飼いにすると，受精した場合有精卵となる。

有精卵は無精卵と比べて胚盤が少し大きいが，栄養成分的には無精卵とほとんど差がない。卵の色や味に違いがあるとすれば，飼料や飼育方法の差が影響している。

7）QC卵

HACCP（ハサップ）方式により，鶏のヒナ，エサの段階から微生物による汚染を排除して，衛生的に産卵され流通している卵である。サルモネラや病原性大腸菌O157などの汚染の可能性が低い，安全面に配慮した卵である。また抗生物質やその他の薬剤による汚染のない卵もつくられている。

（3）その他の鳥卵（図3.11.2，表3.11.2）

1）ウズラ卵

日本ウズラの卵で卵重８～10gである。１羽当たり年間150～200個産卵する。卵殻は薄く黒褐色のまだら模様がある。卵殻膜が多少厚いので鶏卵よりも保存性がある。またゆでたとき皮をむきやすい。鶏卵よりも脂質，ビタミンA，ビタミンB_1，ビタミンB_2などの含量が多少多い。ウズラ卵は生卵をソバつゆに加えたり，ゆで卵にして使われる。

2）アヒル卵

卵重60～90gで鶏卵より少し大きい卵である。卵用種のアヒル（カーキーキャンベル種）は１羽当たり年間200～250個産卵する。卵殻や卵殻膜の厚い卵で，鶏卵よりも卵重に占める卵黄の割合が多い（アヒル卵卵黄の割合35.5%，鶏卵卵黄の割合約30%）。アヒル卵を鶏卵と比較すると，タンパク質，糖質，灰分の含量はほとんど変わらないが，鶏卵よりも脂質含量が多いので，100g当たりのエネルギーも鶏卵よりも少し高めである。

図 3.11.2　各種鳥卵

アヒル卵は55℃，10分の加熱で凝固する。

アヒル卵の殻に草木灰，アルカリ塩類（炭酸ナトリウム，消石灰など）と食塩を含むペーストを塗り，数カ月貯蔵しておくとアルカリが卵の内部に浸透して，卵黄や卵白のタンパク質がアルカリ変性して凝固しピータンができる。ピータンは中国料理に用いられ，薄くスライスしてアンモニア臭がなくなってから食べる。

3）ウコッケイ卵

卵重38～42gで鶏卵よりひとまわり小さい卵である。１羽当たり年間約40個産卵する。卵殻は肌色で，鶏卵よりも全卵に占める卵黄の割合が多い。鶏卵よりも脂質含量が多いので，100g当たりのエネルギーも鶏卵よりも高めである。

4）ホロホロ鳥卵

卵重は40g前後である。１羽当たり年間50～60個産卵する。卵殻は厚く，肌色の地に褐色の細かい点が一面にある。鶏卵よりも貯蔵性がある。鶏卵に比べると卵重に占める卵黄の割合（ホロホロ鳥卵卵黄の割合約35%）が多い卵で，卵黄中のコレステロール含量も鶏卵に比べ少なめである。

3.11.2 流通経路

（1）鶏卵の消費動向

鶏卵の自給率は95%以上と高い。鶏卵の輸入は大部分が凍結液卵や乾燥卵の形で行われている。鶏卵消費の内訳は一般家庭で使用される殻つき卵が約53%，レストラン，給食などで使用される業務用の殻つき卵が約27%，一次加工卵（生液卵，凍結卵，乾燥卵）が約20%と推定されている。最近の鶏卵消費の特徴は，①年々業務用殻つき卵

表 3.11.2　その他の鳥卵の栄養成分

	水　分	タンパク質	脂　質	炭水化物	灰　分
アヒル卵 全卵，生	70.7%	12.2%	15.2%	0.9%	1.0%
ウズラ卵 全卵，生	72.9	12.6	13.1	0.3	1.1
ウコッケイ卵 全卵，生	73.7	12.0	13.0	0.4	0.9

や加工卵の割合が増え，家庭で消費される殻つき卵の割合が減少してきていること，② 殻つき卵として特殊卵や PB（private brand）卵など，付加価値を高めた鶏卵の種類が増え多様化していること，③ サルモネラやO157など，食品の安全性の問題に関心が高まり，鶏卵においても消費者や量販店からの価格，鮮度，安全性面の要望が強くなってきていることなどがある。

（2）鶏卵の流通機構

鶏卵が生産され，消費されるまでの流通経路は「集出荷段階」，「荷受卸売段階」および「消費小売段階」に大別される（図3.11.3）。近年の鶏卵生産の傾向として，会社直営や企業系列化に伴う生産者の数の減少と飼養規模の拡大，すなわち少数大規模化が顕著になってきている。消費小売段階の傾向として，生活協同組合，加工業者，スーパーマーケットの取扱い量が伸びており，一般小売店の取扱い量は減少傾向にある。また，最近の大きな流れとして，鶏卵の賞味期限表示の導入に伴い、各段階での在庫量の削減，チルド流通の構築など，流通機構における変革が急務となっている。

（3）鶏卵の取引規格

「鶏卵の取引規格」は農林水産省が1965（昭和40）年に制定したものである。この規格は，取引に関する指導基準であり，法制化はされていない。「鶏卵の取引規格」は，① 箱詰鶏卵規格，② パック詰鶏卵規格および，③ 加工卵規格（1971年の改訂で記載）からなる。殻つき卵の規格の内容は，「外観・重量」の基準（重量により6階級に区分け，表3.11.3）および透光検卵や割卵検査による「品質基準」（特級，1級，2級，級外に級分け）で構成されている。なお，生鮮食品品質表示基準改正に伴い，農林水産省より平成12年12月1日付で「鶏卵規格取引要綱」が改定された。主な改定点は，箱詰鶏卵およびパック詰鶏卵の名称，原産地，生食用であるかないかの別，賞味期限（代わりに産卵日，採卵日，格付け日または包装日を記載できる），採卵した施設または選別包装した施設の所在地，保存方法，使用方法（生食用鶏卵にあっては，賞味期限経過後は飲食に供する際に加熱殺菌を要する旨を，加熱加工用鶏卵にあっては，加熱加工用と明記し，飲食に供する際に加熱殺菌を要する旨を記載）を表示することとなった。加工卵規格では，名称（殺菌し，凍結している旨および，全卵，

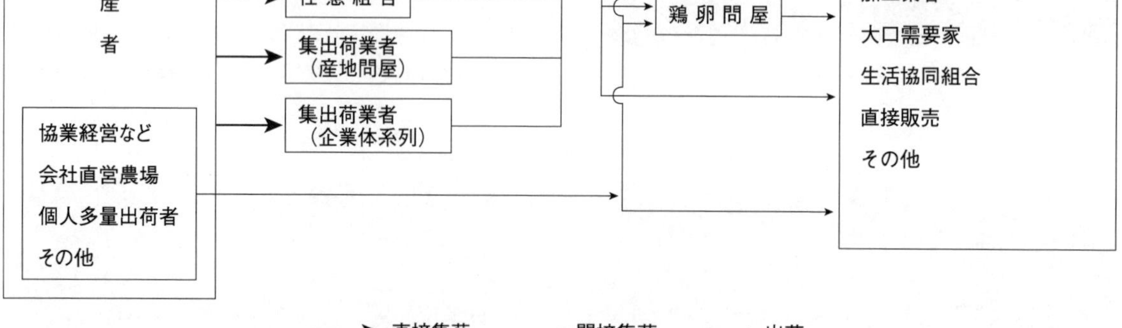

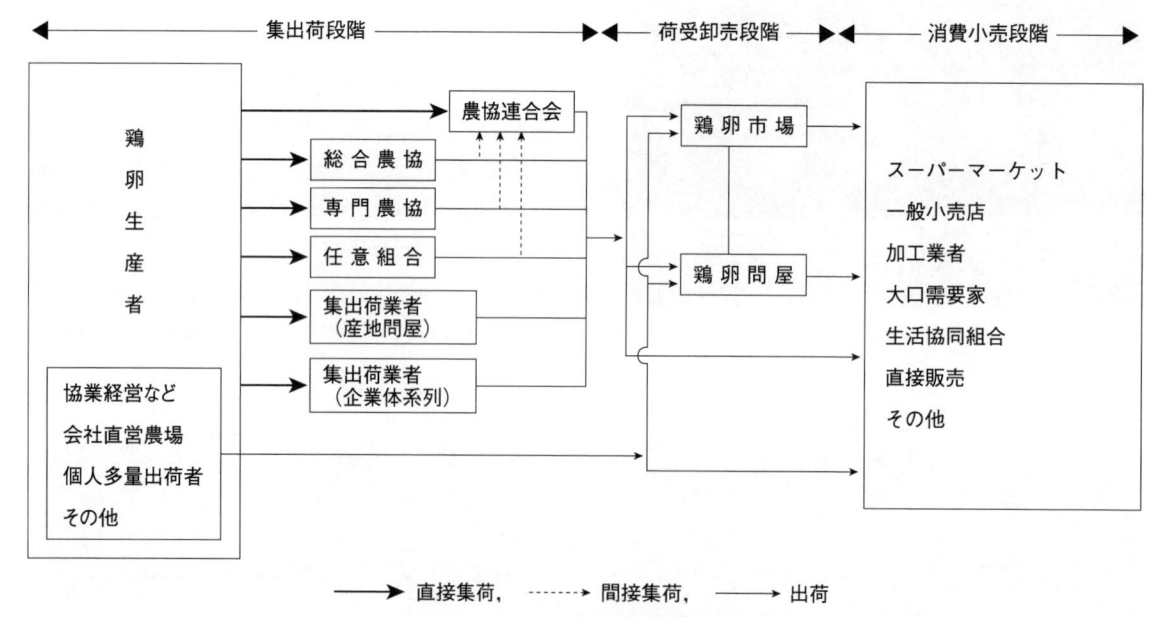

図 3.11.3 日本の鶏卵流通機構の概略図

出典）農林水産省統計情報部：昭和61年 鶏卵流通構造調査報告書に基づき作成

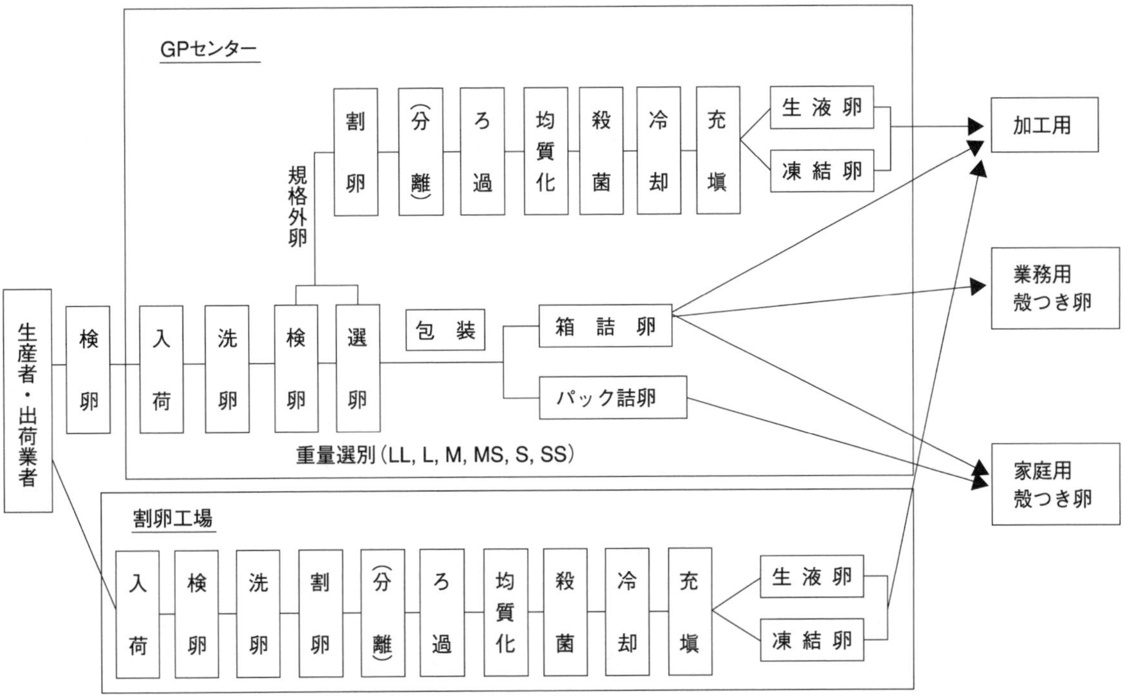

図 3.11.4 GPセンターでの殻つき卵の格付と包装および割卵工場での液卵製造工程略図

表 3.11.3 パック詰鶏卵規格

種 類	基 準	色分け
LL	鶏卵1個の重量が70g以上,76g未満であるもの	赤
L	鶏卵1個の重量が64g以上,70g未満であるもの	橙
M	鶏卵1個の重量が58g以上,64g未満であるもの	緑
MS	鶏卵1個の重量が52g以上,58g未満であるもの	青
S	鶏卵1個の重量が46g以上,52g未満であるもの	紫
SS	鶏卵1個の重量が40g以上,46g未満であるもの	茶

卵黄,卵白の別がわかるように記載),原産地,消費期限または品質保持期限,製造所の所在地および製造者の氏名,保存方法,殺菌方法等,成分および重量パーセントを表示することとなった。

(4) 鶏卵の選別と包装

養鶏場から集荷された鶏卵の約80%は GP(grading and packing)センターに集められ,洗卵された後,透光検卵され,破卵や規格外卵が分別される(図3.11.4)。正常卵は「鶏卵の取引規格」に従い,機械により重量選別が行われる(表3.11.3)。その後,6個あるいは10個ずつパック詰され,直接量販店や小売店に向けて配送されたり,問屋に配送される。箱詰卵は10kgごとに段ボール箱に詰められ,ホテルや給食センターなどの調理施設,飲食店や製菓・製パンあるいは惣菜製造業などに配送されるものやパック詰工場に送られ,包装後量販店や小売店へ配送されるものなどがある。近年サルモネラの問題がクローズアップされ,量販店や小売店の安全性に対する要求が強まり,各GPセンターでは,HACCPを導入して鶏卵の品質向上を目指している。

(5) 加工卵の製造と流通

生産された鶏卵の約20%は液卵製造に用いられている。鶏卵の多くは鶏卵生産農場から直接あるいはGPセンターを経由して割卵工場に搬入される。鶏卵がだぶついた場合には，卵問屋から工場に送られることもある。機械割卵では，主に正常卵，A，B級汚卵，A級破卵が用いられる。重度の破卵などの食用不適卵は除かれる。卵は温水（45～65℃）でブラシ洗浄された後，150ppm以上の次亜塩素酸ナトリウムが噴霧され卵殻表面が殺菌される。洗浄された鶏卵は毎分600個程度の速度で割卵され，検卵された後，そのまま全卵として，あるいは卵白と卵黄に分離される。これらは直ちにストレーナでろ過され，卵殻小片やカラザ，卵黄膜などが除去される。殺菌にはプレートヒータとホールディングチューブからなる連続式殺菌機あるいは，温度調節可能な撹拌機つきタンク（バッチ式）が用いられている。殺菌条件は対象により異なるが，55～68℃で数分加熱された後，直ちに8℃以下に冷却され充填される。充填後，冷蔵（8℃以下）あるいは凍結（－15℃以下）される。ただし，卵黄は冷凍変性を防ぐため，10％以上の食塩や砂糖が添加されて－15℃以下で保存される。殺菌液卵は，サルモネラ陰性（液卵25g当たり）であるが，耐熱性菌などは残存している。また，未殺菌液卵では，サルモネラ陽性の可能性があるので注意が必要である。液卵は業務用や製菓・製パン工場向けでは，10～20kgの荷姿で流通されているが，ホテル，レストラン，洋菓子店など外食産業向けとして，数百g～2kgの小型の紙容器でも販売されている。

乾燥卵は国内での製造コストが高いので，製造量はわずかであり，大部分は輸入されている。

（6）鶏卵の価格

1）卵価の変動

鶏卵の価格は，1972～1973（昭和47～48）年および1981（昭和56）年に高騰したものの，諸物価の上昇に比べると，ほとんど値上がりすることなく，安定している。しかし，卵価は毎年春から夏にかけて低落し，9月や年末に高くなる季節変動がみられる。これは人間の食欲が夏場に減り，秋冬に増すので，この需要と供給の関係によるものといわれている。

2）卵価の決め方

日，月曜日および祭日の次の日を除いて，毎日各新聞紙上に鶏卵相場が発表されている。この相場は，各地にある鶏卵荷受機関（鶏卵問屋，鶏卵市場）が，種々の情報（天候，季節，問屋の手もち量，小売店の販売状況など）を基に需給均衡価格水準（建値）を決めて発表するものである。この建値を基準として，加工・小売業者と生産・集荷業者の間で取引が行われる。荷受業者により若干建値に差が出るが，高い値段をつけた荷受業者には，入荷が増え，出荷も減って在庫が増えることになり，そのため値段を下げざるをえなくなり，値段差は自然に調整されるようになる。

3）卵価の安定制度

鶏卵の価格の変動，特に生産過剰による価格の暴落を防ぎ，生産者を保護するため，日本では種々の需給調整対策がとられている。生産過剰を防ぐため，行政指導による国内の総飼養羽数を制限する制度（計画生産推進事業）がある。また，供給過剰となった場合，鶏卵を市場から隔離する制度（調整保管や㈱全国液卵公社による買入れ）がある。㈱全国液卵公社は価格が低落し，さらに低落のおそれのある場合（夏場が多い）に買入れ，凍結卵として保管し，卵価の高騰する時期（秋から年末）に販売して需給バランスの安定化に貢献している。また，「鶏卵価格安定基金制度」があり，間接的ではあるが需給の安定化に寄与している。これは，生産者受取価格を安定化させるため，卸売価格が補填基準価格を下回った場合，その差の一定割合を積立金より補填金として生産者に交付する制度である。

3.11.3 殻つき卵の品質保持

（1）品質の経時変化

殻つき卵の品質変化は，まず卵殻表層のクチクラの剝離，卵白のpHや粘性の変化，卵殻膜や卵黄膜の強度変化など（化学的・物理的な品質変化）から始まり，保存温度や期間によっては，卵殻表面の付着細菌が内部へ侵入し，最終的には内容成分が腐敗する（微生物的な品質変化）。

通常，殻つき卵は産卵の前後で大きな環境変化を受ける。産卵鶏の輸卵管内二酸化炭素（CO_2）分圧は0.1気圧，空気中のCO_2分圧は0.0003気圧である。したがって，産卵の直後から，卵白に溶けているCO_2が卵殻の気孔を通過して外部へ散逸し始める。これに伴い，卵白のpHは7.5（産卵直後）から，3～4日間で約9.5に上昇する。また，経時的に濃厚卵白の水様化（オボムチンの構造変化）と卵殻膜や卵黄膜の強度低下が進む。以上の化学的・物理的な品質変化は環境温度が高いほど早く進む。

一般的に産卵直後の鶏卵内部は無菌であるが，卵殻表面には100～100万個の細菌が付着している。これら細菌の内部への侵入は，卵殻表層のクチクラ，卵殻の構造や卵殻膜により物理的に防御されているが，洗卵によるクチクラの剥離や卵殻表面が濡れていると，細菌が気孔を通過しやすくなり卵殻膜まで達する。しかし，新鮮鶏卵の卵白は粘性が高く，さらに抗菌成分（リゾチーム，オボトランスフェリン，アビジンなど）を含むため，細菌は増殖しにくい。一方，卵黄は栄養成分に富み，細菌の優れた培地として知られている。新鮮卵の卵黄は中心に保持されているが，鮮度変化に伴い，特に濃厚卵白が水様性卵白に変化すると，比重の小さい卵黄は浮上して卵殻膜に密着する。この場合，卵殻を通過して卵殻膜に達した細菌が直接卵黄に侵入し腐敗しやすくなる。このように，卵殻表面の細菌が卵内に侵入して起こる鶏卵の腐敗を on egg 汚染という。一方，近年，*Salmonella enteritidis*（SE 菌）が感染して卵巣や輸卵管に定着した産卵鶏は，頻度は少ないが，SE 菌を殻つき卵内部（卵黄膜上）に保有した状態で産卵することが問題となっている。これを in egg 汚染という。いずれにせよ，殻つき卵品質の経時変化は，最終的に細菌による鶏卵の内部腐敗につながり，食中毒の原因になることから，殻つき卵の品質保持技術の理解が大切である。

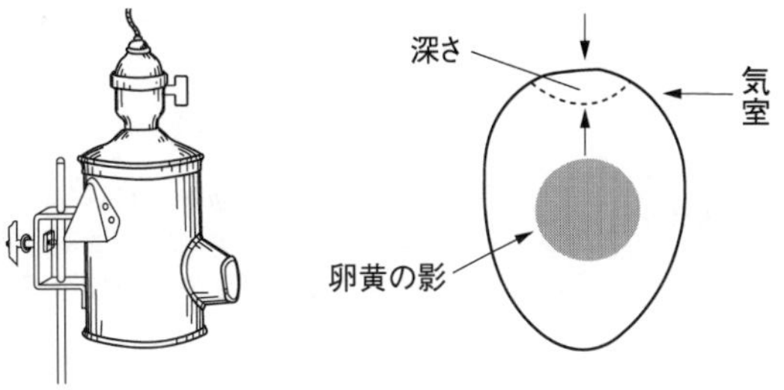

図 3.11.5　透過光検査器と殻つき卵の観察像

出典）左図：卵―その科学と加工技術―，光琳出版，p. 164（1987），右図：新編 日本食品辞典，医歯薬出版，p. 301（1982）

（2）品質と鮮度の判定法

殻つき卵の品質および鮮度の判定法は，卵を割らずに調べる方法（非破壊検査）と，卵を割って卵白や卵黄の状態を調べる方法がある。以下に代表的な鮮度判定法について，その判別原理と測定方法の概略を述べる。

1）卵を割らずに調べる方法

① 透過光検査　60Wの電球光を直径3㎝の穴から卵にあて，卵を回転させながら透過光を観察する方法である。簡易的には懐中電灯に厚紙を巻付けて透過光検査を行うこともできる。透過光検査専用の装置があり，卵白部分は明るく見え，卵黄は暗く見えるため，殻つき卵中での卵黄位置を知ることができる（図3.11.5）。透過光検査で厳密な鮮度判定はできないが，卵殻のひび割れ，腐敗卵（全体が黒く見える），異物卵（血液や肉片を含むもの）などの検査には有効であり，GP センターや液卵工場ではインライン透過光検査が行われている。鶏卵の取引規格〔平成12年12月1日付け，鶏卵規格取引要綱別紙　鶏卵の取引規格〕では，外観・透光・割卵検査による等級区別が決められている（表3.11.4）。

② 気室の深さ測定　透過光検査で卵の鈍端部にある気室の大きさを調べる方法である。卵の保存期間が長くなると卵殻の気孔から水分が蒸発し，同時に空気が侵入して気室が大きくなる。産卵直後の気室の深さは約2㎜程度で，室温に1週間の保存で約3㎜になり，1カ月保存では約8㎜になる。

表 3.11.4　鶏卵規格取引要綱（鶏卵の取引規格より抜粋）

等級事項		特　級（生食用）	1　級（生食用）	2　級（加熱加工用）	級　外（食用不適）
外観検査および透光検査した場合	卵殻	卵円形，ち密できめ細かく，色調が正常なもの 洗浄，無傷，正常なもの	いびつ，粗雑，退色などわずかに異常のあるもの 軽度汚卵，無傷なもの	奇形卵 著しく粗雑なもの 軟卵 重度汚卵，液漏れのない破卵	カビ卵 液漏れのある破卵 悪臭のあるもの
透光検査した場合	卵黄	中心に位置し，輪郭がわずかにみられ，偏平になっていないもの	中心をわずかにはずれるもの 輪郭は明瞭であるもの やや偏平になっているもの	相当中心をはずれるもの 偏平かつ拡大したもの 物理的利用によりみだれたもの	腐敗卵 孵化中止卵 血卵 みだれ卵 異物混入卵
	卵白	透明で軟弱でないもの	透明であるが，やや軟弱なもの	軟弱で液状を呈するもの	—
	気室	深さ4㎜以内で，ほとんど一定しているもの	深さ8㎜以内で，若干移動するもの	深さ8㎜以上で，気泡を含み，大きく移動するもの	—
割卵検査した場合	拡散面積	小さなもの	普通のもの	かなり広いもの	—
	卵黄	円く盛り上がっているもの	やや偏平なもの	偏平なもの	—
	濃厚卵白	大量を占め，盛り上がり，卵黄をよく囲んでいるもの	少量で，偏平になっているもの	ほとんどないもの	—
	水様卵白	少量のもの	普通量のもの	大量を占めるもの	—

平成12年12月1日付農林水産事務次官通知

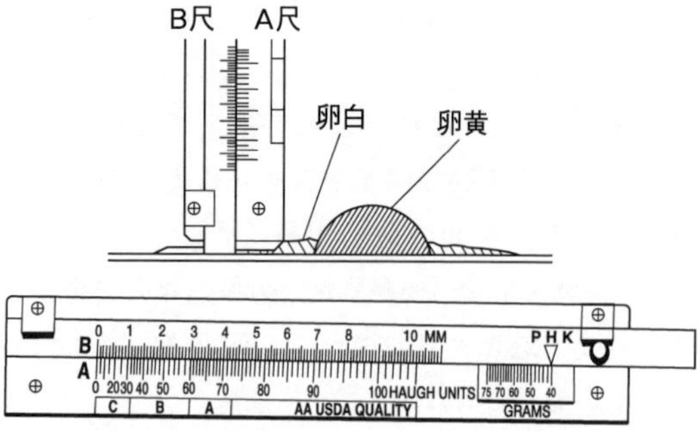

図 3.11.6　ハウユニット計算尺とその使用方法
出典）富士平工業㈱パンフレット，卵質検査機器取扱い説明書

2）割卵して卵白部分を調べる方法

① ハウユニット　1937（昭和12）年にRaymond Haughが開発した方法で，殻つき卵の鮮度判定にもっともよく利用されている。あらかじめ卵重量（W g）を測定した卵を，水平なガラス板上に割卵し，濃厚卵白の高さ（H ㎜）を測定する。ハウユニット（HU）は以下の計算式から算出される。

$$HU = 100 \times \log(H - 1.7W^{0.37} + 7.6)$$

HUを測定する装置として，卵質測定台と卵質計（卵白高測定機）が，また簡易測定用として，卵質計算尺（HU算出用換算尺）が市販されている（図3.11.6）。

新鮮卵のHUは80～90で，鮮度が低下するとHUも低下する。日本ではHUによる等級分けは行われていないが，アメリカではHU 72以上がAA（食用），71～55がA（食用），54～31がB（加工用），30以下がC（一部加工用）とランク分けされている（アメリカ農務省の卵質基準）。

② **濃厚卵白の百分率**　9～10メッシュのふるいで卵白液をふるい，分離された濃厚卵白と水様性卵白の重量から，全卵白中に占める濃厚卵白の百分率を算出する方法である。新鮮鶏卵の濃厚卵白の百分率は約60％であるが，古い卵は卵白の水様化が起こるので，濃厚卵白の百分率が低下する。

3）割卵して卵黄部分を調べる方法

① **卵黄係数（yolk index）**　割卵して卵白を分離した卵黄を水平なガラス板上に載せ，卵黄の高さ（H ㎜）と直径（D ㎜）を測定する。卵黄係数は高さ/直径（H/D）で計算する。新鮮卵の卵黄係数は0.44～0.36で，鮮度低下に伴い卵黄係数が低下する。

② **卵黄膜強度の測定**　保存中，卵黄膜が弱くなり，卵黄が壊れやすくなる。簡単な卵黄膜強度の測定方法として，卵黄を真上から親指と人差し指で約1㎝の間隔でつまみ，約20㎝の高さまで持上げ，5秒間で破損しないかどうかを観察する方法（持上げ法），および持上げた卵黄を落下させて破損しないか観察する方法（落下テスト）がある。

（3）殻つき卵の品質保持

1）卵殻表面の洗浄と乾燥

殻つき卵は，養鶏所から最寄りのGPセンターへ搬入され，卵殻表面が洗浄（通常，200ppmの次亜塩素酸ソーダ液による殺菌洗浄後，約40℃での温水洗浄が行われる）および乾燥され，透過光検査（ひび割れ卵の除去），品質および重量選別，パック詰工程を経て出荷される。殻つき卵の洗浄は，卵殻表層のクチクラが剝離するため好ましくないとの意見もあるが，鶏糞が付着した卵は商品価値がなく，日本国内のパック卵は洗卵されている。洗卵により卵殻上の細菌数は1/10～1/100に減少するが，卵殻が水に濡れることにより細菌が気孔を通過しやすくなる危険性もあり，洗卵後は速やかに乾燥される。卵殻の乾燥により細菌は気孔から侵入しにくくなる。すなわち，卵殻が乾燥していることが殻つき卵の品質保持に重要なのである。

2）on egg 汚染の防止

卵殻の表面は洗卵後でも無菌的でないことを認識する必要がある。したがって，殻つき卵の流通販売や家庭での保存では，卵殻付着菌でほかの食品を汚染しないようにすることや，ひび割れ卵の廃棄など，殻つき卵の取扱いに注意する必要がある。また，卵殻付着菌は卵殻が濡れていると，気孔を通じて内部に侵入しやすくなる。鶏卵を細菌懸濁液に浸漬した実験では，かなりの菌数が気孔を通過し，卵殻内や卵殻膜内に侵入することが認められている。したがって，パック卵の流通販売や家庭内での保存では，特に冷蔵庫への出入れなどで，卵殻表面に水滴がつかないように注意する必要がある。

3）in egg 汚染の防止

1989（平成元）年頃から SE 菌による食中毒が急増し，その原因食品として鶏卵とその加工品が多く報告されている。殻つき卵の on egg 汚染は，厚生省（現厚生労働省）や農林水産省から出された衛生管理対策（農林水産省から平成5年9月10日付け「採卵鶏農場におけるサルモネラ衛生対策指針」，厚生省から平成5年8月27日付け「液卵製造施設等の衛生指導要領」が出されている）の徹底で防止可能であるにもかかわらず，SE 菌による食中毒が急増しているため，その原因は産卵時にすでに SE 菌を殻つき卵内に保有している in egg 汚染卵によるといわれている。

in egg 汚染の防止対策としては，SE 菌感染鶏を排除する目的で，輸入種鶏ヒナの検疫が強化されている。また，近年はSE菌の不活化ワクチンの輸入承認がなされ，1998（平成10）年度から一部の養鶏業者で使用され始めた。さらに，殻つき卵の流通販売や保存に対しては，特に，日本人は生卵を食する習慣があることから，厚生省を中心に in egg 汚染対策（1997年12月に「卵によるサルモネラ食中毒防止対策」がまとめられた）が検討され，厚生省は食品衛生法施行規則を改正して，殻つき卵の賞味期限表示等を義務付けた（平成11年11月1日施行）。

4）鶏卵の賞味期限表示について

厚生労働省は1998（平成10）年11月25日に食品衛生法施行規則を改正し，鶏の殻つき卵に賞味期限の表示を義務化した（1999年11月1日施行）。賞味期限はサルモネラ（SE菌）の in egg 汚染を考慮したもので，卵の生食できる期間を卵内で SE 菌が急激に増殖し始めるまでの期間を基に算出している。

鶏卵は保存温度や保存期間により卵黄膜が弱くなり，卵黄成分（鉄や脂質等）が卵白へ漏れ出す。in egg 汚染卵の頻度は1万個に1個程度ではあるが，もし卵内に SE 菌がいると卵黄膜の脆弱化により菌の急激な増殖が始まる。鶏卵日付表示等検討委員会が作成した鶏卵の日付表示マニュアルによると，鶏卵の賞味期限は，夏期（7～9月）で産卵後17日以内，春秋期（4～6月，10～11月）で27日以内，冬期（12～3月）で61日以内である。この日数は流通・小売での常温の保存期間に家庭内での冷蔵庫保管（10℃以下）として7日間を含めた最長のものである。

現在，パック卵には賞味期限のほか，卵重規格や卵重計量責任者，保存方法（10℃以下で冷蔵保存），使用方法（生食の場合は賞味期限内に使用し，それを過ぎた場合は充分加熱調理すること），および包装場所の表示が行われている。さらに，生鮮食品品質表示基準の制定（2000年7月）により，名称および原産地表示が義務づけられている。

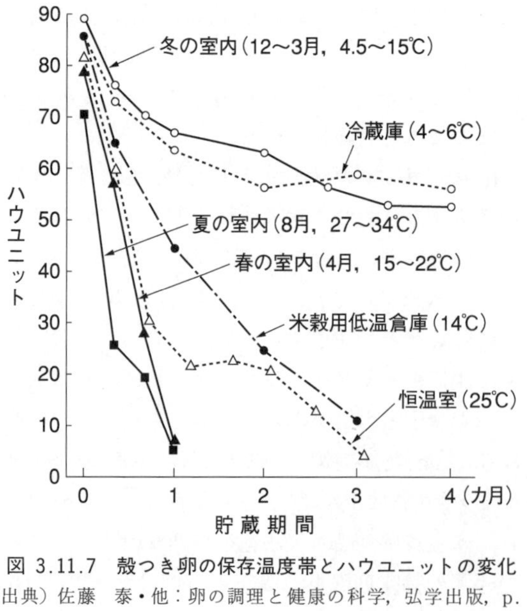

図 3.11.7　殻つき卵の保存温度帯とハウユニットの変化
出典）佐藤　泰・他：卵の調理と健康の科学，弘学出版，p. 88（1989）

5）殻つき卵の低温保蔵

殻つき卵の鮮度を示す HU や卵黄係数の低下など化学的・物理的な品質変化は，保存温度が高いほど促進される。殻つき卵を種々の温度で保存したときの HU の変化を図3.11.7に示す。特に冷蔵庫（4～6℃），冬の室内（4.5～15℃）の保存では，HU の低下が明らかに抑制される。殻つき卵の鮮度保持には，少なくとも15℃以下の保存条件で流通および販売し，また，家庭内では冷蔵庫で保存することが望ましい。

殻つき卵の細菌汚染と保存温度の関係については，on egg 汚染の場合，洗卵後8月の自然温度下で14日間では細菌の卵内侵入がみられなかったが，21日間では卵内に10^7オーダーの細菌が見いだされたとの報告がある。一方，in egg 汚染の場合，殻つき卵中でサルモネラは4℃では全く増殖せず，10℃でのその増殖はきわめて遅いと報告されている。通常，殻つき卵中に占める SE 菌汚染卵（in egg 汚染）の割合は0.03%程度で，汚染菌数は鶏卵1個当たり数個程度と少なく，SE 菌の増殖速度を考慮した「賞味期限」内は生で食べても食中毒の心配はないが，いずれにしても，殻つき卵の鮮度や品質保持は，流通，販売，消費に至るまで15℃以下の低温を保持するコールドチェーンの実施が好ましい。

3.11.4　卵加工品の特徴と品質保持

（1）一次加工卵

1）加工卵の特徴

一次加工卵は，大きく液卵と乾燥卵に分けられる。液卵とは殻つき卵を高速割卵機で割り，そのまま全卵として，あるいは卵白と卵黄に分けた後ろ過したもので，殺菌したものと未殺菌のものがある。これらは流通形態により生液卵（チルド流通，8℃以下で保存），凍結卵（－15℃以下で保存）

表 3.11.5　液卵の種類と主な用途

	種　類	用　途
全　卵	液全卵，凍結全卵，20％加糖凍結全卵	カステラ，スポンジケーキ，オムレツ，茶碗蒸し，卵焼き，丼物，各種水産練り製品
卵　白	液卵白，凍結卵白，20％加糖凍結卵白	カマボコ，チクワ，ムース，ババロア，エンゼルケーキ，別立て法*ケーキ
卵　黄	液卵黄，20％加糖凍結卵黄，50％加糖凍結卵黄	カスタードクリーム，黄身あん，ゴールドケーキ，別立て法*ケーキ，アイスクリーム
	耐熱卵黄	アイスクリーム，ミルクセーキ，ミルクプリン，ヨーグルト，カルボナーラソース
	加塩卵黄	マヨネーズ，ドレッシング

*卵白を泡立てて，これに後から泡立てた卵黄を加える方法。卵白と卵黄を同時に泡立てる方法を共立て法という。
出典）伊藤　敏・渡邊乾二・伊藤　良：動物資源利用学，文永堂，p.291（1998）

に分けられる。液卵の種類と主な用途を表3.11.5に示す。その他，わずかではあるが，割ったままの状態の全卵（ホール）や膜濃縮あるいは加熱減圧濃縮された濃縮卵白や濃縮加糖全卵がある。市販の乾燥卵の大部分は噴霧乾燥されたもので，室温で保存できる。加工卵の消費は年々増加傾向にある。加工卵の需要が伸びている理由として，① 割卵や分離の手間を省ける，② 卵殻などの廃棄物が出ない，③ 卵白や卵黄を別々に購入でき無駄がないなどのほか，④ 殺菌液卵や乾燥卵では最近問題になっているサルモネラ汚染の心配がなく安心して使用できることなどによると思われる。

2）液卵の衛生対策

日本のサルモネラによる食中毒は年々増加傾向にあり，1991（平成3）年以降は患者数は第1位となり，1996年にはその数は年間1万6,000人を超えた。発生件数も腸炎ビブリオと1位を争う状況である。なかでも，SE 菌による食中毒がもっとも多い。

① SE 菌汚染の実態　鶏卵の SE 菌汚染は，従来より卵殻を通して起きるもの（on egg 型）と考えられていたが，最近では，鶏卵が産み落とされた直後から卵内部に SE 菌が存在する場合（in egg 型）もあることがわかってきた。鶏卵の SE 菌汚染の実態調査によれば，殻つき卵の陽性率は0.03％程度，未殺菌液卵では，数～十数％の範囲であるが，殺菌液卵（全卵）では，数十～300件弱の検体を試験して，すべて陰性との報告がある。未殺菌液卵で陽性率が高いのは，液卵の製造では多数の鶏卵を同じタンクで混合するので，そのうち汚染された卵が1個でも入ると，そのロットは陽性となるからである。一方，液卵が食中毒の原因となっているケースは少なく，飲食店，給食施設，弁当・仕出し屋などで殻つき卵が一度に多量に使用されるケースが多い。

このような状況から，液卵は特殊な例を除き，ほとんどがサルモネラ陰性の殺菌液卵に切替わりつつある。また，飲食店，給食施設，洋菓子店などでは，殻つき卵の代わりに扱いが容易で，サルモネラ汚染の心配のない小型の紙容器あるいはナイロンポリ袋詰（数百g～2 kg）の各種冷凍殺菌液卵（消費期限1年半）の需要が伸びてきている。また食品工場など大口ユーザー向けには，10～20 kgの荷姿で流通されている。

② 液卵の規格について　日本の凍結卵の規格を表3.11.6に示す。殺菌液卵や未殺菌液卵については，1990（平成2）年以降のサルモネラ食中毒の多発から，液卵製造業者や液卵を取扱う業者に対する「液卵製造施設等の衛生指導要領」が1993年8月に厚生省より各自治体に通達された。さらに，1998年7月に「卵によるサルモネラ食中毒の発生防止について」の答申が食品衛生調査会から出された。液卵については「液卵の衛生対策について」の項目で殺菌液卵および未殺菌液卵の

表 3.11.6　凍結卵規格

事項 ＼ 区分			凍結全卵	凍結卵黄	凍結卵白
品質	卵固形物（%）		24以上	43以上	11以上
	粗脂肪（生鮮物中%）		10以上	28以上	0.1以下
	粗タンパク（生鮮物中%）		11以上	14以上	10以上
	pH		7.2～7.8	6.1～6.4	8.5～9.2
	風味		正常	正常	正常
	細菌数（1g中）		5,000以下	5,000以下	5,000以下
	大腸菌数（1g中）		10以下	10以下	10以下
	サルモネラ属細菌およびその他の病原菌		陰性	陰性	陰性
	添加物		なし	なし	なし
容器	材質		金属等衛生的であり，かつ流通過程において破損し，または凍結卵の商品価値を低下させるおそれのないもの		
	寸法	種類 ＼ 外側の長さ	縦（cm）	横（cm）	高さ（cm）
		8型	23.8	23.8	17.3
		10型	23.8	23.8	23.0
		16型	23.8	23.8	35.0

出典）　農林事務次官通達（昭和49年9月12日付）

微生物学的な成分規格（サルモネラ陰性や一般生菌数の規格）や製造（原料卵，殺菌条件，表示項目など）や保存（保存温度や製品の運搬器具など）にあたっての基準が示されている。これを基に厚生労働省で1999年11月に法制化された。

③　**液卵の取扱い上の注意**　液卵の殺菌は，卵のもつ機能をできるだけ低下させずに，SE 菌のような有害菌を死滅させるに足る条件で行われている（表3.11.7）。したがって，完全に無菌ではなく耐熱性の菌などは残っていること，また，液卵（特に卵黄や全卵）は栄養が豊富で細菌が繁殖しやすく二次汚染に充分注意する必要がある。表3.11.8に厚生労働省より提示されている各段階での液卵の衛生対策を示す。なお，SE 菌の各液卵中での消長を試験した結果は以下のとおりである。

［液卵中での SE 菌の消長］

- 5℃以下の保管では，全卵，卵黄，卵白とも SE 菌の増殖はみられない。
- 10℃保管では，卵白での増殖はみられないが，全卵，卵黄ではゆるやかに増殖する。
- 25℃保管では，卵白での増殖がみられ，全卵，卵黄では急激に増殖する。

これらのことから，① 生液卵の場合，生産から消費されるまで8℃以下（できれば5℃以下）で流通されること，② 冷凍品は，解凍後は速やかに消費すること，やむをえず残った場合には，5℃以下に保管すること，③ 未殺菌液卵を使用

表 3.11.7　液卵の殺菌条件（厚生労働省）

液卵の種類		連続式	バッチ式
プレーン	全卵	60℃，3.5分	58℃，10分
	卵黄	61℃，3.5分	59℃，10分
	卵白	56℃，3.5分	54℃，10分
加塩または加糖	10%加塩卵黄	63.5℃，3.5分	
	10%加糖卵黄	63.0℃，3.5分	
	20%加糖卵黄	65.0℃，3.5分	
	30%加糖卵黄	68.0℃，3.5分	
	20%加糖全卵	64.0℃，3.5分	

液卵は加熱殺菌後直ちに8℃以下に冷却すること。
液卵は8℃以下で保存すること，冷凍液卵にあっては，−15℃以下で保存すること。

表 3.11.8　未殺菌液卵および殺菌液卵の主要な衛生確保対策

	農　場	液 卵 工 場	菓子製造業など	消 費 者
殺菌液卵と未殺菌液卵に共通	・導入鶏，環境，飼料対策 ・ＳＥ菌ワクチンの導入 ・食用不適卵の確実な排除	・期限表示 ・冷蔵（冷凍）保存	・期限表示内の使用 ・冷蔵（冷凍）保存	
未殺菌液卵		・未殺菌である旨および加熱使用する旨の表示	・確実な加熱殺菌の実施	・未殺菌液卵を使用した食品の速やかな喫食
殺 菌 液 卵		・確実な加熱殺菌の実施	・二次汚染防止	・殺菌液卵を使用した食品の速やかな喫食

資料）　食品衛生調査会：卵によるサルモネラ食中毒の発生防止について，食調第49号（平成10年）

する場合には，調理過程で加熱処理が入り，中心部まで充分加熱されることが必要である。その目安として70℃で１分以上の加熱が必要といわれている。

３）乾燥卵の取扱い上の注意

乾燥卵白は通常乾燥後に約65℃で10日前後保存されて熱蔵殺菌され，乾燥卵黄や乾燥全卵では低温殺菌された液卵が使用されるので，サルモネラなどの有害菌は陰性である。乾燥卵は室温で保存できるが，乾燥卵黄や乾燥全卵は卵黄由来の脂質や遊離の糖を含むため，高温で長期間保存されると酸化されたり，褐変反応が起こり，味やにおいの劣化，溶解性の低下が起こりやすい。湿度が低く，できるだけ低温の場所で保管されるのが望ましい。また，水戻し後は速やかに使い切ることが必要である。大手メーカーでの乾燥卵黄，乾燥全卵および乾燥卵白の賞味期限はそれぞれ，室温で１年，１年および１年半である。

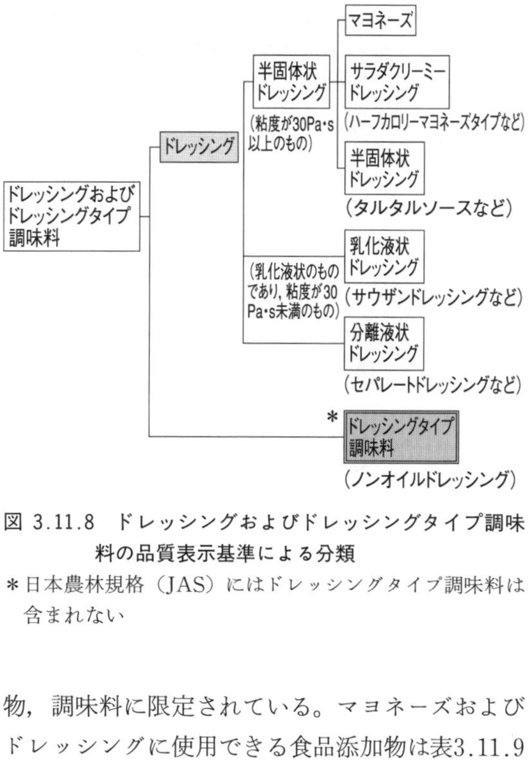

図 3.11.8　ドレッシングおよびドレッシングタイプ調味料の品質表示基準による分類

＊日本農林規格（JAS）にはドレッシングタイプ調味料は含まれない

（２）マヨネーズ，ドレッシング

１）特　　徴

マヨネーズは日本農林規格（JAS）のドレッシング類の半固体状ドレッシングに分類される（図3.11.8)。成分は油分65％以上，水分30％以下で，使用できる原料として，食用植物油脂，食酢もしくは，カンキツ類の果汁，卵（卵黄，卵白を含む)，食塩，砂糖類，香辛料，タンパク加水分解物，調味料に限定されている。マヨネーズおよびドレッシングに使用できる食品添加物は表3.11.9のとおりである。マヨネーズでは直径２～５μmの油滴を卵黄リポタンパク質が薄く覆って，安定な乳化状態を保っている。

２）取扱い上の注意

①　**微生物について**　　マヨネーズは加熱殺菌工程を経ていないのに，室温でも腐敗しないのは，水相（サラダ油以外の部分）中の酸度や食塩の濃度が高く，pHも４前後であり殺菌効果をもつため

表 3.11.9　ドレッシングに使用してよい食品添加物*

	マヨネーズ	サラダクリーミードレッシング	乳化液状ドレッシング 分離液状ドレッシング 半固体状ドレッシング
調味料	○	○	○
酸味料		○	○
香辛料抽出物	○	○	○
糊料		○	○
酸化防止剤			○
香料			○
乳化剤		○	○
着色料		○	○

*使用してよい添加物の品名はドレッシングの日本農林規格を参照のこと。

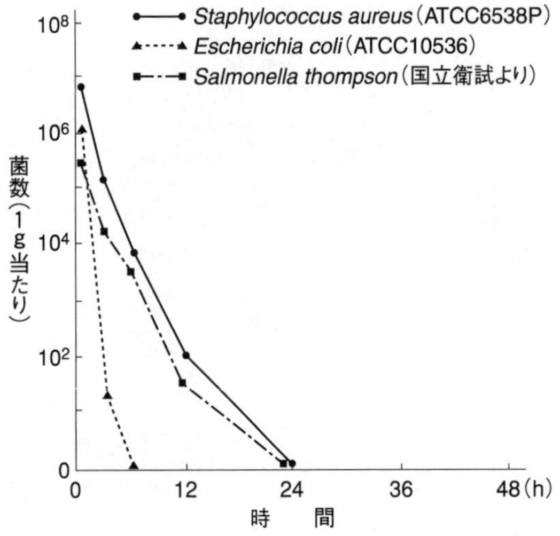

図 3.11.9　市販マヨネーズ*中の各種病原性菌の消長（25°C）

*pH4.0，総酸0.7%，食塩2.3%

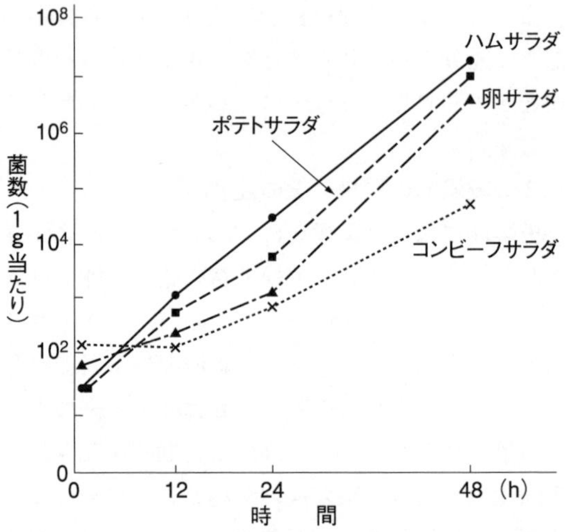

図 3.11.10　マヨネーズを使った各種サラダの一般生菌の消長（25°C）

である（図3.11.9）。しかし，サラダに和えて使用した場合，材料から出る水分により，酸度や食塩濃度が低下し，殺菌効果は失われる（図3.11.10）。したがって，マヨネーズを使った料理はできるだけ新鮮なうちに食べるか，やむをえず残す場合には速やかに冷蔵庫で保存することが必要である。なお，自家製のマヨネーズで酸味を抑えたものや，ドレッシング（特にチルドタイプ）は，味をマイルドにするため酸度を低くしているものが多いので，マヨネーズに比べ殺菌効果は弱く，使用時には同様の注意が必要である。

②　凍結・加熱・脱水（乾燥）による分離

マヨネーズおよび乳化タイプのドレッシングは，凍結したり加熱すると乳化が壊れ，油が分離する。また，表面が乾くと油のにじみが生ずることがある。したがって，これらを使用した料理を凍結保存したり，オーブンや電子レンジなどで加熱すると油の分離が起こるので注意が必要である。また，卵黄含量が少ないなどで乳化が不安定なマヨネーズでは，ポテトやゆで卵などと和えると，これらに水が吸収されて分離することがある。

③　空気や光による酸化と変色　マヨネーズ

表 3.11.10　マヨネーズ，ドレッシング（K社）の賞味期間

	包　　材	賞味期間
マヨネーズ	ガラス瓶	12カ月
	プラスチックボトル	10カ月
	小　　袋	6カ月または7カ月
ドレッシング	ガラス瓶	7カ月〜10カ月
	プラスチックボトル	6カ月〜7カ月
	小　　袋	4カ月

やドレッシング（特に乳化タイプ）は食用植物油脂を多く含むため，長期間空気（酸素）に触れたり，日光や蛍光灯の光にあたると油の酸化や色素の分解などによる，変色や風味の劣化が起こりやすい。陳列や保管は直射日光のあたらない涼しい場所が適当である。マヨネーズ，ドレッシングの賞味期間は表3.11.10のとおりである。小袋入りやプラスチックボトル入りでも，できたての風味が長期間保たれるのは，これらの容器はポリエチレンと酸素透過性の少ないプラスチックなどを使用した3〜5層の多層構造の包材からできているためである。さらに，プラスチックボトル入りマヨネーズでは，風味の劣化の原因となる口部の酸素を除くため，窒素などの不活性ガスで置換されることもある。開封後は，空気に触れるなどして味が変化するので，5〜10℃の冷暗所に保存し，1カ月以内に消費されるように推奨されている。

④　振動や圧力による分離　業務用に使用される大容量の袋詰にされたマヨネーズでは，トラック輸送などでマヨネーズに過度の振動が加わると，まれに局部的に油が分離することがある。振動による分離は家庭用のプラスチックボトル入りマヨネーズでは起こることはない。プラスチックボトル入りマヨネーズやドレッシングでは，保管時に段ボール箱が過度に高積みされ，下段の箱がつぶれたりするとプラスチックボトルに直接力がかかり，折れ曲がる。この状態が続くと折れ曲がった部分に圧力がかかり，分離が生ずることがある。同様のことは，家庭でマヨネーズを冷蔵庫に入れるとき，狭いところに折り曲げて押込んだりして保管する場合でも起こることがある。

（3）その他の卵加工品

卵焼き，オムレツ，スクランブルエッグ，錦糸卵など，卵を主成分とする多くの卵加工品がある。これらはチルド品と冷凍品があるが，取扱いはほかのチルド食品や冷凍食品と同様の注意が必要である。なお，殻むきゆで卵やスコッチエッグなどは電子レンジ加熱すると急に膨張して破裂することが多いので，注意が必要である。

3.11.5　家庭での保蔵方法

鶏卵の卵殻は，表面がクチクラで覆われており，また卵殻の内側には，2層の卵殻膜が密着していて，鶏卵内部への微生物の侵入を防いでいる。さらに卵白中にはリゾチームという酵素が含まれていて溶菌作用を示す。そこで鶏卵の内部は無菌的で，鶏卵は腐敗しにくい食品と考えられてきた。しかし産卵後に卵殻のクチクラがはがれたりすると，卵殻表面に付着している細菌の一部が内部に侵入して繁殖する場合がある。また鶏卵構成成分が鶏の体内ですでに細菌に汚染されていた場合があったとの報告もある。近年日本でもサルモネラが関係する卵の食中毒が多発している。そこで鶏卵を購入し，保蔵，調理する場合には以下の点に注意が必要である。

（1）保蔵の際の注意点

① 鶏卵はきれいでひび割れのない新鮮なものを購入する。鶏卵は出荷前にあらかじめ洗浄されている。しかし卵殻に鶏糞などが付着していると，卵が細菌で汚染される可能性があり，さらに卵殻にひびがあると卵内部に細菌が侵入しやすくなる。

② 鶏卵の賞味期限表示を確認する。市販の鶏卵には以前からパッケージに採卵日やパック日が表示されていた。しかし㈳日本養鶏協会は1998（平成10）年7月より鶏卵に賞味期限（生食で利用できる期間）を表示するようにしている。賞味期限はサルモネラの増殖速度を基に算出していて，保存温度10℃のときは57

日，30℃のときは13日とし，季節，天候，流通の状況などを考慮して表示している。1998年11月25日の食品衛生法施行規則の改正により，賞味期限等の表示は義務化した（3.11.3（3））。しかし賞味期限を少し過ぎた卵でも加熱調理して食べれば問題はない。

③ 購入した鶏卵は，パック詰容器のまますぐに冷蔵庫（8℃以下）に入れる。鶏卵をパックから出して冷蔵庫に入れると，卵殻に付着している細菌で冷蔵庫が汚染され，これが他の食品を汚染する可能性がある。また鶏卵は再度洗浄しない。再度洗浄すると殻表面のクチクラが傷つき，かえって卵内部に細菌が侵入しやすくなる。鶏卵を室内で保存すると鶏卵内部の細菌の増殖が速くなり鶏卵の鮮度は急激に低下する。

④ 鶏卵は賞味期限内に消費する。

⑤ ひびの入った卵は必ず加熱殺菌して使用する。割った卵は細菌の繁殖が速いので冷蔵して早めに使用する。

⑥ 卵の調理に使う器具，容器は使用の前後に熱湯をかけて殺菌する。

⑦ 卵を調理する際には充分に加熱する。加熱は卵白，卵黄ともしっかり固まった状態になるまで行う。目安として中心部が70℃で1分以上加熱されること。

かたい卵を嫌う人は，卵白は固まっていて，卵黄が少し固まり始めた状態でもよい。スクランブルエッグ，オムレツは液状の卵がかたまりのなかに残っていないようにする。カスタードの加熱は，スプーンでかきまわしたときスプーンにカスタードの薄い皮膜がつく状態まで行う。ゆで卵は沸騰水中で5分以上加熱する。自家製マヨネーズをつくる際には，ひび割れ卵を使用せず，つくったらすぐに使用して1回で使い切る。

⑧ 調理した卵料理は，下準備，調理，食べるまでの時間を含めて2時間以上室温に放置しないようにする。調理を途中でやめるときは，冷蔵庫に入れ，再び調理の際に充分に加熱する。加工した製品は8℃以下で保存する。

⑨ 卵を生で食べる際には，割れている卵やひび割れ卵を使用しない。また卵は食べる直前に殻を割ってすぐに食べる。高齢者，2歳以下の幼児，妊娠中の女性，免疫機能の低下している人は生卵を避けて，充分に加熱した卵を食べるようにする。

⑩ 残った卵料理は，時間が過ぎたら捨てるようにする。

（2）鶏卵包装容器

鶏卵の包装容器としてはプラスチックパック，紙容器（モルドパック），プラスチックネット，ビニル袋などが用いられている。これらのなかで一番使用量が多いのが塩化ビニルやPETボトル用として用いられているプラスチック製のパックである。プラスチックは透明で適当な強度もあり，軽量で値段も安価である。しかし素材によっては燃焼した際にダイオキシンを発生するものもあるので充分な注意が必要である。現在プラスチック容器のリサイクルシステムが徐々に普及しつつあるので，卵のプラスチック容器も徐々に回収されリサイクルされていくであろう。一方，紙容器は古紙から加工されているがコストが高く使用量は少ない。しかし一部の生協などではこれを回収し再利用しているところもある。

〔引用文献〕

1）農林水産省統計情報部：昭和61年 鶏卵流通構造調査報告書，農林水産統計報告，62～89（昭和62年6月）

2）鶏卵の取引規格，農林事務次官通達（改正49畜A　第4100号）（昭和49年9月12日）

3）熊谷　進：食品衛生，**499**，20（1998）

4）寺田雅昭（食品衛生調査会）：卵によるサルモネラ食中毒の発生防止について，食調第49号（平成10年7月21日）

5）梅田浩史：食品衛生，**499**，26（1998）

6）今井忠平：食品工業，**17**（10），79（1974）

7）伊東祐文：食品保存便覧，㈱クリエイティブジャパン，p.1031（1992）

3.12 水 産 品

3.12.1 水産物流通経路と流通形態

(1) 流 通 経 路

水産物は多様な種類があり，大分類すると，魚類，貝類，魚介類以外の水産動物，藻類，海産ほ乳動物である。また，流通時の水産物の形態は，活きたもの（活けもの），生鮮もの，冷凍もの，加工品に分けられる。

1）産地市場流通

通常，国内で生産される水産物は，地区ごとに，集荷販売する産地水産物市場があり，多くの市場の開設および施設管理者は，各区域の漁業協同組合，または市町村の地方自治体によって行われている。

市場には，水産物の販売を行う固定した卸売業者（単数または複数）があり，卸売業者は生産者からの委託によって，市場に登録されている買受人を集め，セリ，入札によって水産物を販売する。

卸売業者はその多くが漁業協同組合であるが，大きな市場では株式会社等の企業が参加している。また，買受人は，消費地等へ販売する出荷業者，加工・冷凍業者および地元消費者に販売する小売業者である。産地市場で買受人に買取られた水産物は，分荷，選別され，生鮮品，活魚として消費地へ出荷されるものと，加工・冷凍に向けられるものに分けられる。

水産物の出荷先は，消費地の中央卸売市場等が多かったが，近年は量販店の集配センター，問屋，生活協同組合，外食産業等へ直接輸送される割合が増加してきている。

2）消費地流通

大都市の中央卸売市場の開設者は，都道府県によるものが多く，卸売業者も株式会社などの企業であり，複数のところが多い。消費地の中央卸売市場では，市場に登録されている仲卸業者（仲買人）が卸売業者による水産物を買取り，生鮮品，活けもの，冷凍品，加工品を市場内店舗で処理，箱の詰替えなどを行い，場外からの買受人（魚商業者，量販店，外食産業など）に販売する。

3）主な流通経路

以上のように，水産物の流通は，市場を経由し

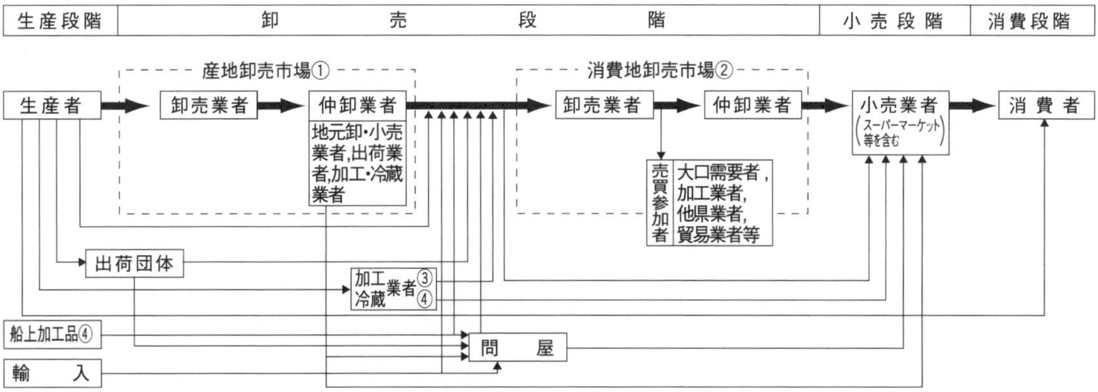

図 3.12.1 水産物の主な流通経路

注）産地卸売市場の仲卸業者とは買受人のことである。

た場合は複雑で，多くのルートを通過したうえで消費者に購入されることとなる（図3.12.1）。

一方，近年著しく増大した海外からの輸入水産物の流通経路は，やや国産水産物とは異なる。

輸入水産物の多くは冷凍品，加工品であるが，マグロ類の一部，エビ・カニ類，貝類は，空輸によって活きたもの，生鮮もので輸入する。

また，日本の近隣諸国（ロシア，中国，韓国，台湾など）からの輸入品の多くは，貿易港に指定される港内の産地水産物市場で販売され，国産品と同様な流通ルートをとるものもみられる。

しかし，冷凍品の多くは，輸入港から輸入商社を通じ，大都市中央卸売市場，または問屋を経由して魚商業者，量販店，外食産業店で消費者に販売される。

（2）消費目的ごとの水産物流通形態

水産物の消費需要は，近年鮮度志向が強くなり，消費段階での利用目的に沿った流通形態がとられるようになっている。

1）“活けもの”流通

鮮度志向が特に強く求められる水産物は，生食刺身，寿司用の水産物であり，近年，これらに向けられる魚介類の，“活けもの”としての流通が多くなっている。

古くから活きたまま消費者まで流通していた水産物として，アサリ，ハマグリ，シジミなどの貝類があったが，近年は，養殖ものあるいは漁獲物の一部も含め，ヒラメ，カレイ，タイ類，ブリ類（ハマチ），エビ類など各種水産物が“活けもの”流通をとるようになった。ただし，その多くは，消費地市場までで，仲卸業者または問屋の段階で活けしめされ，小売店，外食店まで活きたまま流通するのは，ごく一部である。

こうした“活けもの”の産地から消費地までの流通では，輸送中の水質，水温，酸素供給の管理が重要で，専用の活魚輸送車が使用されている。

2）“生鮮もの”流通

生鮮水産物は，従前から主流であったが，近年における生食用需要の拡大と，消費者の安全衛生志向に沿う流通方式が普及するようになった。

生食用として流通する水産物の種類も多くなり，従来は加熱用食材となっていたアジ，サバ，イカ，サンマなども一部刺身用，生食用として消費されるところとなっている。

これらの生食用水産物は，産地から発泡スチロールの箱に入れ，低温（5℃以下）を保つよう，氷など冷却剤を使って消費地に輸送されるようになり，また，冷凍保冷車を使用し，車倉内ではセクション別の自動温度管理を行っている。低温輸送は，生食用だけではなく，消費者の鮮度，安全志向に対応するため，加熱用水産物も含め，生鮮水産物全般に拡大してきている。

3）冷凍品流通

水産物の冷凍品は，加工原料の確保，生鮮消費用の安定供給のために産地冷凍・冷蔵庫業者によって製造され，消費地市場などに送られる。

水産物の種類は，ブリ類，マグロ類などの大型魚をはじめ，アジ，サバ，サンマ，イカ，タコなど多様である。これらの水産物は，通常消費地市場まではラウンドのまま仲卸業者まで買取られ，大型魚は仲卸業者によって部位ごとに解体され，小型魚などは冷凍のまま，小売業者，量販店などに販売されていたが，最近では，大型魚（マグロ類）は生産段階で解体され，フィレまたは切り身として冷凍されるものも多くなった。

また，小型魚介類は，従前まで一定数量をバルクで凍結し，小売段階で解体していたが，最近は仲卸業者または問屋の段階で解凍されるものが多くなった。なお，イカ類に多くみられるが，小売業者が扱いやすいように，産地で一尾ずつ解凍するIQF（indivisual quick frozen）によるものが多くなった。

4）加工品流通

水産物の加工品はきわめて多様であり，表3.12.1のように分類されている。

水産物の加工は，一次加工を含め多くが生産地で行われるようになっている。以前は，消費地でも原料水産物からの加工が行われていたが，都市における環境問題，残渣の処理，人件費の違い等

表 3.12.1 水産物の加工品分類

分 類	形態別品目
練り製品	やきちくわ，かまぼこ，魚肉ハム・ソーセージ
冷凍食品	魚介類，水産物調理食品
乾 製 品	素干し品，塩干品，煮干品
塩 蔵 品	魚介類塩蔵品
くん製品	魚介類くん製品
節 製 品	節類，けずり節
塩 辛 類	魚介類塩辛
水産物漬物	醤油，みそ，ぬか等の漬物
調味加工品	つくだ煮等調味加工品
缶 詰	

から，現在は漁業生産地での加工が主体となってきたのである。

このため，水産加工品についても，生鮮・冷凍水産物と同様，産地，消費地間の長距離輸送上の品質保全が重要となってきている。

練り製品，冷凍食品については，生鮮・冷凍品と同様の低温流通が必要である。また，衛生管理上，真空包装の製品が多くなった。

なお，加工品の流通では，消費地市場経由のものが減少し，産地加工業者から量販店，問屋などに直接輸送されるようになってきている。

3.12.2 魚介類の鮮度変化

（1）鮮度の変化

鮮度という語は，食品，特にその素材が関係する分野で広く使われており，これらの分野では新鮮さ，品質のよさなどを表すことが多い[1)]。一般に魚介類は鮮度低下を起こしやすいので，鮮度は生きのよさのことを示す。魚介類は漁獲後に死ぬと，遅かれ早かれ硬直（死後硬直）が始まり，その後完全硬直の状態に達する。やがて徐々に解硬（硬直の解除）が始まり，同時にいわゆる自己消化も進行する。こうして魚介類は生きが悪くなってくる。したがって，魚介類は死んだ直後がもっとも生きがよく，その後次第に鮮度が低下し，やがて微生物の作用によって腐敗の状態に達するという経過をたどる。

よく知られている活魚料理のなかに「活け造り」というのがある。これは魚をおろして直ちに食膳に供するもので，まだ筋肉が痙攣していることもあり，生きのよさという点ではほとんど極致にあるものといえる。一方，硬直中のものやこの時期が過ぎて解硬したものは鮮魚として分類される。一般には，解硬の時点を過ぎると生きが悪いとみなされる[2)]。

水産物は一般に畜産物や農産物と比べて鮮度の低下が早いために，色や形などを含めた品質の評価に際して鮮度がもっとも重視される。その意味で，水産物における鮮度は，品質の指標の一部であるということを忘れてはならない。鮮度の低下に際して魚介類の組織に含まれるさまざまな成分の変化が観察されるので，まずこの点について記述し，続いて鮮度の指標について概説する。

（2）成分の変化

魚介類が生きているときには体内の諸条件はバランスよく保たれていて，組織中に含まれる，ほとんど無数ともいえる成分はどれもみごとにほぼ一定の濃度に維持されている。しかし，魚介類が死ぬと，きわめて短時間にバランスが崩れて成分の増減が観察されるようになる。ここでは魚介類の死後，微生物の作用が始まるまでの間における成分の変化について解説する。

1）pH

魚介類が生きているときには，筋肉のpHはほぼ中性に保たれているが，死後には急速に低下する。死後にpHは速やかに減少し，やがて最低到達pH（ultimate pH）にいきつく。この値はマグロ，カツオ，サバなどの赤身魚（いわゆる青物）と底棲性の白身魚では著しく相違し，後者は6以下となることはほとんどない。前者ではこの値以下になることが多い[2)]（5.6～5.8）。pHの低下は，解糖によって生成した乳酸（L-乳酸）による以外に，一部にはアデノシン三リン酸（ATP）の加水分解の結果生じたH^+にもよると考えられている[3)]。

2）乳　酸

魚類の筋肉では死後に乳酸が蓄積してくるが，この含量は赤身魚に多く，白身魚に少ない。また，生理的な条件（例えば疲労したものと休息したものなど），処理方法（即殺したもの，苦悶死したものなど），天然ものと養殖もの，魚体の大小の違いなどによっても異なる[2]。赤身魚に乳酸が多く蓄積する主な原因は，この種の魚にグリコーゲン含量が高いことにある。すなわち，ソウダガツオでは880mg/100ｇ，カツオで910mg/100ｇ，一方，白身魚のマダラ，ハドックではそれぞれ300mg/100ｇ，530mg/100ｇにすぎない。養殖もののほうが天然ものよりも乳酸が多いのは，やはりグリコーゲン含量が高いことに起因するといわれている。エビ，カニなどの甲殻類や，軟体類のホタテガイ，イカ，タコなどでも乳酸は蓄積するが，それはD-乳酸とされている。

3）ATP およびその関連物質

魚介類の生時には組織中の ATP 含量はほぼ一定に保たれているが，死ぬと速やかに減少する。このときの変化については死後もクレアチンリン酸が比較的多量に存在するときには ATP 含量は減少しないが，この物質が一定量以下になると，減少し始める。魚肉における ATP の分解経路は以下のようになる[4),5)]（分解に伴う副産物の無機リン酸，アンモニア，リボースなどは省略）。

$$\mathrm{ATP}\xrightarrow{①}\mathrm{ADP}\xrightarrow{②}\mathrm{AMP}\xrightarrow{③}\mathrm{IMP}\xrightarrow{④}$$

$$\mathrm{HxR}\text{（イノシン）}\xrightarrow{⑤}\mathrm{Hx}\text{（ヒポキサンチン）}$$

（① ATP アーゼ，② ミオキナーゼ，③ AMP デアミナーゼ，④ IMP ホスファターゼ，⑤ヌクレオシドヒドラーゼまたはヌクレオシドホスホリラーゼ）

この反応は，それぞれ①～⑤に記載された酵素によって触媒される。ハマチを即殺して直ちに氷蔵を開始すると ATP は速やかに分解され，IMP が蓄積することがわかっている。すなわち ATP の分解に伴って ADP，AMP が生じても，それらの分解速度はきわめて速く，IMP の分解が比較的遅いためにこれが律速となって IMP が蓄積するようになる。続いて IMP もやがて分解され HxR，Hx が蓄積するようになる（図3.12.2）。このとき，HxR が蓄積するか，それとも Hx が蓄積するかは魚種によって違う。例えばカツオ，マグロ，ブリ，スケトウダラ，タイなどは HxR 蓄積型，ヒラメ，カレイなどは Hx 蓄積型とされる[5)]。このような ATP の分解パターンは，後述の鮮度指標K値として利用されている。

上記の魚類における ATP の分解経路は，エビ，カニなど多くの甲殻類にもみられるが，貝類，タコ，イカなどの軟体類ではこのほかに下記の場合もある。

ATP→ADP→AMP→AdR（アデノシン）→HxR→Hx

したがって，無脊椎動物では IMP が蓄積し，魚類の場合と類似したところもあるが，AMP が蓄積するものもある[6),7)]。また，軟体類では組織によって分解経路が異なることがある[7)]。

4）クレアチンリン酸とアルギニンリン酸

筋肉中で ATP が減少したとき，緊急にこれを補う物質としてクレアチンリン酸とアルギニンリン酸が知られている。前者は脊椎動物の，後者は主として無脊椎動物の筋肉においてそのような役割を果たすが，死後にはそれぞれクレアチンおよびアルギニンへと分解される。

5）遊離アミノ酸

鮮度の低下に伴って遊離アミノ酸がどのように変化するのかあまり研究されていないが，マサバでは40日を超す長期の氷蔵を行うと，ヒスチジンとタウリンを除いて多くの遊離アミノ酸は増加する傾向がみられる（図3.12.3）。すなわち，貯蔵開始後約10日目までに初期の増加がみられ，続いて25日目頃から後期の増加が始まる。初期の増加は自己消化によるタンパク質やペプチドの増加によるものであり，後期のそれは自己消化のみならず微生物の作用にもよる。しかし，こうした明らかな変化が観察される例もあるが，ハマチのように貯蔵中に多くの遊離アミノ酸がほとんど変化しない例も知られている[8)]。

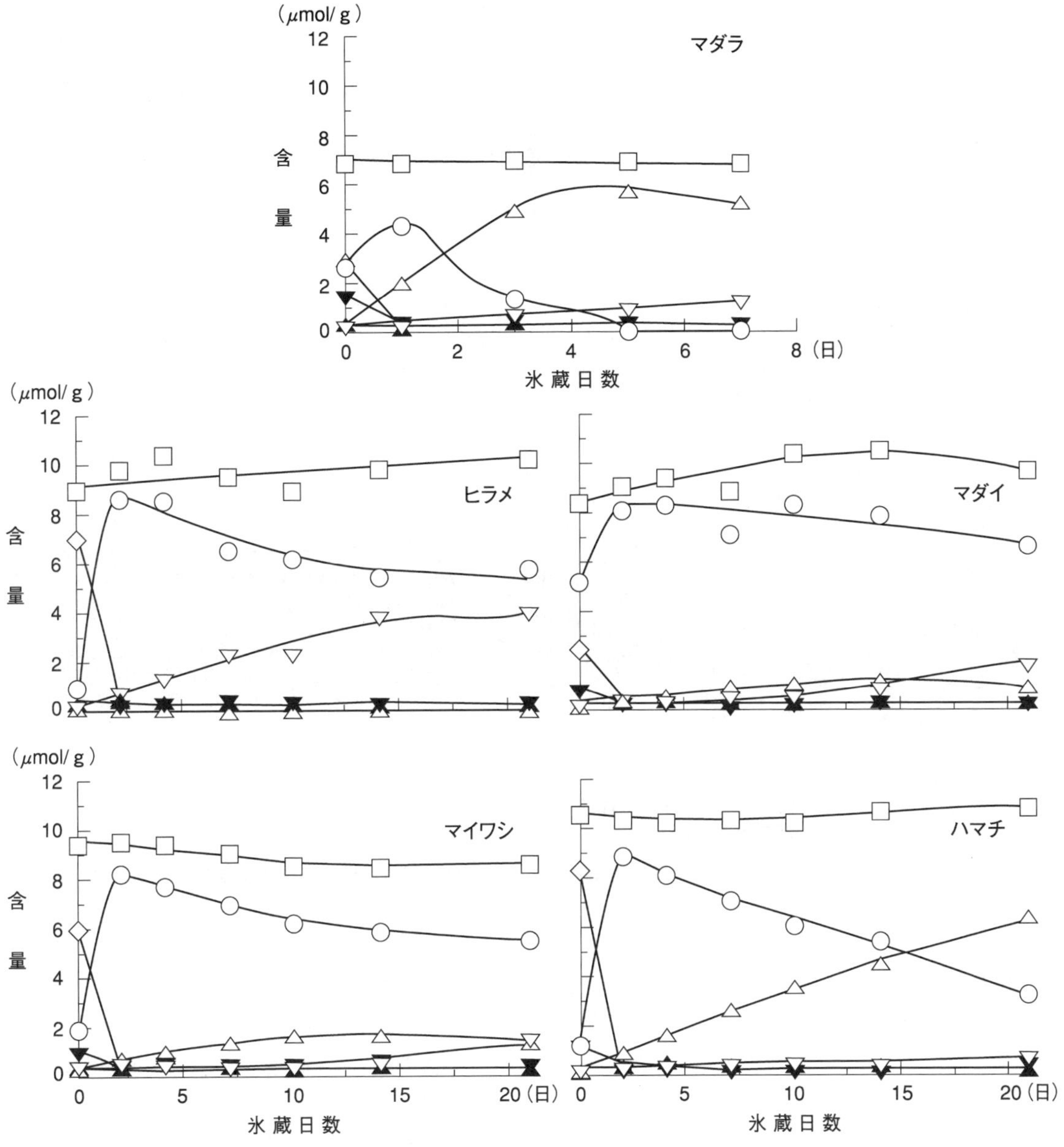

◇：ATP，▼：ADP，▲AMP，○：IMP，△：HxR，▽：Hx，□：ATP およびその関連物質の合計量

図 3.12.2　魚類（マダラ，ヒラメ，マダイ，マイワシおよびハマチ）筋肉の氷蔵中におけるATPおよびその関連物質の変化

出典）谷本昌太・他：日水誌，65，97～102(1999)

6）オルニチンとオクトピン

無脊椎動物の筋肉には一般に遊離アルギニンが多く含まれ，クルマエビ，マダコでは鮮度低下の初期にアルギナーゼの作用によってオルニチンが蓄積する[6]。軟体類ではオクトピンが蓄積することがある。この物質は，アルギニンとピルビン酸が還元的に縮合することによって生成する。

7）ポリアミン

魚肉の鮮度が低下し微生物の作用を受けるようになると，遊離アミノ酸が分解され，プトレシン，カダベリン，ヒスタミン，スペルミジン，スペルミンなどのポリアミンが生成する。赤身魚では遊離ヒスチジンの含量が多いことからヒスタミンが多量に蓄積し[2,6]いわゆるヒスタミン中毒（アレル

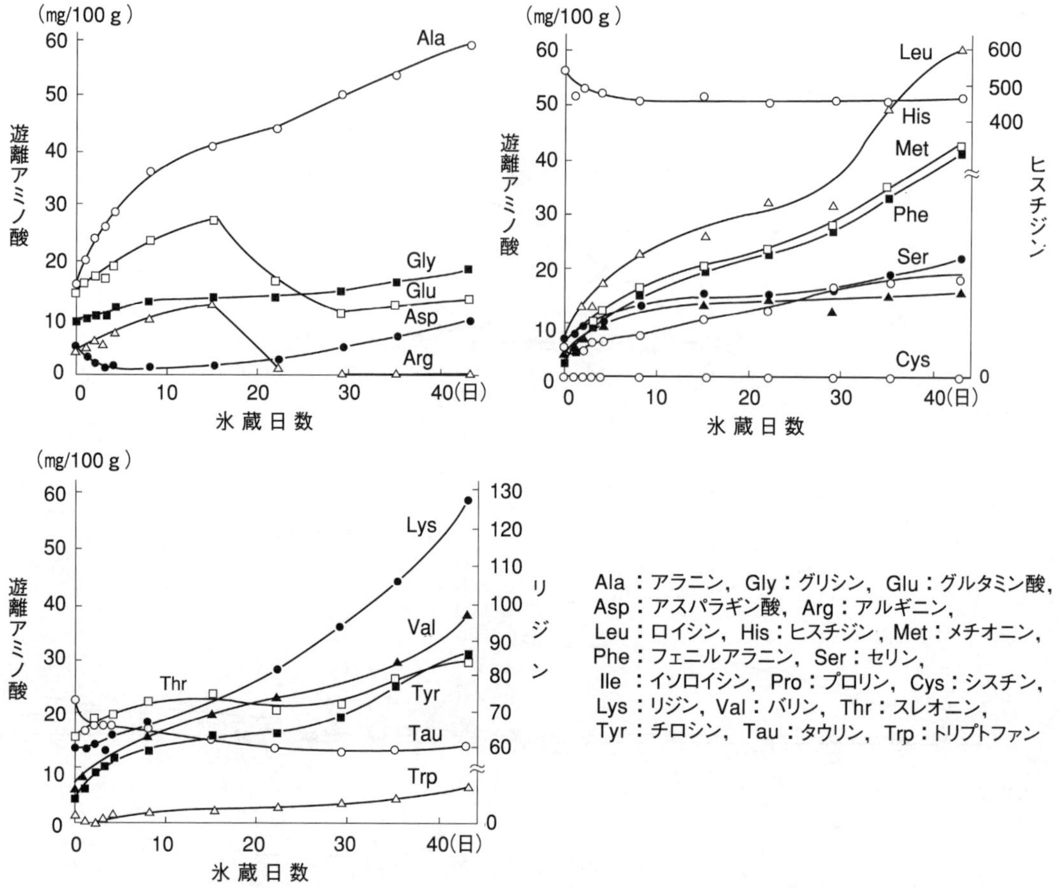

図 3.12.3　マサバ（幼魚）筋肉の氷蔵中における遊離アミノ酸含量の変化

出典） SAKAGUCHI, M., *et al.*: *Bull, Japan. Soc, Sci. Fish.*, 50, 323～329(1984)

ギー様食中毒）を引起こす。また，サンマではカダベリンが生成する[6]。マダコやスルメイカでは筋肉中に遊離アルギニンが多いため，アグマチンが生成する。

8）揮発性塩基物質

鮮度低下が進んで微生物の作用により種々のアミノ化合物が分解されるようになると，アンモニアが生成する。また，海産魚介類ではトリメチルアミンオキシドが分解されて，トリメチルアミンやジメチルアミンが生成するようになる。アンモニア，トリメチルアミンおよびジメチルアミンは代表的な揮発性塩基物質とされている。一方，多くの淡水魚介類はトリメチルアミンオキシドをほとんどもたないので，その分解産物のトリメチルアミンやジメチルアミンはほとんど検出されない。

（3）鮮度の指標

1）官能的方法

鮮度を判定するには，主としてヒトの視覚，嗅覚，触覚などの五感による方法（官能的方法）が用いられてきた。現在でも生産・流通・消費などの多くの現場でほとんどこの方法が使われている。この方法は手軽，迅速，安価であり，試料はほとんど破壊されず，多面的にチェックしうるなど，明確でしかも多くの利点をもっている。この方法で厳密な鮮度測定を実施するに際しては，どの点をチェックポイント（外観，感触，その他の状態など）とするかを定めて，総合点で鮮度を決定する。

これには多くの手法があるが，例えば，試料ごとに各ポイントの特徴を参考にしつつ点数を決めて，その総合点を求め，点数が大きいものほど鮮度が低下したものとみなす（表3.12.2）。これをデメリットポイント方式といい，この総合点は貯蔵に伴う鮮度の低下とよく比例すると報告されている[9]。ただ，一般に鮮度低下の様相は，魚種のみならず産地，季節，温度，取扱い方法などによって一様ではないことに注意を払う必要がある。また，この方法はラウンド（原形のままの魚体）試料には適用可能であっても，切り身，すり身にまでは適用できない。さらに，一般にこのような官能的方法では鮮度を精度よく数値化することによって表現できないという難点がある。厳密な評価が要求される場合では熟練した評価員を必要とするが，一般にその養成は決して容易ではない。

2）機器分析法

上記の官能的方法に対して，機器を用いる方法（機器分析法）にはこのような難点がない。これまでに知られているもので，代表的なものを表3.12.3に示す。

① 微生物学的方法　魚介類の鮮度低下は，主に魚介類の組織自体の酵素作用と微生物の作用によって起こる。表3.12.3に示した鮮度評価法のうち微生物学的方法というのは生菌の計数を行うものであり，一般には生菌数が組織1 g当たり10^5～10^8に達したとき腐敗とみなされる。計数の目的で現在汎用されている手法（平板法や最確数法）[10]には簡便さ，所要時間などの点からみて容易なものはほとんどない。ただ，洗浄の効果を調べる目的としては生菌由来のATP量を測定する方法がある[10]。

② 化学的方法　生菌の計数に代わる方法として，微生物の増殖の程度とほぼ比例関係を示す化学物質の量（揮発性塩基，ポリアミン，トリメチルアミン，エタノールなど）を測定する方法（化学的方法）が知られている。しかし，これも簡便さ，所要時間などの点から現在では実験室のレベルでしか用いられていない。ただ，ポリアミンの一種のヒスタミンは魚肉（赤身魚）100 g当たり20～50mgで中毒を引起こすことがあり，最近では酵素法や酵素免疫法によって比較的短時間に測定可能となった[11]。他の化学物質は微生物の増殖がある程度進行してからでないと蓄積してこないために，魚介肉の初期の鮮度低下を反映した指標とはなりえない。

これに対して魚介類組織自体の酵素作用によって起こる鮮度低下は，微生物の作用が始まる前の問題として扱われ，これまでに多くの指標が報告されている[6),9),12]。これらの中でもK値は，前述のとおり魚肉に含まれるATPが鮮度の低下に伴ってHxRやHxへと分解されるという事実を利用して考案されたものである。すなわち，K値はATPおよびその分解物の合計量に対するHxR＋Hxの量（いずれも肉1 g当たりのμmol数）の比（％）として表される[4),5]。

$$K(\%)=\frac{(HxR+Hx)\times 100}{ATP+ADP+AMP+IMP+HxR+Hx}$$

K値が大きいほど鮮度は低いことを示している。硬直中のものやこれを過ぎたものは著しくATPが少ないこと，一般にADPやAMPはIMP＋HxR＋Hxと比べて，はるかに少ないことなどの事実から，K値を簡略化して下記のように表すことがある。

$$K_1(\%)=\frac{(HxR+Hx)\times 100}{IMP+HxR+Hx}$$

これらの指標の長所はATPが広く生物の組織に含まれる化合物であることから，測定対象となる魚介類の種に限定がかからないことである。さらに，上式が示すようにK値は化合物の含量比として表されるので，試料を精秤する必要がないことも長所の一つといえる。現在では多くの方法（高速液体クロマトグラフィー，イオン交換クロマトグラフィー，酵素法，酵素センサー法，鮮度試験紙など）で測定されている[6),10]。このうちクロマトグラフィーによるものは，古くから開発され，K値測定のための標準法ともいわれるものであるが，操作が煩雑で分析終了までに時間がかかるという難点がある。一方，酵素法や酵素センサー法にはこのような難点が解消されていることが特長である。問題点は，測定には酸素電極が必要であり，

表 3.12.2　魚類（ラウンド）の鮮度評価用採点シート

チェックポイント		特　　徴	評価点
外観（体表）		高度の光沢がある	0
		弱い光沢がある	1
		光沢はほとんど失われている	2
		ざらついている	3
表皮の感触		かたい	0
		やわらかい	1
うろこの状態		しっかり表皮に付着している	0
		いくぶん脱落がみられる	1
		脱落が多い	2
粘　　液		まったく気にならない	0
		いくぶん粘質物がある	1
		かなり粘質物がみられる	2
		きわめて粘質物が多い	3
硬直の状況		硬直前	0
		硬直中	1
		解硬後	2
眼　　球	透　明　度	高度に透明である	0
		いくぶん混濁している	1
		明らかに混濁している	2
	形　　状	正常	0
		いくぶん眼窩の中へ落込んでいる	1
		ひどく眼窩の中へ落込んでいる	2
	血　　液	浸出はほとんどみられない	0
		いくぶん浸出がみられる	1
		浸出が多い	2
	虹　　彩	明瞭である	0
		不明瞭である	1
え　　ら	色　　彩	鮮紅色を呈している	0
		いくぶん暗赤色を呈している（いくぶん退色している）	1
		暗緑色をしている（ひどく退色している）	2
	に　お　い	新鮮なにおい（海藻のにおい）	0
		いくぶん生臭いにおい	1
		かなり生臭いにおい	2
		腐敗臭	3
	粘　　液	まったく気にならない	0
		いくぶん粘質物がみられる	1
		きわめて粘質物が多い	2
腹　　部	退　　色	ほとんど変化はみられない	0
		いくぶん退色がみられる	1
		かなり退色がみられる	2
		ひどい退色がみられる	3
	か　た　さ	しっかりしている	0
		やわらかい	1
		破裂している	2

排　出　腔	外　　観	正常	0
		いくぶん腸内容物が飛出ている	1
		かなり腸内容物が飛出ている	2
	に　お　い	新鮮なにおい	0
		不明瞭	1
		生臭いにおい	2
		腐敗臭	3
腹　　　腔	着　　色	銀白色	0
		灰白色	1
		黄褐色	2
	血　　液	赤色	0
		暗赤色	1
		褐色	2

資料）BREMNER, H.A. *et al.*: Seafood Quality Determination, ed. KRAMER, D.E. and LISTON, J., Elsevier, Amsterdam, pp. 413～435(1987)を改変

表 3.12.3　魚介類の代表的な鮮度評価法（機器分析法）

① 微生物学的方法	生菌数
② 化学的方法	揮発性塩基窒素，ポリアミン，K値，筋原線維のATPアーゼ活性
③ 物理学的方法	テクスチャー，電気的特性，光学的特性，臭気強度

また，酵素（酵素センサー法では固定化した酵素）を用いるため常にその安定性に注意を払う必要があることである。鮮度試験紙は電源のない現場においても使うことが可能で，きわめて手軽に測定することができる。今後は安定性，感度の上昇などに改良が加えられれば，有望な方法といえる。

K値は多くの鮮度指標のなかで現在ではもっとも信頼されているもので，最近では鮮度に関係する科学論文や報告書の大部分がこの値を記載するまでになっている。マグロでは，高品質の刺身として使用できる限界値は20％とされている[5]。ただ，鮮度指標としてのK値は，エビ，カニなどの甲殻類には適用できても，イカなど軟体類にはこのままでは使えないことがある[6),7]。また，魚類でも分析用の試料の採取部位についても注意が必要である。例えば，血合肉の混入は避けなければならない。すなわち，ブリ（ハマチ）の血合肉では普通肉に比較して著しく速やかにK値が上昇するからである（図3.12.4）。さらに，各種魚類の氷蔵中におけるK値の上昇速度は，魚種によって著しい違いがある[5),13]。したがって，K値を鮮度指標として用いる場合に魚種による適用の限界があることを認識する必要がある。ともあれK値は多くの魚介類に適用可能な鮮度指標ではあるが，残念ながらこの指標は，生産・流通・消費の現場で実際に使われる段階には至っていない。今後は操作の簡易化，機器の低価格化などの点が改められるならば，鮮度指標としての価値がさらに向上することとなろう。

このほかに，化学的方法としては筋原線維の酵

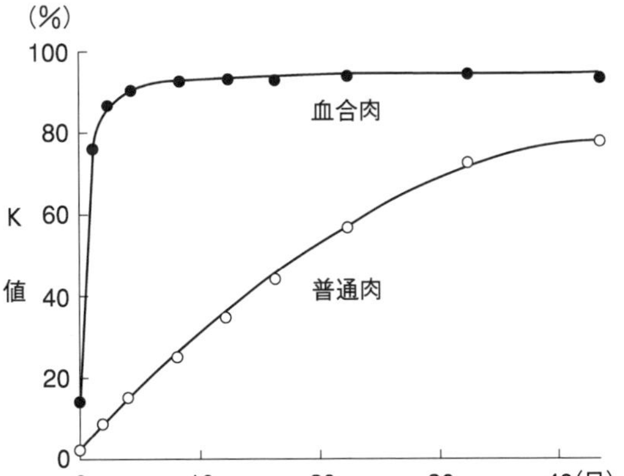

図 3.12.4　ハマチの普通肉と血合肉の氷蔵中におけるK値の変化の違い

出典）MURATA, M. and SAKAGUCHI, M.: *J. Food Sci.*, 51, 321～326(1986)

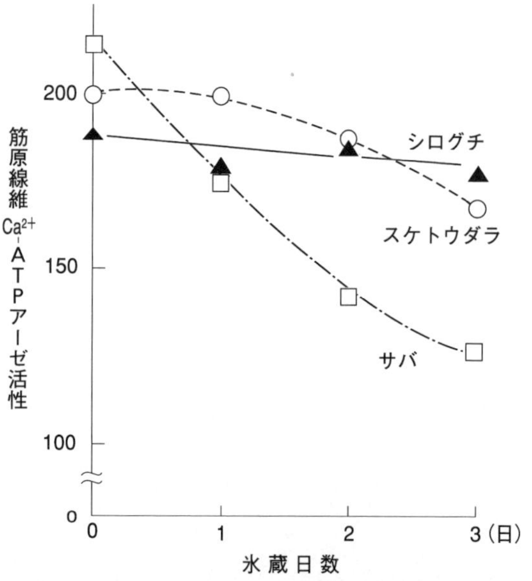

図 3.12.5　スケトウダラ，シログチおよびサバ（ラウンド）の氷蔵中における筋原線維Ca^{2+}-ATPアーゼ活性の変化

出典）加藤　登：魚介類の鮮度判定と品質評保持，水産学シリーズ106，渡辺悦生編，恒星社厚生閣，pp. 90～101(1996)

素活性（ATPアーゼ活性）もすり身の鮮度指標となりうることが知られている。すなわち，イワシ，コイおよびシログチ，スケトウダラおよびサバの氷蔵に伴って，そのすり身のCa^{2+}-ATPアーゼ活性変化を調べたデータでは，コイ，シログチ，スケトウダラでは鮮度の低下に伴って活性は比較的ゆるやかに，イワシとサバでは急速に低下することがわかっている（図3.12.5）。

③　**物理学的方法**　上記の機器分析法はいずれも試料の破壊を伴うが，以下に述べる物理学的方法のなかには非破壊で実施しうるものがあることが特徴である。

一般に，生体の組織を構成する細胞が生きているときは損傷のない膜（生体膜）によって囲まれているが，その死後に膜が損傷を受けることにより細胞内外で主として電解質の流出や流入が起こる。このとき外部から組織に微弱な電流を流すことにより，細胞の誘電特性の変化（鮮度と一定の関係をもつ）を知ることができる。この原理を応

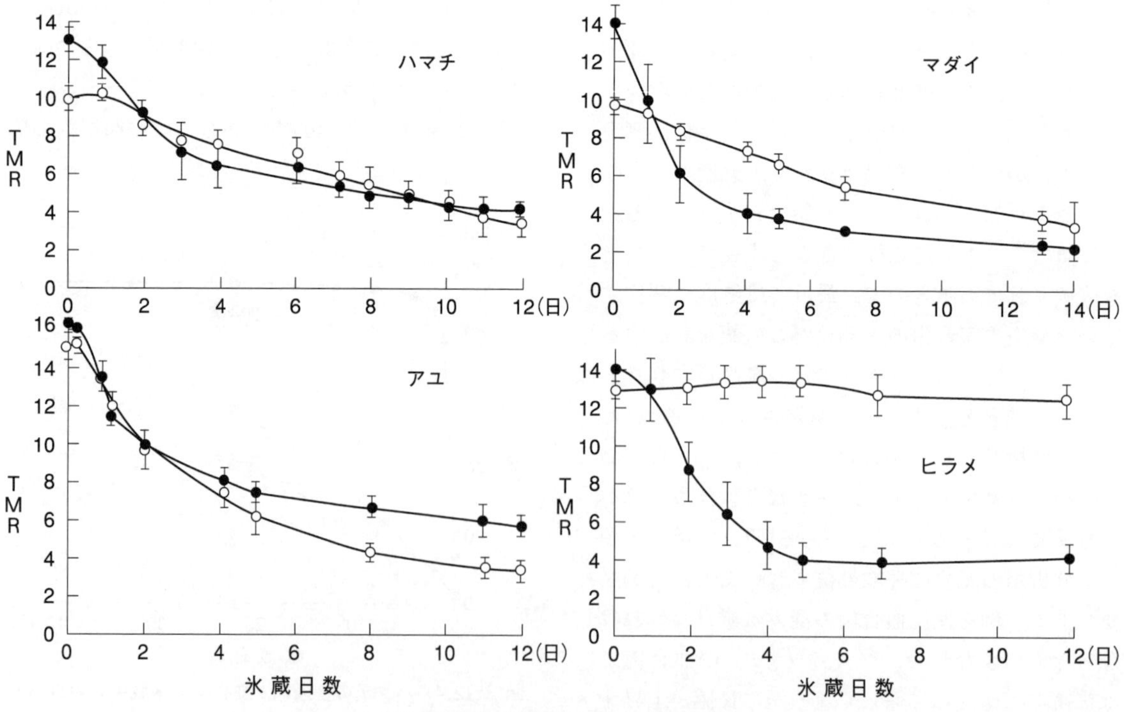

図 3.12.6　各種魚類フィレの氷蔵中におけるトリメータ値（TMR）の変化

出典）坂口守彦・他：魚介類の鮮度判定と品質保持，水産学シリーズ106，渡辺悦生編，恒星社厚生閣，pp.44～51(1996)

用したものとしてトリメータ（Torrymeter：ディステル社）という機器が販売されている。本器では鮮度はトリメータ値（Torrymeter reading：TMR）として表され，一般に鮮度が高いものほど値は大きい。数種の魚類で測定した結果では鮮度低下に伴ってTMRは徐々に低下することがわかっている（図3.12.6）。魚肉の貯蔵中におけるTMRの変化とK値のそれの関係が明らかになっていれば，TMRからK値を容易に算出することが可能となる。しかし軟体類や甲殻類には適用できないこと，一部の魚類には明らかな鮮度低下が認められるにもかかわらず，この値の変化が乏しいものがあること，測定部位によって値が変動すること，凍結品には適用できないことなどに注意を払う必要がある。このほかにも，電気的方法としてインピーダンス測定を行う方法もある[14]。

非破壊的な方法として光学的方法も知られていて，鮮度の低下に伴う体表，眼，えらなどの色彩の変化をL*a*b*表色系によって表現したもの[15]や近赤外線分光法によってカツオおよびマグロ肉のK値を測定する方法[16]も考案されている。

さらに，魚介類では鮮度が低下したとき臭気を放つが，これが官能的に鮮度低下の目安となっている。そこで，臭気成分を含む種々の揮発成分の総量を特定のセンサーによって測定する方法が知られている。マサバを4℃で貯蔵して臭気センサー（XP-329：新コスモス電機㈱）値の変化を調べたところ，臭気強度は次第に増加することが明らかにされている（図3.12.7）。現在，種々のタイプの臭気測定用センサーが市販されているが，センサーによる臭気の特性差があるため，どの製品が水産物の鮮度測定に適合しているかは個々に検討しなければならない。

鮮度低下時に観察されるテクスチャーの変化を調べる方法も知られている[9),17]。一般に魚肉では，貯蔵に伴ってテクスチャーの官能評価のスコアーが低下するが，このスコアーの変化は機器で測定したかたさ（歯ごたえ）のそれとおおむね平行するので，鮮度をこの指標で表現しうる。このとき硬直指数（硬直の程度を数値化したもので，数値が

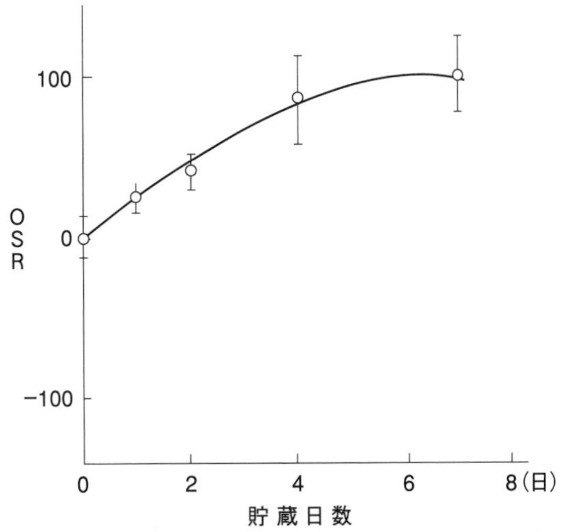

図 3.12.7　マサバ筋肉の4℃貯蔵中における臭気強度の変化

臭気強度は臭気センサー（XP-329：新コスモス電機）を用いて測定し，臭気センサー値（OSR）として表した。

出典）坂口守彦：目視検査の自動化技術，福田和彦編，テクノシステム，pp.296〜305(1995)

大きいものほど硬直が進んでいるとみなされる）は急速に増加し，その後徐々に減少することがわかっている[17]。この結果は，魚肉は硬直前のものよりも硬直中のもののほうが歯ごたえが強いと一般に考えられがちであるが，これは誤りで，実際には歯ごたえは硬直中のもののほうがかなり弱いことを示している。

現在ではこのような方法によって魚介類の鮮度を確実に測定できる段階にはまだ至っていないが，今後検討を加えることによって指標化が可能となるものと期待される。さらに付言すれば，これらの方法は単独では不可能であっても，複数のものを組合せることによってその可能性は増大すると思われる。

3.12.3　魚介の保蔵方法と品質保持

魚介にかかわらず生鮮食品の品質を保持するうえでの重要なポイントは，衛生管理，低温貯蔵，適正包装の3点に集約される（図3.12.8）。

衛生管理は，対象となる魚介やその切り身などの加工品への細菌などの微生物汚染を低く抑える

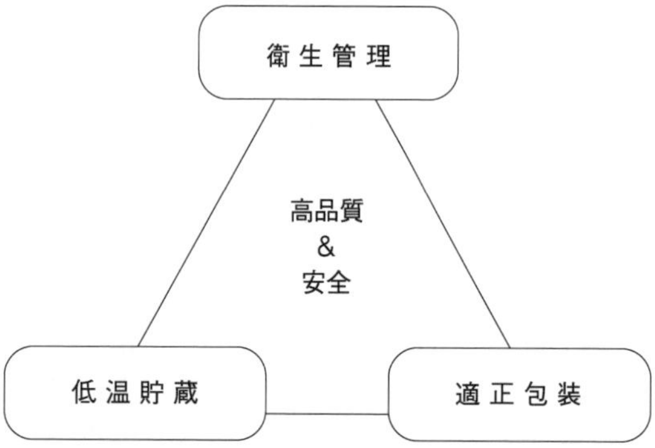

図 3.12.8　生鮮食品（魚介）の品質保持のための３つのポイント

ための管理であり，魚介の付着菌数低減，魚介処理にかかわる作業者の衛生管理，および設備，機械，器具類の洗浄と殺菌などが主な対策となる。低温貯蔵は，魚介の肉中に含まれる酵素の作用による鮮度低下やそれに並行して起こる微生物の生育による腐敗を抑制するための基本的かつもっとも重要な手段である。適正包装とは，適切な包装方法と材料を組合せて魚介を包装することにより，貯蔵中における微生物や異物の付着を防止し，乾燥，酸化，腐敗といった品質劣化を抑制することを指している。

以上の３つの要件をすべて満たすことによって，初めて魚介の品質保持が可能になる。言い換えれば，いくら優れた包装を施したとしても，衛生管理あるいは低温貯蔵の点で不備があれば，品質保持効果はほとんど期待できなくなってしまう。したがって，魚介の品質保持を考える場合，上記３つの要件についてよく理解し，魚介を正しく取扱う必要がある。

（1）衛 生 管 理

1）魚介における腸炎ビブリオ対策

魚介類の食中毒は，腸炎ビブリオによるものがもっとも多い。生鮮魚介においては，この腸炎ビブリオ対策が衛生管理の重要なポイントとなる。

①　腸炎ビブリオの特性　　腸炎ビブリオは，沿岸海水中に生息する細菌であり，水温が17℃以上の夏季になると，プランクトンの増殖とともに海水中で活動し始める。したがって，沿岸水域で漁獲される魚介は腸炎ビブリオに汚染されていることになり，特に夏季が要注意である。

腸炎ビブリオによる食中毒は，下痢や腹痛といった症状が一般的で，潜伏期間は12～24時間である。諸症状は普通，発症後の一両日中にはおさまるが，時として死に至る場合もある。腸炎ビブリオの性質は次のとおりである。好塩性で，食塩濃度が３％前後でもっともよく増殖し，pH5.6～9.6の範囲で増殖が可能である。温度，水分，食塩濃度，栄養などの条件が整えば，常温では10分程度で分裂し，３～４時間で食中毒を起こす菌数に達してしまう。しかし，10℃以下では増殖が阻止され，加熱に弱いので，60℃で10分以内，煮沸によって瞬時に死滅する。

②　腸炎ビブリオの汚染や増殖の防止策　　生鮮魚介については，腸炎ビブリオのみならず，ほかの食中毒細菌の汚染や増殖を防止するために，以下の取扱いを心掛ける[18)]。

① 魚介の加工・流通過程では，温度を常に低温（10℃以下）に保つことが望ましい。管理者や作業者は，気温や調理場の温度には絶えず注意を向けておく。

② 長時間の保存は避け，刺身などに加工した後はできるだけ早く食べる。

③ 魚介の調理に使用したまな板，包丁，ふきん，スポンジなどは，汚れを洗い落とした後に熱湯消毒し，充分に乾燥させ，清潔に保管する。なお，魚介専用の調理器具を，決して肉類や野菜などと併用してはいけない。

④ 腸炎ビブリオは，真水に弱いので，生の魚介を流水で充分に洗浄してから調理する。

⑤ 冷凍魚介の解凍による融水も汚染源になるので，融水を生食用の魚介や他の食品に決してつけないようにする。

⑥ 体調の悪い人，特に腹痛や下痢症状のある人は，食品の調理や取扱いをしてはならない。

⑦ 作業者は，清潔な身なりをし，手指からの菌汚染を防ぐために，手洗いを励行する。

以上のほか，魚介を取扱う作業者の衛生管理などについては，3.12.4「店頭における取扱い」を参照されたい。

2）生カキにおける衛生管理[19)]

生食の機会が多い「カキ」（牡蛎）は，生育環境中の微生物による汚染を受けやすく，そのむき身には内臓が含まれているので，取扱いに問題があると，付着細菌による腐敗などの劣化が起こりやすい。近年ではカキを推定原因食としたノロウイルス（SRSV・小型球形ウイルス）などによるウイルス性食中毒も多発している。カキの衛生における微生物制御の基本対策は，① 養殖環境の保全対策（下水道整備など），② 養殖海域の衛生実態把握と衛生的なカキの採取，③ 人工浄化による細菌の除去，④ 加工・流通過程の衛生管理，⑤ 調理・摂食過程での微生物制御などである。

① カキの浄化　生食用カキについては，一般細菌数5万個/g以下，糞便性大腸菌群数230個/100g以下という基準があり，さらに，原料用カキは，大腸菌群数70個/100mℓ以下の海域（指定海域）で採取されたもの，もしくは同等の海水で浄化処理されたものという加工基準が定められている。つまり，指定海域以外で採取されたカキについては，生食用として出荷する場合，人工浄化が必要となる。浄化は，人工のプールの中にカキを入れ，ろ過した海水を紫外線殺菌装置（16mWs/㎠照射で100ℓ/分処理）によって大腸菌群数1.8個/100g以下にまで減菌した浄化海水を循環（カキ1,000個当たり12ℓ/分）させることによって行われる。浄化効果は，最初の糞便性大腸菌群汚染菌数が1,000個/100gのカキの場合，16～20℃，24時間で230個/100g以下，48時間で50個/100g以下に減少する。

② 加工・流通過程における微生物制御　採取され浄化後，むき身加工されたカキは，その後の洗浄や貯蔵温度の管理によって，その品質は大きく異なってくる。むき身カキを洗浄することによって，エラや体表に付着した細菌の除菌効果（1/2～1/10）が期待できるので，殺菌海水での充分な洗浄が指導されている。また，むき身カキは，しばらくの間は細胞活性を保つが，それが失われると，付着細菌の増殖が急速に進み品質が劣化する。淡水よりも海水に浸漬して貯蔵したほうが，細胞活性は長く保持され，5℃では5日間，10℃では3日間，20℃では1日間と，保存温度によって活性の保持時間は異なる。生カキについては，清潔で衛生的な容器に入れるか包装し，10℃以下で保存しなければならない旨の基準があるが，より高品質を保持するためには5℃以下で貯蔵すべきである。

（2）低温貯蔵

低温貯蔵は，魚介の凍結点を境にして，それよりも高温で保つ冷却貯蔵（冷蔵）と，凍結点よりも低い温度，一般的には－18℃以下で保つ凍結貯蔵（凍蔵）に分けられる。冷蔵は，おおむね－1～10℃での貯蔵を指すが，－1℃程度の低温では鮮度低下や腐敗を完全に防止することはできないので，魚介を生鮮状態で短期間貯蔵するための方法といえる。凍蔵は微生物の生育を阻止し，種々の化学的品質劣化も抑制され，長期間の品質保持が可能である。しかし，凍結と解凍に伴う食品の組織破壊や性状変化が生じるので，生鮮状態のものと比べると品質は低下する場合が多い。冷蔵にするか凍蔵にするかは，対象魚介，用途，目標とする品質保持期間を考えて判断することになる。

1）冷　蔵

① 冷蔵による品質保持　冷蔵と一口にいっても，－1～10℃まで，その温度幅は10℃以上もある。どのような冷蔵温度で貯蔵するかで，魚介の品質保持効果は大きく異なるので，単に10℃以下を保っておけばよいというわけではない。例えば図3.12.9は，マサバの背肉を0，5，10℃で貯蔵したときの鮮度（K値）の変化を調べた結果である。0℃や5℃貯蔵に比べて10℃の場合はK値の増加が大きく，鮮度の低下が早いことがわかる。

また，微生物学的品質劣化に対しても，温度は大きく影響する。魚介の場合，0℃付近の低温でも増殖可能な低温細菌が多く付着しているため，冷蔵といえども，比較的早期に腐敗が生じる。その腐敗を遅らせるためには，温度を低くすることが有効である。図3.12.10は，新鮮なマアジを０，2.5，５℃で貯蔵したときの細菌数を調べた結果である。細菌数が単位表皮（㎠）当たり10^8に達し，腐敗に至るまでの日数は，５℃では約５日，2.5℃では７～８日，０℃では約10日であり，０℃では５℃の２倍日もちすることになる。

その他，脂質の酸化や変色を抑制するためにも，冷蔵温度は低いほうが好ましい。魚介が凍らない範囲で，できるだけ低温を保つことが冷蔵による品質保持のポイントである。

②　冷蔵方法

A．氷　蔵……全魚（ラウンド）を貯蔵する場合，氷を用いた氷蔵が一般的である。魚体に対して砕氷を直接かける方法を「あげ氷法」（氷詰め法）と呼び，清水または海水に砕氷を入れ，そこに魚体を浸漬冷蔵する方法を「水氷法《みずごおり》」と呼ぶ。表3.12.4に，それら氷蔵法における使用氷量の目安を示したが，保冷車の性能や発泡スチロール箱の断熱性の大小によって，氷の必要量は変わってくるので，適宜調整する必要がある。ところで，あげ氷法の場合，魚体温度が高いと，周辺の氷が溶けて魚体と氷の間に隙間ができ，その部分が充分に冷却されず，氷ヤケという変色や異臭などの劣化を起こすことがある。氷ヤケ防止のためには，氷を充分に用いることのほか，氷どうしの橋かけを防止する意味で，雰囲気温度を０～３℃程度にして下げすぎないようにする。一方，水氷法の場合，魚体の全表面から冷却されるので冷却効率に優れるが，融水中に血液や粘液などの汚物がたまりやすいという欠点がある。そのまま放置すると，魚肉の品質が著しく低下するおそれがあるので，魚体が充分に冷却された時点で，あげ氷法に移行させたほうがよい[20]。

表3.12.5に，あげ氷法によって氷蔵したいくつかの魚種について，K値が20％以下を保持できる日数（刺身として適当とされる期間）を示した。魚種によって鮮度低下の速度は異なるので，対象魚

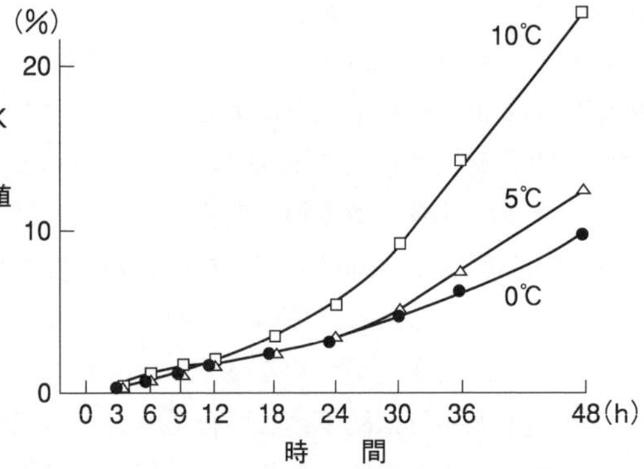

図 3.12.9　マサバ背肉のK値変化と保管温度の関係

出典）望月　聡・他：日水誌，65(3)，495～500（1999）

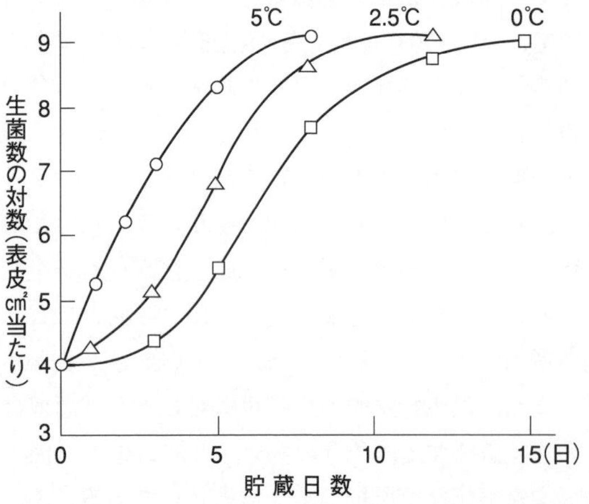

図 3.12.10　マアジの０，2.5および５℃貯蔵における生菌数の変化

出典）奥積昌世：冷凍，61，120～130（1986）

表 3.12.4　陸上における氷蔵輸送の際の使用氷量

時　期	輸送期間（日）	水産物：氷の重量割合	
		あげ氷法	水　氷　法
夏	3	1：3	5：3
	2	1：2	5：2
	1	1：1	5：1
春　秋	3	1：2	5：2
	2	1：1	5：1
	1	2：1	10：1
冬	3	3：1	15：1
	2	4：1	20：1
	1	5：1	25：1

注）１　水氷法における水産物：水の重量割合は２：１ぐらいである。

２　水産物の収容量は，あげ氷法で0.4 t/㎥，水氷法で0.6 t/㎥ぐらいである。

出典）田中武雄・尾藤方通：新版　食品冷凍テキスト，日本冷凍協会，pp.70～89（1992）

表 3.12.5 氷蔵魚でＫ値が20%になるまでの期間

魚　種	日　数	魚　種	日　数
マダラ	1	イシダイ	6
スケトウダラ	1	カワハギ	6
イシガレイ	1	ブリ	6
カツオ	2	ミナミマグロ	6
コイ	2	イサキ	7
タチウオ	2	クロダイ	8
ムツ	2	マゴチ	9
スズキ	3	ヒラメ	11
マアジ	3	キダイ	12
ゴマサバ	3	マダイ	12
ヒラサバ	4	ワニエソ	13
アカアマダイ	5	ハモ	14
ハマチ	5	ホソトビ	14
マアジ	5		

出典）江平重男：東海区水研報，88，1～132（1976）

種の貯蔵可能期間を踏まえたうえで氷蔵を行う必要がある。

B．冷蔵庫での貯蔵……切り身や刺身に加工あるいは包装された魚介は，ほとんどの場合，冷蔵庫やショーケースで保管，陳列されることになる。生鮮魚介の場合，表3.12.6に示したように，−0.7～−2℃くらいから凍結が始まるので，適当な冷蔵温度は，−0.5～5℃くらいである。なお，冷蔵温度をできるだけ低く保つことは重要だが，魚介を凍らせてしまうと，せっかくの生鮮状態が損なわれてしまうので温度の下げすぎには注意しなければならない。また，冷蔵中の温度変化が大きいと，結露や魚介表面の乾燥が生じて，外観を損なったり，微生物の生育が助長されるので，一定の温度で保持することを心がける。

2）スーパーチリング

氷蔵（−1～0℃）よりも優れた品質保持を目指して，スーパーチリング，すなわち「氷温」貯蔵や「パーシャルフリージング」（PF）といった魚介の凍結点（−0.7～−2℃）付近の温度帯で貯蔵する方法がある。

① 氷温貯蔵　氷温貯蔵は，生鮮魚介の場合，魚介が凍るか凍らないかのぎりぎりの温度（−1℃付近）を保持することによってなしうるが，きわめて高度な温度管理技術を要するため，静置した冷蔵庫向きであり，輸送や配送の過程での応用は難しい。なお，凍結しない最低温度での貯蔵であるから，冷蔵としては最大の品質保持効果が得られる。山根[21)]によると，松葉ガニの生存維持，解凍エビのうまみ増進などに効果があったとの報告がある。

表 3.12.6 生鮮魚の凍結点

魚　種	凍結点（℃）	魚　種	凍結点（℃）
コイ	−0.7	ブリ	−1.2
イワシ	−1.3	オヒョウ	−0.9
ウナギ	−1.95	マグロ	−1.3
タラ	−1.0	ヒラメ	−1.3
カツオ	−2.0	カニ	−2.0
カレイ	−1.95	ザリガニ	−2.0

出典）田中武雄・小島秩夫：魚のスーパーチリング，恒星社厚生閣（1986）

② パーシャルフリージング　パーシャルフリージング（partial freezing，以下PFと略す）は，食品を−3℃付近の温度で貯蔵する方法であり，魚介の場合は部分的な凍結が起こっている。PFには，酵素作用による鮮度低下や微生物の増殖を抑制する効果があるが，魚肉タンパク質の変性やマグロ肉の変色を促進するといった問題点も指摘されている。例えば，図3.12.11は，マグロ肉の変色度合を示すメト化率（筋肉色素ミオグロビンの酸化度合）を調べた結果であるが，ノンフリージングの0℃貯蔵や−2.5℃貯蔵に比べて，PF（−2.5℃，−5℃）のほうがメト化率は大きく，変色が促進されていることがわかる[22)]。それから，PFした魚は，氷蔵魚や−18℃以下で貯蔵した凍蔵魚よりも，解凍後の腐敗が速いことが指摘されているが，これは，PFした魚においては低温で増殖しやすい低温菌が優勢になっているうえ，大きな氷結晶生成による組織破壊が生じているために，細菌の侵入と増殖が容易になったためと考えられている[3)]。PFは，−3℃付近の貯蔵で凍らない場合や，凍ってもその影響が品質劣化に結びつかない場合に有効であり，万能の貯蔵方法ではないことを心得ておくべきであろう。

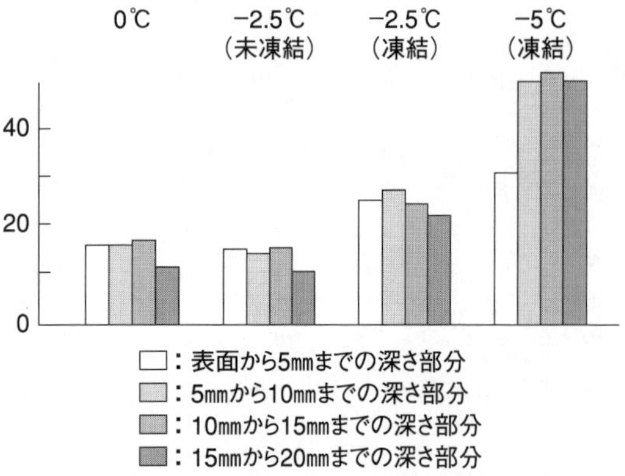

図 3.12.11　0〜−5℃で6日間保管したメバチ肉のメト化率

出典）尾藤方通：日水誌，31，534〜539（1965）

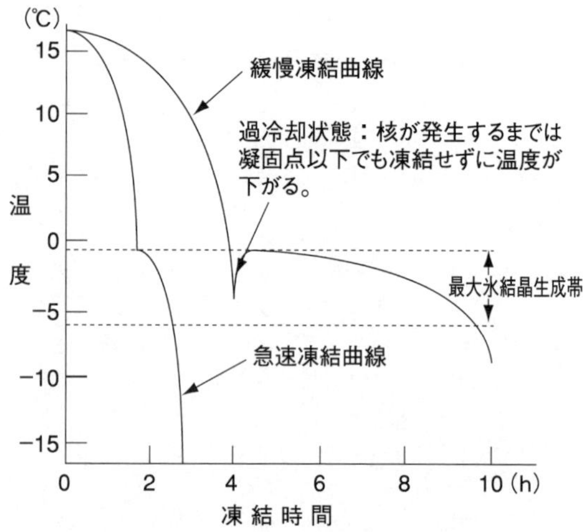

図 3.12.12　食品の一般的な凍結曲線

出典）白井義人・他：日食工誌，46(7)，447〜453（1999）

3）フローズンチルド

フローズンチルドとは，製造・加工から配送までは凍蔵し，販売時に解凍して冷蔵温度帯で陳列する方法のことである。配送するまでの期間は，凍蔵によって長期間貯蔵できる利点がある。近年，マグロのサク，カツオのたたき，サケの切り身やイカの刺身など，生鮮魚介分野での応用は増えつつある。PF 品と同様に，解凍後の品質低下は，通常の冷蔵魚介と比べると速いといわれている。

4）凍　　蔵

凍蔵は，一般的には−18℃以下で行われるが，長期間貯蔵するものや，解凍後，生食用に供せられるもの，品質劣化しやすい魚種については，−30℃以下の温度で貯蔵する必要がある。表3.12.7に日本冷凍協会の調査による冷凍水産物の適正保管温度と保管期間の目安を示した。

①　魚介の凍蔵における主な劣化

A．最大氷結晶生成帯……食品の凍結曲線（図3.12.12）において，0〜−5℃付近の温度領域は「最大氷結晶生成帯」と称され，食品がこの温度帯に長く置かれると，大きな氷結晶が生成するので細胞組織が破壊されたり，あるいは凍結濃縮現象により種々の化学反応が促進されて品質劣化が起こりやすくなる。したがって，魚介にかかわらず，食品の品質低下を抑えて凍結を行うためには，この最大氷結晶生成帯をすばやく通過させる（急速凍結する）必要がある。

B．雰囲気温度変化による氷結晶の成長……凍蔵においては，温度変化をできるだけ小さくすることが重要である。ある程度長期間貯蔵する場合は±2℃以内，輸送あるいは販売の期間だけといった短期間貯蔵の場合は±4℃以内に抑えたい[20]。例えば食品の温度よりも雰囲気の温度が高くなると，食品表面付近の氷結晶の水蒸気圧が高くなり，水蒸気が圧力の低い食品内部へと拡散して，内部の微細な氷結晶が大きく成長する。せっかく急速凍結によって微小な氷結晶状態を実現しても，このような氷結晶の成長が生じると，魚介の細胞組織が破壊されてしまうのである。

C．凍蔵中の表面乾燥（冷凍ヤケ）……食品の温度が雰囲気温度よりも高くなると，氷の昇華によって食品表面の乾燥が生じるが，これを“冷凍ヤケ”と称する。例えば，冷凍ショーケースの中に外気が流れ込んだり，霜取り時の温風が食品にあたったりすると，食品表面の温度が上昇する。その後急速に雰囲気温度が低くなると，食品表面から雰囲気中へと水蒸気の移動が起こり，乾燥が生じる。この冷凍ヤケを抑えるためには，凍蔵中の温度変化をできるだけ小さく抑えることが肝要である。また，グレーズ（冷凍魚介の表面を薄い氷の皮膜で覆うこと。氷衣ともいわれる。清水，海

表 3.12.7　各凍結食品適正保管温度（日本冷凍協会）

品　目	保管温度（℃）	保管期間（月）	備　考
マイワシ	−18 −23	6 12	(多脂肪魚)
マサバ	−18 −23	6 8	(多脂肪魚)
サンマ	−18 −23	6 12	(多脂肪魚)
ニシン	−18〜−20	4〜6	(多脂肪魚)
マダラ	−18 −20 −23	4〜6 8〜9 9〜10	
カレイ	−18	7〜12	特に脂肪の多い種類は，多脂肪魚と同じ扱いとする
マアジ	−18	12	
シシャモ	−18〜−20	4〜6	
マグロ カジキ(生食用)	−30 −40	3〜6 6	キハダ，メバチ，ミナミマグロの船上凍結品でメト化率30％を限度とし6カ月保管を目標とした場合の研究報告による。マカジキ，クロカワ（刺身用）はマグロと一緒に取扱われることが多い
カツオ(生食用) (加工用)	−30 −40 −20以下	6 6	メト化率30％を限界とした研究報告による。ビンチョウマグロ加工用のカジキ類はカツオと一緒に取扱われることが多い
スルメイカ	−18	12	
タコ	−20 −25	6 12	
サケ・マス	−18 −23	5〜8 10	
タイ	−18 −25	3〜5 12	
すり身 (スケトウダラ)	−23〜−25	6〜12	種類（無塩，加塩），等級によって保管条件は異なる
イクラ・スジコ タラコ(塩蔵)	−18〜−22	6〜12	樽もしくは木箱入り
カズノコ(製品) (塩蔵原卵)	−14 −14	6 12	ポリバケツ入り
塩魚	−23	6〜10	木箱入り
煮干し・ 干しスルメ	−18〜−25	6〜12	ポリ袋，カートン入り
エビ・カニ	−18 −25	6〜12 12〜25	エビは注水凍結品
カキ・ホタテ	−18 −23	5〜9 9	カキは注水凍結品
クジラ	−18 −20	4〜6 12	

次頁へ続く

表の続き

ワカメ(塩蔵)	−14	6	ポリ袋，木箱入り

注）1　分類　(1)多脂肪魚：イワシ，サバ，サンマ，ニシン，ブリ
(2)少脂肪魚：タラ類，カレイ
(3)独立分類：アジ，シシャモ，マグロ，カジキ，カツオ，イカ・タコ類，サケ・マス類，タイ類（マダイ，レンコダイなど），すり身（スケトウダラすり身），魚卵（イクラ，スジコ，タラコ，カズノコ），塩魚（サケ，マス），乾物（煮干し，干しスルメ，みりん干し），エビ，カニ類，貝類（カキ，ホタテ），クジラ，海藻類（ワカメ）

2　荷姿は特記ない場合，ブロック凍結，グレーズかけポリ袋包装カートン箱入りである。

水，糖類などを添加した液に冷凍魚介を数秒間浸漬して形成させる）や防湿性包装によって表面の保護を行うことも有効である。ただし，包装材料と食品の間に空隙があると，空隙部分に霜が生成され蓄積するので，食品に密着した包装が必要となる。

②　魚介の種類別にみた品質劣化とその防止

A．赤色魚（赤もの）の変色……マダイ，ホウボウ，キンメダイ，カナガシラなどの赤色魚においては，体表の赤い色調が重要視されるが，凍蔵中に次第に退色することがある。これは，表皮に存在する色素であるカロテノイド（アスタキサンチン）が酸化されることによって起こる。退色防止策として，0.2〜0.5%のアスコルビン酸ナトリウム溶液に浸漬してから凍結し，グレーズ処理を行って−30℃以下の温度で貯蔵するのがよい[23)]。なお，グレーズ層が薄くなってきたら，再度グレーズかけを行う必要がある。

B．青物魚の油ヤケ……イワシやサバなどいわゆる青物魚においては，凍蔵中の脂質酸化（油ヤケ）が起こりやすい。脂質酸化の速度は，貯蔵温度が低いほど，また酸素と遮断されているほど遅くなる。青物魚取扱い現場においては，油ヤケ防止のため，凍結前にエリソルビン酸や，α-トコフェロール，カテキンなどからなる酸化防止剤溶液に浸漬し，凍結後箱詰する前にグレーズ処理を行うといった措置がとられる。さらに，表面乾燥と酸素との接触を抑えるためにプラスチックシートで包まれることもある[24)]。

C．エビの黒変……エビを氷蔵あるいは凍蔵しているうちに，頭胸部，脚，尾扇などが黒く変色していることがある。このような黒変は，甲殻類に含まれているアミノ酸の一種であるチロシンが，体液中にある酵素チロシナーゼによって酸化され，黒色のメラニンを形成するためといわれている。黒変の防止には，酸化防止剤として亜硫酸水素ナトリウム（$NaHSO_3$）の添加が有効であり，例えば，この1.25%水溶液に頭部を除いてよく水洗したエビを1分間浸漬し，よく水切りしてから氷蔵すれば，2〜3日間は黒変を防止できる。なお，この場合のエビむき身中における二酸化イオウ（SO_2）の残存量は，100ppm以下であることが食品衛生法で規定されている。なお，凍蔵の場合は，エビを充分に洗浄してから，0.1〜0.5%アスコルビン酸ナトリウム水溶液に5〜10分間浸漬した後凍結し，グレーズを施してプラスチック袋に入れ−18℃以下に貯蔵する[23)]。

D．マグロ肉の変色……マグロやカツオの赤い肉色は，主に筋肉中のミオグロビン（Mb）という色素によるものである。新鮮なマグロ肉を切断してみると，内部は紫赤色を呈しているが，やがて，鮮赤色へと発色してくる。これは，還元型ミオグロビンが，空気中の酸素とゆるやかに結合（酸素化）して，オキシミオグロビン（MbO_2）に変化することによる。この鮮赤色のオキシミオグロビンも長い間放置しておくと，今度は酸化（メト化）されて，褐色のメトミオグロビン（metMb）となり商品価値が失われる（図3.12.13）。

このようなミオグロビンの酸化，すなわちメト化による変色は，マグロやカツオの凍蔵中においても起こりうる。図3.12.14はメバチマグロにおける凍蔵温度と変色度合を示すメト化率の関係を示したグラフである。12カ月の長期貯蔵におい

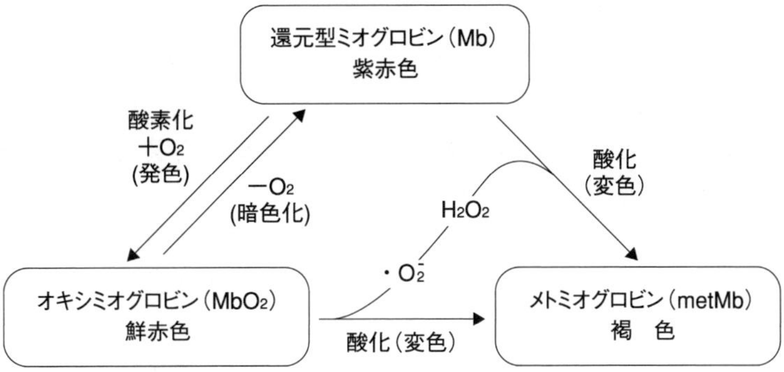

図 3.12.13　ミオグロビンの発色と変色の過程

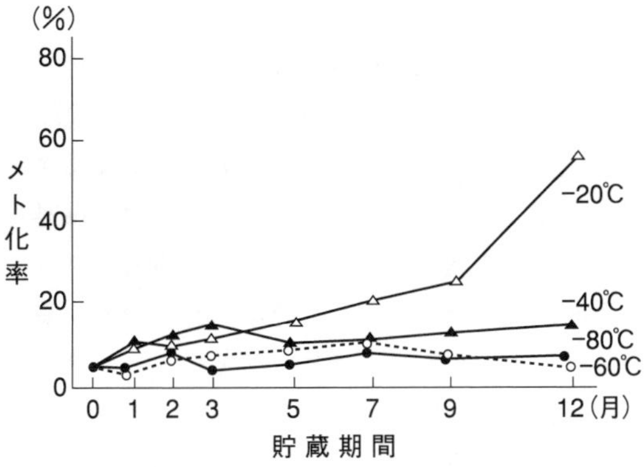

図 3.12.14　異なる温度で凍蔵したメバチ肉のメト化率の推移

出典）橋本周久・他：日水誌，49(2)，203～206（1983）

て，−20℃ではメト化率が50％に達したのに対し，−40，−60，−80℃といった低温では，メト化はほとんど進行していない。それらの知見に基づき，現在，マグロやカツオの凍蔵は，−40～−60℃の超低温によって行われている。

また，マグロ肉を−20℃で凍蔵する場合，温度のばらつきがあると，メト化はさらに進みやすくなるという報告もある[26]。長期の貯蔵は無理にしても，メト化による変色を抑えるためには，この温度のばらつきを極力抑える必要がある。

ところで，冷凍あるいは生鮮マグロ肉の鮮赤色を保持するために，一酸化炭素への曝露が有効であることが知られている。すなわち，マグロ肉中のミオグロビンと一酸化炭素を結合させてカルボキシミオグロビン（MbCO）という非常に安定な鮮赤色の色素を形成させることによって，長時間の保色が可能となる。しかし，この方法で発色させたマグロ肉は本来の鮮度にかかわらず見かけ上の新鮮さを呈するにすぎないため，消費者を欺くものとして禁止されているので絶対に行ってはならない。

③　凍蔵や凍結による寄生虫対策　アニサキス（サバやイカなど）や旋尾線虫（ホタルイカなど）が寄生した魚介の生食により食中毒や腹痛を起こすことがあるが，加熱や冷凍処理が有効であり，凍蔵や凍結処理が利用される。さらに瞬間凍結法（Lショックフリージングシステム。−40℃のエタノールを直接食材へ噴射。ニチモウ㈱の生食用ホタルイカへの応用）などでは，食材の外観，味，食感なども保たれる。

(3) 包　　装

近年，生鮮魚介の流通が，ラウンド流通から切り身流通へと移り変わってきており，それと同時に包装の必要性も高まっている。ただ，現状の包装は，流通や販売の合理化を目的として行われている感があり，品質保持を目的とした包装は少ないようである。以下に，生鮮魚介の包装の現状と，今後の応用が期待される新しい包装技術を紹介する。

1) 含 気 包 装

①　特　徴　現在では魚介をラウンドのまま，あるいは切り身などに加工して発泡スチロール製のトレイに載せ，プラスチック製のラップフィルムで覆うように包んだ包装（ストレッチ包装）が

もっとも広く普及している。流通中における異物の混入を防止できるほか，見栄えもよいので，消費者にとっては扱いやすく便利な包装形態といえる。しかし，容器内は空気で満たされているため，魚介の特別な品質保持効果は期待できず，商品としてのシェルフライフは販売日当日かその翌日くらいである。

② **包装材料とシステム**　含気包装は，人手か，あるいは自動包装機を用いて行われる。シュリンクタイプのポリエチレン（PE）フィルム（熱をかけると縮むフィルム）や，ストレッチタイプ（引っ張れば伸びるタイプ）のポリ塩化ビニル（PVC）やポリエチレンなどのフィルムを用いて包装する機械である。

2）真空包装

① **特　徴**　包装容器内の空気を抜いた状態で密封シールされた包装形態であり，酸素ガスバリア性の優れた（酸素を透過しにくい）包装材料を用いることによって，食品の酸化や好気性微生物の生育をある程度抑えることができる。また，食品に密着した包装であるため，冷却効率がよく，低温貯蔵中の温度変化によって生じる表面乾燥も防止できる。欠点は，包装によって食品が圧迫され，変形やドリップが生じやすいことである。したがって，見栄えが要求される刺身などには不向きである。ドリップについては，通常，吸水シートの併用で対応する。

② **生鮮魚介における真空包装の応用**

A．ハマチフィレの業務用包装……ハマチの業務用フィレにおいて真空包装が普及している。もっとも多用されている包装材料はナイロン//ポリエチレン積層フィルム（Ny // PE）である。比較的少量を包装する場合は，バッチ式の真空包装機が用いられ，大量包装の場合は，深絞り真空包装機やロータリー真空包装機が用いられる。深絞り真空包装は，専用の包装機を用いることにより，底材の深絞り成形→フィレ配置→脱気→蓋材密封という一連の包装が可能となる。切り身やフィレの大きさがほぼ一定であれば，それに適した１種類の絞り型で対応できるが，大きさが異なる場合，それぞれに適したサイズの絞り型を用意する必要がある。ロータリー真空包装機の能力は20～50個/分と高いが，フィレをプラスチック袋に入れた状態で真空包装機に供給するといった前工程が必要である。

B．冷凍マグロ肉の包装……焼津や清水，三崎などのマグロ水揚げ産地においては，冷凍マグロのサクをはじめとした商品が真空包装され，冷凍ショーケースで販売されている。マグロの場合，前述のように－40℃以下での低温貯蔵が品質保持上必須であるが，さらに真空包装することによって，個別の表示が可能となり，見栄えも向上する。また，凍蔵中の表面乾燥や霜付着も抑制できる。

包装材料としては，生鮮フィレと同様にNy // PEが多用されているが，ピンホールによるエア戻りが多いという問題がある。最近では，凍結温度域における耐ピンホール性が改善されたナイロン系特殊製膜フィルム[25]も提案されており，真空包装の利点を生かすためにもそういった耐寒強度の優れた包装材料を用いることが望ましい。

3）ガス置換包装

① **特　徴**　ガス置換包装は，MAP（modified atmosphere packaging）とも呼ばれ，包装容器内の空気を窒素，二酸化炭素，酸素あるいはそれらの混合ガスで置換して密封包装する技術である。低温貯蔵と併用することにより，脂質酸化，変色，微生物による腐敗などの品質劣化を抑制することができる。

② **品質保持効果**

A．血合肉の変色抑制……ハマチやカンパチなどの青物魚は血合肉を多く含み，その刺身では，流通の初期段階でその血合肉が変色して商品価値が失われる場合が多い。血合肉の変色は，マグロ肉の変色と同じくメト化によるものであるが，そのメト化を抑制し，シェルフライフを延長する方法として，窒素置換包装が提案されている。図3.12.15は，活けじめハマチから刺身を調製し，含気包装と窒素置換包装をそれぞれ施した後，0.5℃で65時間保存したときのK値（鮮度），細菌数，血合肉のa値（赤みの度合を示す指標）の変

化を表したグラフである。K値と細菌数について

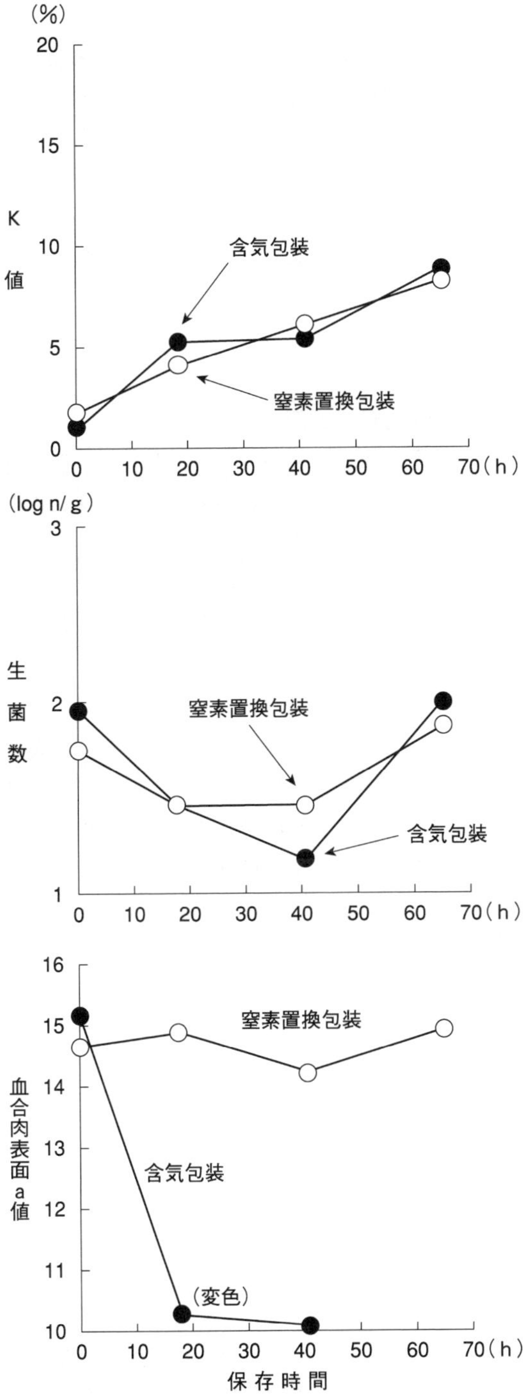

図 3.12.15　ハマチ刺身を含気包装と窒素置換包装（窒素100%）し，0.5°Cで保存したときのK値，生菌数および血合肉表面a値（赤みの強さ）の変化

は両包装間の差は認められず，65時間後も刺身用として充分なレベルであった。しかし，血合肉の色については，含気包装は18時間後には変色が認められ商品価値が失われたのに対し，窒素置換包装においては65時間後まで初期の赤みが保持されていた。すなわち，窒素置換包装を応用することで，従来の含気包装に比べて，刺身として3倍日もちしたことになる。このように，血合肉を含む刺身や切り身の変色抑制において，窒素置換包装は非常に有効といえる。なお血合肉の変色抑制を目的とした窒素置換包装を行う際は，包装容器内の残存酸素濃度をできるだけ低くすること（0.1%未満）が肝要である。包装直後の残存酸素濃度が0.2～0.5%くらいになると，血合肉の変色がかえって促進されてしまうので注意しなければならない。

B．細菌の増殖抑制……魚介には，シュードモナスやビブリオなどの好気性細菌が付着しており，貯蔵中にそれらの細菌が増殖して腐敗が生じやすい。対策として，衛生管理と低温貯蔵の徹底が重要であるが，二酸化炭素を用いたMAPを併用することによって，さらに付加的な細菌増殖抑制効果が期待できる。含気包装に比べて，MAPの方が細菌の増殖が抑えられている（静菌効果）。また，置換ガスのなかの二酸化炭素の比率を大きくするほど静菌効果も大きくなるが，60%を超えると魚介に渋みをもたらすことがあるので，実用的な濃度は40%程度と考えられる。

③　実　際　生鮮魚介のガス置換包装に用いられるガス組成は，窒素＝100%あるいは窒素/二酸化炭素＝80～60%/20～40%というのが一般的である。また，マグロ肉やカツオ肉の発色を促す目的で，酸素/二酸化炭素（あるいは窒素）＝80～60%/20～40%という組成のガスが用いられることもある。包装形態には，トレイに魚介を載せてそれをプラスチック袋に入れてガス封入するトレイインパウチ方式や，真空包装のところで述べた深絞り方式などがある。包装材料は，酸素・水蒸気バリア性に優れたものが要求され，エチレン－ビニルアルコール共重合体（EVOH）やポリ

塩化ビニリデン（PVDC）などのバリア材料を含む多層フィルムが使用される。また，トレイとしては，ポリスチレン（PS）やポリプロピレン（PP）製のものが一般的に用いられる。発泡トレイ（PSP）の場合は，材料中に含まれる酸素が包装後に徐々に漏れ出して，包装容器内の酸素濃度を増加させるので注意が必要である。ガスを包装容器内に封入する方式としては，チャンバー式とガスフラッシュ式がある。前者は，減圧チャンバー内でいったん脱気してからガスを封入するので，高いガス置換率が得られる特徴がある。後者の場合は所定のガスを吹込みながら密封する方式であるため，相対的にガス置換率は低くなる。ちなみに，ここでいうガス置換率とは，

{(空気中の酸素濃度20.6％－容器内残存酸素濃度％)/20.6％}×100(％)

の計算式で求められるもので，残存酸素濃度が0.1％であれば，ガス置換率は99.5％となる。したがって，窒素や二酸化炭素などの不活性ガスを充塡して残存酸素を0.1％未満といった濃度まで低く抑えたい場合，言い換えればガス置換率を99.5％以上にしたい場合は，チャンバー式の包装機を用いるのが好ましい。ガスフラッシュ式を用いる場合は，残存酸素を除去するために脱酸素剤の併用が必要となる。

4）脱酸素剤封入包装

脱酸素剤封入包装は，MAP におけるガス置換・封入の代わりに，脱酸素剤を包装容器内に封入する包装である。大掛かりな装置を必要としないことから，低コストで酸素を排除した包装ができるメリットがある。

しかし，包装容器内の酸素を吸収し終えるまでにある程度の時間が必要であることから，生鮮魚介のように低温でも酸化劣化が著しく速く進行する食品に対しては，MAP のほうが好ましいといえよう。

3.12.4 店頭における取扱い

魚介の品質保持を行ううえでの重要なポイントは，衛生管理，低温貯蔵，適正包装であることを述べたが，店頭における取扱いにおいても，この3つのポイントを念頭に置いた管理が基本となる。また，廃棄物問題がクローズアップされる現代においては，魚介類の包装に用いた包装材料の処理についても，加工・流通サイドで，ある程度の知識をもっておく必要がある。以上のことを踏まえ，ここでは，魚介の加工から包装，陳列，販売の過程においての品質保持に関する具体的な管理方法と，容器包装廃棄物処理（リサイクル）について説明する。

（1）衛生管理の実際

衛生管理は魚介の原料受入れ，加工，包装の過程において必須である。具体的には，以下に記した5つの観点からの取組みがあげられ，切り身や刺身の加工センター，スーパーマーケットなどのバックヤードにおける作業場（調理場），飲食施設や魚介小売店の厨房などが対象となる。

1）作業者の健康管理

魚介を取扱う作業者が，サルモネラや大腸菌O157などの病原菌を保有していたら，作業中にそれらの細菌が食品を汚染して食中毒を引起こす可能性がある。そこで，毎日の作業前に作業者の健康状態，特に下痢や腹痛，あるいは手指に切り傷などがないかどうかを確認し，異常があった場合は直接食品に接触する作業にはつかせてはいけない。また，作業者の健康確認のために，定期健康診断を年1回以上，腸内細菌検査（検便）は年2回以上受けなければならない。

2）手指の清潔化

手指は食品にじかに触れるため，微生物による汚染の原因となる可能性は非常に高い。したがって，手指を常に清潔にしておくことが必須である。具体的には，石鹼や石鹼液を使用して，肘から下，手首，手の平，手の甲，指の間，指先，爪の中と順々にブラシを使って30秒ほどもみ洗いを行う。流水で充分にすすいだ後は，1％逆性石鹼液に手を30秒程度浸すか，消毒用アルコールを用いて消毒殺菌する。作業の開始前，魚介を処理した後，

用便後などには，必ず手洗いする。よく洗ったと思っていても，時間の経過とともに微小なしわや傷に潜んでいた細菌が表面に出てくるので，手指の洗浄と消毒はこまめに行うべきである。なお，念のために使い捨てのプラスチック手袋を使用することが望ましいが，手袋をしたからといって安心は禁物である。手袋が汚れたり，作業が変わったりしたときは，再使用せず，必ず新しい手袋に取替えるようにする。

3）身の回りの清潔化

作業場以外の環境の細菌を持込まないようにするため，魚介の取扱い者は，作業に入る前に必ず清潔な専用の作業着に着替え，帽子をかぶって完全に頭髪を覆い，エプロンをつけて作業場専用の履物を履く。できればマスクも着用したい。なお，エプロンは汚れやすいので，頻繁に新しいものに着替えるよう心掛ける。また，作業場では，時計，指輪，イヤリング，ピアスなどをはずし，マニキュアや過度な化粧品の使用は避ける。

4）作業場での衛生

生鮮魚介は時間の経過とともに品質が劣化するので，取扱い作業は迅速に行う。作業場では，喫煙や飲食は行ってはならず，無駄なおしゃべりも厳禁である。それから，直接作業に関係のないものは持込まない。

また，魚介に使用する器具や容器は専用のものとし，常に清潔に保持しておくことが大切である。ほかの食品と混用すると，細菌の交差汚染が生じるおそれがあるので行ってはならない。まな板はプラスチック製のものが好ましいが，木製のまな板を使用する場合は，包丁傷の中に細菌が入り込みやすいので，洗剤で汚れを落とした後，85℃以上の熱湯や100ppm程度の次亜塩素酸ナトリウムでの殺菌，あるいは日光消毒をしてから乾燥させる。ふきんなども，洗剤でよく洗った後，塩素系殺菌剤に浸して殺菌し，水洗い後乾燥させて清潔な場所に保管する。

5）生ゴミなどの廃棄物処理

魚介の処理後に出る生ゴミは，腸炎ビブリオをはじめとしてその他の腐敗細菌に汚染されているため，作業場に長時間放置しておくと作業場内全体を細菌汚染させる原因になる。したがって，生ゴミなどの廃棄物は作業場から速やかに廃棄物集積場などに搬出し，清掃を行って作業場を常に清潔に保つようにする。なお，生ゴミなどの集積場は，作業場の外で，少なくとも3m以上離れたところに設置するようにし，屋根つきで，容器包装など雑廃棄物の保管も行えるようにしたい。また，ゴミ集積場やその周囲は毎日清掃し，週1回以上は日光や通風によって乾燥させ，殺菌や消毒を行い，生ゴミの悪臭を防止する。

（2）温度管理の実際

1）作業場での温度管理

魚介原料の受入れから加工，包装を行う作業場の温度は15℃以下に保つのが望ましい。また，フィレあるいは刺身や切り身に加工した後は，簡易包装することによってにおいの漏れや乾燥が起こらないようにし，速やかに冷蔵庫（4℃以下）で保管する。

2）店頭での温度管理

① **冷蔵ショーケースの管理**[26]　魚介類商品を，低温かつ温度ばらつきの小さい条件で保管することが店頭での温度管理の基本である。

一般的に，店頭に出た切り身や刺身などの魚介商品は，オープンショーケースに陳列されることになるが，オープンショーケースは冷蔵庫とは異なり，陳列された商品を冷やしこむのではなく適温に保つのが目的であると心得ておくべきである。温度（実際の温度）は4℃以下を保持する必要があるが，設定温度としては−1～1℃くらいが適当であろう。実際には，外気温度の影響によって設定温度よりも数℃高くなるからである。また，温度をあまりに下げすぎると，商品の一部が凍結してしまうことがあり，そうなると氷結晶による魚介肉の組織破壊などが生じ，品質が損なわれるおそれがある。すなわち，凍らない範囲での低温維持が重要である。その他，オープンショーケース使用上の注意点は，だいたい次のとおりである。

① 陳列商品は，あらかじめ冷蔵庫でよく冷や

してから入れること。

② 商品はロードライン（適温が保たれる位置を示すライン）を超えないように陳列すること。

③ 冷気の吹出し口と吸込み口の冷気の流れを商品でふさがないこと。

④ 奥や下のほうに，先に入れた商品が残らないようにすること。

⑤ 強い照明や日光をあてないこと。

⑥ 霜取りを充分に行い，温度をこまめにチェックすること（ただし，霜取りによる温度変化には注意する。温度変化を抑えるため，氷を敷き詰める事例もある）。

⑦ 2週間に1度くらいはショーケース内の掃除を行い，清潔に保つ。

② 冷凍ショーケースの温度管理　カニやエビ，魚介切り身などを冷凍ショーケースに陳列する場合，温度が−20℃以上に上昇しないよう注意する。また，温度が上下に変化すると，霜の生成や付着により商品の外観が損なわれるだけでなく，魚介自体も乾燥して品質が劣化するので，一定の温度で維持することが大切である。

それから，生食用のマグロやカツオを陳列する場合は，−35℃以下の温度設定が可能な冷凍ショーケースを用い，温度が−30℃以上に上昇しないよう管理する。−20℃付近の温度で陳列すると，色素の酸化が促進されて短期間のうちに変色が起こることがあるので注意を要する。また，冷凍といえども，ショーケース内に商品を長期間入れておくのは避けるべきであり，冷凍ショーケース内における商品滞留期間は長くとも1カ月程度に抑えたい。商品の貯蔵は専用の冷凍庫で行い，売行きをみながら，冷凍ショーケースの中に商品を移していくようにする。

（3）包装の実際

1）包装上の注意点

スーパーマーケットや量販店でもっとも普及している包装形態は，発泡スチロールのトレイに切り身や刺身を載せ，ポリエチレンやポリ塩化ビニルでラッピングしたストレッチ包装である。専用の自動包装機もあるが，手でも簡単に包装できるので，汎用性が高い形態である。包装上注意する点は，フィルムを充分に伸張させてラッピングし，トレイ底裏部でフィルムを重ねて充分に粘着あるいは溶着させることである。そうしないと，フィルムがたわんで外観が損なわれるほか，フィルムがはずれてしまったりする場合がある。また，ドリップが生じやすい内容物に対しては，吸水シートをトレイ底に敷くことによって対処する。

2）表示について

包装食品の表示は，消費者が食品を選択し，安全性を確認するための重要な役割を果たしている。表示の原則は，①消費者が商品を正しく鑑別できる表示であること，②安全を確保するために必要充分な表示であること，③わかりやすく明確に表示されていることであり，それら3つの原則を念頭に置いた表示が望まれる。

① 改正 JAS 法　1999（平成11）年のJAS法改正により，一般消費者向けに販売されるすべての飲食料品について，これを生鮮食品と加工食品とに分類したうえで，表示が義務づけられることになった。生鮮食品については，原産地などの表示が義務づけられ，2000（平成12）年7月1日より適用されている。つまり，生鮮魚介について

表 3.12.8　生鮮水産食品にかかわる品質表示項目（改正 JAS 法による）

項　目	表示義務
名　称	あり
内容量	あり
賞味期限など	なし
保存方法	なし
原産地	水域名，水揚げ港名など
製造者，販売者など	販売者の氏名，または名称および住所
解　凍	解凍したものに適用
養　殖	養殖したものに適用
有　機	なし
遺伝子組換え	あり*
放射線照射	照射食品に適用

*平成13年4月1日から適用

は，表3.12.8に掲げる所定の事項を，容器や包装に一括して表示しなければならないことになったわけである[27]。

② 日付表示　後述する生カキを除いて，生鮮魚介については製造年月日や消費期限の表示は特に義務づけられてはいないが，ほとんどの店舗で日付表示が行われている。製造年月日（加工日）は，魚介を刺身や切り身に加工して包装した日に相当する。また，凍蔵品を冷蔵流通に移すフローズンチルド製品の場合は，解凍日が製造年月日となる。また，消費期限は，商品が未開封の状態で適正に保存されたとき，摂取可能である品質を有する期限である。生鮮魚介における消費期限の目安を表3.12.9に示したが，実際には，それぞれの魚介取扱い業者が科学的根拠に基づいて検討し定めることになっている。

ところで，製造年月日については，表示を疑問視する声もある。すなわち，入荷後かなり時間が経過して鮮度低下した魚介を切り身に加工しても，あるいは，リパック商品であっても，最終包装したその日が製造年月日となるので，必ずしも「製造年月日が新しい」=「品質（鮮度）がよい」とはいえないのである。重要なのは消費期限のほうであり，消費期限を明確化することによって，店舗側においては，その期限内は充分な品質を保証しなければならないので，温度管理をはじめとした種々の管理に気を配るようになる。一方，消費者の側では，消費期限内に消費しなければならないという意識から，家庭での不適切な長期保管が避けられるメリットがある。

表 3.12.9　冷蔵流通している生鮮魚介の消費期限の目安

形　態	陳列もしくは包装方法(魚種)	消費期限*
ラウンド	店頭氷蔵(アジ，サンマ)	0～1日
	店頭氷蔵(タイ，カレイ)	1～2日
	含気包装(イワシ，アジ，サンマ)	0～1日
フィレ	含気包装(サバ，アジ)	1日
	真空包装(サケ)	2～3日
切り身	含気包装(ブリ，タラ)	1日
	含気包装(サケ)	1～2日
刺　身	含気包装(マグロ，ブリほか)	0日
サ　ク	含気包装(マグロ，カツオ)	0～1日
アサリ(殻つき)	注塩水パック	1～2日
カキ(むき身)	注塩水パック	1～2日

*加工日を0日としたときの消費期限

表 3.12.10　計量法による包装魚介(生鮮，冷凍)の表示量と誤差

表示量	誤　差
5g以上50g以下	6%
50gを超え100g以下	3g
100gを超え500g以下	3%
500gを超え1.5kg以下	15g
1.5kgを超え10kg以下	1%

③ 内容量表示　表3.12.10に示したように，包装された魚介については，計量法によって量目表示と計量誤差が規定されているので，それに沿った内容量表示を行わなければならない。

④ 生食用カキに関する表示　生食用カキについては，図3.12.16に示したような表示が義務づけられている。生食用かそうでないかの区別，消費期限，加工者の名称と住所，保存方法，そして採取海域についての表示である。採取海域の表示については，ノロウイルスによる食中毒への対処（被害拡大を防止するための採取海域までさかのぼっての調査）のため1999（平成11）年10月に義務づけられたものである。複数の海域で生育されたカキについては採取される直前の海域名を，また，異なる海域で採取されたカキを混合して包装する場合は，すべての採取海域名を表示しなければならない。

3）包装材料のリサイクル

① 容器包装リサイクル法

A. 概　要……2000（平成12）年4月より容器

名　称	生かき（生食用）
消費期限	○年○月○日
加工者	△△商店(株)
	×県×市×町×番地
保存方法	10℃以下で保存してください
採取海域	×県▽湾

図 3.12.16　生食用カキの表示例

包装リサイクル法が完全実施され，ガラス容器やPETボトルに加えて，紙製容器包装，プラスチック製容器包装の再商品化が行われるようになった。本法で対象となる廃棄物は，家庭から出る一般廃棄物である。市町村が分別回収して区分ごとに保管した容器包装廃棄物を，包装材料を利用あるいは製造した事業者に再商品化（リサイクル）させることによって，廃棄物の焼却や埋立て処理量を減量することが目的である。しかし，実際には事業者が自ら再商品化を行うことは困難なので，指定法人（財日本容器包装リサイクル協会）に再利用を委託して再商品化費用を負担すれば，再商品化を行ったものとみなされる。魚介関連分野で考えると，本法の施行に伴って再商品化義務が生じる事業者には，一般消費者向けの包装を行っている事業者，例えば一般向け魚介商品の加工・包装を行っている業者やスーパーマーケット（バックヤードで包装している場合）などが該当する。ほとんどの事業者は指定法人に委託することになると思われるが，具体的な手順としては再商品化義務のかかる前年度の1月末までに財日本容器包装リサイクル協会に委託申込みを行えばよい。ちなみに，容器排出量（重量）が多いほど再商品化にかかる費用も高くなることから，今後，容器包装リサイクル法の定着に伴い，事業者の容器包装減量化（軽量化）の傾向が強まると考えられる。

B．再商品化（リサイクル）技術……今のところ，プラスチック製容器包装の再商品化技術については，多量の処理が可能できめ細かな分別が要求されないケミカルリサイクルが有望視されている。具体的には，炭化水素油化，高炉還元剤としての利用，ガス化（一酸化炭素＋水素燃料）があげられる。紙製容器包装については，サーマルリサイクルとして固形燃料化（RDF）が考えられている[28]。

② 発泡スチロール（EPS）のリサイクル[29]

魚介関連分野でもっとも多用されている包装材料は，生鮮容器としての発泡スチロールであろう。発泡スチロールというと，生鮮魚介の保冷と輸送に用いられるビーズ法発泡スチロール（EPS）と，切り身などのトレイに用いられている発泡ポリスチレン（PSP：ポリスチレンペーパー）を指すが，ここではEPSのリサイクルについて述べる。EPSは，大部分が卸売市場，スーパーマーケット，小売店，飲食店などで使用済みとなり，空き箱はそれらの店舗から排出されるので，法律上の区分では，産業廃棄物となる。産業廃棄物は排出者が費用を負担して自己責任で処理することが義務づけられており，みやげや贈答用など一部を除けば，生鮮魚介用EPSはほとんどが容器包装リサイクル法の対象外となっている。

産業廃棄物としてのEPSの回収ルートは図3.12.17に示したとおりである。すなわち，①自社に処理設備を置く，②専門業者に委託する，③自治体に有料で持込む，④仕入先に戻す，⑤エプシー・プラザに持込む，のうち，どれかを選択

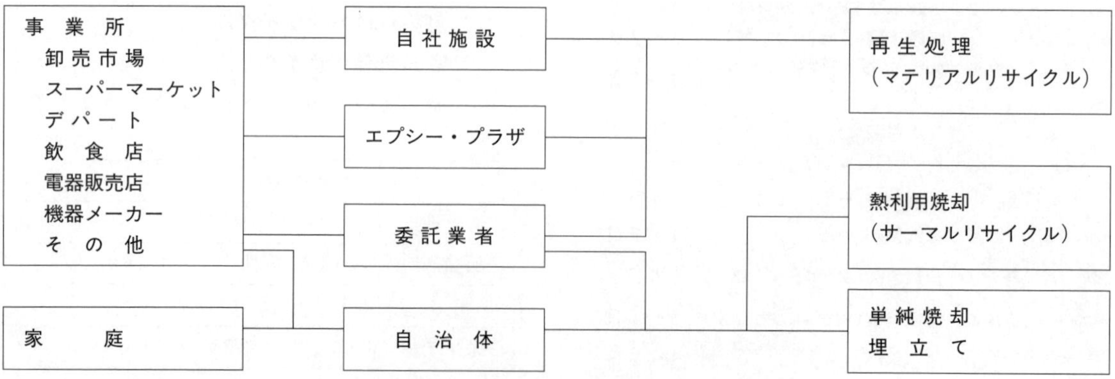

図 3.12.17 発泡スチロール（EPS）の回収ルート

出典）高橋俊彦：食包研会報，83，17～24（1999）

することになるわけだが，EPSの排出量の多少や地域の環境などの条件によって選択肢は異なってくる。回収ルートの一つである自社施設の例として，築地市場などでは，膨大な量の使用済みEPSが発生するが，ほかの施設に輸送して処理するのはむだが多いため，場内に減容機を設置して溶融固化（インゴット化）しポリスチレン原料としてリサイクルする方法がとられている。スーパーマーケットやデパートでの採用例もあり，使用済みEPSの排出量が数t/月を超えるようであれば自社設備の導入は充分検討に値する。また，エプシー・プラザは発泡スチロール再資源化協会の会員が運営するリサイクル拠点（全国約300カ所）であるが，家電小売店などから排出される小ロットのEPSのリサイクル支援を主眼としているので，1カ所当たりの設備能力はあまり大きくはない。その主流は前述の減容インゴット化によるポリスチレン原料としてのリサイクルである。今後もいろいろな工夫によってEPSの効率的なリサイクルが行われていくことが期待される。

③　包装材料の選択　以上のように，容器包装廃棄物処理の問題がクローズアップされるなか，今後は軽量で廃棄処理も容易な（環境に優しい）包装材料が求められてくるであろう。ただ，忘れてはならないのは，食品包装の本来の目的は，食品の品質と安全性の保持であり，それを踏まえたうえで，適切な包装材料を選択していくことが肝要である。

3.12.5 海　　藻

海藻は種類が多く，しかも形も似たものが多いので区別しにくいが，色の違いで緑藻，褐藻，紅藻，珪藻に分類されている。このうち食用となっている海藻は主に緑藻類，紅藻類，褐藻類で，なかでも紅藻類のノリと褐藻類のコンブ・ワカメが重要である。その他，褐藻類のヒジキやアラメなどもある。これらはいずれも養殖生産が増加し，ノリではほとんどが，またワカメでも90%以上が養殖生産となっている。コンブは養殖生産と天然生産が半々くらいである。

（1）流通形態別の品質保持

1）ノ　リ　類

①　種　類　一般に“ノリ”といわれる乾ノリの原料となるのはアマノリ類の「アサクサノリ」,「スサビノリ」,「ウップルイノリ」,「コスジノリ」などである。今ではほとんどが養殖されていて,「アサクサノリ」と「スサビノリ」から育種された「オオバアサクサノリ」と「ナラワスサビノリ」が養殖ノリの大部分を占めている。

②　流通経路　採取された原藻ノリは，生産漁家によって紙状に抄製された後，一次乾燥された乾ノリに加工される。その工程を概略すると，洗浄→切断→紙状に抄製→脱水→乾燥（一次乾燥）→剝離→選別→二つ折り→結束（10枚/束）→箱詰→出荷となる。そして漁業協同組合に集荷され，そこで製品の色，艶，香り，味，製造技法などが共販（競り）にかけられ，セリ落とされて問屋に渡る。現在は洗浄から結束までの加工のほとんどの工程が機械化されている。問屋に渡ったノリは火入れと呼ばれる二次乾燥処理が施された後密封される。そして必要に応じて，消費地の仲卸業者や小売業者に乾ノリとして販売され，さらにそこから最終的に消費者に渡る。これが市場に出回っている乾ノリである。近年になって，焼きノリおよび味付けノリの消費割合が90%以上にまで増加してきたため，乾ノリの大部分は二次加工業者の手でこれらの二次加工品に加工されてから市場に出る。

③　品質保持　乾ノリは色，艶，香り，味，仕上りを外観検査によって等級づけられている。なかでも色はもっとも重要で，高級なものほど艶のある漆黒色を呈している。これをあぶると濃い緑色になって香ばしい香りを発する。色の良好なものは概して味，香り，さらにはテクスチャーも優れていることから，色の善し悪しは等級づけだけでなく，製品の品質の判定にもなる。

最近では乾ノリ加工の全工程を自動で行うところが多い。しかしその場合でも，採取したノリを加工にもっていくまでは手作業で，その間に鮮度が低下すると，製品の品質が悪くなる。生ノリはそのまま放置しておくと，微生物が増殖するなど鮮度が落ちやすい。特に大量処理の場合は加工待ちの間に鮮度の低下による問題が生じやすい。したがって採取後は速やかに加工処理に移し，加工工程中にも鮮度が落ちないように低温に保つなど配慮しながら短時間で乾燥（一次乾燥）までこぎつけることが大切である。また製品となった後も，出荷されるまでの待ち時間や共販にかかるまでの期間，さらには問屋に渡るまでの期間などもすべて品質低下につながると考えられ，温度，湿度など保管状態を適正に保つことが大切である。

一次乾燥直後の乾ノリの水分は7～8％であるが，問屋にたどり着いたときには10～13%程度にまで上がっている。これをそのまま保存したのではさらに吸湿し，品質は急速に劣化する。水分が上がると色は紫色に変わり，あぶっても青緑色が出にくくなったり，異臭がしたりして，風味も低下する。これは主としてノリに含まれる色素のクロロフィルやカロテノイドが分解するからである。さらにアスコルビン酸（ビタミンC）も減少するなど栄養的にも損失が大きい。図3.12.18は，乾ノリの成分が保蔵時の水分活性の違いにどのくらい影響されるかを示したものである。実際の乾ノリの保蔵条件と関係のあるAw（水分活性）が0.2以下の場合では，分解がもっとも速いのはアスコルビン酸であり，次いで脂質，カロテノイドである。つまり，乾ノリを長期間保蔵するにはこれらの成分の分解を抑える条件，特に水分を下げることが大切である。そこで二次乾燥が行われ，水分を3.5～5％程度にまで下げるのである。ただし二次乾燥を行うにしても，水分を吸いすぎて品質が低下したものは，もはや良質の製品には戻らない。したがってノリ取扱い者は，一次乾燥が済んだ時点で，すでに製品の鮮度低下が始まっていると考え，問屋での二次乾燥までの期間をできるだけ短く，しかもその間も可能な限り光を通さない容器中に密閉し，湿度と温度を低く保つようにしなければならない。

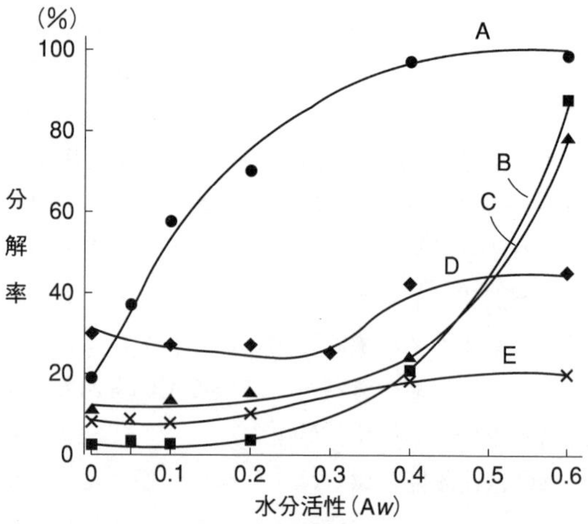

A：アスコルビン酸，B：クロロフィル，C：カロテノイド，
D：脂質（6カ月保蔵），E：フィコビリン

図 3.12.18　各水分活性下における乾ノリ成分の分解曲線（保蔵期間9カ月，20℃）

出典）荒木　繁：海藻の生化学と利用，日本水産学会編：水産学シリーズ45，恒星社厚生閣，pp.132～142（1983）

二次乾燥の済んだ乾ノリは，低温保存，窒素ガス充塡包装，脱酸素剤の封入などの品質低下を防ぐ策がとられているが，流通途中の段階で詰替えや小袋包装を行う場合には，湿度と温度の低い，清潔なところで速やかに行う。なお，袋の材質は防湿性で，紫外線を遮断するものがよい。

焼きノリ，味付けノリとして流通する場合にも湿気を防ぐ，低温にする，酸素を遮断することが重要である。図3.12.19は相対湿度100％，20℃の恒温槽内で乾ノリと焼きノリを72時間放置した際の吸湿速度を示したものであるが，乾ノリのほうがより速く吸湿することがわかる。さらにノリの保存には，光を遮断することも大切である。紫外線は色素の分解を促進するからである。したがってノリ製品を店頭に陳列する際には，できるだけ蛍光灯の光線が直接あたらない，あるいは蛍光灯から離れたところに並べるなどの配慮をする。最近はこれらに対応して，防湿包装，ガス置換包装，脱酸素剤封入包装に加え，紫外線カットフィルムの使用，窒素充塡缶など包装材質や包装技術の進歩が目覚ましく，ノリの長期保存に効果を上げている。しかしこれら包装による変質防止策は，規模の大きいところでは完備していても，小売店な

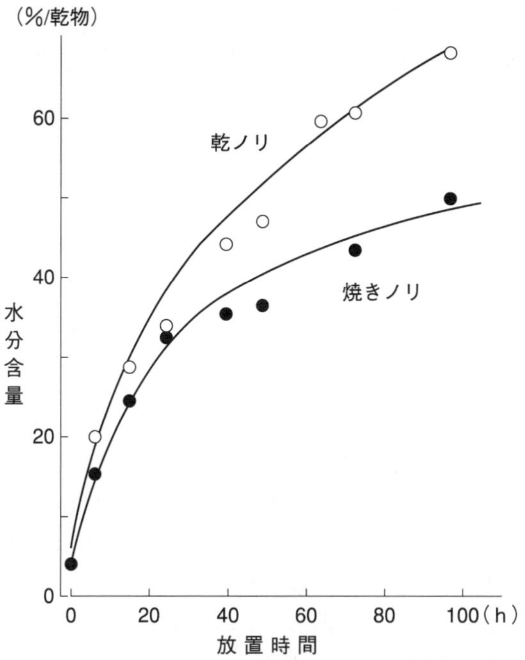

図 3.12.19　相対湿度100%，20°Cの恒温槽中での乾ノリおよび焼きノリの吸湿曲線

出典）荒木　繁・他：乾ノリの保蔵中における水分と温度の影響，日水誌，51，1109～1114(1985)

どの小規模店では難しいので，小袋に包装するときはもちろん，店頭で陳列する場合も品質が低下しないように湿度，温度，光などに注意する。

焼きノリは水分が2～3%と非常に低いため，割れやすい。したがって手軽なフィルム包装の場合はとりわけ取扱いに注意を要する。

家庭でのノリ保存は，ひとたび開封すればその後は遮光性の容器に乾燥剤を入れて密閉する。短期間であれば，ラップやアルミホイルに包んで冷蔵庫に入れてもよいが，長期であれば冷凍庫で保存する。しかしいずれにしても一度開封したものは，できるだけ早めに使い切ることである。

2）コンブ類

① **種　類**　実際に利用されているコンブはマコンブ，ホソメコンブ，リシリコンブ，ナガコンブ，トロロコンブ，オニコンブ，ミツイシコンブなどを含めて約10種である。コンブはうまみ成分のグルタミン酸を多量に含むため，古くから乾燥させたものがだし用とされてきた。

② **流通経路**　コンブの生産量の大部分は北海道で占められていて，残り10%ほどを青森県，岩手県，宮城県の東北3県が担っている。図3.12.20に国内産コンブの流通経路の概略を示す。コンブは乾燥後結束・梱包され，製品となって漁業協同組合に出荷される。そして共販（セリ）にかけられ，荷割・配荷され，産地業者を経て消費地仲卸業者・小売業者・加工業者に渡り，最終的に消費者にまで流通する。これら以外の輸入コンブは，輸入窓口となる商社を経て消費地仲卸業者・小売業者・加工業者へと流れる。

③ **品質保持**　コンブは非常に湿気を吸いやすいので湿気には特に注意する必要がある。特に葉売り用は，乾燥後のものがそのまま消費者まで

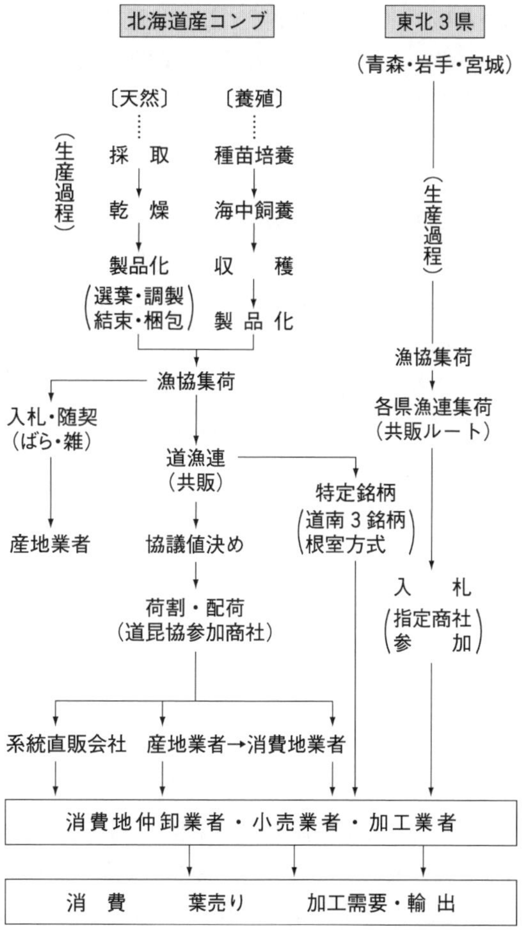

図 3.12.20　国内産コンブの流通（生産から消費まで）

資料）日本昆布新聞社：コンブ手帳(1986)を改変

流通するわけであるから，その間，吸湿を防ぐ対策が必要である。近年は梱包されるだけでなく，段ボールに箱詰するなどの策もとられているが，防湿という意味では完全とは言いがたい。湿気を帯びると，栄養価や風味が低下するだけでなく，カビが生えることもあり，食品衛生上，問題となる。また，倉庫内で保管中，ネズミやゴキブリなどによる危害や異物の付着などを防ぐための対策も必要である。通常，問屋あるいは小売店などで箱詰を開封し，あるいは梱包を解いて小袋などに詰替える作業が行われるが，その際はできるだけ湿気の少ない場所，あるいは湿気の少ない日に速やかに行うようにする。また作業者は手指を含め，身支度を清潔にし，衛生面にも注意する。

佃煮などの加工用のコンブは，卸問屋や加工工場の倉庫に梱包されたままの姿で放置されていることが多く，品質保持のためには問題がある。外界の湿度や温度の影響を直接受け，梅雨時は吸湿が著しく，カビが発生することもある。逆に乾燥時には乾燥して折れやすくなる。ネズミやゴキブリなどによる危害や異物の付着なども起こりやすい。したがって加工用であっても密閉・箱詰にして湿気の少ないところで適正保存する必要がある。

家庭においても開封後は，プラスチック袋や缶などに入れ，吸湿しないように保存する。なお，湿りかけたら早めに日にあて乾燥させる。

3）ワカメ類

① 種　類　ワカメには「ワカメ」，「ヒロメ」，「アオワカメ」の３種類がある。日本の沿岸に広く分布するが，近年は90％以上が養殖ワカメで，主な産地は岩手県と宮城県である。近年は韓国，中国からの輸入品も増加している。

② 流通経路　採取されたワカメは干しワカメ，塩蔵ワカメに加工される。湯通し塩蔵ワカメの場合は陸揚げ後→茎落とし→選別→湯通し→冷却→塩もみ→塩蔵→脱水→シン取り→袋詰の一次加工処理が行われる。これがそのまま商品として出荷されることもあるが，最近はさらにカットワカメに加工されてから市場に出荷される。

③ 品質保持　高品質のワカメ加工品を製造するには，原料ワカメを採取して加工するまでの時間をできるだけ短くし，加工に入るまでに鮮度が低下しないようにする。

乾燥ワカメは保管中に緑色があせやすい。特に高温で光があたるとその傾向は強い。退色を防止するには遮光性の袋に密封してから段ボール箱に入れ，涼しいところで保管するようにする。また，問屋あるいは小売店などで小袋包装にする際は，紫外線を通さない防湿性の袋に入れ，店頭に並べる場合は涼しい場所に置く。

湯通し塩蔵ワカメにおいても保管あるいは流通中に退色したり異臭が発生したりするなど問題が生じる。原料ワカメのpHをアルカリで調節すると退色を阻止するだけでなく，鮮やかな緑色に仕上げることができる。塩蔵とはいうものの水分が多いので，消費者に渡るまでの流通・保管過程では特に温度に留意し，低温（－８～－12℃）で保管する。また袋は遮光性とし，流通途中，室温状態に長時間放置するなどのことがないよう注意する。

4）ヒ　ジ　キ

ヒジキは，生のままではかたくて渋みが強いので食べられない。一般には煮熟したものを乾燥品にして食用とする。

（2）乾燥品，塩蔵品

海藻はそのまま生で利用されることは少なく，ほとんどは乾燥品や塩蔵品などの加工品に製造される。それらは表3.12.11に示すように，乾燥品，塩蔵品，石灰処理品の一次加工品と，調味品（佃煮，焙焼調味品），漬物類（粕漬，味噌漬），その他の製品（寒天，カラギーナン，アルギン酸など）の二次加工品に分けられる。乾燥品の場合は特に湿気に，塩蔵品の場合は温度に注意して保存することが重要である。

1）ノリ乾燥品

代表的なノリ乾燥品は乾ノリ，焼きノリ，味付けノリである。焼きノリは乾ノリを180～200℃で数秒間加熱・焙焼したもので，水分は３％前後と乾ノリに比べ低い。焼きノリとはいうものの，実際は焼くのでなく焙焼するのである。焙焼するこ

表 3.12.11　海藻類の加工品

一次加工品	乾燥品	素干し品	コンブ，ワカメ，青ノリ，アオサ，ヒジキ，寒天原料藻（テングサなど）
		抄き製品	干しノリ，青板ノリ，キコンブ，マツモ，板ワカメ，岩ノリ，ハバノリ
		灰干し品	灰干しワカメ
		煮干し品	ヒジキ，湯抜きワカメ
	塩蔵品	撒塩漬	塩蔵ワカメ，モズク，赤トサカノリ，オゴノリ，メカブ
		湯通し塩蔵品	湯通し塩蔵ワカメ
	石灰処理品		オゴノリ，青トサカノリ
二次加工品	調味品	佃煮	角切りコンブ，細切りコンブ，ノリ佃煮（ヒトエグサ）
		焙焼調味品	味付けノリ，味付けワカメ
	漬物類	粕漬け	茎ワカメ，メカブ，アラメ
		味噌漬	茎ワカメ，メカブ，アラメ
		（しば漬）	茎ワカメ
	その他		細工コンブ，オキウト，寒天，カラギーナン，アルギン酸

出典）三輪勝利監修：水産加工総覧，光琳，p.333(1984)

とで熱に安定なクロロフィルとカロテノイドが焼きノリ特有の色を呈するからである。家庭で乾ノリを均一にあぶることが難しいことや，焼きノリのほうが使いやすいこと，さらには良質の焼きノリが機械で大量生産されるようになったことなどから，最近では焼きノリの消費が急増し，乾ノリの90%以上が焼きノリ，あるいは味付けノリへと二次加工されている。

味付けノリは，焼きノリに醤油，だし類，味醂，香辛料などを混ぜた調味液を塗り，乾燥したものである。ノリ自身の品質は，乾ノリとして出回っているものより劣る。焼きノリ，味付けノリの大きさは，乾ノリと同じサイズのものから二つ切り，四つ切り，八つ切り，九つ切り，手巻き寿司用，おにぎり用などさまざまである。

2）コンブ乾燥品・塩蔵品

乾燥コンブは採取後，干場で天日乾燥したものである。晴天であれば2～3日で完了するが，天候に左右される。よい製品に仕上げるには，できるだけ短時間内に干し上がるようにすることで，とりわけ1日目にある程度まで乾燥させることである。乾燥に時間がかかりすぎると，それだけ味や見栄えが悪くなり，製品の質の低下につながる。また，カビが発生するなど食品衛生的にも問題が生じる。乾燥が終了するまでの間，夜間は室内に取入れ，折りたたんでむしろで覆って“あんじょう”し，水分が均一になるようにする。翌日再び，天日にあてて乾燥させる。途中，コンブがねじれたり，乾燥ムラが生じたりしないように，手返しをしながら干し上げる。乾燥が終わったコンブを室内に10日間ほど放置するが，そうすることにより乾燥コンブ特有の色合いになる。

コンブは採取した後の調製の仕方で，一定の長さに切りそろえて結束した長切りコンブ，葉元をそろえて結束した元揃いコンブ，丈が長く幅広のものを折りたたんだ折りコンブ，短めの長さに切ったものを束ねた棒コンブ，結束できないくらい短いものや赤葉などの品質不良品で規格はずれの雑コンブに分けられる。

コンブの利用用途は，葉売り向けと加工向けで，残りは輸出用である。葉売りとは，乾燥コンブを葉のまま包装したものである。加工向けコンブは汚れや砂を除き，酢酸溶液に浸すなどの下処理をして加工品に仕上げられる。コンブ加工品には，コンブを幅広く薄片状に削ったおぼろコンブやコンブを細い線状に薄く削ったとろろコンブをはじめ，塩コンブ，佃煮コンブ，こぶ巻き，酢コンブ，コンブ菓子など多種多様なものがある。

湯通し塩蔵コンブはコンブを熱湯に通し，冷却後塩を加えて塩蔵したもので，惣菜用となる。

3）ワカメ乾燥品・塩蔵品

ワカメの乾製品としては素干しワカメ，灰干しワカメ，カットワカメ，板ワカメ，もみワカメ，糸ワカメ，湯抜きワカメなどがある。素干しワカメはワカメを天日乾燥しただけのもので，保存中に緑色があせ，日もちがよくない。灰干しワカメは，風味も保存性も優れている。その製法はワカメに木灰をまぶして天日乾燥し，夕方いったん湿気を吸わせてから取入れ，翌日また天日乾燥させる。この乾燥法を数日繰返し，水分が約15％になれば袋に密閉し，保管する。灰に含まれるアルカリ成分がクロロフィルなどの色素の分解を阻止し，藻体組織の軟化を防ぐ作用があるため，鮮やかな緑色と良好な歯ごたえを保つことができる。鳴門の灰干しワカメは有名である。灰を洗い落とし，脱水・乾燥して袋詰にしたものが出回っている。カットワカメは湯通し塩蔵ワカメを原料に加工される。製法は湯通し塩蔵ワカメを細断，脱塩，脱水，乾燥したものである。風味がよいだけでなく，衛生的で保存性もよく，また水に戻すだけで食べられる便利さから急速に普及し，インスタント味噌汁の具に使われるなど用途は多い。

塩蔵品としては塩蔵ワカメ，塩蔵冷凍ワカメ，湯通し塩蔵ワカメがある。なかでも湯通し塩蔵ワカメは，ワカメの大量消費に適応するために開発されたもので，風味がよく，使いやすい，大量生産可能などの理由で需要が急増している。最近はカットワカメの原料としての利用が圧倒的に多い。

3.12.6 家庭での保蔵

（1）保蔵期間

生鮮あるいは冷凍魚介は，いったん消費者の手に渡ってしまうと，適切な管理は事実上不可能となってしまうので，できるだけ速やかに消費することが基本である。例えば，生食用の刺身については，10℃以上の温度条件に置かれると，腸炎ビブリオが急速に増殖して食中毒の危険性が著しく高まるため，冷蔵条件を脱してから2時間以内に消費するよう呼びかけられている（6～10月の夏季）[30]。加熱調理用の切り身などについても，刺身ほど極端ではないにしろ，早く消費するに越したことはない。表3.12.12は家庭における魚介類の保存期間と保存場所のアンケート結果であるが，冷凍魚については1週間以上保管される割合が37％であり，生鮮魚については3日間以上保管される割合が約30％となっている。魚介を安全に，かつおいしく食するという観点に立つと，上記の保管期間はいささか長いように思われる。家庭用冷蔵庫は，たくさんの食品をまとめて保管したり，開閉の頻度が多かったりすると，思いのほか温度が上昇し，また温度ばらつきも大きくなる。このような悪条件では，冷凍魚介の場合，短期間のうちに霜やドリップが大量に生じて食感が著しく損なわれたり，脂質の酸化が促進されて味が低下するだけでなく，過酸化脂質のような人体にとって有害な物質が生じたりする。また，生鮮魚介の切り身などについては，刺身の場合と同様に，そこに付着している細菌が増殖して食中毒を引起こす場合もありうる。以上の理由から，冷凍魚介については購入後1週間以内に消費するのが好ましく，生鮮魚介については，刺身であれば購入当日のできるだけ早い時間に，加熱調理用の切り身であれば，購入の翌日中には消費するようにしたい。

（2）保蔵方法

魚介の保管については，密封して冷蔵あるいは冷凍保管することが重要であり，それによって魚介の乾燥やほかの食品へのにおいの移行，細菌汚染などが抑制できる。

切り身などのラッピングには，直接切り身に接触するような形でラッピングする方法（密着ラッピング）と，皿や容器に切り身を移して隙間のある状態でラッピングする方法（含気ラッピング）がある。ほとんどの場合，密着ラッピングのほうが，酸化抑制や霜付着抑制（冷凍保管の場合），また収納スペースの節約といった点で有利であるが，マグロやカツオ等の赤身魚の場合は事情が異なる。

表 3.12.12　魚介類の形態別保存状況（保存期間と保存場所）

（単位：％）

	保存期間（構成比）				主な保存場所
	1～2日位	3～5日位	1週間前後	それ以上	（n＝470：複数回答）
冷凍魚 （イカ，サケ，エビ）	8.3	21.6	32.8	37.3	主に冷凍室　96.2
生鮮魚 （サケ，マグロ，イカ）	70.9	18.4	5.5	5.2	主に氷温室　55.7 次に冷蔵室　28.1
干物・開き （アジ，ホッケ，シシャモ）	32.6	30.5	18.0	18.9	主に冷凍室　48.5 次に氷温室　28.8 次に冷蔵室　20.8
調味加工品 （サケ，魚卵類，ウナギ）	32.0	28.0	18.0	22.0	主に冷蔵室　46.3 次に冷凍室　28.5 次に氷温室　21.7
塩蔵品・燻製品 （魚卵類，塩辛，タラコ，サケ）	19.5	33.3	19.9	27.3	主に冷蔵室　51.8 次に氷温室　25.5 次に冷凍室　24.8
調理済惣菜 （アジ，イカ，イワシ）	31.7	20.5	24.4	23.4	主に冷凍室　62.2 次に冷蔵室　25.5
その他 （チリメンジャコ，カニ，カマボコ）	33.3	24.1	9.3	33.3	主に冷蔵室　59.3 次に氷温室　14.8

出典）食品流通情報センター編：さかなの漁獲・養殖・加工輸出入・流通・消費データ集2000，生活情報センター，pp. 565～566(1999)

すなわち，マグロやカツオの赤身は，不用意に密着ラッピングを行って冷蔵あるいは冷凍保管すると，変色が促進されることがあるからである。したがって，マグロやカツオについては，含気ラッピングを施したほうが無難といえる。

ラッピングに用いる材料については，良好な密封性を得るために，ラップどうしおよびほかの容器との粘着性の優れたものが望ましい。密着ラッピングの場合，ポリ塩化ビニリデン製など酸素ガスバリア性の優れた（酸素を透過しにくい）ラップを用いることによって，切り身の酸化やにおいの移行を効果的に抑制することができる。

（3）魚介の取扱い上の注意

家庭で魚介を切り身や刺身にする場合，もっとも気をつけなければならないのは，魚介に使用するまな板や包丁は必ず専用のものとすることである。もし，畜肉や野菜など別の食材と混用すると，魚介に付着している細菌がそれらの食材を汚染したり，その逆もありうるからである。

魚類において細菌の付着が多い部位は，皮膚（100～1万個/㎤），エラ（1,000～10万個/㎤），消化管（1,000～1億個/㎤）である[31)]。私たちが食する筋肉部分はもともと無菌であるが，ウロコを除去したり内臓の処理を行った包丁で切り身や刺身をつくると，たちまち上記付着細菌による汚染が生じる。したがって，下処理は出刃包丁，切り身や刺身を切出すのは柳刃包丁といった使分けを行うことが好ましい。

（4）家庭用冷蔵庫での冷凍と解凍

1）冷　凍

魚介の切り身などを消費期限内に消費しきれない場合，家庭用冷蔵庫の冷凍室で一時的に冷凍保管することがある。その場合の工夫として，金属製のバットなどに魚介を並べて上部をラッピングし，冷凍室に入れるのがよい。金属は熱（冷気）伝導に優れるので，急速凍結とまではいかないが，素早く凍結することができるからである。充分に凍ったら，小分けしてラッピングし冷凍室で保管すればよい。また，魚体の脆弱なワカサギや小魚などを冷凍する場合，冷蔵室に入れて冷やしこんでから，冷凍室に入れるようにする。

2）解　　凍[32)]

冷凍保管した魚介を解凍する際は，冷凍室から冷蔵室に移して解凍するのが一般的である。急ぐ場合は，夏場でなければ常温の場所に出しておいてもよいし，ボウルに入れて水道水を少量流してもよいが，ある程度解凍したら冷蔵室に入れ，温度を上げすぎないよう注意しなければならない。流水解凍の場合は，魚介が直接水に接触しないようにする。また，真空包装（脱気包装）された冷凍魚介の場合，そのまま解凍すると袋内に多量の肉汁（ドリップ）が出ることがあるので，一度開封して減圧状態を解除してから解凍に供したい。

解凍の程度については，肉質のやわらかいマグロの切り身（サク）の場合，完全に解凍しないほうが刺身などに処理しやすい。逆に生エビなどは，完全に解凍しないと背ワタがちぎれて抜けなかったりするので注意する。また，解凍した魚介をもう一度冷凍保管する再凍結処理は，魚介の品質を著しく低下させるので好ましいとはいえない。

〔文　　献〕

1）荒井　珪＋品質・鮮度保持管理システム研究会：鮮度とは何か，くるみ企画(2003)

2）山中英明：魚介類の鮮度と加工・貯蔵，渡辺悦生編，成山堂，pp. 1～27(1995)

3）Hochachka, P.W. and Momsen, T.O.: *Science*, **219**, 1391～1397 (1983)

4）Saito, T., *et al.*: *Bull. Japan. Soc. Sci. Fish.*, **24**, 749～750 (1959)

5）江平重男：東海水研報，**88**, 1～132 (1976)

6）山中英明：魚介類の鮮度判定と品質保持，水産学シリーズ106，渡辺悦生編，恒星社厚生閣，pp. 9～19 (1996)

7）横山芳博・坂口守彦：比較生理生化学，**15**, 193～200 (1998)

8）Sakaguchi, M., *et al.*: *J. Food Sci.*, **47**, 1662～1666 (1982)

9）Botta, J.R.: Evaluation of Seafood Freshness Quality, VCH Publishers (1995)

10）渡辺悦生・他編：HACCP 対応食品危害分析・モニタリングシステム，サイエンスフォーラム(1998)

11）藤井建夫：HACCP と水産食品，水産学シリーズ125，藤井建夫・山中英明編，恒星社厚生閣，pp. 59～74 (2000)

12）Gill, T.A.: Biochemical and chemical indices of seafood quality, Huss,H.H., Jakobsen M., Liston, J. ed.: Quality Assurance in the Fish Industry (Developments in Food Science 30) Elsevier, pp. 377～388 (1992)

13）谷本昌太・他：日水誌，**65**, 97～102 (1999)

14）加藤宏郎・他：農機誌，**62**(3)，76～83 (2000)

15）坂口守彦：目視検査の自動化技術，福田和彦編，テクノシステム，pp. 296～305 (1995)

16）小橋昌裕・他：魚介類の鮮度判定と品質保持，水産学シリーズ106，渡部悦生編，恒星社厚生閣，pp. 32～43 (1995)

17）畑江敬子：魚介類の鮮度判定と品質保持，水産学シリーズ106，渡部悦生編，恒星社厚生閣，pp. 20～31 (1995)

18）島田俊雄・他：食品衛生，**6**，20～29 (1999)

19）小川博美：広島県保健環境センター研究報告，**6**,1～13 (1998)

20）田中武雄・尾藤方通：新版 食品冷凍テキスト，㈳日本冷凍協会，pp. 70～89 (1992)

21）田中武雄・小島秩夫編：魚のスーパーチリング，恒星社厚生閣(1986)

22）尾藤方通：日水誌，**31**, 534～539 (1965)

23）篠山茂行：冷凍，**70** (811), 88～94 (1995)

24）野口　敏：冷凍，**74** (861), 12～15 (1999)

25）呉羽化学工業㈱：RB 90技術資料

26）橋本周久・他：日水誌，**49**(2), 203～206 (1983)

27）高澤邦輔：食品商業別冊 鮮魚部門強化マニュアル，商業界，pp. 249～254 (1981)

28）金谷建一郎：*PACKPIA*, **5**，35～39 (2000)

29）大須賀弘：食品工業，**6**, 16～27 (1999)

30）高橋俊彦：食包研会報，**83**, 17～24 (1999)

31）食品衛生研究，**50**, 6, 133～137 (2000)

32）矢野信禮・他編：食品への予測微生物学の適用，サイエンスフォーラム，p. 163 (1997)

33）全国水産物商業協同組合連合会編：魚の目利き旨い食べ方事典，西東社，pp. 293～296 (1989)

4 加工食品の流通と品質保持

4.1 穀類加工品

4.1.1 小麦・小麦加工品

(1) 小麦の特徴と保蔵

1) 種類と特徴

小麦は製粉して小麦粉やフスマになるほか，醤油用の原料として使われたり，飼料用に消費される。日本で使用する小麦の約87%はアメリカ，カナダ，オーストラリアから輸入しており，残り約13%の国内産小麦は主として北海道，北関東，九州で生産されている。

大別すると，硬質小麦と軟質小麦がある。硬質小麦は粒がかたく，そのなかでもタンパク質の量が多いものが強力粉に製粉されて製パン用になる。カナダ産の「カナダ・ウエスタン・レッド・スプリング」小麦やアメリカ産の「ダーク・ノーザン・スプリング」小麦がその代表的なものである。軟質小麦は粒がやわらかく，そのなかでもタンパク質の量が少ないものが薄力粉に製粉されて，菓子用に使われる。アメリカ産の「ウエスタン・ホワイト」小麦が菓子用の主原料である。

硬質と軟質の中間で，タンパク質の量が中程度の小麦が麺《めん》（うどんなど）用に適している。オーストラリア産の「スタンダード・ホワイト」小麦が麺への適性が高い。国内産小麦は麺用に使う範疇の品質だが，まだ品質改良の余地がある。

2) 収穫から流通・保蔵まで

アメリカ，カナダの畑で収穫された小麦は，いったん農家のサイロに保蔵されるか，トラックで畑から真っ直ぐカントリーエレベーターに運ばれる。オーストラリアでは，収穫された小麦のほとんどがそのままカントリーデポに持込まれる。

農家のサイロはそのほとんどが小型の鉄板製で，同じものが何本も並んでおり，小麦をばらの状態で保蔵する。通常は翌年の小麦が収穫されるまでの間に出荷されるが，たまに数年も保蔵することもある。簡単な構造なので，保蔵中の品質変化に対応できる設備ではない。

カントリーエレベーターのつくりはさまざまである。古い木造トタン張りやレンガづくりのものもまだかなり残っているが，鉄筋コンクリートや鉄板製のサイロも増えている。オーストラリアのカントリーデポはコンクリート製のものが多く，立体的なものと平屋づくりのものがある。どれも小麦をばらの状態で保蔵する。古いものは単に小麦を保管しておく機能をもつだけだが，新しいもののなかには精選設備や通風換気設備を備えたものもある。保蔵期間は短い場合が多いが，時には数年に及ぶこともある。

カントリーエレベーターからの小麦が集結する内陸のターミナルエレベーターは大規模なものが多く，どれも鉄筋コンクリート製で，銘柄，品質別に仕分けでき，精選設備，通風換気設備，サイロ移しのローテーション設備などを備えている。その年の収穫量が多かったり輸出が少ないと在庫量が増えるので，保蔵期間が長くなる。

輸出向けの小麦は，カントリーエレベーターや内陸のターミナルエレベーターから貨車，トラック，またははしけで輸出港にあるターミナルエレベーターに運ばれる。ターミナルエレベーターはそのほとんどが鉄筋コンクリートづくりで，規模が大きい。銘柄，品質別の仕分けができるほか，通風換気設備（冷風を送れるようになっているところもある）やサイロ移しのローテーション設備を備えている。カナダやオーストラリアのサイロは，小麦以外の異物や夾雑物を除去する精選設備を完備しており，アメリカでも精選設備を備えたターミナルエレベーターが増えてきた。

殺虫のための燻蒸設備はどのターミナルエレベーターにもあるが，最近では，衛生上の配慮から安全な不活性ガスをサイロ内に送って殺虫しているところも多い。

輸出国から大型の船にばら積みされて運ばれてきた小麦が日本の港に到着すると，検査を受けた後，ばらのままで荷揚げされて，サイロ会社や政府所有のサイロか製粉工場付属のサイロに銘柄，品質別に仕分けして入れられ，出庫の順番を待つ。保蔵は数カ月以内のことが多い。到着時に検査で虫が発見されると，農林水産省の係官の手によって燻蒸処理が行われる。これらのサイロは精選設備はもちろんのこと，通風換気設備やサイロ移しのローテーション設備も備えている。

国内産小麦は高水分の状態で収穫される。農家が収穫した小麦は農協などの共同乾燥設備に持込まれ，乾燥，調整された後，検査員による検査を受け，農協や営業用のサイロに入れられる。また，袋詰で流通しているものもある。

袋詰のものを保蔵する倉庫の多くは土蔵づくり，石づくりで，木づくり，レンガづくり，木造モルタルづくり，鉄骨スレートづくりのものもある。そこに搬入されると，規則正しくはい付けされて，出荷の出番を待つ。ばらで保蔵されるものは，鉄板サイロか鉄筋コンクリートサイロに入れられる。

国内産小麦も，翌年の収穫時期までにはそのほとんどが製粉工場に向けて出荷されるので，保蔵上の問題は比較的少ないが，たまに長期間になることもあり，そのときは品質変化への配慮が必要である。特に，天候の被害を受けていたり，水分が多かったり，カビが発生したり，虫がついているものを保蔵している場合は要注意である。

3）保蔵中の変化

小麦粒の水分が11～12％またはそれ以下で，風雨に耐えられる倉庫に入れられており，虫やネズミの被害を受けず，外部から水が入ったり，高湿度にならなければ，たいていのところで長期の保蔵が可能である。しかし，小麦は呼吸しているので，保蔵中に微妙な変化は起こっている。アメリカで行われた実験では，20年間で呼吸のために重量が1％減少した。また，19～33年間貯蔵した実験では，外皮がもろくなり，製粉の際に皮片が小麦粉の中に入り込む率が高くなった。デンプン糖化酵素や脂肪酸の量も増加した。大きさはそう変わらないパンができたが，内相がやや劣るパンだった。このような長期間の保蔵は普通では考えられないことだが，小麦といえども長い年月の間には，若干の劣化傾向が現れることを示している。

小麦の保蔵に直接影響を及ぼす要因は次の4つである。

① **虫**　虫やネズミは小麦保蔵の大敵である。穀物害虫は温度に非常に敏感で，15.5℃以下ではほとんど増殖しないか，増殖してもその速度は緩慢であり，41.7℃以上では死滅する。増殖の最適温度は29℃で，この条件ではライフサイクルが30日である。小麦には虫がつきやすく，例えば，21℃で80日間保蔵すると，虫の徴候が現れる。

② **カビ**　保蔵中の小麦にカビが発生するとさまざまな品質低下を招き，重量も減少するおそれがある。小麦の生育中に発生したカビも影響することがあるが，保蔵中の品質変化に主として関係するのは保蔵開始後に付着したカビである。保蔵中に発生するカビも種類が多く，それぞれ水分に対する適応性が異なっており，13.5％以上に

なると発生するものもある。水分が多くなると増殖速度は増すが，温度との関係も密接である。

③ **水 分**　小麦の水分はカビの増殖条件と直接関係があるため重要で，長期間貯蔵しておくためには，水分が13.5％以下であることが必要であり，できれば12％以下が望ましい。小麦の水分は空気中の相対湿度の変化とともに変動する。夏の終わりの比較的高温の時期にサイロに投入された小麦の表面部分は，気温が下がると空気中の湿気を吸ったり，上から落ちてくる露を吸って高水分になる傾向があるので，充分な注意が必要である。

④ **気 温**　水分とともに，気温は小麦の保蔵期間を決定する重要な要素である。10℃以下ではカビはほとんど増殖しないが，30℃近くになると水分の条件がよければ大きな被害を与える。また，小麦は熱を伝えにくいので，それ自身の温度変化も緩漫である。例えば，コンクリートサイロの場合に空気循環をしなければ，冬にサイロに入れた冷たい小麦は，夏の間中，低温を保っている。逆に，熱い状態のものを入れると，なかなか冷えないで高温に保たれるため，品質を損なうことがある。しかし，農家のタンクのような小さい容器の場合には，少し時間がズレて外気温の変化を追うことになる。温度が高い小麦が入っているサイロに冷たい小麦を入れると，水分が冷たい小麦のほうへ移動するし，温かい小麦が入っているサイロ・ビンの隣のビンに冷たい小麦を入れると，温かい小麦が入っているビンの壁に結露現象が起こる。また，冷たい小麦を暖かい外気にさらすと，水分が増える。

（2）小麦粉の特徴と保蔵

1）小麦粉とは

ずっと以前から，国内産小麦から挽いた粉は，主としてうどんやそうめん（素麵）に加工されていたので，“うどん粉”と呼ばれていた。明治時代の後半になって，アメリカ産のタンパク質の量が多い小麦粉が輸入され，パンの原料として使われるようになったが，この粉は，それまでのうどん粉とは品質や用途がかなり違うこともあって，“メリケン粉”と呼ばれて区別された。小麦粉を輸入する必要がなくなった現在では，本来の用語である“小麦粉”と呼ぶのが適当である。

日本には，小麦粉についての定義や規格はない。簡単な数値では，小麦粉の品質を表しにくいということもある。ともかく，小麦を挽いて皮の部分を取除いてできた細かい粉が，“小麦粉”である。同じように小麦の皮の部分を取除いたものでも，小麦粉のように粒子が細かくなくて粗いものは，“セモリナ”と呼ばれる。皮の部分を取除かないで小麦の粒全部を粉にしたものもつくられており，“全粒粉”や“小麦全粒粉”と呼ばれている。全粒粉にも，粒子が細かいものと粗いものがある。

2）種類と用途

日本では，世界のほかの国々にはみられないほど多種類の小麦粉が，パンや麵などをつくる工場で使われ，いわゆる“業務用”として市販されている。生産されている小麦粉の約96％がこういう業務用であり，スーパーマーケットや食料品店などを通じて家庭で消費されているのは，量としては全体の４％ほどにすぎない。

小麦粉は，一般的には“種類”と“等級”の組合せで分類されている。種類というのは，“強力粉”，“準強力粉”，“中力粉”，“薄力粉”という分け方である。原料として使う小麦の品質の違いによって，そのような差がつくりだされている。強力粉は，含まれているタンパク質の量が多くて，水を加えてこねるとできる生地の弾力が特に強い小麦粉である。準強力粉，中力粉，薄力粉の順にタンパク質の量が少なくなり，できた生地の弾力も弱くなる。薄力粉はもっともタンパク質の量が少なくて，生地の弾力が弱い。同じ種類の小麦粉でも，品質の幅はかなりある。タンパク質の量でそれをみると，強力粉が11.5～13％，準強力粉が10.5～12.5％，中力粉が7.5～10.5％，薄力粉が6.5～９％である。異なる種類の間で少しずつ数値が重複しているが，これは，タンパク質の量が同じでも小麦粉の種類によってその質が違うためである。

強力粉や薄力粉をつくるためには，まず，必要な品質の小麦を何種類か配合する。次に，この小麦を製粉工程で挽いていく過程で，“一等粉”，“二等粉”，“三等粉”，“末粉”（すえこ）のような等級に分ける。上位等級の粉ほど，小麦粉のなかに含まれる灰分《かいぶん》（粉を高温で焼いたとき，後に残る灰。粉に含まれているミネラル）の量が少なく，色もきれいである。下位等級の粉になるにつれて，灰分の量が多くなり，色も少しずつくすみが増すようになる。外国でこれほど細かく製粉しているところはない。

しかし，“等級”というのは便宜上のものにすぎない。灰分の量の一応の目安としては，一等粉が0.3～0.4％，二等粉が約0.5％，三等粉が約1.0％，末粉が２～３％である。灰分が多めでもほかに優れた特性があって，全体としての品質がよい小麦粉があるので，灰分の量だけによらないで，小麦粉の総合的な品質で等級を分けることも多い。

一等粉のなかでも特別の品質のものを“特等粉”，一等粉のなかでも少し灰分が多めの小麦粉を“準一等粉”と呼ぶこともある。等級は，小麦粉の色がきれいかどうかの一応の目安にはなるが，その小麦粉を使ううえでの適性という点では，必ずしも上位等級のものが一番適しているとはいえないこともある。使用に際しては，小麦粉のどういう適性が必要なのかをよく考えて選びたい。

種類と等級を組合せて，“強力二等粉”とか“薄力一等粉”のような呼び方をする。パンをつくるのには，強力と準強力の二等粉以上が使われる。また，準強力の一等粉は，中華麺（ラーメン）をつくるのにも使われる。うどんやそうめんは，中力の一等粉でつくられる。ケーキのような菓子や天ぷらには，薄力粉の一等粉が適しているが，まんじゅうやたい焼きなどのような日本的な菓子には，中力粉も使われる。

“パン用粉”，“麺用粉”，“菓子用粉”という呼び方もある。どういう用途に使われるかによる分類である。それぞれの用途に適した小麦粉が開発されると，強力粉や薄力粉のような分け方では分類しにくい中間的な性格の小麦粉も増える。“フランスパン用粉”，“ケーキ用粉”，“カステラ用粉”のように，特殊な用途に特に向くようにつくられた専用粉も業務用には市販されている。マカロニやスパゲティ用としては，「デュラム小麦」という特殊な小麦を挽いてつくられた粒度が粗い“セモリナ”が使われる。

これらの業務用の小麦粉は一般家庭用には市販されていない。スーパーマーケット，コンビニエンスストア，食料品店などで売られている家庭用の１kgや500ｇ詰の小麦粉の大部分は“薄力一等粉”クラスのもので，天ぷらをはじめとする各種の料理や菓子づくりに向くようにつくられている。パンをつくるには，“強力粉”または“パン用粉”とはっきり表示してあるものを使う必要がある。ギョウザも強力粉が適している。一般的な薄力小麦粉のほかに，ふわっと膨らんだケーキをつくるのに特に適している“薄力粉”または“ケーキ用粉”も市販されている。“手打ちうどん用”と表示してある，その用途に向くようにつくられた小麦粉もある。特殊な加工をしてあり，さらさらした粒状の“顆粒小麦粉”も一部で販売されている。

３）特　　徴

小麦粉の主成分はデンプンとタンパク質である。前述したように通常の小麦粉ではタンパク質の量が6.5～13％であり，デンプンに比べると量としては多くないが，もっとも重要な成分である。小麦粉に含まれるタンパク質の約80％がグルテニンとグリアジンである。小麦粉に水を加えてこねると，この２つのタンパク質が結びついて，生地の中でグルテンが形成される。グルテンは，チューインガムを口の中でかんでやわらかくなった状態のものに似ていて，粘りと弾力の両方を備えた特徴がある物質である。

パンをよく膨らませ，冷えても小さく縮まないでその形を保てるようにするためには，タンパク質の量が多い小麦粉を使い，水とよくこねて，グルテンが充分形成されるようにする。うどんが，ただやわらかいだけでなくて適度の弾力がある食感になるのにも，グルテンの力が関与している。おいしい天ぷらをつくるのには，タンパク質の量が少ない薄力粉を使って，グルテンができすぎないように軽く混ぜるのがコツだが，ここでも少しできたグルテンがとろみのある状態の衣のたねをつくるのに役立っている。グルテニンとグリアジンからグルテンができるというのは，小麦粉だけがもっているすばらしい特性である。この特性があるため，小麦粉は，パン，麺，菓子，料理など，さまざまな食べものに加工されて，穀物の粉の王者として世界中で愛用されている。

小麦粉成分の2/3近くがデンプンである。デンプンは，水があって熱が加わると糊状になるため，小麦粉の加工ではグルテンとともに重要である。麺に滑らかでモチモチッとした食感を与えるのは，糊化したデンプンである。パンのふわっとした食感にも，よく伸びた網目状のグルテンの間に入っている糊化したデンプンが大きな役割を果たしている。ケーキでの主役はデンプンで，オーブンの熱で膨張した気泡を薄く伸びたデンプン糊の膜が包むので，ふわっとしたソフトな食感に仕上がる。

4）小麦粉は生きている

米は新しいほうがおいしいが，小麦では収穫してから少し時間が経ったほうが，パンやケーキをつくりやすい。収穫したての小麦の中では，一つひとつの細胞の組織が活発に呼吸しており，色々な酵素の働きも活発で，品質的に不安定な状態にある。小麦粉を生地にしたときに，それをやわらかくしてしまう還元性の物質の量も多い。麺のようにその影響がほとんどわからない用途もあるが，こういう収穫したての小麦から挽いた粉でパンやケーキをつくろうとしても，思ったほど膨らまないことがある。

しかし，このできたてで不安定な状態も，収穫してから少し貯蔵しておくと安定してくる。そのように安定した小麦を使って，粉に挽くときに製粉工程のなかで小麦粉の粒子に空気中の酸素が混ざり，倉庫にしばらく置かれると，急激に自然の酸化が進んでいく。その結果，小麦粉は安定した状態になってパンなどに加工しやすくなる。こういう微妙な変化を“熟成”（エージング）という。

日本では小麦の約87%を輸入しているので，収穫してから数カ月以上経ったもの，つまり，ある程度の熟成が進んだ小麦を使うことができる。こういう小麦から挽いた粉の場合，製粉してから3日くらいで，実際のパンづくりにはほとんど問題のない程度にまで熟成が進む。しかし，業務用の小麦粉は，従来からの商習慣や，品質検査，荷扱い上の都合もあって，実際にはこれよりも少し長めの期間倉庫に置かれたものが，製粉工場から出荷されている。

家庭用の1kgや500g詰のものは，流通過程で充分な熟成期間が保たれるので，熟成についての配慮は不要である。

熟成されて安定状態に入った小麦粉は，保蔵条件がよければ1年以上も長もちする。しかし，保蔵条件が悪いと急激に変質する。特に，小麦粉は，高温，高湿度，虫害に弱い。高温，高湿度の条件にさらされると，カビや細菌が増え，小麦粉の中に2%ほど含まれている脂質が分解されて，脂肪酸が増えていく。また，グルテンの性質にも悪影響が出てくる。

5）表　示

「食品衛生法」，「農林物資の規格化及び品質表示の適正化に関する法律」（JAS 法），および都道府県条例の主旨に沿って，家庭用の小麦粉には，品名（小麦粉），種類（強力粉，中力粉，薄力粉），主な用途，賞味期限（年月日），保存方法，使用上の注意書きなどが記されている。

保存方法については別項に述べるが，使用上の注意書きとして，ドーナツ，アメリカンドッグ，スペイン風揚げ菓子などの生地を油で揚げるときには，生地の中の水分や空気が熱で膨張して，急に生地が割れ，油が飛び散って，やけどをする危険があるため，充分に注意するよう記されている。

6）運搬・保蔵・取扱い上の注意

業務用小麦粉のなかには，製粉工場で小麦粉専用のタンクローリー車にばらのまま積まれて，直接，パン工場やビスケット工場に運ばれるものがある。この場合には，小麦粉を積込む前にタンクローリー車をよく清掃しておくことと，積込みや荷下ろしの際に外部から異物が混入しないようにすることが重要である。

それ以外の小麦粉の大部分は，銘柄が表面に印刷されたクラフト紙製の2層角底糊貼袋（一部に，違う袋を使用しているメーカーもある）に25kgずつ詰められている。糊貼りしてあるので，以前のミシン縫いだった時代のように，荷役中に小麦粉が袋の中から吹出て粉っぽくなるということはない。トラックや貨車をよく清掃して，変なにおいがついていないことと，濡れていないことを確かめてから，小麦粉を積込みたい。

前に運んだ物質が少しでも残っていると，小麦粉の袋の表面にその物質が付着することがあるので，開封して使用するときに小麦粉とともにミキサーなどに入る危険もある。また，小麦粉はにおいを吸着しやすいので，変なにおいがトラックなどに残っていると商品価値が低下するおそれもある。濡れていると，紙袋を通して水分が小麦粉に移行するので，かたまりが生じたり，変質の原因になる。積込みや荷下ろしの際に，トラックや貨車の床や，パレットなどの木のささくれが袋に突き刺さらないような配慮も必要である。

流通過程の倉庫や使用する工場の倉庫に保蔵する際には，次のようないくつかの注意が必要である。

① コンクリートの床に直接置かないで，スノコやパレットの上に置く（床下からの湿気を直接吸わないようにする）。

② できるだけ低温，低湿度にして貯蔵する（小麦粉は，高温，高湿度の条件下では変質しやすい。高温，高湿度になると虫やカビも発生しやすい）。

③ 長い間，下積みのままにしておかない（圧力がかかりすぎたままだと，小麦粉がかたまりやすくなり，変質の原因になる）。

④ 先に入荷したものから，順番に出荷したり，使用する（小麦粉は生きている。加工しやすさを一定に保つために，できるだけ入荷順に出荷したり，使用したい）。

⑤ 倉庫内をいつも清潔にして，衛生上の配慮を怠らないようにする（虫，ネズミ，ゴキブリなどの衛生動物やカビが発生しないように注意する。また，倉庫内にある異物や液体が小麦粉の袋に付着しないようにする。強烈なにおいをもつ物質を小麦粉の近くに置かないことも重要である）。

家庭用に小売される小麦粉のほとんどは，紙袋（一部にラミネートしたり，ポリエチレンの袋もある）に1kgや500g詰になっている。自動包装機で，袋をつくりながら小麦粉を封入している場合が多い。自動的に15～30個が段ボール箱に入れられて，流通する。

段ボール箱を開ける際には，小麦粉の袋を破損しないように気をつけたい。また，段ボール箱から取出して陳列する際にも，棚に異物が付着していないか，近くに強いにおいを発生するものがないか，高温，高湿度の場所でないか（小売店などの店頭では，日光が直接あたる場所には置かないようにする）などのチェックが必要である。

小麦粉は保蔵条件がよければ，数年経っても使用できるほど長もちするが，おいしく食べられる期間，いわゆる賞味期限ということでは，普通の保蔵条件で，薄力粉は製造してから1年くらい，パン用の強力粉では6カ月くらいが一応の目安である。しかし，店では先に入荷したものから陳列するようにしたい。

（3）小麦粉加工品の特徴と保蔵

1）プレミックス

① 定義と歴史・生産量　プレミックス（pre-mix）とはプリペアードミックス（prepared-mix）の略であり，一般にはミックスと呼ばれることが多い。業界の団体である日本プレミックス協会の定義ではプレミックスとは「ケーキ，パン，惣菜などを簡便に調理できる調整粉で，小麦粉等の粉類（澱粉を含む）に糖類，油脂，粉乳，卵粉膨張剤，食塩，香料などを必要に応じて適正に配合したもの」をいう。

プレミックスは，1848年にアメリカの Fowler, J. により小麦粉に酒石酸と重曹を混合してつくられた“セルフライジングフラワー”がその始まりである。その後，小麦粉，トウモロコシ粉，そば粉，ライ麦粉などと適量の膨張剤を配合したパンケーキミックスが発売され，さらにドーナツミックス，ケーキミックス，ビスケットミックスなどがアメリカ市場に登場してきた。1959（昭和34）年にはアメリカのHarrel, C.G.によりプレミックスの製造技術についての発表がなされ，飛躍的な技術の進歩とともに，現在では数百種類のプレミックスが製造，販売されている。

日本においては明治30年代に“パンケーキ”が雑誌で初めて紹介された。プレミックスとしては1931（昭和6）年に“無糖ケーキミックス”が初めて発売された。日本でプレミックスの生産が本格化したのは昭和30年代の初めであり，製粉，製菓メーカーなど各社が参入し，最初のブームとなった。当時は“ホットケーキの素”と呼ばれるミックスが圧倒的に多く，主として家庭用として販売された。また，製パン，製菓会社向けに“ドーナツ粉”などがつくられたが，これが業務用プレミックスの始まりとなった。

昭和40年代の終わり頃から家庭での手づくり料理ムードが高まり，電子レンジ，ガスオーブンなどの家庭用調理機器の普及とともに，各社ともに従来のホットケーキを中心に，ドーナツミックス，パンミックス，から揚げ粉など製品のバラエティ化，差別化を図り，その結果，家庭用プレミックスの生産量も大きく伸びた。

業務用プレミックスの生産が本格的に始まったのは1961（昭和36）年にアメリカ最大のドーナツミックス会社であるDCAフード社が日本に進出してからである。その後，国内製粉メーカーと提携し，業務用専業メーカーを設立すると，他メーカーも刺激され，業務用プレミックスの生産量も大きく伸び，全体のプレミックスに占める割合が増加している。

② 種類と特徴　プレミックスには多くの種類があるが，用途で分類するとパン，菓子などのベーカリー製品をつくるためのベーキングミックスと，調理製品をつくるための調理用ミックスに分かれる。また，ミックス中の砂糖の有無により加糖ミックスと無糖ミックスに，使用される市場により家庭用ミックスと業務用ミックスに分類される。日本プレミックス協会による用途面からみた分類を表4.1.1に示す。

調理用ミックスの代表的なものとして，天ぷら粉とから揚げ粉がある。天ぷら粉は薄力小麦粉を主体にデンプン，膨張剤，食塩などを配合したプ

表 4.1.1　プレミックスの分類

分　類	つくり方の特徴	種　類
ベーキングミックス	化学膨張剤により膨らませるもの	ホットケーキミックス，ケーキドーナツミックスなどの各種ケーキミックス類
	イーストにより膨らませるもの	ブレッドミックス，菓子パンミックス，クロワッサンミックスなど
	卵の泡立てにより膨らませるもの	スポンジケーキミックス，シフォンケーキミックスなど
	膨張させないもの	パイクラストミックスなど
	コーティングするもの	ドーナツシュガーミックスなど
調理用ミックス	バッターにして使用するもの	天ぷら粉，各種フライ用バッターミックスなど
	衣として使用するもの	から揚げ粉，各種のブレッダーミックスなど
	生地として使用するもの	ピザミックス，お好み焼きミックスなど

レミックスであり，水で溶いてバッターにして，魚介類や野菜を種としてバッターを付着させて（バッターリング），フライする。天ぷらの衣は花咲きが多く，食感が軽く，歯もろく，口どけのよいものがよいとされているが，最近では主原料である小麦粉やその他の副原料に工夫を凝らした天ぷら粉が商品化されている。

から揚げ粉は小麦粉を主体にデンプン，調味料，香辛料などを配合したプレミックスである。から揚げにはまぶしタイプと水溶きタイプがある。まぶしタイプはドライな食感やクリスピーな食感が出せるが，ミックスの付着量が少なく衣感に乏しい。水溶きタイプはまぶしタイプより衣感があり，素材のジューシー感が保てる。

プレミックスの一般的な特徴としては以下のことがあげられる。① 厳密な品質管理と細心の製造工程管理により品質が均一である，② 厳選された原材料の使用と高度な配合技術により高品質である，③ 各種の原料を集める必要がなく経済的である，④ きわめて簡単な製法で短時間に誰にでも加工や調理ができる。

すなわち，家庭用プレミックスでは家庭で色々な材料を買い集めなくても，手軽に簡単においしいものが誰にでもつくれる。また，業務用プレミックスではベーカリー，調理食品加工工場，レストラン，ホテルなどで使用されるが，プレミックスの使用により，原料の調達，管理の容易性や製造時の省力化，簡便性，製品の高品質化などの利点がある。

③ 製造法　プレミックスの製造工程は図4.1.1に示すように比較的単純である。原料の受入れ検査後，必要に応じて前処理（乾燥，粉砕など）を行い，ふるい分けにより異物などをチェックした後，計量し，ミキサーに投入して混合を行う。混合後，ふるい分け工程を経て，計量・包装を行い製品となる。原料のうち香料や色素などの微量添加物はあらかじめプレミキサーにて混合しておいたものを添加する。油脂類を均一に添加することはプレミックスの製造において重要なポイントである。添加方法としては固形油脂または溶解した油脂と砂糖をクリーム状となるように混合した後，その他の原料と混合するクリーミング法や溶解した油脂を噴霧するスプレー方式などがある。

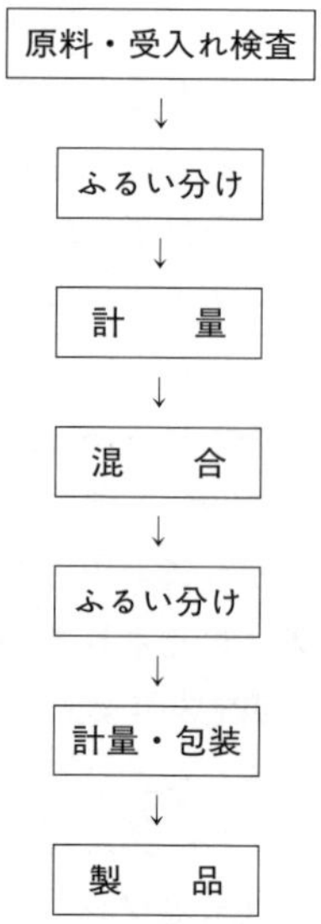

図 4.1.1　プレミックスの製造工程

最近のプレミックスの製造工程は自動化が進んでおり，ほとんどの原料の搬送は空気輸送で行われ，原料や製品の計量には自動計量システムが採用されている。また工程全体が密閉系になっているため，異物の混入や外部汚染がなく衛生的である。

④ 品質と保蔵　プレミックスの製造では各種原料の厳密な受入れ検査と細心の製造工程管理および品質管理が行われている。製品検査については，主としてバッチ製造であるため，製造された全バッチごとに異物やピル（小さなかたまり）の検査およびミックスごとに決められた各種分析・試験が行われる。最終的には代表サンプルのクッキングテストによりその製品の品質チェックを行う。

プレミックスには小麦粉，デンプン，糖，油脂などの主原料のほかに，膨張剤，乳化剤，酵素，香料，色素などの副材料が使用されている。各原料はそれぞれの機能を有しているが，製造後，それらの機能が低下しないように，すなわち保蔵性を付与するために，原料配合設計，製造工程，包装材料などに種々の工夫がなされている。例えば，原料配合においては低水分の原料を使用して水分活性（A_w）を低下（食品の相対湿度を下げること）させ，油脂の酸化や膨張剤，香料の劣化を防止している。また，製造工程においては粉体原料の熱処理による殺菌や粉砕による虫の卵の殺卵などが行われている。包装材料においてはプレミックスの種類に応じて，酸素や光を通しにくい材料（アルミ包材など）や油のにじみや吸湿を防止できる材料（ラミネート紙など）を選択し，その保蔵性を高めるように工夫されている。

通常のプレミックスではその保蔵期間はプレミックスの種類や使用している原料や包装材料の種類により異なる。家庭用プレミックスでは1年程度の保蔵期間のものが多いが，製品の水分含量が低く設計されているホットケーキミックスやから揚げ粉等は2年程度である。業務用プレミックスでは3ヵ月程度である。これらのプレミックスは保蔵されている状態によっては劣化が早くなる。温度，湿度の高い場所，1日のうちで温度差の大きい場所，直射日光のあたる場所などでの保蔵は油や香料の劣化による風味の低下，膨張剤の活性低下による加工適性の低下，色の変化（退色や褐変）などの原因となるので注意を要する。家庭などでいったん開封されたプレミックスはテープなどでシール後，密閉できる容器に入れ上記したような場所を避けて保蔵するとよい。

2）パ　ン

①　概　要

A．パン類品質表示基準……パン類品質表示基準は，平成12年12月19日農林水産省告示第1644号によって次のように示されている。

農林物資の規格化及び品質表示の適正化に関する法律（昭和25年法律第175号）第19条の8第2項の規定に基づき，パン類品質表示基準を次のように定めたので，同条第4項の規定に基づき告示する。

（趣　旨）

第1条　パン類（容器に入れ，又は包装されたものに限る。）の品質に関する表示については，加工食品品質表示基準（平成12年3月31日農林水産省告示第513号）に定めるもののほか，この基準に定めるところによる。

（定　義）

第2条　この基準において，次の表（表4.1.3）の左欄に掲げる用語の定義は，それぞれ同表の右欄に掲げるとおりとする。

（表示の方法）

第3条　名称，原材料名及び内容量の表示に際しては，製造業者等（加工食品品質表示基準第3条第1項に規定する製造業者等をいう。）は，次の各号に規定するところによらなければならない。

（1）名　称

加工食品品質表示基準第4条第1項第1

表 4.1.2　パン類品質表示基準

用　語	定　義
パン類	次に掲げるものをいう。 1　小麦粉又はこれに穀粉類を加えたものを主原料とし，これにイーストを加えたもの又はこれらに水，食塩，ぶどう等の果実，野菜，卵及びその加工品，糖類，食用油脂，乳及び乳製品等を加えたものを練り合わせ，発酵させたもの（以下パン生地という。）を焼いたものであって，水分が10％以上のもの 2　あん，クリーム，ジャム類，食用油脂等をパン生地で包み込み，若しくは折り込み，又はパン生地の上部に載せたものを焼いたものであって，焼かれたパン生地の水分が10％以上のもの 3　1にあん，ケーキ類，ジャム類，チョコレート，ナッツ，糖類，フラワーペースト類及びマーガリン類並びに食用油脂等をクリーム状に加工したものを詰め，若しくは挟み込み，又は塗布したもの
食パン	パン類の項1又は2に規定するもののうち，パン生地を食パン型（直方体又は円柱状の焼型をいう。）に入れて焼いたものをいう。
菓子パン	パン類の項2に規定するもののうち食パン以外のもの及び同項3に規定するものをいう。
その他のパン	パン類の項1に規定するものであって，食パン以外のものをいう。

号本文の規定にかかわらず，食パンにあっては「食パン」と，菓子パンにあっては「菓子パン」と，その他のパンにあっては「パン」と記載すること。ただし，その他のパンのうちパン生地を圧延し，これを切断，成形したものを焼いたものにあっては，「カットパン」と記載することができる。

（２）原材料名

加工食品品質表示基準第４条第１項第２号（エを除く。）の規定にかかわらず，使用した原材料を，原材料に占める重量の割合の多いものから順に，次のア及びイに規定するところにより記載すること。

ア．食品添加物以外の原材料は，「小麦粉」，「食塩」，「砂糖」，「ショートニング」，「シナモン」等とその最も一般的な名称をもって記載すること。ただし，砂糖その他の糖類にあっては「糖類」と，シナモンその他の香辛料にあっては「香辛料」と記載することができる。

イ．食品添加物は，食品衛生法施行規則（昭和23年厚生省令第23号）第５条第１項第１号ホ及び第２号，第11項並びに第12項の規定に従い記載すること。

（３）内容量

次に定めるところにより記載すること。

ア．加工食品品質表示基準第４条第１項第３号の規定にかかわらず，内容数量を記載すること。ただし，１個のものにあっては，表示を省略することができる。

イ．アの規定にかかわらず，その他のパンのうちパン生地を圧延し，これを切断，成形したものを焼いたものにあっては，内容重量をグラム又はキログラムの単位で，単位を明記して記載することができる。

B．パン類製品の分類

分類すると，表4.1.3のようになる。

② 製造・流通・消費の概要と注意点

A．製造の概要

a．食パン：小麦粉などに食塩，糖類，油脂類，イースト，乳製品，水，改良剤などを加え，ミキシングして生地をつくる。通常，糖類としては砂糖，油脂類にはショートニングやマーガリンを主に用いる。生地を充分に発酵させた後，分割，丸め，ねかし，整形，焼型に型詰して最終発酵させ，オーブンで焼上げる。冷却後，そのままあるいはスライス，包装されて製品となる。

b．菓子パン：小麦粉に食塩，糖類，油脂類，イースト，乳製品，卵，水を加え，ミキシングして生地をつくる。生地を十分に発酵させた後，分割，ねかし，整形（フィリング詰など）し，展板に並べて最終発酵させ，オーブンで焼上げる。冷却

表 4.1.3　パン類製品の分類（『パン類の実用分類』　財団法人日本パン科学会案）

	中分類	小分類	製品例
1．食パン	1-1　ホワイトブレッド（白食パン）	1-1-1　山形食パン	イギリスパン等
		1-1-2　角形食パン	プルマンブレッド等
		1-1-3　ワンローフ	
		1-1-4　ブレッドタプロール	コッペパン等
		1-1-5　その他	ラスク等
	1-2　バラエティブレッド	1-2-1　ホールホイートブレッド（全粒粉）	グラハムパン，ブラウンブレッド等
		1-2-2　スペシャルティブレッド（他種穀粉）	コーン，オートミール，ポテト等
		1-2-3　ナッツブレッド	くるみパン等
		1-2-4　フルーツブレッド（乾果物）	レーズンブレッド等
		1-2-5　ベジタブルブレッド（野菜）	オニオン，キャロット等
		1-2-6　その他	

大分類	2・ロールパン	2-1 テーブルロール(食卓ロール)	2-1-1 ソフトロール	バター，ホットドッグ，クレセント等
			2-1-2 バンズ	ハンバーガー，ホットクロス等
			2-1-3 その他	イングリッシュマフィン等
	3・硬焼パン	3-1 ハードブレッド(ハースブレッド)及びハードロール	3-1-1 フランスパン	パンジャン，バゲット等
			3-1-2 ドイツパン	ブレーチヒェン等
			3-1-3 ウィンナパン	カイザーゼンメル等
			3-1-4 イタリアパン	ロゼッタ，グリシーニ等
			3-1-5 その他の国のパン	クネッケ，ベーグル等
		3-2 バラエティーハードブレッド及びバラエティハードロール	3-2-1 ライブレッド	プンパーニッケル，ミッシュブロート等
			3-2-2 その他	
	4・菓子パン	4-1 日本式菓子パン	4-1-1 包み物	あん，クリーム，ジャム等
			4-1-2 挟み物	
			4-1-3 載せ物	メロンパン等
			4-1-4 編み物	
			4-1-5 その他	
		4-2 欧米式菓子パン(ペストリーを含む)	4-2-1 アメリカ	スイートドウ製品，コーヒーケーキ等
			4-2-2 フランス	ブリオシ等
			4-2-3 ドイツ	シトーレン等
			4-2-4 イタリア	パネトーネ等
			4-2-5 英国	スイートバンズ等
			4-2-6 その他の国	
			4-2-7 ペストリー	デニッシュペストリー，クロワッサン等
	5・調理パン	5-1 惣菜添加後熱加工(惣菜パン)	5-1-1 焼く(焼き込み調理パン)	ピザ等
			5-1-2 揚げる	ピロシキ，カレーパン等
			5-1-3 蒸す	中華饅頭(肉まん)
		5-2 熱加工後惣菜添加(料理パン)	5-2-1 サンドイッチ，ホットドッグ，ハンバーガー等	
			5-2-2 その他	
	6・その他のパン	6-1 焼き物	6-1-1 非膨化パン	チャパティ等(中近東諸国)
			6-1-2 膨化パン 無発酵パン	ピタ等(中近東諸国)
			発酵偉膨化パン	ナン等(中近東諸国)
			6-1-3 クイックブレッド	マフィン等
			6-1-4 その他	
		6-2 揚げ物	6-2-1 生地物	リングドーナツ等
			6-2-2 包み物	あんドーナツ等
			6-2-3 その他	フレンチドーナツ等
		6-3 蒸し物	6-3-1 中華饅頭(あんまん)	
			6-3-2 酒饅頭	
			6-3-3 蒸しパン	
			6-3-4 その他	

後包装されて製品となる。

c．デニッシュペストリー：菓子パンと同じような原材料をミキシングして生地をつくる。大分割して，発酵（常温・低温）または冷蔵・冷凍の後，ロールイン油脂を生地で包んで折りたたみを繰返し，油脂と生地の多層構造をつくり上げる。その後，冷蔵または冷凍，整形し，展板に並べて最終発酵させ，オーブンで焼上げる。冷却の前後で製品仕上げをし，包装されて製品となる。

d．イーストドーナツ：菓子パンと同じような原材料をミキシングして生地をつくる。生地を充分に発酵後，分割，リング状に整形，最終発酵させた後にフライヤーで揚げ，冷却，製品仕上げ後包装されて製品となる。

B．工場内仕分け・出荷・配送の概要と注意……デジタルアソートシステム（DAS）に従って，取引先別受注アイテムをセッティングする。

配送にあたって，コースによっては納品までにかなりの時間を要する場合もあり，コース最終納品予定製品は配送車内環境に長時間さらされるわけであり，夏冬最盛時にはかなりの高温や低温下に置かれるわけである。特に夏季が問題である。包装内細菌やカビの異常増殖の可能性が考えられる。また，冬季低温にさらされると老化が促進される。したがって，配送車はできるだけ空調車とし，庫内温度を夏季・冬季を通して25℃に保つのが望ましい。

C．受入れ時点およびバックヤードにおける品質管理・保管方法など受入れ側の注意……納品に際して製造業者は，受取り側による納品時間，納品場所および検品に関する受領書を受領して納品を終了する。各店舗の指定場所に荷下しするときに注意すべき点は，まず危害を受けないような場所であること，さらにこのことを保証するためのパン箱カバーが準備されていることである。これは，製品品質および衛生面から雨，風，鳥獣の予防はもちろん，人害として盗難防止のためにも必須事項である。

棚上陳列に至るまでの製品の保管期間を通して，特に夏冬最盛期は，配送の場合と同様の温度管理が望ましい。

D．販売時点（店頭）の取扱い方法，注意，品質保持方法など……受入れ時の注意として，まず伝票との照合による検品時に，さらに棚への陳列時に，包装や形状などについて不良品の有無を再点検する。棚への陳列にあたっては，消費期限による先入れ，先出し法にのっとり，長いものは奥に，短いものは手前に配置する。

棚上陳列時の注意として，局部的に高温にさらさないために，製品をスリムライトに接近して陳列しないように注意しなければならない。

E．家庭での保蔵方法……パン製品を上手に保管する意味を考えてみよう。① 老化防止，② 微生物の増殖防止〔生地ものはカビの増殖防止，「消費期限」，「製造年月日」併記を要するもの，すなわち，惣菜パン・調理パン（サンドイッチ）は細菌の増殖防止〕である。

a．パンの老化：パンは，焼成後時間の経過に従って内相がかたく，パサパサした食感を示すようになる。このように，パンが焼きたての新鮮さを失っていく変化をパンの老化という。パンの老化の主な原因は低温と水分損失である。これの防止には，約25℃での保温と包装である。

b．微生物増殖防止：なるべく新鮮なものを消費すること。生地ものはカビが生えなければ，老化の心配をすればよい。消費期限を超えて保管する場合は，冷蔵庫がよい。この場合，再加熱して供する。「消費期限」，「製造年月日」併記を要するものについては消費期限以内に消費しなければならない。冷蔵庫保管が望ましい。

③　代表的なパンの特徴

A．角形食パン

a．外　観：比容積3.8～4.2に膨らみを抑えている。やや濃いリッチ*な艶のあるゴールデンブラウンの表皮色をもつ。焼成30～34分。頂面および側面はへこまず，稜線は丸みを帯びている。滑らかでしなやかな表皮質をよしとする。

*砂糖，油脂，乳製品などの配合率が多いものを“リッチ”なパンという。

b．内　相：スライス面はクリーム白色に輝き，薄い気泡膜に囲まれた細かくそろった“すだち”を有する。指先に感じる触感はシットリしたソフトさを重視する。食感においては，火通りがよくてしかもシットリとして，わずかにモチモチとした歯ごたえがあり，やや重い感じはあるが，口溶けがよい。わずかに強い，発酵による優れた香味を有する。

B．山形食パン

a．外　観：比容積4～4.5，あるいは5くらいまで膨らませることもある。角形よりわずかに薄い，艶のあるゴールデンブラウンの表皮色を有する。焼成35～40分。山の高さはそろっていて，勢いのよいブレーキとシュレットをもつが，側面はへこんではいけない。滑らかでソフトな薄い表皮質をよしとする。

b．内　相：スライス面はクリーム白色に輝き，薄い気泡膜に囲まれたわずかに粗い楕円形の“すだち”を有する。指先に感じる触感はわずかにドライであるが，ソフトである。食感においてもわずかにドライで軽いソフトな口あたりを有し，歯切れよく団子にならず，口溶けがよい。火通りのよい芳ばしい香りとほのかな酸味がよい。ただし，比容積が大きく火通りがよすぎると香り成分が抜けるおそれがある。

C．レーズンブレッド……フルーツブレッドの代表的な製品である。果物は神が与え賜うたパンであるといわれ，パンは人が果物のうまさを目指してつくった食べ物である。ドライフルーツは最古の甘味食品であるといわれる。レーズンの配合量が多くなるほど窯伸びは小さくなるので，比容積の小さい重いパンになり，表皮質も荒れる。表皮色は帯赤ゴールデンブラウンである。クラスト表面に現れたレーズンは，焦げないようにしなければいけない。また，レーズンが多いほど気泡膜は厚く，目は詰まってくる。レーズンの甘酸っぱいうまみを賞味する製品である。レーズンのやわらかさが特に重要で，経時的にかたくなりやすい。目が詰まっていて，ずっしりと重く，かなり酸性なのでクラムの老化は速い。FDA規格では，レーズンブレッドはレーズンを小麦粉100％に対して50％以上含むものとしている。

D．あんパン……まんじゅうのあんとパンの皮，すなわち和洋ハイブリッドのパンである。艶のある濃いゴールデンブラウンの表皮色と適度のコシもちと広がりの整った円形を有し，表皮質は薄くシットリとやわらかく，底のしなやかさと細かさが大切である。内部色相は鮮明で，細かく薄い気泡膜に包まれたムラのない“すだち”と弾力のあるソフトな触感を重視する。発酵による芳香と適度に湿った食べ口がよい。生地の香味も重要だが，あんのアズキのうまさと香味を尊ぶ。生地とあんは，かたさにおいても量においても相互のバランスが大切である。

E．クロワッサン……デニッシュペストリーの甘いうまみに対して，卵を加えず糖も少ない料理向けの生地でつくり，塩味のうまみを賞味する。フィリングやトッピングは通常施さない。形は完全サークルからセミサークルまで種々である。フランスでは，ロールイン用にバターを用いたものは短棒状に，マーガリンを用いたものはサークル状に整形する。3回半～4回巻きで，三角頂はクレセントの内側にあって下向きとし，オーブンではじけないものをよしとするが，フランスでは，底部に押込むのを嫌い，はじけて盛上がったものをよしとする。最近，調理パンの一種としてサンドイッチに用いるが，本来はそのまま供食する。

F．デニッシュペストリー……リッチなスイートドウの油脂をさらに増す技法を用いた製品で，油脂の香味を賞味するとともに，軽いフレーク状の食感を楽しむ。フルーツのトッピングやフィリングをうまく食べさせる一種の菓子である。シェルフライフは長く，オーブンで温めて食べるとよい。ロールイン技法がデンマークで発達したのでこの名があるが，デンマークでは，ヴィーナブロートという。このロールイン技法は，ウィーンで始まったといわれるクロワッサンの製法と同じ技法である。ロールイン油脂の有無の違いはあるが，コーヒーケーキの一種と考えられる。

G．バターロール……塩味のきいたテーブルロール中のソフトロールの代表的な製品である。アメリカの代表的な菓子パン生地であるスイートドウの比較的リーン*な生地からつくられる。リッチな配合のものは，スイートロールに近づく。スイートロールはデニッシュペストリー生地からつくられる場合もあり，形とフィリングやトッピングの多様性によって豊富なバラエティができる。バターロールは，通常エッグウォッシュなどによる艶のある美しいリッチなゴールデンブラウンの色相と，シットリした薄いしなやかなクラストおよび薄い気泡膜に囲まれた細かい“すだち”とシットリしたソフトな触感を有するバター風味を尊ぶ，老化の遅い製品である。

＊砂糖，油脂，乳製品などが配合されていないものおよびこれらの配合率がごくわずかなものを“リーン”なパンという。

H．ハンバーガーバンズ……熱いハンバーガーをうまく食べさせる可食容器である。アメリカでは，かなり高タンパク質の小麦粉から非常にやわらかい生地をつくり，これをエクストルーダーにかけてグルテンを完全に切り，短時間製法でつくるので，細かいが気泡膜がやや厚い“すだち”とさくい食感をもっている。高タンパク質小麦粉を用いるのは，横にスライスしたときに蝶番が切れないようにするためである。中心を通って縦に切った場合，どこを切っても端から端まで同じ厚さにならなければいけない。ハンバーガーパテを挟んで食べるとき，パンの部分の歯切れのよさを尊ぶ。通常，優れた物理性をもつと考えられているパンの内相構造とは，かなり違う性質をもっている。

I．バゲット……パリ周辺のリーンな配合のフランスパンの代表的な製品である。よく膨らんでいて，比容積は6～7である。皮質はパリッとしていて滑らかで，やや淡い明るいゴールデンブラウンの表皮色を有する。クペを入れたものは切れ目が規則正しく並び，よく膨らんで盛上り，その表面は滑らかで端に際立った耳が目立つ。底を叩くとよい響きがある。スライス面はクリーム白色に輝き，細かい，または大きい不規則な，充分に包気した薄い膜に包まれた“すだち”と，やわらかい触感および小麦粉の発酵と火通りのよい生地の焼成による芳しい香りと快適な風味をもつ。

J．リングドーナツ（イーストドーナツ）……ドーナツは元来祝祭日用製品であり，これはその代表的な製品といえる。アメリカのドーナツはヨーロッパから導入されて独自に発達した。最初は食パン生地を丸く整形して中央にナッツを押込んで揚げたが，その後リング状にしたので丸形よりも火通りがよくなった。リッチな表皮色とよく膨らんださくい食ベロ，適度に浸透した揚げ油が加わった発酵生地のマイルドな甘さと香味を賞味する。

3）麺　類

麺類と一口にいっても，市場では非常に多くの形態の麺類が提供されており，保存性や流通形態も一様ではない。そこで，それぞれの形態別にその麺類の特徴および保存・流通上の問題点について説明する。

① 生・ゆで麺類　生麺類，ゆで麺類の麺業界における規範・基準は1991（平成3）年に制定された「生めん類の衛生規範」によって，細かく規定されている。ここでいう生麺類とは，生麺，ゆで麺，蒸し麺およびこれらを主材料としたもので，摂取の際加熱を要する食品が対象である。これとは別に調理麺については，「弁当及びそうざいの衛生規範」によって規定されている。これらの麺類は，水分含量が高く微生物の繁殖しやすい条件が整っていることから，もっとも腐敗しやすい麺類であるといえる。したがって麺類の保存を考えるうえでもっとも注意すべきはこの生・ゆで麺類である。表4.1.4に，上で示した衛生規範で定められている主な基準値を示す。

A．製造工程中の菌数変化……生・ゆで麺類の保存性を考える際，製品の初発菌数を抑制することがもっとも大切なことである。したがって，製造工程中の菌数変化を把握することは大変重要である。図4.1.2に一般的な製麺工場における工程中の一般生菌数の変化を示した。通常，麺類の製造に使われる小麦粉は10^2～10^3個/g程度の生菌数を示すが，製麺工程中の装置からの二次汚染や

表 4.1.4　生麺類の規格基準

	種　類	規格基準
生麺類の衛生規範	生　麺	大腸菌・黄色ブドウ球菌が陰性 細菌数（生菌数）が 3×10^{6} 以下
	ゆ で 麺	大腸菌群・黄色ブドウ球菌が陰性 細菌数（生菌数）が 3×10^{5} 以下
	添付品の天ぷら・つゆなどの加熱処理したもの	大腸菌・黄色ブドウ球菌が陰性
	添付品の生野菜などの加熱処理されていないもの	細菌数（生菌数）が 3×10^{6} 以下
	製 造 時	包装後に加熱しないゆで・蒸し麺は，水洗冷却後の品温を10℃以下に下げること 包装後に加熱するゆで・蒸し麺は，殺菌後速やかに放冷し，品温を10℃以下に下げること
	配送・保存基準	10℃以下
調理麺類（弁当及び惣菜類の衛生規範）	麺，および加熱処理した添付品	大腸菌・黄色ブドウ球菌が陰性 細菌数（生菌数）が 1×10^{5} 以下
	添付品で生野菜などの未加熱品	細菌数（生菌数）が 1×10^{6} 以下

細菌数は検体１ｇ当たり

菌の増殖により，生麺の段階で，生菌数は10^{4}個/ｇ以上に増加する。生麺の場合は，この後包装出荷される。ゆで麺の場合は，ゆで工程で，耐熱性の芽胞（バチルス属など）以外の微生物はほとんど死滅し生菌数は激減する。しかしその後の水洗冷却，包装工程で二次汚染され10^{2}～10^{3}個/ｇ程度に増加する。一部のゆで麺では，保存性を高める目的で，包装後蒸気殺菌する場合があるが，その場合は，ゆで後とほとんど同程度の生菌数まで減少するが，ゼロになることはない。蒸し麺の場合もゆで麺とほぼ同様の生菌数の変化をたどる。

調理麺類の製造については，具材のトッピングに多くの人手がかかること，セットされる副資材に生野菜などもあり汚染の機会も高いことから，特に厳しい管理が必要である。

B．保蔵中の変化……図4.1.3に生うどんと生中華麺を５～20℃で保存した際の一般生菌数の変化を，また図4.1.4にゆでうどんを同様に保存した際の一般生菌数の変化を示した。生麺およびゆ

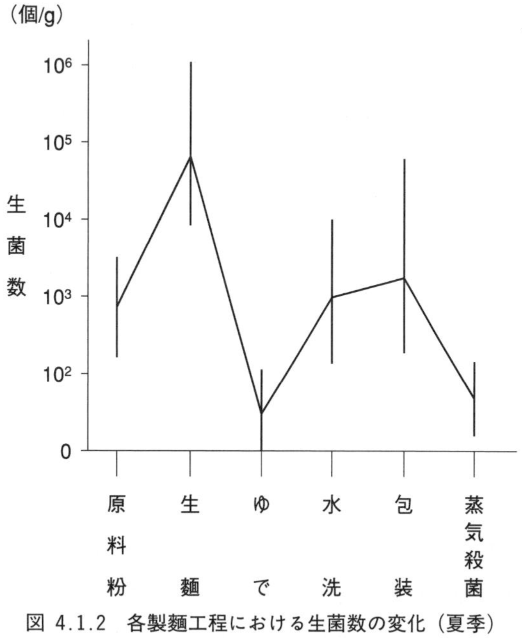

図 4.1.2　各製麺工程における生菌数の変化（夏季）
出典）　柴田茂久：ゆでめんの品質管理基準，全国製麺協同組合連合会・全国生めん類公正取引協議会（1980）

で麺中の菌数の増加は保存温度に大きく依存しており，初期腐敗の目安とされる10^6個/ｇに達するまでの日数は，生麺では５℃で10日以上であるが，10℃では５～６日，15℃を超えると４日未満となる。一方ゆで麺は，初発菌数は低いものの，菌数の増加速度が速く，初期腐敗に達するまでの時間は生麺と同程度である。したがって生・ゆで麺類を流通・保存する際は冷蔵設備の温度管理を徹底し，一貫してできる限り低温で取扱い，先入れ先出しを遵守することが必要である。積下しや仕分け作業，あるいは店舗のバックヤードなどで室温に放置したままにしておくと，品温が上昇し微生物の増殖が活発になる。品温の上昇した製品は，その後冷蔵庫に移しても，すぐには品温が低下せず，その間にさらに微生物が増殖し，最悪の場合消費期限内に腐敗してしまう。

製品を包装する前の予備冷却が不充分であったり，流通･保存の間に激しい温度変化が繰返されると，麺を包装している袋の内面に水蒸気が結露することがある。この凝結水は見ためが悪いだけでなく，生麺の場合，これが麺に付着すると，その部分の水分活性や保存料の濃度が変化し，微生物が繁殖しやすくなるので注意を要する。また，凝結水の付着が極端な場合には，麺線どうしが結着し団子状で非常にほぐれにくくなり，商品価値が著しく低下する。

中華麺は，かんすいと呼ばれるアルカリ剤（主に炭酸ナトリウムと炭酸カリウムからなる）を添加して製造するので，製造直後の麺のpHは9.5～10程度になっている。このように中華麺は微生物の繁殖に不適な高アルカリ性の状態であるため，保存性がよいように考えられがちであるが，実際の保存性は生うどんとさほど変わらない。

主な腐敗に伴う生・ゆで麺の外観・色調などの変化を表4.1.5に示した。ただし，ここに示した事例はあくまでも一般によく認められる現象である。腐敗に伴う変化はここに示しただけではないことに留意してほしい。生麺では，麺中の成分の変化や，残存する小麦粉由来の酵素活性の影響で，微生物の増殖に関係なく経時的に外観や色調が変化する。特に中華麺では，ホシあるいはスペックと呼ばれる小さな黒い斑点が時間の経過とともに増加し目立つようになり，色調もくすんでくる。しかし，生麺の状態で少し時間が経過してからゆであげた麺には透明感が出て，コシがあり製造直後よりも好まれる食感になることが知られている。

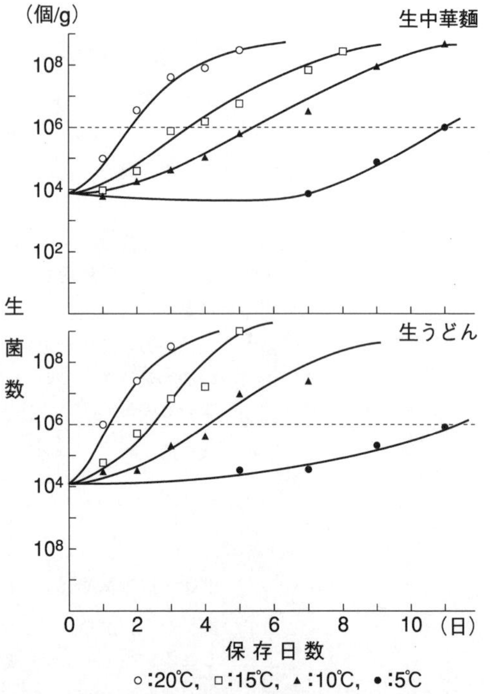

図 4.1.3　各保存温度における生麺生菌数の経時変化

出典）めん類の保存性に及ぼす保存温度の影響について，全国製麺協同組合連合会（1977）

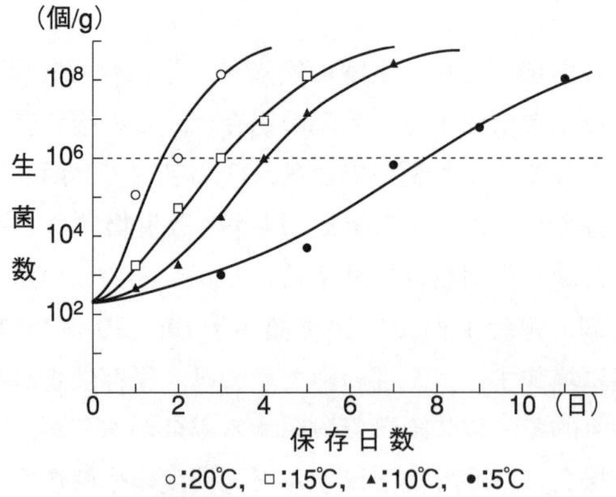

図 4.1.4　各保存温度におけるゆでうどん生菌数の経時変化

出典）めん類の保存性に及ぼす保存温度の影響について，全国製麺協同組合連合会（1977）

表 4.1.5　生・ゆで麺類の腐敗現象と外観などの変化

種　類	現　象	備　考
生 麺 類	・部分的な変色（乳白色，黒色，桃色，黄色ほか） ・菌糸の発生（白色，黒色ほか，綿毛状） ・褐変 ・退色 ・中華麺の色落ち ・酸臭 ・包材の膨れ	・微細な斑点はホシの可能性あり（黒色，茶色） ・熟成の場合あり ・有機酸類を使用した可能性あり→原材料をチェック
ゆで麺類	・着色斑点（桃色，黄色，橙色，紫色ほか） ・表面の軟化，糸引き状態 ・溶け ・酸臭 ・腐敗臭 ・包材の膨れ	 ・有機酸処理の可能性あり→原材料をチェック

これは一般に麺の熟成といわれる。ゆで麺は，酵素が加熱により失活してしまっており成分変化が少ないことから，外観・色調の変化が少ない。したがってもし変化が認められる場合は腐敗していると考えられる。

C．殺菌，静菌方法……生・ゆで麺類を保存性から大きく3つに分けると，①製造後1週間以内の保存性であるもの，②製造後2週間程度の保存性を有するもの，③製造後数カ月の保存性を有するものがある。①については，ゆで麺の場合は可能な限り加熱殺菌はせず衛生管理のもとに保存対策（初発菌数の抑制および温度管理）を立てるのがよく，生麺は無添加では保存性確保は難しい場合もあるので有機酸やアルコールを添加することが行われている。②については，ゆで麺の場合，ゆで麺pHを4.7～5.0に調整し，85～90℃で30分程度の加熱殺菌，生麺の場合は，アルコールや有機酸の添加量をやや多めにすること，麺を低水分（22～26%程度）にすること，包装内に脱酸素剤やアルコール粉末を封入することなどで対応するのが一般的である。一般に，弱い乾燥処理を施し低水分にした生麺を，半生麺あるいは半乾燥麺という。③の場合はかなり強い殺菌処理が必要で，ゆで麺の場合はゆで麺pHを4.5以下に調整し（一般的に4.0以下では酸味が強く感じてしまう），90℃で40分程度の加熱殺菌を行う（生タイプ即席麺の項で説明）。生麺は添加剤だけでは難しく，さらに水分を下げる（20%程度まで）ことと脱酸素剤やアルコールなどの添加の併用で対応する。

②　乾麺類　乾麺類とは，未加熱の生麺を乾燥したもので，日本農林規格（JAS）では，製法の違いにより乾麺類と手延べそうめん（素麺）類に分類されている（ただし干し中華麺は，即席麺に分類される）。食用植物油脂を塗布し，よりをかけながら生地を次第に引き延ばして麺にしたものが手延べそうめん類で，各工程で熟成を繰返して行うという特徴がある。このような工程を経ることで，独特な縦方向の繊維状組織を形成し，歯ごたえのある食感になる。

A．保蔵中の変化……生麺を乾燥し，微生物の増殖を抑え保存性を高めたものが乾麺である。したがって，乾麺の保存性を左右するもっとも重要な要因は水分である。一般に，干しうどん，干しひら麺，手延べうどん，手延べひやむぎ（冷麦）では水分14.5%以下，干しそば，そうめん，ひやむぎ，手延べそうめんでは水分14.0%以下が一つの目安となる。ただしこの値を満たしていても，塩分含量が少ない（3%以下）乾麺の場合は，保存温度が30℃程度になると，微生物の繁殖が可能な水分活性値になる場合があるので注意を要する。しかし市販の乾麺の水分を測定すると，ほとんどの場合，基準値よりかなり低い値を示しているので，包装が完全であれば，長期保存は可能である。ただし光のあたる場所では，脂質が酸化し風味が悪くなるので，長期保存する場合には暗所に保存するように心掛ける。

乾麺類は水分活性が低いことから，カビ類，酵母類が腐敗の原因菌となる場合がほとんどである。酵母類が繁殖した場合には，外観上の変化がなくても腐敗が進んでいることがある。このような場合は，乾麺を開封する際，袋の中のにおいを嗅ぐことで，腐敗の有無をチェックできる。カビ臭，酸臭，発酵臭，腐敗臭など異常なにおいを強く感じる場合には腐敗している可能性が高い。また，乾麺の袋が異常に膨れている場合，微生物の繁殖による炭酸ガスなどの発生が原因であることが多い。そのようなときにも袋の中のにおいを嗅ぎ腐敗の有無を確認する必要がある。

手延べ麺では保蔵中に麺質が変化する厄《やく》現象が知られている。厄を経過した麺は食感がかたくなり歯ごたえが出る。この厄現象は，脂質の分解により生成した脂肪酸のデンプンへの作用やタンパク質の保蔵中の変化などが原因であるとされている。そうめんにとってこの麺質変化は食感が向上するので歓迎されるが，うどんのような太物では逆にモチモチ感がなくなるので敬遠される。また厄の進んだ手延べ麺は，脂質の分解により生成した脂肪酸の影響で酸臭を帯びることがある。機械麺の場合にも手延べ麺ほど顕著ではないが，保蔵による麺質硬化現象が知られている。農林水産省食品総合研究所の試験結果[1)]によれば，機械製麺の乾麺がおいしく食べられる保蔵期間は，うどん，ひら麺が1年，ひやむぎが1年半，そうめんが2年とのことである。

③ 冷凍麺類　冷凍麺とは，麺類をそのまま，または加工調理し冷凍したものであって，容器包装に入れられ，凍結状態のまま提供されるものをいう。これには，生麺を冷凍した冷凍生麺とゆで上げた麺を冷凍した冷凍ゆで麺がある。

A．保蔵中の変化……冷凍状態であっても，昇華による麺の乾燥や氷結晶の成長による組織構造の破壊などにより，保蔵中の冷凍麺の品質は変化する。しかし，−18℃以下の一定温度で保蔵すれば，品質の変化は少なく1年以上高品質状態を維持できる。したがって冷凍麺の品質を維持するには，積下しや搬入を短時間に行い，できる限り低温状態を保ち，万が一にも解凍しないようにする。一度解凍してしまうと品質の劣化が著しく，再度冷凍しても決してもとの品質には戻らない。このような製品は，商品価値がなくなったと考えて破棄すべきである。

冷凍状態の麺はかたくてもろいので，取扱いの際は衝撃を与えないように注意する。また，冷凍麺はにおいを吸着しやすいという特徴があるため，ほかの食品と分けて保蔵や陳列することが望ましい。

麺の表面が白く乾いてしまったもの（冷凍ヤケ）や，霜が多量に付着してしまったものは，冷凍麺製造後の流通保蔵状態が不適当であったため品質が劣化してしまったと考えられる。

食品衛生法で定められている冷凍食品の成分規格値を表4.1.6に示す。冷凍ゆで麺類は冷凍前に水洗および予備冷却することから，飲食の際に加熱を要し，凍結直前に加熱されていない旨の表示がある食品の範疇に含まれる。

④ 即席麺類　即席麺類とは，保存性があり簡便な調理操作で喫食できる麺類の総称である。JAS では，この即席麺類を即席麺類と生タイプ即席麺類に区別している。JAS でいう即席麺類とは乾燥処理をした即席麺で，通常乾燥の前に，α化処理をしているが，かんすいを配合した中華麺の場合は，生麺をそのまま乾燥した干し中華麺も調味料（濃縮スープ）を添付して提供される場合は即席麺に含まれる。また一般的に，乾燥方法によって，油揚げ麺（フライ麺）と非油揚げ麺（ノンフライ麺）に区別される。一方生タイプ即席麺は，1997（平成9）年より新たに JAS 制定された分類である。この規格が制定されるまでは一般に LL（long life）麺あるいは生タイプ LL 麺と呼ばれていたが，最近では生タイプ即席麺の呼称で統一されつつある。これは蒸しあるいはゆでた麺を有機酸溶液中で処理し加熱殺菌したもので，調味料を添付してあり簡便な調理操作で喫食できるものとされる。低pHと加熱殺菌処理によって，通常は常温での長期保存が可能である。

A．乾燥タイプの保蔵中の変化……JAS でいう即席麺類は，乾燥処理をしているため保存性に優れ，微生物による腐敗はほとんど生じない。ただし油揚げ麺の場合は，20％前後の油脂を含んで

表 4.1.6 冷凍食品の成分規格（食品衛生法）

種 類	規格基準
飲食の際に加熱を要し，凍結直前に加熱されていない旨の表示があるもの	大腸菌が陰性 細菌数（生菌数）が 3×10^6 以下
飲食の際に加熱を要し，凍結直前に加熱された旨の表示があるもの	大腸菌群が陰性 細菌数（生菌数）が 1×10^5 以下
飲食に供する際に加熱をしない旨の表示があるもの	大腸菌群が陰性 細菌数（生菌数）が 1×10^5 以下
保存基準	−15℃以下

いるので，保存中の油脂の劣化が問題となる。油脂の劣化の指標としては酸価（AV）と過酸化物価（POV）が一般的に用いられるが，油揚げ即席麺では保存中に酸価はほとんど増加しないことが知られている。しかし，過酸化物価は遮光下ではほとんど増加しないものの，光の照射下で増加することが知られている。したがって袋入りの油揚げ即席麺の場合，配送用の段ボール箱の中のような直接光のあたらない状態であれば，過酸化物価はほとんど増加しないが，店舗に陳列されると光照射下に置かれるので，過酸化物価の上昇する可能性が出てくる。したがって，陳列後はできるだけ早く売切るべきである。

B．生タイプの保存中の変化……即席麺類は，乾燥によって微生物による腐敗を防止し，保存性が付与されているが，生タイプ即席麺の場合は，高水分の状態で保存性を高める必要があるため，通常のゆで麺類とは異なる特別な微生物制御技術が必要である。そのための基本条件は，加熱殺菌，pH制御，密封の3点である。

非耐熱性細菌や真菌類は，加熱により殺菌される。加熱温度は，麺の中心温度が，90～93℃程度で5分間以上が，一つの目安になる。加熱殺菌の際には，麺の配置場所によって温度ムラが生じないように注意する。

加熱殺菌処理を行っても，一部の細菌類の耐熱性芽胞は死滅せずに残存する。pHを調整することでこの芽胞の発芽やその後の増殖を抑制することができる。具体的には，生麺をゆでまたは蒸し後，有機酸溶液に浸漬する。このpH調整に利用される有機酸溶液へはアジピン酸，クエン酸，酢酸，酢酸ナトリウム，炭酸ナトリウム，乳酸ナトリウム，DL-リンゴ酸のうち5種類以下が利用される。また表示には，物質名のほかに，pH調整剤と記載されることが多い。JAS 規格ではpH3.8～4.8に調整するように規定されているが，pHが4.0以下になると酸味を強く感じるようになるので，4.0～4.8が実用範囲と考えられる。

以上の2つの条件が充分であっても，麺が密封され外界と完全に遮断されていないと，たちまち微生物が侵入し二次汚染され腐敗してしまう。シール部分への麺線や水などの付着が原因のシール不良，袋中の空気の過多が原因の加熱殺菌中のパンク，設備中の突起物による外的な損傷など色々な原因で，密封状態でなくなる危険性があるので，充分な管理が必要である。

4）麩

① 種類と特徴　日本で生まれた伝統的な植物性タンパク食品の一つである“麩”は，小麦グルテンと小麦粉からつくられる。吸い物のなかに入れたり，煮物としても使われる料理の素材である。成分のかなりの部分が小麦由来の植物性タンパク質なので，栄養的にも価値が高い。一部で工場生産されているが，ほとんどは零細な規模の作業場で手づくりに近い方法でつくられている。市販品はほとんどが焼麩だが，料理屋などでは生麩も使われている。

焼麩の製造はもともと冬が寒くて雪が多い地方の地場産業として発展したために，その製品はローカル色豊かである。これらを大別すると，①

鉄の長い棒に斜め方向に生地を何重かに巻いてから，回転しながら焼上げる“車麩”，② 生地を薄い板状にして焼上げていく“板麩”，③ 生地を細長い棒状に伸ばしたものや細工したものを窯で焼いて膨らませるものの3通りがある。

“車麩”は山形県や新潟県などが主産地であり，長く焼上げてスライスしたものが販売されている。煮物にすると重量感に富んだ食感になる点に特徴がある。“板麩”の主産地は山形県の庄内地方なので，そこで製造されているものは「庄内麩」とも呼ばれている。“板麩”は薄さからくる独特の口あたりが好まれて吸い物に入れて使われることが多いが，これを使った鳴門揚げなどの料理も工夫されている。新潟県の“白玉麩”，京都府の“京小町麩”，“花麩”などは，整形した生地を窯で焼くタイプで，軽い食感に特徴がある。煮物，吸い物など幅広い用途がある。

焼麩の製造では，初めに強力二～三等粉クラスの小麦粉に食塩水を加えて充分にこねて生地をつくり，撹拌しながら多めの水を加えて何回も洗うことによって，グルテンを取出している。生グルテンを冷凍したものを購入して，解凍して使っているメーカーもある。このグルテン1に対して合わせ粉0.5～1を加えて充分にこねて焼麩用の生地をつくる。“車麩”の場合の合わせ粉は強力二～三等粉クラスの小麦粉だが，その他の麩では，中力二等粉や強力二～三等粉など，製品の種類やメーカーの考え方で異なる合わせ粉が使われている。こね上がった生地を適当な重量に分割し，しばらく寝かせた後，水にいったん浸けてから整形する。専用の回転式または固定式の窯に整形した生地をセットしてから焼上げ，室温まで自然冷却してから包装する。“金魚麩”は，グルテンをそのまま整形し，焼いて製品にしたものである。

生麩は，生グルテンに少し加工したものである。生グルテンに小麦粉と餅粉を少し入れ，さらにアワ，ソバ，ヨモギなどを混ぜた“京生麩”，生グルテンをゆで，冷水におろした“津島麩”などがある。

焼麩は，水で戻した後，水気を絞って料理に使う。生麩はあらかじめゆでるか，蒸してやわらかくしてから使う。

② 焼麩の保存　焼麩の包装形態や重量はメーカーによってさまざまである。ほとんどがプラスチックフィルム製の袋に包装されている。袋には，名称，商品名，原材料，内容量，賞味期限，保存方法，製造元のほかに，戻し方や調理方法などが記載されている場合が多い。

個々の包装製品は段ボール箱に入れられて流通する。焼麩は振動，圧迫で形が崩れやすく，焼麩どうしがこすれて粉が出やすいので，荷扱いはていねいに行う必要がある。段ボール箱を開ける際には，内部の袋を損傷しないような注意もしたい。保蔵条件がよければかなり長期間保蔵可能だが，特に湿気を吸いやすいので，水に触れたり，湿度が高い場所に置かないことと，ほかの食品と同じように，高温や直射日光を避けて保蔵や陳列をしたい。

生麩は保存性が悪い生ものである。製造したら，できるだけ早く使いたい。

4.1.2　ソバ・ソバ加工品

（1）特　徴

1）種　類

ソバは，タデ科に属する食用作物である。米や小麦のようなイネ科の食用作物（穀類）とは系統を異にしているが，種子の化学組成や用途などが穀類に似ていることから，一般には穀類に分類される。疑似穀類と呼ばれることもある。栽培種としてのソバには普通ソバとダッタンソバの2種があり，普通ソバは，私たちが通常食するソバで，もっとも広く利用されている。ダッタンソバは，“苦ソバ”とも呼ばれ，従来日本ではあまり食されていなかったが，健康効果が注目され最近広く利用されている。中国やネパールなどでは古くから利用されている。その他，野生種のソバがあり，このうち宿根ソバ（シャクチリソバとも呼ばれる）は利用され，若い葉が食べられることから野菜ソバとも呼ばれている。

普通種のソバには，異型花柱性に起因する自家不和合性と呼ばれる現象があって，このためにミツバチなどによる虫媒や，自然に吹く風による風媒によって他家受粉をする。他家受粉をするために，種子の固有の形質が維持されにくい。したがって，ソバには，固有の形質をもった品種と呼ばれるものがそれほど多くない。品種には，「キタワセソバ」，「常陸秋そば」，「階上早生《はしかみわせ》」，「信濃１号」，「三度ソバ」などがある[2)~4)]。ほかのソバは，それぞれの土地で育成されてきた在来種と呼ばれるソバである。また，通常のソバは二倍体の品種であるが，人為的に四倍体の品種（「みやざきおおつぶ」[5)]，「信州大《おお》そば」など）もつくりだされ，これらも広く利用されている。世界を見渡すと，さまざまな品種，在来種のソバが栽培されている。例えば，ヨーロッパには，「シバ」（siva）（スロベニア），「バンビ」（bamby）（オーストリア）などさまざまなソバ品種があり，利用されている。カナダでは，「マニソバ」（manisoba），「コバン」（koban）などの日本向けのソバ品種が栽培されている。中国にもさまざまなソバがあり，栽培・利用されている。

また一方，品種の名称ではないが，ソバには，収穫の時期から，夏ソバ，秋ソバ，および中間型という区別がある。この区別は，ソバの日長感応性の違いに起因している[5)]。「キタワセソバ」などは夏ソバに属し，「みやざきおおつぶ」は秋ソバに属し，「信濃１号」などは中間型に属する。よく秋に収穫された“新ソバ”というものがあるが，これは普通秋ソバのことをいう。

2）製粉とそば粉の種類

黒い皮のついたソバ粒（玄ソバという）は，植物学上果実（瘦果という名称の果実）にあたる（図4.1.5）。普通“ソバ殻”という部分は果皮であり，果皮の下に薄い種皮（甘皮という）があり，この種皮に囲まれた部分が種子（抜きという）である（図4.1.5）。収穫されたソバ果実からそば粉ができる工程は，次のとおりである[3)]。すなわち，初めにソバ果実に夾雑する石や葉・茎などを除去する精選工程，黒い外皮をとって種皮に覆われた種子にする脱皮工程，次いで製粉される。製粉には，石臼で行う方法と，ロール挽きの方法とがある[3),4)]。また，製粉には，甘皮まで粉に挽いてしまう“挽きぐるみ”（全粒粉）と呼ばれる方法と，そば粉をいくつかに分けて製粉する方法がある[3)~5)]。後者の製粉方法では，ソバ種子を内側から外側へ向かって分けて製粉し，一番粉（内層粉，主成分はデンプンであり，ほのかな香りと甘みとがある。麺につくりにくいので工夫がいる）が得られ，次いで二番粉（中層粉，ソバらしい風味に富み，歯ごたえや粘りに富む[4),5)]），三番粉（表層粉，ソバの香りに大変富み，またタンパク質やミネラルなどの栄養素に富むが，つくられた麺の食感は劣る）が順に得られる。これらの内層粉から表層粉を適当な割合に混合したそば粉が，そば麺用として利用されている。さらに，四番粉（末粉，甘皮や子葉部からなる）をとることもあるが，これは乾麺や生麺の製造に利用される。また，製粉の最初の段階で生じる“上割れ”と呼ばれる部分を製粉して得られる真っ白いそば粉〔さらしな粉（御前《ごぜん》粉ともいう）〕もよく利用される。

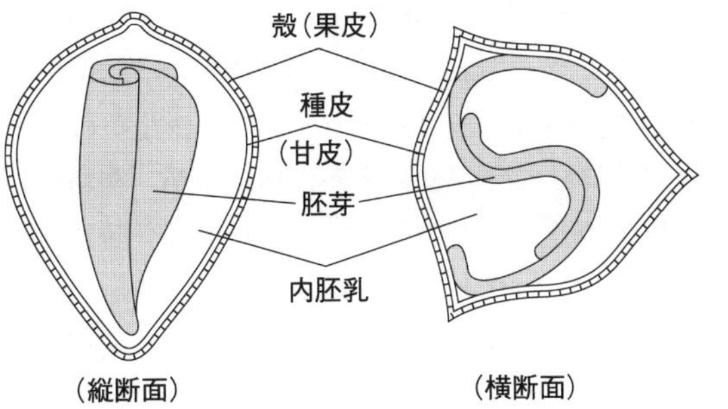

図 4.1.5　ソバ果実の構造

出典）㈳日麺連監修，柴田書店編：そばの基本技術，そば・うどん技術教本１，柴田書店（1983）より一部改変

3）生産と利用

ソバの主な生産国として，中国，ウクライナ，ロシア，ブラジル，ポーランド，アメリカ，日本，フランス，カナダ，カザフスタンなどがあげられる[6)]。日本では，北海道から鹿児島に至る広い地域で栽培されている[2)]。消費量の大部分は，中国，アメリカ，カナダなどからの輸入に依存しており，そのほとんどは中国からのものである[7)]。

ソバ（普通種）の起源については，中国の南部であると考えられている[8]。日本のソバに関する最古の記述は『続日本紀』（722年）のなかのソバの栽培奨励に関する記述といわれるが，花粉や炭化種子の発見などから実際はもっと古い時代から利用されていたと考えられている[9]。

今日，ソバはさまざまな形態に加工，調理され利用されている[10]。ソバの食べ方は，粒食と粉食とに大別される。日本では，粉食の形態による利用が大部分を占めており，そば麺（そば切り）がもっともよく利用されるソバ加工食品である。そば麺には，さまざまな種類がある。つなぎを入れないでそば粉だけでつくる場合（生粉打ちという）もあるし，またそば粉だけでは凝集性が低いために小麦粉，ヤマノイモ，鶏卵などのつなぎを入れてつくる場合もある。また，全粒粉からつくられる麺や，さらしな粉からつくられる麺（さらしなそば）など，用いるそば粉の異なる麺がある。そば麺の種類としては，生麺，乾麺，即席麺類とがある 4）を参照）。このほかに，ソバは，そばがき，そばだんご，そば餅，そば菓子などさまざまな形で利用されている[10]。一方，粒食の形態による利用は全国的に広くみられる形態ではないが，徳島県の祖谷《いや》地方ではそば米として，また山形県ではむきそばとして，古くから食する習慣がある。

世界を見渡すと，さまざまなソバの料理・製品がある。中国では，南米北麺といわれるように，中国北部には麺を中心とした食の文化がある[11]。小麦を中心としたさまざまな形の“麺”があり，ソバの麺“蕎麺《チャオミエン》”もよく利用されている。中国北部の黄土高原はソバ栽培の盛んなところであり，“そばの猫耳朶《マオアルドウ》”（猫の耳たぶのような可愛い形をした麺）などさまざまなソバがみられる。一方，ヨーロッパでは，ソバは，粉食と粒食の両方の形で広く利用されている。前述のように中国を起源としたソバは，12～16世紀頃にヨーロッパへの伝播の記録があり[5]，ヨーロッパで庶民の食べものとして広く利用されるようになったと考えられている。“カーシャ”と呼ばれるソバの粒食（挽割りソバ）の料理がロシアや東ヨーロッパなどに広くみられる。このほか，ケーキ，パン，ガレット，クレープ，ビールなどさまざまなソバ料理・製品がヨーロッパでみられる[12),13)]。麺のようなソバのパスタもイタリア北部やスイス南部などでみられる[12]。カナダやアメリカなどにも，挽割りソバやホットケーキなどさまざまなソバ製品がみられる。ソバはこのように世界で広く利用されている。

4）日本のそば麺の種類と関係法規

そば麺には，生麺，乾麺，即席麺類（和風麺，スナック麺）とがある。日本農林規格では，“乾めん類中の干そば”および“即席めん類中の即席和風めん”（ソバの用語を表示しているもの）はそれぞれ「そば粉の配合割合が30％以上であること」と定められている。また，農林水産省の“乾めん類品質表示規準”では，“乾めん”とは「小麦粉，そば粉又は小麦粉若しくはそば粉に大麦粉，米粉，粉茶，卵等を加えたものに食塩，水等を加えて練り合わせた後，製めんし，乾燥したもの」となっている。また，“干しそば”（またはそば）とは，「乾めんのうち，そば粉又は小麦粉及びそば粉を原料としてつくられたものをいう」となっている。また，この基準では，乾麺類の容器または包装に一括して，次の事項を表示するようしている，すなわち，① 品名，② 原材料名，③ 内容量，④ 賞味期限（品質保持期限），⑤ 保存方法，⑥ 調理方法，⑦ 製造業者など（輸入品にあっては，輸入業者，また輸入品の場合は原産国名）の氏名または名称および住所である。また，② 原材料名については，『「小麦粉」，「そば粉」，「やまのいも」，「食塩」等とそのもっとも一般的な名称をもって，製品に占める重量の割合の多いものから順に記載すること』となっている。

一方，生麺について，「生めん類の衛生規範等について」（厚生省通達）のなかで生めん類には，① 生麺と② ゆで麺とがあり，このうち“生めん”とは「小麦粉等の穀粉類を主原料として製めん又は成形したもの及びこれらに準ずるものであって，次に掲げるものをいう（生日本そば等）」となっている。また“ゆでめん”については，「生めんを蒸し又はゆでたものであって，次に掲げるものを

表 4.1.7 そば粉（全層粉）100gに含まれる成分

①主要成分							
エネルギー (kcal)	水分 (g)	タンパク質 (g)	脂質 (g)	炭水化物 (g)	食物繊維		
					総量 (g)	水溶性 (g)	不溶性 (g)
361	13.5	12.0	3.1	69.6	4.3	0.8	3.5

②微量成分

Ⓐミネラル							
ナトリウム (mg)	カリウム (mg)	カルシウム (mg)	マグネシウム (mg)	リン (mg)	鉄 (mg)	亜鉛 (mg)	銅 (mg)
2	410	17	190	400	2.8	2.4	0.54

Ⓑビタミン											
レチノール当量 (μg)	D (μg)	αトコフェロール (mg)	K (μg)	B_1 (mg)	B_2 (mg)	B_6 (mg)	B_{12} (μg)	葉酸 (μg)	パントテン酸 (mg)	ナイアシン (mg)	C (mg)
(0)	(0)	6.8	0	0.46	0.11	0.30	(0)	51	1.56	4.5	(0)

出典） 五訂増補日本食品標準成分表（2005）

いう（ゆで日本そば等）」となっている。また生麺には，半生麺（分類上は生麺）も利用されている。上述の「生めん類の衛生規範等について」（厚生省通達）では，生麺の取扱い上の衛生規範が定められており，生麺の容器包装の見やすい場所に次の事項を表示するようにしている，すなわち，①名称，②消費期限など，③製造所所在地，④製造者名，⑤食品添加物，⑥保存方法である。

（2）品　質

1）ソバ果実の等級

ソバ果実は，農産物規格規定にしたがって，整粒（被害粒，未熟粒，異種穀粒を除いた粒）の割合と水分含量（15%と規定されている）の２つの基準によって，一等，二等，三等および規格外に分けられている[2)]。

ソバの品質としては，玄ソバの収量，整粒性，製粉性，玄ソバの色調，粒度，粒形，栄養特性，嗜好特性（香りや物性など），加工特性，調理特性，安全性（農薬など），アレルギーに関係した性質，などが重要な因子であると考えられる。このようなソバの品質にはさまざまに因子が影響を及ぼすと考えられるが，これらの因子には品種，産地，栽培条件，気象条件，土壌条件，施肥条件，農薬，収穫方法，乾燥方法，乾燥状態，貯蔵条件，製粉方法などさまざまなものをあげることができる。

2）そば粉の栄養特性

そば粉には，ヒトの健康に関係するさまざまな成分が含まれ（表4.1.7），それぞれの成分は特有な働きをもっている。

そば粉は，タンパク質に比較的富んでおり，またそのタンパク質のアミノ酸組成は大変良好である。特に，ほかの穀類に不足しがちなリジンに富んでおり，大切なタンパク質の供給源となっている。一方，そば粉のタンパク質消化性は小麦粉などの食品に比べて低いことが知られているが，消化性の低いタンパク質や消化阻害物質にはヒトの健康にむしろ有益な効果が期待される側面があり，今後の研究が期待されている[10)]。一方，食品のタンパク質は，水や塩類溶液などに対する溶解性によって分類される。このような分類によると，そば粉は，水に溶けるアルブミンと呼ばれるタンパク質と，塩類溶液に溶けるグロブリンと呼ばれるタンパク質に富んでいる。一般にアルブミンやグロブリンには，酵素などの生物活性なタンパク質が多い。このことが，そば粉が貯蔵に伴って変化しやすいことと関係している。また，そば粉には，小麦粉に含まれる，粘弾性に富んだグルテンと呼ばれるタンパク質がほとんど含まれていない。このことが，前述のように，そば粉から製品をつくる際に，そば粉だけではつくりにくく，つなぎを入れることが多いことに関係している。

そば粉は，食物繊維に比較的富んでいる。そば粉に多く含まれている不溶性の食物繊維は，一般に便通への有益な効果があると考えられている。これに関連して，江戸時代に書かれた『本朝食鑑』には，そばについて「気分をおだやかにし，腸を寛《くつろ》げ，能《よ》く腸胃の滓穢《のこりかす》・積滞《つかえ》を練《こな》す」（東洋文庫，平凡社）と記述されているが，このような働きは，今日の科学からみると食物繊維によると考えられる。

そば粉には，多種類のミネラルが含まれている。近年ヒトの必須元素としておよそ20種が知られるようになり，これらの必須元素の体内での働きに大きな関心がもたれている。そば粉には，これらの必須元素のうち，マグネシウム，カリウム，亜鉛など，ヒトの健康維持・増進に深くかかわる元素が比較的多く含まれており，これらの必須元素の大切な供給源になりうると考えられている[14)]。古来日本では，そば切りを食べた後にそば湯を飲む習慣があるが，そば湯は前述のさまざまな必須元素や水溶性タンパク質，また後述のビタミンなどに富んでいるものと考えられる。

そば粉には，ビタミンB_1，パントテン酸，ナイアシン，葉酸などのビタミンが比較的多く含まれ，これらの大切な供給源となっている。また，そば粉には，毛細血管の脆弱性を改善する作用を示すルチンが含まれ，高血圧の予防に関心がもたれている。

以上のように，そば粉には，ヒトの健康にかかわるさまざまな成分が含まれており，優れた栄養機能をもった食品であるといえる。

既述のように，ソバには普通種とは異なるダッタン種がある。中国の研究グループが，ダッタン種には高血糖，高脂血症を改善する作用のあることを示唆している[15)]。しかし，ダッタンソバ中のどのような成分がこのような栄養生理効果をもたらしているのかなど不明な点が多くあり，今後の研究の進展が期待されている。

3）そば粉の調理・加工特性

食べものの“おいしさ”を科学的に解明することに多くの関心が集まっている。世界にはさまざまなそば料理があり，このようなそば料理の“おいしさ”や，それをかもし出す加工法や調理法の科学理論に関心がもたれている。例えば，日本のそば麺について，繊細な職人的技法によって“おいしい麺”がつくり上げられるが，このような技法のなかに潜んでいる科学理論を解明することが重要となっている。ところで，食べもののおいしさには，私たちの五感に関係するさまざまな要素が関係する。そば料理のような場合，食べたときの“咀嚼《そしゃく》感”に関係する要素（物性）や，香りなどが重要な因子となる。最近筆者らは，そば製品の物性にはタンパク質やデンプンなどの主要成分が密接に関係していることを明らかにしている[16)]。

そば粉には，特有の香りがある。そば粉の香り成分として，n-ヘキサナール，n-ノナナールなどのアルデヒドや，2-オクタノールなどのアルコールなどが報告[17)]されている。また，挽きたてのそば粉の香りを特徴づける成分として，ノナナール，ヘキサナールが重要であると報告されている[18)]。また一方，ゆでたそば粉には200種以上のにおい成分が含まれることも報告[19)]されている。

4）品　　質

世界的にはさまざまなソバがあるが，消費されるソバのうち大部分を輸入に頼っている日本としては，どのようなソバ品種が，品質として優れているのかということに関心が集まる。なかでも，栄養や嗜好に関係したソバの品質特性には高い関心がある。例えば，どのようなソバの品種が，ヒトの健康維持・増進にかかわる成分に富んだ，優れた栄養機能を有しているのかといった栄養上の関心がある。一方，ソバに消化阻害因子のような抗栄養物質が少ないことや，アレルゲンが少ないことなど，別の側面の栄養上の関心もあげられる。さらに，どのような品種から“おいしい製品”ができるのか，といった嗜好性に関係したソバ品種への関心もある。しかしながら，このようなソバ品質に関する知見は，大きな関心があるにもかかわらず，現在のところ充分得られているとはいえず，今後の研究の進展が大いに期待されている。

5）規格基準

食品衛生法第11条第1項および第18条の規定に基づき，「食品，添加物等の規格基準」が定められている。その基準のなかでソバは，BHC（0.2ppm），DDT（0.2ppm），アミトロール（不検出），臭素（180ppm）など67種（平成15年6月現在）の農薬などの物質が，定められる量を超えて含有するものであってはならないと規定されている。これらの規制物質は，今後さらに増える予定である。

（3）保　　蔵

1）ソバ果実の保蔵

栽培されたソバ果実は，収穫され，乾燥される。収穫は，コンバインまたは手刈りによって行われる。乾燥は，水分含量が15%前後（農産物規格規定）になるように，機械乾燥または天日乾燥される。ソバ果実の乾燥の仕方が，品質に影響を及ぼすので，乾燥の仕方は種々工夫して行われている[7]。乾燥されたソバ果実は，保蔵され，必要に応じて製粉され，製品がつくられる。ソバ果実の保蔵は，普通低温恒湿保管庫（7℃前後の温度，60～70%の湿度の条件）で行われる[20),21)]。秋に収穫されたソバ果実は，このような条件であると安定しており，翌年の梅雨時期頃までは保存がきくが，夏を越すと劣化が起こってくるといわれる[20)]。実際，ソバ果実を貯蔵した研究報告によると，30℃程度の高温で，かつ水分含量の高い状態での保蔵では，品質の低下に導く酸価（遊離脂肪酸の増加によって起こり，脂質の変化を示す指標）や，還元糖の上昇の生じることが報告されている[22)]。また別の報告では，36週間や72週間の長期にわたるソバ果実の貯蔵では，保蔵温度が30℃の場合（水分活性が0.7），異臭（オフフレーバー）や酸化物，遊離脂肪酸などが明確に増加するが，保蔵温度が4℃（水分活性が0.3）でもこれらの成分のある程度の増加が生じることを報告している[23)]。

2）そば粉・そば麺の保蔵

そば粉は，変質しやすい性質がある。このために，ソバの貯蔵は普通ソバ果実で行われ，必要に応じて製粉されてそば粉がつくられる。そば粉が変質しやすいのは，前述のように，ソバには，変質にかかわる種々の酵素などが含まれているためであると考えられている。ソバ果実の状態では一定の組織構造をもっているが，製粉するとこの組織構造が壊され，変質にかかわる酵素などが活発に作用するために変質しやすくなると考えられる。

そば粉を保蔵する際，保蔵環境の湿度や温度は，変質にかかわる重要な因子である。そば粉を高温や多湿の状態に置くと，そば粉の成分間の反応や，酵素による反応などが起こりやすくなり，このために変質しやすくなる。また，そば粉を高温や多湿の状態に放置すると，微生物の増殖も起こりやすくなる。元来，そば粉は，小麦粉に比べて，栽培方法や製粉方法が異なることから，微生物汚染が多い[24)]。ゆで麺ではあまり問題とならないが，生麺では微生物汚染による変質の起こる場合がありうる[24)]。一方，極度に乾燥した状態（水分活性の低い状態）では，一般に脂質の酸化などの変化が起こりやすくなる。したがって，そば粉を保存するには，温度が低く（常温またはそれより温度の低いところ），かつ低湿（適当に水分の低い状態）の状態で保蔵することが必要となる。実際，そば粉を室温の条件[25)]や室温以上の温度でかつ多湿の条件[26)]に保蔵すると成分や物性の変化することが認められている。さらに，日光などの光は，食品の保存に悪い影響を与える。また，空気中の酸素も，食品の保存に悪い影響を与える。そば粉の場合も同様である。実際，そば粉の保蔵に脱酸素剤が用いられることがある。

以上のことを要約すると，そば粉を保蔵するのによい条件として，温度は室温またはそれより低い温度であり，日光などの光があたらない暗所であり，また湿気の少ない場所であることが，重要となる。また，ポリ袋などを利用して空気（酸素）との接触を防ぐことも大切なことである。加えて，保蔵しようとするそば粉を直接手で触れたりすると，微生物汚染が起こりやすくなるとともに，手のぬくもりで変質することもありうるので，可能な限りそば粉には直接手で触れないほうがよい。

上述の事柄に関連して，そば粉を保蔵するのに“木鉢下”と呼ばれる方法がある[3),4)]。木鉢下は，そば粉をこねるときに用いる木鉢を置く台である丸桶のことであるが，そば粉を保蔵するのに，小麦粉と混合してこの丸桶に保存するようになった。この方法では小麦粉が共存するために，そば粉が空気に接触することが相対的に少なくなり[2)]，また小麦粉の吸湿作用が利用され[4)]，このようなために変質が防がれると考えられている[3),4)]。また香り成分などの放散も抑制されると考えられている[3)]。このような“木鉢下”と呼ばれる保蔵方法は，家庭でそば粉を保蔵するときにも利用できるものと思われ，小麦粉とあわせて，常温またはそれより低い温度で，暗所に保蔵するとよいと考えられる。

そば粉からつくられるそば麵（乾麵）についても，保存の原理については，そば粉の場合と同様である。「乾めん類品質基準」（農林水産省）では，乾麵の保蔵方法を表示することになっているが，具体的に「直射日光を避け，湿度の低い所で常温で保存すること」（ただし，常温で保存するものにあっては，常温で保存する旨を省略することができる）を表示することになっている。そば麵の製品を開封した後は，密閉をして空気との接触を少なくすることも保蔵方法として大切である。

一方，生麵の場合は，通常エタノール（酒精）が保存剤として添加されている。また，半生麵などでは脱酸素剤などが用いられていることが多い。「生めん類の衛生規範等について」（厚生労働省）では，生麵の製造施設・設備，取扱い，陳列・保管などについての規範が規定されており，そのなかの製品に関する項目で，生麵について「① 異物の混入が認められないこと，② 細菌数（生菌数）が検体１ｇにつき3,000,000以下であること，③ *E. coli* が陰性であること，④ 黄色ブドウ球菌が陰性であること」となっており，またゆで麵については「① 異物の混入が認められないこと，② 細菌数（生菌数）が検体１ｇにつき100,000以下であること，③ 大腸菌群が陰性であること，④ 黄色ブドウ球菌が陰性であること」となっている。

3）三たて・四たて

ソバには，“三たて”または“四たて”と呼ばれる言慣わしがある。“三たて”とは，‘挽きたて’，‘打ちたて’，‘ゆでたて’であり，これに‘とりたて’を加えて“四たて”ともいう。そば麵を食する際に，このようにしてつくった麵が美味であるとして古来推奨されてきた。上述のようにそば粉は変質しやすい性質があるので，“三たて”・“四たて”の言慣わしには科学的な根拠があると推定されるが，これらの伝統的な加工法・調理法の学問的基盤については必ずしも明確とはいえず不明な点も多くあり，筆者らはこのような方面について研究を進めている[26),27)]。

“三たて”・“四たて”の点からいえば，ソバは本来保存のあまりきかない，新鮮な状態で食することが勧められる食品であるといえる。一方，今日食品の流通機構が大きく変化してきており，例えばソバの生産地の大部分は外国であり，また挽きたてのそば粉も積極的に求めない限り普通では入手しにくい。また反面，食品保蔵や加工・調理の技術が大変進歩してきている。古来の“三たて”・“四たて”のそば麵を食する機会は次第に少なくなってきているが，温故知新のごとく，“三たて”・“四たて”の教えを，食品保蔵・加工・調理の技術のなかに生かしながら，ソバを利用し，楽しむことが大切であると思われる。

4.1.3　家庭での保蔵方法

（1）小 麦 粉

小麦粉は，湿気，におい，虫，カビにとても弱いため，家庭での保蔵条件はとても重要である。購入後は，密封できる容器やポリ袋に入れて，涼しくて乾燥した場所に置くようにしたい。台所で熱源に近いところや水がかかりやすいところなどは，小麦粉の保蔵場所としては好ましくない。特に，じめじめした梅雨のときや暑い夏には注意が必要である。

小麦粉は，家庭にある洗剤，灯油，化粧品などからにおいを吸いやすい性質をもっている。したがって，においが強いものといっしょに保蔵するのは避けたい。風味が損なわれて，せっかくつくった料理の味がだいなしになるおそれがある。

湿気にも，とても敏感である。湿気は虫やカビが発生する原因になるばかりでなく，小麦粉が固まったり，グルテンの性質など，小麦粉の品質そのものを変えてしまう。

料理，菓子，パンなどをそのときつくるのに必要と思われる量だけの小麦粉を，袋から取出すようにする。必要以上にたくさんの小麦粉を一度に袋から出してしまうのは，後の保蔵ということからよくない。

一度使った小麦粉は，たとえ残っても，もとに戻さないようにしたい。特に，天ぷらやフライに使って肉，魚，野菜などに触れた小麦粉は，それらの切れはしが入り込んだり，水気を吸っていてカビやかたまりの原因になることがあるので，袋に戻さないように注意したい。

あまり古くなると，小麦粉の中にある酵素や空気中の酸素などの影響を受けて，タンパク質や脂質が少しずつ変化するので，パンなどのできが微妙に変わることがある。小麦粉が長くもつからといって，使いかけを放っておくようなことをしないで，開封したらなるべく早めに使うようにしたい。

これらの注意は小麦粉以外の穀粉やミックスの場合も，ほぼ同じである。

（2）その他の穀類加工品

ゆで麺は生ものである。包装形態によって速度は異なるが，時間が経つと微生物の増殖による変敗と食感の経時変化のおそれがある。一般的なものは購入したらすぐ冷蔵庫に入れ，できるだけ早く消費するようにしたい。

乾麺は保蔵可能な食品だが，高温，高湿度で保存すると，腐敗が進んで異臭が発生することがある。低温，低湿度のところに保存するようにし，長期間経ったものについては，開袋時に腐敗臭がないことを確認してから消費したい。賞味期限の目安は，うどん，ひら麺が1年くらい，ひやむぎが1年半，そうめんが2年くらいである。

即席麺（乾燥タイプ）は比較的保蔵性がよい食品だが，油揚げ麺では油脂の劣化が徐々にではあるが進むので,注意が必要である。低温，低湿度で，光が当たらないところに保蔵したい。生タイプの即席麺は常温で比較的長期間保蔵可能だが，麺の食味は経時的に徐々に変化していくので，表示されている賞味期限を参考にしてなるべく早く消費したい。

バゲットなどのフランスパンは表皮がパリッとしている焼きたてがおいしい。焼きたてを購入後，1～2時間以内に食べたい。それ以上室温に置いたものでも,表面に霧を吹き，220～230℃のオーブンで1～2分再加熱すると，ある程度おいしく食べられる。少し長い時間保存したいときには，急速冷凍して保存するとよい。食べるときに，電子レンジで解凍してから，約200℃のオーブンで2～3分間再加熱するともとのおいしさに近いものを賞味できる。

食パンは低温，低湿度の条件では数日間保存可能だが，おいしく食べるためにはなるべく早く消費したい。1回に食べる分ずつ小分けして，急速冷凍して保存する方法もある。

〔引用文献〕

1）柴田茂久：貯蔵中の乾麺の品質変化，全国乾麺協同組合連合会（1978）
2）日本蕎麦協会：そば関係資料（2003）
3）㈳日本麵類業団体連合会監修：そば・うどんの技術教本，柴田書店（1985）
4）㈳日本麵類業団体連合会企画：そば・うどん百味百題，柴田書店（1991）
5）長友　大：ソバの科学，新潮社（1984）
6）Kreft, I.：Data on buckwheat production and cultivation area（1997）

7）そばうどん，28，柴田書店（1998）
8）大西近江：*Fagopyrum*，11，5（1991）
9）氏原暉男：*SCIaS*，16，45（1997）
10）池田清和：*New Food Industry*，38，67（1996）
11）周　達生：中国の食文化，創元社（1989）
12）池田清和・池田小夜子：日本調理科学会誌，27，243（1994）および30，295（1995）
13）Kreft，I.：京都大学食糧科学研究所報告，57，1（1994）
14）池田小夜子・他：*Advances in Buckwheat Research*，3，61（1998）
15）林　汝法：中国蕎麦，中国農業出版社（1994）
16）池田清和・他：*J. Nutr. Sci. Vitaminol.*，43，101（1997）
17）青木雅子・他：日本食品工業学会誌，28，476（1981）
18）青木雅子・小泉典夫：日本食品工業学会誌，33，769（1986）
19）Yajima，I. *et al.*：*Agric. Biol. Chem.*，47，729（1983）
20）浪川寛治：蕎麦百景，三一書房（1998）
21）そばうどん，22，169，柴田書店（1992）
22）遠山良・他：日本食品工業学会誌，29，501（1982）
23）Przylbyski，R.，*et al*：*Advances in Buckwheat Research*，3，1および3，7（1998）
24）めん類製造における微生物制御，食品と科学，10，92（1998）
25）杉山法子・福場博保：家政学雑誌，32，259（1981）
26）Ikeda，K.：Advances in Food and Nutrition Research，44，395（2002）
27）Ikeda，K.，Arai，R.，Kreft，I.：*Advances in Buckwheat Research*，3，57（1998）

4.2 イモ・デンプン加工品

4.2.1 デンプン

（1）性質と特性

デンプンは植物の種子や根，茎に蓄えられている貯蔵多糖類である。国内での需要は，ジャガイモデンプン，サツマイモデンプン，トウモロコシデンプン（コーンスターチ），小麦デンプンなどが主なものであるが，輸入されるものとして，上記のほかに，サゴヤシ（サゴデンプン）やキャッサバ（タピオカデンプン）がある[1),2)]。

デンプンはブドウ糖（グルコース）分子がα-1，4結合して直鎖状構造をとるアミロースと，α-1，6結合をした分岐部分を含むアミロペクチンで構成されている。普通はウルチ型デンプンで，アミロースとアミロペクチンが約8：2の構造をもち，糯米《もちまい》，モチトウモロコシのようなモチ型デンプン（ワキシースターチ）は，主としてアミロペクチンだけしか含まれず，モチ特有の粘り気を有している。

デンプン粒は水に不溶だが，水とともに加熱すると膨潤し，糊化（α-デンプン）する。生のデンプンはミセル（粒子が球状に集まったもの）を形成（β-デンプン）しており，酵素が働きにくいため消化が悪く，糊化したものは消化がよい。α-デンプン化したものを急速に乾燥すると，β-デンプンに戻らず，α-デンプンのまま保存される。この技術はインスタントラーメンなどに応用されている。

（2）性状・用途と製造方法[2)～4)]

デンプンの性状は，原料となる植物の種類，生育条件，デンプン製造条件，デンプン粒の大きさ，純度などで異なる。主な原料植物のデンプン含量はジャガイモ13～20%，サツマイモ20～30%，小麦60～65%，トウモロコシ60～65%，キャッサバ30～40%程度である。起源の違うデンプンは，種類によって形状や成分などの特性が異なる（表4.2.1）。また，種類によって糊化温度や老化性も異

表 4.2.1　主なデンプンの特徴

	粒　径（μm）	平均粒径（μm）	アミロース（%）	P203（%）	粒　形
サツマイモ	2～35	20	19	0.015	小多角形，ツリガネ形円形
ジャガイモ	2～100	30～40	25	0.176	卵形，球形
トウモロコシ	2～30	13～15	25	0.045	多角形，球形
小　麦	2～40	20	30	0.149	凸レンズ形
米	2～8	4～5	19	0.015	多角形
タピオカ	2～40	20	17	0.017	多角形，ツリガネ形

出典）鈴木繁男：各種でん粉と比べた馬鈴しょでん粉の特性（全国農業協同組合連合会編：馬鈴しょでん粉　特性とその利用），全国農業協同組合連合会，p.22（1999）
吉積智司・伊藤　汎・国分哲郎：甘味の系譜とその科学，光琳，p.136（1986）

表 4.2.2　デンプンの糊化温度と老化性

	糊化温度（℃）	老化性（%）
サツマイモ	63.5	95
ジャガイモ	61.0	88
ナガイモ	60.0	64
ク　ズ	59.0	91
レンコン	58.5	99
タピオカ	52.0	100
トウモロコシ	63.5	88

糊化温度：0.3%濃度
老化性：5%濃度，100℃，20分加熱後，保存（0℃，24時間），測定・グルコアミラーゼ法，糊化度（%）
出典）新家　龍・南浦能至・北畑寿美雄・大西正健編：糖質の科学，朝倉書店，pp.137，139（1996）

なる（表4.2.2）。

デンプン類は原料となる植物体の部位により，イモ類デンプンと穀類デンプンの２つに大別される。一般的に穀類デンプンは粒子が小さく，粘度が低い。イモ類デンプンは粒子が大きく，粘度が高い。特に，ジャガイモデンプンはアミロペクチン分子にデンプンとリン酸が結合した構造をもち，ほかのデンプンにみられないような特性を示す[3]。

デンプンは，カマボコ，チクワ，ハンペン，なると巻き，サツマアゲ，カニ風味カマボコなどの水産練り製品に用いられ，また，ソーセージなどの畜産加工品，魚肉ソーセージ，麺類，春雨，ビーフン，くずきり，スナック菓子，米菓，ラムネ菓子，ボーロ，片栗粉，打粉，ソース，タレ，スープ，ギョーザ，ワンタン，シュウマイの皮，冷凍食品などにも用いられている。その他，インク，粘着テープ，オブラート，化粧品，鋳物，ダイナマイト，乾電池，医薬品（錠剤，練り歯磨き）など広い分野で使用されている（表4.2.3）。

1）ジャガイモデンプン[5,6]

①　性　質　ジャガイモデンプンの大きさは２～100μm程度で，平均30～40μm程度であり，形状は大部分が20～70μmの卵形あるいは球形で，他のデンプンと比べて粒子がきわめて大きい。ジャ

表 4.2.3　デンプンの用途

デンプン原料			デンプン粕ジ○	クエン酸（ジュース酸味）飲料，酒造用（アルコール）
デンプン原料	デンプンの直接利用		その他ジ○	乾電池充塡用，爆薬，浮遊選鉱用，鋳物，グラスウールの経糸
デンプン原料	デンプンの直接利用		医薬品ジ○	錠剤の母系，粉剤の増量剤，賦型剤，オブラート，抗生物質の培養剤
デンプン原料	デンプンの直接利用	雑工業	沈殿防止用	靴墨，農薬用薬剤
デンプン原料	デンプンの直接利用	雑工業	原型粘固用	鋳型，人形，玩具，タドン，煉炭
デンプン原料	デンプンの直接利用	雑工業	粘結用	玩具，マッチ，和傘用
デンプン原料	デンプンの直接利用	雑工業	化粧用	歯磨き粉，おしろい，洗剤
デンプン原料	デンプンの直接利用	糊化接着剤	工業糊ジ○,コ◎,小◎	製紙，製糸，製本，段ボール，染色，ベニヤ板接着剤，成型炭
デンプン原料	デンプンの直接利用	糊化接着剤	洗濯糊ジ◎,コ○,小◎	
デンプン原料	デンプンの直接利用	糊化接着剤	普通糊ジ○,小○	
デンプン原料	デンプンの直接利用	加工デンプン	アルカリデンプンジ○,コ○	ベニヤ板接着剤，顔料
デンプン原料	デンプンの直接利用	加工デンプン	ブリティッシュガムジ○,コ○,小○	捺染
デンプン原料	デンプンの直接利用	加工デンプン	デキストリンジ○,コ○	繊維用，捺印，錠剤，賦型剤，切手用糊，製紙，製本，印刷インキ，粘着テープ
デンプン原料	デンプンの直接利用	加工デンプン	可溶性デンプン・ソリコーブルスターチジ◎,コ○	繊維用糊，錠剤賦型剤，サイジング
デンプン原料	デンプンの直接利用	食料品製造	菓子工業ジ○,コ○,小○	主にビスケット，焼パン，もなか，アイスクリーム，くずもち，くずまんじゅう，衛生ボーロ，オブラート，ベーキングパウダー
デンプン原料	デンプンの直接利用	食料品製造	食料品工業サ○,ジ◎,コ○,小◎	水産練り製品，カマボコ，チクワ，サツマアゲ，ソーセージ，春雨，そうめん，中華そば，うどん類，シュウマイの皮
デンプン原料	デンプンの直接利用	食料品製造	直接食材サ○,ジ○	くず湯，調理材料，モチトリ粉
デンプン原料	デンプンの加水分解利用	ブドウ糖	蜜サ◎,ジ○,コ◎	結晶ブドウ糖製造の際できる蜜は酵素塘化法によるものは再加工し，シラップなどに利用
デンプン原料	デンプンの加水分解利用	ブドウ糖	結晶サ◎,ジ○,コ◎	菓子（チューインガム，その他），飲料，冷菓，缶詰，酒類，医薬品（注射用ビタミンＣ剤），増量・賦型剤（ビタミンＣ），化学工業原料，グルタミン酸ナトリウム，ソルビット，界面活性剤，メチルグリコシド
デンプン原料	デンプンの加水分解利用	水飴	精製サ◎,ジ○,コ◎	パン，缶詰，菓子類（チューインガム），ビスケット，ケーキ，焼菓子，羊かん，甘納豆
デンプン原料	デンプンの加水分解利用	水飴	粉飴サ○,ジ○,コ○	酒（三増酒），アイスクリーム，菓子類，ソーセージ，醬油，乳幼児食，佃煮
デンプン原料	デンプンの加水分解利用	水飴	麦芽飴サ◎,ジ○,コ○	キャラメル，菓子類，佃煮，医薬，絵の具基質
デンプン原料	デンプンの加水分解利用	水飴	酸・酵素糖化飴サ◎,ジ○,コ○	キャラメル，ドロップ，キャンディー類，ジャム，ゼリー，佃煮，あん，羊かんなど
デンプン原料	デンプンの加水分解利用		ビール用コ○	
デンプン原料	デンプンの加水分解利用		グルタミン酸ソーダコ◎	うまみ調味料
デンプン原料	デンプンの加水分解利用	異性化糖	異性化糖サ○,ジ○,コ◎	乳酸菌飲料，パン，冷菓，清涼飲料，ジュースなど

サ：サツマイモデンプン，ジ：ジャガイモデンプン，
コ：コーンスターチ，小：小麦デンプン
◎：適しており，主要用途，○：適している
出典）いも類の生産流通に関する資料，農林水産省農産園芸局畑作振興課，pp.86～87（1999）

ガイモデンプンの粒径は，ジャガイモの品種や栽培地の気候，栽培条件，土質などにより異なる。糊化温度は市販のデンプン中でもっとも低く，膨潤度が大きく，糊化の際の保水性が高い。

ジャガイモデンプンの粘度は製造に用いる水質により変化する。これはジャガイモデンプンに結合したリン酸が大きく関与している。ナトリウム，カリウムの多い軟水で製造したジャガイモデンプンは，非常に膨潤しやすく，粘度が高くなる。カルシウム，マグネシウムの多い硬水で製造した場合は，軟水製造時に比べて膨潤しにくく，粘度も低くなる。アルミニウムや鉄などの3価の塩類が含まれる水で製造したものはもっとも膨潤しにくく，粘度は軟水時の半分ほどである[6]。さらに，分子構造中に脂肪酸を含まないため糊化したときの透明性がほかのデンプンに比較して著しく高い。

② **利　用**　水飴，ブドウ糖の原料として用いられる。味やにおいがないなどの特性を生かして，水産練り製品の増粘剤，増量剤，ソースやスープの材料，マヨネーズなどの調味料，プリン，ボーロなどの菓子類，オブラートや化粧品などに使用される。また糊化したときの透明性が著しく高いことから，中国料理のとろみをつけることなどにも利用される。

現在，一般に市販されている片栗粉は高級品を除いてジャガイモデンプンである。このほかに，化工デンプンの原料として用いられる。

③ **製造方法**　デンプン製造法の原理は，植物体細胞を破砕して植物体細胞内に蓄えられているデンプン粒を取出すことである。デンプンは水よりも比重が重く，さらに水に溶解しない性質を示す。この性質を利用して夾雑物と比重差により分別沈殿させ，デンプンを回収する。合理化された大規模デンプン工場でのジャガイモデンプン製造工程を図4.2.1に，農産物検査法によるジャガイモデンプンの規格を表4.2.4に示す。

④ **保蔵方法**　高温，多湿の条件下で保存すると，粘度の低下，pHの低下などを起こし品質が劣化する。これは，ジャガイモデンプンに結合していたリン酸が遊離し，無機リン酸が増加するためとされる。したがって，このような条件下，特に梅雨から夏にかけては保管に注意を要する。

直射日光を避け清潔な環境下で，低温度，低湿度で保管する。また，においの強いものと同一場所での保管は，移り臭が生じるので避ける必要がある。さらに，水濡れは厳禁であり，流通段階での多段積は避けるべきである。保蔵条件を満たした場合の品質保証期限は製造後2カ年である。

家庭における保管は，開封後，輪ゴムなどで口を止めるのではなく，瓶などの密栓式の容器に入れて密閉して保管する。

2）サツマイモデンプン[7),8)]

① **性　質**　サツマイモデンプンの大きさは2～35μm程度で，平均20μm程度である。形状は小多角形やツリガネ状，円形である。粘度は穀物デンプンより高いがジャガイモデンプンよりは低い。やや黄色みを帯びた色調を示す。

② **利　用**　主に水飴，ブドウ糖，異性化糖などの糖化原料として用いられる。また，特異な利用法としてジャガイモデンプン，コーンスターチなどとともにハルサメの原料となっている。

③ **製造法**[7),9),10)]　ジャガイモデンプンと同様に製造されるが，サツマイモデンプンはサツマイモ塊根中のタンパク質，水溶性糖類，クロロゲン酸のようなポリフェノール成分の影響で白色度が低くなる。このため，粉砕時に石灰を入れて破砕液のpHを中性付近にし，ポリフェノールの酸化変色によるデンプンの着色を防ぐ石灰法が行われることもある。

④ **保蔵方法**　ジャガイモデンプンと同様である。

3）トウモロコシデンプン[11)]

① **性質と利用**　トウモロコシのデンプンは性質から分けると，ウルチ，モチ，ハイアミロースに分けられる。国内ではデントコーン，スイートコーン，フリントコーンが栽培されているが，量は少なく原料としては大部分が輸入である。デント種が一番多く用いられている。粒径は平均13～15μm程度で，形状は多角形である。糊化温度はジャガイモデンプンより高く，粘度は低い。

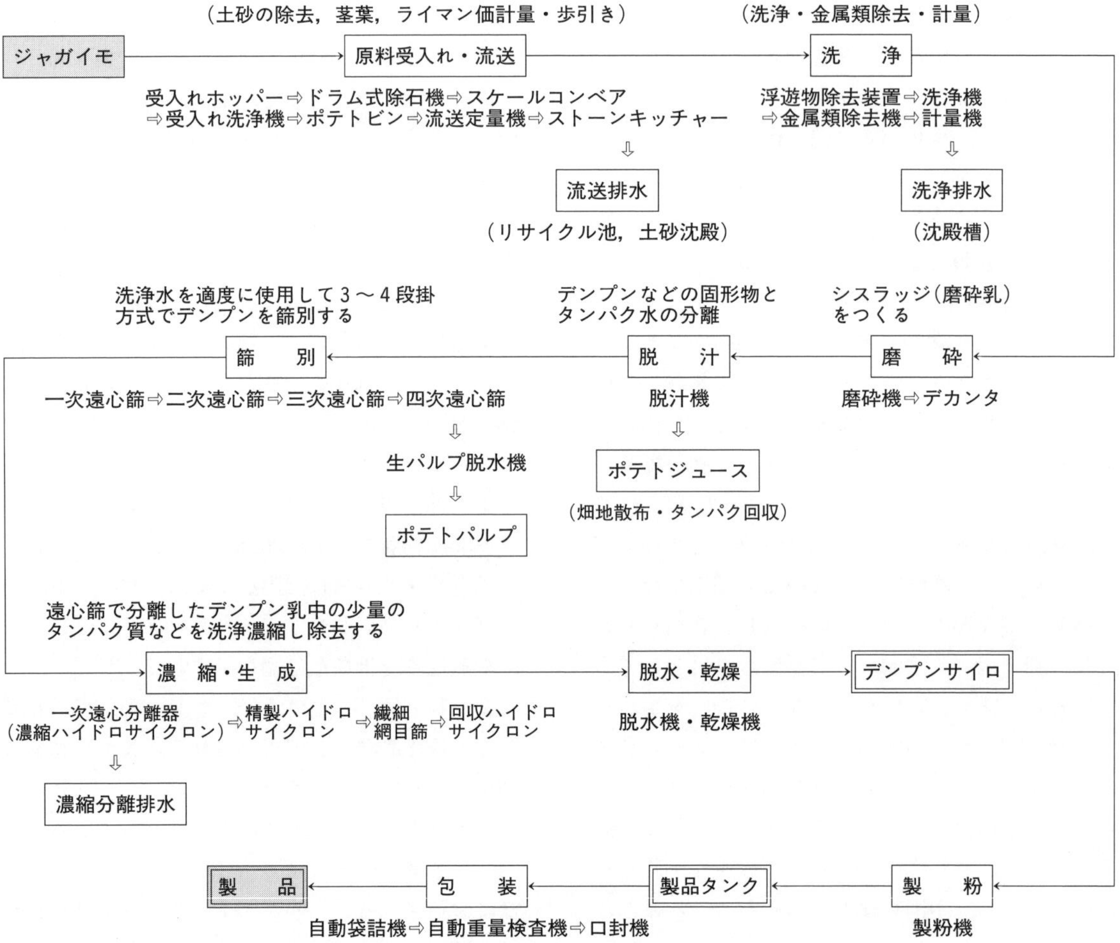

資料）小原哲二郎・木村　進・今戸正元監修：改訂　食品加工工程図鑑，建帛社，pp.38～39（1994）

図 4.2.1　ジャガイモデンプン製造工程

表 4.2.4　農産物検査法によるジャガイモ精製デンプンの規格

等級	最 高 限 度(%)				最 低 限 度		夾 雑 物	臭　気
	水分	砂分	灰分	タンパク質	酸性度(pH)	色　沢		
一等	18	0.00	0.2	0.10	5.5～8.5	一等標準品	ないもの	異臭のないもの
二等	18	0.01	0.3	0.15	5.0	二等標準品	ほとんどないもの	異臭のほとんどないもの

附　① ジャガイモ生デンプン，ジャガイモ精製デンプンにあってはアルカリ性であってはならない。
　② ジャガイモ精製デンプンおよびジャガイモ２番デンプン粉精粉の粒度にあってはふるい目の開き0.105㎜のふるいを通過するものでなければならない。

定義① 百分率：全量に対する重量比をいう。
　② 水分：105℃乾燥法によるものをいう。
　③ 砂分：比重選抜法によるものをいう。
　④ 灰分：燃焼灰化法によるものをいう。
　⑤ タンパク質：ケルダール法による換算値6.25を用いたものをいう。
　⑥ 酸性度：電極pH計により測定したものをいう。
　⑦ 粒度：標準手ぶるい法によるものをいう。
　⑧ 夾雑物：繊維，コルク質，わらくずをいう。

出典）押野見良司：馬鈴しょでん粉の製品と品質管理（全国農業協同組合連合会編：馬鈴しょでん粉　特性とその利用），全国農業協同組合連合会，pp.81～85（1999）

② **利 用**　固化接着剤やデンプン糖（水飴，ブドウ糖，異性化糖など）の原料として用いられる。

③ **製造法**[9),12)]　トウモロコシからデンプンを分離する方法には，ドライミリング法とウエットミリング法があるが，現在は，ほとんどウエットミリング法が用いられている。ウエットミリング法はトウモロコシを亜硫酸水に浸漬し，その後粉砕して各工程を経てコーンスターチおよび，グルテンミール，グルテンフィールド，コーン胚芽に分ける。

④ **保蔵方法**　ジャガイモデンプンと同様である。

4）クズデンプン[13),14)]

クズはマメ科の蔓性多年草で，日あたりのよい山地，原野，荒れ地などにみられる。全体に粗毛があり，茎は10m以上にも伸び，ほかのものに巻きついて成長する。生薬に使われ，葛根は発汗解熱効果があり，漢方薬として，葛根湯，桂枝加葛根湯などに配合される。食品としては主に，高級和菓子などに用いられる。

葛粉の製法は，秋から春に根を掘り，よく水洗後，外側のコルク皮を剝ぎ，すり下ろして粥状とし，布でこして繊維質を除きろ過液をつくる。ろ過液を放置して，生じる沈殿物を集めて，水洗，沈殿を繰返すと白い沈殿物が得られる。これを乾燥させたものが葛粉である。

5）タピオカデンプン[9),15),16)]

中南米原産のキャッサバはトウダイグサ科熱帯落葉潅木の地下にある直径20～30cm，長さ1mくらいの肥大した塊根で，タピオカはこの塊根から製造したデンプンである。別名マイオクデンプンである。不純物が少なく，糊化しやすく抱水力が強いという特徴があり，デンプンとしては良質である。アミロース含量が低いため，ワキシー種のデンプンに似た性質をもつ。日本では料理用よりも工業用として，織物の糊料や化工デンプン，水飴やブドウ糖の原料に用いられる。

製造方法は，ジャガイモデンプンとほぼ同様である。家内工業的にはキャッサバの塊根をすり潰し，水中にデンプンを洗い流して集め，これをよく水洗いした後，天日または加熱して乾燥させてつくる。キャッサバの塊根中には有毒な青酸配糖体が含まれているが，水に浸漬したり，圧搾脱汁，加熱乾燥などの製造過程で容易に除去される。

6）小麦デンプン[9),15)]

小麦デンプンは，人間に利用されたデンプンとしてはもっとも古いものと考えられている。小麦デンプンの粒径は2～40μmと幅広く，2～8μm程度の小粒子群と20～30μm程度の大粒子群がほとんどを占めている。

小麦デンプンの製造法は，小麦粉に50～80％重量の水を加え，よく練り生地をつくり，生地中のタンパク質が充分膨潤した後，水洗してデンプン乳とグルテンに分離させるマーチン法を基本とした方法で行われている。

7）米デンプン[15)]

米デンプンは，主として屑米（欠米，砕米）を原料として製造される。ジャガイモデンプンなどと比べて糊化温度は高く，粘度は低い。平均粒径が5μmと小さいため，繊維に対して浸透性や接着性がよく，洗濯用糊や手工芸などに利用される。また，塩基性色素の吸着性が強いため，カラー写真の印刷に使用されることもある。米デンプンは，デンプン粒に結合したタンパク質を取除くことが難しいので，アルカリ処理を行って分離させている。また，粒子が微細なため沈殿しにくいなど，製造コストがかかるため，米の精製デンプンとしての利用より，米粉や粗デンプン（白玉粉）として用いられることが多い。

8）カタクリデンプン[14),17)]

カタクリは，北海道から本州，中国，朝鮮半島に自生するユリ科の多年草で，冷涼な気候を好むため，本州では山間部に生育する。デンプンは地下茎（鱗茎）を開花後の葉が枯れる前に掘取り，外皮を除いたうえで粉砕し，水を加えたものを布でこして，ろ液中のデンプンを沈殿させたものを乾燥させてつくる。良質のデンプンであるため，高級和菓子などに使用されるが，きわめて限られた量しかつくられていない。一般に片栗粉の名で販売されているものはジャガイモデンプンである。

4.2.2　イモ類加工品

（1）コンニャク[19),20)]

コンニャクはサトイモ科の多年草で，地中にある肥大した茎をコンニャクイモという。インドシナ半島原産で，日本には縄文期に入ったとされる。一般栽培されるようになったのは江戸時代からである。現在，全国で生産されているコンニャクイモの約８割は群馬県産である。

種類は，「和玉」，「ハルナ」，「アカギ」，「シナ」などがあり，種類によって精製粉に特徴があり，ブレンドすることによって精製粉の品質は安定している。主成分は多糖類のグルコマンナンである。

コンニャクには製粉したこんにゃく粉（精粉）からつくる「白コンニャク」と生イモからつくるためイモの皮が入り黒くなる「黒コンニャク」がある。

その他の製品には，製造時に板で成形する「板コンニャク」，成形せずに丸めてゆでた「玉コンニャク」，板コンニャクをトコロテンのようについて押出した「つきコンニャク」，水分が多く生食できる「刺身コンニャク」，コンニャクが固まる前に細孔を通して糸のようにした「糸コンニャク」がある。また，精粉からつくる糸コンニャクや糸コンニャクを細くしたものを「シラタキ」と呼ぶ場合もある。

最近では，韓国，タイ，インドネシアなどから加熱充塡包装のものも輸入されている。加熱充塡のものは30～90日程度の賞味期限がある。冷蔵庫で保管し，開封したものは数日以内で消費する。

コンニャクの主な製造方法は，以下のとおりである。コンニャクイモを洗浄後，薄く切り乾燥させる。乾燥後に精粉し，この精粉に30～40倍量の水を加えて膨潤させる。このとき，水がき法では15℃程度の水で３～４時間，湯がき法では40～45℃程度の湯で１～２時間膨潤させる。膨潤後に精粉の10％の生石灰と10倍量の水を加え，60℃までの加熱で練上げる。練上げ後の加工形態でシラタキや板コンニャク，生詰コンニャクに分けられる。シラタキは１～２％のアルカリ熱水中に細孔から押出して凝固させ製造する。板コンニャク，刺身コンニャクなどは熱水中で凝固させた後，切断整形する。生詰コンニャクの製造法は生詰法といわれ，充塡包装した後に70～80℃の熱水浴中で加熱凝固させる。

その他，製法には大造《おおど》法といわれるものもある。大造法は粉を70℃くらいの湯に溶き，糊を練り，石灰水を加えさらに練上げる。型枠に流し，３～４時間で固まった後，カット，包装，ボイル殺菌をする。

（2）ジャガイモ・サツマイモ加工品[19),21),22)]

1）乾燥マッシュポテト（ポテトグラニュール）

ポテトグラニュールは水分を６～７％にまで乾燥させたもので，温水などで混合せるとマッシュポテトとなる。製造方法は，ジャガイモ塊茎を洗浄，脱皮したジャガイモを均一に蒸煮できるように１㎝程度の厚さに輪切りし，70℃程度の熱水でブランチング後20～30分蒸煮する。蒸煮後マッシュし，乳化剤などを添加して乾燥させる。

グラニュール中の還元糖などの非酵素的褐変，酸化褐変および，油脂の酸化による戻り臭を防ぐため，高温多湿を避けて，開封したものは密閉容器内で保管する。

2）ポテトフレーク

蒸煮したマッシュポテトをドラム型ドライヤーを用いて乾燥させて製造する。復元したときのテクスチャーを良好にさせるために予備乾燥や乳化剤の添加を乾燥前に行う。グラニュール同様にマッシュポテトとして使用される。通常の乾燥マッシュポテトとして流通しているのは，このタイプである。工業的にはスナックなどの原料として多く用いられている。

グラニュール同様に高温多湿を避け，密封して保管する。

3）乾燥ダイスポテト

ジャガイモ原料を洗浄後，剝皮してトリミング後にダイス状にカットする。スチームまたは熱水でブランチングして酵素による褐変を防ぎ，トンネル型あるいは箱型などのドライヤー，マイクロ波乾燥機，凍結乾燥などで乾燥される。

4）ジャガイモ・サツマイモ乾燥粉末

基本的にマッシュポテトと同様の製法でつくられるが，細断形状や乾燥法が異なる場合がある。また，蒸煮を行わずに凍結乾燥などを用いて低温で乾燥させ，デンプンがα化していない製品もつくられているが，製造中の酵素的褐変防止や微生物汚染などの防止技術などの面でコスト高になる。乾燥後は，粉砕されて微粉末状で販売される。

5）干しイモ

乾燥イモ，蒸し切干しともいい，洗浄したサツマイモを蒸してから，剥皮して7㎜程度の厚さにスライスする。これを4～5日間天日乾燥した後，冷暗所に1～2週間放置して表面に白色の粉が吹くとできあがる。

（3）デンプン加工品[7),15),23)]

1）白玉粉

糯米の粉を水に浸漬して，水溶性の夾雑物を除いてつくった粗デンプンである。発酵を防ぐため冬の寒い時期に製造されたものは，寒《かん》晒《ざらし》粉《こ》と呼ばれる。

製法は，糯米を水で洗って糠などを除いた後，浸漬して吸水軟化させる。水切りした後に風乾させ，半乾きの状態で粉砕しふるい分け後に，清水を加えてさらし粗デンプンを沈殿させる。沈殿した粗デンプンを乾燥させ，含水量13％ほどにして製造する。

主に，製菓や大福などの加工に用いられる。

2）タピオカパール

タピオカデンプンを利用してつくられる。

製法は，粗デンプンを成形し，湿った状態で加熱処理して，表面を糊化させる。その形によってタピオカフレーク，タピオカパール，タピオカシードの3種がある。もちもちした歯ざわりに特徴があり，ゆでてコンソメの浮き実にしたり，洋菓子のタピオカプリンの材料にしたりして利用する。消化吸収がよいため，牛乳やクリームに加えると，朝食や病人食にもなる。また，タピオカ入りのココナッツミルクも好まれている。

3）春雨

凍麵《めん》，豆麵とも呼ばれる。日本には鎌倉時代に禅寺の精進料理として伝えられた。正式には緑豆デンプンでつくられたものであるが，一般的にはジャガイモデンプン，サツマイモデンプン，コーンスターチなどを原料としてつくられることが多い。

糊化デンプンを糊《のり》として加え，よく練上げる。このとき，粘度を上げるために，少量のミョウバンを添加することもある。練上げたデンプンを小孔の多数あいた容器に入れ，この穴から熱湯中へ麵状に押出す。麵の表面が糊化して熱湯の水面に浮いたものを冷水中に移して冷却し，さらに，－13～－15℃の温度で8～12時間凍結させる。これを冷水中で解凍してから乾燥させて製品とする。この凍結処理を行うことで，デンプンが老化，煮くずれなどを起こしにくくなる。

4）オブラート

糊化デンプンを薄い皮膜状に乾燥させたα化デンプンである。張力を高めるために，デンプン乳（8～10％デンプン）に，デンプンに対して0.3～0.5％の寒天，5％のコンニャク粉を添加する。これに食用油を加え，ドラムドライ乾燥を行って製品となる。

医薬用内服薬包装材，キャラメルなどの菓子類の可食用包装材として使われる。

（4）化工デンプン[2)]

デンプンの欠点を化学的処理，酵素処理および物理的処理により改良し，さまざまな用途に使用できるようにしたもので，変性デンプン，加工デンプンとも呼ばれる。製造法の違いによる化工デンプンの種類を表4.2.5に記す。日本では，食品もしくは食品添加物として認められているものは，物理的処理，酵素処理デンプンと，一部の化学的処理デンプンである。食品に求められている化工デンプンの機能としては，低温糊化性，冷凍耐性の付与，粘度安定性などがあげられる。インスタ

表 4.2.5　化工デンプンの主な種類

加工法による分類	加 工 技 術	化工デンプンの名称	食品使用（国内）
化学的処理	酸処理	可溶性デンプン	○
		薄手糊デンプン	○
	漂白	漂白デンプン	○
	酸化	酸化デンプン	
	エステル化	酢酸エステル化デンプン	
		リン酸モノエステル化デンプン	○
		硝酸エステル化デンプン	
	エーテル化	カルボキシメチル化デンプン	○
		ハイドロキシプロピルエーテル化デンプン	
	架橋化	リン酸架橋デンプン	○
		アセチル化リン酸架橋デンプン	
物理的処理	アルファー化	アルファー化デンプン	○
		エクストルーダー処理デンプン	○
	湿熱処理	湿熱処理デンプン	○
	乾熱処理	焙焼デキストリン	○
		白色，黄色デキストリン	○
	分画	アミロース，アミロペクチン	○
酵 素 処 理	酵素処理	アミロース	○
		デキストリン	○
		サイクロデキストリン	○
		マルトデキストリン	○
		マルトオリゴ糖	○

出典）食品製造・流通データ集編集委員会編：食品製造流通データ集，産業調査会辞典出版センター，pp. 585～586（1998）

ント食品に使われるスープなどの粉末化には，デキストリンやα化デンプンが基材にされている。また，冷凍食品や氷菓などにはデンプンエステルやデキストリンが使用されている。

〔引用文献〕

1）食品製造・流通データ集編集委員会編：食品製造流通データ集，産業調査会辞典出版センター，p. 186（1998）

2）全国農業協同組合連合会編：馬鈴しょでん粉　特性とその利用，全国農業協同組合連合会，pp.9～10（1999）

3）Talburt, W. F., Schwimmer, S. and Burr, H. K.：ポテトの栽培と加工，スナックフーズ，pp.13～15（1975）

4）浅野喜一：馬鈴薯，グリーンダイセン普及会，pp. 483～498（1977）

5）二国二郎：澱粉ハンドブック，朝倉書店，pp.447～486（1961）

6）全国農業協同組合連合会編：馬鈴しょでん粉　特性とその利用，全国農業協同組合連合会，pp.11～22（1999）

7）二国二郎：澱粉ハンドブック，朝倉書店，pp.389～446（1961）

8）農学大事典編集委員会編：農学大事典，養賢堂，pp.1640～1642（1980）

9）食品製造・流通データ集編集委員会編：食品製造流通データ集，産業調査会辞典出版センター，pp.580

～586（1998）
10）小原哲二郎・木村　進・今戸正元監修：改訂 食品加工工程図鑑，建帛社，pp.38～39（1994）
11）二国二郎：澱粉ハンドブック，朝倉書店，pp.496～505（1961）
12）小原哲二郎・木村　進・今戸正元監修：改訂 食品加工工程図鑑，建帛社，pp.42～43（1994）
13）苅米達夫・木村康一監修：廣川　薬用植物大事典，廣川書店，pp.116～117（1961）
14）全国調理師養成施設協会編：オールフォト食材図鑑，調理栄養教育公社，p.37（1996）
15）二国二郎：澱粉ハンドブック，朝倉書店，pp.506～523（1961）
16）小原哲二郎・木村　進・今戸正元監修：改訂 食品加工工程図鑑，建帛社，pp.40～41（1994）
17）苅米達夫・木村康一監修：廣川　薬用植物大事典，廣川書店，p.85（1961）
18）
19）星川清親編：いも 見直そう土からの恵み，女子栄養大出版部，pp.81～107（1985）
20）小原哲二郎・木村　進・今戸正元監修：改訂 食品加工工程図鑑，建帛社，pp.44～45（1994）
21）小原哲二郎・木村　進・今戸正元監修：改訂 食品加工工程図鑑，建帛社，pp.46～47（1994）
22）Talburt, W. F., Schwimmer, S. and Burr, H. K.：ポテトの栽培と加工，スナックフーズ，pp.401～498（1975）
23）二国二郎：澱粉ハンドブック，朝倉書店，pp.604～605（1961）
24）全国農業協同組合連合会編：馬鈴しょでん粉　特性とその利用，全国農業協同組合連合会，pp.48～59（1999）

4.3 油脂加工品

4.3.1 油　脂

タンパク質はアミノ酸が，炭水化物は単糖類が1列につながってできている。

グリセリンに1～3個の脂肪酸が結合しているものが油脂である（図4.3.1）。グリセリンに1個の脂肪酸がつながったものをモノグリセリド*，2個の脂肪酸が結合したものをジグリセリド，3個の脂肪酸が結合したものをトリグリセリド（中性脂肪）とそれぞれ呼び，そのなかでもっとも一般的なのが中性脂肪である。私たちが食事でとる脂肪の約90%は中性脂肪である。

＊モノグリセリドは乳化剤として，食品に広く使われている。

油脂と水のように性質の違う2種類の液体を混合させるために，乳化剤を使う。つまり水にも溶け，油脂にも溶けるという相反する性質を同時にもつ物質である。

マーガリンの乳化剤には，モノグリセリドとレシチン（卵黄などに含まれるもの）が使われる。

4.3.2 脂 肪 酸

油脂は主に水素，酸素，炭素の3種類の元素からできている。水素は1本，酸素は2本，炭素は4本の手をもっていて（図4.3.2），すべての手に握手する相手が見つかるようにつながっている。行列している炭素に握手をさせると，遊んでいる手が2本ずつできる。握手する相手がいないと困るので，水素原子を1つずつあてがってやると，両側に水素を従えた炭素の行列になるが，これが脂肪酸の骨格になる。この行列の先頭と後尾に

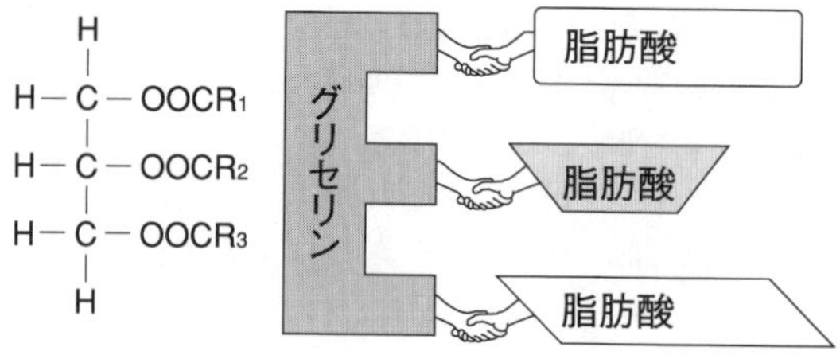

図 4.3.1　トリグリセリドの構造

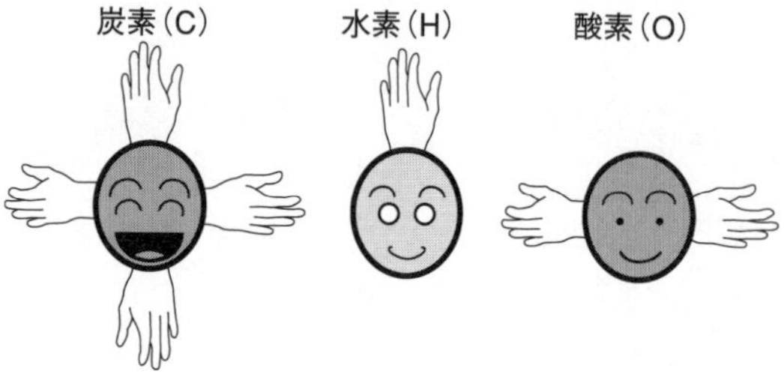

図 4.3.2　油脂を構成する元素

“カルボキシル基”(-COOH),“メチル基”(CH_3-)をつなげれば，脂肪酸の基本形になる（図4.3.3）。

（1）飽和脂肪酸と不飽和脂肪酸

図4.3.2のステアリン酸のように，炭素原子が水素原子と上・下に統合した単一の鎖が整然と横に並んだ形をしている脂肪酸が「飽和脂肪酸」である。

ところで，炭素には手が4本あるので，隣どうし，2本ずつの手でつながることもできる。こうした結合は二重結合と呼ばれ（図4.3.4），二重結合を含む脂肪酸が“不飽和脂肪酸”である。二重結合が1カ所しかなければ“一価不飽和脂肪酸”，2カ所以上あれば“多価不飽和脂肪酸”と呼ばれる（図4.3.3）。二重結合があるかないか，あるならいくつあるかによって，脂肪酸の性質は全く異なる。

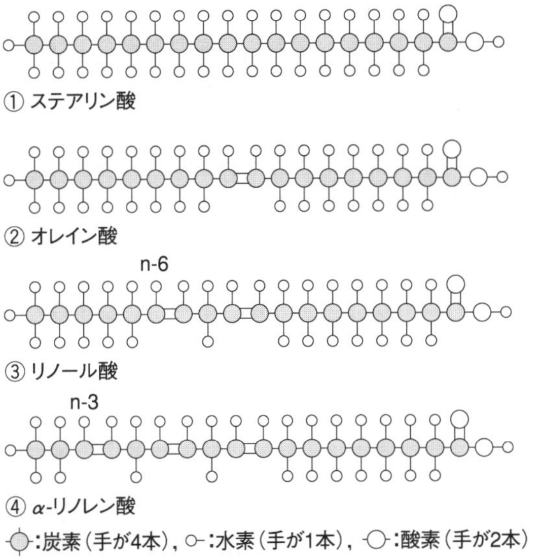

図 4.3.3　脂肪酸の構造

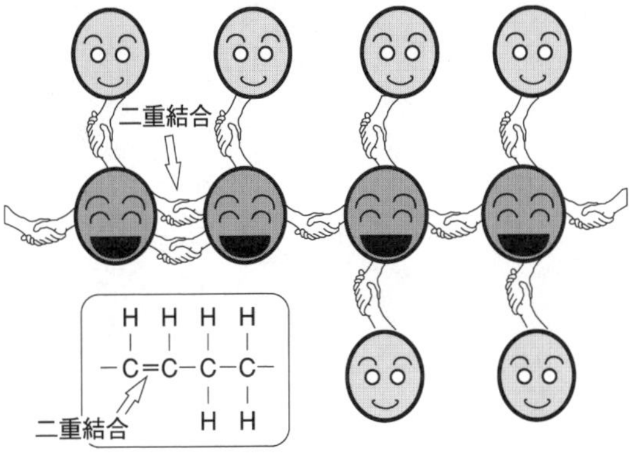

図 4.3.4　二重結合

（2） n−3とn−6

二重結合の位置が異なるだけで，脂肪酸の性質ががらりと変わる。この位置関係をはっきりさせるため，メチル基側の端から，並んでいる炭素にn−1，n−2，n−3と番号をふっていく方法がある。メチル基側の端から，3つ目の炭素に最初の二重結合がある脂肪酸は“n−3”，6つ目の炭素が最初なら“n−6”*（図4.3.3）である。

健康によい魚の油として話題の“EPA”（エイコサペンタエン酸），“DHA”（ドコサヘキサエン酸）はn−3，植物油脂に多い“リノール酸”はn−6の不飽和脂肪酸の一例である。

*ω3，ω6という呼称もある。

4.3.3　動物油脂・植物油脂・魚油の特徴

主な油脂の脂肪酸組成は表4.3.1のとおりである。

飽和脂肪酸は動物の油脂，不飽和脂肪酸は植物の油脂とよくいわれるが，動物油脂が100％飽和脂肪酸からできているわけではないし，植物油脂も不飽和脂肪酸だけということはない。動物油脂も，植物油脂も，飽和・不飽和脂肪酸を数種類混合して含んでいる。ただ，その比率が動物油脂では飽和脂肪酸，植物油脂では一般にω6系列（ほとんどリノール酸），魚油ではω3系列が高くなっているのが特徴である。

こうした脂肪酸バランスの違いが，動物や植物油脂に異なる性質を与えている。例えば，霜降り肉の脂肪は室温でも白く固まっていて，熱を通さないと溶けないが，植物油脂は一般的に液体である。魚油は冷たい海の中でも固まらない。これは脂肪酸の種類によって“融点”，つまり融ける温度が異なるためである（図4.3.5）。二重結合が多いほど低い温度でも溶けやすくなるので，多価不飽和脂肪酸の多い植物油脂や魚油は固まりにくい。

飽和脂肪酸の多いのは，もちろん動物性食品であるが，そのなかで炭素数10以下の脂肪酸が割合多いのは，牛乳と乳製品である。

4.3.4　脂肪酸の特徴による食用油脂の分類

日本人がもっとも多く消費している食用油脂は，大豆油とナタネ油である。この2つの油脂で，全消費量の約2/3を占めている。次に多いのが，パーム油である。かなり使っていると思われるゴマ油やオリーブ油などは，統計的にはさほど消費されていない。

食用油脂には，このほかにトウモロコシ油，米糠油，綿実油，ヤシ油，紅花油（サフラワー油），ラッカセイ油などがある。

消費量は少ないが，特徴ある食用油脂としては，

表 4.3.1　主な油脂

	大　豆　油	ナタネ油	トウモロコシ油	紅花油(サフラワー油)	綿　実　油	米　糖　油	ゴ　マ　油	ラッカセイ油
$C_{4:0}$ 酪酸								
$C_{6:0}$ カプロン酸								
$C_{8:0}$ カプリル酸								
$C_{10:0}$ カプリン酸								
$C_{10:1}$ デセン酸								
$C_{12:0}$ ラウリン酸								
$C_{14:0}$ ミリスチン酸				Tr	0.9	0.2	Tr	Tr
$C_{14:1}$ ミリストレイン酸								
$C_{15:0}$ ペンタデカン酸								
$C_{15:1}$ ペンタデセン酸								
$C_{16:0}$ パルミチン酸	11.3	5	13.8	8.5	25.8	17.6	10.1	9.9
$C_{16:1}$ パルミトレイン酸		0.4			0.5	0.2	Tr	Tr
$C_{17:0}$ マルガリン酸								
$C_{17:1}$ ペプタデセン酸								
$C_{18:0}$ ステアリン酸	3.4	1.8	2.7	2.8	1.9	1.3	5.7	2.3
$C_{18:1}$ オレイン酸	23.1	57.5	40.9	14.5	16.7	39.5	39.7	49.3
$C_{18:2}$ リノール酸	55.8	22.7	41.6	74.2	54.2	38.2	44.4	34.1
$C_{18:3}$ リノレン酸	6.4	10.6	1		Tr	1.5	Tr	1.4
$C_{20:0}$ アラキジン酸					Tr	0.5	0.1	1.2
$C_{20:1}$ エイコセン酸		1.5				0.5		
$C_{20:4}$ アラキドン酸								
$C_{20:5}$ ＥＰＡ								
$C_{22:0}$ ベヘン酸		0.5				0.2	1.9	
$C_{22:1}$ ドコセン酸								
？								
$C_{22:5}$ ドコサペンタエン酸								
$C_{22:6}$ ＤＨＡ								
$C_{24:0}$ リグノセリン酸						0.3		

Tr：微量
出典）油化学

の脂肪酸組成（%）

オリーブ油	椿　油	パーム油	ヤシ油	カカオ脂	シソ油	牛　脂	ラード	イワシ油	乳　脂
									3.4
									2.3
			5.8						1.4
			6.5			Tr	Tr		2.9
									0.4
			51.2			Tr	0.1		3.3
		1.1	17.6	Tr		3.3	1.4	3.7	11
						0.8			1.8
						0.4		0.5	1.8
								0.1	0.5
10.6	8.2	45.3	8.5	26.4	7	26.6	23.8	19.1	28.7
0.5		Tr		0.2		4.1	3	2.6	2.9
						1.3	0.4	0.9	1.1
						0.7	0.2	0.4	1.4
3.6	2.1	4.3	2.7	33.9	2.2	18.2	15.7	4.4	10.9
77.2	85	38.8	6.5	35.9	19.1	41.2	39.4	7.7	23.9
7.2	4.1	9.8	1.2	3	13.9	3.3	12.8	1.2	1.5
0.9	0.6	Tr		Tr	57.8	Tr	1.4		} 0.8
		0.7		0.6			0.1	0.6	
							1.7	6.3	
								1.2	
								8.2	
								5	
								2.2	
								1.5	
								34.4	

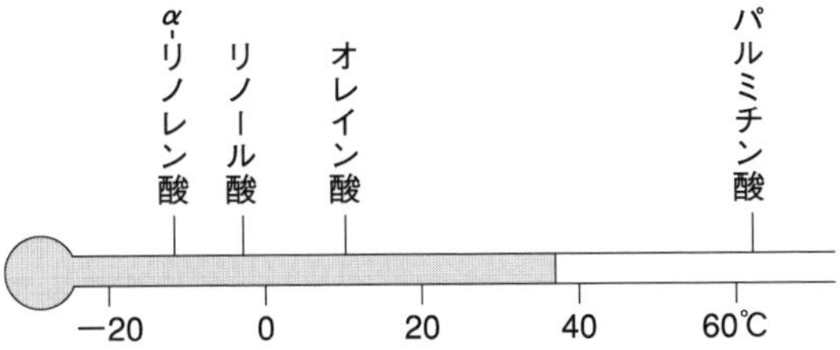

図 4.3.5　脂肪酸の融点

リノール酸がきわめて多い紅花油（サフラワー油），α-リノレン酸がきわめて多いシソ油などがある。

これらの食用油脂は，その脂肪酸の特徴から次の6種類に大別されている。

① ラウリン酸系：ヤシ油，パーム油
② オレイン酸系：オリーブ油
③ リノール酸系：ヒマワリ油，紅花油（サフラワー油），月見草油
④ オレイン－リノール酸：大豆油，新品種のナタネ油，トウモロコシ油，米糠油，綿実油，ゴマ油，ラッカセイ油
⑤ エルカ酸：ナタネ油，カラシ油
⑥ α-リノレン酸：シソ油

4.3.5 天ぷら油とサラダ油

低温（冷蔵庫）で，冬季に特にサラダ油がくもらないように，通称「ウインタリング」と呼ばれる脱ロウ工程によって，植物油中の飽和脂肪酸などの多い固体脂を除き，サラダ油を製造している。

天ぷら油の場合も低温に置いて，くもらないことが望まれるが，サラダ油ほどではなく，ウインタリングを行わない。

ウインタリングは，特に綿実油よりサラダ油を製造する際欠かせない工程である。大豆油，コーン油も，低温での白濁を防ぐためには，脱ロウの必要があるが，ヒマワリ油，紅花油（サフラワー油），オリーブ油などは比較的固体脂が少なく，その必要が少ない。

綿実・サラダ油の場合，綿実油を21～27℃で冷却器に入れ，6～12時間かけて13℃まで冷やす。通常の綿実油はここで最初の結晶化が始まる。さらに冷却速度を下げて，12～18時間かけて約6℃まで冷やし，しばらく保持し，フィルタープレスで結晶化した固体脂を除き，綿実・サラダ油を製造している。

4.3.6 油脂の原料

（1）植物油脂

1）大　豆　油

最近では，遺伝子操作によって収量の高い大豆の研究が行われているが，大豆はタンパク含量が多く（約40%），そのアミノ酸組成のバランスがよく，油分も多い（18～22%）。

大豆の主産地はアメリカ，中国，ブラジル，アルゼンチンなどで，日本で採油用に使われる大豆の大部分はアメリカから輸入されている。

大豆油の脂肪酸組成は，大豆の品種や気候などの影響を受けるが，リノール酸（$C_{18:2}$）がもっとも多く50%以上を占め，次いでオレイン酸（$C_{18:1}$），パルミチン酸（$C_{16:0}$）の順で，この3つの脂肪酸で全脂肪酸の約90%を占める。大豆油はナタネ油とともに植物油脂のなかではリノレン酸（$C_{18:3}$）が多く，6～10%含まれている。

大豆油は家庭用，業務用のサラダ油，天ぷら油として直接使われるが，家庭用は保存状態を考慮して一般的にナタネ油などと調合して使われる。マーガリン，ショートニング，マヨネーズなどの食品加工原料，また工業用分野では塗料，ワニスや可塑剤などにも使われる。

2）ナ　タ　ネ　油

ナタネ種子（油分38～44%）から採油される。ナタネの主産地は中国，カナダ，インド，フランス，ポーランドなどである。

日本で食用に使われているナタネ油の脂肪酸組成は，オレイン酸が55%以上でもっとも多く，次いでリノール酸，リノレン酸で，この3つの脂肪酸で全脂肪酸の約90%を占める。

ナタネ油は風味が淡泊で，安定性と耐光性に優れており，家庭用天ぷら油，サラダ油として広く使われている。またマーガリン，ショートニング，マヨネーズなどの業務用にも使用される。

ナタネ油は，日本でも古くから食用に供された油である。現在，国内で消費されているナタネ油の大部分は，増産と品種改良に取組んだカナダ産

ナタネを原料としている。

エルカ酸（$C_{22:1}$）の多いナタネ油を与えた動物試験で，体重増加量の減少や，心筋への蓄積，さらに長期摂取による心臓障害などが報告され，カナダで品種改良の研究が進められた結果，低エルカ酸ナタネの実用化に成功し，ナタネ油の消費が増加した。

3）トウモロコシ油（コーン油）

トウモロコシ油は，トウモロコシデンプン製造時の副産物であるトウモロコシ胚芽部（油分47～53%）から採油される。トウモロコシの主産地はアメリカ，中国，ブラジル，南アフリカなどである。日本に輸入されているトウモロコシはアメリカ産が多い。

トウモロコシは粒の色によって黄色種（イエローデント）と白色種（ホワイトデント）に分かれる。

その油の脂肪酸組成は，両品種ともにオレイン酸とリノール酸の和が全脂肪酸の80%を超えるが，個々の脂肪酸含量はそれぞれの品種でかなり異なる。

トウモロコシ油は品質的にも安定性に優れており，サラダ油として使われるだけでなく，マーガリン，マヨネーズなど業務用として使用されている。特にマーガリンでは年々使用量や配合割合も増加しており，いわゆるコーンマーガリンとして消費者に広く受入れられている。

4）サフラワー油（紅花油）

紅花の実（油分38～40%）から採油される。サフラワーの主要産地はアメリカ，メキシコ，オーストラリア，中国，インドなどである。サフラワー油はリノール酸が多く，栄養的な目的で使用されている。

調理の際にサラダ油にはよいが，天ぷら油として高温のフライに用いると，重合物を生成し，劣化しやすい欠点がある。

そのため，アメリカで品種改良が行われ，ハイオレイック（オレイン酸の多い）サフラワー油も開発され，日本に輸入されている。ハイオレイックサフラワー油のオレイン酸の含量は約70%前後で，安定性がよく，調理用の油脂に適している。

5）綿　実　油

綿の実（油分15～25%）から採油される。綿の主産地は中国，ロシア，アメリカ，インド，パキスタンなどで，現在日本へは種子が中国，タイ，インドネシア，オーストラリアなどから，また半精製油がアメリカ，オーストラリアから輸入されている。綿実油は最高級の食用油として古くから親しまれている。

綿実油の脂肪酸組成はリノール酸，パルミチン酸，オレイン酸が主成分で，3つの脂肪酸で全脂肪酸の約95%を占める。

綿実油の場合，ゴシポールと呼ばれる黄色のフェノール性物質が綿実核ベースで0.8～2.0%含まれている。これは綿実処理中にほかの色素と結合して油脂を暗色にするばかりでなく，その毒性のために非反芻《はんすう》動物の試料として不適である。アメリカにおいてゴシポールを含まない綿実の新種が植えつけられている。

6）米　糠　油

米糠油は米糠（油分15～21%）から採油される。米糠油は数多い植物油脂のなかで，唯一の国産原料より得られる。

米糠油の脂肪酸組成はオレイン酸とリノール酸が主成分で，これにパルミチン酸を加えた3つの脂肪酸で全脂肪酸の約95%を占める。

米糠油は安定性に優れ，大半がサラダ油や天ぷら油に，またマヨネーズやドレッシング，あるいは米菓やポテトチップスなどのフライ油として使われている。原油は多量のロウ分を含むので，サラダ油を製造する際は脱ロウ工程でロウ分や一部固型脂を除去する。

米糠油中に，オリザノール，ステロール，トコフェロールなどの含量が多いことから，健康食品としても利用されている。

7）ゴ　マ　油

ゴマの種子（油分45～55%）から採油される。一般に，ゴマ種子を煎って搾油するため，独特の香味が生じ，日本では高級天ぷら油としての需要が多い。

日本，中国，韓国では，この焙煎油が一般的に用いられている。一方，ゴマサラダ油はサラダ油としてヨーロッパ・アメリカで主に用いられている。

ゴマ油の脂肪酸組成はリノール酸，オレイン酸が主成分である。

ゴマ油は不鹸化物が多く，セサミン，セサモリンなどのリグナン類がかなり多く含まれている。

ゴマ油が高い酸化安定性をもつことは，古くから知られているが，ゴマ油はほかの食用油と異なり，リグナン類の一種であるセサモリンという抗酸化前駆体を含んでおり，ゴマサラダ油の場合には，セサミノールとして，また，焙煎油の場合には，セサモールとして，いずれも油の酸化安定性に大きく寄与している。

8）ラッカセイ油

ラッカセイ（油分40～50％）から採油される。ラッカセイは大豆，綿実，ナタネに次ぐ世界生産量４位の主要な油量種子作物，良好なタンパク源である。

ラッカセイ油は今では大豆，パーム油，ナタネ/カノーラ，ヒマワリに次ぐ５位となり，インド，中国，ナイジェリア，セネガル，アメリカなどが主要生産国である。

日本の消費量は少ない。ラッカセイ油は特有の香りを有し，大部分が食用に使われる。

ラッカセイ油の脂肪酸組成はオレイン酸50～65％とリノール酸18～30％で，パルミチン酸を加えた３つの脂肪酸で全脂肪酸の約90％を占める。また，炭素数22以上の比較的長鎖の脂肪酸（ベヘン酸とリグノセリン酸）が少量含まれている。

栄養学者らに，ラッカセイ，ラッカセイ油，ピーナツバターなどが，健康食として見直されつつある。赤ワインに含まれている心臓病リスク低下につながる物質レスヴェラトロール（resveratrol）が含まれており，この物質は赤ワインのフレンチパラドックス（赤ワインを常飲するフランス人が，高脂肪食を多食しているにもかかわらず，心臓病患者が少ない）との関連も考えられている。

9）オリーブ油

オリーブ樹の果実（油分乾物当たり35～70％）から採油される。オリーブ油の主要生産地はイタリア，スペイン，ギリシャなどである。

オリーブ油の脂肪酸組成はオレイン酸が主成分である。

オリーブ油はゴマ油，ラッカセイ油と並んで風味と芳香を生かした油で，パスタ料理，シーフードサラダ，マリネなどに適している。

食用のオリーブ油はバージンオリーブ油，精製オリーブ油，オリーブ油の３つに大きく分類されている。特に，オリーブ油の実から劣化を起こさない温度以下で物理的な方法により搾油したバージンオリーブ油は官能テストと遊離脂肪酸量からエクストラバージン，バージン，オーディナリーバージンに区別されている。

フランス人は多量の脂肪を摂取しているにもかかわらず心臓病がそれほど多くない。この理由として，彼らが食事の際に飲む赤ワインに含まれる抗酸化成分や食習慣であるオリーブ油に求める意見がある。

オリーブ油が心臓病を予防すると考えられている根拠は次の２点である。まず，オリーブ油の主要脂肪酸であるオレイン酸の血漿コレステロール値や血圧に及ぼす作用による。次いで，オリーブ油は赤ワインと同様にポリフェノールをはじめとする多量の抗酸化成分を含んでいることによる。

抗酸化成分の含量は，エクストラバージンと呼ばれる最上級のオリーブ油の場合２～３％であり，これは組織障害の原因となる活性酸素の作用を制御する。

10）椿　油

椿の種皮を除いた種子から採油され，椿油は主として毛髪油，オリーブ油の代用などに用いられている。椿は日本，韓国，台湾などに自生している。

伊豆諸島産の椿油の主な脂肪酸組成は，オレイン酸85.6～89.4％である。

11）パーム油

パーム樹（アブラヤシ）の果肉部（油分45～50％）から採油される。パーム樹の主産地はマレーシア，インドネシアなどである。

パーム油の脂肪酸組成はパルミチン酸，オレイン酸が多く，これにリノール酸を加えた3つの脂肪酸が主成分で，リノレン酸が少ない。

パーム油は主に食用としてそのまま，あるいは分別などの工程を経たものが，フライ油，マーガリン，ショートニング，チョコレートなどの業務用油脂に使われる。

パーム油は分別により，高融点部のパームステアリンと低融点部のパームオレインに分けられる。3区分に分別した場合に得られる中融点部は，チョコレート用のカカオ代用脂として使われる。

パーム油は安定性のよい油脂であるが，結晶が粗大化しやすく，いわゆるグレーンを生じやすい性質があること，安定性が良好な割には，においの戻りが比較的早いこと，また色調が戻ることなどの問題点が指摘され，それらの特性・風味の改良手段として，分別，水素添加，エステル交換，配合使用などが検討され，用途が拡大された。

12) ヤ シ 油

コプラ（ココヤシ樹の実の核を乾燥したもの，油分55～65％）から採油される。コプラの主産地はフィリピン，インドネシアなどの東南アジアである。

パーム核油とともにラウリン酸（$C_{12:0}$）系油脂で，脂肪酸組成はラウリン酸，カプリル酸（$C_{8:0}$），カプリン酸（$C_{10:0}$）などの中鎖脂肪酸が多い。飽和脂肪酸が全脂肪酸の約90％を占め，安定性がよい。

融点は24～27℃で口溶けがよく，製菓用，アイスクリーム用油脂として，また工業用では脂肪酸，アルコールの原料として使われる。

13) カ カ オ 脂

カカオの種子（油分50～57％）から採油される。カカオの主産地はコートジボアール，ガーナ，ブラジル，マレーシアなどで，チョコレートなどの製菓原料として使用される。

カカオ脂の脂肪酸組成は，パルミチン酸，ステアリン酸，オレイン酸が主成分である。

14) シソ油・エゴマ油

一般に用いられている，シソ油の原料であるエゴマの原産地は東南アジアと考えられている。中国，朝鮮半島では古くから栽培され，日本でも延喜式（907年）にエゴマ油の貢献の記録がある。このようにエゴマ油は日本では，ナタネ油よりも早くから油として使われていた。

シソ油は55％以上のα-リノレン酸（ω3）を含むため，通常の植物油に比較し，著しく酸化安定性が悪い。このため，シソ油を原料として使用する場合には，抗酸化に関する充分な配慮が必要である。

α-リノレン酸にがん抑制，アレルギー抑制，学習能向上などの効果が見いだされている[1]。

15) 遺伝子組換え作物[2]

日本では，1996（平成8）年9月に厚生省より7つの組換え作物*の食品としての安全性が「組換え食品の安全性に関する指針」に適合していることが認められて，いよいよ，日本に組換え作物が食品として利用される道が開け，表4.3.2に示したような組換え作物が日本で食卓にのぼっている。

作物の成分改変の第1号はカルジーン社が開発した高ラウリン酸ナタネである。これは，従来熱帯のプランテーションのアブラヤシなどでのみ生産されていたラウリン酸をナタネにつくらせるものである。ラウリン酸の含量は約40％で，このナタネの開発により温帯から寒帯でもラウリン酸の生産が可能になった。商業ベースでの生産は1995（平成7）年に開始され，アメリカではすでに各種の製品に利用されている。

現在進められている研究は，特定の脂肪酸を生産することを目的としたものである。

例としては，

① ヨーロッパ・アメリカの消費者のニーズである低飽和脂肪酸
② 酸化安定性を高める低リノレン酸
③ 健康上のニーズである高オレイン酸
④ マーガリンなどの生産に役立つ高ステアリン酸
⑤ 化粧品業界を対象とした高ラウリン酸など

をあげることができる。

表 4.3.2　安全性審査の手続を経た遺伝子組換え食品および添加物一覧

厚生労働省医薬食品局食品安全部

平成16年 6 月28日現在

(1)　食品

No.	対象品種/品目	名　称	性　質
1	じゃがいも	ニューリーフ・ジャガイモ BT-6系統	害虫抵抗性
2	じゃがいも	ニューリーフ・ジャガイモ SPBT02-05系統	害虫抵抗性
3	じゃがいも	ニューリーフ・プラス・ジャガイモ RBMT21-129系統	害虫抵抗性 ウィルス抵抗性
4	じゃがいも	ニューリーフ・プラス・ジャガイモ RBMT21-350系統	害虫抵抗性 ウィルス抵抗性
5	じゃがいも	ニューリーフ・プラス・ジャガイモ RBMT22-82系統	害虫抵抗性 ウィルス抵抗性
6	じゃがいも	ニューリーフY・ジャガイモ RBMT15-101系統	害虫抵抗性 ウィルス抵抗性
7	じゃがいも	ニューリーフY・ジャガイモ SEMT15-15系統	害虫抵抗性 ウィルス抵抗性
8	大豆	ラウンドアップ・レディー・大豆40-3-2系統	除草剤耐性
9	大豆	260-05系統	高オレイン酸形質
10	大豆	A2704-12	除草剤耐性
11	大豆	A5547-127	除草剤耐性
12	てんさい	T120-7	除草剤耐性
13	てんさい	ラウンドアップ・レディー・テンサイ77系統	除草剤耐性
14	とうもろこし	Bt11	害虫抵抗性 除草剤耐性
15	とうもろこし	Event176	害虫抵抗性
16	とうもろこし	Mon810	害虫抵抗性
17	とうもろこし	T25	除草剤耐性
18	とうもろこし	DLL25	除草剤耐性
19	とうもろこし	DBT418	害虫抵抗性 除草剤耐性
20	とうもろこし	ラウンドアップ・レディー・トウモロコシ GA21系統	除草剤耐性
21	とうもろこし	ラウンドアップ・レディー・トウモロコシ NK603系統	除草剤耐性
22	とうもろこし	T14	除草剤耐性
23	とうもろこし	Bt11スイートコーン	害虫抵抗性 除草剤耐性
24	とうもろこし	鞘翅目害虫抵抗性トウモロコシ MON863系統	害虫抵抗性
25	とうもろこし	トウモロコシ1507系統	害虫抵抗性 除草剤耐性
26	なたね	ラウンドアップ・レディー・カノーラ RT73系統	除草剤耐性
27	なたね	HCN92	除草剤耐性
28	なたね	PGS1	除草剤耐性
29	なたね	PHY14	除草剤耐性
30	なたね	PHY35	除草剤耐性
31	なたね	PGS2	除草剤耐性
32	なたね	PHY36	除草剤耐性
33	なたね	T45	除草剤耐性
34	なたね	MS8RF3	除草剤耐性
35	なたね	HCN10	除草剤耐性
36	なたね	MS8	除草剤耐性 雄性不稔性
37	なたね	RF3	除草剤耐性 稔性回復性
38	なたね	WESTAR-Oxy-235	除草剤耐性
39	なたね	PHY23	除草剤耐性
40	なたね	ラウンドアップ・レディー・カノーラ RT200系統	除草剤耐性
41	わた	ラウンドアップ・レディー・ワタ 1445系統	除草剤耐性
42	わた	BXN cotton 10211系統	除草剤耐性
43	わた	BXN cotton 10222系統	除草剤耐性
44	わた	インガード・ワタ 531系統	害虫抵抗性
45	わた	インガード・ワタ 757系統	害虫抵抗性
46	わた	BXN cotton 10215系統	除草剤耐性
47	わた	鱗翅目害虫抵抗性ワタ15985系統	害虫抵抗性
48	じゃがいも	ニューリーフY・ジャガイモ SEMT15-02系統	害虫抵抗性 ウィルス抵抗性
49	てんさい	ラウンドアップ・レディー・テンサイ H7-1系統	除草剤耐性
50	とうもろこし	鞘翅目害虫抵抗性トウモロコシ MON863系統とラウンドアップ・レディー・トウモロコシ NK603系統を掛け合わせた品種	害虫抵抗性 除草剤耐性
51	とうもろこし	ラウンドアップ・レディー・トウモロコシ　GA21系統とMON810を掛け合わせた品種	除草剤耐性 害虫抵抗性
52	とうもろこし	ラウンドアップ・レディー・トウモロコシ　NK603系統とMON810を掛け合わせた品種	除草剤耐性 害虫抵抗性
53	とうもろこし	T25と MON810を掛け合わせた品種	除草剤耐性 害虫抵抗性
54	わた	ラウンドアップ・レディー・ワタ1445系統とインガード・ワタ531系統を掛け合わせた品種	除草剤耐性 害虫抵抗性
55	わた	鱗翅目害虫抵抗性ワタ15985系統とラウンドアップ・レディー・ワタ1445系統を掛け合わせた品種	害虫抵抗性 除草剤耐性
56	とうもろこし	トウモロコシ1507系統とラウンドアップレディー・トウモロコシNK603系統を掛け合わせた品種	害虫抵抗性 除草剤耐性
57	とうもろこし	MON810と鞘翅目害虫抵抗性トウモロコシ MON863系統を掛け合わせた品種	害虫抵抗性
58	わた	LLCotton25	除草剤耐性

(2) 添加物

No.	対象品目	名　称	性　質	No.	対象品目	名　称	性　質
1	α-アミラーゼ	TS-25	生産性向上	7	プルラナーゼ	SP962	生産性向上
2	α-アミラーゼ	BSG-アミラーゼ	生産性向上	8	リパーゼ	SP388	生産性向上
3	α-アミラーゼ	TMG-アミラーゼ	生産性向上	9	リボフラビン	リボフラビン	生産性向上
4	α-アミラーゼ	SP961	生産性向上	10	グルコアミラーゼ	AMG-E	生産性向上
5	キモシン	マキシレン	生産性向上	11	キモシン	カイマックス	キモシン生産性
6	プルラナーゼ	Optimax	生産性向上	12	リパーゼ	NOVOZYM677	生産性向上

＊遺伝子組換え技術とは：生物の体は細胞からできているが，その細胞のなかに核と呼ばれるものがあり，その内部に染色体がある。この染色体は，DNA（デオキシリボ核酸）という物質からできており，糖とリン酸の長い2本の鎖がらせん状にからまっており，その間を4種類の塩基が梯子段のようにつながっている。この塩基の並び方の順番により遺伝子情報が決まり，生物の体を構成するタンパク質が合成される。

生物学の研究によって，色々な生物についての DNA の塩基の配列とその機能がわかるようになってきた。このため，ある生物の細胞から有用な遺伝子を取出し，ほかの生物の細胞に入れることによって，農作物などの改良を行うことができるようになった。これを遺伝子組換え技術という。

現在，実用化されている害虫抵抗性や除草剤抵抗性のある大豆，ナタネなどについては農業生産者にとって直接的メリットがある。しかし，これらについても，農薬などの使用が少なくてすむことによって，環境にやさしい農業が可能になるとともに農作物の安定生産によるコストの引下げにつながり，消費者にもメリットになると思われる。

(2) 動物油脂

1) 牛　脂

牛脂の脂肪酸組成は，オレイン酸，パルミチン酸，ステアリン酸が主成分である。

牛脂は家庭用マーガリンに使われていない。従来業務用マーガリン，ショートニングに相当使われていたが，最近は価格上のメリットが少なくなり，魚硬化油，ラードあるいはパーム油に置換えられており，その利用は減少の一途をたどっている。この傾向はラードについても同様で，その原因の一つとして，植物油脂志向をあげることができる。

しかし，ヨーロッパではペストリー用マーガリンに，牛脂のねっとりとした物性を利用して，クーリングドラム方式の練り機を組合せると，良好な品質の製品が得られるといわれ，相当使用されている。

2) ラ　ー　ド

ラードの脂肪酸組成は，オレイン酸，パルミチン酸，ステアリン酸，リノール酸が主成分である。

ヨーロッパ・アメリカでは，一般に良質の豚脂を精製しないで，そのまま食用に供するものをラードと称しているが，日本では精製を行い，精製ラードとしてJASが制定され，販売されている。この規格では純製ラードと調製ラードの2種類に区別され，純製ラードはもちろん100%豚脂で，調製ラードは豚脂を主体として，牛脂など他の脂肪を一部混合したものである。

ラードは当然，動物油脂なのでトコフェロール含量が少なく，牛脂よりリノレン酸含量がいくぶん多いことから，コロッケ，ハンバーグ，中国料理などの調理用として，熱いうちに食べられるものに向いている。保存安定性を必要とする，例えば，即席麺などのフライ食品に利用するため，酸化防止剤を添加する。

精製ラードの生産は，1958（昭和33）年に即席麺が開発され，この発展とともにラーメンのフライ用油脂として需要が急上昇したが，最近は即席麺の生産の伸びの鈍化と一部植物油脂志向のため，ラードの生産も鈍化してきた。

しかし，中華味に必要な独特の“コク”が見直される傾向もあり，純製ラードは最近生産の伸びを取戻しつつある。

最近では，BHA や BHT のような合成酸化防止剤から，トコフェロールのような天然酸化防止剤に切替えられている。

3）魚　油

魚の漁獲量については，昔から大きな変動があり，明治時代には，ニシンがたくさん獲れた。その後急激に減少し，最近では，イワシが主体となった。その漁獲量もこのところ急激に減少している。

魚油はほとんどが，水素添加により硬化油となり，マーガリンやショートニングの原料として使われる。水素添加により，酸化安定性が増すとともに，油脂のかたさを用途に合うように調整することができる。

魚硬化油は，多種多様な脂肪酸のトリグリセリドからなり，固化する場合は，結晶化のスピードが速く，微細で均一な結晶をつくり，食用加工油脂の製造には大変使いやすい。この結晶型は起泡性に優れ，クリーム用やケーキ用に適した油脂となる。

水素添加により二重結合が飽和化される以外に，シス型の二重結合がトランス型に変わり（図4.3.6），多くの異性体を生成する。トランス型の脂肪酸は融点がシス型より高く，水素添加の方法や条件により，より多量にトランス酸を生成させたり，逆にできるだけ少量に抑えたりすることが可能である。

魚類の脂肪酸組成は，EPA や DHA が多いのが特徴である。アユ，コイなどの淡水魚は DHA や EPA が少ない。イカやタコも魚類と同様，DHA や EPA が多い。ドコセン酸（$C_{22:1}$）は貝類のアワビに含まれ，特にサンマ，ニシンには多い。

① EPA　炭素数20で二重結合を5個含む脂肪酸（図4.3.7）で，イワシ，サバ，イカの主要な脂肪酸である。

主たる生理活性は血漿凝集阻害作用と血清中性脂肪上昇抑制作用である。

EPA の医薬品化に関しては，約90％の EPA エチルエステルがソフトカプセル化され，1990（平成2）年に閉塞性動脈硬化に伴う潰瘍，疼痛および冷感の改善薬として使われており，1994年にさらに高脂血症改善薬としても製造承認を取得した。

② DHA　炭素数22で二重結合を6個含む脂肪酸で，魚では体全体に分布しているが，特に眼窩脂肪組織に多い。

ヒトや動物において，脳，眼に多く存在し，それらの機能に重要な役割を果たしている。

DHA の医薬品化については今後の臨床試験次第であるが，高濃度精製技術の開発をはじめ，各種の疾病に対する薬理効果の研究が進められており，将来は医薬品としての可能性も充分期待される。

特に DHA は女性の出産・育児には必須のものとなり，粉ミルクへの添加，ソフトカプセルでの

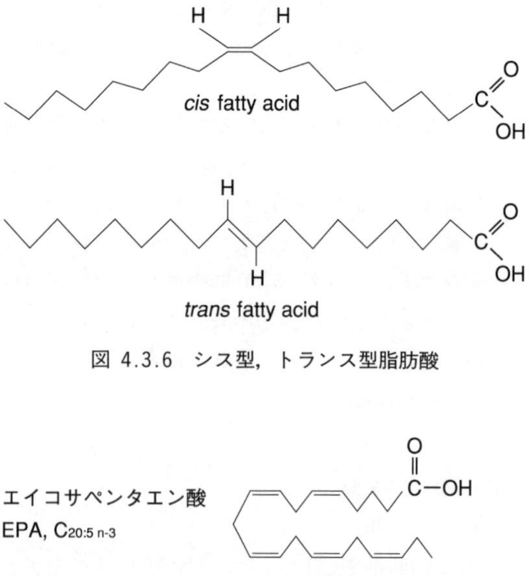

図 4.3.6　シス型，トランス型脂肪酸

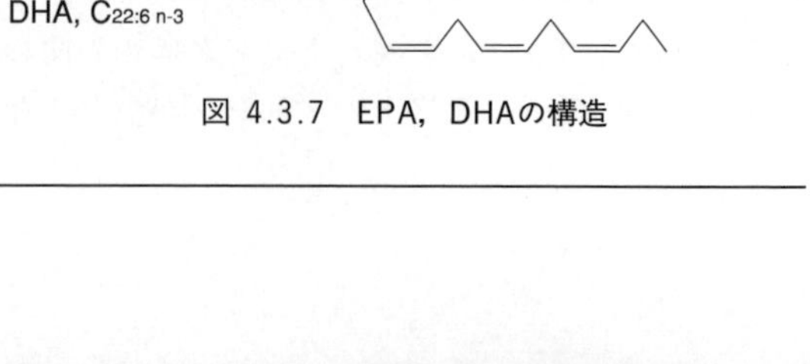

図 4.3.7　EPA，DHAの構造

利用と一般食品への添加が進展している。

4）乳　脂

乳脂肪の主要なものは乳脂であるが，その他にわずかのリン脂質，糖脂質およびステロール（そのほとんどがコレステロール）と微量の遊離脂肪酸，脂溶性ビタミンなどが含まれている。

乳脂の脂肪酸組成は，酪酸（$C_{4:0}$），カプロン酸（$C_{6:0}$）などの低級脂肪酸が多いのが特徴で，パルミチン酸，オレイン酸，ミリスチン酸，ステアリン酸などが主成分である。また乳脂には，微量の奇数脂肪酸や側鎖脂肪酸が含まれている。

一般動植物油脂のなかで，乳脂，特に反芻動物の乳脂はもっとも多量にこれらの低級脂肪酸を含有するので，乳脂はあらゆる油脂のなかで，風味が良好で，しかももっとも吸収されやすい。

乳脂の脂肪酸組成は飼料，栄養状態などの環境要因に影響され，一般的に夏に不飽和脂肪酸が多く，冬に飽和脂肪酸が増加する。

乳脂は牛乳中に脂肪球という，直径0.1～22μmの小球となって，エマルションの状態で存在する。

4.3.7　食用油脂の特徴

（1）食用加工油脂

マーガリンやショートニングの主原料である食用加工油脂の製造について，原油から食用加工油脂に至るまでのすべての工程を説明する。

1）原料油脂

油脂加工品に用いられる油脂原料については，すでに説明したが，世界的傾向として，コレステロールの多い動物油脂に代わって現在は植物油脂が多く用いられる。日本の家庭用マーガリンも，ほとんどすべて植物性で，大豆油，パーム油，トウモロコシ油，綿実油，ナタネ油，サフラワー油などが用いられる。

2）原料油脂の精製

動植物原料から採取した原油は数々の不純物を含んでいる。これらの不純物のうち，後工程に有害なものや無益なものを取除いて，優良な食用油脂を製造する工程が精製である。つまり，糖類，タンパク質およびその分解物，リン脂質，色素，脂肪酸，その他の夾雑物などを除去する作業である。

精製工程は普通，脱ガム，脱酸，脱色，脱臭の順に行う。

① **脱ガム**　粘質物やタンパク分解物，また大豆油のリン脂質を除く作業を脱ガムと呼ぶ。

② **脱　酸**　遊離の脂肪酸を除く作業で主としてカセイソーダ（水酸化ナトリウム）溶液を用いる。脂肪酸とアルカリが中和して石鹸ができるが，これをフーツと呼ぶ。フーツは色素その他の不純物も抱き込んで析出沈殿するので，タンクの底から抜取るか，連続的に遠心分離機で分離する。現在，ドラバル，ウエストファリア，シャープレスなどの連続法が広く用いられている。

また，ゼニス法では薄いアルカリ溶液のなかを下方から油脂を小滴状として上昇させ，その間に脱酸を行う。油脂の歩留り，品質が優れている。

③ **脱　色**　脱色は油脂の色素を除去する作業である。普通，活性白土を1～3％程度使用し，減圧下で100℃内外に加熱し，色素を吸着させる。

④ **脱　臭**　脱臭作業により，におい，味とも良好な食用油ができる。油温250℃内外，真空度2～4mmHgで水蒸気を吹き込み，有臭成分や少量の脂肪酸を留出除去する。なお，この際ステロールやトコフェロールなどの有用成分もともに留出するので，必要に応じて回収する。

3）油脂の改質技術

天然の油脂を化学的，または物理的方法により，物性を目的に沿うように変化させることを改質というが，水素添加，分別，エステル交換は油脂の有力な改質手段である。これらの食用油脂は1979（昭和54）年10月，JAS が制定され，“食用精製油脂”と命名され，食用加工油脂のなかに分類されている。

① **水素添加**　水素添加は魚油や液状油の植物油に，触媒の存在下で水素を通じ，その不飽和の二重結合に水素を付加結合させ，飽和な結合にすることである。

水素添加の度合いによって，液体油は種々のかたさの硬化油となり，また酸素に対する抵抗性，つまり安定性がよくなる。

② 分 別 分別とは，油脂を融点の異なるグリセリド群に分けることである。例えば，パーム油は，液状のパームオレインと，固体脂のパームステアリンに分別する。また，シアナットの脂肪はかたい部分と，中間のカカオ代用脂の部分と，液体油とに溶剤を用い，分別（溶剤分別）する。

③ エステル交換 原料油脂にナトリウムメチラート，水酸化ナトリウムなどの触媒を加え，加熱し，または加熱しないで反応させ，当該原料油脂のグリセリド組成の脂肪酸配位を変える工程をエステル交換と呼ぶ。つまり原料油脂を構成する数多いグリセリド分子の，1分子内，または分子間で，結合する脂肪酸の並び方を変更させる工程である。

エステル交換によってグリセリドのかたさ，融点，結晶型，クリーミング性などに大きな影響を与える。エステル交換には，ランダムエステル交換と，ダイレクトエステル交換の2種類があり，家庭用高リノール酸ソフトマーガリンの製造に，ダイレクトエステル交換が用いられている場合がある。

（2）マーガリン[3)]

1）マーガリンとは

食卓でパンに塗って食べたり，パンやケーキ，クッキーなどに練込んで使うバターのようなものである。

バターの原料は牛乳であるが，マーガリンの原料は牛乳以外の植物性・動物性油脂である。もちろん，牛乳や乳製品を加えて，風味をよくしたマーガリンもある。大豆油，ナタネ油，サフラワー油，トウモロコシ油，その他充分に精製され，安全性が保証された油脂なら，液体油でも固型脂でも，たいてい何でも原料にすることができる。

2）歴 史

ヨーロッパではバターは生活必需品であったが，安価な代用品の必要からナポレオン3世が代用バターの発明を懸賞募集し，フランス人メージェ・ムーリエ・イポットの考案を採用して margarine と名づけたのが始まりである。

日本に初めて輸入されたのは明治中期で，日本在留の欧米人のためであった。それでも少しずつ食べる人が増え，油脂の栄養価が注目され，やがて海軍をはじめとする軍隊用の需要も出てきた。

こうして次第に輸入量が増え，外貨節約の点からも国産化を志す人が名乗りを上げた。初めに手掛けたのは山口八十八（帝国社）で，1908（明治41）年であった。

第二次世界大戦で一時衰えたが，戦後，食生活の洋風化とマーガリンの品質向上によって，急成長した。もともとバターの代用品としてつくられたものなので，長い間“人造バター”と呼ばれていた。それを“マーガリン”と改めたのは，1952（昭和27）年である。その後も技術改良を重ねて，高品質のものが製造・販売されている。

3）種 類

① 用途別の分類 マーガリンの種類には，用途による分類と成分による分類とがある。用途では，家庭用，学給（学校給食）用，業務用の3種類がある。一方，JAS では用途とは無関係に，成分によってマーガリン（上級，標準），調製マーガリン，ファットスプレッドの4種類に分類している。

JAS の成分による分け方は，基本的には，マーガリンに含まれる油分と水分の割合によるが，ビタミンAその他の食品添加物など，細かな規定による分類がある。

A．家庭用マーガリン……これは一般消費者向けで，そのままパンに塗ったり，料理にも使うので，① 口溶けがよく，風味が良好なこと，② 冷蔵庫に入れてもかたすぎることなく，③ 栄養成分が配慮されていること，などの特性が要求される。

家庭用マーガリンは昭和30年代まではハード型が全盛だった。その当時の家庭用マーガリンは 112.5g の直方体マーガリンをアルミホイルで包み，これを2個ずつカートン包装したものがほとんどで，このように包装するためには，マーガリンはかためであることが必要で，そのためハード型と呼ばれていた。

これに対してソフト型は昭和40年代の初めごろ市販された。ソフト型はプラスチック性のカップに定量充填された文字どおりソフトなマーガリンで，冷蔵庫に保管してもハード型のようにコチコチにかたくならず，冷蔵庫から取出してもすぐに容易にパンに塗れ，需要が急速に伸びた。

ソフトマーガリンの特徴は，① 冷蔵庫の温度（約10℃）で，トーストに塗りやすい可塑性*をもつように製造されている。したがって，冬季以外は室温ではやわらかすぎるため，“要冷蔵”である。② 液状植物油を多量に使用するので，リノール酸などの多価不飽和脂肪酸を多く含む。同時にリノール酸などの異性体（トランス酸）は少ない。

1974（昭和49）年以来，日本ではリノール酸50％以上の高多価不飽和脂肪酸（ハイ PUFA）型ソフトマーガリンの市販が始まり，リノール酸60％以上，トランス酸０％という製品も市販されている。

なお，現在では，マーガリンも油分の少ないもの（ファットスプレッド）が好まれている。

＊可塑性とは，固体状のものに温度の変化や外力を加えた場合，破壊されることなく変形する性質をいい，バターや粘度などを可塑性物質という。

B．ファットスプレッド……マーガリンは油分が80％以上のもので，ファットスプレッドは油分が80％未満，乳脂肪が40％未満で，かつ油脂中50％未満，油脂含有率および水分の合計量が，85％（糖類，はちみつ類，または風味原料を加えたものにあっては65％）以上である，と JAS で決められている。あっさりした風味で，やわらかく，パンなどによく伸び，使いやすいもので，近年非常に需要が伸びている。

C．学給用マーガリン……文字どおり学校給食用に開発された製品で，１食分相当の６～10ｇの小包装になっており，融点も家庭用（35℃以下）よりは高めに，つまり融けにくく（38℃以下）設定されている。これは学校に冷蔵設備が不備の場合を考慮し，夏などに融出したりしないための配慮である。

なお，最近は病院，ホテルなどでも１食分相当量の小型マーガリンがパンに添えて出されるようになったが，これも学給用マーガリンとして分類されている。

D．業務用マーガリン[3]……日本でもっとも生産量が多いのは業務用マーガリンである。

パンや菓子の種類が多種多様，次々に新製品が出るので，それに使用するマーガリンもそれらの製品に合わせて，パン，ケーキ，バタークリーム，デニッシュ・ペストリー，パイ，クッキーなど多種多様である。

a．パン用マーガリン：食パン，菓子パンの生地に練込むもので，普通はショートニングであるが，高級品にマーガリンが使われる。

b．ケーキ用マーガリン：クリスマスケーキ，バースデーケーキ，スポンジケーキ，パウンドケーキ，小型のショートケーキ，シュークリーム，マドレーヌ，チーズケーキなどに適し，水と油をうまく混合させる性質（乳化性）や，撹拌したとき空気を抱込む性質（クリーミング性），ほどよいコシの強さなどに優れている。

c．アイシング用マーガリン：ケーキやパンの表面にかぶせるバタークリームなどをアイシングと呼ぶが，その用途のために特別に工夫されたマーガリンである。保形性や口溶けがよいように原料油脂の特長を生かして配合し，風味もバターに近いものになっている。

d．ロールイン用マーガリン：デニッシュ・ペストリーやパイ類は，大量の油脂を含ませるために，油脂をシート状にし，生地で包み込んでローラーで伸ばし，それをまた折りたたんで伸ばすという作業を繰返す。こうして油脂と生地とが幾重にも重なった構造ができる。こういう方法をロールイン法と呼び，これに使われるマーガリンがロールインマーガリンである。性質としては室温の高低にかかわらずパイ生地のなかに薄膜状に伸びるコシの強さが要求される。

表 4.3.3　加工油脂のJAS規格（概略）

マーガリン類の JAS 規格		
区　分	マーガリン	ファットスプレッド
性　状	鮮明な色調を有し，香味及び乳化の状態が良好であって，異味異臭がないこと。	1　鮮明な色調を有し，香味及び乳化の状態が良好であり，異味異臭がないこと。 2　風味原料を加えたものにあっては，風味原料固有の風味を有し，夾雑物をほとんど含まないこと。
油脂含有率	80%以上であること。	80%未満であり，かつ，表示含有量に適合していること。
乳脂肪含有率	40%未満であること。	40%未満であり，かつ，油脂中50%未満であること。
油脂含有率及び水分の合計量	—	85%（砂糖類，はちみつ又は風味原料を加えたものにあっては65%）以上であること。
水　分	16.0%以下であること。ただし，業務用の製品(25g以下のものを除く。)にあっては，17.0%以下であること。	—
融　点（業務用の製品以外のものに限る）	35℃以下であること。ただし，25g以下のものにあっては，38℃以下であること。	—
異　物	混入していないこと。	同　左
内 容 量	表示量に適合していること。	同　左

ショートニングの JAS 規格	
区　分	基　準
性　状	急冷練り合わせをしたものにあっては，鮮明な色沢を有し，香味及び組織が良好であること。その他のものにあっては，鮮明な色調を有し，香味が良好であること。
水　分（揮発分を含む）	0.5%以下であること。
酸　価	0.2以下であること。
ガ ス 量	急冷練り合わせをしたものにあっては，100g中20mℓ以下であること。
食品添加物以外の原材料	食用油脂以外のものを使用していないこと。
異　物	混入していないこと。
内 容 量	表示重量に適合していること。

精製ラードの JAS 規格		
区　分	純製ラード	調製ラード
性　状	急冷練り合わせをしたものにあっては，鮮明な色沢を有し，香味及び組織が良好であること。その他のものにあっては，鮮明な色調を有し，香味が良好であること。	同　左
水　分（揮発分を含む）	0.3%以下であること。	同　左
酸　価	0.3以下であること。	同　左
よう素価	55以上70以下であること。	52以上72以下であること。

融　　点	38℃以下であること。	43℃以下であること。
ポーマー数	70以上であること。	―
食品添加物以外の原材料	豚脂以外のものを使用していないこと。	豚脂が主原料であり，かつ，食用油脂以外のものを使用していないこと。
異　　物	混入していないこと。	同　左
内　容　量	表示重量に適合していること。	同　左

e．流動状マーガリン：普通のマーガリンは常温では固形状だが，業務用には流動状のマーガリンもある。これは特殊な工程を経て，マーガリンとしての性質を保たせたまま，液状にしたもので，原料には常温で液体の植物油が多く使われる。

②　規格別（成分別）の種類　日本でもっとも権威のあるマーガリンの定義・規格はJASである。

その定義によると，マーガリンは「①食用油脂に水などを加えて乳化した後，②急冷練り合わせをし，又は急冷練り合わせをしないで造られた，③可そ性のもの，又は流動状のもの」である。つまり，マーガリンの第一条件は「水などを加えて乳化する」ことである。この「水など」のなどは，水のほか，牛乳，発酵乳，その他の副原料を指す。乳化のタイプは油中水型，水中油型*のいずれでもよい。

JASではマーガリンの品質によって，マーガリン，ファットスプレッドの2種に分類している（表4.3.3）。

＊油中水型（W/O）は，バターやマーガリンのように，油脂のなかに水が均一に混ざったもので，水中油型（O/W）は，牛乳，アイスクリーム，マヨネーズのように，水のなかに油脂が均一に混ざったものである。

4）副原料・添加剤

①　乳および乳製品　普通，脱脂粉乳を水に溶かして添加するが，牛乳やクリームを使う場合もある。これらは風味を付与するためで，時には，乳酸菌発酵をさせた発酵乳を添加し，風味を増強することもある。この乳成分は風味付与のほか，乳化性向上効果などもある。

②　食　塩　塩味をつけるのが目的で，添加量はバターと同様2％前後である。この食塩はカビの発生防止にも相当効果がある。

③　着香料　乳成分による風味をさらに補強するため，バターフレーバー，ミルクフレーバーなどの食用香料を微量添加する。各銘柄によって，それぞれ独特の香味があるのは，この香料の相異による。

④　乳化剤　これは油脂と水を乳化するため必要なもので，主として大豆レシチン，モノグリセリドを，それぞれ0.2％程度添加する。

⑤　着色料　マーガリンの原料油脂は精製により淡く透明になるので，着色料として，主としてβ-カロテンを用いるが，ベニノキ科ベニノキの種子の被覆物から抽出したアナトー色素も一部使われている。

β-カロテンは体内で分解されてビタミンAとなる。

⑥　ビタミンA　マーガリン上級の規格の場合には，ビタミンAを100g当たり4,500国際単位以上添加するよう義務づけられている。

⑦　酸化防止剤　原料油脂の酸化を防ぐため，一部のマーガリンにトコフェロールを添加する。トコフェロールは酸化防止とビタミンEの効果もある。

⑧　保存料　デヒドロ酢酸（DHA）が許可されているが，家庭用マーガリンには保存料が使われていない。

5）製　造　法

マーガリンは一般に図4.3.8（略図）に示すような工程により製造される。

まず溶解した数種の原料油脂，乳化剤，フレーバー，β-カロテンを配合し，水分，牛乳，発酵乳などの副原料を加え，乳化させる。これを急冷

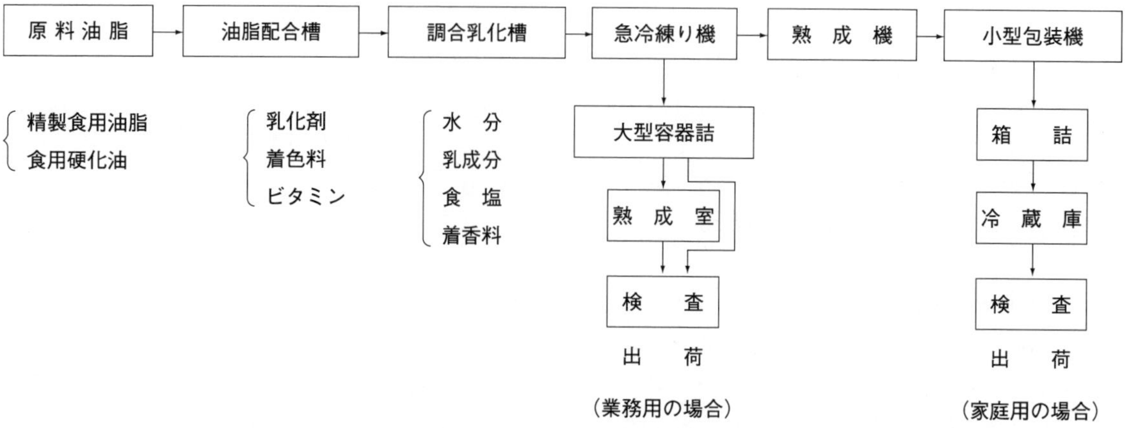

図 4.3.8 マーガリンの製造工程（略図）

練り機に導き，冷却しながら練合せると，油脂が結晶化して半流動状になる。

業務用の場合はそのまま大型容器に流し込み，製品とする。

家庭用の場合は急冷練り機から熟成筒に導き，ここで短時間熟成させてから，自動包装機により成型包装され，製品になる。

以上の全工程が密閉状態のまま連続的に行われ，外気や人手に触れることもなく，きわめて衛生的に製品化される。

マーガリンの製造は，① 配合と乳化，② 急冷練合せの 2 工程が重要なので，この工程を説明する。

① **配合と乳化**　油脂原料は，経済性はもとより，風味，安定性，可塑性，クリーミング性，栄養，その他の目標品質に基づき，普通 3 ～ 4 種類の油脂を配合する。乳化剤，香料，着香料，ビタミン類は油相に加え，溶解する。牛乳，乳製品，食塩は水相に溶解する。普通のW/O乳化型（油中水型）のマーガリンの場合は，油相を約60℃に温め，これにあらかじめ殺菌した水相を少しずつ加えながら乳化する。

② **急冷練合せ**　乳化したものや融けた油脂を40～50℃から急冷すると，1 ～10μm程度の微結晶となって析出する。これを練合せると，結晶化しない液体油部分に微結晶が網状構造となって分散した可塑性油脂ができる。

マーガリン製造の心臓部である急冷練り機は，戦後大きく進歩改良がなされたので，マーガリンの乳化状態や組織が一段と改善され，また生産効率も著しく向上した。現在多くの種類の急冷練り機が使用されているが，世界的に採用されているのは，クーリングドラム法と密閉連続法の 2 つである。

日本では，クーリングドラム法として，ダイヤクーラー/コンプレクター（デンマーク製），密閉法として，パーフェクター（デンマーク製），コンビネーター（ドイツ製），ボテーター（アメリカ製）などが使用されている。

（3）ショートニング

1）ショートニングとは

ショートニングもラードもマーガリンの兄弟のようなもので，食用油脂を原料とする点では同じで，用途も似ている。ショートニングやラードはマーガリンと違って，直接パンに塗って食べることはない。

マーガリンとショートニングの違いは，前者が水分や乳成分を含み，後者はそれらを含まず，ほとんど油脂100％という点である。

ショートニングということばは“ビスケットなど，粉を用いた菓子に混ぜて，もろく，かつ砕けやすい性質を与えるもの”という意味である。

ラードはこのショートニング性に優れた油脂で，

ラードに代わる新しい合成ラードがショートニングと呼ばれるようになったと思われる。

家庭用のショートニングもあるが，だいたいは製パン・製菓の練込み用で，業務用である。

2）歴　史

ショートニングは19世紀末にアメリカでラードの代替品として誕生した。

当時のアメリカで増産されていた綿実油の一つの利用法として，またラードの不足を補うために，綿実油に硬質牛脂（牛の内臓の回りからとったかたい油脂）を配合して製造されたのが始まりである。

その後，水素添加技術の発達により綿実硬化油，大豆硬化油を原料とするようになって，かたさなどを自由に調節できるようになった。

さらに，クリーミング性や酸化安定性などの点で，ラードより優れた特徴があるので，製パン，製菓，フライ用として年々発展してきた。

ショートニングが国産化されたのは，1950（昭和25）年である。

3）製パン・製菓特性

①　乳化性　ショートニングやマーガリンに食用乳化剤を配合すると，卵，牛乳，水と乳化し，生地やバッターによく分散し，その膨張を助け，風味のよいパンやケーキをつくることができる。

②　クリーミング性　ショートニングやマーガリンをミキサーに入れ高速で撹拌すると，空気を細かな気泡として取込み，次第に容積が大きくなる。油脂がこのように含気する性質をクリーミング性という。

例えば，ケーキのデコレーションに使うバタークリームはバターやマーガリン，ショートニングをミキサーでホイップ（泡立て）し，これに砂糖，糖蜜，卵，練乳，水飴，洋酒，香料などを加え，風味づけしたものである。また，パウンドケーキやマドレーヌのようなバターケーキは，油脂のクリーミング性を利用し，ケーキの組織をつくる。まず，油脂と砂糖を充分ホイップし，含気させ，それに卵，小麦粉，フレーバーなどを加え，焼成させ，つくる。

③　吸水性　可塑性油脂は空気と同様に水分を吸収保持する力がある。この特性はバタークリームの組織づくりに必要である。

④　ショートニング性　焼き物に“もろさ”を与える性質をショートニング性という。英語のshortenには“もろく，かつ砕けやすくする”という意味があって，ショートニングの語源はここから出ている。

クッキー，ソフト・ハードのビスケット，パイ，クラッカーなどは，もろさのよい菓子の典型である。

⑤　酸化安定性　シェルフライフの長いビスケット類や表面積の大きいプレミックス類は酸化による劣化が起こりにくい，全水添型の植物性ショートニングが最良である。

4）ショートニングの種類

ショートニングはパンや菓子などの製造に主として使われるもので，一般に可塑性，乳化性，クリーミング性，吸水性，ショートニング性，フライング性などの製パン・製菓特性をもっている。

最近はその用途に適した特性を強調したものが製造され，業務用マーガリンと同様に，ケーキ用，パン用，アイシング用（バタークリーム用）などの用途別ショートニングがある。

5）ショートニングの製造法

ショートニングはマーガリンと異なり，100%油脂である。油相には原料油脂のほか，必要に応じて乳化剤，着色料，着香料，酸化防止剤を加え，急冷練り機によって製品を製造することは，マーガリンと同じだが，ショートニングの場合は油相に窒素ガスを吹き込むことが多い。窒素は微細な気泡となってショートニング中に分散する。

ショートニングは容器に充塡後，熟成室で融点より約5℃低い温度で，24～72時間，熟成（テンパリング）する。熟成によって不安定な結晶が消滅し，ショートニングのクリーミング性が向上する。

4.3.8 品質と保蔵

（1）品　質

油脂加工品の品質管理や検査に際し，種々の特性を測定するが，日常作業に関係の深いと思われる特数値について，簡単に説明する。

1）水　分

マーガリンは油脂と水を乳化させたものであるため，その表面から水分が蒸発し，変色する現象がみられる。最近，乳成分，酸化防止剤，包装容器，設備改善などにより品質が非常に向上した。マーガリンの水分変化を経時的にみると，その中心部はほとんど変化せず，一定である。

2）油　分

マーガリンの油分の測定は，JAS の規格上重要である。JAS 規格では，上級・標準マーガリンが80％以上，調製マーガリンが75％以上80％未満，ファットスプレッドが75％未満である。

3）酸　価

酸価（AV）は油脂１ｇ中に含まれる遊離脂肪酸を中和するのに要する水酸化カリウムのmg数と定義されている。

精製脱臭した食用油脂は，遊離の脂肪酸をほとんど含まないので，脱臭直後の製品の AV は０に近い。ショートニングの JAS 規格では0.8以下，同じく精製ラードは0.3以下となっている。

しかし食用油は保存中に加水分解を受けるが，開封せず，日光のあたらない涼しい場所に置く限り，製造後１～２年間ぐらいは，品質がほとんど変化しない。また，フライなどのように高温で揚げものをすると，AV が上がる。

油菓子に含まれる油脂の AV が５以上，または AV が３以上でかつ過酸化物価30以上になると，販売できないことになっている。

4）過酸化物価

油脂は空気中の酸素によって自然に酸化される。これを自動酸化という。自動酸化の早さは，油脂の不飽和度や温度，光の有無，銅や鉄などの酸化促進剤の有無，トコフェロールなどの酸化防止剤の有無によって異なる。

油脂の酸化の進行には常に注意を払う必要があるが，過酸化物価（POV）はもっとも一般的で，実施しやすい測定法である。

5）ヨウ素価

ヨウ素価（IV）は油脂の不飽和度を知るための尺度である。試料にハロゲンを作用させたときに吸収されたハロゲンの量をヨウ素に換算し，試料に対する百分率で表したものである。ハロゲンは油脂の二重結合のところに吸収されるので，二重結合を多くもっている油脂ほど IV が高い。

6）融　点

融点は食用油脂，マーガリン，ショートニングなどの口溶けの良否を表す。

固型脂が液体に変わるときの温度が融点だが，油脂は種々のグリセリドの混合物なので，純粋な有機化合物のようにシャープに融けない。そのため食用油脂の融点は，“上昇融点”，“スリッピングポイント”などの方法で測定される。

（2）品質の保証

JAS マークは，国が定めた品質規格（JAS 規格）の検査に合格した製品だけに貼付されるマークで，一定の基準以上の品質が保証されているので，安心の目印となる。また，品質に関する表示も，基準に従って表示されている。

（3）保　蔵[4)]

1）食 用 油

①　**賞味期限**　　賞味期限とは，油をおいしく食べられる期間のことである。油は，光，空気を嫌うので，これらを通すか否かによって，賞味期限が異なる。開封せずに通常の状態で保存した油の賞味期限は，①缶・着色ガラス瓶・紙容器で約２年，②透明ガラス瓶で約1.5年，③プラスチック容器で約１年である。

油は一般の食品と比べて，比較的賞味期限が長い食品といえる。なお，ゴマ油は天然の抗酸化成分が含まれているので，ほかの油に比べて賞味期限がさらに約半年長くなる。

② 油をおいしく，上手に使うためには

A．揚げ鍋は，厚めで口径が小さく深いものがよい……揚げ物の最適温度は，160～180℃である。厚手の鍋は温度を一定に保つのに適している。鍋は，口径が小さく深いものほど油の傷みを防ぐ。鉄鍋は，使用後きれいに洗い，乾かしてから油をひいておくとよい。

B．揚げ油の量は，必要最低限に……普通，油深は3～4cmが適当である。油はたっぷり使うより，少なめに早く使いきる。

C．揚げ油の温度は，上げすぎないように……魚介類は高温（180～190℃）でサッと揚げる。野菜は中温（170～180℃）で，温度を調節しながら揚げる。肉の角切り，鶏のから揚げは低温（160～170℃）で揚げる。温度が上がりすぎると，油が傷みやすくなる。油の性質やちょっとしたコツを覚えておくと，上手に料理することができる。

D．揚げ物は，たねを一度に入れすぎないように……揚げる分量は，鍋の表面積の半分以下とする。たねものを一度にたくさん入れると温度が下がり，カラッと揚げることができない。

冷凍食品は，特に温度が下がりやすいので，少しずつ揚げる。天かす，パン粉は，まめに取除く。

E．揚げ物は，油を汚さないものから……新しい油は，①野菜の揚げ物，②肉や魚の天ぷら，③フライ，④から揚げの順に使うのが油を汚さないコツである。

F．炒め物は，強火で手早く……火加減は終始強火で，八分どおり炒めたら火を止め，余熱で仕上げる。炒めすぎは，見栄えが悪くなったり，味が落ちたりする。ビタミン類も壊れる。

③ 油の善し悪し　粘りのある油，揚げ物をしているときにいやな匂いや煙のでる油では，カラッとおいしい揚げ物はできない。

よい油は，①色が淡く透明で，艶がある，②においがなく，油特有の風味があり，③泡が立ったり，煙が出たりしない，ことで識別できる。悪くなった油は思いきって捨てたほうがよい。

④ 開封後の保存方法　油は，光，空気，熱，揚げかすなどの不純物が嫌いである。不純物があると，油の風味，色が悪くなるからである。したがって，開封後の新しい油を上手に保存するには，暗くて涼しいところが適している。キャップやふたはきちんと閉め，またアルミ箔などでカバーしておく。

使った油は，冷めない油切れのよいうちに，油こし器にふきんかろ紙をしいてこす。冷えたら口の小さい容器に詰替える。油こし器は，ステンレスかアルミ製のさびないものを選ぶ。

2）マーガリン・ショートニング

マーガリンは油脂，乳成分，水分を含む食品なので，保存方法が悪ければ，品質が変化する。品質の変化は，主として油脂の酸化や酸敗によるもので，油臭くなるのが普通である。まれにカビの発生による特異臭を感ずることがある。油脂の酸化は空気中の酸素によるもので，リノール酸のような多価不飽和脂肪酸の多いものほど起こりやすく，また高温の場合や光，特に紫外線にあてた場合著しく促進される。

最近の市販マーガリンには，相当古いものでもカビが生じているようなことはなくなった。これは充分衛生管理の行届いた工場で，無菌的に製造・包装されているためである。しかし，いったん家庭で開封して使いかけたものを，冷蔵しないで保存したり，長期間放置すると，変質も早く進み，カビが生えるおそれがある。

ことに，現在の家庭用マーガリンには，保存料も酸化防止剤も添加されておらず，酸化されやすいリノール酸を多く含むソフト型のものが大部分を占めているので，品質保持のためには冷蔵保存がいっそう必要になった。

マーガリン，ショートニングは確実に冷蔵しておけば，製造後1年経過したものでも，充分に食べることができる。

最近の家庭用マーガリンは，製造後だいたい3カ月以内で消費され，長くても6カ月以上のものが販売されることがほとんどない。

したがって，消費者は製造月日にあまりこだわることはなく，むしろ販売店での冷蔵管理が充分なされているかどうかに注意することが必要である。

また購入後開封して使いかけたマーガリン，ショートニングでも，使用後は直ちに冷蔵庫に戻すようにすれば，１カ月間ぐらいは風味が落ちることもなく賞味できる。

しかし，長時間食卓に放置したり，強い光にさらしたりすれば，品質の劣化が進むので注意は必要である。

〔引用文献〕

1）磯田好弘：科学と工業，66，135（1992）
2）厚生労働省医薬食品局食品安全部（平成16年３月３日現在）
3）日本マーガリン工業会編：マーガリン・ショートニング・ラードの知識
4）㈶食品産業センター編：食用植物油脂の取扱い

4.4 大豆加工品

4.4.1 非発酵大豆食品

(1) 豆　乳

日本の豆乳の生産量は，1983（昭和58）年前後に爆発的に伸びたが，その後ある一定の支持層に向け消費される状態が続いた。しかし，近年の大豆の生理機能性に関するいちじるしい研究の進展と消費者の健康志向があいまって，2000（平成12年）度頃から急増を始めた。マスメデイアによる豆乳の取上げも数を増し，消費者の豆乳のヘルシー機能への認知度が高まったことが需要を上げた。ことにいわゆる豆乳（無調整の純豆乳）区分が従来調整豆乳の製造業者である大手豆乳製造業（日本豆乳協会）のみならず，豆腐製造業者（豆腐業界）が製造に参与した。さらに乳業界，水産業界，健康食品業界，外食産業界など異業種からの参入も多い。それら多種多様な市場展開は，豆乳市場を従来の形にとらわれない展開，商品提供に変えている。特定保健用食品に登録されるもの，栄養補助食品的な商品，豆腐屋の豆乳を旗印とする飲料（豆腐を凝固できる），豆乳スープや多種惣菜，食パンやデザート類と多様であり，豆腐カフェや中食・外食店で，豆腐・豆乳を扱うところも多く，豆乳鍋などもみられる。豆乳粉末を食材とする加工食品や豆乳をさらに加工した食品，例えば発酵豆乳，ヨーグルトなどと多彩である。

大豆の生理機能性から火のついた豆乳ブームは，アメリカ，ヨーロッパ，インドなど今まで大豆の食用消費の少なかった国でもまた急増している。それらの国々では，飲料としての消費が主体ではあるものの，各々の食文化に応じて多種の製品がつくられている。

そのため，豆乳を定義していくのは難しいが，本項では，一応日本農林規格[1]に準じて，豆乳，調整豆乳，豆乳飲料および大豆タンパク飲料の4種類を説明する。

1) 豆　乳

日本農林規格で豆乳と指定されているのは，従来は豆腐の製造段階の中間生産物であり，大豆を水挽きし，加水，加熱，ろ過してオカラを除いた大豆の熱抽出物である（図4.4.1参照）。最近の広範流通を配慮した飲料としての豆乳になると，煮沸以降の工程には乳業製造ラインと同等の一括制御機構をつけ，賞味期限を延長している（例えば15日）。工程にはオカラを除去後，クラリファイアーで微粒子除去，UHT で高温短時間加熱，ホモゲナイザー（均質化処理機），パスタライザー（品温調節つき攪拌装置），乳業用乳充填機などを用いる。これらは加熱前工程や包装工程と分離して空調管理を徹底して行っている。農林規格では大豆固形分が８％以上と規定している。

2) 調整豆乳

日本で市販されている白い豆乳は，この調整豆乳の生産量がもっとも高い。調整豆乳を製造する原料豆乳は，豆腐用につくられた豆乳ではなく，大豆臭を減らすために，組織破壊時に働くリポキシゲナーゼなどの酵素を失活する工夫が製造法に組込まれている。一例をあげれば，熱水を加えながら脱皮大豆を磨砕，蒸気押出機を通して，組織を破壊すると同時に高温加熱する操作を行って，酵素の作用を最低限にとどめる。調整豆乳はそのように製造した豆乳に植物油脂，糖類，食塩などを加えて，貯蔵中に沈殿が生ずるのを防止し，風味をよくするための若干の成分調整を行う。調整後，均質化処理を行い，無菌的に充填，密封し常温流通する。規格では大豆固形分６％以上とされている。原料に脱脂大豆を用いる調整脱脂大豆豆

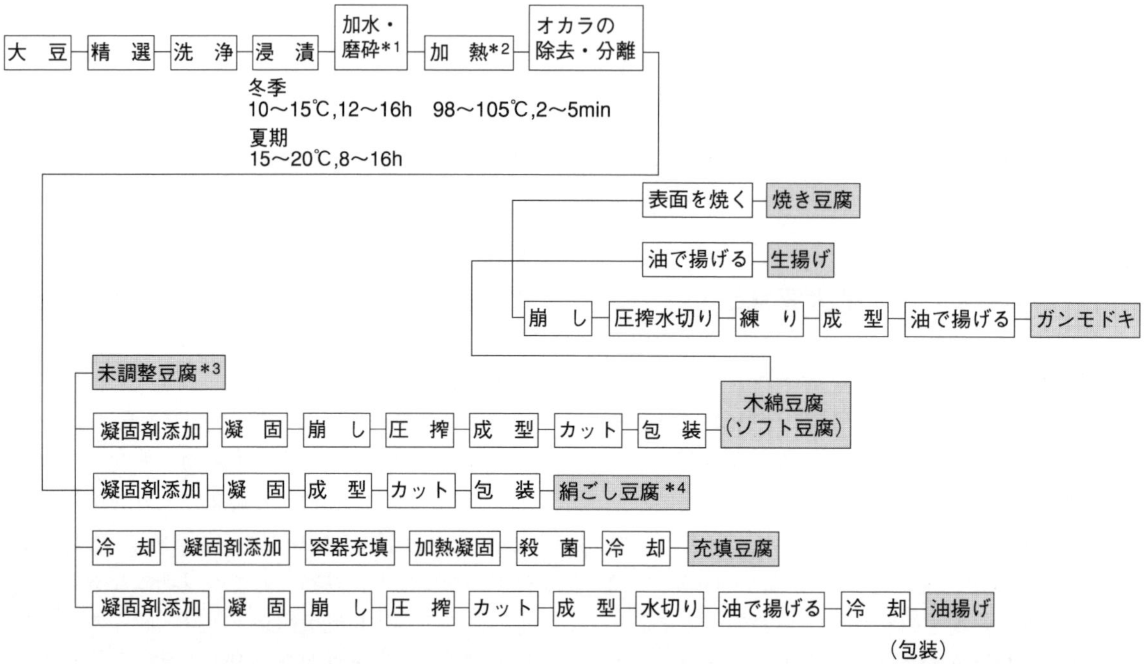

*1 加水量は木綿豆腐と油揚げ用豆腐では10倍程度，ソフト豆腐では7倍程度，絹ごし豆腐は5〜6倍程度と豆腐によって異なる。

*2 油揚げ製造の際の加熱温度は，豆乳が沸騰したら戻し水を加えて冷やす。

*3 現在市販されている豆乳の大半は，糖分・塩分を調整したり，他の嗜好・風味料を添加した豆乳である。

*4 最近は絹ごし豆腐から生揚げをつくることもある。

図 4.4.1　各種豆腐類の製造方法

乳もこの分類に入る。現在主に豆乳と呼ばれる調整豆乳は，青臭みの少ない，飲みやすい栄養価の高い飲料である。熱に強い土壌細菌の混入を減らすため，脱皮大豆を原料にすることが多く，また，殺菌・無菌充塡をしているので常温流通で3カ月程度の賞味期限を保証している。

3）豆乳飲料

豆乳飲料は，上記調整豆乳あるいは調整脱脂大豆豆乳で，大豆固形分が4〜5％の豆乳，または上記豆乳に粉末大豆タンパクを加えた乳状飲料である調整大豆粉末豆乳で大豆固形分が4％以上のものも含む。しかし市場に出回っている大半の豆乳飲料は，上記3種類の豆乳に，果汁，野菜汁，穀物粉末，乳または乳製品，ココア，コーヒーなど風味成分を加えて飲みやすくしているものである。やはり大豆固形分は4％以上で，風味成分の固形分より多いことが規定されている。調整豆乳と同じく，均質化処理，無菌的充塡，密封，常温流通する。最近のいわゆる純豆乳をベースにする商品の種類が増加している。

4）大豆タンパク飲料

丸大豆から製造した豆乳の代わりに粉末大豆タンパクを水に溶かし，乳状にしたものである。調整豆乳と同様に，植物油脂，糖類，食塩などで風味を整える。また，豆乳飲料のように，さまざまな風味成分を加えた製品に加工されることが多い。大豆タンパク質含量が1.8％以上と規定されている。

（2）豆　　腐

豆腐の製造法が中国から伝来したのは，奈良・平安時代といわれ，奈良春日神社の古文書には，供え物として，“唐符”という文字がみえる。神社仏閣の精進料理，室町時代には上層階級から少しずつ全国に浸透し，江戸時代に入って，庶民の食品として，全国津々浦々まで食されるようになった。現在でも原料大豆の60％が豆腐類の製造に消費される。

豆腐類の製造法は，現在は近代化・自動化が進み，その製造機器は目覚ましく進歩してはいるが，製造原理はそれほど変わっていない。図4.4.1に，大豆の熱抽出物である豆乳から由来する各種の豆腐（木綿豆腐，絹ごし豆腐など），木綿豆腐の二次加工品（焼き豆腐，生揚げ，ガンモドキ）および製造法の変化により異なる形態をもつ製品（油揚げ，湯葉，凍豆腐）を一括して示す。また，それら製品の標準成分と簡単な特徴を表4.4.1に示す。しかし，豆腐類は地域，季節，消費者の年齢，原料供給（品質）など多くの要素により消費量，製造法や形が微妙に変わるので，製品の成分や特徴も標準的な値であるとみていただきたい。

一方，豆腐はご飯と同様に，淡泊な飽きのこない風味の食品であるために，製品のテクスチャーが嗜好に大きく関与してくる。豆腐のかたさに影響する因子としては[2]，原料大豆のタンパク質含量，豆乳濃度，凝固剤の種類や添加量，凝固時の温度や撹拌の強さなどがある。ほかに炭水化物またはショ糖含量，リポキシゲナーゼやイソフラボン化合物含量も味や物性に影響する[3]。

1）木綿豆腐

木綿豆腐は，図4.4.1に示すように，まず原料大豆に対して9倍程度の水を加えた磨砕物“ご”を加熱，ろ過して残渣（オカラ）を除き豆乳を得る。豆乳に凝固剤（ニガリ，硫酸カルシウムほか）を加えて凝固し，孔のあいた型箱に入れて上から押しをして，上澄み“ゆ”を除去した凝固物である。加熱前にオカラを除き，豆乳にしてから加熱する場合もあり，これを生絞り法という。木綿豆腐はほかの豆腐由来加工品の原料ともなり，また消費量がもっとも高い種類である。凝固した豆腐の品質は，原料大豆中の成分（タンパク質濃度やリン酸含量など），貯蔵条件，また製造条件（加水量，加熱温度，凝固剤の量や種類，凝固温度や撹拌条件，押しの強さと時間，水さらし条件など）によって変動する。加水量を若干少なくし，押しの操作を控えて“ゆ”の除去量を減らし，凝固物をややわらかにしたものをソフト豆腐と呼んでいる。

2）絹ごし豆腐

絹ごし豆腐は，原料大豆に対して，5～6倍程度の水を加えて得た豆乳を，孔のない型箱に流込み，凝固剤を加えて全体をそのまま凝固させた豆腐である。木綿豆腐に比べて，凝固物の食感が滑らかでやわらかいので絹ごしと呼んでいる。

表 4.4.1　豆腐類の標準成分とそれらの特徴

	生豆腐				豆腐類似・由来食品					
	木綿豆腐	ソフト豆腐	絹ごし豆腐	充塡豆腐	焼き豆腐	生揚げ	油揚げ	ガンモドキ	乾燥湯葉	凍豆腐
化学成分										
水　分(%)	86.8	88.9	89.4	88.6	84.8	75.9	44.0	63.5	6.5	8.1
タンパク質(%)	6.6	5.1	4.9	5.0	7.8	10.7	18.6	15.3	53.2	49.4
脂　質(%)	4.2	3.3	3.0	3.1	5.7	11.3	33.1	17.8	28.0	33.2
灰　分(%)	0.8	0.7	0.7	0.8	0.7	1.2	1.8	1.8	3.4	3.6
カルシウム(mg%)	120	91	43	28	150	240	300	270	200	660
特　徴	圧搾が強くゆが充分に除去されるのでかたい。表面が粗い食感	ゆを一部除去。木綿豆腐と絹ごし豆腐の中間的製品	ゆを除去しない。やわらかで，滑らかな食感	ゆを除去しない。やわらかく，やや壊れやすい。高保存性	表面に焼きあと。かたい	表面は油で色づき，内部はやわらかい	生地は木綿豆腐よりかたく，油揚げ後生地の表面面積が2～3倍伸びて組織化する	木綿豆腐をかたく絞り，野菜・海藻などを混ぜた二次加工品	豆乳の表面にはる膜。柔軟な物性をもつ	生地は木綿豆腐，油揚げ生地よりかたく，粗い。解凍後はスポンジ状の組織となる

資料）五訂増補日本食品標準成分表

3）充填豆腐

絹ごし豆腐に分類されるが，豆乳の温度を一度室温まで下げ，凝固剤と混合，容器に充塡し密封する。その密封容器を熱水中で（90℃，40～60分程度）加熱して凝固させ，そのまま流通する。加熱後大気や人手に触れないので保存期間が長くなる。

4）滅菌豆腐

豆乳をUHT加熱（130～140℃，5秒程度）し，凝固剤（水に溶かしてから細菌ろ過器にかける）および容器を無菌にした後，無菌室で充塡，密封してから，加熱，凝固させる。この条件では室温で3カ月程度の保存性が見込めるが，加熱臭，凝固性の低下，褐変などを伴うことが多い。そのため，炭水化物の一部を除去するなど凝固をよくするための工夫がされている。主に輸出用である。

5）焼き豆腐

焼き豆腐は水切りした木綿豆腐の両面を火で焼いて，焦げ目をつけたものである。

6）おぼろ豆腐

従来は凝固寸前の豆腐を汲上げて食したが，現在は広範に一般市場に出回っている。また，通電加熱小型凝固機で固めたものが“温豆腐”として外食産業で供されることもある。

なお，豆腐類の自動製造機の進歩は著しい。比較的自動化の難しかった木綿豆腐も，大手豆腐メーカーでは一括制御ラインで製造される。

（3）揚げ物

1）厚揚げ（生揚げ）

厚揚げは，水切りした木綿豆腐を，そのまま油で揚げたものである。

2）ガンモドキ

ガンモドキは木綿豆腐を崩して脱水し，すり潰したヤマイモ，ニンジン，アサの実，ヒジキなどを加えてよく練り，成形してから油で揚げたもの（最初120℃の低温，ついで180℃の高温で揚げる二段揚げで内部は多孔質となるが，油揚げのように伸びない）である。関西地域ではひろうずと呼ぶことが多い。

3）油揚げ

油揚げは，同じ揚げ物類でも，木綿豆腐の二次加工品である上記厚揚げやガンモドキとは異なる。油揚げは加熱温度を低くした豆乳から，独自の豆腐生地をつくらねばならない。“ご”の加熱は90℃（実際には若干高い）に達したら，直ちに冷水を加えて過剰の加熱を避ける。凝固剤で固めた豆腐生地を成形後，圧搾して水分を切り，油で二段揚げする。最初の揚げ温度は110～120℃（伸び），2度目の揚げ温度が180～200℃（枯らし）で，1度目の揚げ時に製品は生地の約2.5～3.5倍程度に伸びて，内部が組織化して多孔質となる。この伸びには，先に述べた控えめの加熱温度，凝固時の撹拌条件（細かい空気の泡が入ることが望ましい），カルシウム凝固であることなどが関連する[4)]。

（4）凍豆腐

凍豆腐[4)]は，初めは一夜凍りとしてつくられた。東北，信州地方でつくられる凍豆腐は凍《しみ》豆腐と呼び，冬季の夜間，戸外でかためて製造した豆腐を凍らせ，日中解凍，夜間凍結を繰返すうちに，乾燥，組織が多孔質になったものである。凍豆腐の起源といわれる高野豆腐は，一夜凍りに端を発し，原料大豆，水，凍結のための低温と動力源を確保できる窯元制（高野式凍豆腐）を発展させた。高野式凍豆腐製造方式は，大正時代に長野県に取込まれ，ボイラーや電動機を用いる合理的製造法式を導入，今日の大規模工場生産方式へと発展している。

工場生産方式による凍豆腐は，15倍加水のやや薄めの豆乳に，撹拌しながら，反応性の速い塩化カルシウムを添加し，木綿豆腐などに比べて凝固物“より”の大きい状態の豆乳を大型の型箱に移し，“ゆ”を分離しながら成形してかたい豆腐をつくる。その豆腐を冷却後，切断，−10℃前後の冷風をあてて凍結させる。凍結した豆腐を−2℃前後の氷結点に近い温度で熟成する（母屋）。この期間，氷結晶の形成により濃縮されたタンパク質は凝集変性を起こして，解凍後も海綿状の組織を維持するようになる。熟成後，解凍，脱水してから膨軟加工を行う。膨軟加工とは（日本農林規格では60℃前後の温湯に15分間浸漬したときに，吸水した凍豆腐重量がもとのものの５倍以上になる）かんすい（アルカリ性塩類溶液）に浸漬する処理あるいは密閉してアンモニアガスを吸着する処理を行う。最近はほとんどの製品がかんすい処理となっている。多孔質の豆腐は温湿度を調節しながら乾燥，包装して製品となる。

（5）湯　葉

湯葉[5]は豆乳を緩やかに加熱した際に生じる皮膜をすくい上げてつくる食品で，湯波，湯婆，油皮などとも書かれる。中国では豆腐皮（衣），腐竹とも呼び，二次加工品の原料としても広く用いられる。日本では大正初期まで比較的一般的に食されたが，その後京都，日光など限られた地域で消費された。最近は高齢者向け食品，高級外食食品として加工された多種な製品が市場に出回っている。また，小型の湯葉製造機が外食産業用などに販売されている。

湯葉の製造では，豆乳は木綿豆腐製造の際とほぼ同じである。この豆乳を浅い銅またはステンレスで，湯煎がついて沸騰しない構造の鍋に移す。約80℃前後の温度で加熱を続け，表面に生じる皮膜を，適当な厚みに達した時期に竹串などですくい上げて干す。このまま食するのが生湯葉であり，半乾燥の状態で串からはずし，筒状に巻いたり（巻き湯葉），蝶型に結んだり（結び湯葉），さまざまな形に成形する。最終的に鍋の底に残り，半乾燥したものを甘湯葉（糖分が多い）と呼ぶ。

（6）き　な　粉

きな粉は高温で煎った丸大豆を衝撃式粉砕機で粉砕したもので，独特な香味が好まれる。菓子用に青大豆を用いる（うぐいす餅など）こともある。大豆イソフラボン含量が大豆加工食品のなかでもっとも多い。

（7）その他豆腐食品

その他豆腐類に入る製品としては，地域的な多様な製品がある。

1）ゆし豆腐

豆乳に海水（またはニガリ）を加え，凝固物を成型せずにそのまま食する沖縄地域食品である。成型しない製品は，沖縄以外でも“よせ豆腐”，“くみ豆腐”，“おぼろ豆腐”などがあり，前述したように，最近その需要が増えている。

2）しめ豆腐・堅豆腐

しめ豆腐は沖縄地域，堅豆腐は白山の麓など全国の山村地域でつくられるかたい豆腐である。凝固剤添加時に強く撹拌したり，凝固物を崩して強く圧搾するなどして水分を減らす。

3）六浄豆腐

かための木綿豆腐の表面に塩をつけ，放置後乾燥し，得た飴色のかたい製品を削って食する山形県の地域食品である。

4）豆腐チクワ・豆腐カマボコ

脱水した豆腐と魚肉すり身を混ぜたチクワは鳥取県の地域食品，カマボコは秋田県の地域食品である。しかし，最近はこの種の加工品が多くの業者によって製造され，市販されている。

5）豆腐よう

豆腐をある程度乾燥した後，紅麴と泡盛を含む漬汁に漬込んで熟成させた発酵食品である。沖縄の宮廷料理に起因する沖縄の地域食品である。

6）干し油揚げ

きわめて薄い油揚げの生地からつくられた大型の油揚げで，通常の油揚げに比べて伸び比率が高く，水分が少ない。香川県の地域食品である。

豆腐の加工品・調理品は江戸時代『豆腐百珍』に紹介されたように枚挙に暇がない。なかでも“豆腐かん”は，非常にかたい豆腐を煮さました醤油に入れ，弱火で煮て，味を充分にしみ込ませたもので，京都の黄檗《おうばく》山万福寺の精進料理の一つである。また“つと豆腐”は豆腐を薄く切ってすだれ（あるいはつと）の上に重ね，かたく巻いて締め，蒸し（あるいはゆで）てつくる福島県の地域食品である。

（8）豆腐類の保存

豆乳，豆腐およびそれらの加工品はもともと日もちの悪い食品である。これは大豆の種皮の組織内に付着する土壌細菌など耐熱性のある菌が，従来の豆乳の加熱温度では，胞子を形成して生き残り，再び繁殖するからである。そのため，保存性を向上するために，油で揚げたり，乾燥したりする加工法が生まれた。最近は前述のように，大豆原料の洗浄（あるいは脱皮大豆を原料とする），加熱温度，充塡包装の場における空調管理など，工程における衛生管理が徹底してつくられる事例が多く，概して保持期間は延長している。また，小世帯用の小型包装品も市販され，消費までの流通，保存中汚染を少なくしている。それでも限度があり，それがこれら食品の特徴なので，できるだけ早めに食するほうが望ましい。

豆腐はできるだけ，購入後すぐに冷蔵庫に保管する。半分食べてまた，翌日に利用する際は，清浄な水に置き換えてふたのある容器に保存する，熱湯で短時間加熱してから用いるなどは，家庭のちょっとした工夫であろう。大豆の油はよく乳化しているので酸化されにくいが，表面の揚げ油は酸化されやすいので揚げ物類は，軽く温湯で洗ってから調理する必要がある。凍豆腐は乾燥しているので，3カ月以上常温貯蔵に耐えるが，豆腐の組織が多孔性なので，長期間，高温の保存では油が空気に触れて酸化されることがある。

4.4.2 大豆発酵食品

大豆発酵食品は主に東アジアにあり，ヨーロッパにはチーズやヨーグルトなど乳酸菌で牛乳を発酵させる食文化があったため，大豆を加工する食文化は生まれなかった。日本の大豆発酵食品には，味噌，醬油のほか，納豆，豆腐ようなどがある。納豆はどちらかといえば限られた地方の食品であったが，今では全国的に普及し，スーパーマーケットで容易に入手できるようになった。豆腐ようは沖縄独特の大豆発酵食品であるが，それほど知られていない。

大豆発酵食品は，微生物を利用することにより大豆を発酵させ，やわらかくて消化のよい，栄養豊かな食品である。最近は食品の機能性からも高い評価を受けている。

（1）納　豆

1）日本の納豆

納豆の起源は明らかでないが，弥生時代から食べていたといわれる説と奈良時代から平安時代にかけて寺院で塩納豆がつくられていたという説がある。室町時代には，塩納豆とともに糸引納豆もかなりつくられており，著しく普及したのは明治時代以降のことといわれている。

現在では納豆といえば，糸引き納豆をいう。糸引き納豆は蒸煮した大豆を納豆菌の発酵作用によって熟成させたもので，多量の粘質物をつくり，独特の風味をもつ大豆発酵食品である。

① **種　類**　納豆の種類には2種類あり，無塩発酵の糸引き納豆と加塩発酵の塩納豆（塩辛納豆，唐納豆，寺納豆）がある。

A．糸引き納豆……水に浸漬した大豆を蒸煮し，70〜80℃にて納豆菌（*Bacillus natto*）を接種，約40℃の室で16〜20時間発酵させ，発酵終了後は10℃以下に冷却する（図4.4.2）。納豆は発酵中に納豆菌の分泌するアミラーゼやプロテアーゼなどの酵素作用により大豆の栄養成分が分解され，消

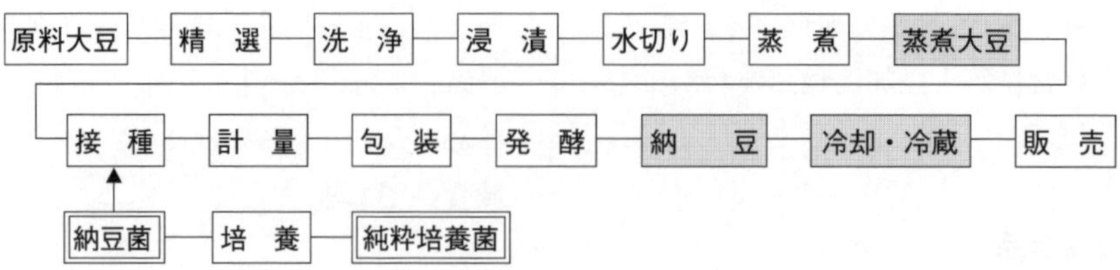

図 4.4.2　糸引き納豆の製造工程

化性が向上している。粘質物はグルタミン酸のポリペプチドとフルクトースの重合物である。

納豆菌によりビタミン B_2やKが生成され，栄養的に良好な食品である。

B．塩納豆……糸引き納豆と異なり，蒸煮大豆に麹菌（*Aspergillus oryzae*）を接種して豆麹をつくり，これを乾燥し，食塩水にて1～6カ月熟成させた豆味噌に似たもの。大徳寺納豆（京都），浜納豆（浜松）などがある。

② 品 質

A．発酵による成分の変化……発酵により大豆の成分は分解されるが，発酵中の成分変化を表4.4.2，3に示す。

一般成分の変化のなかで，特に目立つものは発酵の前半における還元糖の消費であり，この成分は納豆菌の生育のためのエネルギー源として使われる。また，窒素量は発酵12時間後に約52％が水溶性となる。アミノ態窒素は発酵中に進み，アンモニア態窒素の発酵の後半に進み，過熟になるとアンモニア臭が強くなる。

B．粘質物……粘質物は納豆の特徴の1つである。粘質物はグルタミン酸ポリペプチドとフルクトースの重合体であるフラクタンの混在したものである。グルタミン酸ポリペプチドとフラクタンの重量は8：2といわれ，グルタミン酸ポリペプチドのほうが強い粘性を示す。フラクタンは粘性の安定化に関与していると考えられる。粘質物の量は納豆の1％もないが，納豆の品質に粘質物の量と質が大きな相関性をもつ。一般に糸引きが強く，納豆をかきまわし糸ができるだけ長く切れないものがよいとされている。

C．風 味……納豆は淡泊な味であるが，大豆タンパク質の分解によるペプチドの香味とアミノ酸のうま味のほか，納豆特有の香味がある。この香味は納豆菌の発酵生産物のジアセチル量や納豆中のテトラメチルピラジンと関係があるといわれている。

③ 家庭での保存方法　納豆を保存しておくと，その表面に白色または淡褐色のカビのようにみえる斑点状のものが生じる。これはアミノ酸の一種であるチロシンが析出したもので，微生物や有害物質ではない。乾燥すると出やすいので，冷蔵庫に保管すると，速く白くなりやすい。購入後，速く食べたほうがおいしい。

表 4.4.2　発酵中の成分の変化

発酵時間（時間）	水 分（％）	乾 物 中(％)				
		タンパク質	脂 肪	灰 分	繊 維	還元糖
0	60.9	42.0	21.4	5.0	13.4	13.4
8	61.6	41.6	22.7	5.3	12.0	12.0
12	61.6	41.6	23.1	5.5	11.6	11.6
18	61.8	41.8	24.6	5.6	11.0	11.0

資料）藤巻正生・三浦　洋・大塚謙一編：食料工業，恒星社厚生閣，p.537（1985）

表 4.4.3　発酵中の窒素化合物の形態変化

発酵時間（時間）	乾物中全窒素（％）	全窒素中の比率(％)		
		水溶性窒素	アミノ態窒素	アンモニア態窒素
0	7.36	17.1	0.9	0.3
8	7.29	44.2	2.7	0.4
12	7.29	51.9	5.9	2.0
18	7.23	54.9	8.3	2.8

資料）同上

また，納豆を長期保管すると次第に褐変するが，これはアミノカルボニル反応であり，糖類とアミノ酸の反応によるもので，進行すると風味に影響を及ぼす。

④　**販売時点の取扱い方法**　納豆の表面に析出するチロシンの結晶は，大豆タンパク質の分解生成物であり，無害であるが，商品価値を低下させる。チロシンは水に溶けにくい物質で表面が乾燥すると出やすく，冷蔵した場合に速く出る傾向があるので，注意する。また，長期保管の褐変の原因であるアミノカルボニル反応を防ぐことは困難で，進行を遅らせるためには，真空包装や0～5℃ぐらいに冷蔵することが効果的である。

⑤　**機能性**　納豆は消化がよく，高タンパク質で栄養価が高く，低脂肪，ビタミンが豊富と優れた食品である。納豆菌による制がん作用，ナットウキナーゼによる血栓予防効果，食物繊維が多く，大腸がん予防，コレステロール抑制作用，ビタミン B_2 の疲労回復，成長促進，ビタミンEによる酸化防止，ビタミンKによる血液凝固作用，骨粗鬆症防止，レシチンによる動脈硬化防止など数多くの効果がいわれている。もともと栄養価の高い大豆に納豆菌とその発酵産生物により，より高い機能性がある。

（2）世界の納豆類

糸引き納豆は日本の伝統食品であるが，ほかに，無塩発酵の大豆食品としてネパールのキネマ，インドネシアのテンペなどがある。無塩発酵大豆食品が，このネパール，インドネシア，日本を結んだ地域に分布していることから，この三角地域を納豆の大三角地帯と呼んでいる。この地帯は，カシ，シイ，クス，ツバキなど照葉樹の森林があり，多くの共通した生活文化がある。また，最近，西アフリカにも納豆を食べる文化があることがわかり，広い地域で，納豆が食べられている（図4.4.3）。

1）テ　ン　ペ

A．特　徴……テンペはインドネシアの伝統的大豆発酵食品で，ジャワ島でもっともよく食べられている。煮た大豆をバナナの葉に包み，バナナの葉に付着しているクモノスカビ（*Rhizopus* 属）を種にして約1日発酵させたものである。大豆の脱皮処理後，酸発酵により，雑菌，病原菌の増殖を防ぐ（図4.4.4）。現在は工業的に *Rhizopus* 属の種菌を利用している。インドネシアでは肉の代わりに大豆タンパク質の利用が多く，テンペは薄く切って食塩水に漬けてから油で揚げたり，細かく砕いてスープに入れたりして食べている。また，

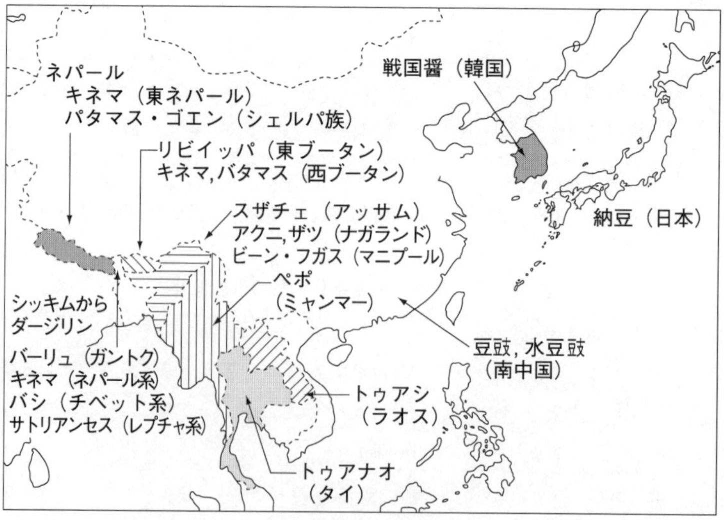

図 4.4.3　アジアにおける納豆の分布とその名称
出典　食品工業，47(6)，24，2004

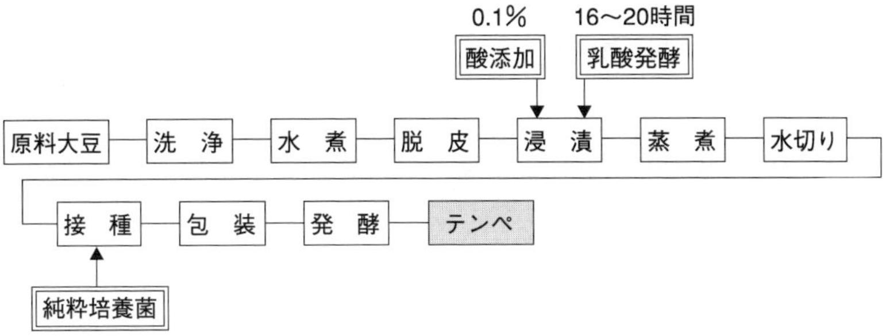

図 4.4.4　テンペの製造工程

淡泊な風味の食品であるため，いろいろな惣菜の原料として使われている。テンペ菌はリパーゼ，プロテアーゼ，セルラーゼが強いので，酵素分解の効果があり，たれの中にテンペを入れ，肉と一緒に漬けると脂っこさが消え，肉がおいしくなる，米と一緒に炊くとご飯がおいしくなる，オカラをテンペで発酵させるとよい食材ができるなどの報告がある。

B．機能性……最近，テンペの乾燥粉末の貯蔵性が優れており，数カ月品質が安定で変わらないことから，機能性を調べたところ，抗酸化性が強いことがわかり，アメリカをはじめ多くの国々で注目を浴びている。ほかに，高血圧防止効果，血中コレステロール低下作用，血栓溶解酵素による血栓防止効果などが認められている。

2）その他の納豆類

東南アジアの大陸部では，ほとんどの国に納豆があり，また，東南アジア系の人びとが住む東北インド，シッキム，ネパール，ブータンにもある。

ネパールのキネマ，タイのトゥアナオ，中国のトウシは比較的知られている。東南アジアでは納豆は高い気温ではすぐに腐敗するため，比較的涼しい山岳地帯にある。これらの納豆は煮た大豆を潰して木の葉で包み，数日発酵させたもので，包むのに用いる植物の葉に常在する微生物により発酵される。日本の納豆，ネパールのキネマの発酵菌は細菌であるが，テンペやその他の多くのものはカビによる発酵であるといわれている。また，その製品の一番多いスタイルが丸めてせんべい状にして乾燥する方法である。

（3）乳腐と豆腐よう

乳腐は腐乳，豆腐乳とも呼ばれ，中国や台湾で古くからつくられていた。朝かゆに混ぜたり，まんとうに挟んだり，漬物として食べている。

豆腐ようは乳腐が日本に渡り，沖縄で日本人の嗜好に合うように変わったものである。乳腐は塩分が高く，匂いにくせがあるが，豆腐ようは食塩を使わず，沖縄特産の泡盛を用いて防腐し，また，米麹を用いるので甘味があり，ソフトチーズのようで，ウニのような風味もあるので，美味な嗜好品である。

乳腐と豆腐ようの製造法

A．乳　腐……製造工程を大きく分けると，豆腐の製造，カビ豆腐の製造，もろみに漬込み熟成工程の3工程に分けられる。豆腐の製造は一般の豆腐製造と同じであるが，水分の少ない豆腐がよい。カビづけは豆腐を3㎝角に切って *Mucor* 属か *Rhizopus* 属のカビを豆腐の表面につける。カビ豆腐の表面の水分を飛ばして塩漬けし，さらにもろみに漬けて熟成させる。密閉して冷暗所で数カ月〜1年以上熟成させる。もろみに紅色の *Monascus* 属のカビを使用したものは赤味を帯びた乳腐となる（図4.4.5）。

B．豆腐よう……製造工程は，豆腐の製造，豆腐の乾燥，麹の製造，仕込みと熟成の4工程に分けられる。豆腐の製造は一般の豆腐製造と同様でかための豆腐がよい。豆腐を2〜3㎝角の大きさに切りそろえ，1〜2日陰干しして乾燥する。この乾燥工程で豆腐の表面に自然に *Bacillus* 属などの微生物の生育がみられ，ネトを生じる。細菌

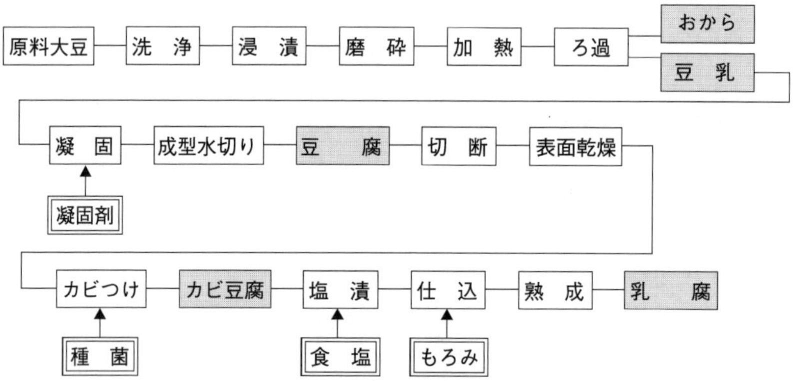

図 4.4.5 乳腐の製造工程

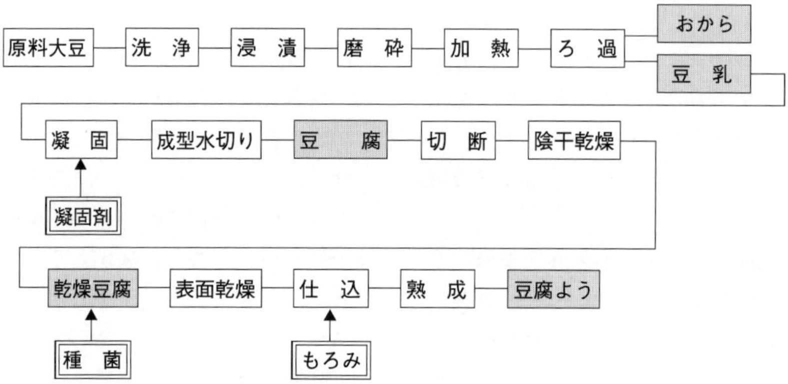

図 4.4.6 豆腐ようの製造工程

のプロテアーゼにより豆腐のタンパク質が，ある程度分解を受け，前発酵的な役割をする。麹の製造工程は紅麹菌 *Monascus* 属や黄麹菌 *Aspergillus* 属を生育した米麹をつくる。仕込みと熟成工程は麹，食塩（少量），泡盛（アルコール濃度43％）を混和し，麹が十分軟化するまで放置し，すり鉢で破砕してもろみを調製する。ネトのついた乾燥豆腐の表面を泡盛でよく洗浄後，もろみに漬込み，室温で熟成させる。夏期で2～3カ月，冬期で3～4カ月必要とする（図4.4.6）。

〔引用文献〕

1）日本農林規格：農規67,3052（一部改定，農水告示82，1985年10月）

2）渡邊篤二・斎尾恭子・橋詰和宗：大豆とその加工Ⅰ，建帛社，p.33（1987）

3）渡邊篤二・斎尾恭子：化学と生物，11，631（1973）

4）斎尾恭子：改訂版やさしい豆腐の科学（渡邊篤二監修），フードジャーナル社，p.120（1996）

5）橋詰和宗：渡邊篤二監修：やさしい揚げの科学，フードジャーナル社，p.65（1988）

6）渡邊篤二・斎尾恭子・橋詰和宗：大豆とその加工Ⅰ，建帛社，p.129（1987）

7）岡本　奨・渡邊　研：湯葉，東京農工大学食品化学研究室同窓会発行（1976）

4.5 野菜加工品

4.5.1 種類および加工材料

野菜は生鮮品として購入し，家庭で調理をする場合が多いが，加工品を購入する割合も年々増加している。加工された野菜の形態はさまざまで，カット野菜のように，根や不可食部を除いて水洗，袋詰したものから，トマト加工品のジュースやケチャップのように原型をとどめないものまでその加工程度はさまざまである。特にカット野菜は近年消費が増大している。

野菜加工品には，冷凍食品，漬物，トマト加工品（野菜ジュースを含む）などや，乾燥品の干しシイタケ，干し大根などがある。

食品工業おける原材料の海外依存度は高い。例えばトマト加工品では，従来，トマトジュースは風味を尊重するために，委託栽培した国内産加工用トマトを利用して搾汁・殺菌の後缶詰（フレッシュジュース）にした。一方，トマトケチャップなどの香辛料を加えるものは，輸入した濃縮品を利用するというように区別されていた。しかし，最近ではトマトジュースでも輸入濃縮品（濃縮還元ジュース）を水で割ったものを用いる比率が増え，その割合は逆転している。

冷凍野菜，漬物原料用塩漬野菜などの多くも輸入品に頼っているのが現状である。過去には，海外から輸入された冷凍野菜について残留農薬が問題となったが，今後も販売者や加工業者，消費者は充分に安全性を監視していく必要があろう。2000年の生鮮青果物の原産地表示の義務化に次いで，野菜加工品の原産地表示が義務づけられた（2004年）こともその証左である。

（1）静菌・殺菌

野菜は果実と比べるとpHが中性に近く，pH5.5以上，かつ水分活性が0.94以上のものが多く，いわゆる「容器包装詰加圧加熱殺菌食品」をつくる場合は，中心温度を120℃，4分間，またはこれと同等以上の効力を有する方法により殺菌しなければならないとされている。

プラスチック包装で水煮を製造する場合は，クエン酸を加えたり，少し発酵させてpHを下げ，この範疇から外れるようにしていることも多い。

漬物も伝統的には塩分濃度を上げ，水分活性を下げて保存性を付与した食品であったが，現在では塩分を減らして，味を楽しむ惣菜の一種と考えられるようになった。したがって細菌の繁殖を避けるために，容器に充填した後に殺菌を行い，低温流通が必須になったものも多い。

浅漬は新鮮な材料を使用し，少量の食塩で漬け，乳酸発酵を起こす前の野菜の風味を楽しむものであるが，雑菌の繁殖により野菜に大量に含まれる硝酸が亜硝酸に変化し，健康を害することがあるので，雑菌の繁殖対策として，低温で漬込むか，アルコールの添加などの処置が行われている。

惣菜の生菌数は，加熱処理したものは10^5/g以下，サラダ，生野菜などの未加熱のものは10^6/g以下であることが義務づけられている。カット野菜には規則はないが，青果物カット事業協議会の自主基準では10^5/g以下で流通することが望ましいとされている。

（2）内容成分の変化

1）ポリフェノールの酸化による褐変

植物性原材料は多かれ少なかれポリフェノール物質を含んでいる。ポリフェノールは抗酸化成分であるが，酸化重合して褐変物質を生ずる。これを触媒するのがポリフェノールオキシダーゼ（PPO）である。酵素的褐変の防止のためには，まずPPOとポリフェノール物質が少ない品種を選ぶことが必要である。また製造工程では，加工に先立って熱湯で短時間処理するブランチングを行い，PPOを失活させることが必要である。その他，pHを下げる，食塩やアスコルビン酸，亜硫酸塩などを添加するなど必要な処理を行う。また製品の保存時には，酸素を排除するためのガスバリアー性の包装を施すことが重要である。

2）非酵素的褐変

野菜の糖とアミノ酸は，加工中にメイラード反応を起こして褐色（～黒色）化し，香り（～悪臭）を生成する。通常これは好ましい反応として，製品に適度の色と食欲をそそる香りを与えるが，できあがった製品の保管中に徐々に起こるメイラード反応は概して好ましくない反応である。乾燥野菜が吸水したような状態，すなわち中間的な水分活性のときは反応が速いので特に注意が必要である。また，製造に時間がかかりすぎて微生物が増殖した場合には，グルコースが褐変しやすいケト基を2つも含む糖に変化し，通常の加熱状態でも著しく褐変反応を起こすことがあるので，加工中の微生物増殖には注意が必要である。

3）色素の変質

野菜に含まれるクロロフィルは加工中や貯蔵中は不安定であり，加工品の緑色を保つことは容易ではない。野菜を加熱すると，野菜から抽出，揮発される成分によって野菜は少し酸性になり色調が悪くなる。このようなときは，炭酸ナトリウムや水酸化カルシウムなどを添加し，ややアルカリ性（pH7.0～8.0）にして加熱すると緑色を保つことができる。野菜加工品のクロロフィルは光に敏感で，光に当たることにより短時間のうちに変色，無色化する。特に需要の伸びている凍結乾燥野菜では，完全に乾燥状態を保ち，光の通らない包装が必要である。

カロテノイド類は加工，貯蔵中には比較的安定で，赤橙色，黄色が保たれるが，乾燥品では酸素による酸化や光による分解に注意が必要である。凍結乾燥野菜では，表面積の拡大や水の単分子層吸着が部分的に破れることにより，酸素による酸化が進む。

アントシアニンは不安定で容易に変色する。イチゴジャムのようにアスコルビン酸が褐色化を促進させることもある。素材としてアントシアニン含量の少ない品種を選ぶとともに，低いpHや低温保存によって退色を遅らせることは有効である。また，アントシアニンは金属イオンにより赤紫色に発色し，淡色に仕上げたい加工品（モモ缶詰など）の妨げになることもあるので注意が必要である。

4.5.2 トマトジュース・トマトケチャップ

（1）種類と特徴

1）トマト加工品の種類と特徴

トマトジュース，トマトケチャップは，加工用トマトを主原料として生産される野菜加工品である。原料となるトマトは，一般に生鮮野菜として流通しているトマトとは異なる赤紅色をした加工専用品種が使用される。トマトジュース，トマトケチャップなどのトマト加工品には，着色料の使用は認められていないため，これら加工品の鮮やかな赤色は，純粋に原料トマトに由来するものである。加工用トマトは，トマト加工メーカーが独自に開発した一代交配品種が，農家との間で契約栽培されており，完熟した赤みを有するばかりでなく，味，フレーバー，栄養価，物性の面においても，優れた品質を有している。

トマト加工品にはトマトジュース，トマトケチャップを含め，トマトピューレ，トマトペースト，トマトミックスジュース（野菜ジュース），チリソース，トマトソース，固形トマト（トマト缶詰）およびトマト果汁飲料の合計9品目がある。主なトマト加工品の日本農林規格（JAS）を表4.5.1に示した。

トマトジュースには，加工用トマトが収穫される時期にのみ搾汁，充塡されるシーズンパックジュースと加工用トマトを搾汁後，濃縮した原料（トマトペースト，トマトピューレなど）を希釈して製造される濃縮還元ジュースとがある。濃縮還元ジュースの場合には，“トマトジュース（濃縮トマト還元）”と記載しなければならない。

表 4.5.1　主なトマト加工品の日本農林規格（JAS）
（農林水産省告示第1419号，昭和54年10月11日）
最終改正平成９年９月３日農林水産省告示第1381号

加工品	定義
トマトジュース	次に掲げるものをいう。 1．トマトを破砕して搾汁し，又は裏ごしし，皮，種子等を除去したもの又はこれに食塩を加えたもの 2．濃縮トマト（食塩以外のものを加えていないものに限る）を希釈して搾汁の状態に戻したもの又はこれに食塩を加えたもの
トマトケチャップ	次に掲げるものをいう。 1．濃縮トマトに食塩，香辛料，食酢，糖類及びたまねぎ又はにんにくを加えて調味したもので可溶性固形分が25%以上のもの
濃縮トマト	次に掲げるものをいう。 1．トマトの搾汁を濃縮したもの（粉末状及び固形状のものを除く）で無塩可溶性固形分が８%以上のもの 2．１にトマト固有の香味を変えない程度に少量の食塩，香辛料，たまねぎその他の野菜類，レモン又はpH調整剤を加えたもので無塩可溶性固形分が８%以上のもの
トマトピューレ	濃縮トマトのうち，無塩可溶性固形分が24%未満のものをいう。
トマトペースト	濃縮トマトのうち，無塩可溶性固形分が24%以上のものをいう。
固形トマト	全形若しくは２つ割り等の形状のトマトに充塡液を加え，又は加えないで加熱殺菌したものをいう。

出典）（社）日本農林規格協会：トマト加工品（2002）

表 4.5.2　トマトケチャップの特級及び標準の日本農林規格（JAS）の差異
（農林水産省告示第1419号，昭和54年10月11日）
最終改正平成９年９月３日農林水産省告示第1381号

区分	特級	標準
可溶性固形分	30%以上	25%以上30%未満
食酢	醸造酢に限られる	
食品添加物	①糊料を一切使用できない ②保存料を使用することはできない	①糊料としてペクチン，タマリンドシードガムの使用が許可されている ②保存料としてソルビン酸の使用が許可されている

トマトケチャップには，特級および標準の２つの品質グレードがある。両者の差異を表4.5.2に示した。標準グレードのトマトケチャップは，主として業務用ルートで販売されているものである。

2）製造方法

トマトジュースおよびトマトケチャップを含む主なトマト加工品の製造工程を図4.5.1に示した。

①　トマトジュースの製造方法　畑で完熟したトマトは，生産者によって手収穫され，20kg入りのプラスチックコンテナにより，畑周辺にあるトマト集荷場まで搬出される。その後，トラックによって加工工場に搬入され，可能な限り速やかにトマト洗浄ラインに運ばれる。トマト収穫後の保管時間と品質の変化は，図4.5.2に示すように糖度，ビタミンCの減少，モールドカウントの増加など品質の劣化が進むので収穫後24時間以内にジュースに加工することが望ましい。洗浄工程では，土砂，枯葉，農薬などの除去を完全に行うことが品質および食品衛生上不可欠である。洗浄されたトマトは，クラッシャーと呼ばれる破砕装置により破砕後，トマト用の搾汁装置にて搾汁が行われる。破砕，搾汁の工程では，空気の混入により，トマトに含まれるビタミンCの減耗を抑えることが管理上の重要なポイントになる。トマトの搾汁率は，破砕後の加熱温度と搾汁装置の運転条件によって調整される。加熱温度は，トマト中の酵素であるペクチナーゼの活性と関係し，ジュース中の粘稠物質であるペクチン含量を決定する。搾汁装置の運転条件（回転数，スクリーンサイズなど）は，ジュース中のパルプ含有量と関係し，適正なジュース粘度となるように調整が行われる。搾汁されたトマトジュースは，調合工程で最終の品質確認がされ，食塩添加のトマトジュースにあっては，この工程にて食塩の添加が行われる。その後，高温短時間殺菌が行われた後，各容器に適した温度まで冷却され，充塡される。

②　トマトケチャップの製造法　現在トマトケチャップは，トマト加工品の一つであるトマト濃縮品（トマトペースト）を原料として生産される場合がほとんどである。原料であるトマトペー

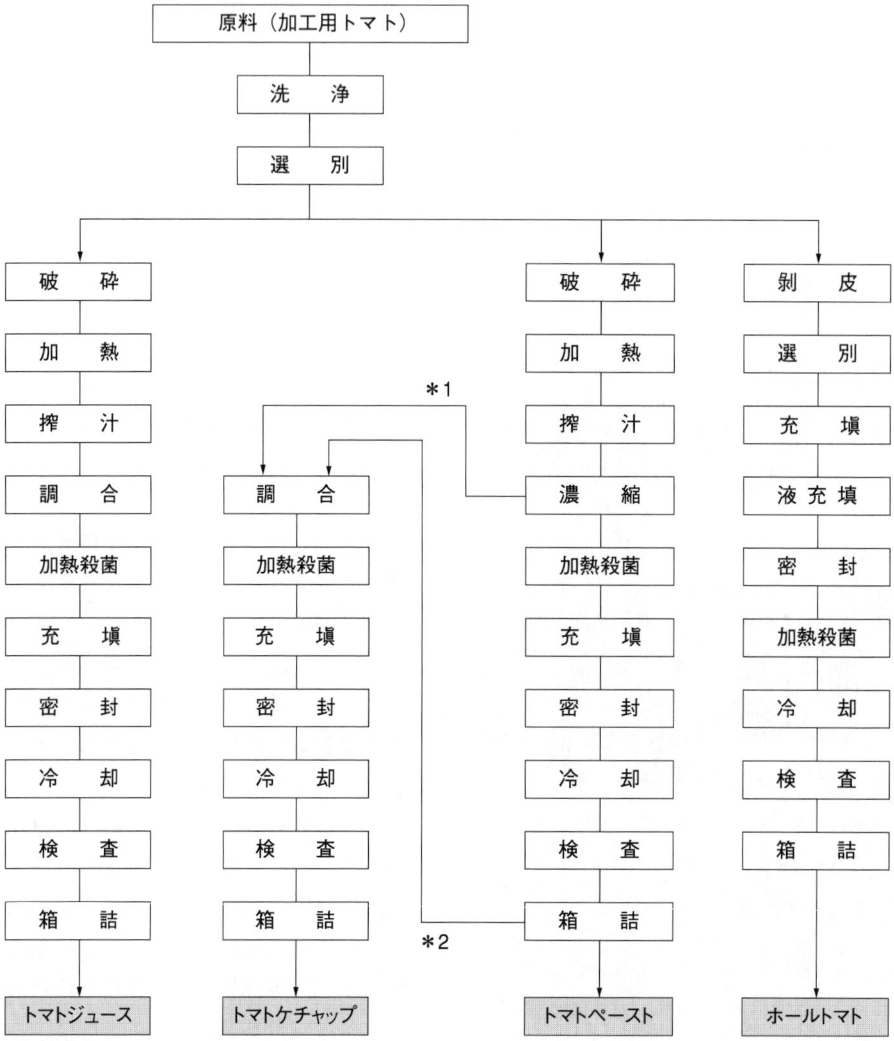

*1加工用生トマトから直接製造する場合
*2トマト濃縮品（トマトペースト）を原料とする場合

図 4.5.1　トマト加工品の製造工程

ストは，トマトジュースと同様の工程（破砕～加熱～搾汁）により生産される。トマトジュースと異なるのは，加熱の温度であり，トマトケチャップの状態（粘度，見かけの照り，艶）を良好にするために通常90℃以上の加熱が行われ，搾汁工程にてジュースが搾汁される。搾汁されたジュースは，トマト専用の濃縮装置にて約6倍程度まで濃縮が行われる。濃縮されたペーストは，200kg以上の大型のバッグに無菌的に充填が行われ，トマトペースト原料として保管される。こうして生産されたトマトペーストは，トマトケチャップが製造される工場に運搬され使用される。トマトケチャップの製造工程では，トマトペーストを主たる原料として，糖類，食酢，食塩，タマネギ，ニンニク，香辛料などが調合タンクにて混合・調整される。調合後，脱気，殺菌などが行われ，各容器に適した充填温度まで冷却され，充填が行われる。

③　**製品の品質検査**　充填された各製品については，抜取り検査により，各成分値，香味などの品質検査および微生物検査が行われる。微生物検査では，サンプリングした製品の生菌数を検査し，48時間後の生菌数が認められないことが必要

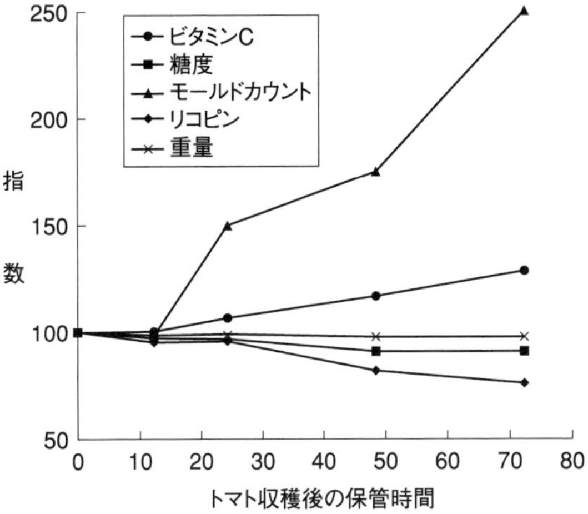

注）スタート時ビタミンC：19.3mg%，濃度(°Bx)：5.4，モールドカウント：8，リコピン：7.2mg%

図 4.5.2 トマト収穫後の保管時間とトマト成分の変化

出典）石栗幸雄・山田康則：最新果汁・果実果汁飲料事典，朝倉書店（1997）

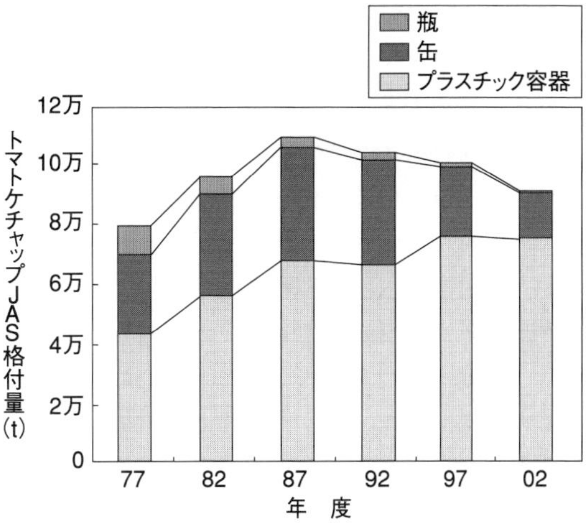

図 4.5.3 トマトケチャップの容器別JAS格付け量の推移

である。また，製品保管サンプルを30～35℃の恒温器に一定期間保管後，変敗などの微生物汚染のないことが確認される。

（2）品質保持

1）賞味期限と賞味期限に影響を与える因子

トマトケチャップに使用されている容器には，プラスチック容器（チューブ，フィルムなど），缶容器，瓶容器などがあるが，現在では，80%以上がプラスチック容器となっている。トマト加工品の賞味期限（おいしく食べられる期間）は，加工品の種類，容器の種類および開封前後の区分により定められるが，開封前の賞味期限は，容器の種類により大きく影響される。表4.5.3に主なトマト加工品の賞味期限を示した。

賞味期限に影響を与える因子としては，貯蔵中の温度，酸素，紫外線などがあるが，各容器を同一の条件下で保存した場合，プラスチック容器の

表 4.5.3 トマト加工品の賞味期限

製品名	容器	開封前		開封後	
		保存条件	賞味期限	保存条件	賞味期限
トマトジュース トマトミックスジュース	缶	室温	2年	冷蔵庫中	1日
	瓶		2年		
	紙		90日		
	プラスチック容器		9カ月		3～4日
トマトケチャップ	缶	室温	2年	冷蔵庫中	40日間
	瓶		2年		
	プラスチックチューブ容器		1.5年		
	プラスチックフィルム容器		9カ月		
トマトピューレ	缶	室温	2年	冷蔵庫中	1日
	瓶		2年		
トマトペースト	缶	室温	2年	冷蔵庫中	3日程度
	瓶		2年		

ほうが瓶あるいは缶容器より賞味期限が短くなる。これは，プラスチック容器の酸素透過性が高いことによるものである。空気中の酸素が，プラスチック容器を透過し，内容物と反応し，トマト加工品の色調を暗褐色に変化させるためである。一般にこのような酸素による褐色化現象を酸化褐変と呼び，製造工程（主に加熱工程）で生成されたアミノカルボニル反応の中間生成物が酸素の影響を受け，褐変を進行させることによるものである。

このため，プラスチック容器では，味以上に表面色の変化が生じ，商品価値が低下する。したがって，トマトケチャップに使用されるプラスチック容器は，酸素透過速度の低いものを使用することが望まれる。現在使用されているチューブ容器は，PE（ポリエチレン）//EVOH（エバール）//PE の 3 層構造のものであり，酸素透過速度は，10（cc/m² day atm 30℃ 80% RH）程度の低い値となっている。このようにプラスチック容器では，酸素透過性が品質（特に色調）に大きな影響を与えるため，この色調低下の影響を管理することが重要となる。この管理方法には，トマトケチャップの表面色を色差計で測定する方法やトマトケチャップのろ過液の着色度を吸光度（3 倍水希釈品をNo 5 Aろ紙でろ過したろ過液の波長450nmでの吸光度）で測定する方法が用いられる。酸素透過速度の異なる容器にトマトケチャップを充填した場合の色差（$\Delta E=\sqrt{\Delta L^2+\Delta a^2+\Delta b^2}$）の変化（貯蔵期間とΔEとの関係）を図4.5.4に示した。ΔEが 3 以上の値になると外観上も色調の差が認められる。

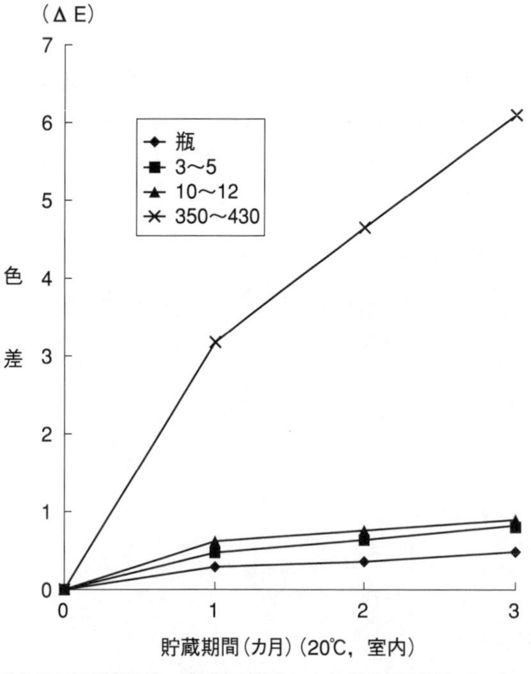

注）酸素透過速度：単位面積当たりの酸素透過量（cc/m² day atm 30℃ 60%RH）

図 4.5.4 酸素透過速度によるトマトケチャップの色調変化

出典）鵜飼暢雄：包装技術別冊，（社）日本包装技術協会（1985）

2）製品の流通・保管などの取扱い方法

トマトジュース・トマトケチャップなどのトマト加工品は，常温下で長期間の保存・流通が可能であるが，流通・保管時には次のような点に注意することが必要である。

① 高い温度，温度変化の大きい場所に保管しないこと　直射日光のあたる場所，換気の悪い場所に保管しないようにすることが必要である。高温下に製品が保管されると品質の著しい低下を引起こす場合がある。また，缶製品の場合には，缶表面に結露した場合に発錆などの可能性が考えられる。できる限り温度変化の少ない場所に保管することが重要である。

② 極度の衝撃を加えないこと　製品の流通時に落下あるいは打撲などにより，容器あるいは段ボール箱に設計値以上の衝撃が与えられた場合には，容器のへこみあるいは極端な場合には，密封不良などの発生する危険性がある。製品の取扱いには極度の衝撃を与えない注意が必要である。

（3）家庭での保蔵方法

開封前の製品にあっては，前述したように直射日光のあたらない換気のよい場所に保管されることが望ましい。極端な温度の上昇は，長期間の保存により，製品の色調変化あるいは内容成分の変化（例えば糖の分解など）を生じる危険性がある。また缶表面に結露が生じた場合には錆などの発生する危険性があるからである。

トマト加工品には，保存料の使用は認められていないため，開封後の製品の長期間保存は不可能であり，表4.5.3に示したように，トマトケチャップを除き，基本的には，開封したその日のうちに使いきることが必要となる。

トマトジュースのPETボトルなど大型の容器の場合には，1日で飲みきれない場合も考えられるが，この場合には飲み残した製品は，必ず冷蔵庫に保管し，3～4日間程度で飲みきることが必要である。また，トマトペーストなどの缶製品においては，開封後保管する場合にはガラス容器などに移しかえ，冷蔵庫に保管することが必要である。開封時に傷ついた箇所が，トマト中の酸成分により腐食したり，金属イオンの影響により品質変化（褐変）が生じるためである。

トマトケチャップに関しては，食酢，食塩濃度が高く，ほかのトマト加工品に比較すると保存性が高いといえるが，例えば水などが混入して薄まった場合やあるいは口部の汚れから二次的に微生物汚染の危険性があるため，使用後は必ず冷蔵庫に保管することが必要である。

4.5.3 漬　物

(1) 種　類

日本にはたくあん漬，野沢菜漬，浅漬など，数多くの漬物があるが，それらは主に漬床や漬液の違いによって，10種類に分類されている。それらをまとめたのが表4.5.4である。これらを保蔵・流通の面からみると長期保存が可能なものとしては，きざみ漬（福神漬など）のように包装後，加熱殺菌したものや，酢漬や粕漬のように漬床のpHを下げたり，食塩やアルコールなどを加えることにより，保存効果を高めたものなどがある。また，長期保存は困難であるが，比較的保存性が高いものとしては，すぐき漬やしば漬のように乳酸発酵によるpHの低下によって保存性を高めている発酵漬物もある。一方，保存性に乏しい漬物としては，食塩濃度が2％前後と低いことから微生物が容易に増殖しやすい浅漬類がある。

表 4.5.4　漬物の分類

種　類	形　状	例
1. 塩　物	野菜などをそのまままたは前処理した後，塩を主とした材料で漬込んだもの及び一夜漬〔生鮮野菜など（湯通しを経た程度のものを含む）を塩を主とした材料で12～48時間漬込んだもの〕をいう。	らっきょう塩漬 つぼ漬　梅漬 野沢菜漬
2. 醤油漬	野菜などをそのまままたは前処理した後，醤油を主とした材料に漬込んだものをいう。	福神漬 高菜漬
3. 味噌漬	野菜などをそのまままたは前処理した後，味噌を主とした材料に漬込んだものをいう。	山菜味噌漬 大根味噌漬
4. 粕　漬	野菜などをそのまままたは前処理した後，粕を主とした材料に漬込んだものをいう。	奈良漬 わさび漬
5. 麹　漬	野菜などをそのまままたは前処理した後，麹を主とした材料に漬込んだものをいう。	べったら漬 三五八漬
6. 酢　漬	野菜などをそのまままたは前処理した後，食酢，梅酢または有機酸を主とした材料に漬込んだものでpH4.0以下のものをいう。	千枚漬 らっきょう漬 はりはり漬
7. 糠　漬	野菜などをそのまままたは前処理した後，糠を主とした材料に漬込んだものをいう。	たくあん漬
8. からし漬	野菜などをそのまままたは前処理した後，からし粉を主とした材料に漬込んだものをいう。	なすからし漬 ふきからし漬
9. もろみ漬	野菜などをそのまままたは前処理した後，醤油または味噌のもろみを主とした材料に漬込んだものをいう。	小なすもろみ漬 きゅうりもろみ漬
10. その他の漬物	1.～9.以外の漬物（乳酸発酵したものを含む）をいう。	すぐき漬 サワークラウト

(2) 主な漬物の製造方法

主な漬物の製造工程の概略を以下に示した。

① 塩漬類（塩押したくあん，野菜塩漬など）／原料野菜⇨洗浄⇨下漬⇨本漬熟成⇨漬上がり⇨包装⇨製品

② たくあん漬（干したくあん）／原料⇨水洗⇨連編み⇨干し⇨糠床への漬込み⇨貯蔵⇨製品

③ きざみ漬（福神漬，きざみ醤油漬など）／塩漬野菜⇨洗浄⇨細切⇨水さらし塩抜き⇨圧搾脱水⇨調味液漬込⇨熟成⇨漬上がり⇨包装⇨加熱殺菌⇨製品

④ 粕漬（奈良漬，山菜粕漬け）／塩蔵野菜⇨洗浄⇨水さらし塩抜き⇨粕床で中漬⇨仕上げ粕で本漬⇨熟成⇨漬上がり⇨包装⇨製品

⑤ 酢漬（らっきょう甘酢漬，千枚漬など）／原料⇨下漬塩蔵⇨脱塩⇨（圧搾）⇨甘酢漬け⇨製品

⑥ 梅干し／原料梅⇨洗浄水漬⇨水切り⇨塩漬⇨日干し⇨梅酢戻し⇨梅酢切り⇨熟成⇨漬上がり⇨包装⇨製品

⑦ 浅漬／原料野菜⇨洗浄⇨下漬⇨調整⇨漬液封入包装⇨製品

(3) 漬物と微生物

1) 漬物に関与する微生物

漬物には糠漬をはじめ梅干し，たくあん漬，キムチなど数多くの種類があり，それぞれ固有の食塩濃度，酸濃度を有している。したがって，漬物に影響を及ぼす微生物の種類もさまざまである。乳酸菌や酵母は糠漬やすぐき漬などの発酵漬物においては風味を形成するうえで重要な役割を果たしているが，浅漬や袋詰製品においてはこれらを酸敗させたり，膨張（フクレ）させたりする有害菌となる。また，事例は少ないが漬物中で腸炎ビブリオ菌や大腸菌などの食中毒菌が増殖し，食中毒を起こすこともある。

漬物に関与する微生物は漬物の種類，保存方法などによって異なるが，以下に漬物原料や漬物に関係の深い主な微生物を示した。

A．原料野菜……*Pseudomonas*，*Flavobacterium* 属，Enterobacteriaceae 科，*Micrococcus*，*Bacillus* 属など

B．糠　漬……*Leuconostoc*，*Enterococcus*，*Pediococcus*，*Lactobacillus*，*Saccharomyces*，*Zygosaccharomyces*，*Torulopsis*，*Candida*，*Aspergillus*属など

C．塩　漬……*Saccharomyces*，*Zygosaccharomyces*，*Torulopsis*，*Candida*，*Pichia*，*Debaryomyces*，*Aspergillus*，*Penicillium* 属など

D．浅　漬……*Leuconostoc*，*Enterococcus*，*Pediococcus*，*Lactobacillus*，*Pseudomonas*，*Flavobacterium*，*Micrococcus* 属，Enterobacteriaceae 科，*Saccharomyces*，*Zygosaccharomyces*，*Torulopsis*，*Candida* 属など

2) 変　敗

漬物には多くの種類があることはすでに述べたが，これらを微生物制御の面からみると，福神漬小袋詰のように加熱殺菌により長期保存が可能なもの，酢漬や粕漬のように漬床の成分により保存性を高めたもの，すぐき漬やしば漬のように乳酸発酵による風味の付与とpHの低下によって保存性を高めたもの，および近年生産量が伸びているが，食塩濃度が2％前後と低く，保存性に乏しさのみられる浅漬類に分けることができよう。

たくあん漬，野菜醤油漬などプラスチック製袋詰製品のうち加熱殺菌を行ったものは微生物による変敗を生ずることは少ないが，加熱不足があるとヘテロ型乳酸菌や酵母によってガス膨張を生じることがある。したがって，殺菌工程においては漬物製品の形態に応じた加熱温度，加熱時間など適切な殺菌条件を慎重に検討したうえで実施することが大切である。また，非加熱殺菌製品のなかでも梅干しやきゅうり古漬のように食塩濃度が比較的高いものやらっきょう甘酢漬のようにpHの低い漬物においては細菌の増殖はほとんどみられないが，酵母やカビの増殖がみられることがある。

食塩濃度が2％前後の浅漬類は漬物のなかではもっとも微生物管理の困難なものの一つである。保存中は原料野菜由来の多種類の細菌の増殖がみられ，品質を低下させる。したがって，初発菌数

表 4.5.5　漬物の変敗と主な原因菌

変敗の状態	主な原因菌
漬液の濁り	グラム陰性細菌（*Pseudomonas*, *Flavobacterium*, *Enterobacter*），乳酸菌，酵母
酸　　敗	乳酸菌，酢酸菌，*Bacillus* など
糖 の 減 少	乳酸菌など
酸 の 減 少	*Debaryomyces*, *Pichia* など
酪酸臭の発生	*Clostridium* など
粘 性 化	*Pseudomonas*, *Bacillus*, *Leuconostoc*, *Lactobacillus*
変　　色	*Pseudomonas*, *Micrococcus*, *Alcaligenes*, *Bacillus*, *Candida*, *Pichia*, *Saccharomyces*, *Torulopsis* など
着　　色	*Micrococcus*, *Rhodotorula* など
軟　　化	*Penicillium*, *Fusarium*, *Cladosporium*, *Altanaria*, *Erwinia*, *Pseudomonas*, *Bacillus* など
酢酸エチル臭	*Hansenula* など
発 カ ビ 膨　張	多くのカビ *Leuconostoc*, *Lactobacillus*, *Saccharomyces*, *Torulopsis*, *Bacillus*
白 カ ビ	*Debaryomyces*, *Pichia*, *Kloeckera*, *Candida*（産膜性酵母）
減圧化現象	酵母，*Micrococcus* など

をいかに減少させるかが重要である。また，腸炎ビブリオや大腸菌などの食中毒菌が増殖することがあるので製造，流通環境からの細菌汚染，温度管理には充分注意する必要がある。なお，漬物の変敗と主な原因菌を表4.5.5にまとめた。

3）漬物を原因とする食中毒

漬物の食中毒は家庭で漬けられたハクサイ，キュウリなどの浅漬を原因食とした腸炎ビブリオによるものが多いが，これ以外にも病原大腸菌，サルモネラ，黄色ブドウ球菌などによるものがある。漬物製造業者が製造した漬物が原因で食中毒を起こすことはあまりないが，いったん起きた場合は家庭の場合と異なり患者数が大規模になる傾向にある。したがって，漬物製造業者は日常的な検査を行うことにより，充分に製造環境における衛生管理に気をつける必要がある。食中毒を起こし，マスコミで報道された場合の製造業者の被害は計り知れないものがあり，今までにも多くの製造業者が倒産に追込まれている。

漬物を原因食品とする食中毒の報告例があるので以下3例を紹介する。

①　キュウリ塩漬による腸炎ビブリオ食中毒例　1978（昭和53）年8月。兵庫県西宮市の事業所の給食に含まれていたきゅうり塩漬による食中毒例がある。266人の喫食者のうち198人が食中毒による不調を訴えた。腸炎ビブリオの場合は調理器具などから二次汚染する場合が多いので水産魚介類を処理したまないたや器具は漬物の調製に使用してはいけない。

②　キュウリ・ナス塩漬によるサルモネラ食中毒例　1976（昭和51）年8月。兵庫県神戸市の事業所における給食のなかのきゅうり，なす塩漬による食中毒例で，24人の喫食者のうち11人が発症した。サルモネラはネズミなどが保菌動物となることが多いので漬物製造場への侵入を防止するための方策を立てておく必要がある。

③　ハクサイ塩漬による病原大腸菌による食中毒例　1979（昭和54）年3月。神奈川県秦野市の事業所における給食によって生じた食中毒例で，喫食者183人のうち49人に中毒症状が現れている。

4）漬物の微生物規格

漬物のなかで，食品衛生の観点から問題になると思われるのは浅漬類であるが，これについては法規定による規格はなく，各自治体における指導基準や自主基準がある。漬物類が原因となった食中毒例は少ないが，食中毒を起こした場合の原因食となったものの多くは浅漬類であることから，それらを対象とした指導要件が「漬物の衛生規範」（昭和56年9月環食第214号）のなかに示されており，その要件として「(ア)冷凍食品の規格基準で定められた *E. coli* の試験法により大腸菌が陰性であること」および「(イ)腸炎ビブリオが陰性であること」をあげている。また，容器包装に充塡後加熱殺菌したものにあっては「(ア)カビが陰性であること。(イ)酵母は検体1gにつき1,000個以下であること。」をあげている。なお，漬物全般に関しては「カビ及び産膜酵母が発生していないこと」が述べられている。ここで，産膜酵母というのは漬物の表面や漬液の表面で生育しやすい酵母で，白く膜状に増殖することからこの名称がつけられている。

（4）保蔵・流通対策

福神漬やキュウリ古漬などは加熱殺菌により，また，ラッキョウ漬や梅干しなどは醸造酢を利用することにより保存性を高めている。しかし，浅漬や糠味噌漬けなど，野菜本来の味を生かそうとする漬物は塩濃度や糖濃度が低めで，マイルドな漬物が多いことから微生物が増殖しやすい環境となり，保存性に乏しい。したがって，微生物対策が非常に重要な課題となっている。

浅漬類のように，加熱殺菌のできない漬物の保存性の向上を図るうえで大切なことは図4.5.5で示すように，まず第1に製品中の初発菌数（製造直後の製品中に含まれる生菌数）を可能な限り少なくすることである。すなわち，野菜原料や下漬野菜の洗浄を充分に行うことにより製品へ移行する微生物数を可能な限り抑制するとともに，製造ラインにおける二次汚染を極力抑えることがきわめて重要である。なお，それら製造工程における微生物管理はトータル的なものでなければならない。洗浄によりせっかく生菌数を抑えていながら，調味液の注入段階で調味液の微生物管理（温度管理も含めて）が不完全であったために，この工程で菌数が一気に増加した例がある。これでは初期の洗浄が無意味になってしまう。各工程での管理が必要であるとともにトータル的な管理を忘れてはいけない。

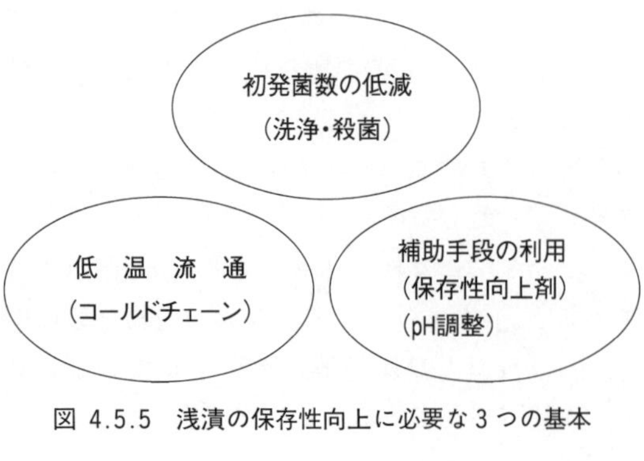

図 4.5.5　浅漬の保存性向上に必要な3つの基本

第2は流通時や保存時において低温流通（コールドチェーン）を一貫して行うことである。そして，第3は以上のことを基本としたうえで加熱殺菌やpH調整，保存性向上剤の使用などの補助的手段を用いることによりシェルフライフ（日持ち期間）の延長を図ることである。また，このような直接的な保存技術だけでなく間接的な方法として工場内環境の整備，さらには製造従事者に対する微生物管理教育を随時行うことも大切なことである。

1）漬物の保蔵技術

①　加熱殺菌　　プラスチック製小袋詰製品の変敗のなかで，比較的多いものが膨張である。膨張原因のほとんどは発酵性酵母であるが，ガスを生成する乳酸菌や耐熱性芽胞菌が原因となることもある。加熱殺菌は表4.5.6で示すように通常65～85℃程度で行われることが多いが，漬物の種類，包装形態，包装袋の形状，pH，保存料などによって殺菌効果が異なるので殺菌温度や殺菌時間の設定にあたっては慎重に検討する必要がある。加熱殺菌を行う際に注意すべき点について以下に述べる。

加熱殺菌は生菌数が少なければ少ないほど効果があるので，殺菌前の生菌数はできるだけ少なくなるように洗浄をていねいに行い，二次汚染を極力防ぐなどして製造することが大切である。また，漬物の種類や袋の大きさによっては熱伝導が異な

表 4.5.6　小袋詰漬物の殺菌処理

漬物の種類	殺菌温度	時　間
福　神　漬	70～75	10～15
ラッキョウ漬	65	10
はりはり漬	70	10
ピクルス	65	10
もろみ漬	80	15～20
味　噌　漬	75～80	15
醤　油　漬	70～75	15
からし漬	75	10～15
たくあん漬	65～75	10
山　海　漬	ポリセロ真空75	15～20
奈　良　漬	ポリセロ真空75	15

（150～200 g詰）
出典）小川敏男：漬物製造学，光琳（1989）

るので，充分に製品の内部まで熱が行届くように殺菌を行うことが大切である。加熱殺菌装置を通過する際に袋が重なり合うと袋の間に挟まれた製品が加熱不足となり，変敗することがある。また，製品が脱気不足の場合は，加熱殺菌中に包装袋が熱膨張したために部分的に熱伝導が不足となり，充分な加熱殺菌が行えないこともある。そのほかにはヒートシールを確実に行うことも重要である。シールが確実に行われないとシール部分に隙間ができ，加熱殺菌後の冷却時に包装内部が減圧となるために冷却水とともに有害菌が吸収され，それが原因となって変敗することがある。

② **低温保存**　浅漬類やキムチなど加熱殺菌のできない漬物の場合は低温保存が基本となる。低温保存は微生物の増殖を抑制し，漬物の変敗を防ぐ。低温保存は10℃以下で保存されることが多いが，10℃ではまだ不充分と考えられるので，５℃以下で保存することが望ましい。

図4.5.6は浅漬キュウリの保存温度と生菌数の変化，図4.5.7は保存温度と調味液の透過率の変化について調べたものである。透過率というのは調味液の濁りの程度を示すもので，透過率が高いほど液が透明に近いことを表す。したがって，透過率が低下するということは微生物が増殖し，濁

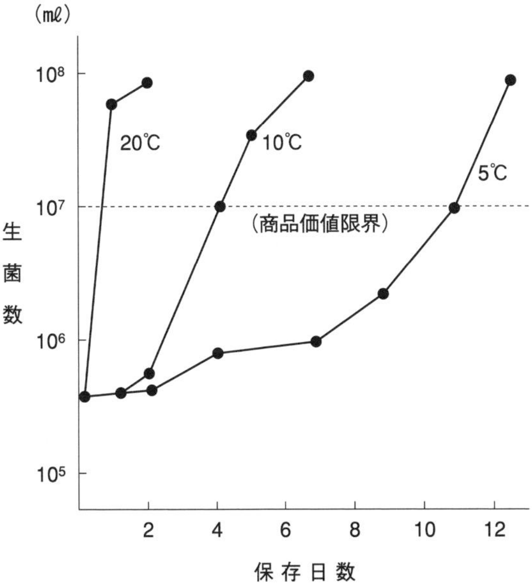

図 4.5.6　キュウリ浅漬小袋詰の保存温度と生菌数の変化

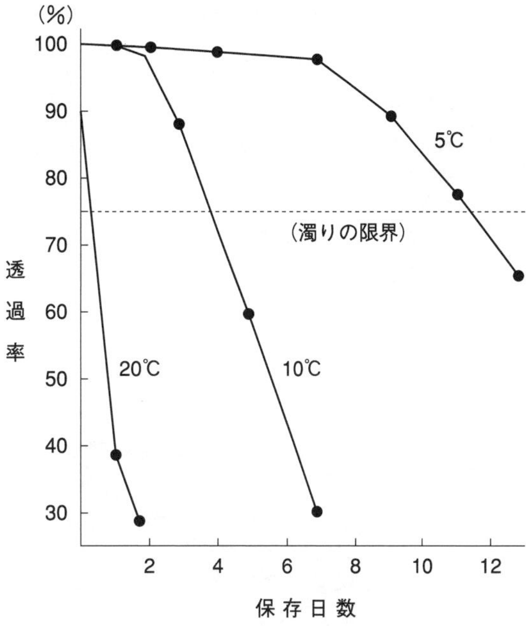

図 4.5.7　キュウリ浅漬小袋詰の保存温度と漬液透過率の変化

りを生じていることを示している。調味液の生菌数が10^7～10^8/mℓに達すると肉眼的にも濁りを感じるようになり，透過率も70～80％となり，浅漬としての商品性は著しく低下する。この商品限界を超えるようになると乳酸菌の増殖が活発となっているため，乳酸などの生成によってpHが下がり，酸味を呈するようになる。キュウリなどは新鮮な緑色が退色し，黄変するようになる。２つの図からも明らかなように，低温保存することにより，20℃では１日しか日持しないものでも10℃では４日，５℃では10日間まで日持していることがわかる。

このように低温保存はきわめて有効な手段であるが，ここで注意しなくてはならないことは，コールドチェーン（一貫低温流通）といって，低温保存は一貫して行わなければ意味がないということである。一時的にも温度の上昇があれば，そのときには急激に微生物の増加がみられ，たちまち品質が低下することになろう。

③ **保存性向上剤の利用**

A．ソルビン酸……ソルビン酸は漬物の保存性向上にもっとも効果的な化学的合成保存料である。

表 4.5.7　ソルビン酸，ソルビン酸カリウムの溶解度

溶　媒	ソルビン酸	ソルビン酸カリウム
水	0.16	58.2
20%エタノール	0.29	54.6
氷　酢　酸	11.50	—
5%食塩水	9.105	47.5
15%食塩水	0.038	15.0
25%砂糖液	0.12	51.0

注）温度20℃の溶媒100mℓに溶けるg数

表 4.5.8　漬物に対するソルビン酸の使用基準

漬物1kgに対し		添加できる漬物
ソルビン酸	ソルビン酸カリウム	
1g	1.33 g	醤油漬，味噌漬，粕漬，麹漬，たくあん漬*
0.5g	0.665g	酢漬

*いっちょう漬，はや漬を除く

表 4.5.9　ソルビン酸の奈良漬粕床に対する白カビ防止効果

添加濃度% ＼ 保存日数	10	12	14	16	20	31
0.02	−	−	−	−	−	−
0.01	−	−	±	+	⧻	
0.005	−	±	⧺	⧻		
無　添　加	±	⧺	⧻			

注）添加濃度は粕床にする濃度である。ソルビン酸を粕床に添加し，越瓜を漬込後10日目の粕床を取出して試供した。

出典）小川敏男：漬物製造学，光琳（1989）

ソルビン酸は酵母に対して特に有効であることから，包装袋の膨張を防ぐ目的や産膜酵母，カビの増殖抑制の目的から利用されることが多い。ソルビン酸はpHの低いところで抗菌効果を発揮することから，酢漬類などのpHが低い漬物に特に効果的である。なお，ソルビン酸自体は表4.5.7に示すように，水や食塩水に難溶であるため，調味液への添加は効果的ではない。そこで，一般的には水に溶解しやすいソルビン酸カリウムが使われることがほとんどである。

ソルビン酸およびソルビン酸カリウムは「食品衛生法」によって漬物への使用が制限されているので表4.5.8の使用基準に従い，使用することが大切である。ソルビン酸を奈良漬粕床に用い，産膜酵母の増殖抑制の効果を調べた例を表4.5.9に示した。ソルビン酸無添加のものは10日目から産膜酵母が奈良漬粕床に発生し始め，12日目にはかなりの生育がみられている。一方，ソルビン酸を添加したものでは0.01%添加の場合では16日目に産膜酵母の生育がみられているが，0.02%添加の場合は31日経過後も産膜酵母の発生は認められておらず，著しい効果のあることがわかる。

B．有機酸……有機酸による保存効果は有機酸自体が有する抗菌力とpH低下作用の協同によるものである。抗菌力はおよそ以下のとおりで，酢酸＞アジピン酸＞フマール酸＞コハク酸＞乳酸＞グルコン酸＞リンゴ酸＞クエン酸，酒石酸の順になっている。それらの有機酸はそれぞれ特徴的な酸味を有していることから，漬物の性状に合わせた有機酸の選択が必要で，単独あるいは併用することにより利用する。なお，食中毒菌の多くのものがpH4.5以下になると生育が抑制されることや味覚上から，pH4.5〜5.0程度のpH調整を行うことが多い。

食酢（酢酸）の抗菌力は昔から知られており，酢漬や酢の物などに利用されてきた。漬物製造に

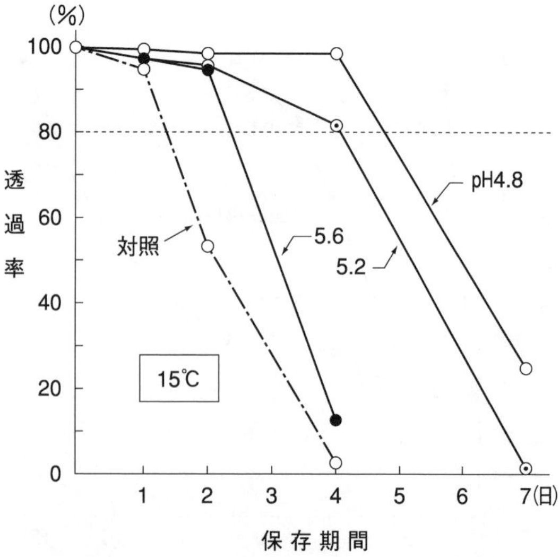

図 4.5.8　キュウリ浅漬の保存に及ぼすpHの影響

出典）井川房欣・他：天然物利用に食品保蔵，お茶の水企画（1985）

おいては洗浄殺菌と保存の両面から利用されている。

図4.5.8の例は浅漬の下漬時および調味液に酢酸を利用した場合の製品の保存性をみたものである。15℃保存の場合，対照区のものは2日以内に白濁し，商品性がなくなっているが，酢酸でpH調整したものではpH5.6のものは3日，pH5.2のものは4日，pH4.8のものは5日後に白濁が生じており，保存性の向上がみられている。

C．グリシン……アミノ酸の一種で，グラム陽性菌のなかでも特に，耐熱性芽胞菌の *Bacillus* に有効であることが知られており，多くの食品で芽胞菌対策として利用されている。グリシンの単独使用では2％程度の添加が必要であるが，酢酸ナトリウムや溶菌酵素のリゾチームと併用することにより，添加量を減らすことができる。リゾチームはグリシン同様，グラム陽性菌を抑制する作用を有しており，両者を併用すると相乗効果が得られることから，漬物以外の食品でも多く利用されている。近年では，さらにプロタミンを併用することによって，より保存効果を高めているものも市販されている。

D．アルコール……アルコールは安全性に優れており，消費者にもなじみがあることから，さまざまな形で利用されている。製品自体に混合させたり，トレイカップに入れた漬物の表面に噴霧したり，製品をアルコール液に浸漬したりして利用されている。水分活性（A*w*）が高い浅漬に利用しても効果は小さいが，福神漬のように水分活性の低いものに対しては効果が現れやすい。また，安全性が高いので製品のほかに製造環境の殺菌や手指などの殺菌に効果があり，利用されている。

E．からし抽出物……ワサビやカラシに抗菌力があることは，古くから知られていたが，それを抗菌剤として積極的に利用する研究が始められたのは最近のことである。からし抽出物は主に黒カラシを原料とし，カラシ油を搾った後のカスを水蒸気蒸留することにより得られる，水にはわずかしか溶解しない易揮発性の物質である。からし抽出物の主成分はイソチオシアン酸アリル（Allyl-isothiocyanate：AIT）で，強い抗菌作用を有する物質である。ダイコン，キャベツ，タカナなど十字花植物の辛み成分として広く分布している成分である。AIT は水溶性の状態よりもガス状態のほうが強い抗菌力を発揮することが特徴である。AIT は多種類の微生物の増殖を抑制するが，特に真菌類（カビ，酵母）や細菌のなかでもグラム陰性菌（大腸菌やサルモネラなど）の増殖を効果的に抑制する。また，多くのグラム陽性菌（ブドウ球菌やバチルス属菌など）に対しても AITは 抗菌性を有しているが，乳酸菌に対してはやや弱い傾向が認められる。したがって，これらの特性を考慮するとトレイカップ漬物のように漬物の表面に酵母の発生が多くみられる糠漬キュウリ，減塩梅干し，キムチなどの製品に効果的で，すでに一部の市販品において使用されている。漬物以外では食品表面での微生物の増殖が問題となる切餅，海藻，干物などの保存性を高める場合に適しているといえよう。使用形態も液状，シート状などがあり，さまざまな方法での検討が進められている。

F．キトサン……キトサンは自然界に広く存在するキチン質を加水分解することによって得られる高分子多糖類の一種で，キチンを濃アルカリで脱アセチル化することによって得られる。キトサンは白色～淡黄色の粉末で，水，有機溶媒には難溶であるが，塩酸，硝酸などの希酸，酢酸，乳酸，リンゴ酸などの有機酸には溶解する。しかし，多価の有機酸であるクエン酸や酒石酸には難溶である。

キトサンはタンパク凝集性，免疫強化など多くの機能を有しており，その一つとして抗菌作用を利用した食品保存への利用が注目されている。キトサンの抗菌作用は微生物細胞表層部に作用し，物質の透過性に影響を及ぼすものと考えられている。乳酸菌などのグラム陽性菌に対しては殺菌効果が強く，グラム陰性菌に対しては弱いことがキトサンの特徴である。キトサンは水に不溶であるため，酸などに溶解させてから使用することが必要であることはすでに述べたが，食品を対象としてキトサンを利用する場合はキトサンを酢酸，乳酸，アジピン酸などに溶解したものが使用される。酢酸はキトサンとほぼ同量を使うことによりキトサンを溶解させるが，リンゴ酸やクエン酸の場合はキトサン量の3倍以上が必要となるため，市場に出ているキトサン製剤の多くのものは酢酸や醸造酢を用いて溶解させたものである。

食品に使用する場合に注意すべき点としては以下のことがあげられる。一つはpHが約6～7以上となるとキトサンはコロイド状になる性質があるため食品のpHが6～7以上になった場合には抗菌力の低下がみられることである。もう一つはタンパク質濃度の高い食品ではキトサンがタンパク凝集剤であることから，その凝集作用のためにキトサン自身の抗菌力が低下することである。したがって，これらのことを考慮するとキトサンを保存性向上剤として効果的に利用できる食品としてはタンパク質が少なく，かつpHが酸性側の食品であることが望ましいといえる。筆者らがキュウリ浅漬に応用した例を図4.5.9に示した。キュウリ浅漬は漬液が透明であることが商品性からは重要なポイントである。それらの指標として，透過率を測定することが行われるが，一般的には透過率が70～80％以上あれば澄明であり，商品性があるが，それ以下になると肉眼的にも濁りを感じるようになり，商品性は低下する。キトサンをキュウリ浅漬に添加した場合は20℃保存では対照や酢酸のみの場合は2日以内に漬液は肉眼的にも濁りを感じ

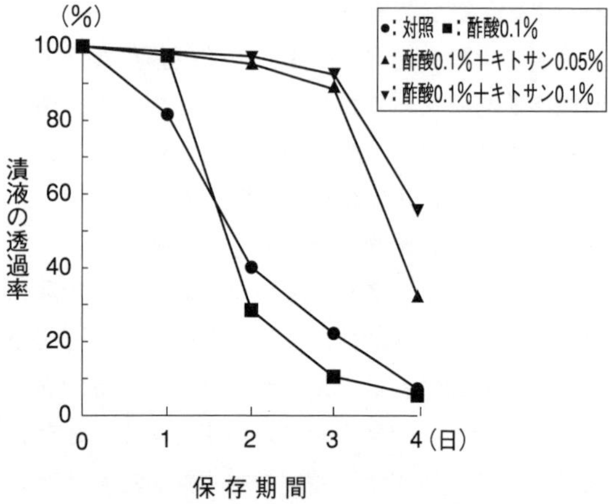

図 4.5.9 キトサンによるきゅうり浅漬の保存（20℃）

るようになるが，キトサンを利用したものは微生物の増殖による濁りの発生が遅延し，3日経過後においても漬液は澄明さを保持しており，保存効果が認められている。

G．その他の天然物由来物質……自然界に存在する香辛料，魚介類，竹や樹木などから抗菌作用を有するものを抽出し，製剤化したもので，プロタミン，ローズマリー抽出物，ポリリジン，モウソウチク抽出物などがある。天然系の保存性向上剤はそれ自身では強力な抗菌力を有しないが，他の物質と併用することにより効果がでる場合が多い。

4.5.4 乾燥野菜

（1）種類と特徴

1）はじめに

人類は古くから肉，魚介，果物，野菜などを乾燥品として保存してきた。日本でも多くの魚介や野菜が保存食品（乾物）として食されてきた。なかでも干しシイタケ，カンピョウ，切干しダイコンなどの乾燥野菜は，保存性のみならず独特の風味や食感をもち，伝統的な日本料理の素材として重要な位置を占めてきた。これらは昔ながらの天日乾燥による製品が大部分で，切干しダイコンのように現在も地方別に特色のある製品がみられる。これに対し，即席麺《めん》（インスタントラーメン），即席味噌汁，即席スープ，即席茶漬などの加工食品およびフードサービス業界で業務用の原料素材として使用されるタマネギ，ニンニク，ネギ，キャベツ，ニンジンは熱風乾燥，凍結乾燥などの人工乾燥によるものである。

乾燥野菜は原料野菜の価格と供給量から近年は国内産より輸入品の比率が高くなってきている。この傾向は人工乾燥製品だけでなく，カンピョウ，干しシイタケなどの伝統製品も同様で，近年では中国産その他の輸入品が増えてきている。

2）主な乾燥方法

乾燥野菜の主な乾燥方法には，熱風乾燥（通気乾燥），膨化乾燥（パフドライ），噴霧乾燥（スプレ

ードライ)，凍結乾燥（フリーズドライ)，ドラム乾燥，泡沫乾燥（フォームマット乾燥)，減圧フライ乾燥などがある。

① **熱風乾燥**　主に3つの方法がある。箱型乾燥はもっとも簡単な方法で，前処理した野菜を箱型の乾燥機内の棚に載せ，熱風を送って乾燥する。トンネル乾燥では，材料野菜をトンネル状乾燥機で乾燥する。連続式バンド乾燥機では材料をベルト状のステンレス製金網に載せ，下から熱風を送る。

② **膨化乾燥**　高圧，高温下においた材料を急激に常圧下に解放し，水分の瞬間蒸発を起こさせることで組織を膨化させて乾燥する方法である。

③ **噴霧乾燥**　材料を液状またはスラリー状にし，その液滴を微粒化して高温気流中に噴霧し，極度に表面積を拡大させることにより，瞬間的に乾燥する。熱による品質劣化が少なく，高品質の粉末状製品が得られる大量生産に適した乾燥法である。

④ **凍結乾燥**　材料を氷点以下で凍結し，真空下でその水分を固体（氷）から気体（水蒸気）にして脱水する方法である。低温下で乾燥を行うため，栄養成分や香気成分の損失が少なく，生の風味や組織形状がよく保たれ，多孔質の復元性のよい乾燥物が得られる。

⑤ **ドラム乾燥**　回転する円筒内部を蒸気で加熱し，その外表面にスラリー状，ペースト状の材料を塗布し，乾燥させかき落とす。マッシュポテト，サツマイモ，カボチャなどに使われる。

⑥ **泡沫乾燥**　ペースト状にした材料に空気を吹き込んで撹拌し，泡沫状にして通気乾燥する。トマト，果汁などに用いられている。

⑦ **減圧フライ乾燥**　材料を密閉容器に入れ減圧状態で油で揚げ，乾燥する。珍味，スナックのニンジン，カボチャ，レンコンなどに利用されている。

3）伝統食品としての乾燥野菜

① **カンピョウ**　インド，アフリカ原産のウリ科の1年生植物であるユウガオ（夕顔）の果肉をひも状にむいて天日乾燥したものである。日本には古く中国から渡来したと思われるが，当初は観賞用，または果皮を容器とする目的で栽培された。

カンピョウとして食用されるようになった時期は明らかではないが，江戸時代中期に生産地は関西から関東に移った。明治時代以降は栃木県が“下野かんぴょう”の名で全生産の大部分を供給している。

7月初旬～8月下旬頃，果肉がかたくなる前の果実を収穫する。この果実（ふくべ）を玉むき機で幅3～4cm，長さ2～3mに細くむいてタケザオにかけ，天日乾燥する。天気がよければ4～5時間で乾燥が仕上がるが，天候不良のときは火力で通風乾燥する。乾燥後，微生物や害虫の繁殖防止，変色防止，漂白の目的で，ビニルハウス内でイオウを燃やして燻蒸する。

近年は栽培農家の老齢化，作柄による相場変動，市場の低価格品要望などから中国産製品の輸入が増加している。カンピョウは寿司，味噌汁，卵とじ，煮物などの料理材料として利用されるが，最近ではカンピョウの食物繊維，腸内ビフィズス菌の増殖因子の含有などが注目され，健康食品として見直されてきている。

② **干しダイコン**　ダイコンの原産地には諸説があり，中央アジアが有力であるが定説はない。日本には中国から1,000年以上前に導入されたといわれる。

干しダイコンは保存性のほか，タンパク質，糖質，カルシウムが多く栄養面でも優れた食品であり，煮物，味噌汁，酢漬などに使われる。原料としてはやわらかく甘みの強い宮重系，方領系の品種が適する。

製法，産地によって丸干しダイコン，切干しダイコン，花切りダイコン，凍りダイコン，蒸干しダイコンなど多様である。製法は，原料のダイコンをよく洗浄，切断または細断して，タケかヨシのすのこに薄く広げ，日あたりのよい場所で1日数回かき回して一様に乾燥する。天気がよければ3～4日，風が強いと1～2日で干し上がる。

製品の産地は次のようである。切干しダイコンは宮崎県が主産地で，生産は11月中旬から冬の間に行う。花切りダイコン，小花切りダイコンは岡山県，徳島県で，三杯酢に漬けたものは歯あたりから，はりはりダイコンという。凍りダイコンは長野県，東北各地でつくられる。ダイコンを10cm程度に切り，二つ割りにしてわらで編み，戸外の寒風で自然の凍結，乾燥を繰返す。白色でかさかさと軽く仕上がった，雪国独特の保存食である。蒸干しダイコンは長崎県，佐賀県，寒干しダイコンは新潟県でつくられている。

③ **干しシイタケ**　干しシイタケの主な産地は，大分県，宮崎県，静岡県であり，生産は3，4月にとる春子と，10,11月にとる秋子の年2回である。

品種は日本農林規格で，薄肉で傘の開いた香信，肉厚で傘が七分開きの冬菇《どんこ》がある。香信は形の大きい順に，大中撰，中小撰，茶撰，卓袱《しっぽく》，小卓袱，小間斥といい，形や色調によって等級づけられている。冬菇は傘の表面にすじ割があり，白線が縦横についているものは花冬菇といい干しシイタケの最高級品である。次に大きさの順に濆司冬菇，大冬菇，並冬菇，小粒冬菇と分類する。天日乾燥では原料をタケまたはヨシのすのこに拡げ5～7日間乾燥する。

人工乾燥の場合は棚式乾燥機で，乾燥初期の2～3時間は35℃，その後徐々に温度を上げ最終温度を60℃程度とする。原料の小さいもので約5時間，中型のもので5～10時間，大型のもので12～13時間で乾燥が終わる。

煮物，吸い物，寿司の具材などの料理材料のほかに，スライス品は即席味噌汁，スープ，茶漬などに使われる。近年は中国産の輸入品が急増している。

④ **トウガラシ**　原産地は南アメリカのペルーで，日本には17世紀にポルトガル人により伝えられ，天日乾燥して香辛料として利用されるようになった。ヨーロッパ・アメリカではチリペッパーと呼ばれている。品種は「タカノツメ」，「タバスコ」，「ヤツブサ」があり，主として中国・四国地方が産地である。「タカノツメ」は赤色で先がとがり，曲がっていて鳥の爪のような形をしており，辛みが強く乾燥品に適している。トウガラシを乾燥粉末化し，これに黒ゴマ，サンショウ，ケシの実，アサの実，陳皮，ナタネ，ニッケイなどを混合したものが七色トウガラシまたは七味トウガラシと呼ばれるものである。

⑤ **干しイモ**　干しイモはサツマイモを蒸して切り，天日で乾燥したものである。茨城県が特産で，原料は生食用のサツマイモとは異なり，糖分の多い「玉豊」種が使われる。愛媛県宇和島で製造されたものは“東山”と呼ばれる。

サツマイモを蒸し，皮をむいて，スライスしてすのこに並べ天日乾燥する。11～1月末までの乾燥した寒風の吹く間に製造する。乾燥後しばらく熟成させると糖分の白い粉が発生し，この状態を白粉付という。

⑥ **菊ノリ**　乾燥食用ギクのことをいう。八重の黄ギクなど，食用ギクの花弁を蒸して薄く板状（ノリ状）に延ばし，乾燥して製品とする。独特の風味をもつ食品で，熱湯で軽く戻して酢の物やあえ物に用いられる。青森県，岩手県など東北地方でつくられ，青森県八戸産が有名である。

4）加工食品・フードサービスに使われる乾燥野菜

① **タマネギ**　タマネギは中央アジア原産と推定され，古代エジプト，ギリシャ，ローマ時代から食べられてきた。日本での本格的な栽培は明治時代初期からである。乾燥タマネギは，乾燥野菜のなかで主要な位置を占め，生産量も非常に多く，主にアメリカ，ルーマニア，エジプトなどでつくられる。製品の用途は，トマトケチャップ，ソース，カレールー，インスタントスープ，サラダドレッシング，畜肉製品などである。アメリカで原料として広く利用される品種は，特有の強い風味があり，固形分が多く，生原料での貯蔵安定性が高い「サウスポート・ホワイト・グローブ」種がある。

畑から掘出したタマネギは4～10日間，地表で天日乾燥し，加工工場の貯蔵庫に入れ，温水で水分を調整する。調整後，選別コンベアで皮，ゴミ，腐り，傷み，小型品などを除き，剝皮，水洗してスライスし，トンネル乾燥機，連続式バンド乾燥機，箱型乾燥機などで，水分値6％以下まで熱風乾燥する。

乾燥タマネギは，砕いたときの粒のサイズと形状で，大きいほうからスライス，チョップ，ミンス，グラニュール，粉末というように，アメリカの名称をそのまま使って取引されている。

② **ニンニク**　中央アジア原産で，古くから世界各地で重要な香辛料として利用されてきた。乾燥ニンニクには品質のよいアメリカ産が多く使われており，品種としては「カリフォルニア・オーリー」，「クレオール」などがある。収穫したニンニクは根部と葉部，腐り，傷みなどを除いた後，5℃前後，湿度70％以下の条件で貯蔵する。スライス工程の次に外皮を除き，さらに洗浄槽でよく水洗する。タマネギと同様に外皮を除くには高圧の洗浄水のほか，火炎を用いる場合もある。乾燥工程もほぼタマネギと同様で，水分6％以下まで乾燥する。乾燥ニンニクはグラニュールまたは粉末状で取引されることが多い。用途はスパイスミックス，ハム，ソーセージ，スープ，ソース，焼肉のタレなどである。

③ **ネ　ギ**　乾燥ネギ用の品種には葉ネギの「九条ネギ」系が主であるが，白根部分が多い関東ネギの「深谷ネギ」系，「千住合黒《せんじゅあいぐろ》」系も用いられる。ヨーロッパ・アメリカではリーキ（leek）が使われる。収穫したネギは非常に傷みやすく，貯蔵は0℃，湿度90～95％が望ましい。前処理工程で根部，枯れ葉，腐り，傷みなどを除いて水洗し，角切りまたは輪切りにする。次に亜硫酸塩か重亜硫酸でイオウ処理し，箱型乾燥機，トンネル乾燥機，連続式バンド乾燥機などで熱風乾燥する。風味，色調のよい製品にするには凍結乾燥を行う。乾燥品は異物，枯れ葉などを選別除去し，包装して製品にする。インスタントラーメン，即席味噌汁，スープの具材に使われる。

類似の製品に，ニラ，ワケギ，アサツキ，万能ネギがある。これらはいずれも風味，色調が重視される野菜であり，凍結乾燥処理されている。インスタントラーメン，即席味噌汁，スープの具材のほか，料理のトッピング材として業務用，家庭用に使用されている。

④ **キャベツ**　乾燥キャベツの原料としては，緑色の強いグリーンボール系の「コペンハーゲン」種が人気がある。収穫したキャベツは，しおれたり，傷ついたり，退色した外皮を除いた後，芯を取除いて洗浄し，細断する。これをブランチング（blanching：熱湯または蒸気にあてること），イオウ処理し，トンネル乾燥機，連続式バンド乾燥機などで熱風乾燥する。

焼きそばやインスタントラーメンの具材，ギョウザなどの惣菜原料として使われている。

⑤ **ニンジン**　乾燥ニンジンの原料には，日本では「黒田五寸」，「金時」など，アメリカでは「インバーター」，「ゴールデンスパイク」などの品種が多用される。均一な濃いオレンジ色でカロテン含量が多く固形分が多い，内部に木質化したかたい組織がないことが特徴である。選別，水洗後，蒸気またはアルカリで剝皮し，スライス，カットして熱風乾燥する。膨化乾燥の製品もある。具材，惣菜原料などに利用されている。

⑥ **セロリー・パセリ・ミツバ**　いずれもセリ科に属する香辛野菜である。原料としては，セロリーは緑色系の「パスカル」種，パセリは独特の風味と濃い緑色の「エバ・グリーン」種，「モスカールド」種が使われる。スープの具材，トッピングに利用されている。

ミツバは日本原産といわれる1年生植物で，製品は即席味噌汁，吸い物の具材に使われる。選別，水洗後，細断して熱風乾燥または凍結乾燥して製品とする。

⑦ **カボチャ**　カボチャは中央アメリカ，南アメリカが原産地とされている。乾燥カボチャの原料は，セイヨウカボチャ系の「クリカボチャ」である。剝皮，種取り，洗浄後，蒸煮して磨砕する。これをドラム乾燥して，フレーク状または粉末状の製品とする。スープ，製菓原料に使用される。

⑧ **トマト**　トマトの原産地は南米アンデス

高地である。乾燥トマトはイタリア，スペイン，フランス，モロッコなど地中海沿岸で主に生産されている。トマトを洗浄，磨砕後種子，外皮，異物をふるい別する。これを固形分30～40％に濃縮し，噴霧乾燥または泡沫乾燥して，水分５％以下の乾燥粉末とする。粉末トマトはカレールー，シチュー，ソース，スパゲティソースなどに利用される。

⑨　**トウモロコシ**　　乾燥トウモロコシの原料としては甘味種（スイートコーン）が使われ，なかでも黄色で強い甘みをもつ「ゴールデン・クロス・バンタム」種が主である。収穫したトウモロコシは直ちに処理工場に運び，剝皮，脱毛して穂軸を取り，カーネルコーンとする。これを蒸煮，イオウ処理，磨砕，ろ過，殺菌後，噴霧乾燥またはドラム乾燥して，粉末状またはフレーク状の製品とする。カーネルコーンを蒸煮後，凍結乾燥して粒状の製品とする場合もある。

コーンスープ原料，インスタントラーメン具材，製菓材料などとして使われる。

⑩　**エンドウ・インゲンマメ**　　エンドウでは，キヌサヤとグリンピースが乾燥野菜に利用される。キヌサヤはエンドウのさやを食用とするサヤエンドウのヨーロッパ系導入種である。生鮮品を整形，洗浄，ブランチングして凍結乾燥する。和風スープの具材として使われる。グリンピースはエンドウの若い種子を食用とするもので，アメリカ系の「ダーク・シーディッド・パーフェクション」種が乾燥に適している。ブランチング，イオウ処理し，凍結乾燥するのが一般的である。スープ具材となる。インゲンマメはサヤインゲンを熱風乾燥か凍結乾燥して，スープ具材に使用されている。

⑪　**粉末野菜エキス**　　タマネギ，ニンニク，ニンジン，ハクサイなどが主なもので，搾汁または抽出エキスを濃縮し，噴霧乾燥または真空ベルト乾燥で乾燥粉末化した製品である。吸湿性が非常に強く，包装，保蔵に注意を要する。

即席スープ，インスタントラーメンのスープの調味料として使われている。

⑫　**ジャガイモ**　　ジャガイモの乾燥品は乾燥マッシュポテト（ポテトフレークともいわれる）とポテトチップスが代表的なものである。還元糖の少ない品種を原料とし，収穫したジャガイモを８～10℃，湿度90％で貯蔵する。貯蔵庫から流水で工場内に運ばれ，この間に付着した土砂を洗い落とす。さらに洗浄機で完全に洗浄した後，アルカリまたは蒸気で表皮を剝皮する。次に亜硫酸塩液で処理し，細断，蒸煮，磨砕する。製品の変色防止に亜硫酸塩，脂肪酸化を防ぐ目的の抗酸化剤などの添加を行う。スプレッダーつきのドラムドライヤーで乾燥，粉砕してフレーク状または粉末状の，水分値５％以下の製品とする。

北海道で一部生産されているが，大部分はアメリカからの輸入品が流通している。乾燥マッシュポテトは，成型ポテトチップスをはじめとするスナックの食品，惣菜原料，ポタージュスープ原料に使われる。

ジャガイモを薄くスライスして，油揚げ乾燥したポテトチップスは，スナック食品の範疇であり記述を省略する。

（2）品質保持と取扱い

乾燥野菜の品質保持に関して製造，保蔵の要点は次のとおりである。

1）品 質 保 持

ほとんどの野菜はブランチングにより，酵素を失活させる。この処理は製品の保蔵中での退色，風味劣化を防止するのに効果的である。例外として，タマネギ，ニンニクにはブランチング処理を行わない。

ある種の野菜では，乾燥前の前処理工程で，亜硫酸塩液への浸漬，またはイオウを燃やして燻蒸するイオウ処理を施すことが，製品の保蔵安定性によい効果を与える。例としてカンピョウ，スイートコーン，ジャガイモなどがある。

「食品衛生法」の使用基準では，二酸化イオウとして最大残存量でカンピョウは500ppm，その他の野菜は30ppmとしている。

野菜類の乾燥では，保蔵安定性のうえから低水分，４％以下が望ましい。６％以上になるとクロ

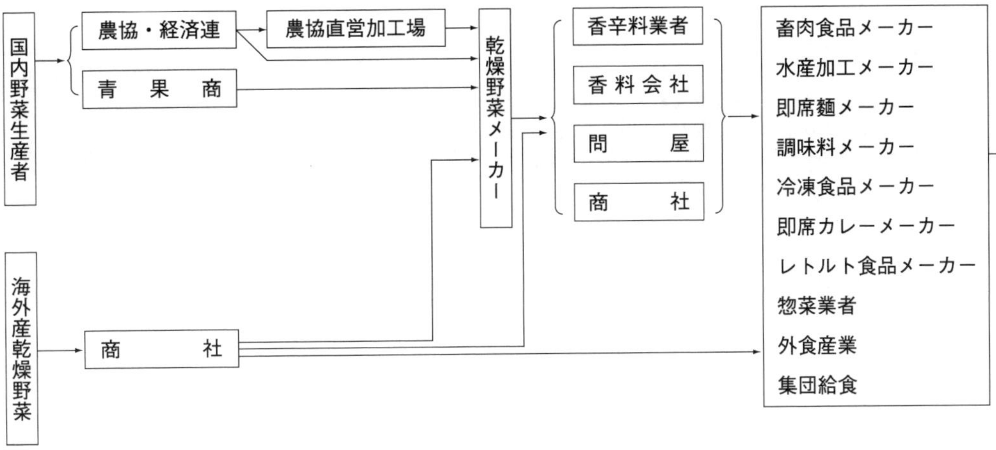

図 4.5.10　乾燥野菜の流通経路

出典）食品産業センター資料（1986）を一部修正

ロフィル，カロテノイド，アントシアン色素などの退色が起こる。またカロテノイド，ビタミン類などは保蔵中，空気中の酸素による酸化，分解を受けやすい。したがって窒素置換，脱酵素剤封入，真空包装が好ましい。

野菜類の天然色素は温度安定性が弱く，長期間高温中に保蔵すると分解，退色する。また脂質酸化も加速され風味劣化を起こしてくる。品質劣化を抑制するためには冷暗所保蔵が必要である。

前述の理由および吸湿の防止，太陽光・照明からの光線による劣化，退色防止の点から，乾燥野菜の包装は内装をガスバリア性の高いフィルムで内装し，外装は段ボール箱，ファイバードラムなどを使用する。

家庭用最終商品の個装は，アルミラミネート袋，塩化ビニリデンコート・ラミネート袋，ガラス，金属缶が使用されている。

乾燥野菜はほとんどの場合，図4.5.10のような流通で，業務用の原材料として使用される。

2）取　扱　い

取扱いの注意事項は次のようである。

①　加工食品メーカー・フードサービス業者

A．品質基準……乾燥野菜メーカーの自主規格，またはユーザーである加工食品メーカーなどと取決めた規格による。

B．保蔵条件……購入後すぐに使用する場合は常温でよいが，長期保蔵する場合は湿気の少ない15℃以下の冷暗所とする。

②　流通販売業者

A．品質基準……インスタントラーメンその他の各種インスタント食品の具材，スープ原料などに使用されている乾燥野菜は，それぞれ即席麺類，乾燥スープの日本農林規格（JAS）がある。干しシイタケ，乾燥マッシュポテトにもJASが定められている。カンピョウは栃木県（表4.5.10），切干しダイコンは岩手，兵庫，宮崎各県の地域特産品認証基準がある。JASなどの公的基準がない商品は加工食品メーカー，フードサービス業者の責任で設定した品質基準による。

B．保蔵条件……常温でよい。バックヤードなどで長期保蔵する場合は湿気の少ない15℃以下の冷暗所が望ましい。

③　一般家庭消費者

A．賞味期限……「食品衛生法」に規定されているメーカー（製造者）または販売者が表示した期間内に食する。乾燥野菜を具材，原材料に使用した加工食品は通常6～12カ月の賞味期限としているものが多い。

B．保蔵条件……常温でよい。開封したものは吸湿して劣化しないよう，なるべく早く食する。長期保蔵の場合は，風通しのよい場所とする。

表 4.5.10 カンピョウ自主検査規格（普通カンピョウ）

項目 / 等級	最低限度		亜硫酸含有量（1kg当たり）	最高限度				
	長さ(m)	品　質		水分(%)	調　整(%)			
					節と筋	うら赤青皮種子付	病虫害	短いもの
特等	1.8	特等標準品	5g未満	23.0	0.0	0.0	0.0	0.0
一等	1.8	一等標準品	5g未満	23.0	0.0	1.0	0.0	3.0
二等	1.8	二等標準品	5g未満	23.0	1.0	5.0	1.0	10.0

1．品　　質……幅，厚さの均等，色沢，芳香および甘みなどをいう。
2．水　　分……ケット水分計によるものをいう。
3．調整比率……本数の比をいう。
4．短いもの……0.9m以上，1.8m未満のものをいう。

出典）栃木県乾瓢栽培指針

4.5.5 カット野菜

（1）種　類

1）原　料

カット野菜に使用される原料のうち，ニンジンの使用頻度がもっとも高い。使用量はキャベツ，タマネギ，レタス，ジャガイモが多く，この4品目の総計は流通しているカット野菜の半数以上を占める。

多くのカット野菜は，生食用として栽培された野菜を原料として製造している。しかし，キャベツは比重，中肋の形状，クロロフィル含量，多汁性，辛み成分などの面からカットキャベツに適する品種が選定されている。レタスも切断面の褐変が少ないことや食べたときのテクスチャーがよいことなどを基準として，カット野菜用の品種の選抜が行われている。

2）種　類

一般に市販されているほとんどの野菜が，カット野菜としてもさまざまな形態で販売されている（図4.5.11）。

しかし素材が同じであっても，キャベツは切断幅によって千切り，コールスロー，短冊になる。ニンジンでは切断形状によって短冊，イチョウ，スティック，ダイス，シャトーなどに分類される。後で述べるように野菜の切断の形状が異なると，化学成分や腐敗の程度に差が生じる。

図 4.5.11 調製されたカット野菜の見本
ほとんどの野菜はスライスすることが可能。

用途別にはそのまま食べられる“生食用カット野菜”と天ぷらや煮物用などの“加熱加工用カット野菜”に区分される。

出荷形態で，1種類の野菜のみを包装した“単品もの”と2～数種類のカット野菜を包装した“複合もの”に大別できる（図4.5.12）。

カット野菜の使用先としては，ファーストフード店やファミリーレストランなどを中心とした外食産業からの業務用ニーズがもっとも多く，一般消費者による市販用ニーズがそれに続く。加工用シェアがもっとも少ない。

3）製　造

一般的なカット野菜の製造工程の概略は，原料の選択・選別⇨原料のトリミングと洗浄・減菌⇨切断（図4.5.13～16）⇨洗浄（図4.5.17）・減菌⇨水切り（図4.5.17）⇨選別・ブレンディング⇨計量（図4.5.18）⇨包装（図4.5.19，20）⇨箱詰⇨保

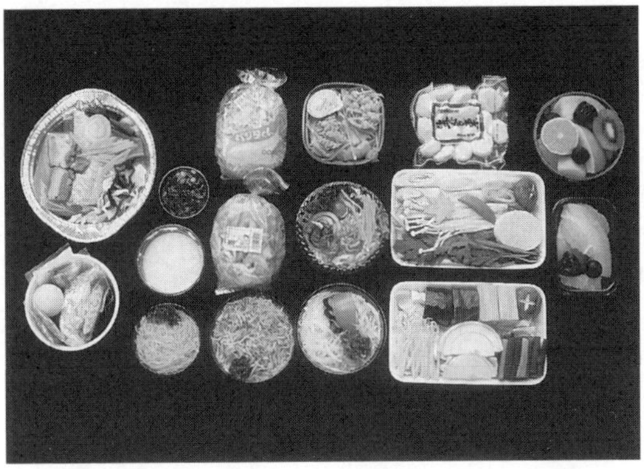

図 4.5.12　市販されている種々のカット野菜
一般消費者用で“単品もの，複合もの”や“生食用，加熱加工用”などさまざま。

図 4.5.13　スライサーで調製中のカットニンジン
厚さや切断角度を調整すると形状の異なったカットニンジンができる。

図 4.5.14　カット野菜工場でレタスを切断しているところ
切断されたレタスは，直後に水流で移動しながら洗浄される。右後方は包装工程で，外食産業向けに出荷される。

図 4.5.15　カット野菜工場における煮物用カットダイコンの調製
ダイコンを一定の厚さに輪切り後に中心部を打抜く。外食産業に出荷。

図 4.5.16　煮物用飾りカブの調製
剝皮後に飾りの切り込みを入れる。宿泊施設や外食産業に出荷。

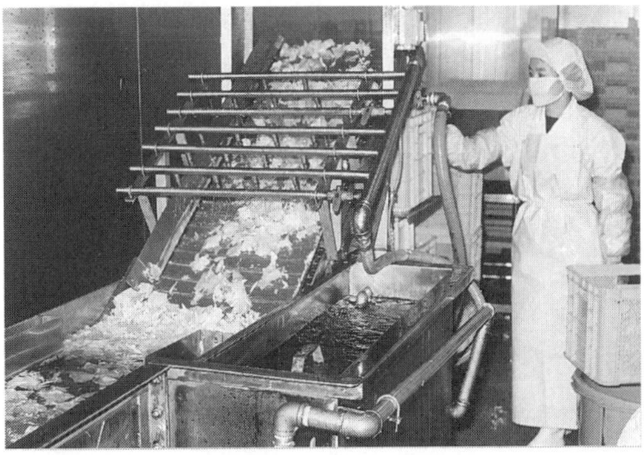

図 4.5.17　カット野菜工場におけるカットレタスの洗浄と水切り
洗浄には多量の水を使用する。外食産業を中心に出荷。

図 4.5.18 カット野菜工場におけるカットニンジンの秤量工程

プラスチックフィルム袋に一定量を詰めている。外食産業に出荷。

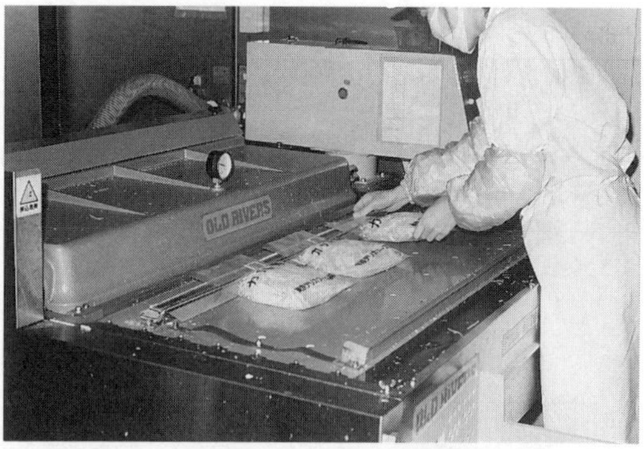

図 4.5.19 カット野菜工場における複合もの(カットニンジンとカットダイコン)の密封包装

カット野菜の入ったプラスチックフィルム袋を減圧後ヒートシーラーで密封する。外食産業と一般消費者ニーズに対応した商品。

図 4.5.20 カット野菜工場で出荷を待つカットキュウリ

スライスされたキュウリが秤量後に硬質プラスチック容器に入れられ，プラスチックフィルムでシールされている。外食産業用である。

管⇨出荷，となる。

これらの製造工程のなかで，製品の品質に大きな影響を及ぼすのは，原料の選択と選別，切断などである。カット野菜製造後の品質保持に影響を及ぼすのが切断，減菌処理，洗浄，水切り，包装，保管などである。

例えば，鋭利な切断歯で製造したカット野菜は，切れにくい歯で切断したカット野菜より品質低下が遅い。

（2）特　徴

1）生理・化学的特性

野菜は収穫後も生命活動（生理代謝，呼吸作用，蒸散作用など）を行っており，乾燥野菜や漬物と異なりカット野菜も無切断の野菜と同様に生命活動を続けている。しかも，切断によって生理活性は高められる。

野菜の種類や部位もしくは切断程度によって切断後の生理活性が高まる程度は異なる。一般的には，より細かく切られたカット野菜の生理活性は，大きな製品の生理活性よりも強くなる。そのため，細かく切られたカット野菜ほど品質低下は速くなる。

切断の程度がカット野菜の生理活性に影響を及ぼすとともに，切断の方向によってもカット野菜の生理活性に差異が生じる。例えば，スティック状のカットニンジンは，小口切りのカットニンジンより生理活性が強く，早く腐りやすい（図4.5.21）。

このように切断の方向が異なると生理活性や腐敗速度に差が生じることはカットキュウリ（図4.5.22）やカットピーマン（図4.5.23）などでもみられる現象である。

野菜原料の成熟程度もカット野菜の生理活性や品質変化に大きな影響を及ぼす。例えば，赤や黄色のピーマンは，緑色のピーマンより熟度が進んでいるので，切断の影響を受けやすい。そのために赤や黄色に着色したピーマンから調製したカットピーマンは，緑色のカットピーマンより腐敗しやすい。

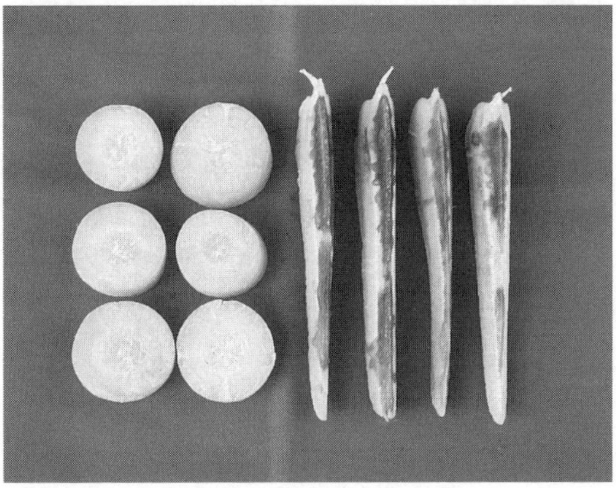

図 4.5.21　20℃で５日間保持したカットニンジンの外観
スライスしたニンジン（左）の変化は少ないが，スティック状のニンジン（右）は心部が褐変したり腐敗している。

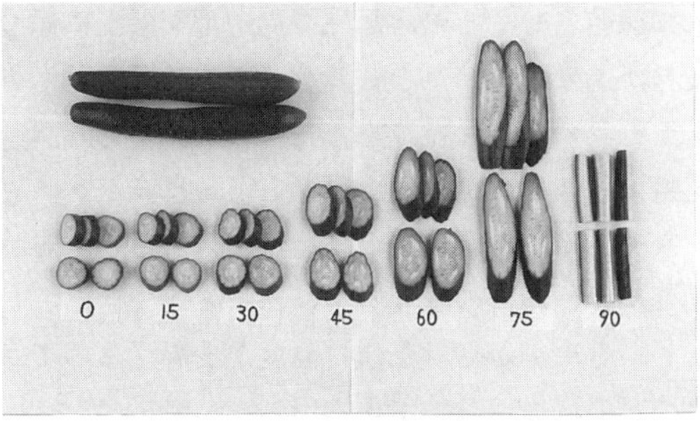

図 4.5.22　切断形状の異なるカットキュウリ
“90”がもっとも腐敗しやすく，次いで“75”が腐敗しやすい。数字が小さくなるに従って切断面の褐変や腐敗が少なくなる。つまり，“0”の腐敗がもっとも少ない。

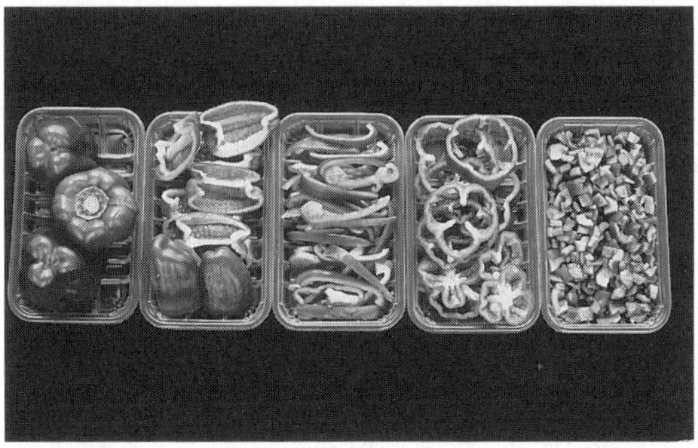

図 4.5.23　切断形状の異なるカットピーマン
細断されたカットピーマン（右端）の腐敗がもっとも早い。輪切りピーマン（右から２つめ）より中央の縦切りピーマンのほうが腐敗しやすい。

カット野菜の切断時の溢液とともに化学成分が漏出したり，洗浄時に切断面から化学成分が溶出することが考えられるが，その損失量はカット野菜全体に含まれる化学成分全体の量から比べると少ない。

製造工程における化学成分の損失よりも，原料そのものの含有量の差異のほうがカット野菜の化学成分の含有量を左右する。つまり，栄養成分に富む製品をつくるためには，よい原料を使う必要がある。

２）栄養学的特性

カット野菜は製造後も生命活動を続けており，特定の化学成分が全くなくなったり，化学成分全体の含有量が減少すると生命活動の維持が困難になる。つまり，腐敗や変色などの外的変化が生じていない製品では化学成分の変化はあまり起きていない。化学成分が多量に減少すると外的変化とともに腐敗が始まる。

最適な品質保持技術でカット野菜を管理している場合には，短時間であれば栄養成分の減少は少ない。しかし，保持期間が長かったり，品質保持管理が不充分であれば栄養成分は減少する。

３）水分損失と色調変化

①　**水分損失**　　カット野菜の品質低下原因の一つが水分損失である。水分損失は，カット野菜の表面や切断面からの水分の蒸発によって引起こされる。水分損失が多くなるとカット野菜はしなびて新鮮感が失われるので，水分損失を防止することはもっとも留意しなければならないことである。

②　**色調変化**　　特有の色素によって野菜固有の色調が維持されており，色素成分の変化は外観を悪くする。変化しやすい色素は，緑色を呈するクロロフィルと紫色や赤紫色を示すアントシアンである。黄色や赤色の色素であるカロテンは変化しにくい。緑色のカット野菜では，クロロフィル含量が減少すると黄化が進むので，特に新鮮感が失われる。

無色のフェノール物質（クロロゲン酸などの褐変基質）が酵素（ポリフェノールオキシダーゼ）に

よって酸化されると褐色のメラニンになる。この反応は野菜が切断などの物理的損傷を受けると短時間のうちに切断面で起きる。切断面の褐変は，ナス，レタス，フキ，ミツバ，ゴボウ，レンコン，ジャガイモ，ヤマノイモ，サツマイモなどで生じやすい現象である。

褐変は短時間で生じるし，切断面が褐色になると外観が悪くなるので，褐変はカット野菜の品質のうえで大きな問題点の一つといえる。

古くなったり腐敗が進むとカット野菜全体が褐色に変化することがあるが，この場合もフェノール物質が酸化され，褐色のメラニンになったためである。

4）微生物学的特性

カット野菜の品質低下原因の最大のものとして微生物による腐敗がある。腐敗は主に糸状菌やバクテリア（細菌）によって引起こされる。腐敗したカット野菜は，まず組織が水浸状になり，その後軟化したり変色する。

糸状菌によって腐敗した箇所では菌糸や胞子などが観察されたり，組織が変色する。

収穫された直後の野菜であっても組織１g当たり数百～１万個ほどのバクテリアが存在する。製造直後のカット野菜でも同様のバクテリアが組織内に存在し，カット野菜にいかなる滅菌・殺菌処理を行っても製品そのものに微生物が必ず存在することになる。

野菜そのものの保持中のみならずカット野菜の調製後にも組織内でバクテリアは増殖し，外的腐敗として観察される。

当然のことであるが，栽培条件が悪かったり，保管条件が悪かった原料には微生物が多く存在しており，その原料から調製したカット野菜の微生物は多いので，保持中の腐敗は早くなる。

（3）保蔵（品質保持）

1）温度・湿度制御

① 温度制御　カット野菜は無切断の野菜より生理活性が高く，化学成分の変化が起きやすい。その結果腐敗も早い。カット野菜の品質保持には，このような品質低下の要因を抑えることが必要である。

カット野菜を低温で保持すると生理活性が低下し，カット野菜内での化学反応も抑制され，微生物の繁殖も抑制される。カット野菜を低温で管理することは，比較的手軽に行うことができる品質保持技術であるし，品質保持にとってはもっとも効果的な方法である。

しかし，低温で管理されていたカット野菜の温度が上昇すると生理活性が急激に高まり，品質低下も急激に起きる。カット野菜の保管容器や冷蔵庫の開け閉め，もしくは停電などで低温状態が中断されることは，極力避けなければならない。

缶や不透水性プラスチックフィルムに液体を入れて凍結させ，その溶解熱で周辺部を低温に保つ資材があり，蓄冷剤といわれる。この蓄冷剤もカット野菜の品質保持にある程度の効果がある。一定量で包装されたカット野菜とともに発泡スチロールや段ボール箱にこの蓄冷剤を入れると，短時間であれば箱内の温度を下げることができる。しかし，蓄冷剤が融けた後は温度が上昇するので，蓄冷剤の過信は禁物である。

② 湿度制御　保持環境の湿度を高く保つことで，カット野菜の水分損失を抑制できる。しかし，過湿状態になったり，保持温度が高い場合に湿度が高くなると微生物の繁殖が激しくなる。

カット野菜の品質保持には，湿度を高く保つとともに凍結点以上のなるべく低い温度に保つことが必須条件である。

2）包装・保持環境ガス制御

① 包　装　カット野菜をプラスチックフィルムなどで包装することは，品質保持のうえで非常に望ましいことである。

包装を行うと水分損失が抑制されるばかりでなく，包装内のガス環境が簡易 CA 条件になるため緑色保持などに効果的である。

しかし，包装内の酸素濃度が低すぎると嫌気状態になり，カット野菜の生理代謝に異常が生じる。その結果，包装内にエチルアルコールが蓄積し異臭を発するので，使用するプラスチックフィルムは一定のガス透過性を有する必要がある。

またカット野菜を包装することは，不特定多数のヒトが手で触ることを防ぐことができるので衛生的であるし，カット野菜を販売するときの取扱いを容易にする。

② **保持環境ガス制御**　果実・野菜の保持環境の酸素濃度を低くし，二酸化炭素濃度を高めると青果物の品質保持に効果があることはよく知られていることで，この貯蔵方法を CA 貯蔵という。

カット野菜を CA 貯蔵することは品質保持のうえで望ましいことであるが，機器やガス濃度の維持管理に経費がかかるので，実用化は困難である。しかし，カット野菜をプラスチックフィルムで包装するとカット野菜の呼吸作用によって，包装内の酸素濃度が低下し，二酸化炭素濃度が高くなるので，保持環境ガス組成が簡易 CA 条件になる。そのためカット野菜の品質保持にはプラスチックフィルムによる包装が効果的であるといえる。

果実・野菜の成熟過程ならびに生理障害や物理的損傷を受けたときに，青果物そのものがエチレンを生成する。エチレンは気体の老化ホルモンで緑色野菜の黄化を促進したり，カットニンジンでは苦みの発現を誘導する。そのため，カット野菜の保持環境中にエチレンが存在することは絶対に避けなければならない。

包装や CA 貯蔵によってカット野菜の品質保持はある程度可能である。しかし，より効果的に品質保持を行うためには，これらの品質保持技術とともに低温管理を併用する必要がある。

3）化学物質処理

品質保持や腐敗を遅らせるために，カット野菜を化学物質で処理することがある。

隔膜を介して希薄な食塩水を電気分解して得られる電解水の内で陽極側に生成した酸性電解水は殺菌作用があり，強酸性電解水は種々の微生物に対して優れた殺菌効果を示し，2002（平成14）年に食品添加物に指定された。この強酸性電解水でカット野菜を処理すると切片の微生物数を減少させることが可能であるし，切断前の原料野菜を処理するとカット野菜の微生物数を減少させることも可能である。

しかし，過度の化学物質処理はカット野菜そのものに損傷を引起こし，微生物の二次的な汚染を受けやすくする。

また，製造直後であってもカット野菜の内部にも細菌などが必ず存在している。製造工程で滅菌・殺菌処理や洗浄などを行っても，カット野菜は組織が複雑であるため，加工食品と異なり微生物を全くなくすことは，ほとんど不可能なことである。現在行っている滅菌・殺菌方法では，カット野菜の表面や切断面ならびに切断面からごくわずか内部の組織の滅菌を行っているだけである。

現在考えうるいかなる滅菌・殺菌処理を行っても，カット野菜の商品的特性をなくすことなく，製品の微生物を完全になくすことは不可能である。そのため，滅菌・殺菌処理などで除去できなかった微生物の繁殖を抑制することが，腐敗を遅らせるもっとも重要なことである。

（4）家庭での保蔵方法

1）購入時の留意点

カット野菜は無切断の野菜より品質低下が起こりやすいので，購入する場合は製造してからなるべく時間の経過していない商品を選ばなければならない。またカット野菜を選ぶときには，切断面が褐変や変色しておらず野菜固有の色調を示し，切断面が微生物によって水浸状になっていないことも判断基準としなければならない。

包装が破損していたり，包装資材の内部に水滴が付着しているものも避けなければならない。また，透過性の低いプラスチックフィルムで密封包装し，高温で保存した場合には異臭が強くなるので，この異臭の有無も判断基準になる。

カット野菜の品質保持方法の基本である低温管理がなされているかどうかを判断するために，販売のショーケースや棚の管理温度のチェックも必要である。

2）家庭における品質保持

購入したカット野菜は時間経過とともに品質が低下するので，なるべく早く食べることが重要なことである。つまり，購入したカット野菜は，家庭では一時的な保管のみにすべきである。

多量に購入したり，使い残したカット野菜は，水分損失を防ぐためにプラスチックフィルムなどで包装し，冷蔵庫などの低温下で管理しなければならない。

冷凍するとカット野菜の生命活動は終わってしまうので，解凍後には非常に腐敗しやすくなる。

最近では“鍋物セット”や“お好み焼きセット”などのようにカット野菜とほかの料理素材が一つに包装され，販売されていることがあるが，生の水産物や肉と同様にカット野菜の品質低下も早いので，これらの取扱いも単品のカット野菜と同様にすべきである。

4.6 畜肉加工品

4.6.1 種類と特徴

畜肉加工品は形状から大きく２つに分類することができる。一つはハムに代表される肉塊を塩漬加工した単身製品（別名：単身品）であり，もう一方はソーセージに代表される原料肉を細かくカッティングしケーシングなどに充填した挽肉製品（別名：練り製品）である。

ハム・ソーセージ類の歴史は非常に古い。起源は今から3,500年前，中近東のバビロニア地方でソーセージ類らしきものが食べられていたという記述がある。また，中国では約5,000年前から豚が飼育され，ソーセージのようなものがつくられていたという記録が残っている。また，ハム類の起源は紀元前９世紀のホメロスの叙事詩『オデュッセイア』にも塩漬肉の記述があるほどその歴史は古い。現在のような製造方法の基礎ができ上がったのは古代ローマ時代といわれている。また，各国，各地方に特色のある製品があり，ヨーロッパではソーセージだけでも3,000種類以上あるといわれている。そのためこれらを一概に論ずることは困難であるが，本稿では日本農林規格（JAS規格）の分類に則り日本における代表的な畜肉加工品の種類と特徴を解説していく。

近年の日本におけるハム類およびソーセージ類の畜肉加工品の生産量は，1995（平成７）年の55万3,771ｔをピークに微減の傾向にある。特に，プレスハムやチョップドハムの減少が著しく，1975（昭和50）年頃には10万ｔ以上あった生産量が，現在は３万ｔ以下にまで減少している。生産量の内訳ではソーセージ類が全体の約56％を占め，次いでハム類が約23％となっている。また最近の畜肉加工品の特徴としては，多くの消費者が動物性脂肪を敬遠する傾向にあるため，生産段階においてこれまでより脂肪含量を減らした製品の生産が多くなっていることである。図4.6.1に主な畜肉製品の原料となる豚肉の部位を示した。

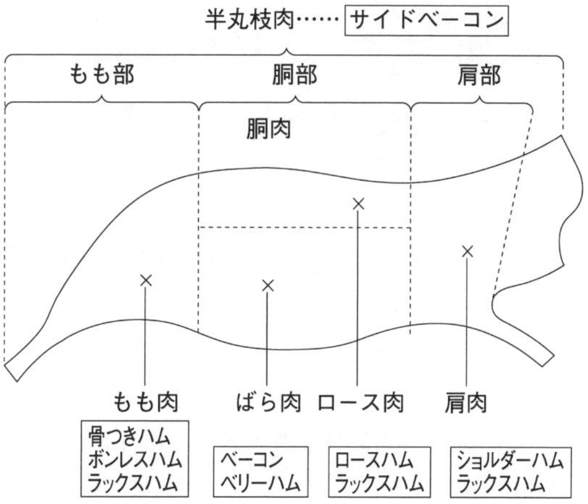

図 4.6.1　畜肉製品に用いられる豚肉の部位

（1）ハ　ム　類

ハム類は本来，豚肉を保存するための畜肉加工品であり，ハムの語源は元々豚のももの部分をハムと呼ぶことに由来するといわれている。したがって，豚のもも肉を骨つきのまま塩漬，燻煙，湯煮したものがハムの原型といえる。その後，取扱い上便利なように，ももから骨を取除いたボンレス（boneless）ハムが製造されるようになった。また，豚の色々な部位を用いて，ヨーロッパを中心として特色のあるハムが製造されている。

JAS 規格ではハム類は，骨つきハム，ボンレスハム，ショルダーハム，ベリーハムおよびラックスハムの５種に分類されている。図4.6.2にハム類の製造工程を示した。

①　骨つきハム　豚のももを骨のついたまま整形してつくる。ももの整形方法にはロングカッ

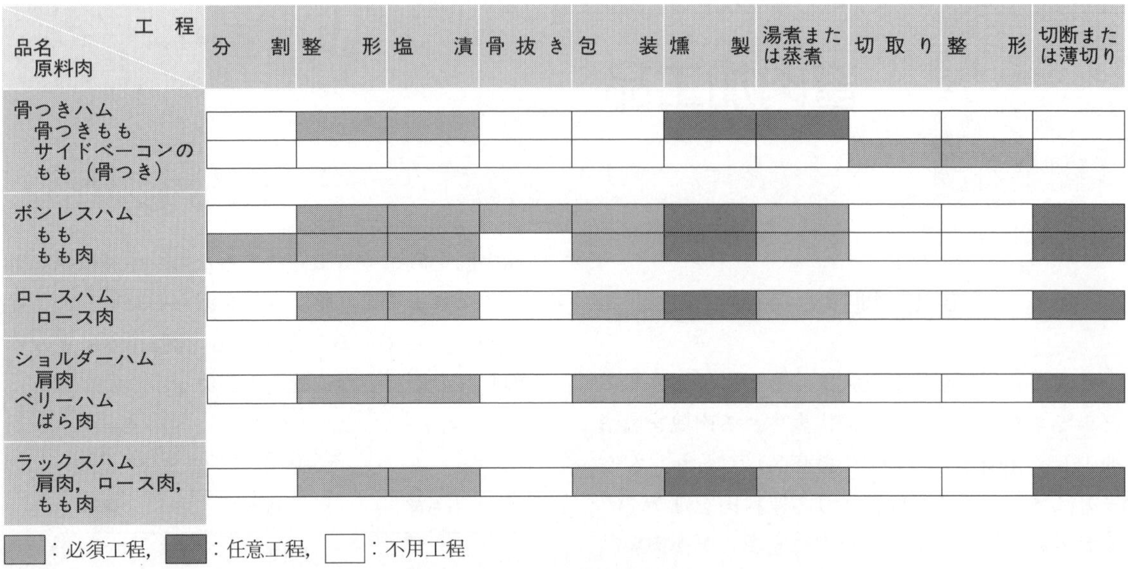

図 4.6.2　ハム類の製造工程

ト法とショートカット法があるが，どちらもやや平たい徳利状に整形される。整形の終わったものは表面に食塩と硝石をよくすり込み，冷所にて1～2日血絞りを行う。塩漬には塩漬液に漬け込む湿塩法と，肉に塩漬材を直接すり込む乾塩法があるが，骨つきハムの製造にはどちらの塩漬法も用いられている。また，湿塩法の場合には，インジェクターを用いてもも重量の約10％の塩漬液を注入することもある。塩漬期間は通常のもも（10kg程度）で30日前後行い，期間中5回程度積替える。塩漬後は，10℃以下の冷水で1kg当たり15～20分間，冷水が直接肉に当たらないように穏やかに塩抜きし，過剰な塩分を取除く。ももは肉塊が大きいため，表面と内部の塩濃度の差が大きいので，この塩抜きは非常に重要な工程である。塩抜き後，きれいな布で表面の水分を拭取り，膝関節部の上をひもで巻く。燻煙を行う場合には10～30℃で，予備乾燥を含めて4～5日間行う。燻煙後は湯煮（あるいは蒸煮）を行う加熱骨つきハムと湯煮を行わずに長期間熟成をさせる非加熱骨つきハム（生ハム）の2種類に大別される。

骨つきハムのJAS規格は，品位（外観，色沢，香味，および肉質など）を5点法による官能試験で評価し，平均点が3.5以上で水分は65％以下と規定されている。また，湯煮（または蒸煮）を行わない非加熱製品の水分活性（A_w）は0.94以下と定められている。表4.6.1にJAS規格の品位の基準を示した。

② **ボンレスハム**　従来は豚のももを塩漬後，ケーシングに詰める前に除骨してつくっていたが，最近はももを除骨・分割整形した後に塩漬してつくるものがほとんどである。骨抜きは筒抜きといい，寛骨を除いた後，膝関節の筋を切り大腿骨をトンネル状に抜取る。小さいものをつくる場合には通常の除骨方法でもかまわない。除骨後は，周囲の余分な肉片や筋を取除く。小型のものをつくる場合には，筋肉の走行方向に2～3つに切断する。従来は木綿布にセロファンを敷いたもので包み，たこ糸できつく縛っていたが，最近はハム充塡機を用いてファイブラスケーシングなどのケーシングに充塡したものがほとんどである。乾燥は40℃前後で2時間程度行った後，燻煙を50～60℃で4～6時間行う。燻煙終了後，70℃前後の湯につけ，80℃まで徐々に温度を上げた後この温度を維持して，ハムの中心温度が63℃で30分以上保持されるよう湯煮（あるいは蒸煮）を4～5時間行う。次に冷水にて製品を冷やし，中心温度が15℃程度に下がったら，製品を冷蔵庫に移し完全に冷

表 4.6.1　JAS 規格の品位の基準

事　項	採点の基準
外　観	1　形態及びくん煙の状態が良好で，損傷及びよごれがないものは，5点とする。 2　形態及びくん煙の状態がおおむね良好で，損傷及びよごれが目立たないものは，その程度により，4点又は3点とする。 3　形態若しくはくん煙の状態がやや不良なもの又は損傷若しくはよごれがやや目立つものは，2点とする。 4　形態若しくはくん煙の状態が不良なもの，損傷若しくはよごれが目立つもの又はかび若しくはねとが発生しているものは，1点とする。
色　沢	1　色沢が良好なものは，5点とする。 2　色沢がおおむね良好なものは，その程度により4点又は3点とする。 3　色沢がやや劣るものは，2点とする。 4　色沢が劣るもの又は変色があるものは，1点とする。
香　味	1　香味が良好なものは，5点とする。 2　香味がおおむね良好なものは，その程度により，4点又は3点とする。 3　香味がやや劣るものは，2点とする。 4　香味が劣るもの又は異味異臭があるものは，1点とする。
肉質等	1　肉質が良好で，液汁の分離がなく，赤肉と脂肪の結着が良好で，かつ，その割合が適当なものは，5点とする。 2　肉質がおおむね良好で，液汁の分離がほとんどなく，赤肉と脂肪の結着がおおむね良好で，かつ，その割合がおおむね適当なものは，その程度により，4点又は3点とする。 3　肉質がやや劣るもの，液汁の分離がやや目立つもの，赤肉と脂肪の結着がやや不良なもの又は赤肉と脂肪の割合が不適当なものは，2点とする。 4　肉質が劣るもの，液汁の分離が目立つもの，赤肉と脂肪の結着が不良なもの，血ぱんがあるもの又はかび若しくはねとが発生しているものは，1点とする。

出典）昭57年11月農水告1720号，63年12月1973号，平2年9月1225号，4年6月707号，6年3月435号，12月1741号，9年2月248号，10年7月1074号を一部改正

却する。

ボンレスハムのJAS規格には特級，上級および標準があり，特級は品位の平均点が4.5点以上であり，赤肉中の水分は72%以下である。また，赤肉中の粗タンパク質は18.0%以上でなければならない。上級では，品位の平均点が4.0点以上であり，赤肉中の水分量が72%以下，粗タンパク質量は16.5%以上と規定されている。標準は，品位の平均点が3.5点以上であり，赤肉中の水分量は75%以下とされている。また，1%以内の結着材料の使用が認められている。

③　**ロースハム**　豚のロース肉を整形し，塩漬後ケーシングなどで包装し，燻煙，湯煮（または蒸煮）を行ったものである。ヨーロッパ・アメリカにおける伝統的なハムとは異なるが，日本においてもっとも好まれているハムの一つである。製造方法としてはまずロース肉を1～2kgの大きさに切断後，余分な脂や軟骨，筋などを取除き整形し塩漬を行う。以前は，塩漬には乾塩法が多く用いられていたが，最近は塩漬時間の短縮のため湿塩法で行われることが多い。湿塩法は肉を1kg当たり6日程度4℃前後の冷暗所で塩漬液中に漬け込み，3日に一度程度積替えを行う。大量生産の場合は，さらに塩漬時間を短くするために，インジェクションにより塩漬液を肉重量の15%程度注入した後，タンブリングやマッサージを行った製品が多くみられる。インジェクション法で製造されたロースハムは概して肉の熟成風味に乏しく，筋肉に針の跡が残りやすいのが欠点である。塩抜きは肉1kg当たり20分程度10℃以下の冷水中で行うが，塩抜き時間は肉の大きさや塩漬液の濃さによって臨機応変に調整する必要がある。塩抜き不足は塩味が強く味が不均一になり，過剰な塩抜きは塩味が薄く変敗しやすいので注意が必要である。充塡は背脂の面を外側にしてロース芯を巻き込み，ハム充塡機にてケーシングに充塡する。充塡後ケ

ーシングの両端を結さつするが，巻き込み面がよく結着するようにできるだけ外圧が強くかかるように結さつする。乾燥は40～50℃で表面が軽く乾燥するまで2時間程度行うが，乾燥は表面を多孔質にして，燻煙中に煙の浸透性を高めるとともに製品の発色をよくするために重要である。燻煙は60℃前後の温度で3～4時間行う。湯煮（または蒸煮）は75℃で3時間程度加熱するが，肉は非常に熱伝導度性が悪いので常に中心温度計を用いて63℃，30分以上の加熱が施されるようチェックする必要がある。湯煮終了後，直ちに製品を冷水やシャワーを用いて冷却する。中心温度が15℃以下になったら，衛生的な布を用いて表面の水分を除去した後，冷蔵庫に入れて保存する。

ロースハムのJAS規格はボンレスハムと同様，特級，上級，標準に区分され，その規格はすべてボンレスハムの基準に準じている。

④　**ショルダーハム**　　豚肩肉をロースハムやボンレスハムのようにまとめた製品である。肩肉を脱骨後，整形し，塩漬を行う。次にケーシングに充填した後燻煙，湯煮（または蒸煮）したもので，JAS 規格はボンレスハムの基準に準じている。

⑤　**ベリーハム**　　ベーコンの原料部位であるわきばら肉の肋間筋を内側にして巻き込み円筒形に整形しロースハムとほぼ同様の工程で製造したものである。赤肉と脂肪層の対比が美しいハムであるが，脂肪を敬遠する最近の消費傾向から現在ではつまみ用を除いてあまり生産されていない。JAS 規格はボンレスハムの基準に準じている。

⑥　**ラックスハム**　　豚の肩肉，ロース肉またはもも肉を整形，塩漬しケーシングなどに充塡した後，低温で燻煙・乾燥させたもので，湯煮（または蒸煮）をしていない非加熱製品である。ドイツ語の Lachs（鮭）のような鮮紅色をしているためこの名前がついたとされている。JAS 規格は骨つきハムの基準に準じている。

⑦　**生ハム**　　1982（昭和57）年の「食品衛生法」の一部改正に伴い，非加熱食肉製品（一般的に“生ハム”と呼ばれているもの）の製造，販売が認められた。JAS 規格においては，ラックスハムと骨つきハムの湯煮（あるいは蒸煮）を行っていない非加熱のものがこれに該当する。

表4.6.2にJAS 規格で使用できるハム類の原材

表 4.6.2　JAS 規格で使用できる原材料

原材料		骨つきハムおよびラックスハム	ボンレス，ロース，ショルダーおよびベリーハム		
			特級	上級	標準
原料肉および食品添加物以外の原材料	調味料	○	○	○	○
	香辛料	○	○	○	○
	結着材料	—	—	—	○
食品添加物	調味料	○	○	○	○
	結着補強剤	○	○	○	○
	発色助剤	○	—	—	○
	乳化安定剤	—	—	○	○
	発色剤	○	○	○	○
	保存料	—	—	○	○
	酸化防止剤	○	○	○	○
	甘味料	○	—	○	○
	香辛料抽出物	○	○	○	○
	燻液	○	—	—	○

○：使用可，—：使用不可

原料肉	分割	整形	塩漬	乾燥	燻煙	湯煮・蒸煮	切取り	切断薄切り
ベーコン ばら肉	任意工程	必須工程	必須工程	必須工程	必須工程	必須工程	不用工程	任意工程
ロースベーコン ロース肉	任意工程	必須工程	必須工程	必須工程	必須工程	必須工程	不用工程	任意工程
ショルダーベーコン 肩肉	任意工程	必須工程	必須工程	必須工程	必須工程	必須工程	不用工程	任意工程
ミドルベーコン 胴肉	不用工程	必須工程	必須工程	必須工程	必須工程	不用工程	任意工程	任意工程
サイドベーコン 半丸枝肉	不用工程	必須工程	必須工程	必須工程	必須工程	不用工程	任意工程	任意工程

■：必須工程，■：任意工程，□：不用工程

図 4.6.3　ベーコンの製造工程

料を示した。

（2）ベーコン類

ベーコンは本来豚のばら肉を塩漬し燻煙・乾燥したものである。JAS 規格では，ベーコン，ロースベーコン，ショルダーベーコン，ミドルベーコンおよびサイドベーコンの５種に分類されている。図4.6.3にベーコンの製造工程を示した。

① ベーコン　豚ばら肉は赤肉と脂肪のバランスのよいものを選び，塩漬を行う。塩漬は乾塩法が基本であるが，最近は塩漬時間短縮のために湿塩法で製造されるものが増えてきている。塩漬後，肉重１kgに対して10分程度，10℃前後の冷水中で塩抜きを行う。塩抜き時間が長すぎると塩分が抜けすぎてネトや変色の原因になり，短すぎると塩分が多すぎて塩辛く味が悪くなるので注意が必要である。乾燥は，もも側にベーコンフックやベーコンピンを通し２～３時間かけて室温から45℃まで温度を上昇させて表面を乾燥させる。急激に温度を上昇させると表面がかたくなるので注意が必要である。燻煙は水煮工程のない場合には，35℃前後で１～２日，湯煮工程のあるボイルドベーコンの場合には50℃前後で４～５時間燻煙する。燻煙後は速やかに温度を下げ，品温が15℃以下になったら清潔なガーゼなどで表面を拭いた後，包装を行う。

JAS 規格においてベーコンには上級と標準の規格があり，上級は外観，色沢，香味，肉質などの品位の評点が平均4.0以上であり赤肉中の水分量が70％以下と規定され，植物タンパク質や卵タンパク質などの結着剤の使用は認められていない。一方，標準品は品位の評点の平均が3.5以上であり赤肉中の水分量が75％以下で結着剤の使用も１％まで認められている。また,発色助剤としてニコチン酸アミド，乳化安定剤としてカゼインナトリウムおよび酸カゼインなどが使用でき，燻液の使用も認められている。

② ロースベーコン・ショルダーベーコン　ロースベーコンはばら肉の代わりに豚ロース肉を整形し塩漬，燻煙したもので，ミドルベーコンやサイドベーコンのロース肉を切取り整形したものも含まれる。カナディアンベーコン，ダニッシュベーコンと呼ばれて販売されることもある。骨つきのものはカスラーと呼ばれている。ショルダーベーコンはばら肉の代わりに肩肉を用いたもので,全体を骨つきのまま燻煙したもの，肩ロースを除いて骨つきのまま燻煙したもの（ピクニックショルダー）あるいは除骨して大きな塊に分けて燻煙したものがある。加工法はほぼベーコンと同じであるが,それぞれの原料肉の大きさにより塩漬や燻煙時間が異なる。ロースベーコンとショルダーベーコンのJAS 規格は，それぞれ品位が3.5以上であり，製品中の水分が65％以下で，結着剤の使用は１％まで認められている。

③ ミドルベーコン　ロース肉とばら肉の部分を切離さない胴肉を塩漬・燻煙したベーコンで

	塩漬	肉挽	カッティング	充填	乾燥	燻煙	湯煮	薄切り包装
クックドソーセージ	必須工程	必須工程	必須工程	必須工程	任意工程	任意工程	必須工程	任意工程
セミドライソーセージ	必須工程	必須工程	必須工程	必須工程	必須工程	任意工程	任意工程	任意工程
ドライソーセージ	必須工程	必須工程	必須工程	必須工程	必須工程	任意工程	不用工程	任意工程

：必須工程，：任意工程，：不用工程

図 4.6.4　ソーセージの製造工程

ある。JAS 規格は品位の平均が3.5以上で製品全体の水分は65％以下で，ばら肉部分の水分は25％以上45％以下と規定されている。また,原料肉および食品添加物以外の原材料はベーコンの上級に準じる。

④　**サイドベーコン**　　豚の半丸をそのまま塩漬・燻煙して製造する。本来，ベーコンはこのサイドベーコンを指していたが，最近はばら肉を用いたものがベーコンの総称になっている。JAS 規格はミドルベーコンに準じている。

（3）ソーセージ類

ソーセージはハムやベーコンなどの単身品の製造時に出るくず肉や単身品に使用できない部位の肉を使用して製造する。まず，原料肉を塩漬した後，香辛料などを加えてカッティングしてペースト状にする。次にケーシングに充填した後，乾燥・燻煙・湯煮（あるいは蒸煮）を行い冷却して製品とする。図4.6.4にソーセージの製造工程を示した。

ソーセージは単身製品と異なり太さや形，香辛料なども比較的自由に使用できるので，種類も非常に多くヨーロッパだけでも3,000種以上の種類があり，代表的なソーセージの名前はその発祥地に由来することが多い。また，ソーセージ類はハムやベーコンに比べ使用する部位が限定されないため，食肉の利用範囲が広く，豚肉を中心に，牛肉，馬肉，緬羊肉，家禽《きん》肉，家兎肉などが使用される。また，内臓，舌，血液なども利用されている。日本においてはヨーロッパなどでは使用の認められていない，魚肉をソーセージに混合することも認められている。魚肉を使用したものは本来のソーセージとは異なるものであるが，日本においては，さらに魚肉の使用量が多い混合ソーセージ（魚肉使用量が15％以上50％未満）や魚肉ソーセージ（魚肉使用量50％以上）と区分するために，魚肉の使用量を15％未満と規定している。

上述したようにソーセージの種類は非常に多いので，本稿では JAS 規格に基づいて分類していく。JAS 規格では，クックドソーセージ，セミドライソーセージ，ドライソーセージ，加圧加熱ソーセージおよび無塩漬ソーセージの５種に分類されている。表4.6.3に JAS 規格に基づくソーセージの分類を示した。

表 4.6.3　JAS 規格によるソーセージの分類

ソーセージ	クックドソーセージ	ボロニアソーセージ
		フランクフルトソーセージ
		ウインナーソーセージ
		リオナソーセージ
		レバーソーセージ
		レバーペースト
	加圧加熱ソーセージ	
	セミドライソーセージ	
	ドライソーセージ	
	無塩漬ソーセージ	
混合ソーセージ	混合ソーセージ	
	加圧加熱混合ソーセージ	

1）クックドソーセージ

ソーセージのうち湯煮または蒸煮によって加熱したものであり，ケーシングの種類および太さ，原材料の種類により，ボロニアソーセージ，フランクフルトソーセージ，ウインナーソーセージ，リオナソーセージ，レバーソーセージ，およびレバーペーストに分類される。

① **ボロニアソーセージ**　ケーシングとして牛腸または製品の太さが36cm以上のものをいう。

② **フランクフルトソーセージ**　ケーシングとして豚腸または製品の太さが20mm以上36mm未満のものをいう。

③ **ウインナーソーセージ**　ケーシングとして羊腸または製品の太さが20mm未満のものをいう。

なお，ボロニアソーセージ，フランクフルトソーセージおよびウインナーソーセージはJAS規格において特級，上級および標準の3種の規格がある。

A．特　級……品位の平均点が4.5以上で3点の項目がないこと。水分65%以下で，原料魚肉類および結着剤は使用してはならない。

B．上　級……品位の平均点が4.0以上で2点以下の項目がないこと。水分は65%以下で原料魚肉類は使用してはならないが，粗ゼラチン以外の結着剤は5%以下で使用できる。ただし，デンプン，小麦粉，コーンミールの含有率（以下デンプン含有率）は3%以下でなければならない。

C．標　準……品位の平均点が3.5以上で1点の項目がないこと。水分は65%以下で原料魚肉類を10%以下使用してもよい，ただしタラ類に限っては5%以下である。粗ゼラチン以外の結着剤は10%以下で，デンプン含有率は5%以下である。粗ゼラチンも5%以内でその使用が認められている。また，食用赤色3号，5号などの指定された着色料の使用も認められている。

④ **リオナソーセージ**　原料畜肉類のほかにグリンピース，ピーマン，ニンジンなどの野菜，米，麦などの穀粒，ベーコン，ハムなどの畜肉製品，チーズなどのたねものを加えたもので，原料畜肉類は製品重量割合の50%を超えなければならない。また，原料臓器類および原料魚肉類を加えてはならない。

JAS規格は上級と標準があり，上級は豚肉および牛肉だけを使用し，その品位は平均点が4.0以上で2点以下の項目があってはならない。水分は65%以下で結着剤は粗ゼラチン以外の結着剤を5%以下（デンプン含有率は3%以下）使用することが認められている。またたねものの含有量は30%以下である。標準においては，原材料は豚肉，牛肉以外に馬肉，緬羊肉，ヤギ肉，家兎肉および家禽肉の使用が認められている。品位は，平均点が3.5以上で1点の項目があってはいけない。水分は65%以下で，結着剤は粗ゼラチン以外の結着材が10%以下（デンプン含有率は3%以下）粗ゼラチンは5%以下の使用が認められている。

⑤ **レバーソーセージ**　原料豚肉のほかに原料肝臓として豚，牛，緬羊，ヤギ，家禽および家兎の肝臓のみを使用したもので，その製品に占める肝臓の割合が50%未満のものである。原料魚肉類は加えてはならない。また，水分は50%以下であり，結着剤は10%（ただしデンプン含量は5%以下）と定められている。

⑥ **レバーペースト**　レバーソーセージより肝臓の重量割合が多く，50%を超えるものである。水分は40%以下であり，その他の基準はレバーソーセージに準ずる。

2）セミドライソーセージ

一般的には，乾燥し長期の保存に耐えうるようにつくられたソーセージである。上級は豚肉および牛肉を使用し，標準は豚肉と牛肉のほかに馬肉，緬羊肉，ヤギ肉，家禽肉および家兎肉の使用が認められている。品位および結着剤については，ほかのソーセージの上級と標準の基準と同じである。水分量は55%以下と決められている。

3）ドライソーセージ

上級と標準がありその基準は，水分以外はセミドライソーセージと同様である。ドライソーセージは加熱しないで乾燥させるのが特徴で，水分量は35%以下と規定されている。

4）加圧加熱ソーセージ

ソーセージの中心部の温度を120℃で4分間加圧加熱する方法またはこれと同等以上の効力を有する方法により殺菌したソーセージで，常温流通ができる製品である。規格基準はクックドソーセージと同じである。水分量は65%以下で，結着剤

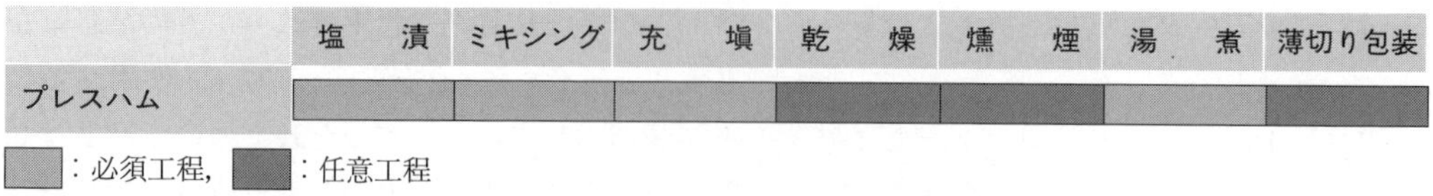

図 4.6.5　プレスハムの製造工程

はボロニアソーセージの標準の場合と同じである。原料魚肉類も10％まで使用できる。ただしタラ類については５％以下である。

５）無塩漬ソーセージ

このソーセージは，発色剤である亜硝酸塩を添加せずに塩漬した食肉を原料として製造されたものである。広い意味ではクックドソーセージの範疇に入る。水分は65％以下であり，その基準はボロニアソーセージの標準と同じである。

（４）プレスハム

プレスハムは日本独特の呼び名であり，ヨーロッパ・アメリカにおいてはソーセージに分類される製品である。製造方法は，20～50ｇくらいの大きさに切った畜肉（豚肉，牛肉，馬肉，緬羊肉およびヤギ肉）の肉塊を２～４日間塩漬する。次に，畜肉，家兎肉あるいは家禽肉を挽肉にしたものにデンプン，小麦粉，コーンミール，植物タンパク，卵タンパク，乳タンパク，血液タンパクなどを加えて練合せ，塩漬しておいた肉塊と調味料，香辛料などを添加しミキサーにて混合したものである。混合後は，通常通気性のない塩化ビニルデン系の合成樹脂フィルムに充填される。充填はケーシングの破損を防ぎ，製品の形を整えるため円筒形や角型のリテーナーに入れて行うことが多い。通常，プレスハムは乾燥・燻煙を行わずに，直ちに湯煮あるいは蒸煮工程に入る。図4.6.5にプレスハムの製造工程を示した。

JAS 規格においてプレスハムは，原材料や添加物の違いにより，特級，上級，標準の３種に分けられている。表4.6.4にプレスハムの JAS 規格の等級基準を示した。

また，魚肉の肉に占める割合が50％以下の製品も製造されており，このような製品は混合プレスハムとして流通している。

（５）熟成ハム類など

従来の“製品 JAS”に加え特別の生産方法や特色のある原材料に着目した JAS 規格，いわば“つくり方 JAS”とでもいうべき特定 JAS 規格が1996（平成８）年１月から施行された。特定 JAS 規格には，熟成ハム，熟成ソーセージおよび熟成ベーコンが含まれ，従来の JAS 規格に“特別な生産の方法についての基準”として熟成（原料肉を一定期間塩漬することにより，原料肉中の色素を固定し，特有の風味を充分醸成させること）の工程が加えられている。

熟成ハム類などは，この熟成を行うことにより，製品の価値が高まり，また，食品添加物などの添加を制限できる。熟成ハム類などの規格は，ハム類などで JAS 規格の等級区分のあるものについては，特級（ただし特級区分のないものについては上級）以上の規格とし，これにより製品に高級感をもたせている。

１）熟成ハム類

熟成ハム類には，熟成ボンレスハム，熟成ロースハム，熟成ショルダーハムおよび熟成ベリーハムがある。ここでいう熟成とは，塩漬剤あるいは塩漬液を用いて原料肉を低温（0 以上10℃以下）で７日間以上塩漬することである。また，塩漬液を注入する場合は，増量を目的とした使用を防ぐために，注入量は原料肉重量の15％以下と規定されている。特定 JAS マークを付するためにはまず品位で香味，外観，色沢および肉質などが官能検査により判定される。一般ハム類との項目の違いは，熟成工程を経ることにより，特に香味に特徴が現れるため，香味の項目を品位の１番目の項目とし，熟成特有の風味を有することを基準に加えている。また，水分は72％以下，赤肉中の粗タンパク量は18％以上と規定し，これはハム類の特級と同じ基準である。原料肉および食品添加物以

表 4.6.4　プレスハムのJAS規格

区　分			基　準		
			特　級	上　級	標　準
品質	品　位		第３項の基準により採点した結果，平均点が4.5点以上であって，２点の項目がないこと。	第３項の基準により採点した結果，平均点が4.0点以上であって，２点又は１点の項目がないこと。	第３項の基準により採点した結果，平均点が3.5点以上であって，１点の項目がないこと。
品質	水　分		60％以上72％以下であること。	60％以上75％以下であること。	同左
品質	肉塊	一片の大きさ	おおむね20g以上であること。	同左	同左
品質	肉塊	含有率	90％以上であること。	90％以上であり，かつ，豚肉が50％以上であること。	85％以上であること。
品質	肉以外のつなぎの含有率		３％以下であること。	同左	５％以下であり，かつ，でん粉，小麦粉及びコーンミールの含有率（以下「でん粉含有率」という。）が３％以下であること。
品質	食品添加物以外の原材料		次に掲げるもの以外のものを使用していないこと。 1　肉塊 豚肉 2　つなぎ 豚肉，牛肉，家兎肉，でん粉，小麦粉，コーンミール，植物性たん白，卵たん白，乳たん白及び血液たん白 3　調味料 食塩，糖類その他調味料として使用するもの 4　香辛料	次に掲げるもの以外のものを使用していないこと。 1　肉塊 豚肉，牛肉，馬肉，めん羊肉及び山羊肉 2　つなぎ 畜肉，家兎肉，でん粉，小麦粉，コーンミール，植物性たん白，卵たん白，乳たん白及び血液たん白 3　調味料（特級の基準と同じ。） 4　香辛料	次に掲げるもの以外のものを使用していないこと。 1　肉塊 豚肉，牛肉，馬肉，めん羊肉，山羊肉及び家きん肉 2　つなぎ 畜肉，家兎肉，家きん肉，でん粉，小麦粉，コーンミール，植物性たん白，卵たん白，乳たん白及び血液たん白 3　調味料（特級の基準と同じ。） 4　香辛料

外の原材料は，食塩，糖類（使用できる糖を限定），ハチミツおよび香辛料に限り使用できる。

2）熟成ソーセージ類

特定 JAS 規格に適用されるものは，熟成ボロニアソーセージ，熟成フランクフルトソーセージおよび熟成ウインナーソーセージである。ここでいう熟成とは，塩漬剤または塩漬液を用いて原料肉を低温で3日間以上塩漬することである。なお，熟成ソーセージ類では注入法は行わないので，これについての基準はない。品位については熟成ハム類と同様，香味の項目で熟成特有の風味を有することを基準に加えている。水分は65％以下と規定し原料肉は豚肉および牛肉以外のものは使用してはならない。副原料については，ソーセージ類は原料肉をベースとして，各種調味料などを加えることによって，製品にバリエーションをもたせているので，熟成ハムや熟成ベーコンで使用が認められている食塩，糖類，ハチミツ，香辛料などのほかに粉乳などの乳製品，果汁，全卵，卵黄の使用が認められている。その他の点についてはソーセージの特級の基準と同じである。

3）熟成ベーコン類

特定 JAS 規格が適応されるものとして，熟成ベーコン，熟成ロースベーコンおよび熟成ショルダーベーコンがある。ここでいう熟成とは，塩漬剤または塩漬液に原料肉を低温で5日間以上塩漬することである。また，注入法を用いる場合には，増量を目的とした使用を防ぐため，原料肉重量の

10%以下でなければならない。熟成を行った場合，一般的に品質は良好になることから，熟成ベーコンにあっては，JAS 規格のベーコンにおける上級の品質基準とほぼ同様（ロースベーコンおよびショルダーベーコンには等級がないため，これらの品質基準とほぼ同様）としている。品位ではハム類と同様に，香味の項目で熟成特有の風味を有することを基準に加えている。赤肉中の水分は70%以下と規定している。これはベーコンの上級と同じ基準である。熟成ロースベーコンおよび熟成ショルダーベーコンでは製品中の水分を65%以下としている。原料肉については豚ばら肉（骨つきのものを含む），豚ロース肉および豚肩肉以外のものは使用できない。また，副原材料は，熟成ハム類と同様に，食塩，糖類（使用できる糖を限定），ハチミツおよび香辛料以外は使用できない。食品添加物は，調味料，結着補強剤，発色剤，酸化防止剤，香辛料抽出物以外は使用できない。

4.6.2 保蔵技術

（1）保蔵の目的

分業化が進行している現代では，ほとんどの食品は流通過程を経て供給されている。したがって，

表 4.6.5 畜肉加工品の保蔵技術

微生物への対応
静　菌
水分活性の調整：乾燥脱水，塩・糖などの添加
pHの調整：酸の添加
薬剤の利用：保存料の添加
温度の調整：低温下製造および保蔵
酸素の除去：真空包装，脱酸素剤封入包装，ガス充填包装
有機化合物の利用：燻煙
殺　菌
加熱殺菌：低温加熱，高温加圧加熱（レトルト），{マイクロ波，赤外線}
物理的殺菌：紫外線，{放射線}
生物的殺菌：バイオプリザベーション
遮　断
無菌化（除菌）：無菌化包装
酵素への対応
酵素の不活性化
加熱処理：低温加熱，高温加圧加熱（レトルト）
温度の調整：低温下製造および保蔵
物理・化学的なものへの対応
酸化の防止
酸素の除去：真空包装，脱酸素剤封入包装，ガス充填包装
薬剤の利用：酸化防止剤の添加
有機化合物の利用：燻煙
変形の防止
包装容器の利用：包装容器（対衝撃性など）の選択
そ の 他
光線透過の防止：包装材（アルミ箔など）の選択
乾燥・吸湿および香気の揮散防止：包装材（高気密性）の選択

加工品が製造された後に運搬されて消費者に届き，消費されるまでにはかなりの時間を要する。この間に加工品の品質が落ちてしまっては商品価値がなくなるばかりか，安全性のうえでも問題が生じるおそれがある。このことから品質が変わらないように保持する“保蔵”は重要な意味をもつ。

食品が当初もっていた品質が変化することを変質というが，この変質をもたらす原因として①生物学的：微生物など，② 生化学的：酵素の働きなど，③ 物理・化学的：酸素，水分，pH，光，温度，圧力などがあげられる。

よって保蔵の目的は，微生物，酸素あるいは物理・化学的変化による劣化および有害物質の生成を抑制し，品質を保持することである。畜肉加工品においても微生物の活動や変色，脂質酸化およびタンパク質の変性などに起因する製品の劣化を抑制し，食味，栄養，嗜好性ならびに安全性を保持するための保蔵法を実施しなければならない。そもそも，畜肉加工品製造の目的は，生肉をそのまま放置しておけば変質し，最終的には腐敗してしまうことから，肉を処理・加工して保蔵性のあるものにするとともに，嗜好性の高いものに変換することにある。よって，畜肉加工品製造の原理は保蔵の原理と重複するところが多い。

近年，畜肉加工技術の進歩と優れた添加物の開発や殺菌技術の向上により，畜肉製品の保蔵性は飛躍的に延びている。また，合成化学の進歩により，優れた包装資材の開発と，流通時の保冷技術の進歩なども，保蔵環境の整備に大きな効果を発揮している。

（2）保蔵技術および効果

畜肉加工品の保蔵技術として表4.6.9のようなものが用いられている。

1）微生物への対応

畜肉加工品の保蔵性は，原料の汚染度，加工時の二次汚染，包装形態，温度，湿度および保蔵期間などの影響を受ける。畜肉加工品は一般的には冷蔵状態で短期間保蔵された後消費されるので，品質劣化は物理的・化学的変化よりも微生物的変化によるところが大きく，品質劣化の原因の多くは，カビ，細菌および酵母などの微生物の集合体が製品の表面につくるネトと呼ばれる粘ちょう性物質の発生である。

表 4.6.6　病原菌と品質劣化菌

病　原　菌	
グラム陰性菌：	サルモネラ
	病原大腸菌
	カンピロバクター
	エルシニア・エンテロコリチカ
グラム陽性菌：	黄色ブドウ球菌
	セレウス菌
	ボツリヌス菌
	ウェルシュ菌
	リステル・モノサイトゲネス
品質劣化菌	
グラム陰性菌：	シュードモナス
	アクロモバクター
	フラボバクテリウム
	非病原性腸内細菌
グラム陽性菌：	バシラス
	ラクトバシラス
	クロストリジウム
	ロイコノストック
	ストレプトコッカス
	ミクロコッカス
	ミクロバクテリウム
カ　ビ	
酵　母	

健康な家畜の筋肉，つまり畜肉加工品の原料となると殺前の畜肉はほぼ無菌に近い状態であるが，家畜がと殺・解体される際に，各種微生物による汚染が始まる。これらの汚染微生物には，表4.6.10に示すようなヒトの体内に入ると健康を害する病原菌と畜肉を腐敗させる品質劣化菌がある。

畜肉加工品を製造する際には，もちろん新鮮で病原菌がなく，微生物による汚染も少ない原料肉を用いることを心がけなければならない。しかし，全く汚染されていない状態を維持することは不可能に近いので，畜肉が加工され最終的に消費されるまで，いかに静菌（生育阻止）や殺菌によって微生物をコントロールするかが保蔵性の向上を図るうえで重要である。

① **静　菌**　おびただしい数の微生物が地球上に存在しているが，微生物が生育・増殖するためには適度な水分・温度，pH，栄養分などが必要である。畜肉はこれらの微生物の生育場所として最適な条件を兼ね備えているため，生育環境を人為的に調整することにより微生物の生育・増殖を抑制しなければならない。微生物の生育・増殖を抑制することを静菌と呼ぶが，畜肉加工品の場合には缶詰やレトルトパウチを除くほとんどの製品で微生物が生存していることから，これらの微生物を静菌することが保蔵性の向上につながる。静菌のためには主に以下のような処理が行われる。

A．水分活性（A_w）の調整……A_wとは，食品中の水の存在状態を示すもので，食品の保蔵性に大きな影響を与える因子の一つである。食品の劣化につながる微生物の生育には水分が必要だが，必ずしも食品中の全水分が関係しているわけではない。食品中の水分には，環境の温度や湿度変化で，容易に移動や蒸発する自由水と食品構成成分と結びついて移動や蒸発が抑制されている結合水がある。自由水は微生物の生育に利用されるが，結合水は利用されない。A_wはその食品に含まれる全水分量に対する自由水の割合を蒸気圧により測定した値で，次の式で示される。

$A_w = P/Po$

P：ある食品の蒸気圧，

Po：純水の蒸気圧

つまり，自由水が減少すればA_wの値も小さくなる。このようにA_wと微生物の生育には深い関係があり，水分含量が異なる食品の保蔵性，安全性などはこのA_wで予測することができる。通常，微生物の生育はA_wが低いところでは不可能で，図4.6.6に示すようにA_w0.9以下で一般細菌，A_w0.88以下で酵母，A_w0.80以下でカビが増殖できなくなる。このことから，A_wの面から食品の保

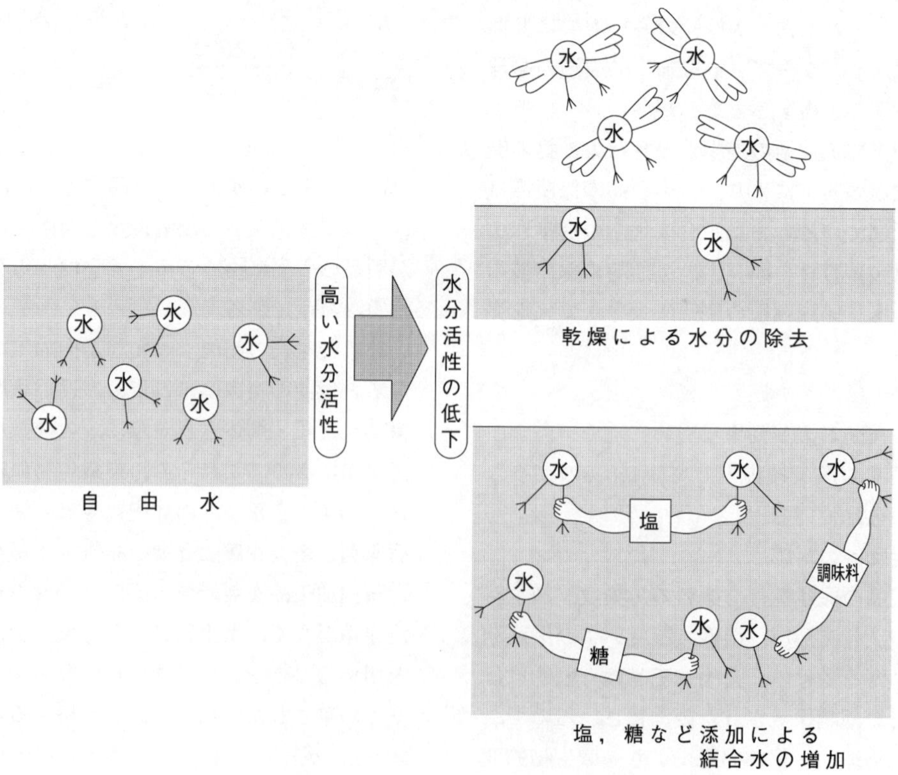

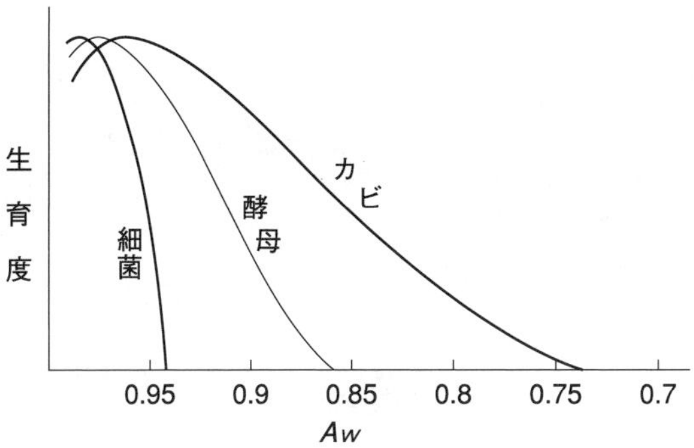

図 4.6.6　微生物の生育と水分活性（A_w）

出典）桜井芳人・藤巻正生・加藤博通：食品の加工と貯蔵 第2版，光生館（1985）

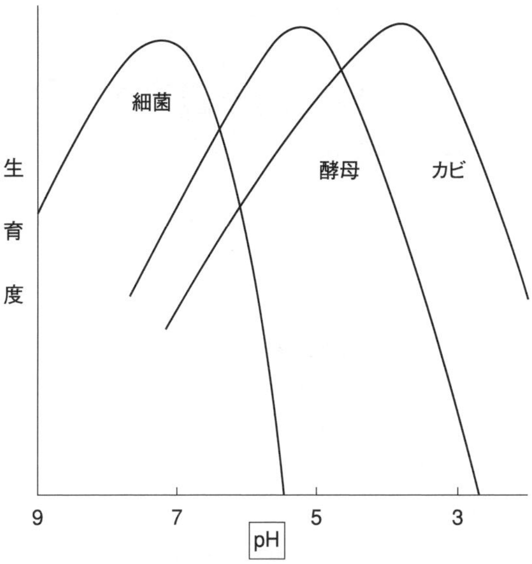

図 4.6.7　微生物の生育に及ぼすpHの影響

出典）桜井芳人・藤巻正生・加藤博通：食品の加工と貯蔵 第2版，光生館（1985）

蔵性を高めるには，脱水・乾燥し自由水を減少させるか，塩あるいは糖などを添加して自由水を結合水に変えることが必要である。

畜肉加工品では，製造工程中で乾燥を行い自由水を除いたり，塩漬により塩を加えるとともに，保湿剤などを用いて自由水を結合水に変え，A_wを低くして保蔵性の向上を図っている。例えば，ビーフジャーキーのA_wは0.87未満に調整されているため，比較的長期間の保蔵が室温でも可能である。

B．pHの調整……微生物には生育に適したpH範囲があり，図4.6.7に示すように食品と関係が深い細菌はpH 6 ～ 7 の中性付近が最適な生育範囲である。このことから，食品のpHを酸性側にすることで細菌の生育を抑制することができる。畜肉加工品ではpH調整剤として食品添加物のクエン酸，フマル酸，グルコノデルタラクトンなどを加えてpHを酸性側へ調整している。pH 5 以下で繁殖できる微生物は，カビ，酵母，乳酸菌，酢酸菌などで比較的種類は少なくなる。

C．添加物の利用……畜肉加工品は一般的に食塩，発色剤などを肉に浸透させる塩漬という工程を経て製造される。

食塩は塩漬において畜肉加工品の品質向上に重要な働きをしており，畜肉加工品を弾力あるものにする肉中の塩溶性タンパク質を溶出させる。また，抗菌作用もあり，グラム陰性桿菌，クロストリジウムなどの発育を抑制する。

発色剤として用いられる硝酸塩や亜硝酸塩は，肉色を固定する以外にクロストリジウムなどの腐敗細菌や食中毒起因菌の増殖，毒素産生，タンパク質分解作用を抑制し，特にボツリヌス菌の制御に効果がある。

食塩，発色剤のほかに保蔵性を高める添加物として，酸化防止剤，保存料およびpH調整剤などが使われる。

酸化防止剤として使われるアスコルビン酸（ビタミンC），エリソルビン酸などは，製品の酸化を抑制し，色の変退と風味の劣化を防ぐ働きをする。また，発色剤の作用を助ける働きもある。

保存料として使われるソルビン酸カリウムは，カビ，酵母，乳酸菌などの抑制に効果があるが，その効果はpH7.0付近の中性よりも酸性側で大きくなるので，必要に応じて前述のpH調整剤を添加し，製品のpHを酸性側に調整しておく必要がある。

なお，発色剤と保存料には使用基準が定められているので，使用にあたっては厳密にその使用量を守る必要がある。

畜肉加工品に使用される主な添加物を表4.6.11に示した。

D．燻　煙……燻煙は，畜肉加工品に保蔵性と

表 4.6.7　畜肉加工品に用いられる主な添加物

分　類	主な添加物	表　示　例	効　果
酸化防止剤	L-アスコルビン酸 エリソルビン酸 エリソルビン酸ナトリウム ニコチン酸アミド	酸化防止剤（ビタミンC） 酸化防止剤（エリソルビン酸） 酸化防止剤（エリソルビン酸ナトリウム） 酸化防止剤（ニコチン酸アミド）	脂肪の酸化現象を防止するとともに，発色剤の作用を助ける。
発色剤	亜硝酸ナトリウム 硝酸カリウム 硝酸ナトリウム	発色剤（亜硝酸ナトリウム） 発色剤（硝酸カリウム） 発色剤（硝酸ナトリウム）	肉色の固定，風味の熟成に働くとともに，微生物の活動を抑制する。
pH調整剤	クエン酸 フマル酸 グルコノデルタラクトン	pH調整剤	pHを酸性側に調整し，微生物の活動を抑制するとともに，保存料の効果を拡大する。
保存料	ソルビン酸カリウム	保存料（ソルビン酸カリウム）	カビ，酵母，乳酸菌などの活動を抑制する。
保湿剤 甘味料	D-ソルビトール	ソルビトール	保湿効果があり，水分活性の調整に役立つ。また，甘味を付与する。
結着剤	ポリリン酸ナトリウム メタリン酸ナトリウム ピロリン酸ナトリウム	リン酸塩（ナトリウム）	結着性，保水性を向上させる。
調味料	L-グルタミン酸ナトリウム 5′-イノシン酸二ナトリウム 5′-グアニル酸二ナトリウム コハク酸二ナトリウム	調味料（アミノ酸など）	味を向上させるとともに，水分活性の調整に役立つ。

特有な香気および風味を付与することが主目的である。煙のなかに含まれる成分には，ホルムアルデヒド類，フェノール類，有機酸類，アルコール類，クレゾール類などがありこれらは強い抗菌作用をもっている。さらに樹脂類も含まれることから，畜肉表面に樹脂膜がつくられ，微生物汚染防止の効果が得られる。燻煙に使用される燻材は，カシ，サクラ，ナラ，クヌギ，モミなどの堅木である。

元来，畜肉加工品への燻煙は，煙中に含まれる成分を用いて，保蔵性を高めるために行ってきた。しかし，冷蔵庫が普及した現代では，燻煙は単なる香りづけや色づけの手段として用いられ，保蔵性向上の目的は薄れている。

E．低温保蔵……畜肉加工品は優れた保存料や酸化防止剤の添加，合成化学の進歩により開発された包装資材の利用により長期保存化を図っている。これとともに1965（昭和40）年頃に科学技術庁の「コールドチェーン（低温流通機構）の整備」の提唱により生鮮および加工食品の低温流通体系が整備され，畜肉加工品が消費者に届くまで低温で保持されるようになったことも保蔵性の大幅な向上に役立っている。

日本では，一般的な畜肉加工品の保存温度は10℃以下が原則（保存基準の詳細は後述）であり，実際には5℃付近が用いられている。これは，畜肉加工品のほとんどが多水分系で，高温多湿の環境下においては微生物が活発に増殖し，腐敗や変質を起こすためである。しかし，10℃以下ではほとんどの病原菌は生育できず，サルモネラも6℃以下では生育できない。このように保蔵温度が低いほど微生物による品質劣化を抑えることができる。しかし，畜肉加工品を凍結することは避けるべきである。これは，凍結時に氷の大きい結晶が形成される－1～－5℃付近の温度帯（最大氷結晶生成帯）を通過することにより，製品の組織が損傷し，食感が悪くなるなどの品質劣化が生じるためである。

微生物の生育最適温度はそれぞれ以下のとおりである。

① カビ類：20～35℃
② 酵母類：25～32℃
③ 細菌類：20～30℃（低温菌）
　　　　　30～40℃（中温菌）
　　　　　50～60℃（高温菌）
（図4.6.4）

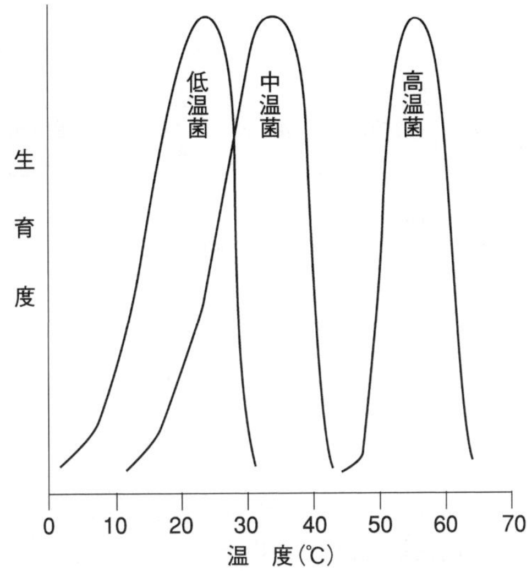

図 4.6.8　細菌の生育に及ぼす温度の影響

F．包　装……パッケージ商品が主要販売形態となっている現在，保蔵上でも包装の果たす役割は大きく，内容物を保護し開封されるまでの間，生物，物理および化学的な変化に耐えられるように製品を守ることが要求される。このほかの役割として，包装材に情報を記し，生産者から消費者へ情報を伝えることや，運搬などの取扱いを容易にするなどの利便性の向上もあげられる。しかし，その便利さの反面，使用後は生活ゴミとしての廃棄問題などがあり，今後，環境への影響も充分に考慮する必要がある。

現在，主に利用されている包装方法には以下のようなものがある。

a．真空包装：微生物のなかには，酸素の存在下で活発に生育・増殖する好気性菌があり，この生育・増殖は酸素を除去することで抑制できる。真空包装は，包装系内の空気を抜いて真空に近い状態にし，密封することにより，好気性微生物の生育・増殖の阻止を図る方法である。

b．脱酸素材封入包装：脱酸素材を加工品とともに包装系内に入れ，密封する方法である。包装系内の酸素は脱酸素材によって奪取されるため，好気性微生物が生育・増殖するための酸素がなくなり保蔵性が向上する。先の真空包装と脱酸素剤封入を併用することもある。

c．ガス充填包装：包装系内の空気を窒素，二酸化炭素あるいはそれらの混合ガスに置換し，密封する方法である。二酸化炭素は畜肉加工品中の水分と反応して炭酸になり，pHを低下させ静菌に役立つ。また，二酸化炭素自体に微生物の生育・増殖の抑制効果がある。窒素は脂肪や色素などの酸化防止に効果がある。

なお，これらの包装を行う際には，包装材にガスバリア性のあるものを選ぶ必要がある。また，初発菌数（包装時の菌数）ができるだけ少ないほうが保蔵性は数段よくなるため，畜肉加工品の衛生的な取扱いに努めなければならない。

② 殺　菌　殺菌は，病原菌を殺滅すること，あるいはすべての微生物を殺滅し無菌状態にすること（滅菌）である。

A．加熱殺菌……表4.6.12に示すとおり，熱処理により微生物を殺滅できることを利用したものである。畜肉加工品の場合，次に記す低温加熱殺菌および高温加熱加圧殺菌が広く利用されている。

表 4.6.8　微生物の種類による熱死滅条件

微生物の種類	熱死滅条件
カ　　ビ	60°C/10～15分
酵　　母	54°C/7分
サルモネラ菌	60°C/5分
ブドウ球菌	60°C/15分
大　腸　菌	60°C/30分
乳　酸　菌	71°C/30分
芽胞菌（細菌胞子）	
バシラス属	100°C/1,200分
クロストリジウム属	100°C/360分

a．低温加熱殺菌：食品を汚染する微生物は，加熱工程によりほぼ死滅することから，日本では“加熱食肉製品”はその中心温度が63℃で30分間またはこれと同等以上の効果のある方法により殺菌するとされている。また，“特定加熱食肉製品”はこれよりもやや緩やかな条件での加熱が義務づけられている。これらの加熱殺菌は作業が比較的容易なことから畜肉加工品の殺菌として一般的に使用されている。この処理により，食中毒の原因菌や腐敗菌はほぼ完全に死滅するが，バシラス，

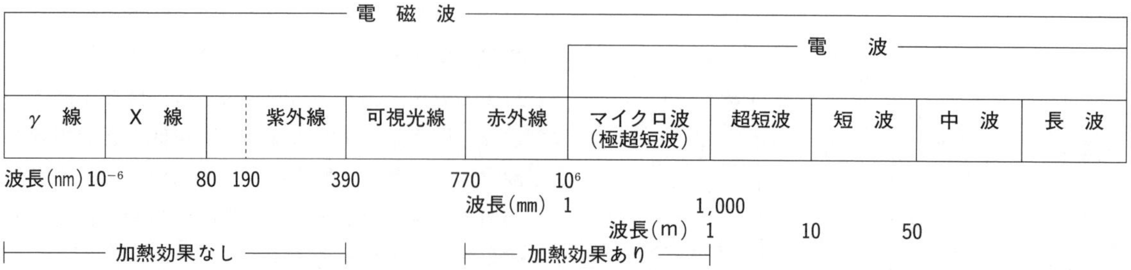

図 4.6.9 電磁波の種類

電磁波は波長により分類され，食品分野では殺菌と加熱に用いられる。波長の短いγ線，X線，紫外線は加熱を伴わずに殺菌するので冷殺菌技術といわれる。赤外線およびマイクロ波は加熱，乾燥に利用される。

耐熱性の乳酸菌など変質に関与する細菌は残存する。このため，加熱後にそのまま製品を放置しておくと，残存している微生物が余熱により急激に増殖するおそれがあるので，加熱後は速やかに製品を冷却し，製品内に残存している微生物の増殖抑制に努める必要がある。

b．高温加圧加熱殺菌（レトルト殺菌）：常温流通で長期間保存が要求されるような場合に利用される。一般的には120～150℃の加熱に耐える袋（パウチ）に加工品を詰め，真空包装し，加圧殺菌釜（レトルト）を用い120℃で4分間以上の高温加熱により殺菌される滅菌的加熱方法で，低温加熱殺菌よりも栄養価値は劣るが保蔵性は格段によくなる。コンビーフなどの肉缶詰製造などに利用されている。

B．物理的殺菌……電磁波（図4.6.9）を利用した殺菌方法で，紫外線が主なものである。熱を用いず，紫外線自身がもつ強いエネルギーで細菌の分子構造を破壊することにより殺菌するので冷殺菌技術といわれている。

a．紫外線殺菌：260nm付近の波長を出す紫外線殺菌灯を用い，殺菌する方法である。直射日光に強い殺菌力があるのも太陽光線に含まれる紫外線によるものである。紫外線は浸透力が小さいので，製品深部への殺菌効果がないことと，脂質の酸化などの原因になることから製品を直接殺菌することに利用するのではなく，器具や器材の殺菌に利用し，製品の二次的な細菌汚染を間接的に抑制することを目的としている場合が多い。

このほかに，X線やγ線などの放射線を利用した殺菌方法が，新しい技術として期待されている。

この方法は熱がほとんど発生しないため，色や香りの変化やタンパク質の凝固が起きない。また，透過力が強いため，包装済みの食品を連続的に大量処理できる利点がある。諸外国では畜肉，家禽肉，乾燥食品，香辛料，冷凍食品などの殺菌に実用化されているが，日本においては現在のところジャガイモの発芽抑制に許可されているのみで，食品の殺菌に放射線を利用することは認められていない。

C．生物的殺菌……近年，素材の持ち味を生かした食品への需要が高くなっている。このような食品の多くには，化学合成された添加物を使わず，加熱殺菌なども行わずに保蔵性を確保することが要求されるが，対応策として天然物の力を利用した微生物制御法が考えられる。

a．バイオプリザベーション：バイオプリザベーションは，動植物および微生物に由来する力を利用することにより食品の保蔵を図る技術である。

生物がつくりだす抗菌作用物質（バイオプリザバティブ）である酢酸，乳酸などの有機酸，アルコール，卵白リゾチーム，香辛料成分などを食品に添加し，有害微生物の殺菌・静菌を行い，保蔵性を向上させる方法もバイオプリザベーションである。最近では，バイオプリザバティブとして乳酸菌などを生成する抗菌性タンパク質のバクテリオシンが特に注目されており，グラム陽性菌に強い抗菌作用のあるナイシンは，日本では未認可だが，60カ国ほどの諸外国では食品への添加が認められ，保存料として利用されている。

また，古くから行われている食品を発酵させることも微生物の抗菌力を利用したバイオプリザベーションであり，代表的なものとしてチーズ，ヨーグルト，ふなずし，漬け物とともにサラミソーセージなどの畜肉加工品もある。これらの発酵食品の多くには乳酸菌が関与しており，近年は乳酸菌をスタータとして積極的に食品に接種し，バクテリオシンを生成させることにより有害菌を制御することが行われている。乳酸菌は保蔵性を向上させる以外に熟成促進，風味づけにも有効である。さらに乳酸菌はヒトの腸内細菌のバランスを整え，健康維持に役立つことからプロバイオティクスとしても注目されている。

日本でもサラミソーセージや生ハムなどの非加熱食肉製品への需要が高まっており，バイオプリザベーションは微生物的な危害を解消するための非加熱殺菌・静菌技術として期待されている。

③ 遮 断　畜肉加工品の保存性を向上させるためには，微生物による二次汚染から加工品を守ること，つまり微生物との接触を遮断することが重要になる。

A．無菌化包装……畜肉加工品はそのほとんどが加熱殺菌後に包装される。その際に不衛生な環境状態であったならば，せっかく殺菌された加工品が再汚染されてしまう。このような二次汚染を防止する手段として，バイオクリーンルーム（無菌室）が考案されている。バイオクリーンルームでは室内の塵埃と細菌を空気ろ過器で除去し，衛生的に製品を包装できるようにしている。つまり，製品を取巻く環境を除菌することで，直接的ではなく間接的に製品の微生物汚染を防止する方法である。設備投資に多額の費用がかかり，その維持管理も大変であるが，畜肉加工品ではスライスハムをバイオクリーンルームにおいて無菌のプラスチックフィルムで包装することが行われている。バイオクリーンルームで作業するヒトは，無塵衣，マスク，手袋を着用し，頭髪も完全に覆い，入室する際にはエアシャワーにより，付着しているゴミや菌を除去することが求められる。

④ 食品衛生法による規制　「食品衛生法」は，飲食に起因する衛生上の危害の発生を防止することなど目的とした法律で，食肉製品についても規制があり，微生物に関しては，病原菌，品質劣化菌などの有害微生物の排除および生育・増殖を抑制するため，さまざまな規格基準が設定されている。

A．食肉製品の規格基準による分類および微生物規格……「食品衛生法」では食肉製品の規格として前述した加熱殺菌法と A_w などにより以下に示す4区分（表4.6.9）に大別している。また，表4.6.14に示すとおり微生物規格も定められている。

a．乾燥食肉製品：乾燥させた食肉製品であって，乾燥食肉製品として販売するものをいう。A_w は0.87未満になるまで乾燥させる。大腸菌は陰性でなければならない。

b．非加熱食肉製品：食肉を塩漬した後，燻煙または乾燥させ通常の加熱殺菌（中心部の温度が63℃に達してから30分間加熱する方法）あるいはこれと同等以上の効力を有する加熱殺菌を行っていない食肉製品であって非加熱食肉製品として販売するものをいう。ただし，乾燥食肉製品を除く。*E. coli* は1gにつき100以下，黄色ブドウ球菌は同1,000以下，サルモネラ属菌は陰性でなければならない。

c．特定加熱食肉製品：通常の加熱殺菌あるいはこれと同等以上の効力を有する方法以外の方法による加熱殺菌を行った食肉製品をいう。ただし，乾燥食肉製品および非加熱食肉製品を除く。*E. coli* は1gにつき100以下，黄色ブドウ球菌およびクロストリジウム属菌は同1,000以下，サルモネラ属菌は陰性でなければならない。

d．加熱食肉製品：乾燥食肉製品，非加熱食肉製品および特定加熱食肉製品以外の食肉製品であって，通常の加熱殺菌，またはこれと同等以上の効力を有する方法による加熱殺菌を行った食肉製品をいう。さらに，包装後に加熱殺菌したものと加熱殺菌後に包装したものとに分けられ，前者は

表 4.6.9　食肉製品の規格基準と保存基準

製品の種類	規格基準		保存基準
乾燥畜肉製品		水分活性0.87未満	常温保存可能
非加熱食肉製品	亜硝酸塩使用	肉塊のみ使用	
		水分活性0.95未満	10℃以下保存
		水分活性0.95以上	4℃以下保存
		肉塊以外の食肉（細切肉）使用	
		pH4.6未満	常温保存可能
		pH5.0未満	10℃以下保存
		水分活性0.91未満	10℃以下保存
		pH5.1未満，水分活性0.93未満	常温保存可能
		pH5.3未満，水分活性0.96未満	10℃以下保存
	亜硝酸塩非使用	水分活性0.95未満	10℃以下保存
特定加熱食肉製品		水分活性0.95未満	10℃以下保存
		水分活性0.95以上	4℃以下保存
加熱食肉製品	包装後加熱殺菌 （気密性のある容器包装に充填後，製品の中心温度を120℃で4分間加熱する方法またはこれと同等以上の効力を有する方法により殺菌したものは常温保存可能）		10℃以下保存
	加熱殺菌後包装		10℃以下保存

表 4.6.10　食肉製品の微生物規格

製品の種類	大腸菌群	*E.coli*	黄色ブドウ球菌	サルモネラ属菌	クロストリジウム属菌
乾燥食肉製品	—	陰性	—	—	—
非加熱食肉製品	—	100/g以下	1,000/g以下	陰性	—
特定加熱食肉製品	—	100/g以下	1,000/g以下	陰性	1,000/g以下
加熱食肉製品					
包装後加熱殺菌	陰性	—	—	—	1,000/g以下
加熱殺菌後包装	—	陰性	1,000/g以下	陰性	—

大腸菌群は陰性，クロストリジウム属菌は1ｇにつき1,000以下でなければならない。後者は大腸菌およびサルモネラ属菌は陰性，黄色ブドウ球菌は1ｇにつき1,000以下でなければならない。

B．規制対象微生物の衛生上の意義……規制対象微生物の衛生上の意義は次のように定義づけられている。

a．大腸菌群：63℃で30分間またはこれと同等以上の効力を有する加熱殺菌が施されたかの指標となる菌である。大腸菌群自体，すべてが毒性や病原性があるわけではないが，これが検出された場合には，食中毒や伝染病などの発生の可能性が危惧される。

b．大腸菌：製造時における糞便汚染の指標になる。ヒトや動物の腸管内，土壌，下水に広く分布する。その多くは病原性はないが，ある特定の血清型の大腸菌が下痢症の原因になる。

c．黄色ブドウ球菌：製造時における手指および器具からの汚染の指標になる。

塵埃，下水，ヒトや動物の化膿巣，鼻咽喉および糞便に分布する。日本でよく起こる食中毒の原因菌の一つである。

d．サルモネラ属菌：食中毒菌の指標になる。サルモネラは，ヒトや動物に広く分布する。腸管内にしばしば存在し，下痢症の原因となる。食中毒の主要な原因菌である。

e．クロストリジウム属菌：加熱後の適正な冷却の指標となる。土壌，動物の腸内，糞便に広く分布する。大部分は非病原性だが，破傷風菌，ボツリヌス菌，ウェルシュ菌などの強い病原性を示すものもある。

C．食肉製品の保存基準……保存基準としては，表4.6.9に示すとおり非加熱食肉製品の肉塊のみを使用したものと特定加熱食肉製品のうち，A_wが0.95以上のものは4℃以下で保存することが義務づけられている。これは前述したとおり，A_wが高い環境では保存温度が高いと微生物が容易に増殖する可能性があるためである。これに対し，乾燥食肉製品や非加熱食肉製品中の単一肉塊を使用しないpH4.6未満，またはpH5.1未満でかつA_wが0.93未満の製品，および密封包装後120℃で4分間加熱する方法またはこれと同等以上の効力を有する方法により殺菌した製品は常温保存が可能である。これは静菌のための環境が整っていること，あるいは殺菌（滅菌）状態が良好であると考えられるためである。上記以外の食肉製品については，10℃以下で保存することが義務づけられている。

一般的に畜肉加工品の賞味期間は10℃以下で保存した場合，表4.6.11に示したような日数が設定されている。

2）酵素への対応

① 酵素反応の制御　精肉中にはタンパク質分解酵素が存在しており，これが畜肉加工品に残存していると品質劣化につながる。この酵素の大部分は57～63℃の加熱で不活性化されることから，通常は畜肉加工品の加熱殺菌工程で酵素反応は抑制できる。また，酵素の働きは10℃以下の低温域で極端に鈍ることから，低温を保持することも重要である。

表 4.6.11　畜肉加工品の賞味期間

製品名	賞味期間（10℃以下保存）
ロースハム，ボンレスハム	40～50日
プレスハム	30～45日
ソーセージ（気密性ケーシング）	30～45日
ソーセージ（通気性ケーシング）	15～20日
真空包装スライス製品	20～25日
ベーコン	40～50日
サラミソーセージ	90～120日（常温）

3）物理・化学的変化への対応

① 酸化の防止　多くの食品は酸素が存在すると酸化を起こし，品質が劣化する。畜肉加工品では特に脂肪の酸化による劣化臭が発生し，商品価値が損なわれることが多い。酸化は酸素を排除することによって抑制することができるので，前述した真空包装，ガス置換包装あるいは脱酸素剤を封入した包装が有効である。しかし，この際にはガスバリア性（気密性）のある包材を選ばなければならない。また，酸化防止剤としてアスコルビン酸（ビタミンC）やエリソルビン酸などを添加することで，製品の酸化を抑制し，色の退変と風味の劣化を防いでいる。このほかに燻煙成分のフェノール化合物なども脂肪酸化を抑制する。

② 変形の防止　包装後の製品を搬送する際に，外部からの圧力などによって包材が破損した場合，微生物による二次汚染が危惧される。また，内容物が損傷をした場合には，その場で商品価値がなくなってしまう。このような事態を避けるためには，当然製品の取扱いに充分注意することが重要だが，ある程度衝撃に耐えられるような形態と強度をもった包装容器を用いることも必要である。

③ その他　製品への光の影響を阻止する場合には，包材にアルミ箔などを利用して光線の透過を防止する処置がとられる。吸湿，乾燥，香気成分の揮散および異臭の吸着に対しては，包装資材を選択することなどによりその防止が図られる。また，温度への対応としては前述のように低温保持が行われており，pHについてはpH調整剤が利用されている。

畜肉加工品の保蔵には，上記のような方法が複合的に用いられている。図4.6.10にスモークソーセージを例に，製造時における保蔵性向上のための処理内容を示す。

近年，畜肉産業界では，PL法（製造物責任法）の成立により，製造業者の責任が大きくなったことや，1996（平成8）年，1997年に多発した病原性大腸菌O157問題への対応策として，HACCP（食品の危害分析と重要管理点監視方式）の導入が

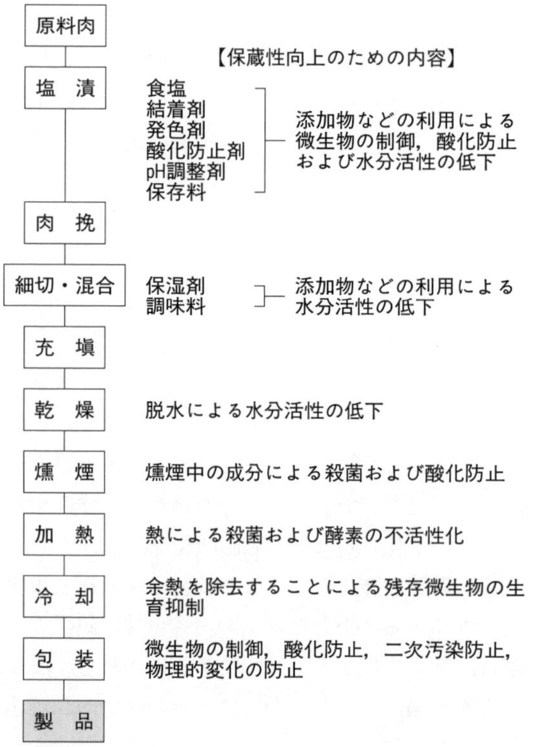

図 4.6.10 スモークソーセージ製造時における保蔵性向上のための処理
乾燥，燻煙，加熱以外の工程は低温下で行う。

進んでいる。HACCP は NASA（アメリカ航空宇宙局）が宇宙食の安全性を確保するために開発したプログラムで，食品の安全性を高い確率でリアルタイムに保証するシステムである。

（3）畜肉加工品取扱い上の注意

できあがった製品をメーカーから出荷・配送するとき，またはスーパーマーケット・小売店などで陳列・販売するときにおいても，保存性を維持するため取扱いには充分注意する必要がある。

1）出荷時の対応

ハムやソーセージなどの畜肉加工品は，工場の低温貯蔵庫内において 0 ℃付近の低温に保管し冷却しておく。これにより製品流通時の昇温による品質劣化を防止できる。畜肉加工品の場合，食塩を含有していることから 0 ℃でも凍結することはない。

2）配送時の対応

商品の配送にはほとんど自動車が利用されていることから，以下のような点に注意しなければならない。

① 庫内の予冷および積荷の量　冷蔵車および保冷車の庫内の空気を冷却しておくとともに，庫内の内壁も充分に冷却しておき商品の積み込みに備える。また，積み込む際は冷却装置を有する冷蔵車においては，庫内の冷気循環を考え冷風の吹出し口には荷物を置かないようにし，適度の空間をもたせ冷気の流れをスムーズにする。冷却器のない保冷車においては，工場倉庫内で充分に品温を低下させた製品を庫内いっぱいに詰め込み，製品自体に冷却保持力をもたせ品温の上昇抑制に努める。

② 積荷の整理　積荷は迅速に積下ろしができるように仕分けをしておき，配送先が複数になる場合には，最後に配送する荷物を庫内の奥に，最初に配送する荷物を手前の扉近くに積み込む。積下ろし時に扉を開けることで，庫内の冷気が庫外へ流れ出て庫内の温度が上昇するのを最小限にとどめるため，両開きの扉の場合は片方の扉だけを開閉する。また，扉の内側にカーテンあるいはエアカーテンを取りつけることが望ましい。

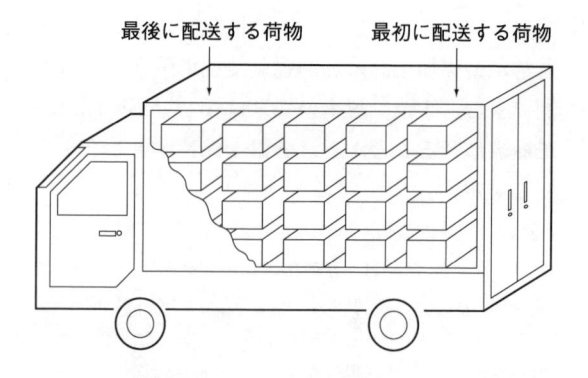

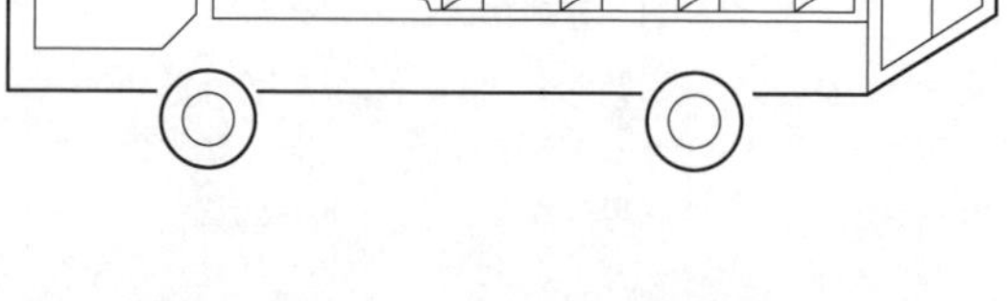

③ 積荷の分別　流通温度の異なる製品を同一車両（庫内）に共存させての配送はしない。また，加工後の製品と生肉などの非加熱の肉類とを共存させることは，微生物汚染などの衛生面で問題があるので絶対にしてはならない。

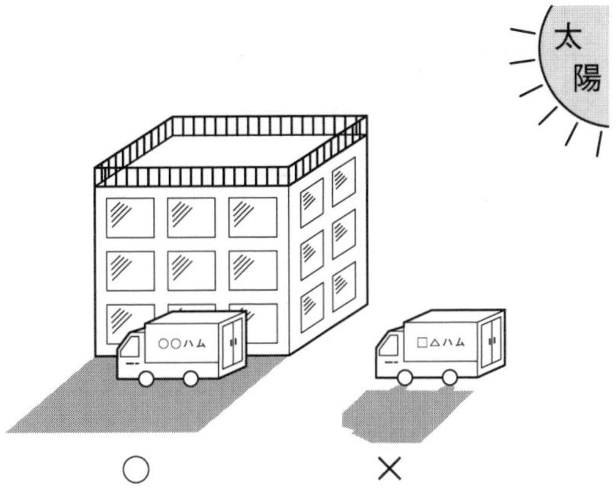

④ **配送車両の駐車**　冷蔵車および保冷車を駐車する際には，直射日光の当たる場所を避けて日陰を選び，庫内温度が上昇しないように努める。

⑤ **その他**　製品への外部からの衝撃は製品を破損させるおそれがあることから，配送時には製品の取扱いをていねいにする。また，製品の温度上昇を最小限にとどめるため，最短時間での流通を心掛ける。そのためには，配送前に納入者と受入れ者の間で充分な打合せを行い，スムーズに製品の受渡しができるようにする。また，配送中に交通渋滞などが発生するおそれがあるので，納入者は配送時の道路事情を考慮し，速やかに移動ができる時間帯や道路の選択に努める。

3）スーパーマーケット・小売店などでの対応

スーパーマーケット・小売店は，製品が一般消費者に届く最終段階であり，不特定多数のヒトが出入りする場所である。このため，スーパーマーケット・小売店においては製品の低温保持による静菌などに加え衛生的な環境を維持し，製品が二次汚染の被害を受けないように努めることが製品の保蔵性の向上につながる。

① **ショーケースの管理**　ショーケースは消費者に製品が渡るまでの収納ケースである。ショーケースの取扱いによっては製品の品質が損なわれることがあるので，その管理には充分に注意しなければならない。特に保冷することが重要な目的であるため，設置場所には注意を払い直射日光などのあたらない場所を選ぶ。また，外気の出入りの激しい出入り口付近は温度変化が大きくなるのに加え，塵埃などの影響を受けるおそれがあることから設置を避けなければならない。ショーケース内に製品を並べる際は，冷気の通路が確保できるように製品を詰めすぎないことが大事である。そして，庫内温度が適正に保たれているかをこまめにチェックし記録をつけておくことが重要である。また，大量の製品が出入りするのに加え，多くの消費者の手が接触し，汚染される危険性が高いことから，ショーケースの清掃を定期的に行い，衛生的な環境維持に努める必要がある。

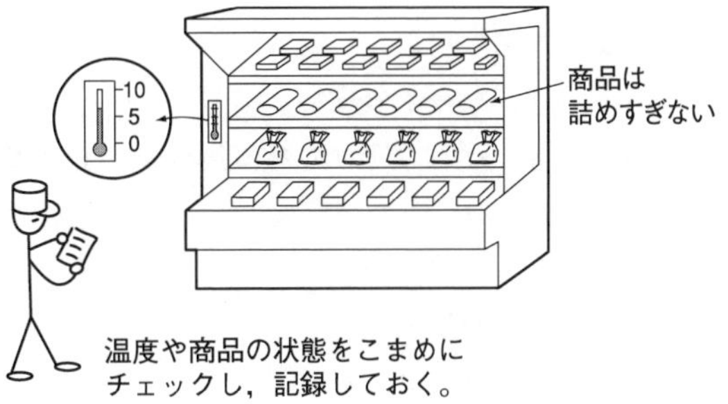

② **製品の先入れ先出し**　生産，輸送，販売そして消費までを最短期間で行うため，先に生産，納入された製品をできるだけ早く販売する，先入れ先出しを心掛ける。

③ **製品の点検**　包材が破れていたりすると，製品の乾燥や酸化が起こるとともに微生物に汚染される危険性が高まるので，ショーケースに陳列する際に包装状態の点検を必ず行う。また，陳列後も定期的に異常な製品の有無や賞味期限のチェックを行い記録しておく。

④ **従業員の管理**　スーパーマーケット・小売店に届けられた製品は，従業員により移動や陳列が行われる。最近は，パートタイマーやアルバイトといった食品の取扱いについての教育を受けていない従業員を雇う店が増えている。このことから，雇用時には従業員に対して，不衛生な状態で食品を取扱うことによって生じる危険などをよく説明し，清潔な状態で食品を取扱うことの重要性を認識させる必要がある。

食品の取扱いに従事する者の注意点として，以下のようなことがあげられる。

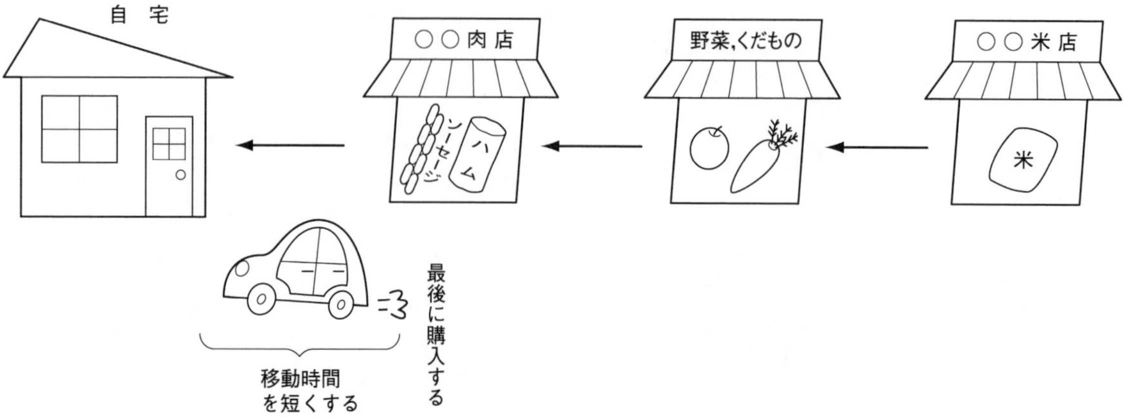

・清潔な衣類の着用
・指爪の適正な長さの維持
・製品を傷つけるおそれのある指輪類の着用禁止
・作業従事前の手洗い
・過度の化粧の禁止
・帽子などの着用による頭髪の管理
・製品近くでの飲食や喫煙の禁止
・著しく悪い健康状態（重い風邪，下痢，負傷化膿など）での作業の禁止

⑤ **その他**　上記以外にスーパーマーケット・小売店などにおいて注意する点として以下のようなことがあげられる。

・一般消費者の生活圏のなかにあることから，害虫，鳥，ネズミに加え，犬，猫などのペット動物の侵入による汚染がないようにする。
・殺虫剤や洗浄剤は製品と離して保管し，薬剤による汚染がないようにする。
・製品を直接床に置いたり，制限以上に積重ねることのないようにする。
・④では他の生鮮食品なども取扱っている場合が多いので，これらと製品との接触を避け，相互汚染がないようにする。

また，日本は年間を通してみると気温および湿度の差が大きく，特に夏場は高温多湿となり微生物の生育・増殖に好条件となることから，季節にあった製品の取扱いが必要となる。さらに，日本独特の習慣として，盆や暮れには贈答品としてハムなどの畜肉加工品の詰合せが出回る。このような商品を，デパート，スーパーマーケット・小売店で詰合す際には，品温の維持には充分に注意しなければならない。

4）飲食店・家庭などでの対応

近年，腸管出血性大腸菌O157に代表される細菌による食中毒が話題になっているが，食中毒は，飲食店，旅館，家庭などでの発生がかなり多く，これらの現場においても畜肉加工品の適切な取扱いが必要で，食中毒予防の三原則“菌をつけない，増やさない，殺す”の励行が望まれる。

① **購入時**　畜肉加工品は賞味期限を確認して購入し，できるだけ早く持帰る。畜肉加工品の購入は最後にして，自宅までの移動時間を短くし品温の上昇を防ぐ。また，複数個まとめ買いして一緒の袋に入れて持ち帰るようにするとよい。夏場には保冷袋を利用すると効果的である。

② **保蔵時**　冷蔵庫内は清潔に保ち，異種の食品どうしが接触しないように間隔を保ち互いが汚染しないようにする。冷蔵庫の扉の開閉は短時間にして，庫内温度の上昇を防ぐ。また，庫内での微生物による二次汚染を防ぐために，定期的（2～3週間ごと）に庫内を清掃し衛生的な環境の維持に努める。出入れする食品についても床などに直接置かず，衛生的に取扱う。

③ **調理時**　調理の際は手をよく洗い，衛生的な調理用品を使う。まないたはほかの食品（野菜，魚など）と一緒のものを使用せず，間接的にも接触しないよう心掛ける。また，調理後の台所および調理用品はよく洗浄して水を切り，常に衛

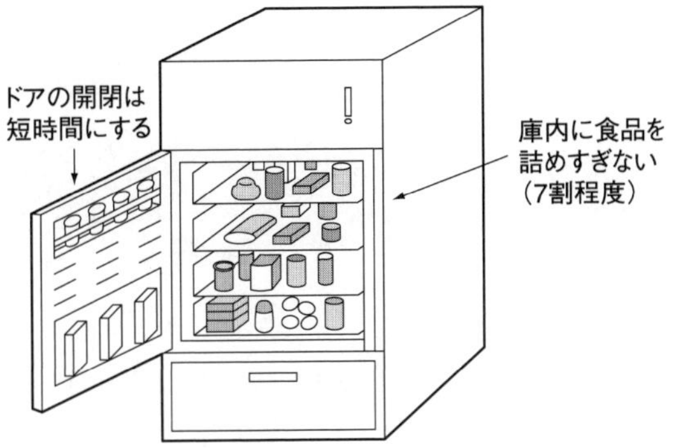

生的な状態を維持するように努める。

④ **残った畜肉加工品の取扱い**　食べきれずに残ってしまった場合には，衛生的な機密性のある包材に入れ，できるだけ内部の空気を抜いてから冷蔵庫に保存する。特にハムなどは断面が空気に触れないように努める。次に食するときには，製品の中心温度が75℃以上になるように加熱してから食するようにする。

また，冷凍製品が残った場合には，再凍結せずに冷蔵庫に保管し早めに加熱して消費する。

〔文　献〕

1）鴨居郁三編：食品工業技術概説，恒星社厚生閣（1997）
2）森田重廣編：食肉・肉製品の科学，学窓社（1992）
3）食品衛生研究会編：食品衛生法質疑応答ハンドブック，第一法規（2004）

4.7 水産加工品

4.7.1 種類と特徴

(1) 乾 製 品

乾製品は，魚介類の水分を減らして微生物の発育や成分変化を抑えることにより，貯蔵性を高めた食品である。乾燥の過程で，生の魚介類とは違ったおいしさと食感が醸成されることもあり，全国的に数多くの乾製品がつくられている。

1) 素 干 し 品

素干し品は魚介類などをもとの形を保ったまま，あるいは適当な形に調理し，水洗した後，乾燥してつくられる。

主な魚介類素干し品の種類と原料は表4.7.1のとおりである。

① **スルメ**　素干し品の代表的なものである。主なものとして“一番スルメ”，“二番スルメ”があるが，原料の種類と製法により細かく分けられている。“磨きスルメ”は，新鮮なケンサキイカのヒレや皮を除去した胴の開きの素干し品で，スルメ製品の最上とされる。主な産地は九州や山口県で，長崎県の五島産は五島一番スルメとして有名である。“一番スルメ”は同様にケンサキイカを用いてつくられるが，ヒレや皮はつけたままである。

“二番スルメ”はスルメイカを原料としてつくられ，主産地は北陸，青森県，北海道，岩手県などである。イカの整形や乾燥の仕方によって，“すのこ干しスルメ”，“尾孔スルメ”などがある。その他，モンゴウイカやコブイカからつくられる“甲付スルメ”，“甲除スルメ”などもある。近年は，スルメを細かくさいて，“サキイカ”に再加

表 4.7.1　素干し品の種類と原料

製品名			原料
スルメ	一番スルメ	磨きスルメ	ケンサキイカ
		一番スルメ	ケンサキイカ
		笹スルメ	ケンサキイカ
		ブドウスルメ	ブドウイカ
	二番スルメ	二番スルメ	スルメイカ
		尾孔スルメ	スルメイカ
	甲付スルメ		コウイカ
	袋スルメ		ミズイカ，アオリイカ
身欠きニシン			ニシン
干しカズノコ			ニシンの卵巣
田作り（ゴマメ）			カタクチイワシ
タタミイワシ			マイワシ，カタクチイワシの稚魚
フカヒレ	白翅		ツマグロザメ，マブカ，メジロザメのヒレ
	黒翅		アオザメ，ヨシキリザメ，ネコザメのヒレ
干しタコ			マダコ，イイダコ

工したものが市販流通している。

② **身欠きニシン**　ニシンの素干し品である。北海道でニシンが大量に漁獲された頃には，魚の背肉だけ取って乾燥した“一本取り身欠き”が多くつくられ，卵巣は干しカズノコにされ，腹肉は胴ニシンとして肥料にされていた。現在は，背骨に沿って切開いて乾燥した，“二本取り身欠き”がつくられている。“身欠きニシン”は，焼き物，煮つけ，昆布巻き，野菜とともに漬物などに使われる。

③ **干しカズノコ**　ニシンの卵巣を素干しにしたものである。近年は“塩カズノコ”が多くつくられて，“干しカズノコ”の生産は少ない。

④ **田作り**　カタクチイワシの幼魚（ヒシコ）の素干しのことである。“ゴマメ”とも呼ばれ，祝儀の肴としても用いられており，正月のおせち料理にめでたいものとして欠かすことができない。

⑤ **タタミイワシ**　マイワシやカタクチイワシの稚魚のシラスを水洗し，すき枠で薄くすいて乾燥したものである。遠火で焙って食する。

⑥ **フカヒレ**　サメ類のヒレを食塩水に浸けた後水洗し，天日乾燥したもので，中国料理の材料として珍重される。

2）塩 干 し 品

塩干し品は魚介類を塩漬けしてから乾燥したものである。魚肉は塩漬けによる水分活性（A*w*）の低下とその後の乾燥により保存性が高まる。しかし近年は，消費者が塩分の多いよく干しあげた製品を好まなくなり，調味程度に食塩を加えた，“一夜干し”，“生干し”，“ひと干し”などと呼ばれるうす塩で乾燥度の低いものが多くなった。

塩干し品の種類と原料を表4.7.2に示す。

① **塩干しイワシ**　マイワシ，カタクチイワシ，ウルメイワシからつくられ，製造法には地域差がみられるが，“丸干し”，“目刺し”が多く，連刺しやアゴ刺しにもされる。丸干しイワシの水分は原料の脂肪含量に左右されるが30～35%，塩分は5～6%である。近年，塩分の少ない生干しが好まれるようになり，塩分が2～3%で，製品水分が関東地方では55～60%，関西地方では50～55%のものが多い。

② **塩干しアジ**　マアジやムロアジの“開き干し”と“丸干し”とがあり，開き干しのほうが多い。丸干しアジは丸干しイワシと同様にして製造される。開き干しでは，うす塩での生干しが主

表 4.7.2　塩干し品の種類と原料

製品名		原料
塩干しイワシ	丸干し	マイワシ，ウルメイワシ
	目刺し，連刺し，アゴ刺し	マイワシ，ウルメイワシ，カタクチイワシ
	開き	ウルメイワシ
塩干しアジ	開き	マアジ，ムロアジ
	丸干し	マアジ，ムロアジ
塩干しサンマ		サンマ
塩干しサバ		マサバ，ゴマサバ
塩干しシシャモ		シシャモ
塩干しハタハタ		ハタハタ
塩干しカレイ		ヤナギムシガレイ，エテガレイ，ムシガレイ，メイタガレイ
クサヤの干物		クサヤモロ，ムロアジ，マアジ，サバ，トビウオ，サンマ
塩干しタラ		マダラ，スケトウダラ
塩干しブリ	イナダ，わら巻き	ブリ
カラスミ		ボラの卵巣

流であり，製品は水分68～70%，塩分２～３%のものが多い。

③　**塩干しカレイ**　種々のカレイの塩干しである。原料としてはソウハチ（エテガレイ），ヒレグロ，アカガレイ，ムシガレイ，メイタガレイなどが用いられることが多い。ヤナギムシガレイの一夜干しは，福井県若狭地方など日本海沿岸地域で多く生産される。日持ちはしないが，美味で高価なものとして珍重される。製品は水分が70～75%，塩分が1.2～1.8%で，高水分でうす塩である。

④　**塩干しサンマ・塩干しサバ・塩干しシシャモ・塩干しハタハタ**　これらは，イワシ，アジ，カレイなどと同様にして製造される。サバは型が大きく乾燥に時間を要するので，脂肪含量の少ない中型ないしは小型のものの開き干しが多い。

⑤　**クサヤの干物**　新島など伊豆諸島特産の独特のにおいのする塩干し品である。クサヤモロ，ムロアジ，マアジ，サバ，トビウオ，サンマなどが用いられ，水分は25～30%，塩分は約３%である。クサヤモロやムロアジからの製品が上物とされる。クサヤの干物は，焼くときの臭気は激しいが，味がよいので根強い需要がある。

⑥　**塩干しタラ**　マダラやスケトウダラの塩干しであるが，多くはスケトウダラを用いたフィレ型の“すき身ダラ”である。製品の水分は35～40%，塩分は20～22%と高塩分であったが，近年は塩分の低下が図られている。

⑦　**塩干しブリ**　石川県の特産のブリの塩干しで，夏ブリの半身からつくった“イナダ”と呼ばれるものと，寒ブリの四半身からつくった“わら巻きブリ”がある。薄く切って，そのままあるいは酒，食酢，味醂に浸けて食べる。製品は，水分が約40%，塩分が８%前後である。

⑧　**カラスミ**　ボラの卵巣を原料としてつくられる珍味で，長崎県産の製品がもっとも有名である。その形が中国の唐《から》の墨に似ていることから名づけられたといわれている。薄く切って，そのままあるいはさっと焙って食べる。製品は，水分が20～25%，塩分が約４%である。

3）煮 干 し 品

煮干し品は，魚介類を煮熟してから乾燥したものである。煮熟により細菌はほとんど死滅し，魚体内の分解酵素は失活するが，その際にエキスの一部は魚体外に溶出する。煮干し品の種類と原料を表4.7.3に示す。

①　**煮干しイワシ**　体長10cm以下の小型で脂肪の少ないカタクチイワシやマイワシを煮熟後，乾燥したものである。主にだしとして使われ単に煮干しともいわれる。稚魚はシラスと呼ばれ“かまあげ”や乾燥して“チリメン”に加工される。

②　**煮干しイカナゴ**　イカナゴを煮熟し乾燥したものである。“煮干しコウナゴ”とも呼ばれ，多くはだしに使われる。稚魚はシラス干しにして佃煮の原料にされる。

表 4.7.3　煮干し品の種類と原料

製品名		原料
煮干しイワシ	煮干し	カタクチイワシ，マイワシ
	かまあげ，チリメン	カタクチイワシ，マイワシの稚魚
煮干しイカナゴ		イカナゴ
干し貝柱		ホタテガイ，イタヤガイ，タイラギ，バカガイ
干しエビ	皮つきエビ，すりエビ，むきエビ	シバエビ，ホッコクアカエビ，サクラエビ，テナガエビ，トヤマエビ，クルマエビ
干しアワビ	明鮑	マダカ，メガイ
	灰鮑	クロアワビ
干しナマコ	イリコ	クロナマコ，フジナマコ，キンコ
明骨		サメ，エイの軟骨

③　**干し貝柱**　ホタテガイ，イタヤガイ，タイラギ，バカガイ（アオヤギ）などの貝柱を煮熟して乾燥したものである。東北，北海道で生産され，国内消費のほか中国などに輸出される。

④　**干しエビ**　シバエビ，ホッコクアカエビ，サクラエビ，テナガエビ，トヤマエビ，クルマエビなど比較的小型のエビの乾燥品である。“皮つきエビ”，“すりエビ”，“むきエビ”の３種類がある。皮つきエビはシバエビやサクラエビ，テナガエビなど皮の薄いエビを皮つきのまま煮て干したもので，すりエビは乾燥時にエビの皮，脚，ヒゲなどをおおむね除いたもの，むきエビは手で皮をむいたものである。皮つきエビは主に調味加工品の原料にされ，すりエビやむきエビは惣菜用や中国料理などに用いられる。

⑤　**干しアワビ**　アワビを塩漬けした後，煮熟して乾燥したものである。べっこう色で上級品の“明鮑《めいほう》”と，カビづけにより灰白色をした“灰《かい》鮑《ほう》”の２種類がある。明鮑および灰鮑は食用，薬用として，中国へ輸出される。

⑥　**干しナマコ**　クロナマコ，フジナマコ，キンコなどの煮干し品で，“イリコ”という。湯戻しして中国料理などに用いられる。

⑦　**その他**　サメやエイの軟骨の煮干しは，“明骨《めいこつ》”として中国へ輸出される。カキ，ハマグリ，アサリ，トリガイ，イガイなどの煮干しもつくられている。

（2）塩　蔵　品

塩蔵品は，魚介類を塩漬けにし，食塩の脱水・防腐作用により，微生物の生育を抑えて貯蔵性を高めた食品である。塩蔵中の熟成や発酵によって独特の風味が生成する。

1）魚類塩蔵品

①　**塩サケ・塩マス**　サケやマスを約35％の結晶の粗い食塩（粗塩）を加えて漬けたもので，15～20％食塩でサケを漬けたものが“新巻”であるが，近年いずれも低塩化が著しい。秋サケ，マスを低塩の５～６％の食塩で漬けたものも多い。石川県，富山県の“塩ブリ”は，サケ，マスと同様な処理によりつくられたものである。

②　**塩サバ**　関西方面では塩分が４～５％の塩サバが多く消費され，しめサバ，サバ寿司のような二次加工品の原料にも用いられてきた。最近，うす塩の“ひと塩サバ”が全国的に好まれるようになり，塩分は1.5～２％である。サバのほかにも，イワシ，サンマ，ニシンなど赤身魚のひと塩ものが各地でつくられている。

③　**塩タラ**　マダラまたはスケトウダラの頭部と内臓を除去して，ドレスあるいはフィレにして塩蔵したものである。最近，塩分が２～2.5％のうす塩が大部分であるが，高塩分のものは必要に応じて塩抜きして用いる。東北，北海道方面で多く生産される。

2）魚卵塩蔵品

①　**スジコ**　新鮮なサケ，マスの卵巣を塩蔵したものである。製品の水分は約45％，塩分は約10％である。

②　**イクラ**　ロシア語で魚卵を意味するが，日本ではサケ，マスの卵巣から分離した卵粒の塩蔵品のことである。その製造技術はロシアから導入された。製品の水分および塩分はそれぞれ約50％，約４％である。近年，寿司だねなどの用途に，塩分が1.5％程度のうす塩の製品もつくられる。

③　**タラコ**　スケトウダラの卵巣の塩蔵品である。マダラの卵巣とは区別して，“メンタイコ”，あるいは着色したものを“モミジコ”とも呼ぶ。福岡県や韓国では，トウガラシを加えて塩蔵した，“カラシメンタイコ”が多くつくられている。製品は水分が60～65％で，塩分は６～７％である。

④　**塩カズノコ**　ニシンの卵巣を塩蔵したものである。干しカズノコは褐変しやすく，調理の際の水戻しが遅いので，最近は塩カズノコの製造が盛んになった。製品の水分は約64％，塩分は約18％である。

3）塩　辛　類

塩辛は魚介類の筋肉，内臓，卵巣，精巣などを塩蔵して，熟成させたものであり，原料の種類によって，種々の塩辛がある。

① **イカ塩辛**　製法により赤作り，白作り，黒作りの3種がある。赤作りは北海道，東北地方で多くつくられる。製品は水分が約65%，塩分が11～15%である。白作りはイカの剝皮した胴肉を用いる高級品で，うす塩である。剝皮した胴肉と頭脚肉にイカ墨を加えてつくる黒作りは，富山県の特産である。塩分は10%前後で比較的うす塩である。

② **カツオ塩辛**　カツオの内臓の幽門垂，胃，腸のみを原料とし，食塩を約30%加え熟成させたものである。カツオ塩辛の主産地の高知県では，古くよりこれを酒盗《しゅとう》と呼んでいる。近年，これに調味料，糖分などを加えて，塩分を15%程度に下げた製品が多い。これも酒盗と呼ばれる。

③ **ウニ塩辛**　新鮮なバフンウニ，アカウニ，ムラサキウニなどの生殖巣に食塩を加えて熟成させた高価な塩辛で，“越前ウニ”，“下関ウニ”として有名である。地元産以外の外国産ウニなどを混合したものは安価な“練りウニ”にされる。

④ **各地の塩辛類**　“ウルカ”は岐阜県長良川周辺で多くつくられる，アユの卵巣，精巣，内臓，魚体を原料にした塩辛，“メフン”は北海道のサケ，マスの腎臓の塩辛，“コノワタ”はナマコの腸の塩辛である。東北地方の“ホヤ塩辛”，中国地方の“アミ塩辛”，九州のシオマネキの“カニ漬”などがある。

⑤ **切り込み**　ニシン，サケ，イワシなどの頭とヒレを除いた魚肉を，ぶつ切りにして漬け込んだものである。北海道の“切り込みニシン”が有名である。

4）魚　醤　油

① **ショッツル**　日本の代表的な魚醤油で，秋田県の特産である。ハタハタ，マイワシなどを原料にし，食塩を加えて熟成させる。秋田名物のしょっつる鍋など鍋物の調味料として使われる。

② **イシル**　石川県能登，新潟県佐渡，北海道などでつくられる，スルメイカの内臓でつくった醬油である。能登では“イシリ”と呼ぶ。刺身，鍋物の調味料に使われている。

5）そ　の　他

① **塩クラゲ**　ビゼンクラゲ，エチゼンクラゲなど大型のクラゲを原料とした塩蔵品である。

② **塩蔵クジラ**　ヒゲクジラのうね須の塩蔵品と，脂肪の少ない赤身肉の塩蔵品がある。前者がもっとも美味とされる。クジラの尾部すなわち尾羽の塩蔵品は“塩クジラ”と呼ばれる。熱湯にさらし，さらに冷水にさらして酢の物にする。

（3）燻製品・節類

1）魚介類燻製品

魚介類を塩漬けしてから，木材の不完全燃焼で発生する燻煙にさらし，乾燥を行うとともに，燻煙中の成分により，特有の香味と保存性をもたせたものである。

① **燻製サケ・燻製マス**　ギンザケ，ベニザケ，カラフトマスなどの燻製品である。魚体のままの冷燻では水分は約45～50%，三枚おろし肉の温燻では水分は約60%である。製品の食塩含量は，冷燻で約8%，温燻で約6%である。

② **燻製ニシン**　世界的にみれば，水産燻製品のなかでもっとも生産量が多い。日本では，ニシンが大量に漁獲された時期には多くつくられたが，現在は少ない。冷燻製品では，水分は約40%，塩分は約6%である。

③ **調味燻製イカ**　ムラサキイカなどを調味して，燻製にし，輪切りにした水産珍味食品である。

④ **その他**　ヒメマス，マダラ，スケトウダラ，ホッケ，フグ，イカナゴ，ウナギ，タコ，カキ，ホタテガイ，ホヤなど多種の魚介類の燻製品がある。

2）節　　類

カツオ，ソウダガツオ，サバ，イワシ，アジ，マグロなどの魚の身を煮熟し，焙乾，カビづけした後，乾燥したものである。

① **カツオ節**　節類の代表は“カツオ節”である。日本独特のもので，約300年前にカツオの貯蔵法として紀州で考案され，土佐でつくられたものといわれる。その後各地に伝えられ，改良さ

表 4.7.4 カツオ節の種類

種類			節の特徴
なまり節			1番火（焙乾）を1回行ったもの。水分が多い。料理に使う。
新節			焙乾とあん蒸を3〜4回行ったもの。
荒節（鬼節）			焙乾を終えたカビづけ前の節。削り節の原料に使う。
本枯れ節	本節	雄節（背節）	4番カビづけを終えた，カツオの背肉からつくった節。最上級品。
		雌節（腹節）	4番カビづけを終えた，カツオの腹肉からつくった節。
	亀節		4番カビづけを終えた，小型のカツオの半身からつくった節。

れて現在に至っており，土地の名をつけ，“土佐節”，“薩摩節”，“田子節”，“焼津節”，“伊豆節”などと呼ぶ習慣が残っている。

カツオ節の種類は，表4.7.4に示すとおりである。最終製品である“本枯節”をつくるには，長い日数と人手を必要とするが，そこに至るまでの中間工程品も製品とされるのがカツオ節の特徴である。それらのなかで，“なまり節”は焙乾を1回だけしたものであるが，脂肪含量の多い原料からつくられたものが食味の点で優れており，このことはほかのカツオ節とは逆である。

② **ソウダ節および雑節**　“ソウダ節”はソウダガツオを原料としてつくられる“亀節”の一種で，カツオ節の簡略化した工程で製造される。“サバ節”はサバ，“マグロ節”あるいは“シビ節”はマグロの幼魚，“サンマ節”はサンマ，“イワシ節”はウルメイワシなどの節である。

③ **削り節**　近年，カツオ節を家庭で削って使うことはほとんどなくなり，それに代わって，カツオ，ソウダガツオ，サバ，マグロ，イワシ，サンマなどの，節状あるいは煮干し状に加工したものを削り機にかけて，“削り節”すなわち“花カツオ”とし，これをプラスチックフィルム袋に窒素ガス充塡包装した製品が普及している。日本農林規格（JAS 規格）では，“カツオ削り節”，“サンマ削り節”，“混合削り節”の3種に分類されている。

（4）練り製品

練り製品は魚肉練り製品あるいは水産練り製品ともいう。魚肉に食塩を加えてすり潰して肉糊とし，これを加熱凝固させたもので，魚肉ソーセージなどを含めたいわゆるカマボコの総称である。

1）種類と特徴

魚肉は腐敗しやすいため，乾燥や塩蔵によって貯蔵が図られるが，練り製品は貯蔵や保存のためというよりは，魚をおいしく食べるための手段として始まった贅沢な食品といえる。このことは，カマボコをつくるときに，新鮮な魚から肉だけをとり，小骨やスジを取り除き，さらに水にさらして残った部分だけを使うことをみてもわかる。

練り製品は，色々な外観，形状につくりあげられ，おいしく，しなやかな口ざわりがあり，そのままでも，きざんでも，調理しても食べられるタンパク質食品である。そのため，練り製品は第二次世界大戦後の洋風化する食生活ともうまく適合して発展し，現在でも水産加工品の中で最大の年間生産量を有しており，海外諸国でも食べられている。

カマボコのルーツには諸説があるが，少なくとも文献的には平安時代には登場している。技術的には西日本から東日本へと全国的に広がったものといわれる。そして，日本各地には伝統的な名産品のカマボコが存在し，その地方で捕獲される魚や近海の魚を主な原料魚として，かつては製造方法，製品形態，風味と足などの点でそれぞれの特徴をもっていた。しかし，冷凍すり身の普及と主原料化によって，カマボコの地方的特徴である風味と足の違いが薄れた。

1970年代に市場に新たに登場した“カニ風味カマボコ”は，日本はもとよりヨーロッパ・アメリカにも輸出され，現在は世界各地でつくられてい

表 4.7.5　練り製品の分類

区　分	種　類	主要製品
蒸しカマボコ	板づけ蒸しカマボコ	蒸し板カマボコ，焼き板カマボコ
	板なし蒸しカマボコ	昆布巻きカマボコ，赤巻き，青巻き，す巻きカマボコ，なると巻き
	蒸しチクワ	白チクワ
焼き抜きカマボコ	焼き抜き板カマボコ	焼抜き板カマボコ，白焼抜き板カマボコ
	板なし焼き抜きカマボコ	笹カマボコ，なんば焼き，だて巻き，厚焼き，梅焼き
	焼きチクワ	焼きチクワ，阿波チクワ，野焼きチクワ，大チクワ，豆チクワ，豆腐チクワ，冷凍焼きチクワ
揚げカマボコ		ツケアゲ，サツマアゲ，天ぷら，白天ぷら，具入り天ぷら
ゆでカマボコ		ハンペン，シンジョ，黒ハンペン，ツミイレ，魚ソウメン
風味カマボコ		カニ風味カマボコ，ホタテ風味カマボコ，エビ風味カマボコ，カニツメカマボコ
珍味カマボコ		チーズカマボコ，ウニカマボコ，サラミカマボコ，燻製カマボコ
細工カマボコ		祝儀細工カマボコ
特殊包装カマボコ		ケーシング詰カマボコ リテーナー成形カマボコ
魚肉ソーセージ		魚肉ソーセージ，特種魚肉ソーセージ(ハンバーグ風，シュウマイ風)
魚肉ハム		魚肉ハム

る。

表4.7.5は，各種練り製品を加熱方法と形態をもとにして分類したものである。これらのうち，主なカマボコとその特徴について以下に述べる。

2）蒸しカマボコ類

①　板づけ蒸しカマボコ　　板につけたすり身を，蒸気で蒸上げるカマボコで，全国的につくられている。東日本の代表的な蒸しカマボコ“小田原式カマボコ”は，神奈川県，静岡県で生産される。厚めの板にすり身を山高く盛付ける。原料にはかつては相模湾のオキギスが主体であったが，現在ではグチなど種々の原料とすり身を組み合わせている。肌が白く滑らかで，足が強く，歯切れがよいのが特徴で，甘みはやや強い。

“大阪式焼きカマボコ”は京阪神でつくられるカマボコで，蒸上げてから表面を焙り焼きして，焼き色をつける。グチ，ハモ，ニベ，エソなどがうまみのある魚の特徴を生かしている。小麦デンプンを使用したソフトな食感で，すり身は薄めに板づけする。福井県敦賀地方にはきれいな焼き色の焼きカマボコがある。大阪式に似ているが，味醂風味がして，焼き色が強く，すり身の盛りがやや厚い。

西日本の山口県，福岡県，佐賀県，長崎県，愛媛県などでは，原料にエソ，グチ，イカなどを使用した蒸しカマボコが製造されている。表面に冷却したときの細かいちりめんじわが美しく出ているのが特徴である。

②　板なし蒸しカマボコ　　すり身を板につけずに蒸したものである。“昆布巻きカマボコ”は富山県の特産で，コンブとすり身をうず巻き状に巻き込んで蒸上げたものである。コンブと魚のうまみが調和し独特なおいしさがある。コンブの代わりに赤色や青色に着色したすり身で，白いすり身を同様に巻き込んで加熱した“赤巻き”，“青巻き”もつくられている。“す巻きカマボコ”はグチ，エソ，ハモなどを原料に配合して，すり身を麦わらなどのすのこで巻いて成型して蒸上げる。愛媛県今治，香川県，広島県の各地でつくられる。

“なると巻き”は，うず巻き状に赤いすり身と白いすり身を巻き込み，表面が歯車状に凹凸のある棒状のカマボコである。静岡県焼津で大量につくられる。おでんだねやうどんの具に使われることが多い。

3）焼き抜きカマボコ類

① **焼き抜きカマボコ**　成型したすり身を，焙り焼きして足を形成させるカマボコをいう。エソ，グチなどの板づけすり身を板の側とすり身の側の両面から遠火で焼き抜いてつくる，足のきわめて強いカマボコである。愛媛，山口，福岡，熊本などの県下で多く生産される。塩味で魚の味を生かすことが特徴で，あまり濃い調味をしない。“白焼きカマボコ”は焼き目を付けないように焼き抜いたもので，山口県下で製造される。大阪の“焼き通し”は，ハモ，エソなどの焼き抜きであるが，強足でなく，適度に調味されたものである。

② **なんば焼き**　“南蛮焼き”ともいわれ，和歌山県田辺の名産である。グチなどを配合したすり身を角形の枠に入れて鉄板の上で焼き抜く。

③ **だて巻き・厚焼き・梅焼き**　これらは焼き抜いてつくられるが，すり身に卵黄，デンプン，調味料，味醂，砂糖などを加えて，ふんわりした食感にしたものである。

④ **チクワ**　塩すり身を串に巻いて焙り焼きするもので，全国的につくられ，カマボコの原型に近いといわれる。愛知県では，グチ，エソなどを配合した，“豊橋チクワ”が特産である。徳島県の“阿波チクワ”は，串に篠竹を使い，焼いた後に串を抜かない。島根県出雲地方のトビウオを主原料にした“野焼き”や，エソなどを原料とする“長崎大チクワ”は特大型の特産である。岡山県，広島県などではエソ，ハモ，イカなどを配合した，ごく小型の“豆チクワ”がつくられる。豆腐を配合した“豆腐チクワ”は，独特な食感をもつ鳥取県の特産である。

⑤ **笹カマボコ**　キチジなどを配合した宮城県の特産である。カマボコの名前がついているが，熱が通りやすいようにすり身を平たく串につけて，焙り焼きしたチクワの一種といえる。

4）揚げカマボコ類

① **揚げカマボコ**　すり身を色々な形に成型して油で揚げたものであり，生産量は練り製品のなかでもっとも多い。加熱温度が高いので熱の通りがよく，弱足の原料からでも食感の優れた製品ができる。加熱中に水分が濃縮され，油が入るため，風味が濃厚でおいしくなる。全国的に広くつくられており，すり身に野菜などの具を配合したものなど種類が多い。

“ツケアゲ”は鹿児島県の特産になっており，原料としてエソ，ハモ，サワラ，イトヨリなどのほかに，サメの類が用いられるのが特徴である。地域によって味付けがかなり違うが，一般に甘みが強い。揚げカマボコを，関東，東北では“サツマアゲ”，関西，西日本では“天ぷら”，鹿児島県では“ツケアゲ”という。

② **その他**　全国各地で色々な具すなわちたねものを入れた製品がつくられている。具に用いられるものには，ゴボウ，ニンジン，マメ，イカ，エビ，卵，キクラゲ，海藻類のほかチーズや豆腐など多様である。

5）ゆでカマボコ類

① **ハンペン**　“浮きハンペン”とも呼ばれ関東地方，特に東京都で多くつくられる。すり身にはサメ，カジキなどが配合されるが，ヤマノイモや発泡剤を加えるのが特徴であり，高速度で擂《らい》潰《かい》してすり身に空気を抱き込ませて微粒子状の気泡とし，これを80～90℃の湯に入れて加熱する。白くてふんわりした食感をもち，吸い物などに浮かせて食べられる。関西の“シンジョ”も似た製品で，真薯とも書くがヤマノイモは加えない。静岡県の“黒ハンペン”もヤマノイモは加えず，サバ，イワシなどのすり身に多量のジャガイモデンプンを加えてすり上げ，ゆで煮してつくる足のゆるい色のついた製品である。

② **ツミイレ**　イワシなどにデンプンを加えて塩ずりして，80～90℃で湯煮したものである。千葉県などイワシのよくとれる地域でつくられる。新鮮な魚さえ手に入れば家庭でも簡単につくることができる。多くはおでんだねになる。

③ **魚ソウメン**　関西の京都府，大阪府の夏の名物である。やわらかいすり身を，湯の中に細い穴から突き出して加熱したそうめん（素麺）状

のカマボコである。たれ汁をつけて食べたり，吸い物の具に使う。

6）風味カマボコ類

① **カニ風味カマボコ**　1970年代からの新しい製品である。赤色に着色したカニの風味をもつ板状のカマボコをきざんでカニの繊維状にした，きざみカマボコタイプと，うすく延ばして坐らせた麺帯状のすり身を，細かく刻線を入れながら棒状カニ肉様に巻き取り，着色した製麺タイプがある。前菜，惣菜その他用途が多く，国外にも輸出される。

② **ホタテ風味カマボコ**　ホタテの風味づけをしたすり身から，製麺タイプカニ風味カマボコと同様にして製造する。

③ **珍味カマボコ**　チーズカマボコ，ウニカマボコなど，すり身に木の芽，海藻，畜肉，魚介などのたねものを入れて，それらの具の風味や彩りを生かした製品や，燻製にした製品がある。今後もたね類が増加していくものと思われる。

4.7.2 加工と保蔵

（1）乾　製　品

1）乾燥法の原理と技術

食品中の水分は，その食品がおかれた環境の湿度によって変化する。湿度が低ければ食品は乾燥するし，高ければ吸湿して水分が増加する。一般に，水分の多い食品は早く腐敗するが，同じ水分含量の食品でも糖分や塩分の多いものは，少ないものより腐敗の開始と進行が遅い。したがって，食品の保存性の面からは，水分を単に含有量としてとらえるだけでなく，水分の活性度つまり食品からの蒸発のしやすさで考えるほうが実際的である。水分活性とは，その食品の示す蒸気圧Pとその温度における最大蒸気圧 P_0 との比（P/P_0）すなわち相対湿度比である。水分活性は Aw という記号で示され，$Aw = P/P_0$ である。

純水は $P = P_0$ であるので $Aw = 1$ であり，これに食塩のように水溶性物質を溶解すると，$P < P_0$ であるから $Aw < 1$ となる。魚肉には塩分やエキス成分が含まれているので，$Aw < 1$ である。同じ重量を加えたときの Aw を低下させる力は，物質の種類によってそれぞれ異なり，例えば，食塩，ブドウ糖，ショ糖ではこの順に低下力が大きい。

魚肉は一般に水分が75～90%と多いので，Aw は0.98～0.99と高い値である。これに対して塩サケやシラス干しでは，Aw は0.85～0.87である。微生物はその発育に水分が必要であるが，栄養分の全くない純水中では発育できない。わずかでも栄養分が溶けていると，微生物は発育する。栄養分の濃度が上がると発育はいっそう活発になるが，ある程度以上濃度が上がると発育しにくくなる。すなわち，Aw と微生物の発育とは密接な関係にあり，発育できる Aw の下限の目安は，一般細菌で0.90，一般酵母で0.88，一般カビで0.80，好塩細菌で0.75，耐乾性カビで0.65，耐浸透圧性酵母で0.60とされている。

魚介類の乾燥の目的の一つは，魚肉から水分を除去して Aw を低下させ，微生物の発育を抑制し，保蔵性を高めることにある。乾燥した魚介類にも微生物は生存しており，Aw が高いものや貯蔵中に吸湿したものでは，微生物は発育を開始するので注意を要する。

魚介類などの乾燥法は天日乾燥法と機械乾燥法とに大別される。天日乾燥法は魚介類を干場に出して，日光や風の力を利用して乾燥するものである。脂肪含量の多いイワシやサンマは，直射日光のもとで乾燥すると油焼けを起こしやすいので，日陰干しが行われる。この方法は簡便で乾燥エネルギーのコストがかからないが，天候の影響を受けて乾燥が進まず，腐敗を起こすこともある。機械乾燥法には，熱風乾燥，温風乾燥，冷風乾燥，凍結乾燥，真空凍結乾燥，噴霧乾燥などがある。魚介類の乾燥には温風乾燥と冷風乾燥がよく用いられるが，スケトウダラからの凍乾タラ製造などには凍結乾燥が行われる。

乾燥中に水分は魚肉の表面から蒸発するので，表面が乾燥しているようにみえても魚肉の内部では水分が高いのが普通であり，貯蔵中に水分が表面に出て微生物の繁殖の原因となることがある。そこで，身の厚い魚などでは，乾燥途中のものを室内や冷蔵庫に寝かして水分を表面に出させる，あん蒸をしてからまた乾燥をする。

魚介類は畜肉と比較して，保存中の鮮度低下が早いのが特徴である。乾燥の初期の温度が高いと，魚肉は鮮度が低下して肉質が軟化していわゆるムレを生じる。ムレた魚肉はその後低温で乾燥しても，製品は不良となる。この原因は，高温での乾燥初期の高水分の魚肉において，微生物や自己消化酵素の活性が高く成分変化が大きいためである。

乾製品は，乾燥による Aw の低下によって微生物の発育を抑制し，魚介類の保蔵性を高めたものである。製品の品質の善し悪しは，乾燥前の原料の初発細菌数と，製品の Aw および保蔵温度に依存するところが大きい。一夜干しのように，低塩分で水分の多い製品の保存性は，初発細菌数の多少によって大きく左右される。そこで近年は，原料魚の表面をアルコールなどで除菌処理して初発菌数を低減した後，除菌した空気で冷風乾燥することによって，細菌数の少ない生干し製品がつくられるようになってきた。

2）素 干 し 品

素干し品の原料にはイカ，タコ，イワシ，ニシン（身および卵），サメ（ヒレ），貝類や各種海藻などが用いられる。イワシやニシンなどのように脂肪含量の多い魚種では，乾燥中あるいは保蔵中に油焼けを起こしやすい。イワシでは脂肪含量の少ないカタクチイワシやウルメイワシあるいは脂肪含量が１～４％程度のマイワシがよく使われる。

① **スルメ**　磨きスルメでは，新鮮なケンサキイカの胴肉部の中央を縦に切り開き，内臓，眼球を除去し海水で洗う。クチバシと軟甲は残し，ヒレおよび外皮の80％ほどを剝ぎ取る。淡水で水洗してから天日乾燥し，七～八分乾きのときに室内で積み重ね，重石をしてあん蒸をしながら整形する。翌日これを室外で乾燥してから，同じ操作を４～５回繰り返して製品とする。これらの操作により，水分が約15％で，歩留りが原料の約15％の製品が得られる。一番スルメは，ケンサキイカを用いて磨きスルメと同様にしてつくられるが，ヒレや皮は除かない。歩留りは約20％である。

二番スルメは，スルメイカを原料としてつくられる。原料イカの胴肉部の中央を縦に切り開き，内臓，眼球を取り除き海水で洗う。次いで，淡水で洗ってから天日乾燥か送風機械乾燥する。あん蒸と乾燥を繰り返して製品とする。水分は約19％で，歩留りは約22％である。

スルメの乾燥は天日で行われることが多いが，天候が不順で湿度が高いと乾燥は順調にいかない。このような場合に，イカはムレを生じて肉質がアルカリ性になり，表皮下の色素細胞が破壊されて，身が赤みを帯びる。これに雨があたるとイカに豊富な水溶性タンパク質が流れて，身が薄く，においの悪い製品になることがあり，これを雨イカと呼んでいる。スルメの製造にあたっては，雨天ではシート掛けをしたり，送風機械乾燥を併用するなどの対策が必要である。

スルメの Aw は通常0.6以下であるので，細菌はもとよりカビによる変敗も容易には起きない。しかし，吸湿した製品ではカビが発生したり，褐変が進行することがあるので，通気性の小さいプラスチックフィルムで包装して，吸湿を避けることが必要である。

また，低温貯蔵したものを流通の過程で外温に戻すと，温度変化による結露現象によって吸湿し，Aw が上昇して変質の原因になることがある。このことは家庭での保蔵においても注意すべき点である。吸湿しないように包装してあれば，通常は購入から消費までの期間に冷蔵庫で保蔵する必要はない。

② **身欠きニシン**　現在では，二本取り身欠きが主につくられている。調理してエラと内臓を取り除いたニシンを，淡水で洗って水切りし，２～３日乾燥し，背骨に沿って切り開き，さらに乾燥する。水分を約20％まで乾燥したものが本乾品であるが，近年は，機械乾燥により水分を37％程度に仕上げたソフトタイプのものも多い。

原料には，はしりのニシンが適しており，漁期が遅くなると，身がやせて品質が落ちる。近年は輸入原料も多く使われる。ニシンの可食部の脂肪含量は最低1％～最高20％まで大きく変化する。脂肪含量が高いと，乾燥中あるいは保存中に油焼けを起こしやすいので，酸化防止剤が使用される。身欠きニシンは乾燥度の低いソフトタイプでも，脂肪を約29％含有している。脂肪酸組成においては不飽和脂肪酸が多いので，包装して酸素を遮断することにより，貯蔵・流通過程における脂肪の酸化を防止しなければならない。

本乾品の身欠きニシンは水分が低いので，カビの発生に注意すれば，細菌による変敗は起こらない。しかし，乾燥度の低いソフトタイプは水分が高く，塩分が1.5％以下のため，カビが繁殖しやすいばかりでなく，保存温度が高いと細菌の増殖も起こる。

流通においては，脱酸素剤，ガス置換包装などによる酸化と変敗の防止を図るとともに，凍結貯蔵を含めた低温流通が必要である。また，油焼けは凍結状態でも進むので，購入した家庭においても長期間保蔵せずに消費することが望まれる。

③ 干しカズノコ　原料ニシンの腹から成熟した卵巣を取り出し，海水で4～5日間かけて血抜きをしてから，淡水で洗い，7～8日間かけて天日乾燥して，水分約18％の製品に仕上げる。近年は“塩カズノコ”が多くつくられて，干しカズノコの生産は少ない。

水分が少ないので，通常は微生物による変敗のおそれはないが，魚卵には不飽和脂肪酸が多く酸化を受けやすいので，包装して酸素を遮断して流通し，消費する。

④ 田作り　ごく新鮮な，体長約5cmのカタクチイワシの幼魚のヒシコを淡水で洗浄して，水切りする。これをすのこやむしろに広げて天日乾燥または送風機械乾燥で，時々裏返しながら，水分約16％まで乾燥する。タタミイワシは，マイワシやカタクチイワシの稚魚のシラスを水洗し，すき枠で薄くすいて素干ししたものである。

田作りの品質は，新鮮な原料を用いることにより，体表に青白色の輝きがあり，腹が破れておらず，魚体が曲がっていないことなどである。さらに，低温で効率よく乾燥することによって，呈味成分のイノシン酸が分解されずに残っていることがうまみの保持のうえから大切である。

イワシの脂肪には不飽和脂肪酸が多いので，田作りの製造には脂肪の少ない原料が使われるが，乾燥により濃縮されて脂肪含量は約5％になる。田作りの Aw は0.57付近であるので，一般にはカビの発生はみられない。吸湿すると油焼けを起こしやすいので，酸素を遮断して冷暗所に保蔵する。家庭においても，密封して，湿気を避けて冷暗所に保蔵して消費する。

3）塩 干 し 品

塩干し品の原料には，一度に多量に漁獲されるマイワシ，カタクチイワシ，ウルメイワシ，マアジ，ムロアジ，サンマ，サバなどが主に用いられるが，カレイ，キス，サヨリ，タイ，フグ，カワハギ，ブリなど高級魚も使用されている。

① 塩干しイワシ　塩干しイワシは，マイワシ，カタクチイワシ，ウルメイワシからつくられている。製造法には地域差がみられるが，原料には大型魚を避け，10cm内外の鮮度の良好なものを用いる。脂肪含量の多いものは，油焼けを起こしたり，腹が破れたりしやすいので，原料に適していない。原料の鮮度，大小，脂肪含量，仕上がり製品の塩分，あるいは天候や気温を考慮に入れて，塩分，時間，温度を調節しながら立塩漬けにする。水洗した後，天日乾燥あるいは送風乾燥して，丸干し，目刺し，連刺し，あご刺しなどの丸干し製品とする。原料の脂肪含量に左右されるが，これらの製品の水分は30～35％で，塩分は5～6％程度が普通とされてきた。近年，塩分の少ない生干し製品が好まれるようになり，塩分は従来の5～6％から，2～3％に低下している。製品の水分は関東地方では55～60％と関西地方の50～55％よりやや高い傾向にある。

イワシには不飽和脂肪酸が多いので，保存中の油焼けが起きやすい。また，生干しは水分が多いので，微生物による変敗も起きやすい。製品を包装して酸化を防ぐとともに，生干しでは凍結貯蔵し，低温で流通することが必要である。流通時や購入後の家庭においても，生干しについては生鮮魚介類に準じた扱いが必要である。

② **塩干しアジ**　マアジやムロアジを原料にして，開き干しと丸干しがつくられるが，開き干しが多い。丸干しアジの製造法は丸干しイワシとほぼ同様である。開き干しでは，アジを腹開きまたは背開きにし，エラと内臓を除去してから水洗し，水切りする。この魚体に約７％の振り塩をして半日ないしは１日置いた後水洗して表面の付着物などを除き，水切りした後，１～２日程度天日乾燥する。最近では，開いたアジを，１～15％食塩水で0.5～１時間立塩漬けして，天日乾燥あるいは送風乾燥することも多く行われる。うす塩の生干しは水分を68～70％，塩分を２～３％に仕上げる。塩干しサンマ，塩干しサバ，塩干しシシャモ，塩干しハタハタなどは，ほぼ同様にして製造される。サバは型が大きく乾燥に時間を要するので，脂肪含量の少ないものを開きにして用いる場合が多い。

マアジ，ムロアジ，サンマ，サバなど赤身の魚は油焼けを起こしやすいので，包装して酸素を遮断する。シシャモやハタハタなど白身の魚ではそのおそれは少ない。しかし，いずれも一夜干しタイプの生干しが多いので，凍結貯蔵して流通し，解凍して販売することが必要である。

いったん解凍すると微生物が発育しやすくなるので注意が必要である。また，魚肉の呈味成分のイノシン酸は凍結貯蔵中は減少しないが，冷蔵貯蔵中には減少するので，おいしく食べるためには，家庭においては購入後は早めに消費すべきである。

③ **塩干しカレイ**　原料カレイの卵巣を残して，ウロコ，エラ，内臓を除去し充分水洗する。水切りした魚体に５～10％の振り塩をして，冷所に半日～１日置いた後，水洗して表面の塩抜きをしてから天日乾燥あるいは送風乾燥する。最近は生干しが多くなったことから，前処理した魚体を７～８％食塩水で１～２時間立塩漬し，淡水をくぐらせた後水切りし，乾燥することも多く行われる。乾燥後の水分は製品によって異なるが，水分は70～75％，塩分は２％以下のものが多い。これらの製品では微生物が増殖しやすく，その間にイノシン酸も急速に減少する。長期に流通させるためには，冷凍貯蔵が必須である。家庭においては購入後は早く消費することが必要である。

④ **クサヤの干物**　脂肪含量10％以下の，クサヤモロ，ムロアジ，マアジ，サバ，トビウオ，サンマなど新鮮な魚を腹開きにして，エラ，内臓を除き，淡水で水洗する。水切りした後にクサヤ汁に９～11時間漬け込む。クサヤ汁は，冷暗所で長い年月クサヤの製造に用いてきた塩汁のことである。使用後ろ過し減った分の塩水を足して，繰り返して使用する。クサヤ汁は塩分８～12％で，発酵による特異なクサヤ臭を有している。漬け込みが終わった魚を３回水洗してから，すのこの上に広げ，乾燥とあん蒸を繰り返して，水分が25～30％になるまで３～６日で乾燥して製品とする。近年，食塩が3.3％で，水分が38％付近の製品もある。製品の歩留りは30～40％である。

クサヤ汁は，長期間にわたって反復使用することにより，主要な菌相が *Corynebacterium* 属の細菌になり，これらの細菌のもつ抗菌力は干物の貯蔵性を向上させる。クサヤの干物は塩干しのアジよりかなり日持ちがよいことが知られているが，水分の多いものは，密封包装して，低温で保蔵するのがよい。

⑤ **塩干しタラ**　元来はマダラが原料であったが，現在では主にスケトウダラが用いられる。背開きの塩干しにすることもあるが，多くの場合“すき身ダラ”にされる。魚体から頭と内臓を除き，冷水中で血抜きを行う。三枚におろし，腹すの黒幕も取り除きフィレにした後，冷水中で洗浄して水切りする。これらの表面に５～12％の食塩をすり込み，さらに振り塩をしながら槽に積み重ねて漬け込む。塩蔵後取り出して皮を剝ぎ，淡水で洗浄し水切りする。天日乾燥あるいは送風乾燥により水分が35～40％，塩分が20～22％程度に仕上げるが，近年は低塩分の製品が多くなってきた。歩留りは魚体に対して15～20％である。すき身ダラを細かくさいて調味し，水産珍味に加工することも行われている。

製品は密封包装して流通されるが，安定であり比較的長期に貯蔵ができる。

⑥ **塩干しブリ**　原料として，“イナダ”には8kg前後の夏ブリを，“わら巻きブリ”には10kg前後の寒ブリを用いる。両者は製造の季節や魚体の大きさが異なるため，製法に若干の違いはあるが原理は同様である。原料を3枚におろし，“イナダ”では半身の背肉側の皮を剝ぎ腹側は残し，“わら巻きブリ”では四半身にして血合を除く。これらをよく水洗して血抜きした後，20%の振り塩をして槽の中に積み重ね，数日間塩漬けする。15%の振り塩をしてから，飽和食塩水に漬け込むことも行われる。塩漬けの終わったものは冷水中でよく洗浄した後，天日乾燥では約10日間，送風乾燥では25℃で24〜48時間乾燥して製品にする。“イナダ”はプラスチックフィルムに包み，箱に詰める。“わら巻きブリ”は真空包装後細いわら縄で頭部から尾部にかけて強く巻きしめる。魚体に対する歩留りは，“イナダ”で約25%，“わら巻きブリ”で約20%である。両者ともよく乾燥しているので，常温で30日，冷所で60日間は貯蔵できる。

⑦ **カラスミ**　10〜11月に漁獲されたボラの卵巣を洗浄し，振り塩をして4〜7日間漬け込む。水中でていねいに塩抜きして，水切りを行い，板に載せて乾燥する。夜間は板を載せて圧力をかけて整形しながらあん蒸する。7〜10日間乾燥して製品に仕上げる。製品の水分は20〜25%で，塩分は約4%である。生の卵巣に対する歩留りは57〜60%である。カラスミの微生物による変敗はほとんどないが，魚卵の脂質は酸化を受けやすいので密封包装して貯蔵する。

4）煮 干 し 品

原料としては，カタクチイワシやマイワシが多いが，イカナゴ，エビ，アワビ，ナマコ，貝類なども用いられる。煮熟により細菌の多くは死滅し，自己消化酵素の働きも止まるので，乾燥中の分解や変質が避けられる。また，組織をかたくして身くずれを防ぐほか，脱水により水分を少なくして乾燥を促進する効果がある。

① **煮干しイワシ**　原料には，体長10cm以下の小型で脂肪の少ないカタクチイワシやマイワシが使われる。大きくなった魚は脂肪含量が多く，製造後に油焼けを起こすからである。原料魚を海水または食塩水で洗浄し，煮かごまたはせいろに入れる。これを，約3%食塩水を沸騰させた煮釜に入れ，再沸騰したら取り出す。分解酵素の失活によって，イノシン酸などの呈味成分の分解は抑えられるが，煮熟時間が長いと，エキス成分の煮熟水中への流出が増加して品質が低下する。煮熟を終えたものは，すのこの上に広げるかせいろのままで，天日乾燥か送風乾燥により水分15〜20%になるまで乾燥させる。歩留りは24〜30%で，食塩含量は約1.5%である。

煮干しは，体表が青白色で艶があり，腹が切れていないものが上級とされ，体色の褐変が進行するに従って下級になる。乾燥が進んで，Aw 0.5以下まで低下すると，脂肪の酸化はまた進みやすくなるので，原料に脂肪の少ないイワシを用いても，煮干しでは油焼けが起きやすい。

その対策として，流通においては，酸素透過性の低いプラスチックフィルムにまとめ包装して低温貯蔵し，必要に応じて小包装して出荷することなどの方法がとられる。家庭においても，使用後は密封して貯蔵することが必要である。

② **煮干しイカナゴ**　煮干しイワシと同様にイカナゴを煮熟し，乾燥して製造される。製品の保管についての注意は煮干しと同じである。

③ **干し貝柱**　殻つきの原料ホタテガイ，イタヤガイ，タイラギ，バカガイ（アオヤギ）などを沸騰している海水で殻が開くまで1番煮し，貝柱を取り出す。貝柱に付着している外套膜や内臓を取り除いた後，10〜12%食塩水で2番煮する。これを取り出し，50〜60分間焙乾し予備乾燥してから，天日乾燥とあん蒸により，約6日間で水分16%以下にして製品とする。歩留りは原料貝の3.5〜4.5%である。

製品は乾燥度が高く，水分が少ないのでカビの発生に注意すれば細菌には安定である。しかし，保蔵や流通中に褐変が進んで品質を低下させることがあるので，窒素ガス置換包装，脱酸素剤封入などにより，酸素を遮断して冷暗所に貯蔵する。

④ **干しエビ**　シバエビ，ホッコクアカエビ，サクラエビ，テナガエビ，トヤマエビ，クルマエビなどの原料を，洗浄処理して，煮熟する。煮熟は約3％食塩水中で約20分間行う場合と，15～20％食塩水中で20～30秒の短時間行う場合がある。乾燥は熱風乾燥か天日乾燥による。皮つきエビ，すりエビ，むきエビの3種類がある。すりエビは乾燥時にエビの皮，脚，ヒゲなどをおおむね除き，むきエビは手で皮をていねいにむく。

製品は乾燥度が高いので比較的安定であるが，保蔵，流通時に温度が高いと褐変が進んだり，吸温するとカビ発生のおそれがあるのでので，干し貝柱と同様の条件のもとで貯蔵する。

⑤ **干しアワビ**　明鮑は良質のアワビを大小選別し，肉だけを約10％食塩で2～3日塩漬けする。汚物を水洗して除き，2回の煮熟と焙乾の後，天日乾燥とあん蒸をして半月～1カ月かけてべっこう色に仕上げる。歩留りは殻つきアワビに対して10～15％である。灰鮑は明鮑とだいたい同じ方法でつくられるが，小型の原料は内臓をつけたまま乾燥する。カビづけをしてからさらに乾燥して製品とする。歩留りは13～18％である。保蔵条件は貝柱と同様である。

⑥ **干しナマコ**　原料には主にクロナマコ，フジナマコ，キンコなどが使われる。いけすで砂を吐かせた原料の尾部を3㎝程縦にさき，内臓を取り出す。腸はコノワタ塩辛，卵巣は干しイリコの原料となる。次いで，海水中で1～1.5時間煮熟する。釘の生えた板で叩いて，空気や水を抜く。これを，すのこに広げて6～7日間，乾燥とあん蒸を繰り返して仕上げる。歩留りは原料の3～4％と小さい。

いずれもよく乾燥し，品質は安定しているので，多くは簡易包装で流通されているが，異物混入などが起こらないように密封包装が必要である。

(2) 塩 蔵 品

1) 原理と技術

塩蔵は塩漬けともいい，食塩の脱水作用，Aw低下作用および防腐作用を食品の保蔵に応用した加工法である。ほかの貯蔵法に比較して，操作用具が簡単で，天候にもあまり左右されないので，古くから定着している。冷蔵，冷凍施設の普及と，塩分摂取の低減傾向によって，塩蔵品の低塩化が進行したが，塩蔵法は塩乾品，燻製品，調味加工品，漬物などにおける基本技術である。また，塩蔵中の自己消化や発酵により，魚介類は特有の味をもつようになるので，塩蔵法は発酵品，塩辛，魚醤油などにも応用されている。

塩蔵品の主要原料魚には，サケ・マス類，ブリ，サバ，イワシ，サンマ，タラ・スケトウダラ，ホッケ，イカなどがあり，魚卵にはタラ・スケトウダラ卵，ニシン卵，サケ・マス卵などがある。

塩蔵法には，食塩を魚体に直接振りかける“振り塩漬け法”と，食塩水に魚体を漬ける“立塩漬け法”とがある。“振り塩漬け法”はサケ，マス，タラなど大型魚の塩蔵によく使われ，“立塩漬け法”は小型魚の塩蔵に使われることが多い。

振り塩漬けでは，容器にすのこを敷き，その上に魚を並べて食塩を振りまいてまぶし，さらにその上に魚を重ねて食塩を振る。適宜山積みにし，むしろを掛けて数日置く。振り塩漬けは，狭い場所で用具もわずかですみ，濃厚な食塩を魚体に加えるのに簡便な方法である。しかし，食塩の魚体への浸透ムラを生じやすく，外気に接するため油焼けを起こして外観や味を損じやすい。

立塩漬けでは，容器に所定濃度の食塩水を入れ，その中に魚を漬け込む。反復使用する場合には，魚体からの水分により食塩濃度が薄まるので，食塩を追加する。立塩漬けは，食塩の浸透が均一で早く，空気との接触が少ないので，油焼けを起こしにくく，風味，外観もよい。しかし，食塩濃度が低下しやすく，食塩の追加や混合に手間がかかり，タンクなどの設備を要する。振り塩漬けと立塩漬けとを組み合わせたり，振り塩したものを重力で加圧するなどの改良法も広く行われている。

2）魚類塩蔵品

① **塩サケ・塩マス**　原料魚の腹をさき，エラ，内臓，メフン，卵巣などを除いてから淡水で洗い，水切りした後，エラ，腹の内部および体表に振り塩をして山積みにして塩漬けする。以前は用塩量が魚体重量の36〜38％と高塩であったが，現在は10％程度のうす塩のものが多い。うす塩ものの歩留りは70〜73％である。新巻は以前は同様に処理した原料魚に対して15〜20％の食塩を用いていたが，現在では５〜６％の食塩を振り塩して，直ちに箱詰して凍結貯蔵している。この種の新巻の歩留りは77〜78％である。サケ・マスの塩蔵品は種類や季節によっても差があるが，高塩のもの以外は腐敗が避けられない。一方，高塩のものは貯蔵中に脂肪の多い腹部が油焼けを起こして褐変を生じやすい。いずれにしても，これらの製品については低温下での貯蔵，流通が必要であるが，低塩のものについては凍結貯蔵，低温流通が必要である。

家庭では切り身にされた塩サケや塩マスを購入することが多いが，新巻などを１本のまま入手したときは，余剰の食塩を取り除いてから切り身におろし，小包装で凍結貯蔵して，必要量を解凍して消費するようにする。

② **塩サバ**　原料魚を背開きにして，エラ，内臓を除去して，薄い食塩水で洗い血抜きする。水切りした後振り塩漬けにし，２〜３日してから別の容器に詰め替える。用塩量は以前は20〜30％のものもあったが，最近は10％以下に減少し，４〜５％程度のうす塩のものが多くなった。また，10〜20％の食塩水で１時間程度の立て塩漬けすることも行われる。同じ赤身魚のイワシ，サンマやニシンは普通開きにせず，ラウンドで塩漬けする。

塩分の低下に伴って，塩サバは常温では日持ちしなくなり，低温下での貯蔵，流通が必要である。流通期間の長いものは，凍結条件下での流通販売が必要である。家庭においても，購入後は直ちに低温に貯蔵し，早急に消費するなど鮮魚と同様な取扱いが必要である。

③ **塩タラ**　タラ肉は水分が多く，身が厚くてやわらかく，冷凍貯蔵するとタンパク質が変性してスポンジ状になりやすい性質をもっているので，塩蔵しておき必要に応じ塩抜きして用いることが多い。従来，振り塩漬けして塩分を４〜６％程度にした塩タラが多かったが，近年は２〜2.5％程度のうす塩に仕上げるようになった。うす塩ものは，フィレを約10％の食塩水に５〜15時間漬け込み，水洗し水切りして製造する。歩留りは，うす塩もので原料に対して約65％，フィレに対して80〜85％である。日持ちが短いので低温で流通し，消費する。購入後の家庭用冷蔵庫中での保存期間は３〜４日が限度である。

3）魚卵塩蔵品

① **スジコ**　新鮮なサケ，マスの卵巣を腹腔から取り出し水洗した後，食塩水に浸けて血抜き洗浄し水切りをする。これを，振り塩漬けか立塩漬けする。振り塩漬けでは，卵巣に約12％の食塩を振りかけて，木枠に並べて冷所に置く。魚卵の色調を赤桃色に固定するために亜硝酸ナトリウムを使用する場合には，残存量が亜硝酸根として製品１kg当たり0.0050ｇ以下でなければならない（イクラ，タラコも同様）。必要量の亜硝酸ナトリウムを振り塩の食塩とよく混合したものを均一に振りまく。７〜10日後，充分に食塩が回ったら約３％の食塩を均一に振りかけて箱詰する。立塩漬けでは，過剰の食塩を含む飽和食塩水に魚卵を入れ約30〜40分間塩漬けする。よく水切りしてから，約３％の食塩を均一に振りかけて箱詰する。製品の歩留りは生卵巣に対して60〜70％，製品の水分および塩分はそれぞれ約45％および約10％である。

スジコは常温の流通では，夏は２〜３日，冬は１週間が限度であるので，低温流通が必要である。

② **イクラ**　河川に遡上する前のサケ，マスの成熟した卵巣を分離器にかけて，分離した卵粒を飽和食塩水に入れる。発色剤を使用するときは，亜硝酸ナトリウムをスジコに準じて加えて撹拌混合する。これを，新しい飽和食塩水に移して撹拌する。塩漬けの処理は短時間であり，合計15〜20分間である。金網の上で約３時間水切りし，卵粒の固着と油焼けを防ぎ光沢を保持するために，植

物油をまぶして，容器に密封する。製品の歩留りは生卵巣に対して50～60％である。

製品の水分および塩分はそれぞれ約50％および約４％であるが，うす塩では塩分1.5％程度の製品に仕上げられる。いずれも日持ちしないので，冷蔵，冷凍貯蔵するが，－10℃以下では卵が凍結して，卵膜が硬化するので注意を要する。近年，うす塩の製品が多くなっているので，家庭においても氷温ないしは５℃以下に保蔵し，購入後は早めに消費することが必要である。

③　**タラコ**　　スケトウダラの腹部から成熟卵巣である真子を傷つけないように取り出し，４％食塩水中で血抜きと汚物の除去をする。胆嚢の色素が付着すると卵巣が青色に変色して，外観と食味を損なう。成熟卵では10～15％の食塩を振り塩して，６～８時間塩漬けする。未熟卵では用塩量を増す。発色剤を使用するときは，亜硝酸ナトリウムをスジコに準じて加える。塩漬けが終わった卵巣は，飽和食塩水で洗い，１～２時間水切りして，包装容器に詰める。製品の歩留りは生卵巣に対して約90％である。製品の水分および塩分は60～65％および６～７％と高水分，低塩分のため，低温ないしは冷凍で流通され，販売時に解凍される。家庭においても低温で保蔵し，購入後は早めに消費する。

④　**塩カズノコ**　　ニシンの生卵巣を２～４％食塩水に入れ，換水して３～４日間血抜きして，水切りする。これに食塩25～30％をまぶし50～60cmの山積みにして，むしろを掛け数日塩漬けする。これを取り出し，食塩15％を振りかけて飽和食塩水に浸し，数日置いて，すのこに上げる。約10日で製品とする。最近，食塩を過剰に加えた飽和食塩水に生卵巣を漬け込む，立塩漬けも多く行われる。製品の歩留りは生卵巣の70～80％である。

製品の水分および塩分はそれぞれ約64％および約18％であり，塩分が高いので貯蔵性はかなり優れている。しかし，保存期間が長いことが多いので，製品は－10～－15℃に貯蔵し，流通，販売の段階で解凍することが多い。

4）塩　辛　類

①　**イカ塩辛**　　イカ塩辛の主な原料はスルメイカであるが，外国産のイカなども使われる。もっとも生産量の多い赤作りについて，製法の概要は図4.7.1のとおりである。

調理したイカの胴肉の細切りと切断した頭脚肉を合わせ，この10～20％量の食塩と，５～６％量のイカ肝臓を加えてよく混合し，時々撹拌しながら冷暗所で10～15日熟成させて製品とする。白作りは，イカの胴肉の皮をむいたものにうす塩をし，加える肝臓の量も３％程度とする。熟成期間は短い。黒作りは剝皮したイカ胴肉と頭脚肉に，８％量の肝臓，３％量のイカ墨を加える。食塩は12％前後で比較的うす塩である。熟成は長めで，30日程度かける。発酵を促進し，塩味や生臭さを取るために，麹や味醂などを添加することもある。

食塩量の多い製品では腐敗細菌の作用はほとんど阻止され，特殊な耐塩性の細菌のみが働いて熟成する。しかし，用塩量10％以下のものや麹を加えたものは変敗を起こしやすい。また，高塩分のものでも油焼けを起こして，風味を損なうことがある。いずれも冷蔵ないし冷凍下で流通し，低塩分のものでは早めに消費する必要がある。

②　**カツオ塩辛**　　カツオの内臓の幽門垂，胃，腸をよく水洗調理したものに，食塩を30％加えて時々撹拌しながら，２～３カ月かけて熟成させる。チョッパーで細切して製品とする。歩留りは約30

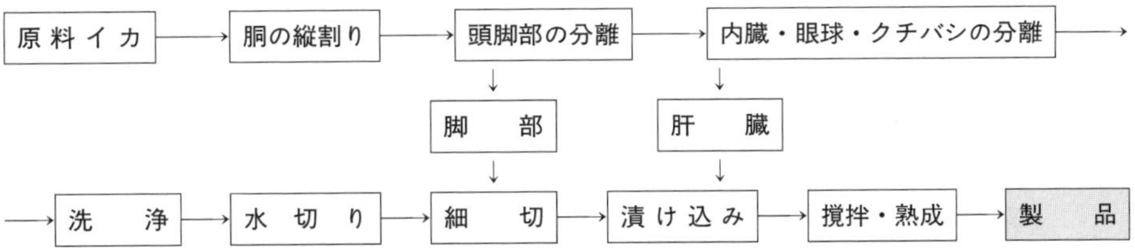

図 4.7.1　赤作り塩辛の製造工程

%である。近年，これにアルコールを加えてよく洗い，食べやすくするために調味料，糖分など加えて，食塩濃度を約15%に調整することが多い。冷暗所に貯蔵する。

③ **ウニ塩辛** “越前ウニ”では，バフンウニの生殖巣に20%の食塩を加えてよくまぶし，すのこの上に並べて置き，滲み出る水分をよく切る。これを樽に隙間なく詰めて密封して保存し熟成させて製造する。“下関ウニ”では，粒ウニは新鮮なバフンウニ，アカウニ，ムラサキウニなどの生殖巣を用い，選別後食塩水で洗浄してよく水切りする。これに8～12%の食塩を振り塩して脱水した後，保存性を高めるために12～15%アルコールを添加して均一に混合し，容器に密封して熟成させる。地元産以外の外国産ウニなどを混合したものは練りウニにされる。低温では長期に日持ちするが，食味は次第に低下する。

④ **切り込み** ニシン，サケ，イワシなどの頭，内臓，ヒレ，ウロコなどを除き，よく水洗した後，ぶつ切りにして，15～20%の食塩と麴などを加えて漬け込む。通気のよい5℃付近の冷暗所では1年近く貯蔵できる。最近は早期熟成型のうす塩で食べやすい製品が多くつくられるようになった。これらの製品の日持ちは，夏は常温で2～3日であるから，凍結で貯蔵され，流通，販売で解凍する。家庭においても，購入後は低温に貯蔵してなるべく早く消費する。

5）魚 醬 油

① **ショッツル** ハタハタ，マイワシなどの頭部，内臓，尾部を取り除いたものを原料にし，食塩約30%，麴を加えて重石を載せ冷暗所で2～3年かけて熟成し，布でろ過して火入れし瓶詰にする。近年は，1年ほどでできる速醸法による製品が多くつくられている。まれに変質するが，おおむね安定性が高い。冷暗所に保蔵する。

② **イシル** スルメイカの内臓に30%程度の食塩を加えて樽に詰め，6～8カ月間熟成させる。底にたまった液汁を煮熟して冷却し，生じた沈殿のオリを除く。これを瓶詰にして保蔵し，刺身，鍋物，焼き魚などの調味料に使用する。長期に貯蔵できる。

6）そ の 他

① **塩クラゲ** 6～9月に捕獲されるビゼンクラゲ，エチゼンクラゲなどのクラゲを，冷水に約10時間浸けて粘液などを除く。水切りして，ミョウバン5%を含む食塩を振りかけ，充分にまぶして，2～3日間塩漬する。これを取り出して水洗し，ミョウバンを含む食塩で再度漬け込む。歩留りは40～50%である。多くは使用時に塩だしするが，塩だししたものも販売されている。

② **塩蔵クジラ** ヒゲクジラの胸部から腹部にかけての脂肪の多いうね須または脂肪の少ない赤身肉を原料にする。新鮮な肉の小さなブロックを水洗して充分に血抜きし水切りする。食塩約20%を振り塩して，重石を載せて塩漬けして製品とする。クジラの尾部すなわち尾羽の塩蔵品は“塩クジラ”と呼ばれる。これを熱湯にさらし，さらに冷水にさらして酢の物にする。いずれにしても，原料事情のため，製造はごくわずかである。

（3）燻製品・節類

1）燻製法の原理と技術

燻製法は，ナラ，カシ，カエデ，クヌギ，サクラなどの堅木材を燃やして，揮発性のフェノールやアルデヒド類や香気成分などを魚介類の体表面に沈着させたり内部に浸透させるとともに，乾燥させて Aw を低下させることにより，特有の風味と貯蔵性を与える保蔵法である。燻製法は，15～25℃の低温で2～数週間燻乾し，製品の水分を40%以下にする“冷燻法”，50～90℃で1～数日間燻乾する“温燻法”，100～120℃で燻乾する“熱燻法”に大別される。燻材の乾留物や木酢液から調製した燻液に，魚介類を浸漬し乾燥する液燻法もある。

燻製品に利用される原料魚は脂肪が7～8%含まれているものがよいとされている。製品の保存性については，冷燻製品は水分が少なく細菌の発生はある程度は抑制されるが，カビは発生しやすい。温燻や熱燻製品は水分が多く，腐敗しやすい。近年は，特有の香味をもたらすための加工法としての利用が多く，水分の多い組織のやわらかい燻製品が好まれる傾向が強いので，燻製の保蔵法としての効果はさほど大きくないことに注意しなくてはならない。

魚肉を煮熟し，焙乾して乾燥したものを，一般に“節《ふし》”と呼び，“カツオ節”がその代表である。焙乾は，堅木材を燃やし，その余炎で煮熟の終わった魚肉を乾燥する工程であり，燻製法の一種である。節類に使われる原料魚は脂肪が3％以内のものがよいとされている。焙乾が充分行われた節類の水分は約16％であるから，油焼けを防止すれば，通常は細菌による腐敗は起こらない。しかし，焙乾が1回だけの“なまり節”は，水分が40％程度含まれており変敗しやすいので，真空包装して低温流通されている。家庭においても，購入後は低温に貯蔵して消費する。

2）魚介類燻製品

①　燻製サケ・燻製マス　ギンザケ，ベニザケ，カラフトマスなどを原料とし，エラや内臓を除去し洗浄して，丸のまま，断頭したもの，三枚おろし肉，背肉などに前処理した魚肉に約20％の食塩を振り，重石をして8～10日間塩漬けする。これらを低温で充分に塩抜きし，よく水洗してから水切りし，燻乾が均一にできるように魚肉を広げて，燻煙室内につり下げる。丸のままの場合は，燻乾温度を25℃程度までとし，燻乾とあん蒸を繰り返し，水分約40～50％に仕上げる。歩留りは原料に対して35～40％程度である。三枚おろし肉の場合は，約50℃の温燻で水分約60％に仕上げる。歩留りは原料に対し約50％である。製品の塩分は冷燻製品で約8％，温燻製品で約6％である。

低水分の冷燻製品は日持ちがよいが，温燻製品は高水分で低塩分のため日持ちは常温で1週間程度である。また，製品はいずれも脂質が多いので，ガス置換包装あるいは真空包装して低温に保蔵される。家庭においても，購入後は低温に貯蔵して消費する。

②　燻製ニシン　原料としては，産卵期の脂肪が5～8％程度のものがよいとされ，脂肪過多のものや脂肪の少ないものは嫌われる。新鮮な原料を用い，エラおよび内臓をつぼ抜きし，原料に対して12～15％の食塩を振り塩して，重石をかけて7～8日間塩漬けする。低温で充分に塩抜きしてから，水切りして風乾する。冷燻法により，燻煙室にて2週間燻乾し，あん蒸と燻乾を続けて，約25日で水分および塩分がそれぞれ約40％および約6％の製品にする。製品の歩留りは原料に対して40～47％である。

流通および保蔵については，燻製サケ・マスと同様である。

③　調味燻製イカ　原料のイカの種類や製造法は加工業者によって多少異なるが，一般的には図4.7.2のとおりである。

原料イカの内臓をつぼ抜きし，ヒレを取り除き胴肉のみにする。胴肉を温水に入れて皮をむき，汚物を洗い去る。熱湯で2～3分間加熱し冷却し，一次調味液で調味して風乾する。燻煙室に入れて30℃から90℃まで徐々に温度を上げながら数時間燻乾する。燻乾した胴肉の表面の燻煙時の付着物を拭き取り，スライサーで厚さ1～2㎜に輪切りにする。二次調味液に浸漬し，あるいは調味液を吹き付けて調味する。これを送風乾燥する。

製品はカビが発生しやすいので，イカ燻製およびタコ燻製には，保存料として製品1kg当たり1.5g以下のソルビン酸の使用が認められている。真空包装するか脱酸素剤を入れて包装すれば，常温で2カ月程度は保蔵できる。

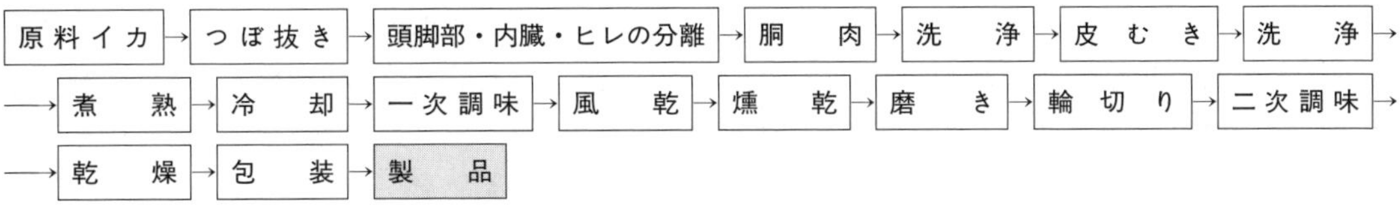

図 4.7.2　調味燻製イカの製造工程

原料カツオ → 頭・内臓除去 → 血　抜　き → 背皮除去 → 三枚おろし → 身割り（本節） → かご立て →
→ 煮　　熟 → 放　　冷 → かご離し焙乾（1番火） → なまり節 → あん蒸 → 身直し →
→ 2～4番火・あん蒸（新節） → 2～8番火・あん蒸（新節） → 2～15番火・あん蒸（荒節） →
→ 日　　乾 → 磨　　き → 裸　　節 → 日　　乾 → カビづけ（1～4番カビ）・日乾 → 本枯節

図 4.7.3　カツオ節の製造工程

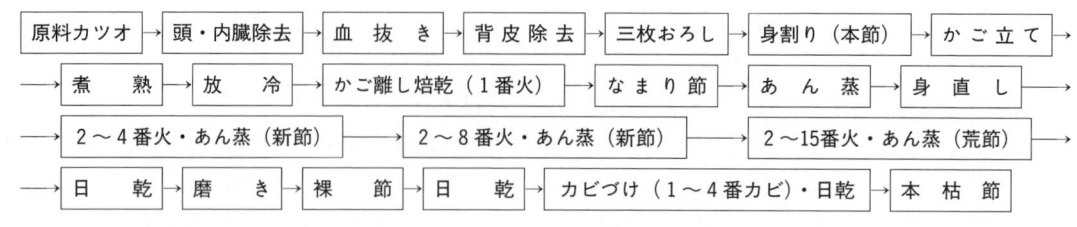

3）節　　類

カツオ節の製造法はかなり複雑で，地方により多少の差があるが，標準的な方法は図4.7.3のようである。

カツオの頭を切断し，腹部を切り内臓を除く。水洗して血抜きをし，背ビレや背皮を取り除き，三枚におろす。小型魚はこの2枚の肉を“亀節”とする。大型魚はこの2枚をさらに背肉と腹肉に身割りし，背肉は“雄節”に，腹肉は“雌節”にする。これをかごに並べてかご立てし，75～85℃にした煮釜に入れ，温度を上げながら90～95℃で約1時間煮熟する。煮かごを上げて放冷し，かごごと水中に入れて節1つずつの皮や小骨を取り除きかご離しを終える。節をかごに並べ，水切りと呼ぶ1番火の焙乾を，約100℃で1時間程度して“なまり節”にする。亀裂や穴をすり身を詰めて補修し，85～100℃で2番火以後焙乾とあん蒸を3～4回して新節とし，7～8番火で亀節，12～15番火まで焙乾とあん蒸を繰り返して表面のざらざらした水分約20％の“荒節”（鬼節）とする。荒節の歩留りは原料に対して20～22％程度である。1～2日間日乾して，表面のタール分や脂肪を削り，裸節にする。裸節を1～2日間日乾し，木箱に入れ，温度と湿度が変化しない部屋でカビづけを行う。15～20日間で1番カビの青カビが出る。1～2日間日乾ししてカビを落とし，再度カビづけする。このようにして，3～4番カビづけを行う。カビの色はカビづけが進むと青緑色から灰緑色，淡褐色へと変化し，4番カビの終わったものを“本枯節”と呼ぶ。本枯節の歩留りは16～18％程度である。カビは，1番カビの頃には *Penicillium* 属の青カビも生えるが，本枯節では *Aspergillus* 属のカツオブシカビなどになる。カビづけは，節から水分と表面の脂肪を除き，だし汁を清澄にし，独特の香味をつけるといわれる。

“ソウダ節”や“サバ節”は，カツオ節を簡略化した工程で製造される。サバ節では，原料サバを処理して煮熟したものを，5～6回焙乾してから1～3回カビづけをして製造する。脂肪の多いサバを原料とするときは，煮熟後に圧搾し，脂肪を抜いて乾燥して圧搾節にする。

近年，カツオ節，ソウダ節はもとより，サバ，マグロ，イワシ，サンマなどの節状あるいは煮干し状に加工した雑節は，水分14％前後に乾燥した後，削り機で薄片にしたものを，プラスチックフィルムに窒素ガス充填包装した製品が普及している。これらの製品は，常温で6カ月程度は風味を維持できる。小包装して市販されているので簡便に使えるが，開封すると香気の変質が早いので速やかに消費する。

（4）練り製品

1）練り製品とその原料魚

魚肉をそのままあるいは食塩を振って加熱すれば，多量の水分がドリップとして分離して凝固し，もろくてやわらかい加熱肉になる。同じ魚肉を2％程度の食塩とともにすり潰すと，粘りのある肉糊になり，これを加熱するとドリップが分離することなく，弾力のあるゲルすなわちカマボコになる。魚肉を食塩とともにすり潰すと，魚肉を構成するミオシンやアクチンなどの筋原繊維タンパク質が，加えた食塩の働きで溶解して，互いに網状に絡み合って粘りのある肉糊となる。これを加熱すると，タンパク質が絡み合ったまま固まって微細な網目構造物をつくり，その中に魚肉の約80％を占める多量の水が閉じ込められる。その結果，肉糊は弾力のあるカマボコになる。そして，このしなやかで特有の弾力を“カマボコの足”と呼んでいる。

カマボコには種々の魚種が利用され，そのことが練り製品の特徴ではあるが，足の形成能力，味，におい，色などの肉質の条件を厳密に吟味すると，本当に適性のある魚種はさほど多くない。それぞれの魚の長所を生かし，短所を補いながら，いくつかの魚を組み合わせて使用する。練り製品に使用される主な魚種を，表4.7.6に示す。

カマボコの足を形成する能力は，魚種間で著しい差があることが特徴である。例えば，イワシやカツオはきわめて弱い足のゲルしかつくらないが，カジキやトラギスは強足のゲルをつくり，その差は10倍以上である。また，肉糊を30℃以下に放置すると，次第にゲル化する現象があり，これを“坐り”という。肉糊を坐らせてから加熱すると，一般に弾力の強い加熱ゲルになるので，カマボコの足の強化に利用されている。

一方，肉糊を60℃付近の温度で加熱していると，一度できかけたゲルが弱くなったり完全に崩れてしまう現象がある。これを“戻り”と呼んでおり，練り製品の製造において留意しなくてはならない。

現在，練り製品のもっとも主要な魚種はスケトウダラであり，これは冷凍すり身という形で供給されている。従来，スケトウダラは鮮度が低下しやすく，冷凍中にスポンジ化するのでカマボコ原料にはあまり適していなかった。しかし，細切肉を水でさらし，5～8％の糖類と0.2％の重合リン酸塩を加えてすり潰したすり身は，−20℃以下で貯蔵すると，タンパク質の変性が著しく抑制され，6カ月以上もカマボコ形成能を維持することがわかり，1960年代にスケトウダラ“無塩冷凍すり身”が開発された。同じ頃，食塩と糖類を加えた“加塩冷凍すり身”もつくられた。

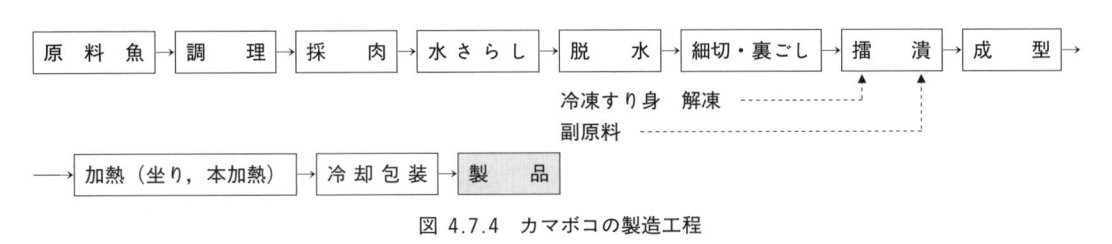

表 4.7.6　練り製品に使用される主な魚種

広く使用されている魚種	スケトウダラ，シログチ，キグチ，エソ
比較的広く使用されている魚種	ニベ，ハモ，タチウオ，アジ，サメ，オキギス，トラギス，キチジ
使用地域の狭い魚種	トビウオ，カレイ，ヒラメ，シイラ，サバ，イワシ，ホッケ，ワラズカ，エイ

1977（昭和52）年のアメリカ，ロシアの200海里経済水域設定以来，冷凍すり身の供給はその多くを輸入に頼らざるをえなくなったが，スケトウダラ冷凍すり身は現在でも練り製品の主原料である。一部の特別の高級品とイワシのツミイレやテンプラなどを除いて，魚の落とし身だけからつくるカマボコはないといえる。スケトウダラ以外の多くの魚種のすり身が，東南アジア海域や南半球海域でも生産され日本に供給されているが，練り製品を世界の国々でも食べるようになり，白身魚のすり身の生産量は限界に近いといわれる。イワシ，アジや前浜の魚などを配合した，新しい地域性のある練り製品づくりが求められている。

2）製　造　法

練り製品は，種類によって細かい手法はそれぞれ異なるが，魚肉ソーセージを除くカマボコ類では，製造工程はほぼ共通している。

図4.7.4は，カマボコ類の製造における，基本的な操作手順を示したものである。

原料の調理では，原料魚から頭と内臓を取り除く。小型魚は丸のまま用いることもあるが，普通は二枚または三枚におろし，充分に冷水で洗浄する。魚肉の筋原繊維タンパク質は熱に敏感で変性を起こしやすく，変性するとよい足のカマボコができないので，原料魚は絶えず低温に保持して処理を行うように心掛ける。

原料魚 → 調理 → 採肉 → 水さらし → 脱水 → 細切・裏ごし → 擂潰 → 成型 →

（冷凍すり身　解凍 ┈→ 擂潰）

（副原料 ┈→ 擂潰）

→ 加熱（坐り，本加熱）→ 冷却包装 → 製品

図 4.7.4　カマボコの製造工程

採肉では，皮や小骨のついた肉片からの肉の分離を行う。採肉は肉片を包丁でこそげ取るか，魚肉採肉機にかけて取る。採肉された魚肉を落とし身という。

水さらしでは，血液，脂肪，水溶性タンパク質，臭気成分などの除去を目的とし，落とし身を3～5倍量の冷水中で数回水洗を繰り返した後脱水する。この操作によって，製品の色が白くなり，魚臭が消えて，カマボコの足が強くなり，保存性も向上する。同時に呈味成分も流出し，歩留りも低下する。サバやイワシのような赤身の魚は，死後に筋肉のpHが酸性に傾いて，足を低下させる原因となるので，0.3％食塩を含む0.4～0.5％炭酸水素ナトリウム溶液に落とし身を浸けて水さらしを行い，魚肉のpHを中性に調整することがある。

水さらしした魚肉を肉挽機で細切し，スジやウロコなどを除いた後，2～2.5％の食塩を加え擂潰機，サイレントカッター，ボールカッターなどですり潰し肉糊にする。この操作は擂潰あるいは塩ずりとも呼ばれる。擂潰は魚種にもよるが10℃以下の低温で行うことが必要である。魚肉の温度が上昇するとタンパク質の変性や坐りが起き，これをさらに撹拌すると，できかけた網目状組織を破壊することになるので，結果的にカマボコの足は損なわれる。冷凍すり身を使用する場合には，あらかじめ半解凍して細切したものを，この段階から使用する。擂潰では，原料魚，製品の種類，地域性などにより条件が異なるが，食塩濃度，pH，擂潰時間，温度，副原料の添加などに注意が必要である。副原料には，デンプン，調味料，具，卵白，大豆や小麦の植物性タンパク質，リン酸塩などの結着剤やpH調整剤，保存料などが使われる。魚肉ソーセージでは豚脂，着色料，発色剤を含む塩漬剤で処理した赤身肉などが加えられる。

成型は，すり上がったすり身を，素手，つけ包丁あるいは成型機によって，それぞれ所定の形に整える工程である。すり身をそのまま放置すると，坐りが進行して，すり身がかたくなり成型が困難になる。成型は低温で迅速に行わなくてはならない。ケーシング詰カマボコはすり身をプラスチックケーシングに充填し，リテーナー成形カマボコは板づけしてリテーナーに固定する。これらは，特殊包装カマボコ類と呼ばれる。

加熱は，すり身のタンパク質を加熱変性させて，製品のカマボコに適当な足を発現させるための重要な操作である。加熱によりすり身中に存在する微生物が死滅して，カマボコに保存性が付与される。どんなに優れた原料魚を用いて注意深く塩ずりをしたとしても，加熱操作をあやまると，戻りが起きて足が形成されずに，製品は全く価値のないものになることがある。また，すり身を40℃以下の温度で一定時間の一段加熱すなわち坐りをした後，80～90℃で二段加熱すなわち本加熱すると，カマボコの足は強化される。近年はこの坐りの技術が練り製品加工に広く取り入れられているが，過度に坐らせるとカマボコの足がかたくなり，しなやかな食感が失われるので注意を要する。加熱方法はカマボコの製品形態とも関係が深く，基本的には蒸す（蒸煮），焼く（焙焼），ゆでる（湯煮），揚げる（油ちょう）などの方法が用いられる。加熱が終わったカマボコは包装され製品となる。

3）変　敗

練り製品はすり身を加熱してつくるので，製造直後には細菌は少ない。しかし，Awが0.93～0.97と高く，成分組成が微生物の繁殖に好適であるため，二次汚染細菌などにより腐敗しやすい食品である。

①　無包装または簡易包装練り製品　一般に，加熱前のすり身1ｇ中には，10万（10^5/ｇ）～1,000万個（10^7/ｇ）程度の，多数の細菌が存在している。無包装または簡易包装製品では，中心温度75℃以上での加熱と，10℃以下での保蔵，流通が「食品衛生法」で義務づけられているが，1ｇ中に100個（10^2/ｇ）程度の芽胞が生き残る。しかし，発芽した芽胞が増殖して腐敗に至るまでには時間がかかるため，これらの製品の腐敗は，内部から進行する前に，二次汚染細菌によって表面から起こることが普通でありその進行も早い。

腐敗に伴って起こる外観上の最初の変化は，カマボコの表面のねばねばした水滴様のネトの発生である。砂糖を多く含有するカマボコでは，透明でわずかに酸臭のするネトが発生する。これは，加熱後に付着した乳酸菌の一種の *Leuconostoc mesenteroides* が砂糖から粘性のあるデキストランをつくることによる。デキストラン自体は無毒であり，ネト発生の初期のものは，水洗すれば食用にすることはできるが，ネトが全面に広がったものは食用にはならない。いずれにしても，製造から流通でのネトの発生は製品の商品価値を失わせることになる。

カマボコの表面に赤色で粘質性の赤ネトが発生することがある。この原因菌は腸内細菌の一種 *Serratia marcescens* であり，繁殖力が強いため，一夜にしてカマボコが赤変することがある。

このほかに，赤橙色，黄色，灰白色，白色などの不透明な粘質物が発生することがある。原因菌として，糖含有製品では *Streptococcus, Micrococcus* など，無糖製品で *Micrococcus, Flavobacterium, Achromobacter, Bacillus* 属の細菌などが関係している。

また，砂糖，ブドウ糖を含む製品を常温に置くと，表面に褐色の斑点が発生し，次第に内部にも進行して，全体が褐変することがある。原因菌は，冷凍すり身に由来する *Achromobacter brunificans, Enterobacter cloacae* などである。これらの細菌は熱には弱いが，加熱が不充分であると製品中に生き残って腐敗を引起こす。しかし，褐変腐敗は焼きチクワや揚げカマボコなど加熱温度の高い製品でも起き，連続した期間に発生が続くことが多い。これらの原因菌が製造工場内特に冷却コンベアを汚染し，加熱が終了して冷却中の製品の表面を二次汚染することによって，この褐変腐敗が起こる場合が多い。

デンプン含量の多い製品，焼き抜きカマボコや揚げカマボコのように表面の乾燥しているカマボコでは，カビ類が発生しやすい。原因カビは *Aspergillus, Penicillium, Mucor* などである。

② 密封包装練り製品　ケーシング詰カマボコ，リテーナー成形カマボコなどの特殊包装カマボコ，真空包装カマボコ，魚肉ソーセージおよび魚肉ハムなどは包装してから加熱される。特殊包装カマボコでは中心温度80℃以上で20分間以上の加熱，魚肉ソーセージおよび魚肉ハムでは同じく80℃以上で45分間以上の加熱，およびそれぞれ10℃以下での保蔵，流通が義務づけられている。常温で流通させるためには，中心温度120℃で4分間以上（あるいはそれと同等以上の効果のある方法）で加熱殺菌するか，pHが4.7以下，または *Aw* が0.94以下でなければならない。この条件では，*Clostridium botulinum* は完全に殺菌されるか生育が阻止される。真空包装カマボコは，中心温度75℃以上で加熱して製造したカマボコを脱気・密封したものである。通常は真空包装した後に80～90℃で再加熱される。

これらの製品では，包装のピンホールや結紮部の不良などがない限り二次汚染は起こらない。生き残った細菌数はわずかであり，ほとんどが *Bacillus* 属の芽胞であるので，腐敗の進行速度は遅く，通常は10℃以下では1～2カ月は腐敗を起こさない。しかし，保蔵，流通での温度が高かったり，包装にピンホールや結紮部の不良などがあると細菌が侵入して腐敗が発生する。腐敗の外観的現象は，液泡，斑点，軟化などが主なもので，においは比較的弱い。主な原因菌としては，*Bacillus licheniformis, B. subtilis, B. polymyxa, B. circulans* などであるが，嫌気性菌の *Clostridium* 属によるにおいの強い腐敗，乳酸菌の *Lactobacillus* 属や *Pseudomonas* 属の細菌による腐敗が起こることがある。多くはガス発生による包装の膨張を伴う。

4）保蔵と流通

練り製品の腐敗を防止するには，製造直後において生き残る細菌数をできるだけ少なくするとともに，二次汚染を防止し，低温で保蔵して流通させることが重要である。

① 原材料および添加物　練り製品の原料に用いる魚には多くの微生物が存在するが，なるべく新鮮な原料をよく洗浄して用いる。これは工場内の汚染の防止のためにも大切である。副原料として多く用いられるデンプンには，*Bacillus* 属の

細菌が存在し，これらの芽胞が加熱後のカマボコに生き残るので，なるべく細菌数の少ないデンプンを選ぶべきである。小麦グルテンなど植物性タンパク質，卵白など動物性タンパク質，調味料などの細菌数にも注意する必要がある。

微生物の増殖を遅らせるために，保存料としてソルビン酸とそのカリウム塩を，練り製品1kg当たりソルビン酸として2g以下の範囲で添加することが認められている。ソルビン酸はいわゆる酸型防腐剤であり，pHが7付近の中性では防腐効果はほとんどなく，pHを6付近まで低下させると有効になる。しかし，カマボコの足はpH6付近ではかなり弱くなるので，ソルビン酸の効力と足の維持とを両立させるために，ソルビン酸を製剤化したり，ソルビン酸カリウムとpH低下剤と併用したりする。近年はソルビン酸以外に，アミノ酸のグリシン，有機酸塩の酢酸ナトリウムや乳酸ナトリウム，卵白リゾチーム，サケの白子のプロタミンなどが日持ちの向上のために用いられている。

ソルビン酸にしても日持ち向上剤にしても，製品の初発菌数が多い場合にはほとんど効果を発揮しないので，二次汚染防止などにより，菌数の減少に努めることが大切である。

② 二次汚染の防止　練り製品の製造基準における加熱条件は，前述のように，製品の形態によってそれぞれ定められている。練り製品は，中心温度75℃以上で加熱すれば耐熱性の芽胞以外はほぼ死滅するので，10℃以下では長期間の保蔵が可能なはずである。しかし実際には，簡易包装カマボコなどの腐敗はかなり早く進行する。多くの場合，加熱，冷却から包装までの工程における二次汚染によるものである。

工場の内部，製造装置，冷却コンベア装置，器具容器などの作業終了後の清掃，洗浄，除菌と定期的な消毒によって汚染微生物を減少させることが重要である。包装室にはフィルターで除菌した空気を送り込み，室内の消毒も励行する。作業員の衣服，手指の消毒など衛生管理も徹底する。包装材料の汚染にも注意する。

工場は練り製品のHACCP（食品衛生法における「総合衛生管理製造過程」）に対応できるよう設計されていることが理想的である。少なくとも工場内部は汚染度によって仕切り，原材料を扱うゾーン，擂潰・成型ゾーン，加熱・殺菌ゾーン，製品・冷却ゾーン，製品・包装ゾーン，パッキングゾーンなど微生物汚染度の高いゾーンから低いゾーンへと，品物が流れるようにすることが二次汚染対策のうえでもっとも重要なことである。

簡易包装した製品については，二次殺菌しないことが多いが，遠赤外線による包装外部からの二次殺菌が行われるようになった。真空包装カマボコでは，保蔵性を高めるために80～90℃での二次殺菌が必ず行われるが，包装のシール不良やピンホールがあると二次汚染による腐敗が発生するので注意しなければならない。冷却水を塩素殺菌しておくことも必要である。ケーシング詰カマボコ，リテーナー成形カマボコなどの特殊包装カマボコ，魚肉ソーセージおよび魚肉ハムなどにおいても，真空包装カマボコと同様の処理が要求される。

③ 流通・保蔵　前述のように「食品衛生法」によって練り製品の保存基準が定められており，多くの場合に10℃以下で流通させることが義務づけられている。これは，75℃以上に加熱したカマボコに生き残った細菌の繁殖は10℃以下では進みにくいことと，重大な食中毒を起こす *Clostridium botulinum* が10℃以下では繁殖しにくいことによるものである。

したがって，流通における低温での温度管理はきわめて大切である。製品の出荷，輸送，受入れ，販売において製品の保蔵温度が変動すると，製品の包装内部で水分の結露が起こる。特に，簡易包装カマボコにおいては，結露によって微生物の繁殖が著しく促進されることがあるので注意しなければならない。このことは，練り製品を購入した家庭においても同様であり，購入後はなるべく速やかに冷蔵することが望まれる。

4.8 乳加工品

4.8.1 種類と特徴

乳製品も，乳と同じように「乳等省令」により，成分，細菌数などが規格化されている。この章で記述する主な乳製品について，主要な規格を表4.8.1に示した。

表 4.8.1 乳製品の成分規格〔乳等省令（厚生労働省）による〕

		乳固形分（%）	乳脂肪分（%）	無脂乳固形分（%）	水分（%）	糖分（乳糖を含む）（%）	酸度（乳酸として）（%）	細菌数	乳酸菌数または酵母数	大腸菌群
チーズ	ナチュラルチーズ	—	—	—	—	—	—	—	—	—
チーズ	プロセスチーズ	40.0以上*1	—	—	—	—	—	—	—	陰性
バター		—	80.0以上	—	17.0以下	—	—	—	—	陰性
練乳	加糖練乳	28.0以上	乳固形分のうち8.0以上	—	27.0以下	58.0以下	—	5万以下/g	—	陰性
練乳	加糖脱脂練乳	25.0以上	—	—	29.0以下	58.0以下	—	5万以下/g	—	陰性
練乳	無糖練乳	25.0以上	乳固形分のうち7.5以上	—	—	—	—	0/g	—	—
練乳	無糖脱脂練乳	—	—	18.5以上	—	—	—	0/g	—	—
粉乳	全脂粉乳	95.0以上	乳固形分のうち25.0以上	—	5.0以下	—	—	5万以下/g	—	陰性
粉乳	脱脂粉乳	95.0以上	—	—	5.0以下	—	—	5万以下/g	—	陰性
粉乳	クリームパウダー	95.0以上	乳固形分のうち50.0以上	—	5.0以下	—	—	5万以下/g	—	陰性
クリーム		—	18.0以上	—	—	—	0.20以下	10万以下/g	—	陰性
アイスクリーム類	アイスクリーム	15.0以上	乳固形分のうち8.0以上	—	—	—	—	10万以下/g	—	陰性
アイスクリーム類	アイスミルク	10.0以上	乳固形分のうち3.0以上	—	—	—	—	5万以下/g	—	陰性
アイスクリーム類	ラクトアイス	3.0以上	—	—	—	—	—	5万以下/g	—	陰性
氷菓*2		—	—	—	—	—	—	1万以下/融解水 1mℓ	—	陰性
発酵乳製品	発酵乳	—	—	8.0以上	—	—	—	—	1,000万以上/mℓ	陰性
発酵乳製品	乳酸菌飲料（区分：乳製品）	—	—	3.0以上	—	—	—	—	1,000万以上/mℓ（加熱殺菌タイプは除く）	陰性
発酵乳製品	乳酸菌飲料（区分：乳等を主要原料とする食品）	—	—	3.0未満	—	—	—	—	100万以上/mℓ	陰性

*1プロセスチーズの乳固形分は，乳脂肪量と乳タンパク量の和である　*2食品添加物等の規格基準（厚生労働省）による

（1）チ　ー　ズ

チーズは，大きくナチュラルチーズとプロセスチーズに分類される。

1）ナチュラルチーズ

チーズは今から4,000年以上昔に偶然発明されたものといわれており，世界中に1,000種類以上ある。

ナチュラルチーズは，乳（牛乳，ヤギ乳，羊乳など）を乳酸菌や酵素（レンネット）の作用で固め，その固まりから水分（ホエー）の一部を除去してつくられる。つくってすぐ食べるものと熟成させて食べるものとがある。乳種，熟成方法およびかたさにより，図4.8.1に示すように７つのタイプに分類できる。各チーズの特徴を簡潔に記す。

①　**フレッシュタイプ**　文字どおり熟成させないで新鮮なうちに食べるチーズである。このタイプは，比較的水分含有量が高く，粒状またはペースト状を呈している。クセがなく，食べやすいチーズである。

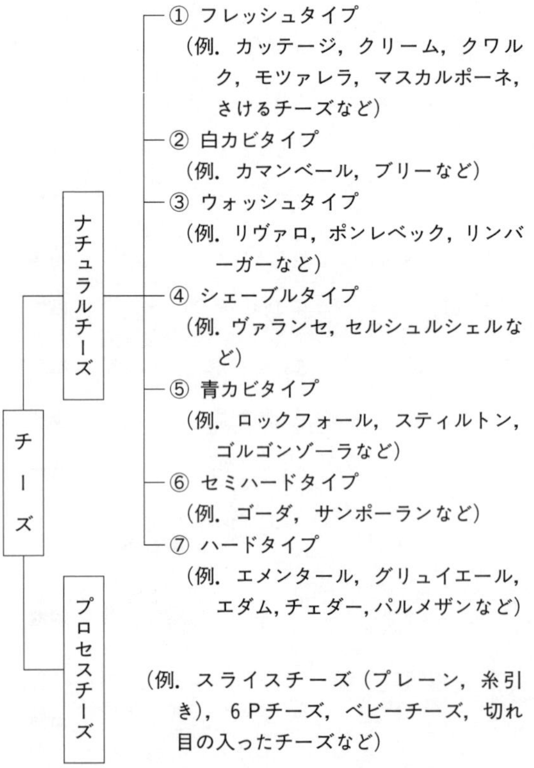

図 4.8.1　チーズの分類

②　**白カビタイプ**　白いカビで表面が覆われている軟質チーズである。このチーズは白カビの働きによって，表面から内部に向けて熟成が進む。カマンベールが代表例である。白カビは，タンパク質や脂肪を分解する能力が高いので，熟成タイプのチーズのなかでももっとも早く食べ頃になる。しかし，おいしく食べられる期間（賞味期限）も短くなる。そのため日本では，賞味期限を長くするために，プラスチックの容器や缶に入れて加熱処理し，白カビの活性を低下させて賞味期限を長くした商品が主流となっている。

③　**ウォッシュタイプ**　表面に生育する特殊な微生物により，表面から内部に向けて熟成していくチーズである。この微生物の作用が強く，においが強烈なため，熟成中は数日ごとに表面を塩水やその土地の酒で洗う。においは強いものの，内部は意外にマイルドで香り豊かである。このにおいは，日本の食品では“クサヤの干物”に匹敵するものである。

④　**シェーブルタイプ**　ヤギ乳でつくられたチーズの総称である。シェーブルとはフランス語でヤギを意味する。フランスではヤギのチーズは比較的多くつくられている。組織はやわらかく，ヤギ特有の強い個性のある風味である。また，形態は円柱やピラミッド状のものもある。

⑤　**青カビタイプ**　一般にブルーチーズと呼ばれ，内部に生育した青カビによって熟成が進む。青カビの生育には酸素が必要なので，チーズの内部には不定型の微細な隙間を設け，通気性のある構造になっている。チーズの断面は生育した青カビが大理石模様を形成する。一般的にこのタイプは塩分が高いが，これもチーズの風味の特徴を醸し出すためのものである。

⑥　**セミハードタイプ**　水分が38～48％の比較的かたいチーズである。チーズ全体に分布する微生物と酵素によって熟成が進行し，３～６カ月でマイルドな味わいのものに仕上がる。形，大きさ，脂肪分などさまざまな種類がある。

⑦　**ハードタイプ**　水分が38％以下で，もっ

ともかたいチーズに分類される。セミハードタイプと同じように熟成させるが，熟成期間は長く，半年以上の年月をかける。じっくりと熟成させるために，深い味わいのあるチーズが多い。特に，パルミジャーノ・レッジャーノ（Parmigiano Reggiano）などは2年以上も熟成させた究極の保存食品である。

2）プロセスチーズ

このチーズは1911（明治44）年にスイスで発明されたもので，スイス料理であるチーズフォンデュがヒントであったといわれている。

プロセスチーズは，上述のナチュラルチーズを砕き，溶融塩としてクエン酸塩やリン酸塩を添加し，加熱殺菌して容器に詰めたものである。これらのチーズの特徴は，①保蔵中の品質の変化が少なく，②原料チーズの配合により，独特の特徴を与えられ，③風味や香りがまろやかでクセがなく，④品質や形状を自由に制御でき，⑤料理その他に汎用性が広い，などである。

（2）バ タ ー

バターのようなものは紀元前2000年頃にはつくられていたという記録が残されている。バターは，牛乳から分離したクリームの脂肪を撹拌操作により塊状に集合させてつくったものである。

バターの特徴はその脂肪酸組成や香味成分に由来する芳醇な風味であり，調理（料理，製菓など）やパン用スプレッドとして広く用いられている。

バターの種類は成分，製造方法などにより以下のように分類できる。

1）製造法による分類

① **甘性バター（スイートバター）**　生乳から分離されたクリームを用いて製造される。加工による独特の爽やかな甘みを感じることからこのように呼ばれる。かすかなナッツの香りと，やわらかなミルク風味の温和なバターである。日本のものは加塩・無塩を問わず，ほとんどがこのタイプである。また，アメリカ，オーストラリアなどでも一般的である。

② **発酵バター（ファーメントバター）**　原料クリームを乳酸菌で発酵させてから製造するもので，ほのかな酸味と深みのあるコクが特長である。ヨーロッパではほとんどがこのタイプである。しかし，日本では消費者の認知度も低く，生産量は少ない。

2）成分上の分類

① **加塩バター**　製品の風味を良好にし，保蔵性を高めるために食塩を添加したものである。家庭向けバターの大部分がこのタイプのものである。塩分は1～2％である。

② **無塩バター**　食塩を添加しないでつくられている。主に製菓原料や料理用に用いられる。保蔵性は，食塩を添加していないので，加塩バターよりも劣る。

（3）練　乳

練乳は工業的に生産された最初の乳製品である。18世紀末～19世紀にかけてフランスやイギリスで研究され，工業的な練乳生産は1856年にアメリカで始まった。

練乳は，“生乳，牛乳または特別牛乳”，あるいは“これらから乳脂肪分を除去したもの”を濃縮したものである。保存食として，またイチゴにかけるなど贅沢な味として重用されたが，最近では消費量は減少している。

① **加糖練乳**　砂糖を加えて濃縮したもので，一般にコンデンスミルクと呼ばれている。水分活性（Aw）が砂糖の添加と濃縮により低下していることにより，微生物の増殖が抑制され，製品は常温で流通することが可能である。これはさらに生乳，牛乳または特別牛乳を原料としてつくられた“加糖練乳”と生乳，牛乳または特別牛乳から乳脂肪分を除去したものを原料としてつくられた“加糖脱脂練乳”に分けられる。現在では，加糖練乳は金属缶やラミネートチューブに充填され市販されているものもあるが，大部分は製菓や冷菓などの原料として利用されている。

② **無糖練乳**　生乳，牛乳または特別牛乳を濃縮して金属缶などの容器に充填後，加熱滅菌することにより保蔵性を付与したものである。一般

にエバミルクと呼ばれている。料理，コーヒー，紅茶用などが主な用途である。“無糖練乳”と“無糖脱脂練乳”がある。

（4）粉　乳

マルコ・ポーロ（Marco Polo）の『東方見聞録』によると，すでに13世紀にタタール人が乾燥乳を軍用に供していたことが記されている。しかし，工業的な粉乳製造の研究は19世紀に入ってからである。

粉乳は，牛乳を練乳のように濃縮したのち，乾燥してほとんどすべての水分を除去して粉末状にしたものである。粉乳製造の目的は乳の腐敗を防止して保蔵性を高めることである。加糖練乳では濃縮乳に砂糖を添加して Aw を下げていたが，粉乳では濃縮乳を乾燥させて微生物が生育できない Aw にしている。

① **全脂粉乳**　生乳，牛乳または特別牛乳からほとんどすべての水分を除去したものである。大部分が，加工乳や缶コーヒーなどの原料向けである。

② **脱脂粉乳**　生乳，牛乳または特別牛乳の乳脂肪分を除去したものからほとんどすべての水分を除去し，粉末状にしたものである。製菓，製パン，発酵乳など各種の原料向けの用途がある。また，市販の製品はスキムミルクと称され，水やお湯に溶けやすいように，粉体の粒径を大きくするなどの工夫をしており，料理や飲用に使用されている。また，これに鉄分，オリゴ糖，食物繊維など機能性食品的要素を加味したものも市販されている。

③ **粉末クリーム（クリーミングパウダー）**

クリームを乾燥させたもので，インスタント化したものが市販され，コーヒー，紅茶などに使用される。

（5）生クリーム

生乳を遠心分離して得られる乳脂肪がクリームで，水中油滴型（O/W型）のエマルションである。日本では，乳脂肪を18％以上含み，乳化剤，安定剤などを加えていないものを生クリームと表示できる。このほかに，乳脂肪に乳化剤，安定剤を添加した純乳脂肪タイプ，乳脂肪に植物性脂肪と乳化剤，安定剤を用いたコンパウンドタイプ，そして植物性脂肪に乳化剤，安定剤を添加した純植物性脂肪タイプの4種類がある。

クリームは，コーヒー用とホイップ用とに大別される。コーヒー用は，脂肪率が低く20～30％である。ホイップ用は，泡立ててケーキのデコレーションなどに使うことから，脂肪率は40～50％である。

クリーム類は，温度変化や振動を極端に嫌う食品である。10℃以上に品温が上がったり氷点下まで冷やされると，コーヒーに入れても溶けなかったり，ホイップしても泡立たないことがある。また，激しく振回すと固まってしまう。流通，販売そして家庭での保蔵時にも充分な注意が求められる。

（6）アイスクリーム

中国では紀元前3000年頃から，真夏には牛乳と氷などを用いて氷菓子をつくっていたという。1500年頃，氷に硝石を混ぜると温度が著しく低下することが発見され，イタリアでは果汁，ブドウ酒，牛乳やクリームなどを使って凍らせた食品がつくられた。工業的には，アメリカが19世紀の中頃に完成させた。

アイスクリームは，牛乳・乳製品などを主原料に，砂糖，安定剤，乳化剤，香料などの副原料を必要に応じて加え，空気を混入させて凍結したものである。凍結の際に，原料ミックスは激しく撹拌され，急速に冷やして凍らせる。このとき原料ミックスの中に大量の細かい空気の泡ができ，気泡を含んだ状態で凍結される。つまりアイスクリームの構造は，空気（気体）と氷（固体）と液体が混ざり合っている。氷の部分は，急激な撹拌凍結によりきわめて細かい結晶になる。液状の部分には，タンパク質や脂肪の微粒子が混ざり合っている。このような構造により，滑らかな舌ざわりが確保される。

① **アイスクリーム**　乳固形分15.0％以上で，うち乳脂肪分 8.0％以上のものをいう。

② **アイスミルク**　乳固形分10.0％以上で，うち乳脂肪分 3.0％以上である。一般的には，乳脂肪のほかに植物性脂肪が使用されている。乳脂肪がクリーミーな風味とトロッとした口あたりなのに対して，植物性脂肪はさっぱりとした風味が特徴である。

③ **ラクトアイス**　乳固形分 3.0％以上である。アイスミルクと同様に一般的には，乳脂肪のほかに植物性脂肪が使用されている。

上述した成分規格以外のものは，氷菓として分類される。果汁や果肉などを配合しアイスクリームと同様の方法で製造したシャーベットはこの範疇に入る。フローズンヨーグルトも，この分類に含めることができる。

（7）ヨーグルト

有史以前のある日，残しておいた乳が酸味のあるおいしい飲み物に変わっていることを偶然発見した。これがヨーグルトと人間の長い付合いの始まりである。特にブルガリアを中心としたバルカン地方，コーカサス地方はその発祥地ともいわれ，住民の重要な食料の一つであった。1905（明治38）年にロシア人のメチニコフがヨーグルト長寿説を唱えて以来，ヨーグルトは健康長寿に効果があるものとして広く注目を集めるようになった。

ヨーグルトという名称は一般名称であり，乳等省令では“発酵乳”である。発酵乳とは，「乳又はこれと同等以上の無脂乳固形分を含む乳等を乳酸菌又は酵母で発酵させ，糊状又は液状にしたもの又はこれらを凍結したもの」をいう。

ヨーグルトの種類は形状や添加物により以下のように分類される。

① **プレーンヨーグルト**　牛乳または無脂肪牛乳（あるいは全脂粉乳または脱脂粉乳を時には加糖して水で溶いたもの）だけを原料とし，これを乳酸菌で発酵させたものである。そのまま食べたり，野菜・果物と和えたり，料理にも使用される。最近，パッケージに“特定保健用食品”と書かれたマーク（4.14，p.697）がついているものがみられる。“特定保健用食品”とは，1993（平成５）年度から(現)厚生労働省認可のもとで，“食品成分と健康の関わりに関する知見から見て，ある種の保健効果が期待される食品”として認定された食品であることを意味している。この認定を受けると，例えば“この食品は腸内の環境を改善し，おなかの調子を整えます”というような表示が許される。

② **ハードヨーグルト**　水分が分離したり，形が崩れないように寒天やゼラチンなどの安定剤を添加し，瓶・カップに充填した日本独特の発酵食品である。

③ **ソフトヨーグルト**　発酵乳を撹拌混合して果肉などを添加し，容器に充填したものである。果肉を添加したフルーツヨーグルトが，日本のソフトヨーグルトの大部分を占めている。

④ **ドリンクヨーグルト**　ソフトヨーグルトよりもさらにやわらかく，液状の飲めるタイプである。

⑤ **フローズンヨーグルト**　ヨーグルトを凍結させたものである。ほかの発酵乳と同様に，乳等省令の成分規格に合致する乳酸菌または酵母が生存していることが必要である。

（8）乳酸菌飲料

日本の発酵乳製品は発酵乳，乳製品乳酸菌飲料および乳酸菌飲料に分類されている。乳製品乳酸菌飲料および乳酸菌飲料は，「乳等を乳酸菌又は酵母で発酵させたものを加工し，又は主要原料とした飲料（発酵乳を除く。)」である。乳製品乳酸菌飲料についてのみ加熱殺菌したもの（殺菌乳酸菌飲料）が認められているが，その他のものは乳酸菌数または酵母数の規格が定められている。

これらはさらに生菌と殺菌，直接飲用（ストレート）と希釈飲用，使用する原料や風味から以下の５種に小分類される。

① **生菌乳製品乳酸菌飲料**　もっとも一般的な乳酸菌飲料である。甘みがあり，茶褐色の色沢のものが多く，主に小型の樹脂容器に充填されて

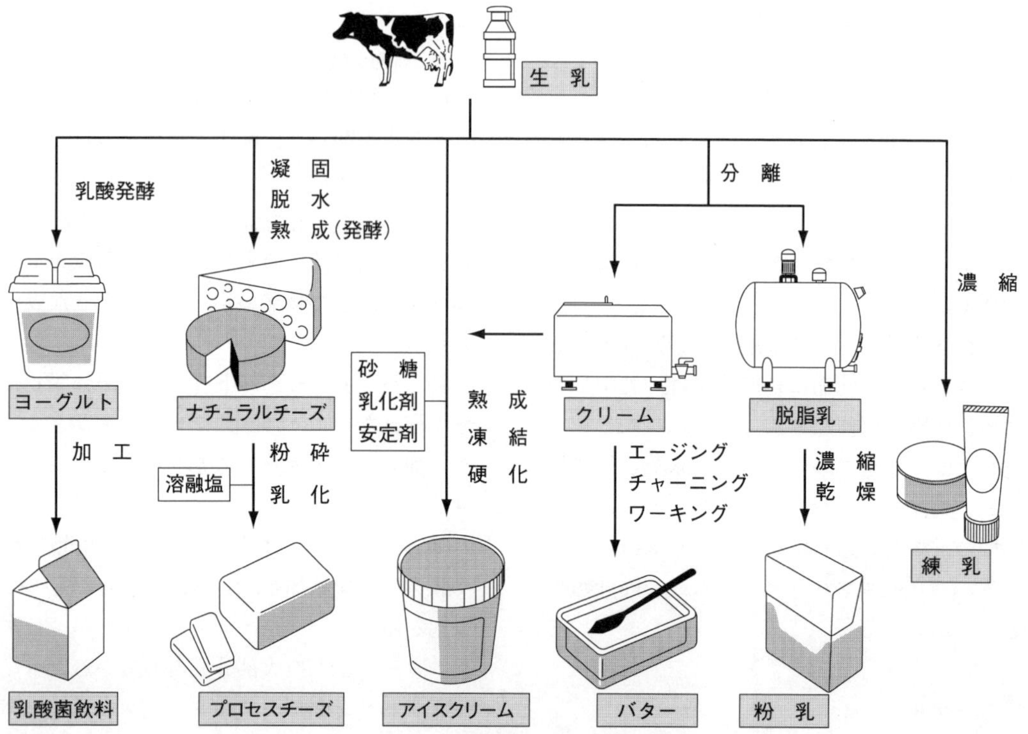

図 4.8.2　乳製品の基本的な製造工程

いる。

② **希釈飲用タイプ殺菌乳製品乳酸菌飲料**
酸乳飲料とも称され，水などで希釈する濃厚飲料である。

③ **ストレートタイプ殺菌乳製品乳酸菌飲料**
生菌乳製品乳酸菌飲料を殺菌して保蔵性を高め，缶，瓶などの容器に充填されたものである。

④ **ミルクタイプ乳酸菌飲料**　乳酸菌飲料のうち果汁風味を主体としないものである。無脂乳固形分が低いので，乳製品乳酸菌飲料よりも風味や添加物のバリエーションが広い。

⑤ **ジュースタイプ乳酸菌飲料**　果汁などをベースとして，これに少量の発酵乳を添加し，乳酸菌飲料特有の味を付与している。

主な乳製品の製造工程の概略を図4.8.2に示した。牛乳から多種多様な乳製品がつくられる。

4.8.2 保蔵技術

(1) 流通における品質上の問題

乳製品は種類が多く，またサイズや包装形態もさまざまである。さらに，流通の温度帯も常温帯，チルド帯，冷凍帯と幅がある。したがって，流通起因で引き起こされる品質上の問題もさまざまである。表4.8.2には，これらの諸問題を一覧にまとめた。

乳製品は，牛乳由来の栄養素をもつ。したがって，“カビ”はきわめて発育しやすい。図4.8.3に示すようにカビがよく発育する条件は，温度が20℃以上，湿度が70％以上である。チーズは非常にカビの生えやすい製品であり，粉乳やバターなども条件によってはカビが問題になる。

風味不良は微生物の影響や光照射，品温上昇などが原因となり，乳製品の変質によって引き起こされる。乳製品は変質しやすくほとんどすべての製品がこの問題の対象となる。また，まれには包

表 4.8.2　流通や家庭で発生する乳製品の品質上の問題点と原因

問題点	主な製品	原因
カビ発生	チーズ バター	・流通過程における温度管理の不適正 ・流通過程における容器包装の損傷 ・不衛生保管 ・長期滞留 ・家庭での開封後の取扱い不良
風味不良	牛乳 チーズ バター	・流通過程における温度管理の不適正 ・流通過程や家庭での他物からの移香
変　色	練乳 チーズ	・流通過程における温度管理の不適正 ・直射日光や強い光の照射
融　解	バター	・流通過程における温度管理の不適正
粘性増加，凝固	練乳	・流通過程における温度管理の不適正
固化，溶解不良	粉乳	・流通過程における温度・湿度管理の不適正
容器破損	すべての乳製品	・流通過程における荷扱いや保管不良 ・流通過程における温度・湿度管理の不適正

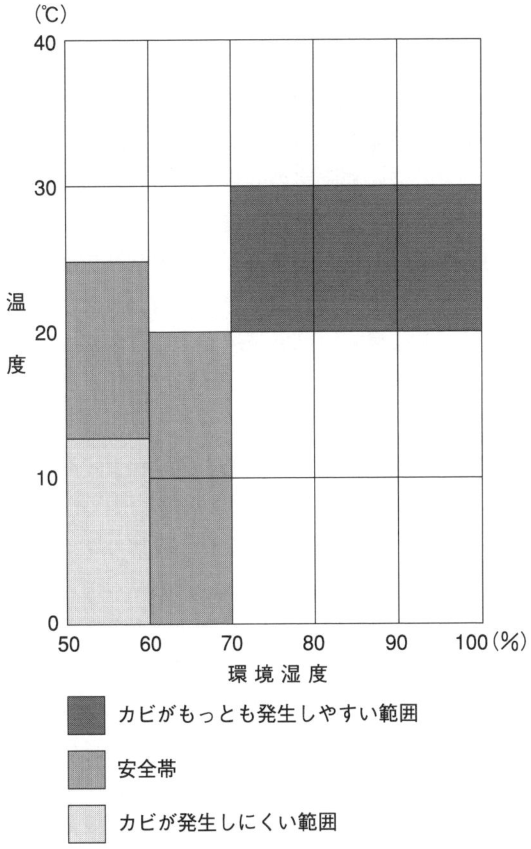

図 4.8.3　カビの発育条件

装容器を通じて外部からの移香による問題も発生する。流通過程や食品倉庫で魚介類，畜肉類，あるいはカンキツ系の果物などと一緒に保蔵されると引き起こされる。

保蔵温度の管理が悪いとさまざまな問題を生ずる。乳製品中の糖とタンパク質が作用すると褐色へと変色することがある（アミノカルボニル反応）。これは温度が高いほど促進される。練乳やチーズがこの問題の対象製品である。

バターは一般には25℃から溶け始め32℃を超えると液状になる。一度融解したバターは，再度冷却してももとの状態には戻らない。アイスクリームやフローズンヨーグルトも保蔵温度により同様の問題を生じる。

練乳やクリームでは，保蔵条件により粘性の増加や凝固が発生する場合がある。

粉乳でも保蔵条件により，固化や溶解不良が発生する。

容器包装は，内容物の品質を保護したり，商品のイメージや成分などを説明するための大切な役割をもつ。流通過程の要因で発生する容器・包装不良には，濡損，破損，汚損，変形，しみ出し，サビなどがある。

これらの品質上の問題のいくつかについて，以下の項では，代表的な乳製品であるチーズを取上げ，より具体的に記す。また，チーズとは性状の異なるヨーグルト，アイスクリーム，粉乳についても簡単に触れる。

（2）チ ー ズ

1）包 装 形 態

チーズは適度な水分と栄養素をもち，品質劣化の早い食品である。したがって，品質保護のために包装は大切な要素である。

チーズ包装では“カビ”の発生がもっとも大きな問題である。カビは酸素がないと発育できない。したがって，チーズに空気中の酸素を接触させないようにすることが包装のポイントである。

① ホットパック包装　6Ｐチーズやスティックチーズ，ブロックタイプのプロセスチーズでは，包材はチーズと密着しており，酸素に触れることを防いでいる。これらの製品の充填方法はホットパックといわれ，折込み成形された包材に加熱溶融したチーズを流し込んでつくられる。したがって，密封包装をする時点ではまだ品温が高く，その温度で殺菌され，カビの胞子が製品内に混入することも防がれる。また，包装材料としてもアルミ箔など，酸素を通しにくいものを用いている。ナチュラルチーズでもクリームチーズはこのような包装形態を採用している。

② コールドパック包装　一方，キャンディータイプのチーズは，比較的新しい製法のプロセスチーズである。すなわち，加熱溶融したチーズは冷却成形された後に袋包装される。コールドパックといわれる方式の製法である。カビの胞子の混入を避けるために，包装はクリーンルーム内で行われる。

この製法により，さまざまな食べやすい形態のチーズをつくることができるようになった。これらの製品では，包材とチーズは密着していないが包装袋内に窒素ガスと炭酸ガスを封入し，酸素を排除している。したがって，これらの製品包装内には窒素ガスと炭酸ガスが充満しており，一般には残存酸素の比率は１％以下である。窒素ガスは不活性ガスであり，製品に悪影響を及ぼさない。炭酸ガスの一部はチーズ中の水分に溶けて炭酸となり，わずかにpHを下げて，カビなどの微生物の発育を抑える効果がある。

③ ナチュラルチーズの包装　カマンベールチーズ，ブルーチーズ，シュレッドチーズ，カットチーズなどのナチュラルチーズは，包装形態はさまざまであるが，通常はチーズの熟成に寄与するカビや乳酸菌などの微生物がそのまま生きて存在する。これらの微生物はその製品にとって有用であるため，一般には加熱殺菌されていないが，そのため不必要なカビや微生物も殺菌されていない。したがって，これらの製品も窒素ガスや炭酸ガスを封入してあるものが多い。

2）温度と品質

有用微生物である乳酸菌などは，有害な微生物の発育を抑えてくれる。しかし，有害な微生物が発育しやすい環境に保蔵されると逆に有用微生物の発育を妨げ，品質の劣化に結びつく。そのため，保蔵温度は５～10℃にする必要がある。

ナチュラルチーズ中の乳酸菌は代謝により炭酸ガスを発生するものが多い。図4.8.4にシュレッドチーズの袋の膨張率の変化を示す。この膨張変化の程度はチーズの種類や内容量により異なるが，保蔵温度が高いほど大きくなる。通常の流通温度では膨張がひどくならないように包装設計されているが，保蔵温度には充分配慮する必要がある。

3）流通振動と品質

酸素はカビの発育を助けるだけでなく，チーズ中の脂肪を酸化させ風味劣化を引き起こす原因ともなる。しかし酸素分子はきわめて小さく，小さなピンホールも通るだけでなく，通常のプラスチック包材からも透過侵入する。したがって，チーズ包装の多くは，外気が侵入しないように酸素遮断性のある包材を用い，完全密封包装をしている。

一方，ガス封入した袋のフィルムの厚さは 0.1 ㎜以下の薄いものであり，ピンホールが発生する可能性がある。そのため，穴があきづらいナイロンをラミネートしてある場合が多い。ピンホールの発生は，流通時のトラックなどの振動により，

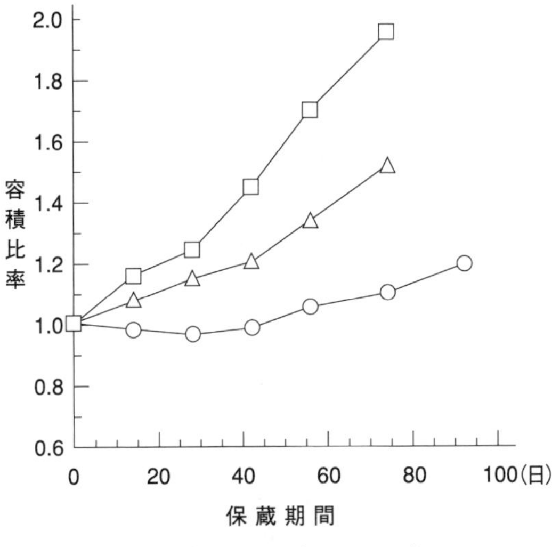

図 4.8.4　シュレッドチーズ袋の容積変化

チーズ中の乳酸菌の作用により，炭酸ガスが発生し，袋が膨張する。保蔵温度が高いほど膨張傾向であり，15℃，60日間保蔵で袋の容積が2倍以上になることもある。

段ボール箱の内面と擦れて発生する場合があり，流通上の配慮も必要となる。

製品段ボール箱は何段かに積上げられ輸送される。トラックの荷台の振動と積上げられた段ボール箱の振動は異なり，上段ほど振動は激しく最上段の振動がもっとも激しい。つまり，下段の段ボール箱の振動エネルギーが伝達され，上段へいくほど大きくなる。図4.8.5は，10kgの段ボール箱を6段積し，荷台と最上段の振動を測定した例である。この測定では段ボール箱どうしを結束させず，荷台の振動の加速度を 0.5Gと一定にし，周波数を5～20Hzと変化させた。図4.8.5より13Hz付近で，最上段の振動は荷台の8倍程度になることがわかる。このような振動では荷くずれも発生しやすい。例えばパレット上の最上段の段ボール箱どうしをゴムバンドで結束したり，パレットシュリンク（製品を積上げた状態でパレット単位で，シュリンク包装すること）などを用いる必要がある。

4）段ボール箱の強度と結露

段ボール箱の強度は，流通時の積段数を基に最下段の段ボール箱にかかる荷重を計算し，それに

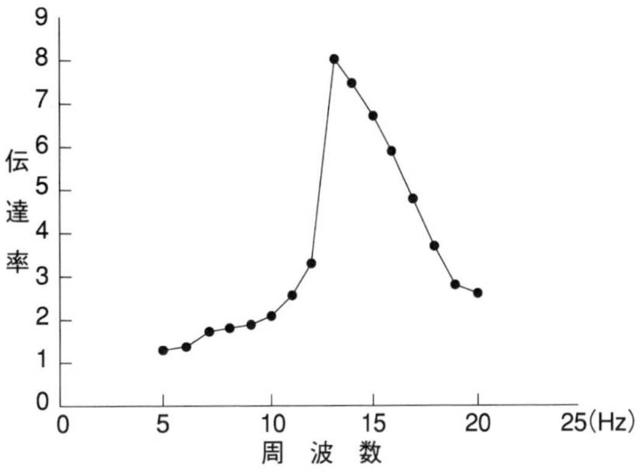

図 4.8.5　積段ボール箱の振動伝達率

付加係数を乗じて設計される。付加係数とはいわゆる安全率のことである。日本工業規格（JIS 規格）Z 0403では，段ボール箱が水濡れしやすいかどうかにより，1～7倍までの付加係数を設定している。チーズ製品も含め乳製品の多くはチルド流通であるために段ボール箱は結露しやすい。したがって，比較的濡れやすい部類に属し，実際の製品では付加係数は4～5程度に設定されるのが普通である。しかし，段ボール箱に表示されている積段数以上に積まれたり，結露のひどいときには荷くずれを起こす場合がある。夏場は高温多湿であり，冷蔵庫で冷えた段ボール箱が外気に触れるとすぐに結露が始まる。荷さばきなどの際に，段ボール箱を庫外に仮置きする場合もあるが，作業改善する必要がある。

5）蛍光灯の照明と品質

チーズ中には脂肪やタンパク質が存在する。これらは光によって変質しやすい。図4.8.6にはチーズ風味に及ぼす蛍光灯照射の影響を示した。光照射の影響を少なくするため，チーズ製品はアルミ蒸着包装や紙カートンなどの遮光性包材に入れられたものが多い。チーズだけでなくヨーグルトやアイスクリーム，粉乳，バターなど，乳製品は光により変質や変色する。これらも必要に応じて遮光性の包材を用いている。

表4.8.3には包材の種類と遮光性を示す。遮光性包材といえども完全に光を通さないわけではない。一方，図4.8.7に示すように，光の強さは蛍

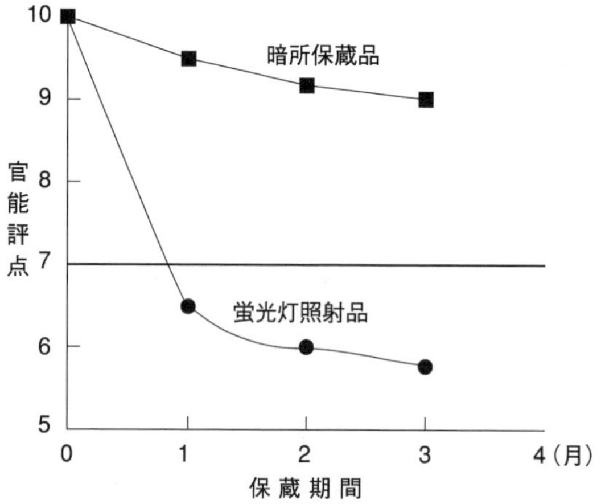

図 4.8.6　チーズ風味に及ぼす蛍光灯照射の影響（5℃保蔵）
蛍光灯照射により，1カ月で風味は劣化する。なお官能評点7点が，品質上の合格ラインである。

表 4.8.3　各種包材の光透過度

包　材	使用例	光透過度（%）
バージンパルプ紙	バターカートン	4～8
古　紙	マーガリンカートン	0～1
透明フィルム		85～100
白印刷フィルム		25～45
アルミ蒸着フィルム	スライスチーズ	0～1
プラスチック成形品（白着色）	ヨーグルト	10～30

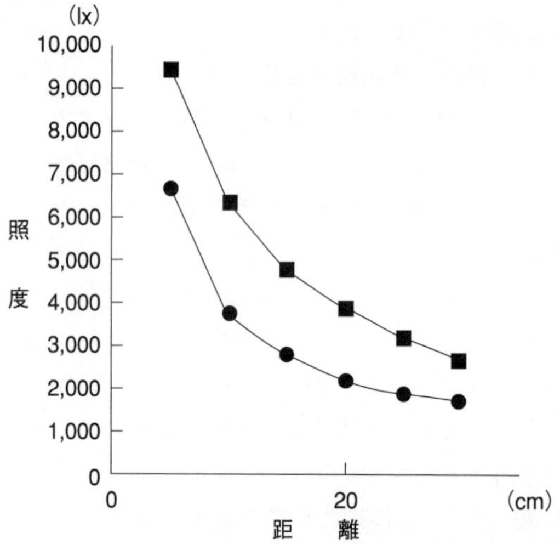

図 4.8.7　蛍光灯の距離と照度

光灯からの距離の2乗に反比例し，製品を蛍光灯に近づけるとかなり強い光を受けることになる。また，冷蔵ショーケースの蛍光灯の表面は45℃程度にもなり，蛍光灯から3cm程度離れたところに製品を陳列すると，ショーケースの庫内温度が10℃であっても製品の表面温度は15℃程度に上昇する。したがって，蛍光灯からは5cm以上，できれば10cm以上離して陳列したほうがよい。

6）賞味期限の長い商品

粉チーズには，プロセスチーズタイプとパルメザンチーズなどのナチュラルチーズタイプがあるが，ほかのチーズと比べ水分含有量が少ないため比較的劣化が少ない。しかし，高温条件下では脂肪分の分離が起き，また多湿条件に置かれた場合には吸湿して固化する。ほかの食品からの移香も問題となる。一般に粉チーズ類は賞味期限が長く，これらの悪環境に置かれる可能性もあり注意を要する。

（3）粉　乳

1）容器包装の種類

粉乳の容器については基準化されていた時期もあったが，現在は，調製粉乳以外は「乳等省令」での基準はない。

粉乳の容器としてもっとも大切なことは防湿性である。粉乳は吸湿すると固化したり，溶解性が悪くなったりする。また，微生物の増殖や酸化などの化学的な変質も生じ，風味不良になる。そのため，調製粉乳やスキムミルクおよびクリーミングパウダーなど市販の粉乳類は，金属缶やガラス瓶あるいはアルミ構成のラミネート袋に入れられたものが多い。

2）品質と温度・湿度の環境

通常の粉乳の水分含有率は2～3％である。図4.8.8には30℃における等温吸湿曲線を示した。Aw 0.5，すなわち相対湿度が50％の環境にしばらく置かれると，粉乳の水分含有率は10％程度にもなることがわかる。日本の平均相対湿度はほぼ50％であり，夏場には80％を超えることもある。しかし，前記のように粉乳の容器包装は防湿性のある包材を用いている。したがって，手荒な荷扱いなどにより，包材にピンホールが発生しなければ，吸湿の心配はない。ただし，業務製品などではクラフト紙とポリ袋に包装されたものが多い。ポリエチレンはある程度の防湿性はあるが，極端な多湿状態では問題となることもある。

調製粉乳などはビタミンなどの有用な微量成分が配合されている。また，脂肪分を多く含む粉乳

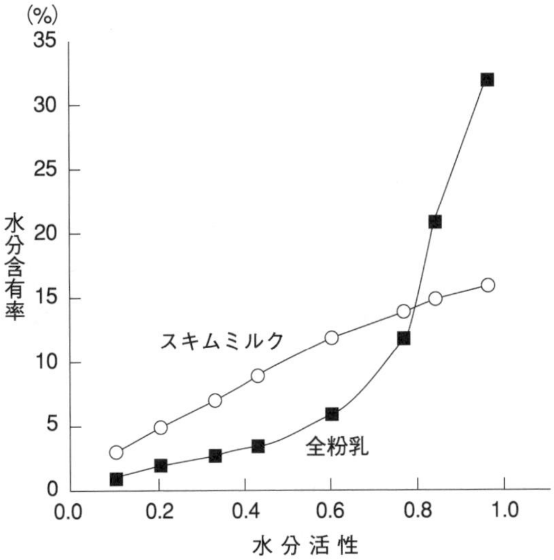

図 4.8.8　30°Cにおける粉乳の等温吸湿曲線

もある。これらの粉乳は高温に置かれると変質する可能性がある。粉乳は常温流通され，しかも賞味期限の長いものが多い。日本の平均気温はほぼ20℃である。したがって，粉乳の賞味期限設定のための保蔵試験は，平均気温より高めの25℃で行っている。しかし，実際には密閉された常温倉庫やコンテナ内では予想以上に高温となる。図4.8.9は，数日間にわたる夏場のコンテナ内の温度を示しており，50℃以上にもなっている。したがって，取扱う製品によっては定温コンテナや定温倉庫を利用すべきである。また，常温の倉庫では夏場換気をよくするなどの配慮が必要である。

（4）アイスクリーム

1）容器包装の種類

アイスクリームは嗜好品的要素が強く，容器包装形態は多岐にわたる。容器で問題となるのは耐寒性であり，通常用いられているプラスチックは，低温での耐衝撃性を考慮して，ハイインパクトポリスチレン（HIPS）やポリエチレンが多い。また触れたときの冷たさを防止するために発泡スチロールも使われている。

2）温度と氷結晶

アイスクリームのおいしさは，成分であるクリ

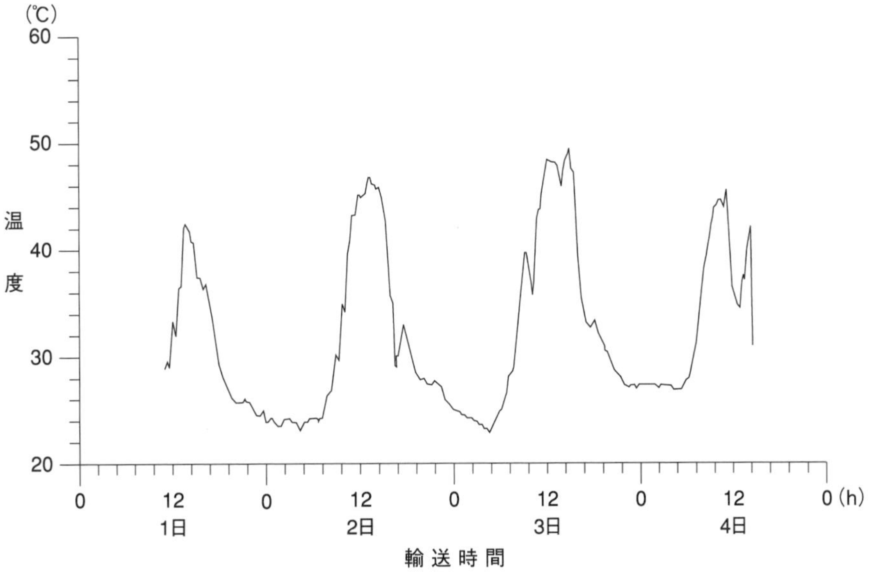

図 4.8.9　夏場(東京)のコンテナ内温度変化事例

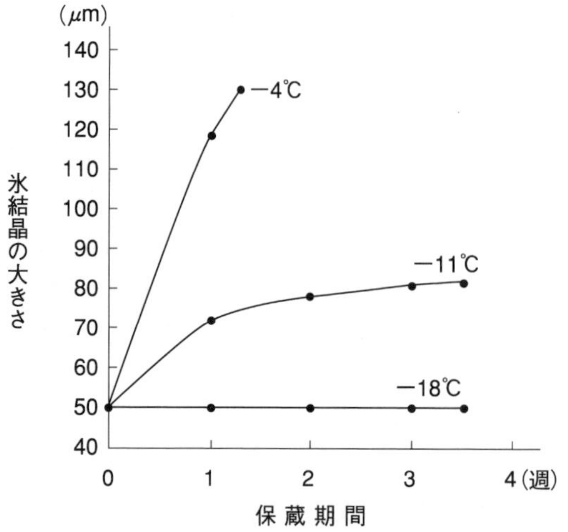

図 4.8.10　各温度における氷結晶の成長

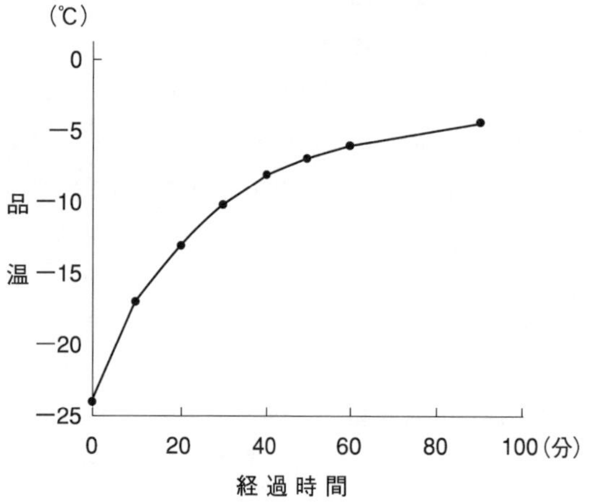

図 4.8.11　アイスクリームの品温変化
−25℃のアイスクリームを段ボール箱に入れ，外気温30℃で静置した。

ームや砂糖，香料などにもよるが，気泡の大きさや脂肪球の分散など，構造にも影響される。また，氷結晶は小さなものであるほど滑らかでおいしいアイスクリームとなる。図4.8.10に示すが，氷結晶は温度が高いと成長する。したがって，理想的には−18℃以下に保蔵される必要がある。図4.8.11に，ダンボール箱に入れたアイスクリームを30℃に置いたときの品温上昇を示す。30℃の夏場では30分くらいで品温が−10℃以上になることがわかる。通常小型冷凍車の積降ろしには30分以上かかるといわれているが，こまめなドアの開閉などきめの細かな作業方法の工夫が必要である。

（5）ヨーグルト

1）乳等省令と容器包装の種類

ヨーグルトに用いる容器は「乳等省令」で定められている。代表的なヨーグルトおよび乳酸菌飲料の包装形態を表4.8.4にまとめた。ヨーグルト容器に用いられるプラスチックは最初に「乳等省令」で使用が認められたポリスチレンが多い。現在も製品に接する部分のプラスチックは，ポリスチレンとポリエチレンのみが認められている。

ヨーグルトは一定の乳酸菌や酵母が生きている必要がある。一般には乳酸菌は酸素を嫌う。そのため包装外から酸素が侵入しないように，酸素を通さない包材を用いている製品もある。一方，アルコール発酵乳であるケフィールのように，発酵

表 4.8.4　乳等省令で認められる乳製品の容器

対象食品	認められる容器	備　考
発酵乳	ガラス瓶	透明なもの
乳酸菌飲料	合成樹脂製容器包装	内面はポリエチレン*またはポリスチレン
	合成樹脂加工紙製容器包装	内面はポリエチレン*またはポリスチレン
乳飲料	金属缶	内面はポリエチレン*またはポリスチレン
	組合せ容器包装	上記容器の組合せ
調製粉乳	金属缶	ふたにはポリエチレン，ポリエステルが使える
	合成樹脂ラミネート容器包装	合成樹脂・アルミ箔・セロハンもしくは紙の貼合せ 内面はポリエチレン*またはポリエステル
その他		乳等省令での規格はない

*1ポリエチレンにはリニアーポリエチレンも認められる
*2ふたに用いるアルミ箔の内面はポリエチレンやポリスチレン以外でもよい

中に炭酸ガスを出す製品もあり，炭酸ガスなどの気体を透過しやすくしている容器もある。

2）保蔵温度とヨーグルトの品質

流通時の保蔵温度が高いと，ヨーグルトにはさまざまな品質上の問題が生ずる。一般には温度が上昇すると有用乳酸菌よりも雑菌が増え，異常発酵などが起こる。また，ケフィールを高温に保蔵すると発酵が進みすぎ，炭酸ガスの発生により容器が異常に膨張する。

一般にヨーグルトは保蔵中に徐々に酸度が上昇し，酸味が増すとともに風味は悪くなる。この変化を少なくするためには低温で保蔵することである。保蔵温度が上昇するとヨーグルトの酸度上昇が加速し，さらにホエー分離も進む。

（6）賞味期限の設定

食品は，時間とともに微生物が繁殖したり，酵素の作用や温度，光などの影響を受けて変化し，最後には食べられなくなる。

賞味期限は，「定められた方法により保存した場合において，期待されるすべての品質の保持が十分に可能であると認められる期限を示す年月日をいう。ただし，当該期限を超えた場合であっても，これらの品質が保持されていることがあるものとする」と定義されている。これは法律で一律に決められたものではなく，その食品をつくる会社が各種試験をし，保蔵方法と一緒に期限も決める。したがって，賞味期限は，食べられなくなる期限ではない。

㈳日本乳業協会では，乳製品について「品質保持期限の設定方法のガイドライン」を策定している。多くの企業は，このガイドラインより厳しい条件で賞味期限を設定している。流通，販売の段階では，指示されている保蔵条件，特に温度管理を徹底することが重要である。

4.8.3 家庭での保蔵方法

家庭での保蔵は，容器包装に表示されている方法に従うことが望ましい。特に指定された温度を

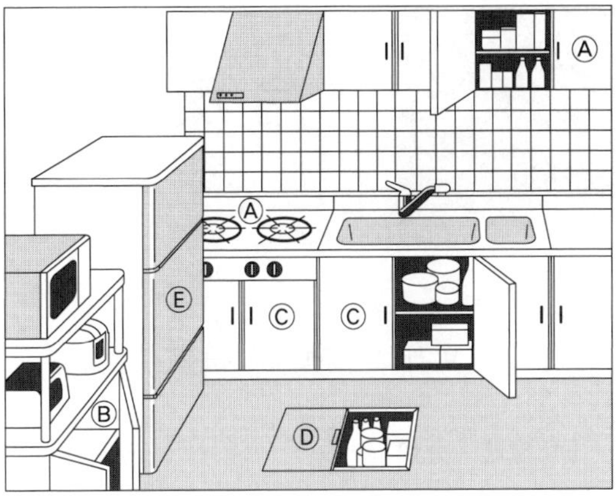

（℃）

	夏	春・秋	冬
Ⓐ 流し台上・ガス台横	27〜33	14〜27	9〜25
Ⓑ 食品収納庫	27〜33	13〜24	9〜19
Ⓒ 流し台・ガス台・調理台下	26〜32	13〜24	8〜19
Ⓓ 床下収納庫	26〜31	12〜23	7〜18
Ⓔ 冷蔵庫　冷凍室	−18 〜 −19		
チルド室	0 〜 3		
冷蔵室	3 〜 6		
野菜室	6 〜 9		

図 4.8.12　家庭での保蔵場所の温度

守ることが重要である。なお，家庭での保蔵場所の代表的な温度を図4.8.12に示す。保蔵方法が適切であると，賞味期限をすぎても，急に品質が劣化して食べられなくなるということはない。ただし，開封した食品は，できるだけ短期間の間に使いきることが必要である。

開封後は，切り口をラップ類で覆ったり，密封できる容器に移し変えることにより，さらに長もちさせることができる。なお，粉乳類は冷蔵庫に入れず，室温で保蔵する。冷蔵庫に入れると品温が下がり，使用するときに吸湿して固化や溶解不良の原因になる。

4.9 冷凍食品

4.9.1 種類と特徴

(1) 定義・分類

冷凍食品は，原料の管理も含め，一定の法則に従って製造され，さらにその後保蔵・流通段階を経て消費者がそれを消費するまで一定の法則に従って品質管理が行われて初めて，その品質・価値を維持できる性質の食品である。冷凍食品の定義は，定義を行った国や団体により若干の差異が認められる。

FAO（食糧農業機関）/WHO（世界保健機関）食品規格委員会専門家会議の定義によれば，前処理の後遅滞なく急速に冷凍されること，凍結工程は0～−5℃の最大氷結晶生成帯を急速に通過させる方法であること，凍結処理は品温が安定した後中心温度が−18℃になるまで続けられることに加えて，所定の包装をするべきことを別途義務づけている。このほか，AFDOUS（アメリカ食品医薬品関連管理協会）やヨーロッパ各国の法律および指導基準でも同じような定義がなされている。

一方，日本での明文化された定義としては，行政管理庁の「日本標準商品分類」，厚生労働省の「食品衛生法」，㈳日本冷凍食品協会の「冷凍食品自主的取扱基準」などがある。日本標準商品分類によれば，冷凍食品とは，「前処理を施し，急速冷凍を行い，包装された規格商品で，−15℃以下で保蔵されたもの」とされている。また，食品衛生法によれば，冷凍食品を，「製造し，または加工した食品（清涼飲料水，食肉製品，鯨肉製品，魚肉ねり製品およびゆでだこを除く）および切身またはむき身にした鮮魚介類（生かきを除く）を凍結させたものであって，容器包装に入れられたものに限る」としており，−15℃以下での保蔵と，清潔で衛生的な合成樹脂，アルミニウム箔または耐水性の加工紙での包装を義務づけている。

表 4.9.1 食品衛生法に基づく「成分規格」からみた冷凍食品の分類

冷凍食品	冷凍鮮魚介類	生食用冷凍鮮魚介類	
		加工用冷凍鮮魚介類	
	調理食品	無加熱摂取冷凍食品	
		加熱後摂取冷凍食品	凍結前加熱済
			凍結前未加熱

以上で定義した冷凍食品は，食品衛生法に基づく規格（厚生省告示第370号「食品，添加物等の規格基準」，1973年告示）に示された成分規格の中で，表4.9.1に示すように分類されており，それぞれの品目ごとに製造基準，衛生基準および保蔵基準などが設けられている。次に㈳日本冷凍食品協会によれば，冷凍食品は「前処理を施し，急速冷凍を行って，消費者用包装を行った食品」であって，品温の規定は特に明記されていないが，検査の中で−18℃を超えているものは冷凍食品として不合格とみなされている。

以上をまとめると，以下の4つの要素により構成される。

① 冷凍食品は急速凍結された食品である／食品を凍結すると，その中の水分が氷結晶を形成する。この際0～−5℃の“最大氷結晶生成帯”と呼ばれる温度帯をゆっくり通過，すなわち緩慢凍結すれば，氷結晶粒の大きさが大きくなり，組織・細胞の破壊や種々の変性が起こり，その食品としての価値が低下する。したがって，こうした価値低下を防ぐためには最大氷結晶生成帯を速やかに通過させることが重要であり，このことが約束事として定義されている。

② 冷凍食品は，品温を−18℃以下にした食品である／冷凍食品の凍結前の品質をある程度長期間維持するうえで，保蔵温度は重要な因子の一つである。すなわち保蔵温度を高くすれば，それに応じて品質維持が可能な期間は短くなり，逆に保蔵温度を低くすれば，長期間品質を維持することができる。一般的な生鮮食品は1年後に再収穫できることから，冷凍食品の品質を維持すべき期間を1年とし，そのための保蔵温度を設定することが試みられた。WRRL（アメリカ農務省西部地区研究所）が主体となって行った冷凍食品のT-TT（time-temperature tolerance）研究により，一般的な生鮮食品の品質を1年間維持するための平均的温度が−18℃であると報告されたことから，冷凍食品の品温（保蔵温度）を−18℃以下にする必要があると決定された。このことは今や国際的な約束事として認知されている。

③ 冷凍食品は，前処理を施した食品である／冷凍食品は，同じ長期間保蔵可能な高温加熱食品や乾燥食品に比べ，味，風味，栄養素などが原料に近いまま維持されることが特徴である。したがって，凍結する前に保蔵中の品質劣化の原因となる酵素や微生物を加熱などにより不活性化しておく必要がある。冷凍食品においては，切る，煮る，揚げるなどの予備調理を総じて前処理と呼ぶが，これを施すことによって，消費者の手間を省くことができる以外に，こうした冷凍保蔵中の品質劣化を抑制することも可能にしている。

④ 冷凍食品は，消費者用包装を施した食品である／冷凍食品は保蔵中の劣化が少ないことを特徴としているため，保蔵中の劣化の原因を排除するための方法論も約束事の中に盛込まれている。包装もその一つであり，これにより，食品の乾燥や酸化劣化などが防止されている。

以上，法的あるいは規格的な面から冷凍食品の定義・分類を解説したが，次項より，実際の流通・販売形態である素材冷凍食品と調理冷凍食品に大別して詳細に述べる。

（2）素材冷凍食品

1）定　義

㈳日本冷凍食品協会では冷凍食品を，農産冷凍食品，水産冷凍食品，畜産冷凍食品，調理冷凍食品，その他冷凍食品に5分類している。この5分類の各々のものにはどのような食品があるかは表4.9.2に示したので参照されたい。

ここでいう素材冷凍食品とは，農産品，水産品，畜産品を指すものである。素材冷凍食品も調理冷凍食品同様，次のように製造され取扱われるものをいう。

① 原料を清潔に洗浄し，野菜でいえば根，茎，皮，種などの不可食部分を取除いたうえ，調理直前の状態にカットしブランチングするなど，凍結する前に前処理がしてある。

表 4.9.2　冷凍食品の品目別分類

品目別	食品例
農産冷凍食品	イチゴ，ミカン，モモ，ホウレンソウ，グリンピース，エダマメ，ソラマメ，スイートコーン，ニンジン，ゴボウ，サトイモなど
水産冷凍食品	サケ，マス，アジ，サバ，エビ，カニ，アユ，貝類，イカ，タコ，カキ，海藻類など
畜産冷凍食品	牛肉，豚肉，鶏肉，綿羊肉，その他畜産品
調理冷凍食品	魚肉フライ類，畜産フライ類，貝類フライ類，スティック類，コロッケ，ハンバーグ，魚類天ぷら，野菜天ぷら，貝類天ぷら，シュウマイ，ギョーザ，ウナギ蒲焼き，焼き魚，茶碗蒸し，麺類など
その他冷凍食品	パン類，菓子類，果汁類など

出典）稗田福二：冷凍食品の科学，同文書院，p. 3（1979）

② 凍結する際は，組織が壊れて品質が変わってしまわないように急速凍結し，解凍した際に凍結前の姿に戻るように冷凍してある。

③ 冷凍食品が消費者の手元に届くまでの間に汚染したり品傷みするのを防ぐため，消費する直前まで密封包装してある。

④ 冷凍食品が製造されたときから消費されるときまで，食品の温度(品温)を一貫して−18℃以下に保ち，品質が長期間（1年程度）ほとんど変わらないようにしてある。

以上4つの条件を満たして，初めて冷凍食品といい，この4つの条件から，さまざまな効果が生まれる。

素材冷凍食品の製造工程は，原料の類別すなわち水産物，農産物，畜産物によって違っている。また同じ類別の中でも性状の違ったものがあるので，それによっても差がある。

例えば水産物は魚類，貝類，甲殻類，農産物では野菜類と果実類，畜産物では食肉，食鳥，鶏卵に大別されるが，これらに同じ製造工程を当てはめるわけにはいかない。そのうえ，水産物や農産物は種類が非常に多く製造工程は多岐多様のものになってくる。

どんな食品の場合にも当てはまるきわめておおまかな製造工程区分があり，それを順序で示すと図4.9.1のようになる。

2）農産冷凍食品

野菜は収穫された後も生きていて，酵素も働いており，呼吸をし，体内の栄養成分を消費し，水分を蒸発させて萎えていく。野菜を生のまま凍結し解凍すると褐色や黒色に著しく変色してしまったり，身崩れを起こしたりする場合がある。これは，野菜のもっている酵素類（カタラーゼ，パーオキシターゼなど）が働き，自己消化したり黒褐色の酸化重合体を生成するからである。

変色した野菜は外観が悪いばかりでなく風味も損なわれてしまうので，このような品質変化を防ぐために冷凍野菜の製造工程には，凍結前の処理として加熱により酵素を不活性化させる処理が行われる。この加熱処理をブランチングという。

原料の選択 → 原料の鮮度保持 → 前処理 → 凍　結 → 包　装

図4.9.1　素材冷凍食品の製造工程

表 4.9.3　野菜のブランチング時間

インゲンマメ	1.5〜3分
エダマメ	2.5〜3分
カボチャ	5〜9分
グリンピース	1〜1.5分
サトイモ	3〜10分
マッシュルーム	2〜3.5分
ホウレンソウ	
葉	0.5〜0.8分
根	1.5〜2分

出典）食品産業新聞編：新版冷凍野菜・果実のすべて，食品産業新聞，p.14(1993)

ブランチングの方法としては沸騰水中に浸漬する方法と蒸煮があり，効率のよさから一般に前者が多く行われている。

加熱時間は野菜の形状や，風味をできるだけ生に近い状態に保つことと，酵素不活性化の程度の兼合いで決まるが，普通は生の野菜を加熱調理して喫食する場合の加熱時間を100％とした場合，おおむね70〜80％程度の加熱と考えればよい。

ブランチングの目安を表4.9.3に示したが，加熱時間は野菜の熟度や大きさによって若干異なる。また，色調をよくするために異なる温度で2度ブランチングを行う場合もある。

使用水は，野菜中のクロロフィル（葉緑素）やタンニンなどへの影響を考慮して，金属イオン，特に鉄イオンを排除することが必要である。硬水の使用は全般的に好ましくない場合が多い。

また，葉茎菜類には微アルカリ性，イモ・キノコ類は酸性側に用水のpHを調整すると色調をよりよくする。

冷凍野菜を解凍，調理したときの鮮やかな色彩は，このブランチングによって保たれるものであり，着色料などを全く必要としないことが冷凍野菜の大きなメリットである。

ブランチングには酵素不活性化による変色，変質防止のほかに，副次的な効果として以下のような点があげられる。

① 加熱による水分減少により，解凍時のドリップ流出が減る。

② 加熱による組織軟化により，凍結時に細胞内の氷結晶の成長による細胞膜破損に耐える（野菜の細胞壁は比較的かたいため，生のままでは破損しやすい）。

③ 加熱により微生物が減少する。

④ あくなどの好ましくない成分を除去する。

ただし，ブランチングはすべての冷凍野菜に対して行われるものではなく，ブランチングすることによって，製品の色調や組織にマイナスを及ぼす場合や，あくまで生で喫食する大根おろしやとろろイモ，おろしワサビなどは生のまま冷凍される。生の状態で食べることが通常の用法になっているような野菜であっても，例えばレタス，トマトなどは凍結後に解凍すると肉質の緊張性を失うので凍結用には不向きである。このように，野菜類を凍結した場合，いくつかの例外はあるが，その官能的および栄養的な品質は，凍結やブランチングを中心とするすべての処理条件がよかったならば，生の野菜と比べてほとんどそん色がないように加熱調理用に利用することができる。凍結したばかりの野菜の品質（初期品質）は，包装が完全であり，凍結冷蔵の温度が充分に低ければ，その野菜の次の生産シーズンまで保つことができる。

図4.9.2に冷凍野菜および冷凍果実の製造工程を示した。また図4.9.3に主な冷凍野菜の播種と収穫時期を示した。

3）水産冷凍食品

日本における水産素材冷凍食品は1899（明治32）年，中原孝太が冷蔵業を営む傍ら魚の冷凍を行ったのが始まりとされる。商業的には1918（大正7）年，葛原商会が北海道を拠点として冷凍工場，冷凍運搬船を建設し，その後の冷凍事業の基礎を築いた。その後昭和初期にかけて遠洋漁業が盛んとなり，日本水産㈱，大洋漁業㈱などの大手水産会社が設立され今日に至っている。

冷凍食品とは，冷凍前に前処理が施され，急速凍結され，密封包装が施してある，－18℃以下で流通・保蔵される食品である。よって上記形態で一般消費者の手に届く冷凍むきエビ，イカなどあるいは加工用冷凍原料がこれに該当し，鮮魚小売商で解凍して販売される形態のもの（刺身，寿司ネタ）は含まれない。

① **製造方法**　製造方法としては原料選択，前処理，凍結，凍結後処理の4段階で行われる（図4.9.4）。

A．原料選別……水産素材は一般的に水分含量が多く（水分活性値（A*w*）が大きい），細胞組織も軟質であり，微生物の繁殖や自己消化による鮮度低下が早い。ゆえに大きさ，形状，色合い，損傷の有無による選別はもちろんのこと，漁獲後の鮮度保持が重要である。鮮度保持は品温を0℃近辺に保つことが効果的であり，砕氷を魚体にかける氷蔵方法が主に用いられている。

B．前処理……イワシ，サンマなどの小型魚についてはそのまま凍結するケースもあるが，多くの場合殻むき，頭部や内臓の除去，カット処理（3枚おろし，フィレなど），洗浄などの前処理を行う。また，煮熟エビのようにボイル処理を施すものや，海草類のように解凍時に肉質が軟化しやすいものについては食塩水に浸漬あるいは食塩をまぶしてから凍結する場合もある。

C．凍　結……凍結の方法としてはエアブラスト凍結，コンタクトフリージング，ブライン凍結があり，凍結品の形態としてはブロック凍結（BQF），ばら凍結（IQF）がある。これらは魚体の大きさ，利用目的により使い分ける。

エアブラスト凍結は被凍結物に2～5m/秒の冷風をあてて，短時間に凍結させる方法である。大型魚類，エビ・ホタテのばら凍結をはじめ，広く利用されている。コンタクトフリージングは冷媒を通した金属板（－30℃程度まで冷却する）で被凍結物を両側から挟んで凍結する方法である。形状を平らにしやすいものが好ましく，冷凍すり身，小型魚種，ブロック状凍結エビやイカなどのブロック凍結に利用されている。ブライン凍結は氷結点の低い可食溶液（例えば23％食塩水，氷結点－

・農産冷凍食品

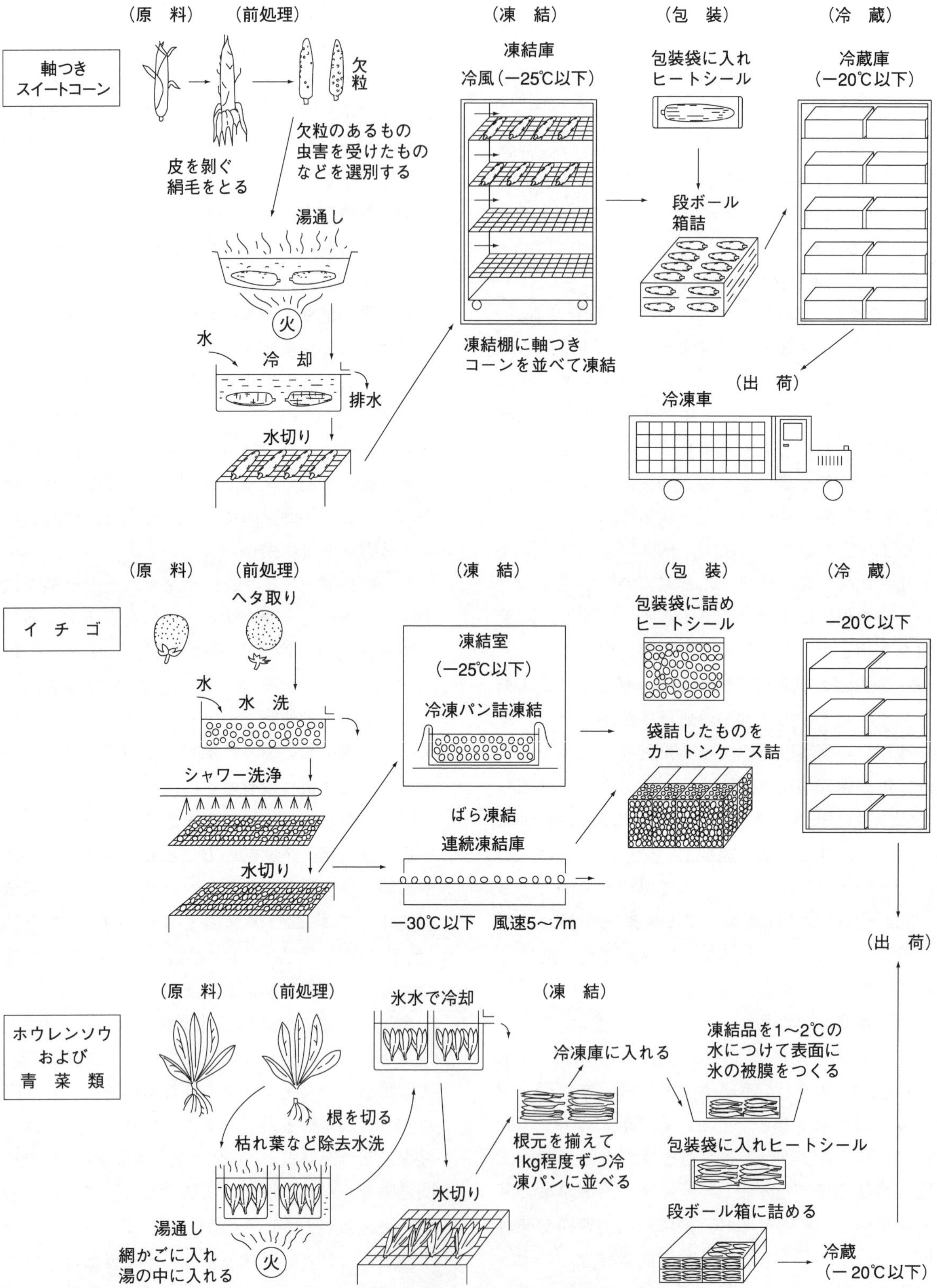

図 4.9.2　冷凍野菜および果実の製造方法

出典）稗田福二：冷凍食品の科学，同文書院，p.28（1979）

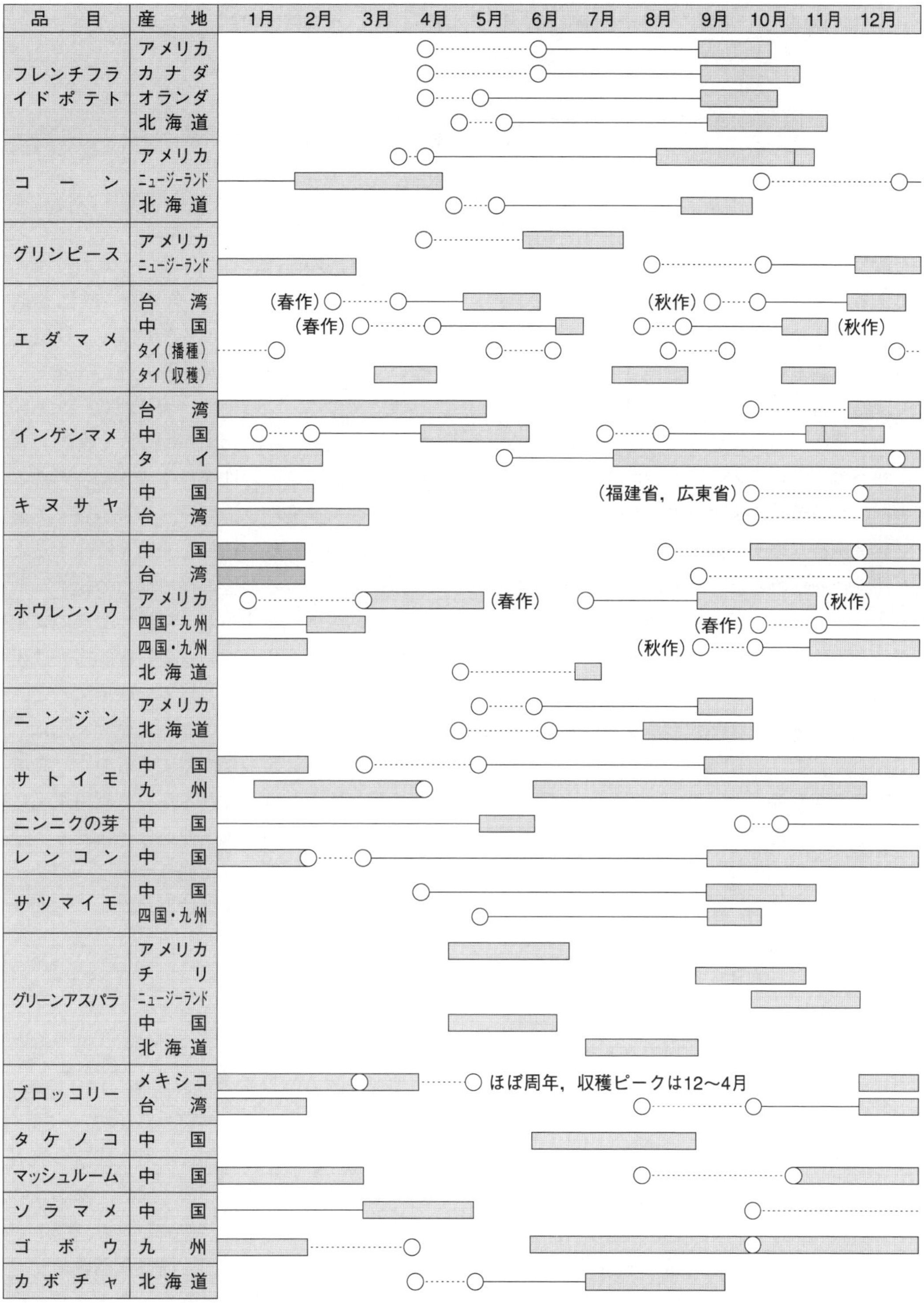

○：播種または定植，▭：収穫

図 4.9.3　冷凍野菜の播種と収穫時期

出典）食品産業新聞編：新版冷凍野菜・果実のすべて，食品産業新聞，p.171（1993）

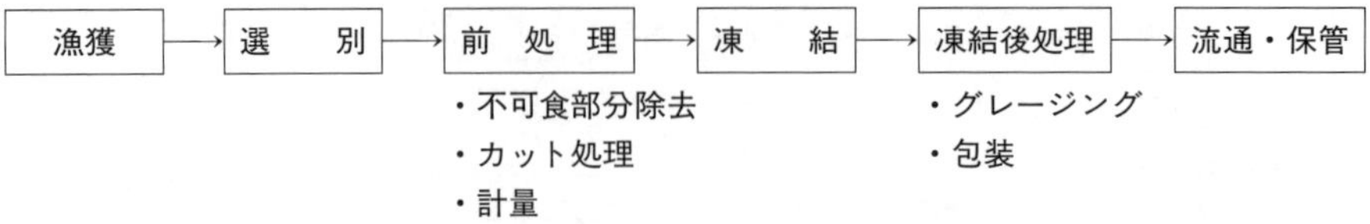

図 4.9.4　水産素材冷凍食品の製造工程

21℃）をその溶液の氷結点近くまで冷却し，被凍結物を漬け込むまたはシャワリングして凍らせる方法である。マグロ，カツオなどの凍結に利用されている。凍結装置の詳細については4.9.2（2）冷凍設備の種類とその特徴を参照されたい。

D．凍結後処理……凍結後の製品は，冷凍保蔵中に氷の昇華による表面乾燥ならびに酸化による味・風味の劣化を生じる。これを防止する目的で，製品表面に氷の膜を形成させる，いわゆるグレージング処理を行うのが一般的である。方法は，冷却した清水に凍結物を漬け込む，あるいは清水を噴霧して行う。付着性をよくする，あるいはひび割れを防ぐ目的で，増粘多糖類溶液を用いることもある。

以上の処理を施した後，包装，保蔵，流通される。

4）畜産冷凍食品

畜産冷凍食品には，冷凍食肉と凍結卵が含まれる。

食肉には牛肉，豚肉，羊肉，鶏肉などがあげられ，冷凍保蔵における留意点はいずれも同じである。食肉の多くは冷蔵で流通するが，長期保蔵を行うには，微生物の増殖や自己消化による変質を抑制するため凍結される。食肉も水産物と同様，細胞組織の損傷を抑え，保水性を維持するため，急速凍結が行われる。

食肉は，熟成過程といわれる，死後硬直の解除およびタンパク加水分解酵素による呈味成分の増加により，おいしさ（風味，やわらかさ，肉汁感）が付与されるが，冷凍肉は通常と殺冷却後，直接冷凍されるため，特に牛肉では解凍後熟成を行う必要がある。凍結前の保蔵条件によっては，特に鶏肉では，鮮度低下が起こりやすいため，凍結前の加工工程（除羽，内臓の除去，冷却，部位別カットなど）は速やかに行われる。

冷凍食肉の保蔵には，保蔵中の氷の昇華による乾燥（いわゆる冷凍ヤケ）や脂質の酸化を抑える（特に鶏肉では重要）ため，水蒸気および酸素透過性の低い包材で真空包装されるのが一般的である。

凍結卵には，凍結全卵，凍結卵黄，凍結卵白があげられ（表4.9.4），用途に応じて食塩，砂糖などを添加し，冷凍耐性を付与する場合がある。

全卵の冷凍変性は，卵白，卵黄の各々で起こる変化で説明される。卵白を凍結・解凍すると，濃厚卵白といわれる粘度の高い卵白の比率が低下し，全体の粘度は低下するが，起泡性や泡の安定性は損なわれないため，凍結による機能損失は小さいといえる。卵黄は－6℃以下で凍結すると，ゲル化することが知られている。このゲル化は，卵黄のリポタンパク質の変性によるもので，食塩や砂糖の添加により抑制されるため，利用用途に応じて加塩卵黄，加糖卵黄と使い分けられる。全卵では，卵黄と卵白を均一に混合すれば，凍結によるゲル化は起こらず，未凍結卵に対して起泡性にも大きな違いは認められない。

（3）調理冷凍食品

1）定　義

調理冷凍食品は日本農林規格（JAS規格，農林水産省告示第155号，1978年告示）によって，「農林畜水産物に，選別，洗浄，不可食部分の除去，整形などの前処理および調味，成形，加熱等の調理を行ったものを凍結し，包装しおよび凍結したまま保持したものであって，簡便な調理をし，またはしないで食用に供されるものをいう」と定義されている。

また，表4.9.5に示すように，このJAS規格の中ではエビフライ，コロッケなどの主要な調理冷

表 4.9.4　凍結卵の種類と品質

1．種類は，次の基準により 8 型，10型および16型とする

種　類	基　準
8　型	正味重量が 8 kgのもの
10　型	正味重量が10kgのもの
16　型	正味重量が16kgのもの

2．品質および容器は次のとおりとする

事　項 ＼ 区　分			凍結全卵	凍結卵黄	凍結卵白
品質	卵固形物(%)		24以上	43以上	11以上
	粗脂肪(生鮮物中%)		10以上	28以上	0.1以下
	粗タンパク質(生鮮物中%)		11以上	14以上	10以上
	pH		7.2～7.8	6.1～6.4	8.5～9.2
	風　味		正　常	正　常	正　常
	細菌数（1 g中）		5,000以下	5,000以下	5,000以下
	大腸菌数（1 g中）		10以下	10以下	10以下
	サルモネラ属細菌およびその他の病原菌		陰　性	陰　性	陰　性
	添加物		な　し	な　し	な　し
容器	材　質		金属等衛生的であり，かつ流通過程において破損し，または凍結卵の商品価値を低下させるおそれのないもの		
	寸法	区分 ＼ 外側の長さ	縦（cm）	横（cm）	高さ（cm）
		8　型	23.8	23.8	17.3
		10　型	23.8	23.8	23.0
		16　型	23.8	23.8	35.0

注 1）　凍結卵の原料鶏卵は，国内産のもので内容物が鮮度良好なものとし，血液を含むもの，一度孵卵器に入れたものなどは使用してはならない。

注 2）　凍結卵の品質の測定は，次の方法による。

試　料　容器 1 個から100 g を採取する。

測定方法　粗脂肪：A.O.A.C.法（塩酸分解）による。

粗タンパク質：ケルダール法により測定された全窒素含有量に6.25を乗じる。

pH：ガラス電極 pH メーターによる。

細菌数：平板培養による。

出典）佐藤　泰編著：食卵の科学と利用，地球社，p.383（1980）

表 4.9.5　各種調理冷凍食品の JAS 規格

	衣・皮の率	粗脂肪	食　肉	魚　肉	エ　ビ	カ　ニ	つなぎ	肉様植蛋
エビフライ	50% エビ 6 g以下は 60%以下							
コロッケ	30%以下							
シュウマイ	25%以下	対製品 13%以下	対あん 20%以上		対あん 15%以上	対あん 10%以上	対あん 15%以下	対肉 40%以下
ギョーザ	45%以下	対製品 10%以下	対あん 20%以上		対あん 15%以上	対あん 10%以上	対あん 10%以下	対肉 40%以下
春　巻	50%以下	対製品 8 %以下	対あん 10%以上		対あん 10%以上	対あん 8 %以上	対あん 15%以下	対肉 40%以下
ハンバーグステーキ ミートボール		対製品 20%以下	対製品 40%以上	対製品 10%以下			対製品 15%以下	対食肉 40%以下
フィッシュハンバーグ フィッシュボール		対製品 10%以下	対製品 10%以下	対製品 40%以下			対製品 15%以下	対魚肉 40%以下

凍食品については，その衣比率や肉比率などにおいて細かな定義がなされている。

2）製造方法

① 種類と市場規模 冷凍食品は，主に市販用（家庭用）と飲食店・給食・持帰り惣菜用（業務用）とに分けられる。その比率は業務用の比率が圧倒的に高い。

日本全体の生産量は近年急激に伸張してきている。生産数量の順位は，上位からコロッケ，うどん，ピラフ，カツ，ハンバーグと続き，この5品で約6割を占める。その後，菓子類，パン・パン生地，卵製品，ミートボール，魚類と続いている。

調理冷凍食品は，その中で圧倒的に高い比率を占める。これは日本の冷凍食品の大きな特徴といえる（日本に比べ，アメリカ，ヨーロッパ諸国では素材冷凍食品の比率が高い）。

② 一般的な製造方法 調理冷凍食品の一般的な製造方法について図4.9.5に示した。工程を大別すると原料購入・保蔵，原料前処理，成型，加熱，凍結，包装，保蔵，検査，出荷という順序である。

A．原料購入・保蔵……原料の受入れ規格を原料メーカーとの間で取決めることから開始する。原料受入れ規格の設定は品質の安定した冷凍食品を製造するには非常に重要なポイントである。次に原料受入れ規格に基づき原料購入を行う。調理冷凍食品は肉や野菜，魚といった天然物原料を使用する場合が多く，原料受入れ検査では原料の鮮度，品質劣化の有無，異物の有無などを判定し，万が一規格に合わない原料の場合は使用を取りやめることもある。

納入された原料は加工処理するまで保管する。その温度帯は－25℃の冷凍温度，0～5℃の冷蔵温度，10～18℃の常温温度帯がある。鮮度低下の早い畜産物や水産物などは鮮度保持のため，冷凍保蔵することが多い。冷凍保蔵によって冷凍変性しやすい野菜類や酪農品は冷蔵保管を行う。常温でも品質が安定な穀類や調味料は常温保管することが多い。

B．原料前処理……この工程の第1の目的は原料中の異物，夾雑物および不可食部の除去である。天然原料が多いため，原料規格により品質確保を図っていても，原料中に異物が混入している場合や野菜のヘタなどの不可食部が存在する。これらをこの工程で除去する。第2の目的は原料に目的の製品に合わせた一次処理を施すことである。例

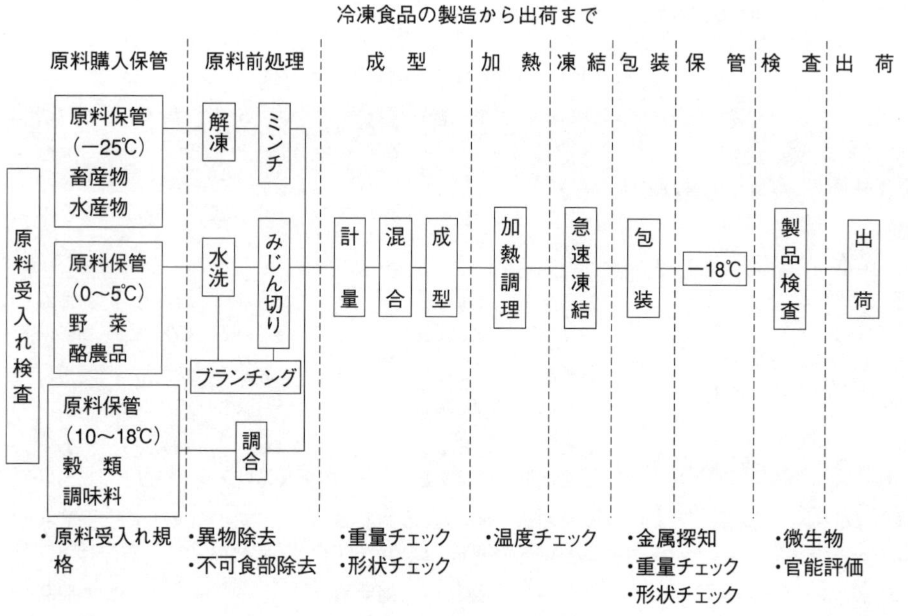

図 4.9.5 冷凍食品の製造

えばひき肉を使用するハンバーグの製造には肉のミンチ処理を行う。野菜類は泥や虫を水洗で落とし，みじん切りやブランチングなどを行う。調味料は目標とする味・風味となるよう計量する。

C．混　合……混合工程は主目的である配合の均一化だけではなく，畜肉製品の場合は肉粒の結着，すり身を使用した場合は混練による食感形成などの加工操作を行うため，混合設備，運転条件，温度などの適切な条件設定が必要とされる。過度に混合すると，食品としての組織が均一化されペースト状になり，品質を損なう場合もあるため注意を要する工程である。

D．成　型……この工程では混合したものを一定量に計量し，目標の形状に成型機などを用いて成型する。成型には，ハンバーグなどの型枠を用いて成型するドラム成型機，小麦生地などを丸めながら成型する包あん成型機，シュウマイ・ギョーザのように皮に包込む成型機などがある。この工程は製品の形状，色，外観に大きく影響し製品の見栄えを左右することから重要な工程となる。コロッケなどのパン粉づけ製品は中具の成型後，バッターづけ，パン粉づけ工程に進む。

E．加　熱……加熱工程には蒸し，焼き，炊き，揚げるなどがあるが，目標の製品を実現するための調理条件である必要と，加工食品であるための熱処理条件である必要がある。品質を実現し，かつ食品衛生法の基準値をクリアする加熱条件を設定する必要がある。

F．凍　結……凍結では急速凍結を行い，食品の冷凍変性を極力抑制している。

G．包　装……金属検知機による金属片の混入チェック，重量チェックと形状チェックを実施する。包装後の製品は−25℃程度の低温に保蔵し，品質低下を抑制する。保蔵中に出荷基準に基づき微生物検査，理化学検査，官能検査などを行い，製品が製品規格に合格していることを確認して出荷に備える。

③　エビシュウマイの製造方法

A．主な原料……エビシュウマイに使用される主な原料を表4.9.6に示した。エビを主として，

表 4.9.6　エビシュウマイの原料

中　具	エビ，すり身，野菜(タマネギ)，デンプン，調味料
皮	小麦粉，調味料

すり身と野菜など鮮度の高いものを購入することが肝要である。受入れ規格についても鮮度と異物について厳重に調べ検査を実施することで，品質のよい製品を製造することが可能となる。

B．原料の処理……エビは凍結されたむきエビで購入する場合が多く，解凍後，異物選別を実施してから使用する。すり身はほとんどが凍結で納入されるため，解凍後，細断し使用する。タマネギは不可食部を除去した形態で購入し，水洗い，選別した後，細断機でみじん切りして配合設定量を計量する。

C．中具の混合……処理した原料および調味料を混合機に一定量ずつ投入し，混合する。混合条件については求める外観，味・風味，食感に応じて変える必要がある。例えばエビの食感を残す場合には，混合機の撹拌回転数を遅くしたり，回転時間を短時間にすることで食感が残るようになる。

D．成　型……小麦粉などを水と混練，圧延して調製した皮に混合後の中具を一定量充塡し，皮に包み込む形で成型する。成型には，成型機内の型枠を用いてシュウマイ型に成型する場合と小売包装用トレイに直接皮と中具を打ち込んで成型する場合がある。

E．蒸し・凍結……成型したシュウマイは蒸し調理される。この工程は調理工程と殺菌工程を兼ねており，官能的品質と微生物的品質を満足する条件で行われる。シュウマイは蒸し後に空冷され，一定品温まで下がった後フリーザーにて凍結する。

F．包　装……凍結したエビシュウマイは金属検知機で金属片の混入がないことを確認し，袋包装されウエイトチェッカーで重量を確認した後，流通中の衝撃などから製品を保護可能な段ボール箱に詰める。最後に再度ウエイトチェッカーで総重量を確認し，出荷まで製品保管庫（−18℃以下）

表 4.9.7 クリームコロッケの原料

クリームソース	カニ落とし身，野菜（タマネギ，マッシュルーム），調味料，生クリーム，ホワイトルー(小麦粉，バター)，牛乳，バター
衣	バッターミックス粉，パン粉

に保管する。

④ クリームコロッケの製造方法

A．主な原料……冷凍食品の品質は原料の品質によって大きく左右されるため，鮮度・異物などに関する原料の受入れ規格を設定し，これに合致した原料を購入することが重要である。表4.9.7にクリームコロッケの主な原料を示した。

B．原料の処理……タマネギ，マッシュルームは不可食部を除去した形態で購入し，水洗い，選別した後，細断機でみじん切りして配合設定量を計量する。カニ落とし身は冷凍品を解凍し，異物・夾雑物を選別除去した後，配合設定量を計量する。ホワイトルーは分散・溶解しやすくするために，粉砕機で粉砕し配合設定量を計量する。

C．クリームソースの煮込み……煮込みに使用する機械としては，蒸気がまが一般的である。かまを温めバターを溶解し，野菜類を加えてタマネギ特有の刺激臭と苦みが消えるまで炒める。野菜が炒め上がったら牛乳で延ばしたホワイトルーと調味料を加え，蒸気圧と時間で温度管理をしながらじっくりと煮込み，適度に粘性のある滑らかなソースに仕上げていく。煮込み上がり直前にカニ落とし身と生クリームを加えて仕上げる。

D．クリームソースの成型（中具）……成型方法としては，中具成型用のトレイに充填して一次凍結した後にトレイから剝がす方法と，保形性を呈するまで冷却（5℃以下）し，ドラム成型機などで成型する方法がある。トレイまたは成型機の型枠形状により，円形や俵型といった形状のバラエティ化ができる。

E．衣づけ・凍結……衣づけに使用するバッターは，市販のバッターミックス粉を使用する場合とメーカー独自の配合による場合がある。衣づけは成型した中具にバッターをつけてパン粉つけ機

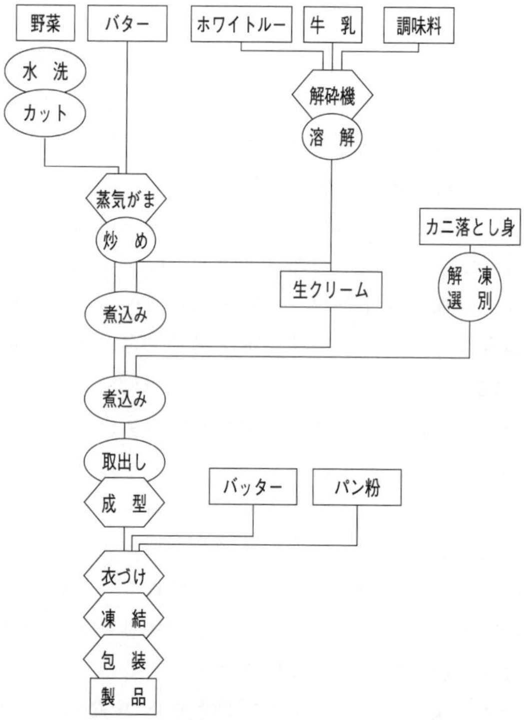

図 4.9.6 カニクリームコロッケの製法

でパン粉をつけた後，フリーザーで凍結する。クリームコロッケは揚げ調理時にパンクしやすいため，製品によっては衣づけを2回繰返す場合もある。

F．包 装……凍結したクリームコロッケは，金属検知機で金属片の混入がないことを確認し，流通中の衝撃などから製品を保護するトレイに入れ袋詰されてウエイトチェッカーで重量を確認した後，段ボール箱に詰める。最後に，再度ウエイトチェッカーで総重量を確認し，出荷まで製品保管庫（−18℃以下）に保管する。

図4.9.6にクリームコロッケの製造フローを示した。

3）近年の動向

① 家庭用冷凍食品 近年，電子レンジの普及とともに食の簡便化に対応して，家庭用冷凍食品の多くが電子レンジ対応型に移行している。その増加の背景には，電子レンジに対応した商品の技術開発によるところが大きい。

電子レンジの原理は，食品にマイクロ波を照射

すると食品の分子，特に水分子が激しく運動し，摩擦熱が生じて加熱されるものである。マイクロ波は，氷と水で吸収される比率が著しく異なることから，冷凍食品の解凍では加熱ムラがしばしば問題とされてきた。電子レンジメーカーはその課題に継続的に取組み，電子レンジ機能の向上（マグネトロンの改良，反射板の取りつけ方など）に努める一方，冷凍食品メーカーでは電子レンジ対応商品の技術向上（4.9.2（6）冷凍食品の容器包装を参照）により，電子レンジ対応フライ，ピザ，コロッケなど，新しい商品を上市している。

また，最近の動向として，家庭での収納性に留意した冷凍食品が登場している。冷凍食品は不具合なく消費者に届くように包装されているが，プラスチックトレイに入った商品では，トレイが家庭の冷凍庫で場所を取り，一部使用後不自由を感じる場合がある。そこで，トレイを切離して使用できる小分けトレイが続々と登場している。これは，シュウマイやコロッケなど弁当のおかずのように数回に分けて使うものに用いられている（図4.9.7)。

食の簡便化は，女性の社会進出や共働きの増加などによる生活意識の変化を反映している。1990年代に入り，食のスタイルを大きく変貌させるホームミールリプレイスメント（HMR）が広く知られるようになった。HMR はアメリカで生まれた考え方で，① 調理に要する時間が省ける，② 鮮度が高い，③ 栄養のバランスがとれる，④ 手作り風，⑤ メインディッシュになる，といった

図 4.9.7　小分けトレー

特徴があり，スーパーマーケットのテイクアウトやレストランの持帰りに加え，冷凍食品がこの範疇に入る。

日本では HMR に近似した“中食”といわれる，家庭などに持帰り食べられる食品が1980年代に急速に普及している。これには，弁当，惣菜，調理パンなどが含まれ，冷凍食品の活躍の場を広げている。今後 HMR の浸透によりさらに品質，鮮度の向上などが求められ，それに用いられる冷凍食品の品質向上がよりいっそう求められるであろう。

②　**業務用冷凍食品**　　消費者の食生活は戦後の“量の充足”から高度経済成長期の“食の多様化・個性化”そして“飽食”といわれた時代を経て，近年の景気低迷の中，外食から中食へと推移し市場環境も大きな変化を迎えている。従来型のおいしく安全で安心できることはもちろんのこと，使う人の立場を考慮した商品がよりいっそう求められている。

例をあげると一流のシェフが調理のすべてを担っていた時代は過去のものとなり，厨房では経験の少ないアルバイトやパート，外国人労働者が調理に携わる機会が増えている。　そこで素材・製法にこだわる職人の“技”を代行しながら，調理は簡単で，より本格的で高品質な商品のニーズが高まりつつある。

また，近年では高齢者の増加や健康への関心も高く，低カロリー食品や有機野菜使用食品，緑黄色野菜をバランスよく配合したヘルシー志向の商品が求められている。

さらに「料理の最後の仕上げは自分でしたい」というプロの職人の声も多く，その店独自の味付け，差別化へのこだわりも高い。面倒な前処理や時間のかかる煮込み作業などの手間を省いた高付加価値型の素材商品も今後注目される。

4.9.2 保蔵技術

(1) 食品冷凍の原理

食品を凍結するということは，食品中の水分を氷にすることである。食品を凍結する過程は，食品から熱を奪う予冷期間から始まり，食品中の水分が凍り始める氷結期間へと続き，最後に食品の中心まで氷となる冷却期間からなっている。

食品の凍結過程における中心温度の変化は，図4.9.8に示したように0～－5℃程度で温度の低下がゆるやかになり，再び温度の低下を始める。温度低下のゆるやかな0～－5℃付近の温度帯を最大氷結晶生成帯といい，氷の結晶が成長する温度帯である。また，食品中に氷の結晶ができ始める温度を氷結点という。

食品の凍結とは上述したように，食品中の水分が凍結することであり，食品中の水分は塩類や糖類を含んだ水溶液と考えれば，食品の凍結現象は食塩水の凍結現象と同等と考えられるため，食塩水を例にとって説明できる。

食塩水は水と比べると，氷の結晶ができ始める温度（氷結点）は低く，塩濃度が高くなるほど氷結点は低くなる。食塩水濃度と氷結点との関係を図4.9.9に示す。

食塩水を冷却していくと0℃以下で氷が析出する。このとき，氷は水だけが凍結してできたものであり，食塩は食塩水中に残り，塩濃度は高くなる。その結果，氷結点はさらに低くなる。冷却を進めていくと，氷結点は図4.9.9に示すような曲線で表される。凍結が進むにつれて，塩濃度は高くなり，食塩水の水分が完全に氷になったとき，食塩が析出する。このときの温度（E点）を共晶点といい，凍結の完了を示す。すなわち，食品の凍結は共晶点に達して初めて完了する。食品の共晶点は，－55℃以下（水溶液中の塩類の共晶点による）であり，一般に使用されている冷凍機では，食品の凍結は完了していない。

ただし，食品の中心温度が－18℃程度になると食品中の水分の90％以上が氷となり，実用的に凍

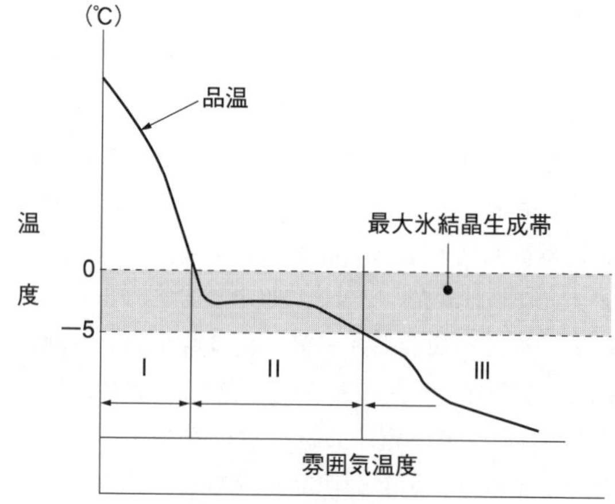

経過時間

I：予冷期間　常温から凍結開始温度まで冷却
II：氷結期間　食品内部の水分が凍る期間
III：冷却期間　食品深部まで低温になる期間

図 4.9.8 凍結曲線

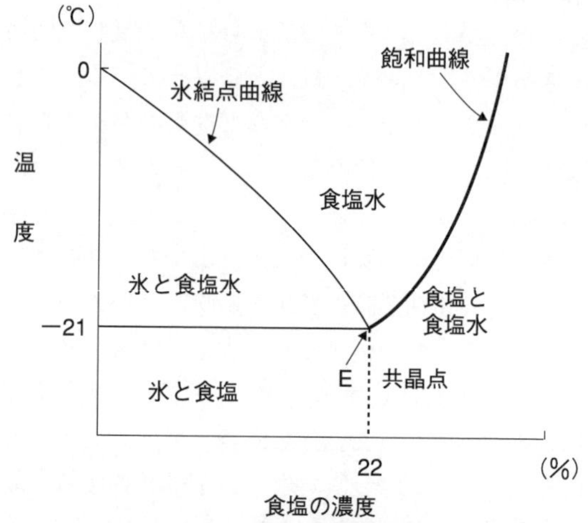

図 4.9.9 食塩水濃度と氷結点

出典）日本冷凍協会編：新版 冷凍食品テキスト，日本冷凍協会，p.55（1992）

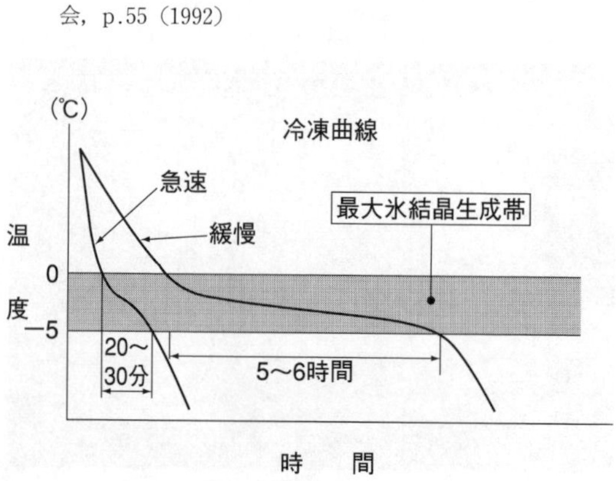

図 4.9.10 急速凍結と緩慢凍結

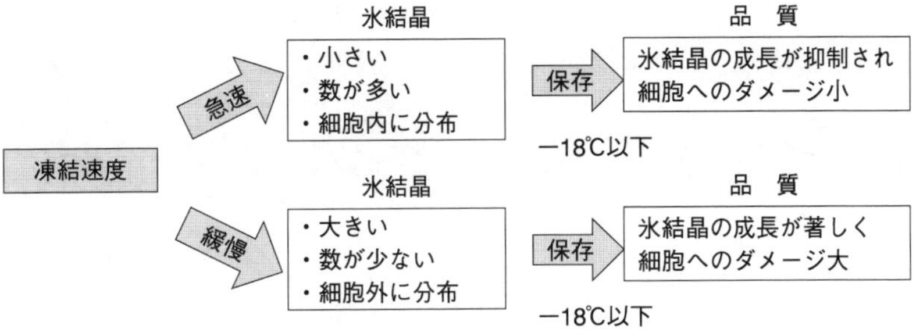

図 4.9.11　凍結速度と品質

結は完了したとみなすことができる。

一般的には，凍結速度が速い（短時間での凍結）ほど冷凍食品の品質はよくなる。

図4.9.10に示すように，最大氷結晶生成帯を20～30分程度で通過する場合を急速凍結といい，最大氷結晶生成帯を５～６時間かけて通過する場合を緩慢凍結という。

急速凍結（短時間での凍結）が，なぜ品質をよくするかというと，図4.9.11にも示しているが氷が食品組織の細胞内に小さくできるため，細胞を破壊することなく凍結できるからである。さらに，凍結後の保蔵を－18℃以下にすることにより，氷結晶の成長はある程度抑制され，細胞へのダメージを軽減でき，解凍時にドリップの少ない品質のよい食品となる。

（２）冷凍設備の種類とその特徴

１）冷 凍 設 備

食品の冷凍設備は，“物体から熱を奪う冷却や凍結”，“状態を保持したまま取扱う冷蔵や輸送”，“使用前の昇温や解凍”などの広範囲で，食品の品温を管理・処理する仕事を含む設備である。設備の種類は，冷却装置，凍結装置，冷蔵装置，製氷装置，貯氷装置，解凍装置，空気調和装置，冷凍輸送装置があげられる。ここでは，凍結装置について記述する。

２）凍結装置の分類

凍結装置は，被凍結品の形状，作業効率，凍結温度などから各種方式がある。凍結の分類については，表4.9.8に示す。

①　空気式（エアブラスト）凍結　空気式凍結方法は，凍結媒体に空気を用い，空気を低温に保持して食品に強制通風（エアブラスト）で凍結を行う方式である。この方式は，あらゆる食品に適用可能であるが，液体式，接触式，液化ガス式に比べて凍結時間が長い。凍結時間短縮の手段として，空気の温度（室温）を下げ，風速を上げることがあげられる。一般的には，室温－40℃，風速３～５m/秒で使用されるケースが多い（図4.9.12）。

②　接触式（コンタクト）凍結　接触式凍結方法は，凍結媒体に金属板などを用い，金属板などを低温に保持して食品に接して凍結を行う方式である。金属板などと食品の接触面積の大きさに凍結時間が影響されるため，比較的扁平な食品に用いられる。また，食品の底部のみ扁平な場合はエアブラスト方式との組合せを用いる（図4.9.13）。

③　液体式（ブライン）凍結　液体式凍結方法は，凍結媒体にブラインを用い，ブラインを低温に保持して食品に接して凍結を行う方式である。ブラインとして無機質（食塩，塩化カルシウム），もしくは有機質（エタノール，プロピレングリコール）が用いられる。この方式は熱伝達がよく，急速凍結となる利点があるが，食品の内圧が凍結中に急激に上昇し，食品に亀裂が生じやすい欠点もある。さらにブラインが食品に浸透しやすいなどの問題があり，浸透防止用包装と身割れ防止対策が必要である（図4.9.14）。

④　液化ガス式凍結　液化ガス式凍結方法は，凍結媒体に液化ガス（液体窒素，液化炭酸ガスなど）を用い，液化ガスを食品に接して，ガスが蒸

表 4.9.8　各種凍結方法

凍結の分類	凍結媒体	媒体温度	製　　品	装　　置
空気式 （エアブラスト）	空気	−40°C	魚介類，畜肉類 シュウマイ，ギョーザ，ハンバーグなどの加工食品	管棚式エアブラスト装置 バッチ式エアブラスト装置 トンネル式エアブラスト装置 スパイラル式エアブラスト装置 IQF（ばら凍結）装置
接触式 （コンタクト）	金属 シート	−40°C	トレイ内に入れられた食品（すり身，イカ，エビ，肉など），ハンバーグ，ピザパイ，刺身など	プレート式接触装置 スチールベルト式接触装置 フレキシブル式接触装置
液化ガス式	液体窒素 液化炭酸ガス	−70〜−196°C	ピラフ，小エビ，ピザパイ，ケーキなど	液体窒素装置 液化炭酸ガス装置
液体式 （ブライン）	食塩 塩化カルシウム エタノール プロピレングリコール	−40°C	表皮のある魚 包装された肉	無機質ブライン装置 有機質ブライン装置

発する際の潜熱を利用して凍結を行う方式である。液体窒素は，無色，無味，無臭で蒸発するため，無包装のまま食品へ接することが可能で比較的短時間で凍結ができる。しかし，食品1kg当たり平均1kgの液体窒素が必要であり，ランニングコストは高い（図4.9.15）。

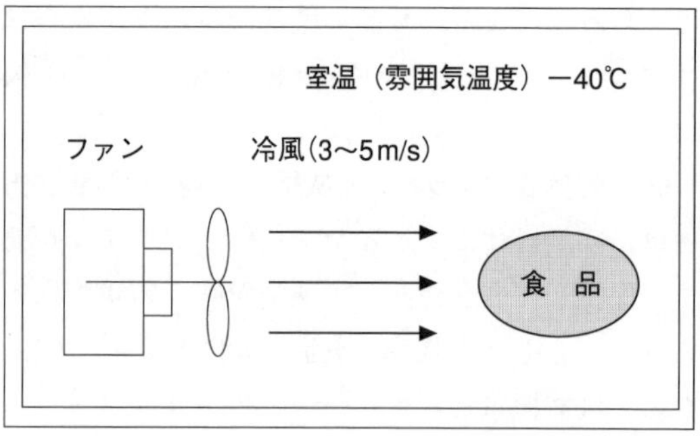

図 4.9.12　空気式（エアブラスト）凍結

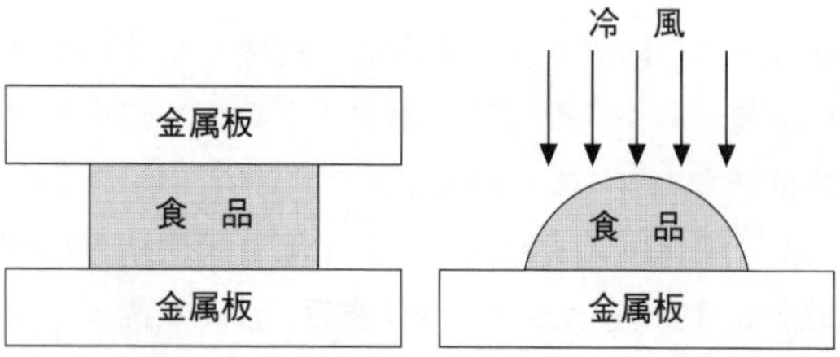

図 4.9.13　接触式（コンタクト）凍結

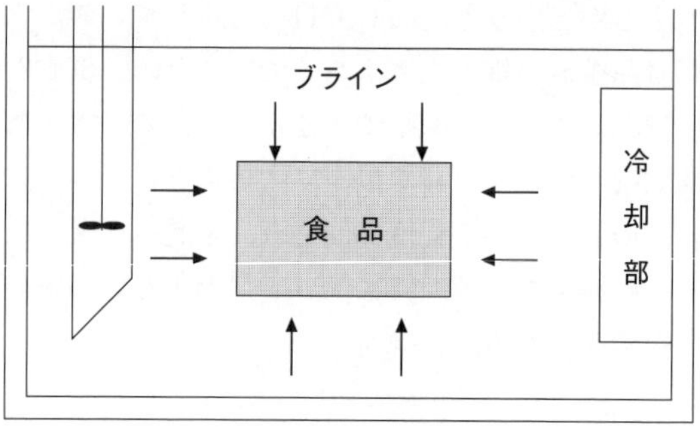

図 4.9.14　液体式（ブライン）凍結

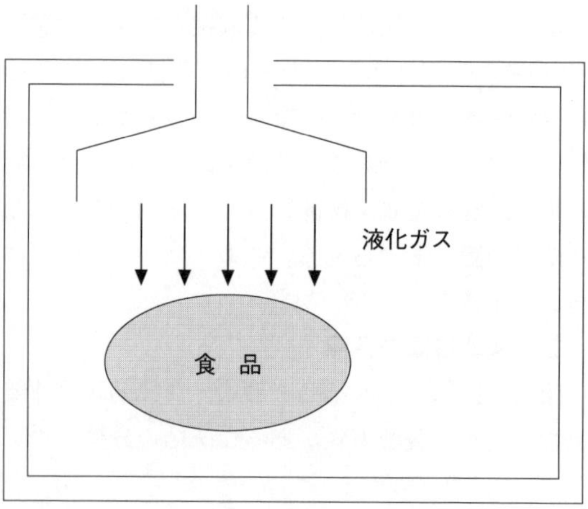

図 4.9.15　液化ガス式凍結

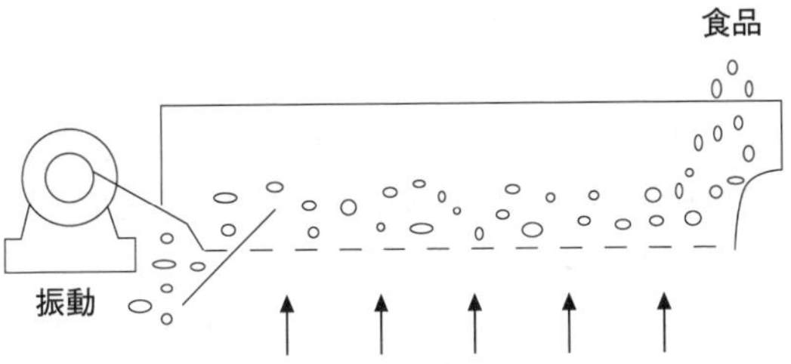

図 4.9.16　IQF（バラ凍結）

⑤　IQF　　IQF（individual quick freezing）はばら凍結といわれる凍結方式で，凍結媒体には空気が広く用いられるが，液化ガスを用いる場合もある（図4.9.16）。比較的小さな食品（凍菜，米飯など）に用いられ，食品がのっているメッシュコンベアの下から冷風を当て，食品どうしが固着しないように凍結する。

（3）保蔵劣化

冷凍食品の保蔵中の劣化は以下に大別される。

1）凍結濃縮によるもの

食品を凍結すると水分がほぼ純粋な形で氷となり，氷結していない部分の溶質（塩類，糖類，アミノ酸，酵素など）濃度が高まる。これを凍結濃縮と呼ぶが，この結果，化学反応の速度が上がり，－18℃の条件下でも褐変，風味劣化などの，通常の加工食品で起こる品質変化がゆっくりと生じている。

2）氷結晶の成長によるもの

急速凍結により氷結晶を小さくしても，保蔵中に氷結晶の成長がゆっくりと起こる。これにより食品の組織や細胞の破壊が引起こされ，解凍後の食感軟化や離水などを生ずることがある。この氷結晶の成長は保存温度が高いほど，また温度変化が大きいほど速くなる。

3）氷の昇華によるもの

氷結晶から水分子が蒸発することを昇華と呼ぶ。－18℃では昇華を抑制することはできず，結果，冷凍食品は徐々に乾燥する。油脂は空気中の酸素により酸化するが，昇華により直接油脂と空気（酸素）が触れることで酸化劣化は促進される。冷凍魚の油ヤケがこの現象にあたる。また，乾燥が過剰に進むと，乾燥による硬化（シュウマイの皮などでみられる）が引起こされる場合がある。

（4）製造・保蔵・流通での品質保持

1）製造工程での品質管理

冷凍食品は急速凍結技術により，食品をそのまま長期に保蔵できる特性をもっている。冷凍食品の製造工程での品質管理は，ほかの食品分野と共通の部分が多い。

食品は安全であり，食べることの満足感を与え，安定した品質が求められており，固有技術と管理技術を駆使した工程でつくり込められる。品質とは使用目的を果たすためにもつべき特性であり，管理とは目的を合理的，効率的に達成するための活動である。

①　**原料の品質管理（包材を含む）**　　原料の種類は素材，加工品，食品添加物，包材など量産規模の工場では200種を超えるであろう。原料は多岐にわたるが，商品導入時および維持管理では次のポイントが考えられる。

① 原料規格の作成
② 原料業者側より原料品質保証書，安全証明の分析表の入手
③ 原料検査法と合否基準の設定
④ 先行検査，受入れ検査，抜取り検査の項目と頻度などの設定
⑤ 不良原料の措置と改善依頼方法の設定
⑥ 原料メーカーの作業場の視察

原料の品質の安定性や，危険度・不良頻度・業者のモラルなどを考慮して，重点的に取組む必要がある。

②　**工程での品質管理**

A．製造における法律の遵守……政令で指定の製造施設（34業種）は都道府県知事の許可が必要であり，冷凍食品の製造では品目により異なり，例えば食品の冷凍または冷蔵業，惣菜製造業などである。特に衛生上の考慮の必要な8業種は食品衛生管理者の設置が義務づけられており，例えば食肉製品製造業がある。8業種以外では食品衛生

責任者の設置，設備や食品の取扱いの“管理運営要領”の作成と従事者への周知徹底が義務づけられている。

B．環境・施設の整備，一般衛生管理……一般的な共通の管理はPP（prerequisite program）といわれており，各製造ラインの品質管理を支える前提となるものである。

製造環境や施設設備，清浄度による区分などのいわゆるハードの管理項目には入荷場，保管庫，手洗い場，出入口，床，壁，天井，窓，照明，換気，排水，給水，廃棄物置場，洗浄用具，便所，更衣室などがある。人と食品の動線を考慮し，また人に頼る管理を減らしていく有効なものとしたい。

管理の手順を設定して実施するいわゆるソフトの管理項目には，例えば厚生労働省の総合衛生管理製造過程での衛生管理の方法によれば，次の事項がある。

① 施設設備の衛生管理
② 従事者の衛生教育
③ 施設設備，機械器具の保守点検
④ 鼠族・昆虫の防除
⑤ 使用水の衛生管理
⑥ 排水および廃棄物の衛生管理
⑦ 従事者の衛生管理
⑧ 食品などの衛生的取扱い
⑨ 製品の回収方法
⑩ 試験検査に用いる機械器具の保守点検

マニュアルの作成，実施にあたっては，マニュアルそのものが適切か，マニュアルのとおりに実行されているか定期的チェックが必要である。マニュアルは多すぎると好ましくない。

C．HACCP手法による工程管理……HACCPは衛生管理の手法であり，食性危害の原因となる物質や工程を明確にし，それを重要管理点として危害の発生を防止するための管理基準，監視方法，異常時の措置，検証方法を決め，実施の記録を保管するという，衛生管理のやり方である。前提として前述のPPの管理が必要である。

工程での品質管理では，作業標準に従っての作業，工程内の品質点検，トラブル時の措置，仕掛品の取扱い，製造日報による検証などについて，HACCPに準拠したやり方が考えられる。製造の管理基準は製品の合否基準よりきびしくし，簡単に逸脱が起こらないようにすべきである。HACCPをベースとした「総合衛生管理製造過程による食品の製造の承認制度」が1996（平成8）年5月から施行されている。

HACCPは7つの原則，12の作成手順に従って計画を作成し，実行していくとともに，計画が適正かの検証をしていくことでレベルアップが図れる。

D．製品検査……製品検査は官能検査，微生物検査，理化学検査が行われており，品質管理の検証データとなる。製品検査については次のポイントが考えられる。

① 製品規格の作成
② 製品検査法と合否基準の設定
③ 再検査法と判定基準の設定
④ 不合格品の取扱いなど製品管理基準の設定
⑤ 保蔵検体の確保

製品の合否判定でたびたび討議しないように，製品の品質の安定化が重要である。

2）保蔵と流通での品質保持

冷凍食品は品温が−18℃以下になるように急速凍結し，そのまま消費者に販売されることを目的としている。したがって常に品温を−18℃以下（食品衛生法では−15℃以下）に保持する“コールドチェーン”を必要とする。冷凍食品の物流のパターンを簡潔に示すと次のようになる。

保管庫，輸送車，配送車，荷役場のハードの管理に加えて，特に物流の結節点である荷役の温度管理，時間管理が重要である。またなるべく人手をかけない工夫が必要である。

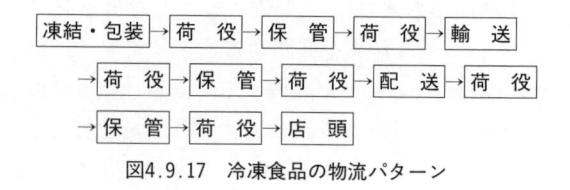

凍結・包装→荷　役→保　管→荷　役→輸　送
→荷　役→保　管→荷　役→配　送→荷　役
→保　管→荷　役→店　頭

図4.9.17　冷凍食品の物流パターン

アメリカでは製品の温度履歴を例えば色の変化で示す“時間－温度モニター”ラベルが検討されているが，日本では実用化に至っていない。

① **冷凍保管庫**　冷凍食品ではＦ級相当（－20℃以下）の保管庫が適当である。長期保管になる場合もあり，－25℃以下に保管の温度管理を行うことが望ましい。

コールドチェーンを確認するために入庫時の品温のチェックや，またコールドチェーンを維持するために冷凍保管庫の庫内温度の記録と点検が必要である。品温の測定方法は例えば1971（昭和46）年の冷凍食品関連産業協力委員会の冷凍食品自主的取扱基準に記載がある。

② **輸送車・配送車**　輸送，配送では冷凍車両が必要であり，要件は次のとおりである。

① 品温を－18℃以下に保てる保冷構造
② 冷凍機または冷却設備を保有
③ 庫内温度を示す温度計または温度測定装置を保有し，庫外から読取れること
④ 冷気が循環できるように輸送中荷崩れが起きない構造
⑤ 冷気貫流のために冷気吹出口の位置が適切であり，床・内壁サイドにすのこが設置されていること

冷凍車両の庫内温度点検のため，“庫内温度記録表”の用紙を作成し，積込み時・乗車前後・到着時の温度記録を取る必要がある。輸送では－20℃以下の温度管理が望まれる。

③ **荷　役**　パレットを利用し，数量をまとめて荷役機械で扱うことが行われている。冷凍車両は断熱材のため内法《うちのり》幅が小さくなるので，パレットサイズは1,200mm×1,000mmが適当との考えがある。

パレットの運用の効率化のため，製品の包装寸法をパレット寸法に適合させることが望ましく“輸送包装系列寸法”として日本工業規格（JIS Z 0105）に記載されている。

荷役作業では時間短縮の工夫や，製品を野ざらしにしないことなど常に心がける必要がある。

④ **店　頭**　冷凍食品は冷凍ショーケースに陳列されているが，ショーケースの設置や管理の要件は次のとおりである。

① 設置場所は外囲条件を考慮すること／例えば空調された店内ではオープンタイプ，一般的にはクローズドタイプ。風や日光が直接あたらないこと，暖房や照明の熱の影響を受けないこと，顧客が買い物の最後に冷凍食品売場に立つようなレイアウトが望ましい。
② 冷凍食品を－18℃以下に保つ冷却能力があること
③ 霜取り能力が適正なものであること／霜取りは夜間閉店時に作動することが望ましい。
④ 温度計が見やすい箇所に取りつけられており，ケース内に積荷限界線（ロードライン）が明確に表示されていること
⑤ オープンタイプでは就業時間外のためのナイトカバーがあること

先入れ先出しの励行，ショーケース内の清潔の維持，顧客が無意識に陳列を乱してしまうことへの対応，故障や停電での措置など，売場管理の態勢を整えておく必要がある。

（5）賞味期限の設定

食品を冷凍する主たる目的は貯蔵にある。冷凍食品の初期において，技術改良はアメリカを中心に進められてきた結果，第二次世界大戦終了後，アメリカにおいて冷凍食品の普及は著しいものとなった。しかし，流通における冷凍貯蔵の理論，技術が不充分なため消費者に届いた時点での品質に問題が認められ，一時冷凍食品は消費停滞を招くこととなった。そこで，1948（昭和23）年からアメリカ農務省において冷凍食品の温度と品質に関する研究が10年にわたり行われ，「冷凍食品の時間－温度許容限度（time-temperature tolerance）」として報告され，現在までT-TTとして広く知られる理論となった。表4.9.9はその一例を示すものであるが，温度が低いほど貯蔵期間が延長できることがわかる。現在，冷凍食品の保存温度を－18℃以下としているのも，これらの結果を反映したものである。

表 4.9.9　冷凍食品の貯蔵性

冷凍食品名	保存温度(°C)×貯蔵可能期間(月)
果　物	
アンズの砂糖漬	−18×12
サクランボの砂糖漬	−18×８〜10
モモの砂糖漬	−18×８〜10（色 365日）
モモの砂糖漬	−24×12〜14
モモ砂糖漬ビタミンC添加	−18×12
モモ砂糖漬ビタミンC添加	−24×18
イチゴの砂糖漬	−18×12（色 フレーバー 365日）
その他の果物	−22〜−18×12
フルーツジュース	−20×９〜12(にごり 275日，フレーバー 750日)
野　菜	
アスパラガス	−18×８〜10
インゲンマメ，エンドウ，ソラマメ	−18×８〜12（色 100日フレーバー 300日）
花野菜	−18×12（フレーバー 365日）
ニンジン	−18×12〜15
花キャベツ	−18×10〜12
軸つきコーン	−18×８〜12
スライスのキュウリ	−18×５
スライスのキュウリ	−24×８
スライスのキュウリ	−29×12
マッシュルーム	−18×８〜10
フレンチフライドポテト	−18×６
ホウレンソウ	−18×10〜12（フレーバー 140日）
その他の凍菜類	−22〜−18×12
肉類と肉加工品	
牛肉	−12×５〜８
牛肉	−15×６〜９
牛肉	−18×８〜12（フレーバー 400日）
牛肉	−24×18
包装牛肉ロースト，ステーキ	−18×12
牛の挽肉包装品（加塩なし）	−12×５〜６
牛の挽肉包装品（加塩なし）	−18×４〜８
ラム（羊肉）	−12×３〜６
ラム（羊肉）	−20〜−18×６〜10
ラム（羊肉）	−23〜−18×８〜10
豚肉	−12×２
豚肉	−18×４〜６（フレーバー 300日）
豚肉	−23×８〜10
豚肉	−29×12〜14
豚肉ロースト，チョツプ	−18×６〜８
豚挽肉，ソーセージ	−18×３〜４
豚の燻製肉	−18×５〜７
豚肉のハム	−23〜−18×６〜８
ベーコン	−23〜−18×４〜６
包装豚もつ	−18×３〜４
ラード	−18×９〜12
内臓を抜いた鶏肉（防湿包装したもの）	−12×３
内臓を抜いた鶏肉（防湿包装したもの）	−18×６〜８（フレーバー 730日）
内臓を抜いた鶏肉（防湿包装したもの）	−23〜−20×９〜10

フライドチキン	−18×3〜4（フレーバー 270日）
フライドチキン	−29×14
凍卵（全卵，殻なし）	−15×6〜10
凍卵（全卵，殻なし）	−23〜−18×8〜15
水産物	
脂肉の魚（ニシン，サバ，イワシ，サケなど）	−18×2〜3（フレーバー 60日）
脂肉の魚（ニシン，サバ，イワシ，サケなど）	−25×3〜5
脂肉の魚（ニシン，サバ，イワシ，サケなど）	−29×6
脂肉の少ない魚（タラなど）	−18×3〜5（フレーバー 95日）
脂肉の少ない魚（タラなど）	−25×6〜8
脂肉の少ない魚（タラなど）	−29×8〜10
カレイ，ヒラメ類	−18×4〜6
カレイ，ヒラメ類	−25×7〜10
エビ（lobster）とカニ	−18×2
エビ（shrimp）	−18×6
カキ	−18×2〜4
ホタテ貝	−18×3〜4
ハマグリ	−18×3〜4
酪農品	
バター	−11×3以上
バター	−15×3〜7
バター	−20×7〜10
バター	−29〜−23×12
クリーム	−20〜−18×5〜6
アイスクリーム	−23×2
アイスクリーム	−29×4〜6
菓子類	
パン（イースト使用）	−18×6〜12
チーズケーキ	−18×4〜6
チョコレートケーキ	−18×2〜3
フルーツケーキ	−18×4〜8
クッキー	−18×4〜6
調理食品	
フルーツパイ	−18×2〜6
サンドイッチ	−18×2
スープ	−18×4〜6
調理凍魚	−18×3〜4

注）括弧内の数字は，優秀品質保持期間（日数）を示すもので，それぞれ，色，フレーバーを基準として判定したものである。この値は，TTT 判定のパネルによって得た値であって，商業的な貯蔵性よりも，きびしい値となるはずである。

出典）Van Arsdel: *Food Proc.*, 2212, 40（1961）

従来，食品の日付には原則製造年月日を表示してきたが，品質保持の期限表示が有用となったため，食品衛生法の改正（1995年2月17日 衛食第31号）に基づき，消費期限および賞味期限（=品質保持期限）の表示へと変更されている。

冷凍食品は，上にあげたように−18℃以下で流通するため，賞味期限を設定する場合，流通条件（−18℃，暗所）の商品について定期的に品質確認を行う長期保蔵テストにて設定される。しかし，設定に要する期間が長い（通常は1年以上）ことから，商品を開発するうえでは，短期間で賞味期限を推定できる促進テスト（T-TT 理論の応用）が広く用いられている。

また，家庭用商品はスーパーマーケットなどの店舗販売となるため，通常，冷凍ショーケースに並べられる。そのため，冷凍ショーケースでの陳列時の品質劣化の度合いを確認するテスト（照明の強さ，点灯時間などは一般的な店舗を想定し，商品をショーケースに保管する）が行われる。

長期保蔵テストおよび促進テスト（必要に応じてショーケーステスト）により，賞味期限の設定が行われる。

（6）容器包装

商品の包装は，包装することによって商品価値を高める役割と，商品が破損しないように保護する役割の両方をもっている。ここでは主として後者の観点から，冷凍食品の包装に用いられる代表的な容器包装について簡単に述べる。

1）種類と特徴

① **トレイ**　食品を入れる“皿”のことをトレイと呼ぶ。トレイに用いる包装材料は，充填する内容物の種類や性質によって異なり，適切な材質選定や形状設計が必要となる。表4.9.10に代表的なトレイの種類や特徴などをあげておくので参照されたい。

② **フィルム**　トレイに充填された食品が微生物などに汚染されぬよう商品を密封し保護する機能はもちろん，商品の写真や賞味期限，使用している原材料，調理方法などを印刷したりする役割がある。

1種類のフィルム単体で用いることは少なく，同種または異なる特性をもつ2種類以上のフィルムをラミネート（積層）した複合フィルムとして使用することが多い。

③ **パウチ**　ソースなど液状または粘状の成分を主とした商品をそのまま充填する小袋である。カレーなどのレトルトパウチと同様，袋ごとお湯で加熱・調理することが多く，冷凍耐性とボイル耐性を兼備えた丈夫な包装材料が使われていることが多い。

④ **紙　器**　包装紙のように薄い紙ではなく，牛乳パック容器などで用いられる厚い紙を板紙という。冷凍食品では，板紙単体で用いることはまれで耐水性，耐油性などの機能を付与するために板紙の両面にプラスチックを張合せた紙器を用いることが多い。

容器包装に用いられる包装材料の特徴については表4.9.11を参照されたい。

2）容器・包装による品質保持

冷凍食品の包装のもっとも重要な役割は，製品を輸送・貯蔵中の外部環境（荷扱いの衝撃，汚れ，微生物，光など）から保護し，消費者の手元まで届けることである。

表 4.9.10　トレイの種類

種　類	主な材質	特　徴	代表的な内容物
プラスチックトレイ	・ポリプロピレン ・ポリエステル ・ポリスチレン	・形状などの加工が容易 ・比較的安価 ・軽い ・耐水性，耐油性に優れている ・電子レンジ調理が可能	・コロッケ ・シュウマイ ・ギョーザ
アルミトレイ	・アルミ箔	・耐寒性に優れている ・耐熱性に優れている ・廃棄が容易，リサイクルできる ・電子レンジ調理は不可 ・一度変形するともとに戻らない	・グラタン ・ラザニア
紙トレイ	・コートボール ・紙とプラスチックの積層紙	・剛性がある ・耐寒性に優れている ・プラスチックに比べて高価 ・耐水性，耐油性が劣る ・電子レンジ調理が可能	・フライドポテト ・ピザ，麺類

表 4.9.11　冷凍食品に用いられる包装材料

材質	略号	価格	熱シール性	耐熱性	耐寒強度	破れにくさ	剛性	遮光性	気体バリア性	特長	用途
ポリエチレン	PE	○	◎	×	○	×	×	×	△	熱シール性	複合フィルムの内層
ポリプロピレン	PP	○	◎	△	△	×	×	×	△	熱シール性	複合フィルムの内層，トレイ
ポリエステル	PET	△	△	○	○	○	×	×	△	耐熱性	複合フィルムの外層
ナイロン	NY	△	×	○	○	◎	×	×	○	破れにくさ	複合フィルムの外層
アルミニウム	AL	×	×	◎	◎	◎	△	◎	◎	遮光性	アルミトレイ，アルミ蒸着フィルム
紙		△	×	○	◎	△	◎	◎	×	剛性	カートン箱，段ボール

◎：優れている，安価⟵⟶×：劣っている，高価

冷凍食品は，内容物をプラスチック製の袋に入れ（個装），さらにその個装を一定数量段ボール箱に入れる（外装）包装形態が一般的である。個装は，消費者が購入する包装形態であり，外装は流通時の荷姿である。主な個装単位として，ピロー袋，プラスチックトレイ，パウチ，真空パック，アルミトレイ，紙カートンなどがあり，商品の形状，特性や調理方法などによってさまざまに組合される。また，外装には一般に段ボール箱が用いられる。

冷凍食品は，工場での生産（保蔵）から販売されるまで冷凍（−18℃以下）で流通される（コールドチェーン）。冷凍食品に用いられる容器包装は，耐油性や耐熱性，耐水性などのほか，特に耐寒性に優れた包装材料の仕様が要求される。耐寒強度は内容物の形状や重量，荷姿などによっても異なり，容器包装の仕様を設計する際は，使用する包装材料の特徴や性質を充分把握しておく必要がある。

品質保持における包装の機能の具体例としては，外部からの力や落下に対する包材および内容物への損傷，内容物の突起による包材の損傷，陳列時のショーケースの光による劣化，温度変化による霜つき，氷の昇華による乾燥，などからの内容物の保護がある。そのために包材には数多くの機能・性能が要求されるが，ここではその中でも重要性の高い性能である耐衝撃性，耐突刺し性，遮光性を中心に具体的に説明する。

① **耐衝撃性・耐突刺し性**　個装は製造，流通，陳列，貯蔵の過程においてさまざまな外部からの力を受ける。個装自体が落とされることもあるし，凍結した内容物の突起も鋭利である。これらの，衝撃による袋の破れや，突刺しによるピンホールの発生を防ぎ，内容物を保護しなければならない。

耐衝撃性，耐突刺し性の評価方法には，個装または個装を段ボール箱に詰めた状態で所定の高さから落下させ，容器包装のピンホールや破損などを調べる落下試験がある。詳しくはJIS規格の適正包装貨物試験方法（JIS Z 0200）を参照されたい。冷凍食品で一般的なピロー袋の材質は，ポリエステル（PET）や延伸ポリプロピレン（OPP）に直鎖状低密度ポリエチレン（L-LDPE）またはポリプロピレン（CPP）を貼合せたフィルムであり，通常はこの構成で充分である。しかし，内容物の突起が鋭利な場合や，パウチ，真空パックには，耐衝撃性や耐突刺し性に優れたフィルムを使用する必要がある。耐衝撃性はナイロン（NY）や直鎖状低密度ポリエチレンが，耐突刺し性はナイロンが優れているので，ナイロンと直鎖

状低密度ポリエチレンを貼合せたフィルムが使用されることが多い。

プラスチックトレイも，内容物の保護に有効である。内容物どうしのぶつかりによる損傷を防ぎ，緩衝材にもなり，突起や串が包材を突破るのを防ぐ。プラスチックトレイの材質は，耐寒強度を増したポリプロピレンやポリスチレンが使用される。

外装に用いられる段ボール箱は，流通時の衝撃や落下から個装を保護する役割を担っている。ライナーには C170，K180，K220が，中芯にはSCP125，SCP160を用いたAフルートまたはBフルートの両面段ボール箱がよく使われる。

② **遮光性**　冷凍食品は光線によって油脂の酸化劣化を主とした品質の劣化を起こす。小売店で販売される家庭用冷凍食品では，陳列中にショーケースの蛍光灯に常にさらされるため，内容物によっては光線による品質劣化で商品価値を失う場合もある。そのような商品の場合，個装に光線を遮断するような材質を用いた包装設計を行う必要がある。具体的には，ピロー袋ではアルミ蒸着フィルム，乳白ポリエチレンや全面白印刷を施したフィルムを用いる。また，厚紙も遮光性に優れるため，アルミトレイやパウチでは紙カートンに入れる個装形態も用いられる。なお，アルミ蒸着フィルムは遮光性ばかりではなく酸素バリア性，水蒸気バリア性にも優れ，美粧性もよいことから，家庭用冷凍食品においてもっとも多く用いられている包装材料である。

その他の重要な性能として，耐熱性，シール強度があげられる。最近の冷凍食品は，容器包装に入ったまま電子レンジやオーブンなどで調理することが多い。また，工場では高温のままパウチ充塡したり，トレイに充塡した後に加熱工程を加えるなど加熱しても変形しない，劣化しないなど耐熱性を具備した包装材料が要求される。

パウチやフィルム包装は熱シールで溶着，密封包装するものが多い。包装が流通途中の振動や落下による衝撃などでシールがはがれたりしないか，所定のシール強度が保たれているか器具などを用いて測定する。詳しくは JIS 規格の引っ張り試験方法（JIS Z 0238/5）を参照されたい。

3）近年の動向

近年の冷凍食品における包装の動向において注目すべきことは，電子レンジ対応包材の使用をはじめとした機能性包装の増加と，環境保全や容器包装リサイクル法の施行に伴うリサイクル・廃棄物への対応があげられる。

① **電子レンジ対応包装・包材**　最近は冷凍食品においても包装に機能をもたせ，付加価値を高めた商品が多く見受けられるようになった。代表的な例は，電子レンジ対応の包材である。

電子レンジのマイクロ波によって加熱を受ける度合いは，その物質の誘電損失（$\varepsilon_r \cdot \tan\delta$）で決まる。食品の誘電損失は一般的に0.5～50[1]であるが，プラスチック容器や紙容器のそれは0.0002～0.3[2]と大幅に小さい。そのため，包材ごと電子レンジに入れても食品だけ加熱され，包材はそれほど加熱されずにすむのである。

電子レンジ対応包装・包材の具体例として，容器ごと電子レンジで加熱して加熱後はそのまま皿代わりとして使用できる包材（グラタン，パスタなど），電子レンジ加熱中に発生した水蒸気を自動的に袋の外に逃がす包材（シュウマイ，丼の具など），電子レンジで発熱し食品をカリっと仕上げるシート（ピザ，フライドポテトなど）などがあげられる。

冷凍食品に使用されている電子レンジ対応容器の材質は，耐熱性と同時に耐寒性も要求され，主にポリプロピレン（PP，耐熱温度120℃程度）やフィラー入りポリプロピレン（PP フィラー，耐熱温度140℃程度）がよく用いられる。また，製造工程中で食品に焼きめをつけるなど，より高い耐熱性が要求される場合には結晶化ポリエステル（C-PET）が用いられる。最近では冷凍テイクアウト惣菜やパスタなどで紙容器に紙蓋を熱シールした形態も現れた。紙の内容物に接する面にはポリプロピレンやポリエステルを貼合せてある。

電子レンジ加熱中に発生した水蒸気を自動的に袋外に排出する機能を備えた袋は，シュウマイのピロー袋や丼の具のパウチ，ハンバーグの真空パックに用いられ始めている。この機能により，うっかり袋に穴をあけずに電子レンジ加熱して破裂する事故を防ぐことができ，蒸気による蒸らし効果も期待できる。袋の場合も容器同様，食品に接する面の材質の耐熱性を考慮する必要があり，水分が多い食品には耐熱性の高いグレードのポリエチレンが，油分の多いものにはポリプロピレンが用いられる。

電子レンジでピザをカリっと仕上げるために用いられるシートは，厚みがきわめて薄いアルミ蒸着を施したポリエステルフィルムを紙と貼合せたものであり，電子レンジのマイクロ波で発熱する作用がある。

② リサイクル・廃棄物対応　冷凍食品はほかの食品と比較して，包装におけるリサイクルや廃棄物対応はあまり進んでいないのが実状である。理由は，リサイクルされやすい包装形態（PETボトル，アルミ缶など）はほとんどなく，リサイクルされにくい素材（異なる素材を貼合せたフィルムなど）を用いた包装形態が大多数だからである。

しかしながら，徐々にそのような商品も出回り出してきた。焼却時に塩素を含むガスを出すおそれがあると指摘されているポリ塩化ビニル（PVC），ポリ塩化ビニリデン（PVDC）を代替品に切替えたり，低燃焼カロリーで焼却炉を傷めにくい紙容器やフィラー入りポリプロピレン容器が使われつつある。紙容器は，一般的にプラスチック容器よりも高コストだが，低燃焼カロリー，リサイクルしやすい，廃棄しやすい，などのイメージが消費者に浸透しつつあり今後採用が増えると思われる。

4.9.3 家庭での保蔵方法

（1）ホームフリージングと冷凍食品の違い

食品の貯蔵方法として冷凍は有効な手段であるが，凍結過程における氷結晶の形成がその品質に大きく影響を与える。

ほとんどの食品は，0～－5℃の最大氷結晶生成帯で凍るが，この温度帯を通過する時間により，品質に著しい違いが現れる。すなわち，最大氷結晶生成帯を30分以内に通過する急速凍結では，形成される氷結晶が小さいため，食品の細胞損傷が少なく，品質低下が抑えられる。

冷凍食品では，その定義に急速凍結が含まれる（㈳日本冷凍食品協会）ため，凍結による品質低下は小さいものとなる。

一方，ホームフリージングは，家庭用冷凍冷蔵庫の性能向上により，広く行われるようになってきたが，家庭の冷凍庫を利用して凍結するため，食品は冷凍庫の性能および凍結の方法に大きな影響を受ける。ホームフリージングを有効に活用するには，速やかに凍結させるため，小分け・薄くする，熱いものは予冷する，熱伝導のよい容器を使用するなどの工夫が必要となる。

また，食品にはホームフリージングに対する適性に違いがある。これに向く食品は，カレーやシチューのような煮物，パン，ご飯類などがある一方，卵，コンニャク，牛乳のようにホームフリージングには向かない食品もあるので注意されたい。

これらの点に注意すれば気軽にホームフリージングを楽しめるが，冷凍した食品（冷凍食品を含む）は冷凍保蔵中に温度変化が生ずる（自動霜取りなど）と，その中の氷結晶が成長して組織が破壊されるため，家庭の冷凍冷蔵庫で長期に保管すると，徐々に品質劣化が進むので，これにも注意が必要である。

（2）家庭用冷凍庫での注意事項

4.9.2（3）保存劣化で述べたように，冷凍食品の品質保持のためには，氷結晶の成長を抑えることと，昇華による乾燥を防ぐことが重要である。

一般家庭で冷凍食品を保蔵するときの具体的な注意事項は以下のようなことがあげられる。

1）しっかり凍っているものを選ぶ

温度管理（－18℃以下）がきちんとされている商品を選ぶ。スーパーマーケットのショーケースには冷風の吹出し口があり，ロードライン（積荷限界線）以下に陳列されている商品は充分に冷気があたっている。このような商品は外観や持った感じでもしっかりと凍っており，品質劣化が少ない。製造日が新しくても取扱いが不適切な商品は，霜が大量についていたり，本来ばらけているものが固まっていたりする。

2）一度融けたものを再凍結しない

冷凍食品は急速凍結により氷結晶を小さく抑え，品質を保持している。一般の家庭用冷凍庫（−18℃程度）での凍結では緩慢凍結となり，大きな氷結晶ができてしまうため，特に食感の劣化や離水（ドリップ流出）が発生しやすい。

購入してから家に持帰る間に融けないように注意する，あるいは使用時には必要な分だけを解凍し，解凍−再凍結をできるだけしないことが重要である。

3）冷凍庫の温度を一定に保つ

冷凍食品の氷結晶は保蔵温度の変化により成長が速くなる。家庭用冷凍庫の場合は，冷風の吹出し口をふさがない，あまりたくさん詰込まない，開け閉めを控えるなどにより一定温を保つようにすることが重要である。

4）使いかけは密封する

冷凍庫内でも水分の蒸発（氷の昇華）が起こるため，保蔵してある冷凍食品の乾燥が進む。これにより表面の硬化や油の酸化が引起こされるので，一度開封した冷凍食品を保蔵する場合は商品を密封状態にしておく。

冷凍食品の賞味期限は−18℃で保蔵されることを前提にしているので，これより条件の悪い家庭用冷凍庫に保蔵する場合は，早めに使い切ることが品質を劣化させない重要なポイントである。

（3）冷凍食品の表示

食品の表示に関する法律は多様で複雑であるが，主要な目的との関連で次の3つがあげられる。

① 食品の安全性確保を目的とした「食品衛生法」（食衛法）

② 品質表示の適正化を目的とした「農林資源の規格及び品質表示の適正化に関する法律」（JAS法）

③ 不当表示の規制を目的とした「不当景品類及び不当表示防止法」（景表法）

これに加え，計量法，健康増進法および各自治体の条例，業界自主基準により表示方法が決められている。

冷凍食品には，JAS 規格に該当する商品がある（エビフライ，コロッケ，シュウマイ，ギョーザなど，計9品）。JAS 規格の格付け取得は任意制となっているため，取得の有無により表示内容に差異が生ずるおそれをなくすため，JAS 規格基準に則した「品質表示基準」が設けられている。JAS 規格対象外の冷凍食品についても「品質表示基準」に従い，自主的表示基準を設け，表示内容の整合性を保つようにしている。

図4.9.18に家庭用商品である「エビピラフ」のパッケージを示した。パッケージには，一括表示，調理解凍方法，栄養一口メモ，その他注意事項が載せられる。

一括表示は，品質表示基準に基づき，品名，原材料名，内容量，賞味期限，保存方法，使用方法，凍結前加熱の有無，加熱調理の必要性，製造者（または販売者）が記載される。さらに，JAS 規格に該当する商品では，皮の比率（コロッケでは衣の比率）などの記載が必要となる。

調理解凍方法は，使用場面を想定して行った調理解凍テストに基づき，標準的な調理方法が記載される。

栄養一口メモは，健康増進法に従い，一般的にはエネルギー，タンパク質，脂質，糖質，ナトリウムが記載される。

図 4.9.18

注意事項として，調理解凍および保存上の注意が記載されているが，製造物責任法（PL法）の施行により，安全面に配慮した表記（例，電子レンジから取出す際や袋をあける際に熱い蒸気が出ることがありますのでご注意下さい）や，使用後の包材の廃棄に配慮した包材の材質表示（例，外袋－アルミ蒸着，トレイープラスチック）を行うものも登場してきている。

〔引用文献〕

1）井上洋一郎：最新機能包装実用辞典，フジテクノシステム，p.307（1994）

2）百留公明：門屋　卓・横山理雄監修：電子レンジ食品・容器応用ハンドブック，サイエンスフォーラム，p.129（1988）

〔参考文献〕

・食品産業新聞編：新版 冷凍野菜・果実のすべて，食品産業新聞（1993）

・食品流通システム協会編：コールド・チェーン・ハンドブック，日刊工業新聞社（1977）

・三輪勝利・須山二千三：水産加工，建帛社（1981）

・渡辺悦生：魚介類の鮮度と加工・貯蔵，成山堂書店（1995）

・佐藤　泰編著：食卵の科学と利用，地球社（1980）

・高橋雅弘監修：冷凍食品の知識，幸書房（1982）

・加藤舜郎：冷凍食品の理論と応用，光琳（1976）

・肥後温子編：電子レンジ・マイクロ波食品利用ハンドブック，日本工業新聞社（1987）

・越島哲夫：マイクロ波加熱技術集，NST（1994）

・日本冷凍食品協会編：最新冷凍食品事典，朝倉書店（1987）

・日本冷凍協会編：新版 冷凍食品テキスト，日本冷凍協会（1992）

・日本冷凍食品協会編：冷凍食品事典，朝倉書店（1975）

・熊谷義光・山田嘉治・小嶋秩夫：冷凍食品ハンドブック，光琳（1976）

・芝崎　勲・横山理雄：食品包装講座，日報（1983）

・日本包装技術協会編：包装技術便覧，日本包装技術協会（1995）

・門屋　卓・横山理雄監修：電子レンジ食品・容器応用ハンドブック，サイエンスフォーラム（1998）

・日本食品出版編：食品用複合フィルム便覧：日本食品出版（1997）

・東洋紡パッケージングサービス編：包装用フィルム概論：東洋紡パッケージングサービス（1998）

・茂木幸夫：食品包装の衛生法規，日報（1994）

4.10 調理済食品

ここでは，調理済食品のうち，弁当，惣菜，真空調理食品と，それらの保蔵技術を中心に記述する。弁当（調理パンを含む）および惣菜の衛生規準は，厚生省（現厚生労働省）が1979（昭和54）年に通達として出した「弁当およびそうざいの衛生規範」が基準となっている。この規範は，営業者が自主衛生管理の推進のために，HACCPの考え方を導入して作成した準法規である。

細かい内容は成書にゆずるが，その一部に弁当や惣菜の製品としての保蔵法，ならびに原材料（食材）の取扱い法が記されている。この衛生規範の内容を踏まえてメーカー側およびコンビニエンスストア，スーパーマーケットなどの販売側，ならびに消費者が保蔵に関して，どのように注意したらよいかも記述する。

4.10.1 惣菜の保蔵技術

惣菜は，「弁当およびそうざいの衛生規範」（以下「当衛生規範」と記す）では以下のように定義されている。

「通常，副食物として供される食品であって，次に掲げるものをいう。

① 煮物：煮しめ，甘露煮，湯煮，うま煮，煮豆等

② 焼物：いため物，串焼，網焼，ホイル焼き，かば焼等

③ 揚物：空揚，天ぷら，フライ等

④ 蒸し物：しゅうまい，茶わん蒸し等

⑤ あえ物：胡麻あえ，サラダ等

⑥ 酢の物：酢れんこん，たこの酢の物等」

さらに，当衛生規範はこれらの微生物基準について，次のように定めている。

a 製品のうち，卵焼，フライ等の加熱処理したものは，次の事項に適合すること。

ア 細菌数（生菌数）は，検体1gにつき10万以下であること。

イ 冷凍食品の規格基準で定められた*E. coli*の試験法により，大腸菌は陰性であること。

ウ 黄色ブドウ球菌は，陰性であること。

b 製品のうち，サラダ，生野菜等の未加熱処理のものは，検体1gにつき細菌数（生菌数）が100万以下であること。

この規定は，製造直後から賞味期限（通常，製造後30時間。包装に表示される）まで適用される。

この規定を満足させるためには，a．製品の初発菌数（調理終了時の菌数）をできるだけ少なくする，b．その初発菌数をできるだけ増菌させない，c．二次汚染菌をできるだけ少なくする，ことである。要するに，製品に存在する細菌が少ないほど，長く品質保持ができるのである。

＊惣菜メーカー側の対応

1）主な殺菌法

製品の初発菌数を少なくする方法として，次のような方法がある。

① 次亜塩素酸ソーダで殺菌後，冷水洗浄

この方法は，加熱できないレタス，パセリなどの生野菜およびキャベツなどのカット野菜の付着微生物を減らすのに用いる（図4.10.1参照）。また，煮物や酢の物用の食材の付着菌数も減らすので，後の殺菌が容易になる。

標準的な作業方法は以下のとおりである。

水洗→希釈中性洗剤で洗う→水洗→50～100ppm次亜塩素酸ソーダで5分間浸漬→水洗→水切り（脱水）→細断

図4.10.1は，カットキャベツを，a．洗浄→50

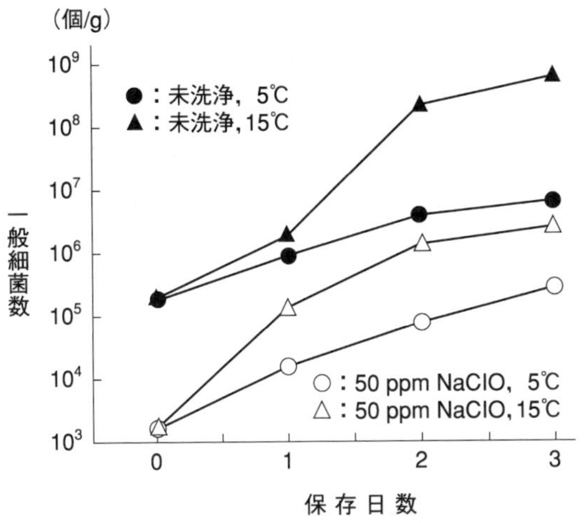

図 4.10.1 カットキャベツ表面の一般細菌数の変化
出典）日本べんとう工業協会編著：自主衛生管理マニュアル

ppm次亜塩素酸ソーダで５分間浸漬→冷流水洗浄→水切り→簡易真空包装→５℃および15℃保蔵した場合と，b．未洗浄カットキャベツをそのまま簡易真空包装し，５℃と15℃に保蔵した場合の一般細菌数の経時変化を示したものである。

図4.10.1から，両処理の間には初発菌数で10^2/gの差があることがわかる。

この方法の注意事項としては，a．塩素のにおいが強く残っていないか，b．食材が変色していないか，の２点を確認する必要がある。

② **調理温度を上げる**　加熱後喫食する食材は，調理温度が高いほど調理後の菌数が少なくなる。褐変が多少進んでも，調理温度を上げたほうが衛生的である。

食材表面は直接加熱されるので殺菌が容易であるが，重要なのは食材のもっとも熱のかかりづらい中心の温度である。中心温度は食中毒菌が完全に死滅する85℃以上が必要である。

表4.10.1に主な食中毒菌と腐敗菌の耐熱性を示す。芽胞以外は85℃以上で死滅することがわかる。

芽胞を死滅させるには，100℃以上に加熱しなければならない。したがって，常圧では油でフライにするか，焼き物にするかしかない。

表 4.10.1 微生物の耐熱性

菌　　種	温度（℃）	D値（分）*	作　用
シュードモナス・フルオレッセンス	53	4.0	腐敗・病原菌
シュードモナス・フラギ	50	7.4	腐敗
セラチア・マルセッセンス	60	0.17	腐敗
サルモネラ・エンテリティディス	55	5.5	食中毒
スタヒロコッカス・アウレウス	60	4.9〜8.2	食中毒
ビブリオ・コレレ	60	0.63	病原菌
エルシニア・エンテロコリチカ	62.8	0.24〜0.96	食中毒
バシラス・コアギュランス（胞子）	121	3.0	
バシラス・ステアロサーモフィラス（胞子）	121	1.4〜14	腐敗
バシラス・サチリス（胞子）	121	0.08〜0.9	腐敗
クロストリジウム・ブチリカム（胞子）	85	18	酪酸菌
クロストリジウム・スポロゲネス（胞子）	121	0.15	
アスペルギルス・ニガー（分生子）	50	4.0	黒カビ
アスペルギルス・フラーブス（分生子）	55	3.1〜28.8	発がん性あり
ロドトルラ・ルブラ	51	38	赤色酵母
サッカロミセス・セレビシエ	60	5.1〜19.2	酒酵母

＊　D値とは，微生物を90％死滅させるのに要する時間（分）。
出典）食品産業戦略研究所編：食品の腐敗防止対策ハンドブック

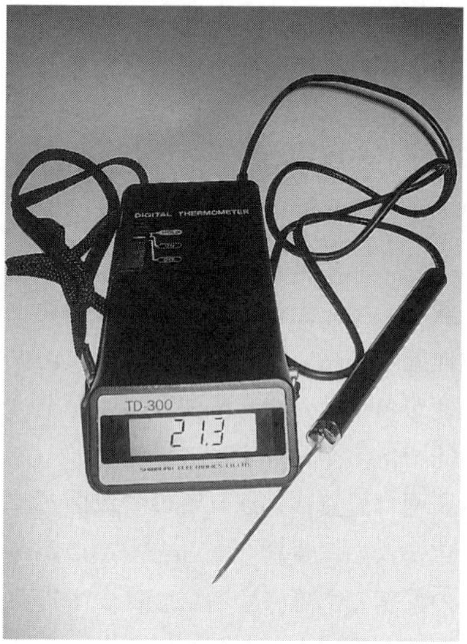

図 4.10.2　中心温度測定用センサー

筆者は夏場に保存料を入れた熱湯で冷凍アスパラガスをゆで，弁当のおかずに使用したが糸をひいて困ったことがあった。土壌中の芽胞菌が原因と考え，30～60秒の油揚げをしたら糸ひきが止まった経験がある。やはり，すべての細菌に有効なのは油揚げである。このとき注意することは，食材を入れすぎて油の温度が下がりすぎることである。油温は150～180℃がよい。

次に焼き物であるが，揚げ物同様食材は薄いほうが熱の通りがよく，殺菌しやすい。また，焼ムラがないように食材の上下から加熱できるオーブンを使用するのがよい。

揚げ物も焼き物も食材の中心温度は，85℃以上である。中心温度測定用センサーの一例を写真で示す（図4.10.2）。

③　有機酸（特に酢酸）で殺菌　クエン酸や乳酸など，有機酸は食材のpHを下げ乳酸菌やカビ，酵母以外の多くの一般細菌を死滅させる。そのなかで特に多く利用されているのが食酢（主成分は酢酸）ならびにその希釈液である。酢酸による殺菌の始まるpHは4.9以下（酢酸濃度0.04％以上）である。

食酢で殺菌するときに注意することは，カットした厚焼き卵やカマボコ，生野菜などの表面殺菌が可能であるが，漬けすぎると酸臭が強くなり酸敗クレームとなることがある。

以上①～③が惣菜の主な殺菌法であるが，どの方法も殺菌温度や時間，殺菌液の濃度や浸漬時間に限度があるので，細菌をすべてゼロにすることはできない。したがって生残した細菌を食中毒や腐敗を起こす菌数にまで増菌させない（静菌または制菌）対策がより大切となる。次にその対策について記す。

2）増菌させない対策

①　食材（製品を含む）を10°C以下に保蔵
凍結して組織が変わってしまう“ゆで卵，コンニャク煮，ダイコン煮，野菜サラダ，漬物など”は5～10℃保蔵がよいが，その他の多くの食材は2

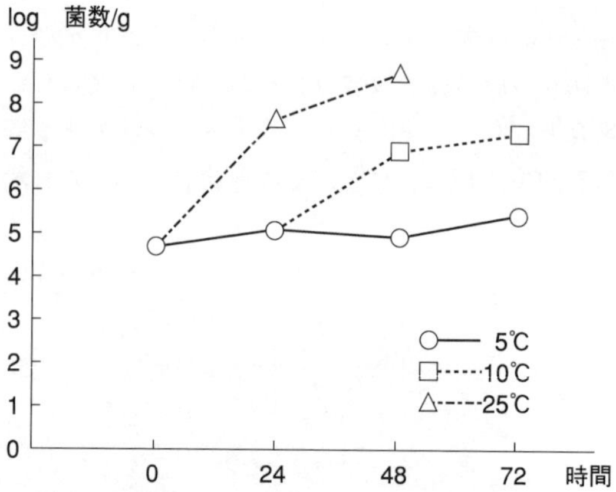

図 4.10.3　無処理キャベツの細菌数の消長
出典）調理食品と技術，Vol.3，No.4（1997）

表 4.10.2　食中毒菌の増殖温度

菌　　種	増殖温度（°C）
腸炎ビブリオ（食中毒菌）	10～37
黄色ブドウ球菌（食中毒菌）	12～45
サルモネラ（食中毒菌）	15～41
病原大腸菌	10～45
ボツリヌス菌	4～37
セレウス菌	10～48
ウェルシュ菌	15～50
カンピロバクター	25～42
エルシニア菌	0～44

出典）食品産業戦略研究所編：食品の腐敗変敗防止対策ハンドブック

～５℃保蔵が望ましい。

２～５℃保蔵であれば，初発菌数がかなり多くても，24～48時間くらいはほとんど増菌しない（図4.10.3参照）。

また，主な食中毒菌の増殖温度は，表4.10.2のとおりである。

② **保存料・pH調整剤を使用**　食品中の微生物の増殖を遅らせる作用（静菌または制菌作用）

表 4.10.3　対象食品の代表的な変敗形式とソルビン酸の添加方法

指定食品名	使用基準量	主な変敗形式	添加方法	
			ソルビン酸	ソルビン酸カリウム
魚肉練り製品	ソルビン酸として0.20%	ネト カビ（青カビなど）	粉末 被覆SoAの粉末添加	粉末または水に溶解 pH低下調節剤（GDL，有機酸）と併用
鯨肉・食肉製品	0.20%	斑点，軟化 膨張	PG溶解または粉末 被覆SoAの粉末添加	粉末または水に溶解 pH低下調節剤と併用
ウニ	0.20%	カビ 酸敗（乳酸菌）	ETOH（エタノール）またはPG（プロピレングリコール）溶解	
イカ・タコ燻製品	0.15%	カビ	PG溶解	調味剤と混合 pH低下剤と併用
魚介乾製品	0.10%	カビ		塩水，たれに溶解
フラワーペースト	0.10%	カビ 湧き（酵母）		水に溶解 pH低下剤併用
煮豆類	0.10%	酸敗，ネト（ロイコノストック乳酸菌） カビ，酸臭（バシラス）	中和液 調味液中にて加熱溶解	調味液または水に溶解 pH低下剤
佃煮	0.10%	カビ，酵母	中和液	調味液または水に溶解
味噌	0.10%	カビ｝（酵母，袋もの） 湧き		水に溶解 均一分散に注意
たくあん漬	0.10%	白カビ（産膜酵母） 酸敗，湧き（袋もの）		糠床に粉末混合，または漬け液使用では漬け液溶解
粕漬	0.10%	白カビ 酸敗（乳酸菌）	調味液（アルコールなどを含む）に溶解	アミノ酸液に溶解
麹漬	0.10%	酸敗（酢酸菌，乳酸菌） 膨張（酵母－袋もの）	麹床に中和液溶解して添加	麹床に添加
醤油漬	0.10%	白カビ，湧き	漬け液原料の氷酢酸に溶解	水に溶解
味噌漬	0.10%	白カビ，湧き		水に溶解またはアミノ酸液に溶解
酢漬	0.05%	産膜酵母，原料肉質軟化	漬け液原料の氷酢酸に溶解	水に溶解
ケチャップ	0.05%	カビ｝開栓後 湧き	原料酢酸に溶解	
ジャム	0.05%	カビ 酵母	粉末添加濃厚ジャムを無添加ジャムと混合	水に溶解
甘酒	0.03%	ガス発生（酵母，乳酸菌， 腐敗　　酢酸菌）	麹とかゆとの混合時に粉末添加	水に溶解

出典）クリエイティブジャパン編：食品保存便覧

のある物質を保存料という。pH調整剤とは，食品を適当な酸性にして加熱殺菌効果を高めたり，静菌効果で保蔵性を高める作用のある物質をいう。

食品衛生法で許可されている保存料は多数あるが，惣菜で利用される保存料はソルビン酸かソルビン酸カリウムにほぼ限られている。また，pH調整剤として使用されるのは酢酸（主に食酢の形で）と酢酸ナトリウムである（詳細は食品衛生法参照)。よく利用される保存料およびpH調整剤を以下に記す。

A．ソルビン酸・ソルビン酸カリウム……惣菜に限らずもっとも広く使用されている保存料である。ソルビン酸は水に溶けにくいので，通常はソルビン酸カリウムが用いられる。添加量と添加方法は表4.10.3にまとめられている。0.1～0.2%添加が多い。

そのほかの注意事項は，次のようなことである。

① 加熱水蒸気とともに蒸散するので，加熱処理の最終段階で添加する。

② 保存料（ソルビン酸カリウム）の表示が必要。

③ 融点が132～136℃なので煮沸に充分耐える。

④ カビ，酵母に有効であるが，嫌気性菌には効果なし。

⑤ 酸性の食品（特に漬物）に効果あり。

B．食　酢……食酢は前述したように，殺菌剤としても使用されるように，静菌剤として使用されるほうが多い。単独でも使用できるが，酢酸ナトリウムとともに使用されることが多い。食酢の使用濃度は酸度で0.9～1.0%である。

食酢は，食材のpHを下げて微生物の増殖を抑え，可食期間を延長する。主要微生物の生育可能なpHの範囲を図4.10.4に示す。

図4.10.4に示されていないが，腐敗菌であるバシラス・サチリス（枯草菌）が，pH4.5～8.5，同

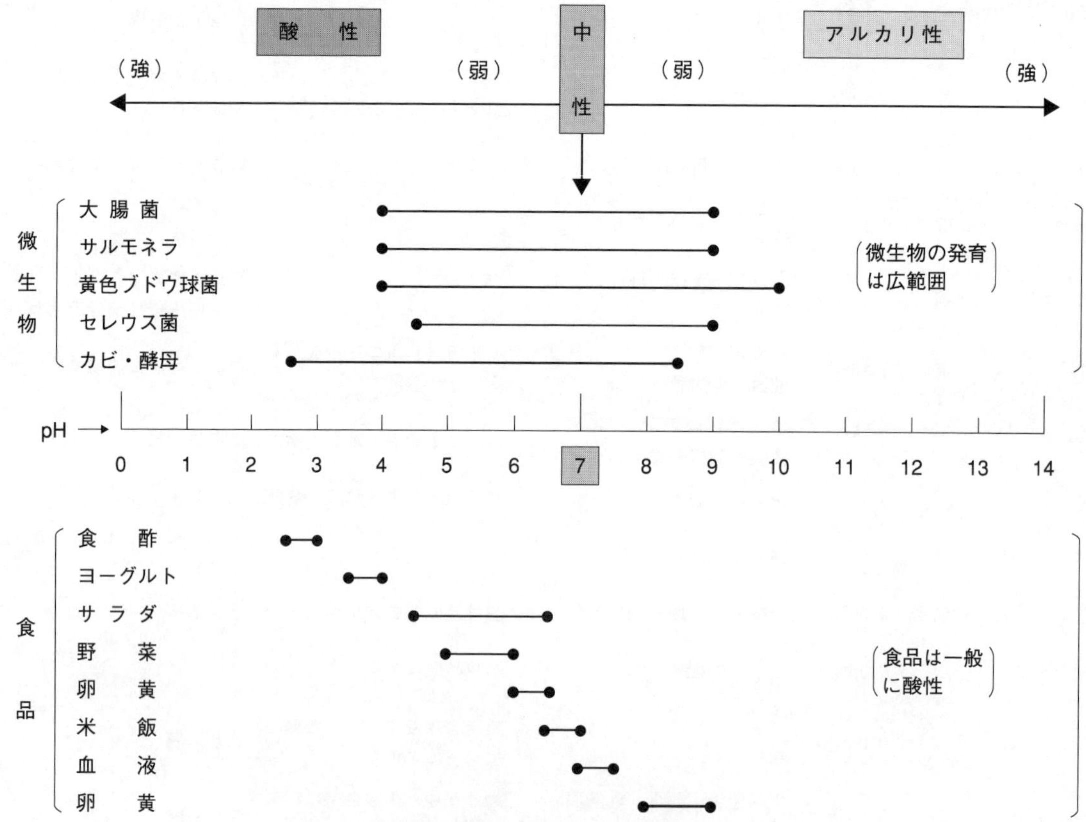

図 4.10.4　主要微生物の生育可能pH範囲と食品のpH

出典）日本べんとう工業協会編著：自主衛生管理マニュアル

表 4.10.4　惣菜・佃煮・煮豆の一般成分，水分活性

	水分（%）	塩分（%）	糖分（%）	Aw*
マカロニサラダ	65	0.7	1.7	0.99
ポテトサラダ	70	0.7	1.8	0.99
ポテトサラダ	72	1.2	3.1	0.98
春雨サラダ	69	2.5	10.8	0.96
フレンチサラダ	68	1.2	2.9	0.98
金ぴらゴボウ	71	3.4	10.2	0.96
金ぴらゴボウ	57	3.0	20.0	0.93
金ぴら	49	4.2	20.8	0.90
野菜うま煮	69	3.9	15.7	0.94
野菜うま煮	53	5.2	15.3	0.91
うの花	77	2.0	5.5	0.98
ゼンマイ	66	4.7	13.2	0.92
豆ヒジキ	49	3.5	23.5	0.90
レンコン	60	10.1	15.3	0.90
フキ煮付	80	5.1	4.6	0.97
タケノコうま煮	70	4.0	12.2	0.94
細切コンブ	67	6.2	8.6	0.93
煮豆（惣菜）	68	2.2	6.8	0.97
野菜佃煮	50～60	6～13	7～26	0.81～0.88
ノリ佃煮	56～61	8～10	11～16	0.86～0.88
コンブ佃煮	39～59	9～13	9～17	0.76～0.88
魚介佃煮（甘露煮など）	18～36	4～14	11～28	0.64～0.82
煮豆	30以下	1～ 2	約25	約0.80

＊　その他，イモころ煮0.95，ゼンマイ0.93，タケノコ煮付0.91。

じく腐敗菌で低温性のシュードモナス属の細菌が，5.6～8.0，食中毒菌のボツリヌス菌が4.7～8.5である。

③　水分活性を下げる　　水分活性（*Aw*）とは，微生物が増殖するために利用できる水分の量を示す値である。したがって，その値が大きいほど，微生物が増殖しやすくなる。一定の測定法により測定された値であるが，その方法は成書を参照されたい。

食塩，砂糖，アミノ酸などの，水に可溶性の物質が多いほど，水分活性が小さいので保蔵性がよくなる。したがって，風味や組織に問題がなければ，食塩や砂糖を増量すれば保蔵性がいくらかよくなる。代表的な惣菜の *Aw* を表4.10.4に示す。また，あわせて表4.10.5に *Aw* と日持ち日数，図4.10.5に微生物の増殖可能な *Aw* の範囲を示す。

表 4.10.5　惣菜・佃煮の水分活性と日持ち日数

Aw	0.95	0.90	0.80	0.70以下
日持ち日数	4日以内	3～9日	11～19日	30日以上

25℃，RH80%保存

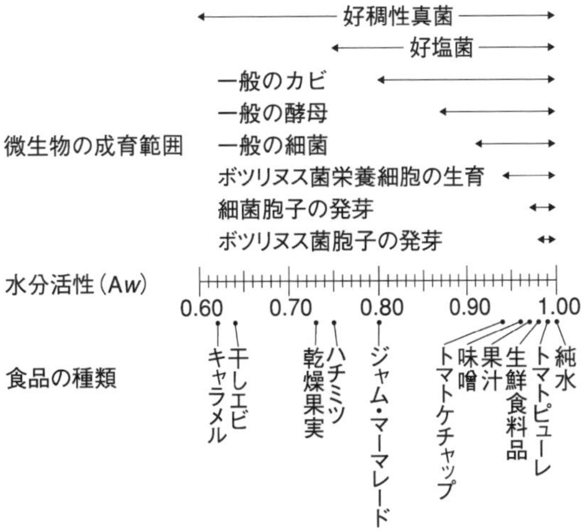

図 4.10.5　微生物の増殖Aw域

3）保蔵性向上のための対策

惣菜のなかで加熱できないものに，サラダと漬物がある。しかも両者は使用頻度がかなり高い。

① サラダ　当衛生規範では，弁当の調製にあたり，「サラダ，卵焼，切身のハム及びソーセージ，生鮮魚介類の刺身は，6月から10月までの間，副食として供さないことが望ましい」とある。いずれも食中毒の原因食品となりやすいので，発生の多い6～10月は避けるようにとの配慮である。しかし，実際は味や彩りなどから夏場でも欠くことができない惣菜ではある。そこでサラダの保蔵性向上策として次のような方法がある。

A．冷水洗浄……サラダ変敗細菌の大部分は原料生野菜に由来するので，前記の方法で生野菜の細菌数を減少させる。

B．殺　菌……食酢（酢酸）あるいはその希釈液に生野菜，カットしたハムやソーセージを軽く浸漬し，表面に付着した細菌を殺菌する。浸漬液が濃すぎたり，浸漬時間が長すぎると，野菜のクロロフィルが黄化したり，葉脈が浮き出たりするので要注意である。食酢酸度（＝酢酸％）は，0.5％前後が適当。

C．ブランチング（湯通し）……生野菜の表面には，キャベツのように水をはじく膜があったり，細かい多くの毛状の膜があったりして，気孔に入った細菌すべてを薬剤で殺菌するのは困難である。そこで効果があるのは，熱湯に短時間漬けるブランチングである。熱が細菌にまで達すれば，大腸菌などの無芽胞菌はすべて死滅する。高温，長時間加熱がより殺菌効果があるのはいうまでもないが，野菜の色や組織が変化しない程度でやめておく。その程度は，原料の種類によって異なるので，小規模の実験で生残菌を測定し決めるのがよい。通常，生野菜や冷凍野菜では，沸騰水中で1～1.5分である。また，多く入れすぎると湯温が下がるので，沸騰が止まらない程度に入れる。

D．マヨネーズあえ……マヨネーズには，食酢が含まれていて，pHも低い。生野菜や蒸したジャガイモペーストなどに，マヨネーズをまぶすとpHが下がり，静菌状態になる。

E．2～5℃に保蔵する……サラダに限らないが，冷蔵保蔵がもっとも細菌の増殖を抑えるのに効果がある。

② 漬　物　弁当に使用される漬物には，ほとんどすべて原料1kg当たり1g以下のソルビン酸カリウム（保存料）が使用されていることが多い。しかし，品温が上がると，酵母や乳酸菌が増殖して，ガス生成や酸敗現象を生ずることがある。

この腐敗を防ぐには，10℃以下に冷蔵保蔵するのが唯一の方法である。

また，弁当に入れるときはほかの食材ににおい，色などが移らないように，小さなカップに入れ，ほかの食材と接触させないことである。

表 4.10.6　食酢*によるキュウリの殺菌

食酢酸度%	大腸菌群／g		一般細菌／g	
	0分	15分	0分	15分
0	2.0×10^4		3.4×10^6	
0.2	1.7×10^2	10	7.3×10^5	1.9×10^4
0.5	40	<10	3.3×10^5	1.5×10^4(99.6)
1.0	<10	<10	2.0×10^5	6.9×10^3
2.0	<10	<10	1.2×10^5	2.6×10^3
5.0	<10	<10	3.4×10^4	2.4×10^2

*　酸度10％の食酢を希釈利用。------内は完全殺菌，（　）内は除菌率（％）

出典）食品研究社編：実際的惣菜製造法

4.10.2　弁当（おにぎりを含む）の保蔵技術

弁当については，当衛生規範では次のように定義している。弁当とは，「主食又は主食と副食を容器包装又は器具に詰め，そのままで摂食できるようにしたもので，次に掲げるものをいう。幕の内弁当等の○○弁当，おにぎり，かまめし，いなりずし，その他これに類する形態のもの及び駅弁，仕出し弁当等」とある。弁当の中心となる主食には，米飯が圧倒的に多い。副食すなわち惣菜については，弁当に詰める前の個々の惣菜について，4.10.1「惣菜の保蔵技術」で述べた。

米飯が10℃以下の保蔵でかたくならなければ，弁当全体を10℃以下で保蔵すれば保蔵性はかなりある。しかし，米飯は15℃以下で保蔵すると数時間で固化してしまう。理想的なのは，米飯とおかずは別容器に入れて米飯は15℃，おかずは10℃以下に保蔵するのがよい。

このタイプの弁当はコスト高になるので，売れ筋の500円近辺の弁当には少ない。

（1）白飯・おかずが同一容器に入っている弁当

幕の内弁当のような白飯と煮物などのおかずが，同一容器に入っている弁当およびおにぎりについて，保蔵性を考えてみる。

1）15〜20°Cで保蔵

保蔵温度は15〜20℃が妥当である。理由は前述したとおりである。微生物面および官能（風味，組織，色沢）面の両方からの妥協温度である。以下に実際の弁当，おにぎりの保蔵効果について発表されているデータを示す。

① データ1

- おにぎりは25℃保蔵であれば製造後24時間で10万/ｇを超えた（図4.10.6）。
  →20℃以下で保蔵
- 巻き寿司は初発菌数が製造直後で10万/ｇを超えている（図4.10.7）。
  →原材料は初発菌数の少ないものを使う。
- いなり寿司は食酢を用い，油を含むので比較的保蔵性がよい。
  →食酢でpHを下げる。

② データ2

図4.10.8のグラフは，横浜市内の弁当製造工場がコンビニエンスストア向けに製造した弁当およびおにぎりを，製造直後に収去し20℃に保蔵し，経時的に一般細菌数と大腸菌群数を測定したグラフである。

- 初発菌数の多い牛丼とチキンカツ弁当，２種類のおにぎりは，24時間経過後に10万/ｇを超えていた。
  →初発菌数を少なくする。
- ミニ天丼とカルビ焼き弁当は，24時間経過後もらくに10万/ｇをクリアしていた。
  →・初発菌数が少ない。

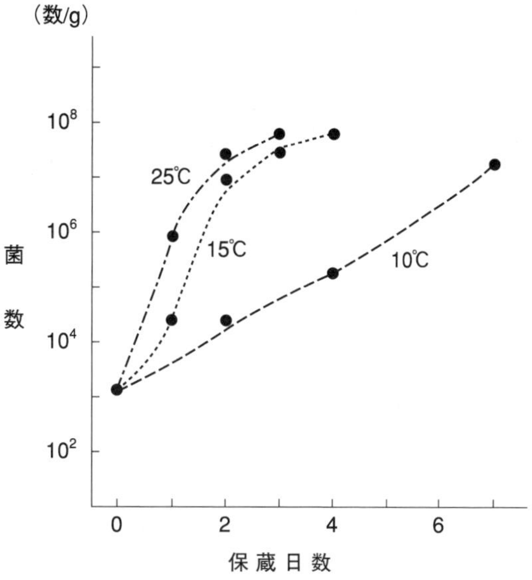

図 4.10.6　おにぎり保蔵中の細菌数

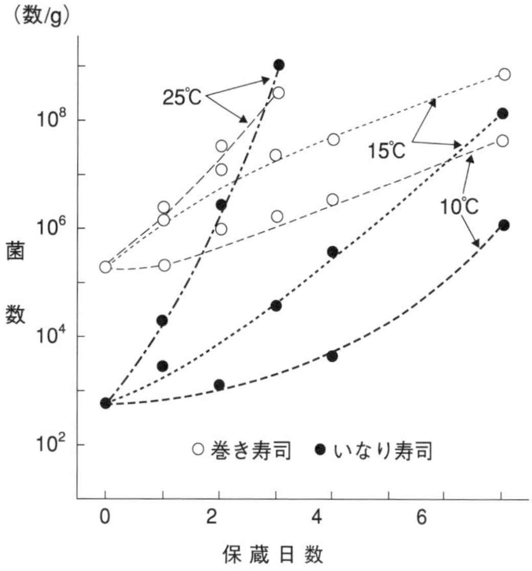

図 4.10.7　巻き寿司，いなり寿司保蔵中の細菌数

（以下は推測）

- 食事が充分加熱されていた。
- 食材のpHが低かった。
- 盛付けが衛生的であった。
- 使用した保存料が使用量とともに適切であった。

③ データ3

表4.10.7のデータは，Ａ施設（仕出し弁当屋）

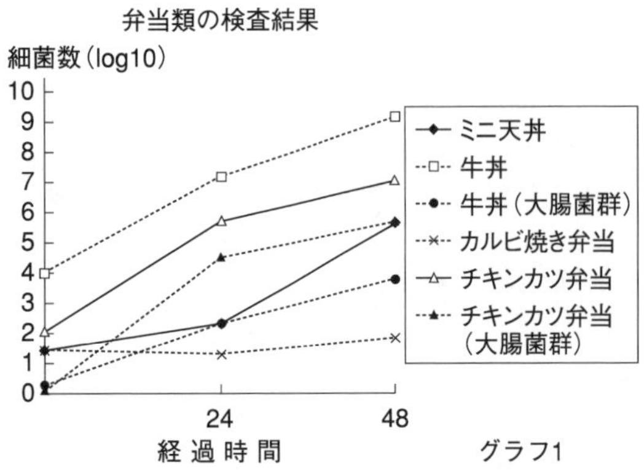

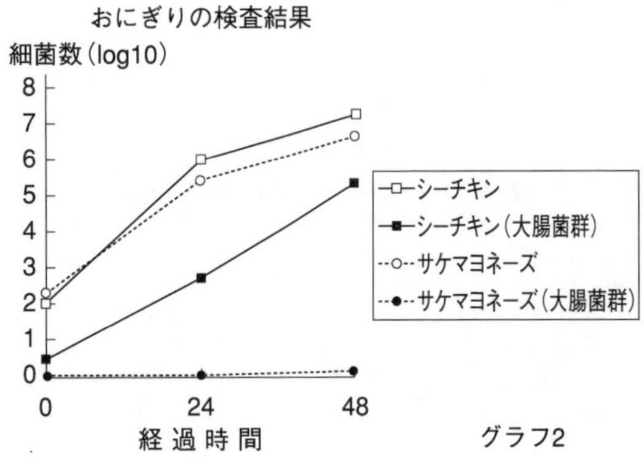

図 4.10.8　弁当類およびおにぎり保蔵中の細菌類
出典）横浜市食品監視機動班・湯原一郎・他（第９回全国食品衛生監視員研修会の発表より）

とＢ施設（ホテル）において製造された弁当および副食を25℃で保蔵して，一般細菌数と食中毒菌（大腸菌，黄色ブドウ球菌，サルモネラ）を測定した結果である。

・弁当は，検体Ｉのみ24時間保存後に当衛生規範合格であった。
　→・保蔵温度が高すぎた。
　　・保存料を使用していない。
・副食で24時間保蔵後に当衛生規範に合格したものは，すべて製造時一般細菌数が＜300/ｇである。
　→・初発菌数が少ない。
・Ａ施設よりＢ施設のほうが，製品の保蔵性がよい。
　→・調理温度の差
　　・食材の取扱い方の差（例えば急速冷凍の有無）
・焼き肉は概して保蔵性がある。
　→・調理温度が高い。
　　・薄切りのため熱が中心部までいきわたる。
　　・たれのpHが低い。
・煮物の保蔵性が悪い。
　→・100℃までしか殺菌できない。
　　・保蔵温度が高い。

2）組織の固化を防ぐ

官能面から保蔵を考えると，弁当やおにぎりは表面が乾燥しやすく，組織がかたくなるのを防がなければならない。

すなわち，弁当は食材を入れたらなるべく早くふたをする。おにぎりは，包装したらすぐ番重に入れ，ふたをすることである。出荷まで15～20℃に保った保冷庫に保蔵するが，ふたがずれて15～20℃の冷風が直接製品にあたると，表面がかたくなりクレームになる（特におにぎり）。

3）おにぎりの保蔵

おにぎりの中に入れる具材である“焼たらこ”，“塩鮭”などは，それ自身のみを30～35℃で保蔵しても，増菌はしない。これは，高い塩分のためであるが，米飯と接触するとその塩分が，米飯の水分に溶け込み，接触部の塩分が薄まり，接触部にいる細菌が増菌する。

おにぎりを15～20℃に保持し，増菌速度を遅くするしか方法はない。

4）おかずへの配慮

おかずどうしを直接接触させると，細菌の多い食材から，細菌が移行するおそれがある。アルミカップに入れたり，バランで区切るのがよい。

・レタスやパセリは，一般に細菌が多いのでpHの低いサラダ以外は，細菌が移行するおそれがある。
・漬物は，細菌も多いがにおいも強いので，必ずアルミカップや紙パックに入れる。
・酢の物，あえ物のように，水分の多い食材は，酸味やにおいが移らないように，アルミカップや紙パックに入れる。
・魚臭，漬物臭，酸臭のあまり強い食材は，特

表 4.10.7　一般細菌数検査成績

A 施設						B 施設					
放置時間		製造直後（1時間）	4時間	7時間	24時間	放置時間		製造直後（1時間）	4時間	7時間	24時間
検体A	弁当	6.5×10^{3}	3.7×10^{4}	1.6×10^{5}	8.2×10^{8}	検体F	弁当	4.4×10^{3}	2.1×10^{4}	5.7×10^{4}	3.0×10^{7}
	卵焼き	2.3×10^{3}	5.1×10^{3}	8.3×10^{3}	8.8×10^{5}		卵焼き	$<3.0\times10^{2}$	$<3.0\times10^{2}$	$<3.0\times10^{2}$	1.2×10^{6}
	煮物	$<3.0\times10^{2}$	1.6×10^{3}	5.8×10^{4}	8.7×10^{8}		煮物	2.1×10^{3}	4.5×10^{3}	1.8×10^{4}	1.3×10^{7}
	焼き魚	$<3.0\times10^{2}$	$<3.0\times10^{2}$	$<3.0\times10^{2}$	5.0×10^{4}		焼き肉	$<3.0\times10^{2}$	$<3.0\times10^{2}$	$<3.0\times10^{2}$	6.5×10^{8}
	揚げ物	$<3.0\times10^{2}$	$<3.0\times10^{2}$	$<3.0\times10^{2}$	7.4×10^{5}		揚げ物	$<3.0\times10^{2}$	$<3.0\times10^{2}$	$<3.0\times10^{2}$	1.2×10^{8}
検体B	弁当	1.1×10^{4}	1.6×10^{4}	8.5×10^{4}	1.9×10^{8}	検体G	弁当	$<3.0\times10^{2}$	$<3.0\times10^{2}$	$<3.0\times10^{2}$	3.3×10^{5}
	卵焼き	1.3×10^{3}	7.7×10^{3}	1.1×10^{4}	2.4×10^{8}		漬物	$<3.0\times10^{2}$	$<3.0\times10^{2}$	$<3.0\times10^{2}$	3.6×10^{4}
	煮物	1.7×10^{3}	2.7×10^{3}	2.0×10^{5}	4.2×10^{8}		揚げ物	$<3.0\times10^{2}$	$<3.0\times10^{2}$	$<3.0\times10^{2}$	9.6×10^{4}
	焼き魚	1.8×10^{3}	2.0×10^{3}	9.1×10^{3}	2.5×10^{7}		揚げ物	$<3.0\times10^{2}$	$<3.0\times10^{2}$	$<3.0\times10^{2}$	3.2×10^{4}
	揚げ物	6.6×10^{3}	6.8×10^{3}	1.4×10^{4}	1.2×10^{7}		揚げ物	$<3.0\times10^{2}$	$<3.0\times10^{2}$	1.5×10^{3}	3.4×10^{6}
検体C	弁当	8.5×10^{4}	1.7×10^{5}	7.8×10^{5}	4.7×10^{8}	検体H	弁当	$<3.0\times10^{2}$	$<3.0\times10^{2}$	$<3.0\times10^{2}$	1.8×10^{4}
	卵焼き	3.0×10^{4}	2.3×10^{5}	3.0×10^{5}	2.6×10^{8}		煮物	$<3.0\times10^{2}$	5.0×10^{2}	5.0×10^{2}	4.0×10^{4}
	煮物	5.0×10^{2}	1.6×10^{3}	1.9×10^{3}	4.9×10^{6}		焼き肉	2.9×10^{3}	4.2×10^{3}	2.0×10^{4}	8.0×10^{4}
	焼き魚	1.5×10^{4}	1.8×10^{4}	6.0×10^{4}	5.4×10^{6}		焼き魚	$<3.0\times10^{2}$	$<3.0\times10^{2}$	$<3.0\times10^{2}$	5.9×10^{4}
	揚げ物	4.6×10^{3}	1.6×10^{4}	2.9×10^{4}	1.6×10^{7}		揚げ物	$<3.0\times10^{2}$	$<3.0\times10^{2}$	1.5×10^{3}	3.4×10^{6}
検体D	弁当	2.0×10^{5}	1.9×10^{6}	1.1×10^{7}	2.3×10^{9}	検体I	弁当	6.0×10^{6}	2.1×10^{7}	1.0×10^{8}	6.5×10^{8}
	卵焼き	7.5×10^{4}	2.3×10^{5}	1.9×10^{6}	5.0×10^{7}		煮物	4.6×10^{4}	2.2×10^{5}	4.2×10^{8}	6.2×10^{8}
	煮物	$<3.0\times10^{2}$	5.3×10^{2}	2.8×10^{3}	2.2×10^{6}		焼き肉	$<3.0\times10^{2}$	$<3.0\times10^{2}$	$<3.0\times10^{2}$	4.0×10^{3}
	焼き魚	1.0×10^{3}	3.1×10^{3}	3.2×10^{4}	1.8×10^{5}		（漬物）	4.1×10^{7}	5.7×10^{7}	3.3×10^{8}	4.3×10^{8}
	揚げ物	1.6×10^{4}	2.2×10^{4}	9.8×10^{4}	4.7×10^{6}		揚げ物	$<3.0\times10^{2}$	$<3.0\times10^{2}$	$<3.0\times10^{2}$	4.4×10^{4}
検体E	弁当	4.1×10^{3}	5.1×10^{3}	5.5×10^{4}	1.7×10^{7}	検体J	弁当	4.6×10^{5}	4.0×10^{6}	1.6×10^{7}	3.6×10^{7}
	卵焼き	8.3×10^{2}	1.1×10^{3}	9.0×10^{3}	5.5×10^{8}		（サラダ）	1.0×10^{4}	5.2×10^{5}	8.2×10^{7}	6.6×10^{8}
	煮物	1.1×10^{3}	2.5×10^{3}	1.8×10^{4}	5.1×10^{7}		煮物	$<3.0\times10^{2}$	$<3.0\times10^{2}$	$<3.0\times10^{2}$	3.9×10^{8}
	焼き肉	2.4×10^{3}	4.8×10^{3}	1.0×10^{4}	2.8×10^{7}		焼き肉	$<3.0\times10^{2}$	$<3.0\times10^{2}$	$<3.0\times10^{2}$	3.9×10^{4}
	揚げ物	$<3.0\times10^{2}$	$<3.0\times10^{2}$	2.1×10^{3}	2.3×10^{6}		揚げ物	$<3.0\times10^{2}$	$<3.0\times10^{2}$	6.2×10^{3}	2.7×10^{7}

———は，弁当・惣菜の加熱処理した物，および惣菜のその他の指導基準に適合しているものを表す。
═══は，食中毒原因菌が検出されたものを表す。
出典）秋田県湯沢保健所・月澤・他：弁当における消費期限の日付設定（第9回全国食品衛生監視員研修会の発表より）

に夏場では腐っていると思われることがあるので，注意する。

（2）寿司弁当

寿司飯は，食酢の添加により，pHが4.5くらいになっているので，食中毒菌や病原菌は，増殖できず，時間とともに死滅する。また，具に用いる生物《なまもの》は，イカやタコのように食酢につけても色や形の変わらないものは，10分間くらい浸けておくと，表面殺菌ができる。

マグロなどの赤身の魚は，長時間食酢に浸けると，変色してしまうので，瞬間浸漬を行う。このほかに，製造時注意しなければならないことは以下のとおりである。

① 生物《なまもの》は，細菌増殖が速いので，必ず冷蔵保蔵する。
② まな板，ふきんなど二次汚染源になりやすいものは，洗浄後100ppmの次亜塩素酸ソーダ液に浸漬殺菌後，乾燥する。弁当にしてからの取扱いは，幕の内弁当やおにぎりと同様，15～20℃の温度帯で保蔵・流通させる。

（3）そば・うどん弁当

生そば，あるいは生うどんを，煮くずれ防止のため有機酸（クエン酸など）を加え，pHを5～6にした98℃以上の湯でゆで，水洗し，5℃以下に冷却する。これを一定量ずつ簡易包装する。一方副食材である“天ぷら”や“つけ汁”は，加熱処理し，容器に入れる。“つけ汁”のウェルシュ菌が原因で食中毒が発生したことがあるので，充分加熱する必要がある。同じく添付品の“ネギ”，“ショウガ”などの生野菜は，充分洗浄後，簡易包装袋に入れる。これらを弁当容器に入れてできあがりとなる。当弁当の取扱い注意事項は，以下の点である。

- “そば”や“うどん”には，芽胞菌が生残しているので，保蔵・流通は10℃以下が望ましい。

4.10.3　調理パンの保蔵技術

調理パンには，サンドイッチ，ロールパン，ハンバーガー，ホットドッグなどがある。

調理パンも弁当の一種とみなされ，当衛生規範の規制を受ける。その保蔵性は，弁当や惣菜と同じく，初発菌数の多少と保蔵温度の高低で決まる。

① パンの保蔵は，カビ発生防止，および老化（硬化）の防止のため，8～10℃が適当である。調理パン用のパンには，低温でもかたくならないように，界面活性剤や乳化剤が添加されている。また，夏場にはカビ発生防止のため，プロピオン酸カルシウムがパン1kg当たり最大2.5g加えられている。

② パンにはさむ食材には，レタス，パセリ，スライスハム，マヨネーズ，トマトケチャップ，揚げカツ，魚フライ，スパゲティ，焼そばなどがあるが，これらはすべて5～10℃保蔵が適当である。

③ マヨネーズやトマトケチャップは，食酢，および食塩が含まれ，pHも4前後であるため静菌作用がある。したがって，レタスやスライスハムに塗ると若干保蔵性がよくなる。

④ このほかに初発菌数を少なくするためには，製造工程内での二次汚染を少なくすることである。そのためには，ⓐ食材やパンをカットするのに使用する包丁，まな板はよく洗い，乾燥後紫外線殺菌装置で殺菌する，ⓑ搬送ベルトは，消毒用70～75%エチルアルコールをスプレーするか，60～100ppmの次亜塩素酸ソーダで清拭する，ⓒ空調フィルターからの落下細菌の付着防止および乾燥防止のため速やかに包装する。

⑤ 製品は充分冷えるように番重に詰込みすぎないように入れ，出荷まで8～10℃で保存する。

4.10.4　流通上での注意

（1）配送車での注意

① 15～20℃にコントロールできる保冷車であること。

② 保冷車中では，15～20℃の冷風がまんべんなく，すべての番重にあたるように積付ける。すなわち，床にはフロアレールを敷くか，すのこを敷く。庫内の壁と番重の間に，冷風が通れるすき間をつくるなど。

③ 車両の扉の開閉口にはカーテンをつけて，積込み時および荷おろし時に外気が中に入らないようにする。

（2）販売店（コンビニエンスストア・スーパーマーケットなど）での注意

① 荷おろしされた弁当や惣菜は，速やかに15～20℃のショーケースに収納する。

② ショーケースは，常に15～20℃になっているかを温度計で確認し，記録する。

③ ショーケースは，水で洗浄後，60～100ppmの次亜塩素酸ソーダで清拭するか，または70%エチルアルコールの噴霧により殺菌した後，乾燥してから使用する。

④ ショーケースの陳列棚は，エアカーテンで外界から仕切られ，外気やにおいが中に入らない構造になっている。

4.10.5　家庭での保蔵

販売店で購入した弁当や惣菜は，賞味期限までに食べてしまうのが望ましい。

しかしやむをえず保蔵する場合は冷蔵庫に入れる。食べるときは，生野菜，漬物，サラダなどをはずして電子レンジで2分間前後温めて食べるのがよい。

＊食べるときの注意

① サラダ，卵焼き，スライスハム，ソーセージなど未加熱食材は特に増菌しやすいので，においを嗅いだり，糸をひかないか，組織が崩れていないかなどを調べてから食べる。

② 米飯やおかずにかすかに酸臭がするときがあるが，保存料またはpH調整剤として食酢を使用しているためである。

③ 白飯に湯をそそぐと油が浮くことがある。この油は食用油（主にサラダ油）で，飯充填機やベルトに飯がくっつくのを防ぐために少量炊飯前に入れている。機械油ではないので食べても無害である。

4.10.6　レトルト食品

食品衛生法の定義では，「レトルト食品」は「容器包装詰加圧加熱殺菌食品」と表現され，「気密性のある容器包装に入れ，密封した後，加圧加熱殺菌した食品」と定義されている。一方，日本農林規格（JAS規格）では，カレー，ハヤシ，ミートソース，米飯類，シチュー，ハンバーグなど24種類をレトルト食品にすることを認めている。

おおよその製造工程は，調理済食材を容器に詰め密封→レトルト釜中で120℃，4分以上（通常5～6分）加熱するか，またはこれと同等以上の殺菌効力のある方法（ボツリヌス菌の完全死滅が目的）で殺菌する→急冷→常温流通，である。

＊保蔵を含めた注意点

① 容器にピンホールやシール不良があると，細菌が入り急速に増殖するので，ていねいに取扱う。

② 開封したら，なるべく1回で食べきる。万一残すときは，必ず10℃以下の冷蔵庫で保蔵する。保存料が入っていないので，細菌が付着すると増菌が速い。

③ ヘッドスペースの大きな容器は，熱伝導が悪いので，殺菌不良となるかもしれない。したがって，開封したらにおい（異臭），組織（軟化）を調べてから食べる。

4.10.7　チルド食品（冷蔵保蔵食品）

チルド食品とは，チルド温度帯（諸説あるが，おおよそ－5～5℃）で流通，保蔵される食品で，日本缶詰協会の定義では，「容器に充填する前もしくは後で，少なくともヒトの健康に対し，潜在的に危害を及ぼすおそれのある食中毒細菌および食品を変敗させる微生物のうち，栄養細胞を殺滅することを意図した程度の加熱が施せられた包装食品で，下限を食品の凍結点とし，上限を5℃として，この温度帯で流通・貯蔵される食品」としている。

したがって，保蔵性はあまりよくなく，賞味期限は冷蔵保蔵で2週間以内である。食品としては，ピザパイ，ホットケーキ，チルドビーフなどがあり，食べるときに簡単に加熱する。

＊保蔵を含めた注意点

① 細菌が生残しているので，増菌を防ぐために必ず冷蔵保蔵する。

② 微生物（特に，カビ，酵母）の発育を抑えるために脱酸素剤を包装容器に入れていることが多いので，容器を破らないように取扱うこと。

③ 以上のほかに，保蔵性をよくするために，保存料や不活性ガス（N_2やCO_2）を加えることがある。

4.10.8　半調理加工食品

例えば，揚げるまでの加工が済んでいるコロッケやカツの類，コンビニエンスストアで売っている鍋焼きうどんのように，加熱すればそのまま食べられる食品を半調理加工食品と呼ぶ。

このコロッケやカツは，ほとんど加熱されていないので，微生物数が多く，中心温度が80～85℃以上になるまで加熱が必要である。

一方，鍋焼きうどんは，加熱済みで真空包装してあるので，保蔵性はよい。

このように，半調理加工食品には，ほとんど未殺菌の食材からLL（ロングライフ）に近い食材まである。

保蔵性を左右するのは，

① 初発菌数の多少
② 保蔵温度（未加熱食品は－5～2℃保蔵が望ましい）
③ 保存料の有無
④ 加熱処理の有無

などである。

4.10.9　新含気（調理）食品

最近，デパートの食品売場などで売出されている新しい製法でつくった調理済食品である。製法の概略は，野菜，肉，魚などの原料→皮むき，あく抜き，カットなどの前処理→適量の調味料とともに，ガスバリア性のあるパウチ袋に入れる→空気を排出し，不活性ガス（普通は窒素ガス）を入れ密封（ガス置換）→新含気調理殺菌機に入れ，煮込み，味付け調理をする→同じ機械で殺菌，冷却を行う→賞味期限は，常温で3ヵ月～1年間。1例として，内容物を63～100℃で約20分間味付け調理し，100～120℃で5分間殺菌する。当食品の特徴は，以下のとおりである。

① 窒素ガスが充填されているので，内容物が酸化しない。したがって，内容物の風味，色沢，組織が変化しない。
② 細菌芽胞は，生残する可能性はあるが，好気性細菌（バシラス属）の芽胞は，空気がないので増殖できない。嫌気性細菌（クロストリジウム属）の芽胞は，常温流通可能品ではあるが，冷蔵保蔵すれば発芽できない。
③ そのまま，あるいは温めて食べられる。
④ 保存料は不要。
⑤ 包装容器を破損しないように，ていねいに取扱う。ピンホール，シール不良があると，腐敗は早い。

4.10.10　真空調理食品

製法の概略は，食材と調味料を耐熱性の袋に入れる→脱気して真空パックする→比較的低温（普通65～75℃）で加熱調理する→冷却→冷蔵保蔵。

当食品の特徴は，以下のとおりである。

① 充分な殺菌効果は期待できないが病原菌はすべて殺菌される。
② 生残菌の増殖は，低温保蔵で抑える方法なので，低温管理（0～3℃）は非常に重要である。賞味期限は，0～3℃保蔵で1週間。
③ 低温加熱および真空パックのため，風味，色沢，組織がほとんど変化しない。
④ 肉類のようにタンパク質の多い食品の調理法として優れている。肉がかたくならず，ジューシーさが保たれるので食感がよい。
⑤ 保存料は不要。

以上がホテルやレストランで用いられる少量生産方式であるが，全国販売のように大量生産する場合は，“ローリングルメ法”と呼ばれている方法をとる。

この方法の概略は，食材を調味料と一緒に“真空・回転・加熱・冷却”機能を有したドラムタイプの装置に入れる→真空にしてから回転，加熱，殺菌する→冷却（0～3℃）する→クリーンルーム内でトレイに充填し，密封する→冷蔵保蔵（0～5℃）にする。

ローリングルメ法の特徴は，以下のとおりである。

① 前述の少量生産方式では，低温調理するためほとんどの製品が再加熱が必要であるが，当法では高温調理も可能なため，そのまま摂取できる製品もある。
② そのほかの特徴は，前述の少量生産方式と同じである。

4.10.11 ま と め

これまで各種の惣菜，弁当（おにぎり含む)，調理パン，それらの食品の家庭での保蔵，レトルト食品，チルド食品，半調理加工食品，新含気食品，真空調理食品などの正しい取扱いについて述べた。これらの食品は現在もっとも市場で受入れられ，生産販売量も急激に増加している食品分野であるが，それだけに新しい食材や新しい加工条件が，日進月歩のように開発され，商品として市場に登場してくる分野でもある。

したがってこの種の食品の衛生的な取扱いについては，すべて先に述べた種々の保蔵技術の原点となっている，下記の5項目の基本的な取扱い要領を日常の習慣として，心に刻んでおくことが大切である。
① 極力“加熱済”の食材や製品を取扱うようにする。
② 容器，スプーン，箸などは常に殺菌したものを使うようにする。
③ 絶対に素手で食品に触らないようにする。
④ 食品は極力10℃以下で販売する。
⑤ 加温販売の場合は，4時間以上商品を放置しない。

このような基本的な取扱い要領で，すべての商品をカバーすることはできないかもしれないが，このようなことを常に心掛けておくという管理の姿勢が正しい取扱いにつながるのである。

4.11 調 味 料

4.11.1 種類と特徴

（1）定　義

調味料はその機能と種類が多様で，ひと言では定義づけはできないが，総合すると下記のように表すことができる。

「調味料とは，食品素材と併用することによりその嗜好性を高め，その持ち味を引立て，またそれにない味，風味を付与するもので，この結果食欲を増進し，食生活を快適にするものである」

調味料は味，風味，食欲など官能的，生理的，栄養学的に食生活全般に関連しており，私たちの生活全般に影響する重要な存在である。

（2）来　歴

1）天然素材型調味料の発展

日本の調味料は歴史的にみると初期には，塩，砂糖の基礎調味料と，カツオ節，コンブ，煮干し，干しシイタケなどの天然物調味料が主体であった。

基礎調味料である塩，砂糖は現在でも基礎調味料として重要な位置づけであるが，古来より昭和の初めに至るまでその生産には多くのエネルギーと人力が必要であるため貴重で高価な調味料であった。

カツオ節，コンブ，煮干し，干しシイタケなどの天然調味料は，基礎調味料に加えて使用することにより，複雑な味と風味を醸成する高級調味料として使用された。この製法も原料の海産物，農産物を加工し風味を凝縮するとともに，長期保蔵が可能な調味料素材とするための先人の知恵と工夫の凝縮物である。

2）発酵調味料

中国，韓国との交流から微生物を利用した発酵，醸造技術が伝来し，大豆，小麦や米などの穀類を原料とした調味料が生産された。

当初は農産物原料としての大豆と基礎調味料の塩を使用して製造した“溜まり”として伝来し，長期間発酵熟成することにより，上清部分が醤油，下層部分が味噌として使用された。この発酵調味料は基礎調味料の塩と農産物の相互有効利用，さらに複雑な味と風味をもつ新しい調味料の出現，さらには穀物のタンパク質が分解されたアミノ酸の味と栄養と日本の調味料の基盤を築いた。

この中心となる醸造発酵技術はさらに発展して，味噌，醤油，酒，酢，味醂と多様な調味料へ展開した。

これらの調味料類は混合，加工して使用され，さらに複雑な風味をもつ各種調味料類（つゆ，たれなど）がつくられた。

江戸中期には，これらの調味料類は一般家庭はもとより，料亭料理やそば，ウナギの蒲焼，寿司に利用され，庶民が屋台で食べられる食べ物にもこれらの調味料を混合した調味料類が使用され，現在の外食文化の基盤の原型となった。

3）うまみ調味料の発展

明治に入って，外国の科学技術が取入れられ，これら調味料の成分解析が行われた。この結果，コンブのうまみ成分からL-グルタミン酸ナトリウム，カツオ節から5′-イノシン酸ナトリウムが発見された。戦後の科学技術の進歩でこれらは順次工業化された。当初は天然物からの抽出法が主体であったため，かなり高価で限定されたものであったが，その後の微生物を利用した発酵法の出現で安価に広く製造供給されるようになった。

4）配合型調味料の発展

昭和40年代から日本が高度成長期に入るに伴って，国民生活が向上し，嗜好の高度化とともに外国の食品の入手が容易となり，洋風化と嗜好の多様化が起こり，これに対応できる調味料の多様化が求められるようになった。これらの動きとともに，各種加工食品と調理器具の発達，外食産業の興隆，大型店の出現と主婦の労働力と社会構造が急激に変化した。この動きはこれまで家庭で基礎調味料を混合したいわゆる加工調味料の工業化・販売へと展開した。この展開は販売競争と嗜好の高度化に対応できる調味素材および加工技術を発達させ多種類のいわゆる配合型調味料の出現となった。

上記の調味料の歴史的展開に沿って，本稿では調味料を基本調味料とうまみ調味料，および配合型調味料の3つに大別し，基本調味料のうち，食塩と砂糖（甘味料），うまみ調味料，および配合型調味料として，天然調味料を使用した代表的な一般的調味料としてたれ類，乾燥スープ類（コンソメ，粉末スープ類）について記載した。

（3）分　　類

調味料の分類は多くの研究者によって違いがあるが，来歴に示したように，時代と嗜好および技術によって高度化，多様化しており，現在では表4.11.1に示したように分類されている。

配合型調味料は主に天然エキス型調味料を使用しており，その原料は農産物，畜産物，水産物，酵母菌体など多岐にわたっている。製造技術は大別して加水分解，抽出および自己消化の3方法になる。これらの製法による調味料の特徴は表4.11.2に示した。天然調味料は，その製造方法から推定できるように，原料のもつ呈味，風味成分の有効成分をできるだけ濃縮するとともに，ほかの成分も残存し，また製造工程での加熱，自己消化などで副次的に生成された成分も含み，味，風味はより複雑になっているので，食品素材に少量添加することで天然感をつけることができる。

これらの天然調味料は単独または基本調味料，うまみ調味料などと混合され，多数の加工食品に使用されている。

基礎調味料はそのほとんどが家庭用調味料として，一般の小売店で販売されているが，天然調味料はその用途が限定されているうえ，商品形態もエキス状などで，使用方法や保存方法も一般的ではないので現状では食品加工工場やレストランなどの業務用での使用が多く，一部の食品調味料専門店以外には市販されなかった。しかし，現在では，技術的に改良され一般向けにも販売されるようになった。スーパーマーケットや小売店ではこれらの商品が多数陳列されており，この傾向は嗜好や調理の多様化により今後ますます増加すると考えられる。

表 4.11.1　基本調味料の分類

基本調味料
天然素材型調味料
天然素材をそのまま使用 カツオ節，コンブ，煮干し，干しシイタケなど 天然素材を精製し使用 砂糖，食塩，油脂など
発酵調味料
微生物の働きで製造され特に風味を重視した調味料 味噌，醤油，清酒，酢，味醂など
うま味調味料
微生物発酵や天然物抽出で主成分を純粋化した調味料 L-グルタミン酸ナトリウム，5′-イノシン酸ナトリウム，5′-グアニル酸ナトリウムなど
配合型調味料
基本調味料と各種調味料，香辛料などを混合配合加工した調味料 風味調味料，スープ類，つゆ，たれなど マヨネーズ，ソース，ドレッシングなど

表 4.11.2　天然エキス型調味料の分類

天然エキス型調味料	
分　解　型	
自己消化型	酵母エキス，魚醤油など
加水分解型	植物（動物）タンパク加水分解物
酵素分解型	植物（動物）タンパク酵素分解物
抽　出　型	
畜　産　物	チキンエキス，ビーフエキス，ポークエキスなど
水　産　物	ホタテエキス，コンブエキス，エビエキスなど
農　産　物	各種野菜エキスなど

4.11.2　天然素材型調味料

（1）食　　塩

1）製造方法

西洋では食塩は主として太古の海が干上がってできた岩塩を掘って供給されたが，日本では縄文時代から奈良時代に“藻塩焼《もしおや》き”という方法でつくられた。この方法は海藻に海水を付着させて天日乾燥させてできた食塩の結晶を海水に溶かして土器で煮詰めて製造した。平安時代からは，砂浜に海水を引入れて天日で乾燥し食塩濃度を高めた塩水を集めてかまで煮詰め濃縮して製造する揚浜式塩田であったが，江戸時代からは潮の満ち干と毛細管現象を利用した入り浜式塩田が瀬戸内海を中心に発達した。この方法は昭和30年代まで続き，1972（昭和47）年にはこれまでの方法とは全く異なったイオン交換膜法で塩分を濃縮し加熱蒸発後に結晶化し生産されるようになった。

現在海水からの塩の製造方法は天日製塩とイオン交換膜法であるが，イオン交換膜法を使用しているのは日本のみである。

2）法的規制

塩は生命維持に欠くことができないものであり，また代替品がないこと，戦後にイオン交換膜法や輸入塩が導入されるまで，その製法や生産量から高価で国民生活にきわめて重要であったために，塩専売法という法律で需給や価格の維持がなされていた。しかし，1997（平成9）年4月から塩専売法が廃止され（経過措置として5年間若干の制約），今までこの法律を司っていた，日本タバコ産業㈱塩専売事業の流通，販売などの業務が民間に移行され㈶塩事業センターがそのとりまとめを行っている。

3）種類と品質規格

表4.11.3に，塩の品種と規格を示した。

原料としての国内塩と輸入塩と塩種および製造方法によって規格が決められている。塩専売法の廃止で，これまでの業務は㈶塩事業センターに移管されたが，ここではこれまでの銘柄の塩を販売している。これらのほかに塩を原料として各種の加工をした特殊用塩としてグルタミン酸ナトリウムなどのうまみ調味料をコーティングした食卓用塩やガーリックソルト，オニオンソルトなどの調理用塩，ニガリなどを添加した特殊用塩がある。

塩の製造販売や輸入が原則的に自由化され，従来の塩のほかに日本の古式製法に沿ってつくられたものや，外国の食塩も輸入販売されるようになった。これらは俗称“自然塩”と称される日本各地の再精製塩やフランスやイタリアの再精製塩，ドイツの岩塩やハーブなどを加えた食塩などである。

製造方法は各メーカーや品種によって若干の違いはあるが，輸入原塩に天然のニガリを加えて溶解し，再結晶した再精製塩である。

これらの商品と製造方法の一部を表4.11.4に示した。

また，食塩にうまみ調味料や香辛料を混合したりコーティングした調味料も市販されている。

4）保蔵・流通

食用塩は食塩の濃度がきわめて高くそのままでは，カビやバクテリアなどの微生物は生育しない。また食塩は物理的，化学的にもきわめて安定で通常の調理条件では変化しないので，特に保蔵，陳列，流通面での問題はないが，“自然塩”と称する再精製塩や岩塩などは製法上からゴミなどの異物の混入などには充分注意をする必要がある。特に注意することは湿度の高い環境での吸湿による溶解（潮解）や固結である。一般の食卓塩は吸湿防止のために炭酸マグネシウムが少量加えられている。万一吸湿，潮解しても食塩としての効果は全く変化しない。

（2）甘　味　料

1）来　　歴

私たち人類が甘味に接したのはおそらく，氷河期が終わる約1万5,000年ほど前と推測されている。それはハチミツや果物の甘味であったと予測され，特にハチミツを利用していたことがクロマニョン人たちが残した洞窟壁画からうかがえる。

表 4.11.3　塩の品質

原　料	生産方法	塩　種	品質規格			主な用途	包装区分
			NaCl濃度	粒　度	そ の 他		
海　水	海水濃縮（イオン交換膜）	食塩	99%以上	500〜149μm 80%以上		家庭用	1kg 5kg
						味噌・醤油 水産加工	25kg　散
		家庭塩	95%	590〜250μm 80%以上 (平均420μm)		家庭用	700g
		並塩	95%以上	590〜149μm 80%以上		醤油・漬物 水産	30kg　散
原　塩	溶解再生加工	漬物塩	95%以上	平均800μm 程度	リンゴ酸　基準0.05% クエン酸　基準0.05%	家庭用 漬物	2kg
		食卓塩	99%以上	500〜297μm 85%以上	塩基性炭酸マグネシウム基準0.4%	家庭用	100g
		ニュークッキングソルト	99%以上	500〜297μm 85%以上	塩基性炭酸マグネシウム基準0.4%	家庭用	350g
		クッキングソルト	99.5%以上	500〜210μm 85%以上	塩基性炭酸マグネシウム基準0.15%	家庭用	800g
		特級精製塩	99.8%以上	500〜177μm 85%以上		マヨネーズ・バター・チーズ	25kg
		精製塩	99.5%以上	500〜177μm 85%以上	塩基性炭酸マグネシウム基準0.15%	家庭用	1kg
輸入塩	外国から輸入した塩で天日製造などにより生産されたもの	原塩	99.5%以上	500〜177μm 85%以上		ハム・ソーセージ スープの素	25kg　散
						醤油・工業原料	30kg　散
	「原塩」を粉砕したもの	粉砕塩	95%以上	粉度1,190μmを超えるもの15%以下500μmを通過するもの40%以下		漬物 水産	30kg　散

表 4.11.4　市販されている㈶塩事業センター非取扱い家庭用塩とその製造方法

商品名	製造業者	製造方法
赤穂の天塩	赤穂化成㈱	輸入原塩＋中国産天然ニガリを真水で溶解，再結晶化したもの
赤穂の御塩	赤穂化成㈱	ＪＴ並塩＋中国産天然ニガリを真水で溶解，再結晶化したもの
伯方の塩	伯方塩業㈱	輸入原塩を溶解，再結晶化したもの
シママース 海の華　青い海	㈱青い海	輸入原塩＋中国産天然ニガリを溶解，再結晶化したもの。海の華は焼塩に加工したもの
あらしお	あらしお㈱	輸入原塩（50%）＋ＪＴ並塩（50%）を真水で溶解，再結晶化したもの
赤穂のあらなみ		ＪＴ並塩＋イオン交換ニガリ(塩化マグネシウム)＋コンブ粉末を溶解，再結晶化したもの

現在はこれより多数の新規銘柄がある。

今日，甘味料としてもっとも多く利用されている砂糖の原料である甘蔗（サトウキビ）は，ニューギニア周辺が原産とされ，紀元前3,000年頃にはインドで古代糖業が興り，甘蔗栽培は，西はアフリカ大陸，東は中国江南地方へと伝播していく。日本に砂糖が輸入されたのは通説では奈良時代（754年）で，鑑真和上が唐より甘藷とショ糖を持参したのが初めとされるが，『魏志倭人伝』にも甘蔗が登場することから，すでに卑弥呼の時代に砂糖が伝播していたとする説もある。現在世界で生産される砂糖は約1億5千万ｔ，日本では年間200万ｔ以上が消費されている。

一方，近年ではライフサイエンスの進歩により固定化酵素，固定化微生物いわゆるバイオリアクター技術が確立され，これまで生産が困難であったう蝕防止，低甘味，低カロリー，ノンカロリーを目的としたオリゴ糖あるいはアミノ酸，ペプチド誘導体の開発が進み甘味料市場に登場し，私たちの食生活にさまざまな形で利用されている。

2）種類と特徴

甘味料の分類と主な特徴および名称を表4.11.5に示す。甘味料は，糖を原料とする低甘味度甘味料と糖以外の物質を原料とする高甘味度甘味料に大別される。低甘味度甘味料は，糖類と糖アルコールに分けられ，糖類はさらに一般的糖類（ショ糖，ブドウ糖，果糖など），オリゴ糖（フラクトオリゴ糖，マルトオリゴ糖など），および砂糖誘導体（カップリングシュガー，パラチノース）に分類される。高甘味度甘味料には，低カロリー，低コストを目的とした合成甘味料（サッカリン，チクロ

表 4.11.5　甘味料の分類，主な特徴，および種類

分類			主な特徴	種類
低甘味度甘味料	糖類	一般的糖類	食品の甘味づけだけでなく，加工上の利点を生かしていろいろな目的に使用される。ほとんどのものは砂糖より甘味度が低い。	砂糖，異性化糖，ブドウ糖，果糖，乳糖，麦芽糖，キシロース，異性化乳糖
		オリゴ糖類	酵素化学とその利用技術の進歩発展により，いろいろなオリゴ糖が開発されている。低甘味で，ビフィズス菌増殖効果など，健康に関与する新しい機能をもつものがある。	フラクトオリゴ糖，マルトオリゴ糖，イソマルトオリゴ糖，ガラクトオリゴ糖，キシロオリゴ糖
		砂糖誘導体	虫歯予防の観点から開発された甘味料。砂糖やデンプンに酵素を作用させてつくられる。低甘味で，砂糖と同様に消化・吸収されるのでカロリー源となる。	カップリングシュガー，パラチノース
	糖アルコール		糖に水素添加（還元）してつくられる。原料糖質の加工上の欠点を改良した化学的に安定な糖質。吸収されにくいため，低カロリー甘味料として使用されるものと，食品加工上の目的で使用されるものがある。多量に摂取した場合，緩下作用のあるものがある。	マルチトール，ソルビトール，エリスリトール，キシリトール，ラクチトール，パラチニツト，還元デンプン糖化物
高甘味度甘味料	合成甘味料		低カロリー，または低コスト甘味料として使用される。炭水化物を与えることが適当でない状態のヒトに甘味料として用いられるが，発がん性の疑いのある物質も多く，認可されているのはサッカリンとサッカリンナトリウムのみ。	サッカリン，サッカリンナトリウム，（チクロ），アセスルファム・カリウム塩，スクラロース，（ズルチン）
	非糖質天然甘味料		天然の植物から抽出される高甘味度甘味料。低カロリー，低コスト甘味料として使用されているが，甘味の残存性があるものが多い。	ステビア，グリチルリチン，ソーマチン，モネリン
	アミノ酸系甘味料		アミノ酸を原料とする高甘味度甘味料。体内でタンパク質と同様に消化・吸収・代謝される。アスパルテームは世界的に主要な低カロリー甘味料として使用されている。	アスパルテーム，（アリテーム）

（　　）は日本では非承認

出典）食品化学新聞社編：甘味料総覧　別冊フードケミカル4，食品化学新聞社，p.4（1990）

など），非糖質甘味料（ステビア，グリチルリチンなど）およびアミノ酸系甘味料（アスパルテーム，アリテーム）がある。

3）砂　糖

近年，先進諸国における砂糖の消費量はほかの甘味料の使用量が増加しつつあるため，減少傾向にあるが世界全体からみれば60%以上を占め，砂糖は甘味料の代表である。一般に砂糖とは甘蔗，ビート（砂糖大根）からとれるショ糖を主成分としたものをいう。その他，サトウカエデ，サトウヤシなどからも製造されるが，その生産量はわずかである。砂糖はその製法により表4.11.6に示す

表 4.11.6　各種砂糖の特性と主な用途

種類					特性	用途
分蜜糖	直接消費糖			耕地白糖	栽培現地で甘蔗汁またはビート汁から原料糖をつくらず直接白糖にしたものでビートグラニュー糖，白双はこれである。その他，車糖もある。	普通のグラニュー糖，白双，車糖と同じ
				粗糖	栽培現地でつくられる未精製の甘蔗糖の結晶で不純物が多い。一部は食品加工用に直接用いられるが，大部分は精製糖の原料として用いる。多くは赤双であるが，中双，車糖もある。	食品加工用，精製糖原料
				和三盆糖	四国地方で家内工業的に生産されるやや灰色を帯びた白砂糖。結晶粒径が細かいフワフワした感触で，口に入れるとすぐに溶け，独特の上品な風味と芳香をもつ。	高級和菓子（打ち物，落雁）
	原料糖	精製糖	双目糖	グラニュー糖	平均粒径0.2～0.7mmのサラサラした光沢のある白砂糖で純度が高く，甘味は淡白。紅茶，コーヒー等の風味を生かすのに適する。ハンドリングが容易なので工業的規模での利用も多い。	一般家庭用（コーヒー，紅茶，料理など），清涼飲料，果汁飲料，乳飲料，果実缶詰，菓子
				白双糖	平均粒径1.0～3.0mmの大粒で無色透明な光沢のある白砂糖。ほとんど純粋なショ糖で，溶けにくい。	高級菓子，クッキー，ゼリー，リキュール
				中双糖	平均粒径2.0～3.0mmの黄褐色の砂糖。表面にカラメル色素をかけて着色しているが，純度は高い。	煮物，漬物
			車糖	上白糖	一般に白砂糖と呼ばれるもの。粒径0.1～0.2mmの細かい砂糖結晶で分蜜時にビスコ（転化糖液）を振りかけてまぶしたしっとりとした糖である。転化糖分が熱により褐変するので，パン，菓子などでこんがりした焼上がりになる。日本独特の糖類である。	一般家庭用（菓子，料理など），パン，菓子，ジャム
				中白糖 三温糖	上白糖に似たしっとりとした感じの褐色砂糖。転化糖が上白糖より多いほか，不純物も多いので味は濃厚で独特の風味もある。	煮物，佃煮
		加工糖		角砂糖	グラニュー糖を水または糖液で練って成形乾燥したもの。ブロックになっていて扱いやすい。	コーヒー，紅茶
				氷砂糖	精製糖溶液から時間をかけて再結晶させるが，純度はほとんどグラニュー糖並。溶けるのに時間を要するので，梅酒などの仕込みに適する。	果実酒浸込み用，コーヒー，食用
				顆粒糖	微粉糖がくっつき合って多孔質の顆粒状になった砂糖。嵩が大きく，固結しにくく，流動性がよい。水に分散して溶けやすい。練込みに使うと泡立ち性がよい。	チューインガム，チョコレート，アイスクリーム，ヨーグルト
				粉糖	グラニュー糖を粉砕したもの。固結しやすいのでデンプンを加えることが多い。水に分散しにくい。	洋菓子，ケーキ，クッキーへのアイシング
		液糖		ショ糖型 転化糖型 混糖型	ハンドリングが容易で，溶解の手間が省け，貯蔵場所も小さくできる。微生物汚染されやすいこと，輸送費が高いことが欠点である。上物ショ糖型，上物転化型，据物ショ糖型，据物転化型があるほか，異性化糖とブレンドした各種液糖がある。	上物液糖：各種飲料 据物液糖：ソース，焼き肉のたれ
含蜜糖				黒砂糖，白下糖， 赤糖，再生糖 カエデ糖，ヤシ糖	甘蔗中の不純物がそのままかなり含まれているため純度が低く，独特の風味をもつ。転化糖や不純物の多いものほど吸湿性が高く保存性が低い。再生糖は糖蜜を加熱して，それに原糖液などを加えて煮詰め，固化したもので，一種の白下糖である。カエデ糖，ヤシ糖の生産量はごくわずかである。	食用，駄菓子，ソース，煮物，佃煮

出典）　吉積智司・他：甘味の系譜とその科学，光琳テクノブックス，光琳，p.95（1986）

ような種類があり，その用途もさまざまである。一般に白砂糖と称しているのは上白糖で，甘蔗あるいはビート汁から製糖上有害な物質を除去した後に，遠心分離により糖蜜を分離して得られる分蜜糖を原料糖として，脱色，脱塩，濃縮の操作により結晶化した精製糖の一つである車糖の一種である。車糖は同じ精製糖である双目《ざらめ》糖（グラニュー糖，白双）よりも結晶が細かく固結しやすいためビスコと呼ばれる転化糖を1～3％加えてあるので，しっとりとした湿り気がある。精製度の高いグラニュー糖に比べ水分や還元糖，灰分がやや多く，濃厚な甘味をもつのが特長である。

4）包装形態・保蔵

業務用などには30kg入りのミシン掛けされたバルブ袋があるが，今日では家庭用に1kg入りビニル包装，さらに10g，8g，6g入りなどのグラニュー糖の小袋包装したものなどが流通している。一般的糖類の水分活性と水分の関係を示す等温収着曲線から，各種糖類の吸湿性の強さは，果糖＞ブドウ糖＞砂糖＞麦芽糖＞乳糖の順といわれているが，非晶質の砂糖（上白糖など）は，もっとも吸湿性の強い果糖と同じ程度の強い吸湿性を示す。一方，結晶状態の砂糖（グラニュー糖）は水分活性0.8付近まではほとんど吸湿性を示さない。すなわち，グラニュー糖は湿度の高い夏場でも安定しているが，上白糖は通常の状態でも吸湿しやすく塊を形成しやすいことを意味するので，非晶質の糖類は湿度の高い場所での保蔵を極力避けるべきである。また，砂糖は貯蔵中にサトウダニ，ケナガコナダニが繁殖することがあるので注意を要する。

4.11.3 発酵調味料

（1）味　噌

味噌は蒸した大豆に，麹と食塩を加え，発酵，熟成させた，日本古来の調味料である。味噌の起源は中国で古くから知られている醤《ひしお》や鼓《し》とされ，これらが朝鮮半島を経由して日本に伝えられ，日本で改良され日本独自の大豆発酵食品としての味噌が誕生した。各地方の産物，気候風土，食習慣によって地方色豊かな製品がつくられ，数多くの製品が生産されている。

1）味噌の種類

味噌は利用目的により，調味料として用いる“普通味噌”と副食に用いるなめ味噌などの“加工味噌”に大別される。その他に，栄養強化味噌，減塩味噌，低食塩化味噌などの“特殊味噌”がある。

①　**普通味噌**　　普通味噌は麹の原料，食塩含量，色調，形状によって区分される。表4.11.7，8に示したように，麹の原料によりに米味噌，麦味噌，豆味噌に分類でき，塩加減により，甘口，辛口と区分し，色調によって白，赤，淡色と分けることができる。

甘味噌は麹を多く用い，食塩が少なく麹からの

表 4.11.7　普通味噌の種類

分類別	味噌の種類	内　容
麹の原料	米味噌	米麹でつくったもの
	麦味噌	麦麹でつくったもの
	豆味噌	大豆麹でつくったもの
製品の塩味の強弱	甘味噌	塩味のうすい貯蔵性を目的としない味噌
	辛味噌	食塩含量の多い塩味の強い味噌で貯蔵性が高い
製品の色調	白味噌	黄褐色で甘味噌に多い
	赤味噌	赤褐色で色が鮮やかである
	淡色味噌	白味噌，赤味噌の中間色のもの
製品の形状	粒味噌	製造したままのもので大豆は荒つぶしのままのもの
	漉し味噌	味噌を味噌漉しでつぶしたもの

表 4.11.8　味噌の分類

味噌	原料による分類	味や色による分類		主な銘柄	産地	麹歩合*	食塩(%)	醸造期間
普通味噌	米味噌	甘味噌	白	白味噌 京風白味噌	近畿各府県と岡山，広島，香川	15～30	5～7	5～20日
			赤	江戸味噌	東京	12～20	5～7	5～20日
		甘口味噌	淡色	相白味噌 中甘味噌	静岡，九州地方	8～15	7～12	5～20日
			赤	中味噌	徳島，その他	10～15	11～13	3～6か月
		辛口味噌	淡色	信州味噌	関東甲信越，北陸，その他全国に分布	5～10	11～13	2～6か月
			赤	仙台味噌 赤味噌	関東甲信越，東北，北海道，その他	5～10	11～13	3～12か月
	麦味噌	甘口味噌		麦味噌	九州，四国，中国地方	15～25	9～11	1～3か月
		辛口味噌		麦味噌 田舎味噌	九州，四国，中国，関東地方	8～15	11～13	3～12か月
	豆味噌			豆味噌 八丁味噌 たまり味噌	中京地方 (愛知，三重，岐阜)	(全量)	10～20	5～20か月
加工みそ	醸造なめ味噌：金山時味噌，醤《ひしお》，浜納豆，寺納豆など 加工なめ味噌：鯛味噌，鳥味噌，柚子《ゆず》味噌，そば味噌，山椒味噌，カツオ味噌など							

＊　麹歩合：大豆に対する麹の割合をいう。麹歩合が高いほど，甘口のみそになる。
麹用の米または麦の重量／大豆の重量×10

糖分が多い。甘口味噌は甘味噌ほど甘くないが，糖分が多く塩味がうすい。辛口味噌は塩分のきいた一般的な味噌である。豆味噌は大豆全量を麹にするので，麹歩合は示さない。甘口，辛口の加減は，麹歩合と食塩含量により支配される。味噌の風味は原料大豆の割合が多いときはうま味が強く，米または麦が多いときは甘味が強くなり，食塩が多くなると貯蔵性がよくなる。

②　加工味噌　加工味噌は，醸造によって調製される醸造なめ味噌と普通の味噌に獣鳥魚介肉や野菜，砂糖，調味料，香辛料などを加えた加工なめ味噌に分けられる。前者には金山時味噌，醤《ひしお》，浜納豆，寺納豆などがあり，醤油諸味あるいは豆味噌に類似したものである。後者は鯛味噌，鉄火味噌，鳥味噌，柚子《ゆず》味噌，ソバ味噌，時雨《しぐれ》味噌，山椒《さんしょう》味噌，カツオ味噌などがあり，味噌に獣鳥肉，魚肉を熱変性させてそぼろとしたもの，植物組織の切片を加え，砂糖，水飴などで調味したものなどがある。そのほか，特殊味噌として栄養強化味噌，低食塩味噌，乾燥味噌などがある。

2）味噌の製造法

原料に使用される大豆は吸水性，保水性のよい大粒のものが適する。浸漬時間は，大豆で製麹する豆味噌は1～2時間，赤味噌では3～5時間，淡色，白味噌では2～3回換水しながら16時間前後行う。

浸漬後，湯煮または蒸煮するが，一般に褐色系は湯煮を行い，豆味噌，赤味噌系では無圧または加熱蒸煮を行う。湯煮の場合は褐変の原因となるペントザンなど水溶性の糖類が溶出するため淡色となるが，白味噌ではさらに換水を行ってその効果を上げる。

米味噌，麦味噌では，それぞれ米，麦で麹をつくり，これに食塩を混ぜ，蒸煮，冷却した大豆とよく混合して仕込む。熟成期間は2～3カ月から長いもので2年以上であるが，長期にわたるもの

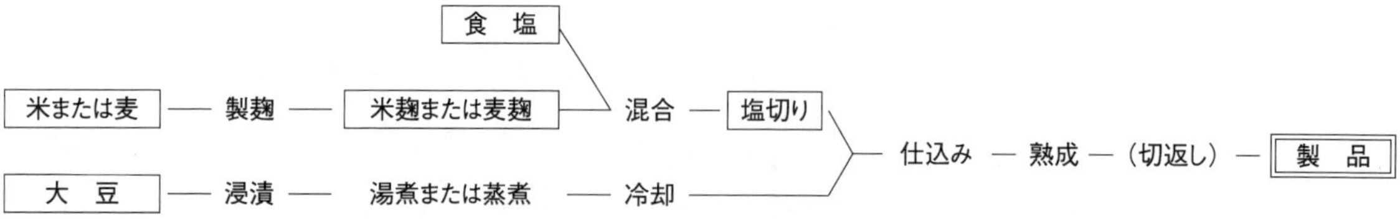

図 4.11.1 米，麦味噌の製造工程

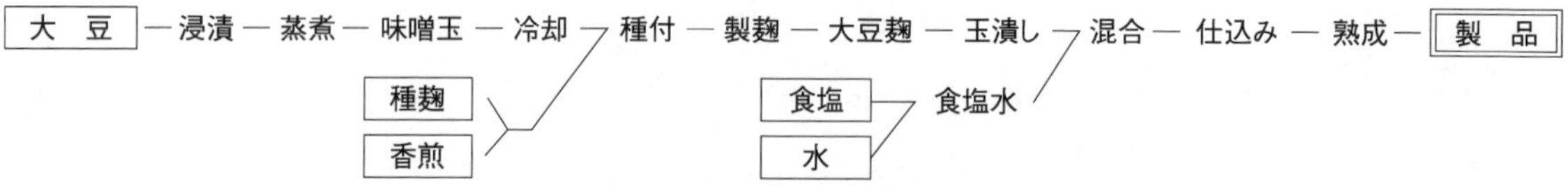

図 4.11.2 豆味噌の製造工程

は熟成途中で切返しを行い，発酵槽内での熟成ムラを少なくする（図4.11.1）。

豆味噌の場合は蒸煮した後，２～５cmのみそ玉をつくり，これに麹菌を接種して大豆麹をつくったあと，玉つぶしを行い，塩水とともに仕込む。たまり味噌では１～２年，八丁味噌では２～３年間熟成させる（図4.11.2）。

麹に使用される菌株は *Aspergillus oryzae* であるが，熟成中には *Saccharomyces rouxii, Torulopsis versatilis* などの酵母や *Pediococcus halophilus* などの乳酸菌が関与する。

３）販売時点の取扱い方法

① **注意点**　日のあたらない，なるべく低温で陳列することが望ましい。容器によっては，膨れと着色を起こしやすいものがあるので，再発酵と着色に注意する必要がある。

② **容　器**　古くは木樽を使ったが，最近の包装形態は，段ボールバラ詰，ポリ樽，小袋詰があり，小袋詰の主体は0.3～1.0kg詰となっている。着色を起こさないため，酸素の遮断が要求され，酸素透過度の低いもの，強度の高いものも出てきている。

４）購入後家庭での保管方法

小袋詰は取扱いに便利で衛生的である。保管で注意しなければならないのが，膨れと着色である。膨れは残存酵母が再発酵して，アルコールと炭酸ガスを発生するために起こる。未開封のものは常温で保存できるが，開封後は冷蔵庫など低温で保存し，発酵を抑える必要がある。購入するとき，１～２カ月ぐらいで使い切る大きさを選ぶとよい。着色の原因は空気中の酸素の影響が大きいことから，なるべく空気に触れないように表面をラップ材などでぴったり覆い，密閉できる容器に入れて，色や風味を損なわないうちに使用するのがよい。袋づめの場合も，使用後は袋の空気を抜き，しっかり口を閉めておくこと。

５）主な味噌の特色

① **米味噌**　大豆，米および食塩を原料とする味噌の総称で，日本で生産されている味噌の８割を占める。米の使用割合は大豆の半量～５倍のものまであり，米の使用割合の少ないものは辛味噌となり，多いものは甘味噌としてつくられる。北から南まで幅広い地域でつくられており，色や味などからさまざまな種類に分けられる。色の濃淡が白，淡色，赤色のもの，味が甘，甘口，辛に区分される。

A．北海道味噌……古くから佐渡や新潟との交流が盛んだったせいか，佐渡味噌に近い赤色系の中辛味噌が代表的な味噌。

B．津軽味噌……青森県津軽地方に産する赤色辛口味噌。２～３年かけて長期熟成する。大豆に対し麹の量は少なく，塩分が高いが，十分塩なれしており，独特のうま味がある。

C．秋田味噌……米どころ秋田の良質な米と大豆をたっぷり使った赤色辛口味噌。辛口の味噌としては比較的大豆に比べ麹の量が多い味噌で，色も赤というより赤褐色。

D．仙台味噌……仙台を中心に，東北地方で産する赤色辛口味噌。伊達政宗が醸造の専門家を仙台に呼び寄せ，軍糧用としての味噌をつくらせたといわれる伝統を受け継ぐ赤色辛口味噌。原料配合は，大豆10に対して，米５，食塩4.4で，蒸煮後粗く砕いた大豆に米麹と塩を混ぜ，低温で長期間熟成させる。昔は味噌玉をつくり仕込んだが，現在では自家醸造味噌に名残りをとどめる程度で，工業生産されているものでは行われていない。芳香は高く光沢があり，旨味が強く，味の調和が取れている。粘りが強く，味噌汁にしたときよくのびる。

E．越後味噌……米どころ新潟を代表する米味噌。赤色辛味噌。浮麹味噌ともいわれ，精白した丸米を使い，麹の米粒が味噌の中に残存して浮いたようにみえるのが特徴。蒸煮した大豆をこし，塩と麹と混合して仕込み，熟成終了後，手を加えずに粒味噌の状態で製品とする。

F．佐渡味噌……佐渡地方に産する米味噌の一種で赤色辛味噌で長期熟成型の味噌。発酵による芳香，大豆のうま味，米麹からのほのかな甘味，適度な酸味，塩味などのほどよい調和を特徴とする。塩なれしてコクがある。配合割合は大豆10に対し，白米６～８，食塩含量は製品味噌中13～14％。

G．江戸甘味噌……江戸時代から江戸市内で醸造されてきた米赤味噌で，甘味噌。蒸した大豆を用いるため，色は濃赤褐色で，米麹をたっぷり使用しているため，濃厚な甘味をもつ独特の光沢と香りを有する味噌。原料配合は，大豆：米：食塩が10：15：２程度。粒味噌で市販されてきたが，味噌こしと加熱殺菌を兼ねた方法でこし味噌で市販されるものが多くなった。

H．加賀味噌……加賀前田藩の軍糧用，貯蔵用の味噌から始まる赤色辛口味噌。比較的塩分が高く，長期熟成型の味噌できりっとした辛みに特徴があるが，最近は中辛口のものも多く生産されている。色は淡色系。

I．信州味噌……全国の味噌の生産量の約30％を占め，淡色辛口味噌の代表的なもの。あっさりとした味が特徴でやや酸味がある芳香をもつ。大豆に対し，麹の割合が50～60％。大豆は着色を防止する目的で加圧水煮して用いる。熟成時間は天然味噌で半年，加温速醸味噌で40～50日である。長野県に産する米味噌であるが，今や全国的に生産され，幅広く用いられている。

J．相白味噌……赤味噌と白味噌の中間の色調をもち，山吹色の味噌。相白味噌にも米味噌，麦味噌があるが，米味噌が圧倒的に多い。静岡県での醸造がよく知られている。信州味噌が有名。

K．京風白味噌……白色甘味噌。米麹の量が多く，甘味が強い。着色を抑えるため，米はよく精米し，大豆は脱皮したものを用い，蒸さずに煮る。短期熟成型の味噌で長期保存には向かない。

L．府中味噌……関西白味噌，四国の讃岐味噌とならぶ白色甘味噌。良質の米と脱皮した大豆を原料とする伝統的な味噌。

M．讃岐味噌……京都，広島いずれの味噌とも甲乙つけがたい白色甘味噌の代表格の一つ。その濃厚な甘みとふっくらした味わい調理用の味噌として愛用されている。

N．御膳味噌……蜂須賀公の御膳に供されたころからこの名がある。徳島県産の赤色甘口味噌。塩分は辛口味噌と同じくらいだが，米麹歩合も高く，豊かな味わいが特徴。

②　麦味噌　　麦味噌は農家の自家用としてつくられたものが多く，別名「田舎味噌」とも呼ばれ，主に関東北部，中国，四国，九州地方で生産されている。関東地方産の味噌は赤味噌で，九州地方産の味噌は麦の多い白味噌である。大豆，大麦または裸麦，食塩を原料とし，精白度合い15％程度の麦を使用して麹を仕込み，米味噌に準じて醸造する。

A．瀬戸内麦味噌……瀬戸内海をはさんで，米味噌圏と麦味噌圏の交差する愛媛，山口，広島周辺の地域でつくられる麦味噌。麦麹の歩合が高く，麦独特の芳香を有し，さっぱりとした甘みが特徴。

B．長崎味噌……九州地方で生産される麦味噌の代表的なもの。麦麹の歩合が高く，甘口である。

色は淡褐色のものが多い。

C．**薩摩味噌**……鹿児島や熊本などを中心につくられている麦味噌。比較的熟成期間が短く，淡色で甘口のものが多く，熊本の田楽や薩摩汁などに欠かせない。

③　**豆味噌**　大豆と食塩を原料とした味噌。米または大麦などの糖質を使用しない。八丁味噌，名古屋味噌，三州味噌，三河味噌，尾張味噌のように産地名を冠した銘柄があり，中京地方を中心に製造されている豆味噌の総称。濃厚なうま味と渋み，若干の苦みをもち，懐石料理にかかせない。製造法は豆麹をつくり，風乾して水分を減じて潰し，二分半仕込みという全仕込み量の25％の汲水で，10～11％の食塩を混合して仕込み，1年以上かけて熟成する。

A．**八丁味噌**……大豆と塩だけでつくった豆味噌の一種。岡崎市八丁町を主産地とする豆味噌で，岡崎市にある味噌会社の登録商品名である。ほかの豆味噌よりもみそ玉を大きくつくるのが特徴で，熟成に3～5年もかかる。赤褐色で光沢があり，辛味噌で保存性が高く，濃厚なうま味を富み，渋味がある。魚介類の汁に適し，沿岸地方の料理屋で珍重される。また，愛知県豊橋名物の菜飯田楽のたれや野菜，生揚げ，こんにゃくなどを一緒に煮る独特の地方料理に用いられる。

B．**名古屋味噌**……名古屋を主に中京地方でつくられる豆味噌。赤褐色の辛口味噌。濃厚なうま味に富み，独特な香りをもつ。同じ豆味噌の八丁味噌よりみそ玉を小さくしてつくる。

C．**三州味噌**……豆味噌の一銘柄。愛知県三河地方産の味噌。赤褐色の辛口味噌。濃厚なうま味があり，やや渋味をもつ。同じ豆味噌の八丁味噌よりみそ玉を小さくしてつくる。

④　**調合味噌**　日本農林規格（JAS 規格）の味噌の規格用語。米味噌，麦味噌または豆味噌を混合したもの，米麹に麦麹または豆麹を混合したものを使用したものなど，JAS 規格制度に基づく味噌の品質表示では，米味噌，麦味噌および豆味噌のいずれにも属さない味噌を一括して調合味噌という。種類の異なる味噌を混ぜ合わせたことから，互いの個性が和らぎ，新たな風味をもつ。最近は全生産の9％を占める。代表的なものは，赤だし味噌，さくら味噌，米味噌と麦味噌の合わせ味噌などがある。

A．**赤だし味噌**……“赤だし”はもともと東海豆味噌でつくった味噌汁のことをさしたが，現在，“赤だし味噌”という名で市販されている味噌は，豆味噌を主に，米味噌と甘味料，調味料を配合し，食べやすくしたもので，調合味噌に分類されている。生産地は，東海三県，京都府。

B．**さくら味噌**……麦味噌にあめや砂糖を加えたなめ味噌のことをいう。現在は赤系米味噌と白味噌の合わせ味噌。豆味噌を加えたものもあり，大阪，天満にある味噌店の商標が一般化した。

C．**米味噌と麦味噌の調合味噌**……米麹，麦麹を別々につくり，混合して仕込む味噌。できあがった味噌を混ぜる場合もある。さっぱりとした米味噌の味としっとりとして締まりのある麦味噌の調合がとれている，福岡県，山梨県（甲州味噌）などで生産されている。

⑤　**醸造なめ味噌**　醸造なめ味噌は大豆，精白小麦あるいは大麦，食塩と野菜，魚介類を混合して醸造するもので，金山寺（径山時）味噌，比志保（ひしお）味噌などがこれに属する。熟成した味噌はそのまま食べてもよいし，水あめ，砂糖などを加えて調味してもよい。

A．**金山寺《きんざんじ》（径山寺）味噌**……なめ味噌の一種で，中国浙江省の径山寺から製法が伝来したので，この名がある。大豆を炒って粗くひき割り皮を除き，これに水に浸して水分を吸収させておいた同容量の精白大麦または裸麦を混ぜて蒸した後，麹をつくる。この麹と塩，水を混ぜて仕込み，塩漬けして細かく刻んだウリ，ナス，シソ，ショウガなどを加えて数カ月から一年発酵，熟成させる。材料としてさらにレンコン，キクラゲ，麻の実，サンショウなどを用いることもある。

B．**ひしお味噌**……ひしおともいう。なめ味噌のうち，醸造によってつくる金山寺味噌もひしお味噌の一種。原料は，大豆，小麦または大麦，生醤油または塩水である。大豆は炒って荒挽きして脱皮し，小麦は精白して吸水させ，大豆と混合して蒸し，麹をつくり，この麹を生醤油（塩水）に仕込む。仕込み１週間は１日１回攪拌し，その後，軽く重石をのせて熟成する。

⑥　**加工なめ味噌**　加工なめ味噌は熟成の終わった普通の味噌に，種々の野菜，魚介類および香辛料などを加えて調味加工したもので，その種類は多い。

A．鯛味噌……なめ味噌の一種。タイの身を茹でて，皮と骨を除き，白味噌を加えて練上げた味噌のこと。砂糖，みりんなどを加え，甘く仕上げることもある。

B．鉄火味噌……江戸味噌に炒り大豆やゴボウなどを加えて炒めたなめ味噌の一種。ゴボウをささがきまたは細かく刻み，ゴマ油で炒め，これに味噌，みりん，砂糖，トウガラシを加え，炒った大豆を加えてとろ火で練上げる。

C．胡麻味噌……黒ゴマを炒ってすり，辛口淡色味噌を加えてすり，砂糖，みりん，だしなどを加えて練上げたもの。和えごろも，ふろふき大根，田楽などに用いる。

D．柚子味噌……練味噌の一種。味噌に砂糖，煮だし汁を混ぜ，ユズのしぼり汁やユズの皮をすりおろしたものを混ぜてつくる。ユズは青ユズ，黄ユズのいずれでもよい。味噌は主に白味噌を使う。ふろふき大根，魚肉などに用いる。

⑦　**その他の味噌**

A．栄養強化味噌……健康増進法に基づき，ビタミン A，B_1，B_2，カルシウムを強化した味噌をいう。厚生労働省の許可を得て，製造販売することになっており，商品には特殊栄養食品マークが表示されている。

B．減塩味噌・低ナトリウム味噌……特殊用途食品の一つで，ナトリウム摂取制限を必要とする疾患（高血圧，腎臓疾患，心臓疾患）者用として，厚生労働省の許可を得て，製造販売されている。ナトリウム含量は，通常の同種の食品の含量の50％以下の味噌をいう。

C．低食塩化味噌……病人食用の減塩味噌とは別に，日本人の過剰摂取と高血圧の発生など，保健上の問題から味噌の低食塩化が進み，甘塩，淡塩，マイルドなどと表示された低食塩化味噌が市販されている。辛味噌の食塩（13％）を20～30％減らし，９～10％にしたものが多い。

D．練り味噌……味噌に，砂糖，味醂などの調味料を加え，弱火にかけて練上げたもの。調味味噌。でんがく，魚でん，ふろふきなどに用いる。柚子味噌，胡麻味噌，木の葉味噌も練味噌の一種。

E．乾燥味噌・粉末味噌……味噌を乾燥して粉末にしたもの。粉末味噌ともいう。乾燥方法には噴霧乾燥法と凍結乾燥法があるが，後者が優れている。糖質の多い甘味噌は乾燥しにくく，豆味噌は容易である。水分５％程度に乾燥して製品とするが，10％程度含有する油脂の酸化を防止するために不活性ガスを封入して保蔵しなければならない。即席味噌汁やラーメン用の調味料などに用いられる。

６）味噌の機能性

味噌には，抗変異原性，がん予防効果，抗酸化性，コレステロール低下作用，脂肪肝抑制作用，放射性物質の除去，胃潰瘍防止効果など優れた生理作用があることがわかっている。

（２）醤　油

醤油は日本の代表的な発酵調味料食品である。その起源は中国大陸から渡来した醤《ひしお》，豉《し》の表面または底部にたまった液だとされているが，一般には鎌倉時代の僧，覚心が宋より伝えたとされる「金山寺（径山寺）味噌」に現在の醤油の源があるとされている。徳川時代以後，日本人の嗜好に合うように製法が改良され，現在では日本独特の調味料となっている。醤油は濃口醤油が一般的であるが，最近は丸大豆醤油，減塩醤油，有機丸大豆醤油など健康，安全性を強調した高付加価値製品が生産されるようになった。

１）定　義

醤油の日本農林規格（JAS）は1963（昭和38）年に制定され，その後，改正が重ねられている。醤油の定義を表4.11.9，10に示す。

表 4.11.9　醤油の定義

1．本醸造方式による醤油
大豆もしくは大豆および麦，米などの穀類を蒸煮などで処理し，麹菌を培養したもの，またはこれに蒸米，蒸米を麹菌により糖化したものを加えたものに，食塩水または生揚げを加えたもろみを発酵させ，熟成させて得られた清澄な液体調味料
2．混合醸造方式による醤油
もろみにアミノ酸液，酵素分解調味液または発酵分解調味液を加えて発酵させ，熟成させて得られた清澄な液体調味料
3．混合方式による醤油
生揚げにアミノ酸液，酵素分解調味液または発酵分解調味液を加えて製造期間を短かくしたもの

表 4.11.10　麹の原料による醤油の定義

濃口醤油	醤油のうち，麹の原料が大豆とほぼ等量の麦を加えたもの
淡口醤油	醤油のうち，麹の原料が大豆とほぼ等量の麦を加えたもの，かつもろみは蒸米または蒸米を麹菌により糖化したものを加えたもので，製造工程において色沢の濃化を抑制したもの
再仕込み醤油	醤油のうち，麹の原料が大豆とほぼ等量の麦を加えたもの，もろみは食塩のかわりに生揚げを加えたものを使用する
溜まり醤油	醤油のうち，麹の原料が大豆または大豆に少量の麦を加えたもの
白醤油	醤油のうち，麹の原料が少量の大豆に麦を加えたもの，かつ製造工程において色沢の濃化を強く抑制したもの
生揚げ	発酵，熟成させたもろみを圧搾して得られた状態のままの液体

2）種　　類

日本農林規格（JAS）により，醤油の定義から規格，表示まで定められており，種類は，濃口醤油，淡口醤油，たまり醤油，再仕込み醤油，白醤油からなる（表4.11.11）。その他，特殊醤油として，アミノ酸醤油，低塩醤油，減塩醤油などがある。

①　**濃口醤油**　　一般に醤油と呼ばれているものは濃口醤油をさし，醤油消費量の約80％を占める。脱脂大豆を加熱蒸煮し，炒赦《しゃごう》して割砕した小麦と合わせて製麹する。麹は食塩水とともに仕込み，もろみとし約1年かけて熟成させる。熟成終了後，もろみを圧搾し，火入れをして醤油とする。原料は，大豆，小麦をほぼ等量に用い，主に関東地方で発達してきた。色は明るく，冴えた赤褐色であり，塩分は16～18％である。

②　**淡口醤油**　　主に関西地方で料理用として消費される淡色の醤油である。製造法は濃口醤油とほとんど同じであるが，もろみをつくるときの塩分濃度を高く，醸造期間を短くして，火入れ時の過熱も避けるなど全工程で色の濃化を抑える点，もろみに米麹を加えたり，圧搾時に甘酒を加え淡色化を図るほか，甘味を付与する点が異なる。塩分は18～19％である。

③　**たまり醤油**　　トロリとしたコクのある味が特徴であり，色は黒っぽく，料理の味を濃厚にするほか，照り焼，煮物，せんべいなどに適している。愛知三河地方を中心に，岐阜，三重県でもつくられる。デンプン原料はほとんど使わず，大

表 4.11.11　醤油の種類

醤油	麹原料	全窒素	色度（醤油標準色）	無塩可溶性固形分（エキス分）	食塩濃度
濃口醤油	大豆または脱脂大豆，小麦	1.2％	18番未満	16％以上	15.0％
淡口醤油	大豆または脱脂大豆，小麦	0.95％	18番以上	14％以上	16.3％
たまり醤油	大豆または脱脂大豆	1.20％以上	18番未満	16％以上	15.0％
再仕込み醤油	脱脂大豆，小麦，生揚げ醤油または番醤油	1.40％以上	18番未満	21％以上	12.4％
白醤油	少量大豆，小麦	0.8％未満	46番以上	15％以上（12％以上）	15.0％

ほかに化学的タンパク質分解法：アミノ酸醤油，新式醤油

豆または脱脂大豆と食塩水でつくる。製造法は，大豆を蒸して味噌玉をつくり，これに種麹を接種して製麹し，食塩水で仕込んで1～3年間熟成後，桶の下部の呑口から汁液を引抜き製品とする。火入れはしない。

④ **再仕込み醤油**　色も成分も濃厚な醤油で，再製醤油，甘露醤油ともいう。うま味，甘味，色沢が濃厚で蒲焼のたれに使われるほか，刺身やすしに用いられる。中国地方，山陰地方を中心に生産されている。原料は濃口醤油と同じが，仕込みの工程で食塩水のかわりに生揚げ醤油，番醤油を使用する。仕込みを2度繰返すので，この名称がある。

⑤ **白醤油**　淡口醤油よりさらに色が薄く，味が淡泊なわりに特有の香気に富む。茶わん蒸し，きしめんなどできあがりを薄い色に仕上げたいときに使う。皮を除いた丸大豆2に対し精白した小麦2の割合で製麹し，食塩水で仕込み，3カ月ほど熟成してから搾汁して，火入れせずに製品とする。愛知県が主な生産地。長期間の保蔵はできない。

⑥ **アミノ酸醤油**　化学醤油，合成醤油ともいう。脱脂大豆を塩酸で分解し，炭酸ナトリウムで中和して得られるアミノ酸液を醤油の代用として用いる。製造時間が短く，窒素の利用率が90％とほかの醤油の65％前後に比べ高い利点はあるが，アミノ酸独特のにおいがある。

⑦ **低塩醤油**　普通の醤油の食塩分に比べ，80％以下の食塩分であり，かつ，健康増進法（第31条第1項）の規定に基づく表示を行ったものとされている。「うす塩」，「あさ塩」，「あま塩」または「低塩」と表示されたものがこれにあたる。

⑧ **減塩醤油**　醤油100ｇ中の食塩量が9ｇ以下のものであり，健康増進法（第26条第1項）の許可を受けてつくられる。「減塩」と表示され，高血圧や心疾患，腎疾患など食塩を控える必要のある人に用いられる。製造法は普通の醤油をイオン交換膜，電気透析で脱塩する方法，低塩仕込みでアルコール濃度を高くして変敗を防ぎながら熟成させる方法がある。

⑨ **粉末醤油**　1960（昭和35）年の即席ラーメンの出現後，スープミックスとしての利用面から需要が伸びた。粉末醤油は一般にスプレードライヤーにて乾燥，製造する。軽くて携帯に便利であり，旅行やレジャー用として需要が伸びている。

⑩ **つけ醤油・かけ醤油**　濃口醤油の芳醇な特徴ある高い香りとたまり醤油，再仕込み醤油の高窒素分に由来するような濃厚な呈味とを組合わせ，高級化した醤油である。

3）製　造　法

製造法は本醸造，混合醸造，混合の各方式に分けられている（表4.11.12）。醤油は塩味を与え，各種アミノ酸のうま味を主体とする複雑な味を与える。醤油に含まれる糖や有機酸も味に関与し，その他アルコール類，エステル類などの芳香成分があるが，これは原料そのもの，麹菌の酵素の働き，もろみ中の乳酸菌，酵母に由来する。

① **本醸造**　一般に醤油と呼ばれる濃口醤油の製造法を図4.11.3に示す。大豆（脱脂加工大豆）と小麦を原料として使用する。大豆（脱脂加工大豆）に撒湯して水を含ませ，蒸煮したあとほぼ同量の炒敖，割砕した小麦を混合し，これに種麹を植えて製麹する。種麹には *Aspergillus oryzae* あるいは *Aspergillus sojae* が使われる。次に使用原料の容積の約1.2倍容のボーメ19～20°（20％）の食塩水を用い，麹とともに仕込んでもろみとする。もろみはよく攪拌する必要があり，特に仕込み後，1週間は麹と塩水との混合をよくするため念入りに行う。3～8カ月間熟成した後，圧搾して生揚げ醤油を得る。火入れして製品にする。

② **混合醸造方式**　混合醸造方式（図4.11.4）はタンパク質原料の一部を塩酸で分解したアミノ液，または酵素で分解した酵素分解調味液あるいは小麦グルテンを発酵，分解させた発酵分解調味液が入った醤油の製造法である。本醸造諸味に上記処理液を添加するので諸味熟成の工程がある。アミノ酸液は，脱脂大豆を1.6倍量の22％塩酸で，107℃，20時間加水分解して分解アミノ酸液にし，40℃以下に冷却後，ソーダ灰でpH4.5～5.0に中和し，ろ過することにより得られる。

このようなアミノ酸液を本醸造諸味に添加し，発酵，熟成させると，30～70日間の短時間で醬油ができる。

表 4.11.12　醬油の製造法

本醸造方式	麹を仕込んで熟成させる（微生物の力だけで醸造）
混合醸造方式	もろみにアミノ酸液，酵素分解調味液または発酵分解調味液を添加して熟成
混合方式	本醸造または混合醸造醬油にアミノ酸液，酵素分解調味液または発酵分解調味液を混合

③　**混合方式**　　混合方式（図4.11.5）は，本醸造醬油か混合醸造醬油にアミノ酸液または酵素分解調味液あるいは発酵分解調味液を混合する方式で，諸味熟成の工程を省いた製造法である。

4）品質・成分

醬油の品質，商品としての価値は醬油の味，香り，色で決まる。品質の評価は最終的には官能検査で行うほかはないが，成分組成からも品質を評価できる。

①　**味の成分**　　下記の成分組成から，醬油の品質および味の特性を大体説明することができる。

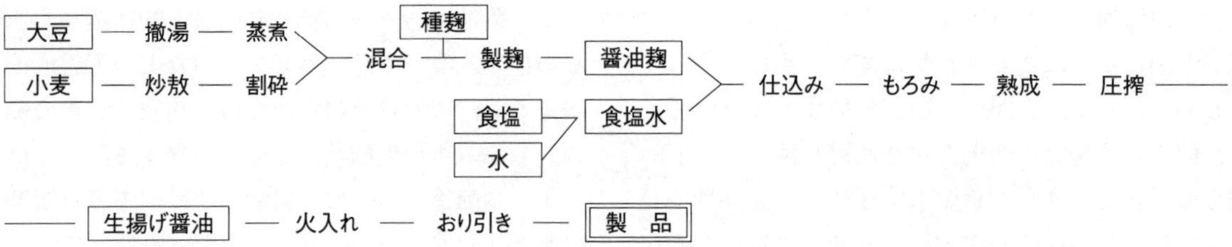

図 4.11.3　濃口醬油の製造

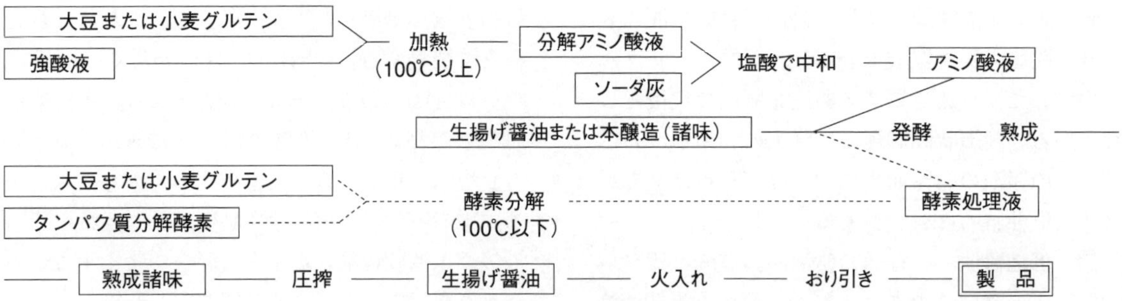

図 4.11.4　混合醸造方式の製造

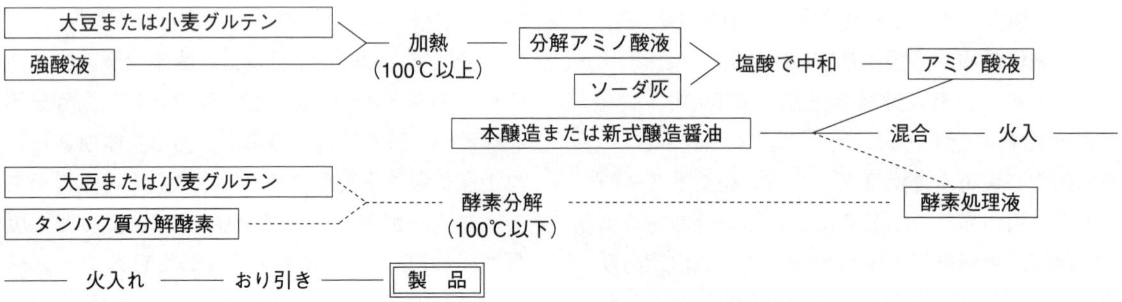

図 4.11.5　混合方式の製造

A．全窒素・アミノ態窒素・フォルモール態窒素・グルタミン酸などの窒素成分……JAS規格の醤油の格付けに採用される醤油の品質を判定する指標として重視される成分である。アミノ酸は醤油の呈味の重要な基本成分である。

B．エキス・全糖量・還元糖・グルコースなど糖成分……主な糖類はグルコース，ガラクトース，キシロース，アラビノースの4種であり，醤油の甘味に関与する重要な成分である。

C．呈味強度……うま味，塩味，酸味の基本構成に適度の苦味と甘味の調和，味と香りの嗜好が重要な因子

D．有機酸成分……乳酸発酵により乳酸，酢酸ができ，酵母により，コハク酸が生成され，これら酸類も醤油の呈味に関与する。

② **香りの成分**　醤油の香りの基本成分は，大豆と小麦が麹菌の酵素で分解され，さらに乳酸菌，酵母の発酵により熟成され生成される。さらに火入れ工程中の褐変フレーバーの生成が加わり，醤油全体の香り成分ができあがる。

A．有機酸……乳酸,酢酸,脂肪酸など24種以上が検出されており,醤油の大切な香気成分である。

B．カルボニル化合物とその関連化合物……アルデヒド類，ケトン類，フラノン類，パイロン類などが知られている。アミノカルボニル反応による香気成分，カラメル香など

C．フェノール類……醤油の強い特徴香

D．含窒素物のピラジン化合物……加熱香気成分

E．その他……含硫化合物，炭化水素類，アセタール類，フラン類，ラクトン類，ピリジン類，窒素化合物，チアゾール類，テルペン類，その他

③ **色**　醤油の色は加熱による褐変反応と酸素が関与する酸化反応からなる。

A．加熱褐変……グルコースのような糖はアミノ化合物（アミノ酸）と縮合し，窒素配糖体を生成する。これがアマドリ転位し，いくつかの反応を経て褐変色素（メラノイジン）を形成する（アミノカルボニル反応）。

B．酸化褐変……酸素（空気）の存在化で起こる褐変。加熱褐変で生成したメラノイジンも酸の存在化で重合し，暗い色調の色素が増加する。

5）販売時点の取扱い方法

① **注意点**　高温に置くことにより，色，香味の変化が進み，品質の低下につながる。品質を保持するためには，日のあたらない，なるべく低温に陳列することが大切である。

② **容　器**　以前は，ガラス容器や塩化ビニル（PVC）ボトルが使われていたが，最近はポリエチレンテレフタレート（PET）が主に使われるようになった。

PVCボトルは樹脂中の塩化ビニルモノマー（VCM）の毒性が問題となったが，現在，技術の向上によりPVCボトル材質中のVCMが1ppm以下であれば，厚生労働省告示で許容される。

PETは結晶性の樹脂で，ある温度領域で延伸すると分子配向が起こり，軽くて丈夫な性質をもっている。ほかのプラスチックボトルと異なり，醤油香味の劣化や増色度合が少なく，外観，強度の面でも優れており，焼却時の有害ガス発生もないなど優れた醤油容器として認められている。

その他の醤油容器として，ダンボールケースの中に，プラスチックの薄肉成形品やフィルムでつくった袋を組込んだBIB（big in box）容器がある。透過する酸素の影響を少なくすることにより，醤油の増色を低減できる機能をもっている。

6）購入後家庭での保管方法

購入した醤油容器を開けた後は，冷蔵庫で保存することが望ましい。高温，光のあたる場所に放置すると増色，香味が変化し，品質が低下する。醤油と空気が触れることにより，酸化褐変が急速に進む。

ボトルで購入した場合は，小瓶に詰替え，使用しないときは小瓶，ボトルともに冷蔵庫に保管することを勧める。核家族化，消費生活の欧米化，外食，中食への移行，多種多様な調味料の商品化に伴い，家庭での醤油の使用頻度は減少傾向にあるが，小瓶に分けて使うなど工夫して，常においしい醤油を使用したい。

7）醤油の表示

醤油のラベルには，醤油の種類，製造方式，原

材料名，内容量，賞味期限，保存方法，製造者など商品を選ぶ情報が記載されている。ラベルの品質表示基準の用語は表4.11.13に示す。

① **日本農林規格**（JAS）　JAS の規格基準に従い，5種類の醤油ごとに「特級」，「上級」，「標準」の3等級が表示されている。これは窒素含量，エキス分などで決まる。

② **栄養表示**　「無塩」，「低カロリー」など

表 4.11.13　醤油の品質表示

用　語	定　義
「特選」	1　こいくちしょうゆでは特級のものであって，全窒素分の値が1.65％（容重）以上であるもの。 2　うすくちしょうゆでは，特級のものであって，かつ，糖の添加していないものであって，その無塩可溶性固形分の値が15以上であるもの。 3　たまりしょうゆであっては，特級のものであって，全窒素分の値が1.76％（容重）以上であるもの。 4　さいしこみしょうゆでは，本醸造方式，特級のものであって，全窒素分の値が1.82％（容重）以上であるもの。 5　しろしょうゆでは，特級のものであって，かつ，糖の添加していないものであって，無塩可溶性固形分の値が18以上であるもの。
「超特選」	1　こいくちしょうゆでは，特級のものであって，全窒素分の値が1.80％（容重）以上であるもの。 2　うすくちしょうゆでは，特級のものであって，かつ，糖の添加していないものであって，無塩可溶性固形分の値が17以上であるもの。 3　たまりしょうゆであっては，特級のものであって，全窒素分の値が1.92％（容重）以上であるもの。 4　さいしこみしょうゆでは，本醸造方式，特級のものであって，全窒素分の値が1.98％（容重）以上であるもの。 5　しろしょうゆでは，特級のものであって，かつ，糖の添加していないものであって，無塩可溶性固形分の値が20以上であるもの。
「濃厚」	1　こいくちしょうゆでは，特級，上級または標準のものであって，全窒素分の値が1.80％（容重）以上であるもの。 2　たまりしょうゆであっては，特級，上級または標準のものであって，全窒素分の値が1.92％（容重）以上であるもの。 3　さいしこみしょうゆでは，特級，上級または標準のものであって，全窒素分の値が1.98％（容重）以上であるもの。
「特級」，「上級」，「標準」	しょうゆの日本農林規格（昭和55年3月7日農林水産省告示第288号。以下「農林規格」という。）第3条から第7条までに規定する規格による格付が行われたものに表示する場合。
「生《なま》」	火入れを行わないが，それと同等の効果を期待できる処理を行ったもの。
「生引《きび》き」	たまりしょうゆの本醸造方式のもの。
「うす塩」，「あさ塩」，「あま塩」または「低塩」	こいくちしょうゆ，たまりしょうゆおよびしろしょうゆにあっては，食塩分が9％（容重）以上14％（容量）以下のもの。 うすくちしょうゆにあっては，食塩分が10％（容重）以上15％（容重）以下のもの。 さいしこみしょうゆにあっては，食塩分が8％（容重）以上13％（容重）以下のもの。 しろしょうゆにあっては，食塩分が9％（容重）以上14％（容重）以下のもの。 であり，かつ，栄養表示基準に従った表示をしたもの。
「減塩」	栄養改善法（昭和27年法律第248号）第12条第1項の許可を受けたもの。
原材料の産地に関する用語	加工食品品質表示基準（平成12年農林水産省告示第513号）第5条特色のある原材料等の表示に該当するものにあっては表示できる。

出典：醤研，30(5)，2004付64

の栄養成分名等が表示されている食品は栄養成分表示が義務づけられており，醤油では食塩が少ない「うす塩」,「あさ塩」,「あま塩」などの商品は栄養5成分が表示されている。

③ **特別用途食品表示**　減塩醤油は低ナトリウム食品であり，使用についての注意事項と成分が表示されている。

④ **有機食品の表示**　有機農産物や有機農産加工食品の日本農林規格に基づき，生産，製造された有機食品に有機 JAS マークが表示される。有機減量（大豆や小麦など）を使用した醤油も認定機関の認証を得ることにより有機 JAS マークを表示している。

⑤ **遺伝子組換え食品の表示**　醤油の原料である大豆は，遺伝子組換え食品の対象作物に該当するが，醤油醸造期間中に大豆タンパク質が分解され，アミノ酸やペプチドになり，醤油の製品からはタンパク質が検出されないため，遺伝子組換え大豆を使用した場合でも表示が義務づけられていない。しかし，遺伝子組換えでない大豆を使用し製造したことを自主的に表示している商品がほとんどである。

⑥ **アレルギー物質を含む食品の表示**　醤油は大豆と小麦が該当するが，醤油は原料に大豆を使用することがわかっているので，表示は小麦だけでよいことになっている。商品には自主的に大豆も表示されている。

8）その他

① **醤油の機能性**　醤油には，抗酸化作用，活性酸素抑制作用，ガン抑制作用，血圧降下作用，動脈硬化抑制作用，抗潰瘍作用，腸内環境改善作用などが認められている。これは麹などの微生物の働きや火入れにより生成される成分によるものである。しかし，調味料である醤油の使用量から考えて，醤油の摂取から健康の維持・増進は難しく，本来の機能である嗜好性，おいしく食べるという食品の二次機能に期待する。

② **醤油の低塩化**　醤油は2,000年以上の歴史を経て，進化した万能調味料といわれている。現代の醤油の商品の特徴は，低塩化の傾向が著しいことである。

（3）食　酢

食酢は塩とともにもっとも古い基礎調味料の一つであり，その発祥は紀元前にさかのぼるが，食酢製造業が独立した工業となったのは，ヨーロッパでは14～15世紀頃であり，日本では江戸時代のことであるといわれている。食酢は，アルコール（エタノール）が酢酸菌の酸化作用により，酢酸に変換されることにより製造され，4～5％の酢酸を主成分とする酸性調味料である。日本では清酒からつくる米酢と，酒粕からつくる粕酢が代表的な食酢として製造されており，寿司，酢の物，酢漬など伝統的な和風料理の味付けに使われている。戦後十数年を経過した頃より，食生活の洋風化に伴って，リンゴ酢，ブドウ酢，麦芽酢などの国産化が行われ，これに伴い洋風調味料であるマヨネーズ，ドレッシング，ソースなどの消費も急増し，食酢はこれらの副原料としても使われている。

輸入品としては，ブドウからつくるバルサミコ酢や穀物からつくる中国香酢（黒酢）などがある。

ブドウ汁を煮詰めて発酵させ時間をかけて熟成させたバルサミコ酢はイタリアから輸入され，“芳香性の酢”という意味である。ワインビネガー（ブドウ酒酢）と比べて熟成期間も長く芳醇な香りと味が特徴で，10年以上の熟成品はかなり高価で販売されている。

日本のものと違って高粱《コウリヤン》・フスマなどの雑穀を原料とし，固体発酵でつくられる中国香酢（黒酢）は，醤油のように黒く，粘度があり，アミノ酸が多く含まれている。中国では料理に用いられるが，日本では健康指向食品化している。

また加工酢が種々開発され，寿司酢，ポン酢，二杯酢，ゴマ酢，土佐酢，コンブ酢などの簡便性を考慮した製品も出回っており，食酢の多様化が進んでいる。

1）製法からみる分類

① **醸造酢の製法**　醸造酢は基本的には原料の穀物中のデンプンをまず糖化発酵させて糖類とし，次いでその糖類をアルコール発酵させ，アル

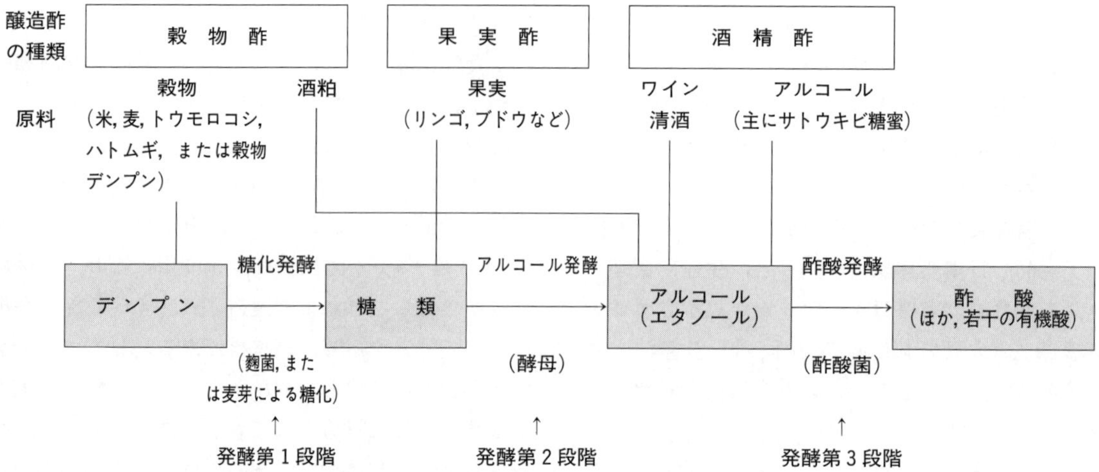

図 4.11.6　醸造酢の製法原理および原料との関係

コールをさらに酢酸発酵させて酢酸にする一連の発酵過程を経てつくられる。したがって，使用する原料によっては，必要な発酵過程も異なってくる。これらの過程および使用原料との関係を示すと，図4.11.6のようになる。

A．第1段階：糖化発酵……この段階の発酵過程から始まるのは，穀物またはそのデンプンを原料とするもので，これらを穀物酢という。日本では，穀物酢は米を用いるのがもっとも一般的であり，これは米酢と呼ばれる。

また，酒粕を原料に用いる場合は，酒粕酢あるいは粕酢と呼ばれる。その他の穀物酢の例としては，麦芽と穀物デンプン（主に大麦，小麦，トウモロコシ）を用いた麦芽酢，ハトムギを用いたハトムギ酢などがある。

穀物デンプンの糖化発酵には，麹菌が用いられるのが一般的であるが，麦芽酢の場合には発酵によらず，麦芽による糖化が行われる。

B．第2段階：アルコール発酵……果実を原料とするものは，リンゴやブドウなどを搾汁して，この段階から発酵が始められる。その製品を果実酢という。

糖化発酵の段階を経て，第2段階に至った穀物酢は，ここで酵母によるアルコール発酵が行われる。

C．第3段階：酢酸発酵……この段階の発酵だけでつくられるのは，清酒，ビール，ワイン（ブドウ酒）などの酒類，およびアルコール（主としてサトウキビ糖蜜から製造される）を原料とするものである。これらを酒精酢あるいはアルコール酢という。

酢酸発酵は，酢酸菌を大量に含む種酢が加えられる。酢酸発酵終了後は味を整えるために，しばらく熟成させる。

そのあと，ろ過，加熱殺菌（通常は70℃前後で10～20分間）し，容器に詰められて出荷されることになる。

D．発酵期間……原料や製法によって発酵に要する期間は大幅に異なる。また，それぞれの発酵が並行して進行する場合もある。

一般的には，糖化発酵は3～4日，アルコール発酵は1～2週間，酢酸発酵は1～3カ月程度である。その後の熟成期間としては2～3カ月を要する。

②　合成酢の製法　合成酢は，氷酢酸（酢酸99.0％以上を含むもの），または酢酸（氷酢酸の30～32％水溶液）を水で薄め，調味料を加え，ある一定以下の割合で醸造酢と混合してつくられる。

2）品質表示基準

日本農林規格（JAS）では，食酢の品質表示基準を表4.11.14のように定めている。

このほか，JAS 規格に入らないものとして，醸造酢や合成酢を主原料として加工された酸味調味料があり，これらは加工酢と呼ばれている。寿司酢，ポン酢などがその例である。

3）種類と特徴

① 米　酢　米酢，玄米酢，黒酢がある。

A．米　酢……“よねず”または“こめず”と呼ばれてきたが，現在では“こめず”というほうが一般的である。日本ではもっとも代表的な酢であるが，米だけを原料としてつくられる例は少ない。主原料は，白米を蒸して用いるが，仕込みの中間段階で，酒粕やアルコールなどの副原料が加えられるのが通例である。

表 4.11.14　日本農林規格（JAS）による酢の種類

分類			原料内容	例
醸造酢	穀物酢	米　酢	1 ℓ中，米が40 g以上	米酢 玄米酢 黒酢
		穀物酢	米酢以外の穀物酢1 ℓ中，穀物が40 g以上	穀物酢 麦芽酢 ハトムギ酢 酒粕酢
	果実酢	リンゴ酢	1 ℓ中，リンゴ果汁が300 g以上	リンゴ酢
		ブドウ酢	1 ℓ中，ブドウ果汁が300 g以上	ブドウ酢 ワインビネガー
		果実酢	リンゴ酢とブドウ酢以外の果実酢1 ℓ中，果汁が300 g以上	ミカン酢 パインアップル酢 柿酢 プルーン酢
	醸造酢	醸造酢	上記以外の醸造酢	黒糖酢 酒精酢 （アルコール酢）
合成酢	氷酢酸を加えて化学的につくられたものであるが，醸造酢が酸の割合として60％以上（業務用は40％）含まれていなければならない。			

原料・内容欄の重量は使用原料重量をいう。

製品は，刺激臭が少なく，さっぱりした酸味をもつので，寿司，酢の物，合せ酢などの日本料理に多く用いられている。

B．玄米酢……原料の玄米が，白米に比べてもともと着色物質が多く，さらに，タンパク質（アミノ酸）含量が高いために着色しやすいので，製品は薄い黒褐色を呈している。食酢としては本来好ましくない“ムレ香”にも似た香りや味がする。しかし，かえって，健康指向食品や自然食品のイメージを与える結果となっている。

C．黒　酢……米酢の熟成期間を一段と長くして，著しく着色させ，独特の香味をもたせた食酢である。玄米酢と同じような意味から，現在，健康指向食品の一つとして流通している。このような醸造法は，鹿児島県福山町（現・霧島市）で伝統的に受継がれているので，福山米酢あるいは福山酢と呼ばれている。独特の薩摩焼の仕込み壺を用い，天然の発酵条件を生かし，1年ないし数年をかけ，発酵・熟成させてつくられている。

② 米酢以外の穀物酢　麦芽酢，ハトムギ酢，酒粕酢がある。

A．麦芽酢……麦芽または麦芽に小麦，大麦，トウモロコシなど穀類のデンプンを加えて糖化した後，常法の発酵過程を経てつくられた食酢である。ビールの香味にも似たコクがあるため，マヨネーズ，ドレッシング，ソース，ピクルスなどの洋風料理に適している。イギリスではもっとも一般的な食酢である。

B．ハトムギ酢……脱穀したハトムギを蒸し，麹を加えて糖化した後，常法に従って発酵させた食酢である。健康食品のイメージが強い製品であるが，一般の食用にも使うことができる。

C．酒粕酢（粕酢）……酒粕を長期間，密閉貯蔵し，未分解のデンプンを糖分やアルコールに分解させた後，種酢を加えて酢酸発酵させた酢である。酒粕を長期間（およそ1年間）熟成させるのは，この間に発酵して生じるアミノ酸やグリセリンが，酢酸菌の増殖を促進するからである。

酒粕酢は，現在日本の市場に出回っている食酢のうちの大半を占めている。特殊な色と香味をもち，漬物に適している。

③　**果実酢**　リンゴ酢，ブドウ酢，柿酢などがある。

A．リンゴ酢（アップルビネガー）……完熟し，糖分の多いリンゴの搾汁を用いるが，糖分が少ない場合には，ブドウ糖などを加える。酵母によるアルコール発酵をさせた後，酢酸発酵を行う。

製品は，リンゴの香りや風味が残り，上品で，酸味がまろやかである。マヨネーズ，ドレッシング，ソースなど洋風料理に適している。アメリカではもっとも一般的な食酢である。

B．ブドウ酢（ワインビネガー）……完熟したブドウの搾汁を用いるのがブドウ酢で，ブドウ酒そのものからつくられるときは，ブドウ酒酢と呼ばれる。しかし，内容的に大差がないので，区別なくブドウ酢と呼ばれることが多い。白ブドウ酒用のブドウからつくられる白酢と，赤ブドウ酒用のブドウからつくられる赤酢とがある。

赤酢は色が赤く，タンニン含量が多い。また，いずれの酢も若干の渋みと苦みをもっている。ドレッシングやソースに用いられるが，白酢の場合はマヨネーズにも用いられる。フランスではもっとも一般的な食酢である。

C．柿　酢……柿は食酢になりやすい果実で，種酢にも用いられている。柿の実には，自然に多くの酵母や細菌が付着しているからである。そのため，条件さえよければ，ヘタを切り，水洗いした果実を容器に入れ，ふたをして冷暗所に1年くらい置くだけでも柿酢はできる。しかし，通常は，ヘタを切り，水洗いした後，1％の食酢で洗った果実を容器に入れ，少量の酢酸とアルコールを加え，冷暗所に放置してつくられる。

まろやかな甘さとコクがある食酢で，各種和風料理に用いられる。現在は，健康指向食品のイメージが強い食品の一つになっている。

④　**その他の醸造酢**　酒精酢がある。酒精酢はアルコール酢とも呼ばれる。アルコールを主原料として，これに酢酸菌の栄養源となるペプトンやミネラル，品質向上のための糖類（ブドウ糖など），麹エキス，酒粕などを加えて酢酸発酵させた酢である。

淡泊で香味にとぼしいが，クセがないので，寿司，漬物用に適している。

⑤　**加工酢**　ポン酢は酢に柑橘類の果汁を加えたもの，サラダ酢は果実酢（主としてブドウ酢）に種々の香辛料，砂糖，食塩を加えたものである。また，土佐酢は酢に味醂，醤油，カツオ節を加え，弱火で煮た後にこしたもの，ゴマ酢は白ゴマを炒って三杯酢を加えたものである。

4）収穫・流通(輸送方法)の概要・取扱い方法

流通の基本は，メーカー→（メーカーの配送センター）→問屋→小売店，スーパーマーケットの順である。これらはトラック便が主で，一部鉄道輸送もある。食酢は，家庭用の場合，瓶がほとんどのため，取扱いに注意が必要である。また，ビール瓶のようにラックに入っていないため（段ボール箱），積上げる高さに制限がある。

5）販売時点（店頭）の取扱い方法・注意点・品質保持方法

①　**高温を避ける**　高温保蔵が続くと，品質の変化（香りの変化，色の濃色化，沈殿の発生）が進行する。

②　**直射日光を避ける**　直射日光にあたると，不快な日光臭が発生する。

③　**先入れ・先出しを行う**　ほとんどの食酢（家庭用）は，賞味期限が2年であるが（ごく一部，1年のものもある），この期間の設定にあたっては，30℃を超える高い温度は想定されていないため，高温での保蔵が長期にわたると，予想以上に品質が変化する場合もありうる。

6）家庭での保蔵方法

開栓しない場合は，ラベルに記載の賞味期限まで，メーカーが保証している。したがって，もし期限内に開封し，その時点で品質に問題があった場合には，代替品と交換してもらえる。ここで，賞味期限の定義が問題となってくるが，これは次のように定義されている。すなわち，“その食品をおいしく食べられる期限”であって，製造直後と全く同一の品質が保持されている期限ではないということである。このことには充分注意する必要がある。

いったん開栓した場合は，密栓の場合と異なり，品質変化速度は速いため，また，食酢成分によっても変化することが予想されるため，どの程度の期間で使いきる必要があるかは難しい問題である。食酢ラベルには「開栓後は冷暗所にて保管して下さい」という記載がみられる。使用頻度が低い場合には，冷蔵庫に保蔵するのが好ましい。食酢保蔵中の外観の変化には，次の3点が考えられ，その予防法は以下のとおりである。

① **コンニャクの発生**　家庭では食酢を保蔵中に，まれに奇妙な現象がみられる。この現象は，コンニャク状のかたまりが瓶の中に浮遊しているものである。これは，酢酸に耐性を有する野生の酢酸菌が混入し，増殖し，その結果，セルロースの白い膜をつくったためである。酢酸菌やセルロースは人体に無害で問題ないが，食酢の香味は大きく変化しており，外観も気持ちが悪いため，苦情として，スーパーマーケット・小売店やメーカーに持込まれる。一時，ブームとなったフィリピンのデザート「ナタデココ」は，このセルロースに甘い味付けをしたものである。

このコンニャクの発生を予防するためには，①開栓後，冷蔵庫に入れる，②使用後，こまめにキャップをする，③小分け容器への継足しは避け，毎回きれいな小分け容器を使う。

② **濃色化**　食酢中に含まれる糖とアミノ酸の自然の反応によって色が濃くなり，高温，空気の存在下で促進される。この予防のためには，栓をしっかりして，冷暗所に保蔵することが必要である。

③ **オリの発生**　原料に由来する物質から自然に「沈殿」が生成される。穀物酢では，糖やタンパク質が反応・結合・不溶化したもの，果実酢では，ペクチンやポリフェノールも加わって，水に不溶性のものに変化していると推定されている。家庭での予防法は特にはないが，冷蔵庫での保蔵は，反応速度を弱め，オリの発生を遅くする。

(4) 魚　醤　油

1) はじめに

魚醤油は魚介類に20～30%の食塩を加えて数カ月～数年間熟成させて液状化させ，それをこした液体調味料である。熟成中に主に原料魚介類の内臓中に含まれているタンパク質分解酵素による自己消化によって魚介類のタンパク質が徐々に分解され，アミノ酸や低分子ペプチドを生成し，濃厚なうまみをもった調味液となる。魚醤油は動物性タンパク質を原料とするため，植物性タンパク質を原料とする大豆醤油とは味もにおいも異なったものである。

魚醤油の歴史は古いが，現在でも魚醤油を主要な調味料として使っているのは東南アジアの国々である。ベトナムの“ニョクマム”(nuoc mam)，タイの“ナムプラ”(nam pla)，フィリピンの“パティス”(patis)などがよく知られている。東アジアでは現在魚醤油の利用は少ないが，日本をはじめ中国，台湾，韓国でつくられている。また古くヨーロッパにおいても魚醤油は利用され，現在でもアンチョビ・ソースが使われている。

日本では弥生時代から大和時代にかけてすでに魚醤油はつくられていたといわれ，その歴史は長いが，現在伝統的な製造法でつくられている魚醤油はわずかである。よく知られているものは秋田県の“ショッツル”，石川県の“イシル”，香川県の“イカナゴ醤油”などである(図4.11.7)。しかし近年日本での魚醤油の用途は著しい広がりをみせ，その需要は年間1,000 t を超えていると推

イカナゴ醤油　　ショッツル　　イシル

図 4.11.7　日本の魚醤油

定されている[1]。それに伴って魚醤油の国内生産量ならびに輸入量も急増している。国内では新たに，製造期間が短く，食塩濃度が低く，魚介類の生臭いにおいが抑えられた魚醤油の製造法が開発され，日本人の嗜好にあった新しいタイプの魚醤油の製造が行われるようになった。また輸入はタイ，ベトナム，カンボジア，フィリピン，中国などから行われている。

2）種類と製造法

① 日本の魚醤油

A．ショッツル……“ショッツル”は秋田県海岸部の特産である。原料にはハタハタ，マイワシ，アジ，カタクチイワシ，小サバなどが用いられる。

“ショッツル”は家内工業的に小規模に製造されているため，その製造法は多様である。藤井[2]が紹介している“ショッツル”製造法の一例を図4.11.8に示す。原料魚介類に対して20～30％の食塩をまぶしておけに入れ，数日後液汁が浸出したら魚体を取出し，それにさらに食塩をまぶしながらほかのおけに移し，これに先の浸出液を煮沸・ろ過したものを加えてふたをのせ，重石をして漬込む。1～数年後，上部の液汁をくみ出して釜で煮込み，浮いた油を除いてろ過する。ろ液を数日間放置してオリを除き，再度ろ過後瓶詰して製品とする。

B．イシル……“イシル”は石川県奥能登地方の特産である。“イシル”のほかに“イシリ”，“ヨシル”，“ヨシリ”などと呼ばれる。原料にはマイワシ，ウルメイワシ，ビンサバ，アジ，それにスルメイカの肝臓などが用いられる。

現在は原料にほかの水産加工品製造で不要となった魚介類の頭部や内臓を用いてつくられるものがある。その場合は，原料魚介類の頭部や内臓に25～30％の食塩を加え，樽に入れて重石はせずに覆いをし，1～数年間熟成させる。熟成後樽の下から液汁を流出させて集め，それを煮沸してからろ過し，瓶詰して製品とする。

C．イカナゴ醤油……“イカナゴ醤油”は香川県の特産であるが，戦後大豆醤油が自由に入手できるようになってからは次第につくられなくなった。しかし，最近になって小豆島の醤油メーカーが“イカナゴ醤油”の製造を新たに始めている。

かつてつくられていた“イカナゴ醤油”は，おけの中に原料のイカナゴと食塩を交互に入れ，重石をせずに数カ月熟成させ，熟成後液汁をくみ上げて製品としていた。

② 東南アジアの魚醤油

A．ニョクマム……“ニョクマム”はベトナムの魚醤油で，16～17世紀頃にラテン民族がそれを伝えたものといわれている。使用される原料はアカアジやカタクチイワシなどの小魚である。

“ニョクマム”の生産地は南ベトナムに集中しているが，製造法は生産規模などによってかなり異なっている。石毛[3]が紹介している“ニョクマム”製造法の一例を図4.11.9に示す。原料魚介類にその重量の30％の食塩を混合してコンクリート

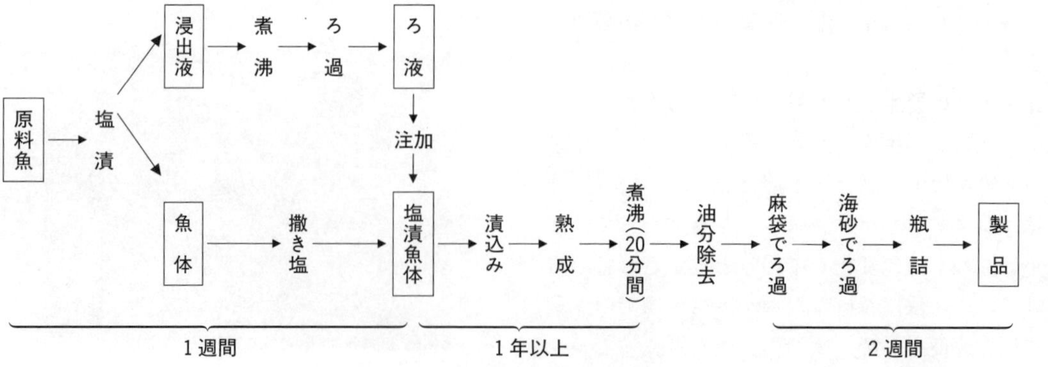

図 4.11.8 “ショッツル”の製造法
出典）藤井建夫：塩辛・くさや・かつお節―水産発酵食品の製法と旨味，恒星社厚生閣，p.55（1992）

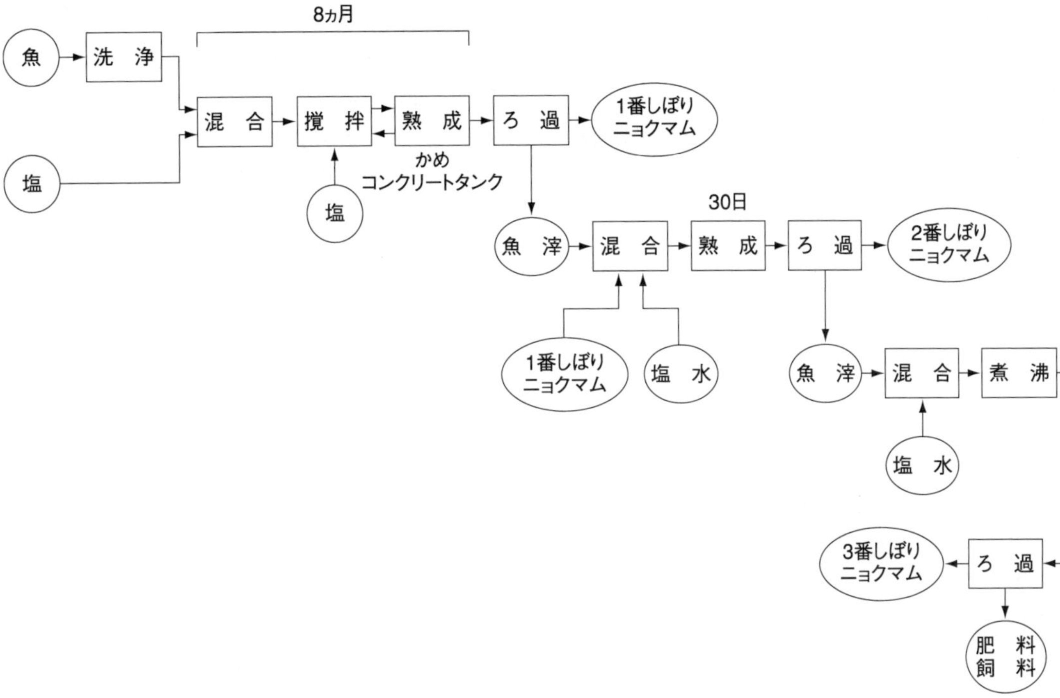

図 4.11.9　“ニョクマム”の製造法

出典）石毛直道・ケネス・ラドル：魚醤とナレズシの研究，岩波書店，p.148（1990）

タンク（少量の場合はかめ）に入れ，8カ月以上熟成させる。熟成後タンクの下部から液汁を流出させ，ろ過して1番しぼり液を得る。次に1番しぼり液を取った後の魚滓に1番しぼり液の一部と食塩水を加えて約1カ月間熟成させ，ろ過して2番しぼり液を得る。さらに2番しぼり液を取った後の魚滓に食塩水を加えて煮込み，ろ過して3番しぼり液を得る。各しぼり液は瓶詰され，1番しぼり液は1級品，2番しぼり液は2級品，3番しぼり液は3級品の製品となる。

B．ナンプラ……“ナンプラ”はタイの魚醤油である。原料には沿岸漁獲の小魚のほかに淡水魚も用いられる。“ナンプラ”の製造法は基本的にはベトナムの“ニョクマム”と同じである。原料魚介類にその重量の30％の食塩を混合しながらコンクリートタンクに入れ，上ぶたをして1～2年間熟成させる。熟成後ろ過して1番しぼり液を得る。次にタンクに残った魚滓に食塩水を加えて1～2週間浸漬後，ろ過して2番しぼり液を得る。さらにタンクに残った魚滓を取出し，それに食塩水を加えて煮込み，ろ過して3番しぼり液を得る。

3）日本における新しい製造法

①　細菌の酵素を利用する方法　新潟県のエムジーシー・マリナージ㈱は海水から分離した好塩性細菌（食塩にして1.2％以上の塩濃度の環境でもっとも速やかに増殖する細菌。海洋細菌には好塩性細菌が多い）のつくるタンパク質分解酵素を利用した魚醤油の製造法を開発し，さらに日本人の嗜好にあった品質のものが得られるように製造技術を改良し，1989（平成元）年より新しいタイプの魚醤油を「マリナージ」という商品名で販売している。

従来の魚醤油の製造法では，魚介類のタンパク質の分解は主に魚介類自身がもっているタンパク質分解酵素の作用によるものであるが，食塩濃度が高いためにそれらの酵素作用は微弱であり，タンパク質の分解には非常に長い時間を必要とする。しかし，「マリナージ」の製造に用いられている好塩性細菌が産生するタンパク質分解酵素は食塩濃度15～18％でも高い活性を示すためにタンパク質の分解速度が速く，従来の魚醤油の製造法に比べると「マリナージ」の熟成期間はかなり短縮されている。

「マリナージ」は原料として主にマイワシが使われ，その特徴は魚臭が少なく，食塩濃度が大豆醤油並みの15～18％で，遊離アミノ酸と低分子の呈味性ペプチドがバランスよく豊富に含まれていることである。販売開始時はつゆ・たれ類，水産加工品，漬物への用途が主体であったが，最近は惣菜関係への用途が伸びている。一般家庭用商品も販売している。

② カビの酵素を利用する方法　岩手県の海拓舎㈱はサケの加工残滓を原料にして，カビのタンパク質分解酵素を利用した短期熟成法による魚醤油の製造法を確立し，さらにタンパク質や脂質の酸化により生じる不快臭やえぐみの原因物質であるアミン・アルデヒド類を除去する方法を考案して，1993（平成5）年より商品名を「デリマックス」ならびに「本魚醤」として業務用および一般家庭用の魚醤油を販売している。

「デリマックス」ならびに「本魚醤」の原料はサケであるが，ほかのサケ加工品製造の際に三枚におろされた廃棄部分の中骨についている身肉が使われている。添加されているカビは大豆醤油の製造に使われるコウジカビ（*Aspergillus sojae*）であり，このカビが産生するタンパク質分解酵素を利用してタンパク質の分解を短期間に行っている。熟成期間はわずか1～2カ月である。また熟成中に生じる不快臭やえぐみの原因物質であるアミン・アルデヒド類を蒸発させる方法で除去している。これにより不快臭やえぐみが減少すると同時に，原料のサケがもっている風味が引出される。

4）成　分

① 一般成分　魚醤油は原料や製造法がそれぞれ異なるため，製品の化学成分は一定していない。“しょっつる”，“いしる”，“ニョクマム”および“ナンプラ”の一般成分の分析例を表4.11.15に示す。pHは5.18～5.73，食塩濃度は18.9～27.6％，全窒素量は1.95～2.98％，全窒素中に占めるアミノ態窒素（遊離アミノ基として存在する窒素で，タンパク質の分解度を示す指標となる）の割合は29.3～53.0％である。

② 呈味成分　魚醤油のうま味は，グルタミン酸，アスパラギン酸などのアミノ酸類，低分子のペプチド類，およびイノシン酸，グアニル酸などのヌクレオチド類などによるものである。

魚醤油のうまみは大豆醤油に比べてかなり濃厚に感じられるが，全窒素量は必ずしも多くない。魚醤油中の窒素成分は大豆醤油に比べて低分子ペプチドの割合が高く，この低分子ペプチドが濃厚な呈味に関与しているものと考えられる。

③ におい成分　魚醤油は原料が魚介類であるため，トリメチルアミンを主体とした揮発性塩基による生臭いにおいが強く，これが魚醤油を調味料として利用する場合に大きな障害となっている。

そのほかに魚醤油中の揮発性成分としては，酢酸，酪酸，イソ酪酸のような有機酸類，エタノール，イソプロピルアルコールなどのアルコール類，酢酸エチル，酢酸プロピルなどのエステル類，アセトアルデヒド，プロピオンアルデヒド，アセトンなどのカルボニル化合物などがある。揮発性有機酸類は熟成中に増加することが認められているため，それらの生成には細菌が関与することも考

表 4.11.15　魚醤油の一般成分

種　類	pH	固形分(％)	食　塩(％)	全窒素(％)	アミノ態窒素(％)	アミノ態窒素/全窒素(％)
しょっつる	5.18	32.9	18.9	1.95	0.99	50.8
い　し　る	5.46	33.2	22.7	2.83	0.83	29.3
ニョクマム	5.61	38.1	27.6	2.98	1.58	53.0
ナムプラ	5.73	35.8	22.7	2.14	1.01	47.2

出典）中野智夫：調理科学，6，88（1973）

えられている。

5）品　質

日本においては，これまで魚醬油は一部の地方の伝統食品として小規模に生産されてきたにすぎない。そのため日本には魚醬油に関する品質規格はない。しかし魚醬油の消費が多いベトナムでは“ニョクマム”の品質規格がつくられている。“ニョクマム”製品には等級があり，等級は全窒素量で決められている。等級が上のものほど全窒素量が多い。

通常魚醬油は飽和に近い食塩濃度になっているため，加熱殺菌を行っていない製品でも長期保蔵が可能である。しかし貯蔵中に腐敗細菌が生育し，白濁して悪臭を放つようになることがある。腐敗した魚醬油は揮発性塩基や揮発性酸が多くなる。魚醬油の腐敗防止には低温貯蔵のほかに，加熱殺菌，pHの調節，ろ過方法の改良などが有効である。

6）日本における利用法

① 特　徴　魚醬油は魚介類の生臭いにおいが強く塩味が強すぎるため，日本では戦後ほとんど使われなくなった。しかし近年は製造法の改良によって，食塩濃度が低くて魚介類の生臭いにおいを軽減した新しいタイプの魚醬油が生産されるようになり，日本でも加工食品の隠し味として魚醬油がよく使われるようになった。

魚醬油の利点は濃厚なうまみと独特な風味をもつことであるが，そのほかにも塩味を緩和する塩なれ効果やほかの好まれないにおいを消すマスキング効果などを有する。

② 伝統的な利用法　“イシル”の伝統的な利用法には，野菜や魚介類の煮物の調味料，ホタテガイの貝殻を鍋の代わりにしてナスやダイコンを煮る“貝焼き”の調味料，ダイコンやキュウリを漬ける“イシリ漬”の調味料，刺身のつけ醬油としての使い方などがある。現在でも“貝焼き”と“イシリ漬”は，“イシル”の風味が欠かせない奥能登地方の郷土料理である。

“ショッツル”は，秋田県の郷土料理である“貝焼《かやき》”と“ショッツル鍋”の調味料としてもっぱら使われている。また香川県の“イカナゴ醬油”は，“イシル”や“ショッツル”のような特定の使われ方はなく，そのため戦後の大豆醬油の普及とともに姿を消すことになってしまった。

表 4.11.16　日本における魚醬油の主な用途

用　途	種　類
つ　ゆ	麺つゆ，天つゆ
た　れ	焼き肉のたれ，蒲焼きのたれ
ソ ー ス	お好み焼きソース，焼きそばソース
ス ー プ	中華スープ，ブイヤベース
ドレッシング	サラダドレッシング
畜肉加工品	ハム，ソーセージ，焼き肉缶詰
水産練り製品	カマボコ，チクワ，揚げカマボコ
佃　煮	田作り，アサリの佃煮
干　物	味醂干し
漬　物	キムチ，浅漬
中華風惣菜	ギョーザ，シューマイ，焼き飯
和風惣菜	おでん，魚の煮つけ・鍋物
洋風惣菜	ハンバーグ，カレー，シチュー
菓　子	あられ，せんべい
エスニック料理	ベトナム料理，タイ料理

③ 最近の新しい利用法　近年は日本における魚醬油の用途は大きな広がりをみせ，その需要は著しく増加した。現在の魚醬油の主な用途を表4.11.16に示す。もっとも多いのは加工食品の隠し味としての魚醬油の利用である。現在市販されているキムチなどの漬物類，焼き肉・蒲焼きなどのたれ類，おでん・鍋物・麺などのつゆ類に隠し味として使われている。また水産練り製品にも隠し味として盛んに使われており，特に揚げカマボコに使うとその効果が大きいといわれている。さらに最近は，東南アジアへ旅行した際や日本にあるタイやベトナム料理店で，魚醬油を使ったエスニック料理（民族料理。20世紀後半になってから知られるようになった東南アジアやアフリカなどの料理）のおいしさを知る人が増え，家庭用魚醬油の消費も伸びてきている。

（5）味醂・料理酒

1）味　醂

味醂は，蒸した糯米《もちまい》，米麹，焼酎または醸造用アルコールを原料として熟成させたものである。熟成中高濃度アルコール中で，糯米や米麹中のタンパク質やデンプンは麴中の酵素のα-アミラーゼやプロテアーゼにより分解され，多量のブドウ糖，アミノ酸，エステル類が生成され，味醂独特の黄金色の光沢を有し，いくぶん粘性を呈し複雑な香味成分が生じる日本独特の酒類調味料である。

① 種類と特徴

A．来　歴……日本独特の酒類調味料である味醂の歴史は古く，すでに戦国時代に存在し，甘い酒として飲料に供されていた。江戸時代中期には調味料として使われるようになったが，飲料としての需要が大半を占めていた。味醂がその独特の風味と上品な甘味で料理に利用されだしたのは明治の後半で，昭和に入り一段とその傾向は強まり，現在では消費，嗜好の高級化により日本料理には欠かせないものとなっている。

B．種　類

a．本味醂：主として調理用の酒として広く用いられる。

b．本直し（直し，柳陰）：甘味アルコール飲料で愛知，岐阜地方に残る。

C．製　法……本味醂は，蒸した糯米と米麴を約40％のアルコール溶液中に仕込み，室温20～25℃で約2カ月間麴の酵素により糖化のみ行わせ，熟成，圧搾，ろ過して製品にする。

本直しは，本味醂が熟成し，ろ過数日前に焼酎と水を加えてアルコール分を高め，甘みを減らす。ろ過後おり引きをして製品となる。

D．特　徴

a．成　分：本味醂の成分はエキス分40％以上，全窒素は約0.08％でうまみ成分となっている。pHは5.8～6.0で乳酸やクエン酸を多く含み微酸性である。アルコールは13.5度以上14.5度未満，ボーメ19度（比重）の酒精含有甘味の調味料である。本直しはエキス分10％以上40％未満，ボーメ2度と甘味を減らしアルコール分を高めた飲料である。

b．利用効果：味醂は調理以外に食品加工にも広く利用されている。例えば，①佃煮，②水産練り製品（カマボコ），③漬物，④菓子・パン，⑤たれ・つゆ類，⑥惣菜などがあげられる。これらに対する味醂の利用効果について要約すると，

図 4.11.10　ペットボトルのマーク

①上品な甘味の付与，②光沢，照りの付与，③色沢の付与，④コクの付与，⑤香気の付与，⑥隠し味，⑦歯切れをよくする，⑧生臭み消し（マスキング），⑨味の浸透をよくする，などの効果が期待できる。

② 保蔵（貯蔵）・陳列　保蔵・陳列は日光のあたらない低温の場所が望ましい。糖分が多いので光や高温によりアミノカルボニル反応を生じ褐変する。

③ 容器包装の特徴　ポリエチレンテレフタレート製の材質表示（再生資源法—財務省，経済産業省）がしてある。味醂が充塡されたポリエチレンテレフタレート製の容器を再生資源として利用することを目的として分別回収するため，図4.11.10のマークが容器の底部または側部に刻印されているか，ラベルが貼ってある。

④ 規格・表示

A．法的規制……酒税法により，味醂の定義は4種ある。①米および米麴に焼酎またはアルコールを加えてこしたもの。②米，米麴および焼酎またはアルコールに味醂，水その他次のア，イの物品を加えてこしたもの。ア；トウモロコシ，ブドウ糖，水あめ，タンパク質分解物，有機酸，アミノ酸塩，清酒かす，または味醂かす。イ；米または米麴に清酒，焼酎，味醂もしくはアルコールを加え，またはこれにさらに水を加えて，すりつぶしたもの。③味醂に焼酎またはアルコールを加えたもの。④味醂に味醂かすを加えて，こしたもの。

B．表　示……酒類の種類，原材料名，食品添加物，アルコール分，エキス分，容器の容量（内容量），製造時期，賞味期限，製造者を表示しな

ければならない。

2）料理酒（醸造調味料）

料理用につくられた酒。料理酒には原料に食塩を使用していない酒類調味料や加塩された醸造調味料がある。酒類調味料のうち，清酒，ワインなどは飲用することもできるが，アルコール飲料なので酒税法上酒店でしか販売できない。しかし，醸造調味料は，酒類に準じて醸造されアルコール分１度以上であるが，食塩（２～３％）を添加することによって飲むことができないものとみなされて，酒類の定義にあてはまらないので酒税はかからない。これは，安価で流通させ酒類販売免許をもたないところでも売れるようにするための処置で，スーパーの調味料売り場に置いてある。成分表示に“食塩”と書かれており塩味が強く，料理の塩加減や塩分のとりすぎに注意が必要である。しかし，清酒風味の香り高い料理専用のお酒（調味料）で，天然醸造の旨味成分が料理に深いコクとまろやかな風味を与える。

（6）醤・豆鼓

1）はじめに

醤《ジャン》は中国でペースト状の調味食品のことをいう。中国では今から3,000年以上も前から醤がつくられ，醤のはじまりは鳥獣肉や魚介類でつくられた肉醤や魚醤であった。しかしその後穀物を原料にした穀醤が主流となり，醤といえば主に穀醤を指すようになった。さらに現在は，マヨネーズの蛋《タン》黄醤《ホワンジャン》，トマトケチャプの番茄醤《ファンチエチャン》，ジャムの果《グォ》醤《ジャン》なども含めて，ペースト状の調味食品をすべて醤と呼んでいる。中華料理の味つけに欠かせない調味料で，その独特な味，コク，香りは料理に深みを与える。

豆鼓《トウチ》は大豆を粒状のまま発酵，熟成させた中国の調味食品で，醤とともに長い歴史をもつ。豆鼓は中国が隋や唐の時代に日本へも伝えられ，現在日本では寺納豆や浜納豆の形で残っている。

2）豆　板　醤[4),5),6)]

穀醤は原料によって３種類に分けられ，大豆を原料とするものが黄醤《ホワンジャン》，小麦粉を原料とするものが甜麺醤《テンメンジャン》，ソラマメを原料とするものが豆板《トウバン》醤《ジャン》である（図4.11.11）。現在中国でもっとも多く使われている穀醤は黄醤であるが，日本では麻婆豆腐などの辛味づけに豆板醤がよく使われている。

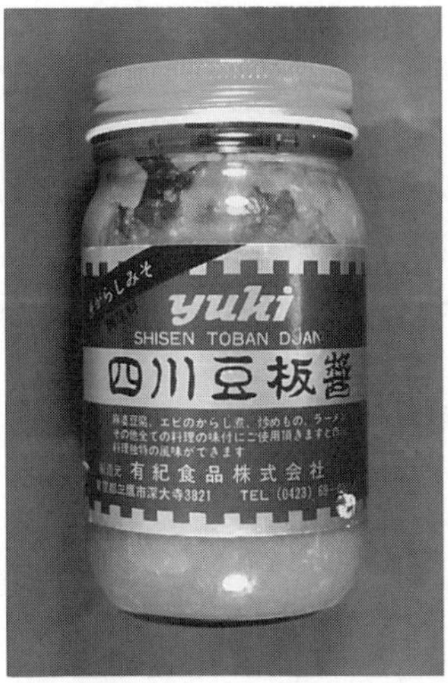

図 4.11.11　豆　板　醤

中国で豆板醤の製造が盛んな地域は揚子江流域で，四川料理や湖南料理には欠かせない調味料である。豆板醤の原料ソラマメはタンパク質とデンプンが多く，脂質の少ないものが適する。ソラマメは浸漬後脱皮され，加熱せずにそのまま用いられる。脱皮して豆瓣《トウバンジャン》（子葉片）になったソラマメにその重量の30％の小麦粉をまぶし，それに種麹を加えて34～39℃で７～８日間発酵させ麹とする。できた麹は12～24時間天日にさらした後，約20％濃度の食塩水を入れたかめの中に入れて６カ月間熟成させる。熟成が終了したもろみはさらにトウガラシなどの香辛料，ゴマ油，砂糖，醤などを加えて再熟成させ製品とする。豆板醤にはトウガラシを加えたものと加えないものがあり，トウガラシを加えたものは豆板辣醤《トウバンラージャン》，加えないものは甜豆板醤《テントウバンジャン》である。

現在中国では，醤の種麹には主に純粋培養されたコウジカビ（*Aspergillus*）が用いられ，製品の品質規格や表示制度もできている。

3）XO 醤（エックスオージャン）

XO 醤は，1980年代後期に香港の料理人が考案した新しい調味料。XO とはブランデーの等級を表す「最高の」，醬は合わせ調味料のことで「最高の調味料」という意味を示す。高級材料を使用した極上の調味料とされ，干し貝柱，干しエビ，塩漬け魚，トウガラシ，香味野菜，植物油脂などを使うが製造法，素材，味は料理人によって異なる。うま味調味料として日本でも料理店を中心にその名が広まり，中国料理に広く使われている。

4）芝麻醬《ヂー マジャン》（ヂマアジャン）

白ゴマを炒って細かくすりつぶし，ゴマ油を混ぜて泥状にしとろりとさせたもの。すりゴマとゴマ油の割合を2：1にしたものが普通であるが，ゴマ，サラダ油，ゴマ油を5：3：1に混ぜ合わせたものもある。中国料理の調味料として広く利用されている。香りがよく，和え物などにも用いられる。

5）コチュ醬・コチジャン・辛子醬

韓国の発酵調味料。浸漬した大豆とウルチ米粉を半々に混ぜて蒸し，小さい玉に固めて約2週間カビづけし，乾燥して粉にしたコチジャンメジュ粉をつくり，これを用いて仕込んだもの。モチ米粉でつくった団子をゆで，メジュ粉とトウガラシ粉を混ぜて一晩寝かせ，塩を加えて貯蔵したものは韓国のチゲ料理に使われる。モチ米粉でかためのかゆ状をつくり，麦芽汁で温めながら甘味が出るまで糖化させ，冷ましてからメジュ粉とトウガラシ粉を混ぜ，塩を加えて貯蔵したものは，そのまま食べる。

6）豆　鼓[7),8)]

豆鼓は煮熟大豆を発酵させて麴をつくり，それに食塩，香辛料，酒などを加えさらに熟成させてつくられる（図4.11.12）。その製品は大豆が粒状を保っていてかつやわらかく，酸味や苦味のないものがよい。中国では広西，広東，湖南，湖北，四川など多くの地方でつくられており，広東料理や四川料理でよく使われる。

豆鼓にはいろいろな製造法があり，その種類は多い。食塩を加えないものは淡豆鼓《タントウシ》，食塩を加えたものは鹹豆鼓《ハントウシ》であり，熟成後乾燥させないものは湿豆鼓《サトウシ》，熟成後天日にさらして乾燥させたものは干豆鼓《ヴァントウシ》である。また熟成後，ショウガを加えた姜豆鼓《ゴウントウシ》，ゴマ油を加えた香油豆鼓《ホウントウシ》，ナスを加えた茄豆鼓《クアットウシ》，ウリを加えた瓜豆鼓《グウアトウシ》，黄酒を加えた酒豆鼓《ザァオトウシ》，醬を加えた醬豆鼓《ズオントウシ》などがある。さらに豆鼓には発酵微生物にカビを用いるものと細菌を用いるものがある。カビはコウジカビ（*Aspergillus*），ケカビ（*Mucor*）またはクモノスカビ（*Rhizopus*）であり，細菌は*Bacillus*である。

図 4.11.12　豆　鼓

4.11.4　うま味調味料

（1）来　歴

1）うま味をもつ物質と化学構造

うまみをもつ物質はL-グルタミン酸ナトリウムのほかに5′-イノシン酸ナトリウム，5′-グアニル酸ナトリウムがある。

L-グルタミン酸ナトリウムはアミノ酸の一種であることから“アミノ酸系うま味調味料”，5′-イノシン酸ナトリウム，5′-グアニル酸ナトリウムは核酸の一種なので“核酸系うま味調味料”と呼んでいる。

（2）品　種

うま味調味料は“アミノ酸系うまみ調味料”と“核酸系うま味調味料”に大別できるが，この両者を混合したものは“複合うま味調味料”に分類される。一般商品として市販されている“アミノ酸系うま味調味料”と成分表示を表4.11.17に示した。核酸系うま味調味料を1.5～2％添加してうま味を強くしている。

表 4.11.17 L-グルタミン酸ナトリウムを主成分とする市販の家庭用うま味調味料

メーカー名	味の素(株)	旭化成(株)	協和発酵(株)	武田薬品工業(株)
商品名 表示組成	「味の素」 L-グルタミン酸ナトリウム 98.5% 5′-リボヌクレオチドナトリウム 1.5%	「旭味」 L-グルタミン酸ナトリウム 98.5% 5′-リボヌクレオチドナトリウム 1.5%	「ニューキーパー」 L-グルタミン酸ナトリウム 98.0% 5′-リボヌクレオチドナトリウム 2.0%	「高砂」 L-グルタミン酸ナトリウム 98.5% 5′-リボヌクレオチドナトリウム 1.5%

“複合うま味調味料”はL-グルタミン酸ナトリウムと核酸系うま味調味料の相乗効果を利用したうま味調味料で，L-グルタミン酸ナトリウムのほかに約5～8％の核酸系うま味調味料が使用されている。このほかにメーカーによって若干の差はあるが，貝やシイタケの呈味成分といわれているコハク酸ナトリウム，クエン酸ナトリウムなどを少量添加して，ある種の呈味効果を狙っているものもある。

核酸系うま味調味料単品は業務用のもので，一般家庭用調味料としては市販されていない。

（3）特性と有効な使用方法

うま味調味料を使用する場合はただ添加するのではなく，L-グルタミン酸ナトリウムと核酸系うまみ調味料の相乗効果があるように，原料中に含まれる含有量や特性を認識して最大の効果が発揮できるように使用することが必要である。

1）溶 解 度

L-グルタミン酸ナトリウムの溶解度を表4.11.18に示した。L-グルタミン酸ナトリウムは温度が高いほど溶けやすくなるが，実際の使用に際してはかなり水に溶けやすい調味料である。

核酸系調味料の溶解度はL-グルタミン酸ナトリウムに比較して小さいが，核酸系調味料は使用量が少ないので，実際の使用に際しての問題はない。

溶解度とは，水に対する溶解度であり，醤油などの調味料では，すでに食塩やアミノ酸，有機酸などが溶解しているので，溶解度は減少する。核酸系調味料は効果を発揮する添加量が少なく，問題はないが，調味料原料の配合工程で多量の溶解

表 4.11.18 L-グルタミン酸ナトリウムの溶解度

温度(°C)	水100gに溶けるg数
0	60.3
10	63.3
20	66.4
30	71.7
40	77.3
50	87.4
60	92.3

表 4.11.19 加熱によるL-グルタミン酸ナトリウムの変化

加熱時間	100°C	107°C	115°C
30分	0.3%	0.4%	0.7%
1時間	0.6	0.9	1.4
2時間	1.1	1.9	2.8
4時間	2.1	3.6	5.7

が必要な場合は，直接溶解せず，水に溶かして添加したり，加熱して溶解度を上げてから添加する，溶解度の高い5′-イノシン酸ナトリウムを使用するなど，特性をみて方法を検討することが必要である。

2）調理時・食品加工時の安定性

① L-グルタミン酸ナトリウムの溶液状態での加熱時の安定性　加工食品の場合は製造の過程で，加熱や高温度での殺菌などの加熱工程を経ることが多い。

② L-グルタミン酸ナトリウムの加熱安定性　食塩20%，pH5.6の溶液にL-グルタミン酸ナトリウムを0.2%加えて100℃，107℃，115℃で30分～4時間加熱した場合のL-グルタミン酸ナトリウムの残存率を表4.11.19に示した

通常の調理でも100℃30分，115℃は缶詰などの

殺菌温度で，1時間が限度である。この結果からきわめて安定であることがわかる。

3）核酸系うま味調味料の安定性

① **酸性食品**　食酢は食品のなかでもかなり酸性の強い食品であるが，核酸系うまみ調味料は2カ月の保蔵でも96％以上残存しており，呈味に支障をきたすほどの変化は認められない。

② **実際の調理時の加熱安定性**　100℃での加熱，高温での油揚に際しても98％以上残存しており，高温でも安定な状態で残っている。

③ **核酸系調味料の酵素による影響**　5′-イノシン酸ナトリウムもしくは5′-グアニル酸ナトリウムは醸造食品や充分に加熱処理を行わない加工食品に添加した場合は，添加量に比較して呈味力が発現しなかったり，時間とともに味が低下したり損なわれることがある。

これは，天然に含まれるホスファターゼやヌクレオシダーゼによりリン酸基がはずれて核酸調味料としての呈味がなくなるためである。

これらの核酸系調味料の呈味を損なう酵素は畜肉，魚肉，野菜や微生物などに広く存在しており，核酸系調味料を使用する場合は注意が必要である。この酵素は熱に弱く，一般の調理温度でも失活（酵素の働きを失うこと）するので，核酸系調味料は加熱調理後に添加することが，調味料としての効果を確実に期待することができる。

特に，味噌，醤油などの製造に使用する麹菌はホスファターゼ活性が強く，この酵素は味噌，醤油にはかなり残存している。通常の市販醤油は殺菌や防腐の目的で火入れ（加熱の意味）処理がしてあるが，食品加工などでは生《き》揚げ（火入れしていない醤油）や生味噌を使うことが多いので使用に際しては加熱して酵素を失活してから使用することが必要である。この酵素は83～85℃10分の加熱で失活する。醤油などに添加する場合は醤油の食塩があるために核酸系調味料の溶解性が低くなるので，あらかじめ水に完全に溶解してから添加することが効果的である（L-グルタミン酸ナトリウムはこれらの酵素で失活することはない）。カマボコ，チクワ，水産練り製品のような固形物では，加熱後に調味料を添加することができないので，次のような方法で酵素の働きを抑えることにより調味料の効果を発現することができる。

① 原料肉の水さらしを充分に行いできるだけ酵素を除去する。

② 擂潰時には氷冷その他でできるだけ低温で行い酵素の働きを抑える。

③ 調味料類はできるだけ遅くし，酵素との接触時間を短くする。

④ 擂潰後のすり身はできるだけ早く成形・加熱し，酵素を失活させてしまう。

これらの操作はホスファターゼ活性による核酸系調味料の分解を防ぐばかりでなく，もともと原料に含まれる核酸の分解を防ぐことができる。

（4）保蔵・陳列時の適切な取扱い

1）結晶状態での保蔵性

うまみ調味料はいずれも純粋な結晶状の物質であり，そのままではきわめて安定である。

① **吸湿性**

A．L-グルタミン酸ナトリウムの吸湿性……L-グルタミン酸ナトリウムは調理場や食品工場などの湿度の高い場所での使用や保存を行う場合が多いがL-グルタミン酸ナトリウムの臨界湿度を食塩と比較した結果を表4.11.20に示した。この結果は温度30℃の場合，食塩は空気中の湿度75.1％で潮解（結晶が湿気を吸収して部分的に溶解すること）するが，L-グルタミン酸ナトリウムは湿度が94.8％に達しないと潮解せずきわめて安定といえる。

B．核酸系調味料の吸湿性……5′-イノシン酸ナトリウムと5′-グアニル酸ナトリウムを湿度93

表 4.11.20　L-グルタミン酸ナトリウムと食塩の臨界湿度

温度(℃)	L-グルタミン酸ナトリウム(%)	食　塩(%)
10	96.1	74.9
20	96.0	75.3
30	94.8	75.1
40	92.6	75.2
50	90.0	75.2

%で2週間保蔵した場合でも結晶の水分は5%以下であった。

これらの結果から，うまみ調味料はかなり高湿度の条件下で放置してもべたついたり，固結することはない。

(5) 表　示

食品衛生法に基づいて容器に「本品名，別名，または簡略名」で表示が義務づけられている。

これらのうまみ調味料を使用した食品にも表示が必要だが，他の成分との混合や主成分でない場合はL-グルタミン酸ナトリウムは「調味料（アミノ酸）」，核酸系調味料は「調味料（核酸）」と一括表示が可能である。

(6) 使用基準・賞味期限

食品衛生法で使用基準と賞味期限は定められていない。

賞味期限とは製品の温度や湿度などの条件を変化させて，食品の劣化状況を時間を追って調べ，各食品の味や香りなどの品質が保たれる保蔵期間をいうが，うま味調味料は純粋に近い結晶で吸湿性も少なく，安定であるため賞味期限の設定はない。味の素㈱には創業当時の「味の素」（当時はL-グルタミン酸ナトリウム単体）があるが，80年経過した製品でも成分自体の変化はない。

食品衛生法では，品質が保たれるのが数年以上の食品については賞味期限や製造年月日の表示は省略できることになっている。

(7) 運搬・保蔵・陳列の適切な取扱い

うま味調味料はきわめて安定で，工場から出荷された包装が維持されている限り，運搬，保蔵，陳列に際して冷蔵などの特別な処置は必要ない。

うま味調味料は安定であるが，湿度のある場合は潮解し，固結や形状などの外観の変化があることもあるので，運搬，保蔵，陳列はもとよりうま味調味料を家庭や工場などで開封した場合は湿気のない場所に保蔵したり，湿気をできるだけ遮断する方策（キャップを必ずするなど）を行うことが重要である。なお，吸湿で結晶が溶解した場合でも成分の変化はない。

4.11.5　配合型調味料

(1) 風味調味料

1) 来　歴

食生活の多様化で，朝食も洋風タイプが多くなったが，味噌汁は米飯とともに日本の代表的基本的食事パターンである。味噌は中国，朝鮮から伝来した醸造食品“ひしお”を源とする代表的発酵調味料である。味噌の原料の大豆は，農産物のなかでもタンパク質と脂質に富み栄養価が高く，貴重な基本調味料であった食塩を加えて麹菌，酵母などの微生物で発酵させた長期保蔵ができる調味料として日本に定着した。

味噌汁は味噌を呈味の基本として，野菜や魚類，肉類などを具とすることにより風味を向上させ，また栄養価に富むため，単純な味の米飯とよく適合し，日本の食事の基本パターンとして食文化を形づくった。しかし，味噌は独特の発酵臭をもつ調味料であり，特に温めたときにはこの味噌臭は強く香る。この味噌臭をやわらげ，さらに味をつける目的で，古来から高級調味料として使用していた“カツオ節”を少量加えることで風味の優れた味噌汁をつくることが次第に定着した。昭和40年代までは味噌の香りと，カツオ節を削る音が日本の朝の代表的な光景であった。味噌汁は，味噌中に含まれる原料の大豆タンパク質が麹菌酵素で分解されたアミノ酸とペプチドが味の中心であるが，醬油に比較してタンパク分解度が低いのでL-グルタミン酸ナトリウム含有量が低く，L-グルタミン酸ナトリウムを添加することによって，味が向上する。

昭和40年代になって食の高級化，L-グルタミン酸ナトリムの発酵法開発による低価格化などの諸条件が重なり，カツオ節を粉末にしてL-グルタミン酸ナトリウムと食塩などを混合した調味料“風味調味料”が開発され，これまでのうま味調味料の単独添加から風味調味料の使用が主流となった。

2）定　　義

風味調味料は1963（昭和38）年に発売され，その簡便性と価格から急速な伸長を遂げ，多くの企業が参入した。1976年にJAS規格が設定された。JAS規格による風味調味料の定義は「調味料（アミノ酸等）及び風味原料に糖類，食塩等（香辛料を除く）を加え，乾燥し，粉末状，か粒状にしたものであって，調理の際風味原料の香り及び味を付与するものをいう」とされており，「風味原料」とは「かつおぶし，こんぶ，貝柱，乾しいたけ等の粉末又は抽出濃縮物をいう」と定義されている。

3）規　　格

風味調味料はJAS規格により，使用する原料素材，食塩量，糖分が厳しく規定されている。特に風味調味料の重要成分である風味原料の含有量は風味原料粉末とこのエキスの合計が10％以上含まれていることが必要である。

風味調味料の呈味補助としてL-グルタミン酸ナトリウムや核酸類などのうま味調味料，味をまとめるクエン酸などの酸味料も添加が認められている。

風味調味料は一般に風味原料やエキス，食塩，糖などの粒度が異なる原料が使用されており，成分が不均一になったり使用しやすく保蔵性をよくするため，顆粒状になっており，賦形剤としてデンプンなどが使われている。これらの添加物は食品添加物として食品衛生法で認められている。全窒素は風味原料やエキス，調味料のタンパク質やアミノ酸，核酸でありいずれも窒素を含んでおり，窒素を含まない食塩や糖の使用量が多いので全窒素を規定することで，間接的に呈味有効成分の含有量を保持することを意味している。

4）種　　類

風味調味料はJAS規格で「ほんだし」，「だしの素」，「だし」，「和風だし」などの主品名で呼ばれているもので，調理の際カツオ節，コンブなどの風味原料からの香味を付与できる調味料を対象としており，歴史的，国際的に商品分野が確立しているコンソメ，ブイヨンや特定料理，用途に応ずる目的で製造されたおでんの素，チャーハンの素などは除外されている。

製造メーカーは調味料メーカー，カツオ節メーカー，スープメーカーが主である。

5）製造方法

製造方法はカツオ節を粉砕した節粉《ふしこ》と調味料，食塩，砂糖などのほかの成分を混合し造粒乾燥する方法が一般的である。

6）表　　示

風味調味料はJAS規格に沿って枠のなかに一括して表示（一括表示事項）が義務づけられている。品名，原材料名，内容量，賞味期限，内容量，使用方法，販売者名を記載する。

品名は風味調味料の次に（　）内に風味原料名を記載する。

賞味期限は通常容器は一括して製作するが実際の包装はこの容器に逐次行われるので，記載場所を明記すればよいことになっており，通常はラベルの他の場所に印刷されている。輸入品の場合は原産国名を記載し，販売者は輸入者名となる。

7）賞味期限・保蔵法

賞味期限（品質保証期間）とは「容器包装の開かれていない製品が表示された保蔵方法に従って保存された場合に，その製品として期待されるすべての品質特性を充分保持しうると認められる期間」を指す。保蔵方法は「直射日光を避け，常温で保存して下さい」などと明記されている。

風味調味料は風味が最大の商品ポイントで，特に，風味原料は天然の“カツオ節”の風味であり，直射日光と湿度の高い場所に長期にさらすと風味の劣化が起こる場合がある。瓶入りの製品は褐色瓶に，袋や箱入りは内装にアルミ包装を使用しているのはこのためである。

開封した場合はできるだけ早く使用することにより，商品の特性を充分に味わうことができる。特に，風味調味料はうま味調味料と同様に調理時の温度や湿度の高い調理場での使用が多いためである。

賞味期限は，1年半である。食品衛生法の改正により，従来の製造年月日から賞味期限を表示する方法の表示が多くなった。

（2）た　れ　類

1）分　　類

“たれ”は対象となる素材も肉，魚，野菜，米飯など，また素材に限らず，納豆，ギョウザなど多くの加工食品にも使用されている。

このたれ類の分類の一例を表4.11.21に示した。

基本的配合は醤油がベースであるが，これらに味醂，酒類などの発酵調味料，塩，砂糖，うま味調味料や各種香辛料などが配合されている。

この配合は使用する素材や調理方法によって各社独自の配合がなされている。

たれはつゆとともに液体調味料としては付加価値も高く，販売量も伸びており，醤油メーカーや各種の調味料メーカーが生産している。たれ類の代表として，焼き肉のたれの製造例を図4.11.13に示した。

2）品質上の留意点

たれは調理前の下ごしらえとしての下漬とともに調理時の焙煎香り，喫食時のつけ調味料と多様な用途がある。

これらのたれに要求される品質特性としては，下漬時の素材への調味料の浸漬と素材のもつ獣臭（焼き肉，焼鳥など）や魚臭（蒲焼き，焼き魚など）や特有の臭気（ギョウザ，納豆など）の除去や緩和が製造時のポイントである。表4.11.22に代表的な“焼き肉のたれ”のラベル表示を示したが，各メーカー，品種によってかなり異なっており，各メーカーによる商品レシピの工夫がなされている。

調理時においては，醤油中のアミノ酸と糖と素材のタンパク質などが加熱で発生する独特の香りと色（メイラード反応と呼ぶ）が特長である。

下ごしらえ，調理時や喫食時に共通して素材に適度に付着して，味に濃厚感を与える適度な粘度も重要である。

3）形態・容器

業務用は斗缶などの大型容器もあるが，焼き肉

表 4.11.21　たれ類の分類

畜肉のたれ	主として肉に漬け高熱で調理	焼鳥のたれ 焼き肉のたれ ジンギスカンのたれ バーベキューのたれなど
	主として調理したものの味付け	しゃぶしゃぶのたれ すき焼きのたれ ステーキのたれ 焼き豚のたれ ローストチキンのたれなど
魚介類のたれ		蒲焼きのたれ 照焼きのたれ 煮魚のたれ おでんのたれなど
野菜などのたれ		キムチのたれ 大学いものたれなど
惣菜などのたれ		納豆のたれ ギョウザのたれ シュウマイのたれなど
その他（米飯・麺など）		鰻丼のたれ つけ麺のたれ 焼きそばのたれなど

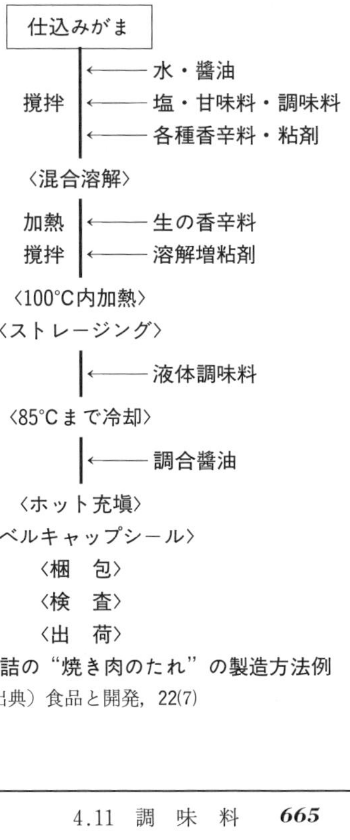

図 4.11.13　瓶詰の“焼き肉のたれ”の製造方法例
出典）食品と開発，22(7)

表 4.11.22　市販“焼き肉のたれ”のラベル表示

表　示	原材料名(概要)	T-N	食塩	Aw
醤油味・中辛	醤油,糖類,野菜,果実類アミノ酸液,発酵調味料,食塩,カラメル色素	(g/dℓ) 0.60	(g/dℓ) 8.14	0.88
牛焼き肉用	醤油,砂糖,味醂,酒,ゴマ油,ネギ,ニンニク,ゴマ,リンゴ,トウガラシ,レモン,コショウ	0.82	8.43	0.83
中　辛　口	糖類,醤油,香辛料,タンパク加水分解物,醸造酢,調味料,増粘剤	0.63	5.21	0.90
中　　辛	リンゴ,醤油,砂糖,アミノ酸液,水飴,ニンニク,発酵調味液,糖蜜,タマネギ,食塩,ビーフエキスなど	0.58	5.60	0.92

1997年一般小売店よりサンプリング
表示の内（　）の詳細は省略

のたれに代表される一般用としては100～200g程度のガラス容器やプラスチックボトル容器が主流であるが最近は環境面を考慮して紙パックの容器も開発されている。

この量は3～6人の1家庭で1回で使いきる量として設定されている。

蒲焼きのたれや納豆のたれやギョウザのたれのようにすでに素材が一次加工され，調味料の用途として添加されているたれ類は一般に一食ごと少量に包装されたパック形式が多い。

4）表示方法と見方

通常，たれ類はガラス容器やプラスチックボトルで販売されている。この容器には通常，ラベルに次のような表示がされておりその商品の特長を知ることができる。

表示には，品名（○○のタレ），原材料名（使用量の多い原材料から記載する），内容量（重量表示・通常は比重が1より高いので容量は少なくなるので注意），賞味期限（メーカーや品種によってラベルのほかの場所に記載されていることもある。生タイプのものを除いて1年が多い），使用方法（標準的使用方法や量が記載），使用上の注意（使用方法や保存方法を記載），製造者（メーカー名・最近はお客様相談室などの問合せ電話番号などが併記されている場合が多い）の項目がある。

5）保蔵方法

いずれも開封しなければ，賞味期限内での長期常温保蔵（生タイプのたれ以外は賞味期限は常温で1年が多い）は可能である。

いったん開封した後はたれ類は比較的低食塩であり，水分活性も高く，かつ糖も多いので密栓して冷蔵保蔵が必要である。

また使い残したたれ類は炒め物などの調味料と併用して早期に使いきる工夫もある。

（3）乾燥スープ類（コンソメ・粉末スープ）

1）開発の経緯

スープの総称はポタージュ（potage）スープであり，これは古代ローマでは“飲む”ことをpotare（ポターレ），スープをpotus（ポチュス）と呼んでいたことからのゆえんとされている。

現在でも手づくりのスープは各種の野菜や牛，豚，鶏などの肉，骨や各種魚介類と香辛料を長時間煮込んでエキス成分の溶出と濃縮をして製造されており，各種のアミノ酸，有機酸，糖，無機質などが混合された複雑な風味と栄養価に富んだ食品である。

2）分　　類

乾燥スープは大別して透明なコンソメタイプ（ポタージュクレール）と濃いポタージュタイプ（ポタージュリエ）に大別される。

乾燥スープ類は，表4.11.23に示したようにJASで用語と定義が規定されている。

これらの規格で製造されたスープ類は各メーカーにより容器や内容を連想する産地名，具材名などをつけて販売されている。

3）製造方法

コンソメタイプのスープは，主として肉汁をベースとしてこれにうまみ調味料類，調味エキス類，油脂，食塩，砂糖，有機酸，香辛料などを加えて，調味乾燥したもので，一般的なのは固形，粉末，顆粒の3タイプに分かれる。製法の概要は図4.11.14に示した。

表 4.11.23　乾燥スープの用語と定義（ＪＡＳ）

用　　語	定　　義
乾燥スープ	1．食肉（食用に供される家畜及び家きん並びに魚，えび，貝類その他の水産動物の肉をいい，骨，けん等を含む。以下同じ），野菜，海草等の煮出汁若しくはこれらを破砕してこしたもの若しくはたん白加水分解物又はこれらにつなぎを加えたものに，調味料，糖類，食用油脂，香辛料等を加え調整し，乾燥させた粉末状，か粒状又は固形状のものであって，水若しくは牛乳を加えることによりスープになるもの 2．1にうきみ又は具を加えたもの
乾燥コンソメ	乾燥スープのうち，食肉の煮出汁を使用し，かつ，つなぎを加えないものであって，水を加えて加熱し，又は水若しくは熱湯を加えることにより食肉の風味を有するおおむね清澄なスープとなるもの
乾燥ポタージュ	乾燥スープのうち，つなぎを加えたものであって，水若しくは牛乳を加え加熱し，又は水，熱湯若しくは牛乳を加えることにより濃厚で不透明なスープとなるもの
その他の乾燥スープ	乾燥スープのうち，乾燥コンソメ及び乾燥ポタージュ以外のものをいう。
つ　な　ぎ	穀粉，でん粉，牛乳，粉乳等であって，スープを濃厚にするために使用するものをいう。
う　き　み	食肉，卵，野菜，海草，ヌードル，クルトン等又はこれらを調理したものを乾燥させたものであって，スープに浮かせるものをいう。
具	食肉，卵，野菜，海草，ヌードル，クルトン等又はこれらを調理したものを乾燥させたものであって，うきみ以外のものをいう。

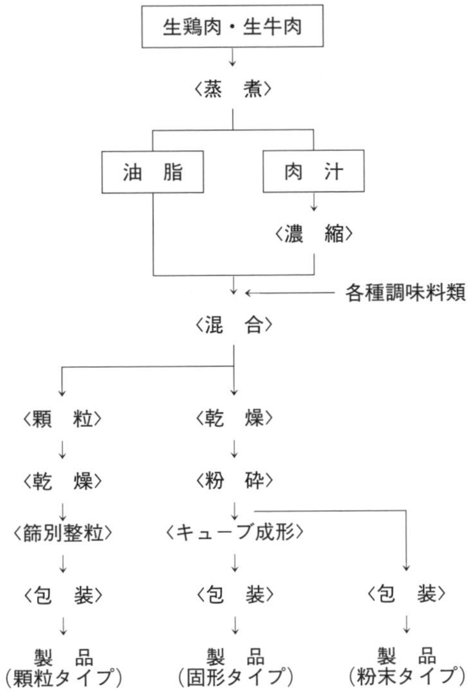

図 4.11.14　コンソメスープの製造概要

ポタージュタイプのスープは，上記コンソメの成分に小麦粉，デンプン，粉乳などのつなぎを配合したもので，これに具として，乾燥肉，乾燥野菜，ヌードル，あるいは卵加工品などを加えたものもある。通常は粉末品である。

熱湯を注ぐだけで飲用が可能ないわゆるインスタントスープは原料の小麦粉，デンプン類があらかじめアルファ化されており，乾燥肉や，乾燥野菜類も熱湯だけで復元される。

4）規格・法規制

表4.11.23に示したもののうち，乾燥コンソメと乾燥ポタージュの品質規格には使用できる原材料（食品添加物および食品添加物以外の原材料）および表示項目と表示の方法とともに，表示禁止事項が細かく記載されている。

5）保蔵・陳列

JAS 規格では容器，包装材料が充分な強度と吸湿性があるもの，粉末，顆粒状の商品においては密封されていることが規定されている。常温での保蔵，陳列は賞味期限内であれば特に問題は生じない。いったん開封したものは，特に商品特性から吸湿性があるので乾燥した容器や冷暗所に保蔵して速やかに使用する。

（4）タバスコ

1）経緯（「タバスコ」の発祥）

「タバスコ」は今から約130年前，アメリカのエドモンド・マキルヘニーによって生出された。

2）製造方法

1870年に製造方法の特許を取得したが，現在でも「タバスコ」の製造方法は1868年の創業当時と全く変わらない素朴な伝統的な方法で生産されている。

その製法は，つぶした赤トウガラシ（*capsicum-frutescens*）に塩を少量加えオークの樽で3年間熟成させた後，蒸留酢の中で30日間寝かし，種，皮，大きいかたまりなどを取除き，液体となる。

化学的合成品である保存料や着色料は使用されていない。

この工程でわかるように，「タバスコ」は厳密にいうと発酵食品の範疇である。

この工程は1960年代までは，マキルヘニー社本社，最新工場のあるエイブリー島ですべて行われていたが，現在は量の拡大と労働生産性から，トウガラシの90％は中南米で栽培されている。

3）ペパーソースの分類と種類

「タバスコ」はマキルヘニー社の商品名であるが，加工食品としてペパーソースに位置づけられている。「タバスコ」は従来の赤トウガラシを使用した「タバスコペパーソース」が主体であるが，1993（平成5）年，中央・南アメリカ系のエスニックブームで青トウガラシを使用した「ハラペーニョソース」が世界に先駆けて日本で発売された。この名称の由来は，メキシコ・ベラクルス州のハラッパにちなんでハラペーニョと名づけられたグリーンペパーを使用しているからである。

このペパーソースは「タバスコ」のほかに表4.11.24の製品があるが，テーブルユースでは99％が「タバスコ」ブランドである。

4）用　　途

「タバスコ・ハラペーニョソース」は「タバスコ」に比較して辛さが約1/5であり，用途も「タバスコ」が主としてスパゲティ，ピザなどのディップや調味料に使用されているが，これらのほかに中国料理，焼き魚，鍋物などの和食にも向いている。

チリソースもトウガラシを使用しているが，トマトを主原料にしており，ペパーソースの範囲ではない（図4.11.15）。

5）保蔵期間・賞味期限

「タバスコ」を主とするペパーソース類は食塩を含み，酢を使用しているためpHが低いので開封しても微生物が増殖しにくいことと，昔からトウガラシの成分カプサイシンは生理作用のほかに，防腐作用もあることから食卓に放置しても腐敗，変質はしない。

表 4.11.24　市販ペパーソース

商　品　名	メーカー名
タバスコ	マキルヘニー
「タバスコ」	
「タバスコ・ハラペーニョソース」	
桃屋のおいしい唐がらし	㈱桃屋
クリスタル	パウマーフーズ
シェフマジック	トラッピー
シェフハンス	シェフハンス
チリ＆ガーリック	リー＆ベリン
ルイジアナゴールド	カサフィアスタ

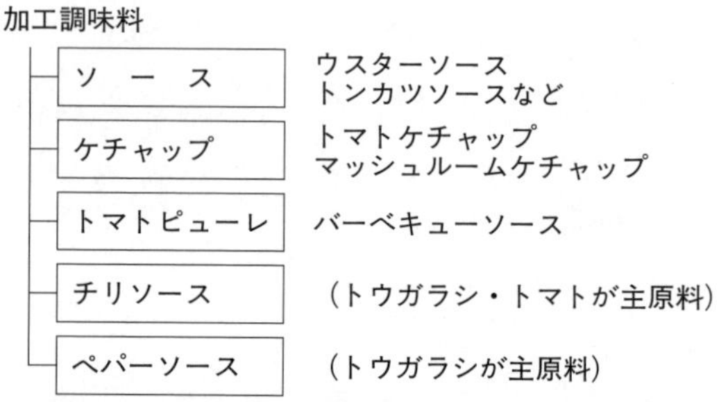

図 4.11.15　ペパーソース類の分類と位置づけ

賞味期限はペパーソースで5年である。

長期に保蔵すると，赤色が若干薄れることがあるが，これはトウガラシの天然色素が光で退色したために起こる現象で，味，風味を損なわれることはない。

冷凍庫での冷凍保蔵は好ましくない。

4.11.6　保 蔵 技 術

調味料は基礎調味料，うま味調味料のようにほぼ純粋な結晶状態の物質や混合物から種々の複雑な成分を含む発酵調味料，たれ類のような各種の発酵調味料，香辛料などの液体の混合調味料および風味調味料，乾燥スープ類のような天然調味料の乾燥物まで，物質的，用途的にも多岐にわたっている。

このために，これらの保蔵技術についても差異が大きい。

これらの調味料の保蔵を中心とした技術的，品質的留意点を表4.11.25に示した。

流通面からみた日本の家庭用調味料の場合の留意点は表4.11.26に示したように，自然環境面と流通面および使用面から，かなり広い範囲での変化を受容する必要がある。

このために通常は，各メーカーはこれらの環境面を予測設定して各種の実験を行い賞味期限を設定している。

商品開発段階では商品の品質を維持しつつ商品の保存安定性を最大限に維持できるレシピ（原料配合）の設定を行い，次いで販売商品のプロトタイプ（雛形）による各種保存試験，消費者の使用方法を予測しての各種実験を行ってから生産販売される。

これらの検討では食品の水分活性（A_w），pH，温度，湿度，光などの因子のほかに微生物を接種して品質への影響調査などを行う。

これらの調味料の変質に関与する因子と品質への影響については表4.11.27に示した。

調味料の変質に関連するこれらの因子は調味料の製造工程に関しては多くの技術的問題点があるが，これらの技術的問題点を解決して製品化された商品については殺菌などの微生物対策がなされており，常温の物流，保蔵にもかかわらず開封しない限り長期の保蔵による品質的問題は少ない。

品質保証の最大の評価ポイントは調味料そのもののもち味・風味の劣化でありこの状態を代表する数値的分析値と総合して判定している。

特に，最近は食品の変質を防止するための各種食品添加物（防腐剤，抗酸化剤，着色剤等）の添加を避ける方向にありこれらの技術の有無が商品開発力の要になりつつある。

基礎調味料，うま味調味料以外は調味料として

表 4.11.25　非発酵調味料類の保蔵技術ポイント

分　類	商品の状態	品質面のポイント	品質管理ポイント
基礎調味料（食塩・甘味料）	純品の結晶	味	異臭・異味の付着 多湿，潮解による外観の変化
うまみ調味料	純品の結晶	味・褐変	異臭・異味の付着 多湿，潮解による外観の変化
風味調味料	天然物・基礎調味料・うま味調味料の混合（粉体）	風味・味・褐変（微生物）	風味劣化 多湿，潮解による外観の変化
乾燥スープ類	天然物・天然調味料・うま味調味料・香辛料の混合（固体・顆粒）	風味・褐変・味（微生物）	風味劣化 多湿，潮解による外観の変化 溶解性
発酵調味料	穀物類・果実を原料とした微生物の分解発酵物（アミノ酸・ペプチド・糖・有機酸・アルコールなど）	風味・褐変・味（微生物）	風味劣化・褐変・腐敗
た　れ　類	発酵調味料・天然物・うま味調味料・香辛料の混合（液体）	風味・褐変・味（微生物）	風味劣化・褐変

表 4.11.26　流通面からみた調味料の保蔵技術の留意点

品質的留意点		一般に各種調味料の混合であり，風味の保持が品質ポイント
環境的留意点（未開封）	気候的留意点	気温の差が激しい（北海道～沖縄） 湿度の差が激しい（冬季～梅雨季） 四季の変化（冬季～夏季）
	物流的留意点	常温流通が主（温湿度が管理されていない状態での流通） 店頭販売（大型スーパーマーケットから小規模小売店までさまざま） 賞味期限が長い〔永久（基礎調味料，うまみ調味料）～〕
使用時留意点（開封）		調理場所（高温多湿のキッチン） 使用時（開封後の使用期間が長い） 保管（密封・冷蔵保管は少ない）

表 4.11.27 調味料類の特性値

特性値	Aw（水分活性）					pH			温度（℃）			
	1.0	0.9	0.8	0.7	0.6	3.0	5.0	7.0	−18	−5	0	10
食品の分類	多水分系		中間水分系		乾燥	酸性	中性	塩基	冷凍	チルド	冷蔵	常温
生育微生物	<細菌> <酵母>		<カビ>									
変質要因	腐敗	発酵 酸化・変色	変質		吸湿							
基礎調味料類（塩・砂糖）					<●		●					●
うまみ調味料					<●		●					●
風味調味料					<●		●					●
乾燥スープ類					<●		●					●
たれ類			<●>			●						●
発酵調味料				<●>		●						●

天然物や香辛料を使用する場合が多く繊細な風味の長期的な維持，発現が重要であり，多量に含まれているアミノ酸類と糖との反応による褐変や風味の劣化など複雑な要因が内在する。これらの反応は温度や酸素が高いほど進行が早く，光の影響も無視できない。

対策として褐変性の少ない糖類の使用，酸素や光を通さない包装材料の使用等の工夫がされているが，流通時にもできるだけ低温，低湿度，暗所での保蔵が商品の品質維持に大きく寄与する。

4.11.7 家庭での保蔵方法

調味料は多岐にわたっているので，一概に記述できないため使用時の方法とともに各項目に記載した。

保蔵方法については，特に消費者は賞味期限に関心があるのでこれを中心に記述した。

塩，砂糖の基本調味料およびうま味調味料については賞味期限はないので長期保蔵品でも使用可能である。

（1）未開封の場合

前章の保蔵技術については主として非発酵調味料の製造から流通（物流・販売）について記したが，この段階では工場から出荷された状態での未開封の状態である。

賞味期限の定義は「容器包装の開かれていない製品が表示された保存方法に従って保存された場合に，その製品として期待されるすべての品質特性を充分保持しうると認められる期間」（風味調味料の項に前出）である。

この場合は賞味期限内であれば，品質は充分保証される。

調味料の場合は未開封時は常温保蔵が多い。

（2）開封の場合

これらの調味料が購入されて家庭での使用が開始されると包装が開封される。非発酵食品の場合，インスタントスープなど一部は一食ごとの個別包装になっているが，一般に非発酵調味料の場合は毎日の使用量は少ないが使用回数が多く，必然的に容器からの使用が多くなり，開封後にかなり長期にわたって使用される。

使用場所も台所は調理時の高湿度で高温での環境であり，また微生物も多い場所である。また包装を開封すると酸素と湿度にさらされるので，結晶や粉末状の調味料は吸湿，潮解による固結や溶解による形態の変化や微生物の繁殖による風味劣化や腐敗，酸素との接触による褐変の進行などの可能性が多くなる。

これらの品質の変化を防ぎ風味を維持する対策

としては，最近は風味調味料でも少量のスティック包装もあり使用時の使いきりタイプもあるが，使用後に速やかに密栓し冷暗所での保蔵が好ましい。

家庭での保蔵方法には，これらの商品のラベルに記載された事項を読んでその方法での保蔵が好ましい。

調味料の変質は温度や酸素，光などの要因が影響する。特に温度が高いほど品質の劣化は速い。

低温で遮光性があり酸素の移動の少ない冷蔵庫保蔵は品質保持には有効である。

しかし，冷蔵庫は湿度が高いので，風味調味料や乾燥スープなどの粉末調味料は開封状態で冷蔵保蔵すると吸湿固結してかえって商品性の低下をきたすことがある。また冷蔵保蔵も「タバスコ」や液体調味料類は水分の凍結からかえって品質の低下を招くのでラベルの表示に従って保存することが好ましい。

（3）賞味期限が過ぎた未開封の調味料

調味料の場合はこの賞味期限はかなり長く，生鮮食品のように短期の消費期限を過ぎた場合より品質の劣化の程度は緩慢である。

風味調味料，乾燥スープ類は調味料の特性として呈味・風味および溶解性，粘度などの物性の3種に大別されるが，呈味力においてはうまみ調味料や基礎調味料が主体でありこの特性は失われることはない。しかし天然物に由来する香りなどの風味は徐々に減少するので風味が失われたものは状況に応じて廃棄することが望ましい。

なお，いずれの場合も，微生物の生育による変質や異物の混入のない場合である。

最近調味料類については，製造者名とともに消費者への対応窓口（お客様相談センター等）の記載があるので詳細についての問合せが可能である。

〔引用文献〕

1）太田静行：魚醤油の知識，幸書房，p.15（1996）
2）藤井建夫：塩辛・くさや・かつお節—水産発酵食品の製法と旨味，恒星社厚生閣，p.54（1992）
3）石毛直道・ケネス ラドル：魚醤とナレズシの研究，岩波書店，p.147（1990）
4）童 江明・他：日本醸造協会誌，92，815（1997）
5）呉 周和・他：日本醸造協会誌，92，885（1997）
6）呉 周和・他：日本醸造協会誌，93，198（1998）
7）伊藤 寛・他：味噌の科学と技術，44，216（1996）
8）李 幼筠・他：味噌の科学と技術，44，244（1996）

〔参考文献〕

・ラ・ラの会編：新訂 栄養士のためのデータブック，女子栄養大学出版部（1993）
・福場博保，小林彰夫編：調味料・香辛料の事典，朝倉書店（1992）
・吉沢 淑編：酒の科学，朝倉書店（1996）
・青木 宏・他：食品の加工・保蔵・包装，家政教育社（1982）
・食品表示研究会編：食品表示マニュアル，中央法規出版（1989）
・柳田友道：うま味の誕生，岩波新書，p.161（1991）
・栗原堅三：味と香りの話，岩波新書，p.563（1998）
・日本うま味調味料協会：うま味調味料
・日本うま味調味料協会：なるほど！うま味調味料
・BIO INDUSTRY，13（10）（1996）
・㈶食品産業センター：豊かな食生活
・越智宏倫：天然調味料，光琳（1993）
・井上富士男：工場における微生物制御，防菌防黴誌，15（3）

4.12 嗜好飲料

4.12.1　嗜好飲料の種類と特徴

嗜好飲料は，栄養を取ることを目的としたものではなく，消費者の嗜好を満足させるための飲料をいう。狭義には，茶，コーヒー，ココア関連飲料，アルコール性飲料などを指すものであるが，近年，茶，コーヒーをあらかじめ抽出し，殺菌して缶やプラスチックボトルに詰めたものが急速に市場を拡大してきた。また，スポーツ飲料やミネラルウォーターなども栄養を摂ることを目的としたものではないので嗜好飲料の範疇に入れることができるが，これも大きく伸びている。

飲料には，乳・乳製品，果汁・果汁飲料，清涼飲料，アルコール性飲料などが含まれ，全体の市場規模は約５兆円（2004年度）である。清涼飲料は，炭酸飲料，果汁入り飲料，茶系飲料，コーヒー飲料，乳性飲料，機能性飲料などに分類される。その内，茶系飲料は約8000億円，コーヒー飲料は約9000億円，ミネラルウォーターは約1900億円，機能性飲料は約63億円である。

ここでは，茶，コーヒー，ココア関連飲料，スポーツ飲料，ミネラルウォーターについて述べる。

4.12.2　茶

（1）茶の種類

茶といえば日本では緑茶を意味する。紅茶はイギリスをはじめ，世界各国で飲用されている。日本における紅茶の消費量は緑茶の１/10程度である。しかし，日本，中国，台湾，ベトナムなどのいわゆる緑茶の消費国を除いた世界の国々においては，茶といえば紅茶を意味している。世界の茶の生産量はおよそ260～270万ｔであり，そのうち紅茶は茶全体の約７割を占めている。

通常，茶とはツバキ科の常緑樹の「茶の木」の葉からつくられたものを指す。「煎じて飲む」という操作上の共通性から麦茶，ハト麦茶，玄米茶，杜仲茶，甘茶，ハブ茶，ルイボスティー，ギムネマ茶，ハーブティー，クコ茶，柿の葉茶，ドクダミ茶などのさまざまな茶も一般的に「茶」と呼ばれているが，厳密な植物分類学上からは「茶」ではない。現在これらは数100種類あるといわれている。

茶の分類にはいろいろあるが，製造法の違いによる分類が最も一般的である（図4.12.1）。その他，形態と用途の違いで分類すると，葉茶（紅茶，緑茶，ウーロン茶など），固型茶（紅団茶，緑団茶など），粉茶（磚《てん》茶など）に分けられる。また，茶の産地による分類では，インド茶（アッサム茶，ダージリン茶など），セイロン茶（ウバ茶，ディンブラ茶など），中国茶（キームン茶，ロンジン茶など），日本茶（宇治茶，川根茶，狭山茶，嬉野茶，知覧茶など）などがある。この他にも採取時期，茶葉の

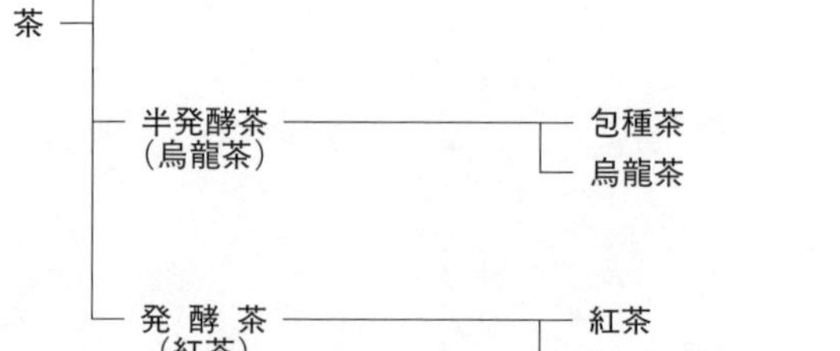

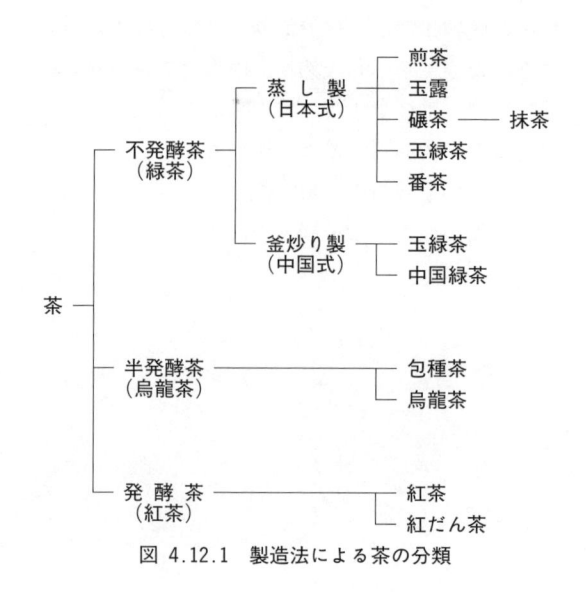

図 4.12.1　製造法による茶の分類

形状・大小など，さまざまな分類法がある。

（2）中　国　茶

中国は茶の原産地であり，中国茶は種類が非常に多く，世界の全種類の茶が含まれているといえる。中国茶は，製法の違いにより，緑茶，黄茶，白茶，烏龍茶（青茶），紅茶，黒茶の６種類に分けられる。

緑茶は，「殺青《サーチン》」と呼ばれる加熱処理で茶葉に含まれる酵素を失活させる工程がポイントであり，次いで茶葉を揉んで組織を破壊し，茶の成分が出やすくなるようにする揉捻工程を経て乾燥され製造される。黄茶は，緑茶の製法の揉捻が終わったあと，茶葉を篭や布，紙などで包み，２時間から３～５日間放置する「悶黄《メンホアン》」という工程を加えたものである。悶黄工程により茶葉の中の成分が酸化分解され，茶葉が黄色く変色し，これを乾燥して製造する。白茶は，太陽光や室内で自然に茶を萎れさせ，そのまま乾燥するものである。茶の酵素作用を軽く利用する簡単な製造でつくられる。

青茶とも呼ばれる烏龍茶は，萎れた茶葉を竹製の盆や篭に入れて揺り動かし，茶葉に擦り傷を付けて酵素反応を促進する「做青《ツオーチン》」という独特の工程によって製造される。紅茶は，茶葉を萎凋させ，手揉みし，太陽光を利用して茶葉の酵素で最大限に発酵させたものである。黒茶は，まず加熱処理で茶葉に含まれる酵素を失活させ，手揉みし堆積して微生物で発酵させる。これを再び手揉みし，乾燥させたものである。堆積の方法，微生物の種類などにより，さまざまな黒茶がつくられている。

中国の茶の生産量（2004年）は835千ｔであり，緑茶が614千ｔ，烏龍茶90千ｔ，紅茶44千ｔ，黒茶28千ｔ，その他59千ｔである。

（3）茶のルーツと歴史

茶そのものの発祥の地は中国南部の雲南省の奥地，タイ，ラオスとの国境近くであることはほぼ間違いないと見られる。上海市から雲南省の省都昆明市を経由し，さらに空路１時間で西双版納《シーサンパンナ》の景洪市に着く。ここから車で数時間奥地に入ると，茶の原生林の広がる森に着く。ここ「南糯山《ナンノウシヤン》」には樹齢800年といわれる茶の原木「茶樹王」がある。別の原生林「大黒山《ターヘイシヤン》」には，樹齢1700年にも達するとみられる茶の原木「茶王」がある。中国の雲南省は，さまざまな植物の起源となっている植物の宝庫であり，数多くの少数民族が独特の生活と文化を守って生活をしている地域でもある。これら少数民族の生活，特に食について，その素材と調理法などを知ることは，日本の食生活と，日本人の健康と長寿を知るうえで重要な鍵になると思われる。

「茶は南方の嘉木なり」と中国の史書『茶経』に記載されている。茶が飲まれるようになったのは中国の三国時代（228～279年）といわれている。この頃，焚き火をして湯をわかしていたところ，薪に使っていた茶の木の葉が湯の中に入り，この湯を飲んだところ気分がとても爽快になり，以後人々が茶の葉を煎じて飲むことを覚え，それを広めたのが喫茶の始まりであるという。三国時代の史書『三国史』によると，雲南地方の住民が野生の茶をとって飲んでいたのが呉の人々にも広まったということである。その後，雲南地方の茶が万能薬として珍重されたため，その需要も増し，西暦350年頃に初めて茶の栽培が試みられた。

茶葉の利用は，中国では“飲用”という形態で用いられた。一方，タイのミヤン，ミャンマーのラペソーでは，茶の葉を食べたり，噛んだりすることが知られている。その起源には文献的な記述もほとんどなく，その起源は定かではない。これと類似のものに，中国のプアール茶，日本の碁石茶，阿波番茶，石鎚黒茶などがあるが，これも明らかに記述された文献がなく，詳細は不明のままである。

茶の栽培法や製茶法があまり知られていなかった唐代の中頃（780年）に，陸羽《りくう》は『茶経《ちゃきょう》』という世界初の茶に関する書物を著した。この本は全10巻３篇に分かれていて，茶の栽培法，製茶法，喫茶法，器具などについて書かれている。陸羽は，茶商たちから“茶神”として崇拝された。この書物をバイブルとして中国では急速に茶の栽培や喫茶の風習が普及し，特に揚子江から中国南部一帯に広まっていった。

(4) 紅　茶

中国で発祥した茶が17世紀にイギリスに伝わり，砂糖やミルクを加えて飲む習慣が広まるにつれて，人々の嗜好は，緑茶よりも発酵させてつくるウーロン茶やさらに発酵の進んだ紅茶が好まれるようになった。19世紀に入り，インドで野生の茶の木が発見され，英国の植民地であったインドやセイロン（スリランカ）においてプランテーションで栽培されるようになり，現在では世界を代表する紅茶の生産地になった。

熱帯の強い光線のもとで生育するアッサム種はタンニンを多く含み，葉も大きく軟らかいので発酵しやすく，紅茶の良い原料になる。加工法は以下のような工程である。

生葉 → 萎凋 → 揉捻 → 発酵 → 乾燥 →
等級選別 → 鑑定 → ブレンド → 製品

紅茶は，仕上げられた葉の形・大きさで等級が付けられている。ホールリーフ（葉茶），ブロークン（適度に砕けた葉茶），ファニング（製造工程で出る浮茶），ダスト（粉茶），CTC ティーなどがある。最近ではホールリーフより濃厚な味の出るブロークンが好まれている。紅茶に乾燥果実や花びらを混ぜたもの，香料を付けたものなどがある。代表的な紅茶の種類を挙げてみる。

- ホールリーフタイプ……オレンジペコー，ペコー，ペコースーチョン
- ブロークンタイプ……ブロークンオレンジペコー，ブロークンペコー，ブロークンペコースーチョン
- ファニング，ダスト，CTC ティー

紅茶の飲み方には，ロイヤルミルクティー，ロシアンティー，フルーツティー，ウィスキーティーなどがある。

(5) 日　本　茶

日本では米，魚，大豆などを中心とする食生活のなかで，お茶がよく飲まれてきた。製茶業は，昭和20年代までは養蚕業と並んで日本の基幹産業として経済を支えてきた。喫茶の習慣は日本人の食生活に深く根を下ろし，現在でも荒茶として年間9～10万 t が生産され，飲用に供されている。

茶が日本に最初に伝えられたのは1191年，栄西禅師（1141～1215）によるとされている。また，日本の一部の地方には，阿波番茶とか碁石茶とよばれる伝統的な茶があり，これこそ日本の茶のルーツであり，その起源は遠く源平合戦の時代にまで遡り，在来種を用いてつくられていたとされる。

栄西禅師は鎌倉時代の僧で，日本に初めて茶を伝えた人として知られる。中国の宋に学んだ栄西は，帰国時に多くの経典と共に茶の種子を持ち帰り，宋の喫茶法を日本に紹介した。九州の平戸に着いた栄西は，禅宗の布教に努めるかたわら，背振山（佐賀県神崎郡）に茶の木を植えて定植の基礎をつくった。また『喫茶養生記』を刊行して茶の製法，喫茶法，薬効などを紹介し，茶の普及に努めた。栄西は，明恵上人（1173～1232）にも茶の種子を分け，明恵は京都郊外の栂尾高山寺に茶の種子をまいた。これが定植されて今に伝わり，以来日本における茶の発祥の地として知られるようになった。

平安から鎌倉にかけて貴族社会から武家社会へと変化した日本では，禅の教えと共に喫茶の習慣がうまく溶けこみ，人々に広く利用されるようになった。特に室町時代入ってからは足利将軍によって茶が重用され，大きく発展した。

一方，平安時代に既に茶を利用していたとする説もある。最澄と空海は，805年に唐に留学し，帰国時に茶を持ち帰ったとされる。唐に渡った日本の留学僧が，茶の種子を持ち帰ったことは容易に想像できることであり，一部の人たちの間ではあるにしろ，平安時代には茶が利用されていたことになる。『日本後紀』（815）の中に，嵯峨天皇が茶を飲用したという記載がある。このとき茶を献上したのは，唐より帰朝した永忠とされる。永

忠は数十年にわたって唐に学び，さまざまな中国文化を日本に広めた僧として名高い。永忠が帰朝したのは805年，嵯峨天皇に茶を献上したのが815年である。この間の10年間に，持ち帰ったとされる茶は，日本の土壌にどのようにして定植され，どのようにして天皇に献上されたのか大変興味深い。

限られた史書から得られた史実を考慮して，日本に茶の伝来したルーツを探り，一方ではバイテクなどの先端技術を駆使してその実態に迫る努力がなされている。茶は日本人と共にあり，茶を知ることはまた日本人の再発見にもつながるものと期待される。

（6）日本茶の製法と化学成分

若い茶葉を摘んだ後に蒸気をかけて茶の酸化酵素を殺してしまうと，茶の色は緑色のまま保たれ緑茶になる。摘んだ葉をそのまま揉捻すると，茶葉中の酸化酵素が茶成分のタンニンを酸化して茶色に変色する。このタンニンの酸化を途中で止めるとウーロン茶になり，完全に進めると紅茶になる。このように緑茶，ウーロン茶，紅茶は，もとは同じ茶葉であるが，製法の違いによって全く異なる風味の茶となる。このとき，摘んだばかりの茶葉を窒素雰囲気に数時間放置すると，茶葉は呼吸できず，代謝が変化してγ-アミノ酪酸を蓄積し，これが血圧を下げる嫌気発酵茶となる。

ひとり静かに味わう茶，大勢で談笑しながら飲む茶，食後にくつろぎながら飲む茶，いずれも茶の文化的なゆとりを感じさせるものである。茶は，コーヒーのような強烈な魅力はないが，温和でどこか女性らしさを感じる上品な魅力がある。これが茶の特徴であり，茶の成分上の特徴とよく一致する。

農作物のなかで茶は唯一，作物名を冠した研究所をもつ作物である。国の野菜茶業研究所，県の静岡県茶業試験場，埼玉県茶業試験場などがあり，茶そのものについて詳細に研究されている。そのため，茶葉にはさまざまな化学成分，特に薬理作用を示すアルカロイドなどの成分が数多く含まれていることがわかり，これらがさまざまな生理作用を示すことも知られるようになった。

茶はツバキ科に属する植物のため，葉の形などはツバキとどこか似ている。しかし，葉に含まれる化学成分は大きく異なっており，茶葉にはタンニンと呼ばれる物質が10～20％も含まれるが，ツバキの葉にはほとんど含まれていない。ツバキの進化の過程でチャはツバキと分かれ，同じ科でありながら似て非なるものとなった。現代のバイテク技術を使えば「チャツバキ」などという珍しい植物もつくれるが，自然界ではツバキとチャの自然交配は起こらない。

茶には２つの大きな品種があり，１つは中国種，もう１つはアッサム種である。気候・風土に適応して変化したものと考えられるが，この両者の形態は大きく異なり，アッサム種は中国種の葉の大きさの数倍にも達する。外見からは全く別の植物のように見えるが，化学成分は類似しており，自然交配も起こることから，遺伝的にも近い関係であることがわかる。

茶に特異的に存在する化学成分は，渋味のもとのタンニンと，苦みのもとのカフェイン，旨味のあるアミノ酸（テアニン），そして香りのテルペン類である。

（7）茶の流通形態と保存技術

乾燥した緑茶は品質変化を受けやすく，その取扱い方によってはお茶の風味が著しく変化する。お茶は嗜好飲料であるため，茶葉の香，味，色などの品質を正しく保持しなければならない。

茶のなかでも，緑茶は収穫された生茶葉中の成分を可能な限り変化させずに整形，乾燥して仕上げたものである。これに対して紅茶は，茶葉中の成分を茶葉に含まれる酵素の作用で変化させて飲料として利用するものである。したがって保存技術としては，緑茶の方がはるかに難しいものになる。類似の茶類についても，茶の製造工程で発酵や焙煎などの操作が行われていないものは，発酵や焙煎などの加工操作を経た茶よりも一般に不安定である。したがって，茶の流通過程において未発酵・未焙煎のものの方が速く変化する。

緑茶の主な変質要因は，吸湿による葉緑素の分解と，成分の酸化を促進する酸素と光線である。したがって，これらの変質要因を取り除くことが，品質保持のポイントであり，その具体的な方法を以下に述べる。

① 緑茶の変質要因である吸湿と光線を防ぐために，茶はアルミ箔をベースにした積層フィルムで包装されることが多い。アルミ箔は水蒸気の進入をほぼ完璧に遮断するとともに，光線をも効果的に遮断する優れた包装材料である。

一般にアルミ箔積層フィルムで食品を包装すると「中身が見えない」ことが問題になり，綺麗な印刷が必須になるが，緑茶は中身が見えなくても価格でおおよその品質を想定できる数少ない食品であり，それだけ信頼されている商品ということがいえる。

② アルミ箔積層フィルムで包装するときに，これを真空包装にしたり，窒素充填包装したり，または乾燥食品専用の脱酸素剤を封入して密封することが行われる。これは包装容器の中の酸素を除き，保存中の茶の品質をさらに安定化させようとするものである。

③ アルミ箔積層フィルムで真空包装したものを冷蔵または冷凍保存することも行われている。−20℃以下で冷凍して保存した場合には，成分的にほとんど変化がなく，長期間にわたり新茶と変わりない品質を保持でき，官能的にも差は認められない。

アルミ箔積層フィルムで含気包装したものを常温で保存すると，新茶も夏を過ぎた頃には品質劣化が認められる。これを20℃前後で冷蔵保存し，10～11月頃に取り出して（これを秋だし新茶という）官能評価を行うと，春の新茶に比べてまろやかで美味しいと評価される。

④ 家庭で緑茶を保存する場合にも，基本的には前述の方法に準拠するが，一般的には，購入するときにできるだけ小単位（例えば100 g程度）ずつ購入し，これをさらに25 g位ずつに小分けして冷蔵・冷凍するとよい。利用するときは，使用する30分前に取り出し，常温にもどしてから開封するように心がける。冷たいまま直ぐに開封すると，茶の表面に結露して水分が増え，短時間に茶の品質が低下する。また，いったん開封した茶は冷蔵・冷凍庫には戻さず，できるだけ早く使い切ってしまうことが肝要である。特に新茶の場合には，新茶を新茶として早く賞味するように心がけたいものである。

⑤ 簡単に一杯ずつ飲めるようにティーバッグがつくられている。品質の安定したウーロン茶，紅茶などは紙で簡単に包装されているが，緑茶ではアルミ箔積層フィルムで包装されている。しかし，短期間で風味が低下してしまうものが多い。

(8) 茶系飲料

抽出したウーロン茶をペットボトルに無菌充填したものが市販されるようになって久しい。抽出したウーロン茶は中性飲料であるため，当初，微生物による腐敗や中毒が心配されたが，微生物が利用できる栄養素も比較的少なく，超高温（140～150℃）短時間（数秒間）で効率的に滅菌し，無菌容器に無菌下で充填すれば，常温で長期間安定して保存・流通できることがわかった。また，ウーロン茶は色も濃く，成分の酸化も起こりにくいので，急速に生産量を伸ばした。

一方，緑茶の抽出液は酸化しやすく，独特の黄色を保持しにくく風味も変わりやすい。そこで，緑茶成分の酸化を防止し，品質を安定化させるためにアスコルビン酸（ビタミンC）を加える方法が考案され，緑茶抽出液を無菌充填包装することにより，常温で長期間安定して保存・流通できるようになった。緑茶飲料は，再封性のある小型ペットボトルの普及と相まって急速に市場を拡大し，その生産量はコーヒー飲料と肩を並べるまでになっている。

ちなみに，茶系飲料の生産量（2005年）は，緑茶飲料（265万 kl），ウーロン茶飲料（103万 kl），紅茶飲料（85万 kl），ブレンド茶飲料（74万 kl），麦茶飲料（20万 kl），その他茶系飲料（11万 kl）である。

4.12.3 コーヒー

コーヒーの起源にはいろいろな説があるが，10世紀前後にペルシャ（現イラン）で飲用とされ，それがイスラム圏の国々に浸透していったとされる。初期には，豆をそのまま砕いてこれを煮出して飲んでいたようであるが，14世紀になって豆を焙煎する技術を開発したことによりコーヒーの魅力が高まり，急速に広まった。ヨーロッパに紹介されたのは16世紀になってからであり，17世紀にはヨーロッパの国々でコーヒー店ができるようになった。コーヒー店は人々の交流の場として人気になり，大都市には多くのコーヒー店がつくられ賑わった。ちなみに，日本にコーヒー店ができたのは，明治の中頃である。

（1）コーヒーの種類

コーヒーの木（アカネ科コーヒー属）には約40種が知られているが，栽培種はアラビカ種，ロブスタ種，リベリカ種，エキセルサ種の4種類で，最も品質的に優れているアラビカ種が全体の70％以上を占めている。

コーヒー豆を焙煎すると，豆に含まれる油脂，糖質などが化学反応を起こし，コーヒー独特の香りや味を生み出す。糖分やタンパク質は加熱によりアミノカルボニル反応を起こし，原料により特徴のある好ましい香りとコーヒー色を生成する。その他，コーヒーの成分としてカフェインやクロロゲン酸などが独特の好ましい苦味を与えている。焙煎によって生成する香気成分には1000種類以上の物質が知られている。コーヒーの酸味は，味のバランスの面で大きく影響するが，酸味の主体は酢酸とクエン酸であり，この他にリンゴ酸，コハク酸，フマル酸などが含まれている。豆を浅く煎ると淡白で酸味が強く，深く煎ると濃い味になり苦味が増す。コーヒーは，産地別種類の風味に加えて，焙煎の度合いによっても風味を変えて味わうことができる。

コーヒーを簡単に楽しめるようにしたものに，粉末のインスタントコーヒーがある。焙煎したコーヒー豆からコーヒー成分を熱水抽出し，濃縮・乾燥したものである。コーヒーの風味が落ちないように，濃縮には凍結濃縮が用いられ，乾燥には低温の噴霧乾燥と凍結乾燥が用いられている。

コーヒー系飲料は，①コーヒー，②コーヒー飲料，③コーヒー入り清涼飲料，④コーヒー入り乳飲料に分けられる。

コーヒーとは，抽出液100g当たりコーヒー生豆換算で5g以上を使用して溶出した成分を含むものをいう。コーヒー飲料はコーヒー豆使用量が2.5g以上，5g未満のもの，コーヒー入り清涼飲料はコーヒー豆使用量が1.0g以上，2.5g未満のもの，コーヒー入り乳飲料とは乳固形分を3.0％以上含み，コーヒーやコーヒーフレーバーを使用したもののことである。

乳飲料は「生乳，牛乳若しくは特別牛乳又はこれらを原料として製造した食品（果汁，コーヒーなどを配合することも可能）であって，乳固形分3％以上のものをいう」（飲用乳の表示に関する公正競争規約：全国飲用牛乳公正取引協議会）と規定されている。牛乳の要件である無脂乳固形分8.0％以上，乳脂肪3.0％以上を満たしていれば，「乳飲料」についても例外的に「牛乳」という呼称が2001年7月までは認められていた。しかし，規定の改正によりコーヒー牛乳の表示も認められなくなった。

（2）焙煎コーヒーの流通と保存

コーヒーの生豆の状態では品質は比較的安定であるが，焙煎すると容易に酸化されるようになり，空気中では急速に風味が失われることが知られている。

コーヒー豆を加熱していくと2回のハゼが起こり，コーヒー色の褐色が深くなっていく。1回目のハゼの半ばで焙煎を止めるライトローストやシナモンローストでは青臭い臭いがあるので，あまり飲まれない。1回目と2回目のハゼの中間の前半・ミディアムローストでは，酸味が強く苦味がほとんどないが，後半のハイローストでは，酸味は充分残り，苦味と香ばしさが出てくる。2回目のハゼが始まる直前あたりのシティローストでは，酸味と苦味のバランスがとれた状態になり，豊かな味やコクが出てくる。2回目のハゼが始まるフルシティローストでは，酸味が弱く苦味が強くなり，豊かに味とコクのあるものになる。2回目のハゼの中間から終了直前のフレンチローストでは，酸味が消えて苦味が強くなり，色も茶色から黒に近い色になる。2回目のハゼが終了したイタリアンローストでは，酸味がなく，濃厚な苦味を呈し，豆はつやのある黒い色になる。

コーヒー豆は，焙煎の過程で大量の二酸化炭素を放出し，焙煎終了後の保存・流通期間においても1週間以上にわたって二酸化炭素を出し続ける。酸素の悪影響を防ぐために焙煎豆を密封包装すると，発生した二酸化炭素で膨張し破袋することになる。この破袋を防ぐために，多くのコーヒー豆の包装袋には発生したガスを抜くバルブが装着されている。

一般に焙煎後，ガスを抜く操作が行われるが，それでもガスは発生する。この状態であっても，雰囲気に酸素があると酸化は進行し，風味が失われていく。このような風味変化を防ぐためには，アルミ箔積層フィルムのような高いバリアー性の包装資材を用い，酸素の進入を防ぐ必要がある。家庭でコーヒー豆を一定期間利用する場合には，使う量だけを取り出せるように小分けするとともに，袋に入れたまま冷凍貯蔵することが最も良い方法である。

(3) コーヒー飲料，インスタントコーヒーの保存性

コーヒー飲料は，茶系飲料と同様に中性飲料であるため，殺菌が大きな問題となる。コーヒーでは，乳クリームや糖が入っていることもあり，風味変化を少なくする殺菌条件はさらに難しい問題である。かつては缶コーヒーの中での偏性嫌気性菌の生育が問題となったが，天然の界面活性剤であるショ糖脂肪酸エステルを添加することにより，殺菌を効果的に行えるようになっている。また，ほとんどのコーヒー飲料は金属缶に入れられている。金属缶は酸素や香味の遮断性が完璧であり，品質が変化しやすいコーヒー飲料には金属缶が最適である。

粉末のインスタントコーヒーは吸湿が大きな変質要因であり，吸湿を防ぐためにガラス瓶に入れられているものが多い。ガラス瓶は金属缶と同様に酸素や香気の遮断性にも優れており，光線が品質劣化の要因にならないものについては，中身が見えるという利点もある。また，インスタントコーヒーには，一杯ずつ簡単に飲めるように，アルミ箔積層フィルムで小袋やスティック状に包装されたものがつくられている。焙煎コーヒー豆の挽いたものを1カップずつ不織布などで包装し，ドリップできるようにしたインスタントコーヒーもつくられているが，この場合には酸化が問題になるので，アルミ箔積層フィルムで酸化防止のための包装がなされている。

4.12.4 ココア関連飲料

カカオ豆は，アオギリ科カカオノキ属の木になる実であるが，栽培種はテオブロマカカオ1種である。直径5～10cm，長さ15～30cmの実の中に20～60個の実が入っている。このカカオ豆を発酵させ，焙煎してから粉砕し，殻を除いて得た果肉（カカオニブ）を加熱して磨りつぶし，カカオペーストを得る。飲料用のココアは，これを圧搾してカカオバターの一部を除いて粉砕したものである。このカカオバターに砂糖やミルクなどを加えたものがチョコレートである。

ココアは，熱湯で溶かして全て飲むことから，茶やコーヒーとは異なっている。ココアはチョコレートに比べて脂肪分が少なく，タンパク質は約20%，炭水化物は約46%を含み消化が良いので，嗜好飲料といっても栄養価が高い。また，リン，カルシウム，食物繊維などを多く含んでいるほか，テオブロミンというカフェインに似た成分が含まれており，軽い興奮作用もあるとされる。

（1）ココアの種類

ココアパウダーは，脂肪の含量により，脂肪が22%以上のブレックファストココア，14%以上の中脂ココア，8%以下の低脂肪ココアなどに分けられ，これらをピュアココアという。ピュアココアを飲むときは，ココアの粉を鍋に入れ，少量の熱湯でムラができないように練り，砂糖を加えて練り，暖めた牛乳を少しずつ加えて溶かし，火にかけて沸騰直前に火からおろす。熱湯を加えるだけではなく，4～5分間沸騰させると香りが良くなるという人もいる。

ココアの面倒な操作を考えて，簡単にココアが飲めるようにしたインスタントココアがつくられている。また，砂糖，粉乳，香料などを加えて加工したものをミルクココアというが，インスタントココアの多くはミルクココアである。

（2）ココアの流通と保存

ココアの粉は，吸湿すると酸化も速くなり，風味が急速に悪くなるので，一般には缶に入れられて売られている。また，インスタントココアの場合には，一杯ずつ簡単に飲めるように，アルミ箔積層フィルムでスティック状に包装されたものがつくられている。

コーヒー飲料と同様に，高温殺菌された缶詰めのココア飲料がつくられている。

4.12.5　スポーツ飲料

運動などによって失われた体の中の水分や電解質などの補給を主な目的とする飲料をスポーツ飲料またはスポーツドリンクという。1965年頃，アメリカのフットボール選手が，激しい運動によって起こる脱水症状を緩和する目的で利用し始めたという。近年では，熱中症が電解質の不足から起こり，死に至ることが知られるようになり，ミネラル補給の重要性が認識されるようになった。

＊スポーツ飲料の成分特性

スポーツ飲料には，エネルギー補給のために3～6%の糖類を含み，電解質補給の無機塩類を含むほか，有機酸，ビタミン，香料などが加えられているものもある。スポーツ飲料は，大量の発汗後に水分を効果的に吸収させるものであり，飲料の浸透圧を体液の浸透圧と同程度にしたものが多いので，アイソトニック飲料という呼び名で呼ばれることもある。pHは2.5～4.0のものが多く，甘酸っぱい味のものが多い。

すぐ飲用できる缶入り，ペットボトル入りのほか，水に溶かして飲用する粉末のものもある。

4.12.6　ミネラルウォーター

山紫水明の日本においても，水が売られる時代となった。その代表としてミネラルウォーターが挙げられる。ヨーロッパ諸国では良質の水に恵まれないため，水に代ってワインやビールが飲用された。

ミネラルウォーターとは，農林水産省のミネラルウォーターの基準（1990）によれば，①ナチュラルウォーター，②ナチュラルミネラルウォーター，③ミネラルウォーター，④ボトルドウォーターの4種に分類される。

ナチュラルウォーターとは，沈殿・ろ過・加熱滅菌以外の処理をしていない自然の水であり，ナチュラルミネラルウォーターとは，ナチュラルウォーターのなかでもミネラル分が天然の状態で溶け込んでいる水のことをいう。ミネラルウォーターは，ナチュラルミネラルウォーターを原水としてミネラル分の調整を人為的に行った水のことであり，複数の原水を混合したものや，ミネラル分を調整したもの，オゾン殺菌や紫外線殺菌をしたものなどがある。ボトルドウォーターとは，これら以外のもので，処理方法に限定がない飲用できる水のことをいっている。

ミネラルウォーターは，その名の通り，ミネラルが含有されているもので，マグネシウムやカルシウムの含量によって水の硬度が決められる。硬度の表示にはドイツ硬度とアメリカ硬度があり，カルシウムとマグネシウムの含量によって表示するのは共通であるが，その表示法はそれぞれ酸化カルシウムと炭酸カルシウムとしている。

ドイツ硬度では，水100ml中に酸化カルシウム1mgを含有するものを1度と表し，アメリカ硬度では炭酸カルシウムに換算して，mg/lまたはppmで表示する。その換算は，ドイツ硬度1度＝アメリカ硬度17.8mg/lである。通常硬度20度以上を硬水，10度以下を軟水と呼ぶ。

ほどよい硬度の水は飲用しても美味しく，ミネラルの補給としても好ましい。しかし，あまりに高い硬度の水は飲用しても不味いし，茶を淹れると水色《すいしょく》（茶を淹れたときの液色のこと）も悪く，せっかくの健康上好ましいとされる茶成分の吸収の妨げともなる。六甲，富士，谷川などの国内のミネラルウォーターは適度な軟水であり，緑茶を淹れるためには適している。

4.13 酒　類

4.13.1 種類と特徴

酒とは，アルコール（化学的にはエチルアルコールという）を含む飲料であり，日本の酒税法では，アルコール分を１％以上含む飲料を酒と定義している。現在，酒は世界中ほとんどの国でさまざまな原料から種々の方法により製造されているが，その商業的生産・販売は各々の国の法律に従って行われている。もちろん，日本における酒類の製造や販売も国の認可が必要であり，酒税法で詳細に定められている。

酒は，原料の違い，製造法の違いにより非常に多くの種類があり，各々性質が異なっている。したがって，酒類の保蔵・流通においては適切な取扱いが必要である。多種多様な酒の特徴を理解するうえで必要な基礎的事項を以下にまとめる。

（1）原　料

酒の原料は，基本的には糖質（ブドウ糖，果糖，砂糖，デンプンなど）を含むものであればすべて利用可能であり，大別すると，ブドウ，リンゴなどの果実類と，米，麦，イモなどの穀物類とに分類される。酒の基本成分であるアルコールは，醸造用酵母（学名：サッカロミセス・セレビシエ）の働きにより，ブドウ糖，果糖，砂糖などの糖分からアルコール発酵*によりつくられるが，酵母はデンプンをアルコール発酵できない。したがって，ブドウ糖や果糖を糖分として含む果実類を原料とした場合には，基本的には果汁などに直接酵母を加え発酵すれば，容易に酒をつくることができる。しかし，デンプンなどの穀物類を原料とする場合には，まず，アミラーゼと呼ばれるデンプン分解酵素により，デンプンを酵母が発酵可能な糖分にまで分解しておく必要がある。これを糖化といい，デンプンの構成成分であるブドウ糖や麦芽糖まで分解が行われる。

＊理論的には180ｇのブドウ糖から92ｇのアルコールと88ｇの炭酸ガスが生成されるが，ブドウ糖は酵母の増殖などにも利用されるので，実際は糖分の約50%がアルコールに変換されると考えてよい。

糖化には，アミラーゼを多量に含む大麦を発芽させた麦芽やアミラーゼを多量に生産する麹菌と呼ばれるカビなどが用いられている。したがって，穀物類を原料とした酒は，基本的に原料の糖化と発酵の２つの工程よりつくられる。

一般に，果実類を原料にした酒は，原料のもつ特徴ある香りや味が酒に移行するが，穀物原料酒では，それらは少ない。

（2）製　造　法

酒は，製造法の違いにより，以下の３種に大別される。

1）醸　造　酒

これらに分類される代表的な酒は，清酒，ビール，ワインなどである。清酒やビールは，米や麦などの穀類より製造するので，発酵の前にデンプンの糖化が必要である。ビールでは糖化が完了した後に酵母を添加し発酵するが，清酒では，糖化の進行中に酵母を添加し，糖化と発酵が同時に進行する。ワインなど，果実酒の場合は，基本的には圧搾果汁（果皮，果肉，種などを含む場合もある）に酵母を加えて発酵させる。

糖化や発酵の条件は酒の種類により異なり，また，製造メーカーのノウハウでもあるが，基本的には，原料（発酵液）中の糖分のほとんどがアルコールに変換された時点で発酵を終了する。この発酵液を遠心分離，ろ過などの操作により清澄化し酒とする。

一般に，醸造酒のアルコール分は低く，ビールでは4～6％，ワインでは10～13%，清酒では14～16%のものが多い。また，醸造酒の特徴は，その製造法から理解されるように，アルコールのほかに原料から由来する成分，糖化に用いた麦芽やカビなどに由来する成分，酵母の発酵に由来する成分，さらには製造工程中に用いられた種々の添加物に由来する成分等々の非常に多くの香り，味，色などに関する成分が酒中に含まれている点にある。また，個々の酒のこれら成分の違いが各々の酒を特徴づけている。

醸造酒には，熱殺菌処理した製品と，別の処理法による生タイプの製品があるので，保蔵方法など取扱いに注意を要する。

2）蒸 留 酒

これらに分類される代表的な酒は，焼酎，ウイスキー，ブランデー，ウォッカ，ジン，ラムなどである。蒸留酒は，種々の原料より，上記の醸造酒の製造法に準じてつくられた酒を，ポットスチルあるいはパテントスチルと呼ばれる蒸留機を用いて蒸留してつくった酒である。一般には，カシやナラ材の樽に貯蔵・熟成後アルコール分を一定に調整し，場合によってはカラメルなどにより色づけなどを行い製品とする。

蒸留酒のアルコール分は，醸造酒に比べかなり高いことが特徴であり，一般に40～60%である。また，蒸留してつくられることから，特に香りに関する成分は多く含まれているが，甘み，酸味，苦みなどに関する成分はきわめて少ないことが特徴である。製品とされた多くの蒸留酒は，密閉された容器であれば室温でかなり長期間安定である。

3）混 成 酒

混成酒とは，醸造酒や蒸留酒に種々の植物の葉，花，茎，木や果実を加えたり，あるいは糖分や種々の色素類などを加えることにより香り，味，色あるいは薬効成分などを加味して製造した酒である。一般には蒸留酒をベースとしたものが多い。代表的な混成酒として，種々のリキュール類がある。チェリーブランデー，ピーチブランデーなど，果実名のついたフルーツブランデー類，ハーブ酒や種々の薬酒類，梅酒，カクテルなどがある。混成酒に分類される酒の種類はきわめて多く，また香り，味，色，アルコール分などもバラエティに富んでいる。特に，香味物質や色素の抽出法や添加法，あるいはそれら成分の配合法などは製造メーカーのノウハウとされているので，各々の酒は，かなり個性的である。

酒の種類と原料などをまとめて表4.13.1に示した。

表 4.13.1　製造法による酒の分類

製造方法	主な酒類	主な原料
醸造酒	清酒	米
	紹興酒	糯米，小麦
	ワイン	ブドウ
	ビール*1	大麦，小麦
蒸留酒	ウイスキー	大麦，ライ麦，トウモロコシ
	ブランデー	ブドウ
	カルバドス	リンゴ
	キルシュ	サクランボ
	ラム	サトウキビ
	ジン	トウモロコシ，ライ麦，大麦
	ウォッカ	トウモロコシ，小麦，ジャガイモ
	テキーラ	リュウゼツラン
	アクアビット	ジャガイモ
	焼酎	米，麦，ジャガイモ，サトウキビ
混成酒	リキュール類*2	

＊1）副原料として日本では米やコーンスターチなどが使用されている。
＊2）梅酒，薬酒，ハーブ酒，各種カクテル類などを含む。

（3）成分と品質評価

酒の保蔵・流通などにおける品質の維持・管理の条件は，酒の成分組成と深く関係している。酒はアルコールのほか，味に関係するさまざまな成分，香りや色に関係するさまざまな成分，および各種ミネラルやビタミン類などが含まれる。これらの成分組成や含量は，醸造酒，蒸留酒，混成酒において，かなり異なる。

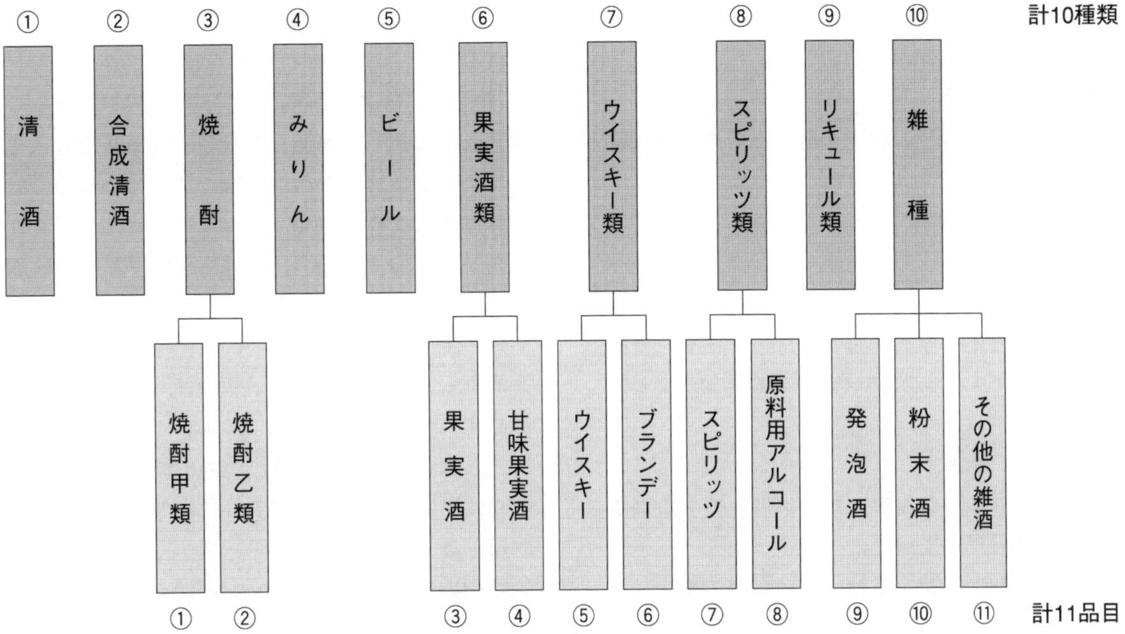

図 4.13.1　酒税法による酒類の分類

酒の品質評価には，種々の分析機器を用いた化学的分析と人間の感覚による官能評価とが用いられている。酒は，非常に多くの成分を含み複雑であることや嗜好品であることなどから，製品としての酒の最終的な品質評価には，官能評価法が広く利用されている。官能評価の方法は，酒の種類により多少異なっているが，基本的には① 色の濃淡や色調，透明度，外観などをみる，② 香りを嗅ぐ，③ 口に含み甘み，酸味，苦み，塩みなどの味わい，香りと味の調和などをみる，④ 舌ざわり，口あたり，後味あるいはビールなどでは喉ごしなどをみる，などを行い，その結果を数値化し，酒の品質や優劣を評価する。経験を積むことにより正確な官能評価が可能である。

（4）酒税法による酒の分類

日本においては，すべての酒に税金が課せられている。酒税法では，酒類を，その原料，製造法，成分組成や含量などから10種類（清酒，合成清酒，焼酎，味醂，ビール，果実酒類，ウイスキー類，スピリッツ類，リキュール類，雑酒），11品目（焼酎甲類，焼酎乙類，果実酒，甘味果実酒，ウイスキー，ブランデー，スピリッツ，原料用アルコール，発泡酒，粉末酒，その他の雑酒）に分類し，主にアルコール度数により各々税率が異なっている。これらをまとめて図4.13.1に示した。

4.13.2　日本酒・その他

ヨーロッパではデンプンの糖化に麦芽を用い，東洋ではカビを用いたところが東西における酒類製造法のもっとも大きな相違である。また，同じ東洋でも日本では黄麹菌による穀粒のままのばら麹（撒麹）をつくり，大陸では粉砕穀類にケカビやクモノスカビを生育させたところが大きく異なる点である。

古来より麹菌を基盤として発展してきた日本独特の日本酒にも，近代におけるアルコール飲料に対する嗜好の多様化や，古い形の飲酒習慣からの脱皮とともに新しい感覚での個性化なども要求されている。また，50年も続いた級別制度の廃止（特・1・2級など，1992年に廃止）などもその一因となり，多種多様，種々のタイプのものが市販されるに至っている。

（1）種　類

主なものにつき簡単に解説する。

1）大吟醸酒

精米歩合50％以下の白米を原料として低温で発酵させた，香り高く味のまろやかな日本酒。

2）吟醸酒

精米歩合60％以下で大吟醸酒に準ずる。

3）純米酒

米と米麹と水のみを原料とし，アルコールの添加，増醸（アルコール，糖類，酸類の添加）をしていない日本酒。

4）本醸造酒

アルコールの添加量を一定量に抑えてある日本酒。精米歩合は70％以下。

以上4種類を“特定名称酒”と総称する。

5）原　酒

タンクに貯蔵してある酒を割水（アルコール分調整のための加水）せずにそのままビン詰した日本酒。アルコール20％前後。

6）辛口酒

一般の日本酒に対して日本酒度を＋としたもの（－は甘く，＋は辛い）。

7）低濃度酒

一般の日本酒のアルコール分は15～16％だが，アルコール分を8～12％とした日本酒。

8）高濃度酒

アルコール添加あるいは増醸を行ってアルコール分を25％前後とした日本酒。

9）古　酒

3年以上貯蔵熟成させた日本酒で，吟醸酒を低温貯蔵して老香《ひねか》の発生を抑えながら味の調和を図ったタイプと，普通酒を常温貯蔵してひねた香味を楽しむタイプとがある。また貯蔵年数の長いものを大古酒と称することもある。

10）濁酒《にごりざけ》（滓酒《おりざけ》）

もろみを圧搾ろ過せずに，そのままビン詰して製品としたもので，酵母が活性の状態で残っているため活性清酒ともいう。発泡性があって白濁している。

11）生《なま》　酒《しゅ》

清酒もろみを圧搾してから出荷まで，火入れ（加熱処理）せずに製品とした酒である。一般の火入れ酒に比べ，新酒特有の新鮮な風味をもっているが，各種酵素が活性状態で残っているので成分変化が起こりやすく，また火落菌侵入の可能性も高い酒なので市場出荷後は冷蔵保存し早めに飲むことが大切である。

12）生《なま》貯《ちょ》蔵《ぞう》酒《しゅ》

清酒もろみを圧搾し，オリ引き，ろ過後，火入れせずに生酒のまま貯蔵し，瓶詰め後出荷のときに火入れ殺菌した日本酒。生酒に似た風味をもち，市場に出てから火落ちや成分変化のおそれがない。

13）あかい酒

紅麹菌（モナスカス属）でつくった麹を用いてその赤色色素で色をつけた日本酒。

14）玄米酒（ライスワイン）

酒税法では清酒ではなく雑酒である。玄米を原料とし，米麹を使わず酵素剤で糖化し，乳酸菌・酵母で発酵させたものを圧搾し，1～2年間タンクで貯蔵（熟成）するとこの間にワイン様の香りを生じるのでライスワインと呼ぶ。アルコール分12.5％でビタミンやミネラルが多く，酸味と甘みのバランスのとれた爽やかな味を特徴とする。また，同様のつくり方で原料に赤米を用い，その色素を抽出利用した赤色の製品もある。

（2）異常現象

製品の異常現象として着色，タンパク混濁，火落ちがある。

1）製品の着色

日本酒の着色は醸造や貯蔵の工程ばかりでなくビン詰や製品出荷後にも起こる。これらの着色で特に問題となるのは，鉄の存在，混入による着色と出荷後に多い日光によるものとがある。

①　**鉄による着色**　　鉄は酒造用水の有害成分としてもっとも嫌われる成分で，その着色機構は麹菌が産生するデフェリフェリクリシンが製品中に存在し，これと鉄とが結合して赤橙色のフェリクリシンとなり酒の色を濃くしたり，アミノカル

ボニル反応を促進して香味を著しく害するものである。このフェリクリシンによる着色は活性炭素では除き難いので，その混入を防ぐほか対策がない。したがって仕込用水中の鉄に留意するほか，貯蔵タンク内面のピンホールからの鉄の溶出や，火入れ機や他の用具類からの鉄の混入などについても常に注意を怠ってはならない。

② **日光による着色**　出荷後のビン詰製品の着色は，主に輸送中や店頭での直射日光や散光によることが多いので，消費者の手元でも進行することは当然考えられる。その着色機構はデフェリフェリクリシン，チロシンまたはトリプトファンなどの有核構造の物質を中心とする光反応により起こるものである。

製品の容器であるビンではエメラルドグリーン，褐色，黒色などのもので防止効果が大きく，無色透明のものは無防備ともいえる。また酸素の影響も大きいのでビン内の空気は少ないほどよい。

2）タンパク混濁

火入れ後の製品の透明度が悪くなり，やがて濁ってくる現象を“白ボケ”と呼んでいる。香味に異常はないが，細菌性の混濁である火落ちと見誤られたりして商品価値を落とす。

日本酒は本来タンパク混濁を起こしやすいためセライトなどによるろ過のみでは不充分で“オリ下げ”と称する物理的方法により清澄化を図っている。方法としてはタンニンとゼラチンによる凝固沈殿を利用することが多い。また酵素的方法として酸性プロテアーゼを利用する場合もある。一般に香味に異常がなければ飲用に支障はない。

3）火　落　ち

日本酒は一般にアルコール分が15%以上あるので普通の微生物は生育不能である。ところが，火落菌という特別な微生物のみは生育しうる。この火落菌が貯蔵中または出荷後のビンの中でも増殖すると，製品は白濁し，酸が増加し，香りも悪くなり飲用できなくなる。

この火落菌には火落性乳酸菌と真性火落菌とがあり，前者は普通の乳酸菌のうちでアルコール耐性の強い菌で，後者は生育に日本酒を必要とする特性をもつ。これは，日本酒中に存在するメバロン酸（火落酸）を必須生育因子としているためで，このメバロン酸は麹菌が産生するので製品中に含まれている。

火落ち防止法　火落ちした日本酒は商品価値がなくなるので，昔から酒造家に非常におそれられていた。1969（昭和44）年に防腐剤としてのサリチル酸の使用が禁止されて以来，それ以前にまして環境衛生や火入れ温度の厳守などに留意している。

火入れによる加熱処理は生酒や生貯蔵酒を除いて貯蔵前と出荷時に60℃，10分間加熱し，以後できるだけ早く温度を下げて過熱を防ぐようにする。目的とする殺菌のほか酵素の破壊，香味の熟成をも兼ねている。

（3）香切りと貯酒

日本酒は貯蔵中の酒が健全か否か，また香味の変化や熟度をも調べるため，定期的に貯蔵タンクの呑口から少量ずつ酒を採取して検査を行う。このことを呑切りという。気温の上昇する6～7月に行う第1回目を初呑切りといい，以後気温の下降する10月頃まで月1回くらいの割で実施する場合が多い。このように貯蔵中でも細心の注意を払いビン詰出荷されるので，消費者の手に渡ってから異常現象が起こる例は少ない。ただしビン詰後の経過が長くなるにつれ，徐々に着色が進んだり老香《ひねか》を感じたりすることは当然起こりうるので，日光を遮ることと，できるだけ温度変化の少ない場所での貯酒が肝要である。

（4）その他の酒

1）紹興酒（シャオシンチュ）

主に中国の紹興，上海，杭州，台湾で製造。蒸糯米《もちまい》を主原料としアルコール分10～15%。

2）黄酒（ホァンチュ）

中国の酒。糯キビ，糯アワを主原料としアルコール分9～13%。鮮黄色。

3）紅酒（アンチュ）

台湾特産の酒。再製酒の一種。糯玄米を主原料としアルコール分13〜15%。紅色の酒。

4）マッカリ

韓国の濁酒。小麦粉が主原料でアルコール分13%台を水で薄めて6%台で製品とする。

5）法　酒

韓国の酒。慶州が名産。米を原料とした日本酒類似の甘い酒。アルコール分16%

4.13.3 ビ ー ル

ビールは，紀元前4000〜5000年のメソポタミアやエジプトの遺跡に登場する，きわめて古い歴史を有する酒である。

日本の酒税法ではビールは，“麦芽，ホップおよび水を原料として発酵させたもの。または，麦芽，ホップ，水および米その他の制令で定める物品（米，トウモロコシ，トウキビ，ジャガイモ，デンプン，糖類または財務省令で定める苦味料もしくは着色料）を原料として発酵させたもの。ただし，その原料中当該制令で定める物品の重量の合計が麦芽の重量の5/10を超えないもの”と規定されている。一方，発泡酒は“麦芽を原料の一部とした酒類で発泡性を有する雑酒”とされ，日本では酒税法上，ビールとは明確に区別されている。そのため，外国製ビールの中には日本では発泡酒扱いとなるものもある。しかし一般に，その醸造法，品質，取扱法はビールの場合に準ずるとされている。

現在，世界には1万種以上の銘柄のビールがあり，そのうち数百種は日本にも輸入されている。また各種規制緩和によって，大手メーカーのビールに加え，各地でさまざまな地ビールが製造されるようになり，私たちが口にすることのできるビール類の数は著しく増加した。

（1）種　類

ビールには原料や製造法によりさまざまな種類（スタイル）があるが（表4.13.2），通常それらは(a)発酵形式（発酵終了時の酵母の凝集形態（上面・下面）や発酵に関与する微生物の種類による），(b)ビールの色（主に麦芽や原料水の種類による），および，(c)生産地などによって分類される。

生産量・消費量が世界でもっとも多いのはピルスナーであり，アルコール濃度は5%前後，ホップの風味が強く，黄金色でライト感覚のビールである。一方，ボックやベルギーエールはアルコール度数が高い（6%以上），ボディーのしっかりしたビールである。また，スタウトのように黒色でカラメルやロースト風味を感じるものや，無ろ過で酵母入りの白濁したビールもある。ヴァイツェンやヴァイス（ベルギーではホワイトビールという）は，小麦麦芽を用いた濁りを有するビールであり，果実香やスパイシーな風味と微妙な酸味に特徴がある。修道院ビールには2つの種類（トラピストとアビイ）がある。「トラピスト」を名乗れるのは世界で7カ所の修道院製ビールだけであり，それ以外の修道院ビールはアビイという。ランビックはベルギーの自然発酵ビールで，乳酸菌によってつくりだされる微妙な酸味や豊かな果実風味（フルーツランビックの場合）が特徴である。

（2）品　質

ビールの品質に影響する因子としては，ⓐ原料，ⓑ醸造法，および，ⓒ流通・保蔵時の状態（環境），がある。ⓐは原料の種類や配合割合などに関する因子であり，ビールのスタイルごとに管理されている。ⓑは酵母などの微生物の性質や製造工程の運転条件などにかかわる因子である。これらは，ビールの品質や特徴を維持するためにビール工場で厳密に管理されている。ⓒはビールが工場から問屋，販売店を経て家庭に届き，消費されるまでに，どのように取扱われたかに起因する因子である。流通業者（輸送・販売者など）や消費者が特に注意すべき点はⓒであり，その内容は以下のとおりである。

1）保蔵日数

大手メーカーで製造されている，いわゆるピルスナービールの賞味期限は，製造後9カ月とされている。これに対して，地ビールの賞味期限は短く，特に酵母入り生ビールの賞味期限は，製造後

表 4.13.2　一般的なビールの分類

発酵形式	色	スタイル	主要生産国	代表的銘柄またはメーカー名
下面発酵	淡色系	ピルスナー	世界各国	アサヒ／スーパードライ，キリン／ラガー，一番搾り，サッポロ／黒ラベル，エビス，サントリー／モルツ，オリオン／ドラフト，Miller，Budweiser，Coors，Heineken，Carlsberg，Labatt，Singha，Pilsner Urquell，青島(チンタオ)，San Miguel，Stella Altois など
		ヘレス	ドイツ	Augustiner
	中等色	ウィーン	オーストリア	Gold Fassl Vienna Lager
	濃色系	デュンケル	ドイツ	Ayinger，数種の日本の地ビール
		ボック	ドイツ	Engel Bock，EKU，Samichlaus
上面発酵	淡色系	ペールエール	イギリス	Bass Pale Ale，Samuel Smith
		ケルシュ	ドイツ	Dom Kölsch
		ヴァイツェン	ドイツ他	Oberdolfer，ERDINGER，
		ヴァイス	ドイツ他	Breliner Kindl Weisse，銀河高原ビール
		ホワイト	ベルギー	Hoegaarden White
	濃色系	スタウト	イギリス	Guinness，Young's，Samuel Smith
		ポーター	イギリス・アメリカ	Samuel Smith，Whitbread，Boulder，Anchor
		アルト	ドイツ	ALASKAN AMBER，Grolsch，AMBER，Diebels
		トラピスト	ベルギー	Chimay，Orval，Rochefort，Westmalle，Westvleteren，Achel
			オランダ	Schaapskooiffe
		アビイ	ベルギー	St. Paul, Leffe
		ベルギーのエール	ベルギー	Duvel，Rodenbach，Brigand，Satan red，Delirium Tremens，La Guillotine
自然発酵		ランビック	ベルギー	Belle-Vue，Boon，Cantillon，Mort，Timmermans，St. Louis，FARO

分類は，ビア・スタイルガイドライン（全米ブルーワーズ協会発行，日本地ビール協会訳）に準拠した。なお，銘柄・メーカー名については日本で比較的簡単に入手可能なもの（2004年現在）のうちいくつかを列記した。

1週間程度のものが多いが，その賞味期限は製品により若干異なる。数種の例外を除き，熟成によりビールの品質が向上することはないので，ビールは可能な限り製造後短期間のうちに消費されることが望ましい。

2）振動・衝撃

ビール中には濃度約0.5％の過飽和炭酸ガスが溶解している。通常，炭酸ガスはビールに含まれる種々の成分（特に，ペプチド，デキストリン，タンニンなどのコロイド物質）と吸着し，安定な状態にある。しかし，ビールに連続的な振動や強い衝撃を与えると，このバランスが崩れて炭酸ガスが気化し，“噴き”という現象を生じ，風味や喉ごしも低下する。それゆえ，輸送にエアサスペンションつき定温トラックを使用するメーカーもある。

3）温　度

ビール中の種々の成分と酸素との反応によって生じる品質劣化は，ビールの品温が高いほど進行しやすい。例えば，40℃で保蔵されたビールは10℃で保蔵されたビールの約8倍速く劣化する。また，酸化したビールには酸化臭（濡れた段ボールやカビのような臭い）が発生する。これはトランス-2-ノネナールなどの生成によるものである。ビール工場では，製造工程への酸素の混入やビールと酸素との接触が極力抑制されているが，いずれにせよ，ビールを高温状態にさらさないことが，劣化の防止につながる。

一方，ビールの冷やしすぎにより凍結混濁と呼ばれる濁りが生じる（その成分はタンパク質，タンニン類および炭水化物である）場合もある。冷蔵庫の冷気吹出し口付近での保蔵や冷凍庫での急冷は避けなくてはならない。

一般に，ビールの保蔵温度は10℃以下が望ましく，樽ビールの場合は3～5℃での保蔵がよいとされている。これに対して飲むときの温度は，淡色系ビールでは6～12℃（3℃以下では泡立ちが悪く，風味も引立たない）が，濃色系ビールはそれよりやや高めの温度がよい。

4）光

ビールは光，特に紫外線に敏感で，直射日光は最大の敵である。ビールを光から保護するためにビールビンはその大部分が茶色か緑色である。しかし，茶色ビン入りビールであっても，数時間日光にあたると，ビールに日光臭（醤油せんべい風の焦げ臭，動物園のタヌキやスカンクのような臭い）が発生してしまう。適切な温度管理がされず，蛍光灯下に放置された場合にも同様の劣化が生じる。この劣化は，ビールの苦味成分であるホップ由来のイソフムロン，タンパク質，アミノ酸から光化学反応で生成される3-メチル-2-ブテン-1-チオールによって引き起こされるものである。また，光にあたったビールは品温も高くなるので，酸化も早くなる。最近は樽や缶のビールも多くなったが，いかなる場合も，ビールは暗所で保蔵しなければならない。

4.13.4 ワイン

ワインには白，赤およびロゼの3種類がある。これらの違いは，醸造するときに，ブドウの果皮を使用するかどうかで決まる。赤ワインの場合，黒色系ブドウの果皮に赤い色素が存在するので，果皮を一緒に発酵させる。白ワインは薄紫色や緑色のブドウからつくられ，ブドウの果皮を除去して搾った果汁だけを発酵させる。ロゼワインの製法には以下の3つの方法がある。①赤ワインと同じように果皮を用いるが，赤い色素があまり出ないうちに搾った果汁を発酵させる方法，②黒ブドウと薄紫色や緑色ブドウを混ぜて発酵させる方法，③白ワインと赤ワインとを混ぜてつくる方法である。

ワインは，“よいワインはよいブドウから”といわれるように，ブドウの品種特性が強く現れる酒である。白および赤ワイン用の代表的なブドウ品種を紹介する。

① 白ワイン用／リースリング，シャルドネ，セミヨン，甲州など
② 赤ワイン用／カベルネ・ソービニヨン，メルロー，ピノ・ノワール，マスカットベリーAなど

（1）規　格

ワインは，ヨーロッパではブドウからつくられた酒をいう。しかし，日本の酒販店やスーパーマーケットで，時折キウイフルーツワイン，イチゴワイン，ピーチワインなど原料がブドウ以外のものがみられる。これは，日本にはヨーロッパでみられるような「ワイン法」というものがなく，しかも“ワイン”の定義がブドウに限定されていないためである。現在，日本ではワインを含めたすべての酒類に関する法律は，「酒税法」で定義されている。しかし，この法律の中に“ワイン”ということばはなく，果実酒＝ワインという考え方になっている。そのため，果実を発酵させたものは，ワインと表示されることになる。

現在，ブドウを原料としたワインで，日本国内で製造され，販売されるものに「国産果実酒の表示に関する基準」がある。これによると，原料は国産，外国産のブドウを問わず，また濃縮果汁からのものも含めて日本国内で醸造されたワインを“国内産ワイン”という。一方，外国で醸造され，150ℓ以上の容器で輸入されたものを“輸入ワイン”という。そして，この両者を混ぜて製造したワインは，“国産ワイン”といい，国内産ワイン

の比率が高い場合には，“国内産ワイン・輸入ワイン使用”と表示する。一方，輸入ワインの比率が高い場合には，“輸入ワイン・国内産ワイン使用”と表示することになっている。

世界各国のワインの格付けは，「ワイン法」に基づき，使用するブドウ品種，栽培地域，ブドウ糖度などが定められている。その基準は，国によって異なり，フランスやイタリアのようにブドウの栽培地域の指定によって行われるもの，ドイツやオーストリアのようにブドウの糖度によって行われるもの，またアメリカやオーストラリアのように品種名の有無によって行われるものなどさまざまである。ちなみに，各国の格付けを示すと以下のようである。

1）フランスワインの格付け

① テーブルワイン

A．ヴァン・ド・ターブル（Vins de Table）……普通のワイン。EU国内のワインもブレンド可能。

B．ヴァン・ド・ターブル・フランセ（Vins de Table Francais）……100％フランス産ワイン。

C．ヴァン・ド・ペイ（Vins de Pays）……フランスの限定された産地でつくられたワイン。

② 指定地域優良ワイン

A．VDQSワイン（Vins Délimités de Qualité Supérieure，上質指定ワイン）……優良生産地域の指定を受けた産地限定のワインで，AOCワインの次に位置づけられている。

B．AOCワイン（Appellation d' Origine Contrôlée，原産地統制名称ワイン）……良質ワイン生産地域の指定を受け，厳しい規定をパスしたフランス最高クラスのワイン。さらに，原産地名が地方，地区，村，畑と区域が小さいほど，ワインの品質がよく，価格が高くなる。

2）イタリアワインの格付け

① テーブルワイン

A．ヴィノ・ダ・ターヴォラ（Vino da Tavola）……100％イタリア産のワイン。

B．IGTワイン（Indicazione Geografica Tipica，地理的表示ワイン）……限定された地区で，推奨ブドウからつくられるワイン。DOCの予備軍的存在。

② 指定地域優良ワイン

A．DOCワイン（Denominazione di Origine Controllata，原産地統制名称ワイン）……指定地域で生産された上級ワイン。

B．DOCGワイン（Denominazione di Origine Controllata e Garantita，保証つき原産地統制名称ワイン）……DOCワインの中で，さらに厳しい審査に合格したワイン。

3）ドイツワインの格付け

① ターフェルヴァイン（テーブルワイン）

A．ターフェルヴァイン（Tafelwein）……普通のワイン。EU国内ワインとのブレンド品。

B．ドイチャー・ターフェルヴァイン（Deutscher Tafelwein）……100％ドイツ産のワイン。

C．ラントヴァイン（Landwein）……ドイツの指定された地域でつくられたワイン。

② クアリテーツヴァイン（上質ワイン）

A．QbAワイン（Qualitätswein bestimmter Anbaugebiet，指定地域高級ワイン）……13の指定地域で生産される上級ワインで，ラベルに生産地区を記入しなくてはならない。

B．QmPワイン（Qualitätswein mit Prädikat，肩書きつき高級ワイン）……肩書きはブドウの摘みとり方法により以下の6つに分かれ，下にいくほど甘いワインになる。

① カビネット（Kabinett）／完熟したブドウを通常の時期に摘んでつくるワイン。

② シュペートレーゼ（Spätlese，遅摘み）／カビネットより遅く摘んでつくるワイン。

③ アウスレーゼ（Auslese，房選り）／完熟した房だけからつくるワイン。

④ ベーレンアウスレーゼ（Beerenauslese，粒選り）／房の中から完熟の果粒だけを選分けてつくるワイン。

⑤ アイスヴァイン（Eiswein，氷果ワイン）／樹の上で凍ったブドウからつくるワイン。

⑥ トロッケンベーレンアウスレーゼ（Trockenbeerenauslese，乾果粒選り）／貴腐菌がつい

て干しブドウのようになった粒を選んでつくる超甘口ワイン。

4）カリフォルニアワインおよびオーストラリアワインの格付け

① **ジェネリックワイン**（Generic Wine）
数種のブドウ品種をブレンドしてつくったワイン。

② **ヴァラエタルワイン**（Varietal Wine）
ブドウ品種名，産地名をラベルに明示したワイン。ブドウ品種表示は，単一の品種をある一定の割合（カリフォルニアでは75%以上，オーストラリアでは80%以上）使用していなくてはならない。ジェネリックワインよりも品質は優良である。

なお，カリフォルニアワインには，AVA（Approved Viticultural Area）という表示があり，フランスのAOCワインにならい，政府公認ブドウ栽培区画でとれたブドウからつくられたものでなくてはならない。

5）チリワインの格付け

チリでは，個々のワイナリーの判断で行われ，大きく以下のように区分けしている。

① **ヴァラエタル**（Varietal）　ラベルに書かれた品種が75%以上の低価格ワイン。

② **リザーブ**（Reserve）　アメリカオークあるいはフレンチオークで熟成させたワイン。

③ **グランレゼルバ**（Gran Reserve）　各ワイナリーの最高級ワイン。通常，フレンチオークで熟成させる。

（2）品　質

ワインの品質は，きき酒（テイスティング）による官能評価が行われる。フランスやドイツの格付けでも，専門家によるきき酒テストに合格しなければならない。きき酒は，赤ワインでは20℃，白やロゼワインでは16℃程度に合わせ，ワインの色調，香り，味を総合的に判断して行われる。よいワインとは，異味・異臭がなく，品種特性がよく表れ，全体的に調和のとれたワインのことである。

ワインは，古いほどよいと考える人がいるが，通常のビン詰ワインは貯蔵しても品質は向上しない。各ワインメーカーは，販売時に飲み頃となるように調整したワインを出荷しているので，購入後はなるべく早く消費するのがよい。

（3）保蔵・管理

ワインを品質よく保蔵するには，輸送および酒販店やスーパーマーケットでの販売管理を含めて，以下の6つの条件をよく守ることが重要である。

1）温　度

最適温度は13～15℃で，しかも温度差がないこと。

2）湿　度

70～80%の湿度が理想的である。湿度が高いとコルクやラベルにカビが生え，乾燥しすぎるとコルクが乾き，栓が抜きにくくなる。

3）光

光はワインには大敵であり，太陽下に数時間置いただけでも異臭が発生するので，暗所に置くことが重要である。また蛍光灯の光もよくない。

4）空　気

空気も大敵。空気中の酸素はワインを酸化させる原因となり，ワインに異臭や苦みを発生させる。そのため，ワインメーカーでは，容器のコルクとワインとの空間（ヘッドスペース）を窒素置換して空気を追出し，品質保持に努めている。販売するときは，ワインビンは寝かせて空気の侵入を防ぐことが大切である。

5）振　動

振動はワインのバランスを崩す原因となる。そのため，トラック輸送では振動をなるべく抑制するとともに，貯蔵に際しても振動のないところを選ぶ。

6）に　お　い

ワインはデリケートな飲料であり，特に香りはワインの重要な品質要素である。においは，一般に微量でも感じることができるため，ワインにつかないようにする。特に，タバコ，香水，香辛料などのにおいは避ける。

（4）飲 用 温 度

ワインをおいしく味わうには温度が大切である。飲用温度は，ワイン中に含まれる有機酸，糖分，タンニンなどの成分と深い関係がある。ちなみに各ワインの適温は表4.13.3のとおりである。

（5）ワインボトル

ワインボトルには，図4.13.2に示したように，主として3つの形がある。すなわち，ボルドータイプ，ブルゴーニュタイプおよびドイツタイプである。前二者は，フランスの二大ワイン産地の名前である。ボトルの容量は，標準的なものでは，欧米で750mℓ，日本で720mℓである。また，その半分の容量のハーフボトルや2倍量のマグナムがある。ボトルの色は，白，緑色，褐色などが使われているが，色つきのボトルは，太陽光線によるワインの変質を防止する。

表 4.13.3　ワインの適温

赤ワイン	軽いタイプ	10～12℃
	中　　口	13～14℃
	重いタイプ	16～20℃
白ワイン	甘　　口	4～6℃
	軽い辛口	8～11℃
	重い辛口	11～14℃
ロゼワイン	9～11℃	

ボルドータイプ　ブルゴーニュタイプ　ドイツタイプ

図 4.13.2　ワインボトルのタイプ

（6）家庭での保蔵方法

家庭でのワイン管理は，（3）で述べたことを順守して行えばよいが，特別な場所がない場合には，床下や押入など冷暗所に保蔵すればよい。しかし，ワインを長期間保蔵するにはワインセラーが必要である。ワインセラーは冷蔵庫とは異なり，ワインを最適な温湿度条件で管理できる保蔵専用庫である。ワインボトルを12本，44本および56本収納できるものがあり，大きいものでは120本入るワインセラーもある。

4.13.5　蒸　留　酒

蒸留酒は醸造酒を蒸留し，樽やステンレスタンクなどに貯蔵して熟成させたり，香りをつけたりしたもので，その種類は多岐にわたるが，ここではウイスキー，ブランデー，スピリッツ，焼酎，リキュールについて解説する。

（1）ウイスキー

1）スコッチウイスキー

イギリスのスコットランド地方で，大麦麦芽，小麦，トウモロコシなどの穀類を原料にして発酵させ，単式蒸留器（ポットスチル）で2回蒸留した後，オーク樽（シェリー酒の古樽がよいとされる）で3年以上貯蔵熟成させたものをいう。麦芽を乾燥させるときに使用されるピート（草炭）の燻煙臭（スモーキーフレーバー）が特徴で，製法によって，モルト，グレーン，両者をブレンドしたブレンデッドに分けられる。

① **モルトスコッチウイスキー**：大麦麦芽（モルト）のみを原料にしてつくられる。単一の蒸留所で製造されたモルトだけでつくられたシングルモルトウイスキー，複数のモルトをブレンドしたピュアモルトウイスキーがある。モルトの産地はハイランド，ローランド，スペイサイド，アイラ島などの4地区があり，それぞれ個性豊かなモルトを製造している。

② **グレーンスコッチウイスキー**：モルトウイスキーとは原料が異なり，大麦麦芽，ライ麦，ト

ウモロコシなどを原料としてつくられる。蒸留には連続式蒸留器を用いる。モルトウイスキーよりもまろやかな風味である。

③　**ブレンデッドスコッチウイスキー**：複数のモルトスコッチウイスキーとグレーンウイスキーをブレンドし，再貯蔵したものである。配合されるウイスキーの種類と配合の違いで多様なタイプがあり，現在のスコッチウイスキーの多くはこのタイプのものである。表示される年数は，ブレンドしたモルトまたはグレーンの最も若いものの熟成年数を示している。

2）アイリッシュウイスキー

イギリス・ブリテン島の西に位置するアイランド島でつくられるウイスキーで，ピート燻煙を行わないためスモーキーフレーバーがない。大麦，大麦麦芽，ライ麦，小麦などを原料とし，スコッチウイスキーに比べると大きい単式蒸留器で3回蒸留を行い，3年以上樽で貯蔵・熟成される。本来のアイリッシュウイスキーは強い個性が特徴であったが，近年はグレーンスピリッツとブレンドした風味のソフトなものになっている。

3）アメリカンウイスキー

主な製品はバーボンウイスキーであるが，原料比率でライ麦を51％以上使用したライウイスキー，トウモロコシを80％使用してつくるコーンウイスキーなどのストレートウイスキーのほか，これらを混合したブレンデッドウイスキーも多くつくられている。

①　**バーボンウイスキー**：原料比率で51％以上のトウモロコシと，ライ麦，大麦麦芽などを原料として醸造したものを連続式蒸留器で蒸留し，内側を焦がしたホワイトオークの新樽で熟成したもの。2年以上熟成されたものは，ストレートバーボンウイスキーと呼ばれる。バーボンという名称は，このウイスキー発祥の地であるケンタッキー州バーボンの地名に由来し，現在も約8割がケンタッキー州で生産されている。

②　**テネシーウイスキー**：原料・仕込方法はバーボンウイスキーと同様であるが，蒸留後，テネシー産のサトウカエデの炭で濾過し熟成したものである。

4）カナディアンウイスキー

カナダ産のウイスキーで，トウモロコシを主原料としたベースウイスキーを3年熟成させたものに，ライ麦を51％以上使用し，3年熟成させたフレーバリングウイスキーをブレンドしてつくられる。一般的には色は淡く軽快な風味である。

5）ジャパニーズウイスキー

スコッチウイスキーに似たタイプのウイスキーで，スモーキーフレーバーが抑えられていて，全体的にマイルドでデリケートなウイスキーである。最近は，消費者ニーズに合わせ，力強く豊かなコクのあるものや，独特の味わいをもつシングルモルトウイスキーもつくられている。

（2）ブランデー

名称の由来：フランスのコニャック地方のワインを蒸留した「ヴァン・ブリュレ」を，オランダの商人がオランダ語に直訳して「ランデウェイン」と称して輸出し，これがイギリスで縮まって「ブランデー」なった。

ブランデーは，果実酒を蒸留してつくるものの総称であるが，単にブランデーという場合は，白ワインを蒸留したものをいう。また，フルーツブランデーと称し，チェリー，リンゴ，洋ナシ，アプリコット，プラムなどからつくられるものもある。

ブランデーの一般的な製造法は，白ワインを蒸留して蒸留液をつくり，樫の木の樽に詰めて5～60年間させる。

1）コニャックブランデー

フランス南西部のコニャック地方でつくられたブランデーである。グランド・シャンパニュー，プティット・シャンパニュー，ボルドリ，ファン・ボア，ボン・ボア，ボア・ゾルディネールの6地区で栽培・醸造・蒸留・貯蔵されたものは，その地区名を冠することができる。原料ブドウは主にサンテミリオン種が使われている。

一般に古い原酒と若い原酒をブレンドするが，若い原酒の熟成年数が2年以上の場合スリースター，4年以上の場合 VSOP（very superior old pale），6年以上の場合はナポボレオン・XO（extra old）・EXTRA と表示される。

2）アルマニャックブランデー

コニャックブランデーと同じくフランス南西部のアルマニャック地方でつくられるが，コニャックブランデーに比べて爽やかでフレッシュな味わいが特徴である。ラベル表示は，若い原酒の熟成年数1年以上の場合はスリースター，4年以上の場合は VO または VSOP，5年以上の場合はナポボレオン・XO・EXTRA と表示れれる。

3）フレンチブランデー

コニャックあるいはアルマニャック地方以外のフランスでつくられたブランデーで，表示にかかわる貯蔵年数の統一基準はない。AOC（産地呼称統制ワインの意。安価なテーブルワインに対して特定の産地でできたという証明付の高級品）ワイン産地の余剰のワインを原料としてブランデーとしたものは，オー・ド・ヴィー・ド・ヴァンと呼ばれ，オー・ド・ヴィー・ド・ヴァン○○○，またはフィーヌ・ド○○○と表示される。

4）カルヴァドスブランデー

フランスのノルマンディー地方特産のリンゴを原料とするブランデー。とくに AOC 法で規制された地区のものは地区名が表示される。

5）フルーツブランデー

ブドウおよびリンゴ以外の果実でつくったブランデーの総称で，主産地はフランス，ドイツ，東欧などである。生産量の多いのはチェリーブランデーで，一般にキルシュと称されている。

6）その他のブランデー

ブランデーはヨーロッパ圏を中心にワイン生産国でも広くつくられ，スペインで単式蒸留器でつくられたブランデーはアルキタラといわれ大量に消費されている。

日本のブランデーは明治20年代ごろから生産がはじまったが，本格的な国産品が出回ったのは，昭和30年代からである。国産のブランデーはマイルドでコニャックに似た香気をもつものが多い。日本ではフランスのように熟成期間の法的規制はなく，酒造会社が独自に基準を設定している。

（3）スピリッツ

日本ではスピリッツを，ウイスキー，ブランデー，焼酎を除く蒸留酒と定義し，酒税法では，スピリッツ類は原料用アルコールとスピリッツの2品目に分類している。前者は，焼酎と同じつくりかたをしたもので，アルコール分が45度を超えるものを指し，それ以外のスピリッツ類はすべて後者に属する。

1）ジ　ン

トウモロコシ，大麦，小麦，ジャガイモなどを主原料として，ジュパーベリー（杜松《ねず》の実）などの香りをつけた辛口の37～47度の蒸留酒である。

主流はイギリスのドライジンで，トウモロコシ・大麦麦芽を主原料とし，連続式蒸留器でスピリッツをつくり，これに香草を入れてさらに蒸留してつくられる。ジン発祥地のオランダでは単式蒸留による濃厚な香りと味わいのジュネバジンが，ドイツでは穀物のスピリッツとジュニバーベリーのスピリッツをブレンドしたシュタインヘイガーがつくられている。

2）ウォッカ

ロシアで生れ，度数の強いイメージがあるが，実際は37.5～50度のもがほとんどである。例外的に96度のスピリタスがある。トウモロコシ，ライ麦などを主原料にした85度のスピリッツを，白樺の活性炭で濾過してつくられ，くせの少ない味である。現在では無色透明のもののほか，香草やスパイスで香りづけしたものもつくられている。

3）ラ　ム

サトウキビの搾汁から砂糖の結晶を採ったあとの糖蜜からつくられる蒸留酒で，度数は35～75度である。色調からホワイト，ゴールド，ダーク，風味からライト，ミディアム，ヘビーに大別される。ライトライムは連続蒸留器を使用し，内側を焦がした樽で熟成させる。また，ブレンドしたものもある。ブラジルでは糖蜜を濁ったまま発酵・蒸留したピンガがつくられている。

4）テキーラ

竜舌蘭からつくられるメキシコ特産の度数40度前後の蒸留酒。アガベ・アスール・テキーラナという特産品種の竜舌蘭の株の部分を使用し，単式蒸留を2回行ってつくられる。ホワイトは熟成しないもの，レポサドはオーク樽で2カ月熟成させたもので，淡い黄色味と樽香がある。アネホは1年以上樽熟成したものである。

（4）焼　　酎

1946年に制定された酒税法によって，甲類焼酎，乙類焼酎に区分されるが，これは蒸留法と原料の違いによるものである。

1）甲類焼酎

ホワイトリカーと呼ばれ，原料は糖蜜や粗留アルコールで，連続式蒸留器で何度も蒸留されることによって香り風味はなく，無味無臭，透明である。アルコール度数は36度未満と決められている。サワー類の製品に使用されている。

2）乙類焼酎

本格焼酎と呼ばれ，単式蒸留器を使用してつくられる。原料は，米，麦，ソバ，サツマイモなどで，酒粕を原料とするもの，また最近ではジャガイモ，カボチャ，ワカメ，シソなどを仕込んだものもある。原料の風味を逃がさないのが特徴で，アルコール度数は45度以下である。

本格焼酎には，米焼酎，麦焼酎，そば焼酎，いも焼酎，酒粕焼酎（粕取焼酎），奄美諸島の黒糖焼酎，沖縄の泡盛（米を原料としたもので，酒質が本格焼酎とは異なるが，酒税法上では乙類焼酎として取り扱っている）などがある。焼酎は本来は熟成を行わないものだが，近年は3年以上熟成したものを古酒と称し市場に登場している。

① **米焼酎**……米焼酎は九州熊本の球磨地方のみならず全国でつくられている。

A．**球磨焼酎**……熊本県の球磨郡，人吉市周辺でつくられるものが有名である。蒸留法には減圧蒸留と常圧蒸留がある。減圧蒸留は蒸留器中の空気を減圧し醪《もろみ》を低温で蒸留し雑味成分を抑えることで，臭いも味わいもソフトである。常圧蒸留は常圧下で醪を蒸留するので，原料本来の旨味や濃厚な香りとこくがある。球磨地方の焼酎は焼酎専業メーカーでつくられるが，本州などでは清酒メーカーが清酒と並行してつくっている。

B．**泡　盛**……約500年にシャム（現在のタイ）からラオロン酒と蒸留技術が琉球に伝わり，それが現在の泡盛になった。泡盛はインディカ米を原料に黒麹菌（クエン酸を多く生産する）を使用して発酵させ蒸留することによって，きりっとした深い香りが醸成されている。また，泡盛は長期間貯蔵熟成させることによって，味，香りに深みが増してくる。3年以上貯蔵したものは古酒（クース）といい，風味，香りともに深みがある。

② **麦焼酎**……長崎県壱岐が発祥といわれ，昭和年代初期に泡盛に使われる黒麹菌（暖地でも醪の腐敗を防ぐことができるが，現在では白麹菌が使用されている）が導入され生産量が増大した。壱岐の麦焼酎は原料混合の大麦：米麹は2：1であるが，大分および福岡は原料は麦のみでつくられている。麦特有の香りがあり，まろやかな甘味のある味わいである。

③ **そば焼酎**……宮崎県高千穂地方でつくられるものが代表的であるが，現在では宮崎県，長野県などで多くつくられている。原料のそばは，殻つきのまま，あるいは脱穀して使われる。そば焼酎には，そば特有の香りと軽快な味がある。

④ **いも焼酎**……サツマイモの主産地である鹿児島県全域と宮崎県でつくられているものが代表的なものである。原料には大型でデンプンを多く含む「黄金千貫」という品種が多く使われている。いも焼酎には原料の特性がそのまま製品の風味と特性になっている。

⑤ **粕取焼酎**……酒粕焼酎ともいい，全国各地の清酒酒造メーカーでつくられている。清酒の製造中にできる酒粕にはアルコール分がかなり残っているので，この酒粕を原料としてつくる焼酎である。

⑥ **黒糖焼酎**……奄美大島特産の焼酎で，サトウキビから製造される黒糖を原料とする，やわらかな風味をもつ焼酎である。

(5) リキュール

リキュール（liqueur）とは，ラテン語のリケファセレ（liquefacere＝溶ける），またはリクォル（liquor＝液体）が，フランス風に訛ったもので，「果実，薬草などの成分の溶け込んだ液体」という意味である。日本では，スピリッツと植物を一緒に蒸留するか，浸漬するかして，香味や香気成分を付加したもので，エキス分２度以上のものをいう。

1）香草系リキュール

リキュールは蒸留酒に薬草・香草を加え薬用効果を求めたのが始まりである。現在は，蒸留，浸漬，エッセンス添加などのさまざまな方法がとられている。日本では主にカクテル用に使用されるが，欧米ではストレートで飲用される。

2）果実系リキュール

オレンジの果皮を使ったものが一般的でキュラソーと呼ばれる。チェリーリキュールには浸漬したチェリーブランデーと，蒸留したマラスキーノがある。

3）種子系リキュール

代表的なものにカカオ豆を使用したチョコレート風味のカカオリキュール，コーヒー豆の成分を抽出したコーヒーリキュール，アンズの実の核を使用したアマレットなどがある。

4）その他

甲類焼酎と梅と氷糖でつくる梅酒，甲類焼酎に果汁やエキス，炭酸を組み合わせたチューハイあるいはサワーなど，清酒をベースに卵黄と砂糖を加えたエッグリキュール，蒸留酒や醸造酒に他の材料を混ぜ合わせたミックスドリンクのカクテルなど，多くの製品が指市場に出回っている。

(6) 保蔵管理

蒸留酒の品質は安定しており，未開栓で直射日光のあたらない冷暗所などに置き，保蔵状態が悪くなければ10年くらいは目立つような品質の劣化はみられない。しかし，直射日光が当たったり，温度が高い場所，ナフタリンや石鹼など香りが強いものの近くなどに長期間置かれた場合には，風味が落ちたり移り香がすることがある。また，開栓すると空気と触れ合い酸化が起こり，風味が落ちるおそれがあるので，しっかりと栓をして風通しのよい冷暗所に保管する必要がある。

ウイスキーなどを長期間保管した場合，気温が低下したときに白いおりがでることがある。これはウイスキー中のカルシウムと熟成させたときに樽から出るシュウ酸が結びついたものであり，害のあるものではない。ウイスキーなどの蒸留酒は時間経過が品質劣化には直接つがらないので，賞味期限は設けられていない。

焼酎の保管の場合，本格焼酎に含まれる不飽和脂肪酸エステルは酸化すると不快な臭いを発生する。これはウイスキーなどにはみられないが，焼酎の保蔵温度が高かったり，透明ビンの焼酎が直射日光にさらされた場合などに発生しやすい。

また，焼酎を過度の低温場所で保管すると，白濁したり沈殿が生じることがある。これは，焼酎中の油脂の溶解度が落ちたためで，常温に置けば透明な製品になる。重厚なタイプの本格焼酎が直射日光などに当たると，まれに綿状物質を生ずることがある。これは焼酎中に含まれる油脂が変化したことによる。

リキュールは，アルコール度数が高いものは，比較的長期間の保管に耐えられるが，保管条件が悪かったり，長期間保管すると成分の沈殿や変色がみられる。リキュールにとって色・味・香りは大切であるので，必ず冷暗所での保管が重要である。特に，アルコール度数の低いものや甘口のものは変化しやすいので，ビールや果実ジュースと同様の取り扱いが必要である。

4.14 栄養をサポートする食品

平均寿命が延び日本は世界一の長寿国となった。しかし，がん，心臓病，脳血管疾患などの生活習慣病が国民の健康を脅かしている。国民医療費も膨大になり，歯止め対策が必要とされている。

生活習慣病は長期にわたる栄養や食生活の偏りが要因となることが知られている。今日，二次予防（早期発見・治療）はもとより一次予防（疾病予防）により生活習慣病を防ぐ対策が重要視されている。一次予防対策にはまず，食生活に関する生活習慣を望ましいものにすることが重要である。

今日，多くの人びとにとって，日頃，制限のない食生活のなかで健康を維持・増進できる食べ物が求められている。私たちの身の回りには，この要求に応えるべく，健康の維持・増進に役立つことを謳い文句にした多くの加工食品が溢れている。

4.14.1 種類と特徴

（1）機能性食品

“機能性食品”ということばの生まれは1984（昭和59）～1986（昭和61）年までの文部省の特定研究のプロジェクトにある。当時，“機能性食品”は学界から産業界を巻込んだ話題へと発展した。

1）食品の機能とは

食品は人間の健康を根本から左右する因子であり生体と密接に関係している。食品が生体に対してどのような働き（機能）をするかという，食品と生体との相互作用を表す際に“食品の機能”という考え方が取入れられた。食品には3つの機能がある（図4.14.1）。

① **一次機能**　栄養機能とも呼ばれ，食品に含まれる栄養素，すなわち，タンパク質，炭水化物，脂肪，ビタミン，ミネラルなどの栄養素が生体に対して果たす機能をいう。具体的にはエネルギーになる，臓器や筋肉をつくる，体の調子を整えるなどの働きを示す。生命の維持機能でもある。

② **二次機能**　感覚機能とも呼ばれ，食欲を増進させる機能をいう。食べ物の色，味，香りなどをおいしいと感じさせる機能のことである。

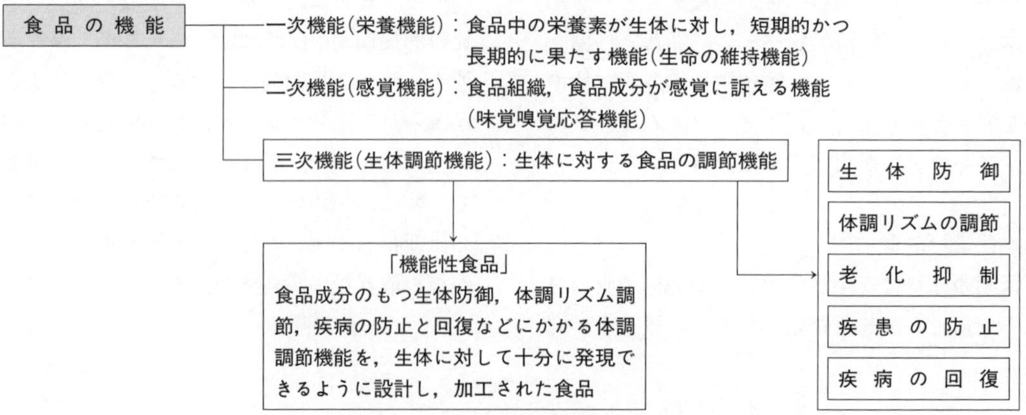

食品の機能
一次機能(栄養機能)：食品中の栄養素が生体に対し，短期的かつ長期的に果たす機能(生命の維持機能)
二次機能(感覚機能)：食品組織，食品成分が感覚に訴える機能(味覚嗅覚応答機能)
三次機能(生体調節機能)：生体に対する食品の調節機能
「機能性食品」
食品成分のもつ生体防御，体調リズム調節，疾病の防止と回復などにかかる体調調節機能を，生体に対して十分に発現できるように設計し，加工された食品
生体防御
体調リズムの調節
老化抑制
疾患の防止
疾病の回復

図 4.14.1　食品の機能

出典）平成元年厚生白書

③　**三次機能**　健康志向の時代，食品に存在する生理活性物質の研究が盛んに行われている。そのなかで食品には体調を調節する機能があることが解明され，新たに三次機能として一次機能，二次機能に追加された。昔から“何々を食べると体によい”と伝承されてきた成分が科学的に解明されつつある。

私たちの体はホメオスタシス（体内環境を一定に保つ働き）が維持され，神経系，循環系，ホルモン系などが互いに連動，機能して初めて健康が維持・増進される。これら生体調節を円滑に司る有効成分が食品にも存在することが明らかになった。

三次機能をもたせた加工食品がいわゆる“機能性食品”として位置づけられた。機能性食品は生体に対して充分に生理機能を発現できるように設計・加工した食品であり，あくまでも食品の姿，形を保つものであると認識されている。さまざまないわゆる“機能性食品”が市場に登場している。

（2）特定保健用食品

古来中国には医食同源ということばがある。食べ物と薬は同根であり，この2つはつながっているという考え方である。今までの日本の法律では薬事法と食品衛生法の2つの法律により，薬と食べ物の間は厳しく隔てられていた。しかし近年，薬と食べ物の間に新しい第3のものが出てきた。食べ物の衣服をまとった薬ともいうべきもの，これが，特定保健用食品である。ルーツはかつてブームであった健康食品であり，機能性食品である。

1991（平成3）年7月，厚生省は栄養改善法（現・健康増進法）の施行規則の一部を改正，「特定保健用食品」の制度を発足した（図4.14.2）。厚生省から特定の保健目的が期待できると認められれば，認定マークを表示し（図4.14.3），薬事法で規制されている効能表示が可能になった。消費者が市場で手に入れるものは厳しい審査をクリアして出てきたものであることには違いがない。その意味では信頼できる。

今日まで特定保健用食品は450品目以上認可されている。主な機能性成分はオリゴ糖，大豆タン

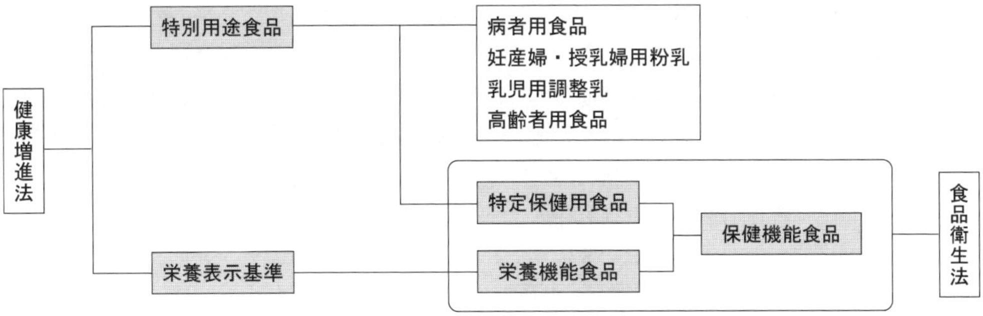

図 4.14.2　保健機能食品の法的な位置づけ

図 4.14.3　特定保健用食品の表示マーク

表 4.14.1　条件付き特定保健用食品として認められる成分

区　分	関与成分	1日摂取目安量	表示できる保健の用途	摂取上の注意事項
I（食物繊維）	難消化性デキストリン（食物繊維として）	3～8 g	○○（関与成分）が含まれているのでおなかの調子を整えます。	摂り過ぎあるいは体質・体調によりおなかがゆるくなることがあります。多量摂取により疾病が治癒したり，より健康が増進するものではありません。他の食品からの摂取量を考えて適量を摂取して下さい。
	ポリデキストロース（食物繊維として）	7～8 g		
	グアーガム分解物（食物繊維として）	5～12 g		
II（オリゴ糖）	大豆オリゴ糖	2～6 g	○○（関与成分）が含まれておりビフィズス菌を増やして腸内の環境を良好に保つので，おなかの調子を整えます。	摂り過ぎあるいは体質・体調によりおなかがゆるくなることがあります。多量摂取により疾病が治癒したり，より健康が増進するものではありません。他の食品からの摂取量を考えて適量を摂取して下さい。
	フラクトオリゴ糖	3～8 g		
	乳果オリゴ糖	2～8 g		
	ガラクトオリゴ糖	2～5 g		
	キシロオリゴ糖	1～3 g		
	イソマルトオリゴ糖	10 g		

パク質，CCP（カゼインホスホペプチド），食物繊維などである。保健効果として，整腸作用，コレステロール低下作用，血圧調節作用，血糖値上昇抑制作用，カルシウム吸収促進作用，中性脂肪低下作用などが認められた加工食品である。食品の形態は各種飲料，ヨーグルト，ビスケット，キャンディーなどが代表的なものである。

1）規格基準型の特定保健用食品

特定保健用食品として許可された食品の期待される効果の60％が「お腹の調子を整える」ものであり，その有効効果が食物繊維とオリゴ糖に限定されていることから，これらの成分を有効成分として，既存の食品の形態をとっていれば，個別に厚生労働省の許可は必要とされない。表4.14.1に規格基準型に使用される成分を示した。

2）条件付き特定保健用食品

一般の特定保健用食品は，その効果について人を使った試験が行われ，その結果が統計的に5％の危険率以下で有為の差が認められなければならない。条件付き特定保健用食品は，その条件が緩和され，危険率10％以下で有意差が認められれば承認される。その代わり，「効果について，科学的な根拠が必ずしも確立されていない」旨の表示がなされ，2005（平成17）年2月に制度化された。図4.14.3が条件付特定保健用食品の表示マークである。

（3）栄養機能食品

従来，栄養補助食品（サプリメント）として市販されていた食品が，食品衛生法によって制度化されたものである。従来の特定保健用食品と栄養機能食品を併せて，保健機能食品と称する。

表4.14.2は，栄養機能食品と特定保健用食品に求められる表示事項である。商品の見やすい表面に記載することが義務付けられている。

栄養機能食品は，栄養効果が科学的に判明している栄養素について，効果的に摂取できるように通常の加工食品に，これらの補強をするものである。表4.14.3に補強できるビタミン，表4.14.4にミネラルについて示した。表4.14.5に定められている補強できる量の上限値と下限値を示した。栄養機能食品の特徴は，この基準値を守れば，個別に厚生労働省に許可を求める必要はなく，自由に栄養機能食品であることを標榜できることである。ただし，その商品のもつ特徴として，添加した栄養素の栄養効果を主として標榜するものでなければならない。例えば，全く別の健康効果をうたう健康食品に，栄養素を添加することで，厚生労働

表 4.14.2 保健機能食品の表示事項

栄養機能食品	特定保健用食品
1．保健機能食品（栄養機能食品）である旨 2．栄養成分表示（機能表示する成分を含む） 3．栄養機能表示 4．１日当たりの摂取目安量 5．摂取方法 6．１日当たりの栄養所要量に対する充足率 7．摂取するうえでの注意事項 8．本品は，特定保健食品とは異なり。厚生労働省による個別審査を受けたものではない旨	1．保健機能食品(特定保健用食品である旨) 2．栄養成分の表示 (保健機能に関与する成分を含む) 3．特定の保健用途の表示 (表示許可された表示) 4．１日当たりの摂取目安量 5．摂取方法 6．１日当たりの栄養所要量に対する充足率 (栄養所要量が定められているものに限る) 7．摂取するうえでの注意事項

表 4.14.3 栄養機能食品の規格基準

名称	栄養成分機能表示として認められる表示	注意喚起表示
ビタミンA	ビタミンAは，夜間の視力の維持を助ける栄養素です。 ビタミンAは，皮膚や粘膜の健康維持を助ける栄養素です。	・本品は，多量摂取により疾病が治癒したり，より健康が増進するものではありません。１日の摂取目安量を守ってください。 ・妊娠３ヵ月以内または妊娠を希望する女性は過剰摂取にならないよう注意してください。
ビタミンD	ビタミンDは，腸管でのカルシウムの吸収を促進し，骨の形成を助ける栄養素です。	・本品は，多量摂取により疾病が治癒したり，より健康が増進するものではありません。１日の摂取目安量を守ってください。
ビタミンE	ビタミンEは，抗酸化作用により，体内の脂質を酸化から守り，細胞の健康維持を助ける栄養素です。	
ビタミンB_1	ビタミンB_1は，炭水化物からのエネルギーの産生と皮膚や粘膜の健康維持を助ける栄養素です。	
ビタミンB_2	ビタミンB_2は，皮膚や粘膜の健康維持を助ける栄養素です。	
ナイアシン	ナイアシンは，皮膚の粘膜の健康維持を助ける栄養素です。	
ビタミンB_6	ビタミンB_6は，たんぱく質からのエネルギーの産生と皮膚や粘膜の健康維持を助ける栄養素です。	
葉　酸	葉酸は，赤血球の形成を助ける栄養素です。 葉酸は，胎児の正常な発育に寄与する栄養素です。	・本品は，多量摂取により疾病が治癒したり，より健康が増進するものではありません。１日の摂取目安量を守ってください。 ・本品は胎児の正常な発育に寄与する栄養素ですが，多量摂取により胎児の発育がよくなるものではありません。
ビタミンB_{12}	ビタミンB_{12}は，赤血球の形成を助ける栄養素です。	・本品は，多量摂取により疾病が治癒したり，より健康が増進するものではありません。１日の摂取目安量を守ってください。
ビオチン	ビオチンは，皮膚や粘膜の維持を助ける栄養素です。	
パントテン酸	パントテン酸は，皮膚や粘膜の健康維持を助ける栄養素です。	
ビタミンC	ビタミンCは，皮膚や粘膜の健康維持を助けるとともに，抗酸化作用をもつ栄養素です。	

表 4.14.4　栄養機能食品として認められるミネラルの栄養機能表示

名　称	栄養機能表示
カルシウム	カルシウムは，骨や歯の形成に必要な栄養素です。
鉄	鉄は，赤血球を作るのに必要な栄養素です。
亜　鉛	亜鉛は，味覚を正常に保つのに必要な栄養素です。 亜鉛は，皮膚や粘膜の健康維持を助ける栄養素です。 亜鉛は，たんぱく質・核酸の代謝に関与して，健康の維持に役立つ栄養素です。
銅	銅は，赤血球の形成を助ける栄養素です。 銅は，多くの体内酵素の正常な働きと骨の形成を助ける栄養素です。
マグネシウム	マグネシウムは，骨や歯の形成に必要な栄養素です。 マグネシウムは，多くの体内酵素の正常な働きとエネルギー産生を助けるとともに，血液循環を正常に保つのに必要な栄養素です。

（ビタミン）

表 4.14.5　栄養機能食品の栄養素の配合限度量（上限値，下限値）

		ビタミンA・（レチノール）	ビタミンD	ビタミンE	ビタミンB_1	ビタミンB_2	ナイアシン
基本的考え方に基づく栄養素の上限値，下限値	上限値	600μg（2,000IU）	5.0μg（200IU）	150mg	25mg	12mg	60mg
	下限値	135μg（600IU）	1.50μg（35IU）	2.4mg	0.30mg	0.33mg	3.3mg

		ビタミンB_6	葉　酸	ビタミンB_{12}	ビオチン	パントテン酸	ビタミンC
基本的考え方に基づく栄養素の上限値，下限値	上限値	10mg	200μg	60μg	500μg	30mg	1,000mg
	下限値	0.30mg	60μg	0.60μg	14μg	1.65mg	24mg

注）ビタミンAの前駆体であるβ-カロテンについては，ビタミンA源の栄養機能食品の栄養素として認める。この場合，上限値は3,600μg，下限値は1,080μgとする。

（ミネラル）

		カルシウム	鉄	亜　鉛	銅	マグネシウム
基本的考え方に基づく栄養素の上限値，下限値	上限値	600mg	10mg	15mg	6 mg	300mg
	下限値	210mg	2.25mg	2.10mg	0.18mg	75mg

省から承認された栄養機能食品であるとうたうと，消費者に誤解を与えるおそれがあるからである。

栄養機能食品には表示マークはなく，「栄養機能食品である旨」，「成分についての機能の表示」と，「注意喚起」の表示がなされる。

（4）健 康 食 品

少子化時代，高齢化社会が進むなかで健康食品の市場は売上げを着実に伸ばし，その規模はますます増大している。健康食品産業も科学的に裏づけされた素材や商品開発の研究に力を入れている。

昔から知られているものに，クロレラ，ロイヤルゼリー，高麗人参，霊芝，各種健康茶などがあるが，最近はダイエット，美容，アレルギー，がん，老化予防などにスポットをあてたものが増えてきた。そのアイテムは2,000種類以上あるともいわれる。高齢化社会と生活習慣病の予防が叫ばれる今日，ますますアイテムは増えることが予想される。

健康食品の多くは伝承的，歴史的に効能が知られているものや経験により効能が裏づけされたものが多く，体調が悪い人や何らかの疾病に悩んでいる人がしばしば利用してきたものが多い。なかには有効成分とその作用機序について，必ずしも科学的に明らかになっていないものもみられる。

1）定　義

本来，食品であれば「食品衛生法」に基づき，安全・衛生上の条件を満たすことによって製造・販売が認められる。医薬品については「薬事法」の制約を受ける。しかし，健康食品については適

図 4.14.4　JHFA認定マーク

表 4.14.6　「JHFAマーク」が表示されている食品群

食品群	食品
タンパク質類	・タンパク質食品 ・タンパク質酵素分解物食品 ・牡蠣抽出物食品 ・しじみ抽出物食品 ・緑イ貝食品 ・スッポン粉末食品
脂質類	・イコサペンタエン酸（EPA）含有精製魚油食品・ドコサヘキサエン酸（DHA）含有精製精製魚油食品 ・γ-リノレン酸含有食品 ・月見草油 ・スッポンオイル食品 ・大豆レシチン食品
糖類	・グルコサミン食品 ・オリゴ糖類食品 ・食物繊維食品 ・キトサン食品 ・ムコ多糖・タンパク食品
ビタミン類	・米はい芽油 ・小麦はい芽油 ・大麦はい芽油 ・はと麦はい芽油 ・ビタミンE含有植物油 ・ビタミンC含有食品 ・β-カロチン含有食品
ミネラル	・カルシウム食品
発酵微生物類	・乳酸菌（生菌）利用食品 ・酵母食品 ・食物発酵食品 ・食物エキス発酵飲料 ・ナットウ菌培養エキス食品
藻類	・クロレラ ・スピルリナ
・キノコ類	・シイタケ食品 ・マンネンタケ（霊芝）食品
ハーブ等植物成分など	・オタネニンジン根食品 ・エゾウコギ食品 ・梅エキス食品 ・プルーンエキス食品 ・キダチアロエ食品 ・アロエベラ食品 ・麦類若葉食品 ・まこも食品 ・アルファルファ食品 ・はい芽食品 ・緑茶エキス食品 ・ギムネマシルベスタ食品 ・ガルシニアエキス食品 ・大豆サポニン食品 ・大豆イソフラボン食品 ・ニンニク食品 ・イチョウ葉エキス食品
その他	・花粉食品 ・プロポリス食品

切な法律はない。食品としては「食品衛生法」の制約を，製造・販売にあたっては「薬事法」の制約を受ける。また，㈶日本健康・栄養食品協会は健康食品の判断基準として，① 栄養成分の補給食品，② 科学的または歴史的に生体に対する有用性がある食品，③ これ以外で販売量が多く，健康食品として認識されている食品として，特別用途食品，日本農林規格（JAS規格）に定められた食品を除くとしている。㈶日本健康・栄養食品協会の審査に合格した食品にJHFA（Japan Health Food Authorization）のマークがつけられる（図4.14.4）。JHFAマークが表示されている食品を表4.14.6に示した。

健康食品の多くは錠剤，カプセルなどの医薬品的な形態をしている。

4.14.2 用い方

特定保健用食品，栄養機能食品，健康食品など栄養をサポートする食品は用い方によって効能・効果の発現は色々である。

特定保健用食品は，ある目的のために使用されるものである。ゆえに正しく利用されなければ，期待される効果が得られない。使用にあたり，表示された摂取量，摂取上の注意を守ることが大切である。

栄養機能食品，健康食品などは，多くの人びとは何か健康のためにプラスになることを期待し，使用している場合が多い。しかし，薬効のあるものは誤った使用方法で逆に健康を害する危険もある。

大切なのは，以下のことを心掛けることである。

① 健康の維持・増進，病気の予防は特定の食品のみでできるものではない。

② 栄養をサポートするこれらの食品には医薬品的な即効性は期待できない。あくまで食品である。

③ これらの食品には体に必要な栄養素がすべて含まれているものではない。栄養素のアンバランスが気になったら，基本的には日頃の食生活を見直すことが先決である。

④ これらの食品に頼りすぎ日頃の食生活がないがしろにならないように注意すること。

⑤ 何か栄養素が不足していると思ったら，これらの食品を正しい知識と判断のもとに，日頃の食生活のなかに薬品としてではなく，食品としてあくまで補助的に上手に取入れること。

長期にわたる栄養や食生活の偏りが生活習慣病を招く。それゆえに日頃の食生活を正しくすることが重要である。

索　引

ア

アーモンド　193
アイスクリーム　582
〔容器〕　589
アイスミルク　583
青カビタイプ（チーズ）　580
赤作り　571
揚げカマボコ　563
あげ氷法　418
浅漬　515
足〔カマボコ〕　575
味付けノリ　435
アズキ　188
アスパラガス　286
アセロラ　342
厚揚げ　500
圧縮冷却方式　58
厚焼き　563
アヒル卵　391
油揚げ　500
アフラトキシン　107，192
油焼け　566
〔青物魚〕　422
甘ガキ　317
アミノカルボニル反応　585
アミノ酸醬油　645
B-アミラーゼ　214
新巻　559
アルコール　519
アルファ米　161
アルミ箔　35
アルミ箔積層フィルム　676
アレルギー用代替食
〔雑穀〕　173
アンズ　326
アントシアニン　508
あんパン　451

イ

イーストドーナツ　450
イオウ燻蒸　524
イカ塩辛　560，571
イカナゴ醬油　654
イクラ　559，570
活け造り　407
活けもの〔流通〕　406
石なし　311
イシル　560，572
イチゴ　279
イチゴ収穫作業車　238
イチジク　335
市場病　119
一夜干し　567
一般細菌数　119
一般大豆　179
一般廃棄物　44
遺伝子組換え作物　483
糸引き納豆　502，504
イナダ　568
イヨカン　295
インゲンマメ　188
〔乾燥〕　524
インスタントコーヒー　677
飲用乳の表示に関する公正競争規約　378

ウ

ウイスキー　691
ウイルス性食中毒　417
ウインタリング　478
ウインナーソーセージ　539
ウーロン茶　675
魚ソウメン　563
ウォッカ　693
ウォッシュタイプ（チーズ）　580
浮皮　299
ウコッケイ卵　391
ウコン　222
淡口醬油　644
ウズラ卵　391
ウド　286
うどん弁当　627
ウニ塩辛　560，571，572
うまみ調味料　660
ウメ　329
梅焼き　563
うるみ果〔サクランボ〕　324
ウンシュウミカン　293

エ

エアーキャップ　115
エアブラスト凍結　595，605
衛生管理〔魚介〕　416
衛生規範　8
〔漬物〕　515
栄養機能食品　698
栄養強化味噌　643
栄養成分〔青果物〕　54
栄養成分強化卵　390
栄養成分調整卵　390
栄養表示〔醬油〕　648
液化ガス式凍結　605
液燻法　572
液体式凍結　605
液卵　398
えぐみ〔ジャガイモ〕　207
エゴマ　194
エゴマ油　483
エステル交換　488
エチルアルコール　94
エチレン　211，258，292
エチレン除去剤　259
エチレン処理　298
〔西洋ナシ〕　311
エディブルフラワー　286
エノキタケ　355
エバミルク　582
エビシュウマイ　601
エリンギ　356
エンサイ　286
塩蔵　20
塩蔵クジラ　572，560
塩蔵品　559，569
エンドウ　524

オ

黄色ブドウ球菌　76，550
オートミール　175
オープンショーケース　427
オクラ　287
押麦　169
汚染〔米〕　144
オゾン殺菌　96
オゾン層破壊　68
おにぎり　626
オブラート　473
おぼろ豆腐　500
オリーブ油　482
温燻法　572
温室効果ガス　69
温水処理〔青果物〕　232
温度管理　115
　〔作業場〕　427
温度計　115
温度係数〔青果物〕　226
温度／時間インジケータ　32
温度制御〔青果物〕　244

カ

加圧加熱殺菌　78
加圧加熱ソーセージ　539
階級選別〔野菜〕　241
解硬　407
害虫処理〔大豆〕　187
解凍　66
　〔魚介〕　438
　〔水産物〕　133
解凍機　74
灰分〔小麦粉〕　442
加塩バター　581
カカオ脂　483
化学的危害　7
化学発光イメージング法
　〔米〕　145
角型食パン　451
かけ醤油　645
加工酢　652
化工デンプン　473
加工なめ味噌　643
加工乳　380
加工米飯　152
加工用サツマイモ　214
加工卵　393
果菜類〔保蔵〕　261
過酸化水素　96
過酸化物価　494，457
果実飲料　349
果実缶詰　41
果実硬度　313
果実ジュース　349
果実酢　652
果実ミックスジュース　349
果実・野菜ミックスジュース
　349
菓子パン　448
果汁入り飲料　349
　〔無菌充填包装〕　81
カシューナッツ　194
可食期間〔食肉〕　374
ガスシミュレーション　255
ガス遮断性包材　31
ガス充填包装　547
ガス脱渋　320
ガス置換包装　22
　〔魚介〕　424
ガス置換率　426
ガス透過性　252
ガス透過性包材　32
カタクリデンプン　471
カツオ塩辛　560，571
カツオ節　574
活魚　134
活魚輸送　133
活魚輸送用専門トラック　129
カット野菜　228，526
　〔温度管理〕　117
　〔保蔵〕　262
カットワカメ　436
褐変
　〔ジャガイモ〕　208
　〔野菜〕　231，237，507
家庭用冷蔵庫　73，437
家庭用冷凍庫　615
家庭用冷凍食品　602
果糖ぶどう糖液糖　350
加糖練乳　581
カニ風味カマボコ　564
加熱殺菌　77，547
　〔漬物〕　516
加熱食肉製品　549
カビ　17，75
果皮障害〔ミカン〕　298
カビづけ　574
カビ毒　107
芽胞　75
カボス　304
カボチャ　523
カマボコ　561，575
から揚げ粉　445
カラーチャート〔日本ナシ〕
　308
からし抽出物　519
カラスミ　558，568
ガラス容器　37
殻つき卵　394
顆粒入り果実ジュース　349
カリン　340
カロテノイド類　508
乾果　192
含気包装〔魚介〕　423，436
環境殺菌剤　93
緩衝材　114
甘性バター　581
乾製品〔魚介〕　564
乾燥　19
　〔食肉製品〕　549
　〔スープ類〕　666
　〔味噌〕　643
　〔野菜〕　520
　〔卵〕　401
乾燥コンブ　435
乾燥ダイズポテト　473
乾燥マッシュポテト　472，524
乾燥予措　299
缶詰　38
カントリーエレベータ　183，439
カントリーデポ　439
官能評価
　〔酒〕　683
　〔食肉〕　376
　〔ワイン〕　690
カンピョウ　521
カンピロバクター　76
緩慢凍結　66

甘味料　636
乾麵類　455
ガンモドキ　500

キ

キウイフルーツ　333
機械乾燥〔魚介〕　564
規格
〔果実飲料〕　349
〔カンキツ〕　293
〔精麦製品〕　170
〔生麵〕　453
〔乳製品〕　579
キクイモ　221
キク科　285
菊ノリ　522
キクラゲ　357
寄生虫〔魚介〕　423
記帳運動　139
キトサン　519
きな粉　501
絹ごし豆腐　499
機能性
〔キノコ〕　359
〔醬油〕　649
〔納豆〕　504
〔味噌〕　643
〔野菜〕　233
機能性食品　696
機能性段ボール　114
機能性包材　24
キノコ類　352
揮発性塩基物質　410
キャベツ　270
〔乾燥〕　522
キャベツ収穫機　238
キュアリング
〔サツマイモ〕　213
〔ジャガイモ〕　206
牛枝肉取引規格　366
牛脂　485
吸湿性包材　32
吸収冷却方式　59
吸水性　32
急速凍結　65，66，605
急速冷却機　73
吸着冷却方式　62
牛肉　362，364
〔部位〕　371
牛乳　378，380
牛乳パック　384
牛乳瓶　384
牛部分肉取引規格　367
休眠〔野菜〕　230
キュウリ　277
強化米　161
強制通風冷却　243
京都議定書　70
業務用小麦粉　442
業務用炊飯米　149
業務用冷蔵庫　73
業務用冷凍食品　603
強力粉　441
許可外添加物　105
魚醬油　653
魚体選別　131
切り込み　571，572
〔ニシン〕　560
きりたんぽ　162
菌床栽培　358
金属缶　35，39，43
ギンナン　195

ク

グアバ　344
グアヤコール試験　144
空気式凍結　605
空気冷却方式　62
〔青果物〕　243
クサヤの干物　557，567
クサヤ汁　567
クズデンプン　471
クチクラ　228
クックドソーセージ　538
クライマクテリック型　292
クライマクテリックライズ　229
グラム陰性菌　75
グラム陽性菌　75
クリ　196
クリーミングパウダー　582
クリーム　582
クリームコロッケ　602
グリコアルカロイド　207
グリシン　519
グルタミン酸ナトリウム　661
グルテン　442
クルミ　196
グレージング　598
グレーズ　66，420
黒酢　651
クロストリジウム属菌　550
黒作り　571
クロロフィル　508
クロワッサン　451
クワイ　220
燻煙　545
燻蒸〔麦〕　166
燻製
〔サケ〕　573
〔ニシン〕　573
〔マス〕　573
燻製品〔魚介〕　560

ケ

蛍光灯　587
形状選別　242
鶏肉　364
〔部位〕　372
〔流通〕　366
鶏卵　388
〔包装容器〕　404
〔流通〕　392
削り節　561
結合水　544
結露　578
減圧フライ乾燥〔野菜〕　521
検疫所　104
減塩醬油　645
減塩味噌　643
堅果類　192
健康飲料　44
健康食品　700
検査規格
〔アズキ〕　189
〔インゲンマメ〕　189
〔大豆〕　184
〔麦〕　165
原木栽培　358

玄米〔貯蔵〕 163

コ

濃口醤油 644
高圧殺菌 82
高温加熱殺菌 548
高温障害〔青果物〕 232
高温度殺菌 77
光学的選別 242
硬化〔野菜〕 237
抗菌性包材 32
航空貨物 112
硬質小麦 439
工場殺菌 97
硬水 680
合成樹脂加工紙製容器包装
384, 385
合成酢 650
酵素 16
酵素活性 144
紅茶 674, 675
硬直指数〔魚介〕 415
高電圧パルス放電殺菌法 82
酵母 17, 75
コーヒー 677
コーヒー飲料 43, 678
凍豆腐 500
氷ヤケ 418
コールドチェーン 67, 243, 608
コールドパック包装 586
コーン油 481
呼吸作用〔青果物〕 226
呼吸商 227
呼吸速度〔青果物〕 252
呼吸熱〔野菜〕 54
黒変〔エビ〕 422
ココア 678
ココナッツ 197
コチュ醤 660
こはん症 295, 298
ゴボウ収穫機 238
ゴマ 198
ゴマ油 481
古米化 145
古米臭 143
小麦 439
小麦粉 441
小麦デンプン 471
ゴム病〔リンゴ〕 306
米（貯蔵） 143
米粉 162
米酢 651
米粒麦 169
米デンプン 471
米糠 162
米糠油 481
米味噌 640
根菜類〔保蔵〕 260
混成酒 682
混濁〔酒〕 685
コンタクトフリージング 595
コンテナ船 111
コンデンスミルク 581
コンニャク 472
コンバイン収穫〔大豆〕 182
コンブ類 433

サ

差圧通風冷却 243
最確数法 88
細菌 17, 75
最高衛生責任者 10
再仕込み醤油 645
サイズ別分類〔水産物〕 132
最大氷結晶生成帯
66, 420, 592, 604
最低到達pH 407
最適保持温度 116
サイドベーコン 538
栽培キノコ 352
サイロ 440
魚箱 132
先入れ先出し 72, 553
作業者
〔安全確保〕 67
〔健康管理〕 426
作業場の衛生 427
サクランボ 324
酒 681
笹カマボコ 563
殺菌 21
〔牛乳〕 382
〔惣菜〕 618
〔麺〕 455
殺菌剤 89
殺菌料 85
雑穀 172
雑節 561
サツマイモ 211
〔食物繊維〕 214
サツマイモ乾燥粉末 473
サツマイモデンプン 214, 469
サトイモ 217
砂糖 637
サニテーション 99
サフラワー油 481
サラダ〔保蔵〕 624
サルモネラ属菌 76, 550
酸価 457, 494
酸化褐変 18, 511
酸化防止剤 350, 545
産業廃棄物 44, 71
産業用蓄熱調整契約 64
酸素吸収剤 193
酸素供給型コンテナ
〔水産物〕 130
酸素透過速度 511
酸素濃度 250
産地水産物市場 405
酸度選別機 118
酸乳飲料 584
産膜酵母 515
酸味料 86
残留基準値〔農薬〕 107

シ

次亜塩素酸ナトリウム 95
シアン化合物 189
シイタケ 352
シェーブルタイプ（チーズ）
580
塩カズノコ 559, 571
塩辛類 559
塩クラゲ 560, 572
塩サケ 570
塩サバ 570
塩タラ 570
塩納豆 503

塩抜き〔ハム〕 534
塩干し品 557
〔アジ〕 567
〔イワシ〕 566
〔カレイ〕 567
〔タラ〕 567
〔ブリ〕 568
塩マス 570
紫外線殺菌 82, 548
紙器 612
識別子 138
資源有効利用促進法 47
嗜好飲料 672
嗜好特性 5
死後硬直 407
〔食肉〕 372
自主基準〔米〕 147
自然塩 634
シソ油 483
湿度管理〔堅果・種子〕 192
地鶏肉 369
脂肪交雑〔牛肉〕 366
脂肪酸 476
脂肪酸強化卵 390
脂肪酸度〔米〕 145
ジャガイモ 204, 205
ジャガイモ乾燥粉末 473
〔乾燥〕 524
ジャガイモデンプン 207, 467
遮光性 614
ジャックフルーツ 345
渋果判定機 318
臭気センサー 415
従業員〔衛生〕 553
シュウ酸 275
自由水 544
充填豆腐 500
周年供給〔野菜〕 225
重量野菜運搬作業車 240
熟成
〔小麦粉〕 443
〔ソーセージ類〕 541
〔ハム類〕 540
〔ベーコン類〕 541
〔麺〕 455
熟成期間〔食肉〕 373
種子類 192
酒税法 683
出荷前処理〔野菜〕 240
出荷予措 293
循環型社会形成推進基本法 47
シュンギク 274
準強力粉 441
省エネルギー 72
常温貯蔵〔青果物〕 244
昇華 66
ショウガ 222
蒸散〔青果物〕 228
蒸散作用〔果実〕 293
蒸散特性〔野菜〕 54
醸造酒 681
醸造酢 649
醸造なめ味噌 642
焼酎 694
消費期限
〔食肉〕 374
〔生鮮魚介〕 429
商物分離取引〔野菜〕 250
賞味期限 386
〔乾燥野菜〕 525
〔鶏卵〕 398
〔小麦粉〕 444
〔トマト加工品〕 511
〔ビール〕 686
〔冷凍食品〕 609
醤油 643
蒸留酒 682
ショーケース 628
〔管理〕 553
ショートニング 487
食鶏小売規格 370
食鶏取引規格 370
食酢 622, 649
食卓塩 634
食中毒 7, 75, 554
〔漬物〕 515
食肉センター 366
食パン 448
食品衛生 6
食品衛生責任者 10
食品衛生法 7, 702
食品製造流通基準 8
食品添加物
〔輸入食品〕 105
食品リサイクル法 121
食味維持システム〔米〕 146
食味計測装置〔米〕 145
食味判定〔米〕 154
食用加工油脂 487
食用油脂 477
ショック〔青果物〕 55
ショッツル 560, 572
ジョナサンスポット
(リンゴ) 307
ジョナサンフレックル
(リンゴ) 307
ショルダーハム 536
ショルダーベーコン 537
シラス 558
シラタキ 472
白玉粉 473
白カビタイプ(チーズ) 580
白醤油 645
白作り 571
ジン 693
新含気食品 630
真空調理食品 630
真空包装 547
〔魚介〕 424
〔水産物〕 132
真空冷却〔青果物〕 243
新形質米 159
新古鑑定方法〔米〕 145

ス

す上がり 300
スイートコーン 264
スイートバター 581
水温貯蔵 146
ズイキ 286
水産加工品〔流通〕 407
水産缶詰 41
水産冷凍食品 595
〔流通〕 406
水素吸蔵冷却方式 63
水素添加 487
炊飯特性 151
炊飯米 149
水分活性 19, 544, 564, 623
スーパーチリング 419

すき身ダラ　557
スジコ　559，570
寿司弁当　627
錫　42
スターフルーツ　347
スダチ　304
ストレート果汁　349
ストレッチ包装　423
スパイラルプレーティング法　88
スピリッツ　693
スポーツ飲料　679
素干し品　556
〔ワカメ〕　436
スモーカブルケーシング　32
スモモ　314
スルメ　556，565
坐り　575

セ

青果用サツマイモ　213
静菌　544
生菌数
〔魚介〕　411
〔惣菜〕　507
〔麺〕　453
生産履歴　137
生鮮水産物〔流通〕　406
製造責任　138
製造物責任予防対策　98
生体膜の編成〔野菜〕　232
生長〔野菜〕　230
生乳　379
精麦　169
精麦適性　167
生物学的危害　7
生物規格〔冷凍食品〕　457
成分調整牛乳　380
精米〔貯蔵〕　163
西洋ナシ　310
整粒割合　145
赤外線放射温度計　115
接触式凍結　605
セミドライソーセージ　539
セミノール　301
セミハードタイプ（チーズ）　580
セモリナ　441
セロリー　271
〔乾燥〕　523
繊維化〔野菜〕　237
選果
〔甘ガキ〕　318
〔ミカン〕　297
閃光パルス法　82
全脂粉乳　582
洗浄　98
〔野菜〕　240，241
洗浄剤　92
鮮度　5
〔水産品〕　407
鮮度管理　64
〔青果物〕　117
鮮度判定〔卵〕　395
鮮度評価
〔化学的方法―魚介〕　411
〔官能的方法―魚介〕　410
〔機器分析―魚介〕　411
〔物理学的方法―魚介〕　414
鮮度保持剤〔野菜〕　258
セントラルキッチン／カミサリー・システム　8
洗卵　397
全粒粉　441

ソ

総合的衛生管理製造過程　10
惣菜　618
増殖最小阻止濃度〔微生物〕　89
増殖遅延解析法〔微生物〕　88
ソウダ節　561
ソーセージ類　538
即席麺　456
素材缶詰　42
素材冷凍食品　593
ソバ　458
そば粉　459，461
そば弁当　627
そば麺　460
ソフト豆腐　499
ソフトマーガリン　489
ソフトヨーグルト　583
ソルビン酸　517，578，622
ソルビン酸カリウム　622

タ

ターミナルエレベーター　439
ダイコン　273
〔収穫機〕　240
耐衝撃性　613
退色〔赤色魚〕　422
大豆　178
〔クリーナ〕　182
〔発酵食品〕　502
耐水性段ボール　114
大豆タンパク飲料　498
大豆油　479
大腸菌　550
大腸菌群　76，550
耐突刺し性　613
耐熱性包材　32
堆肥化　120，122
タケノコ　286
〔水煮缶詰〕　42
タタミイワシ　557
田作り　557，566
脱酸素剤　22
脱酸素材封入包装　547
〔魚介〕　426
脱渋処理〔カキ〕　319
脱水シート〔水産物〕　132
ダッタンソバ　459
立塩漬け法　569
だて巻き　563
種麹　645
タバスコ　668
タピオカパール　473
玉揃え　241
タマネギ　262
〔乾燥〕　522
〔剝皮作業〕　241
たまり醤油　644
タモギタケ　357
タラコ　559，571
たれ類　665
段ボール　33，113
〔リサイクル〕　261
段ボール箱　587

チ

チーズ　580
〔包装〕　586
芝麻醬　660
チェリモヤ　348
地球温暖化対策　69
畜産冷凍食品　598
畜肉加工品取扱い上の注意　552
蓄冷剤　530
チクワ　563
窒素置換包装〔魚介〕　424
茶　672
着色〔酒〕　684
茶系飲料　676
中央卸売市場〔水産品〕　405
虫害
〔堅果・種子〕　192
〔米〕　143
中華麵　454
中国茶　673
中力粉　441
腸炎ビブリオ　76，416
腸管出血型大腸菌　76
超高温短時間殺菌　79
調整豆乳　497
超低温貯蔵技術〔米〕　147
超低温冷蔵庫　132
調味燻製イカ　573
調味料　86，632
調理済み食品　618
調理パン　628
調理用ミックス　445
調理冷凍食品　598
貯蔵
〔サツマイモ〕　213
〔雑豆〕　190
〔ジャガイモ〕　206
〔青果物〕　243
〔大豆〕　186
〔麦〕　166
〔リンゴ〕　307
貯蔵害虫〔豆類〕　191
チョロギ　222
チルド食品　629
チロシン　504
珍味カマボコ　564

ツ

追熟　41
〔果実〕　292
〔青果物〕　229
〔西洋ナシ〕　310
通電加熱殺菌　79
つけ醬油　645
漬物　513
〔保蔵〕　624
椿油　482
ツミイレ　563
積付け方〔野菜〕　246

テ

ティーバッグ　676
低塩醬油　645
低温加熱殺菌　547
低温車　249
低温障害　56，65
〔魚介〕　417
〔米〕　146
〔青果物〕　116，244
〔大豆〕　186
〔野菜〕　230
低温度殺菌　77
低温トラック　249
低温保蔵　53
〔殻つき卵〕　398
〔キノコ〕　359
〔畜肉加工品〕　546
〔漬物〕　517
低温流通　516
低コスト処理法〔ゴミ〕　120
低脂肪牛乳　380
低食塩化味噌　643
低ナトリウム味噌　643
テキーラ　694
デコポン　301
デニッシュペストリー　450，451
手延べ麵　456
デフロスト操作　67
手指の清潔化　426
デュラム小麦　442
電位変化〔青果物〕　57
電気ヒーター　60
電子冷却方式　61
電子レンジ　602
電子レンジ対応包装　614
天日乾燥包装〔魚介〕　564
天ぷら粉　445
デンプン　467
デンプン糖化〔ジャガイモ〕　237
テンペ　504

ト

トイレ　612
透過光検査〔卵〕　395
トウガラシ　287，522
等級〔小麦粉〕　442
等級区別〔卵〕　395
等級選別〔野菜〕　241
凍結過程　604
凍結乾燥〔野菜〕　521
凍結卵　399，598
豆鼓　660
搗精　159
糖蔵　20
〔魚介〕　420
豆乳　497
豆乳飲料　498
豆板醬　659
豆腐　498
豆腐よう　505
トウモロコシ〔乾燥〕　524
トウモロコシデンプン　469
トウモロコシ油　481
特殊包装カマボコ　576
特定加工用大豆　184
特定加熱食肉製品　549
特定給食施設　74
特定保健用食品　583，697
特別管理産業廃棄物　71
特別牛乳　381
特別栽培農産物　125
トマト　276
〔加工品〕　508
〔乾燥〕　523
〔ジュース〕　508
〔ホール水煮缶詰〕　42
トマトケチャップ　508

ドライコンテナ　249
ドライソーセージ　539
トラック　110
トラック・スケール　132
ドラム乾燥〔野菜〕　521
ドリアン　346
トリグリセリド　476
ドリップ　65
取引規格〔鶏卵〕　392
トリメータ値　415
トリュフ　357
ドリンクヨーグルト　583
トレーサビリティ　137，139
トレースナビ　141
ドレッシング　402

ナ

内生休眠期間　207
内部褐変〔リンゴ〕　306
中食　603
長ネギ皮むき作業　241
ナス　280
ナタネ油　479
ナチュラルチーズ　580
納豆　502
夏ミカン　295
生クリーム　582
生ハム　536
生麩　458
生干しイワシ　566
生麺　452
なまり節　561
ナメコ　356
なると巻き　562
軟化〔果実〕　237
軟質小麦　439
なんば焼き　563
ナンプラ　655

ニ

においセンサー　146
においの吸着〔カンキツ〕　193
肉質等級〔牛肉〕　366
二酸化炭素濃度　250
二条大麦　164
煮干し　568，558
　〔イカナゴ〕　568
　〔イワシ〕　568
日本酒　683
日本茶　674
日本ナシ　308
乳〔流通〕　378
乳飲料　381
乳化剤　87
乳酸〔魚介〕　408
乳酸菌　17，549，586
乳酸菌飲料　583
乳脂　487
乳等省令　378
乳腐　505
ニョクマム　654
ニラ　284
ニンジン　283
　〔乾燥〕　523
ニンニク　284
　〔乾燥〕　523

ネ

ネーブルオレンジ　298
ネギ　281
　〔乾燥〕　523
　〔収穫機〕　239
熱燻法　572
熱風乾燥〔野菜〕　521
ネト　543，577
練りウニ　571，572
練り製品　561
練り味噌　643

ノ

農産物規格　148
農産冷凍食品　594
濃縮果汁　349
呑切り　685
ノラボウ　285
ノリ類　431

ハ

パーシャルフリージング　419
ハードタイプ（チーズ）　580
ハードヨーグルト　583
パーボイルドライス　161
パーム油　482
バイオクリーンルーム　549
バイオプリザベーション　548
胚芽押麦　169
焙乾　573
廃棄物量削減目標　44
灰星病　327
灰干しワカメ　436
パウチ　612
ハウユニット　396
ハクサイ　265
　〔収穫機〕　240
薄力粉　441
バゲット　452
パセリ〔乾燥〕　522
バター　581
バターロール　452
ハダカ麦　164
発芽率　144
バックヤード　260
発酵　14
発酵乳　583
発酵バター　581
ハッサク　295
発色剤　87，545
発泡酒　686
発泡スチロール　254
　〔リサイクル〕　261
ハトムギ茶　175
バナナ　338
馬肉　364
葉ネギ　282
ハム類　533
バラ保管〔大豆〕　187
春雨　473
パン　447
ハンカチ包装　259
半調理加工食品　630
ハンバーガーバンズ　452
ハンペン　563
汎用イモ類収穫機　238
バンレイシ　348

ヒ

ピータン　391
非遺伝子組換え大豆　182
ビーフン　162
ピーマン　282
ビール　686
ビール大麦　166
火落ち　685
非加熱食肉製品　549
非クライマクテリック型　292
非結球性葉菜収穫機　238
非酵素的褐変　18
〔野菜〕　508
ヒジキ　434
ピスタチオ　200
ヒスタミン中毒　410
微生物　17，75
〔汚染〕　144
〔生育〕　546
〔耐熱性〕　619
微生物制御〔生カキ〕　417
ビターピット（リンゴ）　307
ビタヴァレー　169
ビタミンC（野菜）　233
ビタミン強化卵　390
羊肉　364
ピッティング〔野菜〕　231
ひと塩サバ　559
ビニルトレイ　114
日持ち向上剤　86
日持ち日数　623
ヒュウガナツ　300
氷温専用庫　73
氷温貯蔵〔魚介〕　419
表示
〔果汁飲料〕　351
〔牛乳〕　378
〔小麦粉〕　443
〔米〕　147
〔生食用カキ〕　429
漂白剤　86
表皮褐変防止法
〔西洋ナシ〕　310
開き干しアジ　557
ヒラタケ　356
ビワ　322
品位基準〔米〕　148
〔ハム〕　535
品質鑑別〔サツマイモ〕　212
品質管理
〔米飯〕　151
〔干しシイタケ〕　354
〔冷凍食品〕　607
品質基準〔乾燥野菜〕　525
〔トマトケチャップ〕　509
品質評価要素　2
品質表示
〔生鮮水産食品〕　428
〔パン〕　447
〔麺〕　460
品質保持
〔魚介〕　415
〔果実〕　292
〔ジャガイモ〕　207
〔乳〕　382
〔野菜〕　244
品質劣化　14

フ

麩　457
ファーマーズマーケット　126
ファーメントバター　581
ファットスプレッド　489
フィルム包装　612
〔青果物〕　256
フードチェーン　137
風味調味料　663
付加係数　587
付加特性　5
フカヒレ　557
フキ　271
複合紙容器　33
フクロタケ　357
フザリウム毒　144
節　573
豚枝肉取引規格　368
豚肉　364
〔部位〕　371
〔流通〕　366
豚部分肉取引規格　368
普通ソバ　459
普通大豆　184
物理的危害　7
ブドウ　331
ぶどう糖加糖液糖　350
歩留り等級〔牛肉〕　366
ブナシメジ　355
腐敗　14
不飽和脂肪酸　476
プライベートブランド商品　138
ブライン凍結　595
プラスチックトレイ　614
プラスチックフィルム　114，253
プラスチックフォーム　114
プラスチック包装材料　33
フランクフルトソーセージ　539
ブランチング　16，64
〔生野菜〕　624
〔冷凍野菜〕　594
ブランデー　692
振り塩漬け法　569
ブルーベリー　341
プレーンヨーグルト　583
プレスハム　540
フレッシュタイプ（チーズ）　580
プレハーベストハンドリング　238
プレミックス　444
フローズンチルド　420
フローズンヨーグルト　583
プロセスチーズ　581
プロタミン　85
ブロッコリー　268
フロン　67
〔回収〕　70
雰囲気ガス制御　65
噴射冷却方式　63
ブンタン　302
粉乳　582
〔容器〕　588
粉末
〔クリーム〕　582
〔醤油〕　645
〔トマト〕　524
〔味噌〕　643
〔野菜エキス〕　524
噴霧乾燥〔野菜〕　521

ヘ

平板法　87
米粒麦　169
ベーキングパウダー　445
ベーコン　537
ヘーゼルナッツ　201
β-アミラーゼ　214
ペクチン分解物　85
ベリーハム　536
ベロ毒素産生性大腸菌　76
変色〔赤身魚〕　422
弁当　624
変敗〔漬物〕　514

ホ

膨化乾燥〔野菜〕　521
防カビ剤　22
萌芽〔ジャガイモ〕　207
放射線殺菌　83
包装　23，24
〔カット野菜〕　530
〔青果物〕　242
包装済食品　77
防曇性包材　32
泡沫乾燥〔野菜〕　521
ホウレンソウ　235，275
飽和脂肪酸　476
ホームフリージング　615
ホームミールリプレイスメント　603
保香性包材　31
干しアワビ　559，569
干しイモ　473，522
干しエビ　559，569
干し貝柱　559，568
干しガキ　322
干しカズノコ　557，566
干しシイタケ　352，522
干しダイコン　521
干しナマコ　569
乾ノリ　431
ポストハーベスト農薬　106
ポストハーベストハンドリング　238
保蔵
〔カット野菜〕　530
〔乾燥野菜〕　524
〔鶏卵〕　403
〔小麦〕　440
〔小麦粉〕　444，465
〔米〕　162
〔酒〕　695
〔食酢〕　652
〔惣菜〕　620
〔ソバ〕　464
〔畜肉加工品〕　542
〔漬物〕　516
〔乳製品〕　591
〔練り製品〕　577
〔ビール〕　687
〔麺〕　465
〔冷凍食品〕　607
〔ワイン〕　690
保蔵温度〔牛乳〕　383
保蔵期間
〔青果物〕　51
〔冷凍魚介〕　436
保存
〔ショートニング〕　495
〔醤油〕　647
〔食用油〕　495
〔茶〕　675
〔豆腐〕　502
〔トマト加工品〕　512
〔納豆〕　503
〔マーガリン〕　495
〔味噌〕　640
保存料　22，83
ホタテ風味カマボコ　564
ホットパック包装　586
ボツリヌス菌　17，76
ポテトグラニュール　472
ポテトフレーク　472
骨つきハム　533
ポリアミン　410
ポリエチレン加工紙製容器　384
ポリフェノール　507
ポリプロピレン　253
ポリリジン　85
ボルテックスチューブ冷却方式　63
保冷車　111，249，628
ボロニアソーセージ　539
ホロホロ鳥卵　391
ポンカン　299
ホンシメジ　356
ボンレスハム　534

マ

マーガリン　488
マイタケ　356
マカダミアナッツ　202
マッシュルーム　356
マツタケ　357
マトン　371
豆味噌　642
マヨネーズ　401
丸干しアジ　557
丸干しイワシ　557
マルメロ　340
マンゴスチン　348

ミ

身欠きニシン　557，565
味覚認識装置　146
未熟豆類〔保蔵〕　262
水腐れ　301
水氷法　418
味噌　638
蜜〔リンゴ〕　306
密着ラッピング〔魚介〕　436
ミツバ　272
〔乾燥〕　523
ミドルベーコン　537
ミニトマト　277
ミニ野菜　288
ミネラルウォーター　679
ミネラル強化卵　390
身の回りの洗浄　427
味醂　657

ム

無塩漬ソーセージ　540
無塩バター　581
麦味噌　641

無菌化包装　549
無菌試験　88
無菌充塡製造工程
〔果汁飲料〕　350
無菌充塡包装　79
無菌充塡用紙容器　33
無菌包装米飯　152
蒸しカマボコ類　562
蒸し切干しイモ　214
無脂肪牛乳　380
無洗米　161
無糖練乳　581
紫イモ　215
ムレ〔魚肉〕　565

メ

銘柄鶏肉　369
メタン発酵　123
滅菌
〔牛乳〕　382
〔豆腐〕　500
〔冷海水輸送ボックス〕　129
メロン　269
綿実油　481
麺類　452

モ

モールド容器　115
餅　162
籾貯蔵　163
木綿豆腐　499
モモ　312
モヤシ類〔保蔵〕　261

ヤ

ヤーコン　221
焼イモ　215
焼き豆腐　500
焼き抜きカマボコ　563
焼きノリ　434
焼き麩　458
厄　456
薬事法　702
ヤケ〔リンゴ〕　306
野菜残渣収集機　240
ヤシ油　483
野生キノコ　357
山形食パン　451
ヤマノイモ　219
ヤマモモ　316

ユ

湯上がり〔リンゴ〕　306
有機酸　518
有機JASマーク　126
有機農産物　124
〔加工食品〕　125
有精卵　390
融点〔脂肪酸〕　477
〔油脂〕　494
〔魚介類〕　408
雪室貯蔵〔米〕　147
油脂　476
〔酸化〕　17
ユズ　303
ゆでカマボコ類　563
ゆで麺　452
湯通し　624
〔塩蔵ワカメ〕　436
輸入牛肉　366
輸入食品　103
輸入水産物　406
湯葉　501

ヨ

容器炊飯　158
容器包装リサイクル法　49，429
葉菜類〔保蔵〕　260
ヨウ素価　494
羊肉　364
要冷蔵　351
ヨーグルト　583
〔容器〕　590
予冷　65
〔青果物〕　243
〔西洋ナシ〕　311
〔モモ〕　313
予冷施設　245

ラ

ラード　485
ライスヌードル　162
ライブレッド　170
ライ麦　170
ラクトアイス　583
ラッカセイ　203
ラッカセイ油　482
ラックスハム　536
ラム　372，693
卵黄係数　397
卵価　394

リ

リーファーコンテナ　249
リオナソーセージ　539
リキュール　695
リサイクル
〔牛乳容器〕387
〔発泡スチロール〕　430
リサイクル法　71
リジン　461
リステリア菌　76
流通〔乳製品〕　584
流通振動　586
流通特性　5
流通履歴　137
料理酢　658
緑化
〔ジャガイモ〕　207
〔軟化野菜〕236
緑茶　675
リングドーナツ　452
リンゴ　305
輪作　124
輪紋病　311

レ

冷燻法　572
冷殺菌法　82
レイシ　343
冷水冷却〔青果物〕　243
冷蔵　20
冷蔵庫　72，247

冷蔵ショーケース　427
冷凍　21
冷凍庫　72, 111, 249, 609
　〔ショーケース〕　428, 609
　〔食肉〕　598
　〔すり身〕　575
　〔設備〕　605
冷凍保管庫　609
冷凍食品　592
　〔表示〕　616
冷凍麺　456
冷凍ヤケ　420
冷媒　58
レーズンブレッド　451
レタス　267
レトルト殺菌　548
レトルト食品　629
レトルトパウチ　78
レバーソーセージ　539
レバーペースト　539
レンコン　223
練乳　581

ロ

老化〔パン〕　450
ロースハム　535
ロースベーコン　537
ローリングルメ法　630
六条大麦　164
ロングライフミルク
　〔無菌充填包装〕　81

ワ

ワイン　688
ワカメ類　434
輪紋病　311
わら巻きブリ　568

A-X

AIT　519
ATP測定法　88
　〔魚介〕　408
Aw　544
BSE　362
CA貯蔵　16, 21, 227, 250, 257, 292
　〔カット野菜〕　531
　〔リンゴ〕　307
DEFT　88
DHA　486
EPA　486
FM 率〔大豆〕　183
GP センター　393
HACCP　10, 74, 608
in egg 汚染　397
IQF　607
JHFA 認定マーク　701
JR貨物　111
K値　411
MA包装　21
MA貯蔵　227, 250
MAP　292
　〔魚介〕　424
MAP流通　251
MASCA　257
non-GMO大豆　179
on egg 汚染　397
pH調整剤　545, 622
PSA　257
QC 卵　390
SE 菌　400
SECIA ネットカタログ　141
TTC テスト　144
TTT　65, 609
ULD　112
XO 醤　659

食品関連団体一覧

外食産業総合調査研究センター	102-0082	東京都千代田区一番町19 全国農業共済会館	03(3262)2324
果実飲料公正取引協議会	103-0027	東京都中央区日本橋2-1-21第2東洋ビル5F	03(3275)1031
食生活情報サービスセンター	103-0006	東京都中央区日本橋富沢町7-14岡島ビル	03(3665)0291
食品関連産業協会	460-0025	名古屋市中区古渡町19-9 チュウオービル	052(331)8540
食品産業センター	107-0052	東京都港区赤坂1-9-13 三会堂ビル	03(3224)2366
食品需給研究センター	114-0024	東京都北区西ヶ原1-26-3	03(5567)1991
食品のり公正取引協議会	101-0025	東京都千代田区神田佐久間町3-37全蒲ビル	03(5823)5743
食品流通システム協会	101-0047	東京都千代田区内神田1-2-6	03(5217)5091
青果物カット事業協議会	103-0004	東京都中央区東日本橋3-6-17山一ビル4F ㈳日本施設園芸協会内	03(3667)1631
清酒流通ネットワークシステム協会	530-0003	大阪市北区堂島3-1-21	06(6455)8084
製粉協会	103-0026	東京都中央区日本橋兜町15-6製粉会館5F	03(3667)1011
製粉振興会	103-0026	東京都中央区日本橋兜町15-6製粉会館内	03(3666)2712
全国飲用牛乳公正取引協議会	102-0073	東京都千代田区九段北1-14-19乳業会館	03(3264)8585
全国卸売酒販組合中央会	104-0033	東京都中央区新川1-3-10 旭ビル３Ｆ	03(3551)3616
全国加工海苔協同組合連合会	101-0025	東京都千代田区神田佐久間町3-37全蒲ビル	03(5823)5743
全国菓子工業組合連合会	107-0062	東京都港区南青山5-12-4 全菓連ビル	03(3400)8901
全国蒲鉾水産加工業協同組合連合会	101-0025	東京都千代田区神田佐久間町3-37	03(3851)1371
全国乾麺協同組合連合会	103-0026	東京都中央区日本橋兜町15-6製粉会館内	03(3666)7900
全国給食事業協同組合連合会	101-0042	東京都千代田区神田東松下町21MTビル4F	03(3256)9966
全国漁業協同組合連合会	101-0047	東京都千代田区内神田1-1-12コープビル	03(3294)9611
金国近海かつお・まぐろ漁業協会	101-0047	東京都千代田区内神田1-5-4加藤ビル	03(3295)3721
全国削節工業協会	135-0016	東京都江東区東陽5-29-47 サンフィールドビル2F	03(5690)1601
全国コーヒー飲料公正取引協議会	105-0012	東京都港区芝大門1-10-1 全国たばこビル3F	03(3435)0731
全国凍豆腐工業協同組合連合会	380-0936	長野市中御所岡田町131-10長野県中小企業指導センター5F	026(227)6215
全国穀類工業協同組合	111-0036	東京都台東区松が谷4-11-3 穀粉会館	03(3845)0881
全国小麦あられ協会	115-0044	東京都北区赤羽南1-20-1 カルビー㈱内	03(3902)1111
全国蒟蒻協同組合連合会	101-0046	東京都千代田区神田多町2-11-5	03(3256)0903
全国魚卸売市場連合会	203-0013	東久留米市新川町1-19-7	0424(74)8009
全国椎茸商業協同組合連合会	426-0027	藤枝市緑町2-1-26 静岡県椎茸商業協同組合内	054(643)5281
全国醤油工業協同組合連合会	103-0016	東京都中央区日本橋小網町3-11	03(3666)3286
全国醤油醸造協同組合	103-0016	東京都中央区日本橋小網町3-11	03(3666)3286
全国食酢協会中央会	160-0004	東京都新宿区四谷3-4 エフビル5F	03(3351)9280
全国食肉公正取引協議会	107-0052	東京都港区赤坂6-13-16 アジミックビル	03(5563)2911
全国食肉事業協同組合連合会	107-0052	東京都港区赤坂6-13-16 アジミックビル	03(3582)1241
全国水産加工業協同組合連合会	104-0061	東京都中央区銀座1-10-3 全水加工連ビル	03(3564)6333
全国水産煉製品協会	101-0025	東京都千代田区神田佐久間町3-37全蒲ビル	03(3851)1371
全国水産物卸組合連合会	104-0045	東京都中央区築地5-2-1 築地市場内	03(3545)1060
全国スーパーマーケット協会	169-0072	東京都新宿区大久保2-7-1-505	03(3207)3157
全国すり身協会	093-0057	網走市北七条東１	0152(44)7218
全国青果卸売協同組合連合会	143-0001	東京都大田区東海3-2-1 大田市場内	03(5492)2557
全国精麦工業協同組合連合会	135-0031	東京都江東区佐賀1-9-13	03(3641)1101
全国製麺協同組合連合会	135-0004	東京都江東区森下3-14-3 全麺連会館	03(3634)2255
全国清涼飲料協同組合連合会	103-0022	東京都中央区日本橋室町3-3-3CMビル3F	03(3270)7300
全国清涼飲料工業会	103-0022	東京都中央区日本橋室町3-3-3CMビル3F	03(3270)7300
全国蕎麦製粉協同組合	170-0003	東京都豊島区駒込1-40-4	03(3944)5461
全国段ボール工業組合連合会	104-0032	東京都中央区八丁堀4-1-4後関ビル	03(3551)6111
全国茶商工業協同組合連合会	420-0005	静岡市北番町81 静岡県茶業会館内	054(271)6161
全国茶生産団体連合会	105-0004	東京都港区新橋5-23-7	03(3436)2310
全国中央市場水産物卸売業者協会	107-0052	東京都港区赤坂1-9-13 三会堂ビル	03(3583)6342
全国中央市場青果卸売協会	101-0022	東京都千代田区神田練塀町3-3大東ビル	03(3251)6221
全国調理食品工業協同組合	110-0005	東京都台東区東上野1-17-2第2江ロビル4F	03(5688)1402
全国珍味商工業協同組合連合会	104-0045	東京都中央区築地4-2-7 フェニックス東銀座305	03(3541)9106

全国漬物検査協会	135-0031	東京都江東区佐賀1-8-13 食糧ビル2F	03(3643)0461
全国澱粉協同組合連合会	107-0052	東京都港区赤坂6-5-38-211	03(3585)2428
全国豆腐油揚協同組合連合会	110-0005	東京都台東区上野1-16-12	03(3833)9351
全国トマト工業会	103-0001	東京都中央区日本橋小伝馬町15-18 日本橋S・Kビル3F	03(3639)9666
全国納豆協同組合連合会	111-0041	東京都台東区元浅草2-7-10納豆会館2F	03(3832)0709
全国煮干協会	135-0016	東京都江東区東陽5-29-47 サンフィールドビル2F	03(5690)1601
全国乳業協同組合連合会	102-0073	東京都千代田区九段北1-14-19乳業会館4F	03(5275)5921
全国農業協同組合中央会	100-0004	東京都千代田区大手町1-8-3 JAビル	03(3245)7500
全国農業協同組合連合会	101-0004	東京都千代田区大手町1-8-3 JAビル	03(3245)7111
全国農協乳業協会	100-0004	東京都千代田区大手町1-8-3 JAビル内	03(3245)7617
全国海苔貝類漁業協同組合連合会	108-0074	東京都港区高輪2-16-5 東武高輪第2ビル	03(5423)5181
全国はちみつ公正取引協議会	103-0023	東京都中央区日本橋本町4-8-17共同ビル(室町)5F	03(3279)0893
全国はっ酵乳乳酸菌飲料協会	162-0842	東京都新宿区市谷砂土原町1-1 保健会館別館3F	03(3267)4686
全国ピーナツバター工業協同組合	173-0004	東京都板橋区板橋3-5-3 ニキメディカルハイツ503	03(5248)1173
全国ビスケット協会	105-0004	東京都港区新橋6-9-5 JBビルディング9F	03(3433)6131
全国ふりかけ協会	103-0028	東京都中央区八重洲1-9-9 東京建物ビル 日本食糧新聞社内	03(3271)4815
全国米菓工業組合	105-0004	東京都港区新橋6-9-5 JBビルディング5F	03(5777)1616
全国米穀協会	102-0083	東京都千代田区麹町3-3-6食糧会館	03(3222)9581
全国米穀工業協同組合	102-0083	東京都千代田区麹町4-5 第7麹町ビル	03(3264)8354
全国マーガリン製造協同組合	103-0007	東京都中央区日本橋浜町3-27-8	03(3661)2561
全国マッシュルーム缶詰協議会	103-0027	東京都中央区日本橋3-1-16共同ビル7F 日本農産缶詰工業組合内	03(3271)6655
全国マヨネーズ・ドレッシング類協会	104-0061	東京都中央区銀座3-8-15 中央ビル7F	03(3563)3590
全国味噌業公正取引協議会	104-0033	東京都中央区新川1-26-19	03(3551)7161
全国味噌工業協同組合連合会	104-0033	東京都中央区新川1-26-19	03(3551)7161
全国味醂協会	103-0027	東京都中央区日本橋3-9-2第2丸善ビル9F	03(3281)5316
全国餅工業協同組合	116-0013	東京都荒川区西日暮里5-27-4-201	03(3805)1228
全国焼竹輪協会	030-0811	青森市青柳2-12-10	017(722)2323
全国野菜需給調整機構	101-0047	東京都千代田区内神田2-11-4 内神田金子ビル7F	03(3251)8310
全国油菓工業協同組合	110-0013	東京都台東区入谷1-18-7	03(3874)4900
全国養鯉振興協議会	107-0052	東京都港区赤坂1-9-13 三会堂ビル全内漁連内	03(3586)4821
全国酪農協会	151-0053	東京都渋谷区代々木1-37-20酪農会館ビル	03(3370)5341
全国酪農業協同組合連合会	104-0061	東京都中央区銀座4-9-2 畜産会館	03(3542)6131
全国和菓子協会	151-0053	東京都渋谷区代々木3-24-3 新宿スリーケイビル8F	03(3375)7121
全日本菓子協会	105-0004	東京都港区新橋6-9-5 JBビルディング7F	03(3431)3115
全日本菓子工業協同組合連合会	110-0015	東京都台東区東上野1-27-12箱義ビル4F	03(5807)5671
全日本コーヒー協会	103-0015	東京都中央区日本橋箱崎町6-2 マックス本社ビル別館	03(5649)8377
全日本スパイス協会	102-0072	東京都千代田区飯田橋1-7-10山京ビル本館505	03(3237)9360
全日本製麺協会	760-0018	高松市天神前3-13 香川県製粉製麺協組内	087(861)2219
全日本漬物協同組合連合会	101-0021	東京都千代田区外神田2-16-2千代田中央ビル	03(3253)9797
全日本マーガリン協会	103-0007	東京都中央区日本橋浜町3-27-8	03(3668)2080
全日本洋菓子工業会	105-0012	東京都港区芝大門1-16-10土木田ビル3F	03(3432)3871
チーズ公正取引協議会	102-0073	東京都千代田区九段北1-14-19乳業会館	03(3264)4133
チーズ普及協議会	102-0073	東京都千代田区九段北1-14-19乳業会館	03(3264)4133
畜産技術協会	113-0034	東京都文京区湯島3-20-9	03(3836)2301
畜産振興事業団	106-0041	東京都港区麻布台2-2-1 麻布台ビル	03(3582)3381
日本アイスクリーム協会	102-0073	東京都千代田区九段北1-14-19乳業会館	03(3264)3104
日本イースト工業会	103-0026	東京都中央区日本橋兜町15-6製粉会館内	03(3666)0626
日本いりぬか工業会	174-0065	東京都板橋区若木1-2-5 ㈱伊勢惣内	03(3934)7455
日本インスタントコーヒー協会	100-0011	東京都千代田区内幸町2-2-2富国生命ビル15F ネスレジャパングループ内	03(3539)6616
日本鰻輸入組合	104-0045	東京都中央区築地4-6-5	03(3248)2401
日本うま味調味料協会	104-0032	東京都中央区八丁堀3-9-5 KSビル7F	03(3551)8368
日本園芸農業協同組合連合会	143-0001	東京都大田区東海3-2-1 大田市場内	03(5492)5420
日本加工わさび協会	103-0028	東京都中央区八重洲1-9-9 東京建物ビル 日本食糧新聞社内	03(3271)4815
日本果汁協会	105-0012	東京都港区芝大門1-10-1 全国たばこビル3F	03(3435)0731
日本鰹節協会	104-0053	東京都中央区晴海3-4-9 東京鰹節センタービル	03(3531)9441

日本鰹鮪漁業協同組合連合会	102-0073	東京都千代田区九段北2-3-22 かつおまぐろ会館内	03(3264)6161
日本カットわかめ協会	101-8370	東京都千代田区三崎町2-9-18 理研ビタミン㈱内	03(5275)5128
日本からし協同組合	103-0028	東京都中央区八重洲1-9-9 東京建物ビル 日本食糧新聞社内	03(3271)4815
日本甘蔗糖工業会	105-0003	東京都港区西新橋1-19-3 第2双葉ビル4F	03(3501)5066
日本乾燥野菜協会	104-2661	東京都中央区入船1-9-12 日本プリメロ㈱内事務局	03(5117)2661
日本缶詰協会	100-0006	東京都千代田区有楽町1-7-1有楽町電気ビル北館1213区	03(3213)4751
日本寒天工業協同組合	399-4431	伊那市西春近5074 伊那食品工業㈱内	0265(78)1121
日本技術士会	105-0001	東京都港区虎ノ門4-1-20	03(3459)1331
日本給食サービス協会	101-0045	東京都千代田区神田鍛冶町3-5-8 神田木原ビル7F	03(3254)4614
日本吟醸酒協会	151-0053	東京都渋谷区代々木1-55-14 セントヒルズ1301	03(3378)1231
日本鯨類研究所	104-0055	東京都中央区豊海町4-18 東京水産ビル	03(3536)6521
日本健康・栄養食品協会	162-0842	東京都新宿区市谷砂土原町2-7-27	03(3268)3134
日本紅茶協会	105-0021	東京都港区東新橋2-8-5 東京茶業会館6F	03(3431)6509
日本香料協会	101-0035	東京都千代田区神田紺屋町37 高木第三ビル3F	03(3526)7855
日本香料工業会東京事務局	103-0023	東京都中央区日本橋本町4-7-1 三恵日本橋ビル6F	03(3516)1600
日本香料工業会大阪事務局	541-0046	大阪市中央区平野町2-5-5小川香料㈱内	06(6231)4179
日本珈琲輸入協会	107-8077	東京都港区北青山2-5-1	03(3497)6271
日本穀物検定協会	103-0026	東京都中央区日本橋兜町15-6製粉会館	03(3668)0911
日本こめ油工業協同組合	110-8687	東京都台東区入谷1-18-7 東京菓子会館3F	03(5824)0624
日本こんにゃく協会	101-0041	東京都千代田区神田須田町1-5-12 村山ビル5F	03(3258)0288
日本昆布協会	530-0001	大阪市北区梅田1-1-3-1200 大阪駅前第3ビル12F	06(6344)0633
日本砂糖輸出入協議会	103-0016	東京都中央区日本橋小網町1-3大島ビル	03(3639)2546
日本椎茸農業協同組合連合会	421-1121	静岡県志太郡岡部町岡部1451-1 乾しいたけ流通センター内	054(667)3121
日本塩工業会	106-0032	東京都港区六本木7-15-14	03(3402)6411
日本地酒協同組合	103-0028	東京都中央区八重洲1-4-10	03(3281)0808
日本施設園芸協会	102-0083	東京都千代田区麹町4-3-4宮ビル7F	03(3288)9250
日本自然塩普及会	790-0813	松山市萱町4-4-9	089(924)1455
日本ジャム工業組合	100-0006	東京都千代田区有楽町1-7-1有楽町電気ビル北館1213区㈳日本缶詰協会内	03(3213)4759
日本酒造組合中央会	105-0003	東京都港区西新橋1-1-21	03(3501)0101
日本醤油協会	103-0016	東京都中央区日本橋小網町3-11	03(3666)3286
日本蒸留酒酒造組合	103-0027	東京都中央区日本橋3-9-2	03(3281)5316
日本食鳥協会	101-0032	東京都千代田区岩本町2-2-16玉川ビル	03(3863)6145
日本食肉格付協会	101-0062	東京都千代田区神田駿河台1-2 馬事畜産会館	03(3293)9203
日本食肉加工協会	150 0013	東京都渋谷区恵比寿1-5-6	03(3444)1211
日本食肉協議会	101-0054	東京都千代田区神田錦町1-12-3 第一アマイビル	03(3293)9201
日本食品添加物協会	103-0012	東京都中央区日本橋堀留町1-3-9 日本橋三英ビル3F	03(3667)8311
日水食品分析センター	151-0062	東京都渋谷区元代々木町52-1	03(3469)7131
日本食品保蔵科学会	156-8502	東京都世田谷区桜丘1-1-1 東京農業大学応用生物科学部生物応用化学科食料資源理化学研究室内	03(3426)3979
日本食品油脂検査協会	103-0007	東京都中央区日本橋浜町3-27-8	03(3669)6723
日本植物蛋白食品協会	105-0003	東京都港区西新橋2-4-1 森山ビル4F	03(3591)2524
日本水産缶詰工業協同組合	104-0031	東京都中央区京橋1-1-6 越前屋ビル8F	03(3281)7446
日本水産缶詰輸出水産業組合	104-0031	東京都中央区京橋1-1-6 越前屋ビル	03(3281)7446
日本水産資源保護協会	104-0055	東京都中央区豊海町4-18 東京水産ビル	03(3534)0681
日本水産物貿易協会	101-0054	東京都千代田区神田錦町1-23宗保第2ビル8F	03(5280)2891
日本炊飯協会	171-0022	東京都豊島区南池袋2-31-5南大和ビル8F	03(3590)1589
日本スーパーマーケット協会	103-0023	東京都中央区日本橋本町2-6-3小津ビル	03(3661)4967
日本スープ協会	160-0004	東京都新宿区四谷3-4 エフビル5F	03(3341)5435
日本スターチ・糖化工業会	107-0052	東京都港区赤坂1-1-16 細川ビル3F	03(3560)5300
日本スナック・シリアルフーズ協会	104-0031	東京都中央区京橋1-8-12 森下ビル2F	03(3562)6090
日本製餡協同組合連合会	166-0002	東京都杉並区高円寺北2-3-15オフィスアイ301	03(5327)2077
日本青果物輸入安全推進協会	101-0024	東京都千代田区神田和泉町1-12-16末広ビル6F	03(5833)5141
日本製糖協会	103-0014	東京都中央区日本橋蛎殻町1-6-11	03(3661)2530

日本精米工業会	102-0083	東京都千代田区麹町3-3-6食糧会館	03(3222)9591
日本惣菜協会	102-0082	東京都千代田区一番町10-6野田ビル302	03(3263)0957
日本ソース工業会	103-0001	東京都中央区日本橋小伝馬町15-18日本橋Ｓ・Ｋビル3F	03(3639)9667
日本即席食品工業協会	111-0053	東京都台東区浅草橋5-5-5キムラビル3F	03(3865)0811
日本即席スープ協会	103-0028	東京都中央区八重洲1-9-9東京建物ビル日本食糧新聞社内	03(3271)4815
日本茶業中央会	105-0004	東京都港区新橋5-23-7	03(3434)2001
日本チョコレート工業協同組合	174-0042	東京都板橋区東坂下2-3-13	03(3969)1261
日本チョコレート・ココア協会	105-0004	東京都港区新橋6-9-5 JBビルディング	03(5777)2035
日本凍結乾燥食品工業会	103-0028	東京都中央区八重洲1-9-9日本食糧新聞社内	03(3271)4815
日本豆乳協会	108-0023	東京都港区芝浦2-14-17ネオハイツ田町701	03(3769)9166
日本乳業技術協会	102-0073	東京都千代田区九段北1-14-19乳業会館	03(3264)1921
日本乳業協会	102-0073	東京都千代田区九段北1-14-19乳業会館	03(3261)9161
日本パインアップル缶詰協会	105-0001	東京都港区虎ノ門1-11-1土橋ビル	03(3501)6957
日本パスタ協会	103-0026	東京都中央区日本橋兜町15-6製粉会館6F	03(3667)4245
日本はちみつ輸入商社協議会	105-0012	東京都港区芝大門1-1-30 NBFタワー3F	03(5405)8011
日本発芽玄米協会	231-8528	横浜市中区山下町89-1	045(226)1679
日本バナナ輸入組合	102-0093	東京都千代田区平河町2-7-9全共連ビル	03(3263)0461
日本ハム・ソーセージ工業協同組合	150-0013	東京都渋谷区恵比寿1-5-6	03(3444)1211
日本パン科学会	134-0088	東京都江戸川区西葛西6-19-6	03(3689)4701
日本パン技術研究所	134-0088	東京都江戸川区西葛西6-19-6	03(3689)7571
日本パン工業会	103-0026	東京都中央区日本橋兜町15-12八重洲カトウビル5F	03(3667)1976
日本マーガリン工業会	103-0007	東京都中央区日本橋浜町3-27-8	03(3666)6159
日本ミネラルウォーター協会	160-0022	東京都新宿区新宿2-9-17藤原ビル5F	03(3350)9100
日本養蜂はちみつ協会	101-0062	東京都千代田区神田駿河台1-2馬事畜産会館	03(3291)8628
日本養鰻漁業協同組合連合会	420-0852	静岡市紺屋町9-4大和ビル	054(252)6817
日本卵業協会	101-0062	東京都千代田区神田駿河台1-2馬事畜産会館	03(3294)8571
日本冷凍食品協会	103-0024	東京都中央区日本橋小舟町10-6桂屋第2ビル6F	03(3667)6671
日本冷凍食品検査協会	105-0012	東京都港区芝大門2-12-7	03(3438)1411

食品保蔵・流通技術ハンドブック
定価 23,100円（本体 22,000円＋税５％）

2006年（平成18年）10月10日　初版発行

編　集　日本食品保蔵科学会
発行者　筑　紫　恒　男
発行所　株式会社 建　帛　社
KENPAKUSHA

112-0011　東京都文京区千石４丁目２番15号
電　話（03）3944-2611
FAX（03）3946-4377
ホームページ　http://www.kenpakusha.co.jp/

ISBN 4-7679-6104-1　C3058
文唱堂印刷／関山製本社